R. K. RICHARDS

ELEKTRONISCHE BAUELEMENTE UND SCHALTUNGEN

ELEKTRONISCHES RECHNEN UND REGELN

Herausgegeben von

Prof. Dr. HANS FRÜHAUF · Prof. Dr. WILHELM KÄMMERER
Prof. Dr. KURT SCHRÖDER · Prof. Dr. HELMUT THIELE
Prof. Dr. HORST VÖLZ

Sonderband 17

ELEKTRONISCHE BAUELEMENTE UND SCHALTUNGEN

von

R. K. RICHARDS

AKADEMIE-VERLAG · BERLIN
1972

R. K. RICHARDS

ELEKTRONISCHE BAUELEMENTE UND SCHALTUNGEN

In deutscher Sprache herausgegeben

von

Dr.-Ing. habil. Uwe Frühauf, Dresden

Mit 193 Abbildungen

AKADEMIE-VERLAG · BERLIN
1972

R. K. RICHARDS, Electronic Digital Components and Circuits
D. VAN NOSTRAND COMPANY, Inc., Princeton, New Jersey/USA

Deutsche Übersetzung: Dr. Nikolai Gamaleja,
Ing. Thomas Gamaleja, Dresden

Erschienen im Akademie-Verlag GmbH, 108 Berlin, Leipziger Str. 3–4

Lizenznummer: 202 · 100/408/72
Herstellung: VEB Druckerei „Thomas Müntzer", 582 Bad Langensalza
Bestellnummer: 761 528 0 (5818) · ES 20 K 3
Printed in German Democratic Republic

VORWORT

Dieses Buch ist für Elektroingenieure und Leser bestimmt, die bereits Vorkenntnisse auf dem Gebiet der Elektrotechnik und der Grundlagen elektronischer Schaltungen besitzen. Bei der Behandlung der elektronischen digitalen Bauelemente und ihrer Schaltungen soll hier im allgemeinen so vorgegangen werden, daß gezeigt wird, wie diese arbeiten, wobei die Vor- und Nachteile vieler wichtiger Varianten, Alternativlösungen und Entwicklungen dargelegt werden. Berechnungsformeln und Verfahren wurden in die betreffenden Textstellen eingefügt, besonders dort, wo dies für das Verständnis der Arbeitsweise der Bauelemente und ihrer Schaltungen als zweckmäßig erschien. Diese Berechnungsverfahren sind jedoch Erweiterungen der für die elektrotechnischen Bauelemente und Schaltungen geltenden Verfahren, die dem Leser bekannt sein dürften.

Im Vergleich mit anderen Zweigen der Wissenschaft und Technik ist die digitale Technik verhältnismäßig neu und entwickelte sich erst kurz nach dem zweiten Weltkrieg, als die erste elektronische Digitalrechenmaschine aufkam. Demnach wurde der wesentlichste Teil der in diesem Buch enthaltenen Informationen in den letzten zwanzig Jahren geschaffen, das meiste in den letzten fünf Jahren.

Trotz der Neuheit der elektronischen Digitaltechnik entwickelte sich das Gebiet so rasch, daß viele Bauelemente und Schaltungen, die in der ersten Hälfte der vergangenen zwanzig Jahre verwendet wurden, heute schon veraltet sind. Andere (um nur die Mikrowellenschaltelemente als bekanntes Beispiel zu nennen) schienen auf bestimmten Entwicklungsstufen sehr erfolgversprechend zu sein, wurden aber verworfen, weil die Entwicklung anderer konkurrierender Bauelemente und Schaltungen rascher vor sich ging. Eine letzte Gruppe (supraleitfähige Speicher und Magnetschichtspeicher, um zwei Beispiele zu nennen), ist zwar seit einigen Jahren bekannt, ihr Einsatz kann jedoch eher in Zukunft als in kürzester Zeit erwartet werden.

Dementsprechend haben einige für dieses Buch ausgewählte Prinzipien bis heute noch keine oder nur eine sehr geringe praktische Bedeutung erlangt. In derartigen Fällen wurden zur realistischen Darstellung entsprechende Anmerkungen und Hinweise auf Alternativlösungen gegeben, mit denen das gleiche Endresultat erreicht werden kann.

In vielen Fällen, besonders bei Schaltungen, soll die beschriebene Lösung mehr als Hinweis oder Erläuterung eines Begriffes verstanden werden. Sie sind keine Vorlage, die bei der Anpassung der Baugruppe für irgendwelche praktischen Zwecke Stück für Stück kopiert werden kann. Ein gutes Beispiel stellt der Transistor-Flip-Flop dar, der als Prinzipschaltung in fast allen heutigen Digitalsystemen vorkommt. Mit der heute üblichen Technik der integrierten Schaltungen können Flip-Flops mit 20 oder mehr Transistoren und mehreren Dioden wirtschaftlich hergestellt werden. Bei der Verwendung einer derart großen Zahl von Bauelementen hat der Entwicklungsingenieur natürlich phantastisch viele Möglichkeiten, um einen Flip-Flop mit den gewünschten Eigenschaften zu erhalten. Aber selbst wenn nur geringere Variationsmöglichkeiten für die fertige Schaltung möglich sind, so können sie doch wesentliche Veränderungen der Entwurfsprozedur bei der Bestimmung der erforderlichen Bauelementeparameter hervorrufen. Diese Situation erschwert jeden Versuch einer lehrbuchartigen, sinnvollen Darlegung der Berechnungsformeln und Verfahren noch mehr.

Andererseits ist zu erwarten, wie verschiedentlich vorausgesagt wird, daß in Zukunft die echte Bauelemente- und Schaltungsentwicklung auf sehr wenige Ingenieure in wenigen Firmen, die sich mit der Herstellung von standardisierten Digitalbauelementen beschäftigen, beschränkt sein wird. Die Hauptlast der Projektierung von Digitalgeräten wird dann darin bestehen, zur Lösung der vorgegebenen Probleme geeignete Kombinationen dieser Bauelemente zu finden. Diese Arbeit könnte von entsprechend programmierten Rechnern automatisch erledigt werden. In gewisser Hinsicht hat eine derartig gekennzeichnete Entwicklung bereits begonnen. Die Technik der integrierten Schaltungen hat dabei wieder eine bedeutende Rolle gespielt. Obwohl die Bausteine integrierter Schaltungen bei ihrer Herstellung in großen Mengen billig sind, werden die Kosten außergewöhnlich hoch, wenn nur ein oder wenige Bausteine für eine vorgegebene Schaltung erforderlich sind. Um die Vorteile der integrierten Schaltung zu nutzen, ist ein Ingenieur daher oft aus wirtschaftlichen Überlegungen heraus gezwungen, Schaltungen zu verwenden, die von anderen Stellen entworfen wurden. Andererseits wurden erhebliche Fortschritte im automatischen Entwurf integrierter Schaltungen erzielt. Der Schaltungsentwurf, die Transistoren, Widerstände, Dioden und andere Bestandteile der Baueinheiten werden vom Rechner programmiert und mit einem derart geringen Aufwand gefertigt, so daß auch billige Schaltkreise für Versuchszwecke und in kleinen Mengen hergestellt werden können.

Jene Leser, die mein Buch „Digital Computer Components and Circuits“ kennen, das 1957 bei Van Nostrand erschienen ist, sind vielleicht an dem Verhältnis zwischen dem vorgenannten und meinem jetzigen Buch interessiert. Mit Ausnahme einer kleinen Überlappung auf dem Gebiet der elementarsten und am frühesten entwickelten Verfahren enthalten beide Bücher sehr wenig gleiches Material, und das wenige wurde vollkommen neu geschrieben. Man erkennt das am deutlichsten, wenn man die Literaturhinweise am Ende der einzelnen Kapitel miteinander vergleicht.

Das vorige Buch verwies auf 300 Quellen, während es in diesem Buch etwa 1000 sind. Keine dieser Literaturstellen wurde bereits im ersten Buch zitiert, da auch diese Quellen erst nach ihm erschienen sind. Diese neuen Quellen bilden die Grundlage für das Material zu diesem Buch, das mit vollem Recht als „Band II" des früher erschienen Werkes bezeichnet werden kann.

Bauelemente und Schaltungen sind im allgemeinen patentfähige Erfindungen. Viele der beschriebenen Schaltungen, Bauelemente oder Prinzipien könnten patentiert sein, so daß in diesem Buch die patentrechtliche Situation nicht berücksichtigt werden konnte. Bei derartigen Fragen sollte ein Patentanwalt konsultiert werden.

R. K. Richards

VORWORT DES DEUTSCHEN BEARBEITERS

Die großen Fortschritte in solchen Disziplinen wie Physik, Werkstoffkunde und Technologie haben wesentlich zur raschen Entwicklung der Elektronik beigetragen. Dem Entwickler elektronischer Schaltungen steht so ein weites Spektrum verschiedenartiger leistungsfähiger Bauelemente zur Verfügung. Dabei unterscheiden sich diese Bauelemente mitunter erheblich in den zur Realisierung der vorgesehenen Funktion herangezogenen Wirkungsprinzipien, ihren technischen Parametern und in den spezifischen Einsatzbedingungen. Gleichzeitig wächst mit dem weiteren Vordringen der Elektronik in die verschiedensten Gebiete die Zahl der insgesamt benötigten Bauelemente stark an, so daß durch weitere spezielle Anforderungen an die Technologie neuartige elektronische Bauelemente entstehen. So werden einerseits einzelne Bauelemente eingesetzt, andererseits verlangen bestimmte Anwendungsfälle den Einsatz komplexer integrierter Bauelemente, wie sie die integrierten Schaltungen darstellen. Für den Elektronikingenieur kommt es darauf an, die Wirkungsprinzipien elektronischer Bauelemente und ihre Grundeigenschaften gut zu kennen, um die richtige Auswahl an Bauelementen treffen und mit diesen Bauelementen sachkundig, funktionstüchtige und funktionssichere Schaltungen aufbauen zu können.

Das Buch vermittelt e nen guten Überblick über die große Zahl elektronischer Bauelemente und Grundischaltungen der Digitaltechnik. Ihre Funktionsprinzipien und die bei der Zusammenschaltung zu berücksichtigenden Dimensionierungs-Vorschriften werden erläutert. In der Bearbeitung wurden die Bezeichnungen, Begriffe und Formelzeichen der deutschsprachigen Fachterminologie angeglichen. Zum weiteren Studium dienen einige im hinzugefügten deutschsprachigen Literaturverzeichnis enthaltene Quellen.

August 1972 U. Frühauf

INHALTSVERZEICHNIS

1. GESCHICHTE UND EINLEITUNG

Die ersten elektronischen Bauelemente, Schaltungen und Systeme wurden hauptsächlich für die Industrie entwickelt, die sich mit Telefonie, Rundfunk und Tonaufnahmen beschäftigte. Es kam hier vor allem darauf an, das Eingangssignal möglichst originalgetreu an einem entfernten Ort zu übertragen bzw. zu einem späteren Zeitpunkt wiederzugewinnen. Ist das Ausgangssignal kein genaues Abbild des Eingangssignals, so bezeichnete man diese höchst unerwünschte Abweichung als Verzerrung. Dabei ist zu beachten, daß in Wirklichkeit alle Signale derartiger Systeme aus Sinus- oder Kombinationen von Sinusschwingungen verschiedener Amplitude und Frequenz bestehen. Selbst Rechteckwellen, Überlagerungssignale und andere zusammengesetzte Signale bestehen aus einem Gemisch von Sinusschwingungen. Daher wurden für die Signalanalyse zahlreiche technische Einrichtungen entwickelt, die zur Bestimmung der sinusförmigen Komponenten der Signale, zur Erzeugung, Verstärkung, Übertragung und Speicherung derartiger Signale dienen.

Als in den dreißiger und frühen vierziger Jahren neue Anwendungsgebiete der Elektronik durch Oszilloskope, Fernsehen und Radar erschlossen wurden, stieg der Bedarf an Impulssignalen. Bekanntlich können Impulssignale, insbesondere gleichförmige Impulsfolgen, mathematisch durch eine Summe von Sinuswellenfunktionen dargestellt werden. Diese Form der Signaldarstellung ist dabei häufig für den Entwurf von Schaltungen und Systemen von Vorteil. Andererseits ist diese Methode für Untersuchungen an Sperrschwingern, Sägezahngeneratoren, Frequenzteilern, Impulsverstärkern und anderen nichtlinearen Impulsschaltungen oft ungeeignet. Daher werden die impulstechnischen Schaltungen ihrem Wesen nach etwas verändert, wobei die Untersuchung und Berechnung des individuellen Potentialverlaufs an verschiedenen Punkten einer Schaltung in einem bestimmten Zeitabschnitt als Grundlage für die Analyse und den Entwurf dienen.

In gewisser Hinsicht ist die Digitaltechnik eine Erweiterung der Impulstechnik. Doch unterscheiden sich die durch den Terminus „digital" gemeinten Einsatzarten derart von den im vorigen Abschnitt erwähnten Verwendungsmöglichkeiten der Impulse, daß meist eine dritte und neue Art der Technik gemeint ist. Wie der Name sagt, wird in einem Digitalsystem die Information durch Ziffern dargestellt. Im allgemeinen dienen hierzu binäre Signale, die für die Wiedergabe von Dezimalziffern, Buchstaben des Alphabets und anderen Symbolen gruppiert werden. Ein grundlegendes Unterscheidungsmerkmal der

Digitaltechnik gegenüber der linearen Elektrotechnik und der Impulstechnik besteht darin, daß die Information in einem Digitalsystem eine Umrechnung oder, allgemeiner gesagt, eine digitale Datenverarbeitung erfährt. In einem Digitalsystem wird die Eingangsinformation in unterschiedlichster Weise verarbeitet, bevor man das gewünschte Ausgangssignal erhält, das sich in der Regel total von den Eingangssignalen unterscheidet. Der Sachverhalt ist also ganz anders als z. B. bei einem Oszilloskop. Hier soll möglichst genau das Eingangssignal auf dem Bildschirm wiedergegeben werden, unabhängig davon, welche der zahlreichen verschiedenartigen Impulsschaltungen zur Realisierung der notwendigen Funktionseinheiten herangezogen werden.

Die digitale Verarbeitung ist im allgemeinen insgesamt sehr kompliziert, besteht jedoch in jedem Falle aus relativ wenigen verschiedenen Einzeloperationen. Zu diesen Operationen gehören die Konjunktion UND, die Disjunktion ODER, die Negation NICHT und die Speicherung. In gewissen Fällen können statt der einfachen Operationen, deren Kombinationen verwendet werden, wie die exklusive ODER-Operation, die dezimale Zählung, die UND-Operation (bzw. ODER-Operation) mit nachfolgender Negation (NAND bzw. NOR). Diese elementaren Operationen sowie deren Kombinationen sollen in diesem Buch gemeinsam mit den zu ihrer Realisierung erforderlichen Bauelementen und Schaltungen ausführlich besprochen werden. Die digitalen Bauelemente und Schaltungen, mit denen diese logischen Operationen realisiert werden, lassen den Unterschied zwischen der Digitaltechnik und den anderen Richtungen der Elektronik deutlich erkennen.

Nebenbei haben in einem Digitalsystem sowohl die Steuersignale als auch die Informationssignale (Informationsträger) digitale Form. Die Steuersignale werden — wie das Informationssignal — durch gleichartige Bauelemente und Schaltungen erzeugt. — Ein Signal, das z. B. die Betriebsbereitschaft eines Magnetbandgerätes anzeigt, ist ein binäres Signal, da es entsprechend den beiden Betriebszuständen des Bandgerätes ,,betriebsbereit" bzw. ,,nicht betriebsbereit" die zwei möglichen Pegel Eins oder Null besitzen kann. Dieses Signal läßt sich mit anderen ähnlichen Signalen durch UND, ODER und Negationen kombinieren. Die endgültige Wirkung des Signals im Gesamtsystem hängt dann von den zur Anwendung gelangenden logischen Operationen ab.

Die Digitaltechnik findet auch in Gebieten, die bisher der Analogtechnik vorbehalten waren, Schritt für Schritt Eingang. So kann z. B. ein akustisches Telefonsignal aus der üblichen analogen Form in eine Impulsfolge umgewandelt werden. Die Amplitude jedes Impulses ist dann gleich der Amplitude des ursprünglichen akustischen Signals in dem betreffenden Zeitpunkt. Die Übertragung in eine digitale Information erfolgt dann so, daß die Amplitude jedes Impulses in eine Zahl umgewandelt wird. Die so entstehende Zahlenfolge wird auf gleiche Art wie jede andere digitale Information übertragen. Bei der digitalen Datenübermittlung sind dann Verzerrungen des Impulssignals soweit zulässig, wie die Erkennbarkeit der Zahlen nicht beeinflußt wird. Auf der Empfängerseite wird die Zahlenreihe in eine Folge amplitudenmodulierter

Impulse zurückverwandelt. Danach wird das empfangene Signal in einem Filter „geglättet", um so das ursprüngliche Signal zurückzuerhalten. Am Sender können die Zahlen zur Geheimhaltung verschlüsselt oder auf andere Weise bearbeitet werden. Der umgekehrte Vorgang läuft dann im Empfänger ab, um die Information wieder lesbar zu machen. Die Verschlüsseler und Entschlüsseler sind in diesem Beispiel digitale Systeme, die aus den in diesem Buch besprochenen Bauelementen und Schaltungen aufgebaut werden können. (Die Übertragung von verschlüsselten oder unverschlüsselten Zahlen wird allgemein als digitale Datenübertragung bezeichnet und im Kapitel 5 des Buches von Richards, „Electronic Digital Systems" besprochen.)

1.1. Vorgeschichte der elektronischen Digitalsysteme

Soweit bekannt, wurde in dem 1919 im „Radio Review" von W. H. Eccles und F. W. Jordan veröffentlichten Aufsatz die erste elektronische Digitalschaltung beschrieben. Die Verfasser bezeichneten ihre Schaltung als „trigger relay". Der Ausdruck „Eccles-Jordan-trigger" wird gelegentlich heute noch gebraucht, obwohl diese Schaltung heute allgemein als „Flip-Flop" bezeichnet wird. Der Flip-Flop, der als bistabile Transistor-Kippschaltung noch heute eine große Rolle spielt, bestand aus zwei Vakuum-Trioden, deren Anoden jeweils über einen Belastungswiderstand mit dem positiven Pol der Betriebsspannung verbunden waren. Jede Anode war gleichfalls über einen Spannungsteiler mit dem Gitter der entgegengesetzten Röhre so gekoppelt, daß beim Abschalten der einen Röhre die andere leitend wird. Infolge der Leitfähigkeit der zweiten Röhre bleibt aber die erste gesperrt. Da jede Röhre leitend sein kann, hat die Schaltung zwei stabile Gleichgewichtslagen und kann so eine binäre Zahl speichern. Offensichtlich fand aber diese Schaltung in den auf 1919 folgenden Jahren keine praktische Verwendung.

Die zweite bekannte Verwendung der elektronischen Digitaltechnik stellen die von C. E. Wynn-Williams 1931 und 1932 in den „Proceedings of the Royal Society" beschriebenen Thyratron-Zählerschaltungen dar. Obwohl viele Digitalschaltungen mit Thyratrons in der Folgezeit entwickelt wurden, konnten Thyratrons wegen ihrer durch die Entionisierungszeit begrenzten geringen Geschwindigkeiten keine größere Anwendung in elektronischen Digitalsystemen finden (mit Ausnahme der Betätigung elektromagnetischer Geräte im Eingangs- und Ausgangsteil der Systeme).

Aus den letzten dreißiger Jahren findet man vereinzelte, verstreute Hinweise über den Gebrauch von Flip-Flop in Zählschaltungen. Der Anwendungszweck war meist die Zählung der Impulse eines durch radioaktive Partikel aktivierten Geiger-Müller-Zählrohrs. Ebenfalls in der zweiten Hälfte der dreißiger Jahre sollen mindestens zwei Buchhaltungsmaschinenfabriken an der Entwicklung von elektronischen Zählerschaltungen gearbeitet haben, die sie anstelle der damals üblichen mechanischen und elektromechanischen Elemente einführen wollten. Doch fand ein derartiger Einsatz nicht statt, bevor die großen elektronischen Rechner bekannt wurden. Es sind scheinbar auch keine Veröffentlichungen über diese Arbeiten entstanden.

Die erste Anwendung elektronischer Digitalschaltungen in sogenannten Computern oder „Digitalsystemen" scheint im ATANASOFF-BERRY-Rechner, einer 300-Röhren-Maschine, die in der Iowa State University von 1939 bis 1942 für die simultane Lösung linearer Gleichungen gebaut worden war, erfolgt zu sein. Technische Angaben über diesen Rechner wurden niemals veröffentlicht, obwohl eine kurze Beschreibung dieses Geräts im Kapitel 1 des vorgenannten Buches „Electronic Digital Systems" enthalten ist.

Mit Ausnahme weniger noch geheimer Systeme, die möglicherweise während des zweiten Weltkrieges für militärsiche Zwecke gebaut wurden, finden wir die nächste Verwendung der Elektronik für Zwecke der Digitaltechnik im sogenannten ENIAC-Computer, der 1946 fertiggestellt und öffentlich bekannt gemacht wurde. Der ENIAC wurde im Auftrag des Ordonance Department der US-Armee an der Universität in Pennsylvania gebaut und war ursprünglich für die Berechnung ballistischer Schießtafeln bestimmt, konnte jedoch auch für viele andere mathematische Probleme angewandt werden. Der ENIAC setzte die Ingenieure nicht nur durch seine wesentlich höhere Rechengeschwindigkeit in Erstaunen, sondern auch durch seine trotz des Einsatzes von ungefähr 20000 Röhren hinreichend hohe Lebensdauer. Vakuumröhren galten damals als sehr unzuverlässige und kurzlebige Bauelemente.

Die Hauptschaltung des ENIAC war ein mit Flip-Flops aufgebauter Dezimalzähler. Zur Verknüpfung der einzelnen Zähler wurden auch noch weitere Digitalschaltungen verwendet. Doch gab es damals noch keine Vorstellungen von den Baueinheiten für UND, ODER und NICHT-Funktionen. Auch war der Gedanke einer Speicherung der digitalen Information im Volumen einer hierfür besonders vorgesehenen Baugruppe (im Gegensatz zu einzelnen Flip-Flop-Schaltungen) im ENIAC noch nicht verwirklicht, obwohl dieses Prinzip seit etwa 1946 bekannt war und entsprechende Vorrichtungen für spätere Rechner entwickelt wurden.

1.2. Baukastenprinzip

Ein Rundfunkgerät kann beispielsweise aus folgenden Bauteilen bestehen: Hochfrequenzverstärker, Hochfrequenzgenerator, Mischstufe, Zwischenfrequenzverstärker, Demodulator und Tonfrequenzverstärker. Jede dieser Schaltungen stellt besondere Entwurfsprobleme, während das aus den einzelnen Schaltungen aufgebaute Gesamtgerät so zusammengestellt sein muß, daß es als Empfänger arbeiten kann. Ein elektronischer Rechner kann auf ähnliche Weise aus mehreren Baugruppen zusammengesetzt sein. In diesem Falle sind es Akkumulator, Multiplizier-Dividierblock, Befehlsspeicher, Befehlsentschlüsselungsmatrix, Entschlüsselungsmatrix für die Rechengröße, Takteinheit und anderes. Trotzdem müssen sich die eingesetzten Schaltungen in den einzelnen Teilen des Rechners in ihren verschiedenen Kenndaten nicht wesentlich voneinander unterscheiden. So kann jeder Teil aus mehreren Grundbausteinen bestehen, die die vorgenannten UND-, ODER-, NICHT-Funktionen und die Speicherung realisieren. Einige Bauelemente können ausgewählte Kombinationen dieser Funktionen erledigen.

Die Entstehung des „Baukastenprinzips" ist im einzelnen nicht näher bekannt. Mit dem Ende der vierziger Jahre wurden nahezu alle elektronischen Digitalsysteme nach dem Baukastenprinzip hergestellt, obwohl in einigen Fällen die Anzahl der verschiedenen Typen verwendeter Bauelemente noch viel zu groß war. Viele Firmen begannen, digitale Baugruppen herzustellen und an andere Firmen zu verkaufen, die sie zum Bau der verschiedensten Digitalsysteme verwendeten. Ursprünglich bestanden die Baugruppen aus einer einzelnen Vakuumröhre mit einem Dutzend von Widerständen und Kondensatoren, die zu einer Baueinheit zusammengefügt wurden. Gewöhnlich wurde diese Einheit mit Stiften versehen, mit denen sie in eine Röhrenfassung gesteckt und so mit anderen Baugruppen verbunden werden konnten. Als Transistoren die Vakuumröhren verdrängten, entstanden die Baugruppen meist in Form einer Karte mit gedruckter Verdrahtung. Sie wurde mit den anderen Blöcken durch Steckleisten verbunden, die in verschiedenen Ausführungsarten auf dem Markt erschienen.

In jüngster Zeit erhielten die Baugruppen die Form von integrierten Schaltungen, die später noch ausführlicher besprochen werden sollen.

1.3. Dioden

Die Verwendung von Dioden für UND- und ODER-Funktionen (vgl. Kapitel 2) kann in einem Artikel verfolgt werden, der von C. H. Page im Septemberheft 1948 der „Electronics" veröffentlicht wurde. Obwohl die Qualität der damals für den Einsatz in Rechnern verfügbaren Dioden viel zu wünschen übrig ließ, war die hiermit gebotene Möglichkeit einer zahlenmäßigen Verringerung der Heizkatoden ein sehr wesentlicher Gesichtspunkt für die Einführung dieser Bauelemente. Die Verwendung von Dioden gestattete ferner eine Trennung der UND- und ODER-Funktion von der Inversion, die in jeder Vakuumröhrenschaltung mehr oder weniger mit enthalten war, so daß die strenge Entwicklung der Systeme erleichtert wurde. Die Dioden haben jedoch keine Verstärkerwirkung. Daher benötigte man noch Verstärkerröhren, die besondere Bedeutung für den Aufbau von Katodenfolgern aufwiesen, die bei hoher Stromverstärkung nur geringfügige Spannungsamplitudenverluste des Signals besaßen. Die meisten Anfang der fünfziger Jahre hergestellten Rechner verwendeten Vakuumröhren als aktives Element für die Inversion und Verstärkung, während Dioden für die meisten UND- und ODER-Funktionen eingesetzt wurden.

Die Diodenlogik hat nach wie vor ihre Bedeutung behalten, doch entfiel nach dem Übergang von den Vakuumröhren zu den Transistoren die Notwendigkeit, die Anzahl der Heizleistung fordernden Bauelementen zu minimieren, so daß in gewissen häufig verwendeten Schaltungen überhaupt keine Dioden vorkommen (wie das in Kapitel 3 ausführlich besprochen werden soll). Bei integrierten Schaltungen wird die Diode oft als Sonderfall eines Transistors angesehen, da eine Diode auf vereinfachte Weise aus einem Transistor gewonnen werden kann. Auch wurden gewisse kombinierte Dioden-Transistor-Elemente und -Funktionen geschaffen, die ebenfalls in Kapitel 3 besprochen werden sollen.

1.4. Transistoren

Die Transistoren wurden in den „Bell Telephone Laboratories" erfunden und 1948 erstmals öffentlich bekanntgegeben. Man erkannte sofort, daß sich die Transistoren für den Einsatz in Digitalgeräten gut eigneten, weil man auf die sonst erforderliche große Zahl von Glühkatoden-Heizern verzichten konnte und weil weitere Vorteile, wie geringe Stöße, geringes Gewicht, niedriger Preis, hohe Betriebssicherheit, hohe Geschwindigkeit und geringer Betriebsspannungsbedarf, hinzukamen. Unglücklicherweise schwankten die Kennwerte der ersten Transistoren sehr stark von Transistor zu Transistor und waren außerdem von Temperatur und Zeit in sehr weiten Grenzen abhängig. Trotz Behauptung des Gegenteils waren sie also sehr unzuverlässig. Außerdem hatten die ersten Transistoren meist Spitzenkontakte. Für den Betrieb von Transistoren dieser Art benötigte man besondere, höchst „ungewöhnliche und unbequeme" Schaltungen. Eine praktische Verwendung haben diese Spitzentransistoren nur in wenigen Versuchsanlagen gefunden.

Flächen-Transistoren kennt man seit kurz nach 1948, doch waren sie zunächst sehr unzuverlässig und derart langsam, daß sie in dieser Hinsicht nicht einmal mit einfachen Röhrenschaltungen konkurrieren konnten. Auf Grund der von Fall zu Fall unterschiedlichen Parameter der verfügbaren Transistoren war selbst der Entwurf eine Reihe arbeitsfähiger digitaler Baueinheiten erschwert. Allmählich aber konnten die Hauptprobleme durch die Fortschritte der Transistortechnik überwunden werden, so daß die ersten mit Flächentransistoren bestückten Rechner ab 1958 im Handel angeboten wurden.

Bis 1958 und vielleicht auch noch in den folgenden zwei bis drei Jahren verwendeten die meisten der damals in Betrieb befindlichen Transistoren das Germanium als Halbleitermaterial. Man hatte schon lange erkannt, daß man bei Verwendung eines Siliziumsubstrates qualitativ bessere Transistoren mit größerer Lebensdauer, höherer Nennspannung, geringerem Kollektorsperrstrom usw. erhalten könnte. Doch erfordert die Produktion von Siliziumtransistoren höhere Temperaturen und eine fortgeschrittenere Technik. Daher wurde anfangs aus technischen und wirtschaftlichen Gründen der Einsatz des Siliziums erschwert. Doch änderte sich die Situation im Verlauf weniger Jahre grundlegend. Zu Beginn der sechziger Jahre gab es Siliziumtransistoren von derart hoher Qualität zu geringen Preisen, daß faktisch alle Neuentwürfe von Digitalschaltungen auf Siliziumgrundlage erfolgten und der Einsatz von Germanium als völlig veraltet galt.

In gewisser Hinsicht gleichen die Flächentransistorschaltungen den ursprünglichen Röhren-Schaltungen. Die Ähnlichkeit ergibt sich aus der Tatsache, daß Emitter, Basis und Kollektor funktionell (wenn auch nicht physikalisch) der Katode, dem Gitter und der Anode einer Vakuumröhre nahe kommen. Andererseits unterscheiden sich aber die Kennwerte der Transistoren doch derart stark von den Kennwerten der Röhren, daß sich daraus wesentliche Unterschiede der zu verwendenden Schaltungen ergeben. Einerseits liefern die Transistoren keine allzu hohe Stromverstärkung. Dieser scheinbare Nachteil wird allerdings durch die Tatsache ausgeglichen, daß der Transistor durch eine weit geringere Veränderung der Eingangsspannung aus dem gesperrten in den leitenden Zustand überführt werden kann. Außerdem ist der Spannungsabfall in einem durchgesteuerten Transistor weit geringer als innerhalb einer in entsprechenden Verhältnissen eingesetzten Vakuumröhre. Schließlich gibt es Transistoren vom npn- wie vom pnp-Typ, während es bei den Vakuumröhren kein Gegenstück zum pnp-Typ gibt. Bei Verwendung beider Transistortypen kann man eine Vielzahl neuer und vorteilhafter Transistorschaltungen herstellen, die mit Vakuumröhren nicht möglich sind.

Aus diesen Erwägungen heraus und da die Vakuumröhren praktisch vollkommen durch Transistoren ersetzt wurden, sollen die Transistorschaltungen in Kapitel 3 als selbständiges Thema behandelt werden.

1.5. Integrierte Schaltungen

Digitale Systeme, für deren Aufbau Vakuumröhren verwendet wurden, bezeichnet man heute gewöhnlich als Systeme „der ersten Generation". Systeme mit Transistoren, Widerständen, Kondensatoren, Dioden und anderen diskreten Bauteilen sind Systeme „der zweiten Generation". Die Systeme „der dritten Generation" verwenden schließlich die sogenannten integrierten Schaltungen, die einem neuen Gebiet der erweiterten Transistortechnik angehören. So wurden integrierte Schaltungen verschiedener Formen geschaffen. Das Grundprinzip besteht darin, daß verschiedene Elemente in einem sehr kleinen Halbleiterblättchen („chip") aus Silizium untergebracht werden. Durch Diffusion von Verunreinigungen in vorausbestimmte Zonen des Blättchens und Wegätzen gewisser anderer Stellen kann man einzelne p- und n-Gebiete schaffen und zur Herstellung von Transistoren, Dioden und Widerständen wechselseitig verknüpfen. In gewissen Fällen können die Verbindungen zwischen den einzelnen Elementen durch elektrische Pfade quer durch die Zonen hergestellt werden. In anderen Fällen verlegt man dünne Metallfoliestreifen geeigneter Form auf den Block.

Integrierte Schaltungen können erstaunlich klein sein. Eine komplette Flip-Flop-Schaltung mit zwanzig oder mehr Elementen kann leicht in einer Packung untergebracht werden, deren längste Seite nur wenige Millimeter beträgt, während die beiden anderen Abmessungen noch kleiner sind. Bei der Verdichtung der Elemente innerhalb des kompletten Systems wurden noch weitere Fortschritte erzielt. Integrierte Kreise besitzen auf Grund der fehlenden fertigungstechnischen Möglichkeiten zur Herstellung von Spulen, besonders in den hier interessierenden sehr geringen Abmessungen, keine neuen, zusätzlichen Funktionen, ebenso wie auch die Transistoren keine neuen, mit Vakuumröhren unerfüllbaren Funktionen besaßen. Es sind nach wie vor die grundlegenden Funktionen UND, ODER, Inversion und Binärspeicherung sowie einige ausgewählte Kombinationen dieser logischen Funktionen.

Die integrierten Kreise übten trotzdem einen starken Einfluß auf die Gestaltung der Schaltungen aus. Insbesondere sind die Elemente jetzt so billig, daß eine Verkleinerung ihrer Zahl nicht mehr die Bedeutung hat, wie es bei den diskreten Bauelementen der Fall war. Beispielsweise kann ein Baustein bei Verwendung diskreter Bauelemente aus einer Dioden-ODER-Schaltung und einem nachfolgenden Umkehrverstärker mit einem Transistor, von dem ein Signal zur Steuerung anderer ähnlicher Blöcke erzeugt wird, bestehen. Eine derartige Schaltung ist zweckmäßig, doch ist ihre Eignung als Treiberstufe für hohe Geschwindigkeiten und für eine größere Anzahl nachfolgender Glieder (fan-outs) begrenzt. Baut man einen zweiten oder dritten Transistor in den Umkehrverstärker des Blockes ein, so wird die Geschwindigkeit und die Zahl der „fan-outs" verbessert, doch tut man dies mit Rücksicht auf die Transistorkosten sehr ungern. Bei Verwendung integrierter Schaltungen kosten jedoch zusätzliche Transistoren in manchen Ausführungen buchstäblich nichts. Daher bezeichnet man die für die Technik der integrierten Schaltungen verwendeten Grundelemente gern als die „modernsten" Schaltungen, die eine große Zahl von Bauelementen in manchmal recht komplizierten Zusammenschaltungen enthalten.

1.6. Feldeffekt-Transistoren

Gewöhnliche Transistoren fordern vom Steuersignal einen beträchtlichen Eingangsstrom. Das galt lange Zeit als wesentlicher Nachteil besonders gegenüber den Vakuumröhren, die eine hohe Eingangsimpedanz des Gitters besitzen und somit eine große Stromverstärkung aufweisen. Daher bemühte man sich, Transistoren mit einer hohen Eingangsimpedanz zu entwickeln, und erhielt schließlich ein Element, das nuter der Bezeichnung „Feldeffekttransistor" bekannt wurde. Bis etwa 1964 wurden Feldeffekttransistoren kaum verwendet, da sie einige andere sehr unerwünschte Eigenschaften zeigten, wie geringe Betriebssicherheit und beschränkte Geschwindigkeit. Bald darauf gelang jedoch die Entwicklung hochwertiger Feldeffekttransistoren, die sich gut für die Herstellung integrierter Kreise eigneten. Da sich aber gleichzeitig auch die herkömmlichen Transistoren wesentlich verbesserten, gelang es den Feldeffekttransistoren bisher nicht, ein nennenswertes Anwendungsgebiet zu finden.

Heute scheinen die Feldeffekttransistoren wettbewerbsfähig zu sein, besonders dann, wenn eine relativ entwickelte Schaltfunktion, beispielsweise ein 100-Bit-Schieberegister, in einer einzigen Baugruppe als integrierte Schaltung untergebracht werden soll. In solchen Fällen gewinnt die Anzahl der Transistoren wieder Bedeutung. Jede Stufe des Schieberegisters kann aber mit einer kleineren Zahl von Feldeffekttransistoren aufgebaut werden, als bei Verwendung herkömmlicher Transistoren möglich wäre. Die erreichbare Geschwindigkeit ist aber noch nicht in allen Fällen befriedigend, so daß die Einsatzmöglichkeit der Feldeffekttransistoren in der Digitaltechnik noch in der Entwicklung begriffen sind. In diesem Buch werden die Feldeffekttransistoren im Kapitel 10 über „verschiedene Digitalelemente und Schaltungen" mit behandelt.

1.7. Sonstige Bauelemente und Kreise für Digitalschaltungen

Trotz der nahezu absoluten Herrschaft der Dioden und Transistoren auf dem Gebiet der elektronischen Digitalschaltungen wurden und werden noch verschiedene andere Bauelemente ernsthaft erwogen. Man untersuchte sehr ausgiebig die Magnetkernschaltungen, von denen es viele verschiedene Ausführungsarten gibt. Gewisse Varianten wurden auch tatsächlich zu einer beträchtlichen Zahl verschiedenartiger Zwecke benutzt, doch war der Gesamteinsatz gegenüber den Dioden- und Transistorschaltungen verhältnismäßig klein und ist heute unbedeutend. Die frühesten Aufzeichnungen über die Verwendung der Magnettechnik für logische Glieder finden wir 1950 in der Dissertation von M. U. HAYNES, eines Studenten der Universität Illinois. Von da an bis heute veröffentlichten verschiedene Institutionen ununterbrochen technische Publikationen, in denen verschiedenartige Magnetkernschaltungssysteme beschrieben werden. Kapitel 6 über „Magnetkernlogikschaltungen" trägt dem Interesse Rechnung, das an diesem Thema besteht. Der meistgenannte Vorzug der Magnetschaltung ist ihre große Betriebszuverlässigkeit. Magnetkerne nutzen sich nicht ab und können nur bei übermäßiger Erhöhung oder mechanischer Beschädigung ausfallen. Leider erfordern die meisten Kernschaltungen eine vollkommen synchrone Arbeitsweise. Die begrenzte Zahl an „fan-outs" erschwert die logische Gestaltung des Systems außerordentlich. Fortschritt in der Transistortechnik haben gewisse bisherige Vorteile in bezug auf die Größe, das Gewicht, den Preis oder den Leistungsbedarf der Magnetkerne im wesentlichen ausgeglichen. Auch die mit Magnetkern erreichbare Geschwindigkeit konnte mit der Transistorgeschwindigkeit niemals konkurrieren.

Supraleitende digitale Schaltelemente, insbesondere das Kryotron, wurden von D. A. BUCK im Aprilheft 1956 der „Proceedings" IRE erstmals besprochen. Die Einfachheit seiner Grundstruktur und der Nullwiderstandswert der Elemente schienen die Entwicklung billiger und kleiner Systeme mit einem geringen Leistungsbedarf zu begünstigen. Auch hier hat die gleichzeitige Entwicklung der Transistortechnik gewisse relative Vorteile ausgeglichen, die supraleitende Bauelemente bieten könnten. Trotzdem kann sich prinzipiell die Lage auch wieder zumindest für gewisse Anwendungsfälle zu Gunsten der supraleitenden Elemente verändern. Mindestens drei große Gesellschaften beschäftigen sich noch mit Entwicklungsarbeiten auf diesem Gebiet. Supraleitende digitale Bauteile und Schaltungen sind das Thema des Kapitels 7.

Tunneldioden wurden 1958 von L. ESAKI (Japan) vorgeschlagen. Man kann eine Tunneldiode als eine gewöhnliche Diode mit hoher Dotierung bezeichnen, so daß in der Strom-Spannungskennlinie ein Gebiet mit negativem Widerstand entsteht. Da bei dieser Diode der Übergang zwischen niedrigen und hohen Spannungszuständen auch bei extrem hohen Frequenzen möglich ist und mit ihr einfache Schaltungen mit zwei verschiedenen Gleichgewichtslagen aufgebaut werden können, lenkte die Tunneldiode als mögliche Ersatzlösung für Transistoren und gewöhnliche Dioden die Aufmerksamkeit auf sich. Es wurden mehrere, verschiedene Formen von extrem schnellen logischen Gliedern mit Tunneldioden entwickelt. Einige von ihnen verwenden als „aktive" Elemente nur Dioden, während andere auf Kombinationen von Dioden mit Transistoren beruhen. Leider lassen sich Schaltsysteme bei Verwendung von Tunneldioden sowohl vom elektrotechnischen als auch vom logischen Standpunkt aus schwer ausführen. Bisher ist es nicht gelungen, mit Tunneldioden integrierte Schaltkreise zu fertigen. Kapitel 8 befaßt sich mit den wichtigsten Resultaten der beträchtlichen Anstrengungen, die zur Entwicklung von logischen Gliedern mit Tunneldioden gemacht wurden.

Weitere Bausteine und Kreise für Digitalschaltungen werden im Kapitel 10 „Verschiedene digitale Bauelemente und Schaltungen" kurz beschrieben, doch können diese Elemente im allgemeinen mit Transistorschaltungen aus Halbleiterdioden noch wenig konkurrieren.

1.8. BOOLEsche Algebra

Digitalschaltungen können ohne Verwendung besonderer Begriffe beschrieben werden, doch wäre ein Verzicht auf die BOOLEsche Algebra kaum gerechtfertigt, da sie ein wichtiges Hilfsmittel darstellt und überall verwendet wird. Es gibt verschiedene Bücher, die diesen Gegenstand behandeln. Zur Einführung eignen sich Kapitel 3 und 2 des Buches von RICHARDS „Arithmetic Operations in digital Computers".[1]) Da es hier aber mehr auf den elektrischen als auf den logischen Aufbau ankommt, werden nur die Grundzüge der Algebra benötigt. Die folgenden Abschnitte sind für Leser bestimmt, die keine Vorkenntnisse auf dem Gebiete der logischen Algebra besitzen. Diese Hinweise reichen für das Verständnis der in den folgenden Kapiteln beschriebenen logischen Elemente und Schaltungen.

Die Bezeichnung „BOOLEsche" Algebra ist vom Namen GEORG BOOLE abgeleitet, der 1847 ein Buch zur mathematischen Analyse der Logik schrieb. In ihrer Anwendung auf digitale Schaltungen ist die BOOLEsche Algebra ein System von Symbolen zur Darstellung der Schaltvorgänge, und zwar der logischen Operationen UND, ODER, NICHT (Negation) und kombinierter Operationen. Diese Symbolik kann auch zur Bezeichnung der Verbindungsleitungen

---

[1]) Weiterhin s. a. PESCHEL, K., Moderne Anwendungen algebraischer Methoden, VEB Verlag Technik Berlin 1967, KÄMMERER, W., Digitale Automaten, Akademie-Verlag Berlin, 1969 (Anm. d. dtsch. Red.).

zwischen den Schaltungen zur Realisierung der entsprechenden Operationen dienen. Bei Handhabung dieser Symbolik nach bestimmten Regeln kann man alternative Schaltungen für die Ausführungen einer vorgegebenen Operation finden. Oft erfordern diese Alternativlösungen weniger Bauelemente als die Ausgangsschaltung.

Es gab verschiedene Arten der BOOLEschen Symbolik. Am häufigsten scheint jene Version verwendet worden zu sein, wo die Konjunktion und Disjunktion als arithmetische Produkte und Summen dargestellt werden, während die Negation durch einen Querstrich über dem Symbol oder der kombinierten Symbolgruppe angegeben wurde; dieses Zeichen deutet auch die notwendige Inversion (Negation) des Signals an. Wenn also das Signal C nur gegeben wird, wenn die Eingangssignale auf den Leitungen A und B gleichzeitig eintreffen, so ergibt sich nach der BOOLEschen Symbolik $C = A \cdot B$. Wenn C in dieser Beziehung zu A und B steht, so sagt man, C sei 1, wenn beide, A und B, gleich 1 sind. Die Ziffern 1 und 0 entsprechenden dem ,,Vorhandensein" oder dem ,,Fehlen" eines Signals, das physikalisch durch einen vorhandenen oder nicht vorhandenen elektrischen Impuls bzw. durch das relativ positive oder negative Potential einer Leitung während einer vorgegebenen Zeitdauer dargestellt werden kann.

Für die Disjunktion gilt, daß C gleich 1 ist, sofern A oder B (bzw. beide) 1 sind. Die Symbolik lautet $C = A + B$.

Wenn das Ausgangssignal C eine Umkehrung des Eingangssignals A ist, schreibt man $C = \bar{A}$ und sagt, C sei nicht gleich A. Ist A gleich 1, so ist C gleich 0 und wenn A gleich 0 ist, ist C gleich 1.

Aus den Grundbegriffen der Konjunktion, Disjunktion und Negation lassen sich leicht die folgenden Beziehungen ableiten:[1])

$A + B$	$= B + A$	$A \vee B$	$= B \vee A$
$A \cdot B$	$= B \cdot A$	$A \wedge B$	$= B \wedge A$
$(A + B) + C$	$= A + (B + C)$	$(A \vee B) \vee C$	$= A \vee (B \vee C)$
$(A \cdot B) \cdot C$	$= A \cdot (B \cdot C)$	$(A \wedge B) \wedge C$	$= A \wedge (B \wedge C)$
$A + 0$	$= A$	$A \vee 0$	$= A$
$A + 1$	$= 1$	$A \vee 1$	$= 1$
$A + A$	$= A$	$A \vee A$	$= A$
$A \cdot 0$	$= 0$	$A \wedge 0$	$= 0$
$A \cdot 1$	$= A$	$A \wedge 1$	$= A$
$A \cdot A$	$= A$	$A \wedge A$	$= A$
$A \cdot B + A \cdot C$	$= A \cdot (B + C)$	$A \wedge B \vee A \wedge C$	$= A \wedge (B \vee C)$
$A + B \cdot C$	$= (A + B) \cdot (A + C)$	$A \vee B \wedge C$	$= (A \vee B) \wedge (A \vee C)$
$A + \bar{A}$	$= 1$	$A \vee \bar{A}$	$= 1$
$A \cdot \bar{A}$	$= 0$	$A \wedge \bar{A}$	$= 0$
$\overline{A \cdot B}$	$= \bar{A} + \bar{B}$	$\overline{A \wedge B}$	$= \bar{A} \vee \bar{B}$
$\overline{A + B}$	$= \bar{A} \cdot \bar{B}$	$\overline{A \vee B}$	$= \bar{A} \wedge \bar{B}$

[1]) In der rechten Spalte wurde eine gleichwertige, häufig auch verwendete andere Schreibweise angegeben (Anm. d. dtsch. Red.).

Eine dieser Beziehungen $A \cdot B + A \cdot C = A \cdot (B + C)$ sei am Beispiel des Schaltbildes 1.1a in der Sprache der Logikschaltung erläutert: Eine Schaltoperation wird durch die drei Eingangssignale A, B und C ausgelöst. Man schreibt

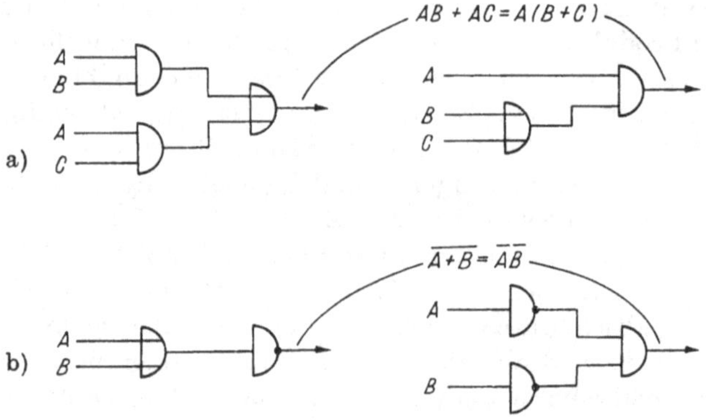

Abb. 1.1. Beispiele für Beziehungen zwischen der BOOLEschen Notation und den Logikelementen

das als $A \cdot B + A \cdot C$ oder $A \cdot (B + C)$, da beide Ausdrücke in der BOOLEschen Symbolik funktionell gleichwertig sind. Jeder der vorgenannten Ausdrücke kann einem Ausgangssignal D gleichgesetzt werden. Obwohl die physikalischen Geräte verschieden sind, mit denen diese Operation ausgeführt wird, erhält man in jedem Falle das gleiche D. Bei einer vorgegebenen Kombination von Einsen und Nullen für A, B und C hat das D-Dignal demnach für jede Schaltung den gleichen Wert.

Die zweite dargestellte Beziehung $\overline{A + B} = \overline{A} \cdot \overline{B}$ wird in der Sprache der Logikschaltung auf Abb. 1.1b erläutert, wobei mit NICHT ein Inverter (Negator) bezeichnet wird.

Da die Symbolik ursprünglich für das Gebiet der Logik bestimmt war, werden die Schaltungen gewöhnlich als Logikschaltungen bezeichnet: der „logische" Entwurf eines Digitalsystems gibt dann die Art und Weise an, in welcher die elementaren Schaltoperationen miteinander verknüpft werden. Die Beziehungen zwischen den Digitalschaltungen und den Urteilen und Schlußfolgerungen der Logik sind trotzdem begrenzter Art. Der Verfasser bevorzugt daher die Bezeichnung „Schaltkreis" (switching circuit), weil sie dem Sachverhalt bei der Ein- und Ausschaltung elektrischer Kontakte näher kommt. Trotzdem gibt es Fälle, wo statt „Schalt" ein anderes Wort gesetzt werden muß, nämlich dann, wenn es mehr auf die Art ihrer Verknüpfung als auf die Geräte selbst ankommt.

1.9. Bauelemente und Schaltungen für die Speicherung einzelner binärer Ziffern

Wir besprachen bisher im wesentlichen die Konjunktion, Disjunktion und Negation (die UND, ODER, NICHT-Operationen). Mit diesen drei Operationsarten kann man nur Verknüpfungsfunktionen realisieren. Die meisten Digitalsysteme enthalten aber noch sog. Folgeoperationen, die die Zeit als Parameter enthalten. Daher wird eine vierte fundamentale Operation, die Speicherung, erforderlich. Die Operation der Speicherung kann nicht isoliert und direkt definiert werden, wie das bei den anderen drei Operationen möglich war, obwohl die Speicherung mit gewissen Gruppen von Bauelementen und Schaltungen realisiert werden kann, wenn man zu den bisherigen drei Funktionen die Verzögerung als vierte aufgenommen wird. In dem Verzögerungsglied gelangt das Eingangssignal in unveränderter Form, aber erst eine gewisse Zeit später zum Ausgang. Statt einer theoretischen Erörterung des Wesens dieser vierten Schaltfunktion wollen wir in diesem Abschnitt die in der Praxis üblichen Ziffernspeicherelemente besprechen.

Der bereits erwähnte Flip-Flop stellt das häufigste Ziffernspeicherelement dar. Ein Flip-Flop führt keine neuen Schaltoperationen ein; er kann aus zwei ODER-Schaltungen und zwei Invertoren in einer Gegenkopplungsschleife, wie in Abb. 1.2a gezeigt, aufgebaut werden. Man kann erkennen, daß diese Anordnung zwei stabile Lagen hat, indem man zunächst das Ausgangssignal gleich 1 setzt. Man schickt diese 1 durch die linke ODER-Schaltung zum linken Invertor, so daß am Ausgang dieses Inverters 0 anliegt. Kommt ein Signal „Null setzen“, so ergibt die in dem rechten Inverter eingegebene Null an seinem Ausgang das ursprünglich gewählte Signal 1. Wenn der Ausgangswert dagegen Null ist, ergeben die beiden reihengeschalteten Invertoren der Schleife ganz entsprechend den Ausgangswert 0. Man kann die 1 oder 0 am Ausgang erhalten, indem man über die Eingangsleitungen „Eins setzen“ bzw. „Null setzen“ ein entsprechendes Signal gibt.

Obwohl der in Abb. 1.2a gezeigte Flip-Flop eine Binärzahl speichern kann, benötigt ein Digitalsystem außer derartigen Flip-Flops und den UND-, ODER-, NICHT-Gliedern noch weitere Elemente. Im allgemeinen kann man die Signale „Eins setzen“, „Null setzen“ nicht von anderen Flip-Flops ableiten, die durch den vorliegenden Flip-Flop betätigt werden (ganz gleich, ob das Signal zwischen den Flip-Flops UND-, ODER- oder Inversionsglieder durchläuft), da die zeitliche Steuerung infolge der endlich hohen Übergangsgeschwindigkeit der Flip-Flops und anderer Elemente problematisch wird. Eine Möglichkeit für den Einsatz von Flip-Flops besteht darin, zwei Flip-Flop-Schaltungen in einem System zu verwenden, mit dem jede durch eine Taktimpulsfolge gesteuert wird, wobei die Impulse beider Folgen einander zeitlich abwechseln. Mit diesem Schema speichert die eine Flip-Flop-Schaltung zeitweise die Information, während sie von UND-, ODER- und NICHT-Gliedern verarbeitet und die

Flip-Flop-Ausgänge nach den Gattern (UND-Gliedern) an den Eingängen der zweiten Flip-Flop-Schaltung gekoppelt werden. Die zweite Schaltung speichert die verarbeitete Information, während sie gleichzeitig zur ersten Flip-Flop-Schaltung zurückkehrt, wobei eine weitere Verarbeitung möglich ist. Dieser Vorgang wiederholt sich im System immer wieder, solange es nötig ist.

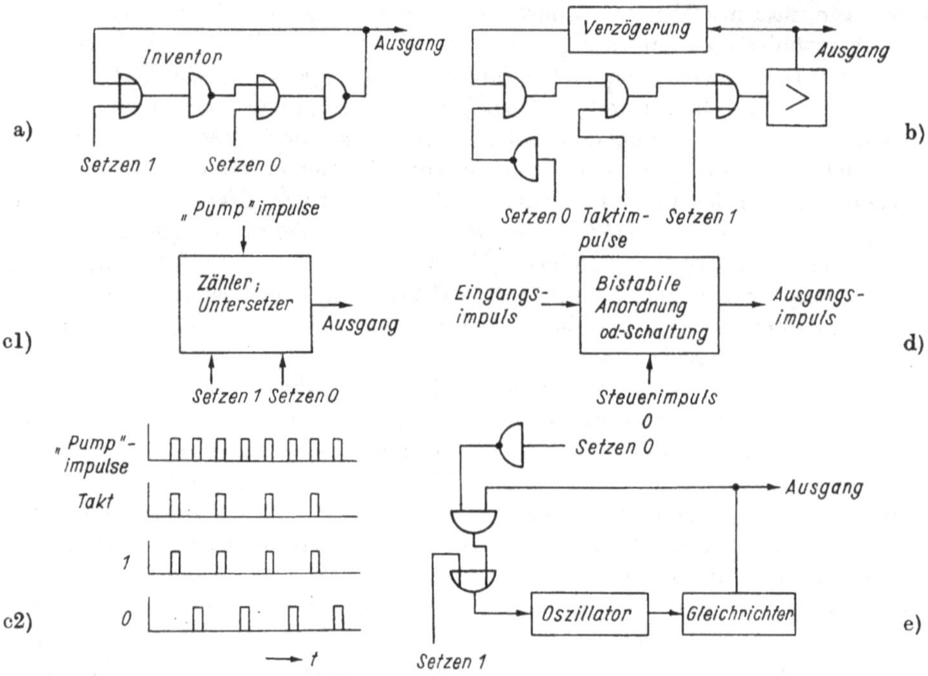

Abb. 1.2. Methoden der digitalen Signalspeicherung

Deshalb wird bei der binären Speicherung in Flip-Flops, wie in Abb. 1.2a gezeigt ist, die vierte Funktion (Verzögerung) auf die Funktion der beiden Taktimpulsfolgen zurückgeführt.

Verschiedene Varianten von Flip-Flop-Schaltungen werden verwendet. Bei einer Variante wird der Flip-Flop an einem einzigen Eingang angesteuert. Die so ergänzte Schaltung kann noch weiter abgewandelt werden, wenn die Impulssignale den Flip-Flops nur unter Zuordnung gewisser statischer Signale, die an anderen Eingängen laufend zugeführt werden können, triggern. Diese Schaltung wird *IK*-Flip-Flop genannt. Diese Flip-Flops erfordern eine gewisse innere Verzögerung, die oft ein wenig größer als die innere Trägheitswirkung der Flip-Flop-Elemente ist. Typische Schaltungen dieser Art werden in den späteren Kapiteln besprochen.

Abb. 1.2b zeigt ein „dynamisches" oder „vollsynchrones" binäres Speichersystem. In der Gegenkopplungsschleife liegt ein Laufzeitglied. Die Speicherung von der logischen Eins oder Null hängt davon ab, ob der Impuls längs der Schleife zirkuliert oder nicht. Um den Ausgangsimpuls, der zu bestimmten Zeitpunkten am Ausgang liegen soll, zu regenerieren, wird er in einer UND-Schaltung mit einer kontinuierlichen Folge von Taktimpulsen kombiniert. Die Zeit zwischen zwei aufeinanderfolgenden Taktimpulsen ist gleich der vollen Umlaufzeit des Impulses in der Schleife. In bestimmten Speichersystemen dieser Art korrigiert der Taktimpuls die Laufzeit und die Form des rückkehrenden Impulses, in anderen Fällen erfolgt eine „Einblendung" des rückkehrenden Impulses in einen neuen Taktimpuls. Vom Standpunkt der Schaltoperation sind beide Prozesse gleichwertig. Eine 1 tritt auf, wenn zum richtigen Zeitpunkt ein Impuls über das ODER-Glied an den Eingang „Eins setzen" gelangt. Die 0 wird durch einen Impuls in der Eingangsleitung „Null setzen" eingegeben. Dann kann der rückkehrende Impuls nicht mehr in die UND-Schaltung eintreten.

Die Binärspeicherschaltung gemäß Abb. 1.2b genoß ein gewisses Ansehen zur Zeit der Vakuumröhren, da sie (wie auch für die zusätzlichen logischen Glieder) gewisse Vorteile gegenüber den damals erhältlichen Alternativschaltungen bot. Nach Ansicht vieler Ingenieure ließen sich aber Systeme dieser Art schwer entwerfen und noch schwerer instandhalten. Die meisten Schaltungen dieser Art verwendeten Impulswandler zur Impedanzanpassung im Verstärkerteil der Schaltungen. Als Laufzeitglied für eine Impulsfolgefrequenz von 1 MHz diente eine Verzögerungsleitung aus verteilten Elementen von einigen Zoll Länge. Da weder der Impulswandler noch das Verzögerungsglied für integrierte Schaltungen verwendbar sind, scheint das Interesse an dieser Anordnung gänzlich erloschen zu sein.

Der Block in Abb. 1.2c stellt eine vollkommen andere Art der Binärsignalspeicherung dar. Der Zähler oder subharmonische Oszillator erzeugt einen Ausgangsimpuls für je zwei Perioden des Pumpsignals. Die Schaltung speichert 1 oder 0, je nachdem ob die Ausgangsimpulse mit der Folge von Taktimpulsen, die mit halber Pumpfrequenz gegeben wurden, phasengleich oder phasenverschoben sind, wie in Abb. 1.2c—2 gezeigt wird. Die Einzelheiten der Methode, wonach das Speicherelement auf die 1- oder 0-Phase einzustellen ist, hängt von der Bauart des Zählers oder subharmonischen Oszillators ab. Viele Varianten sind möglich. Ein Magnetkernsystem (das Parametron) und eine Tunneldiodenanordnung benutzen diese Methode der Binärziffernspeicherung. Beide Geräte werden in den betreffenden Kapiteln beschrieben.

Der Block in Abb. 1.2d stellt eine andere Speichermethode dar, die keine festen Beziehungen zu einzelnen logischen Gliedern hat. Nehmen wir beispielsweise an, daß, obwohl viele andere Ausführungsarten der Elemente und Schaltungen möglich sind, in dem Block ein Magnetkern als Hauptelement enthalten ist. Durch einen Stromstoß in einer Wicklung wird der Kern auf 1 gesetzt. Die 1 wird dadurch gespeichert, daß der Remanenzfluß in bestimmter (nicht unbedingt bekannter) Richtung um den Magnetkern fließt. Eine gewisse Zeit später wird ein „Steuerimpuls" angelegt, wodurch der Magnetkern auf Null gesetzt wird, was durch den in entgegengesetzter Richtung fließenden

Strom dargestellt wird. Wenn das Gerät nicht auf 1 gesetzt wurde, d. h., wenn es die durch den vorherigen Impuls bedingte Nullstellung nicht verlassen hat, ändert sich die Stromrichtung nicht und es wird an der Ausgangswindung kein Signal gegeben. Wenn das System aber zur Zeit des Steuerimpulses eine 1 speichert, so induziert die Stromänderung an der Ausgangswindung ein Signal. Die Speicherung von 1 erfolgt nur im Zeitabschnitt zwischen dem Eingangsimpuls und dem nächstfolgenden Steuerimpuls. Wenn die Speicherung über eine längere Folge von Steuerimpulsen aufrechterhalten bleiben soll, muß für eine erneute Speicherung gesorgt werden. Dies kann durch eine zweite Schaltung der gleichen Art geschehen, die aber von einem zur ersten Schaltung phasenverschobenen Steuerimpuls gespeist wird. Diese offensichtlich unbequeme Arbeitsweise stellt einen ernstlichen Mangel der Magnetkernspeicher dar. Dieser Nachteil wird auch bei Verwendung von Schaltungen mit Mehrlochkernen und anderer zu beschreibender Verbesserungen nur teilweise gemildert.

Abb. 1.2e wurde mehr zu akademischen Zwecken aufgenommen, um zu zeigen, daß noch andere binäre Digitalspeichersysteme entwickelt wurden. Auf diesem Bild ist das binäre Speicherelement ein Hochfrequenzoszillator. Die 1 oder 0 wird durch das Vorhandensein bzw. Nichtvorhandensein von Schwingungen angezeigt. Der Oszillator schwingt eine Zeit lang, solange das Eingangssignal angelegt ist. Das durch die Schwingungen erzeugte Wechselstromsignal wird zu einem Gleichstrom-Ausgangssignal umgeformt. Dieses Ausgangssignal gelangt durch UND-, ODER-Glieder als Eingangssignal zurück. Die Schwingungen werden durch das kurzzeitige Signal „Eins setzen", das in einen der Eingänge des ODER-Gerätes hineingegeben wird, angeregt und brechen beim Signal „Null setzen", das über einen Negator zu einem Eingang des UND-Elements gelangt, ab. Diese Art der Speicherung wurde in einer Anzahl früherer Fälle reiflich erwogen. Gegenwärtig wird sie u. W. nirgends verwendet.

Weitere Binärzahlen-Speichermethoden benutzen den Speichermechanismus einer Vierschichtdiode, die mit einem Widerstand und einer Stromquelle in Reihe geschaltet werden kann und eine bistabile (leitende oder nichtleitende) Schaltung ergibt. Obwohl die Vierschichtdiode durch einen *npn*-Transistor und einen *pnp*-Transistor in einer Schaltung simuliert werden kann, was einer Verbindung zweier Inverter in einer Schleife vage ähnelt, so muß doch die Vorrichtung zur Veränderung des Schaltzustandes anders sein als in Abb. 1.2a. Der Vorteil dieser Art der Speicherung besteht darin, daß der Leistungsbedarf im nichtleitenden Zustand (d. h., wenn 0 gespeichert ist, was bei manchen Anwendungsarten überwiegend der Fall ist) sehr klein ist. Diese Art der Speicherung wird in Kapitel 3 ausführlicher besprochen.

1.10. Digitale Massenspeicher

Grundsätzlich kann ein Digitalsystem allein mit UND-, ODER-Elementen, Negations- und Speicherungsoperationen aufgebaut werden, wie es in den bisherigen Abschnitten beschrieben wurde. Wie die Booleсche Algebra zeigt, können heute entweder die UND- oder die ODER-Operation in diesem Verzeichnis gestrichen werden. Die wegfallende Operation wird dann durch eine geeignete Schaltung simuliert, die aus der entgegengesetzten Operation und der Negation aufgebaut wird. Indessen setzen die meisten größeren Digitalsysteme eine derart umfangreiche Speicherung digitaler Informationen voraus, daß jede der zahlreichen Formen der Ziffernspeicher angesichts der Zuverlässigkeitsprobleme bei einer großen Anzahl von erforderlichen Bauelementen hoffnungslos unwirtschaftlich und wahrscheinlich technisch unausfürhbar wäre.

Man benötigt daher digitale Großspeicher, in denen die einzelnen Speicherelemente sehr einfach (geringe Kosten) und zuverlässig sind und weitere wertvolle Eigenschaften besitzen, wie geringe Größe und Gewicht und hohe Geschwindigkeit. Andererseits ist das gleichzeitige Arbeiten aller Speicherelemente nicht erforderlich. Tatsächlich braucht für viele Anwendungsfälle nur ein Speicherelement zu einem bestimmten Zeitpunkt wirksam zu werden; die Zahl der gleichzeitig eingesetzten Elemente ist oft nicht größer als die Zahl der in einem „Wort" des betreffenden Systems enthaltenen binären Ziffern.

Um allen Anforderungen an einen Großspeicher zu genügen, benötigt man eine Anlage entsprechend der in Abb. 1.3 dargestellten Art. Zur Steuerung

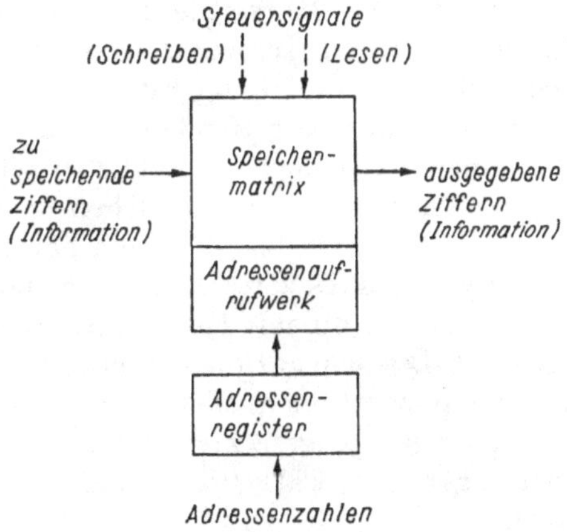

Abb. 1.3. Digitale Massenspeicherung

der einzelnen „Adressen" oder Zahlenpositionen, die im Speichermechanismus zu einer bestimmten Zeit aufgerufen werden sollen, benötigt man ein Adressenregister. Die Adressenzahl wird in das Adressenregister gegeben und dort gespeichert. Das Adressenregister besteht gewöhnlich aus mehreren Flip-Flops oder anderen Elementen zur Speicherung einzelner Ziffern, wie sie bereits beschrieben wurden. Der Speicher selbst besteht aus zwei Teilen: der Speicherelementenmatrix und dem Adressenaufrufwerk. Wenn eine Zahl oder ein Wort gespeichert werden soll, wird es über eine geeignete Eingabe auf das Speicherelement übertragen. Wird der Speicher durch ein entsprechendes Steuersignal betätigt, so gelangt die Information in das Speicherfeld der speziellen Adresse, die der laufenden Nummer im Adressenregister entspricht. Dann kann man eine neue Adresse eingeben und gleichzeitig eine neue Zahl oder ein neues Wort speichern. Den Prozeß der Speicherung bezeichnet man gewöhnlich als „Schreiben".

„Lesen" ist der Prozeß der Informationsentnahme. Durch Verwendung verschiedener Steuersignale im Gerät erscheint die durch die Zahl im Adressenregister bezeichnete Information in der Ausgabeleitung des Speichers. Im allgemeinen können die Schreib- und Ablese-Operationen in beliebiger Folge abwechseln. Die Zahl im Adressenregister kann sich während jeder Operation verändern, so daß eine hohe Flexibilität der Speicherung gewährleistet wird. In einigen Geräten kommen gewisse Einschränkungen vor. So kann zum Beispiel die gespeicherte Information an der gewählten Adresse beim Lesen zerstört werden, so daß für eine fortlaufende Speicherung jeder Ableseoperation eine Schreiboperation mit gleicher Adresse folgen muß. Das ausgelesene „Wort" muß in der Zwischenzeit in einem für diesen Zweck vorgesehenen Zwischenregister (in Abb. 1.3 weggelassen) gespeichert werden.

Die Taktzeit des Massenspeichers ist ein in vielen Digitalsystemen außerordentlich wichtiger Kennwert, da sie die maximal erreichbare Datenverarbeitungsgeschwindigkeit begrenzt. Die Taktzeit läßt sich für die verschiedenen in Frage kommenden Speichergeräte nur schwer definieren; gewöhnlich versteht man unter Taktzeit den Zeitaufwand für die Eingabe der Zahl ins Adressenregister, das Ablesen der unter der betreffenden Adresse vorhandenen Information und das Aufzeichnen einer neuen (möglicherweise auch der alten) Information unter der gleichen Adresse. Bei manchen Speichern kann sich die Eingabe der Zahl ins Adressenregister bis zu einem gewissen Grade mit dem Schreibvorgang des vorherigen Taktes zeitlich überschneiden. Unter Taktzeit versteht man dann die Zeit, die für die mit Höchstgeschwindigkeit unmittelbar aufeinanderfolgenden Schreib-Lese-Operationen benötigt wird. Wenn bei einer Aufeinanderfolge von Schreiboperationen oder Leseoperationen keine Vermischung mit Operationen der entgegengesetzten Art eintritt, wird die Taktzeit bei manchen Speicherarten geringer, während bei anderen Ausführungen keine Zeitersparnis erzielt wird.

Der Terminus „Zugriffszeit" wurde vielfach mit zwei verwandten aber ziemlich verschiedenen Bedeutungen verwendet. Für Verzögerungsleitungen und Magnettrommelspeicher (wie sie später beschrieben werden) ist Zugriffszeit die Zeit, die für den Zugang zur vorgegebenen Adresse erforderlich ist. Diese Zeit schwankt stark und hängt von der örtlichen Lage der Adresse in der Umlaufschleife während der Betätigung des Lese- oder Schreibvorganges im Speichergerät ab. Bei diesen Geräten versteht man unter Zugriffszeit oft die Durchschnittszeit, die für den Zugriff bei einer großen Zahl willkürlich gewählter Adressen benötigt wird. Die durchschnittliche Zugriffszeit ist in diesem Falle gleich der halben Zeit, welche die Adresse für den Umlauf in der Schleife benötigt.

Bei Speichern mit sogenanntem „wahlfreien Zugriff“, wo der Zugang zu jeder beliebig gewählten Adresse mit gleichhoher Geschwindigkeit möglich ist, ist die Zugriffszeit gewöhnlich der Zeitaufwand für die Eingabe der Zahl ins Adressenregister und die Ermittlung der unter dieser Adresse gespeicherten digitalen Information.

1.11. Magnettrommeln und -scheiben

Die erste für die Speicherung von digitalen Informationsmengen entwickelte Anordnung ließ die gespeicherte Information für den Adressenzugriff fortgesetzt in einer Art Schleife kreisen. Eine in den Speicher eingegebene Ziffer erscheint eine bestimmte Zeit später im Abtaster entsprechend der Umlaufsdauer in der Schleife. Für eine dauernde Speicherung muß die Information immer wieder in der Schleife umlaufen. Viele Zahlen können die Schleife gleichzeitig in aufeinander folgender Reihe passieren. Bei gleichzeitiger Wortspeicherung müssen mehrere Elemente nebeneinander synchron arbeiten.

Die Adressen können bei folgender Anordnung beliebig gewählt werden. Eine kontinuierliche Folge von Impulsen wird einem Zähler zugeführt. Jeder Impuls entspricht einer Adressenposition, die das Schreib- oder Lesewerk passiert. Die Zählerkapazität ist der Adressenzahl im Speicher gleich. Das Arbeitsspiel des Zählers wiederholt sich nach einer Zeit, die für den Umlauf einer Zahl oder eines Wortes durch die Schleife erforderlich ist. Zum Vergleich des Inhalts im Adressenregister und im Zähler dient eine besondere Schaltung. Wenn die Inhalte einander gleich sind, weiß man, daß die gewählte Adresse im Schreib- und Lesewerk vorhanden ist. Die Schreib- oder Leseoperation kann dann vor sich gehen. Man benötigt im allgemeinen verschiedene Steuer- und Verriegelungssignale, um dem übrigen System anzuzeigen, wann eine Lese- und Schreiboperation abgeschlossen ist, und den vorzeitigen Beginn einer folgenden Lese- und Schreiboperation hinauszuzögern.

Die Massen-Umlaufspeicherung wurde in dem am Beginn dieses Kapitels erwähnten Atanassov-Berry-Rechner verwendet. In diesem Falle wurden auf einem kontinuierlich rotierenden Zylinder oder einer Trommel angebrachte Kondensatoren als Speicherelemente verwendet. Eine Elektrode jedes Kondensators war mit einem Metallstift an der Trommeloberfläche verbunden; beim Umlauf der Trommel wurden die Kondensatorenreihen nacheinander mit den Schaltungen in Kontakt gebracht, um die Polarität der in den Kondensatoren gespeicherten Ladung entsprechend der zu speichernden Information wiederherzustellen oder umzupolen.

Die Möglichkeit, statt der Kondensatoren schmale Streifen aus magnetischem Werkstoff zu verwenden, war seit 1940 bekannt, doch hat der Verfasser nicht erfahren können, wann ein Austausch tatsächlich erstmals erfolgte. Als Magnetspeicherelement erhält man die wohlbekannte Magnettrommel. Man schreibt, indem man einen Stromstoß durch einen Magnetkopf schickt. Das hierbei entstehende Magnetfeld magnetisiert einen kleinen Bezirk der magnetisierbaren Schicht an der Trommeloberfläche. Die gespeicherten Binärzahlen können nacheinander abgelesen werden, sobald die Bezirke bei dem Trommelumlauf in die Nähe des Ablesekopfes gelangen. In dem Ablesekopf wird ein Spannungsstoß induziert, dessen Polarität von der Richtung des Schreibstroms abhängt und dementsprechend wird eine 1 oder 0 ausgelesen. Meist, aber nicht immer, verwendet man denselben Kopf zum Lesen und Schreiben, so daß, um das Geschriebene zu lesen, eine ganze Zahl von Trommelumdrehungen benötigt wird.

Die Magnettrommeln waren in der Geschichte der elektronischen Digitalrechenmaschinen ziemlich verbreitet, obwohl die erforderliche Wartezeit bis zur Ankunft der gewählten Adresse am Lese- und Schreibwerk in einigen Fällen störte. Der Hauptvorteil der Magnettrommelspeicher besteht in ihrer hohen, mit relativ geringen Kosten erreichbaren Kapazität. Wählt man den Durchmesser groß gegenüber der Länge und speichert an den Stirnseiten, statt an der Peripherie, so erhält man die Magnetscheibenspeicherung. Obwohl sich gewisse Probleme aus der ungleichmäßigen Länge der „Spuren" auf den magnetisierten Bezirken ergaben, lassen sich größere Speicherungsdichten von Zahlen pro Volumeneinheit erreichen. Die Magnetscheibe wird heute für die volladressierten Massenspeicher am häufigsten verwendet.

Denselben Speichermechanismus — nicht aber dieselbe Art der Adressierung — gibt es bei Verwendung von Bändern oder Karten mit magnetisierbarer Fläche. Die Magnettrommeln, Scheiben, Bänder und Karten werden in Kapitel 5 „Magnetflächenspeicher" ausführlicher beschrieben.

1.12. Verzögerungsleitungen

Das Adressierverfahren für Speicherverzögerungsleitungen ist im wesentlichen das gleiche, wie bei Magnettrommeln und Scheiben, doch ist die Art der Speicherelemente ganz anders. Tatsächlich können an Verzögerungsleitungen keinerlei einzelne Speicherelemente unterschieden werden. Eine zu speichernde Zahl wird in eine Übertragungsleitung bestimmter Art eingegeben und solange darin gespeichert, wie sie braucht, um von dem einen Ende der Leitung zum anderen zu gelangen. Viele Zahlen können zu einer bestimmten Zeit hintereinander wandern. Um anzuzeigen, wann eine ausgewählte Zahl am Abtastkopf der Empfangsendstelle erscheint, verwendet man einen impulsgesteuerten Zähler. Ebenso wie bei Trommeln und Scheiben findet man die gesuchte Adresse durch Vergleich des Zählerinhalts mit dem Inhalt des Adressenregisters.

Man entwickelte Verzögerungsleitungen für Radarzwecke im Laufe des zweiten Weltkrieges und vielleicht auch wesentlich früher. Die Möglichkeit, Zahlen in Verzögerungsleitungen zu speichern, wurde erstmals 1946 an der Pennsylvania-Universität (wo die ENIAC- und ADVAC-Rechner entwickelt wurden) öffentlich bekannt gegeben. Als Verzögerungsleitungen wurden damals Quecksilberleitungen empfohlen. Sie bestanden im wesentlichen aus zwei piezoelektrischen Wandlern, die an beiden Enden eines mit Quecksilber gefüllten

Rohres angebracht wurden. Ein Stoß von hochfrequenten Impulsen wurde vom Wandler an dem einen Ende in einen Stoß mechanischer Schwingungen verwandelt. Die mechanischen Schwingungen wanderten durch die Quecksilbersäule und wurden vom Wandler am anderen Ende wieder zu elektrischen Signalen verwandelt. 1 und 0 wurden durch das Vorhandensein oder Nichtvorhandensein eines Stoßes angegeben. Es wurde eine Speicherung von etwa 1000 Binärzahlen bei einer Impulsfolgefrequenz von etwa 2 MHz erreicht. Doch erwiesen sich die Quecksilberverzögerungsleitungen als zu empfindlich und temperaturabhängig. Trotz unwesentlicher Verbesserungen auf dem Gebiet der Kapazität, Geschwindigkeit oder Betriebssicherheit gelten Quecksilberverzögerungsleitungen heute als veraltet.

Bei Verwendung von Quarz oder besonderen Glasarten anstelle des Quecksilbers gelang es, beträchtliche Verbesserungen besonders auf dem Gebiet der Robustheit und Temperaturunempfindlichkeit zu erzielen. Verzögerungsleitungen aus Quarz und Glas werden immer noch hergestellt, doch offensichtlich in relativ wenigen verschiedenen Digitalsystemen verwendet.

Magnetostriktive Verzögerungsleitungen wurden in größerem Umfang akzeptiert. Zumindest werden sie von mehreren Unternehmen hergestellt. Doch auch in dieser Form werden die Verzögerungsleitungen weit weniger verwendet als die Magnettrommeln und Scheiben und die später zu beschreibenden Magnetkernspeicher. In einer magnetostriktiven Leitung wird ein Metalldraht als Speichermedium verwendet. In der ersten Ausführungsart wurde der Draht selbst aus magnetostriktivem Werkstoff hergestellt. Das elektrische Signal wurde durch die magnetostriktive Wirkung eines durch die wechselstromdurchflossene Spule am Ende des Drahtes erzeugten Magnetfeldes in mechanische Schwingungen verwandelt. Nach Durchgang durch den Draht wurde die mechanische Welle durch den entgegengesetzten magnetostriktiven Effekt einer Spule am anderen Leitungsende in ein elektrisches Signal zurückverwandelt. In neueren Ausführungen der magnetostriktiven Verzögerungsleitungen werden Torsionsschwingungen erzeugt und von magnetostriktiven Wandlern, die selbst keinen Teil des Verzögerungsdrahtes darstellen, angezeigt; als Übertragungsmedium wählt man dann nicht magnetostriktives Metall.

Es wurden auch zahlreiche Formen elektromagnetischer Verzögerungsleitungen für die Digitalspeicherung entwickelt, doch fällt ihr gegenwärtiges Verwendungsgebiet kaum ins Gewicht. Alle Arten der Verzögerungsleitungen sind in Kap. 10 ,,Verschiedene digitale Bauelemente und Schaltungen“ enthalten.

1.13. Elektrostatische Speicherung

Ende der vierziger Jahre wurden verschiedene Anordnungen zum Speichern von Informationen durch elektrische Aufladung von Bereichen einer Isolationsfläche entwickelt. Die hervorragendste Eigenschaft der elektrostatischen Speicherung gegenüber den Umlaufspeichern, wie Verzögerungsleitungen oder Magnettrommeln, bestand darin, daß man als Isolationsfläche auch den Bildschirm einer Katodenstrahlröhre verwenden konnte. Einen raschen Zugriff zu einem vorgegebenen Speicherplatz schaffte man durch Signale an den Ablenkplatten, die den Elektronenstrahl in den gewählten Bereich lenkten. Bei den meist verwendeten elektrostatischen Speichermethoden entsprach die Röhre im wesentlichen den Katodenstrahlröhren, wie sie in Oszilloskopen verwendet wurden. In einigen Fällen wurden jedoch gewisse Bestimmungsgrößen verändert, um einen schärfer abgegrenzten Elektronenstrahl zu erhalten. Eine Potentialladung wurde in einem Platz des Röhrenschirms dadurch erzeugt, daß man den Strahl kurzzeitig auf diesen Platz fallen ließ. Das resultierende Potential war überwiegend positiv, weil das Phänomen der Sekundäremission mehr Elektronen aus dem Bereich entweichen ließ, als mit dem Elektronenstrahl hineingelangten. Richtete man den Strahl kurze Zeit auf den Nachbarbereich, so wanderten die Sekundärelektronen aus dem Nachbarplatz in den erstgenannten und erzeugten dort ein negatives Potential. Die Speicherung von 1 oder 0 erfolgt demnach durch eine positive oder negative Ladung, die je nachdem entstand, ob man den Strahl auf den Speicherplatz oder den Nachbarplatz richtete. Beim Ablesen einer Binärzahl wurde der Strahl auf den gewählten Platz gerichtet und für kurze Zeit eingeschaltet. Die relative Potentialveränderung des Platzes konnte durch die in einer elektrostatischen „Abnehmerplatte" induzierte Spannung angezeigt werden. Diese Platte wurde außerhalb der Katodenstrahlröhre in der Nähe ihres Bildschirmes angebracht.

Man kann sich gut vorstellen, daß bei dem Entwurf und Betrieb des oben beschriebenen elektrostatischen Speichersystems zahlreiche Probleme auftraten. Erstens hatten die Ausgangssignale eine äußerst geringe Amplitude, so daß man Hochleistungsverstärker benötigte, die gegenüber den Streusignalen gut isoliert werden mußten. Folgenschwerer war es noch, daß die Ladung auf jedem Platz bestrebt war abzufließen, da der Widerstand der Fläche nicht unendlich groß war und durch Streuelektronen gestört wurde, wenn benachbarte Plätze angeregt wurden. Deswegen war eine regelmäßige und häufige Regenerierung der gespeicherten Zahlen erforderlich. Trotz dieser und anderer Unzulänglichkeiten stellte die Fähigkeit, zu der jeweils in der Röhre gewählten Adresse im Verlauf von wenigen Mikrosekunden Zugang zu gewinnen, einen großen Vorteil gegenüber anderen damals bekannten Speichereinrichtungen dar. Zu dieser Zeit verwendete Katodenstrahlröhren stellten das wichtigste Speichermedium für den wahlweisen Schnellzugriff bis etwa zum Jahr 1956 dar, als die Produktion von Magnetkernspeichern aufgenommen wurde. Eine Gesamttaktzeit von 10 Mikrosekunden und weniger war erreichbar. Viele Röhren konnten auf vorteilhafte Art parallel arbeiten, wobei das Ablenkplattensignal zur simultanen Wortspeicherung an alle Röhren gleichzeitig gemäß der gewählten Adresse gegeben werden konnte. Die Speicherung von 1024 Binärzahlen in jeder Röhre (auf den Röhrenschirm in einer 32×32-Matrix) war praktisch möglich. In manchen Fällen wurde eine noch höhere Kapazität erreicht, meist jedoch auf Kosten anderer Kennwerte, wie Betriebssicherheit oder Abmessung der Röhre.

In einigen Rechnern wurden verschiedene andere Ausführungsarten von Spezialröhren für elektrostatische Speicherung verwendet. Bei der einen Art wurde die Notwendigkeit der Regenerierung der gespeicherten Information dadurch umgangen, daß neben der Hauptelektronenquelle für das Schreiben und Lesen noch eine besondere „Haltestrahlquelle" verwendet wurde. Diese Quelle besprühte den ganzen Röhrenschirm mit Elektronen so, daß das Potential jedes isolierten Platzes auf dem Röhrenschirm auf eines der beiden Potentiale „fixiert" werden konnte. Diese und andere für die Digitalspeicherung besonders hergestellten Röhren waren stets sehr kostspielig. Alle Arten der elektrostatischen Speicherung galten als sehr unzuverlässig (obwohl bei einem entsprechend hohen Wartungsaufwand eine gute Betriebszuverlässigkeit erreichbar wurde). Alle Arten der elektrostatischen Speicherung gelten heute als veraltet.

1.14. Magnetkernspeicher

Als „Magnetkerne" wurden meist kleine ringförmige Körper aus magnetischem Werkstoff mit einer rechteckigen Hystereseschleife bezeichnet. In diesem Buch schließt jedoch die Bezeichnung Kern auch einige andere, von der Ringform abweichende Körpergeometrien ein. Man kann in einem Magnetkern Binärzahlen speichern, indem man einen magnetischen Fluß in der einen oder anderen Richtung erzeugt. Eine gespeicherte Ziffer wird durch ein angelegtes Magnetfeld abgetastet, das bestrebt ist, einen Fluß in Richtung für eine Binärnull zu erzeugen. Je nachdem, ob eine Flußänderung eintritt oder nicht, wird in der Ausgangswicklung ein Stromstoß erzeugt oder nicht erzeugt. Dieser Teil des Magnetkernspeichers entspricht jenem, der bereits für die Magnetschaltkreise besprochen wurde. Die Anordnung für die Auswahl eines Kerns oder einer kleinen Gruppe von Kernen aus einem großen System von Kernen zeigt den Unterschied zwischen Speicherung und Schaltvorgang. Verschiedene Kernkonstruktionen und eine Vielzahl von Auswahlprinzipien wurden in der Folgezeit entwickelt und verwendet.

Die älteste bekannte Erwähnung von Magnetkernspeichern ist im US-Patent N⁰ 2970291 enthalten, das im Mai 1947 von F. W. Viehe angemeldet wurde. Dieses Patent, das die ungewöhnlich hohe Anzahl von 107 Patentansprüchen enthält, wurde zuletzt IBM zugesprochen, obwohl Viehe kein Angestellter von IBM war. Die Erfindung Viehes scheint keinen Einfluß auf die nachfolgende Entwicklung der Rechner gehabt zu haben. Das Patent wurde erst im Januar 1961 erteilt.

Viele frühe Hinweise zur Verwendung von Magnetkernen für Digitalrechnerspeicherungen, die aus dem Massachusetts Institute of Technology stammen, insbesondere die Koinzidenzstrom-Auswahlmethode (die in Kapitel 4 beschrieben werden soll), werden allgemein seinem Mitarbeiter J. W. Forrester zugeschrieben, wie dem US-Patent N⁰ 1736880 entnommen werden kann (Mai 1951 angemeldet, Februar 1956 erteilt). Man stellte die ersten Magnetkerne her, indem man viele Windungen eines dünnen magnetischen Werkstoffes auf eine Spule wickelte. Eingangs- und Ausgangswicklung besaßen viele Windungen, entsprechend dem niederen Strom der verwendeten Vakuumröhren und um ein ausreichend hohes Ausgangssignal zu erhalten. Die hohen Kosten und die geringe Geschwindigkeit einer derartigen Anlage ließen sie selbst elektrostatischen Speichern gegenüber unterlegen erscheinen. Daher widmete man den Magnetkernspeichern zunächst nur geringe Aufmerksamkeit.

1953 wurde sowohl bei dem MIT als bei der RCA die Verwendungsmöglichkeit sehr kleiner (unter 0,1 Zoll Durchmesser) gegossener Ferritkerne mit nur einer Einzeldrahtwindung demonstriert. Die Möglichkeiten der Magnetkernspeicherung wurden damals vielerorts erkannt, und es begannen bei verschiedenen Organisationen sehr intensive Entwicklungsarbeiten. Um 1956 wurden Koinzidenzstrom-Magnetkernspeicher für sämtliche Rechenmaschinen gewählt, wo eine Speicherung für schnellen beliebigen Zugriff erforderlich war. Damals konnten Kernspeicher mit 4096 Kernen (Matrix mit 64×64 Elementen) in jeder „Ebene" und einer Taktzeit von etwa 6 Mikrosekunden hergestellt werden. Ihre Betriebssicherheit war hervorragend. Größe, Preis und andere Kennwerte waren gegenüber den bisher verfügbaren Speichern wesentlich verbessert worden.

Magnetkernspeicher dominieren nach wie vor unter den Massenspeichern mit schnellem Zugriff, während die Dioden und Transistoren vorwiegend für Schaltsysteme eingesetzt werden. Doch wurden im Laufe der Jahre zahlreiche Varianten und Verbesserungen der elementaren Ringstruktur entwickelt und verwendet. Auch wurden verschiedene Verbesserungen und Vervollkommnungen bezüglich des Auswahlprinzips erfunden, so daß das Koinzidenzstromsystem nicht mehr die gleiche fundamentale Bedeutung hat wie ursprünglich. Die zahlreichen erteilten Patente für Magnetkernspeicher zeugen davon. In den letzten 10 Jahren sind buchstäblich hunderte, vielleicht tausende Patente auf diesem Gebiet erschienen. Natürlich hatten viele Erfindungen, wie in jedem neuen Wissenszweig, u. U. nur geringe Bedeutung. Die Kernstrukturen und Zugriffsmethoden, die heute und für die künftige Entwicklung besonders große Bedeutung haben, werden im Kapitel 4, „Magnetkernspeicher" besprochen.

1.15. Magnetschichtspeicher

Der Gedanke, Ferritkerne durch eine auf einer flachen Oberfläche aufgetragene Magnetschicht zu ersetzen, läßt sich bis mindestens 1956 zurückverfolgen. Seitdem wurde bei verschiedenen Institutionen ständig an der Verbesserung dieser Speicher gearbeitet, wobei Geschwindigkeit und Kapazität vergrößert, Größe, Gewicht und Kosten gesenkt werden sollten.

Bisher wurden größere Erfolge nur auf dem Gebiet der Geschwindigkeitssteigerung erreicht. Aber auch hier scheint der Dünnschichtspeicher den anderen magnetischen Speichern nicht eindeutig überlegen zu sein, da die inzwischen erzielten Fortschritte bei den Ferritspeichern deren Wettbewerbsfähigkeit erhalten haben. Magnetschichtspeicher wurden in gewissem Umfang verwendet, doch wird ihre Eignung immer noch angezweifelt. Obwohl wichtige Unterschiede festgestellt wurden, ähneln in vielem die Magnetschichtspeicher den Ferritkernspeichern. Daher wurden die Dünnschichtspeicher neben anderen Kerntypen in Kapitel 4 mit aufgenommen.

1.16. Speichereinheiten aus logischen Einzelbausteinen

Eine adressierbare Speicherung, wie sie in Abb. 1.3 dargestellt wurde, setzt zu den bereits besprochenen UND- bzw. ODER-Elementen, der Negation und den Binärspeichern keine besonderen zusätzlichen Bauteile voraus. Eine adressierbare Speicherzelle kann allein aus den vier elementaren Bausteinen gebildet werden. Der einzige Nachteil besteht darin, daß man eine sehr große Anzahl derartiger Elemente benötigt. Bei den Bestrebungen der letzten Jahre, extrem schnelle Digitalsysteme zu schaffen, untersuchte man diese Möglichkeit ernsthaft. Der Grund liegt darin, daß die Diodentransistorlogik und Binärspeicher (Flip-Flops) stets mit wesentlich größerer Geschwindigkeit betätigt werden können als irgend eine der bisher erfundenen Massenspeicher. Gewöhnlich haben die aus Flip-Flops und Schaltkreisen aufgebauten Speicher eine relativ geringe, gewöhnlich auf nur 100 Wörter beschränkte Kapazität. Sie gehören zu der Kategorie der aktiven Halbleiterspeicher.

1.17. Kapazität, Geschwindigkeit und Kosten verschiedener Speichermethoden

Wie dem Leser sicher aufgefallen ist, unterscheiden sich die verschiedenen Speicher sehr wesentlich durch ihre praktisch erreichbare Kapazität, ihre Geschwindigkeit und ihre Kosten. Die Magnetflächenspeicher (Trommeln, Scheiben, Bänder und Karten) verursachen einerseits die niedrigsten Speicherungskosten pro Bit, doch ist ihre Geschwindigkeit gleichfalls sehr gering. Man benötigt relativ viel Zeit für den Zugriff zu der unter einer vorgegebenen Adresse gespeicherten Information. Magnetkarten lassen sich elektronisch nicht adressieren. Die Adressierung der Bänder ist sehr umständlich. Die Zugriffszeit von Trommeln und Scheiben kann wenige Millisekunden betragen, doch ist diese Zeit für elektronische Verhältnisse häufig zu groß. Die Kosten pro Bit sind höher als bei Bändern oder Karten.

Magnetkernspeicher haben eine höhere Geschwindigkeit als alle übrigen Geräte mit magnetischer Oberfläche, doch ist die in einer Speichereinheit erreichbare Kapazität geringer, die Kosten dagegen sind höher. Selbst wenn man sich auf die Magnetkernspeicher beschränkt, müssen Kompromisse besonders in bezug auf die Kapazität und Geschwindigkeit gemacht werden. Heute sind Taktzeiten unterhalb 1 Mikrosekunde erreichbar, allerdings nur wenn die Kapazität wesentlich kleiner als bei Speichern ist, für die die Taktzeit etwa 10 Mikrosekunden betragen darf. Es sollen hier keine Zahlenwerte für die Abhängigkeit von Taktzeit und erreichbarer Kapazität angegeben werden, da diese Werte von dem jeweiligen wissenschaftlichen Niveau abhängen und ständig auf diesem Gebiet wesentliche Fortschritte erzielt werden. Zwar wird sich eine maximale in Abhängigkeit von der Geschwindigkeit erreichbare Kapazität letztlich angeben lassen, doch sind diese Grenzen noch unbekannt.

Die Verzögerungsleitungen liegen hinsichtlich ihrer Kapazität und Geschwindigkeit in der Mitte zwischen den Magnettrommeln und Magnetkernspeichern, doch wird diese Form der Speicher für die meisten Digitalsysteme nicht benötigt.

Aus Schaltelementen (Flip-Flops) zusammengesetzte Speichereinheiten stellen das andere Extrem dar. Sie bieten die höchste Geschwindigkeit, doch beschränken die Kosten, mehr noch als die technischen Erwägungen, die Kapazität. Wenn in einem System sowohl eine sehr schnelle Speicherung als auch eine hohe Speicherkapazität erforderlich ist, verwendet man zumindest zwei verschiedene Speicherdaten. Eine davon hat eine relativ hohe Geschwindigkeit, die andere eine hohe Kapazität bei geringen Kosten. Zwischen den Speichern wird der erforderliche Informationsaustausch eingerichtet.

Andere Bauteile, besonders die Tunneldioden und supraleitenden Elemente, wurden gleichfalls auf ihre Eignung für große Digitalspeicher untersucht. Sie waren aber hinsichtlich ihrer Kapazität, Geschwindigkeit und ihrer Kosten den vorgenannten Speicherungsarten unterlegen.

1.18. Semipermanente Speicher oder Auslesespeicher

Für manche Zwecke benötigt man Speicher mit mittlerer bis hoher Geschwindigkeit und mittlerer Speicherkapazität, in denen die gespeicherte Information nicht verändert wird. Bei manchen Ausführungsarten wird von Zeit zu Zeit eine manuelle Änderung der gespeicherten Information erforderlich, in anderen Ausführungsarten bleibt die gespeicherte Information während der gesamten Lebensdauer der Maschine unverändert. In einigen Fällen würde eine Veränderung des Informationsinhalts den ursprünglichen Verwendungszweck des Systems in Frage stellen. Für derartige Zwecke bestimmte Speicher bezeichnet man als „semipermanent“ (wenn gelegentliche manuelle Änderungen möglich sind) oder als Auslesespeicher. Diesen Terminus verwendet man oft unabhängig davon, ob eine manuelle Veränderung zulässig ist oder nicht.

Die Entwicklung eines derartigen Speichers erfordert keine besonders komplizierten Vorkehrungen. Man kann z. B. durch eine geeignete Anordnung von UND- und ODER-Schaltungen einen Auslesespeicher mit hoher Geschwindigkeit und einer begrenzten Kapazität aufbauen. Besonders für diesen Zweck eignen sich Anordnungen von Magnetkernen wie sie in Kapitel 4 erwähnt werden. Andere Auslesespeicher, insbesondere mit Karten-Kondensatoren, werden im Kapitel 10 über „Verschiedene Digitalelemente und Schaltungen“ besprochen.

1.19. Assoziative Speicher

Die assoziative Speicherung erfolgt nach einem Konzept, das sich von der konventionellen Adressierung wesentlich unterscheidet. Statt der Angabe der Adresse, unter der ein Wort geschrieben oder gelesen werden soll, erhält jedes gespeicherte Wort eine Leitinformation, die mit dem Wort zusammen an gleicher Stelle gespeichert wird. Um das Wort zu lesen, schickt man die Leitinformation zu den assoziativen Speichern, wobei alle Adressen überprüft werden, um festzustellen, ob das mit der Leitinformation „assoziierte" Wort gespeichert ist. Ist das gesuchte Wort gefunden, so wird es vom Speicher zur Ausgabe übermittelt. Soll ein Wort eingeschrieben werden, so wird ihm zunächst die Leitinformation hinzugefügt. Dann sucht der assoziative Speicher eine leere Adresse und speichert dort den kombinierten Inhalt. Bei einer vorbereiteten Form der assoziativen Speicherung kann ein bestimmtes Feld als Leitinformation gewählt werden. Werden zwei oder mehrere Wörter mit derselben Leitinformation assoziiert, so werden sie alle (aber zeitlich nacheinander) im Speicher ausgelesen. Betrachten wir als Beispiel die Registrierung von Kraftfahrzeugen. Jedes gespeicherte Wort soll einem bestimmten Kraftfahrzeug entsprechen. Es wird in vier Feldern, für Kennzeichen, Namen des Eigentümers, Fabrikmarke und Baujahr, eingeteilt. Ein Polizist benötigt z. B. den Namen eines Wageneigentümers mit bekanntem Kennzeichen. Er verwendet dann das Feld Kennzeichen, um zu der assoziativen Speicherzelle zu gelangen. Benötigt er dagegen Angaben über alle Wagen, die einer bestimmten Person gehören, so benutzt er das Feld mit deren Namen. Besitzt diese Person mehrere Wagen, so findet der assoziative Speicher alle zugehörigen Wörter. Wenn in einem dritten Falle der Wagen nur nach Marke und Baujahr bekannt ist, so gibt man die entsprechenden beiden Felder des assoziativen Speichers kombiniert an.

Andere Anwendungsfälle für assoziative Speicher sind weit weniger kompliziert. Bei einer der einfachsten Möglichkeiten werden Wörter ohne zusätzliche Leitinformation gespeichert. Bei der Anfrage, ob ein bestimmtes Wort in den assoziativen Speicher unter einer bestimmten Adresse gespeichert ist, antwortet das Gerät lediglich ja oder nein.

Selbst die einfachste Ausführungsart der assoziativen Speicher erfordert Speicherelemente, die wesentlich komplizierter sind als beispielsweise die magnetisierten Punkte oder Kerne konventionell adressierter Speicher. Obwohl es möglich ist, assoziative Speicher für einige anspruchsvolle Fälle herzustellen, sind doch die Kosten für ihre Verwendung in größerem Rahmen viel zu hoch. Vorläufig ist keine besondere Entwicklungstendenz der assoziativen Speicher zu erkennen. In diesem Buch beschränken wir uns auf einige Literaturhinweise hierzu am Ende der Kapitel 4 und 7, je nachdem ob Magnetkerne oder supraleitende Bauelemente verwendet werden.

1.20. Zuverlässigkeit

Die Zuverlässigkeit stellte im Verlauf der gesamten Entwicklung der elektronischen Digitaltechnik ein sehr wichtiges Problem dar. Die Schwierigkeiten ergeben sich zweifellos aus der großen Zahl der in einem Digitalsystem verwendeten Bauelemente. Es müssen daher alle Elemente gleichzeitig ausreichend lange funktionstüchtig bleiben, damit das gesamte System überhaupt einen Nutzen bringen kann. Die Zuverlässigkeit der Bauelemente und Schaltungen, mit denen sich dieses Buch beschäftigt, hängt auch von der Gestaltung des Gesamtsystems ab. Im Kapitel 10 des Buches „Electronic Digital Systems" von RICHARDS wird auf diese Probleme eingegangen. Wir wollen das dort Gesagte hier nicht wiederholen.[1])

Gegenwärtig ist dieses Problem insofern besonders schwierig, als brauchbare Unterlagen für die Berechnung der Betriebssicherheit fehlen. Die meisten der heute verwendeten Bauelemente wurden erst vor kurzer Zeit entwickelt, und man konnte sie daher nicht im Verlauf einer der voraussichtlichen Lebensdauer der meisten Systeme entsprechenden Zeit testen. Selbst für Bauteile, die schon viele Jahre auf dem Markt sind, gibt es nur dürftige Daten. So wird z. B. angenommen, daß der Nennwert eines Widerstandes eine Toleranz von 5% besitzt. Zur Berechnung der Betriebssicherheit einer Schaltung, in der dieser Widerstand eingesetzt ist, muß der Entwurfsingenieur nicht nur die Wahrscheinlichkeit als Funktion der Zeit kennen, in der der Widerstand leer läuft oder kurzgeschlossen ist. Er muß auch wissen, mit welcher Wahrscheinlichkeit der Widerstandswert maximal z. B. um 6% vom Nennwert abweichen kann. Der Grund hierfür ist darin zu suchen, daß eine Schaltung auch bei 6% Abweichung noch einwandfrei funktionieren kann, sofern sich die Parameter der anderen Bauelemente nur wenig oder zufällig in der günstigen Richtung verändern. Solche Angaben fehlen selbst für Widerstände. Für Transistoren und andere Bauteile benötigt man erst recht detaillierte Angaben.

Wenn die Bauelemente für integrierte Schaltungen bestimmt sind, braucht der Entwurfsingenieur die Zuverlässigkeitskennwerte für die einzelnen Widerstände und Transistoren nicht zu kennen. In diesem Falle genügen die Angaben über die Zuverlässigkeit der gesamten Funktionsgruppe. Doch muß der Ingenieur beim Entwurf einer integrierten Schaltung entweder die detaillierten Angaben für die Einzelteile kennen oder eine ausreichend große Anzahl von Versuchsmustern ausreichend lange testen. Leider sind ausführliche zuverlässige Angaben für Bauelemente integrierter Schaltungen oder komplette Schaltungen ebenso wenig erhältlich, wie die Daten für diskrete Bauelemente.

---

[1]) (Anm. d. dtsch. Red.: s. a. DRUMMER, G. W. A., GRIFFIN, N. B.: Zuverlässigkeit in der Elektronik, VEB Verlag Technik Berlin 1968).

2. DIODENSCHALTKREISE UND TORSCHALTUNGEN

In diesem Kapitel ist die Diode als ein Zweipol zu verstehen, der den Strom in der einen Richtung relativ gut leitet, in der entgegengesetzten Richtung dagegen einen hohen Widerstand besitzt. In diesem Sinne sind „Diode“ und „Gleichrichter“ eigentlich Synonyme, jedoch wird der Begriff „Gleichrichter“ mehr für Bauelemente verwendet, die große Nennspannungen oder hohe Nennströme aufweisen. „Dioden“ sind dagegen im allgemeinen Elemente, die als Schalter oder in logischen Schaltungen eingesetzt werden, wie sie in diesem Kapitel näher betrachtet werden. So werden die unterschiedlichsten Arten von Zweipolen, die zu verschiedenen Zwecken verwendet werden und deren Kennlinien sich von der elementaren, hier verlangten Schaltcharakteristik sehr unterscheiden können, Dioden genannt. Beispiele dafür sind Tunneldioden, ZENERdioden, Vierschichtdioden (*pnpn*) und Gasdioden. Alle diese Diodentypen haben nichtlineare Strom-Spannungs-Kennlinien im Gegensatz zu den linearen Kennlinien von Widerständen, Kondensatoren und Induktivitäten. Obwohl einige andere Arten von Dioden begrenzte Anwendung in logischen Schaltungen gefunden haben, war die Aufmerksamkeit in der Industrie vorwiegend auf die elementaren Gleichrichtertypen konzentriert, und wenn hier von logischen Gliedern mit Dioden die Rede ist, so bezieht sich das nur auf Dioden dieser Art.

2.1. Kurze Beschreibung der Halbleiterdiode und ihrer Entwicklung

Die Entwicklung der Halbleiterdioden geht auf den Kristalldetektor des Rundfunkempfängers zurück. Als dieser im 2. Weltkrieg, Anfang der vierziger Jahre, für Rundfunkzwecke längst veraltet war, stellt man fest, daß dieses Bauelement für zuverlässige Radarsysteme, die die damals neuartige Mikrowellentechnik verwendeten, bestens geeignet war. Später wurden viele Bemühungen zur Verbesserung der „Kristalle“ unternommen. Infolge dieser Anstrengungen entstanden Dioden, wie sie ursprünglich in Rechenanlagen eingesetzt wurden. Einige Jahre lang nannte man in Anlehnung an ihre Vorgänger diese in Rechnern verwendeten Dioden „Kristalldioden“.

Früher waren alle Dioden Spitzendioden, d. h., zur Formierung der Diode wird ein scharf angespitzter Draht gegen ein Stück Halbleitermaterial gedrückt. Der Wirkungsmechanismus, durch den die Gleichrichtung zustandekommt, ist niemals bis ins einzelne verstanden worden. Die Spitzendiode spielte weiter eine wichtige Rolle bei der Entwicklung der Rechner bis in die fünfziger Jahre, da bis zu diesem Zeitpunkt ihre dynamische Kennlinie im Vergleich zu anderen Diodentypen günstiger war. Spitzendioden werden noch eingesetzt, sind jedoch in integrierten Schaltungen, die derzeitig aktuell sind, nicht zu finden.

Eine Flächendiode besteht grundsätzlich aus einem Halbleitermaterial. Es besitzt zwei Zonen, die sogenannte *p*- und die *n*-Zone, wobei sich *p* und *n* auf die Polarität (positiv oder negativ) der Majoritätsladungsträger in dem betreffenden Gebiet bezieht. Die Träger selbst sind entweder Elektronen oder Löcher, wobei ein Loch ein fehlendes Elektron darstellt und als positive Ladung wirkt. Die Polarität der Ladungsträger wird durch Verunreinigungen, die vorsätzlich während der Herstellung der Diode in die Zonen eingebracht werden, festgelegt. Das Halbleitermaterial ist gewöhnlich Silizium; aber auch andere Materialien, vor allem Germanium, werden verwendet bzw. dafür in Betracht gezogen. Obwohl der Gleichrichtermechanismus der Flächendioden seit einigen Jahren gut bekannt ist, wird dieser hier nicht weiter erläutert, da einerseits in vielen Büchern der Halbleiter- bzw. Festkörperphysik die theoretischen Grundlagen enthalten sind, andererseits die Diode selbst kein digitales Bauelement darstellt. Nur Schaltungen, in denen die Dioden verwendet werden, haben digitale Eigenschaften. Obwohl Dioden in der digitalen Schaltungstechnik weit verbreitet sind, bestanden am Ende der fünfziger Jahre für die Zukunft der Diode in der Rechentechnik ernste Zweifel. Während infolge der Fortschritte in der Transistortechnologie mit Transistoren immer höhere Impulsfrequenzen möglich wurden, schien ein als Minoritätsträgerspeicherung bekanntes Phänomen die Geschwindigkeit, mit der die Diode in den gesperrten Zustand übergeht, nachdem sie einen Strom durchgelassen hat, ernstlich nach oben zu begrenzen. Während der Leitphase der Diode wurde eine beträchtliche Konzentration langsam driftender Minoritätsträgern aufgebaut. Wenn dann die umgekehrte Spannung über der Diode liegt, mußten diese Minoritätsladungsträger erst rücktransportiert werden, ehe die Diode hochohmig wird. Die Zeit für die Rückbewegung der Minoritätsträger nennt man die „Sperrträgheit" der Diode. Diese Zeit hängt von der Amplitude und der Dauer des Durchlaßstromes ab und ist eine Funktion der Amplitude der angelegten Sperrspannung sowie der Vollständigkeit, mit der die Ladungen rücktransportiert werden müssen (d. h. dem erreichten Sperrwiderstand). Für praktisch interessierende Parameterwerte betragen die Sperrträgheiten Bruchteile von Mikrosekunden. Entsprechende Minoritätsladungsträgerprobleme treten auch bei Transistoren auf, aber die dritte Elektrode im Transistor gestattet Schaltungen aufzubauen, die den Aufbau einer Minoritätsträgerkonzentration verhindern.

2.2. Schnelle Dioden

Schließlich entdeckte man, daß gewisse zusätzliche Verunreinigungen (zum Beispiel Gold) im Halbleitermaterial Rekombinationszentren bilden, in denen sich Elektronen und Löcher vereinigen, wobei die Ladung verschwindet. Um

1960 hatte sich diese Technik soweit entwickelt, daß die Dioden mit einer Sperrträgheit kleiner als 0,5 Nanosekunden hergestellt werden konnten. Außer für superschnelle Schaltdioden stellt die Sperrträgheit kein ernsthaftes Problem mehr dar. Natürlich muß der Ingenieur bei der Entwicklung einer Schaltung die modernen Dioden kennen, die eine kurze Sperrträgheit besitzen. Das Hauptproblem hinsichtlich der Grenzfrequenz der Dioden besteht gegenwärtig darin, die Sperrträgheit zu messen. Die Sperrträgheit ist in manchen Fällen so gering, daß die üblichen Meßeinrichtungen nicht allgemein verwendbar sind und einige spezielle Meßanordnungen wegen der Streuinduktivitäten der Drähte und anderer Störparameter zweifelhafte Aussagen liefern.

Neuere experimentelle Untersuchungen haben gezeigt, daß die in der Diode gespeicherte Ladung der Sperrträgheit direkt proportional ist. Obwohl die gespeicherte Ladung extrem klein ist, kann man sie messen, indem man die Diode zu einer Art Wechselspannungsgleichrichterschaltung zusammenfügt und die Ladung einer angelegten Pulsfolge relativ hoher Frequenz speichert. Leider wird diese relativ einfache Ladungsmessung durch die Tatsache unbrauchbar, daß die Sperrträgheit nicht nur eine Eigenschaft der Diode allein, sondern auch eine Funktion des Durchlaßstromes vor dem Wechsel der Polarität der angelegten Spannung ist. Auch die Amplitude der Sperrspannung geht mit ein. Trotzdem die Sperrträgheit für gegebene Parameter eine bekannte Funktion der gespeicherten Ladung ist, bleibt die exakte Beziehung zur Berechnung der Sperrträgheit aus der gespeicherten Ladung und den Schaltungsparametern noch ungeklärt.

2.3. Die Beziehungen zwischen den Dioden und anderen Schaltelementen

Wie wir sehen werden, sind Dioden für den Aufbau von Schaltungen für UND- sowie ODER-Funktionen oder komplexe Kombinationen dieser Funktionen geeignet. Jedoch die Inversion (außer für besondere Spezialfälle) und Speicherung sind mit Diodenkreisen nicht möglich. Wenn man für diese Zwecke Dioden verwendet, so nur in Verbindung mit anderen Elementen.

Wie noch gezeigt wird, kann der Amplitudenverlust eines digitalen Signals, das eine Kette von UND- bzw. ODER-Schaltungen durchläuft, durch eine richtige Auslegung dieser Schaltungen sehr klein gehalten werden. Jedoch nimmt die Stromamplitude des Signals mit der Anzahl der „Stufen“ (wechselweise Aufeinanderfolge von UND- oder ODER-Gliedern) der Schaltung sehr schnell ab. Sogar bei Vakuumröhren, die allgemein als ausgezeichnete Stromverstärker gelten, ist bei der Verwendung in Rechenanlagen die Zahl der Diodenschaltstufen grundsätzlich auf 3 beschränkt; sowohl als UND-ODER-UND- als auch als ODER-UND-ODER -Folge. Vier Stufen sind wohl das Maximum; der Autor hörte bisher von keiner praktischen Anwendung einer logischen Schaltung mit 5 Stufen.

Bei Transistoren, die relativ schlechte Stromverstärker sind, ist die Zahl der Diodenschaltstufen zwischen zwei aufeinanderfolgenden Verstärkern noch mehr beschränkt. Die Notwendigkeit einer Stromverstärkung und die Frage bezüglich der Grenzfrequenz der Diode sind deshalb seit einiger Zeit in allen Transistorschaltungen aktuell. Obwohl seit den früher erwähnten Fortschritten in der Transistortechnologie die Verwendung von Dioden mit Transistoren erneut Bedeutung erlangte, beträgt die Anzahl der Diodenstufen zwischen den Transistoren gewöhnlich nur eins und ist praktisch niemals größer als zwei.

Mit Magnetkernen und anderen Elementen, die für eine Verstärkung und Speicherung in Frage kommen, wird der Strombedarf der Dioden-Schaltkreise noch problematischer, so daß die in diesem Kapitel beschriebenen logischen Kreise mit Dioden nicht zu empfehlen sind.

Trotzdem ist die Analyse logischer Glieder mit Dioden in der dargelegten Form eine grundlegende Einführung in die Thematik der Realisierung logischer Funktionen durch physikalische Einrichtungen. Obwohl die Schaltkreise mit drei und vier Stufen gegenwärtig nur begrenzte Anwendung finden, werden ihre Eigenschaften in den nachfolgenden Kapiteln aufgezeigt, um die Möglichkeiten und Grenzen von Mehrstufen-Schaltkreisen zu demonstrieren. Letzten Endes wird jeder Ingenieur dabei viel Untersuchungsarbeit einsparen können, unabhängig um welchen der zahlreichen Fälle von Mehrstufenschaltungen es sich handeln möge.

2.4. Die spannungsgesteuerten UND- bzw. ODER-Diodengrundschaltungen

Die spannungsgesteuerten UND- bzw. ODER-Diodengrundschaltungen mit zwei Eingängen sind in Abb. 2.1 dargestellt. Für die Diode wurde das übliche

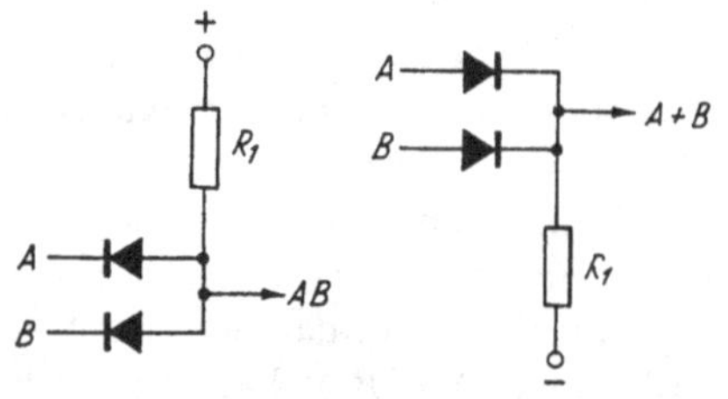

Abb. 2.1. Dioden-UND-und-ODER-Schaltungen
(mit relativ positiven Potential für die 1)

Symbol verwendet. Ob die Diode in Durchlaß- oder Sperrichtung erscheint, richtet sich danach, ob die als Dreieck dargestellte Elektrode positiver oder negativer gegenüber der als Querstrich dargestellten Elektrode betrieben wird. Das Dreieck kann als Anode angesehen werden, der Querstrich als Katode. Jedes der Eingangssignale A und B kann das Potential der binären Eins oder der binären Null annehmen. In Abb. 2.1a ist der Widerstand an die Betriebsspannungsquelle angeschlossen, deren Potential positiver als das 1-Signalpotential und als das 0-Signalpotential ist. In b dagegen ist das Speisepotential negativer als beide Signalpotentiale. In jeder der Schaltungen sind die relativen Potentiale der Signale und der Speisequelle (nicht die Potentiale gegen Erde) Folgeparameter.

Vereinbart man, daß das Potential des 1-Signals positiver als das des 0-Signals ist, so führt die Schaltung in Abb. 2.1a eine UND-Funktion und Schaltung b eine ODER-Funktion aus. Sind die Dioden ideal in der Hinsicht, daß sie einen Durchlaßwiderstand von Null und einen Sperrwiderstand von Unendlich haben, so ist das Ausgangspotential der Schaltung a gleich dem negativeren der beiden Eingangssignalpotentiale. Mit anderen Worten, der Ausgang ist nur dann positiv, wenn die Eingangssignale A und B gleichzeitig positiv sind, wodurch eine UND-Funktion definiert ist. Bei der Schaltung b ist das Ausgangssignal dann positiv, wenn eines der beiden Eingangssignale A oder B positiv ist; deshalb führt diese Schaltung eine ODER-Operation aus.

Ändert man die Vereinbarung hinsichtlich der Polarität des 1-Signals und des 0-Signals, so vertauschen sich UND- und ODER-Funktion. Dieser Möglichkeit wegen wird die Schaltung auf Abb. 2.1a manchmal als eine UND-Schaltung für positive oder als eine ODER-Schaltung für negative Logik je nach der verwendeten Signalvereinbarung bezeichnet. Die Schaltung b bietet analog entweder eine ODER-Funktion bei positiver oder eine UND-Funktion bei negativer Logik. Im weiteren werden für dieses Kapitel die in Abb. 2.1 getroffenen Vereinbarungen zugrunde gelegt.

Für ideale Dioden und eine endliche Lastimpedanz könnte der Widerstand R_1 des UND- sowie des ODER-Gliedes frei gewählt werden. Trotzdem ist eine untere Grenze für R_1 dadurch gegeben, daß R_1 als Lastwiderstand für die Signalquelle auftritt. In der UND-Schaltung auf Abb. 2.1a zum Beispiel muß, wenn A positiv und B negativ ist, der gesamte Strom durch den Eingang B fließen. Der Treiberkreis B muß diesen Strom zur Verfügung stellen. Die Diode vom Eingang A her ist zu dieser Zeit gesperrt. Sind A und B beide 0 oder beide 1, dann verteilt sich der Eingangsstrom auf beide Treiberkreise. Sind beide Eingangssignale, positiv, so wird auch der Laststrom etwas kleiner, da die Spannung über R_1 kleiner ist.

Eine obere Grenze für einen annehmbaren Widerstandswert von R_1 ist durch die endlichen Impedanzkennlinien physikalisch realisierbarer Lasten gegeben. So hat die Last in Wirklichkeit immer eine kapazitive Komponente, die von den Schaltkapazitäten herrührt. Auch wenn diese nicht von der Last selbst stammen, so muß die Gesamtkapazität an den Ausgangsklemmen der Schaltung auf das angelegte Signalpotential aufgeladen werden. Hat die sogenannte ideale Diode zusätzlich eine Kapazität zwischen Katode und Anode, so kann die Übergangszeit t für das Ausgangssignal der UND-Schaltung vom 0-Potential auf das 1-Potential durch eine elementare Rechnung bestimmt werden:

$$t = R_1\, C_L \ln \frac{U_+ + U_s}{U_+}.$$

Dabei ist C_L die gesamte Lastkapazität einschließlich der Schaltkapazität, U_+ die Potentialdifferenz zwischen dem positiven Speisepotential und dem Potential des 1-Signals, und U_s ist der Sprung des Eingangssignals, d. h. die Differenz zwischen den Potentialen des 1-Signals und des 0-Signals. Wechselt das Eingangssignal plötzlich von 0 auf 1, so erreicht das Ausgangssignal seinen Endwert erst nach der durch die Gleichung angegebenen Zeit. In diesem Falle sperren beide Dioden nach Ablauf der Zeit t.

Wenn in Abb. 2.1a eines der beiden Eingangssignale von 1 wieder auf 0 zurückspringt, geht das Ausgangspotential wieder auf seinen 0-Signalwert, aber jetzt wird die Geschwindigkeit von der Signalspeisequelle und nicht durch R_1 festgelegt. Haben die Eingangsschaltungen eine entsprechend niedrige Eingangsimpedanz, so kann die Last an C_L über die Dioden mit unbegrenzter Geschwindigkeit abfließen.

Mit nichtidealen Dioden in Abb. 2.1a wurde das Ausgangspotential bezüglich des Eingangssignals positiv vorgespannt, weil die Spannung über der in Durchlaßrichtung gepolten Diode nicht null ist. Der Ausgangs-Signalsprung wird etwas kleiner, da die Ströme durch die Dioden bei den Ausgangssignalen 1 und 0 nicht gleich sind. Weiter wird das exakte Potential wegen des endlichen Sperrwiderstandes der Dioden für ein Ausgangssignal von 0 von der Anzahl der Eingangssignale abhängen, d. h. ob kein oder ein Eingangssignal, oder ob für UND-Schaltungen mit mehr als zwei Eingängen entsprechend mehrere Signale mit dem Binärwert 1 anliegen. Zum Glück haben die modernen Dioden extrem hohe Sperrwiderstände. Daher kann dieser Faktor oft vernachlässigt werden, wenn der Signalspannungssprung groß genug ist.

Beeinflußt die Anoden-Katoden-Kapazität der Dioden die Schaltgeschwindigkeit, so kann die Operation der elementaren Diodenschaltkreise komplizierter werden. Wenn sich zum Beispiel beide Eingangssignale A und B einer UND-Schaltung gleichzeitig plötzlich von 0 auf 1 ändern (oder mit einer sehr kurzen Anstiegszeit), so wird ein positiver Impuls kapazitiv auf die Ausgangsklemmen übertragen. Die Amplitude dieses Impulses wird durch die Spannungsteilerwirkung der Diodenkapazität in Reihe mit der Gesamt-Lastkapazität C_L bestimmt. Das Ausgangssignal verläuft dann bis zum 1-Signal mit einer Zeitkonstanten $R_1 C_T$, wobei C_T die Gesamtkapazität aller Dioden und der Last ist. Wenn in einer UND-Schaltung mit mehreren Eingängen einige Eingangssignale schon auf 1 sind, während sich die letzten mit hoher Geschwindigkeit auf 1 ändern, so haben die Anfangsimpulse am Ausgang eine kleinere Amplitude als zuvor, weil die Kapazitäten der Dioden, an deren Eingängen schon eine binäre 1 liegt, effektiv parallel zu C_L liegen. Die Berechnung der Effekte eines speziellen Satzes von nichtlinearen Diodenkennlinien ist ein einfaches Problem der Schaltungsanalyse und verläuft für die ODER-Schaltung der Abb. 2.1b im wesentlichen genau so wie für die UND-Schaltung, nur mit umgekehrter Polarität.

2.5. Logische Glieder aus 2 Stufen (UND-ODER)

Logische Glieder mit Dioden aus mehreren Stufen werden durch Verbindung der Ein- und Ausgänge von UND- sowie ODER-Gliedern zusammengesetzt, je nachdem, welche Schaltfunktion ausgeführt werden soll. Dabei wird jedoch der Bereich von annehmbaren Widerstandswerten, speziell für den ersten Kreis einer Kette von abwechselnd UND- bzw. ODER-Gliedern viel mehr eingeschränkt. Gewöhnlich wird bei der Synthese so vorgegangen, daß zuerst der Kreis, der der Last am nächsten liegt und dann die Kreise der Reihe nach bis zu den Eingängen betrachtet werden. Einige prinzipielle Einschränkungen sind sogar dann zu berücksichtigen, wenn man voraussetzt, daß die Dioden ideal und die letzte Lastimpedanz unendlich sind.

Zur Verdeutlichung zeigt Abb. 2.2a einen UND-ODER-Kreis aus Dioden mit zwei Eingängen für jede UND- bzw. ODER-Funktion. (Der ODER-UND-Kreis ergäbe sich analog.) Mit den vier Eingangssignalen A, B, C und D wird das Ausgangssignal durch den Booleschen Ausdruck $A \cdot B + C \cdot D$ dargestellt. Mit idealen Dioden und einer endlichen Lastimpedanz kann der Widerstand R_1 wie bisher einen endlichen Wert größer als null haben. Der annehmbare Widerstandsbereich für den UND-Teil der Kette ist mehr eingeschränkt. Die Widerstände, die zur Unterscheidung mit R_{2a} und R_{2b} bezeichnet sind, können den gleichen Wert R_2 annehmen. Sind z. B. die Signale A und B beide 1, so müßte das Ausgangssignal 1 sein. Jedoch das Signal an der Anode der Diode D_1 stammt nicht direkt vom Eingang der Schaltung, wie das in der ODER-Schaltung 2.1b der Fall war, sondern vom Ausgangs des UND-Gliedes mit seinem Widerstand R_{2a}. In Abb. 2.2a muß das Anodenpotential von D_1 infolge

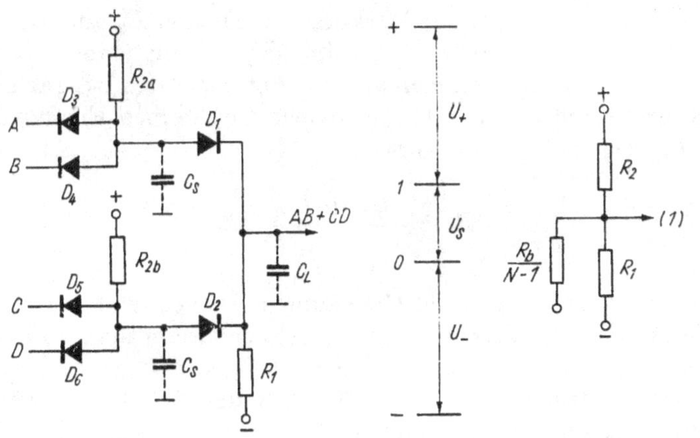

a) b) c)

Abb. 2.2. Dioden-UND-ODER-Schaltung

des Stromes durch R_{2a} in positiver Richtung verschoben werden. Wenn die Eingangssignale C und D ebenfalls 1 sind, so trägt zwar der Strom durch R_{2b} mit dazu bei, das abschließende Ausgangspotential auf seinen zukünftigen positiven Wert zu bringen; aber im allgemeinen Falle kann dieser Beitrag nicht herangezogen werden, um den maximal zulässigen Wert für R_2 zu finden.

Das Spannungsteilerdiagramm in 2.2b veranschaulicht die Beziehung zwischen der Speisespannung und den Signalpegeln. Das positive und das negative Potential (bezeichnet mit + und −) sind die Speisepotentiale für den UND- bzw. den ODER-Kreis. Die Potentiale entsprechend den zwei möglichen Signalpegeln, die mit 0 und 1 markiert sind. Die Symbole U_+, U_S und U_- geben die Spannungen zwischen den einzelnen Punkten an. Wie in folgenden noch verständlich wird, sind logische Glieder aus mehreren Stufen dann am günstigsten ausgelegt, wenn U_+ und U_- groß im Vergleich zu U_S sind.

In Anbetracht dessen, was oben gesagt wurde, genügt die Betrachtung der Spannungsaufteilung nicht, um zu zeigen, daß für die Beziehung zwischen R_2 und R_1 der Ausdruck

$$R_2 \leqq \frac{U_+}{U_S + U_-} R_1$$

gilt.

Für nichtideale Dioden sei zuerst der Einfluß eines endlichen Sperrwiderstandes R_b für jede Diode des Bildes 2.2a untersucht. Sind A und B 1 und C und D 0, so wird die Diode D_2 in Sperrichtung vorgespannt. Wegen des geringen Durchlaßwiderstandes der Dioden D_5 und D_6 liegt effektiv der Sperrwiderstand R_b zwischen den Ausgangsklemmen und der Quelle eines Nullsignals. Hat der letzte ODER-Kreis N Eingänge (in Bild 2 ist $N = 2$), so kann die Zahl der Widerstände R_b, die parallel zwischen den Ausgangsquellen und dem Nullsignal-Potential liegen, $N - 1$ betragen. Die Ersatzschaltung für diese Bedingung ist in Abb. 2.2c gezeigt. Die Ausgangsklemmen können nicht positiver als das 1-Signalpotential sein (wegen der Wirkung der Dioden D_3 und D_4), ungeachtet dessen, wie klein der Widerstand R_2 sein mag. Wenn jedoch R_2 hinreichend klein ist, um die Ausgangsklemmen auf das Potential des 1-Signals zu bringen, so ist der Strom durch $R_b/(N - 1)$ gleich dem durch einen Ersatzwiderstand R_b' parallel zu R_1. Dieser hat den Wert

$$R_b' = \frac{U_S + U_-}{U_S (N - 1)} R_b \,.$$

Damit kann die vorher gegebene Gleichung noch verwendet werden, um den maximal zulässigen Widerstand R_2 zu berechnen, wenn man R_1 in dieser Gleichung durch den Ausdruck der Parallelschaltung von R_1 und R_b' ersetzt.

Als nächstes betrachten wir den Einfluß der Schaltkapazitäten auf die Schaltgeschwindigkeit der UND-ODER-Anordnung in Abb. 2.2a. Die wichtigsten Kapazitäten sind gewöhnlich die Gesamt-Lastkapazität C_L und die erwähnten Streukapazitäten C_s zwischen den UND-ODER-Verbindungen und Erde.

Ändert sich das Ausgangssignal von 0 auf 1, so verläuft der Vorgang am langsamsten, wenn der Wechsel durch den Wechsel eines einzelnen Eingangssignals hervorgerufen wird. Wenn zum Beispiel A am Anfang den Wert 1 hat und C und D 0 sind, so hat ein Wechsel an B von 0 auf 1 eine Änderung des Ausganges von 0 auf 1 zur Folge. In diesem Falle sind die Kapazitäten, die aufgeladen werden müssen, C_L und C_s an der Diode D_1. Der Ladestrom für diese Kapazitäten muß durch R_{2a} fließen. Die Situation ähnelt der bei der UND-Schaltung in Abb. 2.1a. Es besteht jedoch ein sehr wesentlicher Unterschied. Die Spannung der oberen Klemmen von C_s und C_L in Abb. 2.2a erhöht sich nämlich nicht auf den Wert der positiven Speisespannung, sondern nimmt einen kleineren Wert an, der vom Widerstand in der Schaltung abhängt. Wenn R_2 den maximal zulässigen Wert hat, nimmt das Signal den vorgesehenen Pegel der logischen Eins an. Deshalb würde in diesem Falle die Schaltzeit unendlich groß, auch dann, wenn C_s und C_L unendlich klein sind. Um eine endliche Schaltzeit zu erreichen, muß R_2 unter dem für die statische Schaltbedingung zulässigen maximalen Wert liegen.

Für einen gegebenen Widerstand R_2, der kleiner als der maximale ist, kann man den Ausgangssignalpegel aus der Spannungsteilerwirkung der Widerstände R_2 und R_1 in Reihe leicht ermitteln. Wenn der endliche Widerstand R_b wirksam wird, so kann man das Theorem von THEVENIN oder ein anderes bekanntes Verfahren verwenden, um ausgehend von der Ersatzschaltung Abb. 2.2a das Potential zu finden.

Obwohl die Ausgangsklemmen ein Potential anstreben, das etwas positiver ist als das Potential des 1-Signales, wird infolge der Klemmwirkung der Dioden der UND-Schaltung und der angenommenen positiven Grenzen der Eingangssignale der Ausgangspegel auf den Wert der logischen Eins begrenzt. Mit all den bisher betrachteten Faktoren ist für den Wechsel des Ausgangssignales von 0 auf 1 eine Zeit

$$t = R_e\, C_T \ln \frac{U'_+ + U_s}{U'_+}$$

erforderlich, wobei R_e der Ersatzwiderstand für die Parallelschaltung von R_1, R_2 und $R_b/(N-1)$ ist, C_T die Gesamtkapazität aus der Parallelschaltung von C_s und C_A und U'_+ die Spannung zwischen dem Potential des 1-Signales und dem Potential, nach welchem der Ausgang geht.

Können die Kapazitäten zwischen Anode und Katode der Dioden nicht vernachlässigt werden, so muß man diese Kapazitäten zu C_T addieren. Wechselt in diesem Falle in Abb. 2.2a das Eingangssignal B von 0 auf 1 wenn A schon auf 1 und C und D noch auf 0 sind, so sind die Kapazitäten der Dioden D_3 und D_2 die einzigen, die geladen werden müssen. Der Anfangsimpuls, der kapazitiv von B über die Diode D_4 auf den Ausgang übertragen wird, kann wahrscheinlich in den meisten Fällen vernachlässigt werden, obwohl dieser Faktor in eine exakte Analyse der Schaltung mit eingeht.

Der prinzipielle Einfluß eines von Null verschiedenen Durchlaßwiderstandes der Dioden besteht darin, daß die Basis der Binärsignale an den Ausgängen der UND-Schaltungen nach etwas positiveren Signalen und am Ausgang des letzten ODER-Gliedes ungefähr zurück auf den ursprünglichen Eingangswert verschoben wird. Da die Ströme in den Dioden der UND-Glieder nicht dieselben sind wie in den ODER-Schaltungen, heben sich beide Pegelverschiebungen nicht gegenseitig auf und ein Verlust an Signalamplitude ergibt sich als Ergebnis eines von Null verschiedenen Durchlaßwiderstandes. Eine detaillierte mathematische Analyse des Einflusses wurde selten unternommen, da trotz der scheinbaren Einfachheit der Schaltung sinnvolle Berechnungen recht kompliziert werden, wenn man die Toleranz der Bauelemente berücksichtigt und da begründete Kompromisse, die infolge des Gesamt-Leistungsverbrauches und anderer Faktoren erforderlich sind, u. U. erzielbare Verbesserungen überdecken.

Wenn in dem Beispiel von Abb. 2.2a das Eingangssignal auf Null zurückkehrt, so sind die Betrachtungen hinsichtlich der Geschwindigkeit völlig anders. In diesem Falle wird das Potential der Anode von D_1 wegen des Stromes durch D_4 so schnell in negativer Richtung verschoben, wie der Treiberkreis das Potential des Signales B von 1 auf 0 ändert. Die Diode D_1 ist dann gesperrt und das Ausgangspotential wird infolge des Stromes durch R_1 negativ. Die Geschwindigkeit, mit der die UND-ODER-Schaltung negativ wird, ist so im wesentlichen dieselbe wie die eines einzelnen ODER-Gliedes nach Abb. 2.1b.

2.6. Logische Schaltungen mit 3 Stufen (ODER-UND-ODER)

Abb. 2.3a zeigt eine logische Schaltung mit Dioden aus drei Stufen, welche unter der Vereinbarung, daß eine 1 durch ein positives Signal dargestellt wird, eine ODER-UND-ODER-Funktion ausführt. Der Entw:uf der beiden Stufen rechts, die die Widerstände R_1 und R_2 enthalten, erfolgt wie zuvor, d. h. mit einer unendlichen Lastimpdenaz und mit idealen Dioden, die einen Durchlaßwiderstand von Null, einen unendlichen Sperrwiderstand und keine Anoden-Katoden-Kapazität besitzen. Der Widerstand R_1 hat irgendeinen Wert. Der Widerstand R_2 hat einen Wert gleich oder kleiner als $R_1 U_+/(U_s + U_-)$, wobei die Definitionen der verschiedenen Potentiale so gelten, wie sie in Abb. 2.3b erklärt werden.

Beim Entwurf einer dreistufigen Schaltung besteht das erste Problem darin, den zulässigen Bereich der Widerstände R_{3a}, R_{3b}, R_{3c} und R_{3d} festzulegen. Jeder von ihnen kann den gleichen Wert R_3 haben. Diese Widerstände dienen dazu, das Signalpotential bei einer logischen Null negativ zu halten. Die schärfste Begrenzung von R_3 tritt auf, wenn die minimale Anzahl dieser Widerstände Nullsignale an den entsprechenden Schaltungspunkten ergeben. Diese minimale Anzahl beträgt für die gezeigte Schaltung zwei und liegt z. B. vor, wenn die Signale A, B, E und F alle null sind und gleichzeitig jeweils eines der beiden oder beide Signale C und D und eines der beiden Signale G und H 1 sind.

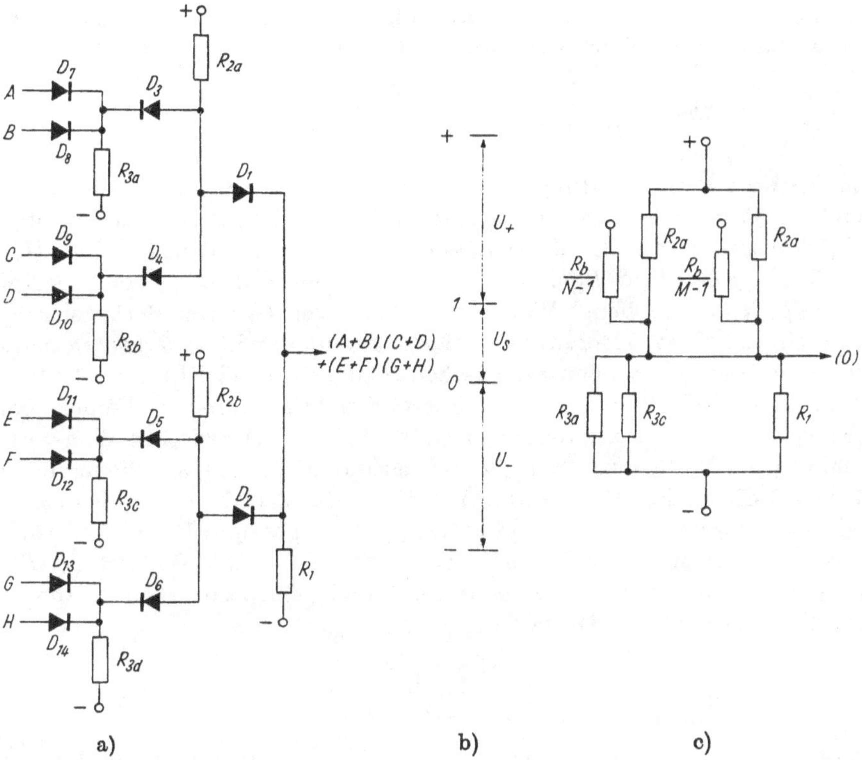

Abb. 2.3. Dioden-ODER-UND-ODER-Schaltung

(Die minimale Anzahl beträgt nicht eins; denn wenn nur einer der Widerstände eine negative Verschiebung bringt, z. B. R_{3a}, so ergäbe das eine logische Funktion, bei der das Ausgangssignal genau eine binäre 1 wäre, wenn an beiden Eingängen der UND-Schaltung, dargestellt durch die Dioden D_5 und D_6, 1-Signale anliegen.) Sowohl R_{2a} als auch R_{2b}, beide vom Werte R_2, bewirken eine negative Verschiebung des Ausgangspotentials. Deshalb ist die Ersatzschaltung eine Art Spannungsteiler, wie ihn Abb. 2.3c zeigt. Der untere Zweig enthält eine Parallelkombination aus R_1, R_{3a} und R_{3c}, im oberen Zweig liegen R_{2a} und R_{2b}. Um das Ausgangspotential auf den 0-Signalwert oder noch negativer zu verschieben, muß R_3 in folgender Beziehung zu R_2 und R_1 stehen:

$$R_3 \leqq \frac{N\,R_1\,R_2}{N\,R_1\left(\frac{U_+ + U_s}{U_-}\right) - R_2}.$$

N ist wieder die Anzahl der Eingänge der rechten ODER-Schaltung mit R_1. In der Schaltung 2.3a ist $N = 2$.

Die Beziehung zwischen R_3 und R_1 hängt von dem Wert für R_2 ab. Ist R_2 der maximal zulässige Wert, wie vorher erläutert, so findet man die Beziehung zu

$$R_3 \leqq \frac{N\,U_+\,U_-}{N\,(U_s + U_+)\,(U_s + U_-) - U_+\,U_-}\,R_1\,.$$

Beim Entwurf von Schaltungen hat diese Beziehung im allgemeinen keinen besonderen Wert, zeigt aber, daß R_3 grundsätzlich nicht größer zu sein braucht als R_1. Speziell wenn U_s vernachlässigbar klein gegenüber U_+ und U_- ist, kann R_3 so groß wie $N\,R_1/(N-1)$ sein, oder gleich $2\,R_1$, wenn, wie in der Abbildung, $N = 2$ vorliegt. Wenn reale Werte von U_s unter Berücksichtigung von Geschwindigkeit, Toleranzen der Elemente und anderen Faktoren betrachtet werden, muß R_3 in allen praktischen Schaltungen viel kleiner als R_1 sein.

Wenn jede Diode einen endlichen Sperrwiderstand R_b hat, so könnte man in die Ersatzschaltung Widerstände der Größe $R_b(M-1)$ zwischen dem unteren Anschluß jedes Widerstandes R_2 (der wiederum an den Ausgangsklemmen liegt) und dem 1-Signal-Potential einfügen. M ist die Anzahl der Eingänge jeder Schaltung der mittleren Stufe und beträgt für das gezeigte Beispiel 2. Dieselbe positive Verschiebung ergäbe sich, wenn man für jeden Widerstand R_2 der Schaltung zwischen den Ausgangsklemmen und dem positiven Speisepotential einen Widerstand R_b'' der Größe

$$R_b'' = \frac{U_+ + U_s}{U_s\,(M-1)}\,R_b$$

einfügte. In die im vorigen Abschnitt angegebene Gleichung für R_3 müßte dann für R_2 die Parallelkombination aus R_2 und R_b'' eingesetzt werden. Falls M nicht für alle UND-Kreise der mittleren Stufe gleich ist, kann man die genaue obere Grenze für R_3 dadurch finden (dabei wird angenommen, daß alle Widerstände R_3 gleich sind), daß der größte Wert für M eingesetzt wird.

Wenn die Lastkapazität, die Schaltkapazität und die Katoden-Anoden-Kapazität in die Betrachtungen mit einbezogen werden, so liegen bezüglich der Arbeitsgeschwindigkeit prinzipiell gleichartige Verhältnisse vor wie bei den Zweistufenschaltungen, wenn das Ausgangssignal von 0 auf 1 wechselt. Wegen des als klein vereinbarten Durchlaßwiderstandes der Dioden verschiebt sich das Signal am oberen Anschluß des Widerstandes R_3 so schnell in positiver Richtung, wie es der Eingangskreise zuläßt, ganz gleich, wie dieser Kreis ausgeführt ist.

Die Behandlung der Schaltgeschwindigkeit ist bei drei Stufen schwieriger, wenn das Ausgangssignal von 1 zurück auf 0 wechselt. Nehmen wir an, daß an den Eingängen A, C und E in Abb. 2.3a 1-Signale und an allen anderen Eingängen 0-Signale anliegen. In diesem Falle müßte das Ausgangssignal 1 erscheinen, weil an beiden Eingängen der oberen UND-Schaltung, d. h. an den Dioden D_3 und D_4, 1-Signale entstehen. Wenn dann der Eingang A von 1 auf 0 wechselt, müßte das Ausgangssignal gleicherweise von 1 auf 0 wechseln.

Wenn der Widerstand R_{3a} viel kleiner ist als der für die statischen Schaltbedingungen zulässige, ändert sich das Potential an seinem oberen Anschluß schnell in negativer Richtung. Wegen des kleinen Durchlaßwiderstandes von Diode D_3 verschiebt sich das Potential am unteren Anschluß von R_{2a} mit derselben Ge schwindigkeit in negativer Richtung. Das Ausgangspotential wird infolge des Stromes durch R_1 negativ verschoben. Die Schwierigkeit erkennt man, wenn man die Diode D_2 berücksichtigt. Ist der Widerstand R_3 viel kleiner als der maximal zulässige, so wäre D_2 während des gesamten Schaltvorganges gesperrt und der Strom durch die Widerstände R_{2b}, R_{3c} und R_{3d} wirkungslos. Wenn andererseits R_3 gleich oder nahe dem für die statischen Schaltbedingungen zulässigen Widerstand ist, kann das Signal am Eingang dieser Diode das Potential des 1-Signals annehmen (ehe A auf 0 gewechselt ist), selbst wenn das Signal an diesem Punkt vom Standpunkt der logischen Funktion ein Signal mit 0-Potential sein müßte. Diese scheinbar ungenaue Wirkungsweise stört nicht, weil das Ausgangssignal in jedem Falle 1 ist. Wenn jedoch die Diode D_2 während des Schaltvorganges offen ist, so wirken sich die Ströme durch R_{2b}, R_{3c} und R_{3d} auf die Schaltgeschwindigkeit aus. Für mittlere Werte von R_3 liegt das Ruhepotential am Eingang von D_2 zwischen den Werten des 1-Signales und des 0-Signales, so daß D_2 nur während eines Teiles des Schaltvorganges leitet.

Der prinzipielle Effekt eines von Null verschiedenen Durchlaßwiderstandes der Dioden bseteht in einer leicht negativen Verschiebung der Basis des Ausgangssignales gegenüber der Basis des Eingangssignales. Dadurch entsteht ein geringer Amplitudenverlust. Entsprechende Gleichungen für die Beziehungen aller Parameter untereinander sind natürlich für die Schaltung mit 3 Stufen unzugänglicher als für die mit 2 Stufem.

2.7. Logische Schaltungen mit 4 Stufen (UND-ODER-UND-ODER)

Eine logische UND-ODER-UND-ODER-Schaltung mit Dioden ist in Abb. 2.4a gezeigt. Sie besteht aus 4 Stufen und sieht zwei Eingänge für jedes UND- bzw. ODER-Glied vor. Das Hauptproblem besteht darin, die maximal zulässigen Widerstandswerte für R_{4a}, R_{4b} usw. zu bestimmen, wobei angenommen wird, daß alle denselben Wert R_4 haben. Ein Strom durch diese Widerstände muß das Potential der in Frage kommenden Punkte der Schaltung für jede Kombination von Eingangssignalen, die am Ausgang eine logische Eins erzeugt, auf den Wert des 1-Signales verschieben. Die kritischste Signalkombination liegt vor, wenn A, B, E und F 1 sind und alle anderen Eingangssignale 0. In diesem Falle verschieben zwei der Widerstände R_4 (R_{4a} und R_{4c}) das Potential in positiver Richtung. Diese Widerstände wirken entgegen der negativen Verschiebung der zwei Widerstände R_3 (R_{3a} und R_{3b}). Außerdem bewirkt R_{2a} eine positive, R_1 eine negative Verschiebung. Mit idealen Dioden können die Kreise links von D_2, D_8 und D_{10} vernachlässigt werden, weil diese Dioden bei der betrachteten Eingangssignalkombination gesperrt sind.

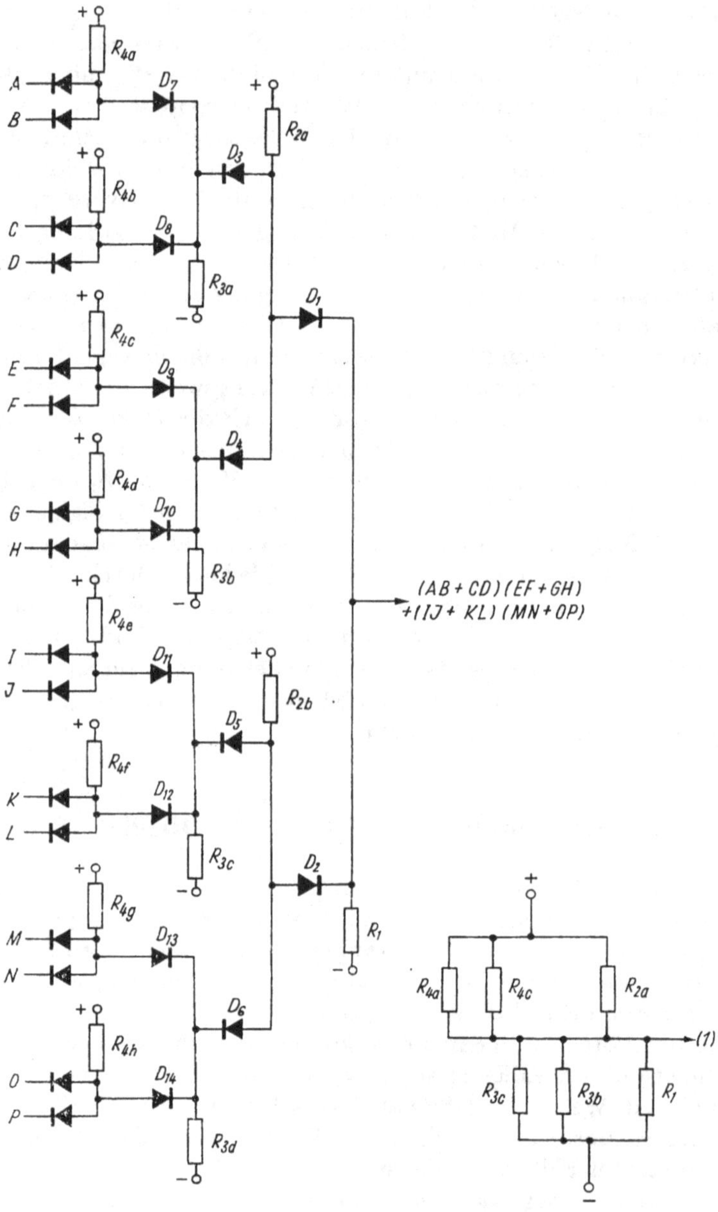

a) b)

Abb. 2.4. Dioden-UND-ODER-UND-ODER-Schaltung

Die Ersatzschaltung ist in Abb. 2.4b gezeigt. Aus dieser Schaltung kann man leicht erkennen, daß die Beziehung zwischen R_4 und R_3 die gleiche ist wie die zwischen R_2 und R_1, wenn R_2 mit seinem maximal zulässigen Wert angenommen wird. Diese Beziehung lautet

$$R_4 \leqq \frac{U_+}{U_s + U_-} R_3 \,.$$

Wenn R_2 kleiner als sein Maximalwert ist, wird die positive Verschiebung des Potentials der R_4-Widerstände noch unterstützt, so daß für R_4 etwas höhere Widerstände gewählt werden könnten. Andererseits erfordern die früher erwähnten Faktoren, wie Schaltgeschwindigkeit und Toleranz der Bauelemente, daß R_4 viel kleiner gehalten wird als der Wert, der sich aus der obigen Beziehung ergibt. Bemerkt sei, daß die Bestimmung der maximal zulässigen Widerstände R_4 unabhängig von der Zahl der Eingänge in den einzelnen UND- bzw. ODER-Kreisen der Vierstufenschaltung erfolgen kann.

Wenn der endliche Sperrwiderstand der Dioden mit berücksichtigt werden muß, so gilt das Verfahren im wesentlichen wie zuvor, nur daß außer den $N - 1$ Widerständen R_b parallel zu R_1 (die eine Verschiebung in negativer Richtung bewirken) jedem Widerstand R_3 eine entsprechende (aber nicht unbedingt gleiche) Anzahl von Widerständen R_b parallel liegen, die das Potential ebenfalls in negativer Richtung verschieben.

Die Schaltgeschwindigkeit einer logischen Schaltung aus vier Stufen kann folgendermaßen grob analysiert werden: Für positive Signale kann der rechtsliegende UND-ODER-Kreis (der zu R_1 und R_2 gehört) so entworfen werden, wie das vorher für die Zweistufenschaltung beschrieben wurde. Jede der linken UND-ODER-Schaltungen (gehörend zu R_3 und R_4) wird gleicherweise wie die bereits behandelte aus 2 Stufen bestehende Schaltung dimensioniert, nur mit der Einschränkung, daß der Wechsel des Signals nach dem positiven Potential bei jeder der linken UND-ODER-Schaltungen mindestens mit der Geschwindigkeit erfolgt, die mit den rechten UND-ODER-Kreisen realisiert wird. Wenn einer der linken Kreise, z. B. der mit den Eingängen A, B, C und D in Abb. 2.4a schneller ist, so bewirkt das nur, daß die Diode D_3 zeitweise gesperrt ist. Da der Potentialwechsel in den linken und rechten UND-ODER-Schaltungen gleichzeitig erfolgt, ist die Schaltzeit des gesamten Vierstufenkreises nicht gleich der Summe der einzelnen Zeiten der linken und rechten Kreise sondern ungefähr gleich der Zeit für den langsamsten der beiden Teile.

Für negative Signale, die am Ausgang einen Wechsel von 1 auf 0 hervorrufen, sind die Betrachtungen bezüglich der Geschwindigkeit für die Vierstufenschaltung im wesentlichen dieselben wie die für die Dreistufenschaltung. Wenn die Eingangssignale negativ sind und eine hohe Amplitude besitzen, sind die Dioden in den ODER-Gliedern der R_3-Stufe während des Schaltvorganges gesperrt, ungeachtet dessen, ob die UND-Gatter der R_4-Stufe vorhanden sind oder nicht.

2.8. UND-UND- und ODER-UND-Schaltungen

Wenn in einem Netzwerk zwei UND-Glieder oder zwei ODER-Glieder aufeinander folgen, so ist das Problem beim Entwurf dieser Schaltungen völlig anders. Abb. 2.5 zeigt die Situation für ein ODER-Glied, dessen Ausgang als Eingang für ein zweites ODER-Glied dient. Der abschließende Ausgang liefert das Signal $(A + B) + C$, welches gleich $A + B + C$ ist. Wenn nur dieses Signal gebraucht wird, kann die Funktion ebenso durch ein einzelnes ODER-Glied mit drei Eingängen ausgeführt werden. Der Zweck der Schaltung ist es, ein zusätzliches Ausgangssignal zu erhalten, das, wie oben gezeigt, der Funktion $A + B$ entspricht. Nur vier Dioden sind im Vergleich zu den fünf Dioden, die eingesetzt werden müßten, wenn die Realisierung der logischen Funktionen $A + B$ und $A + B + C$ getrennt für sich erfolgen würde, notwendig.

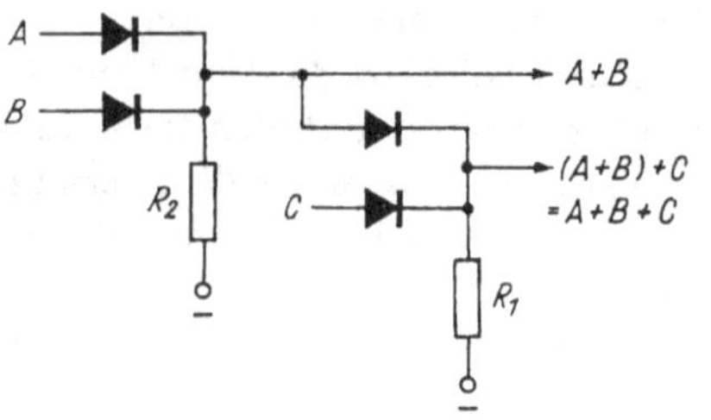

Abb. 2.5
Dioden-ODER-ODER-Schaltung

Der rechte Teil der ODER-ODER-Kombination, der den Widerstand R_1 enthält, wird wie früher aufgebaut, außer daß die Schaltzeit für den negativen Sprung durch jede Lastkapazität beeinflußt wird und die Streukapazität sowohl am $(A + B)$-Ausgang als auch am $(A + B + C)$-Ausgang zu berücksichtigen ist. Wenn der Ausgang des rechten ODER-Gliedes als Eingang für ein UND-Glied verwendet wird, so hält nur R_1 das Potential am Verbindungspunkt auf dem relativ negativen Wert des Nullsignales, während A, B und C alle 0 sind.

Für den linken Teil der ODER-ODER-Kombination wirken die zwei Widerstände R_1 und R_2 parallel als Last für die Eingänge A und B. Das heißt zum Beispiel, wenn A gleich 1 ist und B und C beide 0 sind, so muß der Treiberkreis A imstande sein, sowohl den $(A + B)$-Ausgang als auch den $(A + B + C)$-Ausgang auf das Potential des 1-Signales zu verschieben. Andererseits kann nur R_2 dazu beitragen, den $(A + B)$-Ausgang auf dem Potential des Nullsignales zu halten, wenn A und B beide 0 sind. Dabei kann C 1 sein, da die Diode zwischen den 2 Ausgängen gesperrt ist.

Ist C gleich 1, wenn sich der Ausgang des linken ODER-Gliedes (die $A + B$-Leitung) von 1 auf 0 ändert, so ist die Schaltzeit eine Funktion von R_2 und der Kapazität des Punktes $A + B$. Ist C währenddessen gleich 0, so ändern sich beide Ausgangssignale von 1 auf 0, aber die beiden ODER-Glieder wirken unabhängig, wenn der linke Kreis der schnellere ist. Ist der rechte Kreis schneller, so kann man die Gesamtkapazität beider Ausgänge zusammenfassen und die Widerstände R_1 und R_2 können als parallel liegend betrachtet werden, wenn die früher gegebene Formel zur Bestimmung der Schaltzeit verwendet wird.

Diese Betrachtungen könnte man erweitern auf Folgen von UND-UND-

sowie ODER-ODER-Schaltungen, an die man abwechselnd UND- oder ODER-Glieder zu einem logischen Feld anfügt. Die möglichen Variationen sind jedoch zu zahlreich für eine detaillierte Behandlung.

2.9. Betrachtungen hinsichtlich des Abschlußlastwiderstandes

In einigen Anwendungsfällen kann R_1 im letzten UND- oder ODER-Glied die vorgesehene Last selbst darstellen. In diesen Fällen läßt sich eine Dimensionierung nach dem in den letzten Abschnitten beschriebenen Verfahren direkt vornehmen. Mit anderen Worten, jede OHMsche Lastkomponente zusätzlich zu R_1 ist tatsächlich unendlich, wie das auch angenommen wurde.

In anderen Anwendungsfällen kann die vorgesehene Last eine OHMsche sein, jedoch ihr „entfernter" Anschluß liegt an einem unpassenden Potential. Wenn z. B. das letzte Glied in einer Schaltung ein ODER-Glied ist (mit der Vereinbarung, daß eine Eins durch ein positives Potential dargestellt wird) und die Last das Signal in Richtung auf das positive anstelle auf das negative Speisepotential verschiebt, muß R_1, wenn das Ausgangssignal 0 ist, sowohl eine statische negative Verschiebung hervorrufen, als auch eine Kondensatorentladung bewirken, wenn der Ausgang von 1 auf 0 wechselt. R_1 spielt dann die Rolle von R_2 in den vorher beschriebenen Kreisen, und die Wirkung der Last fügt der logischen Schaltung noch eine Stufe hinzu.

In Anwendungen, wo der „entfernte" Anschluß der Last an einem Potential zwischen den Werten des positiven und negativen Speisepotentiales der UND- und ODER-Schaltungen mit Dioden liegt, muß ein Ergänzungswiderstand an ein passendes Speisepotential gelegt werden. Das bekannte Theorem von *Thevenin* kann verwendet werden, um den effektiven Gesamtwiderstand und das effektive Speisepotential an der Stelle von R_1 zu berechnen. Der restliche Teil der logischen Schaltung kann dann in der Reihenfolge festgelegt werden, wie sie in vorhergehenden Abschnitten beschrieben wurde.

2.10. Zusammenfassende Bemerkungen über spannungsgesteuerte logische Schaltungen mit Dioden

Die gebräuchlichste Methode zum Entwurf von spannungsgesteuerten logischen Schaltungen ist die, daß zuerst der letzte UND- bzw. ODER-Kreis und dann nach und nach die Stufen rückwärts bis zu den Eingängen betrachtet werden. Im Prinzip kann man die Schaltung mit mehreren Stufen so auslegen, daß für die vorgesehenen logischen Funktionen der Spannungssprung des Ausgangssignales so groß wie der Spannungssprung des Eingangssignales ist, wenn die Dioden ideal sind. Die Signalspannungsamplitude kann sogar aufrechterhalten werden, wenn die Dioden nicht ideal sind, sondern einen endlichen Sperrwiderstand haben. Außerdem kann die Schaltfunktion mit einer gegebenen hohen Geschwindigkeit ausgeführt werden, ohne daß ein Verlust an Spannungsamplitude auftritt, sogar wenn eine Lastkapazität, eine Schaltkapazität und eine Anoden-Katoden-Kapazität der Dioden vorhanden sind.

Jedoch nach den Ergebnissen des vorhergehenden Abschnittes nehmen die für die einzelnen Stufen erforderlichen Widerstandswerte schnell ab, wenn man die logischen Stufen in der rückwärtigen Reihenfolge vom Ausgang zu den Eingängen hin betrachtet. Diese Verringerung ist bei praktischen Anwendungen tatsächlich so groß, daß die erforderlichen hohen Eingangsströme die ohne Zwischenverstärkung des Stromes mögliche Anzahl der Stufen begrenzen. Bei einigen Transistorschaltungen (die im nächsten Kapitel beschrieben werden) kann nur eine Stufe verwendet werden, und die Anzahl der Stufen in einer Schaltung kann selten, wenn überhaupt, größer sein als vier.

Für den Verlust an Spannungsamplitude der Signale ist der von Null verschiedene Durchlaßwiderstand der Dioden verantwortlich.

Um möglichst viele logische Stufen verknüpfen zu können, sollte der Signalspannungssprung U_s klein im Vergleich zu U_+ und U_- sein, was man aus den Formeln für die Widerstände der verschiedenen Stufen erkennt. Leider laufen große U_+ und U_- auf einen großen Leistungsverbrauch in den Widerständen der UND- und ODER-Glieder hinaus. Für sehr kleine U_s sollten die Entwurfsverfahren für stromgesteuerte logische Schaltungen berücksichtigt werden, wie sie später in diesem Kapitel betrachtet werden.

2.11. Diodenschaltungen für Impulssignale

Wenn jedes binäre Signal anstelle durch statische Zustandssignale durch das Auftreten oder Fehlen eines elektrischen Impulses dargestellt wird, können die gleichen Schaltungen verwendet werden, wobei nur das Problem der Schaltgeschwindigkeit kritischer wird. In einer einzelnen UND-Schaltung wird zum Beispiel die Kurvenform des Ausgangssignales nur dann gleich der der Eingangssignale sein, wenn die Schaltung vom Entwurf her sicherstellt, daß die Änderungsgeschwindigkeit des Ausgangssignales am Ende so groß ist wie die des Eingangssignales beim positiven Sprung des Impulses. Anderenfalls werden die Dioden wieder gesperrt, und wenn der Eingangsimpuls zu Ende ist (auf seinen Anfangswert zurückkehrt), ehe das Ausgangssignal das maximale Eingangspotential erreicht hat, ist die Amplitude des Ausgangsimpulses kleiner als die des Eingangsimpulses. Natürlich müssen alle Impulse der verwendeten Eingangssignale gleichzeitig die entsprechenden Eingänge der logischen Schaltung erreichen.

Gewöhnlich ist nach zwei oder drei Stufen der logischen Schaltung irgend eine Regenerierung der Impulse notwendig. Dabei muß nicht nur die Kurvenform wiederhergestellt werden, sondern auch der Zeitpunkt der Impulse gegenüber einer Folge von Taktpulsen. Weil die notwendigen Regenerierungsschaltungen so umfangreich sind und auch andere Nachteile im Vergleich mit den einfachen

Schaltkreisen für stationäre Signale auftreten, werden logische Operationen im allgemeinen selten mit Impulssignalen ausgeführt. Die sogenannten „vollsynchronen" logischen Operationen, die wie in Kapitel 1 in Verbindung mit Abb. 1.2b besprochen wurde, jetzt als veraltet angesehen werden, verwendeten trotzdem logische Impulsschaltungen.

2.12. Eine Variante der UND- und ODER-Grundglieder

Abb. 2.6 zeigt eine Diodenlogikvariante, deren Einsatz für gewisse Anwendungsfälle vorteilhaft ist, die aber nicht allgemein verwendet werden kann. Ein Anschluß des Widerstandes wird anstatt an das Speisepotential an einen weiteren Signaleingang genutzt. Mit der Schaltung nach Abb. 2.6a kann man

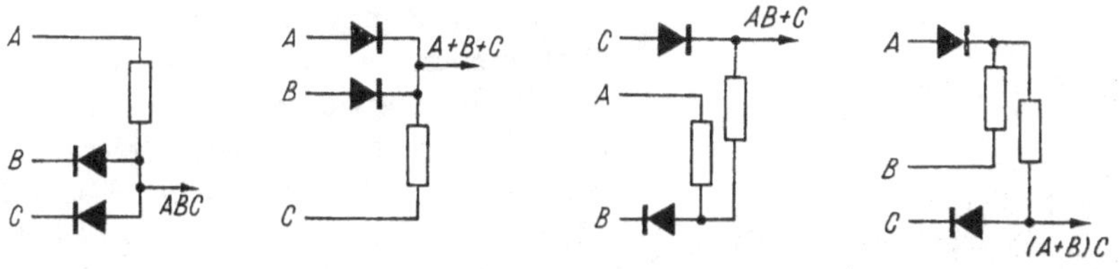

a) b) c) d)

Abb. 2.6. Variante der elementaren UND-und-ODER-Schaltungen

eine UND-Funktion realisieren. Das Ausgangspotential ist nur dann positiv, wenn alle drei Eingangssignale A, B und C positiv sind. Die Schaltung 2.6b erzeugt entsprechend die ODER-Funktion. Der Nachteil dieser Variante ist es, daß keine große Belastung am Ausgang erfolgen darf und daß sowohl die Spannungsamplitude des Ausgangssignals als auch die Schaltgeschwindigkeit sehr darunter leiden.

Die logischen Schaltungen können auch aus verschiedenen Stufen zusammengesetzt sein, wobei der Ausgang eines Gliedes zum Widerstandseingang und nicht zum Diodeneingang des folgenden Kreises führt. Die Anordnungen 2.6c und führen die logischen Funktionen $A \cdot B + C$ bzw. $(A + B) \cdot C$ aus; und zwar unter der Annahme, daß eine logische Eins durch ein positives Signal dargestellt wird. Wie bei den herkömmlichen Diodenschaltungen bewirkt eine Umkehr der Pegel für 1 und 0, daß die UND-Funktion in eine ODER-Funktion übergeht oder umgekehrt.

2.13. Dioden-Torschaltungen

Beim Entwurf digitaler Systeme braucht man häufig Elemente, die ein Impulssignal durchlassen oder sperren, wobei die Steuerung durch ein quasistationäres oder Gleichspannungssignal erfolgt (obgleich das sogenannte „stationäre“ Signal oft von einem Binärwert zu anderen wechseln kann, und zwar mit einer Häufigkeit bis zur Pulsfolgefrequenz des Systems, die 100 MHz oder mehr betragen kann). Eine Schaltung, die diese Funktion ausführen kann, wird allgemein „Tor“-Schaltung genannt. Eine „Dioden-Tor“-Schaltung liegt vor, wenn sie im Prinzip aus einer oder mehreren Dioden besteht.

Funktionsmäßig ist eine „Tor“-Schaltung ein UND-Glied, das einen Ausgangsimpuls abgibt, wenn das Steuersignal auf 1 liegt „und“ ein Eingangsimpuls angelegt wird. Da jedoch Torschaltungen allgemeiner verwendet werden, enthalten Impulssignal und Steuersignal nicht die gleiche Art von Information, so daß „Tor“ vielleicht der genauere Ausdruck ist. Zum Beispiel kann der Impuls ein Taktimpuls sein, der keine Information über die verarbeiteten Daten enthält, sondern nur zum Betätigen eines Flip-Flops zu einer bestimmten Zeit dient.

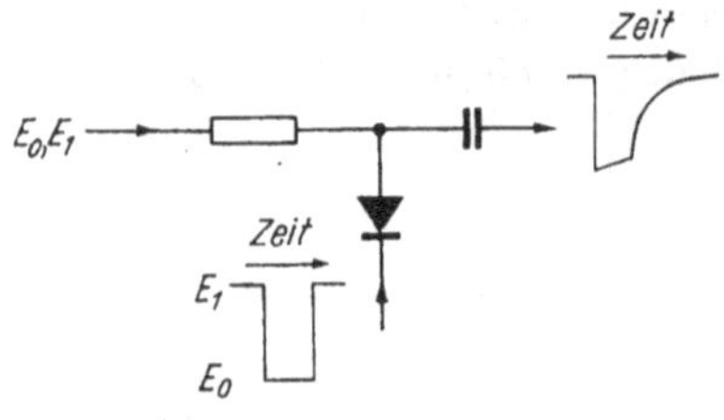

Abb. 2.7. Form einer Dioden-Torschaltung

Abb. 2.7 zeigt eine Form der Dioden-Torschaltung, in der das Steuerpotential von E_0 oder E_1, darstellend 0 bzw. 1, an dem einen Anschluß eines Widerstandes anliegt. Ein Impulssignal mit den gleichen Grenzwerten, jedoch in negativer Richtung, wird an die Katode einer Diode gelegt. Der Ausgang der Torschaltung wird grundsätzlich über einen Kondensator mit einer Last verbunden. Befindet sich der Eingang am Widerstand auf 0, so sperrt die Diode während der ganzen Zeit. Das Tor ist geöffnet, und am Ausgang erscheint kein Impuls. Befindet sich der Eingang zum Widerstand auf dem Wert 1, so leitet die Diode, zieht die Ladung vom Kondensator ab und erzeugt damit einen negativen Ausgangsimpuls. Die Form des Ausgangsimpulses ist von der Art der Last (ist im Bild nicht enthalten) abhängig. Sie wird qualitativ durch den gezeigten Kurvenverlauf wiedergegeben. Die Ladung, die während des negativen Impulses vom Kondensator abfließt, muß in der Zeit zwischen den Impulsen wieder zurückgeführt werden. Diese Ladung muß vom Eingang durch den Widerstand fließen. Für einen Betrieb mit hoher Pulsfolgefrequenz muß der Widerstand niedrig sein. Ein niedriger Widerstand überträgt aber auch Steuersignalsprünge als unerwünschte Impulse auf den Ausgang. Obwohl die Schaltung einfach ist und für manche Anwendungen ausreicht, kann oft kein geeigneter Kompromiß zwischen einer hohen Pulsfolgefrequenz, der Güte des Schaltverhaltens und der Amplitude des Ausgangsimpulses gefunden werden.

Abb. 2.8a bis d zeigen die Weiterentwicklung einer Dioden-Torschaltung mit ausgezeichnetem Schaltverhalten sowohl in dem Sinne, daß keine Impulse durchgelassen werden, wenn das Tor gesperrt ist, als auch in dem Sinne, daß eine schnelle Änderung im Potential des Steuersignals kein unerwünschtes Ausgangssignal hervorruft. Allerdings werden an die Steuer-Signalquellen und die Impulsquelle eventuell harte Forderungen gestellt. In der Schaltung 2.8a liege das Steuersignal auf Erde oder auf $-U$, um eine Eins bzw. eine Null darzustellen.

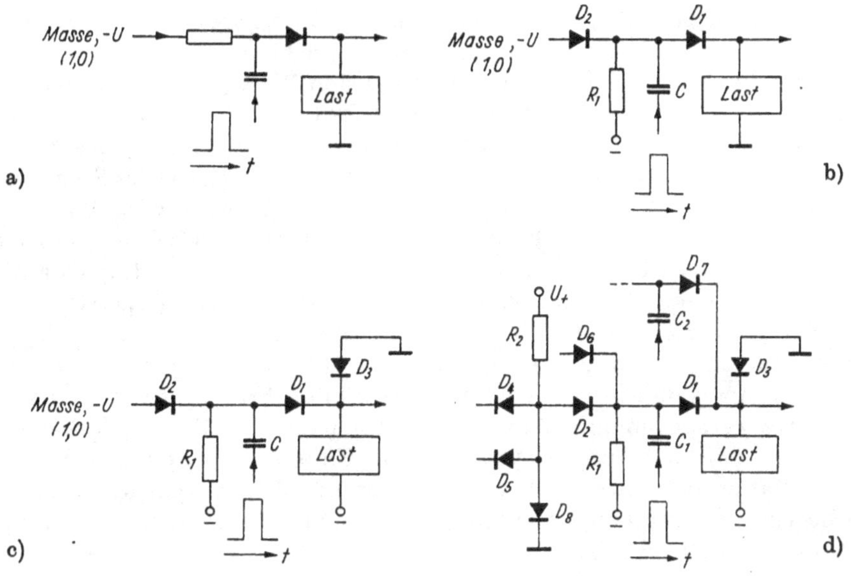

Abb. 2.8. Andere Dioden-Torschaltungen

Dieses Signal wird an den einen Anschluß eines Widerstandes geführt. Ein positiver Impuls, der zu steuern ist, wird über den Kondensator zum anderen Anschluß des Widerstandes gebracht, der gleichzeitig über eine Diode mit der Last verbunden ist. Das Potential am gegenüberliegenden Anschluß der Diode muß, abgesehen vom übertragenen Impuls, auf Erdpotential gehalten werden. Zu diesem Zwecke ist die Last, die als Widerstand angesehen werden kann, zwischen Ausgang und Erde geschaltet. Wenn ein Ausgangsimpuls auftritt, so kann er auch auf andere Glieder übertragen werden (eventuell über einen Kondensator). Liegt das Eingangssignal auf dem Wert $-U$, so ist die Diode gesperrt, und kein positiver Impuls kann sie passieren. Die Amplitude der Impulse kann so groß wie die Differenz zwischen Erdpotential und $-U$ oder noch etwas größer sein, da der Widerstand durch den Eingangskreis über den Kondensator aufgeladen wird. Liegt der Eingang auf Erdpotential, so wird die Diode im Falle positiver Impulse an der Verbindung zwischen Widerstand und Diode leitend und die entsprechenden Impulse erscheinen am Ausgang. Die Ladung, die vom Kondensator abfließt, muß vom Strom durch den Widerstand wieder aufgefüllt werden. Für eine hohe Pulsfolgefrequenz muß deshalb, wie vorher, die Zeitkonstante RC der Widerstands-Kondensator-Kombination klein sein. Das ist jedoch schwierig zu realisieren, da die Kapazität C für die Übertragung von Impulsen genügender Energie relativ groß sein müßte, der Widerstand R jedoch ebenfalls groß sein muß, damit sich die Eingangskreise nicht gegenseitig aufladen.

In Abb. 2.8b enthält der Eingang des Tores einen Widerstand R_1 zwischen der negativen Speisespannung und der Verbindung des Kondensators mit der zweiten Diode D_2, die zum Eingang des Tores führt. Die Speisespannung sei wesentlich negativer als $-U$. Da R_1 die Spannung zwischen den Dioden zu negativen Werten hin verschiebt, erreicht dieser Punkt den Wert $-U$ im Gegensatz zur Schaltung 2.8a, wo eine unendliche Zeit erforderlich ist, in einer endlichen Zeitspanne. Das gilt, wenn das Potential infolge einer Entladung des Kondensators C nach einem Impuls, oder wenn es infolge des Wechsels des Steuersignales von Erde in negativer Richtung nach $-U$ springt. Auch wenn das Steuersignal von $-U$ auf Null wechselt, folgt das Potential zwischen den Dioden exakt dem positiven Sprung, da Diode D_2 leitet. Während ein Impuls anliegt, ist D_2 gesperrt, ungeachtet dessen, ob das Tor ,,offen“ oder ,,gesperrt“ ist.

Die Torschaltung in Abb. 2.8c ist die Gleiche wie in b, nur liegt die Last zwischen Ausgang und negativer Speisequelle. Mit dieser Anordnung ist, wenn kein Steuerimpuls anliegt das Ausgangspotential an Erde ,,geheftet“. Es kann aber positiv werden, wenn ein Impuls das Tor passiert. Der Zweck dieser Anordnung ist, daß das Ausgangspotential am Ende eines Impulses schnell auf Erdpotential zurückkehrt, auch wenn bedeutende Schaltkapazitäten am Ausgang liegen. Der Ausgang kann somit Störsignale dämpfen, die von äußeren Quellen aufgebracht werden.

In der Schaltung 2.8c fließt der Strom vom Steuereingang über D_2 und R_1 zur negativen Speisequelle, wenn das Steuersignal auf Erdpotential liegt. Außerdem fließt ein Strom von Erde über D_3 und die Last zur Speisequelle. Wenn der Steuerimpuls auftritt, sind die Dioden D_2 und D_3 gesperrt, und der Strom über R_1 und die Last muß nur aus der Impulsquelle gespeist werden, die kapazitiv über C angekoppelt ist. Ist I die Summe dieser Ströme und Δt ein kurzes Zeitintervall, so gilt die Beziehung $I \, \Delta t = C \, \Delta U$, wobei ΔU die Spannungsänderung am Kondensator während Δt ist. (Beide Seiten der Gleichung drücken die Ladung aus, die während Δt zum oder vom Kondensator fließt.) Entsprechend $\Delta U/\Delta t = I/C$ muß die Änderungsgeschwindigkeit der Potentiale der verwendeten Impulse so groß wie der Betrag I/C sein. Andernfalls erscheint kein Impuls am Ausgang, auch wenn das Tor ,,offen“ ist. Diese Bedingung gilt ohne Rücksicht auf die Spannungsamplitude der verwendeten Impulse. Um eine große Spannungsamplitude der Ausgangsimpulse zu erzielen, müssen die verwendeten Impulse deshalb neben einer sehr steilen Flanke eine Amplitude haben, die etwas größer als die Differenz zwischen Erde und $-U$ ist.

D_3 und die Last brauchen nicht, wie Abb. 2.8c zeigt, eine Diode und ein Widerstand zu sein, sondern diese Elemente können durch einen Transistor gebildet werden und z. B. zu einem Flip-Flop gehören. Speziell kann D_3 die Basis-Emitter-Strecke eines Transistors sein, wobei eine große Spannungsamplitude an den Ausgangsklemmen von D_1 weder notwendig noch erwünscht ist. Stattdessen wird der Impuls nur verwendet, um den Strom im Transistor zu ändern und damit in dem Kreis, zu dem der Trasnistor gehört, eine Rückkopplungswirkung zu erzielen.

Abb. 2.8d zeigt, wie die Torschaltung c mit logischen Gliedern kombiniert werden kann. Diode D_1 und der Kondensator treten zweimal auf, aber mit unterschiedlichen Steuer- und Impulseingängen, um eine ODER-Funktion zu realisieren. Diode D_2 kann auch zweimal mit verschiedenen Eingängen auftreten, um eine andere ODER-Funktion auszuführen. Vor jeder D_2-Diode kann ein Dioden-UND-Glied geschaltet sein (1 wird dabei immer durch ein relativ positives Potential dargestellt). Falls das Eingangssignal positiver als Erde ist, so würde eine unerwünschte positive Abweichung des Ausgangspotentiales auftreten. Das kann jedoch verhindert werden, wenn die Verbindung zwischen den UND- und ODER-Kreisen auf Erdpotential gehalten wird, wie das durch Diode D_8 erfolgt. Mit dieser Anordnung wird keine Ladung an den Eingangssignalen hervorgerufen.

Ein wichtiges Merkmal der Schaltungen 2.8b, c und d ist es, daß das Steuersignal schwanken kann, während ein Impuls anliegt, ohne daß sich das auf den Ausgangsimpuls auswirkt. Die Ausgangsimpulse erscheinen entweder überhaupt nicht oder mit voller Amplitude, je nachdem, ob das Tor zu Beginn des Impulses geschlossen oder offen war. Am einfachsten ist das in der Schaltung *b* zu beobachten. Wenn das Steuersignal anfangs auf Erdpotential liegt und nach $-U$ wechselt, während der Impuls anliegt, ist Diode D_2 in jedem Falle gesperrt, so daß die Schaltung auf den Wechsel nicht reagiert. Wechselt das Steuersignal von $-U$ nach Erdpotential, so wandert das Potential an der Verbindung zwischen D_2 und D_1 zum Erdpotential. Die Wirkungen des Steuersignales und des Impulses addieren sich aber nicht, und das Ausgangspotential wird nicht positiver als das Erdpotential. Wegen dieser Eigenschaft kann man mit den Ausgangssignalen von Torschaltungen Flip-Flops betätigen, deren Ausgangssignale einen oder mehrere Steuereingänge der Torschaltung selbst steuern.

2.14. Stromgesteuerte logische Glieder mit Dioden — Erste Form

Die erste Form stromgesteuerter logischer Schaltungen mit Dioden, die beschrieben wird, ist der Schaltungsanordnung der früher in diesem Kapitel beschriebenen spannungsgesteuerten Schaltung identisch. Aber wenn die durch das Ausgangssignal gesteuerte Schaltung einen wesentlich höheren Strom erfordert (wobei der erforderliche Spannungssprung nebensächlich klein ist), so ist eine etwas andere Dimensionierungsvorschrift anzuwenden. Natürlich sind „stromgesteuert“ und „spannungsgesteuert“ insofern relative Begriffe, als letzten Endes auch ein kleiner Strom in spannungsgesteuerten Kreisen und ein kleiner Spannungssprung in stromgesteuerten Kreisen hervorgerufen wird.

Abb. 2.9a zeigt, wie ein Strom gesteuert wird. Das Ausgangselement ist hier ein *pnp*-Transistor (zur Diskussion der Transistoren und ihrer Symbolik siehe nächstes Kapitel). Der Emitter-Basis-Widerstand ist relativ niedrig, wenn die Basis negativ gegen den Emitter ist. Der Transistor wird entsprechend dem Strom, der zwischen diesen beiden Elektroden fließt, gesteuert. Ist die Basis positiv gegenüber dem Emitter, hat der Transistor eine relativ hohe Eingangsimpedanz. Für ein fast vollständiges Sperren des Transistors ist die Basis nicht positiver als das Erdpotential zu machen. Leitend wird der Transistor durch einen Strom I, der von Erde über Emitter und Basis und durch den Widerstand R_1 zur negativen Speisequelle fließt. Die Spannungsdifferenz zwischen Signal und Speisespannung sei sehr groß im Vergleich zu dem kleinen Spannungssprung, der an der Basis des Transistors auftritt. Deshalb wirken die negative Speisequelle und R_1 annähernd als Konstantstromquelle für den Strom der Amplitude I.

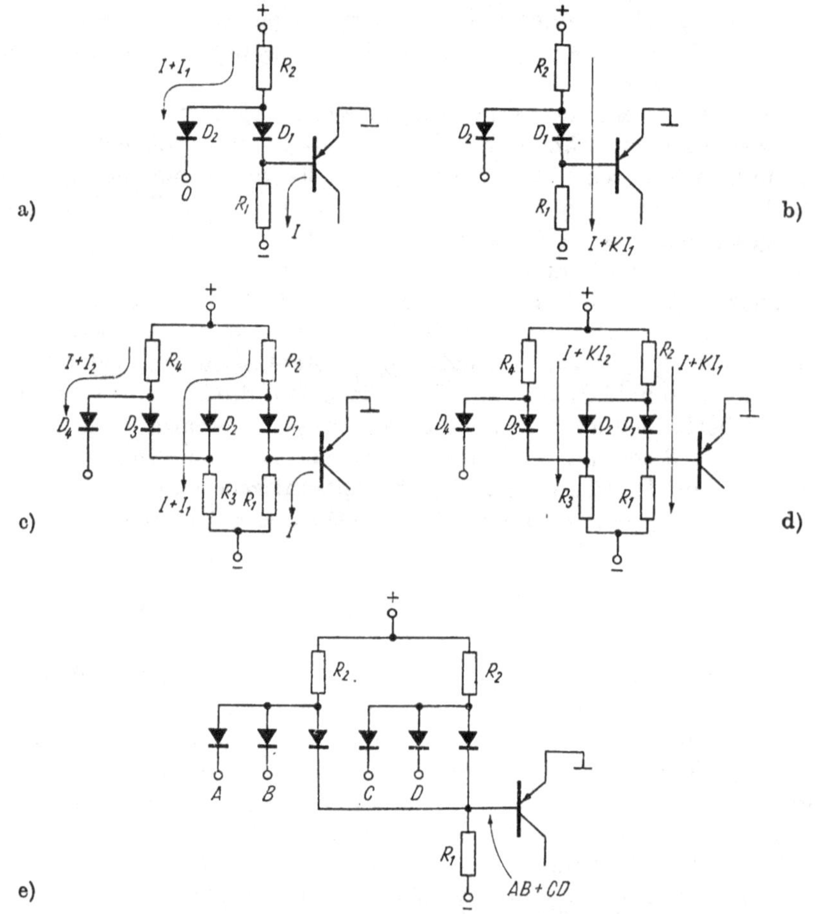

Abb. 2.9. Stromgesteuerte Diodenlogik – erste Form
(Bemerkungen zur Transistorsymbolik vgl. nächstes Kapitel, Anm. d. dtsch. Red.).

Wenn am Eingang der Schaltung 2.9a eine 0 anliegt, so ist das Eingangspotential negativ, aber nur soweit, daß über die Diode D_1 eine negative Spannung liegt. Mit idealen Dioden und einem idealen Transistor kann die Eingangsspannung um einen unendlich kleinen Wert negativ gegenüber Erde sein. Die Differenz zwischen Speisespannung und dem Signal ist groß im Vergleich zum Signalsprung. Wird der Spannungsabfall über der Diode D_2 vernachlässigt, so wirkt die positive Speisequelle zusammen mit dem Widerstand R_2 als eine zweite Konstantstromquelle. Die Schaltungsparameter sind so gewählt, daß der Strom von der positiven Speisequelle über D_2 zum Eingang $I + I_1$ beträgt, wobei die Amplitude von I_1 einen kleinen Teil der Amplitude I beträgt.

Werden die Eingangsklemmen jetzt schwach positiv gemacht, wie in Abb. 2.9b, so wird Diode D_2 gesperrt. Der Strom von der positiven Speisequelle muß nun über D_1 und R_1 zur negativen Speisequelle fließen. Weil die „Konstantstromquellen" jetzt in Reihe liegen, beträgt der Gesamtstrom weder I noch $I + I_1$ sondern $I + K \cdot I_1$, wobei K ein Faktor zwischen 0 und 1 ist. Wenn zum Beispiel die positive und die negative Speisespannung gleich sind, ist K ungefähr 0,5. Da der Strom durch R_1 größer als vorher ist, wird die Spannung an der Basis des Transistors positiver als vorher. Ist der Strom I_1 hinreichend groß (was nicht heißt sehr groß), so ist der Transistor gesperrt. Das bedeutet, daß der Strom durch R_1 von der Emitter-Basis-Strecke im Transistor auf die R_2-D_1-Strecke außerhalb des Transistors umgeschaltet wurde.

Abb. 2.9c zeigt eine Erweiterung der Stromsteuertechnik. Der Widerstand R_3 zwischen D_2 und negativer Speisequelle ist so ausgewählt, daß er den vorhin erwähnten Strom der Amplitude $I + I_1$ durch D_2 ungefähr als Konstantstrom fließen läßt. Der Widerstand R_4 liegt zwischen der positiven Speisequelle und dem ursprünglichen Eingang und an der Verbindung zwischen R_4 und D_3 wird über D_4 der neue Eingang zugeführt. Wenn dieser leicht negativ gehalten wird und so ein Eingangssignal 0 darstellt, ist D_3 gesperrt. Der Widerstand R_4 ist so gewählt, daß ein annähernd konstanter Strom $I + I_2$ durch R_4 und D_4 zum neuen Eingang fließt. Wie noch gezeigt wird, muß I_2 größer als I_1 sein. Der schematische Stromfluß ist im Bild gezeigt; der Transistor ist infolge des Stromes I durch die Basis leitend.

Wird der Eingang positiv, um eine logische Eins (Abb. 2.9d) zu erzeugen, so wird Diode D_4 gesperrt, und ein Strom $I + K\, I_2$ fließt über R_4, D_3 und R_3. Wenn I_2 genügend größer als I_1 ist, so wird $I + K\, I_2$ größer als $I + I_1$. Die Katode von D_2, die vorher am alten Eingang lag, wird positiv und bewirkt, daß D_2, wie zuvor, gesperrt ist. Der ursprüngliche Strom durch D_4 wird dabei auf den D_3-R_3-Zweig umgeschaltet. Diese Umschaltung des Stromes läuft auf eine Umschaltung des Stromes durch den Transistor, wie in Abb. 2.9b, hinaus.

Die Schaltung 2.9c und d stellt effektiv vier Stufen von logischen Gliedern dar, wenn man jede Verzweigung durch eine der Dioden D_1, D_2, D_3 und D_4 zusammenfaßt. Eine Verzweigung an D_1 und D_3 bedeutet eine ODER-Funktion und an D_2 und D_4 eine UND-Funktion. Abb. 2.9e zeigt eine Zweistufenschaltung, wobei die Schaltfunktion an der Basis des Transistors $A \cdot B + C \cdot D$ heißt.

Sind in der Schaltung 2.9e alle vier Eingänge A bis D stark positiv, so kann das problematisch werden. Durch den Widerstand R_1 fließt ein Strom, der viel größer als $I + K \cdot I_1$ ist, und es tritt eine entsprechend hohe positive Spannung an der Basis auf. Diese hohe positive Spannung kann dem Transistor schaden oder, da Ladungen in die Schaltkapazitäten übertreten, dynamische Probleme aufwerfen. Dieses Problem wird gewöhnlich so gelöst, daß man den Spannungssprung an den Eingängen begrenzt, wie es z. B. mit Diode D_8 in Schaltung 2.8d vorgeschlagen wurde. Günstiger liegen die Verhältnisse, wenn die Signalquelle selbst so ausgelegt ist, daß die Spannungssprünge des Signals begrenzt werden. Dasselbe Problem würde bei anderen logischen Stufen auftreten, wenn man nicht mit der erwähnten Begrenzung der Spannungssprünge des Eingangssignals auch dort diese Schwierigkeit umginge. Praktisch vereinfacht die Begrenzung der Spannungssprünge den Entwurf stromgesteuerter Schaltungen wesentlich gegenüber der Dimensionierung spannungsgesteuerter Schaltungen. Die Werte der Widerstände werden in Abhängigkeit von der Stufe, in der sie z. B. in Abb. 2.9c und d vorkommen, gewählt. Die Anzahl der Zweige (Anzahl der Eingänge zu den verschiedenen UND- bzw. ODER-Gliedern) an einem Punkte der Schaltung spielt dabei keine Rolle.

Bei nichtidealen Dioden bildet der von Null verschiedene Durchlaßwiderstand die Hauptschwierigkeit. Jedoch kann man eine annehmbare Annäherung an die wirklichen Verhältnisse oft damit erreichen, daß man den Dioden einen endlichen Widerstand für alle Sperrspannungen und auch für kleine Durchlaßspannungen bis 0,5 V zuordnet. Für Durchlaßspannungen größer als 0,5 V werden die Dioden als Kurzschluß angesehen. Dann sind z. B. in den Abb. 2.9c und d die Potentiale an den unteren Anschlüssen von R_4 und R_2 über 0,5 V positiver als die Potentiale an den oberen Anschlüssen von R_3 und R_1. Für eine gerade Anzahl von Stufen, wie es in den verschiedenen Schaltungen in Abb. 2.9 gezeigt wird, ist diese Potentialverschiebung ohne Konsequenzen. Wenn aber eine ungerade Zahl von Stufen verwendet wird, so muß die Vorspannung des Eingangssignales entsprechend eingestellt werden.

Wie bei den spannungsgesteuerten Schaltungen ist der Hauptnachteil dieser Art stromgesteuerter Diodenschaltungen folgender: Um zu vermeiden, daß der Strombedarf mit der Anzahl der logischen Stufen ansteigt, muß für einen genauen Konstantstrom eine relativ hohe Speisespannung verwendet werden. Damit ergibt sich ein wesentlicher Leistungsverlust in den verschiedenen Widerständen.

2.15. Stromgesteuerte logische Glieder mit Dioden — Zweite Form

Wenn die binären Signalquellen für ein logisches Glied in überwiegendem Maß als Stromquellen wirken, kann eine andere Diodenlogik verwendet werden. Diese Schaltungen werden hier nur aus akademischen Gründen in ihrem Funktionsprinzip behandelt, da Signalquellen in der Praxis selten, wenn überhaupt, Stromquellen sind.

In Abb. 2.10 stellen die Kreise binäre Signalstromquellen dar. Jeder Kreis enthält eine Batterie, einen Widerstand und einen mechanischen Kontakt in Reihe. Die als Rechteck gezeichnete „Last“ in jedem Teil des Bildes ist relativ niederohmig, jedenfalls so klein, daß die Spannung über der Last klein gegenüber der Batteriespannung in den Stromquellen ist.

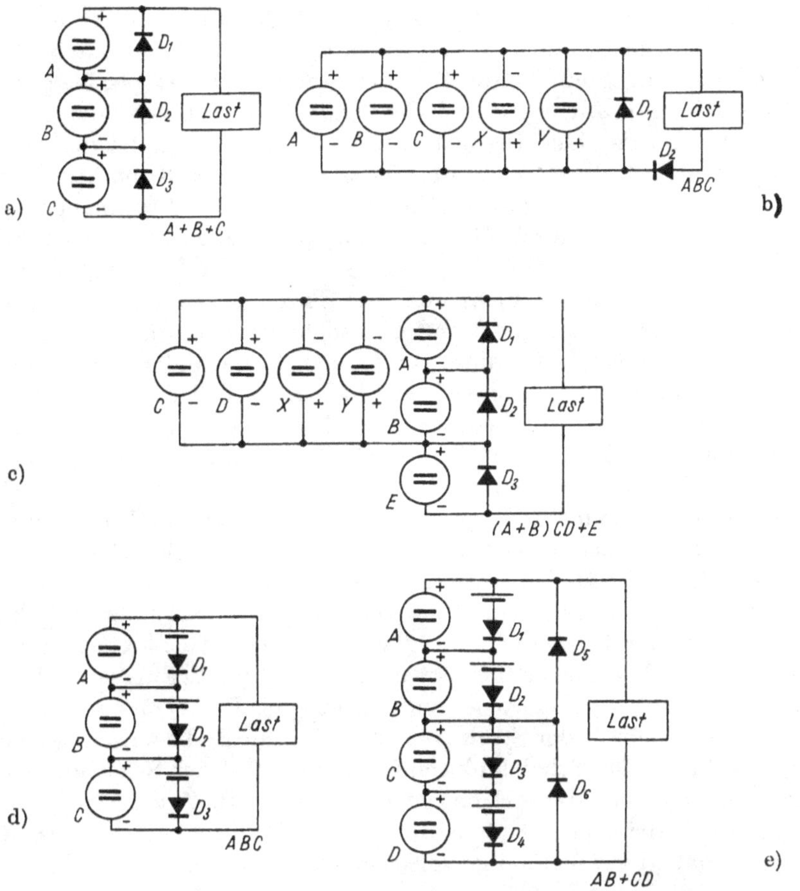

Abb. 2.10. Stromgesteuerte Diodenlogik — zweite Form

Abb. 2.10a zeigt ein ODER-Glied. Sind die Kontakte in allen drei Stromquellen geöffnet, so fließt kein Strom. Wird der Kontakt in einer der Stromquellen geschlossen, so fließt ein Strom durch die Last. Wenn z. B. der Strom in der Quelle A geschlossen ist, so fließt ein Strom von A über die Last und zurück durch die Dioden D_3 und D_2 zum negativen Anschluß von A. Wenn die Kontakte sowohl in A als auch in B geschlossen sind, fließt ein Strom durch die Reihenschaltung von A, B, der Last und D_3. Es wäre auch ein solcher Stromverlauf denkbar, daß der Strom durch die Last die Summe der Ströme aus A und B wäre, wobei der Strom von A den vorher gezeigten Weg und der Strom von B über D_1, die Last und D_3 fließt. Jedoch eine von Null verschiedene Lastimpedanz erzeugt einen kleinen Spannungsabfall solcher Polarität, daß die Dioden D_1 und D_2 gesperrt sind und deshalb nur eine einzelne Strom-„Einheit" durch die Last fließt. Wenn die Kontakte in allen drei Stromquellen A, B und C geschlossen sind, fließt kein Strom durch die Dioden.

Die UND-Schaltung in Abb. 2.10b hat zwei Stromquellen X und Y. Sie sind die gleichen wie die Signalstromquellen, nur sind die Kontakte in X und Y ständig geschlossen. Sind X und Y in der gezeigten Weise parallelgeschaltet, so fließen zwei Stromeinheiten durch die Diode D_1, wegen der Reihenschaltung von Diode D_2 und der Last fließt durch diese kein Strom. Ist der Durchlaßwiderstand von D_1 Null, so ist D_2 überflüssig. Wenn der Kontakt in einer der Stromquellen A, B oder C geschlossen ist, so fließt eine Stromeinheit in entgegengesezter Richtung durch D_1. Dadurch wird jedoch nur eine der Stromeinheiten von X und Y aufgehoben. Ein Strom von A fließt nicht durch die Last, weil die Lastimpedanz nicht null ist. Ebenso wird, wenn die Kontakte in zweien der Stromquellen A, B und C geschlossen sind, die Wirkung von X und Y in D_1 aufgehoben, aber durch die Last fließt ebenfalls kein Strom. Sind jedoch alle Kontakte in A, B und C geschlossen, so fließen zwei der drei resultierenden Stromeinheiten durch X und Y, aber für die dritte steht kein Weg außer dem durch die Last offen. Somit erhält man nur dann einen Laststrom, wenn A „und" B „und" C 1 sind, d. h. wenn $ABC = 1$.

Bild 2.10c zeigt eine mehrstufige stromgesteuerte logische Schaltung aus den UND- bzw. ODER-Gliedern von a bzw. b. Die Stromquellen X und Y treiben einen Strom durch die Reihenschaltung der Dioden D_1 und D_2, die zur ODER-Schaltung mit den Stromquellen A und B gehören. Wenn A Eins ist (d. h., wenn der Kontakt in der Stromquelle A geschlossen ist), fließt einer der beiden Ströme von X und Y über A anstatt über D_1. Wenn B Eins ist, geht ebenso der durch diese Quelle gelieferte Strom von D_2 nach B. Wenn entweder C oder D Eins sind, so wechselt der Strom von D_1 und D_2 in Reihe zur entsprechenden Stromquelle über. Die Schaltfunktion im oberen Teil der Schaltung ist dabei $(A + B) \cdot C \cdot D$. Wenn diese Funktion 1 beträgt, so fließt ein Strom durch die Last und D_3. Andererseits fließt bei $E = 1$ ein Strom von E über D_2, D_1 und die Last, so daß die vollständige logische Funktion heißt $(A + B) \cdot C \cdot D + + E$.

Abb. 2.10d zeigt einen ganz anderen Typ einer UND-Schaltung. Die Anordnung ist genauso wie bei der ODER-Schaltung (Abb. 2.10a), nur daß die Dioden mit anderer Polarität angeschlossen sind. Mit jeder Diode liegt eine Niedervolt-Batterie in Reihe. Als Ersatz für die Batterie wird für die Dioden ein kleiner relativ konstanter Spannungsabfall in Durchlaßrichtung angenommen. Ist nur $A = 1$, so fließt ein Strom in dem Kreis aus der Stromquelle A, D_1 und der entsprechenden Batterie. Weil der Spannungsabfall in dem Kreis mit D_1 gering ist, ist der Strom praktisch gleich dem bei kurzgeschlossener Stromquelle A. Der Strom kann nicht durch die Last fließen, da B und C offen sind und D_2 und D_3 hohe Impedanzen darstellen. Ebensolche Ströme fließen, wenn nur B oder nur C oder zwei der Ströme A, B und C gleich 1 sind. Wenn jedoch A, B und C Eins sind, so verläuft der Stromweg entlang A, B, C und der Last und kein Strom fließt über die Dioden, da voraussetzungsgemäß die Spannungsabfälle in den Diodenzweigen größer waren als die der Last, in stromdurchflossenen Zustand.

Die UND-Schaltung 2.10d ist in Abb. 2.10e mit einer ODER-Schaltung kombiniert, um die Funktion $A \cdot B + C \cdot D$ zu realisieren. Wenn z. B. sowohl A als auch B Eins sind, fließt der Strom durch A, B, die Last und D_6. Für die UND-Kreise der Schaltung sollte für eine ordnungsgemäße Funktion der Spannungsabfall über D_5 und D_6 so klein wie praktisch nur möglich sein. Im übrigen ist die Schaltung offensichtlich aus den Schaltungen a und d zusammengesetzt. Eine Kombination für die logische Funktion $(A + B) \cdot (C + D)$ ergibt sich analog, nur daß die „Schleich"-Wege in den ODER-Gliedern der Schaltung wegfallen und die Dioden in den ODER-Schaltungen wie im UND-Teil geerdet sein müssen. Die sichere Funktion der Schaltungen ist deshalb mehr vom Unterschied der Spannungsabfälle in den verschiedenen Zweigen abhängig, als das in Abb. 2.10d der Fall war.

Eine Menge anderer Varianten stromgesteuerter logischer Schaltungen lassen sich entwickeln, besonders dann, wenn die Stromquellen im Nullzustand kurzgeschlossen sind oder Ströme in entgegengesetzter Richtung liefern.

Ein wesentlicher Nachteil dieser logischen Glieder besteht darin, daß die Konstantstromquellen grundsätzlich voneinander isoliert sein müssen. Mit anderen Worten, das sehr zweckmäßige gemeinsame Potential (Erde) in spannungsgesteuerten Schaltungen scheint in dieser Form bei stromgesteuerten Schaltungen kein Gegenstück zu haben. Deshalb muß jede Signal-Variable, z. B. A, grundsätzlich für jede logische Funktion, als deren Eingangsgröße sie fungiert, eine separate Stromquelle haben. Dieser Nachteil, verbunden mit dem Mangel an Stromquellen in praktischen Geräten, beschränkt diese Art der Dioden-Logik auf relativ seltene Spezialanwendungen.

2.16. Dioden-Matrizen

Matrix ist die allgemeine Bezeichnung für ein Feld von UND- und ODER-Gliedern, wobei die Dioden physikalisch in Zeilen und Spalten analog einer mathematischen Matrix angeordnet sein können. Abb. 2.11a zeigt eine Matrix von UND-Gliedern zur Umsetzung einer Gruppe von n Binärsignalen in ein einziges Signal auf einer der m Leitungen, wobei $m = 2^n$ ist. Weil die Negation jedes Binärsignales genau so wie das Binärsignal verarbeitet werden soll, beträgt die Anzahl der Eingänge $2n$. Ist wie im Bild $n = 2$, so gibt es vier Eingänge und vier Ausgänge, aber für $n = 7$ z. B. hätte die Matrix 14 Eingänge und 128 Ausgänge. Für ein bestimmtes n beträgt die Zahl der erforderlichen Dioden $n \cdot 2^n$.

Um ein Signal auf einer der m Leitungen in eine Gruppe von Binärsignalen umzusetzen, kann die in Abb. 2.11b für $n = 2$ gezeigte ODER-Matrix verwendet werden. Die Signale A und B können als erste bzw. zweite Stelle einer zweistelligen Binärzahl angesehen werden. Der linke ODER-Kreis ruft eine positive Ausgangsspannung A hervor, wenn entweder am Eingang 1 „oder" am Eingang 2 ein Signal ankommt. Die anderen Ausgangssignale werden analog erzeugt.

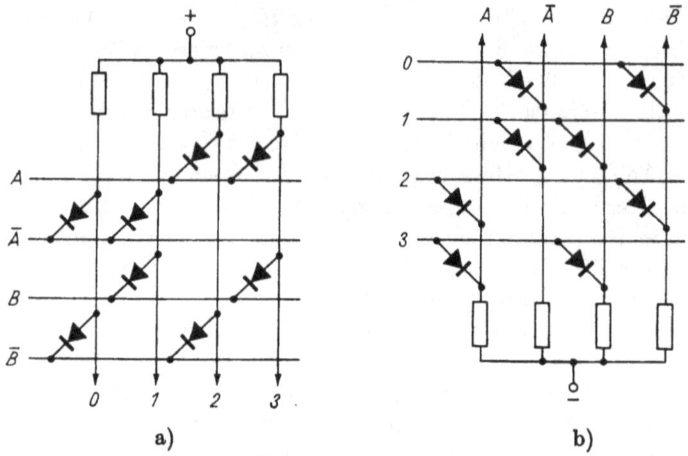

Abb. 2.11. UND-und-ODER-Diodenmatrix

Wenn n größer als 2 ist, ergeben die elementaren Matrizen in Abb. 2.11 hinsichtlich der Diodenzahl nicht die optimale logische Lösung. Betrachten wir die UND-Matrix. Ist $n = 3$, so wären für die Erzeugung eines Signales an einem der 8 Ausgänge insgesamt 8 UND-Schaltungen mit je 3 Eingängen erforderlich. Es wären dazu 24 Dioden nötig. Einen entsprechenden Kreis erhielte man auch, wenn die man die Matrix 2.11a und zwei zusätzliche UND-Glieder für jeden der vier Ausgänge verwendet. Das eine Glied eines jedem Paares von UND-Gliedern erhält ein drittes Binärsignal C als Eingangssignal, das andere $\overline{C}$. Zusätzlich wären also 16 Dioden nötig, was insgesamt wieder 24 Dioden, wie zuvor, ergibt. Wenn jedoch $n = 4$ ist, so erhielte man als Erweiterung dieses Schemas 16 zusätzliche UND-Glieder mit 2 Eingängen, die durch D und $\overline{D}$ gesteuert werden. Insgesamt wären also $24 + 32 = 56$ Dioden erforderlich, d. h. weniger als die 64 Dioden, die man für die 16 UND-Schaltungen mit vier Eingängen in der elementaren Matrix braucht. Für fünf und noch mehr Eingangssignale werden in gleicher Weise zusätzliche Stufen von UND-Gliedern hinzugefügt. Allgemein beträgt die Anzahl der erforderlichen Dioden $2^{(n+2)} - 8$. Dieser Ausdruck ist für $n = 2$ oder $n = 3$ $n2^n$, jedoch für alle größeren n kleiner. Die Art von Matrixfeldern, die in diesem Paragraph beschrieben wurden, nennt man eine „Pyramide".

Die Pyramide wurde aus der UND-UND-Schaltung, die in einem vorhergehenden Abschnitt besprochen wurde, entwickelt. In den meisten Anwendungsfällen werden nur die Signale der letzten „Stufe" verwendet; in diesen Fällen können die Widerstände in allen anderen Stufen weggelassen werden.

Die Umsetzung einer n-stelligen Binärzahl in ein einziges Signal auf einer von m Leitungen kann man sogar mit noch weniger Dioden realisieren, und zwar folgendermaßen: Die n Binärstellen werden in zwei Gruppen aufgeteilt. Wenn n gerade ist, so hat jede Gruppe $n/2$ Ziffern, ist n jedoch ungerade, so hat die eine Gruppe eine Stelle mehr als die andere. Die zwei Gruppen werden dann solange immer wieder aufgeteilt, bis jede Gruppe nur noch zwei oder drei Binärziffern enthält. Dann ist die Diodenmatrix für jede zwei- oder dreistellige Gruppe auszulegen und die erhaltenen Signale werden durch geeignete Felder aus UND-Gliedern mit 2 Eingängen gebildet. Z. B. erhält man für $n = 7$ durch die erste Aufstellung Gruppen zu vier bzw. 3 Stellen. Die vierstellige Gruppe wird dann in 2 Gruppen zu je zwei Stellen zerlegt. Für jede der zweistelligen Gruppen wird eine Matrix aus 8 Dioden vorgesehen und jede Matrix hat 4 Ausgänge. Diese Ausgänge werden dann in einem 4×4-Feld aus UND-Gliedern mit zwei Eingängen zusammengefügt, wozu 32 Dioden erforderlich sind und 16 Ausgänge entstehen. Eine Matrix von 8 UND-Gliedern mit 3 Eingängen, die 24 Dioden benötigt, ist für die dreistellige Gruppe vorgesehen, und diese Matrix hat acht Ausgänge. Diese acht Ausgänge werden mit den 16 Ausgängen der 4×4-Felder in einem 8×16-Feld aus UND-Gliedern mit zwei Eingängen kombiniert, wofür 256 Dioden nötig sind, und man erhält 128 Ausgänge. Die Gesamtzahl der Dioden für $n = 7$ ist 128. Das vollständige Feld ist in Abb. 2.12 dargestellt. Die sieben binären Eingangssignale wurden mit $A \cdots G$ bezeichnet.

Mit dem Feld in Abb. 2.12 kann man außerdem ein einzelnes Eingangssignal auf eine der 128 Ausgangsleitungen übertragen und es mit den Signalen A bis G steuern. Anstelle die Signale A und $\bar{A}$ an die obere 8-Dioden-Matrix in derselben Weise wie B und $\bar{B}$ anzulegen, werden A und $\bar{A}$ zuerst in zwei UND-Gliedern mit zwei Eingängen gemäß der im Bild oben gezeigten Weise kombi-

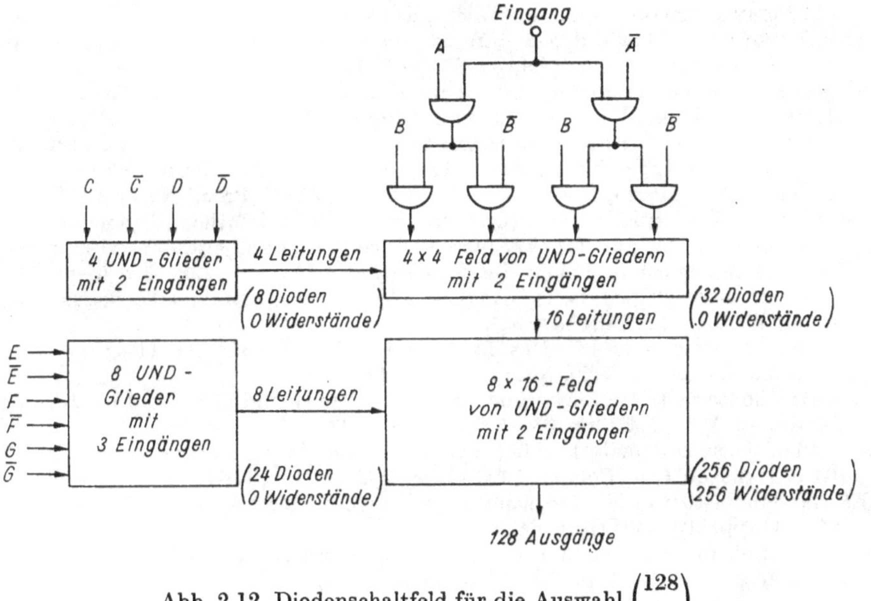

Abb. 2.12. Diodenschaltfeld für die Auswahl $\binom{128}{1}$

niert. Das Eingangssignal gelangt zuerst an eine der zwei Leitungen, die von A gesteuert werden, dann zu einer der vier Leitungen, die von B gesteuert werden, dann zu einer der 16 Leitungen, die von C und D gesteuert sind und schließlich zu den 128 Leitungen, die von E, F und G gesteuert werden. Nur vier Dioden sind zusätzlich zu den 328 erforderlich, die man für die ursprüngliche Umsetzung $\binom{m}{1}$ braucht.

Wiederum benötigt man nur in den UND-Gliedern der letzten „Stufe" Widerstände, so daß die Zahl der Widerstände im Feld der Abb. 2.12 256 beträgt.

Dezimalschaltungen sind im Prinzip genauso wie Binärschaltungen, nur daß einige Ausgänge und die entsprechenden UND-Glieder wegfallen.

Die Behandlung der Schaltungen aus ODER-Gliedern zur Umsetzung von m einzelnen Signalen in binäre Signale erfolgt im einzelnen nicht genau so wie zuletzt beschrieben, jedoch kann man zur Einsparung von Dioden für große n ähnlich verfahren.

Literatur zu Kapitel 2

Some silicon junction diode recovery phenomena, T. E. Firle (Hughes Aircraft), IRE WESCON Convention Record, V 1, Part 3, pp. 90—99 (Aug. 57).

Millimicrosecond diffused silicon computer diodes, J. H. Forster and P. Zuk, IRE WESCON Convention Record, V 2, Part 3, pp. 122—130 (Aug. 58).

Millimicrosecond switching diodes, J. Halpern and R. H. Rediker (MIT), Electronics, V 32, N 23, pp. 66—67 (June 5, 1959).

The measurement of semiconductor diode switching characteristics, J. N. Barry and S. F. Fisher, British Communication and Electronics, V 6, pp. 788—791 (Nov. 59).

Electrical properties of gold-doped diffused silicon computer diodes, A. E. Bakanowski and J. H. Forster, BSTJ, V 39, pp. 87—104 (Jan. 60).

Semiconductor diode switching characteristics, J. R. Madigan and W. MacDonald (Hoffman Electronics), Semiconductor Products, V 3, N 2, pp. 29—34 (Feb. 60).

Measurement of diode switching characteristics, W. S. Eckes and P. G. Ducker (Pacific Semiconductors, Inc.), Electronics, V 33, N 15, pp. 59—61 (Apr. 8, 1960).

Current-operated diode logic gates, H. Reinecke (MIT), Proc. National Electronics Conference, V 16, pp. 880—884 (Oct. 60); same title and author: Communication and Electronics, No. 52, pp. 762—777 (Jan. 61); same title and author: Switching Circuit Theory and Logical Design (AIEE Publication S-134), pp. 292—308 (Sept. 61); the second of these presentations is reviewed by A. I. Pressman, IRE Trans. on Elec. Comp., V EC-10, pp. 113 (Mar. 61).

Measuring recovering time of ultra fast diodes, G. C. Messenger (Hughes Aircraft), Electronic Industries, V 20, N 4, pp. 99—100 (Apr. 61).

Hot carrier diodes switch in picoseconds, S. M. Krakauer and S. W. Soshea (HP Assoc.), Electronics, V 36, N 29, pp. 53—55 (July 19, 1963).

A method of theoretical analysis of high-speed junction diode logic circuits, Y. Cho (Mitre), IEEE Trans. on Elec. Comp., V EC-12, pp. 492—502 (Oct. 63).

IEEE standard test procedure for semiconductor diodes, IEEE Trans. on Electron Devices, V ED-11, pp. 398—402 (Aug. 64).

Measurement of stored charge in diode clearly defines switching speed, T. P. Sylvan (GE), Electronics, V 38, N 13, pp. 84—88 (June 28, 1965).

3. TRANSISTORSCHALTKREISE

Der Siliziumtransistor ist zur Zeit zweifellos das führende aktive Element in Schaltkreisen (sog. logischen Schaltungen) digitaler Systeme. Viele Bücher sind über die Halbleitertechnik, insbesondere über Transistoren geschrieben worden. Hier soll die Aufmerksamkeit mehr auf die Schaltkreise mit Transistoren als auf die Transistoren selber gerichtet sein, obgleich einige der hier beschriebenen Schaltungen spezielle Transistorentwicklungen angeregt haben. Im wesentlichen sind jedoch die Transistoren die gleichen, wie sie für NF-Verstärker, Rundfunkgeräte, Analogrechner und andere Zwecke eingesetzt werden.

Um die Schaltungen zu verstehen, braucht der Leser nur folgendes über Transistoren zu wissen. Ein Transistor wird aus einem Stück Halbleitermaterial formiert. Dieses besteht aus drei Zonen, wobei eine Zone räumlich zwischen den beiden anderen angeordnet ist. Diese mittlere Zone ist sehr dünn, so daß die beiden Randzonen nur durch einen schmalen Abstand getrennt sind. Die Leitfähigkeit der mittleren Zone ist entgegengesetzt gegenüber der der Randzonen, wenn man sich auf den p-Typ und n-Typ im vorigen Kapitel bezieht. Wenn eine n-leitende Zone positiv gegenüber einer benachbarten p-Zone ist, so entsteht an der Trennfläche zwischen beiden Zonen ein hoher Widerstand. Legt man jedoch die entgegengesetzte Polarität an, so ist der Widerstand so klein wie bei den Dioden. Fließt jedoch ein Strom zwischen der mittleren Zone und einer der zwei anderen Zonen, weil eine Durchlaß-Potentialdifferenz über diesen beiden Zonen anliegt, so erzeugen die Ladungsträger der mittleren Zone, einen niedrigen Widerstand zwischen beiden Randzonen. Das ist der Fall, wenn die Polarität der Potentialdifferenz zwischen den Randzonen einen Strom durch das Element treibt; und zwar in derselben Richtung wie der Strom, der zwischen der mittleren Zone und einer Randzone fließt. Dieser niedrige Widerstand tritt aber nicht für eine unbegrenzte Stromamplitude auf. (Der Begriff Strom ist hier in seiner gewöhnlichen Bedeutung gebraucht, nämlich für den Fluß von Elektronen oder Löchern oder einer Kombination beider Ladungsträger. Für ein detaillierteres Verständnis der Transistorfunktion muß die Natur der Ladungsträger entlang des Transistorkörpers natürlich eingehender betrachtet derden).

Die Strom-„Verstärkung" des Transistors ist das Verhältnis des maximalen Stromes zwischen den Randzonen im Durchlaßfall zum Strom zwischen der mittleren und der Randzone. Die Stromverstärkung hängt von den Parametern des Transistors selbst und verschiedenen Schaltungs- und Umgebungsparametern ab. Praktische Werte für die Stromverstärkung liegen gewöhnlich zwischen 10 und 150. Ein Transistor ist vom Typ *npn* oder *pnp*, wenn die Mittelzone *n*- bzw. *p*-leitend ist.

Fließt der Strom von der Mittelzone nach einer Randzone, so emittiert die Randzone Minoritätsladungsträger in die Mittelzone hinein und erzeugt den erwähnten niedrigen Widerstand. Diese Randzone wird deswegen „Emitter" genannt. Die Ladungsträger werden an der anderen Randzone gesammelt, deshalb heißt diese Randzone „Kollektor". Die Mittelzone heißt „Basis", jedoch diese Bezeichnung ist offensichtlich nicht von der Funktion des Transistors abgeleitet. Sie stammt daher, daß im Frühstadium der Transistoren (nämlich bei den veralteten Spitzentransistoren) der der Mittelzone entsprechende Teil konstruktiv die „Basis" war.

Im Prinzip, und auch bei vielen praktischen Transistoren, kann jede der beide Randzonen als Emitter und die gegenüberliegende Randzone als Kollektor dienen. Bei den meisten Transistoren ist jedoch die Struktur nicht symmetrisch, und ein Betrieb entgegengesetzt zur vorgegebenen Richtung erfolgt mit schlechten Eigenschaften, wie niedriger Stromverstärkung und Durchbruchspannung, und es gibt kaum eine digitale Schaltung, wo der Betrieb des Transistors in beiden Arbeitsrichtungen ernsthaft erwogen wurde.

3.1. Der Einfluß der integrierten Schaltungstechnik

Im allgemeinen wurde der größte Fortschritt bei der Transistortechnologie in Richtung auf die Mikrominiaturisierung erzielt, bei der viele Bauelemente gleichzeitig in einer „integrierten" Form hergestellt werden. Der Bereich, wo integrierte Schaltungen vorkommen, ist sehr groß, und obwohl die Digitaltechnik das gegenwärtig wichtigste Anwendungsgebiet integrierter Schaltungen ausmacht, sind diese doch nicht auf die Digitaltechnik beschränkt.

Die Zusammenfassung verschiedener Bauelemente mit irgendeiner integrierten Schaltungstechnik ermöglichte keine Schaltungsarten, die nicht auch mit diskreten Elementen zu realisieren wären. Alle beliebigen Schaltungen aus diskreten Elementen können in einer integrierten Form gefertigt werden. In dieser Hinsicht hat die integrierte Technik keinen Einfluß auf die digitale Technik. Jedoch hinsichtlich der technischen Möglichkeiten zur Herstellung bestimmter Schaltungen hat das Aufkommen der integrierten Technik die Entwicklung der Schaltungen stark beeinflußt.

Einmal ging die Tendenz dahin, nur wenige verschiedene Bauelemente in integrierten Schaltungen zu verwenden. Meistens treten nur noch Transistoren, Dioden und Widerstände auf. Kondensatoren werden — aber so wenig wie möglich — mit einbezogen. Induktivitäten und Transformatoren entfallen vollständig, ebenso wie die meisten Halbleiterbauelemente außer den konventionellen Dioden und Transistoren. Es gibt also z. B. keine *pnpn*-Transistoren,

Einflächen-Transistoren, Vierschicht-, ZENER- und Tunneldioden. Der steuerbare Siliziumgleichrichter wird noch in Eingangs-Ausgangs-Steuergeräten verwendet, jedoch ist sein Einbau in integrierte Schaltungen wegen der hohen Leistungsaufnahme nur begrenzt möglich. Bei der Bauweise aus diskreten Elementen, kann mit den anderen Elementen eine Kosteneinsparung erreicht werden, wenn die Gesamtzahl der Bauelemente dabei verringert wird; aber bei integrierten Schaltungen sind die Transistoren so billig (manchmal billiger als das Gehäuse), daß die technischen Komplikationen, die durch Einführung verschiedener Typen von Bauelementen in die integrierte Schaltung entstünden, nicht gerechtfertigt wären.

Der andere grundlegende Einfluß der integrierten Schaltungen ist der weitgehende Einsatz von Verstärkern (meist Invertoren) aus mehreren Transistoren in digitalen Bausteinen. Mit diskreten Elementen, besonders, als während der Entwicklungsjahre Transistoren noch sehr teuer waren, war es oft undenkbar, mehr als einen Transistor pro Verstärker aufzuwenden. Bei integrierten Schaltungen sind die Kosten für zusätzliche Transistoren manchmal gar nicht meßbar. Deswegen verwendet man für Invertorschaltungen zwei, drei oder noch mehr Transistoren, um die erforderliche Geschwindigkeit und den notwendigen Lastfaktor ("fan-out") zu erreichen. Wegen ihrer niedrigen Kosten werden auch oft Dioden anstelle von Transistoren verwendet, um die elementaren UND- und ODER-Funktionen auszuführen.

3.2. Das Symbol für einen Transistor

Da das in Abb. 3.1 b, c, e, f verwendete Transistorsymbol nicht dem entspricht, das die meisten Ingenieure als standardisiert ansehen, soll die Auswahl des Symboles etwas gerechtfertigt werden. Das sogenannte Standard-Symbol des Transistors ist in Abb. 3.1a und d für *npn*- bzw. *pnp*-Transistoren gezeigt.

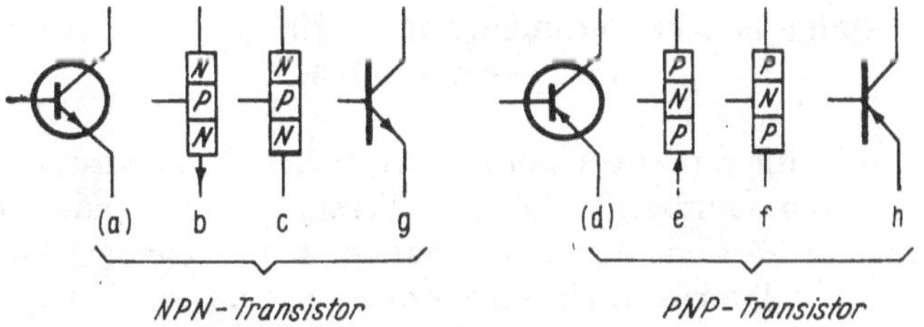

Abb. 3.1. Transistorsymbole

Als Vorlage für das Symbol erkennt man leicht die *pnp*-Version des ursprünglichen Spitzen-Transistors. Viele Ingenieure lassen den Kreis weg, weil er keine Information enthält, obwohl er hilft, den Transistor in einer Schaltung auf den ersten Blick zu finden. Davon soll besonders dann Gebrauch gemacht werden, wenn der Transistor sich gemeinsam mit anderen aktiven und passiven Bauelementen auf dem gleichen Substrat, wie das bei integrierten Halbleiterschaltungen der Fall ist, befindet (Anm. d. dtsch. Red.) Dieses Symbol, mit oder ohne Kreis, fanden viele Ingenieure unzweckmäßig, und einige verschiedene Symbole wurden zur Erweiterung eingeführt und verwendet. Jedoch hat sich das ursprüngliche Symbol durchgesetzt, offensichtlich weil man sich nicht an etwas anderes gewöhnen will.

Abgesehen davon, daß ihm eine alte Struktur zugrunde liegt, ist der Hauptmangel des gebräuchlichen Symbols der, daß *npn*- und *pnp*-Transistoren nur durch die Richtung des Pfeiles am Emitteranschluß unterschieden werden können. In manchen Zeichnungen kann man nicht feststellen, welcher Typ vorliegt, ja sogar welche Elektrode der Emitter ist.

Die Symbole in den Abbildungen 3.1b und e entsprechen der gegenwärtigen Transistorstruktur einschließlich der von Transistoren in integrierten Schaltungen. Der Transistortyp ist bei ihnen auf den ersten Blick offenbar. Die Pfeilspitzen sollen den Emitter bezeichnen. Dieses Symbol, evtl. mit geringen Abweichungen, wird von vielen Ingenieuren verwendet. Eine verbreitete Variante bei *npn*-Transistoren ist es, das breite Ende des Pfeiles an das Rechteck angrenzen zu lassen, so daß der Emitter durch ein kleines Dreieck markiert wird.

Die in diesem Buche verwendeten Symbole sind in Abb. 3.1a, d, g und h gezeigt. (In der Originalausgabe werden die Symbole 3.1c und f bevorzugt, entsprechend dem oben Dargelegten. Für die vorliegende Ausgabe wurde jedoch die allgemein verwendete Symbolik gewählt, da sie dem Leser der deutschsprachigen Literatur geläufiger ist und andererseits die Anschaulichkeit darunter nicht leidet. — Anm. d. dtsch. Red.) Für den Emitter wird weiterhin festgelegt, daß der Stromfluß (vom plus nach minus) in allen Zeichnungen möglichst von oben nach unten erfolgt, und die Emitter von *pnp* bzw. *npn*-Transistoren immer oben bzw. unten am Symbol liegen.

3.3. Einige andere Vereinbarungen, die in diesem Kapitel verwendet werden

Für Schaltungen, die nur einen Transistortyp erfordern, wird nur die Version mit *npn*-Transistoren dargestellt. Die *pnp*-Version kann in jedem Falle unmittelbar aus der *npn*-Version abgeleitet werden, wenn man (a) für jeden *npn*-Transistor einen *pnp*-Transistor einsetzt, wobei die Emitter-, Basis- und Kollektoranschlüsse unvertauscht bleiben, (b) die Polarität der Anschlüsse jeder Diode (wenn vorhanden) vertauscht, und (c) die Polarität sämtlicher Speisequellen umkehrt. Für Schaltungen, die beide Transistortypen verwenden, wird ebenfalls nur eine Version gezeigt. Außer in wenigen völlig symmetrischen Schaltungen erhält man die andere Version mit denselben drei Maßnahmen, nur daß unter (a) natürlich auch alle *pnp*-Transistoren durch *npn*-Transistoren ersetzt werden.

In allen Schaltungen bedeuten das „Vorhandensein“ eines Signals und ein positives Signalpotential eine logische Eins; dagegen bedeutet das „Fehlen“ eines Signals und ein negatives Signalpotential das Vorliegen einer logischen Null. Wandelt man eine Schaltung mit *npn*-Transistoren in eine entsprechende mit *pnp*-Transistoren, oder eine Schaltung mit beiden Typen in eine mit den entgegengesetzten Typen um, so muß die Vereinbarung hinsichtlich der positiven und negativen Signalpegel umgekehrt werden, wenn man die logische Funktion der Schaltung beibehält. Wenn diese Inversion der Signalpotentiale beim Übergang von einem Transistortyp zum anderen nicht vorgenommen wird, so werden aus allen UND-Funktionen ODER-Funktionen bzw. aus allen ODER-Funktionen UND-Funktionen und bei Flip-Flops treten gewisse Komplikationen auf.

Wie im einzelnen noch in Verbindung mit verschiedenen speziellen Schaltungen diskutiert wird, realisieren die allgemein verwendeten Schaltungsbausteine eine UND- oder ODER-Funktion, der noch eine Inversion folgt. Diese Funktionen werden oft NAND- bzw. NOR-Funktionen genannt, wobei sich der Buchstabe N auf die Negation bezieht. NAND und NOR entsprechen nicht den im vorigen Kapitel erwähnten Redensarten „negative AND“ bzw. „negative ODER“.

Außerdem ist wichtig, daß die Inversion immer nach der UND- bzw. ODER-Funktion folgt, niemals vorangeht. Wenn ferner in einem Invertor nur eine logische Negation erfolgt, so verwendet man das Symbol I für Inversion. Hinsichtlich dieser Gesichtspunkte ist die Popularität der Begriffe NAND und NOR schwer zu verstehen.

3.4. Einige grundlagende Betrachtungen hinsichtlich der Schaltgeschwindigkeit

Während der ganzen Entwicklung der digitalen Bauelemente und Schaltungen wurde der Erhöhung der Operationsgeschwindigkeit große Aufmerksamkeit gewidmet. Vielerlei Ideen wurden entwickelt; sie bezogen sich aber meistens auf eine vorliegende einzelne Schaltung, waren deshalb sehr speziell und kamen so nur für diese Schaltung in Frage. Nur wenige der Betrachtungen zur Schaltgeschwindigkeit sind grundlegend für die meisten Typen von logischen Gliedern einschließlich der verschiedenen Transistorschaltungen, die hier beschrieben werden. Obwohl diese Betrachtungen von den erfahrenen Schaltungstechnikern als trivial angesehen werden mögen, sind sie nicht immer berücksichtigt worden und sollen deshalb hier kurz angeführt werden.

Zuerst muß, um eine Folge von Bits an einem Punkt im System darzustellen, das Potential an diesem Punkt zwischen den beiden Werten für 0 und 1 hin und her wechseln (ausgenommen sind die Systeme, bei denen 1 und 0 durch Impulse entgegengesetzter Polarität bezüglich eines „informationslosen“ Potentials dargestellt werden. Aber in der Praxis werden solche Ausnahmefälle nur selten mit Transistorschaltkreisen ausgeführt). Der Verlauf des Wechsels hängt von der jeweiligen Folge von 1 und 0 an diesem Punkte ab, grundsätzlich muß die Schaltung aber einen Potentialwechsel bei jedem Bit zulassen, wenn als Folge von Bits abwechselnd 1 oder Null auftritt. Wenn die Induktivitäten vernachlässigt werden, was oft der Fall ist, so ist die erforderliche Zeit in Sekunden für den Potentialwechsel von einem Wert zum anderen gleich $C\,E/I$, wobei C die Kapazität in Farad an diesem Punkt, E die Amplitude des Potentialsprunges in Volt und I der Strom in Ampere, der zu diesem Punkt oder von diesem Punkt fließt. Dementsprechend sollten für eine hohe Geschwindigkeit C und E minimal und I maximal gehalten werden.

Mit der Kapazität eines Punktes (nicht eines mathematischen Punktes sondern eines Schaltungspunktes, der den Draht zwischen mehreren Elementen einschließt) ist die Fähigkeit des Punktes gemeint, Ladungen zu speichern und zu liefern, wenn sich das Potential des Punktes ändert. Diese Fähigkeit rührt von der Kapazität irgendwelcher an diesem Punkt liegender Kondensatoren her, weiter von den Schaltkapazitäten, die zwischen dem in Frage kommenden Punkt und anderen Punkten existieren und von den ladungsspeichernden Effekten irgendwelcher an diesem Punkte anliegenden Schaltungsteile. Ein Beispiel zum Letzten ist die Speicherung von Minoritätsträgern in der Basis eines Transistors. Zur vereinfachten Betrachtung mag der gegenüberliegende Anschluß einer jeden Kapazität an einem Schaltungspunkt konstanten Potentials anliegen, obwohl sich die Potentiale dieser anderen Punkte im allgemeinen gleichzeitig mit dem Potential des betrachteten Punktes ändern können. Je nach ihrer Polarität verbessern oder vermindern dann von außen kapazitiv eingekoppelte Impulse die Geschwindigkeit.

Durch die Verminderung der Kapazitäten war es hauptsächlich möglich, die Geschwindigkeit zu verbessern. Insbesondere wurden Transistoren und Dioden entwickelt, die nur eine kleine Ladung speichern, die vom äußeren Strom bewegt werden muß. Auch durch die Mikrominiaturisierung wurden die Schaltkapazitäten vermindert, da die Verbindungsleitungen kürzer wurden, obwohl die Anordnung von nahe beieinanderliegenden Leitungen die Schaltkapazitäten wieder begünstigt. Die Verminderung der Kapazität hat keine offensichtlichen Nachteile zur Folge. (Die Beschleunigungskondensatoren, die in einem späteren Abschnitt beschrieben werden, tragen nicht direkt zur Kapazität eines Punktes bei, da die Potentiale beider Anschlüsse des Kondensators gleichzeitig und in gleicher Richtung wechseln).

Bei Vakuumröhren werden im allgemeinen Spannungsdifferenzen zwischen 20—40 bis zu 100 Volt und mehr zur Darstellung binärer Einsen und Nullen verwendet. Mit der Einführung von Transistoren wurden viel kleinere Signalsprünge möglich, obwohl in den ersten Schaltungen noch Signalsprünge von 3—10 V nötig waren. Als 1957 die später beschriebene stromgesteuerte Arbeitsweise aufkam, konnte man mit Signalsprünge von 0,5—1 Volt auskommen. Natürlich fand man bald, daß Schaltungen mit kleinem Signalsprung wesentlich anfälliger gegenüber äußeren Störsignalen sind. Man konnte zwar mit Transistoren Signalsprünge kleiner als 0,5 V verwenden, aber weil man 0,1 V oder mehr Änderung braucht um ein Halbleiterelement vom gesperrten in den leitenden Zustand zu schalten und um obendrein eine fehlerfreie Operation in Gegenwart von Störungen zu gewährleisten, wurden jetzt einige Jahre lang mit weiterer Erhöhung der Geschwindigkeit durch immer kleinere Signalsprünge keine weiteren Fortschritte erzielt.

Transistoren, die einen Strom von 500 mA oder mehr schalten können, gibt es, aber leider widerspricht die Verwendung hoher Ströme für hohe Schaltgeschwindigkeiten der Forderung nach einem niedrigen Leistungsbedarf. Weil aber in einem digitalen System sehr viele Transistoren vorkommen, ist die Leistungsaufnahme von Wichtigkeit. Praktisch werden in einem digitalen System hoher Geschwindigkeit nur Ströme verwendet, die weit unter 500 mA liegen, sogar Ströme von 100 mA rufen ernsthafte Probleme allein bei der Fortleitung der erforderlichen Gesamtleistung vom Netzgerät zum digitalen System hervor. Wenn große Ströme gleichzeitig in verschiedenen Transistoren mit hoher Geschwindigkeit geschaltet werden, können außerdem Spannungsabfälle auftreten, die größer als der bei Transistoren verwendete Signalsprung sind. Deshalb ist eine Erhöhung der Geschwindigkeit durch Verwendung höherer Ströme wenig ratsam.

Die Größenordnung der Amplitude sei an einem Beispiel illustriert. Wenn 10 mA verwendet werden, um das Potential eines Punktes mit einer Kapazität von 10 Pikofarad zu ändern, und wenn 1 Volt Änderung für das Schalten zwischen den Zuständen 1 und 0 nötig ist, so beträgt die erforderliche Zeit 10 Nanosekunden.

Ein übliches Verfahren, um die Geschwindigkeit von Schaltkreisen zu bestimmen, ist das, mehrere gleiche Schaltungen oder „Stufen“ in einer Kette zu betreiben. Das Potential des Eingangssignals wechselt von einem binären Wert zum anderen, und die Zeit, nach der der Wechsel des Ausgangssignals vollzogen ist, wird gemessen. Die Verzögerung pro Stufe erhält man aus der Gesamtzeit geteilt durch die Zahl der Stufen. Verzögerungen in der Größenordnung einer Nanosekunde wurden für einige unter besonderen Bedingungen arbeitende Schaltungen angegeben. Verzögerungen von 10 bis 100 Nanosekunden oder noch mehr sind vielleicht typischer, wobei der genaue Wert von der Zahl der am Ausgang anzusteuernden weiteren Stufen (Lastfaktor, fan-out) und der Länge der Verbindungsleitungen zwischen den aufeinanderfolgenden Stufen eines Systems abhängt.

Die Folgefrequenz der einzelnen Bits, d. h. die Frequenz, mit der die Binärziffern an einem Punkte der Schaltung einander folgen, braucht nicht, wie man vielleicht denken könnte, gleich dem Kehrwert der Verzögerungszeit zu sein. In komplizierteren Schaltungen, die längere gemischte Ketten von logischen Gliedern enthalten, müssen die Eingangssignale der Gesamtschaltung im allgemeinen angelegt und solange gehalten werden, bis die Signalpegel an allen Ausgängen ihren Endwert erreicht haben. Die Folgefrequenz der logischen Glieder wäre dann grob gerechnet gleich dem Kehrwert der Verzögerungszeit der längsten Kette von Gliedern in der Schaltung.

Die Geschwindigkeit von Flip-Flops, auch wenn diese aus Schaltkreisen mit Rückkopplungsschleifen entstanden sind, wird allgemein in Bits/s oder Impulse pro Sekunden ausgedrückt; woraus folgt, daß der Flip-Flop mit der angegebenen Frequenz von einem Zustand in den anderen wechseln kann.

3.5. Schaltungen der direkt gekoppelten Transistorlogik (DCTL)

Die ersten Transistorschaltungen wurden als transistorisierte Versionen der Röhrenschaltungen entwickelt. Bei Vakuum-Röhren ist die Ausgangsspannung der Anode immer positiv gegenüber der Katode (die gewöhnlich auf Erdpotential liegt), und deshalb wird im allgemeinen ein Spannungsteiler verwendet, um den Signalpegel in negativer Richtung zu verschieben, ehe es auf das Gitter der nachfolgenden Röhre gelangt. Der Amplitudenverlust des Signalspannungssprunges könnte beliebig klein gehalten werden, wenn man das entfernte Ende des Spannungsteilers an eine genügend negative Potentialquelle legt. Wegen der hohen Spannungsverstärkung der Röhren kann jedoch ein relativ großer Amplitudenverlust zugelassen werden. Diese spannungsgesteuerte Arbeitsweise war in der Vorstellung der Ingenieure zu fest verhaftet und infolgedessen war die Feststellung, daß Transistoren nicht in dieser Weise zu betreiben seien, eine wesentliche Erkenntnis. Tatsächlich waren die einfachsten logischen Glieder mit Transistoren historisch nicht die ersten.

Der einfachste Schaltkreis wird allgemein „direkt gekoppelte Transistor-Logik" genannt (DCTL). Mit „direkt gekoppelt" ist gemeint, daß der Kollektorausgang eines Transistors direkt mit dem Basiseingang des folgenden Transistors verbunden ist, ohne daß irgendwelche Spannungsteiler oder Kopplungsnetzwerke dazwischen liegen. Das ist möglich, weil die Basis-Emitter-Spannung, die zum Öffnen des Transistors notwendig ist, größer als der Spannungsabfall zwischen Kollektor und Emitter beim Stromfluß durch den leitenden Transistor ist. Diese Verhältnisse sind in Abb. 3.2a dargestellt. Es soll nunmehr angenommen werden, daß ein Eingangssignal an der Basis des Transistors T_1 liegt. Um einen ausreichenden Strom in der Basis-Emitter-Strecke zu erzeugen, muß bei Silizium-Transistoren das Basis-Signal größer als $+0{,}5$ V (gewöhnlich $0{,}6-0{,}7$ V) sein. Liegt der Kollektor von T_1 über einen Widerstand an der positiven Speisequelle, so wird der Kollektor-Emitter-Spannungsabfall kleiner als 0,1 Volt; vorausgesetzt, daß der Widerstand nicht so klein ist, daß ein Strom zum Kollektor fließt, der größer als das Produkt aus Eingangsstrom und Stromverstärkung des Transistors ist.

Liegt am Kollektor von T_1 eine positive Spannung, die kleiner als 0,1 V ist, so ist der Transistor T_2 praktisch gesperrt. Es fließt natürlich ein gewisser Strom zwischen Basis und Emitter von T_2. Wegen der nichtlinearen Basis-Emitter-Kennlinie ist dieser Strom jedoch sehr klein. Schwerwiegender ist vielleicht, daß die Stromverstärkung des Transistors für kleine Ströme niedrig ist. Wenn nur ein kleiner Strom durch T_2 fließt, wird der Kollektor von T_2 positiv. Da die Basis von T_3 unmittelbar am Kollektor des vorhergehenden

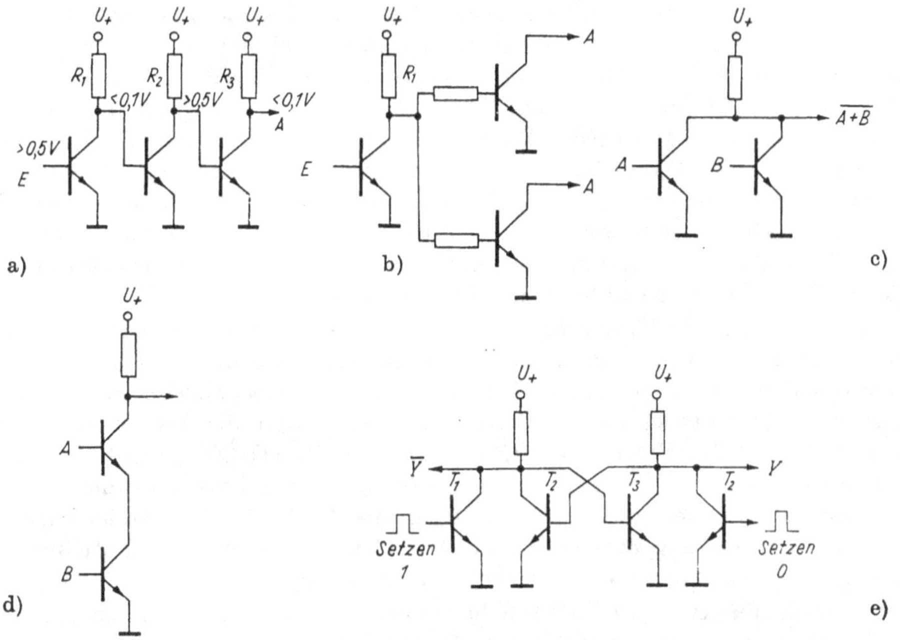

Abb. 3.2. Elementare DCTL-Schaltungen

Transistors liegt, wird dieser leitend wie T_1. Der Basis-Emitter-Übergang in T_3 wirkt wie eine Siliziumdiode, so daß die Basis-Emitter-Spannung auch bei großen Basisströmen nicht über 0,5 V positiv ansteigen kann.

Obwohl die direkt gekoppelte Schaltung 2.3a nicht als stromgesteuerte Baugruppe bezeichnet wird (dieser Ausdruck sei für später beschriebene Schaltungen vorbehalten), arbeitet sie doch tatsächlich nach dem Prinzip der Stromsteuerung, wenn, wie das gewöhnlich der Fall ist, die Speisespannung groß gegenüber der maximalen Basisspannung ist. Die Ströme sind dann durch die Widerstände R_1, R_2 und R_3 annähernd konstant. Jeder Strom ist entweder zum Kollektor des jeweiligen Transistors oder zur Basis des folgenden Transistors gerichtet. Der Spannungssprung ist an keinem Punkt der Schaltung größer als die Differenz zwischen Basis- und Kollektorpotential eines leitenden Transistors.

In Abb. 3.2a ist jeder Widerstand so gezeichnet, als ob er zu dem Kollektorkreis des jeweiligen Transistors gehörte, da es üblich ist, eine Last in jedem Kollektorkreis einzuzeichnen. Vom Standpunkt der Operation der Schaltung aus wäre es jedoch gleichwertig, jeden Widerstand dem Basiskreis des folgenden Transistors zuzuordnen.

Abb. 3.2b zeigt den in digitalen DCTL-Systemen üblichen Fall, daß das Ausgangssignal eines vorliegenden Transistors zwei oder mehrere andere Transistoren steuert. Wenn die Eingangs-Basiskennlinien der folgenden Transistoren nicht identisch sind, so erfolgt eine ungleiche Stromaufteilung auf die Transistoren. Denkbar wäre es, daß man die Transistoren so auswählt, daß solche mit ungleichen Basis-Emitter-Übergängen nicht an dieselbe Signalquelle angeschlossen werden, oder daß man die Transistorherstellung so in der Hand hat, daß keine wesentlichen Unterschiede auftreten. Mit diesen beiden Annahmen kann aber in der herkömmlichen Transistortechnik kaum gerechnet werden. Besser ist es, in Reihe zu jeder Basis einen kleinen Widerstand einzufügen, um sicherzustellen, daß kein Transistor einer Gruppe einen wesentlich kleineren Basiswiderstand hat als die anderen. Diese Basiswiderstände können entweder durch separate Widerstände in Reihe zu jeder Basis realisiert werden, oder man konstruiert die Transistoren von vornherein, so daß das Basismaterial eine höhere Widerstandscharakteristik liefert als gewöhnlich.

Die Fertigung von Transistoren, die einen wesentlich höheren Reihenwiderstand der Basis aufweisen, um eine Stromübernahme in DCTL-Schaltungen zu vermeiden, ist ein geeignetes Beispiel dafür, daß man gegenwärtig erkennt, inwieweit die Entwicklung von Bauelementen durch die Schaltungstechnik beeinflußt wird. Im Widerspruch dazu steht die übliche Gepflogenheit, Standard-Transistortypen aus dem Katalog auszuwählen und Schaltungen rund um diese Elemente aufzubauen, die doch ohne Kenntnis der beabsichtigten spezifischen Schaltungsanwendung entwickelt wurden. Die integrierte Schalttechnik begünstigt hauptsächlich die gegenwärtige Entwicklung.

Die NOR-Funktion in DCTL-Schaltungen realisiert man, indem man die Kollektoren zweier Transistoren an einen gemeinsamen Lastwiderstand legt, wie das in Abb. 3.2c gezeigt ist. Wenn A „oder" B 1 (positiv) sind, so ist der Ausgang 0. Die UND-Funktion kann mit einem NOR-Kreis erzeugt werden, wenn man zuerst jeden Eingang über einen Invertor führt. Die UND-Funktion ergibt sich, da $\overline{\overline{A} + \overline{B}} = \overline{\overline{A}} \cdot \overline{\overline{B}} = A\,B$ gilt. Um eine ODER-Funktion zu realisieren, wird der NOR-Schaltung ein Invertor nachgeschaltet.

Wie in Abb. 3.2d gezeigt wurde, kann eine NAND-Funktion dadurch entstehen, daß man zwei Transistoren in Reihe an eine gemeinsame Last legt. Die Funktion lautet $\overline{A \cdot B}$. Damit kann eine ODER-Funktion aus NAND-Elementen erzeugt werden, indem die Eingangssignale zuerst über Invertoren geführt werden. Eine UND-Funktion erhält man ohne Inversion, indem man das Ausgangssignal invertiert. NAND-Bausteine wurden in DCTL-Systemen verwendet, erreichten jedoch keine große Verbreitung, da für die einzelnen Eingangssignale verschiedene Potentialpegel erforderlich sind, was noch genauer bei den Schaltungen von Abb. 3.4 ausgeführt wird.

Der DCTL-Flip-Flop ist in Abb. 3.2e gezeigt. Die Transistoren T_2 und T_3 liegen in einer Rückkoppelschleife, wobei der leitende Zustand eines Transistors die Sperrung des zweiten hervorruft, was wiederum Bedingung für den Zustand des ersten ist.

Wenn zum Beispiel T_3 leitet und T_2 gesperrt ist, so ist das Potential am Kollektor von T_2 positiv, $\overline{Y}$ ist 1, und der Flip-Flop speichert sozusagen eine 0. Legt man kurzzeitig ein positives Signal an die Basis von T_1, so geht der Flip-Flop in den anderen Zustand über. Wenn T_1 leitet wird das Potential am Kollektor von T_2 negativer und T_3 gesperrt. Das positive Signal am Kollektor von T_3 macht den Transistor T_2 leitend. Dieser Zustand bleibt auch noch aufrechterhalten, nachdem das positive Signal nicht mehr an der Basis von T_1 liegt. Entsprechend kehrt der Flip-Flop in den ursprünglichen Zustand zurück, wenn man kurzzeitig ein positives Signal an die Basis von T_4 anlegt.

3.6. Einige Betrachtungen zum Entwurf von DCTL-Schaltungen

Die Abb. 3.3 illustriert das grundsätzliche Problem des Entwurfs von DCTL-Schaltungen. Eine Anzahl von Transistoren mit gemeinsamem Kollektoranschluß steuern eine Anzahl anderer Transistoren an. Die Zahl der Transistoren

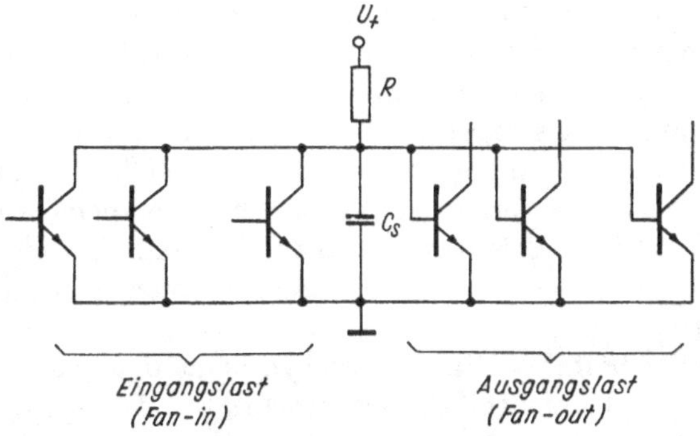

Abb. 3.3. Zum grundlegenden Entwurfsproblem bei DCTL-Schaltungen

mit vereinigtem Kollektor stellen den sogenannten „fan-in"-Faktor (Eingangslastfaktor), die Zahl der ausgesteuerten Transistoren den „fan-out"-Faktor (Ausgangslastfaktor) dar. Das grundsätzliche Problem beim Entwurf nun besteht darin, den Strom durch R zu bestimmen. Für ein gegebenes Speisepotential kann der Widerstand R direkt nach dem Ohmschen Gesetz errechnet werden. Wenn alle „Eingangs"-Transistoren gesperrt sind, muß durch R ein Strom fließen, der gleich der Summe aller Basisströme der Ausgangstransistoren plus der Summe der Kollektorsperrströme der Eingangstransistoren ist. Die Kollektorsperrströme können aus den Transistorkennlinien ermittelt werden, welche ja für den ausgewählten Transistortyp vorliegen. Der notwendige Basisstrom in den Ausgangstransistoren ergibt sich, wenn man den Kollektorstrom im Ausgangstransistor durch die Stromverstärkung des Transistors teilt. Für gewöhnlich muß dabei der Strom an dem am stärksten belasteten Transistorausgang auch für jeden anderen angenommen werden, ebenso die kleinste Stromverstärkung, die bei einem der Transistoren auftreten kann.

Nimmt man an, daß alle Ausgangstransistoren gesperrt sind, so kann man den notwendigen Basisstrom zu einem Eingangstransistor berechnen, indem man den Strom durch R durch die Verstärkung eines Eingangstransistors dividiert. Wenn die Speisespannung nicht besonders groß gewählt wird, so daß der Strom durch R nicht konstant ist, muß der Entwurf anders vorgenommen werden. Natürlich müssen für ein wirklich genaues Entwurfsverfahren noch verschiedene andere Einflüsse berücksichtigt werden, zum Beispiel die Abhängigkeit der Transistorparameter von der Temperatur.

Die verlangte Operationsgeschwindigkeit beeinflußt auch den Entwurf einer DCTL-Schaltung. Da der Basis-Eingangsstrom größer als das Verhältnis des Kollektorstromes zur Transistorverstärkung ist, sagt man, die Transistoren sind gesättigt. Das bedeutet, daß mehr Minoritätsträger in die Basis geliefert werden, als für die Erzeugung des Kollektorstromes notwendig sind. Diese Ladungsträger in der Basis stellen einen Sättigungszustand her. Um den Transistor aus dem Sättigungszustand heraus zu sperren, müssen diese Minoritätsträger wieder aus der Basis abtransportiert werden. Anfangs erforderte der Abtransport der Minoritätsträger gewöhnlich eine beträchtliche Zeit, weil die Träger zu einer der Elektroden des Transistors abfließen mußten. Neuere Transistoren enthalten in der Basis Einschlüsse, die „Rekombinationszentren" erzeugen, wo die Minoritätsträger durch Rekombination mit Majoritätsträgern verschwinden. Dieser Vorgang geht so schnell vor sich, daß man gegenwärtig nicht in der Lage ist, die Rolle der Minoritätsträgerspeicherung auf die Geschwindigkeit von DCTL-Schaltungen abzuschätzen. Die Schaltkapazitäten und die Kapazitäten zwischen den Elektroden können dagegen schwerwiegendere Folgen haben.

Der Einfluß der Schaltkapazitäten kann untersucht werden, indem man sie alle in einer einzigen Kapazität C_S zusammenfaßt. Diese liegt zwischen dem unteren Anschluß von R und Erde (Abb. 3.3). Für einen gegebenen Strom durch R gilt als Verzögerungszeit für das Öffnen des Transistors die Zeit, die für die Änderung des Potentiales an C_S um den Wert des Spannungssprunges am unteren Anschluß von R benötigt wird. Die Schaltverzögerungszeit t_d, die durch die Schaltkapazitäten hervorgerufen wird, beträgt $C_S\, U/I$, wobei U die Differenz zwischen dem Kollektor-Emitter- und dem Basis-Emitter-Spannungsabfall eines leitenden Transistors und I der Strom durch R in Ampere ist. Die Kapazität C_S hat verhältnismäßig wenig Einfluß auf die Verzögerungszeit, wenn die Ausgangstransistoren vom leitenden in den gesperrten Zustand übergehen; denn die Klemmwirkung der Basis-Emitter-Diode hält das Basispotential ziemlich konstant, wenn der Transistor leitet, und ein kleiner negativer Sprung im Basispotential genügt schon, um den Transistor zu sperren. Die durchgeführte Analyse gilt nur als grobe Richtlinie. Da die genauen Transistorkennlinien nicht ohne weiteres bekannt sind, ist eine exakte Analyse kompliziert und hinsichtlich der Schwankungen der Parameterwerte von einem Transistor zum anderen auch von fragwürdiger praktischer Bedeutung.

3.7. Betrachtungen zum logischen Entwurf von DCTL-Schaltungen

Kombiniert man die parallel- und reihengeschalteten Transistoren der Abb. 3.2c und d, so erhält man ein äußerst flexibles Schema, um verschiedene logische Funktionen als DCTL-Schaltung zu realisieren. Prinzipiell kann eine komplexe Kombination von UND- und ODER-Funktionen mit einer einfachen Schaltung und einer beliebigen Anzahl zulässiger logischer Stufen erfolgen. Praktisch zeigt sich jedoch eine ernsthafte Schwierigkeit darin, daß die Bezugspunkte (Vorspannungen) der einzelnen Eingangssignale verschieden sind,

Betrachtet sei z. B. die Schaltfunktion $A \cdot B + B \cdot C + A \cdot C$ zur Erzeugung des Übertrages in einem binären Volladder. Die Funktion enthält 3 UND-Operationen, deren Ergebnisse in einer ODER-Operation zusammengefaßt werden. Diese logische Funktion kann durch sechs Transistoren in 3 parallelen Gruppen zu je 2 Transistoren in Reihe realisiert werden. Wenn die Eingangsvariablen gegeben sind, so ist das Ausgangssignal natürlich die inverse der beabsichtigten Funktion, und in den einfachen NOR- und NAND-Schaltungen muß ein Invertor enthalten sein. Man kann aber auch die invertierten Eingangssignale $\bar{A}$, $\bar{B}$ und $\bar{C}$ verwenden, um das verlangte Ausgangssignal zu erzeugen, denn es gilt $\overline{\bar{A} \cdot \bar{B} + \bar{B} \cdot \bar{C} + \bar{A} \cdot \bar{C}} = A \cdot B + B \cdot C + A \cdot C$.

Man kann einen Transistor einsparen, wenn man den Ausdruck zerlegt in $(\bar{A} + \bar{B}) \cdot \bar{C} + \bar{A} \cdot \bar{B}$. Man braucht dann drei logische Stufen in der Folge ODER-UND-ODER. Man erhält die Schaltung 3.4a. Wenn man in dieser Weise zerlegt, muß das Eingangssignal an die beiden Transistoren T_2 und T_3 angelegt werden. Da der Emitter von T_3 geerdet ist und T_5 zwischen dem Emitter von T_2 und Erde liegt, übernimmt der Transistor T_3 Strom von der $\bar{B}$-Signal-Quelle. Auch wenn der Ausdruck in anderer Weise zerlegt wird, bleibt das Problem der Stromübernahme bestehen. Es ist schwierig, das Problem allein durch die schaltungstechnische Gestaltung zu umgehen, und bisher wurde kein Beispiel dafür bekannt. Eine Lösung bietet jedoch die Anwendung eines logischen Entwurfes, wie er durch die Schaltung 3.4b repräsentiert wird. Diese Schaltung führt die gleiche logische Funktion aus wie die Schaltung a, nur T_1 und T_5, denen das Eingangssignal $\bar{B}$ zugeführt wird, haben je einen Transistor zwischen Emitter und Erde. Sechs Transistoren sind erforderlich. An T_6 liegt ein statisches 1-Signal. Da die drei Gruppen in Reihe zwischen Erde und dem unteren Anschluß des Widerstandes liegen, wird die Schaltfunktion $\overline{\bar{A} \cdot \bar{B} + \bar{A} \cdot \bar{B} \cdot \bar{C} + 1 \cdot \bar{B} \cdot \bar{C}}$ ausgeführt, die durch Boolesche Umwandlung auf die Form $A \cdot B + B \cdot C + A \cdot C$ gebracht werden kann. Das Eingangssignal an T_3 muß B (und nicht 1) sein, um zu verhindern, daß der Pfad $T_6 - T_5 - T_3 - T_1$ einen niedrigen Widerstand aufweist, wenn B gleich 0 ist. Dieser unerwünschte niedrige Widerstand kann auftreten, wenn T_3 eine solche Kennlinie hat, daß die Rolle von Kollektor und Emitter vertauscht werden kann.

Die Schaltung 3.4c wurde aus akademischem Interesse mit dargestellt, weil ihre Verwendung bisher nicht bekannt wurde. Es wird die gleiche Funktion wie vorher nur mit vier Transistoren und einer Diode realisiert. Die drei Pfade zwischen Erde und dem Anschluß des Widerstandes sind $T_3 - T_1$, $T_4 - T_2$ und $T_3 - T_2$. Der Pfad $T_4 - T_1$ ist durch die Diode blockiert, die den Kriechstrom-Dioden in Relais-Schaltkreisen entspricht.

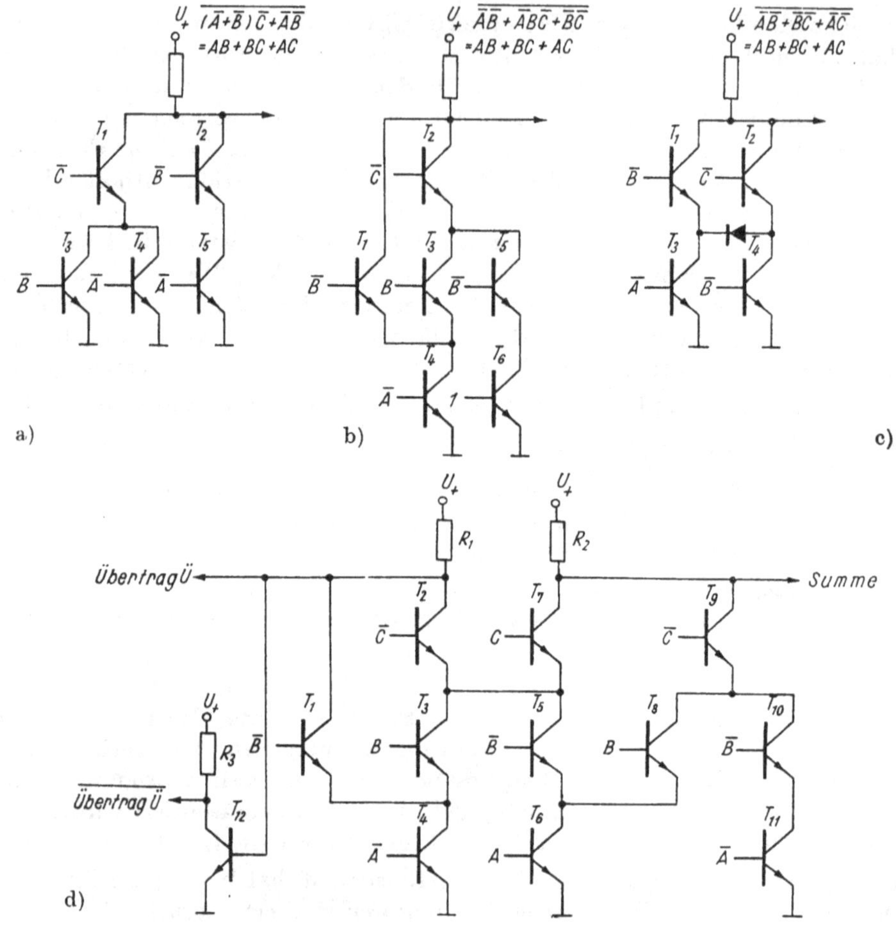

Abb. 3.4. Beispiele von DCTL-Kombinationen

Bild 3.4d zeigt eine DCTL-Schaltung, um das Summen- und das Übertragungssignal in einem binären Volladdierer zu erzeugen. Die Transistoren T_1 bis T_6 sind dieselben wie in Abb. 3.4b, nur daß an Transistor T_6 statt einer 1 das Signal $\bar{A}$ anliegt. Alle Transistoren, an denen ein Eingangssignal anliegt, müssen den gleichen Bezugspunkt des Steuersignals haben. Obwohl das Summensignal an dem gezeigten Punkt entsteht, kann der Reihen-Parallel-Charakter dieser DCTL-Schaltungen noch ausgedehnt werden, indem man R_2 wegläßt und diesen Punkt in Reihe mit dem Emitter eines Transistors in einem DCTL-Flip-Flop legt, um so die Summe zu speichern. Eine Tor-Funktion, um die Summenziffer in den Flip-Flop einzugeben, kann man durch einen zusätzlichen Transistor, der zwischen dem Summenpunkt und Erde liegt, erzielen. Dieser zusätzliche Transistor ist normalerweise leitend und nur gesperrt, wenn die Summenziffer einzuspeichern ist.

Bei den hier beschriebenen Reihen-Parallel-DCTL-Schaltungen ist die Zahl der in Reihe liegenden Transistoren relativ klein, weil das Ausgangssignal einer Schaltung mit verschiedenen in Reihe liegenden Transistoren ein Bezugspotential hat, das für den ordentlichen Betrieb eines nachfolgenden Transistors, dessen Emitter auf Erde liegt, zu positiv ist. Allgemein ist der Entwurf einer Schaltung wie sie Abb. 3.4d zeigt, in der das Bezugspotential für alle Transistoren mit einem vorgegebenen Eingangssignal gleich ist, nicht einfach, auch wenn dabei die BOOLEsche Algebra zu Hilfe genommen wird.

3.8. Gemeinsame Endpunkte als Störungsquellen in DCTL-Schaltungen und in anderen Arten von logischen Schaltungen

Einige erschwerende Faktoren im elektrischen Entwurf von DCTL-Schaltungen wurden im vorhergehenden Abschnitt besprochen. Weiter wird die Problematik zum Beispiel dadurch erschwert, daß die Schaltungen gegen eingestreute Signale, allgemein Störungen, unempfindlich sein müssen. Störquellen sind andere digitale Signale, die elektrostatisch oder elektromagnetisch in die vorliegende Schaltung eingekoppelt werden, Speisespannungsschwankungen durch Netzspannungs- oder Laständerungen, Hochspannungs-Impulse in dazugehörigen Relais und anderen elektromagnetischen Einrichtungen sowie Eingangs- und Ausgangsleitungen, auf denen alle Arten von äußeren Signalen erscheinen können.

Außer den verschiedenen Störquellen, die außerhalb einer gegebenen Schaltung liegen, können die Erdpunkte in einer Schaltungskette eine wichtige Störursache sein. Das zeigt Abb. 3.5. Der gemeinsame Erdungspunkt in einem elektrischen oder elektronischen System wird oft für einen Widerstand null und eine Induktivität null angesehen. Für manche Anwendungen mögen die

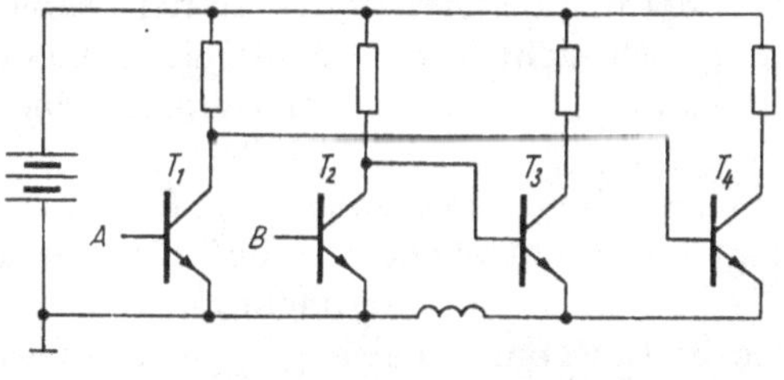

Abb. 3.5. Schaltung, welche zeigt, wie die Erdung eine Störquelle sein kann

kleinen Werte des Widerstandes und der Induktivität auch wirklich vernachlässigbar sein. In sehr schnellen Digitalschaltungen ist jedoch die Induktivität eines Erdanschlusses nicht vernachlässigbar. Die Amplitude eines Spannungsimpulses, der über einer Induktivität entsteht, ist proportional der Geschwindigkeit, mit der sich der Strom durch die Induktivität ändert. Wenn in Abb. 3.5 zum Beispiel das Signal B von einem Binärwert zu anderen wechselt, ändert sich der Strom vom Transistor T_3 und dem induktiven Erdkreis. Der Spannungsimpuls über der Induktivität erscheint effektiv als ein Impuls der Basis-Emitter-Spannung an T_4, der in einer ganz anderen logischen Schaltung liegen kann.

Die Erdstörungen können ausgeschlossen werden, wenn man für die verschiedenen logischen Glieder individuelle Erdpunkte vorsieht. Jedoch sind mehrere Erdleitungen für komplexe logische Schaltungen unpraktisch. Eine andere Methode zur Behandlung des Störungsproblems beim Schaltungsentwurf (die auch für andere Störquellen angewendet werden kann) besteht darin, eine zulässige Amplitude der Störsignale zu suchen und nur die Störungen mit einer größeren Amplitude als die zulässige zu beseitigen. Die Signalpotentiale für eine 1 oder 0 sind nicht genau festgelegt, wie aus Abb. 3.6 ersichtlich ist. Auf Grund der Streuungen der Bauelementeparameter und da die Signalpegel gewöhnlich von der speziellen Kombination von Eingangssignalen abhängen, wird eine 1 oder 0 durch ein Potential der in der Abbildung angegebenen Bereiche dargestellt. Wegen der Störungen müssen die angegebenen Bereiche sogar noch größer angenommen werden, als sie durch 1_N und 0_N festgelegt sind. Jede Schaltung, die das Signal verarbeitet, muß es im Bereich 1_N als 1 und im Bereich 0_N als 0 erkennen.

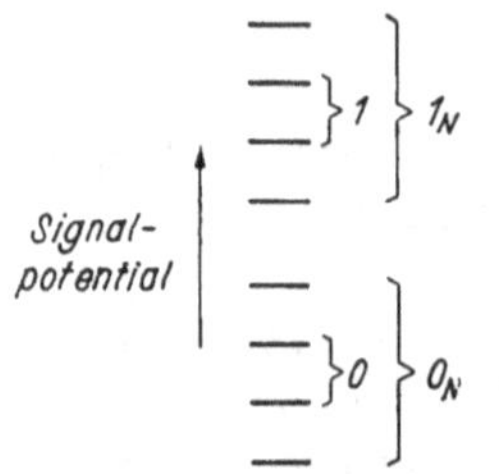

Abb. 3.6. Der Bereich der Pegel für die Darstellung von 0 und 1

Die in Bild 3.6 verwendete Technik ist zu sehr vereinfacht. Das geht schon daraus hervor, daß die Toleranzen einer Schaltung für ein gegebenes Störsignal mit festgelegter Amplitude von der Dauer der Störimpulse abhängen. Es wurde schon an gründlichen Schaltungsanalysen und Entwurfsprozeduren für verschiedene Schaltungstypen gearbeitet. Wie man sich vielleicht jetzt schon vorstellen kann, treten umfangreiche numerische Probleme auf, die nur mit einer Rechenmaschine gelöst werden können. Ob dabei Schaltungen herauskommen, die günstiger oder ungünstiger als die mit der Probiermethode erzielten Schaltungen sind, steht noch nicht fest. Jedenfalls ist noch kein zweckmäßiges Entwurfsverfahren bekannt, das in großen Umfange industriell verwendet wurde.

Insgesamt wirken sich Störungen und andere den Schaltungsentwurf erschwerende Faktoren grob gesagt dahingehend aus, daß für eine zuverlässige Funktion bei gegebener Geschwindigkeit die Eingangs- und Ausgangslastfaktoren (fan-in, fan-out) eines bestimmten Schaltungstypes grundsätzlich viel kleiner sind, als wenn nur die elementaren Entwurfsfaktoren berücksichtigt werden.

3.9. Widerstands-Transistor-Logikschaltungen (RTL)

Die Schaltungen der Widerstands-Transistorlogik (auch RTL-Schaltungen genannt) sind dadurch gekennzeichnet, daß die Basis jedes angesteuerten Transistors über einen Widerstand an den Kollektor des vorhergehenden Transistors angekoppelt ist. Die Kollektoren mehrerer Steuertransistoren können an die Basis eines gesteuerten Transistors gekoppelt werden, und wenn einer der Steuertransistoren gesperrt ist, wird der gesteuerte Transistor leitend. Da das Ausgangssignal des Steuertransistors negativ ist, wenn ein oder mehrere Eingangssignale positiv sind, ergibt sich als logische Funktion ein ODER mit nachfolgender Inversion. Diese NOR-Funktion ist die gleiche, die durch zwei oder mehrere Transistoren in einer DCTL-Schaltung mit gemeinsamem Kollektoranschluß realisiert wird.

Im Vergleich zu DCTL-Schaltungen ist der Hauptzweck der RTL-Schaltungen der, die Zahl erforderlicher Transistoren besonders in den Fällen zu minimieren, wo reihengeschaltete Transistoren unpraktisch sind. (Ursprünglich wurden RTL-Schaltungen wahrscheinlich entwickelt, um die Dioden aus den später beschriebenen Dioden-Transistorschaltungen zu eliminieren.) Reihengeschaltete Transistoren werden so bei der RTL-Konzeption auch nie verwendet, und die UND-Funktion entsteht, indem man die Eingangssignale über Invertoren führt, wie das früher bereits gezeigt wurde.

Praktisch können in RTL-Technik nur NOR-Funktionen günstig erzeugt werden. Deshalb treten in der Praxis der RTL-Schaltungen nur Bausteine eines Typs auf. Alle notwendigen logischen Funktionen werden durch geeignetes Kombinieren einer hinreichenden Anzahl dieser Bausteine mit gleicher Schaltung gewonnen.

Der Baustein selbst kann in zwei Formen vorkommen, wie sie Abb. 3.7a und b zeigt. Nimmt man einen Eingangslastfaktor von drei und einen Ausgangslastfaktor von vier an, so sind diese zwei Schaltungen funktionell iden-

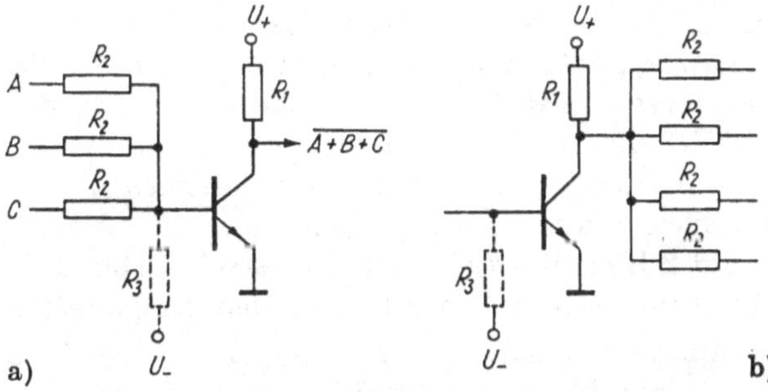

Abb. 3.7. Zwei Formen von RTL-Bausteinen

tisch. In Abb. 3.7a liegen die Kopplungswiderstände für jedes Eingangssignal mit dem Transistor in einem Gehäuse, in 3.7b dagegen sind die Widerstände am Ausgang des Transistors mit demselben verpackt. Die logische Funktion $\overline{A + B + C}$ wird einfacher mit dem Baustein 3.7a realisiert. Das ist auch die am meisten verwendete Form.

RTL-Bausteine enthalten fast immer einen Widerstand, der zwischen der Basis des Transistors und dem negativen Speisepotential liegt. Dieser Widerstand, R_3 in Abb. 3.7, ist mit gestrichelten Anschlüssen gezeichnet, um anzudeuten, daß er für die Funktion der Schaltung nicht grundsätzlich benötigt wird. R_3 wird eingefügt, damit der Transistor beim Fehlen eines Eingangssignales vollständig gesperrt ist, auch wenn Störungen auftreten. Die negative Verschiebung durch R_3 ist notwendig, damit die Basis bei gesperrtem Transistor eine relativ hohe Impedanz darstellt. Die Kollektoren der vorhergehenden Stufen sind durch die Widerstände R_2 von der Basis entkoppelt. Ohne R_3 würde das Basispotential außerdem leicht durch äußere Signale beeinflußt.

Abb. 3.8a zeigt zwei in einer Rückkoppelschleife, zu einem gewöhnlichen RTL-Flip-Flop geschaltete NOR-Bausteine. Liegt an beiden Eingangsleitungen des Flip-Flops kein Signal an, so stellt sich der Flip-Flop auf einen der beiden Gleichgewichtszustände ein, d. h. mit einem leitenden und einem gesperrten

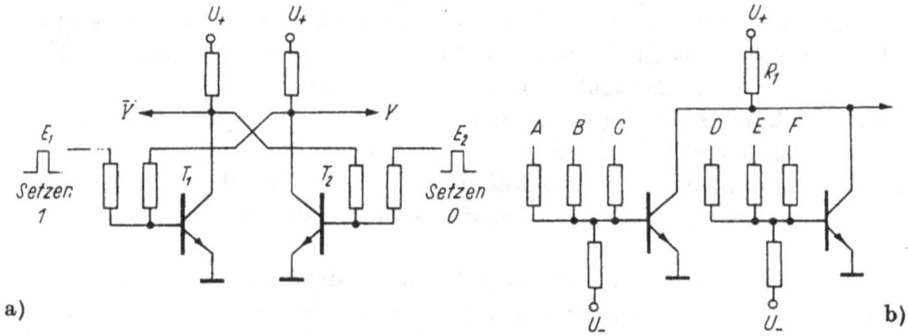

Abb. 3.8. RTL-Flip-Flop und Möglichkeit zur Erweiterung des Eingangslastfaktors

Transistor. Ungeachtet des Anfangszustandes des Flip-Flops leitet T_1, wenn ein positives Eingangssignal am Eingang E_1 anliegt. An der Basis von T_2 liegt daraufhin ein negatives Signal. Das sich ergebende positive Signal am Kollektor von T_2 hält T_1 leitend, auch wenn das Eingangssignal vorbei ist. Der Flip-Flop speichert dann eine 1. Ein kurzzeitiges positives Signal an E_2 bewirkt entsprechend die Speicherung einer logischen Null.

In Bild 3.8b sind 2 RTL-Bausteine am Kollektor verbunden, ohne daß eine neue logische Funktion realisiert wird. Mit den Eingangssignalen A bis F erhält man das Ausgangssignal $\overline{A + B + C + D + E + F}$. Der Zweck der Verbindung ist es, einen höheren Lastfaktor, als anderweitig mit RTL-Schaltungen erzielt wird, zu erreichen. Nur einer der beiden Lastwiderstände R_1 wird genutzt. Bei Silizium-Transistoren ist der Ausgangslastfaktor im wesentlichen unverändert, d. h. der gleiche wie bei einem einzelnen Transistor.

3.10. Einige Betrachtungen zum elektrischen Entwurf von RTL-Schaltungen

Trotz der offensichtlichen Einfachheit der RTL-Technik ist der Entwurf eines Bausteines, der nach irgend einem Kriterium optimal ist, verblüffend schwierig. Der RTL-Entwurf wurde schon auf verschiedene Arten vorgenommen (s. Bibliographie am Ende des Kapitels), aber trotz der zahlreichen Stufen und der Länge der Gleichungen ist die Analyse immer unvollständig, vor allem hinsichtlich der Geschwindigkeit, der Störungen und der Toleranz der Bauelemente. Ferner werden seit dem Aufkommen der integrierten Schaltungen sogar bei RTL-Schaltungen Invertoren mit zwei oder drei Transistoren verwendet, und die Analyse von einem Transistor wird noch weniger sinnvoll. Angesichts dieser Situation werden nur einige der grundsätzlichen Entwurfsprobleme hier angeführt.

In Abb. 3.9 ist eine RTL-Schaltungskombination so gezeichnet, daß das grundlegende Entwurfsproblem zutage tritt. Erstens muß T_2 gesperrt sein, wenn alle Eingänge des Transistors T_2 (d. h. die Punkte A, B und C) negativ sind. T_2 ist sogar dann gesperrt, wenn R_3 fehlt, weil das Potential der Punkte A, B und C allein durch den Betrag des Spannungsabfalles zwischen Kollektor und Emitter des Treibertransistors nur schwach positiv wird, und (wie dies bei DCTL-Schaltungen erklärt wurde) dieses geringe positive Potential nicht ausreicht, um die Basis von T_2 leitend zu machen. Um Störungen auszuschließen, wäre es vielleicht ideal, U_- und R_3 so zu wählen, daß der Strom durch R_3 so groß wie der Strom durch die Basis von T_2 ist, wenn T_2 leitet. Weiter ist ein wesentlicher Strom durch R_3 notwendig, um T_2 schnell zu sperren, wenn das resultierende Eingangssignal an T_2 von 1 auf 0 wechselt. Durch einen großen Strom durch R_3 wird aber wieder das Ladungsproblem des Treibertransistors aktuell, so daß hier ein geeigneter Kompromiß gefunden werden muß.

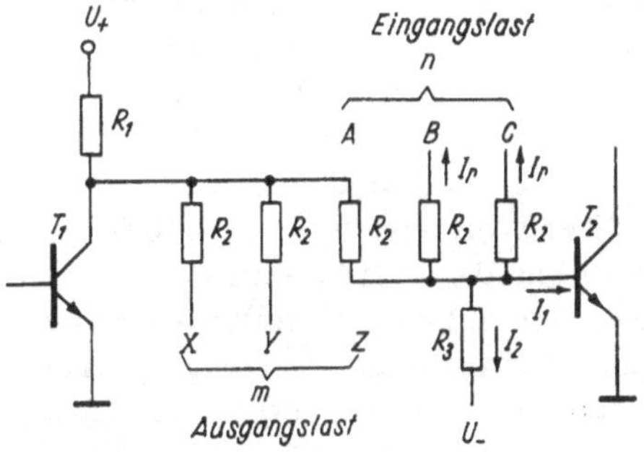

Abb. 3.9. Anordnung zur Demonstration des grundlegenden Entwurfsproblems

Welche Werte für U_- und R_3 auch gewählt werden, das Hauptproblem beim Entwurf ist es, T_2 nur durch ein positives Signal an A allein (nicht an B oder C) zu öffnen. Dieses positive Signal an A wird von T_1 geliefert und soll auf andere Baueinheiten übertragen werden, an denen es ebenfalls als einziges positives Signal anliegt. Im Falle eines Ausgangslastfaktors von drei würde die Basis der Transistoren in diesen anderen Bausteinen an den Punkten X bzw. Y in Abb. 3.9 liegen. Der Strom durch R_1 und durch die R_2 an den Punkten X, Y und Z muß ausreichen, um das Potential dieser Punkte positiv zu machen. Die positive Verschiebung wird jedoch wegen der Diodenwirkung des Basis-Emitter-Überganges des angesteuerten Transistors auf ungefähr +0,6 Volt gegen Erde begrenzt. Dabei beträgt der Strom I_2 durch R_3 ungefähr $(|U_-| + 0{,}6)/R_3$. Ein Strom I_r fließt durch jeden R_2 nach den anderen Eingängen, d. h. nach den Punkten B und C. Den notwendigen Wert für R_2 kann man daraus ermitteln, daß der Spannungsabfall über jedem R_2 gleich der Differenz zwischen dem Basis-Emitter-Spannungsabfall über T_2 und dem Kollektor-Emitter-Spannungsabfall (gewöhnlich kleiner als 0,1 Volt) über den Transistoren, die die Signale B und C liefern, ist. I_1 ist der Basisstrom des leitenden Transistors T_2.

Nach den Ausführungen des vorigen Abschnitts wäre der Strom durch R_2 zwischen den Punkten A und Z

$$I_{R_2} = I_1 + I_2 + (n - 1)\, I_r\,,$$

wobei der Eingangslastfaktor der gezeigten Schaltung 3 beträgt. Ist der Strom größer als dieser Wert, so fließt der übrige Anteil grundsätzlich in die Basis von T_2. Da durch die Widerstände R_2 nach den Punkten X und Y gleiche Ströme fließen müssen, ist ein Gesamtstrom durch R_1 von

$$I_{R_1} = m\,[(I_1 + I_2) + (n - 1)\, I_r\,]$$

nötig, wobei m der Ausgangslastfaktor ist. Für die Dimensionierung können die Punkte X, Y und Z als miteinander verbunden betrachtet werden, insbesondere da sie auf demselben Potential liegen. Die m Widerstände R_2 sind somit parallelgeschaltet. Wenn T_1 gesperrt ist, ist der Strom durch R_1 annähernd $(U_+ - 0{,}6)/(R_1 + R_2/m)$. U_+, R_1 und R_2 müssen so gewählt werden, daß dieser Strom größer als der notwendige ist.

Der Wert von R_2 in Abb. 3.9 muß groß sein, daß die Treibertransistoren gut voneinander isoliert sind und die Belastung (infolge des kleinen I_r) minimal ist. Die Widerstände R_2 sollen aber andererseits nicht so groß sein, daß das Kollektorpotential von T_1 bei gesperrtem Transistor praktisch bei U_+ liegt. Der Strom, der bei leitendem Transistor T_1 durch den Kollektor gezogen werden muß, ist nicht der Strom durch R_1, wie oben berechnet, sondern beträgt U_+/R_1. Er ist also wesentlich größer, wenn die Schaltung so entworfen wurde, daß das Sperrpotential von T_1 praktisch gleich U_+ ist. Die Überlegungen zu diesen Punkten ergeben, daß wegen der begrenzten Stromverstärkung der Transistoren die Anforderungen hinsichtlich eines niedrigen Leistungsbedarfes, hoher Ein- und Ausgangslastfaktoren, hoher Geschwindigkeit, eines sicheren Betriebes bei großen Störsignalen und beträchtlicher Abweichungen in den Bauelementen einen vielfältigen Kompromiß bei der Wahl der Nennwerte jedes Schaltungsparameters nötig machen. Letzten Endes werden diese Kompromisse nur dadurch begründet, welche der verschiedenen Eigenschaften der Ingenieur bei der jeweiligen Schaltung für die wichtigsten hält.

RTL-Schaltungen werden noch für langsamere Systeme von Transistor-Schaltkreisen verwendet, und zwar mehr wegen der Bequemlichkeit der Entwurfsingenieure als auf Grund wirklicher Notwendigkeit, alle Schaltfunktionen mit einem einzigen Typ von NOR-Bausteinen zu realisieren.

3.11. Die Verwendung von NOR-Bausteinen am Beispiel eines Volladdierers

Um zu illustrieren, wie NOR-Bausteine verwendet werden, um logische Funtionen auszuführen, sind in Abb. 3.10 fünf verschiedene binäre Volladdierer gezeigt, die NOR-Bausteine verwenden. Die Invertoren werden bei einigen

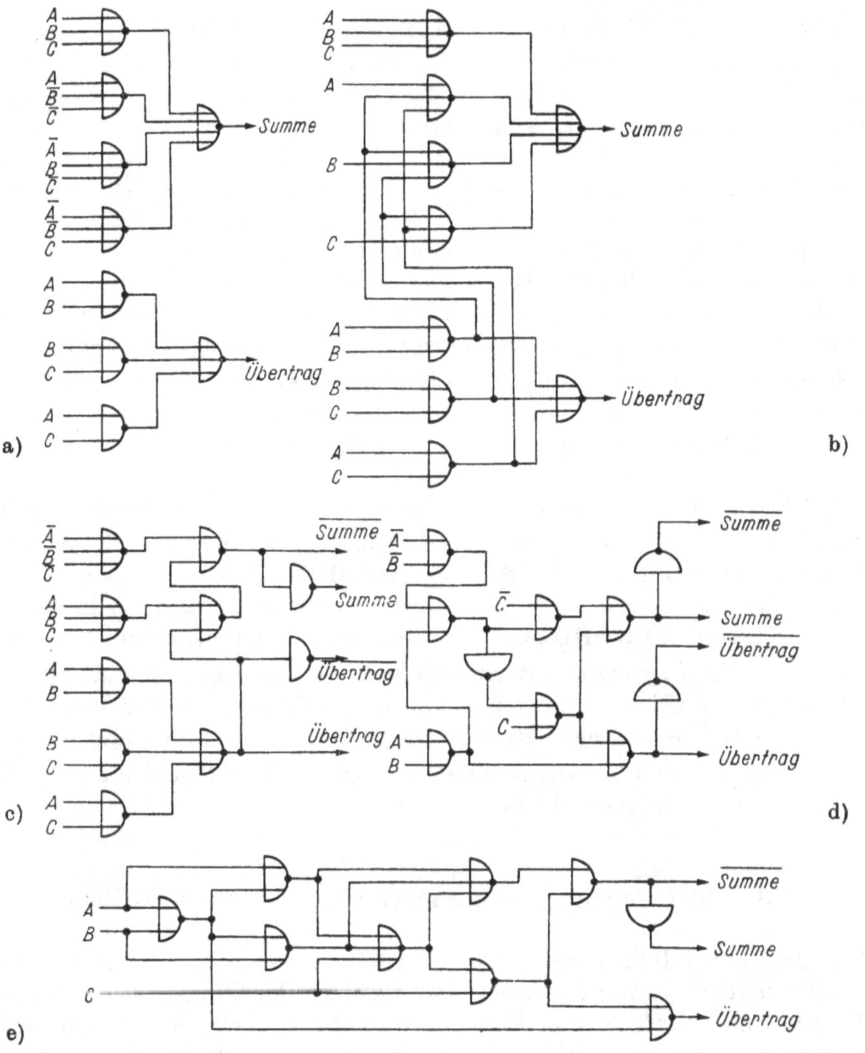

Abb. 3.10. Beispiele von binären Volladdierern mit NOR-Bausteinen

Ausführungen als NOR-Bausteine mit einem Eingang angesehen. Der Volladdierer ist natürlich nur eine der zahllosen logischen Schaltungen, die beim Entwurf digitaler Systeme vorkommen. Allerdings wird diese Funktion häufig benötigt. Diese Funktion wird auch insofern als typisch angesehen, weil man durch Vergleich der aus verschiedenen Bausteintypen oder Kombinationen zusammengestellten Volladdierer die logischen Fähigkeiten dieser Bausteintypen aufzeigen kann.

Der wohl allereinfachste Addierer ist in Bild 3.10a gezeigt. Es werden jedoch sowohl A, B und C als auch $\bar{A}$, $\bar{B}$ und $\bar{C}$ als Eingangssignale benötigt. Außerdem muß ein Baustein einen Eingangslastfaktor von vier besitzen, was besonders beim Einsatz von RTL-Schaltungen Schwierigkeiten bereiten kann. Der Addierer in b entspricht soweit dem in a, nur daß die invertierten Eingangssignale nicht nötig werden, da hierzu die Ausgangssignale des Übertragsteiles der Schaltung Verwendung finden. Der erforderliche Ausgangslastfaktor wächst jedoch für einige Bausteine von eins auf drei an.

Der maximal erforderliche Eingangslastfaktor für den Addierer 3.10c beträgt drei. Die Schaltung kommt in Bausteinen vor, obwohl die inversen Eingangssignale zur Verfügung stehen müssen. Die Schaltung liefert unmittelbar das Signal $\overline{\text{SUM}}$, so daß für das Signal SUM extra ein Invertor gebraucht wird. Der Addierer in d hat dem in c gegenüber den Vorteil, daß Eingangslastfaktor und Ausgangslastfaktor auf 2 reduziert sind und insgesamt 17 anstelle von 21 Bausteinen aufgewendet werden müssen.

Der Addierer 3.10e erfordert nur neun Bausteine, erzeugt die Signale SUM und $\overline{\text{SUM}}$ und erfordert keine inversen Eingänge. Allerdings sind die Eingangs- und Ausgangslastfaktoren und die Gesamtzahl der Bausteine nicht minimal.

Wegen der symmetrischen Funktion des Volladdierers können in allen gezeigten Addierern die NOR-Bausteine durch NAND-Bausteine ersetzt werden, nur daß in d der Ausgang des Bausteines mit den Eingängen $\bar{A}$ und $\bar{B}$ (anstelle des Bausteines mit den Eingängen A und B) als Eingang für den Baustein zur Erzeugung des Übertragsignales verwendet wird. Ein NAND-Baustein liefert hier das Signal $\overline{\text{ÜBERTRAG}}$, so daß das Signal ÜBERTRAG nur mit einem zusätzlichen Invertor erzeugt werden kann.

3.12. RTL-Schaltungen mit einer Schwelle größer als Eins

Der elementare RTL-Kreis kann so erweitert werden, daß der Transistor nur dann leitend wird, wenn zwei oder mehrere der Eingangssignale positiv sind. Für einen vorliegenden Entwurf wird die spezielle Anzahl „Schwelle" der Schaltung genannt. Abb. 3.11 zeigt eine RTL-Schaltung, für die eine Schwelle größer als eins vorgesehen ist. Die Schaltung sieht wie eine gewöhnliche RTL-Schaltung mit der Schwelle von eins aus, nur daß die Widerstandswerte verschieden sind und Diode D_1 zur Begrenzung des negativen Spannungssprunges an der Basis hinzugefügt wurde. Diese Diode ist vom Prinzip der Schaltung her überhaupt nicht nötig, aber die Kennwerte für den Entwurf sind schneller abzuschätzen, wenn die Diode vorhanden ist. Außerdem schützt sie den Transistor. Die Schaltgeschwindigkeit ist dabei wegen der kleineren Ladung der Schaltkapazitäten, die an der Basis anliegen, ebenfalls größer.

Ist D_1 in der Schaltung 3.11 enthalten, so kann sich das Basispotential des Transistors nicht wesentlich in negativer oder positiver Richtung vom Erdpotential entfernen. Wenn die Speisespannung groß gegenüber dem Spannungsabfall über einem Halbleiterübergang ist, so kann der Sprung im Basispotential bei der Ableitung eines näherungsweisen Entwurfsverfahrens vernachlässigt werden. Sind alle Eingangssignale 0, d. h. negativ, so fließt ein Strom von Erde über D_1 und R_3 nach dem negativen Speisepotential. I_1 ist der Strom in die Basis des Transistors, wenn dieser leitet, und mit n ist die Schwelle bezeichnet. Um den Transistor gesperrt zu halten, wenn $n - 1$ Eingangssignale eine binäre 1 darstellen, muß der Strom durch R_3 gleich $(n - 1)\,a I_1$ sein, wobei a ein Faktor ist, der für einen zuverlässigen Betrieb größer als 1 sein muß, aber möglichst nicht viel größer als 1 sein soll, damit ein minimaler Strom erforderlich ist. Damit der Transistor leitend ist, wenn n der Eingangssignale eine binäre 1 darstellen, muß von jeder Eingangssignalquelle ein Strom $b I_1$ geliefert werden, wobei b ebenfalls einen Faktor größer als 1 bedeutet. Jedoch darf b nicht größer als a sein, denn wenn $n - 1$ Eingangssignale positiv sind, muß der Gesamt-Eingangsstrom $(n - 1)\, b I_1$ kleiner als der Strom durch R_3 sein. Andernfalls fließt ein unerwünschter Strom in die Basis des Transistors.

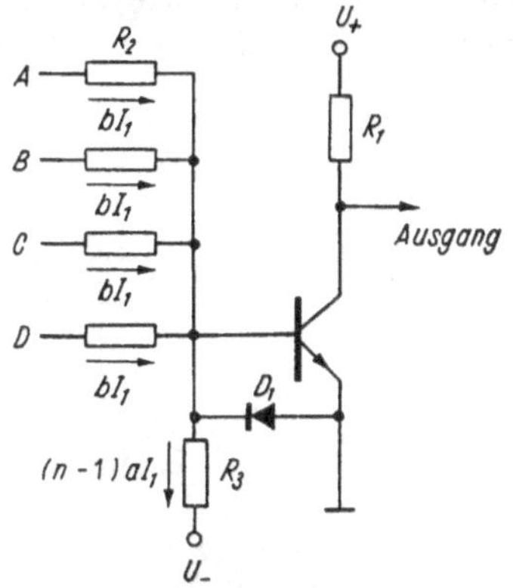

Abb. 3.11. RTL-Schaltung mit Schwelle größer als 1

Andererseits muß b in Abb. 3.11 groß genug sein, damit, wenn n Eingangssignale positiv sind, der Basisstrom letzten Endes I_1 beträgt. Das bedeutet, $n \cdot b \cdot I_1 - (n - 1) \cdot a \cdot I_1$ muß größer als I_1 sein. Deshalb muß b größer als $[1 + (n - 1)\, a]/n$ sein. Für alle n größer als 1 kann gezeigt werden, daß dieser Ausdruck kleiner als a und größer als 1 ist, so daß insgesamt gilt:

$$a > b > \frac{1 + (n - 1)\, a}{n} > 1\,.$$

Nachdem I_1, a und b festgelegt sind, müssen die Werte von R_1, R_2 und U_+ so festgelegt werden, daß der nötige Strom $b \cdot I_1$ in jeden Eingang fließt, nachdem man alle Ströme entsprechend I_r in Abb. 3.9 berücksichtigt hat. Wieder müssen dabei manche Kompromisse eingegangen werden. Bei der begrenzten Stromverstärkung der verfügbaren Transistoren und bei den praktisch auftretenden Toleranzen der Widerstände ist der Eingangslastfaktor im allgemeinen begrenzt, speziell dann, wenn die Schwelle $n = 3$ oder größer ist.

Da für die Widerstände und andere Schaltungsparameter enge Toleranzen erforderlich sind, ist die Anwendung von RTL-Schaltungen mit einer Schwelle größer als 1 auf wenige spezielle Beispiele beschränkt, bei denen Geschwindigkeit und Ausgangslastfaktor im Vergleich zu den Kosten, gemessen an der Zahl von Transistoren bedeutungslos sind. Die Konzeption mit einer Schwelle größer als 1 gestattet trotzdem eine Verringerung der Zahl von Bausteinen für manche logische Funktionen.

Zum Beispiel kann man einen binären Volladdierer aus nur 2 Bausteinen zusammenstellen, wie das Abb. 3.12 zeigt. Ein Baustein mit drei Eingängen und der Schwelle 2 erzeugt direkt das invertierte Übertragsignal. Dieses Signal

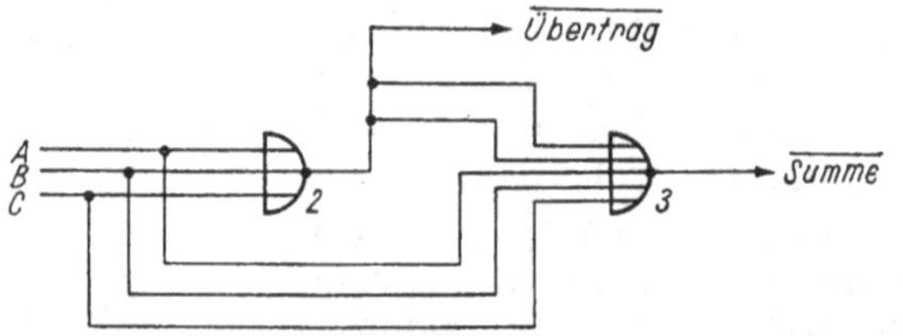

Abb. 3.12. Volladdierer mit NOR-Bausteinen mit einer Schwelle größer als 1

wird dann auf zwei der fünf Eingänge eines Bausteines mit der Schwelle 3 gegeben. Die Eingangssignale A, B und C liegen an den anderen Eingängen. Der Transistor in diesem zweiten Baustein wird leitend, wenn an drei oder mehr Eingängen eine binäre 1 liegt (obwohl maximal drei Einsen im Addierer auftreten können). Insgesamt wird der Transistor leitend, wenn eines der oder alle drei Signale A, B und C positiv sind. Wegen der Inversionswirkung des Transistors liegt am Ausgang das Signal $\overline{\text{SUM}}$. Ein zusätzlicher Invertor für das Signal ÜBERTRAG aus $\overline{\text{ÜBERTRAG}}$ ist nicht unbedingt nötig, wenn mehrere Volladdierer parallel arbeiten, da bei alternierender Reihenfolge entsprechend invertierte Eingangssignale und nichtinvertierte Ausgangssignale vorgesehen werden können.

Verwendet man Invertor-Verstärker aus 2 oder 3 Transistoren, die später beschrieben werden, so werden größere Schwellen und Ausgangslastfaktoren möglich. Der Aufwand an Transistoren widerspricht jedoch dem Anliegen dieser Konzeption, die Anzahl an Transistoren zu verringern.

Wenn die Schwelle gleich dem Eingangslastfaktor ist, führt ein Baustein effektiv eine UND-Funktion mit nachfolgender Inversion aus.

3.13. RCTL-Schaltungen (Widerstands-Kondensator-Transistor-Logik)

RCTL-Schaltungen unterscheiden sich von den vorher beschriebenen durch einen Kondensator, häufig Beschleunigungskondensator („speed-up"-Kondensator) genannt, der parallel zu jedem Koppelwiderstand liegt. RCTL-Schaltungen gibt es in zwei Formen. Eine wurde entwickelt, indem über die R_2-Widerstände einer RTL-Schaltung nach Abb. 3.13a Kondensatoren gelegt werden. Wie der Name „Beschleunigung" sagt, ist der Zweck dieser Kondensatoren eine Erhöhung der Schaltgeschwindigkeit des angesteuerten Transistors. Das wird dadurch erreicht, daß der Spannungssprung vom Steuertransistor direkt kapazitiv auf die Basis des gesteuerten Transistors übertragen wird. Für einen einzelnen Ein- oder Ausschaltvorgang wäre ein großer Kapazitätswert günstig, jedoch die Gleichrichterwirkung des Basis-Emitter-Überganges

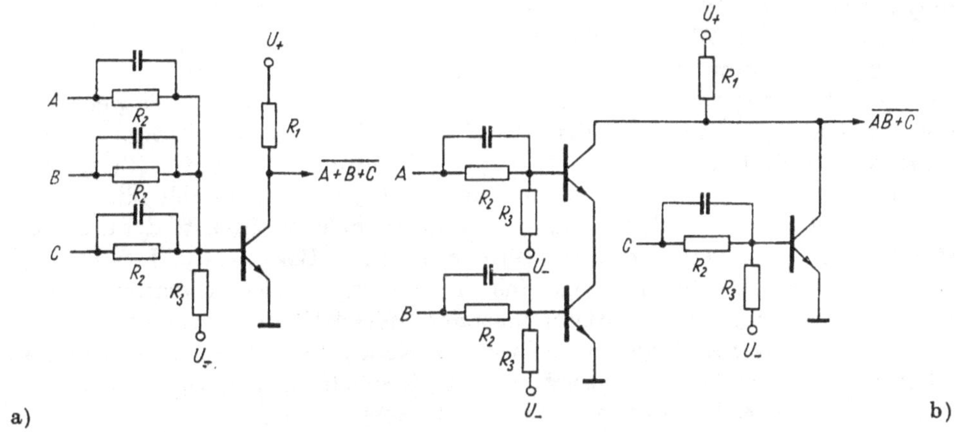

Abb. 3.13. Zwei RCTL-Varianten

ergibt unerwünschte Basispotentiale, wenn die Zeitkonstante aus Kapazität und entsprechendem Widerstand R_2 groß im Vergleich zur Zeit zwischen zwei aufeinanderfolgenden Ziffern ist.

In gewisser Hinsicht ist die RCTL-Anordnung 3.13b eine Vervollkommnung der vorher beschriebenen DCTL-Schaltungen, wobei die Widerstände R_2 verwendet werden, um die Stromübernahme zu verhindern („hogging"), jedoch die Entwurfsstrategie läuft auf etwas anderes hinaus. Anstatt den Strom nur zur Basis eines Transistors oder zum Kollektor des Steuertransistors fließen zu lassen, wird eine Spannungssteuerung vorgenommen. Dabei wird das Kollektorpotential wesentlich geändert, wenn ein Binärwert in den anderen übergeht. Ist der Steuertransistor (im Baustein nicht gezeigt) leitend, so dient die R_2–R_3-Kombination dazu, das Potential an der Basis des gesteuerten Transistors so zu teilen, daß der Transistor auch beim Vorhandensein von Störungen sicher gesperrt ist. Dann, wenn der leitende Transistor gesperrt wird, ist das in positiver Richtung springende Signal am Kollektor dieses Transistors kapazitiv auf die Basis des gesteuerten Transistors gekoppelt, daß der Sprung des Basispotentials schnell erfolgt. Der Lastwiderstand R_1 muß nicht nur hinreichend klein sein, um im statischen Betrieb genügend Strom in die Basis des folgenden gesteuerten Transistors zu speisen, sondern der Widerstand muß auch niedrig genug sein, um eine schnelle positive Potentialänderung am Kollektor des Steuertransistors zu ermöglichen. Wie später im Zusammenhang mit Verstärkern, die aus mehreren Transistoren und Schaltungen mit komplementären Transistoren bestehen, erläutert wird, kann R_1 durch einen Transistor ersetzt werden, der in dem Moment leitend gemacht wird, wenn dieser Teil des Steuerkreises Laststrom liefern muß. Wenn der Steuertransistor wieder leitend wird, überträgt sich der schnelle Potentialabfall am Kollektor gleichzeitig auf die Basis des gesteuerten Transistors und sperrt ihn augenblicklich.

Ein anderes Entwurfsproblem der beiden Versionen in Abb. 3.13 wird dadurch verursacht, daß ein positives Potential an einem Eingang, kein fester, vorher bestimmter Wert ist, sondern von der Belastung abhängt. Diese Belastung ist wiederum von der Signalkombination an den anderen Kreisen abhängig. Die Situation wird dadurch noch weiter kompliziert, daß die wechselnden Eingangssignale in den anderen Kreisen durch die Kondensatoren auf den betrachteten Kreis gekoppelt werden. Die Schaltung muß natürlich so entworfen sein, daß alle Belastungsfälle berücksichtigt werden, einschließlich derer, die durch Änderungen der Signale an anderen Schaltkreisen und durch die stationären Kombinationen hervorgerufen werden. Bei der RCTL-Schaltung gemäß Abb. 3.13b können einige Schwierigkeiten vermieden werden, indem keine seriengeschalteten Transistoren sondern nur NOR-Funktionen verwendet werden, wie das durch den gemeinsamen Kollektoranschluß erreicht wird. Allgemein ist jedoch der Entwurf von RCTL-Schaltungen noch mehr als bei den vorher beschriebenen Schaltungen ein Probiervorgang.

Seitdem es sehr schnelle Dioden und integrierte Schaltungen gibt, scheinen die RCTL-Schaltungen an Popularität eingebüßt zu haben. Die RCTL-Konzeption hat sich noch in speziellen Flip-Flops erhalten. Jedoch dienen, wie später noch auszuführen ist, die Kondensatoren in diesem speziellen Beispiel mehr der „Speicherung" dafür, wie der Flip-Flop kippen muß, wenn er infolge eines Impulses an einem einzigen Eingang von einem Zustand in den anderen übergeht.

3.14. DTL-Schaltungen (Dioden-Transistor-Logik)

Die Schaltungen der „Dioden-Transistor-Logik" oder DTL-Schaltungen (gelegentlich auch TDL-Schaltungen) enthalten am Eingang jedes Transistorinvertors eine ODER- oder eine UND-Schaltung mit Dioden. Abb. 3.14a

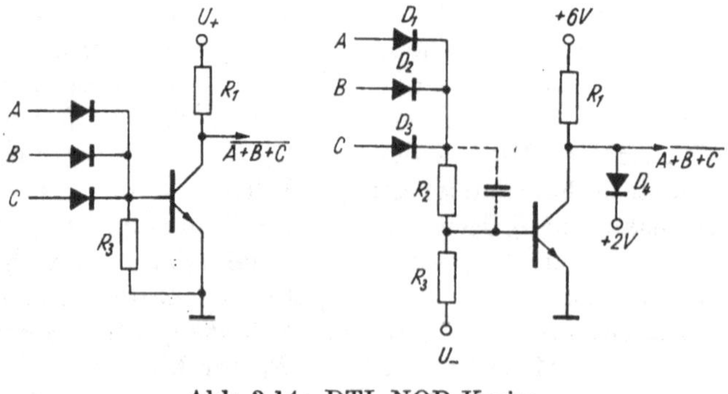

Abb. 3.14. DTL-NOR-Kreise

zeigt eine einfache Version, die als Weiterentwicklung der DCTL-Schaltungen angesehen werden kann. Die NOR-Funktion wird ausgeführt. Anstelle je eines separaten Transistors für jedes Eingangssignal wird nur ein Transistor verwendet, und die Eingangssignale werden voneinander durch Dioden isoliert. Liegt ein positives Signal an der Anode einer oder mehrerer Dioden, so fließt ein Basisstrom in den Transistor. Der Widerstand R_3 ist unwesentlich. Er führt die gespeicherte Ladung von der Basis des Transistors ab bzw. entlädt die Schaltkapazitäten an der Basis, wenn der Transistor vom leitenden in den Sperrzustand übergeht. Ist der Transistor infolge eines Eingangssignals leitend, so stellt R_3 natürlich eine zusätzliche Belastung der Eingangsquelle dar. Da über einer Eingangsdiode eine Spannung von fast einem Volt anliegen muß, ehe sie leitend ist, kann für die Transistoren ein größerer Kollektor-Emitter-Spannungsabfall zugelassen werden, als das bei DCTL-Schaltungen möglich war. Diese Tatsache und die niedrigen Kosten einer Diode im Vergleich zu einem Transistor sind die Hauptvorzüge dieser Schaltung. Allerdings gilt sie als langsam. Bei Unterschieden in den Dioden-Kennlinien tritt wieder das Problem der Stromübernahme auf.

In der DTL-NOR-Schaltung gemäß Abb. 3.14b wirken die Widerstände R_2 und R_3 als Spannungsteiler, um an der Basis des Transistors ein negatives Potential zu erzeugen, wenn das Binärsignal an diesem Punkte 0 ist. Der Widerstand R_2 macht die Schaltung nicht nur immun gegen Störungen, sondern dient auch zur Vermeidung der Stromübernahme, wenn weitere Widerstände R_2 zu anderen Kreisen mit gegebenen Eingangssignalen angeschlossen sind. Um die Operationsgeschwindigkeit zu erhöhen, kann R_2 mit einem Kondensator überbrückt werden. In diesem Falle wird die Schaltung einer RCTL-Schaltung sehr ähnlich. Ein positives Signal an einem oder mehreren Eingängen macht den Transistor leitend und die Diode isoliert die Eingangssignalquellen voneinander.

In Abb. 3.14b liegt eine Klemmdiode D_4 zwischen dem Kollektor des Transistors und dem positiven Speisepotential, das jedoch niedriger als das Potential an dem Lastwiderstand R_1 ist. Zur Illustration sind die beiden Potentiale mit +2 V bzw. +6 V angegeben. Mit entsprechenden Dioden seien auch die Kollektoren der Treibertransistoren versehen. Der Zweck dieser Dioden ist es, den positiven Spannungssprung der Signale zu begrenzen. Fehlen diese Dioden, so hängt der positive Signalpegel von der Kombination der Signale des jeweiligen Zeitpunktes ab. Das erkennt man daraus, daß die negative Verschiebung am Eingang A (positiver Eingangspegel) davon abhängt, ob kein oder ein Signal bzw. ob beide Signale B und C ebenfalls positiv sind. Mit den angenommenen Speisespannungen und unter Vernachlässigung des Spannungsabfalles über der Klemmdiode muß der Widerstand R_1 kleiner als $(6\text{ V} - 2\text{ V})/I_S$ sein, wobei I_S der Gesamtstrom in alle an dem betreffenden Punkte angeschlossenen Kreise ist. Im allgemeinen ist I_S gleich dem Produkt aus dem Ausgangslastfaktor und dem Strom, der von einem Anschluß wie z. B. A, der als einziger positiv ist, gezogen wird. Wurde R_1 so bestimmt, dann ist der Strom durch den leitenden Transistor $6\,\mathrm{V}/R_1$, wenn dabei der Kollektor-Emitter-Spannungsabfall vernachlässigt wird. Die Schaltung funktioniert auch ohne die Klemmdioden. Für einige Signalkombinationen treten dann eben unerwünscht hohe positive Signalpegel und entsprechende Basisströme auf. Außerdem rufen dann Laständerungen an einem gegebenen Signalpunkt Pegeländerungen hervor, die Störungen äquivalent sind und, besonders bei Verwendung von Beschleunigungskondensatoren, Fehler verursachen können.

Abb. 3.15a zeigt eine DTL-NAND-Schaltung. In diesem Falle steht das Problem der Stromübernahme nicht, da der gesamte Basisstrom über R_1 geliefert wird und R_1 an keinem weiteren Transistor liegt. Die Widerstände R_2 und R_3 liefern als Spannungsteiler eine negative Basisspannung, wenn alle

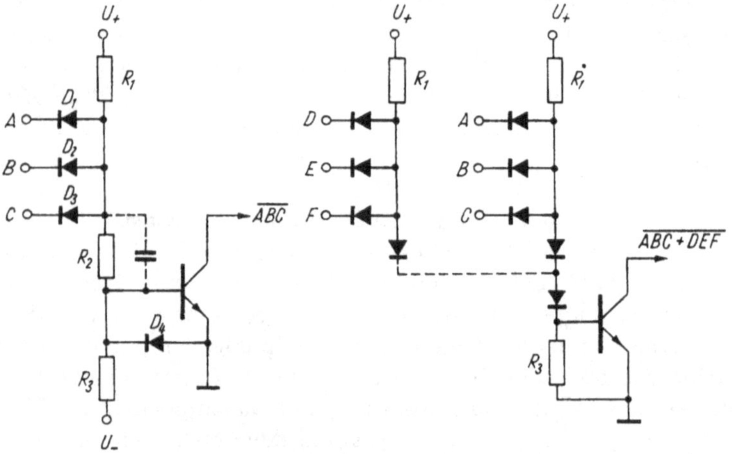

a) b)

Abb. 3.15. DTL-NAND-Schaltungen

Eingangssignale eine binäre 0 darstellen. Die Spannungsteilung ist bei dieser Schaltung besonders notwendig, da der Spannungsabfall über den Eingangsdioden die „falsche" Richtung hat und der Spannungsteiler an einer positiven Spannung liegt, die wesentlich größer als die Kollektorspannung des Treibertransistors ist. Sind R_2 und R_3 so gewählt, daß man ein geeignetes negatives Sperrpotential erhält, wird R_1 so festgelegt, daß

$$I_1 + I_2 = \frac{U_+}{R_1 + R_2}$$

ist. Dabei bedeutet I_1 den eingeprägten Basisstrom, wenn alle Eingangssignale einer binären Eins entsprechen (positiv, wenn die Eingangsdioden gesperrt sind), und I_2 den Strom durch R_3, für den annähernd U_-/R_3 gilt. Das ist nur eine näherungsweise Analyse, da der Basis-Emitter-Spannungsabfall vernachlässigt wurde. Es sei bemerkt, daß kein besonderer Lastwiderstand im Schaltungsbaustein enthalten ist. Außer den Widerständen R_1 der Schaltungen, an die der Kreis angeschlossen ist, sind keine anderen Lastwiderstände zur positiven Verschiebung notwendig.

In Abb. 3.15a wird wie zuvor ein Beschleunigungskondensator über R_2 verwendet. Diese Schaltung ist jedoch insofern weniger problematisch, als der Spannungspegel am oberen Anschluß des Kondensators nicht von der der Eingangssignalkombination abhängt. Die Diode D_4 zwischen Basis und Erde wird manchmal zur Begrenzung des positiven Basisspannungssprunges verwendet. Die Sperrspannung an der Basis ist dann gleich dem Spannungsabfall über D_4 und hängt nicht von den genauen Werten der Widerstände R_3 und R_4 ab. Mit der Diode D_4 kann man den Widerstand R_3 mehr oder weniger frei wählen, jedoch so, daß die Spannung auch beim Auftreten von Störungen noch negativ bleibt. Der Widerstand R_2 muß groß genug sein, damit der Strom durch R_2 kleiner als der Strom durch R_3 bleibt, wenn alle Eingangssignale der binären 0 entsprechen (Eingangspegel, aber noch positiv gegenüber Erde). Die Summe der Ströme durch R_2 und D_4 ist gleich dem Strom durch R_3. Der Widerstand R_1 kann wie zuvor bestimmt werden.

Mit oder ohne D_4 ist die Belastung an einer Eingangsleitung kleiner als der Strom durch R_1, auch wenn nur ein Eingang den Pegel der logischen Null besitzt, da ein Teil des Stromes durch R_1 auch durch R_2 fließt.

Abb. 3.15b zeigt eine verbreitete DTL-NAND-Schaltung, bei der die notwendige Spannungsteilung nach der Diode des UND-Kreises nur durch Reihenschaltung zweier Siliziumdioden erzielt wird. R_3 könnte an eine negative Spannung wie in a gelegt werden. Im allgemeinen ist jedoch R_3 geerdet. Leitet der Transistor, so ist der Spannungsabfall über R_1 gleich der Spannungsdifferenz zwischen U_+ und Erde abzüglich des Spannungsabfalles über zwei Dioden und der Basis-Emitter-Strecke des Transistors. Den Widerstand R_1 ermittelt man näherungsweise, indem man den Spannungsabfall über R_1 durch $I_1 + I_2$ teilt, wobei I_1 der einzuprägende Basisstrom und I_2 ein kleiner Strom durch R_3 ist. Über R_3 liegt dabei die Basis-Emitter-Spannung.

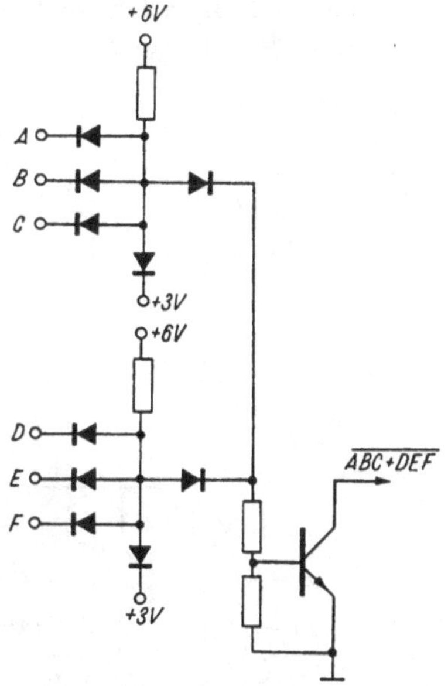

Abb. 3.16. DTL-UND-NOR-Kreis

Beispiele für entsprechende binäre Volladdierer zeigt Abb 3.10, die auch am Ende des entsprechenden Abschnittes erläutert wurden.

Um einen UND-NOR-Baustein herzustellen, können weitere UND-Glieder mit Dioden hinzugefügt werden, wie durch die gestrichelte Leitung in Abb. 3.15b gezeigt wird. Das einzige wesentliche Problem dabei ist, daß in den leitenden Transistor der doppelte (für 2 UND-Kreise) Basisstrom anstelle des eigentlich notwendigen eingespeist werden kann. Das ist dann richtig, wenn die Ausgänge beider UND-Kreise positiv sind.

Bild 3.16 zeigt einen DTL-UND-NOR-Baustein, für den der Basis-Eingangsstrom nicht von der Zahl der im 1-Zustand befindlichen Dioden-UND-Schaltungen abhängt. Dabei werden Klemmdioden entsprechend D_4 in Abb. 3.14b verwendet. Der Entwurf der Schaltung verläuft wie für die anderen DTL-Schaltungen.

Einige der Bausteine der Abbildungen 3.14, 3.15 und 3.16 können auch ohne Eingangsdioden aufgebaut werden. Dafür liegt dann eine dem Ausgangslastfaktor entsprechende Anzahl von Dioden in Analogie zu den RTL-Schaltungen der Abb. 3.7b am Kollektor jedes Transistors.

Im allgemeinen werden die Kollektoren zweier oder mehrerer DTL-NAND-Schaltungen zusammen an einer gemeinsamen Last liegen. Denn wenn ein oder mehrere Transistoren leitend sind, so wird die Ausgangsspannung praktisch auf Null verschoben und insgesamt ergeben sich für die Realisierung einer UND-NOR-Funktion praktisch keine Schwierigkeiten beim Schaltungsentwurf.

3.15. Emitterfolger aus logischen Schaltungen

Eine elementare Schaltung für einen Emitterfolger ist in Abb. 3.17a gezeigt. Bei dieser verbreiteten Schaltung liegt die Last in Reihe mit dem Emitter. Gewöhnlich soll mit dieser Schaltung eine Stromverstärkung erzielt werden. Die Ausgangsspannung folgt der Eingangsspannung direkt, nur mit einem geringen Amplitudenverlust, d. h., die Spannungsverstärkung ist etwas kleiner als 1.

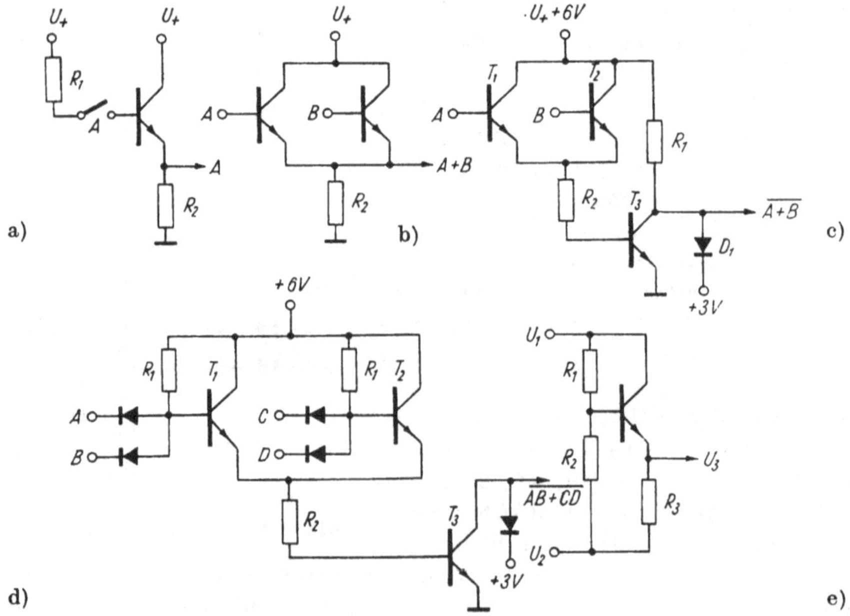

Abb. 3.17. Emitterfolger-Schaltungen

Die Funktion der Schaltung erkennt man, wenn man an den Eingang eine feste Spannung zwischen Erde und U_+ legt. Ein Basis-Emitterstrom fließt und demzufolge auch ein verstärkter Kollektor-Emitterstrom. Wie früher in diesem Kapitel erwähnt wurde, kann der Basis-Emitter-Spannungsabfall in erster Näherung mit ungefähr 0,6 V als konstant angenommen werden. Der Emitterpegel geht deshalb vom Erdpotential auf einen etwas weniger positiven Wert als das Eingangssignal. Der Strom durch R_2 ergibt sich dann einfach aus der Potentialdifferenz über R_2 geteilt durch den Widerstand R_2.

Nun ist die Summe aus Basis-Emitter-Strom und Kollektor-Emitter-Strom gleich dem Strom durch R_2. Beide Ströme verhalten sich zueinander entsprechend der Stromverstärkung des Transistors. Ist z. B. die Stromverstärkung 20, so fließt 1/21 des Stromes über den Basis-Emitter-Pfad und 20/21 des Stromes über den Kollektor-Emitter-Pfad. Im allgemeinen ist die Stromverstärkung des Transistors von der Kollektor-Emitter-Spannung abhängig und eine Funktion des Basisstromes, so daß der Arbeitspunkt entsprechend ausgewählt werden muß. Der Ausgangspegel kann nicht positiver als der Eingangspegel werden, da der Transistor dann gesperrt würde. Wenn als Eingangssignal eine binäre Veränderliche A anliegt, ist das Ausgangssignal ebenfalls A.

Wenn der Eingang des Emitterfolgers in Abb. 3.17a offen ist, so entspricht dies dem Fall einer binären Null am Eingang. Da kein Basisstrom fließen kann, fließt auch kein Kollektorstrom und die Ausgangsspannung wird praktisch null. Wenn mit einem mechanischen Kontakt der Eingang über einen Widerstand R_1 an U_+ gelegt wird, geht das Potential am Eingang auf einen Wert, der von der Stromverstärkung des Transistors abhängig ist. Wenn die Spannung an A und die Stromverstärkung des Transistors festgelegt sind, kann man den erforderlichen Wert von R_1 direkt nach dem Ohmschen Gesetz ermitteln. Jedoch kann man für ein gegebenes R_1 die Spannung an A nur durch sukzessives Probieren oder mit einer grafischen Methode berechnen, da die Stromverstärkung des Transistors von mehreren Parametern abhängen kann. Weil die Stromverstärkung des Transistors jedoch selten genau bekannt ist und von einem Transistor zum anderen in weiten Grenzen streut, werden Emitterfolgen bei digitalen Anwendungen gewöhnlich so betrieben, daß die Eingangssignale immer auf einem der beiden logischen Pegel, entsprechend den 2 Binärziffern, gehalten werden.

Schließt man zwei Transistoren parallel, wie auf Abb. 3.17b, so erhält man ein ODER-Glied. Das Ausgangssignal ist dann positiv, wenn ein oder beide Ausgangssignale positiv sind. Mit stabilisierten oder begrenzten Eingangssignalen ist das Ausgangssignal nicht von der Anzahl der positiven Eingangssignale abhängig. (Wie bei logischen Dioden-Schaltungen ergibt sich die UND-Funktion, wenn hinsichtlich der Polarität der Signale die entgegengesetzten Vereinbarungen getroffen werden.)

Die Reihenschaltung der Transistoren von Emitterfolgern könnte für die Erzeugung einer UND-Funktion verwendet werden. Sie wird aber selten benutzt, weil man die verschiedenen Eingangssignale auf unterschiedliche Spannungswerte stabilisieren müßte. Erfolgt keine Stabilisierung, so rufen die sehr ungleichen Stromverstärkungen der Transistoren ernsthafte Probleme beim Schaltungsentwurf hervor.

Ungeachtet dessen, wie die Signale vereinbart wurden, ist nur eine der beiden Funktionen, ODER oder UND, praktisch sinnvoll. Die andere Funktion muß dann mit einen Invertor erzeugt werden. Anstatt das Ausgangssignal vom Emitter zu beziehen, ist es günstiger, den Widerstand im Emitterfolger nach Abb. 3 17 c an die Basis eines Invertors und nicht an Erde zu legen. Der Widerstand R_1 tritt als Last für den Transistor T_3 des Invertors auf. Die Kollektorspannung wird in der positiven Richtung durch die Diode D_1 begrenzt, wenn T_3 gesperrt ist. Die Speisespannung U_+ und der Begrenzungswert sind im Beispiel mit +6 bzw. +3 V festgelegt. Wenn T_3 leitet, besitzt der Ausgangspegel den Wert des Kollektor-Emitter-Spannungsabfalles.

Die als NOR-Glied arbeitende Schaltung 3.17c (binäre Eins durch ein positives Signal dargestellt), ist eine der einfacher zu entwerfenden Schaltungen, wenn konstante Spannungsabfälle über den Dioden und dem Basis-Emitter-Übergang angenommen werden. Für ein positives Eingangssignal beträgt der Spannungsabfall über R_2 3 V plus zuzüglich des Spannungsabfalles über der Diode D_1 im Eingangskreis (nicht gezeigt) und minus dem Basis-Emitter-Spannungsabfall im entsprechenden Eingangstransistor (T_1 oder T_2) sowie minus dem Basis-Emitter-Spannungsabfall in T_3. Wenn die Spannung über R_2 bekannt ist, kann man den Widerstand R_1 so berechnen, daß er den gewünschten Basisstrom in T_3 liefert. Der Widerstand R_1 kann dann so bestimmt werden, daß sich der maximal zulässige Kollektorstrom ergibt, der das Produkt aus Eingangsstrom und der niedrigsten erwarteten Stromverstärkung von T_3 ist. Dann kann bei gesperrtem T_3 der Strom durch R_1 ermittelt werden, indem die Spannungsdifferenz über R_1 (6 — 3) V kleiner als der Spannungsabfall über D_1 ist. Dieser gesamte Strom kann zur Aussteuerung der Eingangstransistoren in nachfolgenden Stufen verwendet werden. Der Strom, der für jede folgende Stufe erforderlich ist, kann so wie es vorher beschrieben wurde, bestimmt werden. Für jeden Eingangstransistor muß die niedrigste zu erwartende Verstärkung angesetzt werden. Sind dann bei einigen Transistoren die Stromverstärkungsfaktoren höher, so wird zwar die Belastung geringer, aber es treten keinerlei Stromübernahme- oder andere unerwünschte Effekte auf.

Abb. 3.17d illustriert, wie man Dioden-UND-Schaltungen an den Eingang eines jeden Emitterfolger-Transistors legen kann, um eine UND-NOR-Schaltung zu erhalten. Transistor T_3 besitzt keinen Lastwiderstand, weil die Widerstände R_1 der nachfolgenden Bausteine als Last wirken. R_2 wird wie zuvor bestimmt, nur daß die Spannung an den oberen Anschlüssen durch den Spannungsabfall über den Eingangsdioden positiver ist. Dieser zusätzliche Spannungsabfall kann störend sein, wenn die Kombination der Eingangssignale den Transistor T_3 sperrt. In manchen Fällen ist deshalb eine Ausgleichsdiode in Reihe zu R_2 zweckmäßig. Jeder Widerstand R_1 wird entsprechend dem notwendigen Basisstrom ausgewählt. Dieser wird so, wie beim Emitterfolger erläutert, bestimmt.

Sowohl die Schaltung 3.16c als auch d kann unempfindlicher gegen Störungen gemacht werden, indem man einen Widerstand R_3 zwischen die Basis von T_3 und eine negative Speisequelle legt. In verschiedenen, vorhergehenden Schaltungen, z. B. 3.15a, wurde bereits davon Gebrauch gemacht. Die Geschwindigkeit kann dadurch erhöht werden, daß man wieder einen Beschleunigungskondensator über R_2 legt. Jedoch müssen dabei der Transistor eines Emitterfolgers und T_3 nacheinander berücksichtigt werden.

Der Hauptvorteil bei der Verwendung eines Emitterfolgers am Eingang eines Invertors ist der hohe Ausgangslastfaktor, da sich die Stromverstärkungen von Emitterfolger und Invertor multiplizieren. Praktisch kann jedoch infolge der Toleranz der Bauelemente und anderer Faktoren nur ein etwas kleinerer Ausgangslastfaktor als der theoretisch berechnete angegeben werden.

Abb. 3.17e illustriert die Verwendung eines Emitterfolgers zur Erzeugung eines annähernd konstanten Potentials. Die Ausgangsspannung U_3 ist gleich der geteilten Spannung minus dem annähernd konstanten Basis-Emitter-Spannungsabfall im Transistor. Zur Bestimmung des Spannungsteilers muß jedoch der Strom von U_1 über R_1 zur Basis berücksichtigt werden. Dieser Strom kann so berechnet werden, wie es oben beschrieben wurde, nur daß den veränderten Lastverhältnissen an U_3 Rechnung getragen wird. Wie bei gewöhnlichen Spannungsteilern ist die Konstanz der Ausgangsspannung umgekehrt proportional zum Widerstand des Spannungsteilers, so daß man einen Kompromiß mit der Verlustleistung eingehen muß. Der Zweck des Emitterfolgers ist es, eine stabilere Ausgangsspannung für eine zulässige Verlustleistung im Spannungsteiler zu erzielen. Die Schaltung 3.17e wird viel in logischen Schaltungen mit drei erforderlichen Speisequellen verwendet. Nur 2 Anschlüsse (Erde und ein anderer) erhält man aus einem externen Netzgerät, während jeder Schaltungsbaustein ein separates Emitterfolger-Versorgungsteil enthält. Dieser scheinbar zusätzliche Aufwand von Transistoren und Widerständen ist bei integrierten Schaltungen besonders gerechtfertigt.

Wegen der relativ hohen Stromverstärkung und des geringen Spannungsverlustes in Emitterfolgern können auch Kombinationen entsprechend dem NOR-Glied der Abb. 3.17a entworfen werden, wie das zum Beispiel Abb. 3.18 in Form eines UND-ODER-UND-ODER-NICHT-Bausteines, oder auch als UND-ODER-UND-NOR-Glied bezeichnen bar, zeigt. Der Ausgang des Kreises mit den Transistoren T_4 und T_5 liegt am Eingang A. Zu den Eingängen B, C und D können ebensolche UND-ODER-Kreise führen. Ein wesentliches Merkmal ist, daß sich die Potentiale an den Punkten M und N nicht wesentlich unterscheiden. Die Spannungsdifferenz hängt nur von den Spannungsabfällen über der Diode zwischen M und T_1 und über dem Basis-Emitterübergang an T_1 ab. Der Widerstand R_2' ist mit einer negativen Speisequelle und nicht mit Erde verbunden. Wenn der untere Anschluß von R_2' an Erde läge, dann wäre im Punkte M noch eine etwas positive Spannung, wenn das binäre Signal dort Null wäre. Der Ausgang der UND-ODER-Schaltung, dargestellt durch die Transistoren T_4 und T_5 kann zu weiteren Kreisen geführt werden, d. h., diese

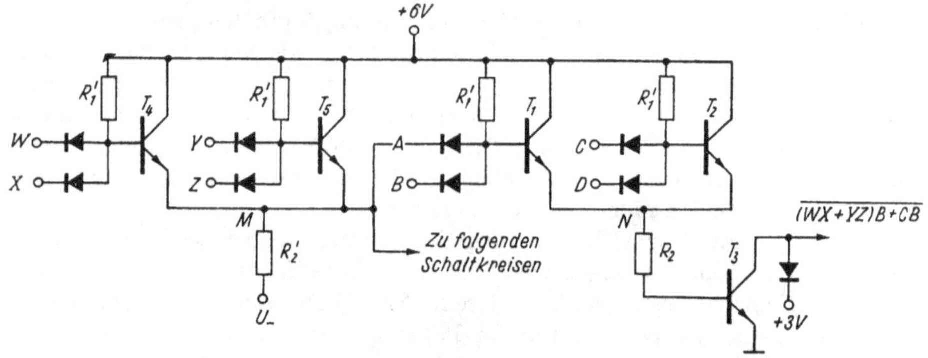

Abb. 3.18. UND-ODER-UND-NOR-Schaltung mit Emitterfolgern

UND-ODER-Schaltung kann eine Ausgangslast größer als eins speisen. In diesem Falle muß der Widerstand R_2' klein genug sein, um die Spannung des Punktes M auf Erdpotential oder etwas negativer, entgegen der positiv verschiebenden Wirkung von entsprechend vielen Widerständen R_1, zu halten.

Bei der Bestimmung des Widerstandes R_1' wird analog wie beim Widerstand R_1 verfahren.

Außer den günstigen Ausgangslast-Verhältnissen besitzen die Schaltungen 3.18 den großen Vorteil, daß man beim logischen Entwurf die Möglichkeit hat, Folgen von UND- und ODER-Gliedern ohne Inversionen zu realisieren. Dabei ergeben sich Netzwerke mit wesentlich weniger Bauelementen für einen vorliegenden Komplex logischer Funktionen. Daß man drei verschiedene Speisequellen benötigt, ist allerdings ein offensichtlicher Nachteil.

Sicherlich ist es für Schaltungen mit Emitterfolgern ungünstig, daß der Transistor immer leitet, wenn die Kollektor-Basis-Spannung groß ist. Am Kollektor-Basis-Übergang entsteht eine Verlustleistung als Produkt von Strom und Spannung. Dieser Zustand unterscheidet sich z. B. von dem in einem gewöhnlichen Invertor. In einem Invertor ist der Strom vernachlässigbar, wenn der Transistor gesperrt ist, und die Spannung kann nahezu vernachlässigt werden, wenn der Transistor leitet. Deshalb ist unter statischen Verhältnissen die im Transistor selbst erzeugte Wärme minimal. Wenn jedoch ein Invertor-Transistor mit hoher Frequenz ein- und ausgeschaltet wird, so wird der Betrag des Strom-Spannungs-Produktes zu erheblichen Zeiten während eines jeden Zyklus überschritten, so daß dann die Nachteile der Emitterfolger gemildert werden. Außerdem kann das Verlustleistungsproblem bei Emitterfolgern dadurch an Bedeutung verlieren, daß man niedrige Speisepotentiale verwendet. In einigen praktischen Fällen werden 1 bis 2 Volt verwendet.

3.16. Emitterfolger aus DTL-NAND-Schaltungen

Um die zulässigen Lastfaktoren von DTL-Bausteinen zu erhöhen (oder umgekehrt die Verwendung von Transistoren mit niedriger Stromverstärkung zu ermöglichen), kann zwischen die Dioden-UND-Schaltung und den Transistor-

Invertor ein Emitterfolger als Stromverstärker geschaltet werden. Drei Variationen sind in Abb. 3.19 angeführt.

In Abb. 3.19a tritt Transistor T_2 als Emitterfolger auf. Außer der Funktion als Emitterfolger wirkt die Basis-Emitter-Diode von T_1 als eine der pegelverschiebenden Dioden in Abb. 3.15b. T_2 ist vollständig gesperrt, wenn nicht alle Eingangssignale positiv sind. Der Widerstand in Reihe mit der Basis von T_1 (Abb. 3.19a) dient dazu, den Strom von T_1 nach T_2 zu begrenzen, wenn T_2 durchgesteuert ist. Der Kondensator C_1 wirkt als Beschleunigungskondensator

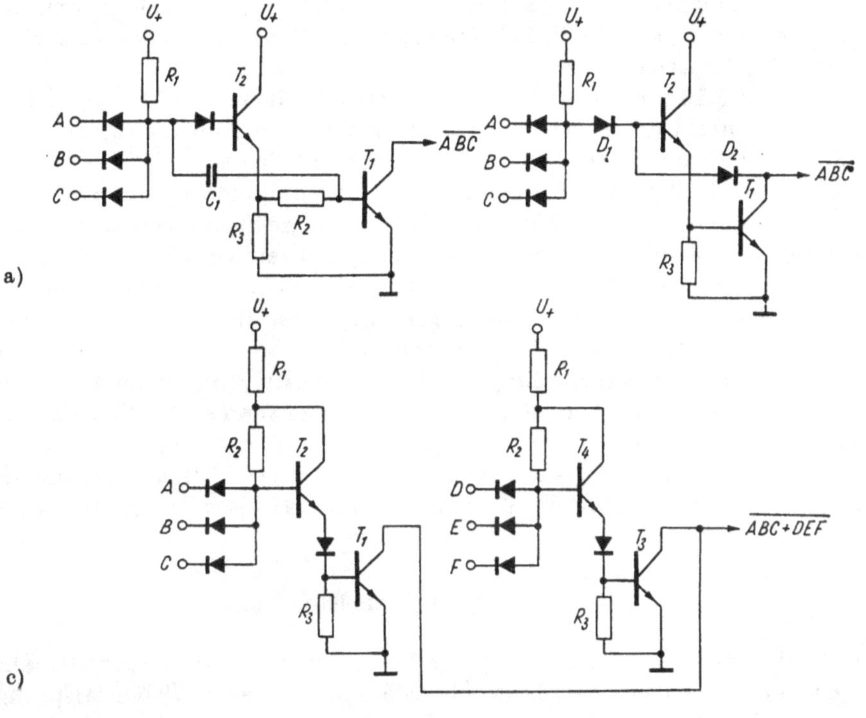

Abb. 3.19. Methoden, um einen Emitterfolger in einen DTL-NAND-Baustein einzubeziehen

und ist speziell wirksam, wenn das Eingangssignal nach Null springt, falls der niedrige Kollektor-Basis-Widerstand des steuernden Transistors (nicht gezeigt) ein direkter Nebenschluß zur Basis von T_1 ist. Wird C_1 verwendet, so kann R_3 einen relativ hohen Wert haben und in manchen Fällen bei der Dimensionierung unberücksichtigt bleiben.

In Bild 3.19b wurde R_2 weggelassen, aber die Rückkoppeldiode D_2 hinzugefügt. Diese Diode ist gesperrt, wenn ein Eingangssignal praktisch Null ist (das Ausgangssignal wird dabei positiv). Sind aber alle Eingangssignale positiv, so wird der positive Signalsprung an der Basis von T_2 begrenzt. Sogar ohne D_2

würde das Basispotential von T_2 auf die Summe der Basis-Emitter-Spannungsabfälle von T_1 und T_2 begrenzt. Trotzdem würde ohne einen Widerstand in Reihe mit $T_1 - T_2$ der Strom durch diese Transistoren zu groß. Ferner beschränkt die Diode den positiven Potentialsprung an der Basis von T_2, weil der Kollektor-Emitter-Spannungsabfall kleiner als der Basis-Emitterspannungsabfall ist. Wegen der Rückkopplungswirkung muß T_1 nicht vollständig gesättigt werden. Die Rückkopplungswirkung wäre wirksam, wenn die Anode von D_2, anstelle wie gezeigt, an der Anode von D_1 läge. Jedoch ein Ausgangssignal würde um einen Wert, ungefähr gleich dem Dioden-Spannungsabfall, positiv gegen Erde verschoben sein. Um eine sichere Funktion zu gewährleisten, muß am Ausgang der Diode des UND-Kreises jedes Bausteines eine zusätzliche Diode den Pegel korrigieren.

Die Variante 3.19c wurde industriell hergestellt. Wenn die Widerstände R_2 Null sind, entspricht der Kreis im wesentlichen dem in Abb. 3.15b, wobei der Basis-Emitter-Übergang von T_2 als Diode wirkt und keine Emitterfolgerwirkung auftritt. Da der Kollektor von T_2 am unteren Anschluß von R_1 (anstelle an der positiven Speisequelle) liegt, erhält man die notwendige Strombegrenzung. Eine Analyse dieser scheinbar einfachen Schaltung hat einige tückische Stellen. Eine Diskussion dieser Stellen würde hier zu weit gehen, es sei nur darauf hingewiesen, daß sich ungefähr der doppelte Ausgangslastfaktor ergibt, wenn man die Widerstände R_1 und R_2 einander gleich macht. Dabei ist der Strom, der von T_2 nach T_1 fließt (wenn alle Eingangs-Signale positiv sind) ungefähr doppelt so groß wie der durch die Diode der UND-Schaltung (wenn schließlich eines der Eingangssignale Null ist).

In Abb. 3.19c sind zwei Bausteine mit gemeinsamem Ausgang gezeigt, als Beispiel, wie man ein UND-NOR-Glied mit DTL-NAND-Schaltungen realisieren kann.

3.17. Stromgesteuerte Transistor-Logik

Der Begriff stromgesteuert ist nicht sehr genau definiert, bezeichnet aber im allgemeinen Schaltungen, deren Signale relativ kleine Potentialsprünge ausführen und in denen Ströme von annähernd konstanter Amplitude zwischen verschiedenen Pfaden innerhalb einer Schaltung umgeschaltet werden. Stromgesteuerte Schaltungen bilden das Gegenstück zu spannungsgesteuerten Schaltungen (speziell zu alten Röhrenschaltungen und ihren Transistor-Abbildern), in denen die Signalsprünge beträchtlich sind und in denen die verschiedenen Ströme scheinbar zu jeder Zeit, jedoch mit sehr unterschiedlichen Amplituden entsprechend den jeweiligen binären Signalen, durch dieselben Pfade fließen.

Wie im vorigen Kapitel erklärt wurde, haben gewöhnliche UND- und ODER-Glieder mit Dioden dann stromgesteuerten Charakter, wenn die Speisespannungen einigemal größer als die Signalspannungssprünge sind. Auch die DCTL-Schaltungen, die vorher in diesem Kapitel beschrieben wurden, waren stromgesteuert. Gewöhnlich wird dieser Begriff jedoch nur auf eine bestimmte

Kategorie logischer Transistorschaltungen angewendet, wovon eine Version in Abb. 3.20a dargestellt ist. Das bezeichnende Merkmal von stromgesteuerten Transistorschaltungen ist es, daß der Emitter des einen Transistors so an den Emitter des nächsten Transistors angeschlossen ist, daß ein Signal an der Basis

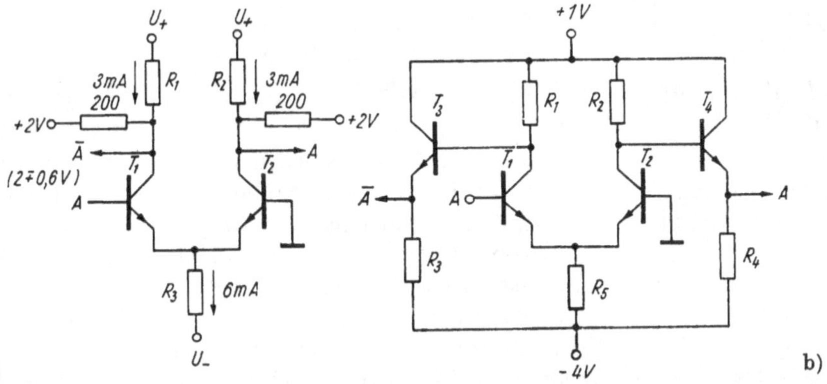

Abb. 3.20. Stromgesteuerte logische Glieder

des ersten Transistors einen Strom durch den einen oder den anderen Transistor hervorruft. Die Schaltungen werden manchmal CML-Schaltungen („current-mode-logic", stromgesteuerte Logik) genannt. Andere Ingenieure nennen sie ECL-Schaltungen, d. h. „emittergekoppelte Logik".

Abb. 3.20a illustriert den grundlegenden Schaltvorgang bei der ersten Art. Das Eingangssignal A wird an die Basis von T_1 gelegt, die Basis von T_2 ist geerdet. Sowohl die positive als auch die negative Speisespannung sind groß gegenüber den Potentialsprüngen der Signale, und deshalb kann ein nahezu konstanter Strom durch R_1, R_2 und R_3 gezogen werden. Die Widerstandswerte werden so gewählt, daß der Strom durch R_3 doppelt so groß ist wie die Ströme durch R_1 oder R_2. Zur besseren Darstellung der Sachverhalte werden die Ströme mit 6 bzw. 3 mA angesetzt. Der Kollektor jedes Transistors wird über einen 200 Ω-Widerstand an eine 2 V Speisequelle gelegt, um eine Spannung von 2,6 V am Kollektor von T_1 zu erzeugen. Der negative Potentialsprung am Emitter von T_1 ist wegen der Klemmwirkung des Basis-Emitter-Überganges auf ungefähr 0,6 V gegen Erde begrenzt. Deshalb genügt ein Potential von $-0{,}6$ V an A, um T_1 zu sperren. Wenn T_1 gesperrt ist, fließt der gesamte Strom von 6 mA durch R_2 über den Emitter von T_2. T_2 ist leitend. Da R_2 nur 3 mA liefern kann, müssen die anderen 3 mA von der 2 V Speisequelle durch den entsprechenden 200 Ω-Widerstand fließen. Die Richtung des Stromes ist so, daß sich am Kollektor von T_2 eine Spannung von nahezu 1,4 V ergibt.

Wenn das Eingangssignal in Abb. 3.20a positiv wird, leitet T_1. T_1 und R_3 wirken als Emitterfolger, um das Potential am Emitter von T_2 positiv zu verschieben. Wenn der Pegel an A $+0{,}6$ V erreicht, legt der angenommene Basis-Emitter-Spannungsabfall in T_1 den Emitter von T_2 auf Erdpotential, das genügt, um T_2 zu sperren. Die Pegel an den Kollektoren von T_1 und T_2 sind umgekehrt gegenüber der vorherigen Bedingung. Deshalb erscheinen an den Kollektoren von T_1 und T_2 die Signale $\overline{A}$ bzw. A, obwohl das Bezugspotential des Ausgangssignalse 2 V positiv gegenüber den Eingangssignalen ist.

Die ODER- und NOR-Funktionen werden dadurch realisiert, daß man parallel zu T_1 zusätzliche Transistoren anschließt. Mit einem zusätzlichen Transistor und einem Eingangssignal B würde das Ausgangssignal am Kollektor von T_1 gleich $\overline{A + B}$, wie in einem gewöhnlichen parallelen Umkehrverstärker, und das Signal am Kollektor von T_2 wäre $A + B$.

Eine hohe Geschwindigkeit ist der Hauptzweck der stromgesteuerten Schaltung gemäß Abb. 3.20a. Obwohl die niedrigen Spannungssprünge der Signale schon diesem Ziele dienen, finden wir niedrige Signalsprünge auch in DCTL-Schaltungen und bei geeignetem Entwurf auch in anderen Schaltungsarten. Die betrachtete Schaltung ist jedoch bemerkenswerter, da die Kollektorpotentiale die ganze Zeit über auf einem stark positiven Wert gehalten werden und nicht absinken. Das Eintreten des Sättigungszustandes in den Transistoren ist auf diese Weise verhindert. Das war speziell bei den ersten Transistoren wichtig, da dort die in der Basis gespeicherten Minoritätsträger die Geschwindigkeit begrenzten.

Die Verschiebung des Bezugspunktes (der Vorspannung) der Signalpegel vom Eingang zum Ausgang hin, wie das Abb. 3.20a zeigt, ist ein ernsthaftes Problem. Eine Lösung besteht darin, abwechselnd *pnp*- und *npn*-Transistoren in den einzelnen Stufen zu verwenden. Die *pnp*-Stufen würden die UND- und NAND-Funktionen ausführen und den Bezugspunkt in der entgegengesetzten Richtung verschieben. Obwohl die Verfügbarkeit von UND- sowie von ODER-Schaltungen den logischen Entwurf etwas vereinfacht, sind oft „blinde" Stufen erforderlich, wenn nur die eine oder die andere Funktion zu realisieren ist. Für einen Flip-Flop erhält man die Vorspannungen der Signale, wenn man einen *npn*-Invertor und einen *pnp*-Invertor in eine Rückkoppelschleife legt.

Eine andere Version von stromgesteuerten logischen Schaltungen ist in Abb. 3.20b dargestellt. Die Transistoren T_1 und T_2 arbeiten hier im wesentlichen in derselben Weise wie zuvor, nur daß keine Maßnahmen zur Vermeidung des Sättigungszustandes getroffen wurden. Auch ist die positive Speisespannung relativ klein, z. B. nur 1 Volt, so daß die Ströme nicht sonderlich konstant gehalten werden. Obwohl kleine Signalspannungssprünge verwendet werden, hängt eine hohe Geschwindigkeit auch von der Verwendung schneller Transistortypen ab. In jedem Ausgang werden herkömmliche Emitterfolger verwendet. Außer dem schon erwähnten Zweck, eine Stromverstärkung zu erreichen, kann man von den Emitterfolgern einen solchen Bezugspunkt für das Ausgangssignal abgreifen, der für die Ansteuerung anderer Schaltungen gleichen Typs geeignet ist.

Die Dimensionierung der Schaltung 3.20b kann von einem der Ausgangstransistoren rückwärts bis zum Schalttransistor erfolgen. Betrachten wir T_4, wenn T_2 gesperrt ist. T_4, R_2 und R_4 stellen einen einfachen Emitterfolger dar, wie er vorher beschrieben wurde. Weil die gesamte Last den Ausgang negativ verschiebt (hervorgerufen durch die Transistoren in den Schaltungspositionen entsprechend T_1), kann R_4 gleichspannungsmäßig einen unendlichen Widerstand haben, obwohl für eine annehmbare Operationsgeschwindigkeit ein Widerstand in der entsprechenden Größenordnung zu den Schaltkapazitäten am Ausgang liegen muß. Schon beim Entwurf muß ein Kompromiß zwischen verschiedenen Faktoren wie Ausgangslastfaktor und Geschwindigkeit für einen Baustein geschlossen werden. Welche Gesamtlast auch immer gewählt wird, R_2 muß klein genug sein, um das Ausgangspotential genügend negativ zu verschieben, und für die Auswahl von R_2 ist die niedrigste auftretende Stromverstärkung von T_4 anzunehmen. Wenn T_4 eine höhere Stromverstärkung als diese minimale hat, so wird der Ausgang A nicht stark positiv, da die positive Netzspannung nur 1 Volt beträgt.

Um R_2 zu bestimmen, wird T_2 als leitend angenommen. Die einzige Last an T_4 ist nun R_4, weil bei negativem A sehr wenig Strom von der äußeren Last gezogen wird. Das Ausgangspotential ist nun nur eine Funktion des Kollektor-Basis-Spannungsabfalles in T_2 und des Emitter-Basis-Spannungsabfalles in T_4, wobei der letztere für einen groben Entwurf als konstant angenommen werden kann. Den Strom durch R_2 unter diesen Bedingungen erhält man, indem man 1 Volt durch die Summe der Widerstände R_2 und des Kollektorwiderstandes von T_2 teilt. Ein kleiner Teil dieses Stromes fließt zur Basis von T_4, aber der größte Teil muß durch R_5 fließen. Der zu T_4 fließende Strom kann so bestimmt werden, wie es vorher für den Emitterfolger beschrieben wurde. Der Gesamtstrom durch R_5 ist gleich dem Strom durch R_2 plus einem kleinen Strom (der aus der niedrigsten möglichen Verstärkung von T_2 bestimmt werden kann) nach Erde durch die Basis von T_2. Die Spannung über R_5 beträgt währenddessen 4 Volt minus dem Emitter-Basis-Spannungsabfall in T_2. Der höchste zulässige Widerstand von R_5 kann dadurch bestimmt werden, daß man die Spannung über R_5 durch den Gesamtstrom, der durch R_5 fließen muß, teilt.

Der Erdanschluß in Abb. 3.20a und Abb. 3.20b kann auch an einer Speisequelle liegen, die, wie in Abb. 3.17e, durch einen Emitterfolger gespeist wird. In diesem Beispiel können entweder U_+ oder U_- Erdpotential annehmen, so daß nur eine einzige äußere Speisespannung benötigt wird. Die gleichen Bemerkungen gelten für die nachfolgend beschriebenen stromgesteuerten Schaltungen, bei denen eine separate Emitterfolger-Speisequelle für jeden Transistor vorgesehen ist, wobei die Basis geerdet ist. Moderne kommerzielle stromgesteuerte und andere integrierte Schaltungen, die normalerweise drei verschiedene Potentialquellen erfordern würden, verwenden diese Technik, um die Anzahl der außen vorzusehenden Netzgeräte zu verringern.

Abb. 3.21 zeigt eine logische Schaltung aus stromgesteuerten Kreisen nach Abb. 3.20b. Die Transistoren T_1 bis T_4 erfüllen dieselben Funktionen wie vorher. T_5 wurde jedoch parallel zu T_1 hinzugefügt, um eine ODER-Funktion zu erhalten. Die Transistoren T_6 und T_9 wurden ebenso wie die Transistoren T_2—T_7

an den Kollektoren miteinander verbunden, um zusammen ein UND-Glied zu bilden, in ähnlicher Weise wie das bei Dioden-UND-Schaltungen geschieht. Die Emitter der Transistoren T_3 und T_8 liegen an einem gemeinsamen Lastwiderstand, um eine Emitterfolger-ODER-Schaltung zu bilden. Wenn z. B.

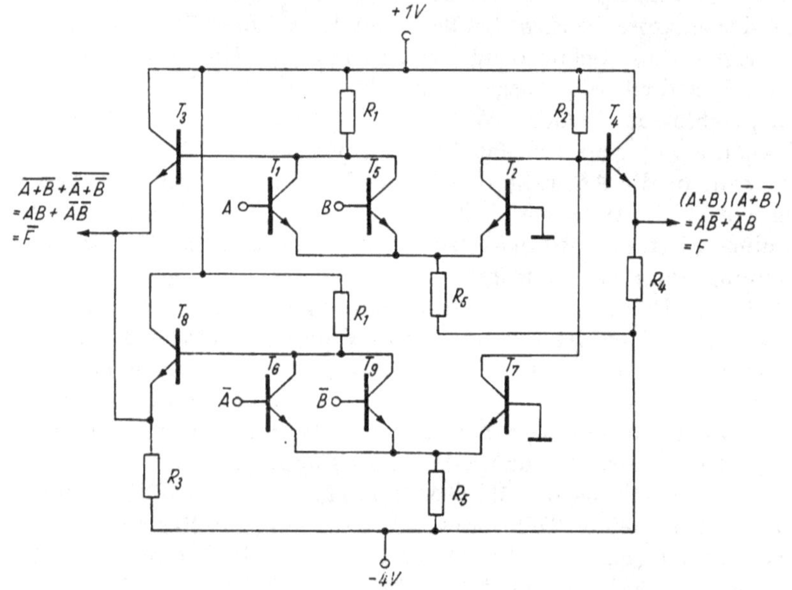

Abb. 3.21. Stromgesteuertes ODER-NAND-Gatter

A, B, $\bar A$ und $\bar B$ als Eingangssignale an den Transistoren T_1, T_5, T_6 und T_9 liegen, so ist die Funktion, die durch das Signal am Emitter von T_4 dargestellt wird, $(A + B)\cdot(\bar A + \bar B) = A\cdot\bar B + \bar A\cdot B = F$. Das Signal am Ausgang von T_3 und T_8 ist $\overline{A + B} + \overline{\bar A + \bar B} = A\cdot B + \bar A\cdot\bar B = \bar F$. Dieses 2×2-Feld kann um eine Anzahl von Zeilen mit mehreren Eingangstransistoren parallel in jeder Zeile erweitert werden. Der Ausgang links gibt dabei immer die Inversion des rechten Ausgangssignals, ungeachtet der Signalbelegung an den Eingängen.

Da die Schaltung in Abb. 3.21 sowohl die Inversion einer Funktion als auch die Funktion selbst erzeugt, können manchmal Transistoren dadurch eingespart werden, daß die Inversion der betreffenden Funktion erzeugt und das entgegengesetzte Ausgangssignal verwendet wird. Ist die beabsichtigte Funktion $A\bar C + \bar B\bar D + \bar A\bar D + \bar A B$, so wären vier Zeilen mit je zwei Eingangs-Transistoren im Feld erforderlich. Verwendet man jedoch nur zwei Zeilen mit drei bzw. vier Eingangstransistoren, um die Funktion $ABC + \bar A\bar B\bar C\bar D$ zu erzeugen, so kann man die beabsichtigte Funktion am entgegengesetzten Ausgang finden, denn es gilt:

$$A\bar C + \bar B C + \bar A\bar D + \bar A B = \overline{ABC + \bar A\bar B\bar C\bar D}\,.$$

Wenn alle Eingangssignale in zwei oder mehr Zeilen negativ sind, so fließen Ströme durch eine entsprechende Anzahl von Widerständen R_5 zum jeweiligen Widerstand R_2 im rechten Teil der Schaltung. Weil der zulässige Strom durch R_2 begrenzt ist, ergibt sich ein größerer Strom in der Basis des letzten der geerdeten Transistoren, wie T_2 und T_7. Wenn dieser große Basisstrom oder die daraus resultierende Sättigung des Transistors unerwünscht ist, dann müssen die Eingangssignale so gewählt werden, daß nicht mehr als einer der geerdeten Transistoren gleichzeitig leitet. Eine geeignete Signalkombination kann immer gefunden werden, aber es können dabei evtl. mehr Transistoren erforderlich sein als sonst. Zum Beispiel kann die Funktion $A \cdot (B + C)$ erzeugt werden, indem man A an T_1 in der ersten Zeile und B und C an T_6 bzw. T_9 in der zweiten Zeile legt. T_5 wird nicht verwendet und kann als herausgenommen gelten. Sind jedoch A, B und C alle 0, so leiten T_2 und T_7, und die Widerstände R_5 ziehen einen möglicherweise unerwünschten Basisstrom durch T_2 oder T_7. Legt man einen Eingangstransistor T_{10} (nicht gezeigt in Abb. 3.21) parallel zu T_5 und T_9 und legt an T_{10} das Eingangssignal $\bar{A}$, so wird die Funktion $A \cdot (\bar{A} + B + C)$ erzeugt, die gleich $A \cdot (B + C)$ ist, und nicht mehr als einer der Transistoren T_2 und T_7 leitet gleichzeitig, unabhängig von der Kombination von Binärwerten der Signale A, B und C.

Für ein etwas komplexeres Beispiel nehmen wir die Funktion $A + B \cdot C + D$ an. Diese Funktion kann durch drei Eingangstransistoren in der ersten Zeile mit den angelegten Signalen A, B und D und vier Eingangs-Transistoren in der zweiten Zeile mit den Signalen A, $\bar{B}$, C und D erzeugt werden. Man erhält die erwartete Ausgangsfunktion, weil

$$(A + B + D) \cdot (A + \bar{B} + C + D) = A + B \cdot C + D$$

ist. Nicht mehr als einer der Transistoren T_2 und T_7 in Abb. 3.21 leitet gleichzeitig. Viele interessante Spielereien (Probleme für Studierende) in Form von logischen Entwürfen können mit diesem logischen Entwurfsverfahren gelöst werden. Die Probleme sind im allgemeinen leicht zu beherrschen, wenn man die BOOLEsche Algebra beherrscht. Die Eigenschaft der Schaltungen, sowohl UND- als auch ODER-Glieder mit und ohne Inversion, sind vom Standpunkt des logischen Entwurfes mit eine der leistungsfähigsten Bausteine.

Einen stromgesteuerten Flip-Flop kann man leicht aufbauen, indem man zwei NOR-Bausteine entsprechend Abb. 3.20 in eine Rückkopplungsschleife legt. Ein Eingang der Bausteine wird für das Rückführsignal verwendet, der andere für die Triggerung in gewöhnlicher Weise. Die sich ergebende Schaltung ist in Abb. 3.22a dargestellt. Dieser Flip-Flop ist jedoch aufwendig an Bauelementen. Man kann einen einfacheren stromgesteuerten Flip-Flop dadurch bilden, daß man ein Signal an die in Bild 3.20 geerdete Basis von T_2 legt. Der vollständige Flip-Flop mit der Möglichkeit, ihn auf 1 oder 0 zu setzen, ist in Abb. 3.22b gezeigt. Der Strom durch R_5 fließt durch die Transistoren T_1 oder T_2, je nachdem, ob eine 1 oder eine 0 gespeichert ist. Der Widerstand R_6

wurde nur hinzugefügt, um den „Triggerbezugspunkt" von T_5 und T_6 nach etwas negativeren Werten zu verschieben, als das auf andere Weise realisiert wurde. Dadurch soll bei der Dimensionierung eine größere Freizügigkeit in der Handhabung des Emitter-Basis-Spannungsabfalls in den Ausgangsschaltungen (entsprechend den Transistoren T_3 und T_4) der stromgesteuerten Schaltungen, die die Eingangssignale für die Flip-Flops liefern, erreicht werden.

3.18. TTL-Schaltungen (Transistor-Transistor-Logik)

Abb. 3.23 zeigt, was allgemein unter einer „Transistor-Transistor-Logik"-(TTL-Schaltung) verstanden wird. Man kann sich die Schaltung aus der DTL-Schaltung nach Abb. 3.15b hervorgegangen denken. Der Nachteil der DTL-

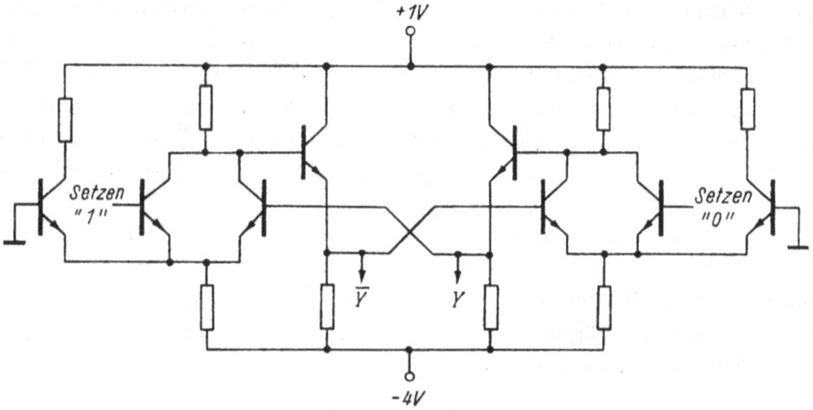

a)

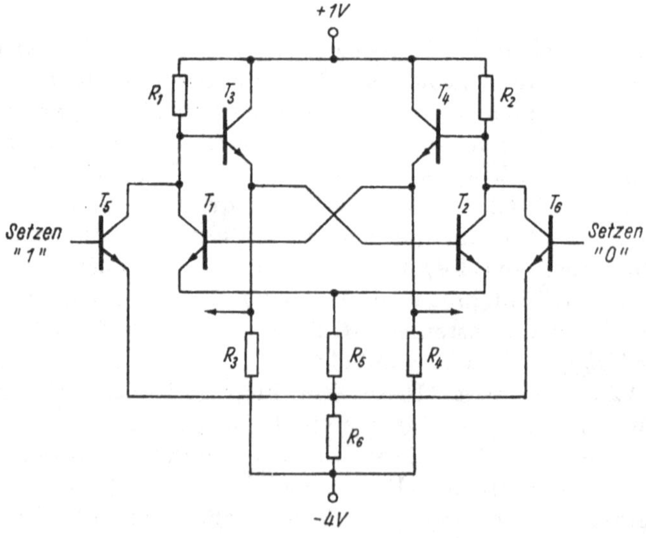

b)

Abb. 3.22. Stromgesteuerte Flip-Flops

Schaltungen ist es, daß beim Übergang des Transistors vom leitenden in den gesperrten Zustand die Dioden, die an der Basis liegen, dem Strom aus der Basis einen hohen Widerstand entgegensetzen. Auf jeden Fall ist ein Widerstand R_3 notwendig, um die Ladung abzuführen. Dazu werden die unteren Anschlüsse von R_3 am besten an eine negative Speisequelle gelegt, oder wie das oft geschieht auch geerdet, da zwei Speisepotentiale zu aufwendig sind. Auf jeden Fall wirkt R_3 als Belastung an R_1, und R_1 muß deshalb kleiner sein als es ohne den Widerstand R_3 erforderlich wäre. An den Treiberkreis am Eingang werden damit härtere Forderungen gestellt.

In Abb. 3.23 entsprechen die Emitter-Basis-Übergänge in den Transistoren T_1, T_2 und T_3 den Eingangsdioden in der DTL-Schaltung. Die Kollektoren dieser drei Transistoren werden ebenso wie die Basisanschlüsse zusammengefaßt. Die Kollektor-Basis-Übergänge entsprechen den Spannungsteilerdioden in der DTL-Schaltung. Sind die Eingangssignale A, B und C positiv, kann kein Strom durch die Basis von T_1, T_2 und T_3 fließen. Die Polarität der Spannungsdifferenz über den Kollektor-Basis-Übergängen ist in diesen Transistoren gegenüber der Polarität beim normalen Betrieb der Transistoren entgegengesetzt und die Transistoren stellen niederohmige Pfade für den Strom von R_1 zur Basis von T_4 dar. Wird eines der Eingangssignale negativ gemacht (aber noch positiv gegenüber Erde infolge des Kollektor-Emitter-Spannungsabfalles im Treibertransistor), so wird der Strom von R_1 anstatt nach T_4 zum Eingangskreis geleitet. Das Kollektorpotential von T_1, T_2 und T_3 wird also negativ, und T_4 wird gesperrt. Da alle Eingangssignale negativ sein müssen, damit T_4 leitend wird, ergibt sich, wie das bei DTL-Kreisen ausgeführt wurde, eine NAND-Funktion.

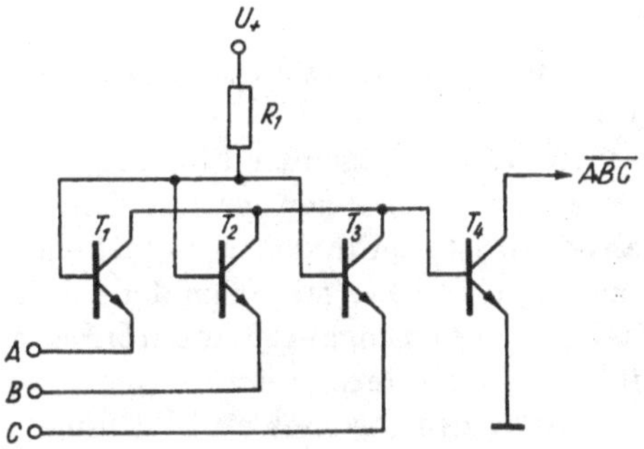

Abb. 3.23. TTL-Grundschaltung (NAND-Kreis)

Der Zweck der TTL-Anordnung, nämlich die Ladung aus der Basis von T_4 schnell abzuführen, wenn T_4 vom leitenden in den gesperrten Zustand übergeht, wird dadurch erreicht, daß jeder Eingangstransistor, an dem ein negatives Potential anliegt, einen niedrigen Kollektor-Emitter-Widerstand aufweist. Der Widerstand R_3 und die damit verbundenen Nachteile werden ausgeschlossen. Außerdem ist beim gesperrten Transistor T_4 das Potential an den Kollektoren von T_1, T_2 und T_3 leicht positiv gegenüber dem Emitterpotential derjenigen Eingangstransistoren, an denen negative Signale anliegen. Das ist die Polarität für die normale Transistorfunktion.

Das Abführen der Ladung aus der Basis von T_4 war mit der DCTL-Schaltung in Abb. 3.2 noch einfacher erreicht worden. Aber im Vergleich mit den DCTL-Schaltungen haben TTL-Schaltungen den Vorteil, daß sie eine UND-Funktion ermöglichen, ohne daß bei der Reihenschaltung von Transistoren Schwierigkeiten bezüglich der Bezugspotentiale auftreten. Darüberhinaus tritt keine Stromübernahme auf. Die ODER-Funktion mit TTL-Schaltungen erhält man zweckmäßig so, daß man die Kollektoren von zwei oder mehreren Transistoren wie T_4 zusammenschaltet. Der resultierende Baustein ist vom Typ UND-ODER-NICHT bzw. UND-NOR.

Wenn die Treibertransistoren an den Eingängen A, B und C in Abb. 3.23 Lastwiderstände haben, die die Eingangspotentiale positiv verschieben, wenn diese Transistoren gesperrt sind, so wirken die Transistoren T_1, T_2 und T_3 in der entgegengesetzten Richtung, d. h., die Rollen von Kollektor und Emitter werden vertauscht. Mit Rücksicht darauf müssen diese Transistoren eine äußerst geringe Stromverstärkung in rückwärtiger Richtung (viel kleiner als 1) haben. Andernfalls treten Belastungsprobleme auf, die zu einem niedrigen Ausgangslastfaktor führen. Im allgemeinen braucht jedoch das Potential am Eingang zur Darstellung einer binären 1 nicht positiv verschoben zu werden. Das Potential eines Eingangs (welcher nur am Kollektor eines gesperrten Transistors liegt) justiert sich automatisch so, daß der Strom zum jeweiligen Emitter null ist.

Wenn ein vorliegender Eingang, wie z. B. A, an zwei oder mehreren Bausteinen anliegt, so können gewisse Differenzen zwischen den Kennlinien der Eingangstransistoren in den verschiedenen Bausteinen oder unsymmetrische Kombinationen von Eingangssignalen an den verschiedenen Bausteinen Ströme vom Emitter eines Eingangstransistors zum Emitter des Eingangstransistors eines anderen Bausteines, wenn A eine binäre 1 überträgt, hervorrufen. Um die Amplitude des Stromes zu bestimmen, muß man die Strom-Spannungs-Kennlinien jedes Transistors in der Schaltung genau im einzelnen kennen. Weil diese Ströme zwischen den Bausteinen die Belastungsprobleme noch erschweren, sind sie nicht erwünscht. Glücklicherweise entstehen sie erst in „zweiter Ordnung" und sind deshalb gewöhnlich klein.

3.19. Vielfachemitter-Transistoren in TTL- und stromgesteuerten Schaltungen

Mit der integrierten Schaltungstechnik werden oft Schaltungen gefertigt, wo zwei oder mehrere Transistoren gemeinsame Elektroden besitzen. Dabei sind die verbundenen Elektroden in Wirklichkeit ein einziges Element. Zwei Beispiele für diese Technik sind in Abb. 3.24 dargestellt. Die Schaltung 3.24a ist eine TTL-Schaltung entsprechend der in Abb. 3.23. Nur sind die Kollektoren der drei Eingangstransistoren zu einem einzigen Block aus n-leitendem Material und die drei Basen ebenfalls zu einem Stück p-leitendem Material zusammengefaßt. So eine Struktur wird allgemein Vielfachemitter-Transistor genannt. Außer der Vereinfachung der Geometrie bei der Technik integrierter Schaltungen hat der Vielfachemitter-Transistor den Vorteil, daß er zu jeder Zeit gesättigt ist. Im Gegensatz dazu werden bei der Schaltung gemäß Abb. 3.23 ein oder mehrere einzelne Eingangstransistoren in Abhängigkeit von der Kombination der Eingangssignale gesättigt. Demgemäß wird in Vielfachemitter-Transistorschaltungen keine Ladung in der Basis gespeichert. Sie

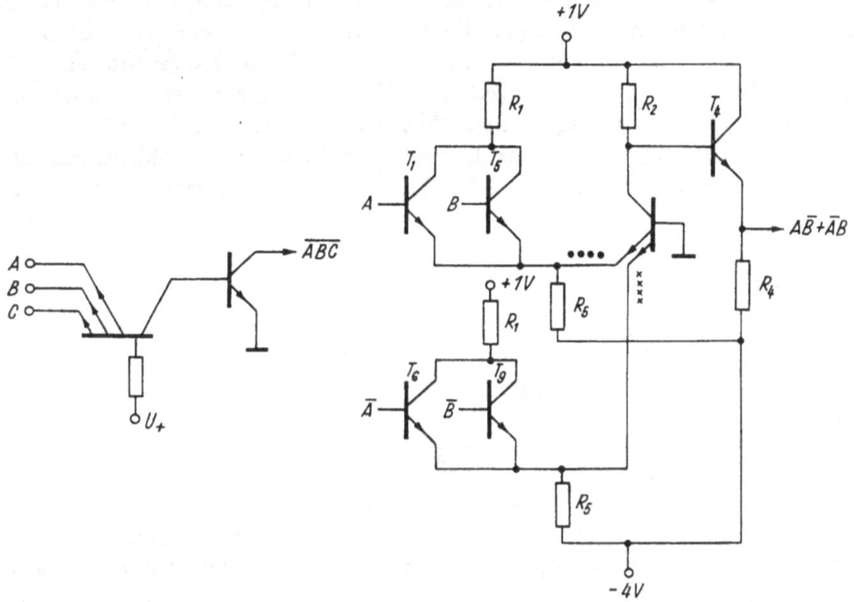

Abb. 3.24. Verwendung eines Mehremitter-Transistors
a) TTL-Schaltung
b) Stromschalttechnik

braucht also auch nicht abgeführt zu werden, sondern sie wird nur innerhalb der Basiszone auf die entsprechenden Emitter anders verteilt. Dadurch ergeben sich Vorteile hinsichtlich der Geschwindigkeit.

Die Schaltung in Abb. 3.24 b ist im wesentlichen dieselbe wie in Abb. 3.21, nur daß die Transistoren T_2 und T_7 durch einen Vielfachemittertransistor ersetzt wurden.

3.20. Ein binärer Volladdierer unter Verwendung von UND-ODER-NICHT-Bausteinen (NAND-Bausteinen mit gemeinsamen Kollektoranschlüssen)

Um die logische Leistungsfähigkeit von UND-NOR-Gliedern zu zeigen, ist in Abb. 3.25 ein binärer Volladdierer gezeigt, der nur aus zwei Bausteinen besteht. Dieser Addierer soll mit denen in Abb. 3.4d, 3.10 und 3.12 verglichen werden. Wie vorher erhält man, wenn Binärzahlen parallel addiert werden, das Übertragsignal direkt ohne Inversion, indem man abwechselnd die Inversionen aller Signale verwendet. Für eine schnelle Fortpflanzung des Übertrages ist dabei die Verwendung einer Inversion pro Befehlswort der Verwendung der zwei Inversionen in jeder der Schaltungen von Abb. 3.10 vorzuziehen.

Ein Problem bei UND-NOR-Bausteinen ist es, daß man ein großes Sortiment von Bausteintypen hinsichtlich der Anzahl der Eingänge zu den UND- und ODER-Teilen vorsehen muß, damit man die logischen Vorteile des Entwurfes nützen kann. Man könnte auch wenige Typen bauen, die eine relativ große Anzahl von Eingängen zu jedem UND- und ODER-Teil vorsehen, wovon beim Entwurf die überflüssigen nicht besetzt (verschwendet) werden.

Wenn die ODER-Funktion durch einen gemeinsamen Kollektoranschluß von NAND-Bausteinen, wie in Abb. 3.15, 3.23 und 3.24a, erreicht wird, so erhält

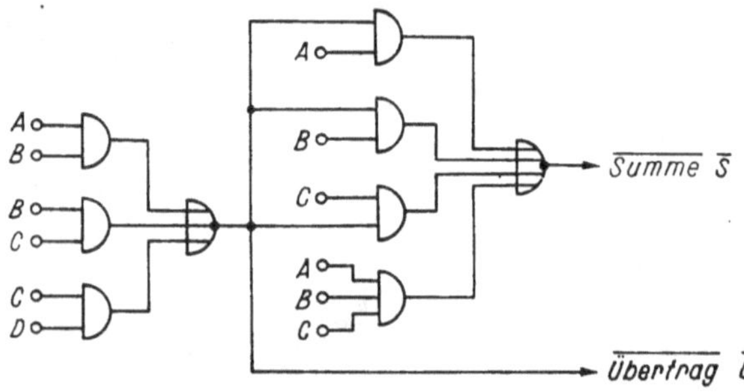

Abb. 3.25. Binärer Voll-Adder aus UND- und NOR-Gliedern (ODER-Funktion realisiert mit NAND-Gliedern durch Parallelschalten von Kollektoren)

man als Ergebnis einen UND-NOR-Baustein, der berücksichtigt, daß die ODER-Kombination von Signalen öfter vor als nach der Inversion vorkommt. Bei den auf diesem Wege geformten UND-NOR-Gliedern stellt der NICHT-Teil eines Blocks in Abb. 3.25 alle Invertoren mit einem gemeinsamen Kollektoranschluß dar, und der ODER-Teil eines Blocks gibt die logische Funktion an, die durch diesen gemeinsamen Anschluß ausgeführt wird.

Die UND-NOR-Funktion wird so an den $\overline{F}$ Ausgangsklemmen der stromgesteuerten Schaltung von Abb. 3.21 erzeugt.

3.21. Mehrfachtransistor-Invertor-Verstärker

Um den Ausgangslastfaktor von digitalen Bausteinen, speziell der RTL-, DTL- und TTL-Schaltungen zu erhöhen, können dem einen Transistor im Invertor noch einer oder weitere Transistoren auf verschiedene Weise hinzugefügt werden. Bei integrierten Schaltungen kosten die zusätzlich beigefügten Transistoren sehr wenig. Darüber hinaus kann die Gesamtzahl von Bausteinen in einem System bei steigendem Ausgangslastfaktor gewöhnlich verringert werden (um einen Betrag, der vom speziellen System und den in Frage kommenden Schaltungen abhängt), so daß die Anzahl der Bauelemente nicht so sehr ansteigt, als man zunächst annehmen könnte. Tatsächlich sinkt in manchen

Fällen die Gesamtzahl an Bauelementen sogar. Neben der Erhöhung des Ausgangslastfaktors ermöglichen die verbesserten Invertor-Verstärker UND-NOR-Glieder, mit denen man im Vergleich zu Systemen, die nur NOR's oder NAND's mit einem Transistor verwenden, Bausteine einsparen kann.

Wahrscheinlich wird zur Erhöhung des Ausgangslastfaktors und um brauchbarere UND-ODER-Folgen zu erzielen, erwogen, in jedem Baustein einen zweiten Invertor-Verstärker in Reihe mit dem ersten hinzuzufügen. Die doppelte Inversion entspricht überhaupt keiner Inversion zwischen dem Eingangs- und dem Ausgangssignal. Das kann als Vorteil erscheinen, speziell dann, wenn die invertierten Eingangssignale zur Verfügung stehen. Das ist u. a. der Fall, wenn die Signale aus symmetrischen Flip-Flops entnommen werden. Ein separater Umkehrbaustein könnte für die Fälle aufgebaut werden, wo eine Inversion individuell erforderlich ist. Offensichtliche Nachteile treten nicht auf. Die Geschwindigkeit könnte problematisch sein, aber nicht so ernsthaft wie bei ODER-NICHT- oder UND-NICHT-Bausteinen, wo für die gegebene Funktion zwei aufeinanderfolgen. Trotzdem werden bisher doppelt invertierende Bausteine kaum verwendet und sollen deshalb nicht weiter im Detail beschrieben werden.

In Abb. 3.26a sind die Kollektoren der Transistoren T_1 und T_2 verbunden und der Emitter von T_1 liegt an der Basis von T_2. Die Wirkungsweise der Schaltung ist leicht zu verstehen, wenn man annimmt, daß T_1 in einer Emitter-

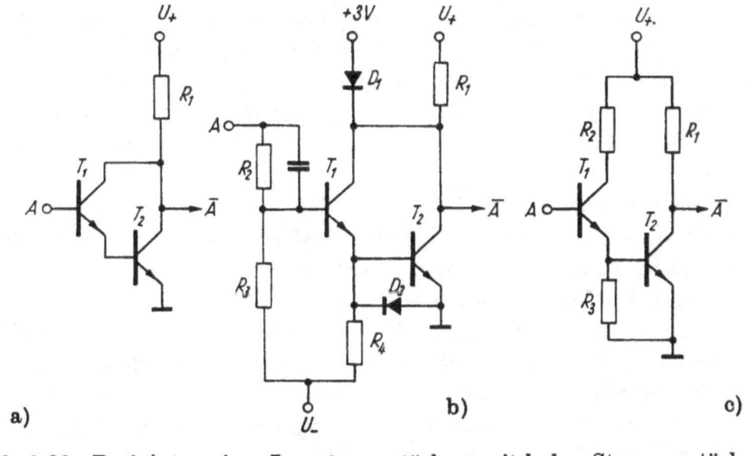

Abb. 3.26. Drei Arten eines Invertorverstärkers mit hoher Stromverstärkung

folgerschaltung mit dem Emitter-Basis-Übergang von T_2 als Last liegt. Wenn der Eingang A geerdet oder nur leicht positiv gegenüber Erde ist, so sind beide Transistoren gesperrt, und das Potential am Ausgang wird durch R_1 wie in einem herkömmlichen Invertor positiv verschoben. Wird das Potential von A positiver gemacht, so werden beide Transistoren T_1 und T_2 leitend. Wird der Eingangsstrom von A auf einem relativ kleinen Wert gehalten, so ist der Strom zur Basis von T_2 ungefähr gleich dem Produkt aus Eingangsstrom und Verstärkung von T_1. Der Strom im Kollektor von T_2 ist dann gleich dem Produkt von Basisstrom und Verstärkung von T_2, und die Stromverstärkung der Schaltung im ganzen ist annähernd gleich dem Produkt aus den Verstärkungen der zwei Transistoren. Wenn jedoch der Eingangsstrom verhältnismäßig groß ist, ist die Gesamtverstärkung viel kleiner. Ist nämlich der Eingangsstrom groß genug, um den Transistor T_2 zu sättigen, so ist der Kollektor von T_1 negativ gegenüber der Basis von T_1, und deshalb wirkt T_1 nicht mehr als Emitterfolger. Deshalb ist die Schaltung 3.26a selten in digitalen Systemen zu finden, obwohl sie in nicht digitalen Anwendungen als sogenannter „DARLINGTON-Verstärker" weit verbreitet ist. Der Name ist aus dem US-Patent No. 2663806 (Dezember 1953 von SIDNEY DARLINGTON, Bell Telephone Laboratories) abgeleitet. Dieses Patent offenbart verschiedene Anordnungen aus zwei Transistoren und schließt auch den Vorschlag ein, Transistoren aus einem einzigen Siliziumblock in integrierter Schaltungstechnik herzustellen.

Die Schaltung 3.26b ist die gleiche wie die in a. Nur enthält sie einige Verschönerungen, die sie für digitale Anwendungen geeigneter macht. Die Diode D_1 liegt an einer positiven Spannung, z. B. von 3 Volt, so daß die negative Abweichung der Kollektorspannung begrenzt ist und die Transistoren nicht gesättigt werden. Die Eigenschaften von T_1 als Emitterfolger bleiben deshalb bei relativ hohen Eingangsströmen erhalten. Der Wert von U_+ ist natürlich wesentlich größer als +3 Volt. Wegen des sich ergebenden Bezugssignals am Ausgang ist ein Spannungsteilernetzwerk, bestehend aus R_2 und R_3, am Eingang bei Steuerung durch einen gleichen Schaltungsbaustein notwendig. R_4 dient dazu, der Basis von T_2 eine negative Spannung zuzuführen, wenn der Transistor gesperrt ist. Die Diode D_2 begrenzt den negativen Wert, was für ein schnelles Einschalten notwendig ist und bereits bei der Schaltung 3.15a erklärt wurde.

Die am meisten vorkommende Version ist in Bild 3.26c gezeigt. Um die Emitterfolger-Wirkung von T_1 zu erhalten, ist sein Kollektor über einen separaten Widerstand R_2 an die positive Speisequelle gelegt. Im Prinzip kann R_2 den Widerstand Null haben, aber ein von Null verschiedener Widerstand in diesem Teil der Schaltung reduziert die Verlustleistung, die andernfalls an der Basis-Emitter-Strecke von T_1 auftreten würde. Wie bei den entsprechenden vorher beschriebenen Situationen führt R_3 die Ladung von der Basis von T_2 ab, wenn dieser aus dem leitenden in den gesperrten Zustand übergeht. Der untere Anschluß von R_3 kann an ein negatives Speisepotential gelegt werden, aber der Gewinn wiegt gewöhnlich nicht den Nachteil einer gesonderten Speisequelle auf.

Der Zwei-Transistor-Verstärker in Abb. 3.27a ist bloß ein herkömmlicher Invertor, gefolgt von einem Emitterfolger, und ist wegen der Möglichkeit der positiven Potentialverschiebung des Emitterfolgers speziell für RTL-Schaltungen eingerichtet. Der Kollektor von T_2 kann an die Speisequelle U_+ angeschlossen werden, obwohl sich gewisse Vorteile ergeben, wenn man ihn an ein weniger positives Potential, z. B. an 3 V legt. Ist T_1 gesperrt, so ist das Potential an der Basis von T_2 positiv. Ein Wert etwas positiver als 3 V wird nicht überschritten, weil der Basis-Kollektor-Übergang leitend wird. Das Ausgangssignal wird so auf einem Wert von ca. +3 V gehalten und ist unabhängig von der Stromverstärkung des Transistors T_2. Der Widerstand R_1 kann so ausgewählt werden, daß man für T_2 einen Basisstrom erhält, der ungefähr gleich dem Gesamtlaststrom geteilt durch die minimale zu erwartende Verstärkung von T_2 ist. Außer der Regelung des Ausgangspotentialsprunges erhält man noch eine hohe Geschwindigkeit, wenn das Ausgangssignal zum positiven Wert springt, weil das Basispotential von T_2 nach einem positiveren Wert als dem Endwert verschoben wird. Die Schaltung 3.27 verfügt hinsichtlich der Gleichspannung über einen sehr hohen Ausgangslastfaktor. Wenn aber am Ausgang eine große Anzahl von Bausteinen angeschlossen ist, begrenzen die damit auftretenden hohen Streukapazitäten die Geschwindigkeit, wenn das Signal nach negativen Werten springt. Der Widerstand R_3 kann klein gehalten

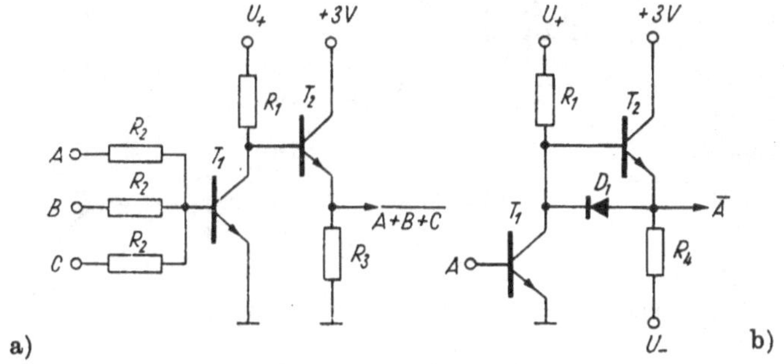

Abb. 3.27. Negatoren mit zwei Transistoren

werden, um die Kapazität schnell zu entladen, R_3 liegt jedoch parallel zur Last von T_2. Deshalb muß ein Kompromiß zwischen Ausgangslastfaktor und Geschwindigkeit getroffen werden.

Der Zwei-Transistor-Umkehrverstärker 3.27 b unterscheidet sich von dem in Bild 3.27 a grundsätzlich durch die zwischen dem Ausgang und dem Kollektor von T_1 hinzugefügte Diode D_1. Für Signale, die nach negativen Werten gehen, ist dadurch ein niederohmiger Pfad zum Ausgang entstanden, und die Schaltung hat für Sprünge beider Polaritäten gleich gute Eigenschaften. Jedoch der Spannungsabfall über D_1 hebt diesen Vorteil bei Ausgangspotentialsprüngen nahe dem Erdpotential auf, wie das besonders bei RTL-Bausteinen der Fall ist. Wenn der untere Anschluß von R_4 an einem negativen Potential liegt, wie gezeigt, so kann das abschließende Ausgangssignal negativ gegenüber Erde sein, da der Basis-Emitter-Spannungsabfall in T_2 gewöhnlich größer als der Kollektor-Emitter-Spannungsabfall in T_1 ist. Die Schaltung 3.27 b findet man eher als selbständigen Treiber zur Ladung oder Entladung relativ großer kapazitiver Lasten, anstatt als Umkehrverstärker in einem logischen Baustein.

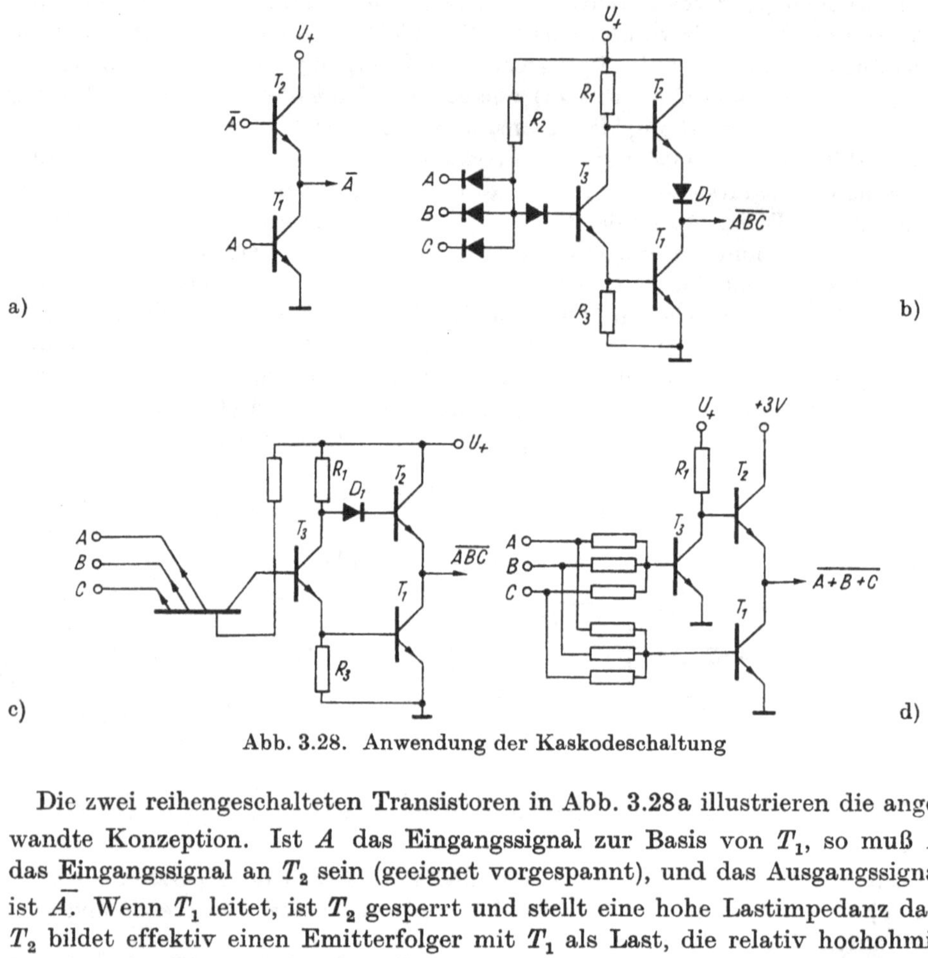

Abb. 3.28. Anwendung der Kaskodeschaltung

Die zwei reihengeschalteten Transistoren in Abb. 3.28a illustrieren die angewandte Konzeption. Ist A das Eingangssignal zur Basis von T_1, so muß $\bar{A}$ das Eingangssignal an T_2 sein (geeignet vorgespannt), und das Ausgangssignal ist $\bar{A}$. Wenn T_1 leitet, ist T_2 gesperrt und stellt eine hohe Lastimpedanz dar. T_2 bildet effektiv einen Emitterfolger mit T_1 als Last, die relativ hochohmig ist, wenn das Eingangssignal an T_2 relativ positiv ist. WHITE verwendete diese Schaltung in einem nichtdigitalen Röhrenverstärker, so daß sie mitunter als „WHITE-Verstärker" bezeichnet wird.

Viele Abwandlungen der Kaskodenschaltung sind für die einzelnen Anwendungen möglich. In einigen Beispielen werden die beiden Eingangssignale von den beiden Seiten eines Flip-Flops bezogen. In letzter Zeit erschien diese Schaltung in Umkehrverstärkern logischer Bausteine wie in den Bildern 3.28b und c gezeigt wird. Es wird noch ein dritter Transistor verwendet, wodurch die Ideen der Schaltungen 3.26c und 3.28a kombiniert werden. Das Signal am Kollektor von T_3 in Abb. 3.28b oder c ist die Inversion des Eingangssignales an der Basis von T_3. Jedoch ohne die Diode D_1 hätte es nicht die richtige Vorspannung für den Anschluß an die Basis von T_2. Das Vorspannungsproblem kann man abschätzen, wenn man annimmt, daß das Eingangssignal der Transistoren positiv ist und T_3 und T_1 somit leiten. Der Emitter liegt dann ungefähr auf 0,7 V positiv gegenüber Erde, der Kollektor ist aber nur wenig positiver, sagen wir 0,9 V, gegenüber Erde. Wenn eine gleiche Spannung von 0,2 V zwischen Kollektor und Basis von T_1 abfällt, wird die Emitterbasis-Spannung an T_2 0,7 V. Das reicht jedoch nicht, um T_2 gesperrt zu halten, wie es zu diesem Zeitpunkt verlangt wird. Die Diode D_1 kann entweder in Reihe mit dem Emitter von T_2 liegen, wie in Abb. 3.28b, oder in Reihe mit der Basis von T_2, wie in c, um eine höhere Schwellenspannung, bei der T_2 leitend wird, zu erreichen. Die Möglichkeit, daß T_1 und T_2 gleichzeitig leitend sind, ist dabei ausgeschlossen. Die DTL-Dioden in b und der TTL-Vielfachemittertransistor in c demonstrieren die Verwendbarkeit für Umkehrverstärker in logischen Bausteinen. Diese beiden Schaltungen werden laufend von verschiedenen Firmen für integrierte Schaltungen verwendet.

Eine andere verbreitete Version der Schaltung 3.28c verwendet einen Emitterfolger (anstelle der Diode D_1) zwischen dem Kollektorausgang von T_3 und dem Basiseingang von T_2. Der Lastwiderstand im Emitterfolger ist in herkömmlicher Weise geerdet. Der Kollektor kann entweder direkt oder über einen Widerstand am Speisepotential liegen. Ein Zweck dieses Widerstandes ist es, die Kollektorverlustleistung am zusätzlichen Emitterfolgertransistor zu verringern. Die Spannungsverschiebung, die für die Steuerung von T_2 nötig ist, erfolgt durch den Basis-Emitter-Spannungsabfall, der im zusätzlichen Transistor auftritt.

Einen anderen RTL-Baustein zeigt Abb. 3.28d. Hier ist der Emitter von T_3 geerdet und so eine Diode entsprechend D_1 nicht nötig. Diese Schaltung kann auch von der in Abb. 3.27a gezeigten abgeleitet werden, indem man den Emitterfolger-Lastwiderstand durch einen Transistor mit separatem Eingangswiderstand ersetzt. Wenn das Ausgangssignal nach negativen Werten geht, ist T_1 in Abb. 3.28d leitend und entlädt die Schaltkapazitäten schnell. Obwohl die zwei

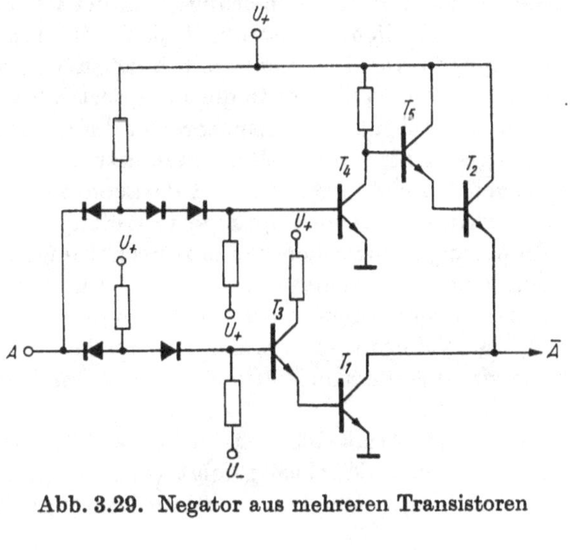

Abb. 3.29. Negator aus mehreren Transistoren

Gruppen von Eingangswiderständen die Eingangslast gegenüber der vorigen Schaltung vergrößern, ist der Ausgangslastfaktor für diese Schaltung bei hohen Geschwindigkeiten wesentlich größer, da fast der gesamte Strom von T_2 zur Steuerung anderer Bausteine verwendet werden kann.

Der Umkehrverstärker mit fünf Transistoren gemäß Bild 3.29 kommt in kommerziellen Bausteinen vor. Hier ist die Anwendung auf Treiberstufen beschränkt. Wenn man jedoch am Eingang Dioden hinzufügt, kann man direkt ein NAND-Glied realisierem. Die Transistoren T_1, T_2 und T_3 entsprechen den gleichartig numerierten Transistoren in Abb. 3.28b und c. Nur wird der Transistor T_2 nicht von T_3, sondern von einem zusätzlichen Transistor T_4, zu dem das ursprüngliche Eingangssignal separat geführt wird, gesteuert. Weil der Emitter von T_4 direkt geerdet ist, während der Emitter von T_3 über den Basis-Emitter-Übergang von T_1 an Erde liegt, muß eine extra Diode in Reihe geschaltet werden, um, wie an der Basis von T_4 gezeigt ist, die Vorspannung des Eingangssignales der von T_3 anzupassen. Transistor T_5 tritt also zusätzlich auf und wirkt als stromverstärkender Emitterfolger, so wie T_1 in Abb. 3.26a.

3.22. Über die Verwendung von Impulsen in logischen Schaltungen mit Transistoren

In der bisherigen Darstellung von logischen Schaltungen mit Transistoren wurde immer von Umkehrverstärkern ausgegangen, an deren Eingängen sich die UND- und ODER-Netzwerke gruppierten, und wo binäre Speicher entstanden, wenn man zwei Invertoren zu einem Flip-Flop in eine Rückkoppelschleife legte. Alle Signale konnten praktisch als stationär angesehen werden. Diese Vorstellungen genügten bisher. Sie waren insofern unvollständig, als einige Zusätze gemacht werden mußten, um eine Schaltung für Operationen zu erhalten, wie sie in der Datenverarbeitung gebraucht werden. Für diese Erweiterungen wurden zusätzliche Schaltungstypen mit Impulssignalen entwickelt. Diese Schaltungen wurden hier nicht beschrieben, weil sie gewisse Nachteile aufweisen (sie lassen sich nicht in der integrierten Technik ausführen, weil sie Induktivitäten und Impulstransformatoren enthalten). Deshalb wurden sie in neueren Schaltungskonzeptionen selten eingesetzt.

Da diese Schaltungen jedoch existieren und da auch ohne Impulse bei der Operationsfolge eines digitalen Systems Sprünge auftreten, soll im folgenden die Verwendung von Impulsen in logischen Transistorschaltungen behandelt werden. Ganz allgemein zeigt eine Analyse, daß bei der Entwicklung von Folgeschaltungen einige mehr oder weniger stark abweichende Näherungen gemacht werden können. Diese Näherungen werden entsprechend der eingeführten Erweiterung, für die sie anstelle von stationären Signalen Impulssignale verwenden, geordnet.

Ein Impuls kann als Potential- oder Stromwechsel definiert werden, der unmittelbar von einem zweiten Wechsel gefolgt wird, der das Potential oder den Strom auf seinen Anfangs- oder Ruhewert zurückbringt. Obwohl wenige spezielle Beispiele zitiert werden könnten, wo die 1 und 0 durch Impulse entgegengesetzter Polarität dargestellt wurden, ordnet man bei der Transistor-Logik (wenn überhaupt Impulse verwendet werden) meistens dem Vorhandensein eines Impulses die 1 und dem Nichtvorhandensein die 0 zu, da praktische Schaltungen der Transistorlogik mit Impulsen entgegengesetzter Polarität nicht bekannt sind.

Die Schaltungen können entsprechend ihrem Impulscharakter folgendermaßen in fünf Klassen eingeteilt werden:

1. Impulsschaltungen, die durch solche Ausdrücke, wie „vollsynchronisierte", „transformatorgekoppelte", „Wechselstrom"- und „dynamische Logikschaltungen" beschrieben werden. Eine Serie von Binärziffern an einem Punkte in einem System darzustellen, ist an sich kein Problem, jedoch sind einige Maßnahmen erforderlich, die Impulse zeitlich zu synchronisieren, so daß man die einzelnen Ziffern richtig erkennen kann. Außerdem müssen für eine UND-Funktion die zu kombinierenden zwei oder mehr Impulse das UND-Glied zur selben Zeit erreichen. Bei der Inversion muß weiter das umgekehrte Signal mit einer Folge von Taktimpulsen synchronisiert werden. Man muß also eine kontinuierliche Folge von Taktimpulsen an jeden Baustein anlegen — ein an sich schwerwiegender Nachteil. Für eine vollständigere Beschreibung der Schaltungen dieses Typs sei das Buch von RICHARDS, „Digital Computer Components and Circuits" (1957), empfohlen. Man beachte auch den Abschnitt über transformatorgekoppelte Schaltungen der Bibliographie am Ende des Kapitels.

2. Eine Variante, die stationäre und Impulssignale gemischt verwendet, ist der sogenannte gesteuerte Impulsverstärker. In dieser Schaltung werden die Impulse in der Weise regeneriert, daß sie eine festgelegte Amplitude und Kurvenform haben. Die Regenerierung der Impulse wird mit einem stationären Signal an einem weiteren Eingang der Schaltung gesteuert. Weil die Regenerierung stattfindet oder nicht stattfindet (kein Impuls am Ausgang), steuert das Signal den Impuls. Ein Impuls möge durch eine unbegrenzte Zahl von Verstärkern laufen, für die die Gatter geöffnet sind, und jeder Verstärker soll einen Ausgangslastfaktor größer als 1 aufweisen. Das stationäre Steuersignal kann man von Flip-Flops oder von den Ausgängen früher besprochener UND-, ODER- oder Inversionsbausteine beziehen. Die Impulse brauchen nicht in jedem Verstärker regeneriert zu werden, aber im allgemeinen dürfen keine „Impulsschleifen" auftreten. Die Impulsquelle ist gewöhnlich eine Takteinheit (clock), aber auch der Potentialwechsel am Ausgang eines Flip-Flops kann die Impulse steuern. Im Vergleich zur reinen Impulstechnik ist diese Variante schneller und einfacher aufgebaut, als die mit der Synchronisation in jedem Schaltelement. Sie hat aber keine Vorteile gegenüber der später beschriebenen Folge-Schaltung. Die meisten gesteuerten Impulsverstärker sehen einen Transformator vor. Außer diesem Nachteil ist der Entwurf eines Systems mit gesteuerten Impulsverstärkern nicht einfach. Man kann dabei zwischen fast reiner Impulstechnik und einer fast ausschließlichen Verwendung von statio-

nären Signalen auswählen, wobei es keine Richtlinien für die zweckmäßigste Auswahl bei einem gegebenen Signal gibt. Gesteuerte Impulsverstärker und die daraus aufgebauten Schaltungen findet man in dem oben erwähnten Buch.

3. Abb. 3.30 zeigt eine idealisierte Darstellung einer weit verbreiteten Variante für den Serienbetrieb von logischen Gliedern mit Transistoren. Die Konzeption zu dieser Version mag von der vorigen dadurch abgeleitet sein, daß extrem wenige Impulssignale verwendet werden. Praktisch besteht aber keine Beziehung zwischen diesen beiden Techniken. Jede dicke Linie stellt eine große Anzahl parallel arbeitender Signalleitungen dar. Der als logische Schaltanordnung bezeichnete Block enthält oben beschriebene Schaltungen für die UND-ODER- und NICHT-Funktion. Zu den Eingängen dieser Schaltung führen die Ausgangssignale einer Gruppe von Flip-Flops sowie externe Eingangssignale des gesamten Systems. (Signale von anderen Geräten, z. B. Kernspeichern können als solche externen Signale angesehen werden.) Zwei Gruppen von Ausgangssignalen werden dabei erzeugt. Die eine bildet den Ausgang des gesamten

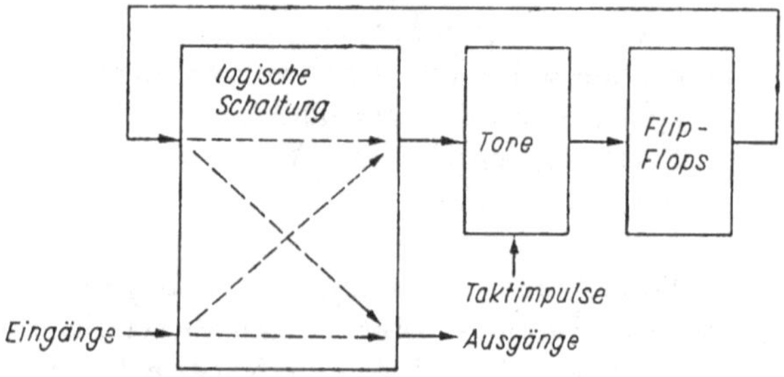

Abb. 3.30. Idealisiertes digitales System

Systems, die andere gibt den Zustand an, in dem sich die Flip-Flops befinden. An die Torschaltungen wird eine kontinuierliche Folge von Taktimpulsen gelegt. Zur Zeit eines jeden Taktimpulses nehmen, entsprechend den stationären Eingangssignalen, die zu den Toren des Schaltfeldes gelangen, die Flip-Flops einen stabilen Zustand ein. Die Tore müssen elektrisch so ausgelegt sein, daß die neuen Zustände der Flip-Flops nur von den Signalen abhängen, die zur Zeit der Taktimpulse an den Toreingängen liegen. Flüchtige Signale, die infolge der neuen Zustände der Flip-Flops kurzzeitig an den Eingängen der Tore liegen, dürfen die Operation der Tore während des nächstfolgenden Taktimpulses nicht beeinflussen. Systeme, die so funktionieren, nennt man allgemein synchron arbeitend, um sie von den später beschriebenen asynchronen Systemen zu unterscheiden, sie sind aber nicht mit den „vollsynchronisierten" Systemen von Ziffer 1 zu verwechseln.

4. Die nächste Stufe bei der Verwendung von Impulssignalen ist in Abb. 3.31 dargestellt. Die Anordnung entspricht der vorhergehenden, nur daß zwei

Flip-Flops verwendet werden und die Tore durch konventionelle UND-Glieder ersetzt sind. Die Taktsignale *A* und *B* brauchen keine Impulse nach unserer Definition darzustellen, sondern können stationär sein. (Sie ändern sich trotzdem von einem Zustand in den anderen.) Verlangt ist nur, daß sie eine Phasenlage haben, wie sie im Diagrammteil der Abb. 3.31 zu sehen ist. Zu Beginn mögen sich die Flip-Flops in den entsprechenden stabilen Zuständen befinden. Wenn das Signal „Takt *A*" anliegt, wechselt der Flip-Flop *A* in den neuen stabilen Zustand entsprechend den Ausgangssignalen des ersten UND-Gliedes. Nachdem der Impuls „Takt *A*" zu Ende ist, veranlaßt das Signal „Takt *B*" den Flip-Flop *B*, denselben neuen stabilen Zustand wie Flip-Flop *A* anzunehmen. Diese Technik wurde in manchen früheren Röhrenrechnern verwendet, aber ihre Verbreitung war wegen der beträchtlichen Kosten des zweiten Flip-Flops recht begrenzt. In jüngster Zeit findet diese Technik aber wieder in digitalen Systemen Eingang, weil bei integrierten Transistor-Schaltkreisen sich die Kosten für zusätzliche Transistoren klein halten lassen.

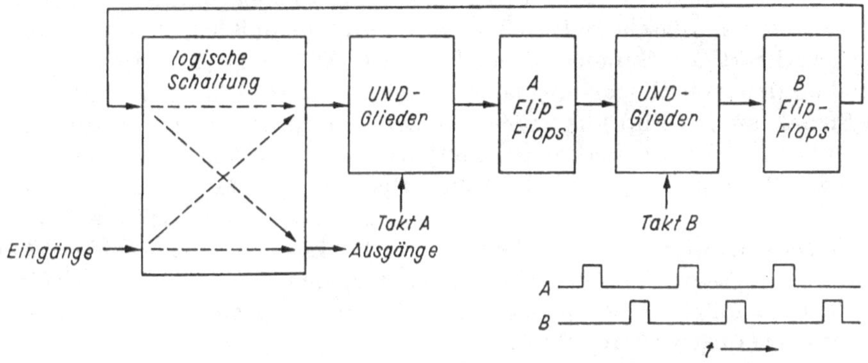

Abb. 3.31. Idealisiertes System mit eliminierten Impulssignalen

Mit den Folgeschaltungen nach Ziffer 3 und 4 können Probleme bei der Synchronisierung der Eingangsimpulse mit den Taktimpulsen auftreten, besonders wenn die Eingangssignale von solchen Geräten wie beispielsweise einem Magnetband stammen und so in unkontrollierbarer Zeit eintreffen. Jedoch die Puffer-Speichereinheiten gehören nicht hierher und sollen daher auch hier nicht behandelt werden.

5. Als entgegengesetztes Extrem zum Punkt 1 werden alle Takt- und Impulssignale ausgeschlossen und nur sogenannte stationäre Signale verwendet, wobei natürlich das Potential schnell zwischen den beiden binären Werten hin- und herpendeln kann. Weil kein Signal mit einem anderen synchron ist, werden die Systeme, die nach dieser Variante aufgebaut sind, „asynchron" genannt, aber dieser Ausdruck scheint ganz verschiedene Bedeutungen zu haben. Eine Version von asynchronen Systemen ist in Abb. 3.32 dargestellt. Es ist dieselbe

Schaltung wie in Abb. 3.30, nur daß die Steuer- und Taktimpulse weggelassen wurden. Aber das hat einen entscheidenden Einfluß auf die Funktion des Systems. Angenommen, es werden stationäre Eingangssignale angelegt und gelangen an die Flip-Flops. Diese stellen sich nun entsprechend den Signalen und der Art der logischen Schaltung ein. Die Signale werden von den Flip-Flops zu anderen Eingängen des Netzwerkes rückgekoppelt, woraufhin andere Signale zu den Flip-Flops geliefert werden. Solch ein Wechsel der Flip-Flop Zustände kann sich unendlich lange fortsetzen. Normalerweise ist eine derartige Arbeitsweise unerwünscht, obwohl eine begrenzte Anzahl von Zwischenzuständen der Flip-Flops zulässig sein können, bevor der Endzustand erreicht ist. Der logische Entwurf von Schaltkreisen muß jedoch so gestaltet sein, daß kein derartiger „Summerbetrieb" auftritt. Es müssen ja, wenn eine gegebene Kombination von Eingangssignalen an der logischen Schaltung angelegt wird, die Signale an den Flip-Flops nicht unmittelbar darauf erzeugt werden, so daß vorübergehend Fehlsignale an den Ausgängen der logischen Schaltung auftreten können, die eine fehlerhafte Flip-Flop-Operation auslösen. Es entsteht ein Zufallsergebnis. Ein „Wettlauf" tritt auf, wenn zwei oder mehrere Flip-Flops gleichzeitig betätigt werden sollen, aber in Wirklichkeit wegen kleiner Abweichungen der Bauelemente nacheinander ansprechen. Die dadurch zeitweise falschen Eingangssignale an der logischen Schaltung sind dann unerwünscht für die Steuerung weiterer Flip-Flops.

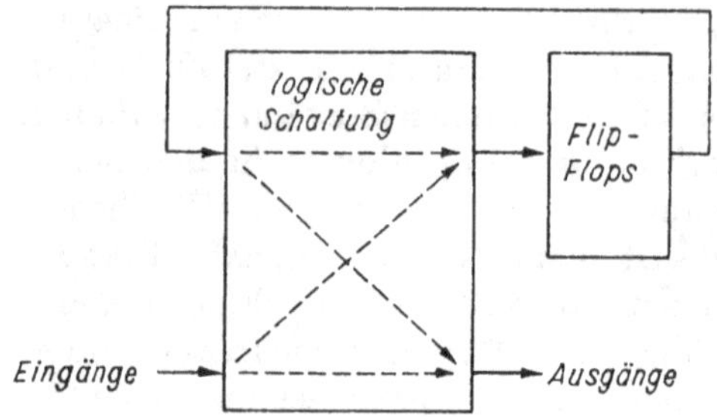

Abb. 3.32. Idealisiertes asynchrones System

Das asynchrone System in Abb. 3.32 ist hier nur angeführt, weil es vom theoretischen Standpunkt aus ausführlich untersucht worden ist. Man konzentrierte sich dabei auf Verfahren für den logischen Entwurf, wobei Summerbetrieb, Zufallsergebnisse und „Wettläufe" vermieden werden oder wobei trotzdem das erwartete Endergebnis auftritt. Wie man sich vorstellen kann, sind die logische Probleme sehr kompliziert, und praktische Lösungen kennt man nur für relativ einfache Untersysteme, für die sich immer nur ein Eingang ändert. Die asynchronen Systeme der Praxis sind sehr unterschiedlich und werden Gegenstand des nächsten Abschnittes sein.

Die vorhergehenden fünf Varianten für Folgeschaltung umfassen nicht alle Möglichkeiten. Zum Beispiel ist eine Variante mit einem Verzögerungsglied (nicht mit einer Verzögerungsleitung) insofern mit einer vollsynchronisierten Schaltung zu vergleichen, als jede Einheit durch Takt-Impulse synchronisiert wird, jedoch die Ausgangs- und Eingangssignale quasistationär sind. Das Verzögerungsglied ist aus verschiedenen Röhrenrechnern hinreichend bekannt (siehe „Digital Computer Components and Circuits", Seite 101—106), aber für Transistorschaltungen wurde diese Konzeption bisher nicht verwendet.[1]) Neben dem Nachteil eines komplizierten Taktsystems verhindern die Verzögerungseigenschaften der Schaltung das Arbeiten mit hohen Geschwindigkeiten, obwohl es eigentlich ein Zweck der Schaltung war, im Vergleich zu anderen damals verwendeten Röhrenschaltungen hohe Geschwindigkeiten zu erreichen.

3.23. Asynchrone Folgeschaltungen

Grob gesagt verfährt man beim Entwurf von asynchronen Schaltungen in der Praxis so, daß man ein System in relativ einfache Untersysteme aufteilt, die in einer speziellen Folge betätigt werden. Um das System in Funktion zu bringen, wird an das erste Untersystem ein Steuersignal angelegt. Der Vollzug der Operation des ersten Untersystems wird durch ein Signal angezeigt. Dieses betätigt das nächste Untersystem. Dieser Vorgang wird fortgesetzt, bis eine Kombination von Signalen im System anzeigt, daß alle Daten erwartungsgemäß verarbeitet sind. Gelegentlich kann das System undefiniert funktionieren, wobei Signale zwischen zwei Untersystemen hin- und herpendeln, wenn neue Eingangsdaten oder neue Datenverarbeitungsprobleme erwartet werden.

Die spezielle Folge, in der die Untersysteme in Betrieb gesetzt werden, hängt von der im System gespeicherten Information (sowohl Daten als auch Programme) sowie vom logischen Konzept des Systems ab. Das Vollzugssignal von einem gegebenen Untersystem kann zwei oder mehrere andere Untersysteme gleichzeitig betätigen. Diese Auffächerung kann, natürlich nicht unbegrenzt, fortgesetzt werden. Wenn zwei oder mehr Untersysteme gleichzeitig arbeiten, so werden eventuell einige Vollzugssignale nicht verwendet, oder möglicherweise der Vollzug aller gleichzeitig arbeitenden Untersysteme gefordert, ehe das nächstfolgende Untersystem zu arbeiten beginnt. Im letzteren Falle können die Schaltungen für die Zusammenfassung der Vollzugssignale zweier oder mehrerer Untersysteme selbst als Untersystem angesehen werden.

Abb. 3.33 veranschaulicht an einem Beispiel, wie man ein asynchrones Untersystem durch ein Vollzugssignal, betätigen kann. Das Beispiel ist ein Parallel-Addierer, in dem sich das Übertragssignal von der niedrigsten zur höchsten Ordnung fortpflanzt. Jeder binäre Volladdierer, im Bild mit „VA" bezeichnet, unterscheidet sich etwas von den vorher in diesem Kapitel beschriebenen V. Bei den vorliegenden Volladdierern wird kein Ausgangssignal erzeugt (d. h., die Signale SUM, $\overline{\text{SUM}}$, ÜBERTRAG und $\overline{\text{ÜBERTRAG}}$ sind Null), wenn nicht das eine oder andere der Eingangssignale „ÜBERTRAG" oder „$\overline{\text{ÜBERTRAG}}$" für den speziellen, in Frage kommenden Volladdierer 1 ist. Der Entwurf eines solchen Volladdierers ist ein einfaches logisches Problem. Die Einzelheiten des logischen Entwurfes sind hier jedoch unwichtig. An den Volladdierer für die niedrigste Ordnung werden zwei Eingangssignale A und B

[1]) In neuerer Zeit sind Transistorverzögerungsglieder aufgetreten (Anm. d. dtsch. Red.).

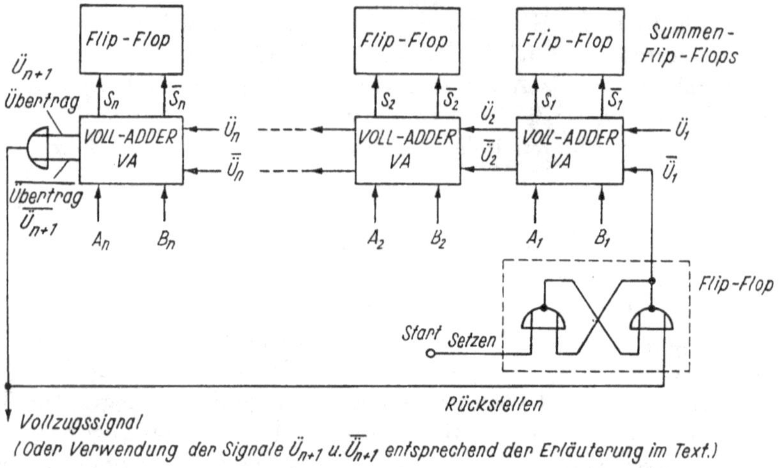

Abb. 3.33. Asynchrones Subsystem

angelegt, die aus hier nicht gezeigten Flip-Flops gewonnen werden. Der Eingang $\ddot{U}_1$ für den Übertrag ist am Addierer frei; d. h., das Signal $\ddot{U}_1$ ist immer 0. Die Ausgangssignale $\overline{\text{ÜBERTRAG}}$ und ÜBERTRAG vom ersten Volladdierer bilden die Eingangssignale $\ddot{U}_2$ und $\overline{\ddot{U}}_2$ für den Volladdierer zweiter Ordnung. Die restlichen Volladdierer werden entsprechend miteinander verbunden.

Die beiden NOR-Bausteine im Bild 3.33 bilden einen Flip-Flop, der über die Setz-Leitung voreingestellt werden kann. Um die Operation des Untersystemes einzuleiten, wird an die Setz-Leitung kurzzeitig ein Signal angelegt. Dieses Signal setzt den Flip-Flop auf „ein" oder „betätigt". Am Addiereingang $\overline{\ddot{U}}_1$ ergibt sich ein Signal SUM 1 oder $\overline{\text{SUM 1}}$ entsprechend den Werten A_1 und B_1. Der dazugehörige Summen-Flip-Flop ist entsprechend eingestellt. Ebenfalls wird ein Signal an den Eingang $\ddot{U}_2$ oder $\overline{\ddot{U}}_2$ des nächsten Volladdierers gelegt, und dieser reagiert ähnlich. Der Vorgang setzt sich durch alle Volladdierer fort, bis ein Signal ÜBERTRAG oder $\overline{\text{ÜBERTRAG}}$ am Ausgang des Volladdierers der höchsten Ordnung erscheint. Diese zwei Signale werden in einer ODER-Schaltung kombiniert, wobei der Ausgang zum Eingang „Start" des Flip-Flops führt. Dann verschwinden alle Signale ÜBERTRAG und $\overline{\text{ÜBERTRAG}}$, jedoch die Summe der Binärziffern A und B befindet sich in den Summen-Flip-Flops. Im allgemeinen ist das Startsignal zu Ende, ehe der Flip-Flop im rechten unteren Teil des Bildes rückgestellt ist. (In Anwendungen, wo das Startsignal nicht begrenzt zu sein braucht, sind Abwandlungen wie auf dem nächsten Bild vorzunehmen, um einen unerwünschten zweiten Start zu vermeiden).

Obwohl die Schaltungsbausteine für die größtmögliche Geschwindigkeit, die hinsichtlich der Kosten und anderer Faktoren praktisch vertretbar ist, entworfen werden, wird ein sicheres Funktionieren dadurch beeinträchtigt, daß die Operation nicht unendlich schnell abläuft. Auch müssen die Operationsgeschwindigkeiten der einzelnen Teile einer Schaltung in einer gewissenBeziehung zueinander stehen. In Abb. 3.33 zum Beispiel müssen die Bausteine in den Summen-Flip-Flops ungefähr mit derselben Geschwindigkeit arbeiten wie die anderen Bausteine, und die Flip-Flops können somit als gestartet oder rückgestellt angesehen werden, wie es von den Eingangssignalen verlangt wird. Diese Eingangssignale liegen indessen ungefähr so lange an, wie ein Übertragsignal braucht, um sich durch alle Addierer fortzupflanzen. Auch das Vollzugssignal am Ausgang der ODER-Schaltung muß geschickt eingesetzt werden, wenn es als Betätigungssignal für ein anderes Untersystem verwendet werden soll. Bei den Summen-Flip-Flops höherer Ordnung ist der Schaltvorgang evtl. noch nicht beendet, wenn das Vollzugssignal zur Verfügung steht. Wenn deshalb das nächste Untersystem das Ausgangssignal des Summen-Flip-Flops verwendet, so muß die Zeitbeziehung zwischen diesen Signalen und dem Vollzugssignal (dem Startsignal für das nächste Untersystem) beachtet werden.

In Abb. 3.33 kann ein Übertragsignal der höchsten Ordnung als Überlauf des ganzen Paralleladdierers angesehen werden. Welches Untersystem dann als nächstes ins Spiel gebracht wird, kann davon abhängen, ob ein Signal an ÜBERTRAG oder an $\overline{\text{ÜBERTRAG}}$ ankommt. Die Signale an diesen Punkten können als unabhängige Bezugssignale, jedes für ein anderes Untersystem, verwendet werden. In anderen Fällen kann man das Vollzugssignal durch ein Schaltnetzwerk schicken, das von verschiedenen Signalen gesteuert wird, um so das Vollzugssignal für andere Untersysteme zur Verfügung zu stellen.

3.24. Ein anderes Beispiel für ein asynchrones System

Abb. 3.34 zeigt ein Beispiel für ein asynchrones Untersystem, das als typisches Merkmal eine sehr kurze Operationszeit aufweist. Hier bietet sich keine ein-

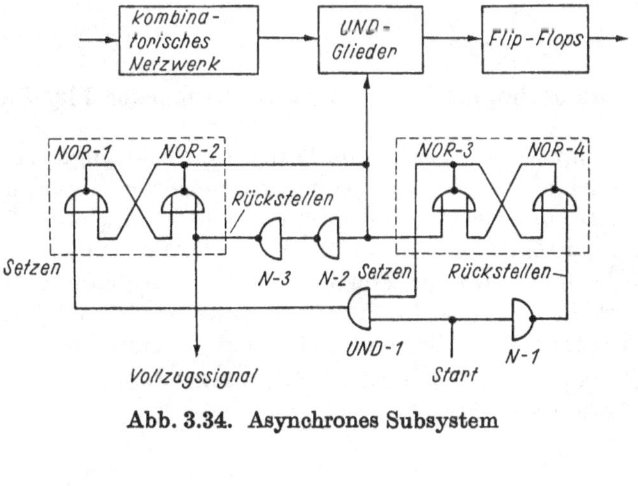

Abb. 3.34. Asynchrones Subsystem

fache Möglichkeit, ein Vollzugssignal vom System selbst abzuleiten. Das Vollzugssignal muß künstlich erzeugt werden.

Das Untersystem betätigt lediglich zeitlich parallel eine Gruppe von Flip-Flops entsprechend den stationären Signalen anderer Quellen. Diese Eingangssignale werden u. U. über eine logische Schaltung geführt, wie es für die speziellen Signale zur Steuerung von Flip-Flops gezeigt wurde. Ein einzelnes Signal, das vorübergehend an einem Eingang jeder Gruppe von UND-Gliedern liegt, erzeugt die ,,Setz"- und ,,Rückstell"-Signale für die Flip-Flops.

Vor dem Start tritt kein Signal auf der Startleitung in Abb. 3.34 auf, und am Ausgang des Invertors N-1 tritt ein Signal auf. Der Flip-Flop, der aus den Bausteinen NOR-3 und NOR-4 besteht, ist deshalb rückgestellt. Das resultierende Ausgangssignal am Ausgang von NOR-3 gelangt an einen Eingang des UND-1-Gliedes. Wenn ein Betätigungssignal anliegt, passiert es das Gatter UND-1 und betätigt den Flip-Flop, bestehend aus den Bausteinen NOR-1 und NOR-2. Das resultierende Signal am Ausgang von NOR-2 wird zum Starten des Untersystemes verwendet und wird daher an den Eingang ,,Setzen" des rechten Flip-Flops gelegt, um diesen Flip-Flop umzukippen. Dadurch soll eine anhaltende Wirkung des Startsignals verhindert werden, falls dieses nicht nur kurzzeitig anlag bzw. von neuem angelegt wurde. Das Signal für das Untersystem wird zusätzlich durch die Negatoren N-2 und N-3 dem Rückstell-Eingang des linken Transistors geführt. N-2 und N-3 sollen die Rückkehr des linken Flip-Flops verzögern, damit das Signal lange genug an dem Untersystem anliegt, um den Flip-Flop dort zu betätigen. Der Ausgang von N-3 wird außerdem als Vollzugssignal des Untersystems verwendet. Außer einer geringen Verzögerung in NOR-2 fällt der Beginn des Vollzugssignals zeitlich mit dem Ende des Signals für das Untersystem zusammen. Das Vollzugssignal wird später beendet, wenn sich das Verschwinden des Signals am Eingang von N-2 über N-2 und N-3 bemerkbar gemacht hat. Wenn die Dauer jedes zum Untersystem geführten Signals oder des Vollzugssignals aus verschiedenen Gründen nicht ausreicht, kann man deren Dauer verlängern, indem man auf N-2 und N-3 weitere Negatoren folgen läßt.

3.25. Steuerimpuls-Schaltungen für Transistor-Flip-Flops

Wie vorher gesagt wurde, werden die Transistor-Schaltungen zur Darstellung von Folge-Operationen nach der ,,vollsynchronisierten" Variante (Punkt 1) und der Variante mit gesteuerten Impulsverstärkern (Punkt 2) hier nicht behandelt. Wir konzentrieren uns auf die Variante (Punkte 3), die in Abb. 3.30 dargestellt wird. Jeder einzelne Flip-Flop in dieser Abbildung kann aus zwei NOR-Bausteinen in einer Rückführschleife bestehen (Abb. 3.35a). Die Eingänge S und R entsprechen ,,Setzen" und ,,Rückstellen". Die Ausgangssignale sind Y und $\overline{Y}$, wobei Y gleich 1 oder 0 ist, je nachdem, in welcher Lage sich der Flip-Flop befindet.

In Abb. 3.35b entsprechen die Eingangssignale A und B den beiden Signalen, die von der logischen Schaltung den Toren in Abb. 3.30 zugeführt werden. Die Tore dienen zur Steuerung eines Impulses zu den S- bzw. R-Eingängen des Flip-

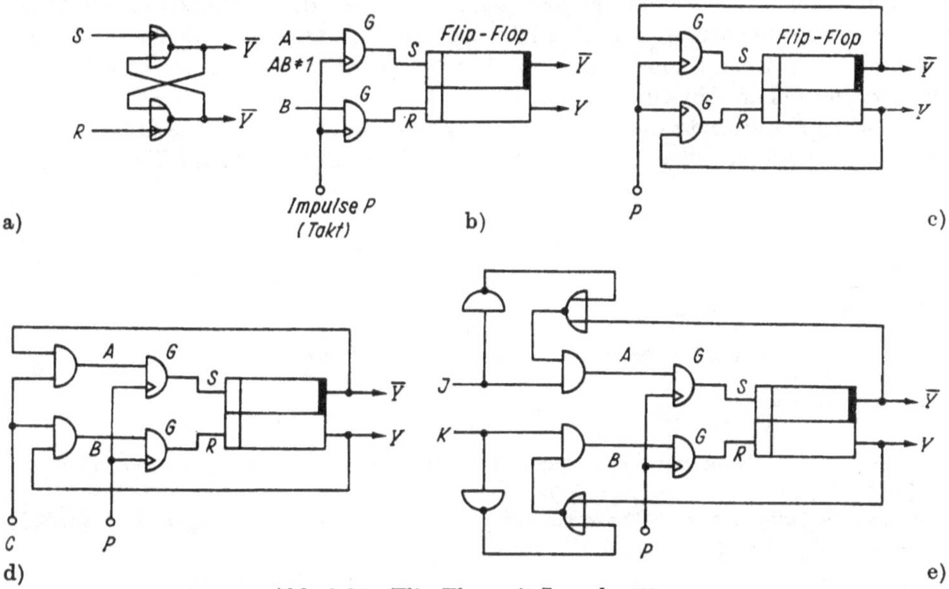

Abb. 3.35. Flip-Flop mit Impulsgatter

Flops, wenn A oder B 1 ist. Im allgemeinen dürfen A und B während des Anliegens des Impulses nicht gleichzeitig 1 sein. Sind beide 1, so ist der resultierende Zustand des Flip-Flops (R-S-Flip-Flop. Anm. d. dtsch. Red.) unbestimmt.

In Abb. 3.35c liegen die Signale Y und $\overline{Y}$ ständig an den Toreingängen, so daß der Flip-Flop nach einem Impuls immer in den entgegengesetzten Zustand wechselt. Diese Art von Flip-Flops wird viel verwendet. Die Version in Abb. 3.35d stellt den gleichen Flip-Flop dar, nur daß seine Operation auf ein Signal C erfolgt.

Abb. 3.35e zeigt eine Anordnung mit zwei unabhängigen Eingangssignalen J und K (die Symbole werden allgemein verwendet). Von einer logischen Schaltung werden die Signale A und B zur Verfügung gestellt. Wenn $J = 1$, während $K = 0$, ist A gleich 1, wenn der Flip-Flop noch nicht geschaltet ist, und B gleich 0. Ein Eingangsimpuls am Punkte „P“ schaltet den Flip-Flop, wenn das nicht schon erfolgt war. Entsprechend läuft der Rückstellvorgang ab, wenn $J = 0$ und $K = 1$. Ist sowohl J als auch K 1, so hängen die Signale A und B nur von Y und $\overline{Y}$ ab, und zwar so, daß der Flip-Flop auf einen Betätigungsimpuls (Takt) hin in den entgegengesetzten Zustand wechselt. Ein Flip-Flop dieser Kategorie wird J-K-Flip-Flop genannt.

Die Verwendung der einzelnen Anordnungen in Abb. 3.35 sind eine Frage des logischen Entwurfes. Hier beschränken wir uns auf die Torschaltungen, die dazu nötig und durch die mit *G* bezeichneten Blöcke vertreten sind. Viele Schaltungen wurden zu diesem Zweck entworfen. Am vorteilhaftesten scheinen aber die einfachsten in Abb. 3.36 zu sein. In diesen Schaltungen ist das Impulssignal für den Flip-Flop eher negativ als positiv, und die Torfunktion erfolgt so, daß bei einem negativen Signal ein Impuls durchgelassen wird. Diese Verwendung von negativen Signalen mit *npn*-Transistoren erfordert einen etwas modifizierten logischen Entwurf.

Jedoch sind die Änderungen nicht tiefgehend und können auf die Steuersignale an den Flip-Flops selbst beschränkt sein. Wenn die Einsen im System durch

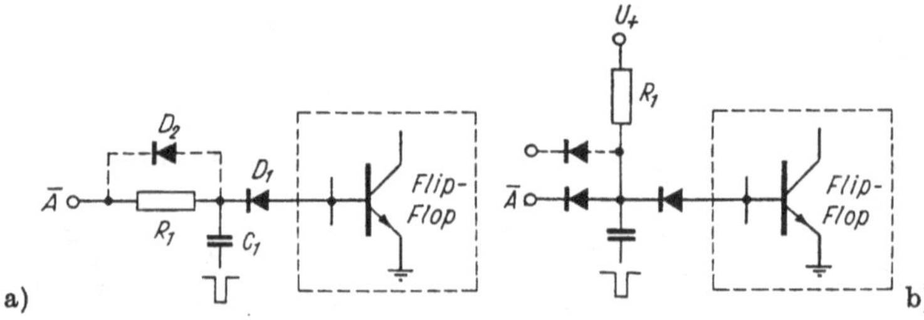

Abb. 3.36. Impulssteuerung eines Flip-Flops unter Anwendung von Dioden

negative Signale dargestellt werden, dann sind die Torschaltungen in Abb. 3.36 in jeder Hinsicht akzeptabel.

Die Torschaltung 3.36a ist im wesentlichen dieselbe wie die Dioden-Torschaltung in Abb. 2.8a. Bezieht man das Steuersignal $\bar{A}$ von einem anderen emittergeerdeten *npn*-Transistor, so ist die Vorspannung gerade für die Torwirkung geeignet. Das heißt, wenn der *npn*-Treibertransistor leitet, ist das Potential an $\bar{A}$ nur wenig positiv gegen Erde, so daß, wenn über den Kondensator negative Impulse kommen, die Diode D_1 leitet und die Basis des Transistors negativ verschiebt. Wenn die Basis des Transistors wegen des statischen Zustandes des Flip-Flops schon negativ ist, erfolgt keine Betätigung. Wenn $\bar{A}$ positiv ist, wird D_1 gesperrt, so daß kein Impuls zum Flip-Flop gelangt. Die Kapazität C_1 muß groß genug sein, damit alle Schaltkapazitäten des Flip-Flops entladen werden, und auch groß genug, um die gespeicherte Ladung von der Basis des Flip-Flops abzuführen. Ferner wirkt der Rückführkreis innerhalb des Flip-Flops als Last am Impulseingang, und diese Last kann eventuell groß werden, wenn in der Rückführschleife Beschleunigungskondensatoren verwendet werden. Berücksichtigt man neben allen diesen Faktoren die Belastung durch R_1, so ist eine bedeutende Kapazität C_1 notwendig. Wenn die Impulse auf ihr Ruhepotential zurückkehren, sperrt der positive Signalsprung die Diode D_1, und die Ladung, die beim Ansteuern des Flip-Flops durch D_1 gezogen wird, muß nun über R_1 zur Steuersignalquelle fließen.

Die verschiedenen Schaltungsmerkmale, die im vorigen Paragraphen ausgeführt wurden, erfordern beim Entwurf einen Kompromiß zwischen dem Gesamt-Leistungsverlust, dem Ausgangslastfaktor der Treiberschaltungen, der Pulsfolgefrequenz und gewissen Sicherheitsfaktoren (zulässige Toleranzen der Bauelemente, Unempfindlichkeit gegen Störungen). Insgesamt ist eine zuverlässige Entwurfsprozedur trotz der einfachen Schaltung recht kompliziert. Die Pulsfolgefrequenz kann man erhöhen, wenn man über R_1 eine Diode D_2 legt, wie das in Abb. 3.36a durch Strichlinien angedeutet ist. Über D_2 kann C_1 schneller entladen werden, wenn nach dem negativen Impuls die positive Flanke eines Impulses an den Flip-Flop gelangt. Der *npn*-Tortransistor (nicht gezeigt) muß natürlich diesen Entladestrom über D_2 aufnehmen können.

Die Impuls-Torschaltung (Bild 3.36b) ist analog der Schaltung 2.8c aufgebaut. Die Diode D_3 und die Last entsprechen dem Basis-Emitter- bzw. Basis-Kollektorwiderstand in der vorliegenden Schaltung. Der Vorteil der Schaltung 3.36b gegenüber der Schaltung in a liegt in der höheren Geschwindigkeit, sowohl hinsichtlich der Pulsfolgefrequenz als auch hinsichtlich des Öffnens oder Schließens der Tore beim Wechsel der Binärwerte des Steuersignals. Der Strom zum Laden des Kondensators wird über R_1 geliefert und kann relativ konstant gehalten werden, wenn man ein hinreichend großes Speisepotential verwendet. Dagegen sinkt in a der Strom exponentiell auf Null, sowie das Potential am oberen Anschluß des Kondensators seinen Endwert erreicht (nach einem positiven Steuerpotentialwechsel). Jedoch erkauft man die Geschwindigkeit in b mit einem höheren Leistungsbedarf und einer höheren Belastung der Treiberschaltungen.

Die in Bild 3.36b gestrichelt angeschlossene Diode zeigt, wie man die Impuls-Tor-Schaltung um eine konventionelle Dioden-Logik erweitern kann. Mit einer zusätzlichen Diode müssen beide Steuersignale negativ sein, damit ein Impuls zum Flip-Flop gelangt.

Beide Schaltungen 3.36 funktionieren so, daß der leitende Transistor in einem Flip-Flop abgeschaltet wird. Die andere Schaltungsart, wo der gesperrte Transistor aufgetastet wird, ist möglich, aber nicht verbreitet. Ihr Nachteil ist der, daß bei einer spannungsgesteuerten Arbeitsweise das Basispotential für einen gesperrten Transistor weniger gut definiert ist als für einen leitenden Transistor. Außerdem ist die für eine positive Impulsoperation erforderliche Vorspannung der Steuersignale nicht gleich der Vorspannung, die sich zwangsläufig an den Kollektoren der basisgeerdeten *npn*-Transistoren ergibt, wie das bei der Operation mit negativen Impulsen in Bild 3.36 der Fall ist.

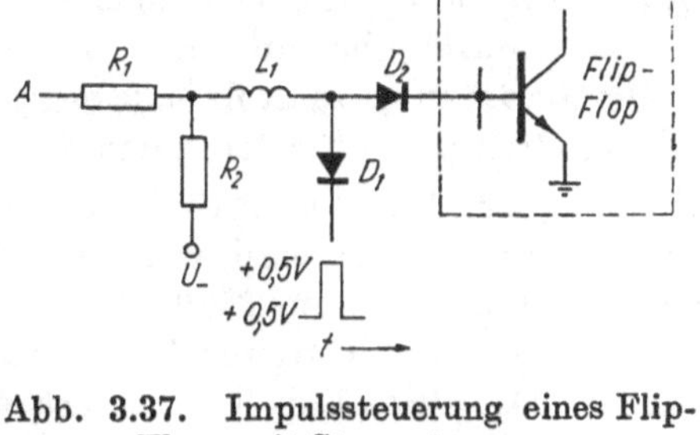

Abb. 3.37. Impulssteuerung eines Flip-Flops mit Stromsteuerung

Die Schaltungen in Abb. 3.36 sind beide spannungsgesteuert; deshalb müssen die Steuersignale eine wesentliche Potentialdifferenz zwischen ihren beiden Binärwerten aufweisen, damit noch eine zuverlässige Funktion erfolgt. Die Impuls-Torschaltungen in Abb. 3.37 sind mehr stromgesteuerter Natur. Wenn das Steuersignal A positiv ist, fließt Strom über den Widerstand R_1, die Induktivität L_1 und die Diode D_1 zur Impulsquelle. Wenn das Impuls-Eingangspotential plötzlich positiv gemacht wird (zum Beispiel von $-0{,}5$ V auf 0,5 V), so versucht die Induktivität L_1, eine Stromänderung zu verhindern, und der erzeugte Spannungsstoß schickt einen Strom durch D_2 zur Basis des Flip-Flop-Transistors. Der Widerstand R_2 dient dazu, den Bezugspunkt des Steuersignals leicht in negativer Richtung zu verschieben und dabei den Nullstrom in L_1 zu gewährleisten, wenn A negativ ist. Diese Vorspannungsverschiebung ist nicht notwendig, wenn das stromgesteuerte Tor zusammen mit stromgesteuerten logischen Gliedern verwendet wird, wie sie in den Abb. 3.19 bis 3.22 gezeigt sind. R_2 kann weggelassen werden, wenn die Strombegrenzung durch den sogenannten Konstantstromcharakter dieser stromgesteuerten Kreise gegeben ist. Tore, wie die in Abb. 3.37 gezeigten, werden verwendet. Ihre Verbreitung ist jedoch wegen der benötigten Induktivität beschränkt.

3.26. Schalten von Flip-Flops durch Signale, die keine Taktimpulse sind

Die Technik der Folgeschaltungen, die in Abb. 3.30, 3.35b, 3.36 und 3.37 dargestellt ist, erscheint vom Standpunkt des logischen Entwurfes am einfachsten, wenn alle Flip-Flops durch Takt-Impulse betätigt werden. Man kann jedoch reichlich Bauelemente einsparen, wenn man die Ausgangssignale eines Flip-Flops für die Ansteuerung anderer Flip-Flops heranzieht. Abb. 3.38 soll diesen Sachverhalt an einem elementaren Beispiel demonstrieren. Das „System" ist lediglich ein Binärzähler, der von 000 bis 111 zählt und dann erneut von 000 beginnt, wobei immer dann gezählt wird, wenn das Eingangssignal X zur Zeit des Taktimpulses 1 ist. Dabei sind alle stationären Signale und Impulse positiv vereinbart. Die Anordnung in Abb. 3.38a besitzt genau die Struktur, die in Abb. 3.30 vorgeschlagen wurde. Der untere Flip-Flop wird durch X gesteuert. Der mittlere Flip-Flop ist genau so geschaltet, nur daß er durch das Signal Y_1 gesteuert wird. Sein Zustand ändert sich so nur zur Zeit des Impulses, wenn der untere Flip-Flop eine Eins speichert. Der obere Flip-Flop ändert gleichfalls seinen Zustand, aber nur dann, wenn die beiden anderen eine 1 speichern.

Die Anordnung in Abb. 3.38b gestattet die gleiche Zählfunktion. Nur die UND-Schaltungen für den mittleren und oberen Flip-Flop wurden weggelassen. Der mittlere Flip-Flop erhält seinen Steuer-„impuls" vom Signal $\overline{Y}_1$. Wenn dieses Signal positiv wird, und das erfolgt, wenn der untere Flip-Flop von einer gespeicherten Eins zur Null übergeht, so ruft das positiv werdende Potential an den Toren des mittleren Flip-Flops eine Zustandsänderung dieses Flip-Flops hervor. Der obere Flip-Flop ändert ebenfalls seinen Zustand, wenn der mittlere Flip-Flop vom Zustand einer gespeicherten Eins in den einer gespeicherten Null übergeht. Insgesamt erfolgt dadurch eine Zählwirkung.

Die Tore sind so beschaffen, daß ein negativ springendes Signal am Impulseingang (welches lange nach dem positiv springenden „Impuls" auftreten möge)

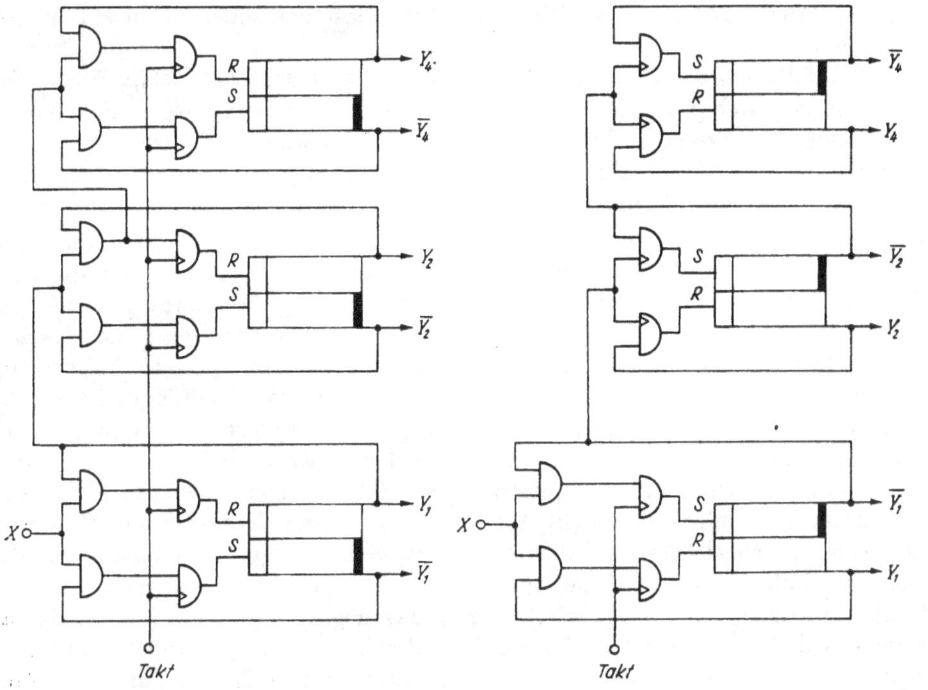

a) b)

Abb. 3.38. Beispiel für Möglichkeiten zur Schaltungsvereinfachung durch Verzicht auf Taktimpulse

keine Wirkung auf den Flip-Flop ausübt. Das positiv springende Signal für den Impulseingang eines Tores kann vom Ausgang eines UND-Bausteines, eines NOR-Bausteines oder irgend eines anderen logischen Gliedes bezogen werden.

3.27. Symmetrischer Flip-Flop

Obwohl der symmetrische Flip-Flop als Dualuntersetzer in den meisten Digitalrechnern und Datenverarbeitungsanlagen nur eine untergeordnete Schaltung darstellt und in vielen gar nicht vorkommt, verwendet man ihn doch weitgehend in Zählern, d. h. in kleinen Systemen, wo der prinzipielle Zweck nur das Zählen ist.

Zusätzlich zu den Anordnungen, die man durch Kombination der Abb. 3.35d und 3.36 erhält, wurden zahllose Schaltungen von verschiedenen Herstellern entwickelt und in unterschiedlichem Maße verwendet. Die meisten Flip-Flops beruhen auf einem Paar elementarer Invertoren in einer Rückführschleife. Beschleunigungs-Kondensatoren wurden wie in RCTL-Schaltungen eingefügt, jedoch dienen die Kondensatoren hier nicht nur zur Erhöhung der Operationsgeschwindigkeit, sondern sie übernehmen auch die wichtige Funktion der

„Speicherung", auf welchem Wege der Flip-Flop von einem Zustand in den anderen übergeht.

Abb. 3.39 zeigt die Grundtypen symmetrischer Untersetzer-Flip-Flops. Sie unterscheiden sich grundsätzlich darin, daß die Eingangsimpulse an den Basen, den Kollektoren bzw. den Emittern der Transistoren angelegt werden. Im basisgetriggerten Flip-Flop 3.39a werden die Eingangsimpulse über einen Kondensator auf die Basen gekoppelt. Wir nehmen an, daß der rechte Transistor leitet, so daß die Ausgänge Y und $\overline{Y}$ 0 bzw. 1 sind. Infolge des Basisstromes, der durch den rechten Transistor gezogen wird, und infolge der größeren Spannung über dem rechten Spannungsteiler ist der Strom durch den Widerstand parallel zum rechten Kondensator größer als der durch den entsprechenden linken Widerstand. Deshalb ist die Spannung über dem rechten Kondensator die größere. Ein negativer Impuls am bezeichneten Punkt versucht, beide Transistoren zu sperren. Weil der linke Transistor schon gesperrt ist, ändert der Eingangsimpuls seine Leitfähigkeit nicht, versucht jedoch das Basispotential noch negativer zu verschieben. Bei geeigneter Auslegung der Schaltung und richtiger Amplitude des Eingangsimpulses überdeckt das positiv springende Potential am Kollektor des rechten Transistors (der über einen Beschleunigungs-Kondensator mit der Basis des linken Transistors gekoppelt ist) den negativen Eingangsimpuls. Der linke Transistor wird dann leitend, und das negativ springende Potential an seinem Kollektor wird auf die Basis des rechten Transistors gekoppelt und unterstützt dort den Eingangsimpuls. Die anfänglich ungleichen Spannungen über den Beschleunigungs-Kondensatoren haben eine solche relative Amplitude, daß dieser neue stabile Zustand des Flip-Flops sicher aufrechterhalten bleibt. Wegen der verschiedenen Ströme in der Schaltung änderten sich die Ladungen

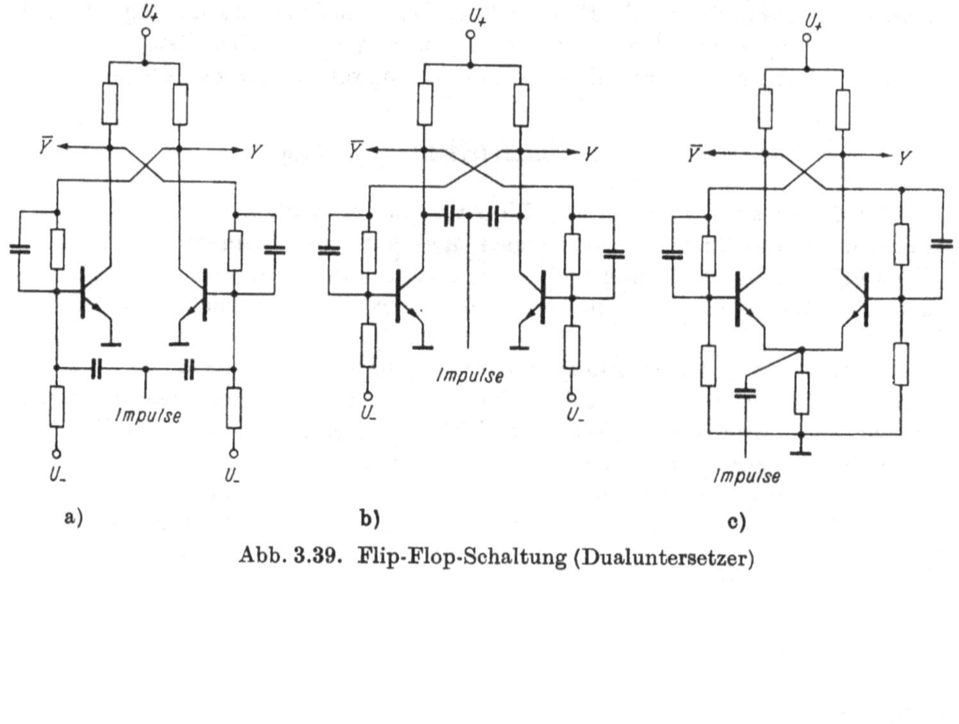

a) b) c)

Abb. 3.39. Flip-Flop-Schaltung (Dualuntersetzer)

der Kondensatoren und werden schließlich gleich den Ruhewerten entsprechend dem neuen stabilen Zustand. In dieser Zeit ist der Flip-Flop für einen neuen Triggerimpuls bereit.

Der Flip-Flop in Abb. 3.39a kann so aufgebaut werden, daß er sowohl auf positive als auch auch auf negative Impulse anspricht. Das kann man abschätzen, indem man die Reaktion der Schaltung auf eine solche Einwirkung untersucht, die den gesperrten Transistor öffnet. Gewöhnlich ist die Schaltung für negative Eingangsimpulse empfindlicher. Eine genaue Analyse der Schaltung für Impulse beider Polaritäten hängt von der Impulsdauer und der Steilheit der Anstiegs- und Abfallflanken der Impulse ab. Die Situation ist am einfachsten, wenn als Steuerimpulse negativ springende Signale angenommen werden, die eine Abfallzeit Null haben und solange nicht in ihren Ausgangszustand zurückkehren, bis der Flip-Flop seinen Zustand geändert hat. (Es wird vorausgesetzt, daß der Flip-Flop gegen positiv springende Eingangssignale unempfindlich ist. Das ist möglich, da das Eingangssignal langsam wieder positiv werden kann.) Jedoch ist das für die meisten praktischen Anwendungen nicht real. Wegen der inneren Impedanz der Impulsquellen, des Charakters der Last des Flip-Flops, wegen Störungen und anderer Faktoren, die zu berücksichtigen sind, ist außerdem ein Entwurf schwer zu realisieren.

Im anderen Falle können die Eingangsimpulse, wie in Abb. 3.39b, an die Kollektoren gelegt werden. Die Schaltung funktioniert grundsätzlich genau so wie die unter a, nur daß zur Bestätigung des Flip-Flops etwas mehr Impulsenergie erforderlich ist, weil der Pfad von der Impulsquelle zur Basis eines Transistors zwei Kondensatoren in Reihe enthält. Diese Anordnung hat den Vorteil, daß der leitende Transistor eine starke Belastung für die positiv springenden Impulse darstellt und der Flip-Flop dadurch relativ unempfindlich gegenüber positiven Impulsen wird. Das ist gewöhnlich erwünscht.

Der Flip-Flop in Abb. 3.39c ist an den Emittern über einen gemeinsamen Widerstand geerdet. Weil der eine oder andere Transistor immer leitet, ist das Emitterpotential annähernd konstant. Die Spannungsdifferenz zwischen der positiven Speisespannung und Erde muß genau so groß sein wie die zwischen der positiven und der negativen Speisequelle in den Schaltungen a und b, wenn die Schaltungen anderweitig vergleichbar sein sollen. Führt man einen positiven Impuls über einen Kondensator an den gemeinsamen Emitter, so wird der leitende Transistor gesperrt, und der Wechsel in den entgegengesetzten Gleichgewichtszustand geht wie in a oder b vor sich.

Die Schaltung in Abb. 3.39c wird allgemein nicht in der gezeigten Form verwendet, obwohl man die Idee, einen Widerstand in Reihe mit den Emittern zu schalten und so ein negatives Basispotential für den gesperrten Transistor zu erzeugen, in anderen Schaltungen häufig verwirklicht findet. Der Zweck ist dabei immer, mit nur einer Speisequelle auszukommen. Gewöhnlich liegt dem gemeinsamen Emitterwiderstand ein Kondensator parallel, um das Emitterpotential konstant zu halten, wenn der Flip-Flop durch Signale an den Basen oder Kollektoren getriggert wird.

Alle drei Schaltungen in Abb. 3.39 sind relativ langsam. Um für hohe Geschwindigkeiten noch eine zufriedenstellende Funktion zu gewährleisten, müssen einige Maßnahmen getroffen werden, um den Eingangsimpuls nur auf den einen der beiden Transistoren, der gerade auf- oder zugetastet werden soll, zu richten. Abb. 3.40 zeigt zwei Flip-Flops, die mit dieser „Impulslenkung", wie man dieses Merkmal gewöhnlich nennt, arbeiten. In Abb. 3.40a führt der Eingang über Dioden zu den Transistorbasen. Fehlen die Eingangsimpulse, so werden die

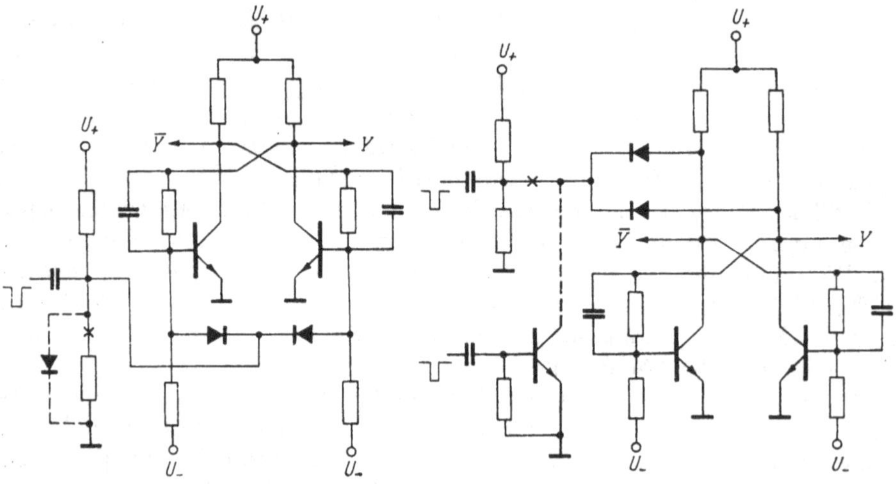

a) b)

Abb. 3.40. Flip-Flop mit Impulssteuerung

Katoden der Dioden durch einen Spannungsteiler auf einem schwach positiven Potential gehalten. Wenn ein negativer Eingangsimpuls anliegt, so wird nur die Basis des leitenden Transistors davon betroffen, da die Basisspannung des gesperrten Transistors negativ und die entsprechende Diode gesperrt ist. Positive Eingangsimpulse haben tatsächlich keinen Einfluß auf die Schaltung. Um die Belastung der Impulsquelle zu verringern, kann der untere Widerstand im Spannungsteiler durch eine Diode ersetzt werden, wie das gestrichelt eingezeichnet ist. Neben der Eigenschaft der Impulslenkung bringt die Tatsache, daß der Eingangskondensator durch den Strom über den zusätzlichen Spannungsteiler und nicht durch den Strom über das Rückkoppelnetzwerk des Flip-Flops entladen wird, Vorteile hinsichtlich der Geschwindigkeit, der Störfestigkeit, der Toleranzen der Bauelemente und hinsichtlich der Belastung des Flip-Flops. Ein spezieller Entwurf erfordert jedoch noch einen Kompromiß zwischen diesen Faktoren.

In Abb. 3.40b werden die Eingangsimpulse auf die Kollektoren geschickt. Das Ruhepotential der Dioden muß positiver als das Kollektorpotential des gesperrten Transistors sein, und der Spannungsteiler ist entsprechend zu bemessen. Verwendet man den gestrichelt angeschlossenen Transistor als Eingangsverstärker, wobei die Schaltung an dem markierten Kreuz aufgetrennt wird, so genügen zur Ansteuerung Impulse mit relativ kleiner Energie.

Zahllose andere Schaltungen kann man für Untersetzer Flip-Flops entwerfen, wenn andere als die RCTL-Umkehrverstärker in Betracht gezogen werden. Die Mehrtransistor-Invertoren, die in einem früheren Abschnitt beschrieben wurden, bieten ein besonders fruchtbares Feld, um Schaltungen mit diesen oder jenen Vorzügen zu finden. Jedoch soll uns dieses Gebiet hier nicht weiter beschäftigen, weil das hauptsächliche Interesse an der Kategorie der direkt gekoppelten Flip-Flops zu bestehen scheint. Diese werden im nächsten Abschnitt beschrieben.

3.28. Direkt gekoppelte Flip-Flops

Da die Herstellung von Kondensatoren in integrierter Schaltungstechnik problematisch ist, hat sich in letzter Zeit eine Klasse von direkt gekoppelten Flip-Flops durchgesetzt. „Direkt gekoppelt" bedeutet hier, daß man auf eine kapazitive Kopplung zwischen dem Eingangssignal und den inneren Elementen des Flip-Flops verzichtet, bezieht sich aber nicht unbedingt auf den direkten Anschluß des Kollektors eines Transistors an die Basis des nächsten, wie z. B. bei DCTL-Schaltungen. Eine ordentliche Funktion der Schaltungen hängt von der geringen Verzögerungs- oder Totzeit, die beim Ein- und Ausschalten eines Transistors auftritt, ab. Sogar wenn diese Verzögerung extrem klein ist, kann sie von Einfluß sein, da die Anzahl der aufeinander folgenden Transistoren nicht in jedem Zweig der Schaltung gleich zu sein braucht, wie es im betrachteten Beispiel der Fall ist.

Im allgemeinen treten bei elementaren R-S-Flip-Flops, d. h. bei solchen, die nur die Zustände „Setzen" oder „Rückstellen" in Abhängigkeit von einem Signal am einen oder am anderen Eingang annehmen, keine besonderen Probleme auf. Die Verzögerung in den Schaltkreisen, die die Steuersignale erzeugen, kann davon abhängig sein, ob der Flip-Flop ordentlich arbeitet. Das Problem tritt beim Flip-Flop als Dualuntersetzer auf. Die logischen Schaltungen, die ein Eingangssignal zu einer oder der anderen Seite des Flip-Flops liefern und dabei von den Ausgangssignalen des Flip-Flops gesteuert werden, dürfen keine signalsteuernde Wirkung in Form von Zustandsänderungen des Flip-Flops hervorrufen. Andernfalls ist der Endzustand des Flip-Flops unbestimmt.

Man kann elementare Flip-Flops aufbauen. In der Praxis verwendet man jedoch meistens Bausteine in Form von J-K-Flip-Flops, die eine Funktion gemäß Abb. 3.35e ausführen. Vor (in einigen Fällen noch gleichzeitig mit) einem Triggerimpuls werden die stationären J- und K-Signale an die entsprechenden Eingänge des Flip-Flops gelegt. Der Flip-Flop ist auf 1 oder 0 gesetzt, je nachdem, ob J bzw. K gleich 1 ist. Ist sowohl J als auch K gleich 1, so veranlaßt der Triggerimpuls den Flip-Flop, in die entgegengesetzte Gleichgewichtslage überzugehen. Ist sowohl J als auch K gleich 0, so erfolgt kein Wechsel des

Zustandes. Wird der Zustand des Flip-Flops durch Y dargestellt, dann ist Y oder $\bar{Y}$ gleich 1, je nachdem, ob der Flip-Flop eine 1 bzw. eine 0 speichert.

In Abb. 3.41a führen die Bausteine NAND-3 und NAND-4 eine binäre Zählfunktion aus. Liegt kein Signal am Eingang, so sind die Ausgänge der Bausteine NAND-1 und NAND-2 beide 1, wie es zur Aufrechterhaltung eines stabilen Zustandes in den Bausteinen NAND-3 und NAND-4 nötig wird. Der Ausgang des Negators N-1 wird 1. Es sei angenommen, daß J und K beide 1 sind und daß der Flip-Flop anfangs eine 0 speichert, so daß $\bar{Y}$ gleich 1 ist. Wenn ein Eingangssignal anliegt, so sind alle drei Eingänge zum Baustein NAND-1 mit 1 belegt, und der Ausgang von NAND-1 wechselt auf 0. Diese Bedingungen gelten nur eine kurze Zeit — die Zeit, die erforderlich ist, damit der Ausgang von N-1 von 1 auf 0 wechselt. Wenn der Eingang von N-1 0 wird, so kehrt der

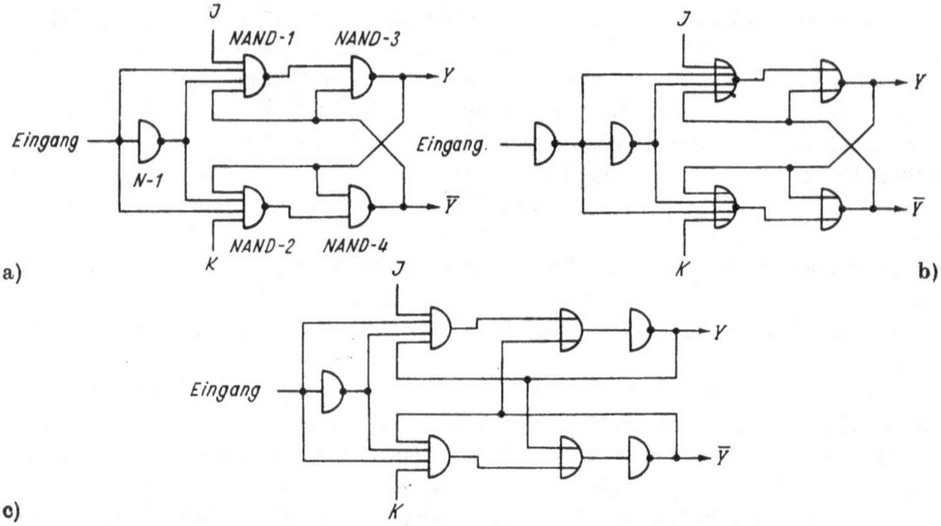

Abb. 3.41. I-K-Flip-Flop aus logischen Gliedern

Ausgang von Baustein NAND-1 auf 1 zurück. Jedoch während der Zeit, in der der Ausgang von NAND-1 0 ist, wird der Ausgang von NAND-3 1. Diese 1 läßt den Ausgang von NAND-4 0 werden. Der Flip-Flop hält diesen neuen stabilen Zustand aufrecht. Der Ausgang von NAND-3 liegt auch am Eingang von NAND-2, aber weil die Ausgangssignale sowohl von NAND-1 als auch von NAND-3 nacheinander wechseln, erreicht der Ausgang von N-1 die 0, ehe die 1 von NAND-3 an NAND-2 ankommt, und der Ausgang von NAND-2 bleibt deshalb dauernd auf 1. Wenn das Eingangssignal weggenommen wird, wechselt der Ausgang von N-1 zurück auf 1. Aber die Verzögerung dieser Änderung gewährleistet, daß mindestens ein 0-Signal an NAND-1 und NAND-2 anliegt, während das Eingangssignal verschwindet.

Die *J-K*-Flip-Flops gemäß den Abbildungen 3.41b und c sind analog zum Flip-Flop a aufgebaut, nur daß NOR- bzw. UND-ODER-NICHT-Bausteine verwendet wurden. Die Funktion der Schaltungen unterscheidet sich im Detail von der der Schaltung a. Sie ist jedoch im Prinzip gleich und leicht zu verstehen, wenn man die Signaländerungen an jedem Punkt der Schaltung als Antwort eines Signales am Eingang untersucht. Jeder der Flip-Flops in 3.41 enthält zwei „Signalpfade" verschiedener „Länge", wobei die ordnungsgemäße Funktion davon abhängt, daß die Verzögerungszeit auf dem längeren Pfad hinreichend größer ist. Früher in diesem Kapitel beschriebene Schaltungen können ohne Abänderungen in der Anordnung 3.41 verwendet werden. In einigen Fällen wird nur eine zusätzliche Verzögerung nötig sein. In der Abb. 3.41a zum Beispiel ist einmal Verzögerung in Reihe mit N-1, zum anderen in der Verbindung Flip-Flop-Ausgänge und NAND-1 und NAND-2 notwendig. Der Pfad über N-1, der einen Negator enthält, wird mit dem direkten Pfad ohne Negator zwischen dem Eingang und NAND-1 bzw. NAND-2 verglichen. In der zweiten Ebene muß die Verzögerung größer sein als über N-1. Diese größere Verzögerung wird durch einen Pfad mit zwei Negatoren NAND-1 und NAND-3 in Reihe, realisiert. Wenn die Bausteine nicht die ausreichende Verzögerung aufweisen, dann kann die Verzögerung durch Zwischenschaltung einer geeigneten Anzahl blinder Invertoren in die aufgezeigten Pfade vergrößert werden.

Ein *J-K*-Flip-Flop mit UND-ODER-NICHT-Bausteinen (der aber für die UND-Glieder einiger Bausteine einen Ausgangslastfaktor größer als 1 erfordert) ist in Abb. 3.42 gezeigt. Diese Schaltung, die von einem prominenten Hersteller gefertigt wurde, besteht tatsächlich aus zwei Flip-Flops (NOR-1/NOR-2, NOR-3/NOR-4). Wenn das Eingangssignal 0 ist, so sind die Ausgänge von UND-1 sowie von UND-2 0 und der Ausgang von NOR-5 ist 1. Diese 1 gelangt zu den Gliedern UND-3, UND-4, um den rechten Flip-Flop in denselben Zustand zu versetzen wie den linken. Die Ausgangssignale des rechten Flip-Flops steuern den Einfluß der *J*- und *K*-Signale. Wenn ein Signal an den Eingang *E* gelangt, so ist der Zustand des linken Flip-Flops 1 bzw. 0, je nachdem, ob *J* oder *K* eins ist, und geht in den entgegengesetzten Zustand über, wenn sowohl *J* als auch *K* 1 ist. Zu dieser Zeit wird der Ausgang von NOR-5 0 und sperrt das Signal vom linken Flip-Flop über UND-3 und UND-4 zum rechten Flip-Flop ab. Diese

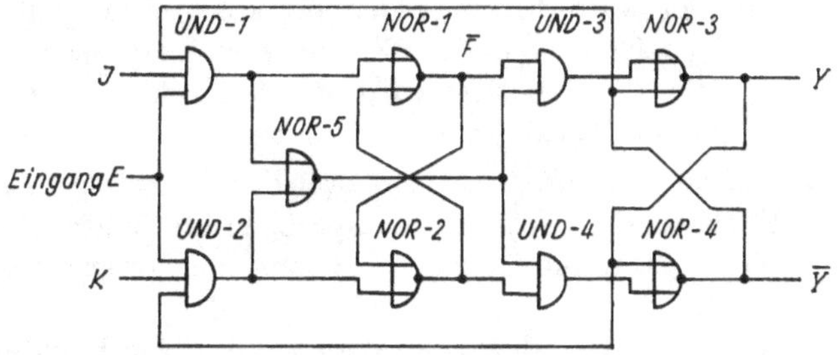

Abb. 3.42. *I-K*-Flip-Flops aus logischen Gliedern

Sperrung erfolgt, weil nur ein NOR-Baustein (NOR-5) im Pfad zwischen dem Eingang und den Steuereingängen UND-3 und UND-4 liegt. Dagegen müssen sich die Ausgangssignale sowohl von NOR-1 als auch von NOR-2 nacheinander ändern, damit ein Ausgangssignal 1 im gegenüberliegenden Baustein des linken Flip-Flops entsteht. Wenn das Eingangssignal verschwindet, erscheint wieder eine 1 am Ausgang von NOR-5 und der rechte Flip-Flop wird auf den neuen Zustand des linken Flip-Flops gebracht. Diese Funktionsweise liegt dem Konzept der Master-Slave-Flip-Flops zugrunde, die in modernen Systemen eingesetzt werden (Anm. d. dtsch. Red.).

3.29. *J-K*-Flip-Flop-Schaltungen

Zusätzlich zu den mehr oder weniger zweckmäßigen Methoden, einen *J-K*-Flip-Flop aufzubauen, indem man standardisierte Logikbausteine zusammensetzt, wie es in Abb. 3.41 und Abb. 3.42 gezeigt wurde, werden auch spezielle Schaltungen gefertigt, die die Funktion eines *J-K*-Flip-Flops ausführen. Eine solche Schaltung in RTL-Technik zeigt Abb. 3.43.

Die sechs Transistoren T_1 bis T_6 bilden den binären Speicherteil des Flip-Flops, wobei die Verkopplung über zwei Invertorverstärker aus je drei Transistoren wie in Schaltung 3.28d erfolgt. Um den Steuerteil der Schaltung zu erklären, wird angenommen, daß J und K 1 sind, d. h., die Eingänge $\bar{J}$ und $\bar{K}$ sind negativ. Auch wird angenommen, daß der Flip-Flop zu Beginn eine 0 enthält, so daß Y gleich 0 und $\bar{Y}$ gleich 1 ist. In diesem Falle sind die beiden Transistoren T_8 und T_{12} gesperrt und beeinflussen die Funktion der Schaltung nicht. Die niedrige Spannung am Ausgang Y hält über die Diode D_2 T_{10} gesperrt. Wenn die Eingangsspannung negativ oder auf Null gehalten wird, wie es ohne Eingangssignal der Fall ist, ist die Spannung an der Basis von T_7 durch die Wirkung von D_3 praktisch gleich groß, so daß T_7 gesperrt ist. Wenn das Eingangssignal positiv wird, leitet T_7 kurzzeitig, eine positive Spannung gelangt an die Basen von T_2 und T_3 und verändert so den Zustand des Flip-Flops. Die Basis von T_7 darf nur für eine kurze Zeitdauer positiv sein, weil das positive Eingangssignal an der Basis von Transistor T_9 diesen öffnet und die Basis von T_7 negativ verschiebt. Ein sicheres Funktionieren der Schaltung hängt von der schwachen Verzögerung beim Einschalten von T_9 ab. Nachdem der Flip-Flop den Zustand geändert hat, bleibt T_7 weiterhin gesperrt, da am Ausgang $\bar{Y}$ ein negatives Signal vorliegt. Das positive Signal an Y würde nun zulassen, daß T_{10} leitet, wenn nicht zu der Zeit, da Y positiv wird, der leitende Zustand von T_{11} eine positive Verschiebung der Basis von T_{10} verhindern würde.

Wenn entweder $\bar{Y}$ oder $\bar{K}$ positiv ist, so leitet der Transistor T_8 bzw. T_{12} und verhindert die Wirksamkeit auf der entsprechenden Seite des Flip-Flops. Insgesamt entspricht dann die ganze Schaltung der oben definierten *J-K*-Konzeption.

Man kann viele andere *J-K*-Flip-Flops entwerfen, die Kondensatoren verwenden, um festzustellen, in welcher Richtung die Schaltung beim Übergang von einem Zustand der Schaltung in den anderen gewechselt hat. Diese Schaltungen gehen von der vorher beschriebenen Flip-Flopart aus, wobei die Eingangssignale J und K zur Steuerung der Lenkung des Komplementimpulses verwendet werden.

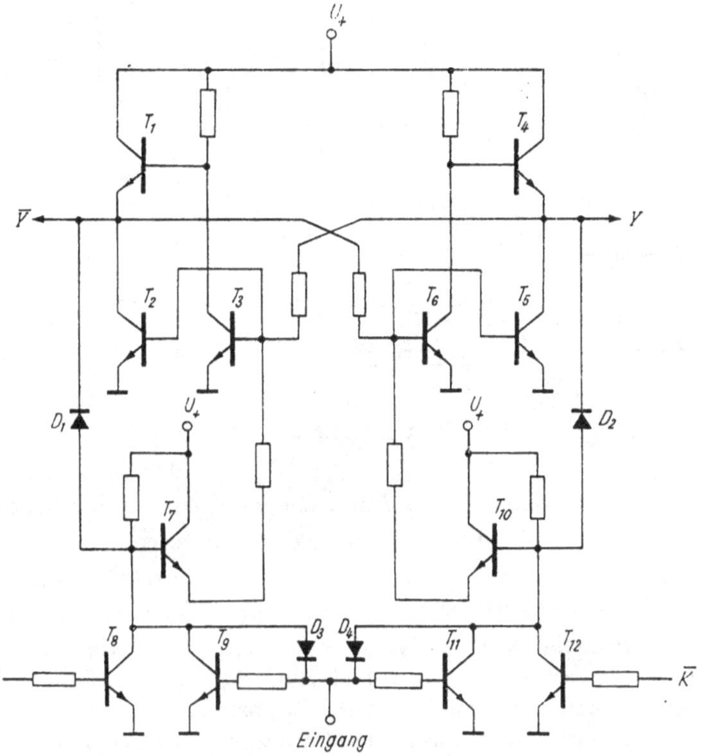

Abb. 3.43. *J*-*K*-Flip-Flop

In einer anderen *J*-*K*-Flip-Flop-Schaltung kann die Funktion der Kondensatoren von Ladungen in einem Transistorübergang übernommen werden, der in Durchlaßrichtung Strom zieht. Diese gespeicherte Ladung kann durch die konventionelle Transistorwirkung verstärkt werden. Man erhält damit eine hohe Effektivität, ohne daß tatsächlich Kondensatoren in der Schaltung auftreten. Ein solcher *J*-*K*-Flip-Flop ist in Abb. 3.44 gezeigt, wo die Transistoren T_1 und T_2 den Grund-Flip-Flop bilden (DCTL-Typ) und mit Widerständen zur Verhinderung der Stromübernahme versehen ist. Die Transistoren T_3 und T_4 werden in der gewöhnlichen Weise verwendet, um die Schaltung auf 1 oder 0 zu setzen. Die Ladungsspeicherung erfolgt in dem Kollektor-Basis-Übergang von T_5 und T_6 in der beschriebenen Weise. T_7 und T_8 sind als Emitterfolger zur Stromverstärkung verwendet, und T_9 bis T_{15} stellen konventionelle Negatoren dar.

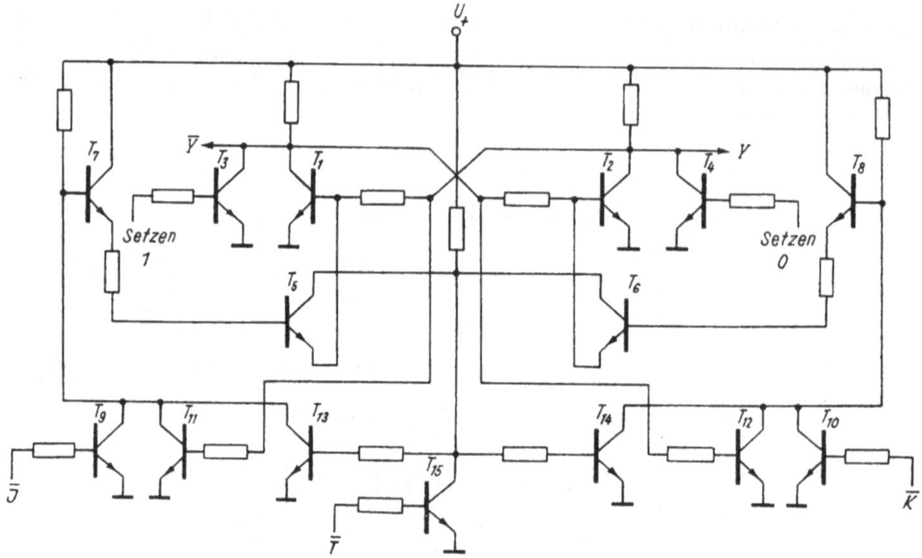

Abb. 3.44. *I-K*-Flip-Flop

Wie zuvor sei angenommen, daß J und K beide 1 sind, d. h., daß die Eingänge $\bar{Y}$ und $\bar{K}$ sind negativ. T_9 und T_{10} werden dann gesperrt. Ehe am Eingang ein Impuls angelegt wird, ist $\bar{T}$ positiv, wodurch T_{15} leitet. Das sich ergebende Null-Potential am Kollektor von T_{15} sperrt dann T_{13} und T_{14}. Speichert der Flip-Flop eine logische Null, so ist die Spannung $\bar{Y}$ positiv und Y praktisch Null. T_{12} wird leitend und T_{11} gesperrt. Sind T_9, T_{11} und T_{13} alle gesperrt, so ist das Basispotential des Emitterfolgers T_7 positiv, und ein Strom fließt vom Emitter von T_7 durch einen Lastwiderstand zur Basis des Transistors T_5 und dann über den Basis-Kollektor-Übergang von T_5 (dieser Übergang tritt mit entgegengesezter Polarität, als normalerweise beim Transistorbetrieb vorliegt, auf) zum Kollektor von T_{15}, der durch $\bar{T}$ im leitenden Zustand gehalten wird. Wegen der Emitter-Basis-Spannung von T_1 ist das Emitterpotential von T_5 etwas positiver als das Kollektorpotential von T_5, so daß, wenn überhaupt ein Strom von T_7 über T_5 nach T_1 fließt und den Flip-Flop zu dieser Zeit beeinträchtigt, dieser sehr klein ist. Da T_{12} zu dieser Zeit leitet, bleibt das Basispotential von T_8 praktisch Null, und ein vernachlässigbarer Strom fließt zur Basis des Transistors T_6.

Geht jetzt T nach 1, wird T_{15} gesperrt, und die Spannung an den Kollektoren von T_5, T_6 und T_{15} wird positiv. Die Potentiale an den Elektroden von T_5 haben nun die Polarität einer gewöhnlichen Transistoroperation. Die gespeicherte Ladung, die der Basis-Kollektorstrom in der Basis von T_5 aufgebaut hat, wirkt nun so, als ob sie auf gewöhnliche Weise in die Basiszone injiziert worden wäre. D. h., es kann ein Kollektor-Emitter-Strom fließen. Die Strom-Zeit-

Fläche (Ladung) ist annähernd gleich der ursprünglich gespeicherten Ladung, multipliziert mit der Stromverstärkung des Transistors. Dieser Strom fließt vom Emitter von T_5 nach der Basis von T_1 und setzt den Flip-Flop auf 1, wie es für die J-K-Funktion erwünscht ist. Eine Basis-Kollektor-Ladung in T_6 kann sich nicht bilden, wenn T wieder Null ist. Wird anschließend $T = 1$, so kehrt der Flip-Flop durch einen analogen Vorgang auf der entgegengesetzten Seite der Schaltung in den Nullzustand zurück.

Sind J und K in Abb. 3.44 beide 0, so hat das Signal T keine Wirkung auf den Flip-Flop. Wenn nur J oder K 1 ist, so bringt ein Signal T den linken Flip-Flop in den Zustand 1 oder 0, ungeachtet seines vorhergehenden Zustandes, wobei die Ladungsspeicherung bei T_5 oder T_6 stattfindet oder nicht erfolgt, je nachdem, wie es erforderlich ist und von T_{11} und T_{12} gesteuert wird.

J-K-Flip-Flops, die solche Schaltungen verwenden, wie sie in den Abb. 3.43 und 3.44 gezeigt sind, werden kommerziell hergestellt.

3.30. Die Verwendung direkt gekoppelter *J*-*K*-Flip-Flops im Dezimalzähler

In einigen der gezeigten J-K-Flip-Flop-Anordnungen können zusätzliche J- und K-Eingänge so hinzugefügt werden, daß die J-Signale und die K-Signale jeweils in einer UND-Funktion zusammengefaßt werden. In Abb. 3.41a z. B. sind die hinzugefügten Eingänge nur als extra Eingänge zu den Bausteinen NAND-1 und NAND-2 geschaltet. Als Beispiel, wie man den so entstehenden J-K-Flip-Flop mit mehreren Eingängen zweckmäßig beschalten kann, zeigt Abb. 3.45 einen Dezimalzähler aus vier solchen Flip-Flops, wobei keine zusätzlichen Kreise notwendig sind. Jeder Flip-Flop hat 3 J-Eingänge (J_1, J_2 und J_3), und alle drei J-Signale müssen 1 sein, damit eine Antwortfunktion entsprechend J gleich 1 erzeugt wird. Wenn ein Eingang nicht belegt ist, muß dieser Eingang ständig mit einem 1-Signal gespeist werden. Das ist verständlich, wenn man eine Dioden-UND-Schaltung betrachtet, wo eine Eingangsleitung unterbrochen ist. Für die K-Eingänge K_1, K_2 und K_3 gilt das gleiche.

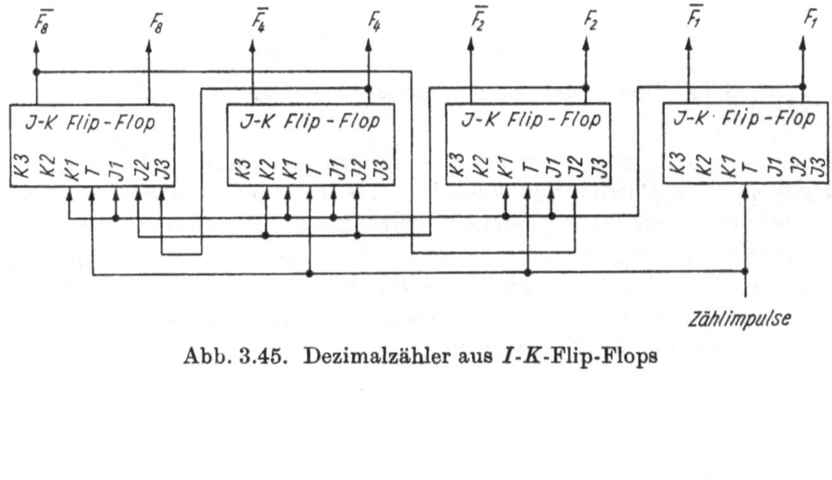

Abb. 3.45. Dezimalzähler aus I-K-Flip-Flops

Die vier Flip-Flops in Abb. 3.45 durchlaufen die Zustände 0000, 0001 und so in binärer Folge bis 1001, wonach als nächster Schritt die Rückkehr auf 0000 erfolgt, wie es für dezimales Zählen gefordert wird. Die zu zählenden Impulse werden an die „Takt"-Leitung T jedes Flip-Flops gelegt. Der Flip-Flop F_1 ändert seinen Zustand nach jedem Eingangssignal, wie es das Zählen erfordert. Der Flip-Flop F_2 soll seinen Zustand nur dann auf einen Eingangsimpuls hin ändern, wenn F_1 gleich 1 ist; deshalb wird F_1 an die Eingänge J_1 und K_1 des Flip-Flops F_2 gelegt. Jedoch nachdem der Zähler 1001 erreicht hat, soll der nächste Impuls den Zustand des Flip-Flops F_2 nicht ändern, was dadurch verhindert wird, daß das Signal $\overline{F}_8$ am Eingang J_2 des Flip-Flops F_2 liegt. Der Flip-Flop F_4 soll seinen Zustand ändern, wenn ein Eingangssignal zu der Zeit ankommt, wenn F_1 und F_2 beide 1 sind, und mit den entsprechenden Signalpegeln an J_1, J_2, K_1 und K_2 des Flip-Flops F_4 ist so eine Funktion möglich. Der Flip-Flop F_8 soll seinen Zustand nach der Stufe 0111 (dezimale 7) ändern. Durch Verbinden von F_1, F_2 und F_4 mit den J_1-, J_2- und J_3- Eingängen des Flip-Flops F_8 erreicht man diese Funktion. Der Flip-Flop F_8 soll nach jeder Stufe, in der F_1 gleich 1 ist, eine 0 speichern. Das erfolgt dadurch, daß das Signal von F_1 auf den K_1-Eingang des Flip-Flops F_8 geführt wird. Es macht nichts aus, daß der Flip-Flop F_8 als Untersetzer-Flip-Flop (alle Eingänge K und J sind gleich 1) geschaltet ist, wenn der Zähler von 0111 zu 1000 übergeht und nur auf ein K-Signal reagiert, wenn der Zähler von 1001 auf 0000 wechselt.

Der Zähler soll rückgestellt werden, indem ein Signal auf einen Eingang „Rückstellen" an jedem Flip-Flop gelegt wird. Die Eingänge „Setzen" und „Rückstellen" wurden in den am meisten beschriebenen JK-Flip-Flops nicht gezeigt. Das Einbeziehen der Eingänge „Setzen" und „Rückstellen" ist zweckmäßig (so wie bei zusätzlichen Eingängen zu den Blocks NOR-1 und NOR-2 in Abb. 3.42), jedoch die spezielle Schaltung hängt vom Typ der betrachteten J-K-Schaltung ab.

Obwohl Schaltungen, wie z. B. der Zähler 3.45, durch ihre direkte Kopplung asynchron arbeiten, ähnelt ihre Arbeitsweise doch mehr dem synchronen Betrieb, da die Eingangsimpulse die Flip-Flops gemäß der in Abb. 3.30 angegebenen Weise triggern.

3.31. Direkt gekoppelte Schieberegisterschaltungen

Die Schieberegisteranordnungen 3.46 liefern ein anderes Beispiel für den direkt gekoppelten Betrieb von logischen Gliedern und Transistoren. Schieberegister braucht man im allgemeinen beim Entwurf digitaler Systeme. Der Zweck eines Schieberegisters ist es, auf eine Folge von Triggerimpulsen hin Binärziffern von einer Stufe zur nächsten zu verschieben. Zwei Versionen werden gezeigt. Beide bestehen aus irgendwelchen NOR-Schaltungen, die früher in diesem Kapitel beschrieben wurden.

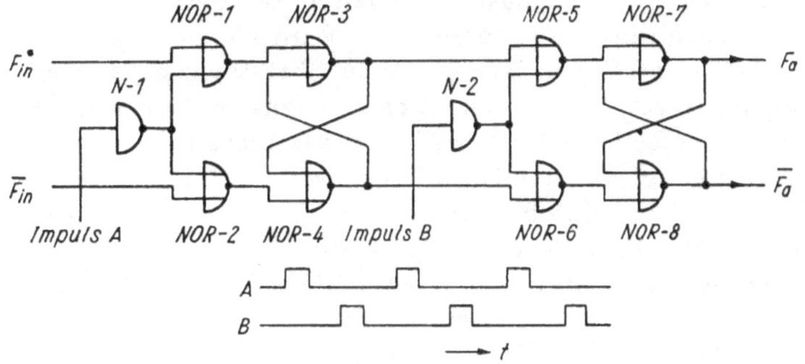

a)

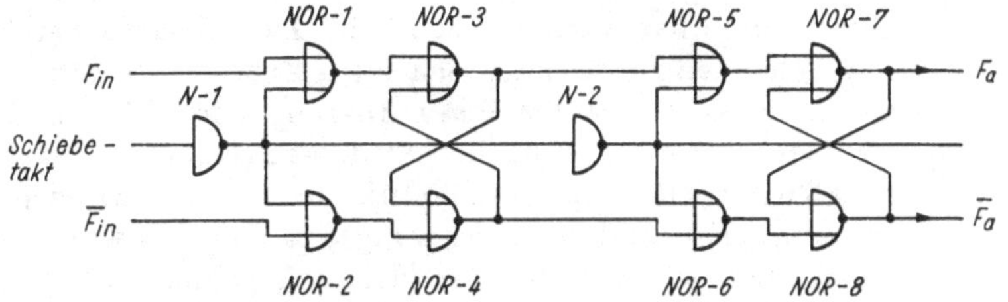

b)

Abb. 3.46. Direkt-gekoppeltes Schieberegister

Das direkt gekoppelte Schieberegister 3.46a arbeitet im wesentlichen in derselben Weise wie das idealisierte System in Abb. 3.31. Zwei Flip-Flops werden zur Speicherung einer jeden Binärziffer verwendet. Als erster Flip-Flop jedes Paares kann die Gruppe *A* angesehen werden, als zweiter Flip-Flop jedes Paares die Gruppe *B*. Die kombinatorische Schaltung besteht lediglich aus den Verknüpfungen zwischen den *A*- und *B*-Flip-Flops ohne jegliches Schaltverhalten.

In Abb. 3.46a bilden die Bausteine NOR-3 und NOR-4 einen Flip-Flop für eine Zwischenspeicherung, und NOR-7 und NOR-8 bilden einen Flip-Flop, der das Ausgangssignal für die Schieberegisterstufe erzeugt. Liegt kein *A*- oder *B*-Impuls an, so liegen die Ausgänge der Negatoren N-1 und N-2 auf 1, die Ausgänge von NOR-1, NOR-2, NOR-3 und NOR-4 werden auf 0 gehalten, so daß die Flip-Flop-Bausteine nicht durch andere Signale beeinflußt werden. Wenn ein *A*-Impuls angelegt wird, so vermittelt die am Ausgang von N-1 erscheinende 0, daß der Flip-Flop für die Zwischenspeicherung den binären Wert, dargestellt durch die Eingangsziffer F_{in} der vorhergehenden Stufe, speichert. Wenn ein *B*-Impuls angelegt wird, so wird der andere Flip-Flop in den gleichen Zustand versetzt.

In Abb. 3.46b sind zwei einander zeitlich abwechselnde Triggersignale notwendig, obwohl noch zwei Flip-Flops für jede Stufe erforderlich sind. Eine Stufe ist nur gezeigt. Liegt kein Signal an der mit „Schieben" markierten Leitung an, so liegt der Ausgang des Negators N-2 auf 0 und der zweite Flip-Flop in der Stufe wird in dem Zustand gehalten, der dem Zustand des ersten oder Zwischenspeicher-Flip-Flops entspricht. Wird ein Schiebesignal (welches kein Impuls, sondern ein Signal längerer Dauer ist) angelegt, so wird der Speicher-Flip-Flop so gesetzt, wie es dem Eingangssignal entspricht. Der zweite Flip-Flop ist zu dieser Zeit blockiert, weil jetzt am Ausgang von N-2 eine 1 erscheint. Wenn der Ausgang von N-1 0 wird, verzögert sich die Erzeugung einer 1 am Ausgang von N-2 nur durch einen Negator (N-2). Die Erzeugung eines Signals aber, welches den Zustand des zweiten Flip-Flops beeinflußt, wird durch die aufeinanderfolgende Funktion von zwei NOR-Bausteinen verzögert. Der Ausgang von N-2 kann als Schiebesignal für die nächstfolgende Schieberegisterstufe, die genau so funktioniert, verwendet werden.

Nachdem das Schiebersignal die Negatoren aller Stufen des Schieberegisters in Abb. 3.46b durchlaufen hat, befindet sich jeder Zwischenspeicher-Flip-Flop in dem der vorhergehenden Stufe entsprechenden Zustand. Dann, wenn das Schiebesignal zu Ende ist, trennt die 1 am Ausgang von N-1 den Zwischenspeicher-Flip-Flop von der vorhergehenden Stufe ab. Die 0 am Ausgang von N-2 sorgt dafür, daß der zweite Flip-Flop die Information des Zwischenspeicher-Flip-Flops übernimmt. Die Änderung des Eingangssignals bewegt sich durch das Schieberegister, bis in allen Stufen das gleiche Ergebnis vorliegt. Hierbei ist eine erfolgreiche Funktion wieder vom Unterschied in der Verzögerung der Signale entlang zweier Pfade abhängig. In diesem Falle muß die Verzögerung der Änderung des Ausgangssignals von 0 auf 1 in N-1 kleiner sein als die Verzögerung bei der Entwicklung eines neuen Ausgangssignals (das zwei NOR-Einheiten in Reihe erfordert) im zweiten Flip-Flop der vorhergehenden Stufe.

3.32. Astabile und monostabile Schaltungen

Eine Schaltung, ähnlich einem Flip-Flop, die aber von selber zwischen zwei stabilen Zuständen hin und her schwingt, wird astabiler Multivibrator genannt.

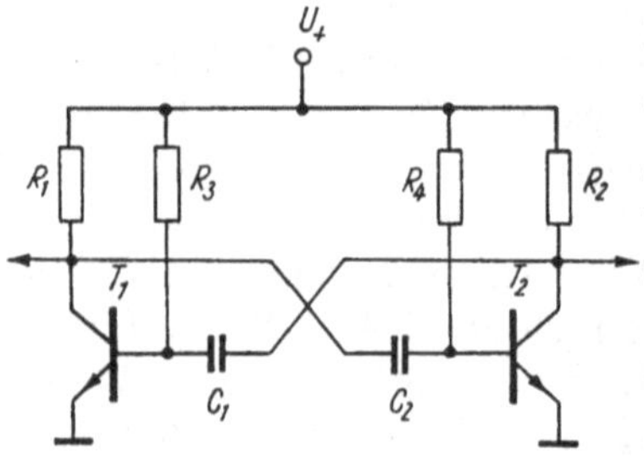

Abb. 3.47. Astabiler Multivibrator

Abb. 3.47 zeigt ein einfaches Beispiel. Die Widerstände R_3 und R_4 versuchen, die zwei Transistoren in leitendem Zustand zu halten, aber der geringe Potentialunterschied an gewissen Punkten der Schaltung wird durch die Rückkopplung zwischen den beiden als Negatoren geschalteten Transistoren verstärkt, und die Schaltung beginnt sofort zu schwingen. Wenn z. B. das Potential am Kollektor von T_1 negativ wird, so verschiebt sich die Basis von T_2 wegen der kapazitiven Kopplung über C_2 negativ. Transistor T_2 wird gesperrt, und das sich ergebene positiv werdende Potential am Kollektor von T_2 wird über C_1 an die Basis von T_1 übertragen, um R_3 zu unterstützen, damit T_1 leitend wird.

Jedoch der Strom durch R_4 führt die Ladung von C_2 ab. Wenn T_2 zu leiten beginnt, so startet das negativ werdende Potential am Kollektor von T_2 erneut den gleichen Vorgang, bei dem nur die beiden Seiten der Schaltung ihre Rolle vertauscht haben. Der Ausgang an jedem Kollektor liefert eine Rechteckschwingung. (Wenn das Ausgangssignal positiv springt, erreicht das Potential den Wert der Speisespannung U_+ in Wirklichkeit exponentiell, da der gegenüberliegende Kondensator geladen wird. Die Anstiegszeit kann aber kurz gehalten werden, indem man die Widerstände R_1 und R_2 genügend klein wählt.)

Wie lange das Ausgangssignal einer Seite der Schaltung 3.47 positiv ist, hängt grundsätzlich von den Werten des Widerstandes und des Kondensators im Basiskreis des entsprechenden Transistors ab. Das heißt zum Beispiel, R_3 und C_1 steuern die Zeitdauer, während der T_1 gesperrt ist. Es sei angenommen, daß die Speisespannung groß gegenüber der Basis-Emitter- und der Kollektor-Emitter-Spannung in einem leitenden Transistor ist. Wird T_1 in den gesperrten Zustand gebracht, so ist sein Basispotential anfangs negativ gegen Erde, und zwar um den Betrag der Änderung des Kollektorpotentials an T_2. Diese Änderung ist annähernd gleich der Amplitude des positiven Speisepotentiales. Widerstand R_3 verschiebt das Basispotential von T_1 in Richtung des positiven Speisepotentials. Wenn jedoch das Basispotential ungefähr auf die Hälfte abgesunken ist, d. h., wenn es ungefähr $+0{,}6$ V beträgt, beginnt T_1 zu leiten, und die positive Auslenkung der Basisspannung ist zu Ende. Von diesem Sachverhalt kann man die Beziehung $e^{-t/(R_3C_1)} = 1/2$ ableiten, worin t die Dauer in Sekunden ist, während der T_1 gesperrt ist. R_3 und C_1 sind in Ohm bzw. Farad angegeben. Aus dieser Gleichung wird t annähernd zu $0{,}7 \cdot R_3C_1$ gefunden. Dann ist T_2 ungefähr für eine Zeit $0{,}7 \cdot R_4C_2$ gesperrt, und die Periodendauer der Schaltung ist die Summe dieser beiden Zeitabschnitte. Gewisse Ladungsvorgänge am Ausgang, die verhindern, daß das Kollektorpotential das Speisepotential erreicht, beeinflussen natürlich die Periodendauer.

Obwohl Schaltung 3.47 brauchbar ist, werden astabile Schaltungen meistens durch einen oder mehrere verschiedene Zusätze verbessert. Eine Verbesserung besteht darin, die Speisespannung viel höher zu wählen, als es für die positive Auslenkung des Kollektorpotentials nötig wäre. Mit Dioden wird eine obere Grenze des Kollektorpotentials festgelegt. Zweck dieser Maßnahme ist es, daß das Ausgangssignal schnell zu positiven Werten springt und außerdem der Ausgang stark belastet werden kann, ohne daß die Periodendauer wesentlich beeinflußt wird. Eine weitere Verbesserung erzielt man, wenn man Umkehrverstärker aus mehreren Transistoren verwendet, wie sie früher in diesem Kapitel beschrieben wurden. Weiter kann man in Reihe mit den Transistorbasen Dioden schalten, um unerwünschte Effekte einer hohen Basis-Emitter-Sperrspannung bei gesperrtem Transistor auszuschließen. Jede dieser Verbesserungen beeinflußt sekundär die Periodendauer.

Die astabile Schaltung ist ein einfaches Mittel, um Taktimpulse in einem System zu erzeugen, und diese sind in der Tat wichtig. Jedoch haben astabile Schaltungen keine andere praktische Verwendung in digitalen Systemen, und sogar Taktimpulse kann man auf andere Art gewinnen. Zum Beispiel wird in einem Rechner mit Magnettrommelspeichern eine Bahn auf der Trommel zur Erzeugung der Taktimpulse verwendet. In anderen Rechnern finden gewisse Arten von Oszillatoren Verwendung, die nach Bedarf mit Ausgangsverstärker und Begrenzer versehen sind. Tatsächlich verwendet man gerne quarzgesteuerte Oszillatoren (keine ,,digitalen" Schaltungen), weil ihre Frequenzstabilität besser ist.

Wenn kein Eingangssignal anliegt, befindet sich die monostabile Schaltung 3.48 (im anglo-sächsischen Sprachgebrauch oft auch ,,single-shoot" genannt — Anm. d. dtsch. Red.) in dem Zustand, in dem T_1 gesperrt und T_2 leitend ist. Wenn infolge eines positiven Impulses an der Basis Transistor T_3 vorübergehend leitend gemacht wird, so leitet der negative Kollektorspannungssprung von T_1 und T_3 einen Vorgang ein, der im wesentlichen derselbe ist wie in der vorhergehenden astabilen Schaltung. T_2 bleibt wie zuvor für eine Zeit von 0,7 R_4C_2 gesperrt, bis das System in die stabile Anfangslage zurückfällt. Dann ist die Schaltung nach einer Zeit, die Erholungszeit genannt wird, bereit, auf einen neuen Impuls zu antworten. Die Erholungszeit wird hauptsächlich durch die Zeit bestimmt, die nötig ist, um das Kollektorpotential von T_1 auf das Speisepotential zurückzuführen. Sie hängt in gewissem Maße von der Genauigkeit, die für den nächsten Ausgangsimpuls gefordert wird, ab. Bei der gezeigten Schaltung müßte eine Zeit von ungefähr 3 · R_1C_2 für die meisten Anwendungsfälle ausreichen. Man kann die Erholungszeit verringern, indem man ein hohes Speisepotential mit Kollektorbegrenzung verwendet, wie das für die vorhergehende astabile Schaltung beschrieben wurde. Zahlreiche andere Verbesserungen für verschiedene Spezialzwecke können noch vorgesehen werden.

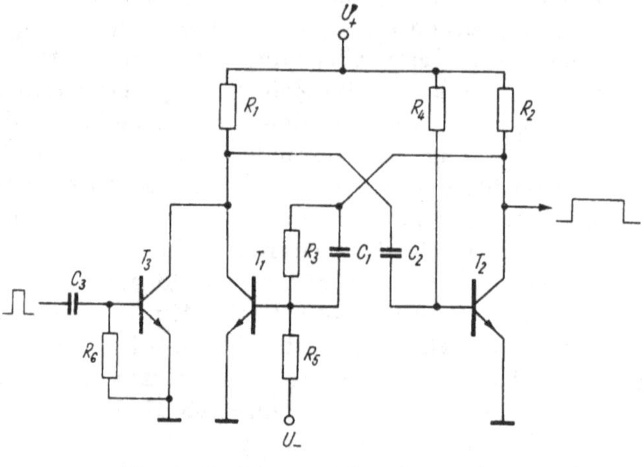

Abb. 3.48. Monostabiler Multivibrator

Monostabile Schaltungen finden weitgehende und verschiedenartige Anwendung. Ein Beispiel hierfür ist die Erzeugung von Impulsen oder Impulsfolgen nicht einheitlicher Dauer, wie man sie zur Betätigung eines Speichers, z. B. eines magnetischen Kernspeichers, braucht. Eine andere Anwendung findet man bei der Verzögerung einer nicht zusammenhängenden Zahl von Taktimpulszeiten. Eine Illustration mag an Hand der asynchronen Betriebsweise erfolgen, wo die Erzeugung eines Vollzugssignales nicht günstig ist. Um ein Vollzugssignal zu simulieren, wird eine monostabile Schaltung verwendet, deren Ausgangsimpulsdauer länger ist als die längstmögliche Vollzugszeit des Untersystems. In anderen Fällen kann man auch dann, wenn das Vollzugssignal normal erzeugt wird, mit einer monostabilen Schaltung ein Fehlersignal für den Fall erzeugen, daß das Vollzugssignal länger als eine vorgegebene Zeitspanne ausbleibt. Dabei würde die monostabile Schaltung zusammen mit dem Untersystem gestartet. Die logische Schaltung ist so ausgelegt, daß das Ausgangssignal der monostabilen Schaltung aufgehoben wird, sobald das erwartete Vollzugssignal erscheint.

3.33. Der SCHMITT-Trigger

Eine Schaltung, die allgemein als SCHMITT-Trigger bekannt ist, zeigt Abb. **3.49.** Der Name scheint auf eine Veröffentlichung „Ein Elektronenröhren-Trigger" von O. H. SCHMITT (Journal of Scientific Instruments, Januar 1938) zurückzugehen. Der SCHMITT-Trigger ist eine bistabile Schaltung, ähnlich einem Flip-Flop, nur daß die Kopplung von T_2 zurück auf T_1 anstelle durch ein zweites Kollektor-Basis-Netzwerk durch einen gemeinsamen Emitteranschluß erfolgt. Ein Rückführsignal von einem Emitter zu anderen hat denselben Effekt, nämlich daß T_1 leitend gemacht wird, wie eine Rückkopplung vom Kollektor auf die Basis. Die Arbeitsweise der Schaltung versteht man, indem man zuerst annimmt, daß das Potential an den Eingangsklemmen Null ist, nämlich auf Erdpotential liegt. T_1 ist dann gesperrt, und das positive Signal, welches

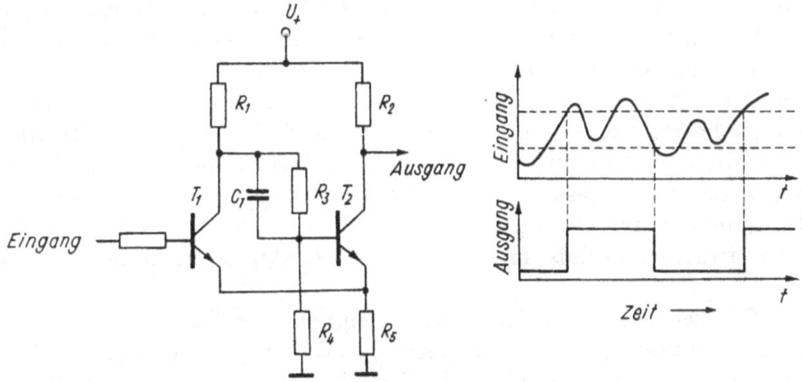

Abb. 3.49. SCHMITT-Trigger

am Kollektor von T_1 erscheint, macht T_2 leitend. Wenn das Eingangssignal nach und nach positiver wird, erreicht es einen Wert, bei dem T_1 zu leiten beginnt. Das resultierende Signal am Kollektor von T_1 ist auf die Basis von T_2 gekoppelt. Wenn die Verbindung zwischen den Emittern fehlt, so würde an T_2 das Basispotential bloß allmählich abfallen und die Emitter- und Kollektorpotentiale sich entsprechend verschieben. Jedoch das erniedrigte Emitterpotential an T_1 ruft eine regenerierende Wirkung hervor, wobei T_1 völlig leitend wird. Bei einem richtigen Entwurf wird die Basis von T_2 negativer als das Potential, auf dem sein Emitter gehalten wird, wenn T_1 leitend und T_2 deshalb völlig gesperrt ist. Erniedrigt man das Eingangspotential allmählich, so laufen die Vorgänge in umgekehrter Reihenfolge ab.

Ein Merkmal des SCHMITT-Triggers ist der Hystereseeffekt. D. h., es gibt einen Bereich des Eingangssignals, für den der Trigger in jedem Zustand im Gleichgewicht ist. Liegt das Eingangspotential in diesem Bereich, so hängt der spezielle Zustand der Schaltung davon ab, ob sich das Eingangspotential zuletzt auf dem oberen Einschaltpotential oder auf dem unteren Ausschaltpotential befunden hat. Diese Verhältnisse sind in Abb. 3.49b für qualitativ typische Eingangs- und Ausgangskurven dargestellt.

Hinsichtlich der relativ wenigen Bauelemente der Schaltung ist der Entwurf eines SCHMITT-Triggers komplizierter, als es scheint. Das genaue Berechnungsverfahren hängt vom Anwendungsfall und von den Anforderungen an die Schaltung ab. Aber die mehr oder weniger grundlegenden Dinge seien hier erläutert. Wenn T_1 gesperrt ist, ist zuerst das Potential an T_2 weitgehend von den Widerständen R_1, R_3 und R_4, die als einfacher Spannungsteiler wirken, abhängig. Jedoch die Basis von T_2 zieht etwas Strom aus dem Spannungsteiler. Bei der Berechnung des Basispotentials muß das berücksichtigt werden. Wird der Widerstand R_2 als klein angenommen, so kann man den Basisstrom in T_2 bestimmen, indem man den Strom durch R_5 durch die Stromverstärkung des Transistors teilt. Der Strom durch R_5 kann aus dem Verhältnis der Spannung über R_5 zum Widerstand R_5 bestimmt werden. Da jedoch die Spannung über ihm vom Basispotential abhängt (welches in diesem Entwurfsstadium nur annähernd bekannt ist), muß man gewöhnlich iterativ vorgehen, um letztlich zu den Potentialen für eine angenommene Parametergruppierung zu kommen. Wenn sich nicht das gewünschte Basispotential ergibt, kann man die Widerstandswerte korrigieren und den Vorgang wiederholen. Das Kollektorpotential hängt bei leitendem T_2 vom Widerstand R_2 ab. Bei einem großen Widerstand R_2 wird der Transistor T_2 gesättigt, und obwohl ein enger Zusammenhang zwischen Kollektorpotential und Basispotential besteht, ergibt sich der Basisstrom nicht wie oben erwartet, so daß im Entwurf gewisse Änderungen getroffen werden müssen.

Wenn T_1 leitet, so muß die Eingangssignalquelle den Basisstrom für T_1 liefern. Der Basisstrom von T_1 kann so berechnet werden, wie das im vorigen Abschnitt beschrieben wurde. Jedoch hängt die Berechnung vom speziell angenommenen Eingangspotential ab. Bei manchen Anwendungsfällen ist das Eingangspotential überhaupt nicht konstant (es ist nicht von einem binären Signal abgeleitet), und die Basis- und Emitterpotentiale schwanken ebenfalls. Entsprechend dem Widerstand R_1 kann T_1 gesättigt sein oder nicht. Der Widerstand R_1 muß trotzdem groß genug sein, daß der Strom durch ihn an T_1 einen Spannungsabfall erzeugt, der ausreicht, um T_2 gesperrt zu halten. Mit anderen Worten, der Widerstand R_1 muß klein genug sein, um eine Sättigung in T_1 zu verhindern, so daß das Emitterpotential positiv verschoben werden kann, ohne daß eine übermäßige Aufladung am Eingang erfolgt. R_1 muß aber groß genug sein, um einen ausreichenden Signalsprung an der Basis von T_2 zu erzeugen. Weil diese Einschränkung zu den Bedingungen des vorigen Abschnittes noch hinzukommt, müssen die Parameter beim Entwurf solange variiert werden, bis ein geeigneter Kompromiß gefunden wird.

Eine hauptsächliche Anwendung findet der SCHMITT-Trigger bei der Erzeugung eines Signals mit steilem Anstieg und Abfall, wie man es für digitale Schaltungen mit hohen Geschwindigkeiten braucht, und wo das Eingangssignal aus relativ langsamen Schaltungen bezogen wird. Eine andere wichtige Anwendung ist die, daß aus einem Signal mit unebener Kurvenform, wie man sie z. B. aus einem Signalverstärker in einer Magnetbandeinheit erhalten könnte, wieder ein Rechtecksignal geformt wird. Der SCHMITT-Trigger wird selten für den logischen Teil eines digitalen Systems verwendet. Der Schaltungsbaustein, der für Entwürfe zur Verfügung gestellt wird, enthält im allgemeinen noch einen dritten Transistor, der als RCTL-Umkehrverstärker geschaltet ist, um den Ausgang so vorzuspannen, wie das für die Funktion konventioneller logischer Glieder erforderlich ist, und um außerdem noch eine Verstärkung vorzunehmen.

Diese Erläuterungen zum SCHMITT-Trigger erfolgten, weil er für die gezeigten Einsatzbereiche in beträchtlichem Umfange verwendet wurde, obwohl ein richtig dimensionierter herkömmlicher Flip-Flop, bei dem das Eingangssignal über einen Widerstand zur Basis eines Transistors geführt wird, eben so gut demselben Zweck dient, und der Entwurf der Schaltung bedeutend einfacher vorgenommen werden kann.

3.34. Logische Glieder mit komplementären Transistoren — Erste Form

Bei dieser Fülle von Schaltungen, die mit einem Transistortyp die logischen Funktionen realisieren, ist wohl einzusehen, daß bei gemeinsamer Verwendung von *npn*- und *pnp*-Transistoren die Anzahl der Möglichkeiten enorm groß wird. Allerdings bieten die meisten *npn-pnp*-Kombinationen keine oder nur kleine Vorteile und werden deswegen selten verwendet. Darüberhinaus ist die Notwendigkeit zweier verschiedener Transistortypen eine beachtliche Erschwernis bei der Herstellung, besonders bei integrierten Schaltkreisen. Trotzdem haben wenigstens einige Formen der Schaltungen mit komplementären Transistoren gewisse sehr zweckdienliche Merkmale, und diese wurden für die Darstellung ausgewählt. Sie enthalten keinerlei neue Prinzipien logischer Schaltungen.

Die Formen sind alle entwickelt worden, um durch Verwendung von *pnp*- sowie *npn*-Transistoren die Signalverstärker-Kennlinie der Bausteine, die früher in diesem Kapitel beschrieben wurden, zu verbessern.

In der ersten Form von komplementären Schaltkreisen sind die *npn*- und *pnp*-Transistoren abwechselnd in aufeinanderfolgenden Stufen verwendet, wie das in Abb. 3.50a gezeigt ist. Die Emitter der *npn*-Transistoren sind wie früher geerdet, aber die Emitter der *pnp*-Transistoren liegen am positiven Speisepotential. In dieser Anordnung speist der Kollektor eines Transistors direkt den Basisstrom für den nächsten Transistor. Es ist also anders als bei allen vorher beschriebenen Schaltungen, wo der Kollektor den Strom über einen Lastwiderstand zog, der wiederum den Strom zum nächsten Transistor lieferte, wenn der erste gesperrt war. Um einen vorgeschriebenen Basisstrom zu erhalten, wird der dafür notwendige Serienwiderstand zwischen dem Kollektor des einen und der Basis des nächsten Transistors bestimmt, indem man den Kollektor-Emitter-Spannungsabfall des ersten und den Basis-Emitter-Spannungsabfall des zweiten Transistors von der Speisespannung abzieht und das Ergebnis durch den gewünschten Basisstrom teilt. Neben dem äußerst einfachen Entwurf bietet diese Anwendung für logische Kreise die Möglichkeit eines Ausgangslastfaktors, der so groß wie die Stromverstärkung des Transistors ist (wenn nicht Störungen oder Transistortoleranzen das einschränken). Obwohl der Ausgangslastfaktor bloß eins in der Abbildung ist, erhält man durch separate Koppelwiderstände von einem Transistor zu jedem angesteuerten anderen größere Ausgangslastfaktoren.

In Abb. 3.50a wurde angenommen, daß der Kollektor-Sperrstrom eines vorliegenden Transistors sehr klein ist und daß die Stromverstärkung des nachfolgenden Transistors bei diesem geringen Basisstrom kleiner als eins ist. Diese Situation entspricht der bei DCTL-Schaltungen, wo die Basis eines gesperrten Transistors nicht negativ verschoben wurde, sondern um einen geringen Betrag positiv blieb. Falls die Stromverstärkung nicht wirklich kleiner als eins ist, wenn der Kollektorsperrstrom des vorigen Transistors durch die Basis gezogen wird, ist ein zusätzlicher Widerstand von den Basen zu den Quellen $U + \Delta U$ und $U - \Delta U$, wie eingezeichnet, notwendig, um die Basispotentiale der verschiedenen Transistoren so zu verschieben, daß diese gesperrt sind. Die erwähnten Widerstände entsprechen denen, die bei den früher beschriebenen Schaltungen verwendet wurden, um die Basen der *npn*-Transistoren negativ zu verschieben, damit die Transistoren gesperrt sind. Der zusätzliche Widerstand bringt einerseits Störimmunität, andererseits aber eine leichte Verringerung der Belastbarkeit mit sich.

Abb. 3.50b und c zeigen, wie die ODER- bzw. UND-Funktionen erzeugt werden. Die Parallel- und Serienanschlüsse sind an sich dieselben wie bei den DCTL-Schaltungen, jedoch erhält man die gleichen logischen Ergebnisse unabhängig davon, ob die Parallel- oder Serienschaltungen mit *npn*- oder *pnp*-Transistoren erfolgen. Die Signalvorspannung ist bei der Serienschaltung mit diesen komplementären Transistoren kein Problem, wie das bei DCTL-Schaltungen der Fall war. Jeder Transistor ist mit einem separaten Eingangswiderstand versehen, dessen Wert nötigenfalls korrigiert werden kann. Wenn das Speisepotential groß gegenüber dem Spannungsabfall des Transistors ist, können auch die Basisstromschwankungen infolge der Serienschaltung von Transistoren vernachlässigt werden.

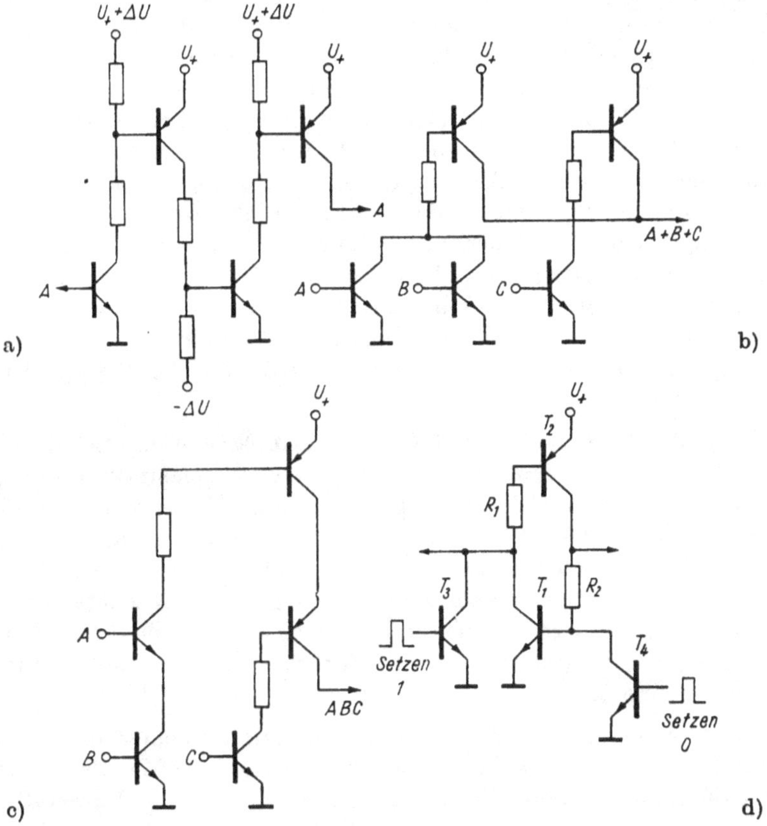

Abb. 3.50. Komplementärtransistorschaltungen erster Art

Ein Flip-Flop, der diese Form von komplementären Schaltungen verwendet, zeigt Abb. 3.50d. Das bistabile Verhalten wird durch die Transistoren T_1 und T_2 erzeugt. Wieder wird angenommen, daß die Stromverstärkung des Transistors kleiner als eins ist, wenn der Strom in jede Basis gleich dem Kollektorsperrstrom des gegenüberliegenden Transistors ist. Andernfalls macht sich ein zusätzlicher Widerstand, wie er in Abb. 3.50a gestrichelt eingezeichnet ist, nötig. Der Flip-Flop wird einfach eingeschaltet, indem T_3 vorübergehend leitend gemacht wird. Das Ausschalten erfolgt dadurch, daß T_4 zeitweise leitend wird, während das Potential von T_1 wesentlich näher nach Erde verschoben wird, damit T_1 in der Art einer DCTL-Schaltung gesperrt wird. Wenn die zusätzlichen Widerstände verwendet werden, sollte man den Kollektor von T_4 an einem Abgriff anstatt am unteren Anschluß von R_2 anlegen.

Obwohl die Ausgangssignale der beiden Seiten des Flip-Flops in Abb. 3.50d entgegengesetzter Polarität sind, bilden sie vom logischen Standpunkt aus nicht die Umkehrung voneinander. Denn wenn zum Beispiel der linke Ausgang einen *npn*-Transistor steuern soll, so muß das Ausgangssignal durch eine *pnp*-Stufe laufen, nach der es die gleiche Information enthält wie der rechte Ausgang, der direkt einen *npn*-Transistor antreiben kann. Tatsächlich erzeugt keine der Schaltungen 3.50 eine inverse Funktion, trotz der umgekehrten Polarität in den verschiedenen Stufen. Aus diesem Grunde müssen dort, wo in einem System Inversionen gebraucht werden, herkömmliche Negatoren, wie sie früher für nichtkomplementäre Schaltungen beschrieben wurden, verwendet werden. Ein anderer Weg, die Situation zu betrachten, ist jedes Paar aufeinanderfolgender Stufen als eine logische Stufe anzusehen. In diesem Falle würde z. B. jede Schaltung 3.50b und c einen einzigen logischen Baustein darstellen, obwohl im *npn*- als auch im *pnp*-Teil jedes Bausteines ODER- und UND-Funktionen ausgeführt werden können.

Außer den Vorzügen, daß diese Form von komplementären Schaltungen einfach zu entwerfen ist und über einen großen Ausgangslastfaktor verfügt, verbraucht sie in gewissen Fällen weniger Leistung. Wenn z. B. ein Flip-Flop ausgeschaltet ist, so zieht keiner der Transistoren einen nennenswerten Strom aus dem Netz. In den Fällen, wo in einem System zwar viele Flip-Flops gebraucht werden, von denen aber nur wenige gleichzeitig eingeschaltet sind, kann die Leistungsersparnis bedeutend werden. Das Netzgerät muß natürlich imstande sein, die maximale Zahl von Kreisen, die gleichzeitig leitend sein können, zu versorgen.

Der Flip-Flop kann variiert werden, indem man die beiden Kollektor-Basis-Widerstände auf null reduziert und einen gemeinsamen Widerstand in Reihe mit der Kombination zweier Transistoren schaltet, um den Durchlaßstrom zu begrenzen. Das ergibt die Schaltung 3.51. Diese Anordnung ist im wesentlichen auch mit einer Vierschicht- oder *pnpn*-Diode realisierbar, nur daß in der Diode die beiden verbundenen *n*-Zonen physikalisch dieselbe Zone sind, ebenso die beiden verbundenen *p*-Zonen. Diese Schaltung oder die äquivalente Vierschichtdiode wurde in vielen speziellen Schaltungen verwendet, jedoch nicht in verallgemeinerten logischen Gliedern. Die offensichtliche Wirtschaftlichkeit an Bauelementen bei der bistabilen Grundschaltung geht verloren, wenn sie für einen ständigen Wechsel zwischen leitendem und gesperrtem Zustand herangezogen werden soll, wie das bei digitalen Systemen erforderlich ist.

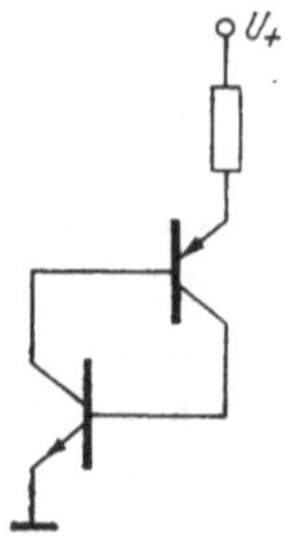

Abb. 3.51. Bistabile Schaltung

3.35. Komplementäre Schaltungen — Zweite Form

In der zweiten Form von komplementären Schaltungen wird der Lastwiderstand für einen *npn*-Transistor durch einen *pnp*-Transistor ersetzt, um so eine Art von Gegentaktwirkung hervorzurufen. In Abb. 3.52a ist ein NAND-Baustein gezeigt. Die Dioden und der *npn*-Transistor sind dieselben, wie sie früher für die DTL-Schaltungen beschrieben wurden. Die Basis des *pnp*-Transistors liegt an einem Abgriff des Widerstandes in der Dioden-UND-Schaltung, so daß der *pnp*-Transistor leitet, wenn der *npn*-Transistor gesperrt ist. Der Abgriff erfolgt hoch genug am Widerstand, damit der *pnp*-Transistor sicher gesperrt ist, wenn der *npn*-Transistor leitet, d. h., wenn alle Eingangssignale positiv sind. Wie bei DTL-Schaltungen, können zwei reihengeschaltete Doden anstatt der einzelnen gezeigten Diode mit der Basis des *npn*-Transistors in Reihe liegen, um die Störunempfindlichkeit zu erhöhen. Beim Entwurf der Schaltung sollte die Summe der Widerstände R_1 und R_2 gleich dem Widerstand der Dioden-UND-Schaltung in einem DTL-Baustein sein (falls der Basisstrom zum gesperrten *pnp*-Transistor vernachlässigbar klein ist). Der Widerstand R_2

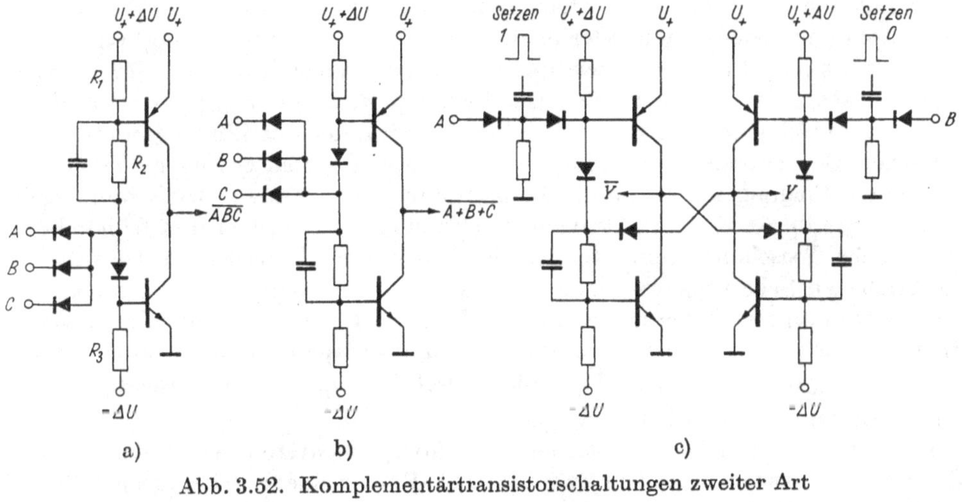

Abb. 3.52. Komplementärtransistorschaltungen zweiter Art

sollte so gewählt werden, daß der Strom durch ihn gleich der Summe aus dem gewünschten Basisstrom und dem Strom durch R_1 ist, wenn alle Eingangssignale negativ sind. Den notwendigen Widerstand kann man direkt berechnen, weil die Potentiale der oberen und unteren Anschlüsse aus der Netzspannung und den Spannungsabfällen an den Halbleiterübergängen der Schaltung leicht zu erfassen sind.

Die ODER-Funktion kann man nicht dadurch erzeugen, daß man die Ausgänge von zwei oder mehr NAND-Bausteinen zusammenschließt, da bei den Komplementärschaltungen bei verschiedenen Kombinationen von Eingangssignalen an den verschiedenen Bausteinen ein Kurzschluß über den *pnp*-Transistor des einen Bausteines und den *npn*-Transistor des anderen Bausteines auftritt. Jedoch kann man einen NOR-Baustein gemäß Abb. 3.52b realisieren.

Der Zweck der Gegentaktwirkung wird verfehlt, wenn der logische Entwurf eines Systems so ist, daß nur NAND-Bausteine oder nur NOR-Bausteine verwendet werden (was ja möglich ist, wie früher erklärt wurde). Wenn z. B. nur NAND-Bausteine verwendet werden, so braucht der Baustein selber keinen Lastwiderstand, denn die Last besteht aus den Widerständen der Dioden-UND-Schaltung des nachfolgenden Bausteines. Wenn jedoch unter den Bausteinen, die einem NAND-Glied folgen, solche vom NOR-Typ sind, so eignet sich der *pnp*-Transistor vorzugsweise für hohe Geschwindigkeiten, wenn sich das Signalpotential in positiver Richtung ändert.

Zwei NAND-Bausteine, zwei NOR-Bausteine oder von jedem einer können in eine Rückkoppelschleife gelegt werden, um so mit dieser Form von komplementären Schaltungen einen Flip-Flop zu gestalten. Abb. 3.52c zeigt einen Flip-Flop aus zwei NOR-Bausteinen mit je einem Eingang. Ungeachtet dessen, welcher Bausteintyp verwendet wurde, kann man den Flip-Flop nicht in den einen oder anderen Zustand versetzen, indem man den Kollektor eines Eingangstransistors (entweder einzeln oder in einer komplementären Schaltung) an einen Ausgang des Flip-Flops legt, wie das bei verschiedenen früher beschriebenen Schaltungstypen zu machen war. Das liegt daran, daß der Kippvorgang des Flip-Flops durch einen Kurzschluß verhindert wird, den der Eingangstransistor mit einem der Transistoren bildet, die das Ausgangssignal erzeugen. Deshalb müssen die Eingangssignale an die Transistoren gelegt werden. Die Impulstorschaltungen, die in den Schaltungen gezeigt sind, entsprechen den früher beschriebenen Torschaltungen. Nur ist die Polarität im Vergleich zu der früher beschriebenen Schaltung umgekehrt, da die Torschaltungen anstelle an *npn*-Transistoren an *pnp*-Transistoren liegen. Wenn z. B. Signal A positiv ist und ein nach positiv springendes Potential an den entsprechenden Kondensator gelegt wird, so ist der Flip-Flop auf 1 gesetzt, d. h., das Ausgangssignal Y wird positiv und $\overline{Y}$ wird Null.

Man kann zahlreiche Variationen von komplementären Schaltkreisen in dieser Form entwickeln, indem man die DTL-Eingangsnetzwerke durch RTL-, RCTL- oder TTL-Netzwerke ersetzt.

Außer dem Vorteil einer erhöhten Geschwindigkeit bei einem positiven Signalsprung erreicht man mit Transistoren unterschiedlichen Typs in einer Gegentaktschaltung eine etwas bessere Ausgangslast-Charakteristik, da fast der gesamte Kollektorstrom durch die Nutzlast fließt und nicht in einem Lastwiderstand verloren geht. Darüber hinaus kann der Gesamtleistungsverbrauch klein im Vergleich zum Leistungsbedarf vieler anderer Arten von Schaltkreisen gehalten werden, wobei ein Teil dieser Einsparung auf das Fehlen des Lastwiderstandes zurückzuführen ist. Mit anderen Worten, der Lastwiderstand (jetzt ein Transistor) hat eine sehr hohe Impedanz, wenn die Spannung über ihm groß ist.

Ein anderer Teil der Leistungsersparnis resultiert aus der relativ niedrigen — 2 Volt oder kleineren — Speisespannung, die verwendet werden kann, ohne daß größere Verluste hinsichtlich der Geschwindigkeit in Kauf genommen werden müssen.

3.36. Komplementäre Schaltungen — Dritte Form

Ein Typ einer komplementären Schaltung, hier dritte Form genannt, ergibt sich, indem man nur verschiedene *pnp*-Transistoren abwechselnd aufeinander folgen läßt. Man will damit eine UND-ODER-Kombination von Funktionen mit hoher Geschwindigkeit erhalten, wobei die Bezugspunktverschiebung des Signals, die sich bei einzelnen Emitterfolgern ergibt, kompensiert wird.

Die Grundidee ist in den früher beschriebenen Schaltungen in verschiedenen Arten enthalten. Die Diskussion beschränkt sich aber hier auf eine spezielle Form. Zwei Bausteine werden wie in Abb. 3.58 geschaltet. Der Baustein **3.53a** besteht aus drei *pnp*-Transistoren (es können noch mehr hinzugefügt werden) in einer Emitterfolger-Schaltung, mit der man in einfacher Weise eine UND-Funktion für positive Signale realisieren kann. Der Ausgang der UND-Schaltung wird auf einen *npn*-Transistor geführt, der auch als Emitterfolger geschaltet ist. Wenn der Baustein allein verwendet wird, so werden die beiden gestrichelt

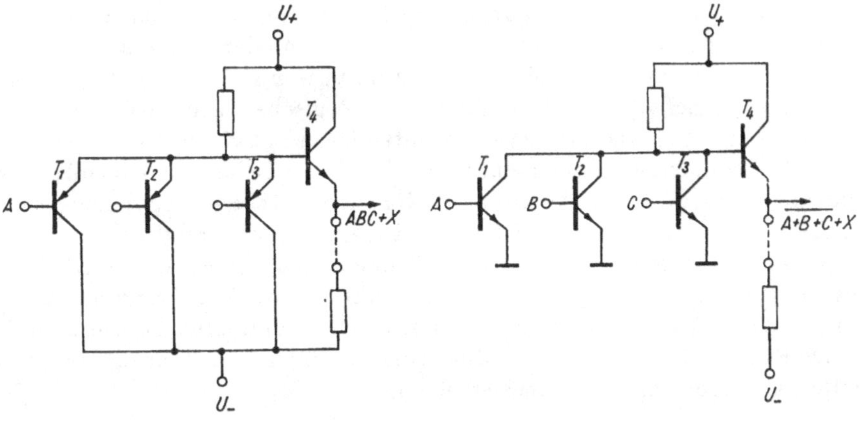

a) b)

Abb. 3.53. Komplementärtransistorschaltungen dritter Art

verbundenen Klemmen kurzgeschlossen. Zwei oder mehrere solcher Bausteine werden jedoch so verwendet, daß sie mit ihren Ausgängen zusammengeschlossen sind und die *npn*-Transistoren in einer ODER-Emitterschaltung liegen. Dabei wird ein Widerstand nur für einen Baustein angeschlossen. Es entsteht ein UND-ODER-Kreis, wobei das Signal oder die Funktion, die durch die ODER-Beziehung verknüpft werden soll, im Bild mit X bezeichnet ist. Der Baustein verfügt über eine Stromverstärkung. Es entsteht jedoch ein geringer Amplitudenverlust des Signalsprunges, so daß nur etwa vier solcher Bausteine aufeinanderfolgen können, ohne daß der Pegel des Binärsignals wieder hergestellt wird.

Um den Signalpegel zu regenerieren, verwendet man den Baustein 3.53b. Das ist ein elementarer NOR-Kreis mit einer Emitterfolger-Stufe am Ausgang. Weil der Basis-Emitter-Spannungsabfall im Emitterfolger größer als der Kollektor-Emitter-Spannungsabfall im leitenden Invertor ist, erscheint das Potential des Ausgangssignals tatsächlich negativ gegen Erde, wenn der Ausgang eine binäre 0 liefert. Wenn das Ausgangssignal eine 1 darstellt, so ist das resultierende Potential positiv gegen Erde, aber seine Amplitude ist durch die Verstärkung des Transistors und die äußere Last beeinflußt, wie das früher im Abschnitt über Emitterfolger diskutiert wurde. Wie bei der Schaltung a kann man auch in b den Widerstand wahlweise anschließen, so daß die Ausgangsklemmen von zwei oder mehreren Schaltkreisen zusammengeschlossen werden können und eine zusätzliche ODER-Funktion entsteht. Man erhält insgesamt eine ODER-NICHT-ODER-Funktion (NOR-OR-Funktion).

Der Baustein b ist sogar ohne die ODER-Funktion als Abschluß komplett in dem Sinne, daß nur aus Schaltkreisen dieses Typs eine logische Funktion erzeugt werden kann. Außer einer Erleichterung des logischen Entwurfes erreicht man durch Einbeziehung eines Bausteines nach a eine höhere Geschwindigkeit, wenn ein Signal durch eine große Anzahl aufeinanderfolgender Bausteine läuft, wie es bei der Übertragungsweiterleitung eines binären Volladdierers vorkommt. Die höhere Geschwindigkeit rührt von der minimalen Zahl von Negatoren her, durch die ein Signal laufen muß, wenn diese Negatoren nur für den Aufbau der Schaltung und nicht für den logischen Entwurf an sich nötig sind. Für einige Signalkombinationen entsteht bei gewissen logischen Plänen eine Geschwindigkeitserhöhung dadurch, daß in logischen Emitterfolgerschaltungen nicht unbedingt ein Wechsel zwischen dem leitenden und dem gesperrten Zustand nötig ist, wenn ein Wechsel im Ausgangssignal erfolgt.

Einen Flip-Flop kann man aufbauen, indem man zwei der in Abb. 3.53b gezeigten Schaltkreise auf übliche Weise rückkoppelt. Das Triggern kann entweder über die ODER-Funktion mit den beiden Parallelinvertoren oder über die ODER-Funktion durch Anschluß eines zusätzlichen Transistors parallel zum Emitterfolger des Bausteines erfolgen.

3.37. Komplementäre Schaltungen — Vierte Form

Der Zweck der vierten Form von komplementären Schaltungen, die erwähnt werden sollen, ist eine direkte Kopplung von einer Stufe zur nächsten, wenn eine wesentliche Verschiebung des Signalbezugspunktes in jeder Stufe auftritt. Die stromgesteuerte Schaltung 3.19 ist ein Beispiel hierfür. Die *pnp*-Stufen sind symmetrisch zu den *npn*-Stufen aufgebaut, und wenn diese zwei Versionen sich in einer Kette solcher Schaltungen abwechseln, so kompensiert die negative

Verschiebung der *pnp*-Bausteine die positive Verschiebung in den *npn*-Schaltkreisen. In Abb. 3.54 ist ein direkt gekoppelter Flip-Flop von diesem Typ dargestellt, indem eine zweistufige Kette zu einer Schleife geschlossen wurde.

3.38. Komplementäre Schaltungen kleinster Leistung

Wenn digitale Systeme transportabel wie in Raumschiffen, eingebaut werden sollen, ist ein geringer Gesamt-Leistungsverbrauch vordringlich. Wie schon besprochen wurde, helfen sowohl eine kleine Speisespannung als auch geringe Signalsprünge, den Leistungsverbrauch zu verringern. Jedoch bei den meisten

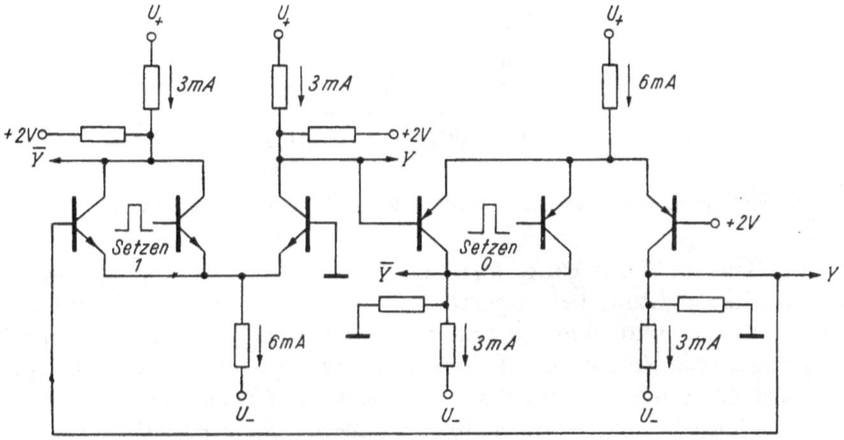

Abb. 3.54. Komplementärtransistorschaltungen vierter Art
(z. B. stromgesteuerter Flip-Flop)

hier angeführten Schaltungen ist der Gesamt-Leistungsverbrauch im wesentlichen konstant und unabhängig davon, ob das System bei der Informationsverarbeitung gerade im Einsatz ist oder nicht. Bei einigen Anwendungen in der Raumfahrt braucht das System, oder Teile davon, lange Zeit nicht in Betrieb zu sein, und der Verbrauch von Ruheleistung wird manchmal unvertretbar, weil er den größten Teil des Leistungsbedarfes darstellt. Gelegentlich verwendet man Netzschalter, die die Leistungsquelle vom System oder gewissen Teilen abschalten, wenn die entsprechenden Ruheperioden im voraus festliegen. Natürlich hat diese Möglichkeit gewisse Grenzen, wenn etwa jeder individuelle Baustein abgeschaltet werden sollte, wenn er nicht gebraucht wird. Besonders ist das der Fall in einem komplizierten System zur Verarbeitung unbekannter Daten.

Der Kreis in Abb. 3.55, der eine Art von DTL-NAND-Baustein mit komplementären Transistoren darstellt, erreicht die minimale Ruheleistung besonders gut. In dieser Schaltung bilden die Transistoren T_4 und T_5 einen variablen

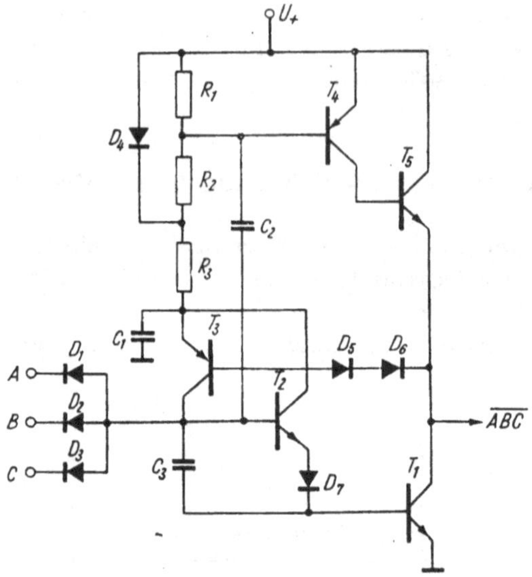

Abb. 3.55. NAND-Glied mit geringer Leistungsaufnahme aus Komplementärtransistoren

Lastwiderstand für T_1, der die elementare Funktion eines Umkehrverstärkers erfüllt. Ist die Schaltung bei gesperrtem T_1 in Ruhe, so werden T_4 und T_5 auch gesperrt gehalten, und dadurch tritt in diesem Teil der Schaltung eine hohe Lastimpedanz und ein geringer Leistungsverbrauch auf. Während dieser Zeit braucht der Ausgang nicht positiv verschoben zu werden, um mit dem Ausgangssignal ähnliche NAND-Bausteine zu steuern. Nur wenn T_1 vom leitenden in den gesperrten Zustand übergeht, ist eine positive Verschiebung erforderlich, und T_4 und T_5 werden vorübergehend leitend, was noch genauer beschrieben wird. Leistung wird also dadurch eingespart, daß man eine Art Stromverstärker zwischen den Dioden D_1, D_2 und D_3 der UND-Schaltung und dem Widerstand R_3 einschaltet.

In Abb. 3.55 kann man die Transistoren T_1 und T_2 so ansehen, als ob sie in einer Weise ähnlich dem Darlington-Verstärker 3.26a funktionieren, wobei der Eingangsstrom zur Basis von T_2 in 3.55 verstärkt und in die Basis von T_1 geschickt wird. Andererseits wirkt T_1 zusammen mit T_3, so daß man im wesentlichen dieselbe Schaltung wie in Abb. 3.51 erhält, außer daß hier die reihengeschalteten Dioden D_5 und D_6 einen Spannungsabfall zwischen der Basis von T_3 und dem Kollektor von T_1 erzeugen und zwei andere reihengeschaltete Dioden (D_7 und der Emitter-Basis-Übergang an T_2) ebenfalls einen Spannungsabfall zwischen dem Kollektor von T_1 und der Basis von T_3 liefern. Die Dioden dienen dazu, eine Vorspannung an der Basis von T_2 zu erzeugen, die schon bei einem relativ negativen Eingangssignal T_2 sperrt.

Es sei angenommen, daß mindestens eines der drei Eingangssignale A, B und C Null ist und so T_2 und T_1 gesperrt sind. T_3 wird dann auch gesperrt sein und ein positives Potential am unteren Anschluß von R_3 erzeugen. Transistor T_4 ist dann gesperrt. Fließt kein Strom durch T_4, so ist der Transistor T_5 gesperrt. Wenn alle Transistoren gesperrt sind, ist die Leistungsaufnahme gering. Macht man jetzt alle drei Eingangssignale positiv, um die UND-Funktion zu erfüllen, so bleibt T_2 nicht länger gesperrt und der Kollektor-Leckstrom von T_3 leitet eine rückkoppelnde Wirkung zwischen T_1 und T_3 ein, bis beide Transistoren leitend sind. T_2 wirkt als Stromverstärker in der Rückführung und wird ebenfalls leitend. Der Kondensator C_1 versucht, das Potential am unteren Anschluß von R_3 positiv zu halten, und wirkt dadurch als Beschleunigungs-Kondensator für diese Einschaltoperation. T_4 und T_5 bleiben gesperrt, obwohl die Basis von T_4 infolge der Wirkung der über D_4 angeschlossenen Widerstände R_1 und R_2 nahezu auf dem Einschaltpotential gehalten wird. D_4 wirkt als eine Art von konstantem Spannungsabfall. Während T_1 leitet, geht ein kleiner Leistungsbetrag in der Widerstandskette aus R_1, R_2 und R_3 verloren. Diese Leistung ist aber minimal (im Vergleich zu gewöhnlichen DTL-Schaltungen), weil diese Widerstandskette nicht laufend einen bedeutenden Strom zur Ladung der Schaltkapazitäten am Eingang von T_1 aufzunehmen hat.

Wenn alle Eingangssignale wieder Null gemacht werden, werden T_2 und T_1 wieder gesperrt. Dabei werden die Vorgänge an T_1 beschleunigt, da der negative Signalsprung über C_3 direkt auf die Basis von T_1 gekoppelt wird. Zur selben Zeit wird der negative Signalsprung über C_2 auf die Basis von T_4 gekoppelt und öffnet T_4 zeitweise. Weil der Emitter von T_5 auf einem niedrigen Potential gehalten wurde, schaltet der Strom vom Transistor T_4 anschließend T_5 ein und verschiebt das Ausgangspotential schnell in positiver Richtung. Wenn der Impuls über C_2 verschwunden ist, kehren T_4 und T_5 in den gesperrten Zustand zurück.

Schaltungen gemäß Abb. 3.55, über die hier berichtet wurde, hatten eine Gesamtleistung kleiner als 100 Mikrowatt bei einem Tastverhältnis von 0,5. Die Schaltung konnte ein Signal von einem Zustand in den anderen mit einer durchschnittlichen Verzögerung von maximal 100 Nanosekunden bei einem Ausgangslastfaktor von 5 übertragen.

3.39. Parasitäre Schwingungen

Wenn unbeabsichtigte Streuinduktivitäten und Streukapazitäten auftreten, entstehen aus den Schaltungen, die für ganz andere Zwecke vorgesehen sind, manchmal verschiedene Formen von Oszillatoren. Die entstehenden parasitären Schwingungen sind seit den ersten Tagen der Elektronik eine Plage für den Ingenieur. Sie treten besonders bei der Entwicklung von Hochfrequenzverstärkern großer Leistung auf. Das Gebiet der Neutralisierungsschaltungen und anderer Vorkehrungen zur Verhinderung solcher Schwingungen ist sehr umfangreich. Parasitäre Schwingungen kommen auch in Röhrenrechnern vor, und einige Firmen legen zur Unterdrückung parasitärer Schwingnugen in Reihe mit jedem Gitter einen 100 Ω-Widerstand.

Einige Ingenieure haben auch über parasitäre Schwingungen bei Transistorschaltkreisen berichtet, besonders bei der Emitterfolgerschaltung. Jedoch ist das Problem hier nicht so bedeutungsvoll, als daß darüber umfangreiche Kenntnisse zusammengetragen wären. Gewöhnlich werden keine besonderen Vorkehrungen getroffen, um parasitäre Schwingungen zu verhindern. Dieser kurze Abschnitt wurde nur deshalb eingefügt, um den unerfahrenen Ingenieur auf parasitäre Schwingungen hinzuweisen für den Fall, daß gewisse Schaltungen oder Teile davon nicht so funktionieren, wie sie sollen. Parasitäre Schwingungen kann man schwierig erkennen, weil sie grundsätzlich im extrem hohen Frequenzbereich liegen und weil sie bei der geringsten Beeinflussung, z. B. durch ein Prüfinstrument hervorgerufen, entweder im Charakter geändert oder unterdrückt werden können.

In der Bibliographie am Ende dieses Kapitels enthalten die Arbeiten von BUELOW im Abschnitt über stromgesteuerte Schaltungen und von KOZIKOWSKI und MURPHY u. a. im Abschnitt Verschiedenes weitere Hinweise zu diesem Thema.

Literatur zu Kapitel 3

Übersichtsarbeiten

The application of transistors to computers, R. A. HENLE and J. L. WALSH (IBM), Proc. IRE, V 46, pp. 1240—1254 (June 58).

Choosing logic for microelectronics, A. E. SKOURES (U. S. Navy), Electronics, V 36, N 40, pp. 23—26 (Oct. 4, 1963).

Trends in logic circuit design, A. LAMBERT (TI), Electronics, V 36, N 49, pp. 38—45 (Dec. 6, 1963).

Integrated circuit design and application, R. FOGLESONG (Fairchild), Semiconductor Products and Solid State Technology, V 7, N 3, pp. 32—34, 39—42 (Mar. 64).

A comprehensive view of digital integrated electronic circuits, A. W. LO (Princeton U.), Proc. IEEE, V 52, pp. 1546—1550 (Dec. 64).

Static and dynamic performance of micropower transistor logic circuits, L. F. WAGNER and J. D. MEINDL (U. S. Army), WESCON Technical Papers, V 9, Part 2, paper 1.1, 7 pages (Aug. 65).

The evolution of saturated digital design, J. W. MARTIN (TI), WESCON Technical Papers, V 9, Part 2, paper 11.1, 5 pages (Aufg. 65).

Integrated circuits in action: Part 5 — In search of the ideal logic scheme, D. CHRISTIANSEN (magazine editor), Electronics, V 40, N 5, pp. 149—157 (March 6, 1967).

DCTL-Schaltungen

Direct-coupled transistor logic circuitry, J. R. HARRIS (BTL), IRE Trans. on Elec. Comp., V EC-7, pp. 2—6 (Mar. 58).

Transistor characteristics for direct-coupled transistor logic circuits, J. W. EASLEY (BTL), IRE Trans. on Elec. Comp., V EC-7, pp. 6—16 (Mar. 58).

Direct-coupled logic circuitry, J. B. ANGELL (Philco), Proc. Western JCC, V 13, pp. 22–27 (May 58).
Case history: integrating a nor circuit, L. B. VALDES (Raytheon) Electronic Design, V 12, N 5, pp. 38–43 (Mar. 2, 1964).

RTL-Schaltungen

Transistor NOR circuit design, W. D. ROWE and G. H. ROYER (Westinghouse), Communication and Electronics, No. 31, pp. 263–267 (July 57).
The transistor NOR circuit, W. D. ROWE (Westinghouse), IRE WESCON Convention Record, V 1, Part 4, pp. 231–245 (Aug. 57).
Transistor resistor logic circuits for digital data systems, T. R. FINCH (BTL), Proc. Western JCC, V 13, pp. 17–22 (May 58).
Analytical design of resistor-coupled transistor logical circuits, M. W. MARCOVITZ and E. SEI (Burroughs), IRE Trans. on Elec. Comp., V EC-7, pp. 109–119 (June 58); corrections on p. 324 (Dec. 58).
Analysis of TRL circuit propagation delay, W. J. DUNNET, E. P. AUGER, and A. C. SCOTT (Sylvania), Proc. Eastern JCC, V 14, pp. 99–108 (Dec. 58).
Transistor resistor logic, Q. W. SIMKINS (BTL), Semiconductor Products, V 2, N 4, pp. 34 to 38 (Apr. 59).
DC design of resistance coupled transistor logic circuits, W. J. WRAY (Burroughs), IRE Trans. on Circuit Theory, V CT-6, pp. 304–310 (Sept. 59).
Statistical analysis of transistor-resistor logic networks, W. J. DUNNET and Y. HO (Sylvania), IRE International Convention Record, V 8, Part 2, pp. 11–40 (Mar. 60); reviewed by D. P. KENNEDY and L. HELLERMAN, IRE Trans. on Elec. Comp., V EC-10, pp. 114–115 (Mar. 61).
A generalized resistor-transistor logic circuit and some applications (threshold greater than one), S. C. CHAO (Link Aviation), IRE Trans. on Elec. Comp., V EC-8, pp. 8–12 (Mar. 59); supplement: V EC-9, pp. 371–372 (Sept. 60).
Simplified design of TRL gating, J. S. RASKIN (Hughes Aircraft), Proc. National Electronics Conference, V 16, pp. 701–712 (Oct. 60).
High-speed logic using low-cost mesa transistors, D. GIPP, R. D. LOHMAN, R. R. PAINTER, and B. ZUK (RCA), Semiconductor Products, V 4, N 4, pp. 31–35 (Apr. 61).
A graphical design procedure for transistor resistor logic stages, T. L. FRANCES (TI), Semiconductor Products, V 4, N 4, pp. 39–41 (Apr. 61).
Designing NOR circuits for maximum reliability, K. M. TRAMPEL (IBM), Electronics, V 34, N 22, pp. 46–48 (June 2, 1961).
Transistor-resistor logic, A. D. ODELL and S. J. GARDNER, British Communications and Electronics, V 8, pp. 606–611 (Aug. 61).
Worst case design of variable threshold TRL circuits, W. J. Wray (GE), IRE Trans. on Elec. Comp., V ED-11, pp. 382–390 (June 62).
TRL circuit design implemented by computer, C. L. HEGEDUS (IBM), Electronic Design, V 12, N 10, pp. 40–46 (Mar. 16, 1964).
Memory and logic system for an electronic PBX, E. A. IRLAND and J. H. VOGELSONG (BTL), IEEE Trans. on Communication and Electronics, No. 73, pp. 332–338 (July 64).

DTL-Schaltungen

A new method of designing low level, high-speed semiconductor logic circuits, W. B. CAGLE and W. H. CHEN (BTL), IRE WESCON Convention Record, V 1, Part 2, pp. 3–9 (Aug. 57).
The design of diode-transistor NOR circuits, D. P. MASKER (SRI), IRE Trans. on Elec. Comp., V EC-9, pp. 15–24 (Mar. 60).

Static design of transistor diode logic, P. W. BECKER (GE), IRE Trans. on Circuit Theory. V CT-8, pp. 461—467 (Dec. 61).

On statistical analysis of a DTL gate, R. J. SLOBODIN (Hughes), IRE Trans. on Elec. Comp., V EC-11, p. 577 (Aug. 62).

Transistor-diode static switching units, J. F. YOUNG, Electronic Engineering, V 34, pp. 595—599 (Sept. 62).

High speed integrated circuits with load-compensated diode-transistor logic, B. T. MURPHY (Siliconix), Electronics, V 36, N 11, pp. 68—74 (Mar. 15, 1963).

How important are componente tolerances? J. G. CURTIS (Corning Glass), Electronic Design, V 12, N 12, pp. 60—65 (June 22, 1964).

Collector tap improves logic gating, R. BOHN and R. SEEDS (Fairchild), Electronic Design, V 12, N 16, pp. 50—57 (Aug. 3, 1964).

Case history: diode design boosts DTL speed, J. D. HUSHER and L. J. POLLOCK (Westinghouse), Electronic Design, V 13, N 3, pp. 36—39 (Feb. 1, 1965).

High speed DTL logic, H. FUSCHILLO, D. HOUSEHOLDER, J. KROBOTH, and T. E. PARDUE (Melpar, Inc.), International Solid-State Circuits Conference Digest of Technical Papers, V 8, pp. 12—13 (Feb. 65).

General purpose 30-nanosecond logic circuit family for IBM System/360, E. F. HAHN and J. J. TOMCZAK (IBM), Electromechanical Design, V 10, N 4, pp. 38—43 (Apr. 66).

Multifunction monolithic thin-film compatible DTL logic circuits for data processing, N. FUSCHILLO and J. KROBOTH (Melpar, Inc.), IEEE Trans. on Elec. Comp., V EC-15, pp. 640—646 (Aug. 66).

TTL-Schaltungen

New forms of all-transistor logic, R. H. BEESON and H. W. RUEGG (Fairchild), International Solid-State Circuits Conference Digest of Technical Papers, V 5, pp. 10—11, 104 (Feb. 62).

Transistor-transistor logic circuits, H. W. RUEGG (Fairchild), Electronics, V 36, N 12 pp. 54—57 (Mar. 22, 1963).

A new active device suitable for use in digital circuits, B. A. BOULTER, Electronic Engineering, V 35, pp. 86—91 (Feb. 63); reviewed by H. S. MILLER, IRE Trans. on Elec. Comp., V EC-12, p. 331 (June 63).

Logic principles for multi-emitter transistors, P. M. THOMPSON (England), Electronics, V 36, N 37, pp. 25—29 (Sept. 13, 1963).

A family of HLTTL circuits for use in high speed militarized computers, J. W. MARTIN (TI), WESCON Technical Papers, V 9, Part 4, paper 2.3, 5 pages (Aug. 65).

A nanosecond monolithic TTL gate, P. SPIEGEL and R. L. LUCE (MIT), IEEE Trans. on Elec. Comp., V EC-14, pp. 944—946 (Dec. 65).

Stromschalttechnik

High-speed transistor computer circuit design, R. A. HENLE (IBM), Proc. Eastern JCC, V 10, pp. 64—66 (Dec. 56).

Millimicrosecond transistor current switching techniques, H. S. YOURKE and E. J. SLOBODZINSKI (IBM), Proc. Western JCC, V 11, pp. 68—72 (Feb. 57); same title and authors: IRE Trans. on Circuit Theory, V CT-4, pp. 236—240 (Sept. 57).

IBM current mode transistor logical circuits, J. L. WALSH, Proc. Western JCC, V 13, pp. 34—39 (May 58).

The current-switching techniques for digital computer circuitry, C. M. CAMPBELL (Burroughs), Proceedings of the 2nd National Convention on Military Electronics, pp. 245 to 249 (June 58).

New configurations in non-saturating complementary current switching circuits, C. M. CAMPBELL (Burroughs), Semiconductor Products, V 2, N 7, pp. 15—20 (July 59).

25-mc clock-rate computer circuits for operation from −20 °C to 100 °C, C. R. COOK (TI), IRE WESCON Convention Record, V 4, Part 4, pp. 105—115 (Aug. 6); reviewed by W. B. CAGLE, IRE Trans. on Elec. Comp., V EC-10, p. 114 (Mar. 61).

Transistor current switching and routing techniques, D. B. JARVIS, L. P. MORGAN, and J. A. WEAVER (England), IRE Trans. on Elec. Comp., V EC-9, pp. 302—308 (Sept. 60).

Improvements to current switching, F. K. BUELOW (IBM), IRE Trans. on Elec. Comp., V EC-9, pp. 415—418 (Dec. 60).

Rapid-transfer principles for transistor switching circuits, A. K. RAPP and J. L. ROBINSON (Philco), IRE Trans. on Circuit Theory, V CT-8, pp. 454—461 (Dec. 61).

NCR 315 current mode diode logic building blocks, G. H. GOLDSTICK, T. T. DAO, and F. L. ASHFORD, IRE International Convention Record, V 10, Part 4, pp. 4—35 (Mar. 62).

Techniques of current-mode logic switching, W. D. ROEHR (Motorola), Electronic Design, V 10, N 19, pp. 54—59 (Sept. 13, 1962).

Advanced integrated circuit logic design, J. A. NARUD, W. C. SEELBACH, and N. MILLER (Motorola), Electronic Industries, V 21, N 11, pp. 118—122 (Nov. 62) and N 12, pp. 111—115 (Dec. 62).

Relative merits of current mode logic microminiaturization, J. A. NARUD, W. C. SEELBACH, and N. MILLER (Motorola), International Solid-State Circuits Conference Digest of Technical Papers, V 6, pp. 104—105 (Feb. 63).

New ultra high speed integrated logic circuits, K. E. LAMPATHAKIS and N. J. MILLER (Motorola), Proceedings of the Pacific Computer Conference (IEEE Publication T-147), pp. 8—17 (Mar. 63).

A nanosecond parallel-parallel binary adder implemented with current mode logic building blocks, W. C. SEELBACH and K. E. LAMPATHAKIS (Motorola), Proc. National Electronics Conference, V 19, pp. 311—340 (Oct. 63).

Characterization of integrated logic circuits, J. A. NARUD and C. S. MEYER (Motorola), Proc. IEEE, V 52, pp. 1551—1564 (Dec. 64).

Design considerations for high speed unsaturated logic, H. CARDENAS (TI), WESCON Technical Papers, V 9, Part 2, paper 11.2, 12 pages (Aug. 65).

The design of integrated circuit current switching logic elements having propagation delays from 1 to 2 nanoseconds, R. B. SEEDS and W. BRIDWELL (Fairchild), Proc. National Electronics Conference, V 21, pp. 101—105 (Oct. 65).

Monolithic sub-nanosecond switch, L. WEISS (IBM), International Solid-State Circuits Conference Digest of Technical Papers, V 9, pp. 8—9 (Feb. 66).

A high-speed monolithic switching circuit, T. S. JEN (IBM), International Solid-State Circuits Conference Digest of Technical Papers, V 9, pp. 12—13 (Feb. 66).

The effect of spatial variations in voltage and temperature in emitter coupled logic systems, H. C. JOSEPHS (Honeywell), IEEE Trans. on Elec. Comp., V EC-15, pp. 239—242 (Apr. 66).

Design of monolithic circuit chips, O. BILOUS, I. FEINBERG, and J. L. LANGDON, IBM J of R & D, V 10, pp. 370—376 (Sept. 66).

Gallic logic (a current-mode circuit developed in France), Electronics, V 39, N 22, pp. 151 to 152 (Oct. 31, 1966).

An integrated current mode full adder, U. PRIEL and J. W. HIVELY (Motorola), International Solid-State Circuits Conference Digest of Technical Papers, V 10, pp. 108—109 (Feb. 67).

Schaltungen mit Komplementärtransistoren

A new family of transistor switching circuits, M. RUBINOFF (U. of Pa.), Communication and Electronics, No. 31, pp. 286—289 (July 57).

Some new transistor bistable elements for heavy duty operation, N. F. Moody and C. D. Florida (Canada), IRE Trans. on Circuit Theory, V CT-4, pp. 241–261 (Sept. 57).

A new bistable element suitable for use in digital computers, D. C. Florida, Electronic Engineering, V 30, pp. 71–77 (Feb. 58) and pp. 148–153 (Mar. 58).

Symmetrical transistor logic, R. H. Baker (MIT), Proc. Western JCC, V 13, pp. 27–33 (May 58).

Übersicht über die Schaltungen der bistabilen Kippstufen mit komplementären Transistoren (Survey of flip-flop circuits employing complementary transistors), V. Schreiber, Frequenz, V 16, N 4, pp. 121–125 (9162).

Integrated complementary transistor logic gates, R. B. Seeds (Fairchild), WESCON Technical Papers, V 7, Part 2, paper 13.4, 5 pages (Aug. 63).

Transistor push-pull logic, R. S. Lewis (Lockheed), Semiconductor Products, V 6, N 9, pp. 24–31 (Sept. 63).

Integration of nanosecond emitter-coupled logic (alternates PNP and NPN emitter follower circuits), T. E. Gilligan and D. E. Roop (Burroughs), International Solid-State Circuits Conference Digest of Technical Papers, V 7, pp. 74–75 (Feb. 64).

Complementary flip-flops improve bistable performance, P. Ward (TI), Electronic Design, V 12, N 10, pp. 50–55 (May 11, 1964).

Integrated complementary logic block for low power dissipation, R. Y. Hung and H. C. Lin (Westinghouse), Proc. National Electronics Conference, V 20, pp. 163–168 (Oct. 64).

Micropower complementary logic, D. G. Paterson (Sperry Rand), Proc. IEEE, V 52, pp. 1581–1583 (Dec. 64).

Complementary logic boasts 5-nsec speed (Fairchild), Electronic Design, V 13, N 5, pp. 38–39 (Mar. 1, 1965).

A universal micropower logic element, W. G. Schmidt (MIT), Proc. IEEE, V 53, pp. 629 (June 65).

Integrated high speed, low power complementeray bipolar transistor NAND gate, R. Y. Hung and H. C. Lin (Westinghouse), WESCON Technical Papers, V 9, Part 2, paper 1.2, 5 pages (Aug. 65).

A silicon monolithic, micropower complementary flip-flop, G. Y. Chang (Westinghouse), WESCON Technical Papers, V 9, Part 2, paper 1.4, 5 pages (Aug. 65).

One-megahertz flip-flop saves standby power, M. E. McGree and J. H. Wujek (U. of Cal.), Electronics, V 39, N 12, pp. 106–107 (June 13, 1966).

J-K-Flip-Flops

New semiconductor networks reduce system complexity, C. R. Cook and B. M. Martin (TI), Electronics, V 37, N 2, pp. 25–29 (Jan. 10, 1964).

J-K flip-flop reduces circuit complexity (the type L916), D. C. Davies and W. O. Hamlin (Fairchild), Electronic Design, V 12, N 7, pp. 62–64 (Mar. 30, 1964).

An integrated charge-control J-K flip-flop, D. C. Davies, R. B. Seeds, and S. H. Shou (Fairchild), IEEE Trans. on Electron Devices, V ED-11, pp. 556–562 (Dec. 64).

Simple technique speeds J-K counter design, G. Landers and E. Garth (Motorola), Electronic Design, V 13, N 19, pp. 52–59 (Sept. 13, 1965).

Schmitt-Trigger

An analysis of the d-c design considerations of a transistorized Schmitt trigger, J. Corsiglia (Modern Design), Semiconductor Products, V 4, B 11, pp. 29–32 (Nov. 61) and N 12, pp. 23–27 (Dec. 61).

A more accurate method of designing transistorized Schmitt triggers, R. A. Jensen (IBM), Electronic Design, V 12, N 6, pp. 68–70 (Mar. 16, 1964) and N 7, pp. 40–45 (Mar. 30, 1964).

Graphical design for non-saturating Schmitt triggers, R. THOMPSON (England), Electronic Design, V 13, N 4, pp. 58–63 (Feb. 15, 1965).

Entwurfsgrundlagen

Design of a basic computer building block, J. ALMAN, P. PHIPPS, and D. WILSON (Remington Rand), Proc. Western JCC, V 11, pp. 110–114 (Feb. 57).

Simulation of transistor switching circuits of the IBM 704, R. J. DOMENICO (IBM), IRE Trans. on Elec. Comp., V EC-6, pp. 242–247 (Dec. 57).

Flip-flop circuit using saturated transistors, J. E. HULL (TI), Electronic Industries, V 18, N 9, pp. 88–91 (Sept. 59) and N 10, pp. 103–106 (Oct. 59).

Fundamental consideration of power dissipation limits in some bistable transistor pulse circuits, H. RAILLARD (GE), Communication and Electronics, No. 47, pp. 53–55 (Mar. 60).

On the application of the base charge concept to the design of transistor switching circuits, R. S. C. COBBOLD (Canada), IRE Trans. on Circuit Theory, V CT-7, pp. 12–18 (Mar. 60).

Application of computers to circuit design for Univac Larc, G. KASKEY, N. S. PRYWES, and H. LUKOFF (Sperry Rand), Proc. Western JCC, V 19, pp. 185–205 (May 61).

Applications of the charge-control theory, J. A. EKISS (Philco), IRE Trans. on Elec. Comp., V EC-11, pp. 374–381 (June 62).

Design of computer circuits using linear programming techniques, G. H. GOLDSTICK and D. G. MACKIE (NCR), IRE Trans. on Elec. Comp., V EC-11, pp. 518–530 (Aug. 62).

Piece-wise linear analysis applied to design of integrated logic circuits, W. C. SEELBACH and N. MILLER (Motorola), AIEE Conference Paper CP62-1395 (Sept. 62).

Large signal models for junction transistors, J. A. NARUD (Motorola), D. J. HAMILTON, and F. A. LINDHOLM (U. of Ariz.), International Solid-State Circuits Conference Digest of Technical Papers, V 6, pp. 56–57, 120 (Feb. 63).

Some aspects of digital circuit design, J. R. TURNBULL (IBM), International Solid-State Circuits Conference Digest of Technical Papers, V 6, pp. 58–59, 120 (Feb. 63).

Specifying transistor characteristics for worst case switching circuit design, W. D. ROEHR (Motorola), International Solid-State Circuits Conference Digest of Technical Papers, V 6, pp. 66–67 (Feb. 63).

Method of using parameter confidence limits in circuit design, L. J. RAGONESE (GE), International Solid-State Circuits Conference Digest of Technical Papers, V 6, pp. 68–69 (Feb. 63).

Transistor flip-flops — worst case design is your best bet, W. ROEHR and J. KANE (Motorola), Electronic Design, V 11, N 23, pp. 58–62 (Nov. 8, 1963) and N 24, pp. 54–58 (Nov. 22, 1963).

Worst-case circuit design, J. B. ATKINS (IBM), IEEE Spectrum, V 2, N 3, pp. 152–161 (Mar. 65).

Worst-case considerations in designing logical circuits, W. BONGENAAR and N. C. DE TROYE (Netherlands), IEEE Trans. on Elec. Comp., V EC-14, pp. 590–599 (Aug. 65).

Gegenüberstellung von Schaltungen mit und ohne Sättigung

Comparative performance of saturating and current-clamped high frequency pulse circuits, V. P. MATHIS, H. RAILLARD, and J. J. SURAN (GE), Semiconductor Products, V 3, N 2, pp. 35–40 (Feb. 60).

Comparison of saturated and nonsaturated switching circuit techniques, G. H. GOLDSTICK (NCR), IRE Trans. on Elec. Comp., V EC-9, pp. 161–175 (June 60).

Ten megapulse transistorized pulse circuits for computer application, W. N. Carroll and R. A. Cooper (IBM), Semiconductor Products, V 1, N 4, pp. 26—30 (July/Aug. 58).
Transistor storage and logic circuits for binary data processing, R. Herman, Proc. Institution of Electrical Engineers, V 106B, Supplement No. 16, pp. 663—674 (May 59).
Transistor circuits for 1-MC digital computer, I. Krajewski, Electronic Engineering, V 31, pp. 403—407 (July 59).
Millimicrosecond digital computer logic, N. F. Moody and R. G. Harrison, Electronic Engineering, V 31, pp. 526—529 (Sept. 59).
Transistor pulse circuits for 160-mc clock rates, W. J. Giguere, J. H. Jamison, and J. C. Noll (BTL), IRE Trans. on Elec. Comp., V EC-8, pp. 432—438 (Dec. 59).
Transformer logic circuitry, D. J. Hinkein (IBM), NEREM Record, V 2, pp. 94—95 (Nov. 60).
Circuits for the FX-1 computer, K. H. Konkle (MIT), Proc. Spring JCC, V 21, pp. 101—112 (May 62).
Ten-nanosecond amplifier (used in a 50-mc computer), K. H. Konkle and J. E. Laynor (MIT), Electronics, V 35, N 50, pp. 39—41 (Dec. 14, 1962).

Speichereinheiten mit Transistoren

A silicond monolithic memory utilizing a new storage element, R. Shively (Litton), Proc. Fall JCC, V 27, Part 1, pp. 637—647 (Nov. 65).
An integrated semiconductor memory system, H. A. Perkins and J. D. Schmidt (Fairchild), Proc. Fall JCC, V 27, Part 1, pp. 1053—1064 (Nov. 65).
Integrated scratch pads sire new generation of computers, G. B. Potter, J. Mendelson (Scientific Data Systems, Inc)., and S. Sirkin (Signetics Corp.), Electronics, V 39, N 7, pp. 118—126 (Apr. 4, 1966).
A high-speed integrated circuit scratchpad memory, I. Catt, E. C. Garth, and D. E. Murray (Motorola), Proc. Fall JCC, V 29, pp. 315—331 (Nov. 66).
New implementation of bipolar semiconductor memory, J. E. Iwersen, J. H. Wuorinen, B. T. Murphy, and D. J. D'Stefan (BTL), International Solid-State Circuits Conference Digest of Technical Papers, V 10, pp. 74—75 (Feb. 67).

Rauschen in Transistorschaltkreisen

Noise margins in digital integrated circuits, G. Luecke (TI), Proc. IEEE, V 52, pp. 1565 to 1571 (Dec. 64).
Crosstalk and reflections in high-speed digital systems, A. Feller, H. R. Kaupp, and J. J. Digiacomo (RCA), Proc. Fall JCC, V 27, Part 1, pp. 511—525 (Nov. 65).
Interconnection and noise immunity of circuitry in digital computers, F. C. Yao (GE), IEEE Trans. on Elec. Comp., V EC-14, pp. 875—880 (Dec. 65).
Crosscoupling in high speed digital systems, J. B. Conolly (MIT), IEEE Trans. on Elec. Comp., V EC-15, pp. 323—327 (June 66).

Verschiedenes

A dynamic logic technique for sixteen megacycle clock rate, T. P. Bothwell, J. L. DeClue, H. H. Hill, and J. R. Longland (Computer Control), IRE WESCON Convention Record, V 4, Part 4, pp. 116—126 (Aug. 60).
High-speed non-saturating switching circuits using a novel coupling technique, D. W. Murphy (IBM), International Solid-State Circuits Conference Digest of Technical Papers, V 5, pp. 48—49 (Feb. 62).

Synthesis of electronic bistable circuits (a listing of circuit configurations that show bistable action), L. O. Hill, D. O. Pederson, and R. S. Pepper (Westinghouse), IEEE Trans. on Circuit Theory, V CT-10, pp. 25—35 (Mar. 63).

Nanosecond circuitry and interconnections, J. W. Baur, N. R. Crain, and W. H. Herndon (GE), Proceedings of the Pacific Computer Conference (IEEE Publication T-147), pp. 131—138 (Mar. 63).

Design of ACP resistor-coupled switching circuits (ACP stands for "advanced circuit program"), D. H. Chung and J. A. Palmieri, IBM J of R & D, V 7, pp. 190—198 (July 63).

Transient analysis and device characterization of ACP circuits, K. G. Ashar, H. N. Ghosh, A. W. Aldridge, and L. J. Patterson, IBM J of R & D, pp. 207—223 (July 63).

Analysis and design of emitter followers at high frequencies, J. L. Kozikowski (U. of Pa.), IEEE Trans. on Circuit Theory, V CT-11, pp. 129—136 (Mar. 64).

Very high speed serial and serial-parallel computers HITAC 5020 and 5020E (employ diode-transistor circuits individually clocked at 18 mc with twisted pair or coaxial cable delay lines between stages), K. Murata and K. Nakazawa (Japan), Proc. Fall JCC, V 26, pp. 187—203 (Oct. 64).

Static and dynamic performance of micropower transistor logic circuits, J. D. Meindl, L. F. Wagner, O. Pitzalis, and R. Gilson (U. S. Army, Ft. Monmouth), Proc. IEEE, V 52, pp. 1575—1580 (Dec. 64).

The impact of microelectronics [on logic design], J. Earle (IBM), Electronic Design, V 12, N 25, pp. 33—52 (Dec. 7, 1964).

Non-saturating monolithic logic circuits with improved stability, B. T. Murphy, H. A. Waggener, and J. E. Iwerson (BTL), International Solid-State Circuits Conference Digest of Technical Papers, V 8; pp. 8—9 (Feb. 65).

More complex computer logic circuits from the marriage of diffusion and film technologies, W. C. Seelbach and C. D. Philips (Motorola), Proc. National Electronic Conference, V 21, pp. 106—111 (Oct. 65).

Two approaches to charge control in saturated logic gates, L. D. Hirsch, J. O. Moore, L. J. Pollock, and J. B. Kons (Westinghouse), International Solid-State Circuits Conference Digest of Technical Papers, V 9, pp. 14—15 (Feb. 66).

Pulse powered circuits, R. H. Baker, D. H. Galvin, and R. W. Rasche (MIT), IEEE Trans. on Elec. Comp., V EC-15, pp. 321—323 (June 66).

The ultimate speed-power product of logic transistor circuits (current state of the art said to be 10^{-10} watt-second and ultimate is said to be 10^{-15} watt-second as determined by three different methods, for which references are given), O. G. Folberth (IBM Germany), Proc. IEEE, V 54, p. 1125 (Aug. 66).

Micropower redundant circuits correct errors automatically, R. E. McMahon and N. Childs (MIT), Electronics, V 40, N 3, pp. 66—69 (February 6, 1967).

4. MAGNETKERNSPEICHER

Mehrere Jahre lang stellten die Magnetkerne das häufigste Speichermedium dar und wurden in Computern und anderen Digitalsystemen für Schnellspeicher mit wahlweisem Zugriff verwendet. Als der Koinzidenzstromzugriff und der Ferritwerkstoff mit rechteckiger Hystereseschleife um 1953 bekannt wurden, konnten sehr rasch Speicher mit Kapazitäten von mehreren tausend Wörtern und Taktzeiten von 10 Mikrosekunden realisiert werden. Die ersten Geräte zeichneten sich nicht nur durch hohe Speicherkapazität und Geschwindigkeit, sondern auch durch geringe Kosten aus. Sie konnten insofern mit den anderen damals verfügbaren Speichermedien durchaus konkurrieren, zumal sie sich auch durch eine hervorragende Betriebssicherheit auszeichnen. Tatsächlich wurde bisher keine durch Kerne verursachte Gerätestörung bekannt (abgesehen von mechanischen Beschädigungen und Ausfall durch übermäßige Erhitzung); die elektrischen Eigenschaften der Kerne blieben auch nach einer Betriebszeit von mehreren zehntausend Stunden faktisch unverändert.

Wie zu erwarten war, unternahm man große Anstrengungen, um die Kernspeicher zu verbessern oder andere geeignetere Speichergeräte zu finden. Bei der Verbesserung der Magnetkernspeicher erzielte man die größten Erfolge durch Vergrößerung der Geschwindigkeiten und Senkung der Kosten. Es gab auch Erfolge bei der Verminderung des Gewichts und des Energiebedarfs. Diese Eigenschaften sind für bestimmte Verwendungszwecke entscheidend. Andererseits wurden bei der Vergrößerung der Speichermatrizen nur geringe Fortschritte erzielt. Relativ zeitig gab es Speicher mit „Ebenen“ zu 256 Kernen in jeder Richtung (demnach mit 65536 Kernen pro Ebene). Die Zahl der Ebenen entsprach der Zahl der für die gewählte Wortlänge erforderlichen Bits. Die Größe 256×256 Bit bildete praktisch die oberste Grenze. Viele der später entwickelten schnelleren oder anders verbesserten Speicherfelder sind kleiner, (meist 32×32 oder 64×64). Wo eine größere Speicherkapazität benötigt wird, erfolgt eine Zusammenfügung mehrerer Baugruppen.

Geschwindigkeitsverbesserungen ergaben sich hauptsächlich bei der Entwicklung von Ferriten mit höheren Geschwindigkeitswerten und aus dem Verzicht auf die Koinzidenzstrom-Wortauswahltechnik. Die Gesamtdauer eines Arbeitsganges für das Abtasten eines gespeicherten Wortes und die Speicherung eines neuen Wortes an gleicher Stelle beträgt heute für ein Feld von 64×64 (496 Wörter) nur noch etwa 0,2 Mikrosekunden. Wenn auch weitere Geschwindigkeitsverbesserungen seltener geworden sind, stellt diese Geschwindigkeit und Kapazität noch keine oberste Grenze der Kernspeichermöglichkeiten dar.

Ein anderer Weg zur Verbesserung der Geschwindigkeit bestand in der Verwendung von Mehrlochkernen. Man versuchte es auf diese Weise, das „zerstörende Lesen“, d. h. den bei Verwendung konventioneller Ringkerne in Koinzidenzgattern eintretenden Informationsverlust, zu vermeiden. Eine Abfragung ohne Informationsverlust kommt ohne wiederholte Speicherung aus. Sie gestattet eine höhere Geschwindigkeit, da sich der gespeicherte Magnetfluß im Ausgangssignal relativ wenig ändert, eine vollständige Umkehrung der Flußrichtung unnötig wird und der hierfür erforderliche Zeitaufwand wegfällt. Doch scheint die Verwendung von Mehrlochkernen zur Verbesserung der Geschwindigkeit ihre Beliebtheit einzubüßen, man zieht ihr die partielle (Impuls-) Umschaltung konventioneller Kerne vor. Die Art und Weise der Umschaltung soll später in diesem Kapitel beschrieben werden. In neuen Entwürfen, wo es aus anderen Gründen auf einen „nicht zerstörenden“ Informationszugriff ankommt, findet man aber immer noch zumindest zwei Arten von Mehrlochkernen, den Transfluxor und den BIAX, die beide später beschrieben werden sollen.

Ein wesentlicher Anteil der Herstellungskosten für Speichermatrizen entsteht durch die Notwendigkeit, in jeden Kern des Speicherfeldes zwei bis vier und mehr Drähte in Handarbeit einzufädeln. Die Entwicklung von Maschinen für das automatische Einziehen der Drähte hat sich in der Praxis offenbar nicht bewährt. Statt dessen erfand man verschiedene Verfahren, wonach die „Kerne“ um die Drähte gepreßt, gewickelt, aufgalvanisiert oder auf andere Weise aufgetragen werden. Die meisten dieser Verfahren fanden bisher nur in wenigen Betrieben besondere Beachtung. In einigen Fällen wurde das Verfahren in dem Betrieb, wo es entwickelt wurde, in beschränktem Umfange genutzt. Ob aber eine der augenblicklich interessierenden Methoden der „Kleinserienfertigung“ jemals größere wirtschaftliche Bedeutung erlangen wird, ist noch ungewiß.

Ein grundsätzlich anderer Weg der Kleinserienfertigung besteht in der Verwendung ebener magnetischer Schichten anstelle von „Kernen“. In den meisten Dünnschichtspeichern wurde auf die Konzeption eines geschlossenen Pfads im magnetischen Werkstoff verzichtet. Als Grundlage für die bei einer Speicherung erforderliche rechteckige Hystereseschleife wählte man ein hohes Längen-Breiten-Verhältnis des Speicherelements. Im Gegensatz zu den konventionellen Ringkernen, bei denen ein durch winzige Risse verursachter Luftspalt bereits ausreicht, die Rechteckform der Hystereseschleife zu gefährden, sind die flächenhaften Speicher unempfindlicher. Die Dünnschicht- bzw. Folienspeicher, die im letzten Teil dieses Kapitels beschrieben werden, bieten neben geringen Kosten die wesentlichen Vorteile einer hohen Geschwindigkeit und geringer Größe. Auf Grund der laufend erzielten Verbesserungen der Ringkerne haben sie jedoch ihre dominierende Rolle bisher behaupten können.

4.1. Grundprinzipien der zweidimensionalen Koinzidenzstrom-Auswahl

Die Magnetkernspeicher werden hergestellt, indem Wicklungen durch die Löcher von Körpern aus magnetischem Werkstoff (von ,,Kernen") gezogen werden; schickt man nun Strom durch die Wicklungen, so wird der Magnetfluß gezwungen, in der einen oder der anderen Richtung ringsum, auf einem geschlossenen Pfad, im magnetischen Werkstoff zu fließen. Bei konventionellen Ringkernen ist der geschlossene Pfad einfach ringförmig. Der Werkstoff, in der Regel Ferrit entsprechender Zusammensetzung, hat eine nahezu rechteckige Hystereseschleife. Wenn nun der Strom in den Wicklungen ausreichend stark ist (d. h., wenn die Stärke des von dem Strom in den Wicklungen erzeugten meßbaren Magnetfeldes ausreichend ist), um den Kern in den magnetischen Sättigungszustand zu schalten, bleibt der Fluß auch nach Abschaltung des Stromes in den Wicklungen zum größten Teil erhalten.

Die Speicherung einer logischen 1 oder einer 0 wird durch die Richtung des Magnetflusses bestimmt. Die tatsächliche Richtung besitzt keine wesentliche Bedeutung. Entscheidend ist, ob sich die Flußrichtung ändert oder nicht ändert, wenn man einen Stromstoß durch die Wicklungen in entgegengesetzter Richtung schickt, die zur Speicherung der einen oder anderen der beiden Binärziffern verwendet wurde. Gewöhnlich nimmt man an, daß der Strom in einer bestimmten Richtung die 1 speichert, der Strom in entgegengesezter Richtung die Kerne auf 0 ,,zurückstellt". Man bestimmt die gespeicherte Zahl, indem man den Kern ,,zurückstellt" und notiert, ob sich der Fluß bei diesem Vorgang verändert. Man nimmt weiter an, daß der Kern durch Abtastung der vorher gespeicherten Zahl stets auf Null zurückgestellt sein muß (ganz gleich, ob die vorige Zahl gebraucht wird oder nicht), bevor eine neue Zahl gespeichert werden kann. Man speichert die Null, indem man keinerlei Veränderungen vornimmt; eine logische Eins wird gespeichert in der oben erläuterten Weise durch einen Stromstoß. Da der Abtastvorgang eine gespeicherte Eins in eine Null verwandelt, muß man die Eins neu einspeichern, falls diese Zahl erhalten bleiben soll. Diese ,,zerstörende" Eigenschaft des Abtastmechanismus gilt meist als Nachteil. Es sollen im folgenden verschiedene zerstörungsfreie Lesesysteme beschrieben werden.

Bevor wir die Kernspeicherfelder selbst besprechen, müssen wir noch die Termini ,,Lesen" und ,,Schreiben" erläutern. Das ,,Schreiben" in einem Digitalspeicher bezeichnet den Vorgang, bei welchem die Information dort gespeichert wird. Das ,,Lesen" gibt die Entnahme der Information aus dem Speicherfeld an. Obwohl die präzisen Bedeutungen der verschiedenen Termini nicht allgemein anerkannt werden, ist doch das Lesen (reading) vom Abtasten (sensing) zu unterscheiden. So erzeugt ein ,,Lesestrom" im Kern in der zur Ermittlung der gespeicherten Zahl geeigneten Richtung eine magnetische Kraft, während die ,,Abtastung" einer gespeicherten Zahl durch den Nachweis geschieht, daß in einer anderen durch den Kern gelegten Wicklung ein Spannungsstoß induziert bzw. nicht induziert wurde.

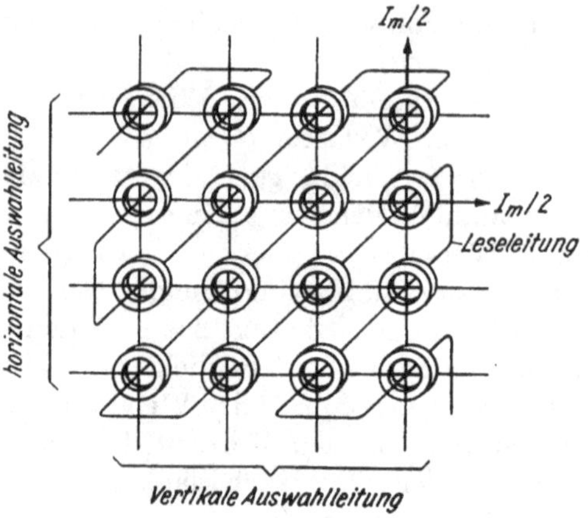

Abb. 4.1.
Koinzidenzstrom-Anordnung

Abb. 4.1 zeigt ein Speicherfeld 4×4, das aus Kernen mit Wicklungen, wie sie zum Betrieb nach dem elementaren zweidimensionalen Koinzidenzstromprinzip benötigt werden, besteht. Jede „Wicklung" eines Kerns ist nur ein gerades Drahtstück, das im Loch des Ringkerns steckt. Wie durch Betrachtung der Grundgesetze des Magnetismus gezeigt werden kann, hat ein gerader Draht im Loch den gleichen Nutzeffekt, wie eine eingängige Wicklung, die, wie bei einem Transformator, dicht um ein Ringsegment gewickelt ist. Will man im Kern eine Zahl schreiben (eine 1 speichern), so schickt man einen Stromstoß durch die horizontale „Selektionsleitung", die durch den gewählten Kern führt. Ein zweiter Stromstoß gleicher Stärke passiert die vertikale Selektionsleitung durch den gleichen Kern, die Polungen der Ströme ist so, daß beide Ströme in gleicher Richtung durch das Loch fließen. Die Stromstärken sind so groß, daß die jeweils erzeugte magnetische Feldstärke kleiner ist als die Koerzitivkraft des Kerns H_c (wobei wir die Koerzitivkraft frei als magnetische Feldstärke definieren, die für die Umkehrung des Magnetflusses im Kern ausreicht). Die Summe beider Ströme erzeugt jedoch eine magnetische Feldstärke H_m, die größer als H_c ist. Wenn I_m der Strom ist, den man zur Erzeugung einer magnetischen Feldstärke H_m benötigt, so fließt $I_m/2$ durch jede gewählte horizontale und vertikale Auswahlleitung. Die stromführende Auswahlleitung für den Abgriff des zweiten Kerns in der rechten Spalte ist in Abb. 4.1 zu sehen.

Beim Lesen des gewählten Kerns werden Ströme gleicher Stärke in entgegengesetzter Richtung durch die entsprechenden horizontalen und vertikalen Auswahlleitungen geschickt. Neben den Auswahlleitungen zeigt Abb. 4.1 eine durch alle 16 Kerne des Speicherfeldes führende Abtastleitung (Leseleitung). Wird ein Kern abgewählt, so ändert sich, je nachdem, ob eine Eins oder eine Null in diesem Kern gespeichert war, die Flußrichtung. Wird die Flußrichtung umgekehrt, so induziert der veränderte Windungsfluß in der Abtastleitung einen Stromstoß. Der Stromstoß erscheint an den Anschlußklemmen der Abtastwicklung und zeigt eine gespeicherte Eins an. Kommt kein Stromstoß an, so wurde eine Null gespeichert.

Wie man in Abb. 4.1 sieht, führt die Abtasleitung durch alle Kerne eines Diagonalmodells. Zweck eines Diagonalmodelles (im Gegensatz zu einer Vor- und Zurückführung durch die Kerne in aufeinanderfolgenden Zeilen oder auf und nieder in aufeinanderfolgenden Spalten) ist es, eine unerwünscht hohe elektromagnetische Kopplung zu vermeiden, die sonst zwischen den Auswahl- und Abtastleitungen existieren würde. Da die Kerne klein sind, ist das Ausgangssignal schwach. Der bei der Bestimmung des Stromes in einer Leseleitung induzierte Stromstoß kann daher das durch die Flußänderung im gewählten Kern induzierte Signal leicht überdecken. Heute ist das einfache Diagonalmodell nicht mehr besonders verbreitet. Weitere Formverbesserungen der Leseleitung sollen in einem späteren Abschnitt behandelt werden.

Da der Gesamtstrom im Loch des gewählten Kerns mindestens doppelt so groß ist, wie der Strom in irgend einem anderen Kern (einige bekommen $I_m/2$, andere bekommen keinen Strom), wird das „Ansteuerungsverhältnis" eines elementaren zweidimensionalen Koinzidenzstrom-Speicherfelds mit 2:1 angegeben.

Sind n Kerne in jeder Ausdehnung vorhanden, so werden von diesen n^2 Kernen meist einige für das Lesen oder Schreiben ausgewählt. Man benötigt eine Zahl von $2n$ Auswahlleitungen. Jede Auswahlleitung führt durch n Kerne, die Leseleitung führt aber durch alle n^2 Kerne. Wenn n eine ganzzahlige Potenz von 2 ist (was in den meisten Fällen zutrifft), benötigt man für eine Adresse zur Wahl eines bestimmten Kerns m Binärzahlen. Hierbei verhalten sich m zu n wie $2^{m/2} = n$ (oder $2^m = n^2$). Zur Betätigung der Auswahlleitung benötigt man zwei Schaltmatrizen, die für Ströme aus beiden Richtungen geeignet sind und jeweils $m/2$ Ausgangsleitungen haben. Obwohl diese Tatsachen sich mehr oder weniger von selbst aus der Art des in Abb. 4.1 dargestellten Speicherfeldes ergeben, muß man sie besonders hervorheben, wenn man das Prinzip der zweidimensionalen Koinzidenzstromauswahl mit verschiedenen anderen noch zu behandelnden Verfahren vergleichen will.

4.2. Ausführlichere Betrachtungen der Hystereseschleife

Abb. 4.2 zeigt eine nichtideale, rechteckige Hystereseschleife, wie sie an physikalisch möglichen Magnetkernen vorkommt. Beim Schreiben beträgt die magnetische Feldstärke in dem ausgewählten Kern H_m, der Kern wird im BH-Diagramm in der ersten, durch den Punkt S_1 bezeichneten Richtung gesättigt. Nach Verschwinden des Feldes entspricht der Zustand des Kerns dem Punkt 1. Hier ist die Flußdichte etwas geringer als bei S_1. Wenn der Kern gelesen wird, verändert sich sein Fluß auf den durch den Punkt S_0 angegebenen Wert. Die Veränderung des Flusses induziert einen Spannungsimpuls in der durch den Kern führenden Lesewicklung. Man bezeichnet diesen Spannungsimpuls als das ungestörte Ausgangssignal des Kernes.

Wenn das für das Lesen verwendete Auswahlsignal vorbei ist, entspricht der Kernzustand dem Punkt 0. Wenn jetzt der Kern abgelesen wird, erfolgt eine

Veränderung des Flusses nur innerhalb der relativ kleinen Differenz zwischen den Punkten S_0 und 0. Diese kleine Flußdifferenz ist trotzdem groß genug, um signifikant zu sein. Das resultierende Ausgangssignal wird als „ungestörtes Nullsignal" bezeichnet. Die Amplitude des ungestörten Nullsignals kann bis zu 25% der Amplitude des ungestörten Einssignals erreichen. Doch wird der Spitzenwert des ungestörten Nullsignals zeitiger erreicht als das Maximum des ungestörten Einssignals. Deswegen erhält man ein höheres Verhältnis der effektiven Signalamplitude, indem man das Ausgangssignal in der Zeit aus wertet, wo der Spitzenwert des ungestörten Einssignals zu erwarten ist.

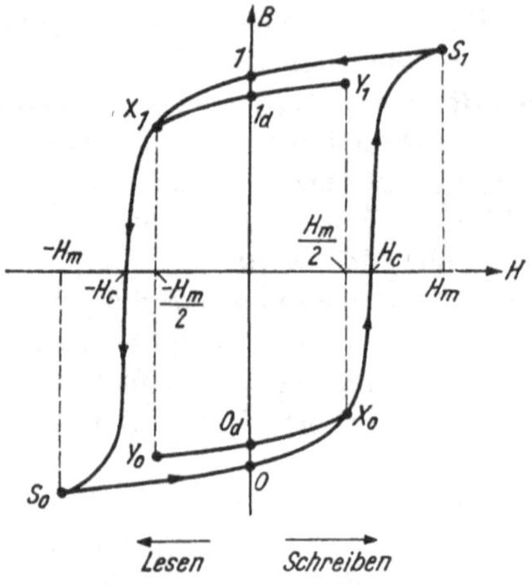

Abb. 4.2. Hystereseschleife eines Kernes (Koinzidenzstrombetrieb)

Noch größere Bedeutung für den Entwurf großer Speicherfelder hat die Tatsache, daß der magnetische Zustand des Kerns der Hystereseschleife nicht in der ursprünglichen Weise folgt, wenn das angelegte Feld zwischen anderen Werten schwankt als $+H_m$ und $-H_m$. Besonders beim Schreiben in einem zweidimensionalen Koinzidenzstrom-Speicherfeld haben alle Kerne in der gewählten Zeile und Spalte bzw. alle Kerne mit Ausnahme des gewählten Kerns selbst ein Magnetfeld von $H_m/2$. Der Zustand des Kerns wird dann durch den Punkt X_0 in Abb. 4.2 angegeben. Wenn das Auswahlsignal für Schreiben beendet ist, kehrt der Kernzustand nicht zu dem ursprünglichen Punkt 0 zurück, und gelangt statt dessen zu dem mit 0_d bezeichneten Punkt. Mit anderen Worten, selbst bei einem „Halbwahl-" (oder „Teilschreib-") Impuls des Treibstroms trat eine geringfügige irreversible Stromänderung ein. Den Punkt 0_d bezeichnet man als „gestörten Nullzustand" des Kerns. Wird ein Kern im 0_d-Zustand gelesen so wird ein „gestörtes Nullsignal" erzeugt. Dieses Signal ist etwas größer als das „ungestörte Nullsignal".

Ganz entsprechend erhalten beim Lesen eines ausgewählten Kerns alle anderen Kerne der gewählten Zeilen und Spalten „Teillese"-Impulse. Wenn ein derartiger Kern zunächst im Zustand 1 war, gelangt er in den durch den Punkt X_1 dargestellten Zustand. Wenn die Leseimpulse vorbei sind, wird der Zustand des Kerns durch Punkt 1_d dargestellt, der den „gestörten Eins-Zustand" angibt. Das Ausgangssignal eines Kerns im „gestörten Eins-Zustand" ist etwas kleiner als das Ausgangssignal im Zustand 1.

Wenn ein Kern zunächst im Zustand 0_d war und dann einen Halbleseimpuls bekam, der vom Lesen an irgend einem anderen Kern der gleichen Zeile oder Spalte stammt, so wird der Kern zum Punkt Y_0 gebracht. Für ausreichend gute Näherungswerte beim Kernspeicherentwurf darf man annehmen, daß der

Kern nach Wegnahme des Halbleseimpulses in den 0_d-Zustand zurückkehrt. So ist die einzelne ,,Zweirichtungslinie" von X_0 über 0_d nach Y_0 keine einzelne Linie sondern eine offene Unter-Hystereseschleife. Außerdem ist die Lage der Schleife beim ersten und zweiten Hin- und Hergang nicht unbedingt mit der Endlage gleich, die die Schleife nach zahlreichen Durchgängen erreicht. Die Lage der Schleife wird indessen relativ rasch stabil und ,,wandert" auf dem Diagramm nicht hin und her. Für viele Verwendungsfälle kann man auf die Betrachtung der Feinheiten des Kernsansprechverhaltens verzichten, indem man 0_d als den Zustand definiert, der nach einer bestimmten an den Kern angelegten Impulsfolge erreicht wird. Entsprechende Bemerkungen gelten für den Zustand 1_d.

Die Kernzustände 0_d und 1_d beeinträchtigen nicht nur die Größe des Ausgangssignals des gewählten Kerns, sie verursachen in größeren Speicherfeldern auch noch andere Schwierigkeiten. Beim Lesen erfahren alle ,,halberregten" Kerne im Zustand 1 eine wesentliche Flußänderung. Ein Teil dieser Änderungen ist bleibend, wie man aus der Verschiebung vom Punkt 1 zum Punkt 1z erkennt. Um das hierbei erzeugte äußere Ausgangssignal zu verkleinern, ist es üblich, das Treibsignal in einer derartigen Folge zu geben, daß vor jedem Lesevorgang zu jedem Kern ein Halblese-Treibimpuls I_m als Auswahlvorsignal gegeben wird. (Der notwendige Erfolg wird in Feldern mit ,,Sperrwicklungen" direkt erreicht, wie später besprochen werden soll.)

Selbst wenn sich jeder Kern beim Lesevorgang zunächst im Zustand 1_d oder 0_d befindet, wird der Fluß nach einem Halblese-Auswahlimpuls geringfügig verändert. Wenn die Leseleitung diagonal vor und zurückgeführt wird, wie in Abb. 4.1 gezeigt, wechselt die Polarität der Stromstöße, die von den in einer Zeile oder Spalte aufeinanderfolgenden Kernen induziert werden, regelmäßig und heben sich gegenseitig auf. Wie die Kurvenabschnitte zwischen X_0 und Y_0 und X_1 und Y_1 zeigen, hängt die Signalamplitude eines beliebigen vom Halblese-Auswahlimpuls I_m erregten Kerns davon ab, ob eine Eins oder Null im Kern gespeichert ist. Die Spannungsdifferenz bezeichnet man mit ,,Delta".

4.3. Störungen im Koinzidenzstromfeld

Wie in den beiden vorigen Abschnitten schon gesagt wurde, entstehen die gewöhnlich als Störungen bezeichneten unerwünschten Signale in den Abtastleitungen aus vier verschiedenen Ursachen. Diese Störsignale sind:

1. Signale, die von den Auswahlleitungen auf die Leseleitungen direkt gekoppelt werden. Man verkleinert diese Störquelle, indem man Modelle mit diagonalgeführten Leseleitungen wie in Abb. 4.1 verwendet oder indem man andere, später zu beschreibende Spezialformen für die Lesewindungen einsetzt.

2. Ein von Null abweichendes Signal aus einem gewählten Kern, in dem eine 0 gespeichert ist. Die Amplitude dieses Signals hängt von der ,,Rechteckform" der Hystereseschleife ab. Doch kann seine Wirkung vermindert werden, wenn man berücksichtigt, daß der Spitzenwert dieses Signals nicht in der gleichen

Zeit erreicht wird, wie der Spitzenwert des Nutzsignals von einem Kern, in dem eine Eins gespeichert ist.

3. Die „bleibende“ Veränderung des Flusses in halberregten Kernen, die im ungestörten Eins-Zustand verblieben. Dieses Störsignal wird im wesentlichen vermieden, wenn alle Kerne mit gespeicherter Eins vor dem Lesen in den gestörten Eins-Zustand gebracht werden.

4. Die Ausgangssignale aus halberregten Kernen im gestörten Eins-Zustand und gestörten Null-Zustand. Diese Halbauswahlsignale können in erster Näherung durch eine geeignete Form der Leseleitung kompensiert werden. Hierbei erzeugt die eine Hälfte aller halberregten Kerne Signale, deren Polarität entgegengesetzt derjenigen von der anderen Hälfte halberregter Kerne ist. Die Kompensation ist nicht vollständig, da einmal die Kerneigenschaften zufällige Abweichungen haben und zum anderen sich eine „Deltaspannung“ ergibt, da gewisse Kerne eine Eins, andere eine Null speichern. Dieses Deltastörsignal ist oft sehr stark. Das Speicherfeld muß so ausgelegt werden, daß es auch dann noch einwandfrei funktioniert, wenn bei der Auswahl bestimmter Kerne alle halberregten Kerne mit der einen Polarität zur Leseleitung eine Eins speichern, während alle halberregten Kerne der entgegengesetzten Polarität eine Null speichern. Das ist der kritischste Fall beim Speicherfeldentwurf.

In einem Speicherfeld gemäß Abb. 4.1, jedoch mit n Kernen in jeder Richtung, beträgt die Zahl der beim Lesevorgang halberregten Kerne in der gewählten Zeile $n - 1$ und in der gewählten Spalte $n - 1$, insgesamt $2\,n - 2$. Ist n eine gerade Zahl, wie es meist der Fall ist, kann man sich vorstellen, daß ein Kern der gewählten Spalte mit dem gewählten Kern in bezug auf die Polarität zur Leseleitung ein Paar darstellt; ein anderer Kern in der gewählten Zeile bildet mit dem gewählten Kern ein zweites, entsprechendes Paar. Die Störsignale dieser beiden Paare heben sich nicht gegenseitig auf. Jeder der verbleibenden $2\,n - 4$ halberregten Kerne ist tatsächlich mit einem anderen gepaart. Das Ausgangsstörsignal der halberregten Selektionsströme beträgt im schlimmsten Falle das Doppelte des Halbauswahlsignals eines Kerns plus das $(n - 2)$-fache der Deltastörspannung, wenn solch ein 1-0-Modell zugrunde gelegt wird, daß die Polarität des Deltasignals mit der Polarität des Halbselektionssignals übereinstimmt.

Ein häufig zur Verminderung der Halbauswahlstörung (Halblesestörung) verwandtes System besteht darin, daß man den horizontalen und den vertikalen Selektionsstrom zu etwas verschiedenen Zeiten treibt. Wird z. B. der horizontale Selektionsstrom zuerst geschickt, so verschwinden alle Halbauswahlstörungen der Kerne auf der horizontalen Leitung, bevor der gewählte Kern schaltet. Der waagerechte Selektionsstrom fließt natürlich solange, wie der vertikale Selektionsstrom angelegt ist. Wenn also neben dem Signal aus der Flußumkehrung im Kern noch Störsignale auftreten, dann sind es nur Halbauswahlstörungen durch die Kerne in den vertikalen Auswahlleitungen. Wegen der kurzen Zeitdauer der Halbauswahlsignale benötigt man für den Speicher nur eine geringfügige Verlängerung der Gesamttaktzeiten. Ein sekundärer Nachteil dieses Systems besteht darin, daß die Amplitude des 1-Ausganges des gewählten Kerns etwas kleiner ist, da der Ausgangsfluß eher dem Punkt X_1 entspricht als dem Punkt 1_d (vgl. Abb. 4.2).

4.4. Kenngrößen und technische Daten für den Entwurf ringförmiger Ferritkerne

Obwohl Ferrite in der Literatur ausgiebig untersucht und beschrieben wurden (vgl. Bibliographie), so gehören die wirklich wesentlichen Informationen über die Zusammensetzung und die Fabrikationsmethoden der allgemein erhältlichen Ferritspeicherkerne in das Gebiet des Produktionsgeheimnisses. Daher beschränken wir uns in bezug auf die Zusammensetzung und Fabrikation der Kerne auf folgende unvollständige, kurze Bemerkungen.

Die chemische Formel für Ferrite wird allgemein mit $MeFe_2O_4$ angegeben, wobei Fe und O die chemischen Symbole für Eisen und Sauerstoff sind. Me steht für gewisse verschiedene Elemente, wie Mangan, Magnesium, Nickel, Kupfer, Kobalt, Zink, Eisen (in diesem Falle lautet die Formel Fe_3O_4, das Material heißt dann Magnetit) oder Lithium. Bei Verwendung von Lithium, das nur ein Valenzelektron besitzt, muß die Hälfte der Me-Atome gewöhnlich aus einem Element bestehen, das drei Valenzelektronen liefern kann. Seinen allgemeinen Eigenschaften und der Herstellungsart nach werden die Ferrite zu den keramischen Werkstoffen gerechnet. Die speziellen Ferrite, die stark rechteckige magnetische Hystereseschleifen zeigen, enthalten in der Me-Position kein einzelnes Element, sie bestehen vielmehr aus verschiedenartigen Gemischen der vorgenannten Elemente, die ersten Speicherkerne waren aus Ferriten mit 40 bis 45% Eisen. Der Rest war Mangan und Magnesium in verschiedenen Mischungsverhältnissen.

Neben einer ausgesprochen rechteckigen Hystereseschleife sind bei der Fabrikation von Speicherkernen folgende Eigenschaften von besonderem Interesse: Hohe Schaltgeschwindigkeit, geringe Koerzitivkraft, um Treibströme mit kleinen Amplituden zu ermöglichen, hohe Permeabilität zur Gewinnung großer Ausgangssignale, hohe mechanische Festigkeit besonders für die kleineren Bauelemente und geringe Empfindlichkeit aller Kennwerte gegenüber Temperaturveränderungen.

Man kann heute Kerne herstellen, die den früheren Kernen in bestimmten Beziehungen überlegen sind, doch kann man nicht alle Ziele gleichzeitig erreichen. Daher erfordert die Wahl einer Ferritformel und eines Fabrikationsverfahrens größere Kompromisse. Die besondere Kompromißart hängt von den allgemeinen Zwecken ab, denen der Kern im Rahmen der betreffenden Speicherung zu dienen bestimmt ist. In gewissen Fällen betrachtet man die Kernauswahl als eine Maßnahme zur Festlegung bestimmter Parameter, ebenso wie die Festlegung von Amplitude, Anstiegszeit und Dauer des Steuerstromimpulses. In den meisten Fällen muß der Ingenieur jedoch eine Kernausführung unter verschiedenen halbstandardisierten Bauarten wählen, die von den Kernproduzenten angeboten werden.

Natürlich sind die Kernparameter nicht so einfach festzulegen, wie dies etwa im Falle von Widerständen ist, wo Widerstandswert, Toleranz und Nennbelastbarkeit die Kennwerte des Widerstandes mehr oder weniger vollständig angeben. Die Produzenten von Vakuumröhren und Transistoren lösten viele der mit der umfassenden Spezifikation zusammenhängeden Probleme durch Aufstellung von industrieweiten Standards für Röhren- und Transistor-Modelle, die mit einer Typennummer versehen wurden. Die Kernproduzenten haben diesen Schritt bis jetzt wenigstens noch nicht getan; die Größe und die Kennwerte von Kernen, die angeboten werden, stimmen im allgemeinen nur ungefähr mit den Größen und Kennwerten anderer Hersteller überein.

Was z. B. die Größe betrifft, so hatten die früheren Kerne einen Außendurchmesser von 80 mil (0,080 Zoll). Um die Verwendung kleinerer Treibstromamplituden zu ermöglichen und eine allgemeine Miniaturisierung zu erreichen, entwickelte man nacheinander Kerne mit Außendurchmessern von 50, 30 und 20 mil; kürzlich gab es Kerne von nur 7 mil Durchmesser. Es ist heute üblich, je nach Lage des Falles von Kernen mit 80 mil bzw. 50 mil Größe zu sprechen, die von den verschiedenen Produzenten angebotenen Sondergrößen der Kerne entsprechen aber nicht unbedingt einem Außendurchmesser der Kerne in genau dieser Größe; so kann beispielsweise ein 20 mil-Kern heute einen äußeren Nenndurchmesser von 22 mil haben. Außer den Differenzen in den Außendurchmessern gibt es noch die von einem Produzenten zum anderen abweichenden Maßtoleranzen. Entsprechende Schwankungen gibt es bei den Innendurchmessern der halbstandardisierten Kernformate. Bei den meisten Kernarten beträgt der Innendurchmesser 60% bis 65% des Außendurchmessers, obwohl man Beispiele finden kann, die in jeder Hinsicht aus diesem Rahmen fallen. Größere Schwankungen kommen bei der Kernhöhe vor; bei den meisten Modellen liegt die Höhe zwischen 20% und 33% des Außendurchmessers.

Auch die Definitionen der elektrischen Kennwerte unterliegen Schwankungen, obwohl es gewisse grundsätzliche Merkmale der Kernprüfung und Messung gibt, die mehr oder weniger standardisiert sind. Man bestimmt z. B. Kennwerte der Kerne, indem man zwei Leitungen, die Auswahlleitung und die Leseleitung, durch den Kern steckt. Man schickt dann gemäß Abb. 4.3a Stromimpulse durch die Auswahlleitung und beobachtet die Ausgangsimpulse, die in der Leseleitung erzeugt werden. Jeder Auswahlimpuls hat eine Breite (Zeitdauer) t_d, die beträchtlich länger ist als die voraussichtliche Schaltdauer des Kerns. Der erste Impuls hat eine Amplitude I_m und eine beliebige Polarität, doch wird die Polarität des ersten Impulses als Schreibpolarität angesehen. Ist I_m ausreichend groß, so befindet sich der Kern am Ende des ersten Impulses im Zustand 1 (vgl. Abb. 4.2). Der nächste Impuls hat die entgegengesetzte Polarität, aber die gleiche Größe. Während des zweiten Impulses wird der Kernzustand zu dem Punkt S_0 zurückgeführt, und es wird der ungestörte Impuls uV_1[1]) erzeugt. Der dritte Impuls ist ein weiterer Schreibimpuls mit der Amplitude I_m, der

Kern bleibt wieder im Zustand 1. Dann wird eine lange Folge (meist 20 bis 100) von „Halbwählstromimpulsen" mit der Amplitude $I_m/2$ in der Leserichtung abgegeben. Am Ende dieser Folge ist der Kern in dem gestörten Eins-Zustand

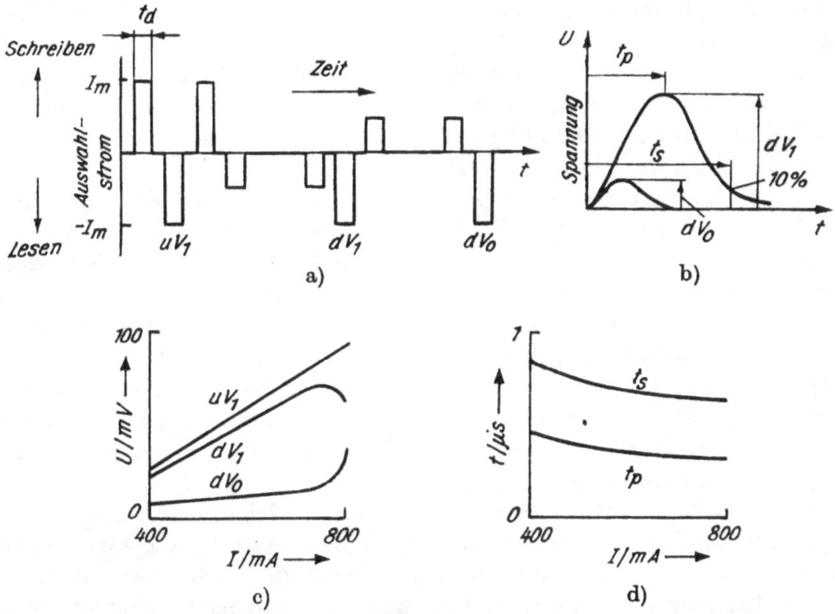

Abb. 4.3. Erläuterung der wichtigsten elektrischen Parameter von Magnetspeicherkernen

1_d. Der folgende Leseimpuls mit voller Amplitude ruft dann den gestörten Eins-Impuls dV_1 in der Abtastleitung hervor. Es wird nunmehr eine Folge von Halbwählimpulsen in der Schreibrichtung abgegeben, um den Kern in dem gestörten — Null-Zustand 0_d zu bringen. Nunmehr erzeugt ein Leseimpuls mit voller Amplitude den gestörten — Null-Impuls dV_0. Die Wellenform und die relative Zeitlage der dV_1 und dV_0-Ausgangsimpulse sind in Abb. 4.3b qualitativ dargestellt.

Die Spitzenwerte der verschiedenen Ausgangsimpulse wurden für verschiedene I_m-Werte gemessen und in Abb. 4.3c eingezeichnet. Verändert sich I_m, so ändert sich in entsprechender Weise die Amplitude der Impulse in a. Dies gilt für Impulse mit voller wie auch mit halber Amplitude. Ist I_m kleiner oder nur wenig größer als der für die Umschaltung des Kerns erforderliche Wert, so sind die Ausgangsimpulse gering und ohne praktischen Wert. Gemäß dem in Abb. 4.3c eingezeichneten Strommaßstab benötigt man zum Schalten eines

[1]) Die Vorindizes bedeuten
u — ungestört
d — gestört in ungünstiger Richtung

Kerns ein I_m von etwa 350 Milliampere. Ist I_m etwa 700 Milliampere oder mehr, so werden die Halbwählimpulse für eine Umschaltung der Kerne groß genug. Wenn sich I_m diesem Wert nähert oder ihn überschreitet, so beginnt die dV_1-Kurve steil abzufallen, während die dV_0-Kurve steil ansteigt. Ein Koinzidenzstromfeld würde in diesem Beispiel praktisch ein I_m zwischen 600 und 650 Milliampere benötigen.

Die Schaltzeit t_s eines Kerns wird allgemein als die Zeit definiert, die vom Anlegen des Treiberstroms bis zu der Zeit verstreicht, in der der Ausgangsimpuls auf 10% seines Höchstwertes abgesunken ist. Zur Bestimmung von t_s müssen auch die von Null verschiedene Anstiegszeit und andere Merkmale eines nicht rechteckigen Kurvenverlaufes des Auswahlstromes berücksichtigt werden. Abb. 4.3d zeigt einen typischen Verlauf für t_s als Funktion von I_m. Die Spitzenzeit t_p ist die Zeit, die vom erstmaligen Anlegen des Treibstromes bis zu der Zeit verstreicht, wo der uV_1-Ausgangsimpuls seinen Spitzenwert erreicht. Abb. 4.3d zeigt t_s als Funktion von I_m. Der t_p-Wert ist gewöhnlich ein klein wenig größer als 50% der Schaltzeit t_s, kann aber von diesem Betrag abweichen, da das genaue Verhältnis oft von den Einzelheiten des Meßverfahrens abhängt. Der Wert von t_s ist natürlich für die Bestimmung der Taktzeit des ganzen Speichers von Interesse, während t_p für die Einstellung der ,,Stroboskopzeit“ und somit der Lage des Strobimpulses maßgebend ist.

Die Maßstäbe in den Abb. 4.3c und d entsprechen nicht irgendwelchen besonderen Kernausführungen. Wir haben sie lediglich gewählt, um eine ungefähre Vorstellung von den Größenordnungen zu geben, die bei Kernen mit ca. 8 mm Außendurchmesser zu erwarten sind. Für eine gegebene Ferritstruktur steigt der erforderliche Auswahlstrom I_m ungefähr linear mit dem Kerndurchmesser. Da die Amplitude des Ausgangssignals der Geschwindigkeit der Flußänderung proportional ist, ist diese Amplitude der Querschnittsfläche des Flußpfades proportional. Wenn aber das Verhältnis zwischen Höhe und Durchmesser konstant bleibt, ist die Ausgangsamplitude dem Durchmesser im Quadrat proportional. Es bestand aber trotzdem die Tendenz, schnelleres Ferritmaterial für kleinere Kerne zu verwenden. Deswegen ergeben die relativ kleineren Typen aus dem Kernangebot gewisser Herstellerwerke höhere Ausgangssignale als große Kerne. Da nun schnellschaltende Ferrite im allgemeinen stärkere Auswahlströme benötigen, ist der für kleine Kerne erforderliche I_m größer als für große Kerne. Werte von t_s bei Auswahlstromamplituden, die sich für Koinzidenzstromoperationen eignen, liegen zwischen etwa 3 Mikrosekunden für die früheren Ferrite und Zeiten unter 0,25 Mikrosekunden für gewisse Werkstoffe in handelsüblichen Kernen mit ca. 5 mm Außendurchmesser. Betrachtet man Kerne von 5 mm und 20 mm Durchmesser, so betragen die erforderlichen I_m-Werte 250 bis 1100 Milliampere.

Toleranzen für die elektrischen Kennwerte werden von den Herstellerfirmen nur ungern mitgeteilt. Doch sind sie bei entsprechender Bezahlung bereit, die Kerne einem bestimmten Prüfverfahren zu unterziehen und nur solche Kerne zu liefern, die innerhalb der vom Verbraucher gewünschten Toleranzen liegen.

4.5. Arten und mögliche Verbesserungen von Leseleitungskonfigurationen

Die ursprünglich diagonale Leseleitung in Abb. 4.1 gestattet eine weitgehende Kompensation des Halbwählsignals. Doch ist die elektromagnetische Kopplung zwischen ihr und der Auswahlleitung nicht auf das mögliche Minimum reduziert, wie man bei der Betrachtung der Endschleife der Abtastleitung erkennen kann. Bewegt man sich von einer Klemme der Leseleitung zur anderen, so ist die Richtung aller Endschleifen an einer gegebenen Feldkante stets gleich. Ein Treiberstromimpuls in der Auswahlleitung in Kantennähe induziert dann eine wesentliche Störspannung in der Leseleitung. Um die Störspannung zu vermeiden, verwendet man meist eine kompliziertere Form der Abtastleitung.

Abb. 4.4 zeigt zwei mögliche Leseleitungskonfigurationen, bei denen die in der einen Hälfte der Endschleifen längs einer Kante induzierten Signale eine

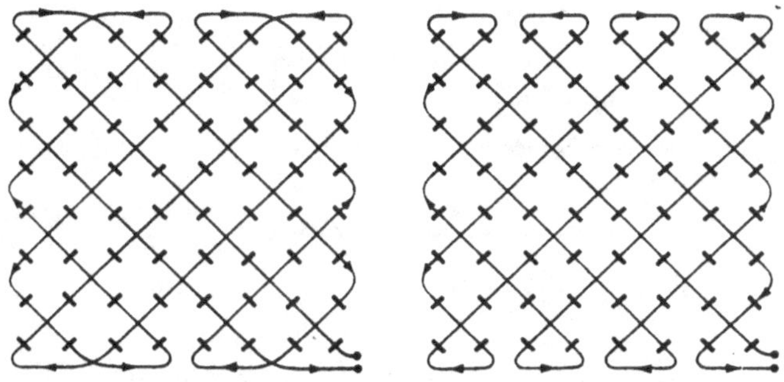

Abb. 4.4. Zwei diagonale Leseleitungsmodelle

den in der anderen Hälfte der Schleife induzierten Signalen entgegengesetzte Polarität besitzen. In diesem Bild sind die Kerne als kurze dicke Striche dargestellt, so wie die Kerne von der Seite aus zu sehen sind. Die nächstfolgenden Kerne haben eine entgegengesetzte Diagonalrichtung. Die Auswahlleitungen sind in diesem Bilde nicht zu sehen. Gegenüber der vorigen Abbildung ist ihre Lage jedoch unverändert, mit Ausnahme der Auswahlstromrichtung, die in den nächstfolgenden Zeilen und Spalten umgekehrt wird, um eine für das Lesen und Schreiben erforderliche Stromverstärkung in jedem Kern zu erhalten.

Die beiden in Abb. 4.4a und b dargestellten Modelle eignen sich für Feldabmessungen, bei denen die Zahl der Kerne in jeder Richtung eine Potenz von 2 ist, wie z. B. 32 mal 32 oder 8 mal 64. Wenn die Zahl der Kerne in einer oder in beiden Richtungen nicht einer Zahl 2^n entspricht, wie z. B. bei einem Feld 10×10, ergeben sich keine gleichmäßigen Modelle, wie in Abb. 4.4, so daß andere Modelle angefertigt werden müssen. Ein Modell, das für sämtliche Feldgrößen paßt, erhält man, indem man die Kerne wie in Abb. 4.4 anordnet. Dabei wird aber eine diagonale vor- und zurückführende Leitung für die Kerne der einen Richtung und eine zweite gleichartige, aber um 90° gedrehte Leitung für die Kerne der anderen Richtung verwendet. Die beiden Abtastleitungen werden dann mit entsprechender Polarität in Reihe geschaltet. Dieses besondere Modell ist etwas nachteilig insofern, als die Schleifen nicht die kleinstmögliche Länge haben. Auch wird ein Drahtstück zur Verbindung der beiden Teile und ein weiteres Drahtstück benötigt, um die beiden Endklemmen an der gleichen Feldecke anzulegen. Diesen Nachteil muß man für die vielseitigere Verwendbarkeit dieser Ausführungsart in Kauf nehmen.

Für gewisse Zwecke bietet das in Abb. 4.5 dargestellte Modell wesentliche Vorteile. Die Drähte der Abtastleitung laufen hier parallel zur horizontalen

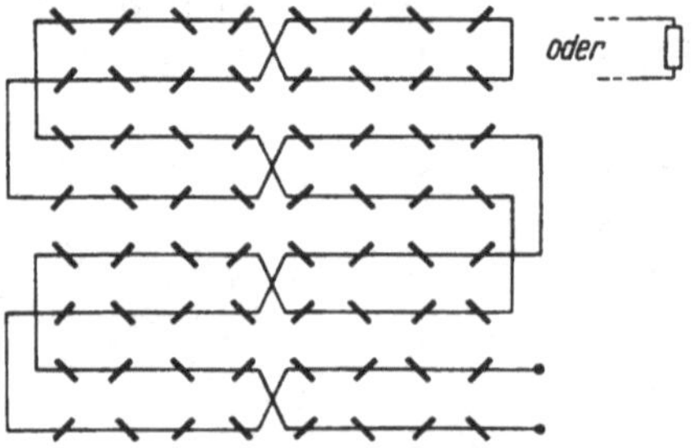

Abb. 4.5. Ein rechteckiges Leseleitungsmodell

Auswahlleitung und in sehr geringer Entfernung von ihr. Dies ist das besondere Merkmal dieser Anordnung, das bei den verschiedenen Diagonalsystemen vermieden wird. Werden aber aufeinanderfolgende Zeilen paarweise verbunden und in der Mitte eines jeden Paars gekreuzt, so kann ein großer Teil des induzierten Störsignals unterdrückt werden. Durch diese paarweise Verbindung der Stränge wird die Leseleitung einer elementaren Übertragungsleitung sehr ähnlich. Ein Signal, das durch den Kern an irgendeiner Stelle der Leitung eingegeben wird, wandert in beiden Richtungen der Leitung entlang sowohl zu den Klemmen in der unteren rechten Ecke des Feldes als auch zu dem Kurzschluß in der rechten oberen Ecke. Die Amplitude des nach allen Richtungen wandernden Signals ist gleich der halben Amplitude des induzierten Signals. Die Polarität der beiden Hälften ist entgegengesetzt, doch wird das an der Kurzschlußstelle ankommende Signal reflektiert und umgepolt, so daß es schließlich mit dergleichen Polarität an den Ausgangsklemmen erscheint, wie das Signal, das direkt dahin wandert. Bei kleinen Feldern ist die Übertragungszeit so kurz, daß die Nutzwirkung die gleiche ist wie bei der direkten Übertragung des ganzen induzierten Signals zu den Ausgangsklemmen. Bei großen, schnellschaltenden Feldern kann aber das verspätet zurückkehrende reflektierte Signal Unannehmlichkeiten beim Entwurf zur Folge haben. In diesem Falle verwendet man in der rechten oberen Ecke des Systems einen Widerstand. Er wird dem Wellenwiderstand der Übertragungsleitung entsprechend gewählt und absorbiert das dort ankommende Signal. Die Amplitude des nutzbaren Signals ist dann halb so groß wie die Amplitude des induzierten Signals.

Für jede horizontale Auswahlleitung der Abb. 4.5 ist die induzierte Störspannung auf der linken Seite größenmäßig gleich der in der rechten Seite induzierten Störspannung. Sie hat aber entgegengesetzte Polarität. Für die Auswahlleitungen im unteren Teil der Figur ist der lineare Abstand entlang der Leseleitung zwischen zwei benachbarten Strecken, die an eine horizontale Leseleitung grenzen, relativ groß. Da aber die Leseleitung als Zweidrahtübertragungsleitung arbeitet, wie im vorstehenden Abschnitt beschrieben wurde, ist der Abstand zweier entgegengesetzt induzierter Signale tatsächlich recht klein. Deshalb heben sich die beiden Störimpulse einander ziemlich gut auf.

Die Leseleitungsführung in Abb. 4.5 eignet sich besonders für den Einsatz mit zeitlich versetzten horizontalen und vertikalen Leseauswahlströmen, wie im vorhergehenden Abschnitt beschrieben wurde. Der Gesamtstörimpuls, der durch Ungleichheiten der im linken und rechten Abschnitt entstehenden Rauschimpulse entsteht, ist von kurzer Dauer, sofern die Anstiegszeit des angelegten waagerechten Auswahlstroms kurz ist (die Kernschaltzeit ist nicht mit inbegriffen). Deswegen endet ein Gesamtstörimpuls, selbst mit großer Amplitude, dann, wenn das vertikale Auswahlsignal angelegt wird.

4.6. Anordnungen zur Vergrößerung des Auswahlverhältnisses mit zweidimensionaler Koinzidenzstrom-Auswahl

Das Auswahlverhältnis einer zweidimensionalen Koinzidenzstromauswahl kann von 2:1 auf 3:1 vergrößert werden, wenn man an alle Kerne, mit Ausnahme des ausgewählten Kerns, ein Vormagnetisierungs-Gegenfeld legt. Man kennt hierfür zwei Methoden. Sie werden anhand Abb. 4.6 erläutert. Die Pfeilspitze gibt die Richtung des Auswahlstroms für die eine oder andere Lese- oder Schreiboperation an. Für den umgekehrten Betrieb wird die Stromrichtung in allen Leitungen geändert. In Abb. 4.6 sind die Stromamplituden und Polaritäten für die Wahl des Kerns in der oberen rechten Ecke angegeben. Die Ströme betragen wie bisher in den gewählten Spalten und Zeilen $I_m/2$, es fließt aber ein Strom von $-I_m/6$ durch die horizontalen und vertikalen Auswahlleitungen aller anderen Zeilen und Spalten. Der Gesamtstrom durch die sonst halberregten Kerne beträgt dann $I_m/3$. Der Strom der sonst überhaupt nicht erregten Kerne besitzt einen Wert von $-I_m/3$. Das Verhältnis zwischen der Stromstärke in den erregten Kernen und der Stromstärke in allen anderen Kernen ist dann 3:1.

In Abb. 4.6b wurde eine zusätzliche Leitung durch alle Kerne gezogen. Die Leitung führt den Strom $I_m/3$ in einer Richtung, die zur Erzeugung eines

Gegenfeldes zu dem von dem Auswahlstrom erzeugten Feld erforderlich ist. Um einen Gesamtstrom von I_m im gewählten Kern zu erzeugen, muß man den Auswahlstrom in der gewählten Zeile und Spalte auf $2 \cdot I_m/3$ vergrößern, wie

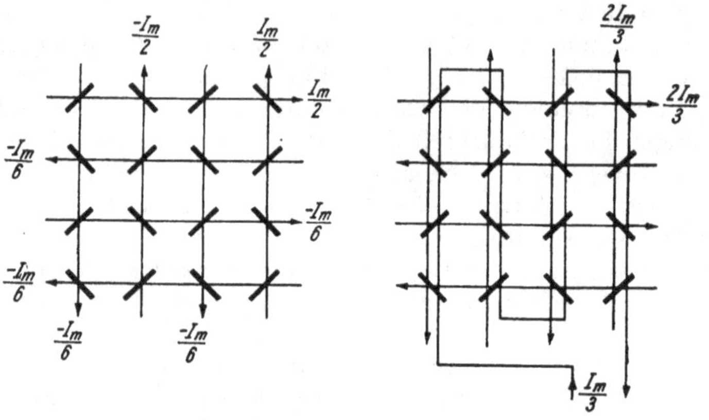

a) b)

Abb. 4.6. Zwei Anordnungen für 3:1-Auswahl

es in der Abb. für die Auswahl des Kerns in der oberen rechten Ecke gezeigt wird. Der Gesamtstrom in allen anderen Kernen ist entweder $I_m/3$ oder $-I_m/3$ wie zuvor.

Abb. 4.7 zeigt eine Anordnung, bei der zusätzliche Auswahlleitungen verwendet werden, um das Auswahlverhältnis zu verbessern. Fügt man die Auswahlleitung hinzu, so ist darauf zu achten, daß eine und nur eine Leitung jedes Satzes durch jeden Kern geführt wird. Um einen bestimmten Kern auszuwählen, schickt man den Auswahlstrom durch diese eine Leitung jedes Satzes, die durch den gewählten Kern führt. Die Richtung jedes Stroms muß natürlich so sein, daß alle Ströme durch den gewählten Kern die gleiche Richtung haben. Beim Übergang vom Lesen zum Schreiben muß die Richtung aller Ströme, wie bisher, umgekehrt werden. Mit drei Sätzen von Auswahlleitungen kann man demnach mit einem Strom von $I_m/3$ den Gesamtstrom I_m im gewählten Kern erzeugen. Zur Herstellung eines Auswahlverhältnisses von 3:1 benötigt man in allen anderen Kernen einen Maximalstrom von $I_m/3$.

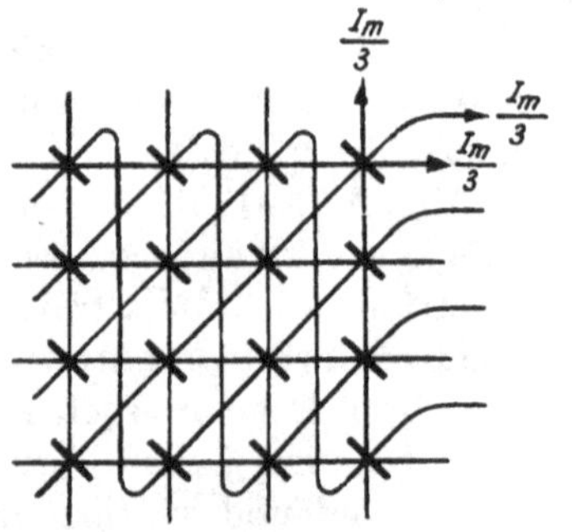

Abb. 4.7. Zusätzlicher Satz von Auswahlleitungen für 3:1-Auswahl

Bei der Anordnung gemäß Abb. 4.7 kann jede der beiden Vorspannungsmethoden, wie sie Abb. 4.6 zeigt, zusätzlich noch verwendet werden. Insbesondere kann man wie in Abb. 4.6a durch jede sonst unbenutzte Auswahlleitung einen Strom von $-I_m/15$ fließen lassen und dadurch einen Gesamtstrom von $I_m/3 - 2\,I_m/15 = I_m/5$ in allen nicht gewählten Kernen erzeugen. Alle Kerne, die sonst stromlos wären, erhalten nun einen Gesamtstrom von, $3\,I_m/15 = I_m/5$. Das Auswahlverhältnis ist dann 5:1. Andersereits kann man gemäß Abb. 4.6b alle Kerne der Schaltung 4.7 mit einer zusätzlichen Vorspannwicklung versehen, die einen Strom von $I_m/5$ mit einer zum Treibstrom entgegengesetzten Polarität führt. Der Strom der Auswahlleitung wird (von ursprünglich $I_m/3$) auf $2\,I_m/5$ vergrößert. Der Gesamtstrom im gewählten Kern ist dann $6\,I_m/5 - I_m/5 = I_m$, der Gesamtstrom in jedem anderen Kern ist entweder $I_m/5$ oder $-I_m/5$, so daß man das gleiche 5:1-Auswahlverhältnis erhält.

Eine weitere Vergrößerung des Auswahlverhältnisses kann man erhalten, indem man mehrere Auswahlleitungen, wie Abb. 4.7 demonstriert, hinzufügt. Das ist allerdings nicht bei der gezeigten Feldgröße von 4×4 möglich. Die spezielle Zahl der hinzugefügten Leitungen stellt eine komplizierte Funktion von der Feldabmessung dar. Von akademischem Interesse ist die Feststellung, daß in einem $n \times n$-Feld (n eine Primzahl), eine Gesamtzahl von $n + 1$ Leitungssätzen untergebracht werden kann. Dadurch erhält man ein unendlich großes Auswahlverhältnis. Doch macht es schon große praktische Schwierigkeiten, einen einzigen Satz wie in Abb. 4.7 hinzuzufügen. Neben den offensichtlichen physikalischen Problemen, die beim Einziehen einer größeren Zahl von Drähten durch jeden Kern entstehen, ist die Beziehung zwischen der (im zusätzlichen Satz) zu betätigenden Auswahlleitung und den Binärziffern, die gewöhnlich zur Bezeichnung der zu wählenden Kerne verwendet werden, nicht einfach. Daher ist die für die Zusatzauswahlleitung erforderliche Schaltmatrix viel komplizierter als die einfachen Matrizen, die man gewöhnlich für die Wahl der horizontalen und vertikalen Auswahlleitungen in konventionellen Feldern verwendet. Darüber hinaus kann bei der wortorientierten Speicherung (word — at — a — time storage), die später beschrieben werden soll, die einfache „Sperrschaltung" zur selektiven Aufzeichnung der logischen Eins und Null in den verschiedenen Kernebenen nicht verwendet werden. Diese Probleme sind derart schwierig, daß dieses System trotz der erreichbaren hohen Werte des Auswahlverhältnisses in der Praxis tatsächlich nirgends verwendet wird.

4.7. Dreidimensionale Koinzidenzstromfelder

Zur direkten Erweiterung der Koinzidenzstrom-Auswahlmethode auf drei Dimensionen wird jede Auswahlleitung durch eine zweidimensionale Kernebene anstelle durch eine eindimensionale Kernlinie gezogen. Der gewählte Kern liegt am Schnittpunkt aller gewählten Linien.

Zwei Ausführungsarten dieser dreidimensionalen Felder der Größe $2 \times 2 \times 2$ sind in Abb. 4.8 dargestellt. Die Pfeilspitze zeigt die Stromrichtung für die eine oder andere Lese- und Schreiboperation. Um einen Kern zu wählen,

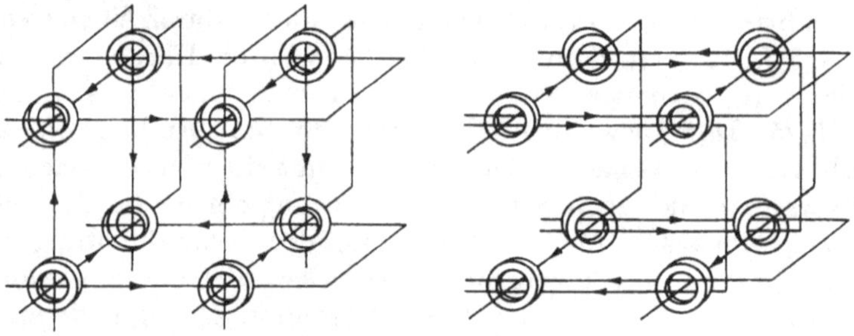

a) b)

Abb. 4.8. Zwei Ausführungsarten der dreidimensionalen Koinzidenzstromauswahl

schickt man einen Strom von $I_m/3$ mit einer entsprechenden Polarität durch eine Wicklung in jeder der drei Gruppen, die in drei senkrecht aufeinander stehenden Ebenen angeordnet sind. Durch den Kern am Schnittpunkt aller drei Ebenen fließt der Gesamtstrom I_m; durch alle Kerne, die an der Schnittlinie zweier gewählter Ebenen liegen, fließt ein Gesamtstrom $2\,I_m/3$ und durch alle anderen Kerne der gewählten Flächen ein Strom $I_m/3$. Die übrigen Kerne (bei einer Feldgröße von $2 \times 2 \times 2$ nur ein Kern) bleiben stromlos. Zur Bestimmung des Auswahlverhältnisses muß man vom stärksten Strom in den nicht ausgewählten Kernen ausgehen. Somit beträgt das Auswahlverhältnis 3:2 oder 1,5:1.

Die Anordnung Bild 4.8b ist im wesentlichen die gleiche, wie die in Abb. 4.8a. Der einzige Unterschied besteht darin, daß eine Gruppe von Auswahlleitungen „vor- und -zurück" statt „auf- und -ab" gezogen wurde. Doch liegen diese Leitungen in einer Ebene, die Funktion des Feldes ist dieselbe. Zieht man die Drähte nur in zwei, statt in drei senkrecht aufeinander stehenden Richtungen durch die Kerne, so kann man gewisse Stauungen vermeiden. Andere, geringe Veränderungen erhält man, indem man die Stromrichtung der Auswahlleitungen in aufeinander folgenden Ebenen wechselt. In diesem Falle muß man die Orientierung der Kerne entsprechend ändern.

Die wesentlichen Vorteile dreidimensionaler Strukturen bestehen darin, daß die Schaltmatrix vereinfacht und die Zahl der Auswahlschaltungen reduziert werden kann. Bei einem $4 \times 4 \times 4$-Feld mit 64 Kernen benötigt man z. B. sechs Binärziffern zur Kennzeichnung des gewählten Kerns. Die sechs Ziffern können in zwei Gruppen eingeteilt werden, wobei jede Gruppe zur Wahl einer der vorhandenen Ebenen dient. Man benötigt drei Matrizen mit vier Ausgängen, während ein zweidimensionales Feld (8×8) mit der gleichen Kernzahl zwei Matrizen mit 8 Ausgängen benötigt. In einem $4 \times 4 \times 4$-Feld gibt es 12 Treiberschaltungen, in einem Feld 8×8 hingegen 16. Allgemein benötigt man für ein dreidimensionales Feld mit n^3 Kernen drei Matrizen mit n Ausgängen und $3\,n$ Treibern.

Bei Vorspannung gemäß Anordnung 4.6 kann das Auswahlverhältnis bei dreidimensionaler Selektion auf 2:1 vergrößert werden. Bei der ersten Anordnung wird ein Strom von $-I_m/6$ durch alle nicht ausgewählten Ebenen geschickt. Der Gesamtstrom durch die an der Schnittlinie zweier Ebenen liegenden Kerne ist somit von $2 \cdot I_m/3$ auf $I_m/2$ reduziert. Die sonst stromlosen Kerne erhalten nun einen Gesamtstrom von $-3\,I_m/6 = -I_m/2$. Der Gesamtstrom in dem ausgewählten Kern beträgt nach wie vor $3\,I_m/3 = I_m$. Bei der anderen Anordnung wird durch alle Kerne eine Vorspannleitung gelegt. In ihr fließt ein Strom $I_m/2$ entsprechender Polarität. Der Steuerstrom in den gewählten Ebenen wurde auf $I_m/2$ vergrößert. Der Gesamtstrom durch den gewählten Kern erreicht dann $3\,I_m/2 - I_m/2 = I_m$. Der Gesamtstrom in den Kernen an der Schnittlinie zweier gewählter Ebenen ist $2\,I_m/2 - I_m/2 = I_m/2$. Der Nettostrom in den anderen Kernen der gewählten Ebenen ist auf Null reduziert, der Strom in anderweitig überhaupt nicht gewählten Kernen ist $-I_m/2$. Das Ansteuerungsverhältnis ist für beide Anordnung 2:1.

Zusätzliche Gruppen von Auswahlleitungen der in Abb. 4.7 dargestellten Art sind bei dreidimensionaler Auswahl denkbar. Nur weiß man nicht, welche Feldgröße und Wicklungsform hierfür erforderlich sind. Da die bereits besprochenen praktischen Probleme in dreidimensionalen Anordnungen noch komplizierter werden, hat sich unseres Wissens bisher noch niemand damit befaßt.

Eine andere Form der dreidimensionalen Koinzidenzstrom-Auswahl ist in Abb. 4.9 dargestellt. Jede Auswahlleitung läuft durch eine Reihe von Kernen, wie in den zweidimensionalen Feldern. Doch ist man hier bestrebt, das Auswahlverhältnis zu vergrößern, und nimmt kompliziertere Schaltungen in Kauf. In gewisser Hinsicht ähnelt diese Anordnung derjenigen mit zusätzlichen Auswahlleitungen, wie sie im zweidimensionalen Feld Abb. 4.7 dargestellt. Doch unterscheidet sich das hierbei entstehende System in seinen Eigenschaften sehr wesentlich. Um einen vorgegebenen Kern in Abb. 4.9 anzuwählen, wird ein $I_m/3$-Strom durch jede der drei Leitungen geschickt, die durch den Kern führen und einen Gesamtstrom von I_m erzeugen. Da jeder andere Kern entweder einen Strom von $I_m/3$ oder überhaupt keinen Strom erhält, ist das Auswahlverhältnis gleich 3:1.

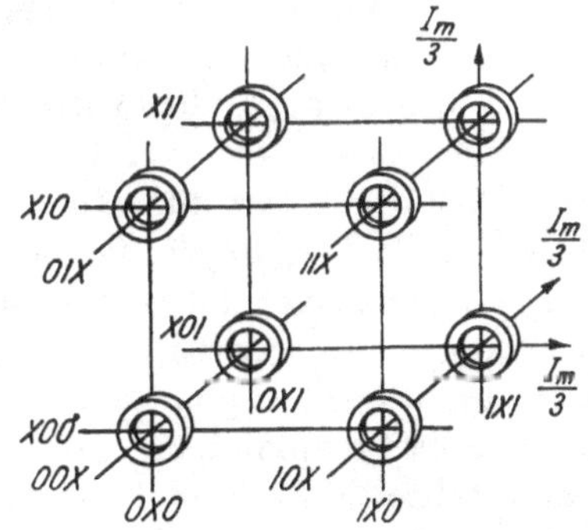

Abb. 4.9. Eine andere Form der dreidimensionalen Auswahl

In dem $2 \times 2 \times 2$-Feld kann jeder der acht Kerne durch drei Binärziffern bezeichnet werden. Die Schaltmatrix zur Auswahl der geeigneten Leitungen in der horizontalen, vertikalen und in der zur Bildebene lotrechten Ebene (auf der Zeichnung durch Diagonallinien dargestellt) kann wie folgt hergeleitet werden. Man geht davon aus, daß 12 Auswahlleitungen erforderlich sind, jeweils vier in einer Gruppe. Die drei Binärziffern werden jeweils zu zweit entsprechend den drei Möglichkeiten gruppiert. Jede Zweiergruppe der Ziffern wird zur Steuerung eines Matrixschalters mit vier Ausgängen verwendet. Die Ausgänge werden in der in Abb. 4.9 dargestellten Weise mit den Auswahlleitungen verbunden. Beispielsweise wird die horizontale Auswahlleitung durch die zweite und dritte Ziffer gesteuert, während die erste, mit X bezeichnete Ziffer unbenutzt bleibt. Die zweite Ziffer bleibt bei der Wahl der vertikalen Auswahlleitung frei, während die dritte Ziffer für die zur Bildebene lotrechten Leitungen nicht benutzt wird. Dieser Sachverhalt widerspricht den üblichen zweidimensionalen Feldern sowie den dreidimensionalen Feldern nach 4.8, wo die Auswahlleitungen einer Gruppe auf beliebige Art den Ausgängen der Schaltmatrix zugewiesen werden können.

Der Unterschied zwischen den Schaltverhältnissen der dreidimensionalen Anordnung 4.9 und konventionellen zweidimensionalen Feldern versteht man am leichtesten, wenn man größere Felder betrachtet. Bei einem $4 \times 4 \times 4$-Feld z. B. beträgt die Gesamtzahl der Kerne 64, so daß man sechs Binärziffern zur Bezeichnung eines jeden Kerns braucht. Man benötigt drei Gruppen von Auswahlleitungen zu 4×4. Die in jeder Gruppe auszuwählende Selektionsleitung wird durch eine Schaltmatrix mit 16 Ausgängen bestimmt, die durch vier von den vorhandenen sechs Ziffern gesteuert wird. Die drei Matrizen mit 16 Ausgängen sind mit den beiden Matrizen mit 8 Ausgängen zu vergleichen, die gebraucht werden, um einen der 64 Kerne in einem zweidimensionellen Feld konventioneller Art zu wählen. Im allgemeinen benötigt man für eine Anordnung mit $n + n + n$ Kernen drei Schaltmatrizen mit n^2 Ausgängen und $3\,n^2$ Treiberschaltungen. Anders gesagt, benötigt man für die dreidimensionale Selektion in einer Anordnung mit N Kernen, wobei N sowohl das Quadrat einer Zahl als auch die dritte Potenz einer Zahl ist (Beispiele: 64 und 4096), drei Schaltmatrizen, von denen jede $N^{2/3}$ Ausgangsleitungen hat. Demgegenüber benötigt man für eine zweidimensionale Auswahl zwei Matrizen mit jeweils $N^{1/2}$ Ausgangsleitungen.

Das Auswahlverhältnis für Anordnungen gemäß Abb. 4.9 kann von 3:1 auf 5:1 vergrößert werden, indem man eine der beiden in Abb. 4.6 erläuterten Vorspannungen wählt. Eine weitere Vergrößerung des Ansteuerungsverhältnisses erhält man, indem man Gruppen von Auswahlleitungen auf die in Abb. 4.7 dargestellte Weise hinzufügt.

Heute besitzen alle dreidimensionalen Konfigurationen der vorstehend beschriebenen Arten kaum mehr als rein akademisches Interesse. Zu den offensichtlichen Schwierigkeiten, die durch einen zusätzlichen Draht in jedem Kern entstehen, kommt das geringe Auswahlverhältnis, das mit Anordnungen wie in Abb. 4.8 erreichbar ist. Dies zwingt zu stärkerer Beachtung der Bauteiltoleranzen, was, wie wir sehen werden, zu Geschwindigkeitsverlusten führt. Die umständlichen Schaltvorgänge und die Unmöglichkeit der Verwendung von Sperrwicklung (vgl. nächsten Abschnitt) stellen nach der vorherrschenden Meinung unüberwindbare Nachteile bei Anordnungen gemäß Abb. 4.9 dar. Wenn insbesondere hohe Geschwindigkeiten erforderlich sind, kann man dieses

Ziel leichter durch die äußere Auswahl und den Impulsbetrieb (gleichfalls Themen, die später besprochen werden) erreichen als durch Vergrößerung des Auswahlverhältnisses bei der Koinzidenzstrommethode.

4.8. Pakete zweidimensionaler Felder für wortorientierte Speicherung

Von einem Digitalspeicher verlangt man gewöhnlich, daß er in der Lage ist, ein ganzes „Wort" zu einer gegebenen Zeit zu speichern oder auszugeben. Der Gegensatz dazu ist die Speicherung oder Wiedergabe einer einzelnen Binärzahl (bit), wie sie bisher in diesem Kapitel behandelt wurde. Die Leseoperation bei wortorientierten Speichern kann durch einfache Serienschaltungen der entsprechenden horizontalen und vertikalen Auswahlleitungen einer angemessenen Zahl zwei- oder dreidimensionaler Felder der beschriebenen Art direkt erfolgen. Für jedes Feld benötigt man einen Leseverstärker, je einen für jede Ziffer des Wortes. Doch ist es nicht möglich, die Schreiboperation allein durch die Serienschaltung der Auswahlleitungen zu betätigen, da gewisse Vorkehrungen getroffen werden müssen, um Flußumkehrungen in den Kernen zu vermeiden, in denen eine Null gespeichert wird.

Da eine große Zahl von Treiberschaltungen erforderlich wäre, ist man der Ansicht, daß die Einzelsteuerung der vertikalen oder horizontalen Auswahlleitungen (benötigt wird die Einzelsteuerung nur für einen der beiden Sätze)

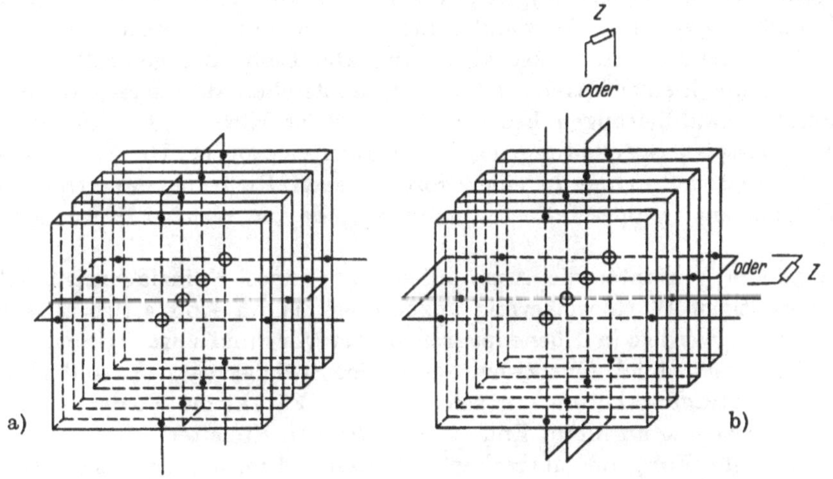

Abb. 4.10. Zweidimensionale Feldpakete, Lese- und Sperrleitungen wurden weggelassen

als Schreibmethode in Koinzidenzstromanordnungen bei Wortspeicherung unpraktisch ist. Statt dessen verwendet man in der Praxis einen zusätzlichen Satz von Leitungen, die als Sperrleitungen (Inhibit-Leitungen, Inhibitdraht) bezeichnet werden. Für jedes Bit eines Wortes nimmt man eine Sperrleitung. Das von einer gegebenen Sperrleitung durchzogene Feld von Kernen wird auch von einer Leseleitung erfaßt. Während des Schreibens fließt der Strom in der Sperrleitung eines jeden Feldes, wo eine Null gespeichert werden soll. In den Sperrleitungen der Felder, wo Einsen gespeichert werden sollen, fließt hingegen kein Strom. Die Richtung des Sperrstroms wird so gewählt, daß ein Magnetfeld entgegengesetzt dem Feld entsteht, das durch die anderen Treiberströme beim Schreiben erzeugt wird. Leider wird bei der Verwendung der Sperrleitung das maximale Auswahlverhältnis auf 2:1 reduziert. Die zur Vergrößerung des Auswahlverhältnisses besprochenen Anordnungen werden wirkungslos. Daher verwenden tatsächlich alle Koinzidenzstromspeicher eine elementare zweidimensionale Auswahl ohne Vorspannung und haben ein Auswahlverhältnis 2:1. In diesen Geräten ist die Amplitude der Lese- und Schreibströme $I_m/2$ wie zuvor, die Stärke des Sperrstroms ist gleichfalls $I_m/2$.

Die räumliche Anordnung einer wortorientierten Speichereinheit mit zweidimensionaler Koinzidenzstromauswahl ist in Abb. 4.10 dargestellt. Anordnungen dieser Art werden oft als dreidimensional bezeichnet. Die Kerne sind tatsächlich dreidimensional angeordnet, doch erfolgt die Auswahl im wesentlichen noch zweidimensional insofern, als sich die „Adresse“ auf eine Linie von Kernen bezieht, die durch zwei Koordinaten definiert werden kann. Zudem ist die Anordnung beim Lesen einwandfrei eine Kombination zweidimensionaler Koinzidenzstromfelder. Beim Schreiben wählt keine der betätigten Sperrwicklung einen Kern aus, sie sorgt lediglich dafür, ob eine 1 oder 0 in der entsprechenden Kernebene gespeichert wird. In Abb. 4.10a ist nur eine horizontale und eine vertikale Auswahlleitung zu sehen. Alle anderen werden ganz in derselben Art vor- und zurückgezogen. Die Reihe der gewählten Kerne wird durch die kleinen Kreise an den Schnittstellen der horizontalen und vertikalen Auswahlleitungen bezeichnet. In jeder Kernebene wird eine (im Bild weggelassene) Sperrleitung durch alle Kerne gezogen. Die Wicklungsart ist derart, daß der Strom in einer vorgegebenen Richtung dem treibenden Schreibstrom entgegengesetzt ist, unabhängig davon, welcher Kern gewählt wird.

Eine andere Variante, die Auswahlleitungen eines Koinzidenzstromfeldes zur gleichzeitigen Wortspeicherung anzuordnen, ist in Abb. 4.10b zu sehen. Die Leitungen werden in Ebenenpaaren derart vor- und zurückgezogen, daß jede Leitung tatsächlich eine zweidrähtige, im Speicherfeld vor- und zurücklaufende Übertragungsleitung zu sein scheint. Für kleine Felder kann die Übertragungsleitung an ihrem Ende in der Art von Einleiterwicklungen kurzgeschlossen sein. Für große überschnell schaltende Anordnungen ist die Durchlaufszeit des Stroms in der Anordnung ein wesentlicher Teil der Speichertaktzeit. In diesem Falle ist es vorteilhafter, am Ende einen Widerstand gleich dem Wellenwiderstand der Übertragungsleitung anzubringen. Die Amplitude, Dauer und Wellenform des Treibstromimpulses kann hierdurch in allen Kernen auf nahezu den gleichen Wert gebracht werden, obwohl die genaue Zeitbemessung der Lage des Kerns längs der Übertragungsleitung entsprechend variiert. Der Endwiderstand absorbiert die ihm zulaufenden Impulse, und es gibt mit

Ausnahme geringfügiger Fehlanpassungen keinen Rückstrom. Für die Koinzidenz der vertikalen und horizontalen Treiberströme in allen Ebenen ist es erforderlich, daß die Übertragungsgeschwindigkeit beider Gruppen entsprechender Auswahlleitungen gleich groß ist. Daher ist die Verwendung der in Abb. 4.5 gezeigten Art zur Führung der Leseleitung zweckmäßig. Die Leseleitung wird parallel zu einem Satz Auswahlleitungen geführt, während die Sperrleitung parallel zur anderen Gruppe läuft. Hierdurch wird es möglich, horizontale und vertikale Auswahlleitungen mit ähnlichen Ausbreitungseigenschaften zu erzeugen.

Das Modell der Sperrleitung selbst ist für eine Ebene in Abb. 4.11 dargestellt. Auf diesem Bild zeigt die Pfeilspitze die Richtung des Schreibstroms an. Die dargestellten stromführenden Leitungen mit einem Strom von $I_m/2$ werden zur Aufzeichnung einer Null in dem rechten oberen Kern wirksam. In Abb. 4.11 a wird die Sperrleitung einfach durch die aufeinanderfolgenden Spalten des Kernfeldes vor- und zurückgeführt, während die Orientierung der Kerne mit der Richtung des Schreibstroms so korrespondiert, daß der Sperrstrom das Schreiben unmöglich macht, ganz gleich, welcher Kern gewählt wurde.

In Abb. 4.11 b ist die Sperrleitung durch Spaltenpaare vor- und zurückgezogen und ergibt eine zweidrähtige Leitung in Übereinstimmung mit den Auswahlleitungen von Abb. 4.10 b und den Abtastleitungen 4.5. Die Sperr-

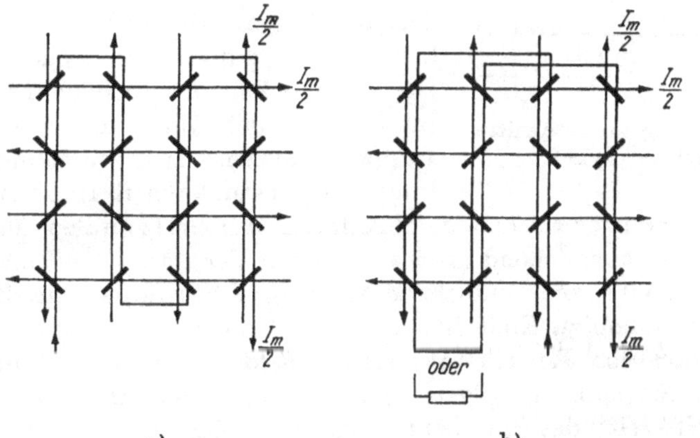

Abb. 4.11. Sperrleitungsmodelle (Inhibit-Drahtführung)

leitung kann ebenfalls in einem Widerstand enden, der dem Wellenwiderstand gleich ist.

Wenn die vorgenannten Bauteile montiert sind, enthält eine Koinzidenzstromanordnung für wortorientierte Speicherung folgende vier Sätze von Leitungen: die horizontalen Auswahlleitungen, die vertikalen Auswahlleitungen, die Leseleitungen und die Sperrleitungen. Jede Leitung eines Satzes kann die Form einer zweidrähtigen Übertragungsleitung haben, die bei dem Durchgang durch die entsprechenden Ebenen, Zeilen und Spalten der Kernanordnung den Umständen gemäß hin- und hergefaltet ist. Durch jeden Kern führen vier Drähte, zwei in horizontaler und zwei in vertikaler Richtung.

4.9. Der Arbeitszyklus des Speichers und Betrachtungen zur Wortspeicherung

Abb. 4.12 veranschaulicht die wichtigsten Merkmale des Operationszyklus eines Kernspeichers für wortorientierte Speicherung. Vor Beginn des Zyklus muß die Information („Adresse") zur Angabe der Wortposition ins Register eingegeben worden sein, das in der Lage ist, die Schaltmatrizen der horizontalen und vertikalen Auswahlleitung anzusteuern. Im Arbeitszyklus steht die Leseoperation an erster Stelle. Bei Verwendung einer Leseleitung der in Abb. 4.5 gezeigten Art mit gestaffelten Leseimpulsen wird zunächst die horizontale und dann die vertikale Auswahlleitung betätigt. Beide bleiben ausreichend lange unter Strom, bis der Fluß im gewählten Kern ganz umgekehrt ist. Doch wird der Spitzenwert des Ausgangssignals in der Zeit erreicht, die für den Flußumkehrungsprozeß erforderlich ist. Die Zeit des Ausblendimpulses, der das Ausgangssignal in Wirklichkeit „abtastet", wird auf entsprechende Art gefunden. Die genaue Zeit des Ausblendimpulses findet man gewöhnlich durch die Untersuchung der Ausgangskurvenform, die man durch die Erprobung der verwendeten Kernart erhält.

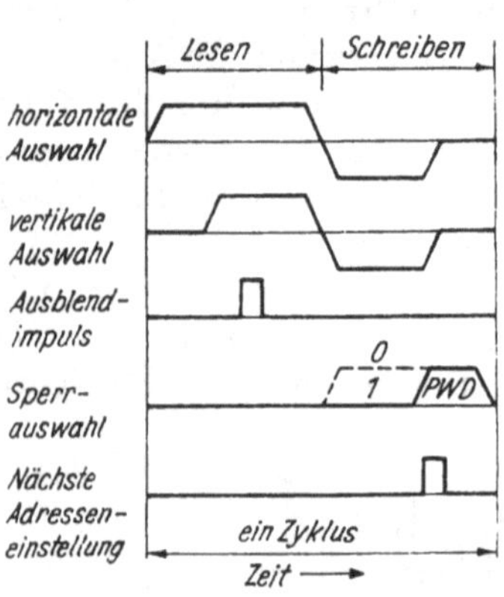

Abb. 4.12. Wichtigste Abschnitte eines Speicher-Zyklus

Die Zeitdifferenz zwischen dem Anlegen des horizontalen und vertikalen Treibstroms soll ausreichend groß sein, damit der durch die Einschaltung des horizontalen Treibstroms induzierte kurzzeitige Störimpuls zur Zeit des Ausblendimpulses schon zu Ende ist. Die erforderliche Zeitdifferenz ist eine komplexe Funktion von Kerncharakteristik, Feldform und Ausführungsart des Verstärkers. Sie kann im allgemeinen nur experimentell bestimmt werden.

Die „Zugriffszeit" des Speichers kann als die Zeit definiert werden, die vom Beginn des Arbeitszyklus bis zu dem Zeitpunkt verstreicht, wo das gespeicherte Wort in den Ausgangsleitungen erscheint. Gemäß Abb. 4.12 entspricht diese Zeit dem Abstand zwischen dem linken Rand der Figur und dem Ausblendimpuls (Strobimpuls). In gewissen Fällen enthält die so definierte Zugriffszeit eine oder beide Zeiten, die erforderlich sind, um die Adressenregister in die entsprechend der gewünschten Adresse notwendige Lage zu bringen und ein Ausgangsregister auf die von den Kernsignalen angezeigten Werte zu setzen.

Am Ende des Lesetakts werden alle Kerne der gewählten Adresse auf 0 zurückgestellt. Der Speicher ist wieder bereit, ein Wort unter der gleichen Adresse aufzuschreiben. Es kann sich hierbei entweder um dasselbe Wort handeln, das während des Lesetakts wiedergegeben wurde, oder um ein neues Wort, wobei die Wahl durch ein spezielles Signal gesteuert wird, das dem Speicher als Gesamtanordnung eingegeben wird. Wenn das Ausgaberegister schnell genug schaltet, kann das zu speichernde neue Wort zu dem gleichen Register übertragen werden, nachdem das „alte“ Wort vom Speicher bestimmungsgemäß an einen anderen Ort gebracht wurde. In gewissen Fällen muß das zu speichernde Wort zu einer Zeit, wo der Schreibtakt des Zyklus beginnt, in einem Register verfügbar sein. Diese Zeit liegt gewöhnlich unmittelbar am Ende des Lesetreibstroms.

Wie in Abb. 4.12 zusehen ist, beginnt der Schreibtakt mit dem Stromfluß in Schreibrichtung, der gleichzeitig in den gewählten horizontalen und vertikalen Auswahlleitungen einsetzt. Die Zeitdauer reicht wiederum für eine im wesentlichen vollständige Flußumkehr aus. Zur gleichen Zeit fließt weiterhin ein Strom in der Sperrwicklung jeder Kernebene, in der eine Null unter der gewählten Adresse gespeichert werden soll. Nach Beendigung des Schreibtakts kann ein Nachschreibstörimpuls (post-write-disturb pulse) durch die Sperrleitungen aller Ebenen laufen. Der Nachschreibstörimpuls hat die gleiche Richtung wie der Sperrimpulsstrom. Er erreicht nur eine Verlängerung des Sperrimpulses in jeden Ebenen, in denen eine Null geschrieben wurde. Der Nachschreibstörimpuls sorgt dafür, daß alle Kerne in allen Ebenen entweder im 1_d- oder 0_d-Zustand verbleiben (vgl. Abb. 4.2), wie es für die nächste Leseoperation am günstigsten ist.

Am Ende der Schreibtreibströme und während des Nachschreibstörimpulses wird die Adresseninformation nicht mehr benötigt. Das Adressenregister kann nun auf die Adresse eingestellt werden, die für den nächsten Arbeitszyklus benötigt wird. Aus Bequemlichkeitsgründen kann die Grenze zwischen den Zyklen als Ende des Schreibtreibstroms aufgefaßt werden. Mit dem Nachschreibstörimpuls würde dann der Lesetakt des nächsten Zyklus beginnen. Wenn man aber zur Erzeugung der Lese- und Schreibtreibströme die (später zu beschreibenden) „Schaltkerne“ (swich cores) benutzt, wird die Adresseninformation während des Schreibtakts gespeichert; die Einstellung der neuen Adresse wird dann von der in Abb. 4.12 gezeigten Zeit zu einem früheren Zeitpunkt im Zyklus verschoben, und zwar auf den Beginn der Schreibtreibströme.

Wie bereits im Zusammenhang mit den Leitungseigenschaften der Auswahlleitung besprochen wurde, erreicht der Auswahlstrom die gewählten Kerne in allen Ebenen nicht gleichzeitig. Für schnellschaltende Anordnungen kann die Zeitdifferenz beträchtlich sein und etwa 0,2 Mikrosekunden erreichen. Die Zeitsteuerung der Ausblendimpulse und Sperrströme muß daher entsprechend eingestellt werden, besonders in Anordnungen mit einer großen Zahl von Bits pro Wort. Für relativ „weit“ von den Endklemmen entfernte Ebenen erfolgt der Einsatz des Ausblendimpulses und des Sperrstroms etwas später, als in Abb. 4.12 gezeigt wird. Auch die Verzögerungszeit, die bei der Übertragung des Sperrstroms und des Ausgangssignals auf der Abtastleitung mit enthalten ist, begrenzt die maximale Zahl der Kerne, durch welche diese Leitungen gezogen werden können, sehr stark. In gewissen Fällen wird ein $n \times n$-Feld in einzelne Abschnitte eingeteilt, in denen zwei oder mehr Sperrleitungen (elektrisch) parallel betrieben werden. Das gleiche gilt für zwei oder mehr Abtastleitungen. So kann beispielsweise eine Ebene in sechzehn $n/4$ mal $n/4$ Abschnitte mit vier Sperrleitungen und vier Abtastleitungen zerlegt werden. Jede Verhinderungs- oder Abtastleitung führt dann durch die Kerne der vier Abschnitte, doch ist die Anordnung so, daß jede einzelne Sperr- und Abtastleitung nur in einem Abschnitt kombiniert werden. Bei dieser Anordnung wird die Zahl der auf eine Sperrleitung und Abtastleitung entfallenden Kerne von n^2 auf $n^2/16$ reduziert. In entsprechender Weise vermindern sich die Störungen die durch die Nähe dieser beiden Leitungen verursacht werden. (Obwohl der Sperrstrom mit dem Ausblendimpuls zeitlich nicht übereinstimmt, ist die Zahl der auf die beiden Leitungen entfallenden Kerne so groß, daß ein starkes Störsignal entsteht, das noch während des Ausblendimpulses im Abtastverstärker spürbar bleibt. Die Zahl der auf eine Auswahlleitung und Abtastleitung entfallenden Kerne beträgt ohne Segmentierung nm, wobei m die Zahl der Bits in einem Wort ist.)

Eine weitere Störquelle beim Koinzidenzstromprinzip für wortorientierte Speicher ist die gegenseitige Kopplung benachbarter (horizontaler oder vertikaler) Auswahlleitungen. Wenn man nicht für Abhilfe sorgt, ist die Länge der parallel laufenden Drähte gleich dem Produkt des Weges in einer Ebene und der Zahl der Ebenen. Es wurde berichtet, daß der von dem Auswahlstrom eines benachbarten Drahtes induzierte unerwünschte Strom bis zu 35% des angenommenen Auswahlmaximalstromwerts erreichte. (Dies ist möglich, wenn die inaktiven Auswahlleitungen mit einer Wicklung auf dem Schaltkern statt mit dem Kollektor eines Sperrtransistors verbunden sind.) Obwohl die Dauer dieses Störstroms für die Umschaltung des Kerns nicht ausreicht, ist der Strom offensichtlich unerwünscht und stellt eine unnötige Belastung der gewählten Auswahlleitung dar.

Die Störungen und die Belastung, die durch Kopplung zweier benachbarter Selektionsleitungen entstehen, kann man auf vernachlässigbar kleine Werte reduzieren, indem man die Lage der Auswahlleitungen von der einen Ebene zur nächsten vertauscht, ähnlich wie dies bei langen Telefonfreileitungen geschieht. Die Verschränkung geschieht gesondert für die horizontalen und vertikalen Auswahlleitungen. Erfolgt die Verdrahtung paarweise, wie in Abb. 4.10b, so wird die Verschränkung auf Ebenenpaaren vorgenommen. Durch diese Leitungsführung werden die Koordinatenpunkte gestreut, in denen die Bits eines gegebenen Worts gespeichert sind. Doch hat der Streueffekt keine nachteilige Wirkung, da die Beziehung zwischen der Adresse und der tatsächlichen Lage der entsprechenden Kerne die Funktion der Speicheranordnung insgesamt nicht beeinflußt. Ausführliche Untersuchungen der für eine annehmbar geringe Kopplung von Auswahlleitungen geeigneten Arten der Leitungsführung gibt es offenbar noch nicht. Für die meisten Verwendungszwecke genügt es wohl, wenn zwei bestimmte Auswahlleitungen in höchstens vier Ebenen nebeneinander verlaufen.

4.10. Verschiedene Abarten der Koinzidenzstromspeicherverfahren

Wird die Stromrichtung einer Auswahlleitung einer zweidimensionalen Koinzidenzstromanordnung umgekehrt, so ergeben die durch die Kerne fließenden Ströme an der Schnittstelle eine „Antikoinzidenz" mit dem Resultat, daß kein Kern gewählt wird. Diese Tatsache spricht davon, daß gewisse Informationen bezüglich der Auswahlstromrichtung im Auswahlprozeß nicht genutzt wurden. Durch Verdopplung der Feldgröße, wie dies in Abb. 4.13a für eine 2×2-Feld gezeigt wird, kann man die Information für die doppelte Zahl der in einer Ebene auswählbaren Kerne benutzen, ohne die Zahl der Stromtreiber zu vergrößern. Die Pfeilspitzen zeigen die Stromrichtung für die Auswahl des oberen rechten Kerns im Gesamtfeld an. Wird die Richtung eines der Ströme umgekehrt, so wird der obere linke Kern gewählt. Ob die Wahl für das Lesen oder Schreiben erfolgt, hängt davon ab, wie die Anordnung insgesamt betätigt wird.

In Abb. 4.13b ist im wesentlichen die gleiche Anordnung dargestellt, jedoch unter Berücksichtigung der Tatsache, daß die durch Umkehrung nur eines Auswahlstroms verfügbare Information eine Halbierung der Anzahl der Stromtreiber in einem Feld gegebener Größe zur Folge hat. Bei der durch die Pfeil-

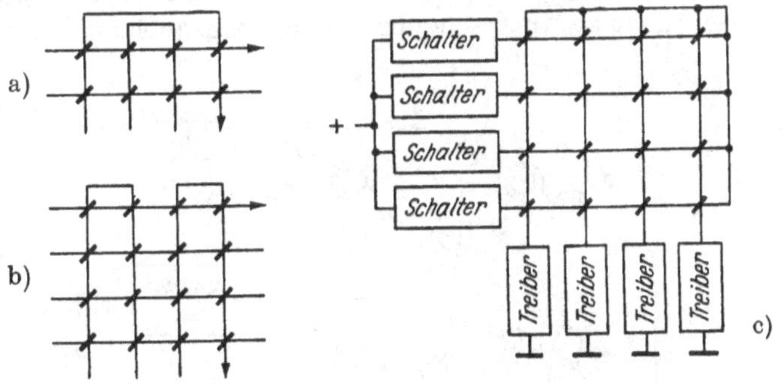

Abb. 4.13. Verschiedene Abarten der Koinzidenzstromselektion

spitzen angezeigten Stromrichtung wird der obere rechte Kern gewählt. Wird die Richtung eines der beiden Ströme umgekehrt, wird in der obersten Zeile der zweite Kern von rechts gewählt.

Für dreidimensionale Anordnungen gemäß Abb. 4.9 kann man nach dem gleichen Prinzip eine noch größere Zunahme der Kerne pro Treiber erhalten.

Abb. 4.13c zeigt ein System, bei dem die horizontalen und vertikalen Gruppen von Auswahlleitungen in Reihe geschaltet sind. Die Auswahl einer horizontalen Selektionsleitung erfolgt durch ein Schaltsystem, das in manchen Ausführungen mechanische Kontakte statt elektronischer Schalter verwendet. Man benötigt nur eine Gruppe Treiber, und auch diese eine kann durch einen zweiten Satz von Schaltern und einen einzelnen Treiber ersetzt werden.

4.11. Externe Wortwahl

Eine der wirklich hervorragenden, attraktiven Eigenschaften der Magnetkernspeicher war die Fähigkeit, das Koinzidenzstromprinzip innerhalb des Speicherfeldes selbst zur leichteren Auswahl eines bestimmten Kerns zu verwenden. Bei einer Speicherung von N Wörtern wurden zwei Schaltanordnungen mit $N^{1/2}$ Ausgangsleitungen und Treibern benötigt. Dies schien der einzig denkbaren Alternative einer Schaltanordnung mit N Ausgangsleitungen und Treibern weit überlegen zu sein. Doch wurde etwa 1958 klar, daß man leistungsfähigere, insbesondere schnellere Speicher nur unter wenigstens teilweisem Verzicht auf das Prinzip der Koinzidenzstromauswahl entwickeln kann. Es zeigte sich auch, daß Auswahlmethoden außerhalb des Feldes selbst ohne N Treiber möglich sein müssen. Tatsächlich wird bei externer Auswahl keine wesentlich größere Schalteinrichtung als bei der Koinzidenzstromauswahl benötigt.

Eine Anordnung, die die externe Auswahl der Kerne bei gleichzeitiger Wortspeicherung als Grundlage hat, ist in Abb. 4.14 zu sehen. (Gelegentlich bezeichnet man die externe Wortwahl auch als äußere Zellenauswahl.) Die Feldgröße beträgt 2×2, mit drei Bit pro Wort. Die Sperr- und Leseleitungen sind in diesem Bild weggelassen. Sie brauchen sich von den früher beschriebenen Ausführungsarten nicht zu unterscheiden. Um ein gegebenes Wort zu wählen,

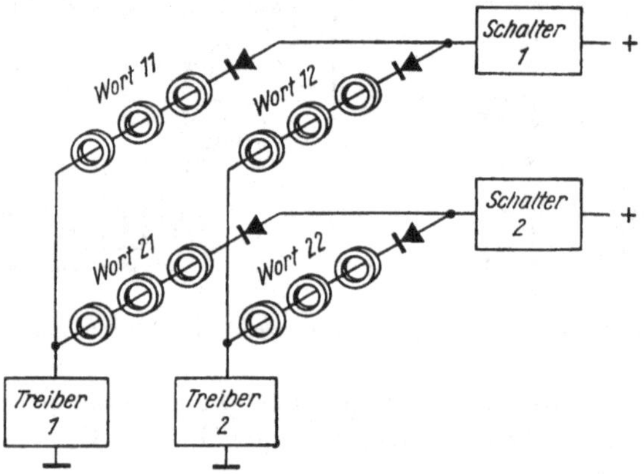

Abb. 4.14. Anordnung zur Erläuterung einer externen Wortwahl

schließt man den entsprechenden Schalter und Treiber. Für ein $n \times n$-Feld benötigt man einen Schalter mit n Ausgängen und einen Satz von n Treibern, im wesentlichen also ebensoviel wie für eine zweidimensionale Koinzidenzstromauswahl. Ein wichtiges Problem stellen Kriechpfade dar, die den Kriechpfaden in Relaiskontaktsystemen ähneln. So ist z. B. in Abb. 4.14 der Stromweg durch die Kerne des Wortes 11 bei geschlossenem Schalter 1 und betätigtem Treiber 1 vorgesehen. Ohne Dioden existiert aber ein Kriechpfad von Schalter 1 durch die Kerne von Wort 12, 22 und 21, zum Treiber 1. Obwohl die Dioden die bei der Auswahl irgend eines Wortes entstehenden Kriechpfade zuverlässig blockieren, benötigt man zusätzlich zu den Treibern für die Koinzidenzstromauswahl noch N Dioden.

Obwohl die dreidimensionale Konfiguration nach Abb. 4.14 das externe Auswahlprinzip veranschaulicht, werden die Kerne oft als zweidimensionale Anordnungen wie in Abb. 4.15 dargestellt und tatsächlich montiert. Dieses Bild zeigt sowohl die Lese- und Schreibwicklungen als auch die Bit-Treib-

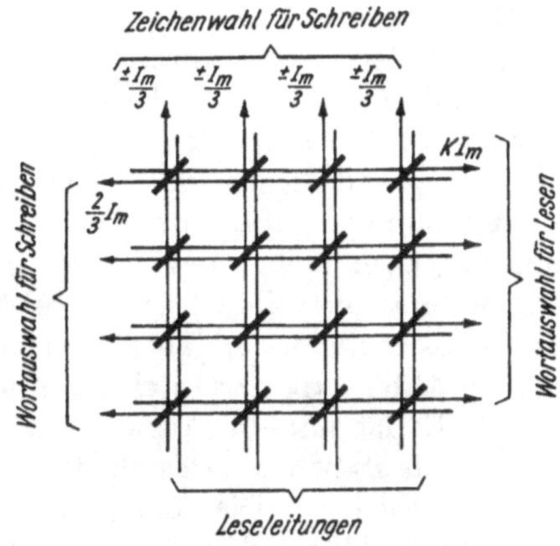

Abb. 4.15. Leitungsmodell für externe Wortwahl

leitungen (entsprechend den Sperrleitungen) und die Leseleitungen. Infolge des Diodenbedarfs werden oft besondere Wicklungen vorgesehen, wie für die Lese- und Schreiboperationen in einem gegebenen Wort gezeigt wurde.

Für das Lesen wird ein Treiberstrom $K\ I_m$ durch die Kernreihe des gewählten Worts geschickt. K ist eine Konstante, die gleich oder größer als 1 ist. Sie kann gleich 3 oder beliebig groß gewählt werden. Man verwendet ein großes K, um schnell zu schalten und um eine große Amplitude des Ausgangsimpulses in den Kernen des gewählten Wortes zu erhalten. Ein großes K ist möglich, da in dieser Zeit nur die Kerne des gewählten Wortes vom Treiberstrom durchflossen werden. Da keine Kerne während der Leseoperation teilerregt werden, vermeidet man so gewisse lästige Störprobleme der Koinzidenzstromsysteme.

Es gibt zwei Möglichkeiten, um im externen Auswahlfeld nach Abb. 4.15 zu schreiben. Obwohl die Auswahl des Wortes extern erfolgt, wird die Aufzeichnung einer 0 oder 1 in einem bestimmten Kern durch ein Koinzidenzstromverfahren mit beiden Varianten gesteuert. Die in der Abb. gezeigte Variante ergibt ein Auswahlverhältnis von 3:1 und wird ausgeführt, indem ein Schreibstrom mit der Amplitude $2 \cdot I_m/3$ durch die gewählte Wortauswahlleitung geschickt wird, während ein Strom von $I_m/3$ oder $-I_m/3$ durch jede Bitauswahlleitung fließt. Die erstgenannte Variante mit dem Auswahlverhältnis 3:1 ist vom Standpunkt der Schreibgeschwindigkeit vorzuziehen, weil der Wert I_m so groß sein kann, daß die Magnetfeldstärke ungefähr das Dreifache der Koerzitivkraft des Kerns erreicht. Die Lesegeschwindigkeit ist im wesentlichen von der Schreibmethode unabhängig.

Obwohl der Bitauswahlstrom zu einem Zeitpunkt des Speicherzyklus, in dem das Ausgangssignal in der Leseleitung erzeugt wird, noch nicht vorkommt, endet der Bitauswahlstrom erst kurz vor Beginn der Leseoperation. Somit stört der durch die nahe parallele Lage zur entsprechenden Bitauswahlleitung in jeder Abtastleitung induzierte starke Impuls sehr. Ein Leseverstärker, der einen starken Streuimpuls aufnimmt und kurze Zeit später bereit ist, einen schwachen Impuls zu verstärken, ist schwer herstellbar, obwohl die relativ modernen Differentialverstärker dieses Problem unter Verwendung von direkt gekoppelten Transistoren weitgehend lösen (vgl. Literaturstellen). Man kann dieses Problem durch Verwendung von Leitungsführungen, wie sie zur Vermeidung ähnlicher Kopplungen in früheren Modellen gezeigt wurden, mehr oder weniger umgehen. Ein derartiges Modell wird in Abb. 4.16 gezeigt. Diese Zeichnung ist eine „Seitenansicht" zweier Ebenen, von denen jede der in Abb. 4.15 dargestellten Anordnung ähnlich ist. Es ist nur die Auswahl- und Leseleitung für ein Bit zu sehen. Das Speicherfeld ist für 8 Wörter ausgelegt. Die Länge der Leseleitungsstrecken parallel zu den benachbarten Auswahlleitungen sind gleich der Länge der entsprechenden „antiparallelen" Strecken. Für große Felder kann mehr als eine Überkreuzung zweckmäßig sein.

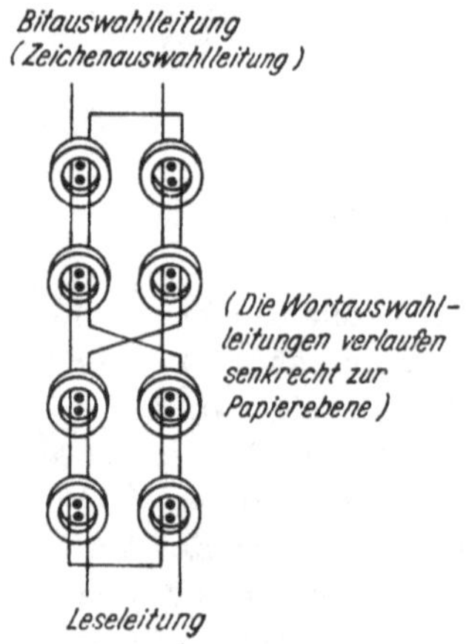

Abb. 4.16. Modell für ein Bit einer 8-Wort-Anordnung mit minimisierter Kopplung zwischen der Bitauswahl- und Leseleitung

Die beiden in Abb. 4.15 gezeigten horizontalen Leitungen können durch eine einzige Leitung ersetzt werden, welche den Strom in der für das Lesen und Schreiben jeweils erforderlichen Richtung führt. Doch kommen bei dem in Abb. 4.14 dargestellten Schalt- und Treibsystem zusätzliche Kriechpfade vor, so daß man zur Blockierung dieser Kriechpfade zwei Dioden an jedem Leitungsende (insgesamt 4 N Dioden) benötigt. Die Schaltung zeigt Abb. 4.17. Obwohl die Anordnung zweidimensional ist, kann das System tatsächlich dreidimensional wie in Abb. 4.14 sein.

Da die beiden vertikalen Leitungen durch jede Spalte von Kernen in Abb. 4.15 nicht gleichzeitig wirksam werden, kann man bei entsprechender Wahl der Schaltung jedes Paar durch eine einzelne Leitung ersetzen. Ein Schema dieser Art ist in Abb. 4.18a dargestellt, das die Bit-Position einer Anordnung für 8 Wörter zeigt. Für jede Bit-Position werden zwei gesonderte Treiber verwendet. Diese zwei Treiber werden gleichzeitig betätigt, wie es für das Schreiben einer 1 oder 0 in der entsprechenden Bit-Position erforderlich ist, unabhängig davon, in welcher 4-Kern-Gruppe der gewählte Kern enthalten ist. Bei diesem Schema liegt an den beiden Klemmen der Primärwicklung des Eingangsübertragers im Leseverstärker grundsätzlich eine relativ geringe

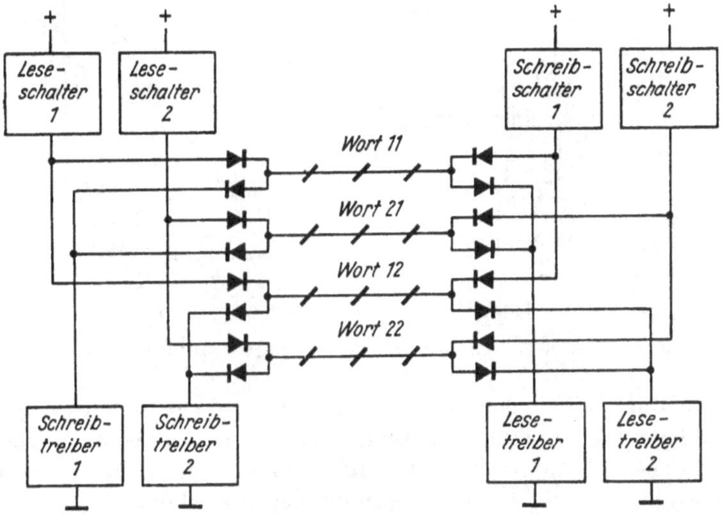

Abb. 4.17. Anordnung zur Führung des Wortauswahlstroms in jeder Richtung bei externer Wortwahl

Delta-Spannung als Nettosignal, die vom Modell der gespeicherten Ziffern abhängt, wie oben bereits beschrieben wurde. Wenn ein Kern der Achtergruppe für das Lesen durch einen Wortauswahlstrom erregt wird, so wird der vom betätigten Kern stammende Impuls in die Primärwicklung des Übertragers gegeben und verstärkt.

Eine gelegentlich verwendete Variante wird in Abb. 4.18b gezeigt. In diesem Falle werden alle einer gegebenen Bit-Position im Wort entsprechenden Kerne, wie vorher, in zwei Gruppen geteilt, doch verwendet man für beide Gruppen einen gemeinsamen Treiber mit doppelter Stromleistung. Mit jeder Gruppe wird ein Widerstand in Reihe geschaltet, wodurch eine ungefähr gleiche Verteilung des Stromes erreicht werden soll, wenn durch ungleichmäßige Speicherung der Bits in den beiden Gruppen der ungünstigste Fall einer Delta-Spannung auftritt. Es können gewisse zusätzliche Gleichgewichtsstörungen dadurch eintreten, daß die Flußumkehrung nur in einem Kern des Satzes entsprechend dem gegebenen Bit-Treiber eintritt.

Obwohl durch externe Wortauswahl Geschwindigkeitsverbesserungen möglich sind, und zwar sowohl durch das beim Schreiben praktisch realisierbare 3:1-Auswahlverhältnis, als auch durch die Möglichkeit, für das Lesen beliebig

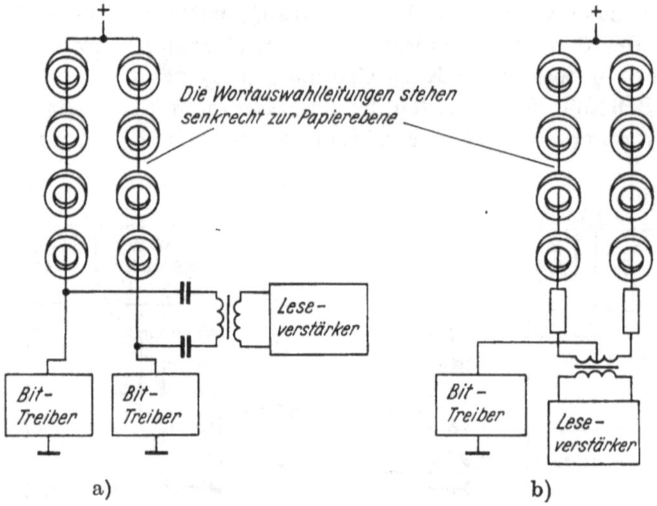

Abb. 4.18. Ein Bit eines 8-Wortfeldes mit kombinierter Bitauswahl- und Leseleitung

starke Treibströme zu verwenden, so läßt sich doch die höchste Geschwindigkeit bei vollständiger Flußumkehrung nicht erreichen, wie bisher angenommen wurde. Bei Verwendung einer (später zu besprechenden) Partialschalttechnik lassen sich weitere Geschwindigkeitserhöhungen erreichen.

4.12. Das Zweidraht-Speicherfeld

Die Art der in Abb. 4.17 und 4.18 dargestellten Anordnung wird in Abb. 4.19 ausführlicher erläutert. Jede Ebene der Kerne enthält nur zwei Leitungs-

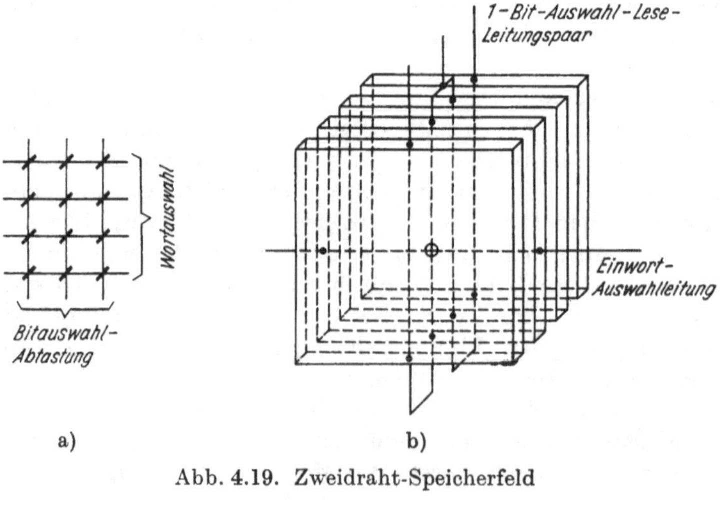

Abb. 4.19. Zweidraht-Speicherfeld

gruppen, wie in Abb. 4.19a zu sehen ist. Durch jeden einzelnen Kern führen nur zwei Drähte. Mit der gezeigten Anordnung ist die Speicherung von vier 3-Bit-Wörtern möglich, doch werden gewöhnlich aus Gründen, die bei der Abb. 4.18 zu besprechen sind, mindestens zwei derartige Ebenen verwendet. (In diesem Falle werden acht Wörter gespeichert.)

Abb. 4.19b zeigt, wie vier derartige Ebenen zu einem Paket verbunden werden können. Jede Hälfte einer Bitauswahl-Leseleitung führt durch die entsprechenden Spalten der in zwei Ebenen angeordneten Kerne. Die Zahl der zu speichernden Wörter ist gleich dem Produkt der Kernzahl in einer Spalte und der Zahl der Ebenen. Die Zahl der Bits pro Wort ist der Kernzahl in einer Zeile gleich.

4.13. $2^1/_2$-D-Speicher

Für große Wortkapazitäten benötigt die Zweidraht-Anordnung entsprechend Abb. 4.19a eine unerwünscht große Schaltmatrix für die Wortauswahl. Für eine hohe Operationsgeschwindigkeit müssen die Bitauswahl-Leseleitungen eine unerwünscht große Länge haben. Die Sachlage wird in Abb. 4.20a für eine Einheit zu 4096 Worte dargestellt, wo zur Bezeichnung der gewünschten Adressen 12 Bits benötigt werden. Ohne Verwendung der Schaltungen nach Abb. 4.14 oder 4.17 benötigt man für die Wortauswahlleitungen eine Schaltmatrix mit 4096 Polen. Jede Bitauswahl-Leseleitung muß durch 4096 Kerne gezogen werden. Es ist eine Wortlänge von 72 Bit angezeigt. Bei dieser

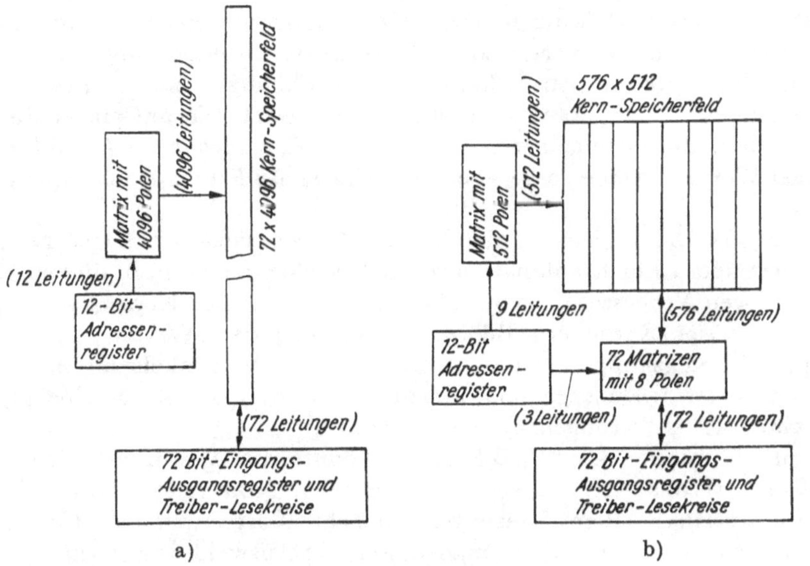

a) b)

Abb. 4.20. $2^1/_2$-D-Anordnung

Anordnungsart kann die Bitzahl pro Wort ohne besondere Schwierigkeit auch wesentlich vergrößert werden. Man spricht in diesem Zusammenhang gewöhnlich von der 2D (zweidimensionalen)-Anordnung, die sich von den Koinzidenzstromanordnungen nach Abb. 4.10, den sogenannten 3D-Anordnungen unterscheidet. Gegenwärtig sind die Bezeichnungen 2D und 3D insofern unzutreffend, als die 2D-Typen gewöhnlich dreidimensional hergestellt werden, die 3D-Typen aber heute aus zweidimensionalen Elementen montiert werden, während andere Typen als bisher besprochen mit größerem Recht als dreidimensional bezeichnet werden können.

Die Anforderungen an die Matrix können etwas reduziert, die Länge der Leitung sehr verkürzt werden, wenn man das lange und schmale Feld in Abb. 4.20a in eine Anzahl von Abschnitten teilt und sie nach der in Abb. 4.20b gezeigten Art anordnet. Ein derartiges Feld bezeichnet man als $2^1/_2$-D-Anordnung, obwohl die Kerne tatsächlich, wie gezeigt, in zwei Dimensionen angeordnet oder auf verschiedene Art zu dreidimensionalen Gebilden gefaltet werden können.

Für die als Beispiel gewählte Kapazität von 4096 Wörtern wird das Feld in acht Segmente zu je 512 Wörtern zerlegt. Zur Steuerung der 512-poligen Matrix, deren Ausgänge die entsprechenden Wortauswahlleitungen in jedem der acht Segmente betätigen, dienen neun Bits der Adressennummern. Für die genannte Wortlänge von 72 Bit steigt die Zahl der Kerne in jeder Zeile auf 576. Zur Auswahl des gewünschten Wortes muß das richtige der acht Segmente angesteuert werden. Diesem Zwecke dienen die restlichen drei Bits der Adressennummer. Sie steuern eine Gruppe von 8-poligen Schaltmatrizen, wobei für jedes Bit im Wort eine besondere Matrix benötigt wird. Die Zahl der Matrix-Ausgangsleitungen wird somit in diesem Beispiel von 4096 auf $512 + 576 = 1088$ reduziert, während die Kostenverminderung von den Elementen aller betrachteten Schaltungsarten abhängt. Die Länge der Bit-Auswahl-Leseleitungen kann ohne wesentliche Nachteile auf ein achtel reduziert werden. Im allgemeinen soll man für eine vorgegebene Anzahl zu speichernder Worte und eine vorgegebene Wortlänge das Feld möglichst quadratisch gestalten.

Das $2^1/_2$-D-System hat in den letzten Jahren viele Anhänger gewonnen. Man verwendet es in Kombination mit zahlreichen anderen, in diesem Kapitel beschriebenen Verbesserungsvorschlägen, wie partieller Kernschaltung, Verwendung zweier Kerne pro Bit, die Versetzung der Wicklungen, um übermäßige Wicklungskopplungen zu vermeiden, und die Umkehrung des Treiberstroms in einer Leitungsgruppe, um die Speicherkapazität für eine gegebene Zahl von Auswahlleitungen zu verdoppeln.

In einer Variante des $2^1/_2$-D-Systems könnte die Anordnung 4.20b derart modifiziert werden, daß es insgesamt über acht 72-Bitregister für die Ein- und Ausgänge verfügt. Beim Lesen würden acht Wörter gelesen. Die 72 achtpoligen Schaltmatrizen könnte man besser zur Auswahl des gewünschten Registers als zur Betätigung des erwünschten Segments des Kernspeicherfeldes verwenden. Beim Schreiben würden gleichfalls acht Wörter gleichzeitig aufgezeichnet werden, obwohl in den meisten Fällen sich höchstens ein Wort von den im vorhergehenden Lesetakt abgetasteten Wörtern unterscheiden würde. Bei dieser Variante können die achtpoligen Schaltmatrizen herkömmliche Schaltkreise sein, wie sie auch anderwärts in Digitalsystemen verwendet werden. Das Problem der Schaltung des Bitauswahl-Lesesignals wird dann umgangen.

4.14. Die Verwendung von zwei Kernen für die Speicherung eines Bits

Obwohl grundsätzlich nur ein Kern erforderlich ist, kann die Geschwindigkeit oder Kapazität eines Kernspeichers (bzw. die Kombination dieser beiden Eigenschaften) durch Verwendung zweier Kerne pro Bit verbessert werden. Die Elementarschaltung „zwei Kerne pro Bit" für externe Wortauswahl ist in Abb. 4.21 zu sehen. Der rechte Kern wird in gleicher Weise betätigt wie zuvor, indem für das Schreiben oder Lesen einer 1 die Flußrichtung umgekehrt wird.

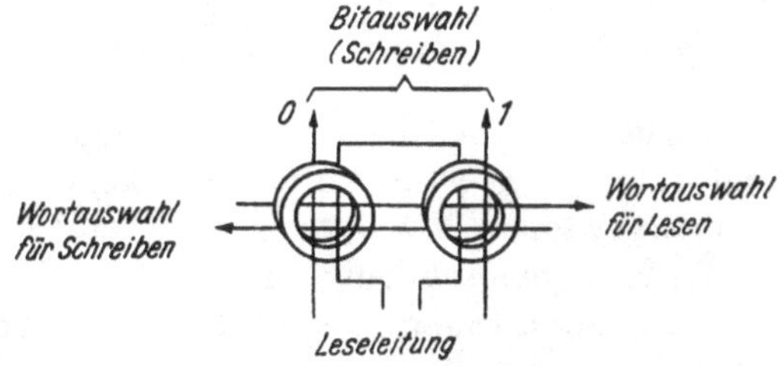

Abb. 4.21. Zweikern-pro-Bit-Speicherung und externe Wortwahl

Der zusätzliche linke Kern arbeitet so, daß die Flußumkehrung beim Schreiben oder Lesen einer Null eintritt. Gewisse semantische Schwierigkeiten treten bei dem Versuch auf, den Flußzustand des linken Kerns auf die Speicherung einer 1 oder 0 zu beziehen. Man kann aber sagen, daß das Kernpaar eine 1 oder 0 speichert, je nachdem, ob die Flußrichtung im rechten bzw. linken Kern gegenüber der nach dem Lesen vorherrschenden Flußrichtung umgekehrt wird.

Beim Lesen wird durch die Flußumkehrung in dem einen oder anderen der beiden Kerne stets ein Stromstoß in der Leseleitung induziert. Doch ist die Polarität des Ausgangsimpulses für eine 0 der Polarität für eine 1 entgegengesetzt.

Obwohl die Verwendung zweier Kerne anstelle nur eines entsprechend teurer ist, können die Vorteile beträchtlich sein. Wir nennen im folgenden die drei wichtigsten Vorzüge:

1. Da man nicht mehr zwischen zwei verschiedenen Impulsamplituden gleicher Polarität zu unterscheiden braucht, wird der Aufbau des Abtastverstärkers weniger problematisch. Andererseits ist ein stärkeres Störsignal bei Verwendung größerer Felder zulässig.

2. Da der Fluß in einem Kern pro Bit umgekehrt wird, unabhängig davon ob eine 1 oder 0 gespeichert wird, erhält die gesamte „Rückspannung“, die bei der Umkehr der Flußrichtung in den Kernen beim Schreiben erzeugt wird, einen konstanten Wert und wird für eine gegebene Wortlänge unabhängig von der Anzahl der in dem zu speichernden Wort enthaltenen Einsen und Nullen. Der Entwurf einer geeigneten Schreib-Treiberschaltung wird hierdurch erleichtert. Für schnellschaltende Speicher wirkt sich dieser Vorteil praktisch so aus, daß man eine maximale Wortlänge verwenden kann.

3. Die Kerne benötigen keine ausgesprochen rechteckige Hystereseschleife mehr. In einigen Anwendungsfällen kann dieser Vorteil zu einer Kostensenkung führen, wodurch die Kosten für den zweiten Kern pro Bit gedeckt werden. In den meisten Fällen sieht man den Vorteil in der Möglichkeit, Kerne aus schnellschaltendem Ferrit bzw. mit kleinerem Durchmesser zu verwenden, die demnach bei einer gegebenen Treibstromamplitude eine größere Geschwindigkeit haben.

4.15. Kernwicklungsmodelle für Speicher mit zwei Kernen pro Bit und externer Wortwahl

Man kann zahllose Varianten von Kernwicklungsmodellen für Speicher mit 2 Kernen pro Bit und externer Wortauswahl entwickeln. Die besonders für einen bestimmten Zweck geeignete Variante ist von zahlreichen elektrischen und mechanischen Anforderungen abhängig und ergibt sich mit aus der Größe und den Leistungsdaten der Anordnung. Es soll hier keine größere Zahl dieser Varianten erfaßt werden. Tatsächlich scheint deren erschöpfende Untersuchung noch nicht durchgeführt zu sein. Gewisse grundlegende Gesichtspunkte lassen sich jedoch am Beispiel in Abb. 4.22 erkennen.

Abb. 4.22a zeigt ein elementares ebenes Modell, das auf der Annahme be-

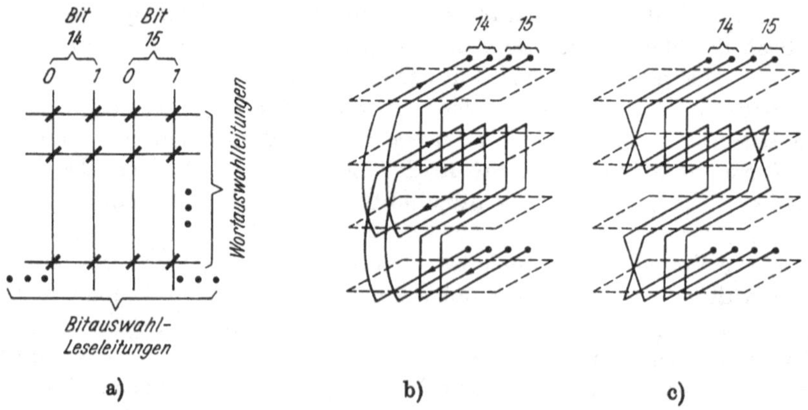

Abb. 4.22. Kernwicklungsmodelle für Zweikern-pro-Bit-Speicherung und externe Wortwahl

ruht, daß die Wortauswahlleitungen den Strom für Lesen und Schreiben in jeder benötigten Richtung durchlassen. Auch die Bitleitungen dienen sowohl für das Schreiben als auch für das Lesen. Wie bereits gesagt, benötigt man nur zwei Drähte in jedem Kern. Das Modell ist ein einfaches Rechteck. Die Zahl der Kerne in jeder Zeile ist doppelt so groß wie die Zahl der Bits pro Wort, die Zeilenzahl ist gleich der Zahl der Wörter.

Bei Speichern großer Kapazität kommt es zu unerwünschten Kopplungen zwischen benachbarten Leitungspaaren, die infolge der langen Bitauswahl-Leseleitungen problematisch werden. Diese Verkopplung ist nicht unbedingt gefährlich, da die Verwendung gleicher und entgegengesetzter Ströme in den beiden Leitungspaaren eine annehmbare Betriebsart für Kernpaare darstellt. In Abb. 4.22b wurde die Anordnung in vier Ebenen eingeteilt. Die Bitauswahl-Abtastsegmente sind zwischen den Ebenen derart verbunden, daß die Leitungspaare in zwei Ebenen parallel und in den beiden anderen Ebenen antiparallel sind. Diese Anordnung gestattet eine gegenseitige Kompensation der Kopplung für sogenannte „Gleichtakt-Signale" in den Leitungspaaren. In Abb. 4.22b überkreuzen sich die Verbindungen von einer Ebene zur anderen in einer Art, die der Überkreuzung von Telefonfreileitungen ähnelt. Auf diese Weise können gewisse „Gegentakt-Signale" in einem Wicklungspaar mit einer Polarität des benachbarten Paares in zwei Ebenen mit der entgegengesetzten Polarität in den beiden anderen Ebenen gekoppelt werden, um eine vollkommene Dämpfung zu erhalten. Die Bedeutung des Gleichtakts und des Gegentakts soll im nächsten Abschnitt ausführlicher besprochen werden.

Für eine vollständige Kompensation aller Kopplungen von benachbarten Bitauswahl-Leseleitungspaaren scheint eine Ausführung mit mehr als vier Ebenen und den Eigenschaften gemäß der Anordnungen nach 4.22b und c notwendig zu sein, obwohl die bis heute hergestellten Kernspeicher keine so hohe Anforderungen an ihre Elemente gestellt zu haben scheinen. Bei diesen Bildern geht man von der Annahme aus, daß das Wicklungssystem bei aufeinanderfolgenden Leitungspaaren abwechselt, wovon nur die Leitungen für die beliebig gewählten Bits 14 und 15 gezeigt werden. Um die Kopplung zwischen Leitungspaaren, die durch zwei oder mehr Bitpositionen voneinander getrennt sind, zu kompensieren, muß man weiter an der Entwicklung neuer Leitungsmodelle arbeiten.

4.16. Weitere Gesichtspunkte, spezielle Abschlußarten von Kernwindungen hinsichtlich ihrer Eigenschaften als Übertragungsleitung

Wie man es aus dem Telefonbetrieb weiß, braucht eine Übertragungsleitung nicht aus einem Paar Drähten zu bestehen. Es genügt ein einzelner Drahtstrang auf einer Reihe von Telefonmasten, während die Erde als Rückleitung dient. In ähnlicher Weise benötigen die aus Kernwicklungen in einem Speichergerät zusammengesetzten Übertragungsleitungen keine parallelen Drahtpaare, wie oben in diesem Kapitel vorausgesetzt wurde. Statt dessen kann jede Leitung aus einer einzigen Wicklung bestehen, die sich durch das Feld zieht, während die Erde oder irgend ein anderer äußerer Leiter als Rückweg dient. Ein derartiger einzelner Draht besitzt einen Wellenwiderstand und hat andere Eigenschaften einer konventionellen Leitung. Eine Berechnung seiner Eigenschaften aus seinen Grundparametern ist praktisch unmöglich, da der Draht auf seinem Wege durch die verschiedenen Ebenen vor- und zurückgefaltet ist und komplizierte Kopplungen seiner verschiedenen Abschnitte eintreten.

Selbst in den meisten Kernfeldeinheiten, wo die Leitungen paarweise laufen, können die beiden Drähte des Paares tatsächlich zusammen einen Impuls bestimmter Polarität weiterleiten. Dieser muß längs der beiden Drähte wandern. Man bezeichnet dies als „gleichphasigen Betrieb" (Gleichtakt-Betrieb). Er wird in Abb. 4.23a schematisch dargestellt, wo die beiden Drähte in dem Gleich-

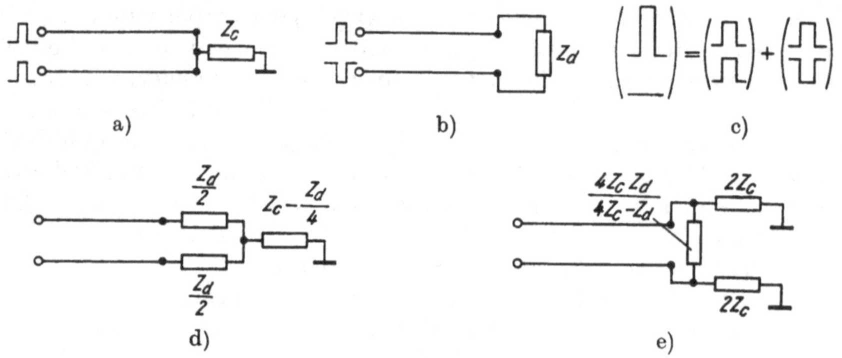

Abb. 4.23. Gleichphasen- und Gegenphasenbetrieb einer Übertragungsleitung und Abschlußwiderstände

phasenwellenwiderstand Z_c enden. Als Rückweg der Übertragungsleitung dürfte das Erdungssystem der Speicheranlage dienen. Der Gegenphasenbetrieb (Gegentakt-Betrieb) stellt die konventionelle Art dar, in welcher Übertragungsleitungspaare arbeiten, und wird in Abb. 4.23b erläutert. In jedem Punkt längs der Leitung haben die Ströme entgegengesetzte Polarität. Die Leitung endet mit dem Gegentakt-Wellenwiderstand Z_d.

Die Berechnung des Wellenwiderstandes Z_d aus den Grundparametern scheint zwar nicht hoffungslos kompliziert zu sein. Die Anordnung aus konzentrierten Kernen längs der Leitung und der Kopplungseffekt mit den zahlreichen parallelen und senkrechten Drähten, die wiederum auf verschiedene Art miteinander gekoppelt sind, machen jedoch diese Berechnung wertlos, soweit nicht grobe Annäherungen für Spezialfälle ausreichen. Daher werden die Wellenwiderstandswerte in der Regel auf dem Versuchswege bestimmt. Sie sind im allgemeinen nahezu ohmisch und betragen 100 bis 200 Ω.

Wenn nun ein Impuls (der als Spannungs- oder als Stromimpuls aufgefaßt werden kann) nur an einen Draht eines Übertragungsleitungspaares angelegt wird, kann die Situation in Symbolen des Gleich- und Gegentaktbetriebs dargestellt werden, wie es in Abb. 4.23c erfolgt. Der Impuls mit einer gegebenen Amplitude in einem Draht ist äquivalent der Summe der halben Amplituden des Gleichtakt-Impulses und der halben Amplitude des Gegentakt-Impulses. Will man die Übertragungsleitung so abschließen, daß keinerlei Reflexion an ihrem Ende stattfindet, so muß der Abschlußwiderstand am Ende der Leitung den beiden Komponenten den angemessenen Wellenwiderstand bieten.

Für diesen Zweck eignet sich keiner der beiden in Abb. 4.23a und b gezeigten Abschlußwiderstände. Eine befriedigende Lösung kann auf die in Abb. 4.23d und e gezeigte Art entwickelt werden. Im Falle d ist der ungleichphasige Abschlußwiderstand als Summe der beiden Serienimpedanzen $Z_d/2$ einwandfrei gleich Z_d. Der Gleichtakt-Endwiderstand ist Z_d, weil die beiden $Z_d/2$-Impedanzen für Signale dieser Art parallel sind. Addiert man $Z_d/4$ zu der Impedanz von $Z_c - Z_d/4$, so erhält man Z_c. Im Falle e ergeben die beiden parallelen Impedanzen $2\,Z_d$ einen Gleichtakt-Abschlußwiderstand Z_d. Der Impedanzwert $4\,Z_c\,Z_d/(4\,Z_c - Z_d)$ parallel zu den beiden Serienimpedanzen $2\,Z_c$ ergibt für den Gegenphasenbetrieb eine Gesamtimpedanz Z_d. Um diese Beziehungen physikalisch realisieren zu können, muß die Leitungsform so sein, daß Z_c größer als $Z_d/4$ ist, doch ist diese Beziehung bei den meisten in der Praxis vorstellbaren Anordnungen von Ringkernen erfüllt, obwohl es für manche Wicklungen von Magnetfolienkernfeldern nicht eingehalten wird.

Bei externer Wortwahl und Speichern mit zwei Kernen pro Bit sind tatsächlich beide Signale, sowohl das an die Auswahlleitungen angelegte Treibersignal als auch das von den gewählten Kernen beim Lesen erzeugte Ausgangssignal kombiniert gleich- und gegenphasig, wie es in Abb. 4.23c gezeigt wird.

Abb. 4.24 zeigt die Schaltung eines Speichers von RCA, die verschiedene, bisher besprochene Gesichtspunkte berücksichtigt. Jedes Paar der Bitauswahlleitungen und Leseleitungen wurde zu einem einzigen Auswahl-Leseleitungspaar zusammengefaßt. Die entstandene Übertragungsleitung ist auf beiden Seiten mit Abschlußwiderständen für beide Betriebsarten versehen, Durch diese Schaltung wird die Laufzeit des Treiberimpulses zum Kern bzw. des Ausgangssignals zum Leseverstärker auf die Hälfte reduziert. Allerdings wird der erforderliche Treibstrom verdoppelt, da die Anordnung einer Parallelschaltung zweier Impedanzen gleichkommt, von denen jede gleich dem Wellenwiderstand einer einzelnen Leitung ist. Auch liegt nur eine Hälfte der Ausgangsspannung am Verstärkereingang, die andere Hälfte fällt am entsprechenden Abschlußwiderstand ab. Doch ist dies das gleiche Ergebnis wie im vorhergehenden Falle. Da die im Mittelpunkt der Übertragungsleitung befindlichen Schaltungen eine hohe Impedanz haben, werden die zu diesem Punkt von irgendeiner Seite gelangenden Signale mit einer geringen Störgröße zur entgegengesetzten Seite geleitet und an dem entfernten Ende absorbiert.

Wenn sich die Schaltung 4.24 im Ruhezustand befindet, verschieben die Emitterwiderstände der Transistoren der Emitterfolgeschaltungen die Basispotentiale in negativer Richtung. Infolge der festgelegten Widerstandswerte und der Stromverstärkung der Transistoren wird die Basis gegenüber der Erde nur wenig negativ. Zu dieser Zeit werden die Null- und 1-Bit-Treibereingangsklemmen ungefähr auf Erdpotential gehalten, die Dioden dieser Leitungen befinden sich im Sperrzustand. Beim Schreiben wird der eine oder

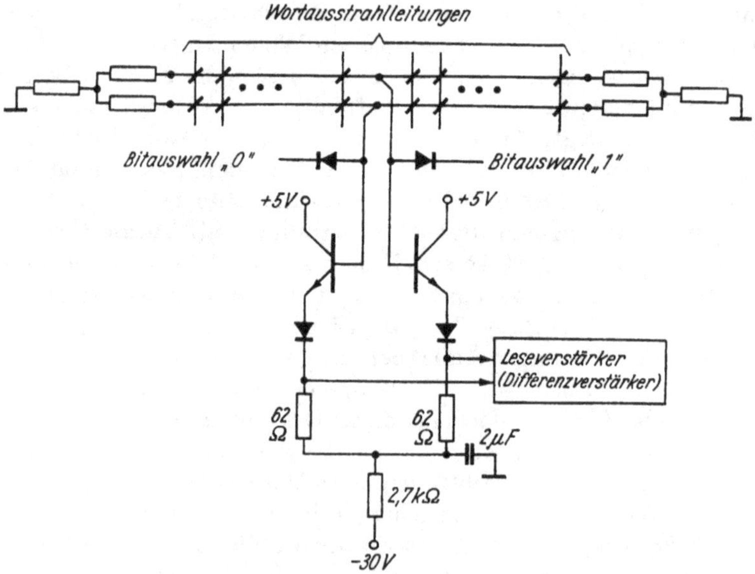

Abb. 4.24. Speicherschaltung mit Auswahl- und Leseleitungen

andere Anschluß der Bitauswahlleitung negativ gemacht, und es wird ein Stromimpuls in die Übertragungsleitung gegeben, wie es für Abb. 4.23 beschrieben wurde. Man benötigt als Amplitude 10 Volt oder mehr, um den notwendigen Treibstrom in der Übertragungsleitung zu erzeugen. Die Amplitude des negativen Impulses, der am Emitter des entsprechenden Transistors entsteht, ist jedoch ziemlich klein. Mit den in Abb. 2.24 angegebenen Widerstands- und Speisepotentialwerten beträgt der Spannungsabfall in jedem 62-Ohm-Widerstand ungefähr 0,3 Volt; der Kondensator von 2 μF begrenzt die negativen Spannungsschwankungen am Eingang des Abtastverstärkers auf diesen Betrag. Die mit den Emittern in Reihe geschalteten Dioden sorgen für einen hohen Widerstand in diesem Teil der Schaltung, wenn ein Bit-Treibimpuls angelegt wird, und schützen die Transistoren vor Beschädigungen, wenn die negative Bit-Treibspannung hoch ist. Die relative Unempfindlichkeit der Schaltung gegenüber negativen Impulsen umgeht die sonst notwendige Erholzeit des Verstärkers, die bei anderen Ausführungsarten der Bit-Auswahl- und Leseschaltungen gewöhnlich vorkommen.

Beim Lesen ist das Kernausgangssignal an dem einen oder anderen der Drähte, aus denen die Übertragungsleitung besteht, in allen Fällen positiv, doch reicht die Amplitude nicht aus, um die Dioden am Eingang der Auswahlleitungen in den niederohmigen Zustand zu versetzen. Der Strom dieses Signals wird in dem Emitterfolger auf konventionelle Art verstärkt. Die Ausgangssignale dieser Schaltung werden in einen Differenzverstärker eingespeist, der nur dann anspricht, wenn in der 1-Leitung, nicht aber gleichzeitig in der 0-Leitung, ein Ausgangssignal empfangen wird.

4.17. Halbgeschaltete Magnetkerne

Nach einer experimentell ermittelten Beziehung ist die vorstehend definierte Schaltzeit t_s ungefähr gleich $S_w/(H - H_d)$, wobei S_m eine Materialkonstante des Kerns[1]) und H die Stärke des angelegten Magnetfeldes ist. Hr ist die Koerzitivkraft; sie ist gleich der Feldstärke, die erforderlich ist, um den Fluß eines in entgegengesetzter Richtung gesättigten Kerns auf Null zu senken. H_c ist in Abb. 4.2 dargestellt. Tatsächlich ist eine präzise Bestimmung von H_c unmöglich, weil die Feldstärke, die erforderlich ist, um den Fluß auf Null zu vermindern, von der genauen Vorgeschichte des Magnetfeldes abhängt. Auch wenn das Feld von H_c beseitigt ist, bleibt der Fluß nicht genau auf Null stehen, sondern kehrt zu einem geringen Wert in der gleichen Richtung zurück, der vor Anlegen des Feldes H_c vorlag.

Da die Geschwindigkeit der Flußänderung der Schaltzeit umgekehrt proportional ist, ist die in einer Leseleitung erzeugte Ausgangsspannung proportional dem Feldstärkeüberschuß gegenüber dem Wert H_c der zum Schalten des Kerns erforderlich ist. Diese Beziehung wird durch die annähernd gerade Linie für $u\,V_1$ in Abb. 4.3c dargestellt. Der Schnittpunkt von $u\,V_1$ mit der horizontalen Achse des Diagramms würde in dem dargestellten Maßstab links von der vertikalen Achse liegen und dem Treibstrom entsprechen, der ein Feld von H_c erzeugt.

Wenn ein Magnetfeld (das als Treibstrom ausgedrückt sein kann) mit einer zum Schalten des Kerns ausreichenden Stärke während einer Zeitdauer kleiner als t_s bei dieser Amplitude angelegt wird, so wird der Magnetfluß nur teilweise umgekehrt. Man sagt, dann der Kern sei „partiell umgeschaltet“.

Bei der Entwicklung schnellschaltender Kernspeicher wird für die Betätigung der Kerne oft die Partialschaltung als Basis gewählt; ganz einfach deshalb, weil man keine vollständige Schaltung benötigt und den betreffenden Zeitbetrag im Arbeitszyklus des Gerätes einsparen kann. Man kann Partialschaltvorgänge in Speichern verwenden, die außer der Koinzidenzstrom-Wortwahl Sperrleitungen zur Steuerung des Schreibens der 0 und 1 einsetzen. Da aber externe Wortwahl, wie schon gesagt wurde, die Verwendung hoher Treiberströme für das Lesen möglich machen, gehören die meisten schnellen Speichergeräte zu diesem Typ. Die Partialschaltung wird daher gern mit der externen Wortwahl kombiniert.

[1]) Als sog. Schaltkoeffizient bezeichnet (Anm. d. dtsch. Red.).

Um die Schreibgeschwindigkeit eines Speichers mit externer Wortauswahl zu vergrößern, kann der Wortauswahlstrom für das Schreiben tatsächlich größer gewählt werden, als es für das Schalten der Kerne erforderlich ist (beispielsweise $2\,I_m/3$ wie in Abb. 4.15). Um eine nutzbare Kernantwort zu erhalten, wurde die Dauer des Treibstroms auf einen kleinen Bruchteil der Zeit reduziert, die für die vollständige Umkehrung des Flusses erforderlich wäre. In den Kernen, wo eine Eins geschrieben werden soll, wird ein Bitauswahlstrom angelegt. Der Bitauswahlstrom muß im allgemeinen kleiner sein als der für das Schalten des Kerns, (auch das partielle Schalten) erforderliche Strom, weil unerwünschte Effekte in den entsprechenden Bits anderer Wörter vorkommen können. Trotzdem erhält der Kern am Schnittpunkt des Wortauswahlstroms und des Bitauswahlstroms einen größeren Strom als der Kern, wo eine 0 geschrieben werden soll. Daher ist das Flußumkehrverhältnis in den Kernen, die eine Eins speichern, größer als in den Kernen, die eine Null speichern.

Mit dem im vorigen Abschnitt beschriebenen Verfahren ist die Differenz zwischen einem 0-Ausgangsimpuls und einem 1-Ausgangsimpuls relativ klein, so daß die Verwendung eines Systems mit zwei Kernen pro Bit, wie es beschrieben wurde, praktisch erforderlich ist. Der Ausdruck „Auswahlverhältnis" verliert bei schneller Partialschaltung dieser Art u. U. seinen Sinn.

4.18. Zerstörungsfreies Impulslesen

Wenn ein kurzer Treibstrom mit großer Amplitude in Leserichtung durch einen Kern mit gespeicherter Eins geschickt wird, stellt man fest, daß ein Teil der so erzeugten magnetischen Veränderungen reversibel ist, und zwar in dem Sinne, daß dieser Teil nach Beendigung des Treibstroms wieder rückgängig gemacht wird. Den Flußanteil, der nach Beendigung des Impulses fehlt, bezeichnet man als „irreversibel geschaltet", obwohl ein nachfolgender Treibstrom in Schreibrichtung ihn wieder umkehrt.

Legt man eine lange Folge von kurzzeitigen Lesetreibimpulsen mit großer Amplitude an, so wird der Kern allmählich in den 0-Zustand überführt. Wenn aber auf jeden Leseimpuls ein Schreibimpuls mit gleicher Amplitude und Dauer folgt, so ist nach jedem Impulspaar wieder ungefähr der gleiche Wert erreicht, mit Ausnahme von wenigen Impulsen, die nach einer ursprünglich im Kern geschriebenen Eins zu einer Zeit angelegt werden, wo ein geringfügiges „Wandern" längs der Hystereseschleife zu beobachten ist. Da die Amplitude des Ausgangssignals bei dieser kurzfristigen Impulseinwirkung für einen Kern im 1-Zustand größer als für einen Kern im 0-Zustand ist, kann man auf dieser Basis ein „zerstörungsfreies" Leseverfahren entwickeln. Die Ausgleichsimpulse in Schreibrichtung bewirken genau genommen keine Neuaufzeichnung der Information, da die Impulse angelegt werden, ganz gleich, ob eine Null oder Eins in einem bestimmten Kern abgetastet wurde. Die Impulse können auch durch einen Vormagnetisierungsstrom in Schreibrichtung ersetzt werden. Die

Amplitude der Vormagnetisierung darf natürlich nicht so groß sein, daß die Kerne bereits geschaltet werden.

Da man in diesen Fällen die gelesene Information nicht neu einzuschreiben braucht und die Leseimpulse sehr kurz sind, kann man dort, wo ein gespeichertes Wort vielmals gelesen wird, bevor es durch ein neues Wort ersetzt werden muß, eine sehr hohe Geschwindigkeit erreichen. Die Einspeicherung eines neuen Wortes erfordert eine konventionelle Schreiboperation. Untersuchungen haben gezeigt, daß in vielen sogenannten „typischen Datenverarbeitungsaufgaben" das Verhältnis der Leseoperationen zu den Schreiboperationen im Speichergerät wie 10:1 ist.

Es wurde bisher eine geringe Anzahl von Versuchsgeräten nach dem Prinzip des zerstörungsfreien Impulslesens gebaut. Das schwierigste Problem scheinen hierbei die ungewöhnlich hohen Anforderungen an die Toleranz der Amplituden und der Dauer der Treibströme darzustellen.

4.19. Lochplatten

Die Tatsache, daß eine große Anzahl kleinster Ringkerne verarbeitet werden muß, verteuert die Kernspeicher sehr wesentlich. Einen Weg, auf dem die Kosten gesenkt werden können, stellt der Ersatz der einzelnen Ringe durch relativ große rechteckige „Ferritplatten" dar. In jede Platte wird ein System von Löchern gebohrt oder eingepreßt. Jedes Loch mit dem unmittelbar angrenzenden Ferritmaterial verhält sich elektrisch wie ein Ferritring.

Die Ursache dieses Verhaltens ist darin zu suchen, daß die Intensität des Magnetfeldes, das durch den im Draht fließenden Strom erzeugt wird, mit zunehmendem Kraftlinienweg kleiner wird. Die Feldstärke ändert sich umgekehrt zur Entfernung vom Lochmittelpunkt. Das Magnetfeld ist nicht stärker als die Koerzitivkraft außerhalb eines Kreises, dessen Radius ziemlich genau bestimmt werden kann. Natürlich kommt es darauf an, die größtmögliche Anzahl von Löchern in einer Platte bestimmter Größe unterzubringen. Die Löcher müssen möglichst nahe beieinander liegen, mit dem Erfolg, daß die Isolation zwischen den „Kernen" nicht so vollkommen ist, wie zwischen einzelnen Ringen. Um das Materialvolumen, in dem eine Flußumkehrung eintritt, konstant zu halten, muß man auch die Treiberströme genauer steuern als bei einzelnen Ringen.

Anderenfalls beginnt bei der Impulsschaltung die Flußumkehrung in dem an das Loch angrenzenden Material und breitet sich in entferntere Materialschichten aus. Durch Steuerung der Treibstromdauer bei hohem Strom kann man die Flußumkehrung auf ein ringförmiges Randgebiet um das Loch beschränken.

Einige Jahre lang wurden z. B. Lochplatten mit 256 Löchern in einem 16×16-Feld von mehreren Firmen hergestellt (z. B. RCA), doch scheint der Absatz des Produkts mäßig gewesen zu sein, so daß Lochplatten kaum noch angeboten werden. Auch z. B. Bell Telephone Laboratories verwendeten Lochplatten mit der Lochzahl von 256 (anderer Bauart) in Speichern für ein Telefonschaltsystem. Obwohl das Prinzip der Lochplatten seit mehr als zehn Jahren bekannt ist, scheinen die Möglichkeiten der Kostensenkung nicht voll ausgenutzt worden zu sein. Jedenfalls ist gegenwärtig keine Tendenz erkennbar, die Einzelkerne durch Platten zu ersetzen.

Ein gewises Interesse an dem Lochplattenprinzip besteht im Zusammenhang mit der Entwicklung räumlich sehr kleiner Systeme, doch ist dieses Thema noch zu wenig geklärt, um im Buch dargestellt zu werden.

4.20. Mehrlochkerne

Man hat viele verschiedenartige Kernausführungen untersucht, die mit zwei oder mehreren Öffnungen (bzw. kreisrunden „Löchern") in jedem Kern versehen waren. Als Ziel setzte man sich gewöhnlich hohe Geschwindigkeit und einen zerstörungsfreien Lesemechanismus. Da die Einkern-Konzeption beibehalten wurde, stellen Mehrlochkerne einen Gegensatz zu den Mehrlochplatten dar.

Obwohl viele der Mehrlochkernsysteme bis zur Herstellung von Versuchsspeichern weiterentwickelt wurden, hat man die meisten dieser Systeme heute aufgegeben, offenbar deshalb, weil die höheren Herstellungskosten durch alle möglichen Verbesserungen betrieblicher Art nicht gedeckt werden. Doch gibt es einige Anwendungsfälle, wo ein beim Lesen eines bestimmten Wortes entstehender Fehler erträglich bleibt, wenn er sich nicht (oder nur selten) wiederholt. Wenn der Fehler aber unendlich oft vorkommt, wird er unerträglich, wie es der Fall ist, wenn das Wort wie in konventionellen Speichern nochmals geschrieben wird. Wenn ferner eine bestimmte Speicheradresse viele Male gelesen werden muß, ohne das sich die gespeicherte Information verändert, so kann das zerstörungsfreie Lesen die Herstellung eines sehr schnell schaltenden Speichers ermöglichen, weil der wiederholte Einschreibvorgang wegfällt und gewisse Eigenschaften des zerstörungsfreien Lesemechanismus die Anwendung dieses Prinzips begünstigen.

Für die im vorigen Abschnitt genannten Verwendungszwecke sind zwei Ausführungsformen der Mehrlochkerne nach wie vor von Interesse, der „Transfluxor" und die „BIAX-Elemente", obwohl das Verwendungsgebiet dieser Kerne, verglichen mit dem der konventionellen Ringkerne klein ist. Diese beiden Kernarten werden in den beiden folgenden Abschnitten beschrieben. Die Bibliographie weist interessierten Lesen den Weg zu weiteren Ausführungsarten der Mehrlochkerne.

4.21. Der Transfluxor

Die Bezeichnung „Transfluxor" wurde mehrfach für verschiedene experimentelle Ferritkern-Ausführungen verwendet. Gewöhnlich versteht man unter einem Transfluxor eine mit zwei Löchern versehene Scheibe, wie sie Abb. 4.25

zeigt. Ein Loch ist gewöhnlich größer als das andere. Die Anordnung der Löcher erfolgt so, daß die Querschnittsfläche des Magnetkerns im „Schenkel" 1 ungefähr gleich der Summe der Querschnittsflächen der Schenkel 2 und 3 ist, wobei die letztgenannten Flächen einander annähernd gleich sind.

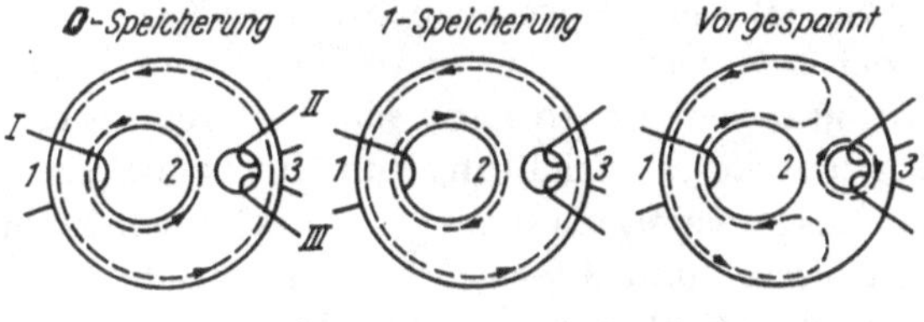

a) b) c)

Abb. 4.25. Charakteristische Transfluxorzustände

Festgelegt wird nun, daß der Kern eine Null speichert, wenn der Fluß auf dem Weg um die Schenkel 1 und 2 und um die Schenkel 1 und 3 die gleiche Richtung hat. Diese Situation wird durch die punktierten Linien in Abb. 4.25a dargestellt. Ein Flußbild dieser Art entsteht, wenn ein starker Strom durch die Wicklung I im größeren Loch fließt. Um eine 1 zu speichern, wird das Flußbild nicht vollständig umgekehrt, wie das bei konventionellen Ringkernen der Fall wäre. Statt dessen schickt man durch das Loch einen Strom in entgegengesetzter Richtung, dessen Amplitude (oder Kombination von Amplitude und Dauer bei der Impulsschaltung) ausreicht, um den Fluß in dem Weg um die Schenkel 1 und 2 umzukehren, wie in Abb. 4.25b gezeigt wird. Man nennt dies das Einstellen des Transfluxors.

Wenn ein Transfluxor eine Null speichert, sagt man manchmal er sei in „gesperrtem" Zustand blockiert. Der Sinn dieser Bezeichnung wird klar, wenn man die Wirkung der beiden Wicklungen II und III im kleinen Loch betrachtet. Wenn Strom in einer dieser beiden Wicklungen in beliebiger Richtung fließt, so ist er bestrebt, die Flußdichte in einem der Schenkel 2 und 3 zu vergrößern und andererseits die Flußdichte in den beiden übrigen Schenkeln zu verringern. Da aber beide Schenkel gesättigt sind, kann eine Verstärkung des Flusses nicht erfolgen. Wenn keine Flußverstärkung in einem Schenkel erfolgen kann, so ist auch keine Flußverringerung im anderen möglich. In der zweiten Wicklung ändert sich daher auch die Flußverkettung nicht. Wenn der Transfluxor eine Null speichert, findet daher auch keine magnetische Kopplung zwischen den Wicklungen II und III im kleinen Loch statt. Ein Strom in einer dieser Wicklungen verändert auch das Flußbild nicht.

Wenn der Transfluxorkern eine Eins speichert und ein Strom mit der entsprechenden Polarität durch eine Wicklung im kleinen Loch fließt, ergibt sich das in Abb. 4.25c dargestellte Flußbild. Man sagt, der Transfluxor sei „vorgespannt". Wird ein Stromimpuls (ein Leseimpuls) durch den Draht im kleinen Loch geschickt, so wird die Richtung des Flusses um das kleine Loch verändert. Der Fluß um den Schenkel 1 erfährt jedoch keine Veränderung. Die Flußumkehr um das kleine Loch induziert in der anderen Wicklung durch das kleine Loch einen Spannungsstoß (ob der Lesestrom das Flußbild wiederherstellt, wie es für die Speicherung einer Eins erforderlich ist oder ob er nur die Flußrichtung um das kleine Loch verändert, ist ungewiß und vom Standpunkt des Speicherbetriebs her unwesentlich).

Wird nun ein zweiter Stromimpuls (Treibimpuls) durch das kleine Loch in umgekehrter Richtung geschickt, so kann ein weiterer Lesestrom folgen. Mit jedem Stromstoß wird die Flußrichtung um das keine Loch verändert und ein entsprechender Ausgangsimpuls erzeugt. Tatsächlich können aufeinanderfolgende Paare von Treib- und Leseströmen unendlich oft angelegt werden. Sie erzeugen eine gewisse Anzahl von Ausgangsimpulsen, ohne eine gespeicherte Eins zu löschen. Auf diese Weise ermöglicht man das zerstörungsfreie Lesen.

4.22. Ein Transfluxor-Speicherfeld

Man kann Transfluxoren in Koinzidenzstromform für Speicherfelder verwenden. Bei gleichzeitiger Wortspeicherung ist die Zahl der „Kernebenen" der Bitzahl pro Wort wie zuvor gleich. Zum Lesen und Schreiben benötigt man jedoch besondere Sätze von horizontalen und vertikalen Auswahlleitungen. In jeden Kern werden insgesamt sechs Drähte eingezogen, drei durch das große Loch und drei durch das kleine Loch. Die drei Leitungen durch das große Loch dienen für das Schreiben. Darin sind eine horizontale Auswahlleitung, eine vertikale Auswahlleitung und eine Sperrleitung (Inhibit) für die Ebene enthalten, der der Kern angehört. Die drei Leitungen durch das kleine Loch setzen sich aus einer vertikalen und einer horizontalen Auswahlleitung fürs Lesen und einer Leseleitung für die betreffende Ebene zusammen.

Eine Transfluxor-Anordnung, die mit externer Wortwahl (äußeren Zellenauswahl) zu verwenden ist, wird in Abb. 4.26 gezeigt. Die horizontalen Leitungen durch das große Loch sind für das Schreiben bestimmt. Da die Leseoperation die Kerne nicht in den 0-Zustand zurückversetzt, benötigt man für das Schreiben von Nullen eine Eigenschaft, die bei konventionellen Ringkernen nicht gebraucht wird. Es wird angenommen, daß alle Bits eines Worts durch einen besonderen „Rückführungsstrom" (Blockierimpuls) mit der Amplitude KI_m auf Null gesetzt werden. Hierbei ist I_m die Amplitude, die zur Flußumkehrung nur des inneren in Abb. 4.25b gezeigten Pfades erforderlich ist. K ist eine Konstante, die unbedingt größer als 1 und möglicherweise größer als 2 ist. Das hängt davon ab, welcher Wert zur Erzeugung eines starken Feldes benötigt wird, um die erforderliche Flußrichtung in dem Weg um die Schenkel 1 und 3 zu erzielen. Dieser Rückführungsstrom fließt nach links durch die gewählte Wortauswahlleitung für das Schreiben. Das Schreiben eines Wortes geschieht, wie vorher, mit einem Strom von $2/3\ I_m$, der durch die Wortauswahlleitung fließt, und einem Strom von $I_m/3$ oder $-I_m/3$ in jeder Bit-Auswahlleitung, wie es für das Schreiben von 1 und 0 erforderlich ist.

Nachdem ein Wort unter der gewählten Adresse geschrieben wurde, kann es unendlich oft zerstörungsfrei gelesen werden, indem man Stromstöße durch die entsprechende Wortauswahlleitung für Lesen abwechselnd in der Treib- und Leserichtung schickt. Die Wortauswahlleitungen für Lesen führen durch die kleinen Löcher in den Transfluxoren und sind von den Wortauswahlleitungen für Schreiben getrennt. In Abb. 4.26 führen die Leseleitungen, je eine pro Bit im Wort, senkrecht durch die Spalten von Kernen. Ihre Funktion ist schon beschrieben worden.

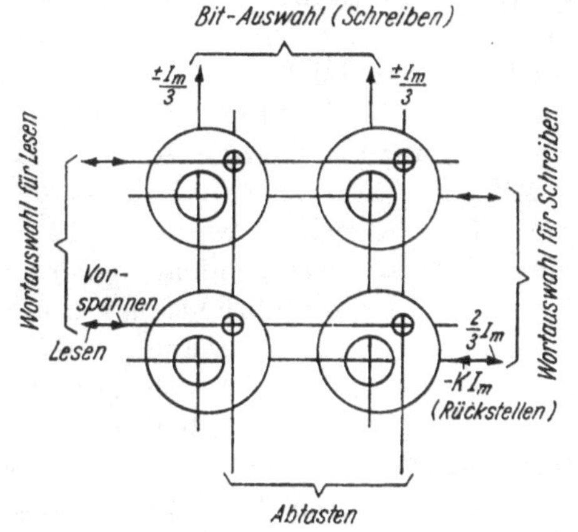

Abb. 4.26. Transfluxor-Speicher mit externer Wortwahl für zerstörungsfreies Lesen

Verschiedene Transfluxorausführungen sind industriell hergestellt (z. B. vom RCA Typ 500 M1, 501 M1; Indiana General Corporation Typ 2 MAC-502) und ebenso wie die Transistoren, Widerstände, Kondensatoren im Zubehör-Großhandel verkauft worden. Ihre Außendurchmesser liegen in der Größenordnung um 5 mm.

4.23. Tropfenform-Transfluxor

Die Transfluxoren mit einer Tropfenform unterscheiden sich von den vorstehend beschriebenen Transfluxoren im wesentlichen nur durch ihre Form. In dem tropfenförmigen Transfluxor sind beide Löcher gleich groß, man benötigt daher die gleiche Treibstrommenge, um den Fluß in dem die Löcher umgebenden Pfad umzukehren. Auf diese Art will man die Verwendung gleicher

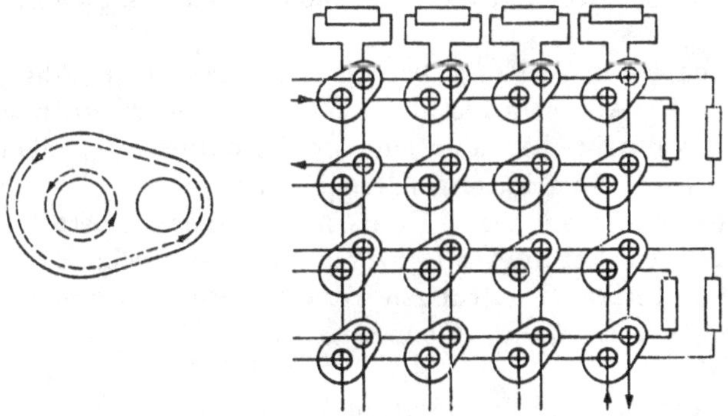

a) b)

Abb. 4.27. Transfluxor in Tropfenform mit Speicherfeld (ohne Blockier- und Leseleistungen)

Treibstromquellen und Schaltmatrizen für beide Lochsätze in dem Kernspeicher möglich machen. Die Querschnittsfläche des Ferritmaterials um das eine Loch ist doppelt so groß, wie die Querschnittsfläche des Materials um das andere Loch. Mit anderen Worten ist die Breite des linken Schenkels so groß, wie die Summe der einander gleichen mittleren und rechten Schenkelbreiten, wie es in Abb. 4.27a zu sehen ist. Bei dieser Anordnung kann ein starker Strom im linken Loch den Fluß in dem Pfad um die beiden Löcher umkehren. Doch kann der Fluß um den linken Schenkel nicht umgekehrt werden, ganz gleich wie stark der durch das rechte Loch fließende Strom ist.

Mit den Flußwegen und Richtungen, die in Abb. 4.27a durch Strichlinien und Pfeile bezeichnet werden, möge eine Null gespeichert werden. Man speichert dann die Eins, indem man so viel Strom durch das linke Loch fließen läßt, daß sich die Flußrichtung nur um dieses Loch umkehrt. Die resultierenden Flußwege und die Abtastung des Kerns sind im wesentlichen dieselben, wie für den Transfluxor in Abb. 4.25 gezeigt wurde.

Abb. 4.27b zeigt einen Koinzidenzstromspeicher, der aus Tropfenform-Transfluxoren zusammengesetzt ist. Das wesentlichste Merkmal dieser Anordnung besteht darin, daß der doppelte Satz von Schaltmatrizen, der für das Lesen und Schreiben im Transfluxor gewöhnlich gebraucht wird, bei der Koinzidenzstromausführung wegfällt. Außerdem wird jede Auswahlleitung in sich gefaltet, so daß sie wie eine gerade gegenphasige Übertragungsleitung mit einem Widerstandsabschluß am „entfernten" Ende betrieben werden kann. In der hier gezeigten Pfeilrichtung wird der obere rechte Kern für das Schreiben gewählt. Zu beachten ist, daß durch das rechte Loch des rechten Kerns in der zweiten Zeile sowohl horizontale als auch vertikale Auswahlleitungen führen, doch ist die Flußrichtung nicht dieselbe. Daher wird dieser Kern nicht beeinflußt. Alle anderen unter Strom stehenden Kerne sind halberregt. Wird die Richtung eines dieser beiden, doch nicht beider Ströme, umgekehrt, so wird der rechte Kern in der zweiten Zeile für das Lesen gewählt. Entweder arbeitet das Gerät mit Treibstrom oder das eigentliche Lesen hängt von der gewählten Vereinbarung ab.

Die Leseleitung ist in Abb. 4.27b nicht zu sehen, doch führt sie durch die rechten Löcher aller Kerne, wobei die Ausführung im wesentlichen der in den Abb. 4.4 oder 4.5 entspricht. Für eine wortorientierte Speicherung wird die Anordnung mit einer Sperrleitung (Blockierleitung, Inhibit) versehen. Diese führt durch das linke Loch jedes Kerns in der gleichen Art (vgl. Abb. 4.11). Für jedes Wortbit wird ein derartiges Feld oder eine „Ebene" vorgesehen, die horizontalen und vertikalen Leitungen werden in der gleichen Weise durch alle Ebenen gezogen, wie es für die Koinzidenzstrom-Wortspeicherung bereits beschrieben wurde.

Die von Indiana General Corporation hergestellten 2 MAC-503-Kerne sind tropfenförmige Transfluxoren, deren größte Länge ca. 2,5 mm beträgt. Der Durchmesser der beiden Löcher liegt bei ca. 0,8 mm, die Breite der Schenkel bei etwa 0,5, 0,25 und 0,25 mm.

4.24. BIAX-Element

Die BIAX-Elemente sind Ferrit-Mehrlochkerne. Sie haben zwei Löcher, deren Achsen senkrecht aufeinander stehen aber in verschiedenen Ebenen liegen, wie es Abb. 4.28a darstellt. Die Speicherung von 0 oder 1 wird durch

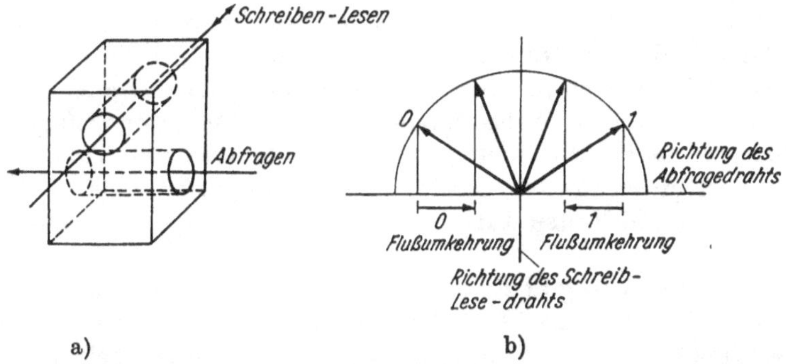

Abb. 4.28. BIAX-Element und Diagramm zur Erläuterung des Speicherprinzips

die Flußrichtung um das obere Loch dargestellt. Die Flußrichtung wird durch die Richtung des Schreibauswahlstroms bestimmt, der durch dieses Loch ganz in der gleichen Weise fließt, wie es bei Ringkernen der Fall ist. Die Leseoperation ist bei BIAX-Elementen aber wesentlich anders als bei Ringkernen.

Vor dem Lesen wird zunächst ein Strom in beliebiger Richtung durch das unterste Loch geschickt, um auf dem um das Loch führenden Pfad ein gesättigtes Feld zu schaffen. Die Sättigung bleibt während der ganzen Operation des Kerns aufrechterhalten und, obwohl die Stromrichtung im untersten Loch und die hierdurch geschaffene Flußrichtung unwesentlich sind, wird die Richtung nicht umgekehrt. Alle nacheinander abgefragten Ströme (was sogleich noch erklärt werden soll) laufen durch das untere Loch in gleicher Richtung.

Das Diagramm 4.28b veranschaulicht die Flußrichtung im Bereich zwischen den beiden Löchern und stellt gleichsam eine Draufsicht auf Abb. 4.28a dar. In diesem Bereich stehen die Flußpfade um die beiden Löcher senkrecht aufeinander, so daß die resultierende Flußrichtung einen Winkel von ungefähr 45° zu jeder Lochachse bildet, wie es durch die mit 0 und 1 bezeichneten Vektoren der Abb. 4.28b angedeutet wird. Welcher der beiden Vektoren jeweils die Flußrichtung anzeigt, hängt natürlich davon ab, ob eine Null oder Eins in den Elementen gespeichert wurde. Da das Ferritmaterial nur eine bestimmte maximale Flußdichte aufnehmen kann, beträgt die Flußdichte um jedes Loch herum nur etwa 70% der Dichte, die ohne den um das entgegengesetzte Loch umlaufenden Fluß vorhanden wäre.

Um das gespeicherte Bit zu lesen, wird ein Strom durch die Wicklung im unteren Loch geschickt. Im Bereich zwischen den beiden Löchern erzeugt der

Strom ein stärkeres Magnetfeld senkrecht zur Achse des unteren Loches. Da die maximale Flußdichte begrenzt ist, besteht die Wirkung darin, daß der Flußvektor in der in Abb. 4.28b dargestellten Weise gedreht wird. Die Größe der Flußkomponente senkrecht zur Achse des oberen Lochs wird vermindert. Obwohl die Amplitude verringert ist, unabhängig davon, ob eine 0 oder 1 gespeichert wird, ist die „Polarität“ der Änderung der Flußverkettung für das obere Loch in diesen beiden Fällen verschieden. Die Polarität der in der Schreib-Lesewicklung des oberen Lochs induzierten Spannung hängt also davon ab, ob eine Null oder eine Eins gespeichert wurde.

Wenn der Abfragestrom zu Ende ist, sorgt ein gewisser Dauermagnetismus im Ferritmaterial dafür, daß das Magnetflußbild in seine ursprüngliche Form zurückkehrt, wie es für die 0- und 1-Vektoren in Abb. 4.28b dargestellt ist. Eine unbegrenzt große Anzahl von Abfragestromimpulsen kann am Kern zum Lesen des dort gespeicherten Bits angelegt werden, ohne daß eine Löschung eintritt.

Ein wichtiger Wesenszug und Vorteil des BIAX-Elements besteht darin, daß beim Lesen an keiner Stelle des Elements eine Flußumkehrung stattfindet. Statt dessen ändert sich die Flußrichtung in einem kleinen Teil des Elements nun reversibel und zeitweilig, wobei sich auch die Größe der Flußverkettung im oberen Loch entsprechend reversibel verändert. Diese reversiblen Prozesse laufen mit hoher Geschwindigkeit ab, wobei eine realtiv geringe Rückspannung in der Abfragewicklung induziert wird. Demgemäß ist auch eine sehr hohe Ablesegeschwindigkeit erzielbar. Beim Schreiben ist dagegen eine Flußumkehr nötig. Doch ist bei freiem Betrieb die Schreiboperation in vielen Ausführungsarten relativ selten erforderlich. Nach dem gegenwärtigen Entwicklungsstand sind Lesezyklen von 0,1 Mikrosekunden und Schreibzyklen von etwa 2 Mikrosekunden möglich. Die Grenzen der Geschwindigkeitsleistung von BIAX-Elementen sind noch nicht bekannt.

4.25. BIAX-Feld

BIAX-Elemente sind z. B. von der Raytheon Corporation in zwei Größen mit der größten Länge von ca. 1,3 bzw. 2,3 mm bekannt.

Eine Wicklungsart des BIAX-Feldes für Wortspeicherung mit äußerer Wortwahl ist in Abb. 4.29a zu sehen. Die Bitauswahl-Leseleitungen und die Wort-Treibleitungen (Wortauswahlleitung) führen durch das obere Loch senkrecht zum Feld derart, wie es früher für die Ringkerne beschrieben wurde. Da aber die Leseoperation die Kerne nicht auf 0 stellt, ist die in Abb. 4.29b dargestellte Abart des Schreibvorgangs erforderlich. Ein Strom von $I_m/3$ oder $-I_m/3$ fließt durch jede Bit-Auswahlleitung, um eine 1 bzw. 0 zu speichern, ein Strom von $2\,I_m/3$ fließt durch die Wort-Auswahlleitung des gewählten Worts, ebenso wie bisher beim Schreiben einer 1, doch folgt dem Wort-Auswahlstrom ein Strom von $-\,2\,I_m/3$ solange, als der Bit-Auswahlstrom aufrechterhalten wird. Dieser in entgegengesetzter Richtung durch die Wortauswahlleitungen fließende Strom sichert nun, daß alle zu schreibenden Nullen auf grundsätzlich gleiche Art aufgezeichnet werden, wobei ein Auswahlverhältnis

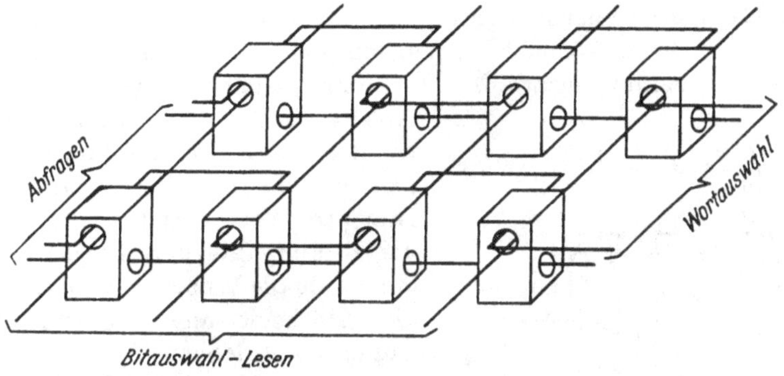

a)

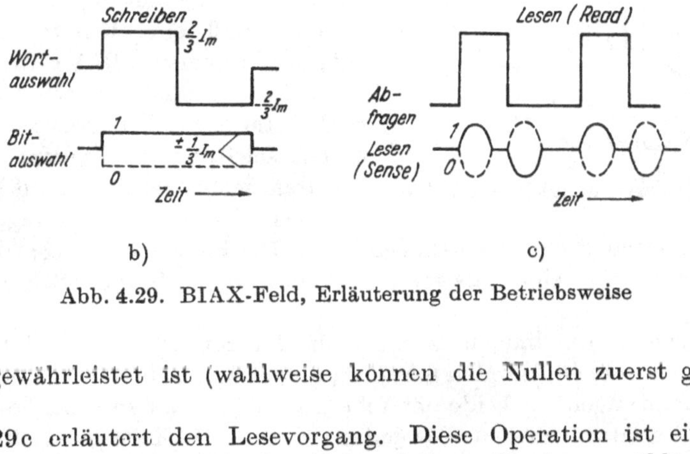

b) c)

Abb. 4.29. BIAX-Feld, Erläuterung der Betriebsweise

von 3:1 gewährleistet ist (wahlweise können die Nullen zuerst geschrieben werden).

Abb. 4.29c erläutert den Lesevorgang. Diese Operation ist einfach eine Frage des Stromdurchgangs in der Abfrageleitung für das gewählte Wort. In jeder Auswahl-Leseleitung wird ein Impuls induziert, dessen Polarität von dem gespeicherten Bit abhängt. Ein zweiter Impuls mit entgegengesetzter Polarität wird bei Beendigung des Abfragestroms induziert. Das Bild zeigt zwei Abfrageimpulse, doch können mehrere zwischen zwei Schreiboperationen liegen.

Für die Wortauswahl- und Abfrageleitungen benötigt man verschiedene Schaltmatrizen. Hierfür können jedoch die gleichen Schaltungen verwendet werden, wie sie bereits für Ringkerne erläutert wurden. Die Notwendigkeit gegenläufiger Ströme in den Wortauswahlleitungen entfällt, wenn man zwei Sätze von Wortauswahlleitungen verwendet. Auch kann man statt der Bitauswahl- und Leseleitungen zwei Leitungssätze nehmen, um die beiden Funktionen voneinander zu trennen. Die entstehende Bitauswahlleitung kann verdoppelt werden, damit durch keine der Leitungen Ströme in beiden Richtungen fließen müssen.

Die Kennwerte verschiedener Wicklungen als Übertragungsleitungen sind bei BIAX-Elementen ebenso wichtig, wie bei schnellschaltenden Ringkernen. Das allgemeine Thema ist noch zu neu, um endgültige Hinweise in bezug auf die günstigste Ausführungsart der Wicklung zu geben, doch erläutert die in Abb. 4.30 gezeigte Variante einige der wichtigsten Gesichtspunkte. Im allgemeinen soll ein Speicher mehr Wörter als Bits pro Wort speichern. Somit müssen die Bitauswahl- und Leseleitungen viel länger als die Wortauswahlleitungen oder die Abfrageleitungen (wenn nicht die früher beschriebene $2^1/_2$ D-Ausführungsart verwendet wird) sein. Deshalb wird z. B. in einer 4 Wort-Anordnung mit 3 Bit pro Wort (Abb. 4.30) jede Bitauswahl und Leseleitung wieder so zurückgeführt, daß eine Übertragungsleitung entsteht, wobei die BIAX-Elemente auf jeder Leitungshälfte versetzt angeordnet sind. Beim Schreiben kann jede Auswahl- und Leseleitung im Gegenphasenbetrieb arbeiten, wobei der Strom auf beiden Seiten des Übertragungsleitungspaares in entgegengesetzten Richtungen fließen kann. Die Pfeilspitzen zeigen die relative Stromrichtung für eine bestimmte Operation, z. B. das Schreiben einer Eins, an.

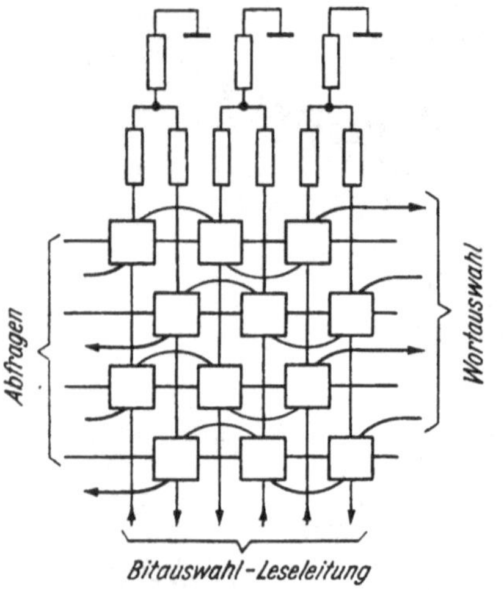

Abb. 4.30. Variante des BIAX-Feldes

Beim Lesen ist das induzierte Signal in der Bit-Auswahl- und Leseleitung aus den verschiedenen Anteilen hervorgegangen, wie es bereits erläutert wurde, so daß die Leitungen für beide entstehenden Signale entsprechende Abschlußwiderstände besitzen müssen. Da jedes einzelne BIAX-Element ein bipolares Ausgangssignal erzeugt, benötigt man hier für nicht zwei Elemente pro Bit, wie dies bei Ringkernen notwendig wäre. Nimmt man aber ein zweites Element pro Bit, so wird es möglich, die Übertragungsleitung sowohl für das Lesen als auch beim Schreiben gegenphasig zu betreiben. Die zusätzlichen Elemente werden an den Bit-Auswahl-Lese- und Abfrage-Leitungsschnittstellen angebracht, wie in Abb. 4.30 unter Weglassung der einzelnen Elemente gezeigt wird. Die Wortauswahl-Leitungsformen werden entsprechend abgeändert.

Andere im Zusammenhang mit Ringkernen besprochene Eigenschaften können gleichfalls vorgesehen werden, insbesondere das Kreuzungsschema nach Abb. 4.22 und die doppelseitig geerdeten Leitungen wie in Abb. 4.24.

4.26. Die Zweidraht-BIAX-Speicheranordnung

Bei BIAX-Elementen kann es vorkommen, daß ein ziemlich starker Strom durch das Kernloch geschickt wird, der aber für sich allein noch keine Flußumkehr verursacht. In diesem Falle ergibt eine Aufeinanderfolge von Stromimpulsen wechselnder Polarität im Abfrageloch eine Flußumkehr. Das Phänomen kann als Grundlage für eine sehr einfache BIAX-Anordnung dienen, die nur zwei Leitungssätze benötigt, wie in Abb. 4.31a festgestellt werden kann.

Diese Anordnung ist nicht nur sehr einfach. Sie besitzt auch keine hin- und zurückführenden Leitungsdrähte. Es ist daher möglich, die Kerne sehr nahe aneinander zu bringen, so daß die aufeinanderfolgenden Zeilen und Spalten tatsächlich aneinanderstoßen können. Wie vorher gestattet die Anordnung eine wortorientierte Speicherung, diesmal aber mit äußerer Wortwahl. Die Arbeitsweise ist gleichfalls einfach, obwohl die erforderliche Schreibzeit länger ist. Das liegt daran, daß hier eine größere Zahl von wechselnden Impulsen erforderlich ist, um eine Flußumkehr um das Kernloch (das obere in Abb. 4.31) zu erhalten.

Der Schreibzyklus wird in Abb. 4.31b dargestellt. Der Strom fließt in der einen oder der anderen Richtung in jeder Bitauswahl-Leseleitung, wie es zum Schreiben von 0 oder 1 erforderlich ist. Gleichzeitig läuft eine Folge von

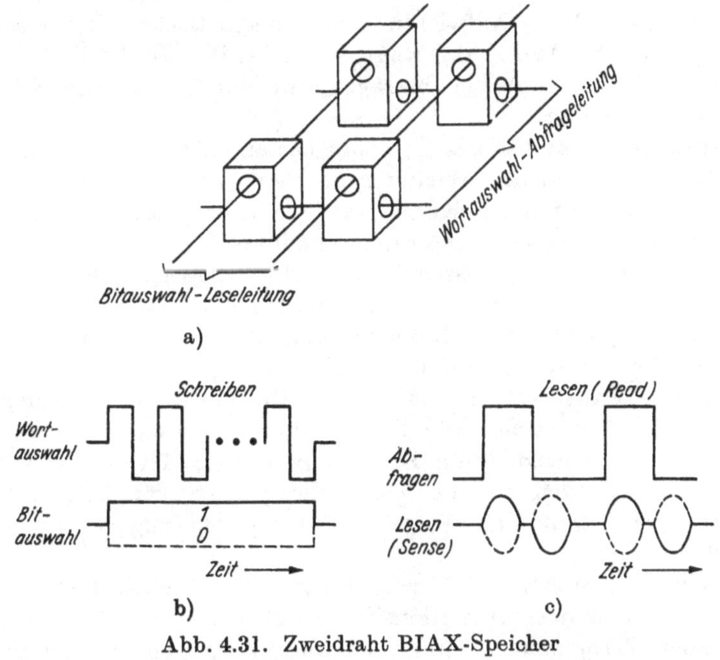

Abb. 4.31. Zweidraht BIAX-Speicher

wechselnden Impulsen durch die gewählte Wortauswahl-Abfrageleitung. Für das Lesen benutzt man dieselben Drähte. Die Funktionen sind hier Abfragen und Lesen. Wie man aus Abb. 4.31c sieht, arbeitet dieser Teil des Speichers in gleicher Weise wie vorher.

Für das Schreiben muß die Größe der verschiedenen Ströme anhand der verfügbaren BIAX-Elementen auf experimentellem Wege ermittelt werden. Um ungefähre Größenvorstellungen zu geben, sei auf ein Gerät verwiesen, bei dem die Wortauswahl aus sechzehn 520-Milliampereimpulspaaren besteht und eine Gesamtzeit von 16 Mikrosekunden erfordert. Im gleichen Zeitabschnitt betrug die Amplitude des Bitauswahlstroms 90 Milliampere. Für das Lesen nahm man einen Abfragestrom mit 250 Milliampere im Verlauf von 0,3 Mikrosekunden und erhielt einen Ausgangsimpuls mit einer Amplitude von 3 Millivolt (obwohl in den Lieferbedingungen eine Amplitude von 12 Millivolt als möglich angegeben ist).

4.27. Der Twistor

Der Twistor ist ein Kernspeicherelement, das seinen Namen von einer früheren Ausführungsart herleitet, die 1957 erstmals beschrieben wurde. Das Gerät enthielt einen spiralenförmigen Kraftlinienweg, der durch Dehnung eines verdrillten Drahtes aus magnetischem Werkstoff bestand. Diese Form bewährte sich in der Praxis nicht. Die heutigen Twistoren haben einen spiralenförmigen Kraftlinienweg, der durch Aufwicklung eines magnetischen Streifens auf einen leitenden Draht, wie Abb. 4.32a zeigt, entsteht. Der Draht ist in der Regel sehr dünn. Sein Durchmesser beträgt etwa 0,075 mm. Die Streifendicke etwa ein Zehntel davon.

Der ursprüngliche Zweck des Twistors bestand darin, die Einzelringkerne und die damit verbundenen Wicklungsprobleme zu vermeiden. Eine Reihe in einer Ebene angeordneter Kerne wurde entweder durch einen einzelnen magnetischen Draht ersetzt, der in der genannten Weise gedrillt worden war, oder durch einen mit magnetischem Werkstoff umwickelten Leitungsdraht. Jedes Speicherelement bestand aus einem kurzen Stück von diesem Draht. Jedes einzelne Segment wurde durch die Lage der Wortauswahlleitungen, die senkrecht zu den Twistor-Drähten verliefen, abgegrenzt. Geschrieben wurde nach einem Zweidraht-Verfahren mit äußerer Wortwahl, etwa in der Art, wie es bereits beschrieben wurde. Die Twistor-Drähte selbst dienten als Auswahlleitungen. Gelesen wurde durch Impulse in der gewählten Auswahlleitung. Wie bei konventionellen Kernen wurde die gespeicherte Information beim Lesen zerstört, so daß man das Wort bei Dauerspeicherung stets immer wieder neu schreiben mußte.

Verschiedene Twistor-Speicher wurden auch tatsächlich hergestellt, doch haben Fortschritte in der konventionellen Ringkerntechnik die Twistorspeicherung in dieser Form zum größten Teil überflüssig gemacht. Trotzdem ist man an der Verwendung der Twistoren für Halbfestwert-Speicher interessiert, wo die gespeicherte Information vom System, in welchem der Speicher eingebaut ist, elektrisch nicht verändert werden kann, wo aber eine manuelle Ver-

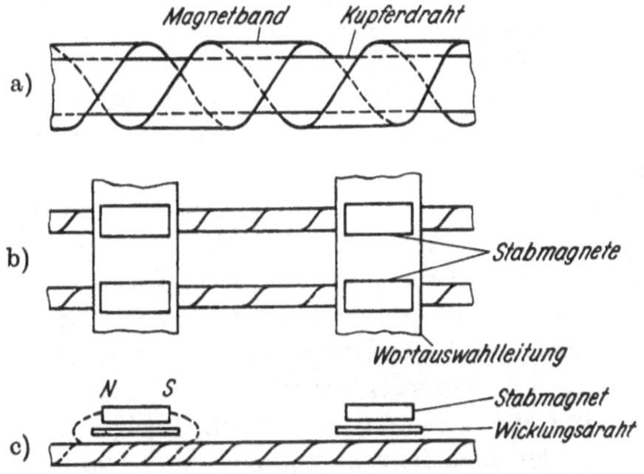

Abb. 4.32. Halbfestwert – Twistorspeicher

änderung mehr oder weniger leicht möglich ist. Man bezeichnet Speichergeräte dieser Art auch als „Auslesespeicher".

Der für Halbfestwert-Speicherung eingerichtete Twistor ist in Abb. 4.32b und c in Draufsicht und Seitenansicht dargestellt. Die Speicherung erfolgt nicht in den Twistordrähten, sondern in einer Anordnung kleiner Stabmagneten, die sich an den Schnittstellen der Twistordrähte und der Wortauswahlleitungen befinden. Diese Wortauswahlleitung besteht aus einem einfachen leitenden Streifen, der den gleichen Zwecken dient, wie die Wortauswahlleitung eines konventionellen Speichers. Die Speicherung einer Null wird durch einen magnetisierten Stabmagneten dargestellt. Für diesen Fall wird das magnetische Feld qualitativ durch die Strichlinie in Abb. 4.32c bezeichnet. Der Nord- bzw. Südpol befinden sich am linken bzw. rechten Ende. Der Kraftlinienverlauf erfolgt spiralförmig im Magnetstreifen jenes Teils des Twistor-Drahts, der dem Magnet am nächsten ist. Die Feldstärke des Stabmagneten reicht aus, um den Magnetstreifen des Twistors im betreffenden Bereich zu sättigen. Ist der Streifen gesättigt, so bewirkt ein Stromimpuls in der zugehörigen Auswahlleitung eine nur geringe Veränderung im Twistordrahtfluß. Daher wird im Twistordraht, der als Lesewicklung wirksam wird, nur ein geringer Spannungsstoß induziert.

Die Speicherung der Eins erfolgt entweder durch Entmagnetisierung oder durch Entfernung des Stabmagneten. In beiden Fällen ist das nach Durchgang des Stromstoßes durch die Auswahlleitung entstehende Magnetfeld in der Lage, den Fluß in der näheren Umgebung des Twistordrahtes zu verändern, so daß der Kraftlinienverlauf den dargestellten Verhältnissen entspricht. Insbesondere folgt der Fluß der Magnetstreifenspirale und umrundet mehrfach den zentralen Leitungsdraht des Twistors, so daß in dem Twistordraht ein relativ starker Spannungsimpuls induziert wird.

In den praktisch genutzten Speichern sind die Stabmagnete jeder Ebene auf Karten montiert, die vom Gerät abgenommen und durch Karten mit verschiedenen Verteilungsmustern der Magnete zur Speicherung verschiedener Informationen ersetzt werden können. Wenn andererseits die Eins durch das Vorhandensein eines unmagnetischen Stabs dargestellt wird, gibt man die Karte in eine Zusatzmaschine, wo die Stäbe je nach Bedarf magnetisiert oder entmagnetisiert werden.

Die Konzeption der Halbfestwert-Twistor-Speicherung wurde hauptsächlich von den Bell Telephone Laboratories für Zwecke der Programmspeicherung von Telefon-Schaltsystemen entwickelt. Für diese Zwecke braucht man das Programm nur selten zu verändern, andererseits ist eine gewisse Flexibilität des Programms für neuen oder veränderten Kundendienst bzw. zur Anpassung an veränderte Verhältnisse durchaus erwünscht. Speichergeräte mit löschendem Abtastmechanismus sind für diese Zwecke wenig geeignet, da schon wenige Fehler, die bei dem Wiedereinspeicherungsprozeß auftreten, ins Programm als permanente Fehler eingehen und das System ernsthaft stören können. Obwohl mindestens drei weitere Gesellschaften an der Entwicklung von Twistor-Speichergeräten gearbeitet haben, scheint der tatsächliche Einsatz dieser Speicherart für andere Verwendungszwecke bis heute relativ gering zu sein.

Eine neue Abart des Twistorbetriebs ist der Funktionenwechsel zwischen den Auswahl- und Leseleitungen. Hierbei wird der Treibstrom direkt durch den zentralen Leiter geschickt, während die Streifen als Leseleitungen dienen. Das Magnetfeld verläuft diesmal rund um die ganze Länge des Twistors, der Fluß verkettet den streifenförmigen Leiter an der Schnittstelle, je nachdem, ob ein Magnetstab vorhanden oder nicht vorhanden ist. In einem derart betriebenen Speicher hat jeder Streifen einen Rückweg „unterhalb" der in Abb. 4.32b und c gezeigten Anordnung. Wie berichtet wird, ergibt sich durch die so erhöhte Wirksamkeit des Magnetbandes auf dem Twistor eine größere Amplitude des Ausgangsspannungsimpulses und eine größere Betriebsgeschwindigkeit, obwohl die genaue Form des Kraftlinienverlaufs mit und ohne Stabmagnet immer noch etwas unsicher ist.

Es wurden noch viele verschiedene Abarten und Varianten der Twistorspeicher entwickelt. Da aber das Gebiet insgesamt noch ziemlich ungeklärt ist, obwohl die Twistoren mehrere Jahrzehnte bekannt sind, muß auf seine weitere Erörterung hier verzichtet und auf die Bibliographie am Ende des Kapitels verwiesen werden.

4.28. Andere semipermanente Speichermethoden (Auslesespeicher)

Eine andere Art der Halbfestwert-Speicherung ist in Abb. 4.33 zu sehen. Die Auswahl- und Leseleitungspaare stehen senrecht aufeinander. Die Speicherung von Eins oder Null wird durch das Vorhandensein oder Nichtvorhandensein eines kleinen Stabs aus weichem magnetischem Material (ohne rechteckige Hystereseschleife) an einer bestimmten Schnittstelle dargestellt. Die Stabachse steht senkrecht zur Bildebene. Tatsächlich ist das Speicherelement nur ein Transformator mit oder ohne Kopplungsmedium. Ist ein Stab vorhanden, was in dem Bild durch den Vollkreis angedeutet wird, so verlaufen die Kraftlinien längs des Stabs und kehren im Luftraum zurück, wobei die meisten Kraftlinien außerhalb eines jeden Drahtpaares verlaufen.

Die einzelnen Wicklungen brauchen nicht vor und zurück um die entgegengesetzten Seiten aufeinander folgender Kerne geschlungen zu werden, wie es in Abb. 4.33 gezeigt wird. Statt dessen kann man auch gerade, parallel verlaufende Drähte als Übertragungsleitungen verwenden. Doch sind in diesem Falle gewisse Verbesserungen des magnetischen Wersktoffs erwünscht, damit der Rückflußweg außerhalb der Drahtpaare verläuft und man einen verwert baren Kopplungsgrad erhält.

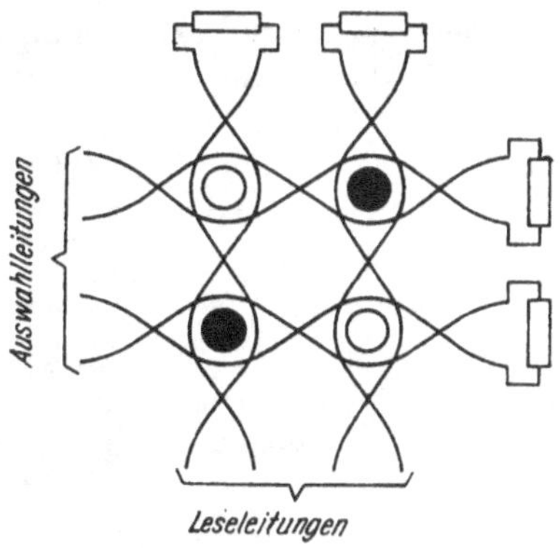

Abb. 4.33. Halbfestwert — Speicherfeld (semipermanente Speicheranordnung)

Man kann alle möglichen Anordnungsarten ausdenken und verschiedenste Methoden wählen, wie die Magnete in Stellung gebracht bzw. von einem Bitspeicherbild auf ein anderes umgestellt werden können. Einige dieser Varianten wurden bereits im Zusammenhang mit anderen Kernspeicherformen besprochen. Besonders wichtig ist die der Zwei-Kern-pro-Bit-Speicherung entsprechende Variante, nur daß in diesem Falle nur ein einzelner Stab an eine der beiden Stellen gebracht wird, die der Speicherung von Eins oder Null entsprechen. Wie vorher ist auch hier die Polarität und nicht die Amplitude des Ausgangsimpulses eine Funktion der gespeicherten Zahl. Bei einer dieser Ausführungsarten steckte jeder Stab in einem einzelnen, kurzen Rohrstück und konnte von einem Rohrende zum anderen bewegt werden, um 1 oder 0 anzugeben. Es wurden Einrichtungen entwickelt, mit denen man die Stäbe durch einen feinen Luftstrahl aus der einen Stellung in die andere gebracht und viele Tausends Bits pro Minute geändert werden konnten.

Eine Art von Auslesespeicher, wo die Speicherung mehr in den Wicklungen als in den Magnetelementen erfolgt, wird in Abb. 4.34 gezeigt. Das System erfordert sehr wenige Kerne, obwohl die Kerne groß genug sein müssen, um eine entsprechend große Zahl von Drähten aufzunehmen und damit die Speicherung mehr permanent als semipermanent ist.

Die Kerne können entweder aus weichem Magnetmaterial oder aus Material mit rechteckiger Hystereseschleife bestehen. In der in Abb. 4.34a gezeigten Variante ist die Zahl der Kerne gleich der Zahl der Bits pro Wort. Die 1- und 0-Werte eines jeden Worts werden entsprechend so gespeichert, wie die Auswahlleitung durch die Kerne gezogen wird. Für jedes gespeicherte Bit wird die Wicklung zur Speicherung der Eins durch den Kern und zur Speicherung der 0 am Kern vorbeigezogen. Man verwendet die früher beschriebene äußere Wortwahl. Wenn eine gewählte Auswahlleitung durch einen Stromstoß betätigt wird, entsteht in der Leseleitung eines jeden Kerns, wo eine Eins gespeichert wird, ein Ausgangsimpuls. Bei Verwendung von Kernen aus weichem Materials dienen die Kerne lediglich als Transformatorkerne.

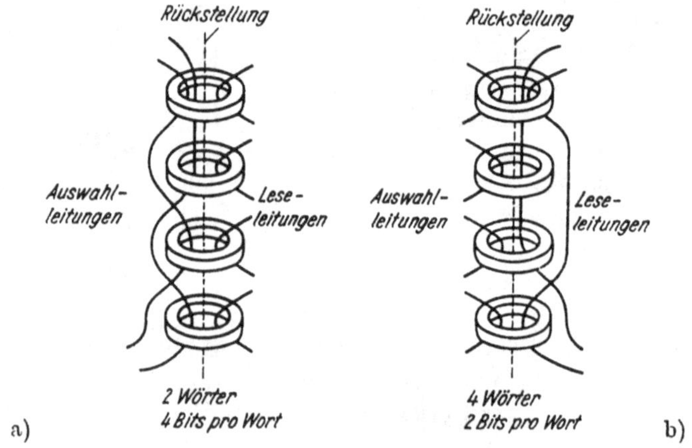

Abb. 4.34. Auslese-Kernspeicher

Für Magnetmaterial mit rechteckiger Hystereseschleife zieht man eine zusätzliche Leitung, die sogenannte „Rückstelleitung" durch alle Kerne, wie es Abb. 4.34a durch die punktierte Linie zeigt. Vor jeder Betätigung durch eine Auswahlleitung wird ein Stromstoß durch die Rückstelleitung geschickt, der stark genug ist, um den gesamten Fluß in jedem Kern in eine bestimmte Richtung um den Ring zu bringen. Der Treibstrom muß dann in der Lage sein, den Fluß in jenen Kernen umzukehren, wo die Eins für das betreffende Wort gespeichert werden soll. Der Konstrukteur hat die Wahl, entweder die Ausgangssignale zu verwenden, die beim Anlegen des Treibimpulses entstehen, oder aber die Signale, die während des nächstfolgenden Rückstellimpulses anfallen.

Die Anordnung 4.34b ist im wesentlichen die gleiche, wie in Abb. 4.34a. Es wurde lediglich die Funktion der Auswahl- und Leseleitungen vertauscht. In diesem Fall ist die Anzahl der Kerne gleich der Anzahl der gespeicherten Wörter. In b beträgt die Kapazität 4 Wörter zu je 2 Bits, statt 2 Wörter zu 4 Bits, wie in a. Sowohl im Falle a als auch b kann die Zahl der eingezogenen Leitungen vergrößert werden, um die Zahl der Wörter bzw. die Zahl der Bits pro Wort zu vergrößern.

Mit der Anordnung 4.34b können die Auswahlleitungen nach Art bestimmter, noch zu erörternder Kernmatrixschalter verschlüsselt arbeiten.

Das Speichergrundsystem der in Abb. 4.34 abgebildeten Art wurde in den vierziger Jahren von den Bell Telephone Laboratories mindestens in einem ihrer elektromechanischen Rechner verwendet. Mit ihrer großen Zahl von Wicklungen glich diese Anordnung äußerlich einem Seil. Diese Art der Auslesespeicher wurden daher allgemein als „Seilspeicher“ bezeichnet, so besonders bei der Burroughs Corporation, wo sie bis in die letzten Jahre viel verwendet wurden.

Abb. 4.35 zeigt die Kernform und Anordnung der Wicklungen, wie sie zur Einsparung manueller Wicklungsarbeit von IBM entwickelt wurde. Jeder Kern besteht aus zwei Teilen, einem U-Stück und einem Stab, die beim Einlegen der Drähte auseinander genommen werden können. Die Leiter sind als gedruckte Verdrahtung auf Plastkarten ausgeführt und haben die in Abb. 4.35b schraffiert dargestellte Form. Ein Schenkel des Kern-U-Stücks wird durch das rechteckige Loch der Karte gesteckt. Die Wicklung führt durch einen bestimmten Kern oder umgeht ihn, je nachdem wie die Löcher in der Karte vorgestanzt wurden. Dieses kleine Loch unterbricht den Schaltungsweg auf

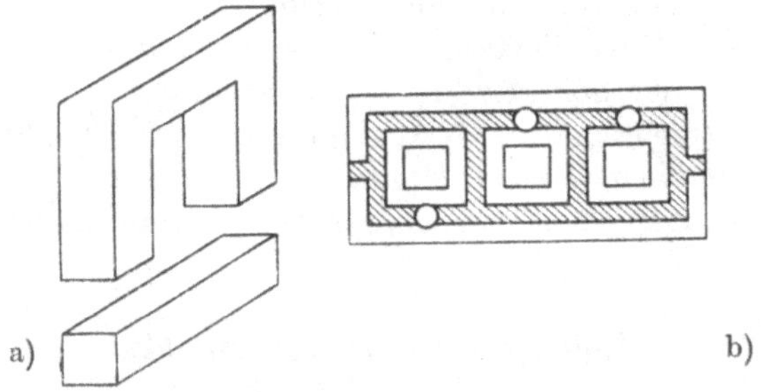

Abb. 4.35. Anordnung der Wicklungen eines Auslesespeichers

der einen oder anderen Seite der Karte. Obwohl auf dem Bilde nur eine Dreikern-Karte dargestellt ist, können Karten für jede beliebige Kernzahl und auch mit zwei Hälften für die beiden Schenkel des Kern-U-Stücks hergestellt werden. Jede Hälfte speichert ein besonderes Wort. In der einen Ausführungsart konnten 128 Doppelkarten in einem Kernsatz untergebracht werden, was eine Kapazität von 256 Wörtern ergab. Die Abtastleitungen werden 35fach um den stabförmigen Kernteil gewunden. Dies ergibt einen stärkeren Ausgangs-Spannungsimpuls, als mit einer Windung möglich ist.

Obwohl Anordnungen gemäß der in Abb. 4.32, 4.33, 4.35 dargestellten allgemeinen Typen mit sehr hohen Geschwindigkeiten arbeiten können, ist die Geschwindigkeit nicht unbedingt größer als die Geschwindigkeiten, die mit elektrisch veränderbaren Kernanordnungen, etwa bei Verwendung von BIAX-Elementen, erreichbar sind. Es ist möglich, daß viele Halbfestwert- oder Auslesespeicher deshalb eine nur geringe Verbreitung gefunden haben, obwohl sie ziemlich leistungsfähig sind.

4.29. Andere nichtringförmige Kernstrukturen

Einige nichtringförmige Kernstrukturen, wie die Mehrlochplatten, Mehrlochkerne und Twistoren, wurden bereits besprochen. Es wurde eine Vielzahl weiterer nichtringförmige Kernstrukturen gefunden, von denen einige besonders interessante Fälle im nächsten Abschnitt besprochen werden sollen.

Zieht man nicht ringförmige Strukturen in Betracht, so beabsichtigt man in erster Linie eine Kostensenkung, die dadurch eintritt, daß die Drähte nicht durch die Löcher gezogen zu werden müssen. (Eine gelegentliche Ausnahme ist der Wunsch, ein zerstörungsfreies Lesen zu ermöglichen.) Manchmal strebt man an, gewisse elektrische Eigenschaften zu verbessern, doch ist eine derartige Verbesserung gewöhnlich nur auf Kosten anderer Eigenschaften erreichbar. So ist es z. B. bei einigen Formen möglich, mehrgängige Wicklungen zu verwenden. Hierdurch steigt die Ausgangsspannung, während der erforderliche Treibstrombedarf geringer wird. Doch führt die größere Windungszahl, angesichts der Eigenschaften der Wicklungen als Übertragungsleitungen, zu einer höheren Induktivität und einer geringeren Betriebsgeschwindigkeit.

Auf Grund der ständigen Verbesserungen der Ferrit-Ringkerne insbesondere ihrer Verkleinerung, der höheren Schaltgeschwindigkeit und der verbesserten Operationssysteme (insbesondere Systeme, die nur zwei Drähte in jedem Ring erfordern) sowie der verbesserten Montagemethoden, hat keine der verschiedenen nichtringförmigen Ausführungen bisher größere industrielle Bedeutung gewonnen.

4.30. Draht-Speicherelemente

Abb. 4.36 zeigt den sogenannten Draht-Magnetspeicher. Er besteht aus einem geraden leitenden Draht (gewöhnlich mit 0,25 mm Durchmesser), auf den eine dünne Magnetfolie (meist 97% Eisen und 3% Nickel) aufgetragen wurde. Ein Speicherelement besteht aus einem Stabstück mit zwei umlaufenden

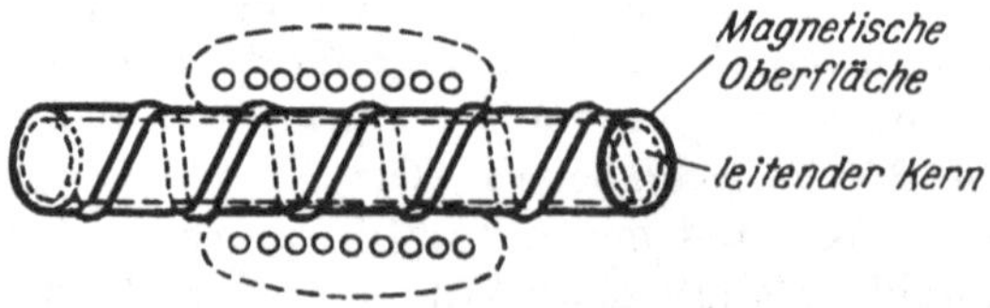

Abb. 4.36. Drahtspeicher

Spiralwindungen. Die Zusammenschaltung der Elemente untereinander erfolgt im wesentlichen ebenso, wie es für das Zweifachkoinzidenzprinzip gemäß Abb. 4.19 gezeigt wurde. Bei dieser Art ist eine Wicklung jedes Elements längs eines bestimmten Stabs mit allen entsprechenden Wicklungen der anderen Elemente längs des gleichen Stabs in Reihe geschaltet. Die Herstellung wird erleichtert, da man nur einen Draht spiralförmig auf den Stab aufwickelt, wie es Abb. 4.36 zeigt. Die zweite Wicklung des betreffenden Elements wird hergestellt, indem man eine Spiralwindung auf das Stabstück bringt, das für die Speicherung verwendet werden soll. Der zentrale Teil des Stabes wird lediglich dazu leitend gemacht, um den Magnetfilm aufgalvanisieren zu können. Der Zentralteil gehört nicht zum Speichermechanismus.

Bei der beschriebenen Anordnungsart verlaufen die Kraftlinien im magnetischen Material parallel zur Stabachse, der Rückfluß erfolgt im Luftraum, wie durch Strichlinien in der Abbildung angedeutet wird. Die Hystereseschleife ist ausgesprochen rechteckig. Gelesen und geschrieben wird in der üblichen Art.

Die Stabstruktur macht nicht nur den Einzug der Drähte in die Ringe unnötig, sie gestatten auch die Verwendung von Magnetmaterialien mit einer sehr hohen Schaltgeschwindigkeit, so daß schon Speicher mit einer Taktzeit von 100 bis 200 Nanosekunden gebaut werden konnten. Die Wicklungen aus mehreren Windungen erfordern geringere Treibströme und ergeben größere Ausgangsspannungen als die einfachen Leitungen. In diesem Falle ist die Mehrfach-Lesewicklung besonders wichtig, da die Koerzitivkraft des Magnetmaterials hoch ist, weil die dünne Magnetschicht nur einen relativ geringen Gesamtfluß ergibt. Jedoch begrenzt die resultierende Induktivität der Wicklungen die Feldgröße, bei welcher die hohe Schaltgeschwindigkeit, im Gegensatz zu den später zu besprechenden Filmstrukturen hoch erhalten bleibt.

4.31. Waffeleisen-Struktur

Bei der Waffeleisenstruktur verwendet man ebenfalls einen Film aus 97% Eisen und 3% Nickel als Speichermedium. Doch sonst unterscheidet sie sich vollkommen von der Stabstruktur. Der magnetische Film ist eben, und es ist ein besonderer Rückflußweg (also kein Rückfluß durch die Luft!) vorgesehen.

Das „Waffeleisen" wird aus einer weichen Ferritplatte (ohne rechteckige Hystereseschleife) hergestellt, die auf einer Seite glatt und eben poliert wird. Dann werden zwei Sätze paralleler Nuten senkrecht zueinander in die Plattenoberfläche eingeschnitten. Die Auswahl- und Leseleitungen werden in die Nuten eingelegt. Die Struktur wird durch einen ebenen Magnetfilm vervollständigt, der auf einer Trägersubstanz über die Anordnung gelegt wird. Zur Verkleinerung der Luftspalte wird der Film auf die vorstehenden Teile des „Waffeleisens" gepreßt.

Die Waffeleisen-Verdrahtung und der Speichermechanismus sind in Abb. 4.37 dargestellt. Jedes Teil besteht aus neun Quadraten, die nur soweit gezeigt werden, als sie für die Erläuterung der Speicherung einer Binärzahl benötigt werden. Jede Auswahl- und Leseleitung besteht aus zwei Drähten, die durch benachbarte Nuten gezogen werden. Die beiden Drähte können an dem „fernen Ende" kurzgeschlossen werden, oder sie erhalten den Abschlußwiderstand einer Übertragungsleitung in der bereits für andere Anordnungsarten besprochenen Weise.

Wenn Strom nur durch eine Wortauswahlleitung fließt, entspricht das Magnetflußbild den in Abb. 4.37a eingetragenen Punkten und Kreuzen, wobei Punkte und Kreuze als Spitzen und Enden der Pfeile in der üblichen Darstellungsform anzusehen sind. In einer Auswahlleitung kann die Stromrichtung umgekehrt werden, ohne daß sich die Flußverkettung der senkrecht gekreuzten Leseleitung verändert. Wenn aber ein Strom gleichzeitig durch eine Bitauswahl-Leseleitung fließt, entsteht das in Abb. 4.37b gezeigte Magnetflußbild. Bei ausreichend hoher Amplitude der Treibströme wird die magnetische Deckschicht an vier durch Strichlinien umrandeten Bezirken permanent magnetisiert (die Flußlinien laufen hierbei nicht entlang der Strichlinien). Eine nachfolgende Erregung nur der Wortauswahlleitung führt das Magnetflußbild in den auf a gezeigten Zustand zurück. Hierbei wird die Flußverkettung um die Bitauswahl- und Leseleitung verändert und eine Ausgangsspannung induziert.

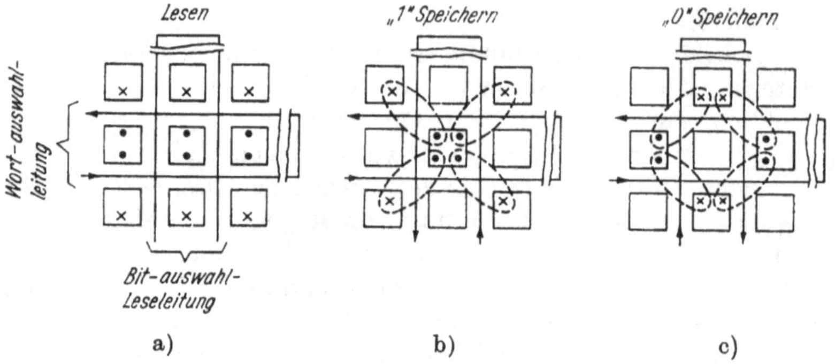

Abb. 4.37. Das Waffeleisenspeicherlement

Obwohl das Speicherelement auch mit Wortauswahlströmen für Lesen und Schreiben in gleicher Richtung arbeiten kann, erhält man bessere Resultate, wenn die Stromrichtungen für diese beiden Funktionen einander entgegengesetzt sind. Auch kann die Stromrichtung in der Bitauswahl-Leseleitung umgekehrt werden, damit man vier Magnetisierungsbezirke erhält, wie in Abb. 4.37c dargestellt. Wenn die Muster b und c die Speicherung der Ziffern 1 bzw. 0 darstellen, so ist das Ausgangssignal beim Lesen bipolar.

In jeder anderen Beziehung ist der Betrieb der „Waffeleisen"-Anordnung im wesentlichen derselbe wie bei Ringkernspeichern mit äußerer Zellenauswahl und bei den Zweidrahtsystemen, die bisher beschrieben wurden (vgl. Abb. 4.17 und 4.20). Bei hinreichend tiefen Nuten können separate Bitauswahl- und Bitleseleitungen angelegt werden. Wie sich aus Abb. 4.37 ergibt, entsprechen natürlich nicht alle Stellen des Waffeleisens den Bitspeicherplätzen. Tatsächlich kommt nur jeder zweite Pfosten in jeder zweiten Pfostenreihe einem Speicherplatz gleich. Für große Felder beträgt die Bit-Speicherkapazität nur ungefähr ein Viertel der Pfostenzahl des ganzen Waffeleisens. Bei Verwendung von gleichgerichteten Wicklungen kann eine Änderung vorgenommen werden, damit in jedem Pfosten ein Bit gespeichert werden kann. Doch schien diese Ausführungsart unbrauchbar gewesen zu sein, da sich die benachbarten Speicherpositionen wechselseitig beeinflußten.

Waffeleisenspeicher wurden bisher, soweit bekannt, nur für Versuchszwecke benutzt.

4.32. Felder aus Drähten, in Ferritblöcken eingebettet

In gewisser Hinsicht kann die Einbettung von Drähten in einem Ferritblock als Weiterentwicklung des Waffeleisen-Speichersystems angesehen werden. Jedoch unterscheidet sich der Ferrit in diesem Falle durch seine rechteckige Hystereseschleife. Auch dient hier als Speicherbereich einer bestimmten Binärzahl das Material, das den Kreuzungspunkt unmittelbar umgibt. In der Herstellungsmethode bestehen wesentliche Unterschiede. Für die Einbettung der Drähte in den Ferrit gibt es verschiedene Methoden. Im allgemeinen stellt man aber zunächst ein Gitter aus den Wortauswahlleitungen und Bitauswahl-Leseleitungen her. Dann wird das Gitter durch ein Gieß- oder Walzverfahren mit einer Ferrit-Platte verkleidet. Das Brennen des Ferrits, das zur Ausbildung der elektrischen und mechanischen Eigenschaften erforderlich ist, erfolgt zuletzt.

Der Speichermechanismus für eine einzelne Binärzahl wird in Abb. 4.38 gezeigt. Man sieht einen Kreuzungspunkt. Die beiden Drähte der Wortauswahlleitung und der Bitauswahl-Leseleitung stehen senkrecht aufeinander und sind gegeneinander isoliert. Der Abstand zwischen den beiden Drähten wird trotzdem am Kreuzungspunkt als sehr klein vorausgesetzt. Es wird weiter angenommen, daß der ganze den Kreuzungspunkt umgebende Bereich mit Ferritmaterial ausgefüllt ist. Die Punkte und Kreuze in Abb. 4.38a stellen die Pfeilspitzen und Pfeilenden dar, die den Kraftlinienfluß bei der Speicherung einer

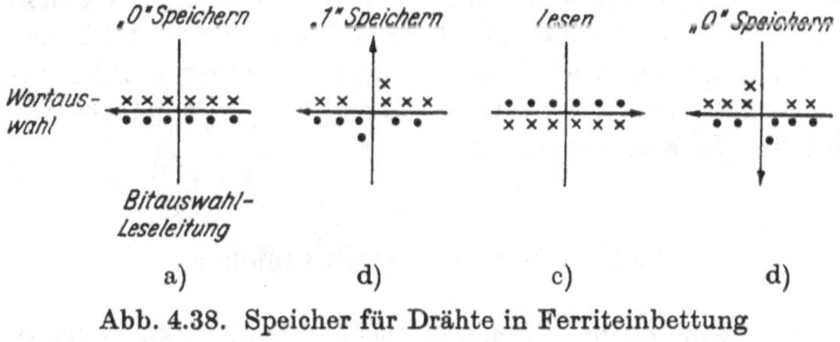

Abb. 4.38. Speicher für Drähte in Ferriteinbettung

Null angeben. Durch die Auswahl-Leseleitung fließt kein Strom, während in der Wortauswahlleitung beim Schreiben einer 0 Strom fließt und diese Leitung von einem konzentrischen Kraftlinienfluß umgeben wird. Beim Schreiben einer Eins fließt Strom durch beide Wicklungen, wobei das in Abb. 4.38b qualitativ dargestellte Magnetflußbild entsteht. Der Bitauswahlstrom ist dem Wortauswahlstrom gegenüber klein, doch ist die resultierende Richtung des Magnetfeldes an der Kreuzungsstelle soweit verschoben, daß ein Teil des Flusses die Bitauswahl-Leseleitung verkettet. Das Magnetflußbild bleibt erhalten, wenn beide Ströme nicht mehr fließen.

Zum Lesen schickt man einen Strom in entgegengesetzter Richtung durch die Wortauswahlleitung. Das zugehörige Magnetflußbild ist in Abb. 4.38c zu sehen. Der Lesestrom wird jetzt etwas größer gewählt als der Schreibstrom, um eine vollständige Flußumkehr zu ermöglichen. Das Magnetmaterial ist an den Stellen, die etwas weiter von der Wortauswahlleitung entfernt sind als im Bild angegeben, gesättigt. Vom Standpunkt des Arbeitsprinzips kommt es besonders darauf an, daß der Fluß um die Wortauswahlleitung in einen gleichmäßigen kreisförmigen Verlauf gezwungen wird und daß bei der Speicherung einer Eins die Flußverkettung über der Bitauswahl-Leseleitung verändert wird. Die Veränderung der Flußverkettung äußert sich in einem Spannungsimpuls der Bitauswahl-Leseleitung.

Bipolare Ausgangssignale kann man erhalten, indem man zwei Speicherplätze pro Bit in der Weise verwendet, wie es bereits für Zwei-Kern-pro-Bit-Systeme von Ringspeichern beschrieben wurde. Andererseits kann man eine Null durch Umsteuerung der für das Schreiben erforderlichen Bitauswahlstromrichtung speichern. Abb. 4.38d zeigt das hierbei entstehende Flußbild. Beim Lesen ist dann die Richtung oder Polarität der Flußverkettungsänderung davon abhängig, ob eine Null oder Eins gespeichert werden soll. Der Abstand benachbarter Speicherpositionen muß natürlich groß genug sein, um eine allzu starke gegenseitige Beeinflussung der Speicherelemente auszuschließen. In jeder anderen Hinsicht ist der Betrieb des Speichers im wesentlichen der gleiche, wie bei Ringspeichern mit externer Wortwahl und bei 2-Drahtsystemen, wie sie in diesem Kapitel bereits beschrieben wurden.

Unter Verwendung der Walztechnik stellte die RCA Speichergeräte her, wo eine einzelne Ferritplatte als vollständige Ebene von Speicherelementen diente. In einer folgenden Werbeschrift bietet die RCA experimentelle Ausführungen derartiger Ebenen an. Die wichtigsten Parameter betragen: $2{,}5 \times 2{,}5 \times 0{,}01$ cm^3 mit einer Kapazität von 4096 Bits in einem Feld von 64×64 Bit bei einer Taktzeit von 200 Nanosekunden.

4.33. Geflochtene Drahtspeicher

Abb. 4.39 zeigt eine Form „Magnetkernspeicherung", die vom Standpunkt ihrer Bestandteile erstaunlich einfach ist. Das Speicherfeld besteht ganz einfach aus zwei Sätzen senkrecht übereinander liegender Drähte, von denen ein Satz mit einem Magnetmantel überzogen ist. Die Drähte an den Kreuzungsstellen sind gegeneinander isoliert. Es wurden zahlreiche Varianten dieser

Grundstruktur untersucht. Sie besitzen zumeist die folgenden wichtigsten Eigenschaften.

Der mit dem magnetischen Überzug versehene Draht ist aus einer Beryllium-Kupfer-Legierung hergestellt. Obwohl dieser Draht als Bit-Treib- und Lesewicklung dient, wurde das Material weniger nach seiner elektrischen Leitfähigkeit als nach seinen physikalischen Eigenschaften ausgewählt. Der aufgebrachte Überzug ist eine Nickel-Eisenlegierung. Während des Auftragens wird der Draht von einem zur Drahtachse konzentrischen Magnetfeld umgeben. Es entsteht ein anisotroper Überzug mit einer sogenannten „leichten" und einer „schweren" Magnetisierungsrichtung. Die leichte Richtung (Vorzugsrichtung) ist konzentrisch zum Draht, die andere liegt parallel zur Drahtachse. Das Material hat eine rechteckige Hystereseschleife in der Vorzugsrichtung und eine praktisch lineare Magnetisierungskurve mit einer geringen oder überhaupt fehlenden Hysteresewirkung in der anderen Magnetisierungsrichtung. Der zweite Drähtesatz, der für die Wortauswahlleitungen verwendet wird, kann aus gewöhnlichem isolierten Kupferdraht bestehen.

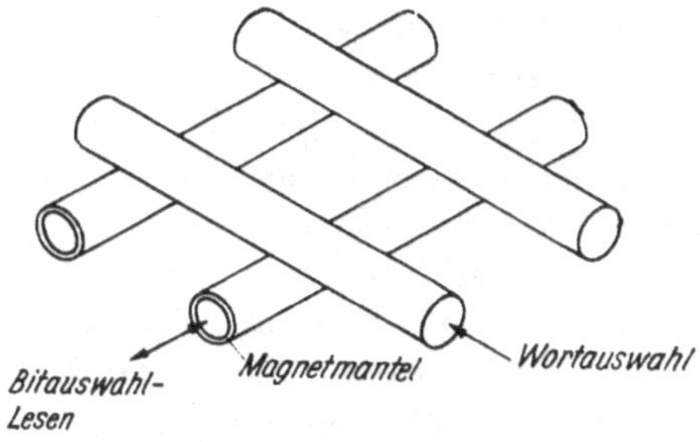

Abb. 4.39. Feld aus galvanisierten Drähten

Um ein Wort zu schreiben, wird ein relativ starker Strom durch die gewählte Wortauswahlleitung geschickt. Für den Wortauswahlstrom kann jede Richtung gewählt werden. Für jedes Bit im Wort wird ein relativ schwacher Strom durch die entsprechende Auswahlleseleitung geschickt. Die Richtung hängt davon ab, ob das Bit eine Eins oder Null ist. Der Wortauswahlstrom ist bestrebt, ein Magnetfeld parallel zur Achse jeder Bitauswahl-Leseleitung zu erzeugen. Doch ist dieses Feld nur in dem relativ kurzen Stück der Bitauswahl-Abtastleitung groß, das unmittelbar an die gewählte Wortauswahlleitung angrenzt. Doch ist die resultierende Feldrichtung nicht genau parallel zu den Bitauswahl-Leseleitungen, sondern sie ist entsprechend dem vom Bitauswahlstrom erzeugten Feld nach der einen oder anderen Seite „gekippt". Wenn der Wortauswahlstrom zuerst verschwindet, „fällt" die Magnetisierung im Abschnitt der Bitauswahl-Leseleitung auf einen kreisrunden Verlauf in der leichten Magnetisierungsrichtung zurück. Der Fluß kann die eine oder andere Richtung um den Draht haben, je nachdem, ob eine Eins oder Null gespeichert wurde. Die Stärke des Bitauswahlstroms reicht nicht aus, um die Flußrichtung an einer anderen Speicherstelle längs des Drahtes, wo andere Bits gespeichert wurden, umzukehren.

Gelesen wird mit einem Stromimpuls durch die gewählte Wortauswahlleitung. Für den Wortauswahlstrom kann man jede Richtung benutzen, insbesondere kann die Richtung für Lesen und Schreiben gleich sein. An jeder Speicherstelle ist der Wortauswahlstrom bestrebt, den Fluß nach den Achsen der Bitauswahl-Leseleitung auszurichten und hierdurch die Dichte des konzentrischen Flusses um die Leitungen zu vermindern. Die Veränderung dieser Flußdichte um die Auswahl-Leseleitungen induziert darin einen Spannungsstoß. Die Polarität hängt in jedem Falle von der ursprünglichen Flußrichtung ab, d. h. davon, ob an der entsprechenden Speicherstelle zunächst die Ziffer 1 oder 0 gespeichert wurde.

War der Wortauswahlstrom bei der Leseoperation nicht übermäßig hoch, so kehrt der Fluß an jeder Speicherstelle zu seinem ursprünglichen Verlauf zurück, wenn der Wortauswahlstrom abgesunken ist. Dann wird ein anderer Ausgangsimpuls erzeugt. Wichtiger ist jedoch, daß die Leseoperation zerstörungsfrei erfolgt. Dabei kann aber die Größe des nach einer Leseoperation gespeicherten Flusses gegenüber der aus der Schreiboperation stammenden Größe wesentlich vermindert werden. Nach den Versuchsergebnissen scheint es, daß die gespeicherte Flußamplitude von der Zahl der durchgeführten Leseoperationen abhängt. Bei Verwendung ausreichend kleiner Wortauswahlströme sinkt die Flußamplitude selbst bei unbegrenzter Zahl von Leseoperationen niemals unter einen gewissen Minimalwert. Leider gibt es zu dieser Frage nur sehr dürftige praktisch nutzbare Angaben.

Die Drähte des Feldes brauchen nicht unbedingt ganz gerade zu sein, wie es Abb. 4.39 zeigt, sie können auch wie ein gewöhnliches Fliegennetz verwoben werden. Es ist üblich, jede Wortauswahlleitung zur unteren Seite des Feldes zurückzuführen. Die Wortauswahlleitung ist dann als eine gewöhnliche parallele Übertragungsleitung anzusehen, und die Wirkung des Magnetmaterials ist etwas größer, weil das Magnetfeld von zwei Seiten angelegt wird. In der gewebten Ausführungsart verwendet man für jede Wortauswahlleitung zwei eng beieinander liegende Drähte. Jedes Paar kann durch Blinddrähte oder Plastfäden abgetrennt werden, um einen Abstand der Bitpositionen längs jeder Bit-Auswahl-Abtastleitung einzuhalten.

Das Speichersystem aus beschichteten Drähten zeichnet sich durch folgende Eigenschaften aus: 1. eine für die maschinelle Produktion geeignete einfache Form, 2. einfache Operationsmerkmale, entsprechend den gleichen Stromrichtungen in den Wortauswahlleitungen, 3. bipolare Ausgangssignale, 4. zerstörungsfreies Lesen, 5. hohe Betriebsgeschwindigkeit. Darüber hinaus bietet dieses System gewisse andere wichtige Vorteile, besonders gegenüber den flachen Magnetschicht-Speichersystemen, die später besprochen werden sollen. Besonders die Tatsache, daß der Film die Bitauswahl-Abtastleitung vollkommen einhüllt und sich in Kontakt mit ihr befindet, sorgt für eine wirksame Kopplung dieser Wicklung mit dem Speicherelement sowohl beim Lesen als auch beim Schreiben. Auch die Tatsache, daß der Kraftlinienweg für die Speicherung vollständig im Magnetmaterial verläuft, gestattet es, dicke Magnetfilme zu verwenden, die robuster sind und höhere Ausgangs-Spannungsimpulse ergeben. Ist ein Luftspalt vorhanden, wie es bei den meisten ebenen Ausführungsarten der Fall ist, so muß der Magnetfilm sehr dünn sein, um eine rechteckige Hystereseschleife zu erzeugen.

Eine wichtige Einschränkung der beschichteten Drahtgittersysteme ergibt sich aus der weshselseitigen Beeinflussung benachbarter Speicherpositionen jeder Bitauswahl-Leseleitung. Obwohl die Beeinflussung durch einen entsprechend breiten Abstand aneinandergrenzender Wortauswahlleitungen auf ein erträgliches Maß herabgesetzt werden kann, wird hierdurch die Bitdichte entsprechend verringert. Dieses Problem kann letztlich durch die Entwicklung praktischer Verfahren zum Teil gelöst werden, wonach die gesteuerten Abschnitte der Bit-Auswahl- und Leseleitungen mit magnetischem Werkstoff überzogen und die Abschnitte selbst durch nichtmagnetische Materialien (Luft) voneinander getrennt sind.

Die bedeutenden Vorteile der beschichteten und geflochteten Drahtspeichergitter haben die Aufmerksamkeit verschiedener Institutionen auf sich gezogen, die intensiv an ihrer Entwicklung gearbeitet haben. Doch scheinen bisher nur Versuchsgeräte gebaut worden zu sein, die Möglichkeiten und Grenzen des Verfahrens sind noch nicht ausreichend bekannt.

4.34. Geflochtene Koinzidenzstromspeicher

Abb. 4.40 zeigt ein geflochtenes System, das für das früher in diesem Kapitel beschriebene Koinzidenzstrom-Auswahlverfahren benutzt wird. Die in Abb. 4.40 schraffierten Drähte sind aus magnetischem Material oder mit einem magnetischen Überzug versehen. Diese Drähte sind gegeneinander nicht isoliert.

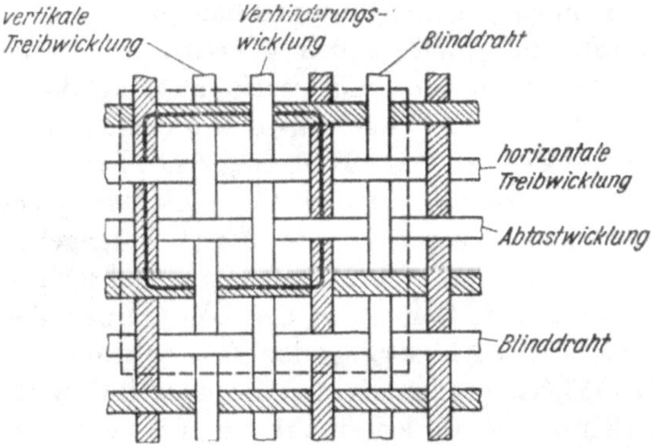

Abb. 4.40. Geflochtene Anordnungen für Koinzidenzstromauswahl

Die dicke Vollinie, die neun Quadrate der Geflechtmaschen einschließt, ist ein „Kern“. Die übrigen Drähte sind isoliert und dienen den durch die Bildinschriften angegebenen Zwecken. Die Strichlinie schließt einen Feldbereich ein, der als Speicherzelle bezeichnet werden könnte. Das Flechtmuster wiederholt sich außerhalb der Strichlinie.

Zu beachten ist, daß Auswahlleitungen und Lesedrähte durch den Kern führen. Die Blinddrähte (Leerdrähte) zwischen den Kernen dienen dazu, die Arbeitsdrähte von dem geschlossenen Magnetfeld zwischen angrenzenden Kernen fernzuhalten. Die Arbeitsweise der Anordnung entspricht in allen wesentlichen Punkten der Arbeitsweise der früher beschriebenen Koinzidenzstromfelder.

Diese Form der geflochtenen Speicheranordnungen wurde von der TRW-Inc. gründlich untersucht, doch fand sie bisher, unseres Wissens, noch keine praktische Verwendung und ist nur vom akademischen Standpunkt aus interessant.

4.35. Ebenen Magnetschichtspeicher

Die Idee eines Ersatzes der Ringkerne durch ebene Magnetschichten scheint um das Jahr 1955 entstanden zu sein. Sie fand außerordentliches Interesse, und es wurden buchstäblich hunderte von Aufsätzen veröffentlicht, die sich mit diesem Thema von den verschiedensten Standpunkten aus beschäftigten (viele dieser Referate wurden auf den jährlichen ,,Internationalen Konferenzen über Nichtlinearen Magnetismus" gehalten, deren Protokolle vom IEEE publiziert wurden, und den jährlichen ,,Konferenzen über Magnetismus und magnetische Werkstoffe", deren Protokolle gewöhnlich als Anlage zum März- und Aprilheft des ,,Journal of Applied Pyhsics" erscheinen). Speichergeräte geringer Kapazität dieser Art waren bis gegen 1960 tatsächlich eingesetzt.

Viele Arten von Magnetschichtspeichern wurden entworfen. Die meisten interessierenden Ausführungsarten entsprechen in ihrer Betriebsweise der äußeren Wortauswahl- und den Zweidraht-Ferritfeldern, mit einer grundsätzlichen Ausnahme. Die Flußumkehrung geschieht nicht dadurch, daß ein dem gespeicherten Fluß direkt entgegengesetztes Magnetfeld angelegt wird. Vielmehr hat das angelegte Feld eine zur Richtung des gespeicherten Flusses senkrechte Komponente. Die Steuerung der Komponenten geschieht so, daß die Flußrichtung mehr oder weniger in die neue, entgegengesetzte Richtung ,,hineingedreht" wird, wobei die Rotationsachse senkrecht zur Ebene steht. Der Vorteil der Flußrotation besteht in der sehr kurzen Zeit von etwa einer Nanosekunde, die für die Veränderung der Flußrichtung benötigt wird. Obwohl stets irgendein Rückweg existiert, um die Kraftlinienschleife zu schließen, gibt es im Schichtbereich keine senkrecht zur Ebene stehende Komponente in dem für die Speicherung der Binärzahl benutzten Schichtbereich.

Die praktische Anwendbarkeit der Flußrotation hängt gewöhnlich von gewissen anisotropen Magneteigenschaften ab, die in Schichten aus geeignetem magnetischen Werkstoff erreicht werden können. Besonders bei Verwendung einer Nickel-Eisen-Verbindung mit einem Nickelgehalt von 80–87%, die gewöhnlich als Permalloy bezeichnet wird, erreicht man die erwünschten Eigenschaften, wenn sich die Schichtebene bei ihrer Herstellung in einem Magnetfeld befindet. Die Fabrikation kann auf zwei Arten erfolgen. Bei dem einen Verfahren wird die Schicht in einer Vakuumkammer von einer Heizquelle auf eine Unterlage aufgedampft. Die Isolationsschicht und die Auswahl- und Lesewicklungen können auf entsprechende Weise durch Schablonen hergestellt werden, die den Elementen die gewünschte Form geben. Im zweiten Fall benutzt man die Elektroplattierung wie bei der Herstellung gedruckter Schaltungen.

Anisotrope Schichten besitzen eine sogenannte „leichte“ Magnetisierungsachse, wo eine rechteckige Hystereseschleife, wie sie Abb. 4.41 a darstellt, vorliegt. Hier ist H_c die Koerzitivkraft, die bei Permalloy ungefähr 2,0 A cm^{-1} beträgt. Wenn das angelegte Magnetfeld senkrecht zur Vorzugsrichtung steht, ist der Hysetereseeffekt klein oder fehlt völlig. Die Magnetisierungslinie ist nahezu gerade (Abb. 4.41 b), bis die Sättigung erreicht ist. Die Feldstärke in der Sättigung erhält das Symbol H_k. H_c ist gewöhnlich 50% bis 70% von H_k, doch kann es auch nahezu gleich und in gewissen seltenen Fällen größer als H_k werden. Die Flußdichte ist in der Sättigung im wesentlichen unverändert, unabhängig davon, welche Ausrichtung das angelegte Feld in der Schichtebene hat. Eine wichtige Eigenschaft der anisotropischen Schicht ist in Abb. 4.41 dagestellt. Wenn ein starkes Magnetfeld unter irgendeinem beliebigen Winkel (außer 0 oder 90° zur Vorzugsrichtung) angelegt wird, erhält man für die Magnetisierungskurve einen Verlauf zwischen a und b, doch hat der zurückbleibende Fluß nach Entfernung des angelegten Feldes nicht die ursprüngliche Feldrichtung, sondern liegt annähernd in der Vorzugsrichtung.

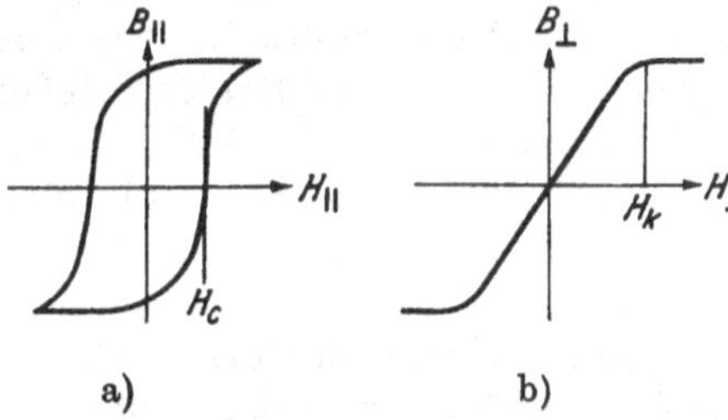

Abb. 4.41. Magnetisierungskurven a) parallel und b) senkrecht zur leichten Achse in einer dünnen Magnetschicht

Die Hysteresekurve 4.41 beruht auf der Annahme, daß die Entmagnetisierungskräfte, wie sie zum Beispiel im Luftspalt entstehen, vernachlässigt werden können. In einem kleinen Element eines Magnetfilmes zur Speicherung einer Binärziffer ist ein Luftspalt gewiß nicht vernachlässigbar. Er reicht jedoch von einem Rand des Schichtelementes bis zum entgegengesetzten Rand, wie es für einen geschlossenen Kraftlinienverlauf nötig ist. Doch können die vom Luftspalt erzeugten Entmagnetisierungskräfte vernachlässigbar sein, wenn die Dicke der magnetischen Schicht sehr gering gegenüber der „Länge“ ist, wobei wir hier unter „Länge“ den Abstand von einer Kante des Elementes zur anderen parallel zur betreffenden Flußrichtung verstehen. Daß die Entmagnetisierungskraft bei einem großen Längen-Dicken-Verhältnis klein ist, kann man sich vorstellen, wenn man beachtet, daß die Stärke der Magnetpole an den Kanten größer ist, unabhängig von der Länge, doch proportional der Dicke ist. Weiter ist zu beachten, daß die Stärke eines Magnetfeldes zwischen zwei Polen einer vorgegebenen Stärke umgekehrt proportional der Polentfernung ist.

Das große Längen-Dicken-Verhältnis, das zur Erzeugung einer brauchbaren rechteckigen Hystereseschleife erforderlich ist, stellt den wesentlichsten Begrenzungsfaktor für den Entwurf von flachen Schichtspeichern dar. Genaue Angaben über das erforderliche Verhältnis sind nicht allgemein verfügbar, teils weil es zum Fabrikationsgeheimnis gehört (ebenso wie zahlreiche andere, die Schichtspeichergeräte und viele andere Elemente betreffende Daten), anderenseits auch deshalb, weil das erforderliche Verhältnis eine komplexe Funktion der genauen Schichtzusammensetzung, der Geometrie der Speicherstellen (Kreis, Quadrat, Ellipse usw.) ist sowie von dem vom Konstrukteur gewünschten Grad der Rechteckigkeit der Hystereseschleife abhängt. Um jedoch einen Anhaltswert für die diesbezügliche Größenordnungen zu geben, sei gesagt, daß für eine Speicherstellen von 1,25 mm Länge die Dicke im allgemeinen kleiner als 1000 Angström sein muß. (Ein Angström ist gleich 10^{-8} Zentimeter.) Schichten mit einer Dicke unter 100 Angström erzeugen keine rechteckigen Hystereseschleifen, unabhängig von ihrer Länge, und sind daher für die Speicherung ungeeignet.

Die Gesamtmenge des bei der Speicherung einer Binärzahl erfaßten Kraftlinienflusses wird demnach auf Schichtdicken von 1000 Angström und darunter beschränkt. Entsprechende Begrenzungen erfährt auch die Amplitude des Ausgangssignals. Dieser Faktor ist keineswegs so trostlos, wie es im Vergleich zu Ferritkernen scheinen möchte, weil, wie gesagt, Flußumkehrzeiten von 1 Nanosekunde erreichbar sind. Andererseits kann die Flußumkehrzeit nicht kürzer sein als die Zeit, in der der Auswahlstrom seine erforderliche Amplitude erreicht. Weil die Auswahlleitungen mit den dazugehörigen Speicherplätzen keine idealen Übertragungsleitungen darstellen, scheint eine Anstiegszeit von 1 Nanosekunde an allen Speicherplätzen einer großen Speicheranlage unerreichbar zu sein. Auch die Verzögerungswirkung der Auswahl-Leseleitungen sorgt dafür, daß die Zeit, in der ein Auswahlstrom eine bestimmte Stelle und das Ausgangssignal den Leseverstärker erreicht, in großen Geräten wesentlich länger als 1 Nanosekunde ist. Im Endergebnis muß der Konstrukteur von Speichern mit hohen Speicher- und Geschwindigkeitsleistungen gegen wesentliche Unterschiede der Zeitsteuerung und der Amplituden der Ausgangssignale ankämpfen, wie sie in den verschiedenen Teilen der Anlage entstehen. Die heute in Schichtspeichern erreichbaren Amplituden sind im allgemeinen kleiner als 10 Millivolt und oft nicht größer als 1 oder 2 Millivolt.

4.36. Grundsätzliche Betrachtungen zur Geometrie und Arbeitsweise ebener Magnetschichtspeicher

In den meisten bis heute hergestellten ebenen Filmspeichern waren die für die Speicherung einzelner Bits verwendeten Schichtelemente kreisrunde oder quadratische „Speicherplätze“, angeordnet auf einer Glasplatte als Unterlage. Die Auswahl-Leseleitungen bestanden aus rechteckigen Gittern von Foliestreifen, die auf das Feld aus Magnetplätzen gelegt wurden. Die Wicklungen wurden untereinander und gegen die magnetische Schicht durch geeignete Zwischenlagen isoliert. Die Wahl von Glas als Unterlage scheint aber mehr durch die fertige sehr glatte Glasoberfläche als durch die elektrischen Glaseigenschaften bedingt zu sein. Eine glatte Oberfläche ist zur Herstellung einer sehr dünnen gleichmäßigen Magnetschicht unerläßlich. Vom Standpunkt des Speichergeräts insgesamt braucht die Unterlage nicht unbedingt ein Isolator zu sein. Denn wenn die Unterlage leitend ist, kann sie als Rückweg für die verschiedenen Wicklungen verwendet werden, und man erhält dann Übertragungsleitungen mit sehr geringer Impedanz. Es gibt keinen triftigen Grund für die Herstellung der Speicherabschnitte in Form isolierter Stellen, da bei Verwendung von Auswahlleitungen in Form von Streifen, die sehr nahe an der Magnetfläche liegen, die von den Treibströmen beeinflußten Magnetbezirke auf die Flächen unter den betreffenden Leitungen beschränkt bleiben. Die Stärke des Randfeldes fällt mit zunehmender Entfernung von den Wicklungsstreifen sehr rasch ab. Anstelle isolierter Einzelstellen kann man als magnetische Schicht eine zusammenhängende, über die ganze Feldfläche reichende Lage verwenden. Von der Isolation abgesehen sind alle wesentlichen Elemente eines 2×2-Schichtspeichers in Abb. 4.42 dargestellt.

Um ein Wort zu speichern, schickt man den Strom in beliebiger Richtung durch die Wortauswahlleitung, die der gewählten Adresse zugeordnet ist. Die Stromgröße reicht aus, um die Schicht unter der Wortauswahlleitung in ihrem Gesamtverlauf zu sättigen. Die Richtung des angelegten Feldes verläuft senkrecht zur magnetischen Vorzugsrichtung. Gleichzeitig wird ein Strom mit viel geringerer Amplitude durch jede Bitauswahl-Leseleitung geschickt. In diesem Falle hängt jedoch die Polarität des Stroms in jeder Leitung davon ab, ob der Binärwert 1 oder eine 0 unter der entsprechenden Adresse gespeichert werden soll. Eine obere Grenze für die Amplitude des Bit-Lesestromes wird dadurch gegeben, daß die in den anderen Wortpositionen gespeicherte Information nicht verändert werden darf. Daher muß das durch den Bitauswahlstrom in der Vorzugsrichtung erzeugte Magnetfeld kleiner als H_c sein.

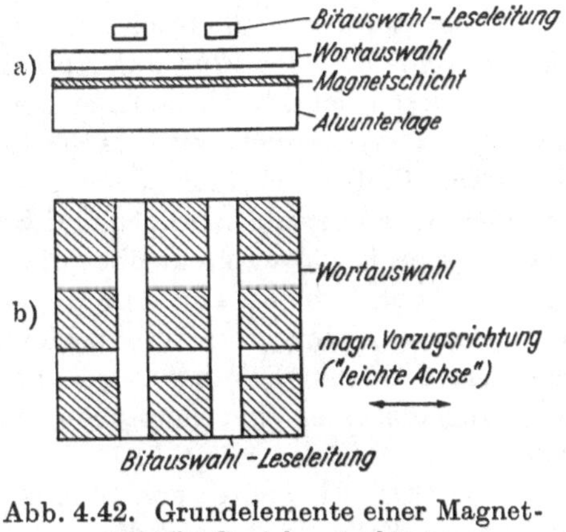

Abb. 4.42. Grundelemente einer Magnetschicht-Speicherstruktur

In jeder Speicherstelle des gewählten Worts ergeben die Wort- und Bitauswahlströme ein resultierendes Feld, das nicht genau senkrecht zur magnetischen Vorzugsrichtung liegt, sondern je nach der zu speichernden Binärzahl in der einen oder anderen Richtung gekippt ist. Der Wortauswahlstrom wird zuerst beendet. Selbst wenn die Feldstärke des Ziffernstroms kleiner als H_c ist, fällt der Magnetflußvektor in die durch den Bitauswahlstrom bestimmte Lage in der Vorzugsrichtung. Der Bitauswahlstrom wird dann abgeschaltet, um die Wortspeicherung zu vervollständigen.

Das Lesen eines Worts geschieht direkt dadurch, daß ein Strom in beliebiger Richtung durch die gewählte Wortauswahlleitung geschickt wird. Die Richtung der gespeicherten Magnetkraftlinien wird hierdurch in jeder Zahlenposition des gewählten Worts aus der Vorzugsrichtung herausgedreht. In jeder Ziffernposition wird hierdurch die Amplitude des Flusses um die Bit-Auswahl-Leseleitung vermindert, doch hängt die Polarität der Flußänderung von der ursprünglichen Flußrichtung, d. h. davon ab, ob eine Binärziffer 0 oder 1 gespeichert wurde. Es wird demnach vom Speichermechanismus ohne weiteres ein bipolares Ausgangssignal erzeugt. Daher ist das mit konventionellen Ringkernen verwendete „Zwei-Kern-pro-Bit"-System hier nicht notwendig.

Um die größtmögliche Amplitude für das Ausgangssignal zu erhalten und die Anforderungen an die Toleranz der Treibstromamplituden, die Größenabmessungen und die Gleichmäßigkeit der Schicht zu verringern, ist ein starker Worttreibstrom erwünscht. In diesem Falle wird die Information beim Lesen zerstört. Doch ist ein zerstörungsfreies Lesen möglich. Hierzu dient ein einfacher Kunstgriff: man verwendet eine Wortauswahlamplitude, die eine feststellbare Drehung des Magnetflußverlaufes verursacht, aber wesentlich kleiner ist, als zur Drehung des Flusses um 90° erforderlich ist. In diesem Fall kehrt der Fluß nach Abschluß des Wortauswahlstroms wieder in seine ursprüngliche Richtung zurück. Während der ersten Leseoperationen verringert sich die Flußgröße etwas. Bei einer zweckentsprechenden Beschränkung des Treibstroms ist es aber möglich, eine unbegrenzte Zahl von Leseoperationen auszuführen, ohne daß der Fluß auf Null sinkt.

Eine wesentliche Verbesserung der Elementarform nach Abb. 4.42 besteht darin, daß man eine zweite flache Schicht auf die Bitauswahl-Leseleitungen legt. Der Fluß umgibt an jeder Bitspeicherposition immer noch die entsprechenden Wortauswahlleitungen und Bitauswahl-Leseleitungen, doch erfolgt der magnetische Rückweg nicht über die Luft. Der Luftspalt wird hierbei von der „Länge" der Schicht auf den doppelten Abstand der Schichten reduziert. Diese Verbesserung gestattet ein kleineres Längen-Dicken-Verhältnis und kleinere Treibströme. Da aber das Randproblem schwieriger wird, kann die Verwendung einzelner Speicherstellen statt einer kontinuierlichen Schicht angezeigt sein.

Die BICOR-Elemente (von Sperry Rand) verwenden eine zweite Schicht. In diesem Falle wird aber die zweite Schicht als Ausleseschicht bezeichnet und besteht aus einem Material, dessen Koerzitivkraft viel geringer ist als in der ersten, der sogenannten Speicherschicht. Die Wortauswahlleitung und die Bitauswahl-Leseleitung verlaufen zwischen den beiden Schichten in derselben Richtung. Daher ist ein Zickzack-Muster der Wicklungen gemäß Abb. 4.43 erforderlich. Obwohl die Schichten anisotrop sind und ihre leichte Achse senkrecht zur Wicklungsrichtung steht, verwendet man den Rotationsmechanismus für die Umkehr nicht. Das Schreiben geschieht im wesentlichen auf die gleiche Art wie in einer Zweidrahtanordnung von Ringkernen (vgl. Abb. 4.19 und den zugehörigen Text). Da die Schichten verschiedene Werte der Koerzitivkraft haben, wird ein zerstörungsfreies Lesen nur möglich, wenn man die Wortauswahlstrom-Amplitude auf einen Wert beschränkt, der zur Flußumkehrung in der Ausleseschicht ausreicht. Nach Abschluß des Auswahlstroms wird der Fluß in der Ausleseschicht durch das Feld der Speicherschicht wieder hergestellt, das nicht umgeschaltet wurde und die höhere Koerzitivkraft besitzt. In den BICOR-Elementen liegen die beiden Schichten dichter aneinander als an der entgegengesetzten Wicklungsseite. Doch scheint dieser Unterschied die Betriebsart nicht wesentlich zu beeinflussen.

Die Verwendung zweier Schichten mit verschiedenen Koerzitivkräften kann auch der in Abb. 4.42 gezeigten Betriebsart angepaßt werden, wobei die Kraftlinien nur teilweise gedreht werden und zwangsläufig in ihre alte Lage zurückkehren, ohne daß eine Zerstörung stattfindet, wodurch eine hohe Geschwindigkeit erreicht wird.

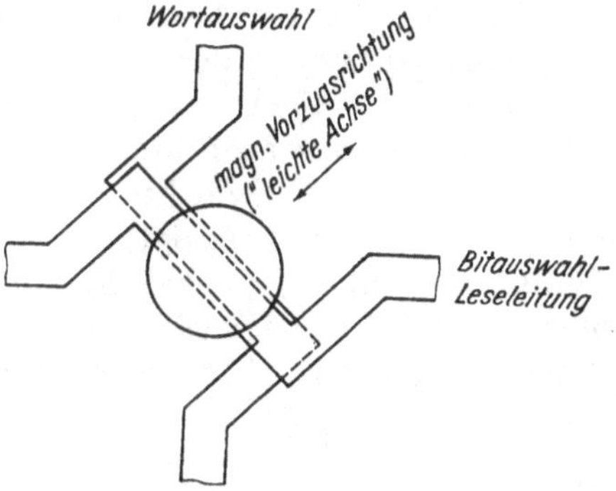

Abb. 4.43. BICOR-Speicherelemente — die Kreise stellen zwei Magnetschichten mit verschiedenen Koerzitivkräften dar

Bei dem Entwurf von Magnetschichtspeichern richtet man sich nach den konventionellen Herstellungs-Grundsätzen der Elektromagneten, wobei aber viele erforderliche Daten oft nicht genau erfaßbar oder unbekannt sind und durch Spezialversuche ermittelt werden müssen. Außer der bereits angedeuteten problematischen Beziehungen zwischen der Rechteckform der Hystereseschleife und dem Längen-Dicken-Verhältnis stellt auch die Ansprechbarkeit der Schicht gegenüber dem Magnetfeld eine komplexe Abhängigkeit von dem ursprünglichen Magnetisierungszustand dar. Theoretische und praktische Untersuchungen haben ergeben, daß sich der Fluß auf vier verschiedene Arten verändern kann. Man bezeichnet diese vier Mechanismen als kohärente Drehung, inkohärente Drehung, Wandbewegung und Kriechen (coherent rotation, incoherent rotation, well motion and creep), wobei jede Bezeichnung ein bestimmtes Phänomen ungefähr beschreibt. Der Charakter der Flußveränderung, besonders die Geschwindigkeit, hängt vom jeweiligen Mechanismus ab. Leider kennt man die den verschiedenen Mechanismen entsprechenden Gebiete (ausgedrückt in $x - y$-Kurven des Magnetfeldvektors) nur sehr ungenau und auch nur für Sonderfälle, z. B. bestimmte Anfangssättigungsverhältnisse in der leichten Achse. Auch hängt die Dichte und Richtung des Flusses, der nach Anwendung eines Feldes zurückbleibt, von der Stärke und Richtung des angelegten Feldes ab, doch ist diese Abhängigkeit nur annähernd bekannt.

Gewisse Untersuchungen haben ergeben, daß 10^6-Bit-Schichtspeicher mit einer Taktzeit von 100 Nanosekunden und 10^8-Bit-Speicher mit 400 Nanosekunden Taktzeit technisch möglich sind. Doch sind bisher keine Geräte bekannt geworden, die diese Leistungen wirklich erreichen. Für kleine Speicher mit einer Kapazität bis zu 110 Wörtern bietet die hohe Geschwindigkeit der Magnetschichten attraktive Vorteile, obwohl integrierte Schaltungen mit eingebauten Transistor-Flip-Flops heute auf diesem Gebiet konkurrieren können. Für große Speicher wird die Geschwindigkeit durch den Laufzeiteffekt der Auswahl- und Leseleitungen stärker begrenzt, so daß die hohe Geschwindigkeit der Schicht nicht ausgenutzt werden kann.

Die obere Grenze für die Bits pro Volumen wurde noch für keinen der Schichten oder Ferritkerne angegeben. Auf Grund der Anforderungen an das Längen-Dicken-Verhältnis und der Erforderlichkeit einer ausreichenden steifen Unterlage sind die heutigen ebenen Schichten noch nicht so gut wie die modernen Ferrit-Kerne als Einzelkörper. Obwohl Schichtspeicher offenbar in Serienproduktion genommen werden können, benötigt man strengere (und damit auch kostspieligere) Kontrollmessungen als bei Ferritkernen, wo die Aussonderung einzelner fehlerhafter Elemente leichter vor sich gehen kann. Aus diesem Grunde ist die Rolle, die ebene Schichtspeicher künftig spielen können, noch nicht sicher anzugeben.

4.37. Treiber- und Leseverstärkerschaltungen

Beim Entwurf geeigneter Treiber-Schaltungen und Leseverstärker besteht das Problem seltener darin, die Parameter der Schaltung einer vorgegebenen Konfiguration zu bestimmen. Statt dessen muß man die Schaltungen unter Berücksichtigung der Eigenschaften verfügbarer Speicher und der Kennwerte der Transistoren und sonstigen Bauelemente entwickeln, die dem jeweiligen technischen Entwicklungszustand entsprechen und sich immer noch rasch verändern. Daher unterscheiden sich die Schaltungen, die mit bestimmten Speicherelementen verwendet werden, meist sehr stark von den Schaltungen für andere Speicherwerke. Obwohl in letzter Zeit größere Anstrengungen, besonders von den Herstellern integrierter Schaltungen, gemacht wurden, standardisierte Treiber- und Verstärkerschaltungen zu liefern, die sich für verschiedenste Speichertypen eignen, gibt es auf dem Gebiete der Schaltungen immer noch eine Fülle von Formen.

Wir haben für die Darstellung eine Konstantstrom-Treiberschaltung ausgewählt, weil sie einfach ist, in einer großen Zahl verschiedener Geräte einwandfrei arbeitet und keine offensichtliche Ableitung konventioneller Verstärkerschaltungen darstellt. Die in Abb. 4.44 dargestellte Schaltung ist für die Speisung eines der drei Lastwiderstände, z. B. der Auswahlleitungen eines Speichers, bestimmt. Sie kann aber auch für verschiedene Anwendungen erweitert werden. Im Ruhezustand werden alle Eingangsklemmen A, B und C negativ gehalten, und alle Transistoren sind gesperrt, weil die Diode D_1 die Emitter auf dem Erdpotential als unterem negativen Grenzwert hält. Der Strom I

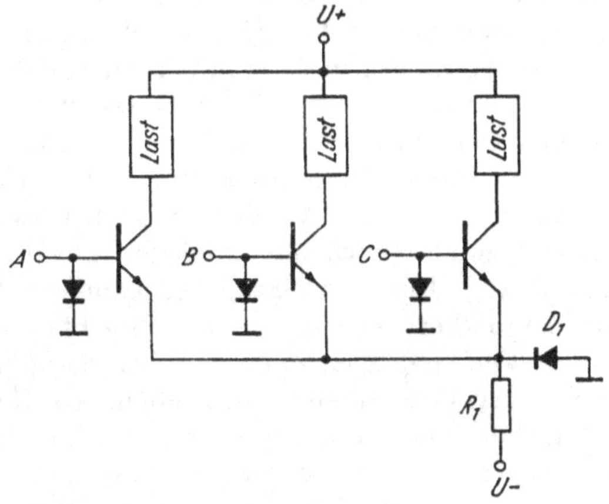

Abb. 4.44. Konstantstrom-Treiberschaltung

durch D_1 und den Widerstand R_1 ist dann U_-/R_1, wobei U_- die Speisespannung an der unteren Klemme von R_1 ist. Um die Last anzusteuern, gibt man ein positives Signal auf die Eingangsklemme, die mit der Basis des betreffenden Transistors verbunden ist. Doch ist die positive Auslenkung des Eingangssignals durch das Erdpotential begrenzt, was auf die Klemmwirkung der mit der Transistorbasis verbundenen Diode zurückzuführen ist. Infolge des geringen aber nicht völlig fehlenden Spannungsabfalls in den verschiedenen Klemmdioden ist der entsprechende Transistor leitend. Der Strom durch die Last ist auf I begrenzt, weil der Stromweg durch R_1 führt. Wäre nun der Strom größer als I so würde der Spannungsabfall an R_1 größer als U_- werden, worauf der Transistor zur Sperrung tendieren würde. Der Laststrom kann nicht kleiner als I werden, sofern der Lastwiderstand gleich oder kleiner als U_+/I ist, wobei U_+ die Größe der Speisespannung an der oberen Klemme der Arbeitsstufe ist. Anders gesagt, wenn für den Lastwiderstand die vorgenannten Beschränkungen gelten, so wird der Arbeitsstrom auf dem konstanten Wert I gehalten.

Geringe Ungenauigkeiten des Laststromes werden durch den Spannungsabfall in den Dioden und Transistoren der Schaltung 4.44 verursacht. Diese Ungenauigkeiten können auf jeden beliebigen Grad vermindert werden, indem man eine Spannung wählt, die dem vorgenannten Abfall gegenüber ausreichend groß ist. Der Belastungswiderstand kann in großen Grenzen schwanken (besonders wenn die Arbeitsstufe aus einem Transformator, einer Induktivität oder einer Kapazität besteht), was die Konstantstromeigenschaft nicht wesentlich beeinflußt, sofern nur die Impedanz nicht über der im vorigen Abschnitt genannten Grenze liegt.

Der einzige wesentliche Nachteil der Schaltung besteht darin, daß der volle Treibstrom stets durch R_1 gehen muß und daß vom Widerstand eine wesentliche Energiemenge verbraucht wird. Doch wird für jeden vollständigen Satz von Treibschaltungen, in dem jeweils nur eine Treibleitung gleichzeitig betrieben wird, nur ein solcher Widerstand gebraucht. Auch ist es in manchen Ausführungen möglich, einen Transistor in Serie mit R_1 zu schalten, um den Stromfluß in Zeiten zu sperren, in denen keine der Arbeitsstufen in Betrieb ist.

Die meisten der heutigen Leseverstärker beruhen auf der sogenannten „Differenzverstärker"-Schaltung. Diese Schaltung soll in Kapitel 11, Analog-Digital-Umsetzung, näher beschrieben werden. Sie wird dort als Komparator bezeichnet, da sie dort eine entsprechende Funktion ausübt (vgl. Abb. 11.8b und den zugehörigen Text). Ein grundsätzliches Problem des Entwurfs von Leseverstärkern für Magnetkernspeicher ist es, Gleichtakt-Signale zu beseitigen, die durch die notwendige, doch unerwünschte Kopplung der Auswahlleitungen und Leseleitungen untereinander entstehen. Im Gegensatz zu einem konventionellen Verstärker mit nur einer einzelnen Eingangsklemme, dessen Potential auf Erde bezogen wird, hat der Differenzverstärker zwei Eingangsklemmen. Das Ausgangssignal ist eine Funktion der Potentialdifferenz zwischen diesen beiden Klemmen, und jedes Potential der Klemmen kann der Erde gegenüber variieren. Werden nun die beiden Klemmen einer Leseleitung als Eingänge zu einem Differenzverstärker geschaltet, so besteht das Verstärkerprinzip darin, daß der Ausgang lediglich eine Funktion der Differenzsignale, nicht der Gleichtakt-Signale ist. Zur Beseitigung von Störsignalen, deren Amplitude kleiner als bei den vorgegebenen Kernausgangssignalen ist, kann man verschiedene Schwellwert-Einstellschaltungen verwenden. Um die Kernausgangssignale beliebiger Polarität in solche von gewünschter Polarität umzuwandeln, wie das in vielen Kernspeichern erforderlich ist, kann man Gleichrichterschaltungen einbauen. Weiter kann man Abtast-Schaltungen (Strobimpuls) einbauen, um das endgültige Ausgangssignal zur gewünschten Zeit abzutasten und auf diese Weise die Delta-Störsignale zu beseitigen, die im allgemeinen als Folge der beabsichtigten Kernflußumkehr kurz vor dem Spitzenwert des Ausgangssignals auftreten.

Das Problem der sorgfältigen und stabilen Einstellung des Schwellwerts kann gemäß der in Abb. 4.45 gezeigten Weise erfolgen. Für bipolare Kernspeichersignale benötigt man zwei Differenzverstärker, deren Ausgänge zu einem ODER-Glied führen. Die Schwelle wird durch die Widerstandskombination am Verstärkereingang eingestellt. Die beiden Widerstände (100 Ω) dienen nur als Abschluß für den Wellenwiderstand der Leseleitung, damit keine

Reflexionen stattfinden, von denen schon die Rede war. Kommt kein Signal von der Leseleitung, so wird die positive Klemme jedes Differenzverstärkers etwas negativ in bezug auf die negative Klemme gehalten. (Hier beziehen sich die positiven und negativen Bezeichnungen der Klemmen auf die Polarität der Ausgangssignale im Zusammenhang mit der resultierenden Polarität des Ausgangssignals und nicht auf die Polarität der tatsächlich angelegten Eingangs-

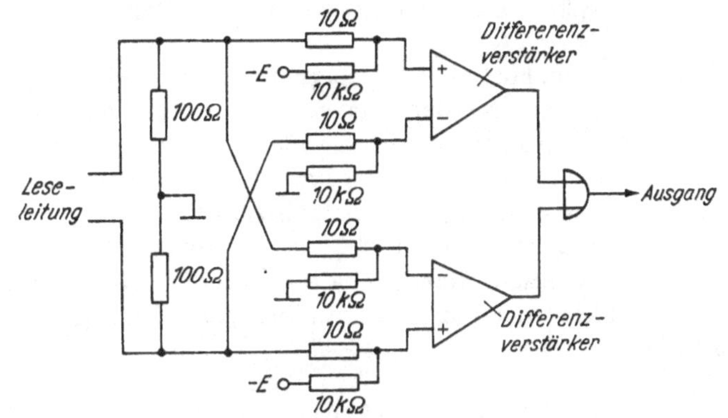

Abb. 4.45. Abtastverstärker

signale.) Die im Bild mit 10 Ω und 10 kΩ angegebenen Widerstände wurden demnach für einen vorgegebenen Wert E derart gewählt, daß der gewünschte Schwellenwert erzeugt wird. Wenn die in der Leseleitung auftretenden Signale nicht zu groß sind, können die Widerstände an den negativen Klemmen der Differenzverstärker weggelassen werden. Der 10-Ω-Widerstand hätte dann den Wert Null und der entsprechende 10 kΩ-Widerstand den Wert unendlich. Für Gleichtakt-Signale, die einen wesentlichen Teil der Amplitude von E darstellen, wäre die Einstellung des Schwellenwerts dennoch von der Amplitude des zu der betreffenden Zeit auftretenden gleichphasigen Signals abhängig. Mit der vollständigen, in Abb. 4.45 dargestellten Schaltung ist der Schwellenwert vom gleichphasigen Signal tatsächlich unabhängig. Man kann sich dies vorstellen, wenn man annimmt, daß beide Klemmen der Leseleitung auf dem Potential $-E$ liegen, während die negativen Klemmen der Differenzverstärker durch die Wirkung des 10 kΩ-Widerstands in ihrem Potential nach Erde und damit gegenüber den Pluseingängen positiv verschoben sind.

Viele Herstellerbetriebe bieten heute Differenzverstärker in Form von integrierten Schaltungen an; doch wird die Differenzwirkung durch Transistoren erzielt, die wie T_1, T_2 und T_7 in Abb. 11.8b arbeiten (vgl. Kapitel 11). Indessen sind ihre Merkmale von einem Hersteller zum anderen und von Modell zu Modell sehr verschieden.

In der Bibliographie am Ende dieses Kapitels sind auch verschiedene Literaturangaben zu Leseverstärkerschaltungen enthalten. Aber vorwiegend nur die drei letzten zeigen moderne Lösungsarten der Differenzverstärker. Frühere Verstärkerentwürfe krankten am Problem der Sperrträgheit, wenn ein starkes Störsignal eine hohe Kondensatorladung oder einen starken Strom in einer Induktivität erzeugte. Direkt gekoppelte Transistoren in Differenzverstärkern gestatten eine Arbeitsgeschwindigkeit, die der Einschalt- und Abschaltgeschwindigkeit der Transistoren selbst nahe kommt, trotz der starken Störsignale.

4.38. Magnetische Matrix-Schalter

Ein grundlegendes Zubehörteil jedes Magnetkernspeichers ist wenigstens ein Matrixschalter, um die binären (oder binärverschlüsselten Dezimalen) Adressensignale in eine Form umzusetzen, die zur Betätigung der gewählten Treiber erforderlich ist. In einem Koinzidenzstromfeld wird ein Teil der Umsetzung durch das Koinzidenzstrom-Auswahlprinzip bewirkt, doch entspricht es sogar in diesem Falle einem allgemeinen Bedürfnis, wenn man die Adressensignale in zwei Gruppen mit je einem Matrixschalter einteilt. Ein Schalter dient den „vertikalen" Auswahlleitungen und der andere den „horizontalen" Auswahlleitungen des Speichers.

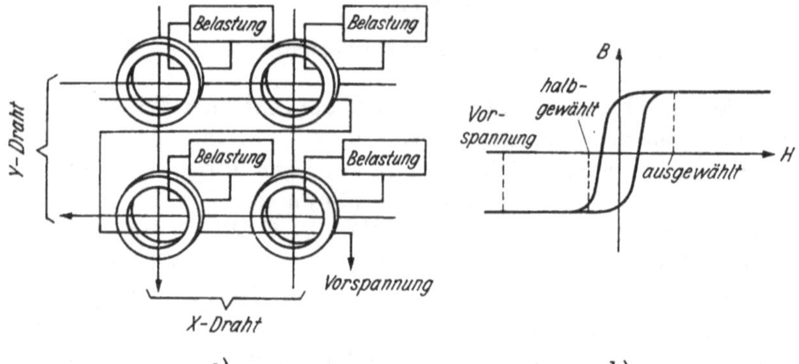

Abb. 4.46. Magnetische Matrix-Schalter

Für die Umsetzung werden gewöhnlich elementare Diodenmatrizen verwendet, besonders heute, wo es hochwertige, kleine und billige Dioden gibt. Doch hat man sich auch sehr aufmerksam mit magnetischen Matrixschaltern beschäftigt. Sie sind nach wie vor interessant besonders in den Fällen, wo in jeder Leitungs-Treiberschaltung aus besonderen Gründen ein Impulstransformator eigener Art verwendet werden muß. Dies ist insbesondere der Fall, wenn wechselpolige Impulse, etwa für den Betrieb von Koinzidenzstromschaltungen, erforderlich werden. Wenn man die Impulstransformatoren mit zusätzlichen Wicklungen versieht, wird ein großer Teil der Entschlüsselung in den entstehenden magnetischen Matrixschaltungen erledigt, so daß man die Zahl der Transistoren und anderen aktiven Elementen verringern kann.

Es wurden viele verschiedene Ausführungsarten der magnetischen Matrixschalter erfunden. Besondere Verbreitung fand die in Abb. 4.46 dargestellte Art. Jeder Kern ist gewöhnlich aus einem Werkstoff mit rechteckiger Hystereseschleife hergestellt. In bestimmten Fällen ist es das gleiche Ferritmaterial, wie es für Speicherkerne verwendet wird. Die Kerne sind in einem zweidimensionalen Feld mit einem Satz vertikaler und horizontaler Leitungen (die hier als x und y-Leitungen bezeichnet werden) angeordnet, wie man sie bei Speicherkernen verwendet. Da die Anordnung in der Regel viel kleiner ist, als ein Speicher, kann man zur Senkung des Treibstrombedarfs Mehrfachleitungen verwenden. In der gezeigten Abbildung sind nur Einfachleitungen enthalten. Jeder Kern ist auch mit einer Vormagnetisierungswicklung versehen. Jeder Kern hat auch eine Ausgangswicklung, die zum Antrieb der Last, in diesem Falle einer Auswahlleitung in einem Speicher, benutzt wird.

Die Arbeitsweise der Matrixschalter wird durch die Hystereseschleife gemäß Abb. 4.46 verständlich. Der Strom in den Vormagnetisierungsleitungen erzeugt ein Magnetfeld, das die Koerzitivkraft der Schaltkerne um das mehrfache übersteigt. Um den Strom in einer bestimmten Stufe zu erzeugen, schickt man durch die entsprechende x- und y-Leitung einen Strom. Die Größe des erzeugten Magnetfelds kann jeweils ungefähr gleich dem Vormagnetisierungsfeld sein. Sie kann auch kleiner sein, als im Bild angegeben ist. In jedem Falle muß die Summe der beiden Felder ausreichen, um den Fluß in den Schaltkernen umzukehren. Hierbei wird im gewählten Kern ein Ausgangssignal erzeugt. Wird der Betätigungsstrom unterbrochen, so wird ein Signal mit entgegengesetzter Polarität erzeugt, der Vormagnetisierungsstrom versetzt den Kern in seinen ursprünglichen Zustand. Tatsächlich wird in den nicht erregten oder halberregten Kernen kein Signal erzeugt, besonders in Geräten, wo das Feld eines Treibstroms wesentlich kleiner als das Vormagnetisierungsfeld ist.

In dem Feld mit vier Ausgängen gemäß Abb. 4.46a benötigt man nur zwei Adressenbits. Das eine steuert die Auswahl der einen oder anderen x-Leitung, das andere Bit die Auswahl der gewünschten y-Leitung. Wird die Anlage vergrößert, etwa auf ein Feld der Größe 4×4 mit 16 Ausgängen, für welche vier Adressenbits erforderlich sind, so benötigt man zwei zusätzliche Matrizen. Die eine Zusatzmatrix, etwa eine Diodenmatrix, übersetzt die 2-Bit-Binärdarstellung in die für die x-Leitungen erforderliche $\binom{4}{1}$-Darstellung. Die andere Zusatzmatrix ist für die y-Leitungen bestimmt. Mit anderen Worten ist die magnetische Matrixschaltung in ihrer zweidimensionalen Form, selbst bei Koinzidenzstromwahl, keine vollkommene Lösung des Entschlüsselungsproblems.

Die Wirksamkeit der magnetischen Matrix für die Entschlüsselung kann gesteigert werden, wenn man zur dreidimensionalen oder einer noch höheren Form übergeht und die Zahl der Wicklungen auf jedem Schaltkern entsprechend vergrößert. Die Ausdehnung der Mehrdimensionalen magnetischen Matrizenschaltungen entspricht den mehrdimensionalen Koinzidenzstromspeichern, die in diesem Kapitel bereits besprochen wurden. Grundsätzlich hat der Entwurfsingenieur die Wahl, ob er für die Umkodierung vom binären Adressensignal zu $\binom{n}{1}$-Adressen nur mehrdimensionale Koinzidenstromspeicher, nur magnetische Matrixschaltungen oder eine pasende Kombination beider Möglichkeiten einsetzt. Doch wird in der Praxis eine Matrixschaltung mit mehr als zwei Dimensionen selten verwendet, ganz gleich ob das Koinzidenzstromspeicherprinzip angewandt wurde oder nicht.

Weitere Variationen der magnetischen Matrixschalter findet man in RICHARDS, „Digital Computer Components and Circuits" (1957), Seite 381 bis 390 (vgl. auch Literaturverzeichnis).

Für den Entwurf magnetischer Matrixschalter wendet man die üblichen wohlbekannten elektrischen Konstruktionsprinzipien zweckentsprechend an. Doch können die Einzelheiten des Verfahrens den Anforderungen entsprechend, die durch Zusatzspeicher und Eigenschaften der zugehörigen Transistoren und anderen Bauelementen gestellt werden, natürlich sehr verschieden sein. In einigen Fällen müssen die folgenden Punkte beachtet werden:

1. In einem magnetischen Koinzidenzstrom-Matrix-Schalter wie in Abb. 4.46a gibt es keine spezielle obere Grenze für die zulässigen Vormagnetisierungs- und Betätigungsströme (im Gegensatz zu dem Koinzidenzstromspeicher).

2. Bei der Flußumkehr in den Schaltkernen braucht man den Fluß nicht vollständig umzusteuern. Die Aktionsströme werden solange zugeführt, wie der Treibstrom im Speicher benötigt wird. Ist der Fluß in den Schaltkernen in dieser Zeit nicht vollständig umgekehrt, so entsteht kein Schaden. Der Vorspannungsstrom führt lediglich den Kern in seinen ursprünglichen Zustand zurück.

3. Für einen bestimmten Kernwerkstoff hängt die Mindestquerschnittsfläche eines Kernschenkels von dem erforderlichen Spannungszeitprodukt (nicht von der Leistung oder Gesamtenergie) des Ausgangsimpulses ab. Verwendet man eine Feldstärke, die wesentlich größer als die Koerzitivkraft ist, so hat der Kerndurchmesser wenig Bedeutung. Das Loch muß nur groß genug sein, damit man alle Drähte einziehen kann.

4. Man kann in der Arbeitsstufe einen Konstantstromimpuls unter folgenden Bedingungen erzeugen: a) eine im wesentlichen OHMsche Belastung, b) ein Kernquerschnitt, der größer als das in 3. genannte Minimum ist, c) eine mit Konstantstrom betriebene Schaltung so wie in Abb. 4.44 für den Matrixschalter gezeigt wird und d) ein angelegtes Magnetfeld, das die Koerzitivkraft um ein mehrfaches übersteigt. Unter diesen Bedingungen wird die Größe des Laststroms durch den Konstantstrom des Treibers und das effektive Windungsverhältnis des Schaltkerns (unter Berücksichtigung des Vormagnetisierungsstroms) bestimmt. Ist insbesondere die mit Gleichstrom betätigte Schaltung richtig entworfen, so beeinflußt der Lastwiderstand den hindurchfließenden Strom nicht.

5. Beim Abschätzen des Gesamtmagnetfeldes muß man das vom Laststrom erzeugte Feld von den Feldern abziehen, die durch den Betätigungsstrom und den Vormagnetisierungsstrom angelegt werden. (Bei Kernspeichern kann man

den Strom in der entsprechenden Leitung, der Abtastleitung, gewöhnlich vernachlässigen.) Ist der Fluß im Schaltkern umgekehrt, so kann das Gesamtmagnetfeld tatsächlich nicht größer als die Koerzitivkraft werden, obwohl große Felder anliegen.

4.39. Magnetische Lastverteiler-Matrixschalter

Abb. 4.47 zeigt eine Vierfachausführung eines magnetischen Lastverteiler-Matrixschalters. Das Ziel ist hier nicht die Entschlüsselung — diese wird sogar problematisch — es soll vielmehr eine Schaltung gefunden werden, deren

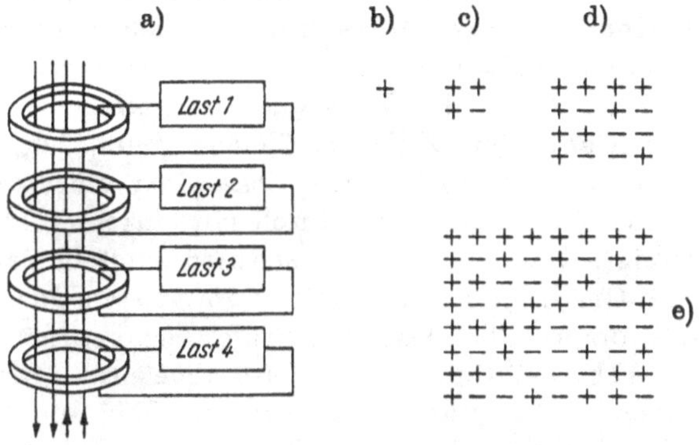

Abb. 4.47. Magnetischer Matrixschalter als Lastverteiler

Elemente selbst eine geringe Strombelastbarkeit aufweisen, während die Schaltung zur Erzeugung relativ großer Ströme verwendet werden kann, so wie man sie für Kernmatrizen benötigt. Dieses Ziel spielte früher für Transistoren eine große Rolle. Nachdem aber Transistoren mit maximalen Strömen von 0,2 bis 1,0 Ampere entwickelt wurden, wie sie für die Speicherkerne erforderlich sind, ist die Bedeutung dieser Aufgabe weit geringer geworden. Trotzdem ist dieses Thema für Spezialausführungen immer noch interessant.

In der genannten Abbildung wird die Last 1, 2, 3 oder 4 für eine Polarität des Ausgangssignals ausgewählt, wenn die Ströme in den Treibwicklungen aufwärts (U) oder abwärts (D) gemäß einem der Schemata DDDD, DUDU, DDUU oder DUUD fließen. Alle Ströme werden umgekehrt, um einen Ausgangsimpuls entgegengesetzter Polarität auf die gewählte Last zu übertragen. Wenn der Werkstoff des Schaltkerns eine rechteckige Hystereseschleife hat, muß die Ansteuerung einer bestimmten Last immer von einer Ansteuerung mit entgegengesetzter Polarität gefolgt sein. Andere Treibstromkombinationen als die hier gezeigten sind nicht üblich.

Die in Abb. 4.47a durch die Pfeilspitzen angegebenen Stromrichtungen gelten für die Wahl der Stufe 3. Die wesentliche Eigenschaft der Matrixschalter besteht darin, daß z. B. in diesem Falle alle Ströme in gleicher Richtung durch den der 3. Stufe entsprechenden Matrixkern führen, so daß die Treibströme an der Signalerzeugung unmittelbar beteiligt sind. Ferner ist das Leitungsschema so angelegt, daß der Treibstrom in jedem anderen Matrixkern genau kompensiert wird. So liefert z. B. in dem Kern für Stufe 2 die erste und dritte Treibleitung den Strom in einer Richtung, während die zweite und vierte Leitung den Strom in entgegengesetzter Richtung liefert.

Als Variante, um den Strom durch jede Treibleitung in der einen oder anderen Richtung zu speisen, kann jede Leitung durch ein Leitungspaar ersetzt werden. Dann fließt der Strom in einer Richtung durch die eine oder die andere Leitung dieses Paars. Bei jeder dieser Varianten oder bei der in der Abbildung gezeigten Anordnung braucht man eine Entschlüsselungsmatrix, um die Operation der Treiberschaltung durch die zwei Adressensignale richtig zu steuern.

Verdrahtung für andere Feldanordnungen kann man gemäß der in Abb. 4.47b bis e gezeigten Art herstellen. Die Plus- und Minuszeichen geben die Polarität der Kernwicklungen an. Eine Zeile von Zeichen entspricht den Wicklungen eines einzelnen Kerns, eine Spalte entspricht einer einzelnen Leitung. Ein Feld, bestehend aus einer Last, wird durch ein einzelnes Pluszeichen wie in Abb. 4.47b angezeigt. Das Feld mit 2 Laststufen entsteht daraus, indem man das Zeichen in drei Quadranten vermerkt und im vierten Quadranten umkehrt, wie in Abb. 4.47c dargestellt. Das Vier-Stufen-Schema ist vom Zweistufenschema in der in Abb. 4.47d gezeigten Weise abgeleitet. Dieses Schema entspricht den in Abb. 4.47a gezeigten Leitungen. Für ein Achtstufenschema wird das Vierstufenschema wieder in drei Quadranten wiederholt und im vierten umgekehrt, wie in Abb. 4.47e zu sehen ist.

Das Entwerfen der Wicklungsmodelle für die Lastverteiler-Matrixschalter erwies sich als ein reizvolles akademisches Thema, und es wurden auch gewisse Verbesserungen in bezug auf die Treibleitungen erreicht, jedoch nicht für den Spezialfall, in dem die Anzahl der Laststufen durch eine Potenz von 2 gegeben ist, wie es in den meisten Digitalrechnern gefordert wird. Auch führen diese Verbesserungen meist zu einer komplizierteren Entschlüsselungsmatrix, von einigen wenigen äußerst spezialisierten Fällen abgesehen.

Literatur zu Kapitel 4

Kernmaterial

Magnetic ceramics: I. General methods of magnetic ferrite preparation, G. Economos, J. American Ceramic Society, V 38, pp. 241—244 (July 55).

Square hysteresis loop ferrites in the system MgO-MnO-Fe_2O_3, E. Albers-Schoenberg (General Ceramics Corp.), American Ceramic Society Bulletin, V 35, pp. 276—279 (July 56).

The influence of chemistry on B/H loop shape, coercivity, and flux-reversal time in ferrites, J. B. Goodenough, Proc. IEE, V 104B, Supplement No. 7, pp. 400—411 (1957).

Ferrites (book), J. Smit and H. P. J. Wijn (Netherlands), John Wiley & Sons, Inc. (1959).

High-speed ferrite core for a coincident-current memory, M. H. Cook, E. H. Melan, and E. C. Schuenzel (IBM), Proc. Electronic Components Conference, pp. 128—131 (May 59).

New approach to high-speed storage — low flux density materials, W. L. SHEVEL and H. CHANG (IBM), Journal of Applied Physics, Supplement to V 31, pp. 125S—126S (May 60).
Square loop properties of lithium-nickel-zinc ferrites, R. G. WEST (Motorola), Journal of Applied Physics, V 34, pp. 1113—1114 (Apr. 63).
Influence of grain size on square-loop properties of lithium ferrites, E. A. SCHWABE and D. A. CAMPBELL (Indiana General Corp.), Journal of Applied Physics, V 34, pp. 1251 to 1253 (Apr. 63).
Temperature-stable ferrites for memory application, E. G. FORTIN and H. LESSOFF (RCA), Proc. Intermag Conference (IEEE Publication T-149), pp. 1-3-1 to 1-3-6 (Apr. 63).
The effects of radiation of ferrites, S. I. TAIMUTY and J. S. MILLS (SRI), IRE Trans. on Communication and Electronics, No. 66, pp. 305—308 (May 63).
Advances in ferrites, B. SCHWARTZ (IBM), Semiconductor Products and Solid State Technology, V 7, N 6, pp. 26—30 (June 64) and N 7, pp. 26—29 (July 64).
Memory core nomograph (Indian General Corp.), Computer Design, V 3, N 12, pp. 32—33 (Dec. 64).
New square-loop ferrites with low coercivity for wide operating temperature range, H. RABL (Germany), Proc. Intermag Conference (IEEE Publication 33-C-4), pp. 14.7-1 to 14.7-3 (Apr. 65).
First- and second-order ferrite memory core characteristiccs and their relationship to system performance, J. R. BROWN (Burroughs), IEEE Trans. on Elec. Comp., V EC-15, pp. 485—501 (Aug. 66).
Properties of ferrite memory cores at very low temperatures (in German), W. MAIWALD (Germany), IEEE Trans. on Magnetics, V MAG-2, pp. 598—599 (Sept. 66).

Koinzidenzstrom-Anordnungen

TX-0, a transistor computer with a 256 by 256 memory (7 microsecond cycle), J. L. MITCHELL and K. H. OLSEN (MIT), Proc. Eastern JCC, V 10, pp. 93—101 (Dec. 56).
A medium-speed magnetic core memory, G. E. VALENTY (Remington Rand), Proc. Western JCC, V 11, pp. 57—67 (Feb. 57).
Memory units in the Lincoln TX-2, R. L. BEST (MIT), Proc. Western JCC, V 11, pp. 160 to 167 (Feb. 57).
The noise problem in a coincident-current core memory, F. MCNAMARA, IRE Trans. on Instrumentation, V I—6, pp. 153—156 (June 57).
A five microsecond memory for UDOFT computer, A. H. ASHLEY (Sylvania), IRE WESCON Convention Record, V 1, Part 4, pp. 262—266 (Aug. 57).
High-speed computer stores 2.5 megabits (256-by-256 arrays, 36-bit words, 6 microsecond cycle), W. N. PAPIAN (MIT), Electronics, V 30, N 10, pp. 162—167 (Oct. 57).
Transistor memory monitors each satellite, C. S. WARRENT, W. G. RUMBLE, and W. A. HELBIG (RCA), Electronics, V 31, N 3, pp. 66—70 (Jan. 17, 1968).
A transistorized magnetic-core store, D. BRAY and A. C. CONWAY, Proc. Institution of Electrical Engineers, V 106B, Supplement No. 16, pp. 644—648 (May 59).
Submicrosecond core memories using multiple coincidence, H. P. SCHLAEPPI and I. P. V. CARTER (IBM Zurich), IRE Trans. on Elec. Comp., V EC-9, pp. 192—198 (June 60).
Three-dimensional core memory accommodates one million bits (2.18 micro-second cycle), C. A. ALLEN, E. D. COUNCILL, and G. D. BRUCE (IBM), Electronics, V 34, N 19, pp. 68—71 (May 12, 1961).
A 2.18-microsecond megabit core storage unit, C. A. ALLEN, G. D. BRUCE, and E. D. COUNCILL (IBM), IRE Trans. on Elec. Comp., V EC-10, pp. 233—237 (June 61).
The measurement and reduction of noise in coincident-current core memories, P. COOKE and D. C. DILLISTONE, Proc. Institution of Electrical Engineers, V 109B, pp. 383—389 (Sept. 62).

A fast coincident current magnetic core memory (16,384 words, 27 bits, 1.2 microsecond cycle), O. LANDSVERK (Norway), IEEE Trans. on Elec. Comp., V EC-13, pp. 580—585 (Oct. 64).

Schmoo plot analysis of coincident-current memory systems, C. P. WOMAK (Collins Radio Corp.), IEEE Trans. on Elec. Comp., V EC-14, pp. 36—44 (Feb. 65).

Halbgeschaltete Kerne

The utilization of domain-wall viscosity in data-handling devices, V. L. NEWHOUSE (RCA), Proc. Western JCC, V 11, pp. 73—80 (Feb. 57); same title and author: Proc. IRE, V 45, pp. 1484—1392 (Nov. 57).

Impulse switching of ferrites, R. E. MCMAHON (MIT), Proc. Eastern JCC, V 14, pp. 31—33 (Dec. 58).

Transistor circuit techniques for a core memory with 500 millimicrosecond cycle time, V. J. SFERRINO (MIT), IRE WESCON Convention Record, V 3, Part 4, pp. 3—15 (Aug. 59).

A high-speed ferrite storage system, C. J. QUARTLY, Electronic Engineering, V 31, pp. 756 to 758 (Dec. 59).

Low coercive-force ferrite-ring cores for a fast non-destructive read store, G. H. PERRY and S. J. WIDDOWS (England), International Solid-State Circuits Conference Digest of Technical Papers, V 3, pp. 58—59 (Feb. 60).

Partial switching, nondestructive readout storage systems, W. L. SHEVEL and O. A. GUTWIN (IBM), International Solid-State Circuits Conference Digest of Technical Papers, V 3, pp. 62—63 Feb. 60).

Studies in partial switching of ferrite cores, R. H. TANCRELL and R. E. MCMAHON (MIT), Journal of Applied Physics, V 31, pp. 762—771 (May 60).

Ferrite-core memory systems with rapid cycle times (2-core-per-bit, 1.6 microsecond cycle, 1024 words), D. G. B. EDWARDS, M. J. LANIGAN, and T. KILBURN, Proc. Institution of Electrical Engineers, V 107 B, pp. 585—598 (Nov. 60).

Flux distribution in ferrite cores under various modes of partial switching, R. H. JAMES, W. M. OVERN, and C. W. LUNDBERG (Sperry Rand), Journal of Applied Physics, V 32 supplement, pp. 38S—39S (Mar. 61).

A 0.7-microsecond ferrite core memory (1024 words), W. H. RHODES, L. A. RUSSELL, F. E. SAKALAY, and R. M. WHALEN, IBM J of R & D, V 5, pp. 174—182 (July 61).

High-speed ferrite memories, H. AMEMIYA, H. P. LEMAIRE, R. L. PRYOR, and T. R. MAYHEW (RCA), Proc. Fall JCC, V 22, pp. 184—196 (Dec. 62).

A toroidal nondestructive readout memory element using bias restoration, M. TIEG and J. R. KISEDA (IBM), Proc. Nonlinear Magnetics Conference, pp. 137—167 (Nov. 61); same title and authors: Communication and Electronics, No. 64, pp. 523—527 (Jan. 63).

2½-D-Speicher

High-speed nondestructive-read memory, O. A. GUTWIN, H. R. FOGLIA, and J. R. KISEDA (IBM), Proc. Intermag Conference (IEEE Publication T-149), pp. 6-4-1 to 6-4-4 (Apr. 63).

A pulse width temperature compensated megacycle core memory (64 words, 64 bits per word), M. S. LEIFER (Bendix), Proc. Intermag. Conference (IEEE Publication T-149), pp. 6-5-1 to 6-5-7 (Apr. 63); same title and author: IEEE Trans. on Communication and Electronics, No. 72, pp. 281—288 (May 64).

A 10^5-bit high-speed ferrite memory system—design and operation, H. AMEMIYA, T. R. MAYHEW, and R. L. PRYOR (RCA), Proc. Fall LJCC, V 26, pp. 123—145 (Oct. 64).

A 375-nanosecond main memory system utilizing 7-mil cores, G. E. WERNER and R. M. WHALEN (IBM), Proc. Fall JCC, V 27, Part 1, pp. 985—993 (Nov. 65).

A 110-nanosecond ferrite memory (8,192 words, 72 bits per word, with cores about 12 mils outside diameter), G. E. WERNER and R. M. WHALEN (IBM), IEEE Trans. on Magnetics, V MAG-2, pp. 584—588 (Sept. 66).

High speed ferrite 2½D memory, T. J. GILLIGAN and P. B. PERSONS (Electronic Memories, Inc.), Proc. Fall JCC, V 27, Part 1, pp. 1011—1021 (Nov. 65).

Multi-million-bit 2½D memory, R. J. PETSCHAUER, G. A. ANDERSON, and W. J. NEUMAN (Fabri-Tek, Inc.), Computer Design, V 5, N 4, pp. 50—52 (Apr. 66).

Comparison of core memory system organizations, T. J. GILLIGAN and P. B. PERSONS (Electronic Memories, Inc.), Computer Design, V 5, N 5, pp. 28—30 (May 66).

2½D high speed memory systems—past, present, and future, T. J. GILLIGAN (Electronic Memories, Inc.), IEEE Trans. on Elec. Comp., V EC-15, pp. 475—485 (Aug. 66).

A 2.5D ferrite memory sense amplifier, A. M. PATEL and J. W. SUMILAS (IBM), IEEE Journal of Solid-State Circuits, V 1, pp. 58—63 (Sept. 66).

A 2½D integrated circuit memory, H. P. ZINSCHLAG (Fairchild), Computer Design, V 5, N 9, pp. 26—39 (Sept. 66).

A 650 nanosecond 2½D memory, J. E. SMITH (Lockheed), Computer Design, V 5, N 10, pp. 80—87 (Oct. 66).

Wiring design helps core memory work at rapid cycle time, A. ELOVIC (Burroughs), Electronics, V 39, N 22, pp. 83—88 (Oct. 31, 1966).

Novel low-cost design for 2½D storage systems, P. A. HARDING and M. W. ROLUND (BTL), International Solid-State Circuits Conference Digest of Technical Papers, V 10, pp. 82—83 (Feb. 67).

Lochplatte

Ferrite apertured plate for random-access memory, J. A. RAJCHMAN (RCA), Proc. Eastern JCC, V 10, pp. 107—115 (Dec. 56); same title and author: Proc. IRE, V 45, pp. 325 to 334 (Mar. 57).

Coincident-current applications of ferrite apertured plates, W. G. RUMBLE and C. S. WARRENT (RCA), IRE WESCON Convention Record, V 2, Part 4, pp. 62—65 (Aug. 58).

End-fired memory uses ferrite plates, V. L. NEWHOUSE, N. R. KORNFIELD, and M. M. KAUPMAN (RCA), Electronics, V 31, N 41, pp. 100—103 (Oct. 10, 1958).

Ferrite apertured plate memories, C. S. WARREN (RCA), Solid-State Circuits Conference Digest of Technical Papers, V 2, pp. 18—19 (Feb. 59).

No. 1 ESS call store—a 0.2-megabit ferrite sheet memory, R. M. GENKE, P. A. HARDING and R. E. STAEHLER, BSTJ, V 43, pp. 2147—2149 (Sept. 64).

BIAX-Speicher

BIAX high speed magnetic computer element, C. L. WANLASS and S. D. WANLASS (Ford Motor), IRE WESCON Convention Record, V 3, Part 4, pp. 40—54 (Aug. 59).

Associative memory system implementation and characteristics, J. E. MCATEER, J. A. CAPOBIANCO (Hughess), and R. L. KOPPEL (NAA), Proc. Fall JCC, V 26, pp. 81—92 (Oct. 64).

A 10-mc NDRO BIAX memory of 1024 word, 48 bit per word capacity, W. I. PYLE, T. E. CHAVANNES, and R. M. MACINTYRE (Philco), Proc. Fall JCC, V 26, pp. 69 80 (Oct. 64).

The microBIAX memory element, R. W. BEVERIDGE (Raytheon), WESCON Technical Papers, V 9, Part 4, paper 2.4, 6 pages (Aug. 65).

An NDRO airborne memory system utilizing the microBIAX element, M. G. PETERSON (Honeywell), WESCON Technical Papers, V 9, Paro 4, paper 2.5, 7 pages (Aug. 65).

Phenomenological model for the BIAX, P. J. NISTLER and V. J. KORKOWSKI (Sperry Rand), IEEE Trans. on Magnetics, V MAG-1, pp. 292—295 (Dec. 65).

High-speed BIAX memories, R. M. MACINTYRE (Raytheon), Computer Design, V 5, N 6, pp. 54—61 (June 66).

Mehrlochkernspeicher

The transfluxor, J. A. Rajchman and A. W. Lo (RCA), Proc. IRE, V 44, pp. 321–332 (Mar. 56).
Recent developments in very-high-speed magnetic storage techniques, W. W. Lawrence (IBM), Proc. Eastern JCC, V 10, pp. 101–103 (Dec. 56).
A multiload transfluxor memory, D. G. Hammel, W. L. Morgan, and R. D. Sidman (RCA), Proc. Western JCC, V 15, pp. 14–21 (Mar. 59).
A word-oriented transistor driven non-destructive readout memory, T. C. Penn and D. G. Fisher (TI), Proc. Western JCC, V 17, pp. 83–89 (May 60).
Three-hole cores for coincident-flux memory, H. F. Priebe (BTL), Electronics, V 33, N 31, pp. 94–97 (July 29, 1960).
A word-organized memory which uses a guided flux for reading and writing, R. M. Averill, P. S. Kopel, and E. E. Newhall (BTL), International Solid-State Circuits Conference Digest of Technical Papers, V 4, pp. 70–71 (Feb. 61).
The development of a multiaperture reluctance switch, A. W. Vinal (IBM), Proc. Western JCC, V 19, pp. 443–474 (May 61).
On the process of flux reversal in multiaperture cores, I. H. Roe and G. R. Slemon (Canada), Communication and Electronics, No. 36, pp. 431–438 (Sept. 61).
Characteristics of a high-speed multipath core for a coincident-current memory, E. C. Laycraft and E. H. Melan (IBM), IRE Trans. on Elec. Comp., V EC-11, pp. 405–409 (June 62).
High-speed read-wite nond estructive read-out memory, D. L. Wiley and R. D. Pierce (Westinghouse), Proc. Intermag Conference (IEEE Publication T-149), pp. 6-6-1 to 6-6-6 (Apr. 63).

Twistor

A new storage element suitable for large-sized memory arrays—the twistor, A. H. Bobeck, BSTJ, V 36, pp. 1319–1340 (Nov. 57).
The twistor—its use in a memory array, A. H. Bobeck and R. S. Title, Nonlinear Magnetics and Magnetic Amplifiers Conference Proceedings, pp. 234–242 (Aug. 58).
A twistor matrix memory for semipermanent information, D. H. Looney (BTL), Proc. Western JCC, V 15, pp. 36–41 (Mar. 59).
A card changeable nondestructive readout twistor store, J. J. DeBuske, J. Jank, and B. H. Simons (BTL), Proc. Western JCC, V 15, pp. 41–46 (Mar. 59).
An electrically alterable nondestructive twistor memory, R. L. Gray (Burroughs), IRE Trans. on Elec. Comp., V EC-9, pp. 451–455 (Dec. 60).
A 12-kilobit, 5-microsecond twistor variable store, W. B. Gaunt and D. C. Weller (BTL), International Solid-State Circuits Conference Digest of Technical Papers, V 4, pp. 106 to 107 (Feb. 61).
Demagnetization of twistor bits, W. A. Barrett (BTL), Journal of Applied Physics, V 32 Supplement, pp. 35S–36S (Mar. 61).
A card-changeable permanent-magnet-twistor memory of large capacity, W. A. Barrett, F. B. Humphrey, J. A. Ruff, and H. L. Stadler (BTL), IRE Trans. on Elec. Comp., V EC-10, pp. 451–461 (Sept. 61).
Magnetic field measurements on twistor wire magnetized by small magnets, R. L. Call (BTL), Proc. Intermag Conference (IEEE Publication T-159), pp. 16-6-1 to 16-6-6 (Apr. 64).
An evaluation of design and performance of the permanent magnet twistor memory L. W. Stammerjohn (BTL), Proc. Intermag Conference (IEEE Publication T-159), pp. 8-4-1 to 8-4-6 (Apr. 64); same title and author: IEEE Trans. on Communication and Electronics. No. 75, pp. 817–820 (Nov. 64).

No. 1 ESS program store, C. F .Ault, L. E. Gallaher, T. S. Greenwood, and D. C. Koehler, BSTJ, V 43, pp. 2097—2146 (Sept. 64).

The piggyback twistor—an electrically alterable nondestructive-readout twistor memory, W. A. Baker (BTL), Proc. Intermag Conference (IEEE Publication T-159), pp. 8-5-1 to 8-5-6 (Apr. 64); same title and author: *IEEE* Trans. on Communication and Electronics, No. 75, pp. 829—833 (Nov. 64).

A high-speed card changeable permanent magnet memory—the inverted twistor, F. J. Procyk and L. H. Young (BTL), Proc. Intermag Conference (IEEE Publication T-159), pp. 8—6—1 to 8—6—4 (Apr. 64); same title and authors: *IEEE* Trans. on Magnetics, V MAG-1, pp. 18—21 (Mar. 65).

An eddy-card twistor memory for semipermanent storage, J. P. Shuba (Automatic Electric), Proc. Intermag Conference (IEEE Publication 33-C-4), pp. 14.2—1 to 14.2—6 (Apr. 65).

Speicher mit Waffeleisenstruktur

The waffle iron store, T. R. Finch and A. H. Bobeck (BTL), International Solid-State Circuits Conference Digest of Technical Papers, V 6, pp. 12—13 (Feb. 63).

The cubic waffle-iron memory, A. H. Bobeck (BTL), Proc. Intermag Conference (IEEE Publication T-149), pp. 3-2-1 to 3-2i-6 (Apr. 63).

An electroplated 84Fe-5Ni-11Cu isotropic thin film for the cubic waffle-iron, J. P. Reekstin (BTL), IEEE Trans. on Magnetics, V MAG-1, pp. 246--250 (Dec. 65).

An approach towards batch fabricated ferrite memory planes, E. A. Bartkus and five others, IBM J of R & D, V 8, pp. 170—176 (Apr. 64).

Ferrit-Draht-Speicher

Laminated ferrite memory, R. Shahbender, C. Wentworth, K. Li, S. Hotchkiss, and J. A. Rajchman (RCA), Proc. Fall JCC, V 24, pp. 77—90 (Nov. 63); same title and authors: RCA Review, V 24, pp. 705—729 (Dec. 63); follow-up report: Proc. Intermag Conference (IEEE Publication T-159), pp. 5-6-1 to 5-6-2 (Apr. 64).

Monolithic ferrite memories, I. Abeyta, M. M. Kaufman, and P. Lawrence (RCA), Proc. Fall JCC, V 27, Part 1, pp. 995—1010 (Nov. 65); same title and authors: RCA Review, V 27, pp. 77—97 (Mar. 66).

A simple model for writing in orthogonal-conductor magnetic memory elements, J. A. Baldwin (NAA), IEEE Trans. on Magnetics, V MAG-2, pp. 719—727 (Dec. 66).

Drahtspeicher

Magnetic-film rods provide high-speed memory, D. A. Meier (NCR), Electronics, V 35, N 5, pp. 50—52 (Feb. 2, 1962).

A five-megacycle DRO thin-film rod memory, D. A. Meier (NCR), Proc. Intermag Conference (IEEE Publication T-149), pp. 9-4-1 to 8-4-11 (Apr. 63).

Effect of a torsional stress on a cylindrical thin magnetic film memory element, H. J. Kuno (NCR), Proc. IEEE, V 53, pp. 1754—1755 (Nov. 55).

A thin-film rod memory for the NCR 315 RMC computer, P. Higashi (NCR), IEEE Trans. on Elec. Comp., V EC-15, pp. 459—467 (Aug. 66).

A rotational switched rod memory with a 100-nanosecond cycle time, B. A. Kaufman, P. B. Ellinger, and H. J. Kuno (NCR), Proc. Fall JCC, V 29, pp. 293—304 (Nov. 66).

Graphic design tolerance analysis techniques on linear select memory application of plated wire, Y. Hsia (NCR), IEEE Trans. on Magnetics, V MAG-2, pp. 776—779 (Dec. 66).

Geflochtene Drahtspeicher

High-speed digital storage using cylindrical magnetic films, G. R. HOFFMAN, J. A. TURNER, and T. KILBURN, Journal of the British IRE, V 20, pp. 31–36 (Jan. 60).

A woven memory matrix with cylindrical electroplated elements, D. F. A. MACLACHLAN, British Communications and Electronics, V 9, pp. 602–604 (Aug. 62).

Disturb thresholds in cylindrical film memory wire, U. F. GIANOLA (BTL), Journal of Applied Physics, V 34, pp. 1131i–1132 (Apr. 63).

Cylindrical film memory, N. F. LOCKHART (IBM), Proc. National Electronics Conference, V 19, pp. 197–208 (Oct. 63).

Investigation of a woven screen memory system, J. S. DAVIS and P. E. WELLS (TRW), Proc. Fall JCC, V 24, pp. 311–326 (Nov. 63).

Plated wire magnetic film memories, I. DANYLCHUK and A. J. PERNESKI (BTL), Proc. Intermag Conference (IEEE Publicaton T-159), pp. 5-4-1 to 5-4-6 (Apr. 64).

The plated wire memory matrix, S. OSHIMA, K. FUTAMI, and T. KAMIBAYASHI (Japan), Proc. Intermag Conference (IEEE Publication T-159), pp. 5-1-1 to 5-1-6 (Apr. 64).

Cylindrical film memory device characteristics, C. J. TOWNSEND and P. E. FOX (IBM), IEEE Trans. on Elec. Comp., V EC-13, pp. 261–268 (June 64).

A reliable very low power plated-wire spacecraft memory, G. A. FEDDE and G. H. GUTTROFF (Sperry Rand), Proc. National Electronics Conference, V 20, pp. 681–686 (Oct. 64).

Woven thin-film wire memories, H. MAEDA and A. MATSUSHITA (Japan), Proc. Intermag Conference (IEEE Publication T-159), pp. 8-1-1 to 8-1-6 (Apr. 64); same title and authors: IEEE Trans. on Magnetics, V MAG-1, pp. 13–17 (Mar. 65).

Application of weaving to the batch fabrication of electronic components or sub-systems, J. D. DAVIS (Bunker-Ramo Corp.), Proceedings of the National Symposium on the Impact of Batch Fabrication on Future Computers, pp. 67–80 (Apr. 65).

Some considerations in the design of plated wire memory systems, M. BIENHOFF, J. CAMARATA, and M. SHERMAN (General Precision, Inc.), Proceedings of the National Symposium on the Impact of Batch Fabrication on Future Computers, pp. 88–102 (Apr. 65).

A 100-megabit random-access plated-wire memory, W. J. BARTIK, C. F. CHONG, and A. TURCZYN (Sperry Rand), Proc. Intermag Conference (IEEE Publication 33-C-4), pp. 11.5-1 to 11.5-7 (Apr. 65).

A high-speed, woven read-only memory, M. MAEDA, M. TAKASHIMA (Japan), and A. J. KOLK (General Precision, Inc.), Proc. Fall JCC, V 27, Part 1, pp. 789–799 (Nov. 65).

Woven wire memory or NDRO system, H. MAEDA, A. MATSUSHITA, and M. TAKASHIMA (Japan), IEEE Trans. on Elec. Comp., V EC-15, pp. 442–451 (Aug. 66).

Highly reliable cylindrical thin magnetic film memory, E. KASHIWAGI and H. MURAKAMI (Japan), IEEE Trans. on Magnetics, V MAG-2, pp. 524–527 (Sept. 66).

A 500-nanosecond computer memory utilizing plated-wire elements, J. P. MCCALLISTER and C. F. CHONG (Sperry Rand), Proc. Fall JCC, V 29, pp. 305–314 (Nov. 66).

Plated-wire memories: Univac's bet to replace toroidal ferrite cores, G. A. FEDDE (Sperry Rand), Electronics, V 40, N 10, pp. 101–109 (May 15, 1967).

Seilartige Magnetspeicher (Auslesespeicher)

Wired-core matrix memories, E. O. MORGENSON (Burroughs), Instruments and Control Systems, V 35, N 8, pp. 75–79 (Aug. 62).

The D210 magnetic computer, E. T. WALENDZIEWICZ (Burroughs), Proceedings of the Spaceborne Computer Engineering Conference, pp. 117–127 (Oct. 62).

The rope memory—a permanent storage device, P. KUTTNER (Burroughs), Proc. Fall JCC, V 24, pp. 45–57 (Nov. 63).

Applications of rope memory devices, D. CLEMSON and P. KUTTNER (Burroughs), Computer Design, V 3, N 8, pp. 12–22 (Aug. 64).
The design of transformer read-only stores, D. M. TAUB and B. W. KINGTON, IBM J of R & D, V 8, pp. 443–459 (Sept. 64).
IBM System/360 engineering (see Fig. 7), P. FAGG and five others, Proc. Fall JCC, V 26, pp. 205–231 (Oct. 64).
Development of an E-core read-only memory, P. S. SIDHU (Ampex) and B. BUSSELL (U. of Cal.), Proc. Fall JCC, V 27, Part 1, pp. 809–818 (Nov. 65).
The 'braid' transformer memory, W. H. ALDRICH and R. L. ALONSO (MIT), IEEE Trans. on Elec. Comp., V EC-15, pp. 502–508 (Aug. 66).
Vintage machine produces memories, R. L. ALONSO (MIT), Electronics, V 40, N 9, pp. 88 to 98 (May 1, 1967).

Halbfestwert-Speicher

A digital computer stores with very short read time (bit indicated by presence or absence of core, 200,00-bit capacity, 200-nanosecond cycle), T. KILBURN and R. D. GRIMSDALE, Proc. Institution of Electrical Engineerings, V 107B, pp. 567–572 (Nov. 60).
A short review on read-only memories, D. M. TAUB, Proc. Institution of Electrical Engineers, V 110, pp. 157–166 (Jan. 63).
The solenoid array—a new computer element, G. G. PICK, S. B. GRAY, and D. B. BRICK (Sylvania), IEEE Trans. on Elec. Comp., V EC-13, pp. 27–35, see pp. 57–59 or an application (Feb. 64).
A prewired storage unit, I. R. BUTCHER (Australia), IEEE Trans. on Elec. Comp., V EC-13, pp. 106–111 (Apr. 64).
A semipermanent memory utilizing correlation addressing, G. G. PICK (Sylvania), Proc. Fall JCC, V 26, pp. 107–121 (Oct. 64).
A high-speed read only store using thick magnetic films, R. E. MATICK, P. PLESHKO, C. SIE, and L. M. TERMAN, IBM J of R & D, V 10, pp. 333–342 (July 66).
Localized-field permanent magnet array for the thick-film read only store, C. JOHNSON and R. C. TURNBULL, IBM J of R & D, V 10, pp. 343–345 (July 66).
A transfluxor program store for an airborne digital computer, B. W. RICKARD, The Radio and Electronic Engineer (J. British IRE), V 31, pp. 270–276 (May 66).
Analysis of high speed fixed stores using U-cores, H. P. A. SALAM, Electronic Engineering, V 38, pp. 360–366 (June 66).
Apertured sheet read-only memory, J. C. MILLER (RCA), IEEE Trans. on Magnetics, V MAG-2, pp. 715–718 (Dec. 66).
A new magnetic read-only memory, E. B. BARCARO, D. T. BEST, and J. S. ZAJACZKOWSKI (Sperry Rand), International Solid-State Circuits Conference Digest of Technical Papers, V 10, pp. 80–81 (Feb. 67).

Assoziative Magnetspeicher

A magnetic associative memory (only a 2-word, 2-bit-per-word model built), J. R. KISEDA, H. E. PETERSON, W. C. SEELBACH, and M. TEIG, IBM J of R & D, V 5, pp. 106–121 (Apr. 61).
A semi-permanent magnetic associative memory and code converter (only a prototype built—12-bit input word, 8-bit output word, and 10-word capacity), J. R. BROWN (Burroughs), Proc. Conference on Nonlinear Magnetics, pp. 201–214 (Nov. 61).
How to quiz a whole memory at core (only a prototype built, capacity of eight 10-bit word, uses three-hole cores), G. T. TUTTLE (Goodyear), Electronics, V 36, N 46, pp. 43–46 (Nov. 15, 1963).

A 300 nanosecond search memory (produces only an indication of whether or not a given word is stored; 128-word, 24-bit-per-word capacity; uses four BICORE elements per bit), C. A. ROWLAND and W. O. BERGE (Sperry Rand), Proc. Fall JCC, V 24, pp. 59—63 (Nov. 63).

Transfluxor content-addressable memory (only a prototype built, 4 words, 4 bits per word), A. D. ROBBI and R. RICCI (RCA), Proc. Intermag Conference (IEEE Publication T-159), pp. 8-3-1 to 8-3-7 (Apr. 64).

A proposal for an associative memory using magnetic films, J. I. RAFFEL and T. S. CROWTHER (MIT), IEEE Trans. on Elec. Comp., V EC-13, p. 611 (Oct. 64).

Content-addressed memory using magnetoresistive readout of magnetic thin films (a 17-word, 22-bit-per-word prototype built), M. NAIMAN (MIT), Proc. Intermag Conference (IEEE Publication 33-C-4), pp. 11.2-1 to 11.2-5 (Apr. 65).

Magnetfilmspeicher

Preparation of thin magnetic films and their properties, M. J. BLOIS (Naval Ord. Lab.), Journal of Applied Physics, V 26, pp. 975—980 (Aug. 55).

A compact coincident-current memory, A. V. POHM and S. M. RUBENS (Sperry Rand), Proc. Eastern JCC, V 10, pp. 120—123 (Dec. 56).

Thin magnetic films, S. METHFESSEL, W. E. PROEBSTER, and C. KINBERG (IBM Switzerland), Proceedings of the International Conference on Information Processing (titled: "Information Processing"), UNESCO, pp. 439—447 (June 59).

Thin-film memories, E. E. BITTMAN (Burroughs), IRE Trans. on Elec. Comp., V EC-8, pp. 92—97 (June 59).

High speed thin magnetic film memories, R. BOGUSCH and E. A. FISCH (GE), Proc. National Electronics Conference, V 16, pp. 840—845 (Oct. 60).

Magnetic film memory design, J. I. RAFFEL, T. S. CROWTHER, A. H. ANDERSON, and T. O. HERNDON (MIT), Proc. IRE, V 49, pp. 155—164 (Jan. 61).

Thin magnetic film memories for high-speed computers, E. E. BITTMAN (Burroughs), *Electronics*, V 34, N 9, pp. 39—41 (Mar. 3, 1961).

A nondestructive readout film memory, R. J. PETSCHAUER and R. D. TURNQUIST (Sperry Rand), Proc. Western JCC, V 19, pp. 411—425 (May 61).

A compact 166-kilobit film memory, R. D. TURNQUIST, V. E. CHRISTIANSEN, and C. O. HOGENSON (Sperry Rand), IRE International Convention Record, V 10, Part 4, pp. 63—72 (Mar. 62).

The design of a 4096 word one microsecond magnetic film store, J. B. JAMES, B. J. STEPTOE, and A. A. KAPOSI (England), WESCON Technical Papers, Part 4, paper 2.2, 9 pages (Aug. 62).

Magnetic films—revolution in computer memories, C. CHONG and G. FEDDE (Sperry Rand), Proc. Fall JCC, V 22, pp. 213—224 (Dec. 62).

Magnetic film storage elements, M. WILLIAMS, Proc. Institution of Electrical Engineers, V 109B, Supplement No. 21, pp. 186—194 (1962).

A nondestructive read out magnetic thin film memory, L. M. LAMBERT, A. M. RENARD, and G. J. WILCOX (Ford Motor), Proc. Pacific Computer Conference (IEEE Publication T-147), pp. 78—95 (Mar. 63).

Thin film memories: some problems, limitations, and profits, E. E. BITTMAN (Burroughs), Proc. Intermag Conference (IEEE Publication T-149), pp. 9-1-1 to 9-1-6 (Apr. 63).

The design of a 4096-word one-microsecond magnetic film store, J. B. JAMES, B. J. STEPTOE, and A. A. KAPOSI, Radio and Electronic E ngineer (J. British IRE), V 25, pp. 509—516 (June 63).

Future developments in large magnetic film memories, J. I. RAFFEL (MIT), Journal of Applied Physics, V 35, pp. 748—753 (Mar. 64).

Low-current, high-speed magnetic memory array utilizing evaporated matrix wiring, T. J. MATCOVICH, W. FLANNERY, W. LUCIW, and A. A. ADOMINES (Sperry Rand) Journal of Applied Physics, V 35, pp. 760–761 (Mar. 64).

Analysis of 10^8 element film memory systems, A. V. POHM, R. J. ZINGG, J. H. HOPER, and R. M. STEWART (Iowa State U.), Proc. Intermag Conference (IEEE Publication T-159), pp. 5-3-1 to 5-3-5 (Apr. 64).

High density magnetic film memory techniques, T. S. CROWTHER (MIT), Proc. Intermag Conference (IEEE Publication T-159), pp. 5-7-1 to 5-7-6 (Apr. 64).

Magnetostatic interaction and magnetization reversal in thin Ni-Fe films, S. Middelhoek (IBM), Proc. Intermag Conference (IEEE Publication T-159), pp. 9-1-1 to 9-1-2 (Apr. 64).

Low-power thin-film memory, C. J. KRIESSMAN, T. J. MATCOVICH, and W. E. FLANNERY (Sperry Rand), IEEE Trans. on Communication and Electronics, No. 74, pp. 519–524 (Sept. 64).

A 16k-word, 2-mc, magnetic thin-film meomry, E. E. BITTMAN (Burroughs), Proc. Fall JCC, V 26, pp. 93–106 (Oct. 64); reviewed by W. L. SHEVEL, IEEE Trans. on Elec. Comp., V EC-14, pp. 92 (Feb. 65).

Large high-speed DRO film memories, A. V. POHM, R. J. ZINGG, T. A. SMAY, G. A. WATSON, and R. M. STEWARD (Ipwa State U.), IEEE Trans. on Communication and Electronics, No. 75, pp. 842–851 (Nov. 64).

Energy transfer properties of thin magnetic film coupled-pair logical elements, T. A. SMAY (Iowa State U.), IEEE Trans. on Communication and Electronics, No. 75, pp. 808–812 (Nov. 64).

Design principles of nondestructive read thin magnetic film memories with read cycle time of 15 nanoseconds, G. KOHN, W. JUTZI, T. MOHR, and D. SEITZER (IBM Switzerland), Proc. Intermag Conference (IEEE Publication 33-C-4), pp. 8.3-1 to 8.3-5 (Apr. 65).

Temperature effect on film memory drive current margins, A. A. CALDERON, W. V. RAUSCH, and H. S. KUKUK (Fabri-Tek), Proc. Intermag Conference (IEEE Publication 33-C-4), pp. 8.5–1 to 8.5–4 (Apr. 65).

An efficient small thin film memory, A. V. POHM, R. J. ZINGG, C. S. COMSTOCK, and F. S. C. LEE (ISU), Proc. Intermag Conference (IEEE Publication 33-C-4), pp. 11.4-1 to 11.4–6 (Apr. 65).

A 20-megacycle NDRO thin-film memory, D. E. ROOP, A. M. BATES, and J. W. HART (BURROUGHS), Proc. Intermag Conference (IEEE Publication 33-C-4), pp. 11.8-1 to 11.8–6 (Apr. 65).

Engineering aspects of magnetic film memories, R. J. PETSCHAUER (Fabri-Tek), IEEE Trans. on Magnetics, V MAG-1, pp. 185–192 (Sept. 65).

An experimental 65-nanosecond thin film scratchpad memory system, G. J. AMMON and C. NEITZERT (RCA), Proc. Fall JCC, V 27, Part 1, pp. 649–659 (Nov. 65).

A thin magnetic film computer memory using a resonant absorption nondestructive readout technique, M. MAY, W. W. POWELL, and J. L. ARMSTRONG (Hughes Aircraft), Proc. Fall JCC, V 27, Part 1, pp. 801–808 (Nov. 65).

Design and fabrication of a magnetic, thin film, integrated circuit memory, T. J. MATCOVICH and W. FLANNERY (Sperry Rand), Proc. Fall JCC, V 27, Part 1, pp. 1023–1034 (Nov. 65).

Permalloy film NDRO memory, F. R. JANISCH (Sperry Rand), IEEE Trans. on Magnetics, V MAG-1, pp. 266–271 (Dec. 65).

Integrated transmission lines for magnetic thin film memories, T. D. ENGLISH and J. J. MCNICHOL (IBM), IEEE Trans. on Magnetics, V MAG-1, pp. 272–276 (Dec. 65).

On the design and performance of a small 60-nsec destructive readout magnetic film memory, W. ANACKER, G. F. BLAND, P. PLESHKO, and P. E. STUCKERT, IBM J of R & D, V 10, pp. 41–50 (Jan. 66).

The dispersion locked memory mode for magnetic films, H. J. KUMP, H. G. HOTTENROTT, B. I. BERTELSEN, and P. T. CHANG, IBM J of R & D, V 10, pp. 89—94 (Jan. 66).

A magnetic film memory element for fully unipolar operation, J. HOHL, S. MIDDELHOEK, and T. MOHR (IBM Switzerland), Journal of Applied Physics, V 37, pp. 1382—1383 (March 1, 1966).

Design of integrated selection and recirculation circuity for a high-speed, low-power, magnetic thin-film memory, S. OHNIGIAN, I. M. WEILERSTEIN (Sperry Rand), D. E. MURRAY, and J. SOLOMAN (Motorola), International Solid-State Circuits Conference Digest of Technical Papers, V 9, pp. 102—103 (Feb. 66); same title and authors: IEEE Journal of Solid-State Circuits, V 1, pp. 63—69 (Sept. 66).

Effects of a keeper on thin film magnetic bits, C. G. RAVI and G. G. KOERBER, IBM J of R & D, V 10, pp. 130—134 (Mar. 66).

Propagation of sense signals in large-scale magnetic thin film memories, F. C. YAO (GE), IEEE Trans. on Elec. Comp., V EC-15, pp. 468—474 (Aug. 66).

Adjacent element magnetic coupling in continuous film memories, A. V. POHM, L. G. HELLER (Iowa State U.), and T. A. SMAY (Control Data), IEEE Trans. on Magnetics, V MAG-2, pp. 512—515 (Sept. 66).

Flux keepers in magnetic thin-film memories (in German), H. FELTL and H. J. HARLOFF (Germany), IEEE Trans. on Magnetics, V MAG-2, pp. 516—520 (Sept. 66).

A word-organized NDRO memory using fluted magnetic films, H. BILLING, A. RUDIGER, and R. SCHILLING (Germany), IEEE Trans. on Magnetics, V MAG-2, pp. 520—523 (Sept. 66).

A 200-nanosecond thin film main memory system, S. A. MEDDAUGH and K. L. PEARSON (Sperry Rand), Proc. Fall JCC, V 29, pp. 281—292 (Nov. 66).

Sense signal and word noise in a thin magnetic film memory with easy axis bias fields, W. JUTZI (IBM Switzerland), IEEE Trans. on Magnetics, VMAG-2, pp. 710—714 (Dec. 66).

A magnetic, thin-film, integrated circuit memory system, T. J. MATCOVICH and six others (Sperry Rand), IEEE Trans. on Magnetics, V MAG-3, pp. 76—83 (Mar. 67).

Leseverstärker

Miniature high frequency magnetic amplifiers for magnetic memory sensing, G. R. BRIGGS and K. C. HU (RCA), Proceedings of the Special Technical Conference on Nonlinear Magnetics and Magnetic Amplifiers (AIEE Publication T-116), pp. 287—305 (Sept. 59); same title and authors: Communication and Electronics, No. 46, pp. 863—872 (Jan. 60).

Design of memory sense amplifiers, G. H. GOLDSTICK and E. F. KLEIN (NCR), IRE Trans. on Elec. Comp., V EC-11, pp. 236—253 (Apr. 62).

Improving the performance of the sense-amplifier circuit through pre-amplification strobing and noise-matched clipping, F. F. TSUI (German), IRE Trans. on Elec. Comp., V EC-11, pp. 677—683 (Oct. 62).

A high-speed direct-coupled magnetic memory sense amplifier employing tunneldiode discriminators, B. A. KAUFMAN and J. S. HAMMOND (NCR), IEEE Trans. on Elec. Comp., V EC-12, pp. 282—299 (June 63).

Memory and logic system for an electronic private branch exchange, E. A. IRLAND and J. H. VOGELSONG (BTL), IEEE Trans. on Communication and Electronics, No. 73, pp. 332—338 (July 64).

MINUTEMAN integrated circuits, R. C. PLATZEK (NAA) and J. S. KILBY (TI), Proc. IEEE, V 52, pp. 1669 1678 (Dec. 64).

Memory circuits—from conventional components to full integration, A. J. KHAMBATA and R. C. GREEN (Sperry Tand), Proc. IEEE, V 52, pp. 1703—1709 (Dec. 64).

Amplifier and driver circuits for thin film memory with 15 nenoseconds read cycle time, D. SEITZER (IBM Switzerland), IEEE Trans. on Elec. Comp., V EC-13, pp. 722–729 (Dec. 64).
An integrated gated differential amplifier for high-speed variable store digit detectors, G. J. HERSKOWITZ and D. J. D'STEFAN (BTLä), International Solid-State Circuits Conference Digest of Technical Papers. V 8, pp. 16–17 (Feb. 65).
An integrated sense amplifier, J. R. TALLEY (TI), WESCON Technical Papers, V 9, Part 2, paper 11.4, 10 pages (Aug. 65).
Sense amplifier fits any memory, B. JOHNSON (Sylvania), Electronics, V 39, N 18, pp. 89–94 (Sept. 5, 1966).
Using an integrated dual comparator as a core-memory sense amplifier, R. J. WIDLAR (Fairchild), EDN, the Electronic Engineer's Design Magazine, V 11, N 1, pp. 22–27 (Jan. 66) and N 2, pp. 24–33 (Feb. 66).

Magnetkern-Matrixschalter

A load-sharing matrix switch, G. CONSTANTINE, IBM J of R & D, V 2, pp. 204–211 (July 58).
Doubling the efficiency of the load-sharing matrix switch, M. P. MARCUS, IBM J of R & D, V 3, pp. 194–196 (Apr. 59).
A class of optimal noiseless load-sharing matrix switches, R. T. CHIEN, IBM Jof R & D, V 4, pp. 414–417 (Oct. 60).
A new load-sharing matrix switch, N. G. VOGL (IBM), International Solid-State Circuits Conference Digest of Technical Papers, V 4, pp. 104–105 (Feb. 61).
Matrix switch and drive system for a low-cost magnetic-core memory, W. A. CHRISTOPHERSON (IBM), IRE Trans. on Elec., Comp., V EC-10, pp. 238–246 (June 61).
Load-sharing core switches based on block designs, R. C. SINGLETON (SRI), IRE Trans. on Elec. Comp., V EC-11, pp. 346–352 (June 62).
Magnetic core access switches, R. C. MINNICK (SRI) and J. L. HAYNES (Data Technology Co.), IRE Trans. on Elec. Comp., V EC-11, pp. 352–368 (June 62).
On the logical design of noiseless load-sharing matrix switches, P. G. NEUMANN (BTL), IRE Trans. on Elec. Comp., V EC-11, pp. 369–374 (June 62).
A set of voltage-switched magnetic-core decoding matrices, E. S. LEE (Burroughs), Communication and Electronics, No. 65, pp. 116–120 (Msa. 63).
Magnetic load-sharing switches for high-speed applications, R. B. LOCHINGER, RCA Review, V 24, pp. 166–181 (June 63).
A class of simple decoding networks for Marcus matrix switches, R. T. CHIEN and R. J. BARBETTA (IBM), IEEE Trans. on Elec. Comp., V EC-12, pp. 551–553 (Oct. 63).

Untersuchungen zu Kernspeicheranordnungen

Fluxlok—a nondestructive, random-access electrically alterable, high-speed memory technique using standard ferrite memory cores, R. M. TILMANL (Burroughs), IRE Trans. on Elec. Comp., V EC-9, pp. 323–328 (Sept. 60).
Microaperture high-speed ferrite memory, R. SHAHBENDER, T. NELSON, R. LOCHINGER, and J. WALENTINE (RCA), Proc. Fall JCC, V 22, pp. 197–212 (Dec. 62); same title and authors: RCA Review, V 23, pp. 539–566 (Dec. 62); follow-up: "Electron beam machining of ferrites" ("drills" 1 mil diameter holes), R. A. SHAHBENDER, Proc. National Electronics Conference, V 19, pp. 545–553 (Oct. 63).
'Orthocore'—a new magnetic storage device, J. S. SALLO (Honeywell), Proc. Intermag Conference (IEEE Publication T-149), pp. 3-6-1 to 3-6-5 (Apr. 63).
Plated holes simplify memory design, J. S. SALLO (Honeywell), Electronics, V 36, N 44, pp. 34–36 (Nov. 1, 1963).

System and fabrication techniques for a solid-state random access mass memory, H. W. Fuller, T. L. McCormack, and C. P. Battarel (LFE), Proc. Intermag Conference (IEEE Publication T-159), pp. 5-5-1 to 5-5-4 (Apr. 64).
A noise cancelling two-core-per-bit nondestructive readout technique operated in a flux rotation mode, H. M. Winters (Atuomatic Electric), Proc. Intermag Conference (IEEE Publication T-159), pp. 82-1 to 8-2,6 (Apr. 64).
The chain magnetic memory element, J. C. Sagnis P. E. Stuckert, and R. L. Ward, IBM J of R & D, V 9, pp. 412—417 (Sept.—Nov. 65).

Verschiedenes

Batch fabricated matrix memories (etched permalloy-sheet toroidal cores with windings formed by printed wiring techniques), T. L. McCoackrm, C. P. Battarel, and H. W. Fuller (LFE), Proc. Fall JCC, V 27, Part 1, pp. 1035—1052 (Nov. 65).
An experimental nondestructive microwave ferrite core readout using stripline, T. A. Kriz and T. K. Ishi (Marquette U.), IEEE Trans. on Elec. Comp., V EC-15, pp. 428—435 (Aug. 66).
Fast nondestructive read, slow write memory device using thick magnetic films, R. Matick (IBM), IEEE Trans. on Elec. Comp., V EC-15, pp. 435—441 (Aug. 66).
Linear-selection core-memory techniques using transistors (included for historical purposes—an early departure from coincident-current selection), R. E. McMahon (MIT), Transistor and Solid-State Circuits Conference Digest of Technical Papers, V 1, pp. 3—4 (Feb. 58).
Observations of rotational switching in ferrites, W. L. Shevel, IBM J of R & D, V 3, pp. 93—95 (Jan. 59).
IRE standards on static magnetic storage: definitions of terms, 1959, Proc. IRE, V 47, pp. 427—430 (Mar. 59).
Transistor circuits for a ferrite store (shows schemes for causing current to flow in either direction through a drive wire), G. C. Padwick and A. I. Cain, Proc. Institution of Electrical Engineers, V 106B, Supplement No. 16, pp. 675—684 (May 59).
Directional coupling and its use for memory noise reduction, G. F. Bland, IBM J of R & D, V 7, pp. 252—256 (July 63).
Nonlinear terminations for memory drives, A. R. Berding (IBM), IEEE, The Magazine of Circuit Design Engineering, V 14, N 5, pp. 80—82 (May 66).
A decoder-driver system for magnetic-core memories using a 64-position switch tube, A. V. Brown and P. F. Evans (IBM), EEE Trans. on Electron Devices, V ED-13, pp. 713—719 (Oct. 66).
A cost/performance analysis of integrated-circuit core memories, D. W. Moore (Honeywell), Proc. Fall JCC, V 29, pp. 267—280 (Nov. 66).
Linear pulse transformers in core memory systems, W. C. Rumble (Lockheed), Computer Design, V 6, N 2, pp. 48—60 (Feb. 67).
An experimental word decode and drive system for a magnetic film memory with 20-ns read-cycle time, D. Seitzer (IBM Switzerland), IEEE Trans. on Elec. Comp., VEC-16, pp. 172—179 (Apr. 67)

5. MAGNETFLÄCHENSPEICHER

In Magnetflächenspeichern wird eine Binärzahl in der gleichen Art dargestellt wie in den Magnetkernspeichern, indem man den Magnetfluß in der einen oder anderen Richtung durch das magnetische Material schickt. Die Art des Schreibens, Lesens und der Zugriffmechanismus ist jedoch anders und nicht elektronisch. Das Speichermedium besteht aus einer dünnen magnetischen Schicht, die auf ein Trägermaterial aufgebracht ist. Der Zugriff zu den einzelnen Bezirken geschieht dadurch, daß man den „Schreiblesekopf" räumlich in die entsprechende Stellung bringt.

Obwohl alle möglichen geometrischen Formen als Träger in Betracht gezogen worden sind, bevorzugt man heute Bänder, Scheiben und Trommeln. Die Bänder sind natürlich flexibel. Man wickelt sie gewöhnlich auf eine Spule. Man kann das Band auch in Form einer geschlossenen Schleife oder eines Gurts herstellen. Obwohl man diese Form bei einigen Ausführungsarten verwendet, ist sie sonst wenig üblich. Im Falle von Scheiben ist der Tragekörper gewöhnlich starr und rund und läuft um eine Achse, die im Mittelpunkt und senkrecht zur Scheibenebene angebracht ist. Doch gibt es auch flexible Scheiben. In diesem Falle wird die Scheibe durch die beim Umlauf entstehende Zentrifugalkraft in einen halbstarren Zustand versetzt. Bis vor wenigen Jahren zog man die zylindrische Trommelfläche der flachen Scheibenfläche hauptsächlich deswegen vor, weil es bei der Herstellung ausreichend ebener Scheiben mechanische Schwierigkeiten gab. Nach Aufkommen der auf einem Luftpolster „fliegenden" Köpfe wurde dieses Problem gelöst. Heute zieht man die Scheiben auf Grund ihres größeren volumetrischen Wirkungsgrades, geringeren Gewichts und niedrigerer Kosten den Trommeln vor.

Eine weitere erwähnenswerte Form ist die Karte, weil man lange Zeit bestrebt war, die Lochkarten, die schon lange vor dem Aufkommen elektronischer Systeme in Buchungsmaschinen in Gebrauch waren, durch „magnetische Karten" zu ersetzen.

Bei Abwägung aller Faktoren boten die Magnetkarten aber gleich viele Vor- und Nachteile, so daß ihr Einsatz relativ beschränkt blieb.

Unabhängig von der Flächenform des Trägermaterials ist das elektronische Speicherprinzip im wesentlichen das gleiche, obwohl in den folgenden Abschnitten dieses Kapitels einige Ausführungen zur mechanischen Struktur der verschiedenen Formen gemacht werden sollen.

5.1. Historische Entwicklung

Die Idee, Informationen auf einer Magnetfläche zu speichern, entstand historisch im zwanzigsten Jahrhundert im Zusammenhang mit der Tonspeicherung, obwohl man hierfür bis 1950 Magnetbänder nur selten verwendete. Die Übertragung dieser Idee auf die Zahlenspeicherung erfolgte sehr zeitig bei der Entwicklung von Digitalrechnern, wobei von den Engineering Research Associates, die später in der heutigen Sperry Rand Corporation aufgingen, kurz nach dem zweiten Weltkrieg Magnettrommelspeicher verwendet wurden. Die frühesten dem Verfasser bekannt gewordenen digitalen Bandgeräte wurden bei der Eckart-Mauchley Computer Company hergestellt (die später gleichfalls in der Sperry Rand aufging) und waren vor 1950 in den UNIVAC-Rechnern in Gebrauch.

Durch die Entwicklung von Magnetschicht-Speichergeräten stieg das Interesse an einer Vergrößerung der Speicherdichte in Bits pro Flächeneinheit. In den meisten Fällen führte dies zu einer Vermehrung der Bits pro Millimeter längs der vom Kopf beschriebenen Spur. Allerdings wurde auch versucht, die Zahl der Spuren pro Zentimeter zu erhöhen. Frühe Versuche einer Vermehrung der Bits pro Länge waren auf eine Entwicklung von Anordnungen gerichtet, mit denen eine Bestimmung der gespeicherten Zahlen auch dann möglich bleibt, wenn sie so nahe voneinander aufgespeichert wurden, daß sich die Ausgangssignale überschneiden und nicht mehr einzeln unterscheidbar sind. Einige dieser Prinzipien wurden in Kap. 7 des Buches von Richards „Digital Computer Components and Circuts" (1957) beschrieben. Größere Fortschritte erzielte man jedoch bei dem mehr prosaischen Bestreben, Fabrikationsmethoden zu entwickeln, bei denen eine Verminderung der Dimensionen möglich ist. Insbesondere ging es um die Spaltbreite, um den Abstand zwischen Kopf und Fläche und die Dichte der Magnetschicht. Nach dem gegenwärtigen Stand der Technik gilt eine Dichte von 800 Bits pro Zentimeter als normal; diese Dichte ist das Zwanzig- bis Dreißigfache der Dichtewerte, die 1957 zuverlässig erreicht werden konnten. Es werden wesentlich höhere Dichtewerte erwogen, bis zu 20000 Bits pro Zentimeter. Bei einer vergrößerten Bitdichte gewinnt natürlich die Qualitätskontrolle der Magnetfläche höhere Bedeutung, wenn es auf eine zuverlässige Betriebsart ankommt. Die praktisch erreichbare höchste Grenze der Bitdichte ist bis jetzt nicht bekannt.

Dagegen scheinen bei der Vergrößerung der Oberflächengeschwindigkeit in den letzten Jahren nur geringe Fortschritte erreicht worden zu sein. Eine Bandgeschwindigkeit von 250 Zentimeter pro Sekunde (100 Zoll s^{-1}) bzw. eine Scheibendrehzahl von 1200 Umdrehungen pro Minute sind nach dem heutigen Stand der Technik angemessen, doch wurden diese Geschwindigkeiten schon in einem früheren Entwicklungszustand erreicht und überschritten. Mit einer höheren Bitdichte wird natürlich die Impulsfolgefrequenz entsprechend höher. Dabei können die Beschränkungen der Impulsfolgefrequenz des Kopfes bei der Wahl der betrieblichen Oberflächengeschwindigkeit ebenso große Bedeutung wie die mechanischen Beschränkungen haben.

Die Entwicklung eines theoretischen Modells für den Magnetschichtspeicher, das als Grundlage für rationelle technische Entwurfsarbeiten dienen könnte, verursachte viele Mühen (vgl. den „allgemeinen Abschnitt“ der Bibliographie am Ende dieses Kapitels), und keines der einzelnen mathematischen Ergebnisse dieser Forschungsarbeiten scheint von einem größeren Teil der Industrie übernommen worden zu sein.

5.2. Gesichtspunkte für die Gestaltung des Magnetkopfes

Alle heute verwandten Magnetköpfe gehören praktisch der sog. „Ringkopf-Kategorie“ an, obwohl die Struktur selten kreisförmig ist, wie man aus der Beschreibung als „Ring“ annehmen könnte. Ein Ringkopf ergibt einen Kraftlinienweg, der bis auf den in Abb. 5.1a gezeigten Spalt geschlossen ist. Am Spalt zeigt der Magnetfluß eine Streuwirkung. Wenn der Kopf die magnetische

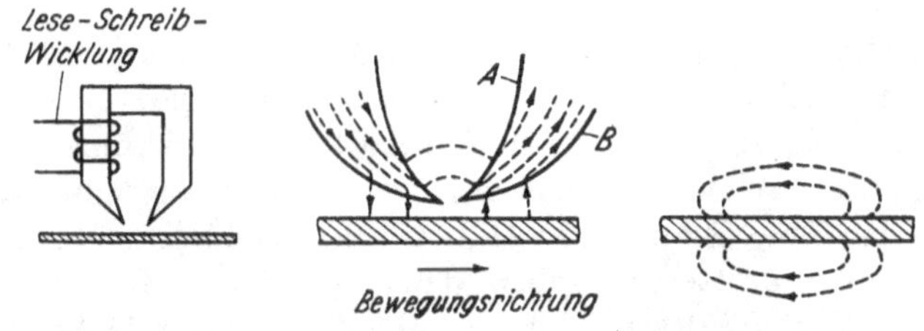

a) b) c)

Abb. 5.1. Ringkopf

Schicht berührt oder ihr nahe kommt, gelangt ein Teil des Flusses auf seinem Weg von der einen Polspitze zur anderen auch durch dieses Material. Insofern als die Ringstruktur einen offenen Raum einschließt, können die Lese- und Schreibwicklungen in der in Abb. 5.1a gezeigten Art angebracht werden.

Der Ringkopf ist von dem Meß- oder Fühlerkopf zu unterscheiden, einem nadelförmigen Stab aus magnetischen Werkstoff, dessen Ende nahe an die Magnetfläche heranreicht. Schickt man einen Stromstoß durch diese Spule um den Kern aus magnetischem Werkstoff, so wird ein kleiner kreisrunder Fleck erzeugt. Diese Köpfe bieten nach dem gegenwärtigen Stand der Technik keine erkennbaren Vorteile und sollen hier nicht weiter besprochen werden.

Abb. 5.1b ist eine qualitativ vergrößerte Darstellung einer idealisierten Polspitzenform eines Ringkopfes, wobei die Strichlinien den Kraftlinienverlauf angeben. Beim Entwurf eines Schreibkopfs kommt es im Idealfall auf eine Verstärkung des Streueffekts an. Natürlich kann der ganze Strom nur dann durch das magnetische Speichermaterial geschickt werden, wenn der Abstand zwischen den Polspitzen untereinander groß, der Abstand zwischen den Polspitzen und der Speicherschicht oder „Oberfläche" hingegen klein ist. Auch muß die „Oberfläche" dick genug sein, um den gesamten Fluß aufzunehmen. Da aber eine große Entfernung der Polspitze dem wichtigsten Ziel, nämlich der großen Bitdichte der Oberfläche, entgegenwirkt, macht man den Abstand der Polspitzen gewöhnlich so klein, wie es praktisch möglich ist. Um dann die Flußmenge zu verringern, die nur von einer Polspitze zur anderen fließt und dadurch verloren geht, muß die Form derart gewählt werden, daß die Spaltbreite in Abhängigkeit von der Oberflächenentfernung stark vergrößert wird. Da die Breite nicht unendlich groß zu sein braucht, wird der innere Rand einer idealen Spitze etwa wie Kurve A in Abb. 5.1b ausgebildet. Um bei hoher Bitdichte einen guten Streueffekt zu erzielen, muß die Entfernung zwischen dem Kopf und der Oberfläche rasch zunehmen, wobei auch die Entfernung vom Spalt maßgebend ist. Doch kann diese Abhängigkeit die mit A bezeichnete Kurve nicht überschreiten. Um einen bequemen Kraftlinienverlauf zu haben, macht man die Querschnittsfläche der Polspitzen so groß als möglich. Dieses Erfordernis steht zur vorgenannten Bedingung in Widerspruch, so daß die äußere Grenze qualitativ die in Abb. 5.1b mit B bezeichnete Kurvenform erhält.

Wenn die Stärke des vom Kopf erzeugten Magnetfeldes ausreicht, wird die magnetische Werkstoffschicht an der Speicherfläche derart gesättigt, daß das Gebiet unter den Polspitzen auch nach Abschaltung des Stroms in der Schreibwicklung bzw. auch nach Verschiebung des Kopfes an eine andere Stelle magnetisch bleibt. Die Größe des magnetischen Gebiets entspricht offenbar nahezu der Fläche unmittelbar neben den Polspitzen. Da aber die Stärke und Richtung des Streufeldes an den verschiedenen Oberflächenpunkten eine komplexe Funktion der Gesamtform, der magnetischen Eigenschaften des Kopfes und der Speicherfläche ist, läßt sich das gespeicherte Magnetfeld nicht exakt berechnen.

Obwohl das Speicherprinzip grundsätzlich einfach ist, läßt sich das Ansprechverhalten der Speicherfläche nicht leicht darstellen, wenn die Oberfläche während der Einschaltdauer des Schreibstroms im Kopf in Bewegung bleibt. Sowohl bei Bändern als auch bei Scheiben ist die Oberfläche tatsächlich während des Lesens und Schreibens ständig in Bewegung. Die Bewegungsrichtung ist senkrecht zum Spalt, wie es der Pfeil in Abb. 5.1b anzeigt. Ohne den Zustand der Magnetisierung in allen Einzelheiten als Funktion der Lage und Zeit beschreiben zu wollen, sei doch festgestellt, daß beim Anlegen eines Schreibstroms und Bewegen des Trägers ein mehr oder weniger gleichmäßig magnetisiertes Gebiet entsteht. Es entsteht ein magnetischer Oberflächenstreifen, der sich wie eine Art von Stabmagneten mit dem in Abb. 5.1c gezeigten äußeren Kraftlinienverlauf verhält. Wie durch Versuche festgestellt wurde, verlaufen die Kraftlinien des Rückflußweges auf beiden Seiten der Schicht, obwohl sich der Kopf nur auf einer Seite befand (die Unterlage der Magnetschicht wurde in Abb. 5.1 weggelassen). Heute beträgt die Spaltlänge — senkrecht zur Bildebene von Abb. 5.1 — allgemein das Mehrfache der Spaltbreite, so daß der für den einzelnen Bit maßgebende magnetisierte Streifen mit seiner größten Dimension senkrecht zur Bewegungsrichtung steht.

Wie später ausführlich besprochen werden soll, entspricht es der allgemeinen Schreibpraxis, daß der Strom im Kopf ständig mit voller Amplitude aufrechterhalten wird, daß aber die Stromrichtung bei der Aufzeichnung einer 0 oder 1 entsprechend umgekehrt wird. Eine „Spur" längs der Speicherfläche kann daher als eine Folge von Stabmagneten dargestellt werden, wobei zwei benachbarte Magnete jeweils mit ihrem Süd- und Nordpol aufeinanderstoßen. Ein Querschnitt einer derartigen Spur mit gespeicherter Information ist in Abb. 5.2a dargestellt.

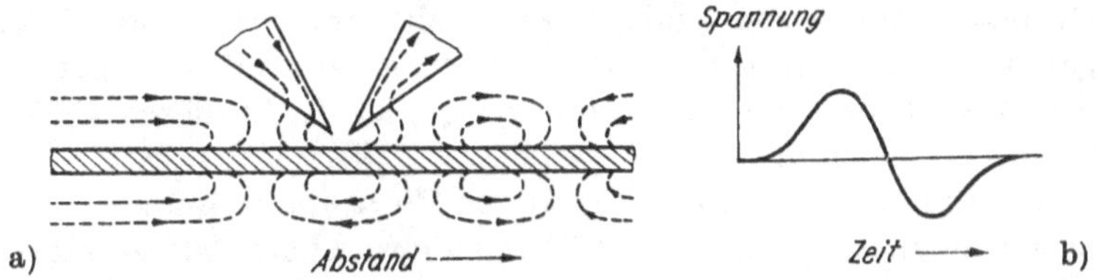

Abb. 5.2. Lesevorgang

Wenn der gleiche oder ein ähnlicher Kopf über die Spur geführt wird, so wird im Kraftlinienweg des Kopfes solange ein Fluß erzeugt wie sich der Kopf auf dem einem Stabmagneten entsprechenden Teil der Fläche fortbewegt, wie Abb. 5.2a zeigt. Da die induzierte Spannung der Änderungsgeschwindigkeit der Flußverkettungen gleich ist, wird eine Spannung mit bestimmter Polarität induziert, sobald sich der Kopf der Grenze zwischen zwei derartigen Magneten nähert. Eine Spannung mit entgegengesetzter Polarität entsteht hingegen, wenn der Kopf dieses Gebiet verläßt. Das Ausgangsspannungssignal ist in Abb. 5.2b zu sehen. Hier entspricht die Horizontalachse der Zeit und nicht dem Weg. Der Kopf befindet sich in der Lage, in der er die maximale Flußmenge aufnimmt. Der Kraftlinienverlauf wird durch die Strichlinien qualitativ angedeutet.

5.3. Polspitzenform für den praktischen Betrieb

Strebt man eine hohe Bit-Dichte an, so wird die „ideale" Polspitzenform gemäß Abb. 5.1a unpraktisch, weil sich bei der erforderlichen sehr kleinen Spaltweite eine Ausrichtung nur schwer vornehmen läßt. Eine den Erfordernissen der Praxis besser angepaßte Polspitzenform ist in Abb. 5.3 zu sehen. Der Spalt liegt zwischen zwei parallelen Flächen der Polspitzen. Die Spaltweite w_s wird durch ein zwischengelegtes unmagnetisches Abstandsstück aufrechterhalten (auf dem Bild weggelassen). Die Polspitzen werden abgeflacht. Die Grenzen der Polspitzen werden im Winkel Θ zur Fläche weitergeführt. Der Abstand zwischen Kopf und Oberfläche wird mit l_a, die Dicke der Magnetschicht mit d_0 bezeichnet.

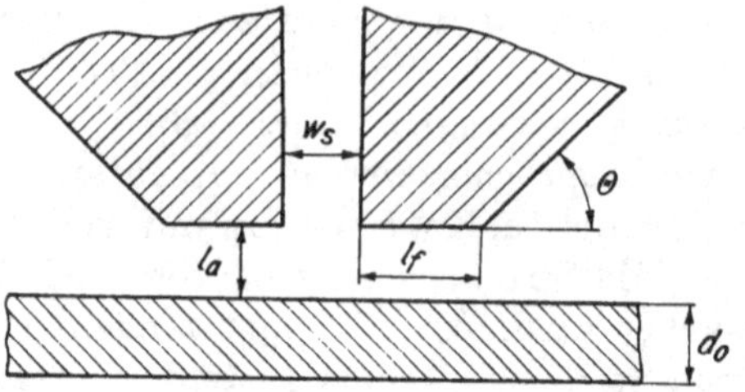

Abb. 5.3. Eine für die Praxis geeignetere Spitzenform für sehr kleine Abmessungen zur Anwendung bei entsprechend hoher Bitdichte

Nach dem gegenwärtigen Stand der Technik liegen die Werte w_s, l_f und d_0 in der Größenordnung von einigen zehn Mikrometern, obwohl auch Abweichungen um das Doppelte und mehr möglich sind. Bei gewissen Ausführungsarten ist l_f das Mehrfache von w_s, l_a oder d_0, In diesen Fällen hat die Größe Θ keine Bedeutung.

Legt man auf große Bit-Dichte besonderen Wert, dann müssen w_s, l_a, d_0 und l_f so klein als möglich gemacht und Θ möglichst gleich 90° gewählt werden. Doch sind hierbei angemessene Proportionen zu beachten. Wird z. B. w_s ohne entsprechende Verminderung von l_a sehr klein gewählt, so wird die Bit-Dichte hierdurch praktisch nicht verbessert, denn in diesem Falle laufen die Kraftlinien im Bereich zwischen den Polspitzen und nicht durch den Raum zwischen Kopf und Speicherfläche, so daß der Kopf mit einer annehmbaren Schreibstromamplitude überhaupt keine Aufzeichnungen mehr machen kann.

Wenn andererseits l_f sehr klein und Θ gleichzeitig gleich 90° gewählt werden, so wird die Querschnittsfläche des Kraftlinienweges im Kopf derart klein, daß der Kopf keine ausreichende Kraftlinienzahl an die Speicherfläche abgeben kann. Macht man in einem dritten Beispiel d_0 kleiner, so wird auch die maximal mögliche Amplitude des Ausgangs-Signals beim Lesen kleiner, von anderen Erwägungen ganz abgesehen. (Die Wahl kleiner d_0-Werte hängt heute mehr von den magnetischen Eigenschaften des Speichermaterials als der geometrischen Gestalt der Polspitzen ab, wie noch gezeigt werden soll. Vom Standpunkt der Form ist ein kleines d_0 erwünscht, um die früher gespeicherte Information auch in dem Falle zu löschen, wo die Schreibstromamplitude etwas kleiner geworden ist.)

Obwohl der Einfluß der verschiedenen geometrischen Faktoren auf die Kopfleistung in einigen wichtigen Versuchen untersucht wurde, kennt man die Optimalwerte noch nicht. Neben den Dimensionen selbst ist auch die Tatsache zu beachten, daß bei einer Sättigung des Polspitzen-Werkstoffs beim Schreiben der Streufluß in den Polspitzen selbst einsetzt und die Leistung des Kopfes hierdurch vermindert wird. Auch ist die Weite senkrecht zur Bildebene der Abb. 5.3 nicht unendlich groß, das Feldbild des Kopfes an den „Spaltenden“ (d. h. an den Spurenkanten) anders, als es sich aus der zweidimensionalen Elementargeometrie ergibt. Diese Abweichungen lassen sich jedoch auf einfache Weise weder messen noch berechnen.

5.4. Kopfmaterial

Bei der Herstellung von Magnetköpfen kommt es darauf an, Wirbelströme zu vermeiden. Deshalb werden für moderne Magnetköpfe Ferrite verwendet, die einen hohen Widerstand besitzen. Die Herstellungsart aus dünnen Metallblechschichten ist heute veraltet. Doch wird die Zusammensetzung der meistbenutzten Ferrite offenbar noch nicht öffentlich bekanntgegeben. Der Verfasser hat jedenfalls beim Studium der Handelskataloge und einem gelegentlichen Schriftwechsel nur bei einer einzigen Firma Angaben gefunden (Ferroxcube Corporation of America). Diese Gesellschaft bietet zwei verschiedene Kern-Werkstoffe unter den Bezeichnungen 3 R7 und 4 R5 an; diese besitzen eine Anfangspermeabilität (μ) von 4500 bzw. 1600 und unterscheiden sich noch in einigen sonstigen Gesichtspunkten, die hier unerörtert bleiben sollen. Es werden nur wenige Standardarten der Kerne angeboten, doch wäre es für Betriebe, die ihre eigenen Köpfe herstellen, wünschenswerter, besondere Spezialausführungen zu bekommen.

Gewisse Firmen bieten komplette Magnetköpfe im Handel an, während viele der Rechnerproduzenten ihre eigenen Magnetköpfe herstellen. Aber auch hier werden ebenso wie bei dem Kernmaterial viele wichtige Produktionsstufen geheimgehalten. Besonders bei Verwendung von Bändern muß man den Kopf mit einer sehr dünnen, glatten und harten Schicht überziehen, damit der Kopf- und Bänderverschleiß gering bleibt. In manchen Fällen nimmt man hierfür Glas, doch sind die betreffenden Aufschmelzverfahren in der Regel patentiert.

5.5. Der Schwebekopf

In Magnetbandgeräten ist es möglich, das Band unter Berührung des Kopfes vorbeigleiten zu lassen. Obwohl zweifellos ein Verschleiß eintritt, benötigt man eine relativ geringe Kraft, um das Band an den Kopf zu drücken. Das verschlissene Band kann leicht und ohne ubermaßige Kosten durch ein anderes ersetzt werden. Bei Magnettrommeln und Scheiben hingegen muß man schon eher den Kopf als die Magnetfläche bewegen, um Kontakt zu halten, sofern die Oberfläche ungenau zentriert oder uneben ist. Da der Kopf eine größere Masse hat, braucht man auch entsprechend größere Kraft, um einen Aufprall des Kopfes zu verhindern. Auch sind bei Trommeln und Scheiben die Oberflächengeschwindigkeiten gewöhnlich viel größer als die Bandgeschwindigkeit. Jeder Teil der Speicherfläche fliegt mehrmals pro Sekunde am Kopf vorbei, während dies beim Band einmal im Verlauf von mehreren Minuten der Fall ist. Hierdurch wird der Verschleiß derart stark, daß ein Kontaktbetrieb mit Trommeln oder Scheiben im allgemeinen als vollkommen undiskutabel gilt.

Vor Erfindung des Schwebekopfes wurden Magnettrommeln gewöhnlich unter sorgfältigster Beachtung der mechanischen Toleranzen entworfen und hergestellt. Bei einem Abstand des Kopfes von der Fläche von etwa 0,025 mm und weniger, wie es für eine einigermaßen gute Bit-Dichte erforderlich ist, stellten exzentrisch laufende Trommeln und ungleichmäßige Wärmedehnungen von Rahmen und Trommel offensichtlich sehr ernste Probleme dar. Magnetscheiben mit starr eingebauten Köpfen konnten auf Grund der mechanischen Toleranzprobleme praktisch nirgends eingesetzt werden. Eine in frühen Scheibengeräten verwendete Anordnung beruhte auf dem sog. BERNOULLI-Effekt, kurz gesagt auf der Tatsache, daß der Druck in einem Flüssigkeitsstrom der Geschwindigkeit umgekehrt proportional ist. Der Scheibenkopf besaß eine kreisrunde, ebene Oberfläche, die die Scheibenfläche bedeckte. In der Kopffläche gab es kleine Löcher, in welche Luft eingeblasen wurde. Die Luft war bestrebt, den Kopf von der Scheibe wegzudrücken. Dem BERNOULLI-Effekt entsprechend hatte die zwischen dem Kopf und der Scheibe mit hoher Geschwindigkeit entweichende Luft nur einen geringen Druck, so daß der atmosphärische Druck auf der anderen Seite des Kopfes ausreichte, um ihn in sehr großer Nähe von der Scheibe zu halten. Obwohl diese Methode noch angewandt wird, gilt sie als veraltet.

Der „Schwebekopf" könnte genauer als „luftgeschmiertes Gleitgelenk" bezeichnet werden. Gleitgelenke sind den Maschinenbauingenieuren seit längerer Zeit bekannt. Sie bestehen aus einem Stabelement mit konvexer Stützfläche und einer ebenen Platte, auf welcher der Stabkopf gleitet. Die Maschinenbauingenieure wußten gleichfalls, daß bei Schmierung derartiger Gelenke mit einer Flüssigkeit, etwa Öl, die beiden Stützflächen einander nicht mehr berühren, sondern durch eine dünne Schmiermittelschicht getrennt sind. Da diese elementare Tatsache längst bekannt war, scheint es verwunderlich, daß die Verwendung des Gelenkprinzips erst nach 1950 zur Einhaltung eines engen Abstands zwischen dem Kopf und der Fläche an Magnettrommeln und Scheiben zur Anwendung kam. An den ersten Trommeln, die nach diesem Prinzip arbeiteten, „schwammen" die Köpfe auf einer Ölschicht, die in entsprechendem Maße als Strahl vor dem Kopf auf die Trommeloberfläche aufgespritzt wurde.

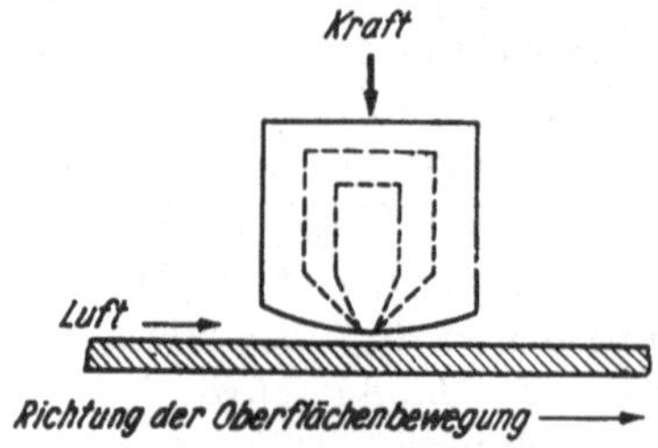

Abb. 5.4. Schwebekopf

Wie lange den Ingenieuren die Möglichkeit bekannt ist, Öl durch ein Gas, besonders durch Luft, zu ersetzen, weiß man nicht genau, doch scheint dieser Gedanke den Computer-Ingenieuren 1959 erstmals gekommen zu sein (vgl. die Bibliographie). Ganz abgesehen von der Verschmutzung, die bei Verwendung größerer Ölmengen unvermeidlich ist, bietet die Verwendung von Luft den Vorteil, daß die Luftmoleküle durch die vorbeigleitende Fläche von selbst an die Auflagerstelle gezogen werden. Man benötigt daher keine Luftpumpe, Kompressor bzw. Zuleitung.

Der Schwebekopf ist in Abb. 5.4 zu sehen. Der durch Strichlinien umrandete Magnetkern ist in einem Block aus unmagnetischem Stoff eingebettet. Der

Krümmungsradius der konvexen Fläche ist ziemlich groß; tatsächlich ist die „Pfeilhöhe“ bei manchen Ausführungsarten nur etwa 2,5 Mikrometer und ergibt so einen Abstand zwischen dem Kopf und der Speicherfläche von gleicher Größe. Der heute erreichbare Abstand von Kopf und Speicherfläche hängt natürlich von der Oberflächengeschwindigkeit und dem auf den Kopf ausgeübten Druck, wie auch von der Pfeilhöhe ab. Bei geeigneter Konstruktion benötigt man, um den Kopf im Abstand von 2,5 Mikrometer vor der Fläche zu halten, einen Druck, der etwa das Hundertfache des Kopfgewichts beträgt. Bei Abweichungen vom richtigen Abstand wird demnach mit einer Kraft von 100 p zurückgedrückt, daher kann der Kopf der Fläche beim Umlauf der Trommel oder Scheibe auch bei hohen Umlaufgeschwindigkeiten mit einer Genauigkeit von wenigen tausendstel Millimeter folgen.

Der Schwebekopf wurde sehr ausgiebig mathematisch untersucht, doch scheinen die Entwurfsparameter einiger besonderer Ausführungsarten mehr auf Grund von empirischen Untersuchungen gewählt worden zu sein, wobei die Oberflächengeschwindigkeit, die Pfeilhöhe, die angelegte Kraft und andere Faktoren berücksichtigt wurden. Richtlinien für den Entwurf der Schwebeköpfe sollen in diesem Buche nicht gegeben werden.

Wenn die Trommel oder Scheibe nicht mit voller Tourenzahl läuft, wie es beim Anfahren und Anhalten der Fall ist, so reicht die zum Kopf angesaugte Luftmenge nicht aus, um den Kopf von der Speicherfläche entfernt zu halten. Da die starke Druckkraft auch bei kurzer Einwirkungsdauer einen starken Verschleiß zur Folge hätte, muß der Kopf bei ungenügender Drehzahl oder fehlender Leistung von der Speicherfläche weggedrückt werden. Zu diesem Zwecke wurden verschiedene elektromechanische Vorrichtungen entwickelt, auf die wir im Rahmen dieses Buches nicht näher eingehen können.

5.6. Einige Betrachtungen zur Speicheroberfläche

Ebenso wie bei den Magnetkernspeichern kommt es bei den Magnetflächenspeichern vor allem darauf an, daß der betreffende Werkstoff eine rechteckige Hystereseschleife besitzt. Bei Verwendung eines Kernspeichers mit sehr geringer Koerzitivkraft ist es wünschenswert, den Treibstrombedarf zu verringern. Zur Erzeugung großer Ausgangssignale ist eine auch nach Beseitigung des Magnetfeldes verbleibende hohe Kraftliniendichte (Remanenz) erwünscht. Aus den gleichen Gründen wäre eine geringe Koerzitivkraft und hohe Remanenz auch bei Oberflächenspeicherung vorteilhaft, wobei allerdings die Forderung nach einer hohen Bitdichte an die Speicheroberfläche die Verhältnisse grundlegend verändert.

Wenn die Bits dicht aneinandergepackt sind, so sollte das vom magnetischen Material für ein bestimmtes Bit vorliegende Magnetfeld den Magnetisierungszustand des gespeicherten Nachbar-Bits möglichst wenig beeinflussen. Dieser

Einfluß bleibt minimal, wenn das Magnetfeld des ersten Bezirks möglichst schwach ist. Ein schwaches Feld ergibt aber eine geringe Remanenz. Andererseits wird die Wirkung des einen gespeicherten Bits auf das nächste verringert, wenn das Material des nächsten Bits einem Magnetfeld gegenüber resistent ist. Eine hohe Koerzitivkraft verleiht diese Resistenz. Ist die Remanenz Null, so kann das Speichermedium selbstverständlich nicht arbeiten, ist die Koerzitivkraft aber sehr hoch, so kann der Kopf überhaupt nicht schreiben. Trotzdem ist ein hohes Verhältnis der Koerzitivkraft zur Remanenz im Interesse einer hohen Bitdichte erwünscht.

Abgesehen von der Beeinflussung durch die benachbarten Bit-Speicherbezirke ist zu beachten, daß der Kraftlinien-Rückflußweg durch die Luft führt (anders als in Ringkernen), wie man in Abb. 5.2a erkennen kann. Hierdurch wird das magnetische Material im Bereich eines jeden gespeicherten Bits entmagnetisiert. Der Einfluß des Magnetfeldes eines bestimmten Bit-Speicherbezirks ist daher im eigenen Bereich ebenso schädlich, wie in den Nachbarbereichen. Doch läßt sich diese Wirkung auf gleiche Weise verringern, indem man nämlich Material mit einem hohen Verhältnis von Koerzitivkraft zu Remanenz auswählt.

Die Entmagnetisierung hängt ebenso von der äußeren Form des Bit-Speichergebiets wie von den magnetischen Kennwerten des Speichermaterials ab. Wie im Zusammenhang mit den flachen „Folienkernen" im vorigen Kapitel besprochen, wo zur Erzeugung einer rechteckigen Hysterese-Schleife sehr dünne Schichten verwendet wurden, ist die Entmagnetisierungskraft dem Länge- zu Dichte-Verhältnis des Bereichs umgekehrt proportional. Wenn die Entmagnetisierung die Grenze vorgibt (nicht die Kopfform), so ist die erreichbare Bitdichte der Dicke des Speichermaterials umgekehrt proportional. Natürlich ist die für jedes Bit gespeicherte Kraftlinienzahl proportional der Dicke. Dieses Verhältnis scheint darauf hinzuweisen, daß die erreichbare Amplitude des Ausgangssignals bei Abnahme der Schichtdicke gegen Null gleichfalls gegen Null tendiert. Wenn jetzt die Bitdichte mit abnehmender Schichtdicke größer wird, so bleibt die Flußumkehrgeschwindigkeit im Kopf und die dabei entstehende Amplitude des Ausgangssignals mehr oder weniger konstant, sofern die Spaltbreite und die anderen Maße des Kopfes angemessen klein gemacht werden.

Beträchtliche Schwierigkeiten verursacht eine Aussage darüber, ob die Bitdichte nach dem heutigen Stand der Technik vom Kopfmaterial, von den Kopfmaßen oder von der Speicherfläche begrenzt wird. Auch in bezug auf die Speicherfläche ist unklar, ob die wechselseitige Beeinflussung der Bits oder die Entmagnetisierungskraft oder schließlich eine gewisse Kombination dieser beiden Effekte letztlich als begrenzende Ursache anzusehen ist. Vom praktischen Standpunkt beeinflußten Oberflächenfehler und Schmutzstellen an Bändern die oberste Grenze der Magnetflächenleistung in größerem Maße als theoretische Faktoren; welche Fortschritte sich in dieser Richtung erreichen lassen, bleibt gleichfalls zweifelhaft.

Als magnetischen Werkstoff verwendet man für die Oberflächenspeicherung entweder γ-Eisenoxyd (γ-Fe_2O_3) oder eine bestimmte Nickel-Kobalt-Legierung. Das γ-Eisenoxyd hat kubische Kristallstruktur und braune Farbe. Es unterscheidet sich dadurch von anderen Formen, besonders dem α-Eisenoxyd (α-Fe_2O_3), das unmagnetisch ist, rote Farbe hat und als Pigment Verwendung findet. Auch der schwarze Magnetit (Fe_3O_4) wurde in gewissem Umfang für Oberflächenspeicher verwendet. Aus γ-Eisenoxyd macht man gewöhnlich unrunde Partikel mit einem Länge-Breite-Verhältnis von etwa 5. Die Partikel werden mit einem Bindemittel besprüht oder in die Mixtur eingetaucht. Das Bindemittel wird getrocknet und erhärtet. Erfolgt dieser Prozeß in einem geeigneten Magnetfeld, so werden die Partikel räumlich ausgerichtet und ergeben isotrope Körper, deren magnetische Eigenschaften kreisförmigen oder zufällig orientierten Partikeln gegenüber verbessert sind. Insbesondere können die Partikel eine leichte Magnetisierungsachse parallel zur Feldrichtung zeigen, die vom Kopf zum Lesen und Schreiben verwendet wird. Bei Verwendung einer Nickelkobalt-Oberfläche wird die Magnetschicht im allgemeinen galvanisch hergestellt. Die Herstellung der magnetischen Oberfläche selbst ist ein aufwendiger Prozeß. Obwohl viele Informationen hierüber publiziert wurden (vgl. Bibliographie), stellen die heute benutzten Werkstoffe und Verfahren tatsächlich ein weiteres Gebiet der Rechenmaschinentechnik dar, das, wie viele andere, von den Produzenten größtenteils geheim gehalten wird.

5.7. RZ-Aufzeichnung

Bei RZ-Aufzeichnung[1]) fließt Strom durch die Wicklung des Schreibkopfes nur in dem Ausnahmefall, bei dem der Kopf genau über der Stelle steht, an der eine Binärzahl gespeichert wird. Wenn eine Zahl geschrieben werden soll, fließt der Strom in der einen oder anderen Richtung durch den Kopf; der Fluß bewegt sich dann durch in der Speicherfläche in der einen oder der entgegengesetzten Richtung, je nachdem, ob eine Null oder Eins gespeichert werden soll. Die RZ-Aufzeichnung ist vielleicht die „augenscheinliche" Speichermethode; sie wurde sehr viel in den früheren Magnetspeichertrommeln verwendet, wo es vor allem auf die Möglichkeit ankam, den Binärwert einer Zahl aus einer zufällig gewählten Stelle zu verändern, ohne die Speicherung der angrenzenden Bits auf derselben Spur zu beeinflussen. Die RZ-Aufzeichnung wird auch heute noch in Fällen angewendet, wo es auf diese Möglichkeit ankommt. Bei den meisten heutigen Band- und Scheibengeräten (den beiden heute am meisten verwendeten Oberflächenspeicherarten) werden Speicherung und Wiedergewinnung in größeren Bit-Gruppen vorgenommen (englisch als „records" bezeichnet). Eine Aufzeichnung einer solchen Gruppe erfolgt längs eines Spurabschnitts, wie es gewöhnlich bei Scheiben der Fall ist. Sie kann

[1]) RZ abgeleitet von Return-to-Zero, Rückkehr auf Null (Anm. d. dtsch. Red.).

aber auch auf mehreren parallelen Spuren eines Bandstücks erfolgen, doch wird in jedem Falle zwischen den aufeinanderfolgenden Aufzeichnungen ein räumlicher Abstand gelassen. Wenn auch nur ein einziges Bit geändert werden soll, wird die ganze Aufzeichnung in veränderter Form geschrieben. Daher kommt es gar nicht zur Störung der angrenzenden Bits.

Man kann die RZ-Aufzeichnung verwenden, wenn man gleichzeitig mehrere Gruppen (record-at-a-time storage) oder gleichzeitig mehrere Bits speichert (bit-at-a-time storage). Bei Speicherung von Gruppen kann man die Bits dichter packen, als es möglich ist, wenn einzelne gespeicherte Bits geändert werden sollen. Wenn die Bits sehr dicht auf einer Spur gepackt werden, „verschwimmen" die Signale der einzelnen Ziffern, so daß die elementaren Verfahren zur Unterscheidung der Binärwerte an der Polarität diskreter Ausgangsimpulse unverwendbar werden. Verfahren zur Entnahme der Information aus dem Ausgangssignal, das von dickgepackten, nach der RZ-Methode gespeicherten Bits erzeugt wird, wurden in Kap. 7 des Buches „Digital Computer Components and Circuits" beschrieben. Da diese Verfahren aber bis heute keine nennenswerte praktische Verwendung gefunden haben, sollen sie hier auch nicht weiter besprochen werden.

Wenn die Bits dicht gepackt und nach dem RZ-Verfahren aufgezeichnet wurden, so unterscheidet sich die Sachlage tatsächlich nur unwesentlich von der Aufzeichnung der Bits nach der NRZ-Methode, die im nächsten Abschnitt beschrieben werden soll. Selbst wenn ein Bit durch einen kurzen Stromstoß im Kopf geschrieben werden soll, kann sich das Magnetfeld in der Lücke bis zum angrenzenden Gebiet ausdehnen und eine ähnliche Wirkung ausüben, wie in dem Falle, wo der Strom während einer Zeitdauer aufrechterhalten wird, die für die Speicherung eines Bits vorgesehen ist.

5.8. NRZ-Aufzeichnung

Abb. 5.5a zeigt am Beispiel einer Bitfolge die elementare NRZ-Aufzeichnung[1]). Obwohl der Strom als Funktion der Zeit dargestellt ist, kann man ihn sich als Funktion der Entfernung auf der Spur vorstellen, wobei angenommen wird, daß die Flächengeschwindigkeit am Kopf konstant ist.

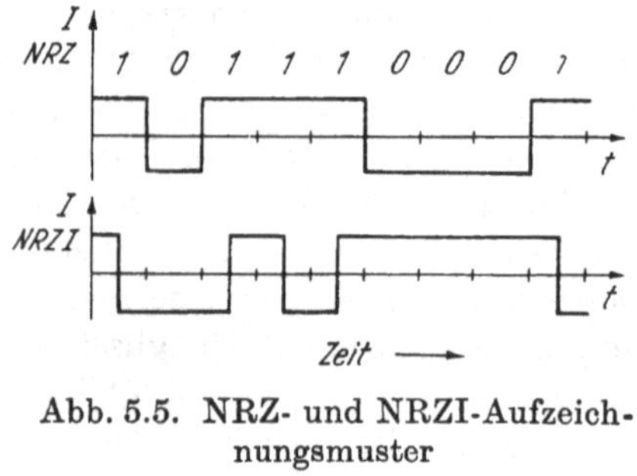

Abb. 5.5. NRZ- und NRZI-Aufzeichnungsmuster

Wird ein Magnetband mit mehreren parallelen Spuren verwendet, so hat die NRZ-Aufzeichnung folgenden wesentlichen Nachteil: Bei einer längeren Folge von Nullen oder Einsen wird ein Ausgangssignal nur am Anfang und am Ende der Folge gegeben. Werden z. B.

[1]) NRZ abgeleitet von Non-return-to-Zero; ohne Rückkehr auf Null (Anm. d. dtsch. Red.).

Buchstaben des Alphabets gespeichert, wobei der gleiche Buchstabe mehrmals auf dem gleichen Band gespeichert wird (wobei jedes Bit jeder Kode-Kombination auf einer besonderen Spur aufgezeichnet ist), so wird für einige Buchstaben kein Ausgangssignal erzeugt. Dieses Problem entsteht unabhängig von der Binärkodekombination, für die den einzelnen Buchstaben gewählt wird. Die Verwendung von Redundanz-Bits, um Fehler zu entdecken oder für Korrekturen, kann das Problem nicht lösen, weil bei jeder Wiederholung des Buchstaben auch dieselben Bits verwendet werden.

Benötigt wird eine Aufzeichnungsmethode, bei der eine Flußumkehr in mindestens einer Spur für jeden Buchstaben erfolgt, unabhängig von der gespeicherten Buchstabenfolge. Die in Abb. 5.5b gezeigte Modifikation der NRZ-Methode in Kombination mit einer entsprechenden Kodierung, welche für jeden Buchstaben mindestens eine Eins in der Schlüsselgruppe enthält, führt zum gewünschten Erfolg. Die modifizierte NRZ-Aufzeichnung wird gewöhnlich als NRZI-Aufzeichnung angegeben. Merkwürdigerweise stand die I früher für IBM, während man heute vielfach an „Austausch in Eins“ denkt. Zu jeder Zeit oder Stelle, in der eine Eins zu speichern ist, wird die Stromrichtung im Kopf umgekehrt. Keine Stromumkehr findet an den Stellen statt, wo eine Null gespeichert wird, unabhängig davon, welche Richtung nach der letzten Speicherung einer 1 zufällig vorherrscht. Ob die Stromumkehr in der Mitte der einer Binärzahl entsprechenden „Zelle“ stattfindet, wie in Abb. 5.5b dargestellt, oder ob sie am Anfang beginnt, wie des gewöhnlich der Fall ist, ist nur eine Frage der Phasendefinition und hat keine grundsätzliche Bedeutung für die Operation selbst. Da die Ausgangsimpulse alle auf einen Punkt der Stromumkehr zentriert werden, scheint die in dem Bild gezeigte Phase „natürlicher“ zu sein. Das NRZI-Aufzeichnungsverfahren hat die gleichen Begrenzungen der Impulsdichte wie das NRZ-Verfahren.

In Abb. 5.6b wird die Ausgangssignalspannung entsprechend dem NRZI-Verfahren als eine Funktion der Zeit (oder des Weges) für eine Folge von Zahlen gezeigt, die auch in Abb. 5.6a dargestellt ist. Da bei der Speicherung eines Bits mindestens eine Stromumkehr stattfindet, gibt es als Ausgangssignal entweder einen Impuls für 1 oder keinen Impuls für 0, obwohl die Polarität der Impulse bei aufeinanderfolgenden 1 wechselt und eine Gleichrichterschaltung benötigt wird. Der wirkliche Nachweis der Impulse kann durch irgend eine Schaltungsart erfolgen. Wenn die Speicherstellen auf beliebige Weise synchronisiert sind, wie etwa durch Verwendung einer Zeitspur (Taktspur) parallel zu einer oder mehreren Informationsspuren, so kann das Ausgangssignal in geeigneten Zeitabständen „abgetastet“ werden. Hat man keine Taktspur, kann man ein entsprechend verstärktes gleichgerichtetes Ausgangssignal zur Ansteuerung einer in Kapitel 3 beschriebenen SCHMITT-Triggerschaltung verwenden. In anderen Fällen können die Impulse zur Ansteuerung eines Flip-Flops verwendet werden.

Wenn zur Speicherung eines jeden Bits ein reichlicher Abstand längs der Spur, wie bei der Einteilung in Abb. 5.6a und 5.6b verfügbar ist, so liefern die entstehenden diskreten Ausgangsimpulse eine direkte Darstellung der gespeicherten Information. Problematisch wird der Versuch der Aufzeichnung einer relativ großen Bit-Dichte, wie es in Abb. 5.6c und 5.6d dargestellt ist.

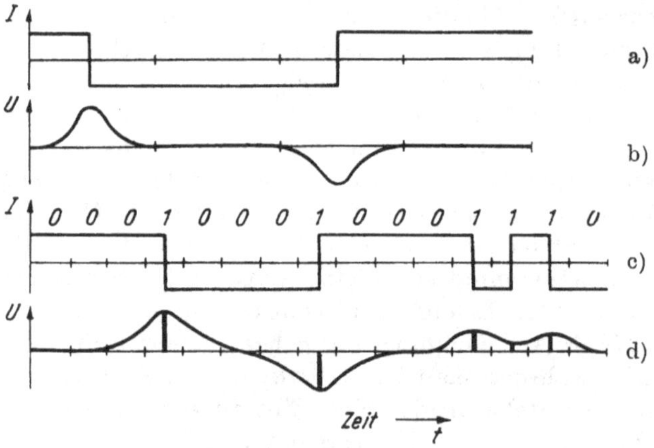

Abb. 5.6. Das NRZI-Aufzeichnungssignal für zwei verschiedene Bitdichten

Eine Zeit- oder Weg-Skala liegt hier zwar in gleicher Weise wie bisher vor, nur wird eine wesentlich größere Zahl von Bits gespeichert. Unabhängig davon, ob die „Breite" des Ausgangsimpulses durch Kennwerte oder Maße des Kopfmaterials oder die entsprechenden Werte des Speicherflächenmaterials bestimmt wird, erzeugt die große Bit-Dichte einen Ausgangsimpuls, der auf die angrenzenden Speicherplätze übergreift. In den Fällen, wo eine Eins nach der NRZI-Methode gespeichert wurde, steht jeweils vorher und nachher eine Folge von 0-Werten, wie es für die beiden ersten Einsen in Abb. 5.6c gezeigt wird. Die Ausgangsform ist im Vergleich zum Fall mit geringer Bit-Dichte unverändert. Trotzdem ist die Ausgangssignalamplitude für die angrenzenden 0-Werte nicht gleich Null. Zur Bestimmung der richtigen Werte der gespeicherten Zahlen benötigt man natürlich verbesserte Signalerkennungsschaltungen. Das Problem ist bei anderen Zahlenfolgen schwieriger, z. B. dreimal Eins, vorher und hinterher eine Folge von Nullen, wie auf der rechten Seite von Abb. 5.6c gezeigt wird. In diesem Falle ist die Gesamtflußumkehr für dreimal Eins ebenso wie für einmal Eins. Würde die Bit-Dichte groß genug gemacht, so können die einzelnen Flußumkehrungen nicht mehr unterscheidbar werden. Abb. 5.6d zeigt einen „Dip" in der Ausgangswellenform an der Stelle, wo die mittlere der drei Einsen gespeichert ist. Eine Polaritätsumkehr findet aber nicht statt. Bei noch größerer Bit-Dichte verschwindet auch dieser „Dip".

Natürlich könnte die gespeicherte Information einem Signal gemäß Abb. 5.6d entnommen werden. Verwendet man z. B. das Impulsabtastverfahren und eine Bit-Dichte, die ungefähr das in der Abbildung gezeigte Ausgangssignal erzeugt, so gilt folgende Regel: Ein Nicht-Null-Signal beliebiger Polarität im

Mittelpunkt einer Zelle ist als 1 anzusehen, sofern nicht das Signal im Mittelpunkt einer und nur einer unmittelbar vorangehenden oder folgenden Speicherzelle die gleiche Polarität und eine größere Amplitude besitzt. Um auch den Fall mit zu erfassen, wo ein von drei aufeinanderfolgenden Einsen erzeugter „Dip" zufällig ein Ausgangssignal erzeugt, das im Mittelpunkt (d. h. an der Stelle der mittleren Eins) genau Null ist, muß man die Regel derart erweitern, daß ein Nullsignal als Eins zu lesen ist, wenn die Signale der unmittelbar vorangehenden und nachfolgenden Speicherzellen die gleiche Polarität haben.

Es wurde versucht, die NRZ- oder NRZI-Aufzeichnung bei hohen Bit-Dichten in Kombination mit den im vorigen Abschnitt empfohlenen Verfahren zu verwenden. Auf Grund der allgemeinen Schwierigkeiten, die bei der Entwicklung von Schaltungen zum Vergleich der Amplituden aufeinanderfolgender Signale zu überwinden waren, und der hohen Störgeräusch-Empfindlichkeit ist das Interesse an diesem Weg zu hoher Bit-Dichte offensichtlich erloschen. Wie schon gesagt wurde, konnte man einfach durch Verwendung kleiner Kopfspaltweiten und sonstiger Maße viel größere Fortschritte erzielen. Erst als die Grenzen einer weiteren Verkleinerung praktisch erreicht waren, erwachte erneut das Interesse an Schaltungen, die die Zahlen aus „verschwommenen" Signalen eliminieren können.

5.9. Zeitsteuerungsprobleme beim NRZ-Verfahren

Bei der NRZ-Aufzeichnung ergibt eine lange Folge gleicher Zahlen eine Zeit lang ein Ausgangssignal der Amplitude Null. Die gleiche Situation liegt bei der NRZI-Aufzeichnung vor, wenn auch nur bei einer größeren 0-Folge. Wenn eine dieser Methoden ohne Taktspur arbeitet, wird es schwierig, die Zahl der Speicherzellen zu bestimmen, die am Kopf vorbeigeführt werden, wenn kein Ausgangssignal erzeugt wird.

Wird eine NRZI-Aufzeichnung auf einem Magnetband mit verschiedenen parallellaufenden Spuren aufgezeichnet, so ist bei Verwendung aus diesen Spuren mindestens eine Eins zu finden und so eine Lösung des Problems möglich. Alle gemeinschaftlich betrachteten Spuren arbeiten dann als eine Art Taktspur, in der die auf irgend einer Spur abgetastete Eins als Zeitsteuersignal für alle Spuren dient. Diese Lösung hat ihre Grenzen insofern, als vorkommende Bandverzerrungen die Zeitsteuerung ungenau machen. Bei sehr hohen Bit-Dichten, wo die Verzerrung größer als die verfügbare Speicherzellenlänge und selbst größer als zwei und mehr Zellen werden kann, ist diese Lösung nicht mehr realisierbar.

Eine andere Lösung sieht die Kodierung der Zahlen einer Spur derart vor, daß z. B. bei mindestens jedem fünften Bit ein Ausgangssignal erzeugt wird. Wenn jeder Impuls aufgenommen wird, kann ein Zeitgeber betätigt werden, der die am Kopf vorbeigehenden Speicherzellen zählt. Bei manchen Ausführungsarten, besonders wenn nur eine Spur auf einer Scheibe benutzt wird und zur Fehlersuche stets Redundanz-Zahlen eingesetzt werden, ist dieses System durchaus annehmbar und ziemlich befriedigend. Auf Grund der durch Störgeräusche erfolgenden Impulsverschiebungen, Schwankungen der Oberflächengeschwindigkeiten und anderer Faktoren ist fünf wohl die höchste Zahl der aufeinanderfolgenden signallosen Zellen, die auf diesem Wege gezählt werden können.

Eine befriedigendere Lösung dieses Problems erfordert eine Abkehr von den elementaren NRZ- und NRZI-Aufzeichnungsmethoden und den Übergang zu einem Verfahren, das mindestens eine Stromumkehr im Kopf für jede Zahl vorsieht, unabhängig davon, ob eine Null oder eine Eins gespeichert wird. Diese Methode soll im nächsten Abschnitt besprochen werden.

5.10. Aufzeichnungs-Methode basierend auf Phasenverschiebung oder Frequenzverdopplung

Abb. 5.7 zeigt vier Verläufe von Aufzeichnungsströmen, wobei für jede Zahl, ganz gleich ob 1 oder 0, mindestens eine Stromumkehr im Schreibkopf vorgesehen ist. Bei der Schreibmethode A läuft der Strom für eine Eins in der einen

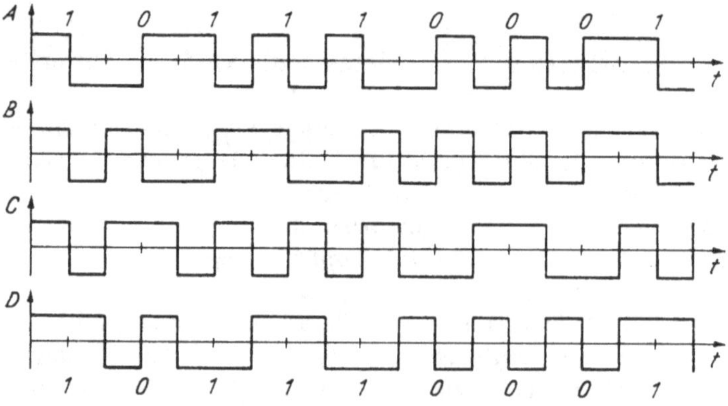

Abb. 5.7. Verschiedene Aufzeichnungsmuster

Hälfte der Speicherzelle in der einen Richtung, in der zweiten Hälfte der Zelle in der entgegengesetzten Richtung. Das gleiche gilt für Null mit dem Unterschied, daß die entsprechenden Richtungen umgekehrt sind. Der Aufzeichnungsstrom wechselt gewissermaßen mit einer Frequenz, die der Bit-Länge gleich ist, doch besteht zwischen 1 und 0 ein Phasenunterschied. Wenn die gespeicherte Zahlenfolge zufällig aus einem ständigen Wechsel zwischen 1 und 0 besteht, so ergibt sich ein Aufzeichnungsstrom, der mit einer der halben Bitlänge entsprechenden Frequenz wechselt.

Die Zeile B in Abb. 5.7 zeigt einen Aufzeichnungsstrom, bei dem eine 0 aufgezeichnet wird, indem die Phase des Signals von der vorigen Zahl beibehalten wird (unabhängig davon, welchen Wert die vorhergehende Zahl hatte und unabhängig von der für diese Zahl benutzte Phase), wogegen für eine Eins eine Phasenumkehr eintritt. Bei einer Variante von B ist die Phasenumkehr für die 0 und nicht für die 1 vorgesehen.

Beim Verlauf C, der manchmal als Frequenzverdoppelung bezeichnet wird, wechselt der Schreibstrom bei Null einmal, bei einer Eins zweimal. Wie man in Abb. 5.7c sieht, beginnt die Umkehr am Anfang einer jeden Zelle, eine zweite Umkehr für die Eins erfolgt im Mittelpunkt der Zelle. Die Umkehrungen können entlang der Zeitachse verschoben werden. Es ergeben sich dann Strombilder, die wesentlich anders zu sein scheinen, die aber tatsächlich auf dem gleichen Grundsatz beruhen.

Zeile D in Abb. 5.7 entspricht der Zeile C mit dem Unterschied, daß für die Speicherung einer 0 zwei Umkehrungen und für eine 1 nur eine Umkehrung genommen wird. Der Sinn einer besonderen Form D ist darin zu suchen, daß bei einer großen Bit-Dichte das „Doppelfrequenz-Ausgangssignal" eine kleine Amplitude besitzt und im Falle D das Signal mit relativ großer Amplitude der Eins zugeordnet wird, was in mancher Hinsicht logischer erscheint.

Der Vollständigkeit halber sollen zwei weitere Formen erwähnt werden, obwohl sie keine offensichtlichen Vorteile bieten und in Abb. 5.7 nicht dargestellt sind. Sie ergeben sich aus einer „Doppelfrequenz"-Darstellung. In dem einen Fall schreibt man eine Eins mit einer oder mit zwei Stromrichtungsumkehrungen, je nachdem ob für die vorhergehende Zahl zwei oder eine Umkehr verwendet wurde. Eine 0 wird gespeichert, indem man die gleiche Anzahl von Richtungsumkehrungen verwendet wie bei der vorhergehenden Zahl. Der zweite Fall ist ähnlich, nur daß die Rollen für 1 und 0 vertauscht sind.

Vom Standpunkt der eigenen Taktung und der begrenzten Bit-Dichte gleichen sich alle vorgenannten Muster im wesentlichen. Jedes aufeinanderfolgende Paar von Stromwendungen wird durch eine ganze oder halbe Zelle getrennt, die zeitlich oder als Spurweg angegeben wird. Das Problem besteht in der Entwicklung einer Funktionsgruppe, die es ermöglicht, die gespeicherte Information dem Ausgangssignal zu entnehmen, das vom Kopf beim Lesen erzeugt wird. Die in Abb. 5.7 gezeigten Verläufe unterscheiden sich jedoch darin, daß bei gewissen Kombinationen von Mustern und Lesemethoden ein Fehler auch alle folgenden Zahlen beeinflußt (bis er durch einen neuen Fehler kompensiert wird), während bei anderen Kombinationsarten der Lesefehler bei einer bestimmten Zahl die Bedeutung der folgenden Zahlen nicht beeinträchtigt.

5.11. Gewinnung der gespeicherten Zahlen aus dem Ausgangssignal, das mit Phasenverschiebung oder Frequenzverdoppelung aufgezeichnet wurde

Ist die Bit-Dichte ausreichend klein, so ergibt jede Umkehr des Schreibstroms beim Ablesen wieder einen deutlich unterscheidbaren Ausgangsimpuls. Bei diesen geringen Bit-Dichten besteht das Problem der Informationsentnahme lediglich in der Feststellung, ob ein Impuls in einem Abstand von ungefähr einer ganzen oder einen halben Zelle dem vorherigen Impuls folgt. Zur Erledigung dieser Funktion kann eine große Anzahl von Schaltungen ausgedacht werden, wofür meist die in Kap. 3 beschriebenen Transistorschaltkreise als Grundlage dienen können. Obwohl die zur Übersetzung der aus der Impulstastung gewonnenen Information in Binärzahlen erforderlichen Schaltkreise von der jeweilig ververwendeten Kodierung abhängen, ist das logische Entwurfsproblem einfach.

Das Problem der Informationsgewinnung aus dem Ausgangssignal ist komplizierter, wenn die Bit-Dichte relativ hoch ist und die Amplitude des Ausgangssignals vom Abstand der Flußumkehrungen abhängt. Zur Veranschaulichung dieses Problems zeigt Abb. 5.8a das Strombild für eine Folge von Binärzahlen, die durch einfache Phasenverschiebungen aufgezeichnet wurden (Methode A in Abb. 5.7. Das Problem bleibt für alle im Zusammenhang mit diesem Bild besprochenen Methoden im wesentlichen unverändert). Abb. 5.8b gibt eine qualitative Darstellung der Ausgangsspannung U, wobei angenommen wird, daß die Bitdichte derart groß ist, daß die Ausgangsamplitude empfindlich gestört wird, wenn die Umkehr des Schreibstroms zufällig in die Mitte des Zellenintervalls fällt. Der „offensichtliche" Weg besteht in der Verstärkung und Amplitudenbegrenzung des Signals. Dann wird es zu entsprechenden Zeiten abgetastet, im vorgenannten Falle jeweils im Mittelpunkt jeder Zelle. Die

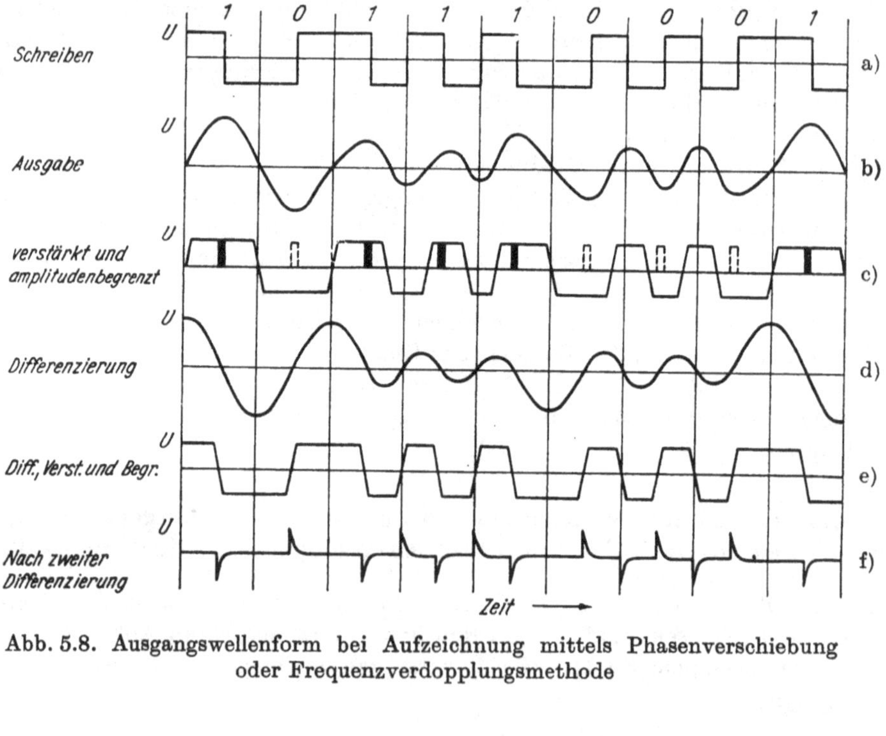

Abb. 5.8. Ausgangswellenform bei Aufzeichnung mittels Phasenverschiebung oder Frequenzverdopplungsmethode

Abtastimpulse sind in Abb. 5.8c dargestellt, und zwar als Vollstriche in den Zellen mit gespeicherter Eins und mit punktierter Linie in den Zellen mit gespeicherter Null. Doch erfordert das Abtasten eine Taktspur, auf welche bei der Phasenverschiebungs- und Frequenzverdoppelungsmethode ja gerade verzichtet werden soll. Gelegentlich pflanzt sich ein Fehler in diesen Fällen in die nächstfolgenden Zellen nicht fort, sofern die Abtastimpulse keine Phasenstörung erhalten. Bei jener Aufzeichnungsmethode, die für die Eins eine Phasenänderung und für eine Null keine Phasenänderung verwendet, wie in Abb. 5.7 Verlauf B, läßt sich allerdings eine Fortpflanzung nicht vermeiden.

Eine Form der Informationswiedergewinnung aus dem Ausgangssignal, die über eine eigene Zeitsteuerung verfügt, ist auf den unteren drei Zeilen des Bildes 5.8 zu sehen. Das Ausgangssignal wird zunächst differenziert, wie in Abb. 5.8d qualitativ dargestellt wird. Das differenzierte Signal wird dann verstärkt und begrenzt, worauf man das in Abb. 5.8e gezeigte Signal erhält. Die Flanken dieses Signals werden in scharfe Impulszacken umgeformt, indem man das Signal durch einen zweiten Kondensator schickt. Dieser arbeitet als eine Art Differenzierglied. Da aber zwischen den beiden Differenzierprozessen eine Amplitudenbegrenzung vorgenommen wird, unterscheidet sich der Ausgangswert sehr wesentlich von der zweiten Ableitung des Ausgangssignals. Die in Abb. 5.8f gezeigten Ausgangssignale entsprechen jetzt den Impulsen, die man bei geringer Bitdichte ohne weiteres aufzeichnen würde.

Für die Weiterverarbeitung der so gewonnenen Impulse werden im wesentlichen die gleichen Schaltkreise gebraucht wie bei Aufzeichnung mit geringer Bitdichte. Allerdings können die Störgeräusche bei hohen Dichten die Lage der Ausgangsimpulse gegenüber der Zelle stark beeinflussen. Man muß daher beim Entwurf die Schaltungen, die darüber entscheiden, ob ein bestimmter Impuls in voller oder halber Zellenbreite dem vorigen Impuls folgt, mit einer entsprechenden Sicherheitsspanne versehen. Bei Verwendung des in Abb. 5.8a gezeigten Schreibstroms-Muster ergibt ein Fehler der Zeitabtastschaltung eine ungenaue Phasenanzeige für alle nachfolgenden Signale. Bei Verwendung der Phasenverschiebungsmethode mit selbständiger Zeitsteuerung muß man das Schreibmuster B in Abb. 5.7 wählen, obwohl auch Muster A durchaus brauchbar ist, wenn eine Taktspur verfügbar ist und die entsprechenden Abtastimpulse liefert.

Für die Schreibstrombilder der Zeilen C und D müssen die vorstehenden Angaben etwas abgeändert werden, doch sind die Abweichungen geringfügig und lassen sich leicht ableiten.

Es wurden noch weitere Systeme für die Informationswiedergewinnung für die Phasenverschiebungs- oder Frequenzverdoppelungsmethoden gefunden und erprobt. Einige Systeme arbeiten selbst dann, wenn die einzelnen „Wellenzüge" im Ausgangssignal nicht erkennbar sind, wie etwa bei zweimaliger Schreibstromumkehrung in einer Zelle, obwohl die eigene Taktung dann nicht möglich ist. Ein System filtert zunächst die im Ausgangssignal enthaltenen höheren Frequenzen heraus und tastet das Resultat für Amplituden ab, die über einer gewählten Schwelle liegen. Die hierbei abgetasteten Spitzenwerte entsprechen den Teilen des Schreibstrombildes, wo nur eine Flußumkehrung pro Zelle stattfindet. Doch sind gewisse Schwierigkeiten bei Zahlenmodellen aufgetreten, wie sie in Abb. 5.8b als Ausgangssignale der fünften und sechsten Zellen vorliegen, wo die Zwischenamplituden der Ausgangsimpulse verschiedener Polarität von einer einzigen Schreibstromumkehrung pro Zelle stammen, die inmitten einer Folge von Halbzellenumkehrungen liegt. Bei der Entwicklung des Systems ist zunächst zu realisieren, daß das Ausgangssignal differenziert wird, und dann die höheren Frequenzen ausgefiltert werden. Auf diese Weise werden zwei Impulse mit entgegengesetzter Polarität in einen einzelnen Impuls mit relativ großer Amplitude umgewandelt. Vgl. hierzu die fünfte und sechste Zelle in Abb. 5.8d.

Andere Ausführungsarten verwenden eine Methode, die als „simulierte" Differenzierung des Ausgangssignals bezeichnet werden könnte. Das Ausgangssignal wird verzögert und vom unverzögerten Ausgangssignal abgezogen. Man verwendet dann die Differenz der Signale. Bei bestimmten Ausführungsarten stellt die Verzögerung nur einen geringen Bruchteil der einer Zelle zugeteilten Zeit dar. Sie kann aber auch ebenso groß wie eine volle Zellenzeit sein. Das resultierende differenzierte oder „Differenz"-Signal wird daraufhin auf Spitzenwerte untersucht. Wie zuvor entspricht jeder Spitzenwert einem Teil des Schreibstrombildes, bei dem eine ganze Zelle innerhalb zweier Stromumkehrungen vorbeigegangen ist. Die Übersetzung der Spitzenwerte in Binärzahlen hängt, wie schon gesagt wurde, von der Form des verwendeten Kodes ab, ist aber in einigen Fällen unkompliziert.

5.12. Ein Vergleich der Aufzeichnungsmethoden

Die allgemeinen Vorzüge der Phasenverschiebungs- und Frequenzverdoppelungsverfahren gegenüber den konventionellen NRZ- oder NRZI-Aufzeichnungsmethoden wurden bis heute noch nicht voll eingeschätzt. Bei geringen Bit-Dichten ist die Möglichkeit der eigenen Gewinnung der Taktimpulse der Phasenverschiebungs- und Frequenzverdoppelungsmethoden zweifellos dort ein Vorzug, wo dies benötigt wird. Bei höheren Bitdichten, wo die Taktimpulsgenerierung nicht möglich ist, muß der Vergleich von subtileren Gesichtspunkten ausgehen. Für Zahlenfolgen, wo eine Schreibstromumkehr pro Zelle entfällt, sind alle Methoden im wesentlichen gleich. Ein Unterschied ergibt sich dort, wo keine oder zwei Stromrichtungsumkehrungen pro Speicherzelle vorkommen. Bei höheren Bitdichten ergeben zwei Umkehrungen pro Zelle ein Ausgangssignal, das eine sehr kleine, nicht verwendbare Amplitude hat und in gewissen Systemen sogar ausgefiltert wird. Bei NRZ- oder NRZI-Aufzeichnungen ergibt eine entsprechende Zahlenfolge kein Ausgangssignal, aus dem einfachen Grund, weil beim Schreiben keine Stromumkehr stattfindet.

Mit anderen Worten scheinen die Phasenverschiebungs- und Frequenzverdoppelungsmethoden bei hohen Bitdichten im wesentlichen die gleichen Beschränkungen zu haben wie die NRZ- oder die NRZI-Methoden. Es ist möglich, daß die genaue Einordnung des Ausgangssignals (ausgedrückt in Zeit oder Spurweg) mit Phasenverschiebung oder Frequenzverdoppelung besser vorgenommen werden kann, da eine dem Spitzenwert entsprechende Stromumkehr nicht über eine Zelle hinausgreifen kann. Mit NRZ- oder NRZI-Mustern kann eine wesentliche „Streuflußbildung" im Magnetflußmuster eintreten, wenn die benachbarten Flußumkehrungen einen Abstand von mehreren Zellen haben. Doch hängt der Einflußgrad dieses Faktors von vielen Entwurfsparametern ab. Die Art dieser Abhängigkeit ist aber noch keineswegs bekannt.

Wie zu erwarten war, erhält das Problem der Störgeräusche bei größerer Bitdichte für alle Aufzeichnungsmethoden größere Bedeutung. Die größten Störquellen stellen Verschmutzungen der Speicherfläche und Materialfehler dar. Diese Behauptung gilt auch dann, wenn der Kopfspalt und die anderen Maße entsprechend verkleinert werden, so daß alle Ausgangsimpulse diskret sind. Wenn für einen gegebenen Abschnitt die Bitdichte so groß wird, daß die Interferenz benachbarter Impulse die Informationsrückgewinnung stört, wird das Störgeräusch-Problem noch kritischer. Dieser Sachverhalt scheint gegen die Phasenverschiebungs- und Frequenzverdoppelungs-Aufzeichnungsmethoden bei Bitdichten zu sprechen, wo die Taktimpulsgenerierung genutzt werden kann und tatsächlich genutzt wird.

Nach dem heutigen Stand der Technik sind die Spaltweite und die anderen Maße so klein, daß Störgeräusche selbst bei geringen Bitdichten, die wesentlich über der Grenze der Impulsinterferenzen liegen, eine Begrenzung erforderlich machen. Deswegen muß die Bitdichte unter jenem Wert gehalten werden, bei welchem ein Ausgangssignal entsteht, wie es Abb. 5.6d für die NRZI-Aufzeichnung oder Abb. 5.8b für die Phasenverschiebungs-Aufzeichnung darstellt. Die entsprechenden Zahlengewinnungssysteme sind dann nicht anwendbar. Zu einem späteren Entwicklungszustand der Technik ist es aber durchaus möglich, daß die Beseitigung der Verschmutzungen und Materialfehler großere Fortschritte macht als die Kleingerätetechnik. Dann wird auch das Interesse an Arbeiten im Bereich so hoher Bitdichten wieder größer werden, wo die einzelnen Ausgangssignale ineinander verschwimmen.

5.13. Impulsverschmälerung

Als Verfahren zur Impulsverschmälerung (Impulse-slimming) bezeichnet man einige Verfahren, mit denen die Breite der einzelnen Impulse verringert wird, um größere Bit-Dichten längs der Magnetspur zu ermöglichen. Eine der hierfür geeigneten Methoden ist in Abb. 5.9 zu sehen, wo die Kurve E einen einzelnen Ausgangsimpuls darstellt. Die Amplitude wird an den Punkten verkleinert, wo die Steigung der Annäherung an den zentralen Punkt von beiden Seiten her größer wird. Andererseits wird die Amplitude in der Nähe des Mittelpunktes vergrößert, wo die Steigung kleiner wird. Die Steigung wird durch die Ableitung dE/dt dargestellt, die Änderungsgeschwindigkeit durch die zweite Ableitung d^2E/dt^2. Man erhält den Verschmälerungs-Effekt, indem man ganz einfach die zweite Ableitung, die mit einem Faktor kleiner oder größer als 1 multipliziert werden kann, vom Impuls selbst abzieht. Das Ergebnis $E - d^2E/dt^2$ ist in Abb. 5.9 zu sehen, wo die erste und zweite Ableitung mit dargestellt sind.

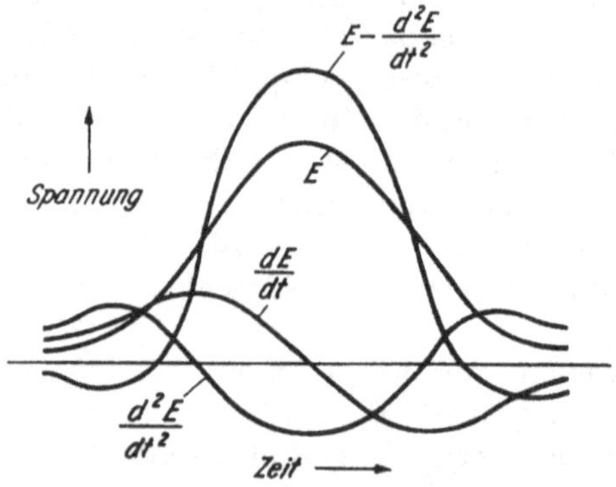

Abb. 5.9. Impulsverschmälerung

Da die Amplitude von d^2E/dt^2 größer als E an allen Punkten ist, die weiter als ein bestimmter Abstand vom Impulszentrum entfernt sind, ergibt sich das im Bild gezeigte Überschwingen. Man kann dieses Überschwingen vermeiden und eine weitere Verschmälerung des Impulses erreichen, indem man Schaltungen verwendet, die das Ausgangssignal auf Null festklemmen, sobald das ursprüngliche Signal und dessen zweite Ableitung die gleiche Polarität haben, und die dem Ausgangssignal die größte Amplitude immer dort geben, wo die zweite Ableitung die entgegengesetzte Polarität zum ursprünglichen Signal besitzt.

Statt der Addition der zweiten Ableitung zum Signal kann auch eine Multiplikation der beiden Wellenformen durchgeführt werden. Man verwendet hierfür ein Multipliziergerät, das einem der in Analogrechnern üblichen Multiplikatoren ähnlich ist.

Wenn man heute überhaupt einen Multiplikator verwendet, so kann man das ursprüngliche Signal ebenso gut mit sich selbst multiplizieren. Tatsächlich verdient dieses Verfahren den Vorzug in allen den Fällen, wo verschiedene Impulse sehr eng beieinander liegen und die vom Lesekopf erzeugte Wellenform annähernd eine Sinuskurve ist. Da in diesem Falle die zweite Ableitung auch eine um 180° gegenüber dem ursprünglichen Signal verschobene Sinuswelle ist, würde eine Subtraktion der zweiten Ableitung keinerlei Impulsbreitenverringerung erzeugen, während die Multiplikation mit der zweiten Ableitung, abgesehen vom Vorzeichen, das gleiche Ergebnis hätte, wie die Multiplikation mit dem ursprünglichen Signal. Eine weitere Realisierungsart der Impulsbreitenverkleinerung geht von zwei Annahmen aus:

a) die Wellenform eines isolierten Ausgangsimpulses wird ziemlich genau durch einen Ausdruck $A\, e^{-kt^2}$ dargestellt, wobei t die Zeit und A und k Konstanten sind;

b) wenn zwei oder mehrere Impulse zeitlich eng aufeinanderfolgen, so kann das resultierende Signal durch eine Punkt-zu-Punkt-Addition der einzelnen Impulse abgeleitet werden. Experimentelle Befunde scheinen überraschenderweise zu bestätigen, daß diese beiden Annahmen in einer großen Zahl praktischer Anwendungsfälle zutreffen. Das Zutreffen von b) hängt von der Tatsache ab, daß das Ausgangssignal vom Lesekopf eine lineare Funktion der Flußänderungsgeschwindigkeit ist. Das trifft natürlich zu, da die Flußdichte im Kopf beim Lesen so gering ist, daß weder eine Sättigung des Kopfmaterials noch ein anderer nichtlinearer Effekt festgestellt werden kann. Die Gültigkeit von b) scheint auch von der Tatsache abzuhängen, daß eine Beschränkung der Bit-Dichte im Kopf und nicht in der Speicherfläche erfolgt, weil in Entwürfen, wo die Bits so dicht gepackt sind, daß die einzelnen Magnetbezirke bestrebt sind, einander gegenseitig zu entmagnetisieren, die Wirkung zweifellos stark nichtlinear sein muß.

Wenn die Form des Ausgangsimpulses am Kopf durch einen mathematischen Ausdruck wie den vorgenannten darstellbar und k bekannt ist, kann man ein System aus linearen Elementen (Widerständen, Kondensatoren und Drosseln) entwerfen, um den Impuls in eine andere Wellenform zu verwandeln, insbesondere in eine Form, die schlanker als die ursprüngliche ist. Wenn ferner die Annahme b) tatsächlich zutrifft, bewirkt das lineare System eine Impulsbreitenverkleinerung an zwei oder mehreren Einzelimpulsen, selbst wenn diese sich im Filtereingang überlappen.

Verfahren für den Entwurf derartiger Systeme sind im Bereich der Schaltungstheorie seit längerer Zeit bekannt, wogegen die Anwendung dieser Verfahren zur Impulsbreitenverkleinerung bei Magnetflächenspeichern eine neuere Entwicklung darstellt. Bisher wurden nur die Resultate gewisser sorgfältig überprüfter Laborversuche publiziert (vgl. Bibliographie). Nach diesen Resultaten scheint eine Impulsverschmälerung mit dem Faktor zwei und eine entsprechende Verdoppelung der Bit-Dichte erreichbar zu sein. Jedoch ist das Ansprechverhalten des Systems wahrscheinlich falsch, wenn die Kopfimpulse nicht genau die Wellenform und Breite haben, für welche das System entworfen wurde, oder wenn beträchtliche Störgeräusche vorhanden sind.

Da eine Impulsbreitenverringerung, besonders wenn sie mit einem linearen System ausgeführt wird, die (zeitliche) Ortung der Spitzenwerte überlagerter Impulse vornimmt, hat dieses Verfahren im wesentlichen das gleiche Ziel wie die Aufzeichnungsmethoden mit Phasenverschiebung und Frequenzverdoppelung, wenn diese bei hohen Bit-Dichten verwendet werden. Demnach muß man die Anwendung von Methoden zur Impulsverschmälerung eher als eine Alternative, denn als ein zusätzliches Mittel zur Verbesserung der Bit-Dichte ansehen. Wenn auch diese Methoden meist zur Anwendung bei der NRZ- oder NRZI-Aufzeichnung empfohlen wurden, eignen sie sich natürlich bei Beachtung bestimmter Entwurfsparameter auch zur Kombination mit anderen Aufzeichnungsmethoden. Das Prinzip der Impulsbreitenverringerung hat noch keine abgeschlossene Entwicklung erfahren, so daß die verschiedenen Lösungsversuche noch nicht ausgiebig untersucht und gegeneinander abgewogen werden konnten. Da die Bestrebungen, zu höherer Bitdichte zu gelangen, fortgesetzt werden, besteht wahrscheinlich nach wie vor Interesse an dieser Konzeption, wenn auch ihre evtl. Bedeutung heute schwer abgeschätzt werden kann.

5.14. Störgeräuschbeseitigung

Die Beseitigung von Geräuschen aus dem informationstragenden Signal stellte von den Anfängen der elektronischen Nachrichtensysteme an ein offensichtlich interessantes Problem dar. Es wird einem Bild- oder Tonsystem sehr viel Aufmerksamkeit gewidmet, wo die Wellenform des Informationssignals dem Konstrukteur des Systems unbekannt ist, mit Ausnahme der Tatsache, daß die Frequenzkomponenten eines Signals in einem bestimmten Durchlaßbereich begrenzt sind. Bei derartigen Signalen stellt die Beseitigung von Störungen meist eine Ausfilterung von Komponenten dar, die außerhalb des Durchlaßbereiches liegen. Geräuschkomponenten, die ins Durchlaßbereich fallen, lassen sich im allgemeinen überhaupt nicht beseitigen. Natürlich kann man gewisse bekannte Übertragungsverfahren verwenden (z. B. die Breitband-Frequenzmodulationsverfahren), wodurch das Eindringen von Geräuschen in ein Übertragungssystem mehr oder weniger verhindert werden kann. Auch im Falle der Zahlenübertragung findet eine Störunterdrückung statt, indem das empfangene Signal in ein Binärsignal der gleichen Form zurückverwandelt wird, in der es abgesendet wurde, obwohl das Signal in diesem Falle Fehler enthalten kann.

Im Falle eines informationstragenden Signals, wie es vom Lesekopf eines Magnetflächen-Speichersystems erzeugt wird, unterscheidet sich die Situation von einem Bild- oder Tonsignal sehr wesentlich insofern, als die Wellenform des Signals bekannt ist, besonders wenn die unter a) und b) genannten Annahmen zutreffen. Demnach kann man ein System — in diesem Falle eine Art von „Filter" — herstellen, welches wohl die Informationssignale, aber keinerlei Störgeräusche hindurchläßt, die nicht die gleiche Wellenform wie die Informationssignale haben (und tatsächlich hat kein Störsignal diese Wellenform). Dieser Filter beseitigt die Störungen, selbst wenn die Rauschkomponenten im gleichen Frequenzbereich wie die Informationssignale liegen. Ebenso wie es bei der Impulsbreitenverringerung der Fall ist, ist auch die Entwurfsmethode für rauschunterdrückende Filter im Bereich der Netzwerktheorie seit längerer Zeit bekannt; doch hat diese Theorie erst seit nicht allzu langer Zeit ihren Eingang in die Magnetflächenspeicher gefunden. Tatsächlich sind bisher nur wenige technische Artikel zu dieser Frage veröffentlicht worden (vgl. Bibliographie). Obwohl der Entwurf eines geeigneten Filters ein aufwendiges mathematisches Verfahren erfordert und obwohl hierbei meist recht komplizierte Filter benötigt werden, wenn sie nur aus handelsüblichen Widerständen, Kondensatoren und Induktivitäten zusammengesetzt sind, ist die Rauschunterdrückung derartiger Filter erstaunlich.

Es handelt sich hier nicht um „Klebestellengeräusche", die durch Schmutzteilchen bzw. Oberflächenfehler hervorgerufen werden, sondern um das noch mehr oder weniger kontinuierliche Rauschen, das sich aus der endlichen Größe der Magnetteilchen in der Speicherfläche ergibt. Dem gegenwärtigen Stand entsprechend verursacht dieses Rauschen keine Einschränkungen zu hohen Bit-Dichten hin. Trotzdem ist die Störbeseitigung als Vorstufe für die Anwendung hoher Bit-Dichten wichtig, da in Verbindung mit der besprochenen Impulsbreitenverringerung gute Ergebnisse erzielt werden können. So wie jedoch höhere Bit-Dichten aus anderen Gründen angestrebt werden, so gewinnen das Rauschen aufgrund der endlichen Teilchengrößen und die Methoden der Rauschunterdrückung immer mehr an Bedeutung.

In jedem digitalen Datenübertragungssystem, in dem das die Information tragende Signal eine bekannte Kurvenform aufweist, erscheint die Anwendung von analogen Filternetzwerken zur Rauschunterdrückung im Durchlaßbereich sowohl möglich als auch wünschenswert. Allerdings sind dem Autor bisher noch keine Beispiele hierfür bekannt geworden. Dieses Problem liegt jedoch in Datenübertragungssystemen etwas anders, da die Bandbreite dort scharf begrenzt ist und so die „ideale" Impulsform durch $\sin \omega t/t$ und nicht durch e^{-t^2}, wie von RICHARDS in „Electronic Digital Systems", Kap. 5 dargelegt, beschrieben wird. Sowohl für Datenübertragungssysteme als auch für Magnetflächenspeichersysteme befinden sich praktische Verfahren zur Störungsunterdrückung in informationshaltigen Signalen noch in ihren Anfängen.

5.15. Betrachtung der Magnetflächenspur als digitale Datenübertragungsleitung

In einem digitalen Datenübertragungssystem erzeugt ein Geber Signale, die auf einer Übertragungsleitung zum Empfänger an einer vom Geber räumlich mehr oder weniger entfernten Stelle weitergeleitet werden. Die Laufzeit vom Geber zum Empfänger kann beträchtlich sein, doch hat sie für den Entwurf des Systems im allgemeinen keine große Bedeutung. Geeignete Verstärker der Übertragungsleitung kompensieren eine etwa eingetretene Dämpfung.

In einem Magnetflächenspeicher-System kann sich der Lesekopf an einer weit entfernten Stelle der Spur befinden. In diesem Falle ist die Speicherzeit gleich der Zeit, die tatsächlich für die Fortbewegung der Speicherfläche vom Schreibkopf zum Lesekopf benötigt wird. Andererseits kann der gleiche Kopf auch gleichzeitig zum Lesen und Schreiben dienen. Dann ist die Speicherzeit gleich der Zeitdauer, die vom ersten Durchgang der Stelle am Kopf (zum Schreiben) bis zum nächstfolgenden Durchgang (zum Lesen) verstreicht. Auch hier können geeignete Verstärker das vom Lesekopf erzeugte Signal zu einer annehmbaren Amplitude verstärken.

Bei Rückführung auf die in den beiden vorigen Abschnitten besprochenen Grundprinzipien besteht der einzige Unterschied zwischen der Magnetspeicherspur und einer digitalen Datenübertragungsleitung darin, daß der zeitliche Abstand zwischen Lesen und Schreiben (oder Senden und Empfangen) einem bestimmten Zweck dient, in einem digitalen Datenübertragungssystem aber keine Bedeutung hat. Für den Entwurf von digitalen Übertragungssystemen verfügt man über einen umfangreichen Wissensschatz, und es fragt sich nun natürlich, ob die hierfür entwickelten Entwurfsprinzipien auch zur Verbesserung der Magnetflächen-Speichertechnik verwendet werden können.

Das hervorragendste Merkmal der digitalen Datenübertragungstechnik besteht darin, daß die Leitung als Kanal angesehen werden kann, in welchem Sinuswellen mit Frequenzen zwischen einem Minimalwert (der auch Null sein kann, gewöhnlich aber nicht Null ist) und einem gewissen Maximalwert übertragen werden können. Die Frequenzdifferenz zwischen dem Minimum und dem Maximum bezeichnet man als Bandbreite des Kanals. Es wird angenommen, daß der Kanal die Signale innerhalb des ,,Durchlaßbereiches" nicht dämpft, während die Dämpfung aller Signale außerhalb des Durchlaßbereiches unendlich groß ist. Wenn die Übertragungsleitung selbst diese Eigenschaft nicht hat, werden entsprechende Verstärkerfilter-Anordnungen hinzugefügt, die diesen Effekt ausreichend gut reproduzieren. Die Übertragungsgeschwindigkeit ist nicht für alle Frequenzen des Durchlaßbereiches gleich groß. Die resultierende relative Phasenverschiebung von Signalen mit verschiedenen Frequenzen kann beträchtlich sein. Die sich daraus ergebenden Probleme werden für Frequenzen, die nahe am Rande des Durchlaßbereiches liegen, für lange Übertragungsleitungen besonders kritisch. Doch gibt es das Problem der Phasenverschiebung in einer Magnetflächen-Speicherspur nicht, weil die Übertragungsgeschwindigkeit von der Oberflächengeschwindigkeit abhängt und für die gespeicherten Signale aller Frequenzen gleich groß ist.

Die übertragbare Information pro Zeit für einen digitalen Datenübertragungskanal wird als ,,Kanalkapazität" bezeichnet und in Bits pro Sekunde ausgedrückt. In einem Kanal, in dem das Signal nicht verzerrt wird, wo aber weißes (Gaussches Rauschen) existiert, beträgt die Kapazität in Bits pro Sekunde $B \cdot \ln(1 + S/R)$. Hierbei ist B die Bandbreite in Hertz, S die mittlere Signalleistung und R die mittlere Rauschleistung am Empfänger. Das bedeutet, daß die Information durch den Kanal bei einer beliebig kleinen Fehlerhäufigkeit mit einer Geschwindigkeit übertragen werden kann, die gleich oder kleiner als C ist, sofern die Zahlen in einer geeigneten Weise kodiert werden und am Empfänger ein geeigneter Decoder verwendet wird (die erforderliche ,,Verschlüsselung" ist hier in Wirklichkeit nicht digital). In der Praxis ist bei den verwendeten digitalen Kodierungsmethoden die Fehlerhäufigkeit beträchtlich, selbst wenn die Übertragungsgeschwindigkeiten wesentlich kleiner als C sind.

Wenn eine Sinuswelle mit der Frequenz f (in Hertz) oder eine Serie von Binärzahlen mit einer Geschwindigkeit b (in Bits pro Sekunde) auf einer Magnetfläche gespeichert wird, die sich mit der Geschwindigkeit v (in Zentimeter pro Sekunde) bewegt, so beträgt die Speicherdichte D (in Hertz oder in Bits pro Sekunde) je nach dem f/v oder b/v. Dementsprechend ist die maximale Dichte der Digitalinformation $C/v = (B/v) \cdot \ln(1 + S/R)$ Bits pro Zentimeter. Diese Maximaldichte bleibt gleich, unabhängig von der Lage im Spektrum des Durchlaßbereiches, welches das aus Kopf, Fläche und Verstärker bestehende System besitzt. Wenn also zum Beispiel die Bandbreite B 10 Kilohertz beträgt, bleibt die Maximaldichte gleich, unabhängig davon, ob das gespeicherte Signal zwischen 0 und 10 Kilohertz oder 70 und 80 Kilohertz liegt, obwohl die Wellenform des gespeicherten Magnetflußmusters in diesen beiden Fällen sehr verschieden ist.

Vom Standpunkt der theoretischen Analyse weist das auf einer Magnetfläche gespeicherte Signal leider Verzerrungen auf, besonders bei Aufzeichnungen nach dem in Digitalsystemen üblichen Sättigungsprinzip. Noch größere Bedeutung hat auch die Tatsache, daß das enthaltene Rauschen kein weißes Rauschen ist, besonders wenn es durch Schmutzteilchen oder durch Oberflächenschäden verursacht wird. Die Verzerrungen werden verringert, wenn man auf die Sättigungsaufzeichnung verzichtet und ein in Tonaufnahmegeräten mit hoher Wiedergabetreue übliches sättigungsfreies Aufzeichnungsverfahren verwendet. Da die Amplitude des Ausgangssignals der Flußänderungsgeschwindigkeit im Lesekopf proportional ist, müssen die relativ hohen Frequenzkomponenten eines gespeicherten Signals beim Schreiben bzw. beim Lesen entsprechend gedämpft werden. Doch läßt sich dieses Ergebnis relativ einfach erreichen. Anders gesagt, das Verzerrungsproblem läßt sich mehr oder weniger lösen, aber nur auf Kosten der Amplitude des Ausgangssignals gegenüber der konventionellen digitalen Sättigungsspeicherung.

Wenn die Schmutzteilchen und Oberflächenfehler beseitigt werden können, so kommt die Amplitude des Restrauschens dem (weißen) Gaussschen Rauschen nahe und wird im Vergleich zur Signalamplitude, die einen hohen Signal-Rauschabstand S/R in der oben genannten Gleichung erzeugen soll, recht gering. Daher beträgt die erreichbare Bit-Dichte das Mehrfache des Ergebnisses, das mit den in den bisherigen Abschnitten dieses Kapitels beschriebenen Aufzeichnungsmethoden erreicht werden kann. Obwohl Schmutzteilchen oder Oberflächenmängel bei hohen Bit-Dichten den „Ausbruch" verschiedener Fehler verursachen würden, könnte man diese Fehler wohl mit entsprechenden Kodes, die die Fehlerausbrüche anzeigen oder korrigieren, wirksam behandeln, sofern diese Fehler selbst mit einer ausreichend geringen Wahrscheinlichkeit auftreten.

Zur weiteren Unterrichtung über dieses Thema verweisen wir den Leser auf Kapitel 5 des Buches „Electronic Digital System" von Richards, das die digitale Datenübertragung viel ausführlicher behandelt. Die Möglichkeit, eine Magnetflächen-Speicherspur als digitale Datenübertragungsleitung zu behandeln, wurde von verschiedenen Ingenieuren erkannt, doch sind den Berichten über die bisher geleistete Arbeit noch keine Anzeichen über künftige Entwicklungsmöglichkeiten in dieser Richtung zu entnehmen. Jedenfalls erfordert die Kodierung, um sich der Kapazität des Kanals mit hohem Signal-Rausch-Verhältnis anzunähern, den Einsatz von Mehrfachamplituden-Signalen (und nicht der gerade üblichen Zweiamplituden- oder binären Signale). Bisher wurden dem Verfasser keine Einsatzversuche derartiger Signale für die Magnetflächenspeicherung bekannt, obwohl die Notwendigkeit derartiger Signale für digitale Datenübertragungssysteme hoher Leistung bekannt ist.

5.16. Magnetscheiben

Viele Jahre lang wurden die Rechner gewöhnlich nach der Geräteart eingeteilt, die als Hauptarbeitsspeicher diente. Insbesondere bezeichnete man als „Trommelcomputer" einen Rechner mit einer Magnettrommel als Hauptspeicherelement. Obwohl Trommelrechner auf Grund ihrer relativ geringen Speicherkosten pro Bit immer noch verwendet werden, haben die verschiedenen Formen der Magnetkernspeicher, die über eine wesentlich größere Zugriffsgeschwindigkeit verfügen, die Trommeln allmählich auf die Funktion als große Zusatzspeicher beschränkt (wo Trommeln überhaupt verwendet werden), während das Element mit der höheren Zugriffsgeschwindigkeit als Zwischenspeicher dient. Bei Verwendung als Zusatzspeicher war selbst die relativ geringe Zugriffsgeschwindigkeit dieser Trommeln noch unnötig hoch, die Kosten überschritten das gewünschte Maß, die Trommeln selbst waren schwer und sperrig. Diese Faktoren sowie die bereits besprochene Erfindung des Schwebekopfes führten dazu, daß sich für die meisten Anwendungsfälle weitgehend die Scheibenform durchsetzte.

Beim Aufsuchen einer bestimmten Speicherstelle auf einem Scheibenspeicher kommt es auf folgende Arbeitsgänge an: a) Auswahl der Scheibe; b) Ansteuerung der Spur auf dieser Scheibe; c) Zugriff zum Speicherplatz auf der Spur. Zu den einzelnen Fragen dieses Zugriffsproblems gibt es viele Überlegungen und mehrere verschiedene Lösungsvorschläge. Am besten haben sich, bis heute wenigstens, die einfachsten und einleuchtendsten Varianten bewährt. Für die Auswahl der Scheibe könnten z. B. die verschiedenen Arten von Plattenwechslern von Plattenspeichergeräten in Frage kommen. In der Praxis wurden aber an allen bisher gebauten Magnetscheibengeräten die Scheibe starr an einem einzelnen Stab befestigt, und es wurde jeweils zwischen zwei aufeinanderfolgenden Scheiben genug Platz gelassen, damit man den Kopf dazwischen schieben kann. In zwei oder drei früheren Entwürfen für Plattenspeicher wurde die Scheibenauswahl mechanisch betätigt, indem ein einzelner Kopf parallel zur Wellenachse verschoben und dann zwischen das jeweilige Scheibenpaar gegeben wurde. Obwohl die zur Fortbewegung des Kopfes von der Innenspur der Scheibe an dem einen Ende der Welle bis zur Innenspur der Scheibe am anderen Ende der Welle erforderliche Zeit kürzer war als 1 Sekunde, ist jeder Bruchteil einer Sekunde noch zu groß und daher unerwünscht. Außerdem sind die Kosten eines Schaltwerkes zur Verstellung des Kopfes von Platte zu Platte ziemlich hoch, auch gegenüber den Kosten, die die Ausstattung jeder Platte mit einem besonderen Kopf verursachen. Man wählt also die Scheibe meist in der Weise, daß man jeweils den die gewünschte Platte begleitenden Kopf einschaltet. Man verwendet hierfür elektronische oder elektromagnetische Schaltungen. Besonders sind die elektromagnetischen Schutzrohrkontaktrelais zu erwähnen, die etwa eine Millisekunde pro Operation benötigen, was wesentlich kürzer ist, als die für einen Scheibenumlauf erforderliche Zeit.

Die Wahl der gewünschten Spur auf der Scheibe erfolgt gewöhnlich durch mechanische Verschiebung des Kopfes über der Spur. Eine häufige Variante versieht jede Scheibe mit mehreren — etwa acht — Köpfen, die im Abstand einer bestimmten Zahl von Spurbreiten angebracht werden. In dieser Variante erfolgt die Wahl der Spur durch Schaltung der entsprechenden Netzwerke sowie durch Verschiebungen der gesamten Mehrkopf-Vorrichtung.

Die Auswahl einer bestimmten Speicherstelle auf der Spur erfolgt durch einen kontinuierlichen Umlauf der Scheibe. Trotzdem hat die Art der Identifizierung der einzelnen Stellen mehrere sehr verschiedene Lösungen gefunden. Diese Lösungen reichen von einer Taktspur, die durch in die Magnetschicht eingegrabene Nuten gebildet wird, bis zu programmierten Systemen, die von dem Scheibenspeicher völlig getrennt sind. Bei Verwendung einer Taktspur (die auch in gleicher Weise wie die Information magnetisch aufgezeichnet werden kann, vgl. den nächsten Abschnitt) verwendet man einen Zähler, um die Stelle unter dem Kopf zu einem bestimmten Zeitpunkt aufzuzeichnen und auszulesen. Bei den meisten Ausführungsarten muß man einen Ausgangs- oder Bezugspunkt kennen. Dieser Punkt der Taktspur muß dadurch angezeigt werden, daß es dort keinen Impuls gibt. Bei programmierten Systemen wird die Information häufiger in Wörtern oder Wortblöcken, als in einzelnen Zahlen gegeben. Jeder Block oder jedes einzelne Wort wird mit einer Kenn-Nummer versehen, die mit diesem Block zusammen gespeichert wird. Beim Schreiben eines Blocks kann der Rechner mit Hilfe des Programms einen leeren, für die Aufnahme des Blocks hinreichend langen Abschnitt der Spur finden. Diese Suche kann auf verschiedene Weise durch Bezugsmarkengeber, Sektoren-Markengeber oder andere Systeme unterstützt werden. Beim Lesen sucht der Rechner in der gewünschten Spur den mit der speziellen Kennung versehenen Block. Für jeden jeweiligen Zweck kann eine Anzahl von Kombinationen, Variationen und Verbesserungsvorschlägen für die Einstellspuren und Programmiersysteme gefunden werden.

Die Scheiben selbst wurden aus verschiedenstem Material gefertigt, einschließlich Aluminium, Messing und Magnesiumlegierungen. Die typische Dicke ist 3 mm. Man verwendete Magnetoberflächen aus Eisen(III)-Oxyd und Nickel-Kobalt. Die Durchmesser lagen zwischen 14 und 31 Zoll (35 bzw. 78 cm), doch wurden diese Grenzen nach beiden Seiten nicht streng eingehalten. Die Umlaufgeschwindigkeit lag in der Größenordnung von 1200 Umdrehungen pro Minute, um eine maximale Zugriffszeit von etwa 50 Millisekunden plus einer Zeit für die Einstellung des Kopfes oder Einschaltung der Kopfkreise zu erhalten. Die Bitdichte betrug in letzter Zeit 400 bis 800 Bits pro Zentimeter. Die Zahl der Spuren längs des Mittelpunktstrahls betrug etwa 8 bis 20 pro Zentimeter.

Da die Begrenzung der Bitdichte besser in Bits pro Zentimeter als in Bits pro Winkeleinheit angegeben wird, erreichte man die oberste Grenze der Bitdichte zuerst bei den Spuren in Mittelpunktnähe, wo die Spur am kürzesten ist. Wenn die Impulsfrequenz für alle Spuren gleich ist, bleibt ein Teil der Speicherkapazität der äußeren Spur ungenutzt. Um diese Verluste zu verringern, teilt man die Scheiben gewöhnlich in zwei oder mehr Zonen ein, wobei für die Zonen mit größerem Spurdurchmesser eine größere Impulsfrequenz genommen wird. Obwohl diese Praxis die Einstellung und Adressierung der Informationsblocks komplizieren kann, betreffen diese Komplikationen mehr den Entwurf der Systemelemente und haben keine grundsätzliche Bedeutung.

Die Tatsache, daß die Spuren verschiedene Durchmesser haben, beeinflußt auch die Schwebeköpfe, indem der Abstand zwischen Kopf und Oberfläche mit zunehmendem Spurdurchmesser größer wird, da die Oberflächengeschwindigkeit eine Funktion des Durchmessers ist. Bis zu einem gewissem Grade kann der kleinere Abstand an den inneren Spuren eine höhere Bitdichte an diesen Spuren gestatten und eine nahezu konstante Bitfrequenz in allen Spuren ermöglichen. Andererseits kann man die Köpfe bei ihrer Bewegung zur äußeren Spur mit größerer Kraft an die Oberfläche drücken und damit einen konstanten Abstand von Kopf und Fläche erreichen. Wenn zwei oder mehr Köpfe an jeder Scheibenfläche verwendet werden, können die Köpfe für die Spuren mit relativ großem Durchmesser mit einem abweichenden Krümmungsradius der Kopfflanke hergestellt werden, um die größere Flächengeschwindigkeit zu kompensieren.

Eine weitere Eigenschaft der Scheibenspeicher besteht darin, daß sie mit zwei oder mehreren vollständigen Kopfsätzen versehen werden können und oft auch versehen werden, die an einer entsprechenden Zahl von vollkommen getrennten Datenverarbeitungssystemen angeschlossen werden können. Jedes System hat demnach Zugang zur gleichen Information, jedes System kann die gespeicherte Information ergänzen oder in anderer Weise zur Verbesserung ihrer Einsatzmöglichkeiten verändern. Auch kann das System mit jedem anderen in Verbindung treten, indem es Mitteilungen an den Scheibenspeicher gibt.

Einige der größeren Betriebe, die Rechner herstellen, produzieren ihre eigenen Scheibenspeicher, doch meistens beziehen sie sie von Spezialfirmen.

5.17. Schreiben einer Taktspur auf einer Scheibe oder Trommel

Das Aufzeichnen einer Taktspur auf einer Scheibe (oder Trommel) ist viel komplizierter, als es auf den ersten Blick scheinen mag. Die Taktspur ist ganz einfach eine Folge von Einsen auf der ganzen Kreisbahn und dient dazu, um

Taktimpulse zu erzeugen, wie sie für verschiedene Zwecke nötig sind. Die Schwierigkeit besteht darin, die Impulsfrequenz der Schreibquelle während der zur Aufzeichnung der Taktspur erforderlichen Umdrehung genau festzulegen. Das Logiksystem für die Aufzeichnung einer Taktspur ist als Blockdiagramm in Abb. 5.10 dargestellt.

Zunächst wird auf irgendeiner anderen Spur, die nicht als Taktspur dienen soll, eine 1 gespeichert. Beim Umlauf der Scheibe erzeugt diese 1 pro Umdrehung ein Signal, dieses wiederkehrende Signal wird verstärkt, beschnitten und differenziert, so daß kurzzeitige Impulse erhalten werden, die mit T_0 bezeichnet werden. Es wird ferner angenommen, daß alle drei Flip-Flops in Abb. 5.10 zunächst im Nullzustand sind, was man durch Nullstellung über die im Bild nicht gezeigten Nullstelleitungen erreichen kann. Um eine Taktspur zu schreiben, wird ein Impuls an der mit „Start“ bezeichneten Leitung angelegt. Dieser Impuls bringt den Flip-Flop FF-1 in die 1-Stellung, so daß zu den entsprechenden Eingängen von UND-1 und UND-3 Bereitschaftssignale gelangen. Der regelbare Oszillator hat eine Frequenz von etwa $N \cdot n$, wobei N die Zahl von Einsen ist, die auf der Taktspur aufgezeichnet werden sollen, und n die Drehzahl der Scheibe pro Sekunde. Gewöhnlich ist die Oszillatorfrequenz zunächst nicht genau $N \cdot n$, weil man n nicht genau kennt.

Um eine Taktspur zu erhalten, bei der die letzte Eins der ersten Eins gegenüber lagegenau geschrieben ist, ist die Dauer der Ausgangsimpulse des Oszillators sehr kurz im Vergleich zur Pause zwischen zwei aufeinanderfolgenden Impulsen. Durch geringfügige Veränderungen der Frequenz des Oszillators kann man den Ausgangsimpuls gleichzeitig mit einem T_0-Impuls erzeugen;

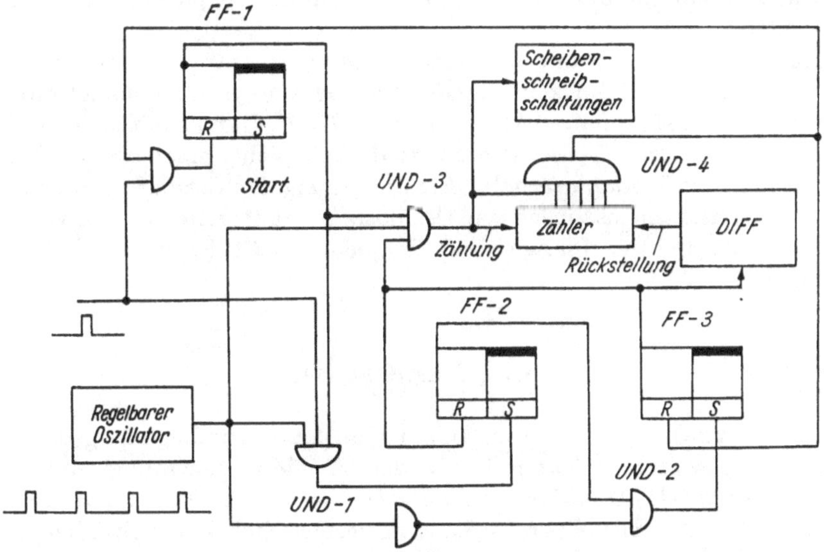

Abb. 5.10. Logiksystem zur Aufzeichnung einer Taktspur auf eine Scheibe oder Trommel

zu dieser Zeit wird beim Tor UND-1 ein Ausgangssignal erzeugt, welches das Flip-Flop FF-2 auf 1 setzt. Mit Hilfe des Negators N entsteht am Tor UND-2 ein Ausgangssignal, das den Flip-Flop FF-3 auf 1 setzt. Ist FF-3 auf 1, so kehrt FF-2 in den 0-Zustand zurück. Das Differenzierglied — DIFF — erzeugt ein Signal, das den Zähler auf Null zurückstellt. Da zwischen dem 1-Ausgang von FF-3 und dem Eingang UND-Gatter 3 ein Zusammenhang besteht, gehen die Impulse aus dem Oszillator durch UND-3 zur Scheibenschreibschaltung (die die Impulse in dem zum Schreiben auf der Scheibe erforderlichen Maße verlängert), zum Zähler und zu UND-4. Der Verwendungszweck der beiden Flip-Flops FF-2 und FF-3 statt nur eines Flip-Flops ist es, dafür zu sorgen, daß der Oszillatorimpuls beim Passieren von UND-3 die volle Amplitude besitzt, ganz gleich, ob ein genaues Phasenverhältnis zwischen T_0 und dem Oszillatorimpuls besteht, und unabhängig von der resultierenden Signalphase und Amplitude am Eingang „setzen" von FF-2.

Wenn der Zähler den Zählerstand N erreicht, werden alle übrigen Eingänge von UND-4 so vorbereitet, daß der nächste Oszillatorimpuls durch UND-4 zum Anschluß R vom FF-3 gelangt, damit der Flip-Flop in den 0-Zustand zurückkehrt. Auf der Scheibentaktspur sind dann genau N Einsen aufgezeichnet, doch brauchen sie nicht richtig verteilt zu sein. So kann z. B. zwischen der letzten 1 und der ersten 1 auf der Spur ein größerer Abstand bestehen. Es können aber auch eine oder mehrere der letzten Einsen auf eine oder mehrere erste Einsen fallen und diese löschen. Sind die Einsen genau eingetragen, so kommt der Ausgangsimpuls aus Tor UND-4 zur gleichen Zeit wie der nächste T_0-Impuls bei UND 5 an. Der Ausgang vom Tor UND-5 stellt den Flip-Flop FF-1 auf Null zurück, der Prozeß ergibt eine auf der Scheibe exakt aufgezeichnete Taktspur.

Wenn aber die Einsen auf der kreisförmigen Taktspur nicht richtig verteilt sind, entsteht bei UND-5 kein Signal. Das Gesamtsystem zeichnet eine neue Taktspur im nächsten Zeitpunkt, in welchem der T_0-Impuls mit dem Oszillator-Impuls synchron ist. Dieser Prozeß wiederholt sich immer wieder, bis man eine einwandfreie Taktspur erhält. Bei Justierung der Oszillatorfrequenz kann der Bedienungsmann natürlich ein Oszilloskop verwenden, um die Oszillatorimpulse in das richtige Phasen- und Frequenzverhältnis zu den T_0-Impulsen zu bringen.

5.18. Magnetbänder

Die meisten Magnetbänder wurden auf Kunststoffgrundlage hergestellt (man verwendete gewöhnlich Material mit der Handelsbezeichnung Mylar), auf welche ein Eisen(III)-Oxid-Überzug aufgetragen wurde. Man verwendete aber auch Metallbänder mit einem aufgalvanisierten Nickel-Kobalt-Überzug, die heute auch noch als aussichtsreiche Konkurrenten gelten. Es wurden Bänder der verschiedensten Breiten verwendet. Es gab sogar Bänder mit 7,5 cm

Breite (3 Zoll), die übliche Breite schwankt aber zwischen 1,2 und 2,5 cm ($^1/_2$ und 1 Zoll), wobei das $^1/_2$-Zoll-Band für viele Büromaschinen zu einer Art Standardmaß geworden ist. Die Dicke beträgt gewöhnlich 25 bis 50 µm. Die typische Länge liegt bei ca. 500 m, obwohl auch hier große Unterschiede vorkommen. Eine praktische Längengrenze ergibt sich aus der Trägheit einer vollen Spule. Denn beim Anfahren und Anhalten der Spule beim Ablauf von schnellen Datenverarbeitungsoperationen können die Kräfte zwischen den einzelnen Bandlagen Verrutschungen und Bandverschleiß bzw. Ausbeulungen verursachen. Für die $^1/_2$-Zoll-Breite nimmt man gewöhnlich 7 bis 10 Spuren. Doch kann man diese Zahl wahrscheinlich auf etwa 50 Spuren pro Zoll vergrößern, wie es heute schon manchmal auf Magnetscheiben der Fall ist.

Die maximale Speicherkapazität einer Bandspule ist natürlich gleich dem Produkt der Spurenzahl, der Bit-Dichte und Länge. Doch kann bei der tatsächlichen Verwendungsart der Bänder die maximale Kapazität nicht genutzt werden, weil die Information in Blocks gespeichert wird und zwischen zwei aufeinanderfolgenden Blocks leere Bandstellen bleiben müssen, damit man das Band zwischen den Blocks anfahren und anhalten kann. In einfachen Systemen hängt die erforderliche Länge der Leerbandstellen von den mechanischen Anfahr- und Stoßeigenschaften der Bandtransportvorrichtung ab. In komplizierteren Systemen können ein oder mehrere Informationsblocks den Lese- und Schreibkopf auch in der Zeit passieren, wenn das Band beschleunigt oder verlangsamt wird. Die Blocks brauchen dann nur ganz kleine Abstände zu haben. Im letztgenannten Falle muß man für eine Identifikationsmöglichkeit der einzelnen Blocks sorgen. Auch wenn die Information eines Blocks durch eine neue Information ersetzt wird, was oft ohne Veränderung der in den Nachbarblocks gespeicherten Information möglich ist, muß man dafür sorgen, daß die Blockspeicherstelle keine allmähliche Lageverschiebung erfährt. In gewissem Maße kann das bei Bandspeichern durch spezielle eingebaute Systemeigenschaften, durch besondere Programmierungsformen bzw. durch eine Kombination von beiden Möglichkeiten erreicht werden.

Der Informationsfluß zwischen dem Speicher und dem Rest des Digitalsystems ist gleich dem Produkt aus Spurenzahl, Bitdichte und Bandgeschwindigkeit. Gegenwärtig können Werte von etwa 800 Bit pro Zentimeter und 250 cm s^{-1} eine annähernde Vorstellung vom Stand der Technik geben. Obwohl die Dichte im Laufe der Zeit anstieg, blieb die nutzbare Maximalgeschwindigkeit in den letzten Jahren relativ unverändert.

Bei Magnetbändern unterscheidet sich der Zugriff an einer vorgegebenen Speicherzelle grundsätzlich von den Zugriffsanordnungen, die für Magnetkernspeicher oder Magnetspeicher bestimmt sind. Tatsächlich nimmt man allgemein an, daß Bänder überhaupt kein eigentliches Zugriffswerk besitzen. Es wird lediglich das Bandtransportwerk in Gang gesetzt, und die Speicherzelle wird entweder zum Lesen oder zum Schreiben beim Durchgang unter dem Kopf in der Reihenfolge des Durchgangs genutzt. Gegenwärtig ist es möglich, eine bestimmt bezeichnete Speicherposition zu verwenden, indem man die

Blocks bei ihrem Durchgang unter dem Kopf zählt, nachdem man das Band an einem Ende oder an einer sonst bekannten Stelle in Gang setzt. Andererseits kann man an jedem Block auch eine Adressenzahl speichern. Eine gewünschte Adresse kann dann mit Hilfe bestimmter „Suchverfahren“ auch wiedergefunden werden. Alle möglichen Adressierungsmethoden bieten im wesentlichen Programmierungsprobleme und weniger technische Schwierigkeiten beim Entwurf des Bandspeichers.

Die mechanische Konstruktion der Bandtransportvorrichtung ist an sich ein umfangreiches Thema, da es aber auf konventionellen Prinzipien der Mechanik, Hydraulik und der Servomechanismen sowie anderen Gebieten beruht, die von der Digitaltechnik ziemlich unabhängig sind, soll dieses Thema nur kurz besprochen werden. In den meisten Bandgeräten, die in Digitalsystemen verwendet werden, wird die Bandbewegung durch Reibung zwischen dem Band und der umlaufenden Antriebsrolle erzeugt, auf welche eine halbe Bandwindung gewickelt ist. Das Band wird mit der Antriebsrolle durch die Spannung in Kontakt gehalten, die durch Vorrichtungen erzeugt wird, die die relativ schlaffen Bandlängen zwischen dem Kopf und den beiden Spulen abtasten. Das Band kann auf der Stelle stehen oder in beliebiger Richtung bewegt werden, indem man die Antriebsrolle entsprechende Drehbewegungen ausführen läßt. Obwohl das Prinzip einfach ist, so ist doch die Trägheit der Antriebsrolle stets viel größer als die Trägheit des am Kopf vorbeigehenden Bandstückes. Deswegen werden unerwünscht hohe und vielleicht unnötige Anfahr- und Abbremsenergien verwendet. Ein anderer Mechanismus verwendet eine leichte Andrucksrolle, um welche das Band teilweise herumgeführt wird. Diese Andrucksrolle drückt gegen eine der beiden in entgegengesetztem Sinne laufenden Antriebsrollen und läßt das Band in der einen oder in der anderen Richtung laufen. Tatsächlich kann gleichzeitig nur eine Antriebsrolle laufen, je nachdem, ob das Bandgerät vorwärts oder rückwärts spult. Man hält dann das Band an, indem man die Andrucksrolle gegen die unbewegliche Antriebsrolle drückt. Der Nachteil dieser Lösung liegt darin, daß die Magnetfläche je nach der Entwurfsart entweder mit der Andrucksrolle oder der Antriebsrolle in Berührung kommt und hierdurch die Magnetspeicherfläche zusätzlich abgenutzt wird.

In allen heute bekannten Bandgeräten sind die beiden Bandlängen auf jeder Seite des Leseschreibkopfs auf Spulen aufgewickelt, doch sind die Antriebswerke dieser Spulen sehr verschieden.

Bei den meisten Ausführungsarten ist es praktisch unmöglich, die Spulen entsprechend der geforderten Durchlaufgeschwindigkeit des Bandes am Kopf zu beschleunigen oder abzubremsen. Die tatsächliche Beschleunigung und Abbremsung erfolgen viel langsamer, so daß zwischen dem Kopf und jeder Rolle ein schlaffes Bandstück vorhanden sein muß. In gewissen Bandgeräten läßt man die schlaffe Bandlänge in einer Schleife um eine Andrucksrolle laufen, die auf einem beweglichen Arm liegt. Die schlaffe Bandlänge kann dann durch Kontakte am Arm abgetastet werden. Die Spule wird soweit gedreht, wie es notwendig ist, um das Band anzuziehen, wenn es zu locker ist, oder abzuwickeln, wenn es zu straff ist. Obwohl diese Spannrollenvorrichtung billig ist und auch sonst den Anforderungen entspricht, ist die Bandbeanspruchung und der bei hoher Betriebsgeschwindigkeit eintretende Verschleiß offensichtlich unerwünscht.

Die meisten Hochleistungsgeräte für den Bandtransport in Digitalsystemen verwenden zur Führung der schlaffen Bandlängen Vakuumkammern (vgl. Abb. 5.11). Diese Säulen haben rechteckigen Querschnitt und eine Dimension, die gerade etwas größer als die Bandbreite ist. Am Ende der Säule wird die Luft ausgepumpt, so daß das Ende der Bandschleife in die Säule eingesaugt wird. Bei der einfachsten Anordnung sind an entsprechenden Stellen der Säule zwei Druckmeßfühler eingebaut. Sie können angeben, ob sich die Bandschleife oberhalb oder unterhalb ihrer Einbaustelle befindet. Die von den Druckmeßfühlern abgegebenen Signale werden zur Steuerung der entsprechenden Spulen verwendet. Wenn sich die Schleife nicht zwischen den beiden Druckmeßfühlern der Säule befindet, dreht sich die entsprechende Spule, bis die geforderte Schleifenlänge wiederhergestellt ist. In verbesserten Ausführungsarten wird die Position der Schleifenlänge in jeder Vakuumsäule genauer bestimmt. Für eine vorgegebene zulässige Maximalbeschleunigung mit Verlangsamung der Spulen kommt man mit kürzeren Säulen aus, als dies bei der einfachen Ausführung der Fall ist. Andererseits kann man höhere Winkelgeschwindigkeiten der Spulen verwenden, wenn die Bandschleifenpositionen genauer gemessen werden.

Abb. 5.11 zeigt die allgemeine Anordnung eines typischen Magnetbandtransportgerätes für Digitalmaschinen. Der magnetische Überzug soll auf diesem Bild auf der oberen Bandseite liegen, so daß die magnetische Fläche bei ihrer Bewegung von einer Spule zur anderen nur mit dem Kopf in Berührung kommt.

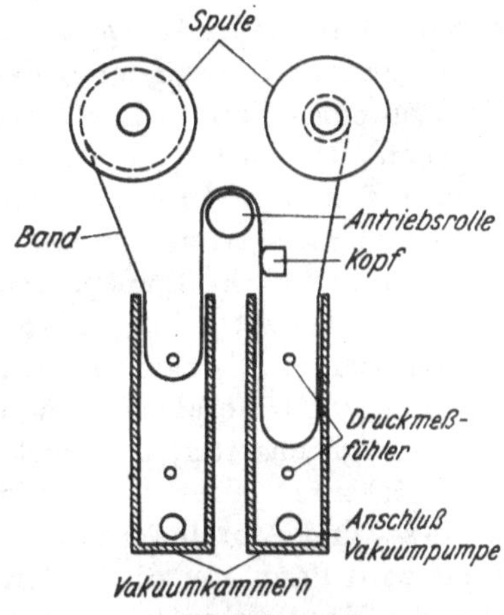

Abb. 5.11. Prinzipbild einer Transporteinrichtung für Bandspeichergeräte

5.19. Weitere Eigenschaften der Magnetbandtransportgeräte

Ein Magnetband-Transportgerät wird häufig mit zahlreichen Eigenschaften ausgestattet, die für ihre Hauptfunktion, nämlich die Fortbewegung des Bandes am Lese- und Schreibkopf, benötigt werden. Zunächst einmal gibt es gewöhnlich Einrichtungen, mit denen das Bandende beobachtet und das Transportwerk rechtzeitig angehalten wird, bevor das Band von der einen oder anderen Rolle gezogen ist. Diese Funktion kann von einem Tastarm oder einer anderen

Vorrichtung übernommen werden, die darauf achtet, daß ein gewisses Mindestbandstück auf der Rolle verbleibt. Man erreicht dies heute meist durch Lichtspiegelungsflächen an den Bandenden. Ein Lichtstrahl wird während der Bandbewegung ständig auf das Band gerichtet. Wenn nun eine große Lichtmenge reflektiert wird und in die Photozelle fällt, so weiß man, daß die nutzbare Bandlänge abgespult ist. Die beiden verschiedenen Enden können durch die Lage (rechte oder linke Seite) der Bandspiegel unterschieden werden.

Eine weitere nützliche Eigenschaft ist die Fähigkeit, das Band mit großer Geschwindigkeit zurückzuspulen. Beim Rückspulen wird das Band zwischen Vakuumsäulen herausgezogen und direkt von der einen Spule auf die andere gewickelt. Die Leerspule dreht sich dann mit großer Geschwindigkeit, um das Band aufzunehmen, während die zweite Spule durch die Zugwirkung des Bandes angetrieben wird. Man muß erkennen können, wann sich das Bandende nähert, damit die Spulengeschwindigkeit auf ein vernünftiges Maß herabgesetzt werden kann. Das Ende kann auf andere Weise, wie etwa durch die vorgenannten Lichtspiegelungsflächen, angezeigt werden.

Bei den ersten Bandgeräten und bei den meisten heutigen Ausführungen wird das Band jeder Länge auf einer besonderen Spule verwahrt. Die einzelnen Spulen können in geeigneten Fächern oder Regalen aufgehoben werden. Beim Einlegen eines Bandes ins Gerät muß ein gewisses Stück Band mit der Hand „eingefädelt" werden. Mindestens muß man das freie Bandende an der zweiten Spule befestigen. In gewissen modernen Bandtransportvorrichtungen gibt es „Zweispulenkassetten", in denen die Bänder verwahrt werden. Das Einlegen des Bandes in die Transportvorrichtung geschieht ganz einfach durch Einsetzen der Kassette. Ist die Kassette eingesetzt, so greifen Spulentreibwerke automatisch die Spulen und drehen sie derart, daß die Spulenschleifen in die Vakuumsäulen herabgelassen werden. Dieser Vorgang geschieht in jeder Kammer gleichzeitig, da sonst eine Säule das gesamt lockere Band an sich ziehen könnte. Auch wird entsprechend dem in Abb. 5.11 gezeigten System der Lese- und Schreibkopf automatisch von der Bandspur weggezogen und das Band wird dann um die Antriebsrolle gewickelt. Ist das Band eingelegt, so wird der Kopf automatisch in seine Betriebslage gebracht. Vor der Abnahme der Kassette wird der Kopf gleichfalls zurückgezogen, und die Spulen werden so betätigt, daß das Band aus den Vakuumsäulen gezogen wird, damit es von der einen Spule direkt auf die andere gewickelt werden kann.

Sobald sich die manuellen Operationen des Bandeinlegens und der Bandherausnahme auf das einfache Einsetzen und Herausnehmen einer Kassette beschränken, gewinnt die Konzeption eines Bandgerätes, das aus einer größeren Zahl von Bändern das richtige auswählen kann, praktische Bedeutung, wenn auch die Mechanismen für die tatsächliche Bewegung der Kassetten hier nicht besprochen werden sollen. Zumindest die IBM bietet heute Bandtransportgeräte mit Vorrichtungen an, die eine neue Kassette automatisch zuführen. Die tatsächliche Bewegung der Kassette in die Arbeitsstellung erfolgt automatisch und wird von dem System gesteuert, in das das Band-Transportgerät eingebaut ist. Die alte Kassette wird automatisch in die Ruhestellung gebracht. Zu beachten ist, daß bei Verwendung zweier Kassetten ein Zurückspulen weniger erforderlich ist als bei Verwendung einzelner Spulen.

Ebenso wie Scheibengeräte werden auch Magnetbandtransportgeräte von wenigen großen Rechnerfabriken selbst hergestellt. Meist werden sie von Spezialfirmen bezogen.

Literatur zu Kapitel 5

Allgemeine Literatur

Pulse time displacement in high-density magnetic tape (the IBM 729-III at 500 bits per inch), R. A. Skov, IBM J of R & D, V 2, pp. 130–141 (Apr. 58).

The recording and reproduction of signals on magnetic medium using saturation-type recording, J. J. Miyata and R. R. Hartel (NCR), IRE Trans. on Elec. Comp., V EC-8, pp. 159–169 (June 59).

High density digital magnetic recording techniques, A. S. Hoagland and G. C. Bacon (IBM), IRE Trans. on Elec. Comp., V EC-9, pp. 2–11 (Mar. 60).

Recording and reproduction of NRZI signals, R. S. Schools (IBM), Journal of Applied Physics, V 32 Supplement, pp. 42S–43S (Mar. 61).

A harmonic analysis of saturation recording in a magnetic medium, B. Kostyshyn (IBM), IRE Trans. on Elec. Comp., V EC-11, pp. 253–263 (Apr. 62).

A theoretical solution for the magnetic field in the vicinity of a recording head air gap, E. E. Francis and T. C. Ku, IBM J of R & D, V 6, pp. 260–262 (Apr. 62).

An experiment on the effect of particle orientation on peak shift in magnetic tapes, G. Bate, H. S. Templeton, and J. W. Wenner, IBM J of R & D, V 6, pp. 348–360 (July 62).

Theoretical limit on digital magnetic recording density, D. W. Chapman (IBM), Proc. IEEE, V 51, pp. 394–395 (Feb. 63).

Theoretical and experimental evaluation of RZ and NRZ recording characteristics, M. F. Barkouki and I. Stein (Ampex), IRE Trans. on Elec. Comp., V EC-12, pp. 92 to 100 (Apr. 63).

Peak-shift study in high-density magnetic tape recording, H. S. Templeton and G. Bate (IBM), Proc. Intermag Conference (IEEE Publication T-149), pp. 7-4-1 to 7-4-5 (Apr. 63); same title and authors: IEEE Trans. on Communication and Electronics, No. 73, pp. 429–432 (July 64).

Fundamental criterion for recording on magnetic surfaces, D. E. Speliotais and H. J. Kump (IBM), Proc. Intermag Conference (IEEE Publication T-159), pp. 3-2-1 to 3-2-4 (Apr. 64).

An investigation of separation losses in high-speed, high-density recording tapes, D. E. Speliotis, G. Bûtes, J. R. Morrison, and R. E. Braun (IBM), Proc. Intermag Conference (IEEE Publication T-159), pp. 3-3-1 to 3-3-4 Apr. 64).

The optimum write current for digital recording on particulate oxide and metallic recording surfaces, J. R. Morrison and D. E. Speliotis (IBM), Proc. Intermag Conference (IEEE Publication 33-C-4), pp. 12.4 to 12.4-8 (Apr. 65).

A computer simulation of the magnetic recording process, J. R. Herbert and D. W. Patterson (IBM), IEEE Trans. on Magnetics, V MAG-1, pp. 352–357 (Dec. 65).

A correlation between magnetic properties and recording behaviour in metallic chemically deposited surfaces, D. E. Speliotis, J. R. Morrison, and J. S. Judge (IBM), IEEE Trans. on Magnetics, V MAG-1, pp. 348–351 (Dec. 65).

The dependence of the maximum recording density on the properties of the recording medium (an argument as to whether maximum recording density is proportional to the ratio of coercive force to the magnetic moment per unit area or to the square of that ratio), P. I. Bonyhard, B. K. Middleton, and A. V. Davies (England), with reply by A. Aharoni and R. D. Fisher (NCR), IEEE Trans. on Magnetics, V MAG-1, pp. 423–425 (Dec. 65).

A theory of digital magnetic recording on metallic films, P. I. Bonyhard, A. V. Davies, and B. K. Middleton (England), IEEE Trans. on Magnetics, V MAG-2, pp. 1–5 (Mar. 66).

A theoretical analysis of saturation magnetic recording, D. E. Speliotis and J. R. Morrison, IBM J of R & D, V 10, pp. 233–243 (May 66).

Theory of NRZ recording, A. Aharoni (NCR), IEEE Trans. on Magnetics, V MAG-2, pp. 100–109 (June 66).

Computer simulation of waveform distortions in digital magnetic recordings, W. W. Chu (IBM), IEEE Trans. on Elec. Comp., V EC-15, pp. 328–336 (June 66).

Correlation between magnetic and recording properties in thin surfaces, D. E. Speliotis, J. R. Morrison, and J. S. Judge (IBM), IEEE Trans. on Magnetics, V MAG-2, pp. 208–212 (Sept. 66).

Contribution to recording and reproduction with the NRZ method (in German), IEEE Trans. on Magnetics, V MAG-2, pp. 221–224 (Sept. 66).

The dependence of recording characteristics of thin metal tapes on their magnetic properties and on the replay head, B. K. Middleton (England), IEEE Trans. on Magnetics, V MAG-2, pp. 225–229 (Sept. 66).

A theoretical model for a quantitative evaluation of magnetic recording systems, B. Kostyshyn (IBM), IEEE Trans. on Magnetics, V MAG-2, pp. 236–242 (Sept. 66).

The readback process in digital magnetic recording, J. R. Herbert (IBM England), IEEE Trans. on Magnetics, V MAG-2, pp. 247–250 (Sept. 66).

Causes of head-to-medium separation in digital recording systems, A. V. Davies (England), IEEE Trans. on Magnetics, V MAG-2, pp. 782–783 (Dec. 66).

Konstruktion der Köpfe

High-density magnetic head design for noncontact recording, L. F. Shew (IBM), IRE Trans. on Elec. Comp., V EC-11, pp. 764–773 (Dec. 62).

The horseshoe head: a recording head for digital information storage with noncontact operation, A. C. Page (Monroe), IEEE International Convention Record, V 11, Part 4, pp. 37–45 (Mar. 63).

A novel type of magnetic head, J. C. Barton and C. T. Stockel, The Radio and Electronic Engineer (J. British IRE), V 27, pp. 11–18 (Jan. 64).

Construction and properties of some ferrite magnetic heads, K. Hempenius, M. H. M. Vrolijks, and G. L. Walther (Netherlands), Proc. Intermag Conference (IEEE Publication 33-C-4), pp. 15.3–1 to 15.3–7 (Apr. 65).

Schwebekopf

A gas film lubrication study; Part III: experimental investigation of pivoted slider bearings, R. K. Brunner, J. M. Harker, K. E. Haughton, and A. G. Osterlund, IBM J of R & D, V 3, pp. 260–274 (July 59).

Air-lubricated slider bearings for magnetic recording spacing control, K. E. Haughton (IBM), in "Large Capacity Memory Techniques for Computing Systems, edited by M. C. Yovits, The Macmillan Co., pp. 341–350 (1962).

Material

An interpretation of the magnetic properties of some iron-oxide powders, W. P. OSMOND (Minn. Mining and Mfg.), Proceedings of the Physical Society, London, V 65B, pp. 121–134 (Feb. 52) V 66B, pp. 265–272 (Apr. 53).

Magnetic tape for data recording, C. D. MEE, Proc. Institution of Electrical Engineers, V 105B, pp. 373–382 (July 58).

Experimental and theoretical investigation of the magnetic properties of iron oxide recording tape, E. D. DANIAL and I. LEVINE (NBS), Journal of the Accoustical Society of America, V 32, pp. 1–5 (Jan. 60).

Preparation and magnetic characteristics of chemically deposited cobalt for high-density storage, R. D. FISHER and W. H. CHILTON (NCR), Journal of the Electrochemical Society, V 109, pp. 485–490 (June 62).

Evaluation of Co-P electrodeposits as a recording medium, H. R. ALLEN, M. G. PETERSON, J. M. CARR, and J. S. SALLO (Honeywell), Proc. Intermag Conference (IEEE Publication T-159), pp. 6-4-1 to 6-4-4 (Apr. 64).

Magnetic tape recording materials, C. D. MEE (IBM), Proc. Intermag Conference (IEEE Publication T-149), pp. 4-1-1 to 4-1-14 (Apr. 63); same title and author: IEEE Trans. on Communication and Electronics, No. 73, pp. 399–408 (July 64).

Thin metallic films for high-density digital recording, G. BATE (IBM), IEEE Trans. on Magnetics, V MAG-1, pp. 193–205 (Sept. 65).

Digital recording properties of evaporated cobalt films, A. V. DAVIES, B. K. MIDDLETON, and A. C. TICKLE (England), IEEE Trans. on Magnetics, V MAG-1, pp. 344–347 (Dec. 65).

Investigations of the preparation and properties of evaporated magnetic films as magnetic tape storage films, (in German), V. VON ARDENNE, D. EFFENBERGER, M. MULLER, and H. VOLZ (Germany), IEEE Trans. on Magnetics, V MAG-2, pp. 202–205 (Sept. 66).

Cobalt-substituted γ-Fe_2O_3 as a high-density recording tape, J. R. MORRISON and D. E. SPELIOTIS (IBM), IEEE Trans. on Elec. Comp., V EC-15, pp. 782–793 (Oct. 66).

Preparation and hard magnetic properties of Co-Zn-P films for high-density recording, R. D. FISHER (NCR), IEEE Trans. on Magnetics, V MAG-2, pp. 681–686 (Dec. 66).

Aufzeichnungsverfahren

High-density recording on magnetic tape, A. GABOR (Potter Instrument Co.), Electronics, V 32, N 42, pp. 72–75 (Oct. 16, 1959).

Digital magnetic recording with high density using a double transition method, A. GABOR (Potter Instrument Co.), IRE National Convention Record, V 8, Part 9, pp. 179–185 (Mar. 60).

Space-borne recorder triples packing density, A. S. KATZ (RCA), Electronics, V 37, N 23, pp. 84–88 (Aug. 24, 1964).

Waveform compression in NRZI magnetic recording, M. BERKOFF (Montana State College), Proc. IEEE, V 52, pp. 1271–1272 (Oct. 64).

A binary format for high-density magnetic recording, S. C. CHAO (Ampex), Proc. IEEE, V 53, p. 198 (Feb. 65).

Digitale Datenübertragungstechnik

A technique for achieving high bit packing density on magnetic tape, J. E. GILLIS (MT), IEEE Trans. on Elec. Comp., V EC-13, pp. 112–117 (Apr. 64).

High-density binary recording using nonsaturation techniques, E. HOPNER (IBM), IEEE Trans. on Elec. Comp., V EC-13, pp. 255–261 (June 64).

Timing extraction at high bit densities, F. AMOROSO (Mitre Corp.), IEEE Trans. on Elec. Comp., V EC-15, pp. 383–385 (June 66).

Impulsverschmälerung

Increased magnetic recording read-back resolution by means of a linear passive network, H. M. SIERRA, IBM J of R & D, V 7, pp. 22–23 (Jan. 63).
Signal-processing for increased bit densities in digital magnetic recording, C. E. SCHLAEPFER (IBM), IEEE International Convention Record, V 11, Part 4, pp. 2–10 (Mar. 63).
Optimal time domain filters for recording channels, G. J. FAN and D. T. TANG (IBM), Conference Record of the First IEEE Annual Communications Convention (IEEE Publication 19-C-11), pp. 445–449 (June 65).

Störunterdrückung

Linear, passive, matched filter for digital magnetic recording, H. M. SIERRA (IBM), IEEE Trans. on Elec. Comp., V EC-14, pp. 204–209 (Apr. 65).

Magnettrommel

A large-capacity drum-file memory system, H. F. WELSH and V. J. PORTER (Sperry Rand), Proc. Eastern JCC, V 10, pp. 136–139 (Dec. 56).
The recording of digital information on magnetic drums, D. G. N. HUNTER and D. S. RIDLER, Electronic Engineering, V 29, pp. 490–496 (Oct. 57).
The design and system aspects of the HD file drum, H. W. FULLER, S. P. WOODSUM, and R. R. EVANS (LFE), Proc. Western JCC, V 13, pp. 197–203 (Mar. 59).
A high speed, small size magnetic drum memory unit for subminiature digital computers, M. MAY, G. P. MILLER, R. A. HOWARD, and G. A. SHRIFRIN (TRW), Proc. Eastern JCC, V 16, pp. 190–199 (Dec. 59).
A high-density file drum as a computer store, L. KNIGHT and M. P. CIRCUIT, Journal of the BRITISH IRE, V 20, pp. 41–45 (Jan. 60).
The magnetic drum store of the Mercury computer, K. I. TURNER and J. E. THOMPSON, Electronic Engineering, V 32, pp. 16–21 (Jan. 60).
A magnetic drum with a one megabit storage, R. R. SCHAFFER (IBM), Electronic Industries, V 19, N 3, pp. 114–117 (Mar. 60).
Univax-Randex II random access data storage system (contains two drums, each 24 inches in diameter and 44 inches long with a movable flying head), G. J. AXEL (Sperry Rand), Proc. Eastern JCC, V 18, pp. 189–203 (Dec. 60).
Magnetic memory drum design, E. B. CARNE (Melpar), Communications and Electronics, No. 52, pp. 749–756 (Jan. 61).
Design and operation of a high speed increased capacity magnetic drum, R. R. SCHAFFER and D. W. GILL (IBM), IRE International Convention Record, V 9, Part 2, pp. 128 to 134 (Mar. 61); reviewed by M. H. POSTMAN, IRE Trans. on Elec. Comp., V EC-11, p. 100 (Feb. 62).
Magnetic drums and disks (data and photographs of many models, mostly drums, by 15 manufacturers), R. C. NELSON, Instruments and Control Systems, V 35, pp. 109–120 (Jan. 62).
Magnetic drum clock track writer, R. J. ROY (Rensselaer Polytechnic Inst.), Computer Design, V 5, N 3, pp. 36–37 (Mar. 66).

Plattenspeicher

An air-floating disk memory unit, W. A. FARRAND (NAA), IRE WESCON Convention Record, V 1, Part 4, pp. 227–230 (Aug. 57).

The development of the flexible-disk magnetic recorder, R. T. PEARSON (LFE), Proc. IRE, V 49, pp. 164—174 (Jan. 61).
Flexible-disk storage, R. T. PEARSON (LFE), Instruments and Control Systems, V 34, pp. 1055—1056 (June 61).
Disk file memories, H. J. McLAUGHLIN (Bryant Computer Products), Instruments and Control Systems, V 34, pp. 2063—2068 (Nov. 61).
A new high density recording system: the IBM 1311 disk storage drive with interchangeable disk packs, J. D. CAROTHERS, R. K. BRUNNER, J. L. DAWSON, M. O. HALFHILL, and R. E. KUBEC (IBM), Proc. Fall JCC, V 24, pp. 327—340 (Nov. 63).
Engineering description of the Burroughs disk file, R. W. JACK, R. G. GROOM, and R. A. GLEIM (Burroughs), Proc. Fall JCC, V 24, pp. 341 -350 (Nov. 63).
A multiple-access disk file, I. L. WIESELMAN, R. STUART-WILLIAMS, and D. K. SAMPSON (Data Products Corp.), Proc. Fall JCC, V 24, pp. 351—364 (Nov. 63).
The design of a new disk file, L. GOSS, E. MAZAROL, and D. SULLIVAN (Control Data Corp.), Computer Design, V 5, N 7, pp. 52—57 (July 66).

Magnetbandspeicher

An RCA high-performance tape-transport system, S. BAYBICK and R. E. MONTIJO (RCA), Proc. Western JCC, V 11, pp. 52—56 (Feb. 57); same title and authors: IRE National Convention Record, V 5, Part 4, pp. 96—101 (Mar. 57).
A computer-integrated rapid-access magnetic tape system with fixed address, R. L. BEST and T. C. STOCKEBRAND (MIT), Proc. Western JCC, V 13, pp. 42—46 (May 58).
Simulation of an information channel on the IBM 704 computer (the channel is on magnetic tape), E. G. NEWMAN and L. O. NIPPE (IBM), Proc. Western JCC, V 15, pp. 87—92 (Mar. 59).
An advanced magnetic tape system for data processing, R. B. LAWRENCE (Honeywell), Proc. Eastern JCC, V 16, pp. 181—189 (Dec. 59).
Mechanical design of the CM-100 instrumentation tape recorder, J. T. MULLEN (Minn. Mining and Mfg.) IRE WESCON Convention Record, V 4, Part 5, pp. 50—58 (Aug. 60).
Single capstan tape memory, R. A. KLEIST, M. A. LEWIS, and B. C. WANG (Ampex), Proc. Fall JCC, V 24, pp. 565—576 (Nov. 63).
Evolution of digital magnetic tape systems for use in military environments, D. H. TYRREL and D. J. MORRISON (U. S. Govt) and J. J. STMALLER (Sylvania), Proc. Fall JCC, V 24, pp. 577—590 (Nov. 63).
IBM 7340 hypertape drive, R. A. BARBEAU and J. I. AWEIDA (IBM), Proc. Fall JCC, V 24, pp. 591—602 (Nov. 63).
Proposed American standard; recorded magnetic tape for information interchange, Comm. ACM, V 7, pp. 284—286 (May. 64).
The IBM hypertape system, B. E. CUNNINGHAM, Proc. Fall JCC, V 26, pp. 423—434 (Oct. 64).
Airborne digital tape transport using a balanced tape drive, P. D. GEORGANTIS (Ampex), WESCON Technical Papers, V 9, Part 4, paper 18.1, 11 pages (Aug. 65).
A magnetic tape capstan servo system, R. W. ALLINGTON (Ampex) WESCON Technica, Papers, V 9, paper 18.4, 5 pages (Aug. 65).
The measurement of abrasiveness of magnetic tape, J. F. CARROLL and R. C. GOTHAM (Eastman Kodak), IEEE Trans. on Magnetics, V MAG9-2, pp. 6—13 (Mar. 66).
Proposed American standard: recorded magnetic type for information interchange (800 CPI, NRZI), Comm. ACM, V 9, pp. 285—292 (Apr. 66).
Digital magnetic tape equipment, R. PETTERSON (Contributing Editor), Computer Design, V 5, N 5, pp. 34—37 (May 66) and N 6, pp. 36—46 (June 66).

Design considerations of a random access storage device using magnetic tape loops, A. Gabor, J. T. Barany, L. G. Metzger, and E. Poumakis (Potter Instrument), Proc. Fall JCC, V 26, pp. 435–441 (Oct. 64).

Magnetkarte

Card random access memory (CRAM): functions and use, L. Bloom, I. Pardo, W. Keating, and E. Mayne (NCR), Proc. Eastern JCC, V 20, pp. 147–157 (Dec. 61).

6. MAGNETKERNSCHALTUNGEN

Der Gedanke, Magnetkerne für Schaltkreise (logische Schaltungen) zu verwenden, tauchte etwa 1950 auf. Seitdem wird zu diesem Thema eine große Zahl von Fachartikeln veröffentlicht. Obwohl in der Zwischenzeit Magnetkernschaltungen der vielfältigsten Ausführungsarten bekannt wurden, war und ist ihr Verwendungsgebiet im Vergleich mit anderen Schaltungen, insbesondere den im Kapitel 3 beschriebenen Transistorschaltkreisen, verschwindend gering.

Im Laufe der Jahre haben mindestens zwölf verschiedene Gesellschaften kompakte „digitale Magnetbausteine" angeboten, doch sind die meisten dieser Gesellschaften aus dem Geschäftsleben ausgeschieden. Wenn einige von ihnen noch existieren sollten, so scheuen sie doch offenbar die Reklamekosten für ihre Produkte in verschiedenen Fachzeitschriften.

Trotz des ungünstigen Absatzes der Magnetkernschaltungen behaupten sie sich nach wie vor durch ihre große Zuverlässigkeit, besonders unter Einwirkung einer intensiven Kernstrahlung. Ebenso wie bei den Kernspeichern wurde bisher kein Fall bekannt, wonach Magnetkerne versagt hätten oder unbrauchbar geworden wären, von Fällen physikalischer Abnutzung oder übermäßiger Erhitzung abgesehen. Obwohl es bisher an signifikanten Zahlenangaben fehlt, scheinen Kernanordnungen physikalische Beanspruchungen und Temperaturen in wesentlich höheren Bereichen auszuhalten, als es Transistorgeräte vermögen. Magnetkerne funktionieren bei weit höheren Strahlungsintensitäten als Transistoren. Andererseits wird man für vollständige Systeme mit vorgegebenem Gewicht und einer großen Zahl von Bestandteilen Transistorschaltungen eventuell vorziehen, weil der mit integrierten Schaltungen erreichbare geringe Raumbedarf eine wirkungsvolle Abschirmung praktisch möglich macht.

Für den Einsatz der Magnetkerne in verschiedenen Schaltfunktionen (UND, ODER, NICHT und Kombinationen dieser Fälle) würde eine sehr große Zahl verschiedener Systeme entwickelt. Das Kapitel 5 des Buchs „Digital Computer Components and Circuits" von Richards (1957) gibt eine Beschreibung der meisten zu jener Zeit bekannten Systeme. Die in der Bibliographie am Ende dieses Kapitels genannte Arbeit von Haynes behandelt dieses Thema entsprechend bis zum Jahre 1961. Doch unterscheiden sich die heute interessierenden Systeme meist wesentlich von den Ausführungen, die bis 1961 bekannt waren. Die jetzige Behandlung der Magnetkernschaltkreise wird dementsprechend keineswegs umfassend sein und wird frühere Systeme nur insoweit behandeln, als es zum allgemeinen Verständnis des Themas erforderlich erscheint.

Vor der Beschreibung der Schaltungen selbst sei kurz auf die Gründe eingegangen, die die Verwendung der Magnetkernschaltkreise trotz ihrer hohen Zuverlässigkeit einschränken. Hierfür gibt es zwei Hauptgründe: 1. die den Transistoren gegenüber geringe Geschwindigkeit und 2. die Notwendigkeit eines schwerfälligen und aufwendigen logischen Entwurfsverfahrens. Was die Geschwindigkeit betrifft, so scheint eine Folgefrequenz von 100 kHz oft die praktisch erreichbare Höchstgrenze vieler Kernschaltungskombinationen zu sein. Selbst wenn heute 1 MHz und sogar 5 MHz verarbeitet werden können, lassen sich mit Transistorgeräten sehr leicht wesentlich höhere Geschwindigkeiten erreichen. Die Problematik des logischen Aufbaus ergibt sich aus der Tatsache, daß jeder einzelne Kern oder ,,Logikblock" unter Verwendung eines Takt- oder Treibimpulses synchron betätigt werden muß. Bei Transistorgeräten kann man hingegen komplexe Schaltanordnungen verwenden, wobei es zur Zeitsteuerung ausreicht, wenn alle Eingangssignale gleichzeitig für eine Zeitdauer angelegt werden, die zur Erzeugung der Ausgangssignale ausreicht. Damit alle Signale zum richtigen Zeitpunkt bei synchronen Schaltungen eintreffen, muß man in den entsprechenden Signalpfaden der Magnetkerngeräte meist Blindelemente (dummy blocks) einbauen, wodurch nicht nur die Zahl der Bauelemente vergrößert, sondern auch die Nettogeschwindigkeit des Systems relativ niedrig wird. Obwohl nur ein Kern mit rechteckiger Hystereseschleife fähig ist, eine Binärzahl zu speichern, ist eine Magnetkernschaltung, die ein Flip-Flop simulieren soll, keineswegs einfach. Die Schaltungen, mit denen der Kern aus der einen Stellung in die andere gebracht wird, sind nicht unkompliziert, wie im Falle der Transistor-Flip-Flops. Der Kern muß dazu angeregt werden, ein Ausgangssignal zu erzeugen, während ein Transistor-Flip-Flop statische Ausgangssignale abgibt.

Ein weiterer Nachteil, mit dem tatsächlich alle Magnetkern-Schaltsysteme behaftet sind, ist der in seiner Größe begrenzte Ausgangslastfaktor. Mit Transistoren läßt sich ein einfacher Verstärkerbetrieb ohne Taktimpulse leicht einrichten, bei Magnetkernen aber nicht. Oft beträgt der Ausgangslastfaktor nur drei, so daß man zusätzliche Bauelemente benötigt, wodurch die Gesamtgeschwindigkeit des Systems verringert und sein logischer Aufbau erschwert wird.

6.1. Schaltsysteme aus Ringkernen

Ringkerne, wie sie sehr viel für Speicher verwendet werden, stellen wohl die einfachste denkbare Struktur zur Aufnahme geschlossener Kraftlinien dar. Im Idealfall könnte man ein Magnet-Kern-Schaltsystem nur aus Ringkernen und Verbindungsdrähten aufbauen. Tatsächlich wurde auch eine Anzahl von Schaltsystemen dieser Art entwickelt, doch ist uns kein Fall ihres Einsatzes außerhalb der Versuchsanlagen und kein Fall eines künftig geplanten Einsatzes bekannt. Obwohl sich die verschiedenen Systeme ihrer Betriebsart noch stark unterscheiden, erfordern sie alle eine relativ komplizierte und daher teure Verdrahtung. Auch sind die Anforderungen an die Kernqualität und Treibstromkennwerte offensichtlich hoch. Deswegen sollen diese Systeme hier nicht besprochen werden, obwohl verschiedene Beiträge zu diesem Thema in der Bibliographie am Ende dieses Kapitels genannt sind.

6.2. Zweitakt-Magnetkernschieberegister

Bei dem Entwurf eines Magnetkernschaltsystems kommt es grundsätzlich auf die Art und Weise an, wie Binärzahlen von einem Kern zum nächsten verschoben werden. Allein diese Funktion hat eine große Zahl von Einsatzmöglichkeiten in Digitalsystemen gefunden, wobei man eine Folge binärer Speicherelemente, welche Zahlen von einem Element zum anderen verschieben können, als Schieberegister bezeichnet. Für den Zusammenbau von Magnetkernschieberegistern hat man eine große Zahl von verschiedenen Schaltungen entworfen. Einige besonders häufig verwendete Schaltungen wurden ausgewählt, um einige Anforderungen grundsätzlicher Art, die an Magnetkernschaltungen zu stellen sind, kurz zu erläutern.

Wenn auch gewisse Magnetschaltsysteme, wie die noch kurz zu besprechenden Parametrons und die Resonanzschaltungen mit Eisenkernspulen, Kerne ohne rechteckige Hystereseschleife verwenden, ist dies nicht die Regel: die meisten Magnetschaltsysteme werden aus Kernen aufgebaut, die rechteckige Hystereseschleifen haben, wie es bei Magnetspeicherkernen der Fall ist. Tatsächlich kann man dasselbe Ferritmaterial verwenden. Wenn ein Ringkern im Laufe einer Schaltfunktion eine Zahl speichert, läuft der Remanenzfluß in der einen oder der anderen Richtung. Es ist gleich, welche Flußrichtung man zur Darstellung einer Eins oder Null wählt, doch muß die Polarität der Anschlüsse zu den einzelnen Wicklungen stimmen. Die Anschlüsse aller vorhandenen Wicklungen auf einem bestimmten Kern können umgekehrt werden, ohne die Arbeitsweise des Kerns zu beeinträchtigen.

Zur Darstellung der Polarität der Anschlüsse zu den verschiedenen Kernen kann man die übliche Punktierung verwenden. An der Anschlußklemme jeder Wicklung wird ein Punkt gesetzt. Wenn nun ein Strom (der durch den Fluß positiver Ladungen, nicht Elektronen, dargestellt wird) zu der mit einem Punkt versehenen Klemme fließt, so wird das entstehende Magnetfeld einen Fluß erzeugen, der den Kern in den Zustand 1 versetzt. Ein Strom in entgegengesetzter Richtung, also von der markierten Klemme weg, setzt den Kern auf 0. In gleicher Weise wie in Transformatoren und anderen magnetischen Geräten, die Mehrfachwicklungen besitzen, erzeugt die durch eine Wicklung gegebene Spannung einen Strom, der wiederum eine Flußumkehr zur Folge hat und hierdurch Spannungen in allen übrigen Wicklungen des Geräts induziert. Wird die markierte Klemme durch einen an dieser Klemme der Wicklung angelegten Strom positiv, so ist die Polarität der in allen übrigen Wicklungen induzierten Spannung so, daß die markierten Klemmen dieser Wicklungen im Verhältnis dazu positiv sind. Entgegengesetzte Polaritäten gibt es natürlich, wenn der Treibstrom an der Klemme eintritt, die mit keinem Punkt versehen wurde.

Abb. 6.1. zeigt Schaltungen von Magnetkernschieberegistern mit Zwischenspeicher. Es wird angenommen, daß das magnetische Material eine rechteckige Hystereseschleife besitzt und die vorgenannte Art der Punktmarkierung ver-

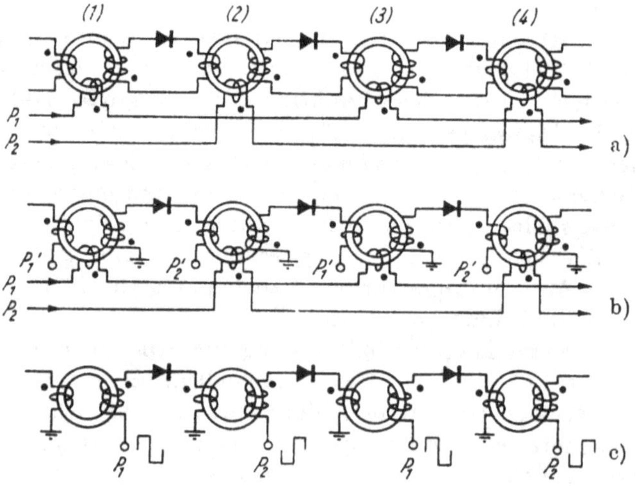

Abb. 6.1. Magnetkernschieberegister

wendet wird. Die vorliegenden Schaltungen, die ,,zwei Kerne pro Bit“ verwenden, benötigen für die Speicherung der Binärzahlen jeden zweiten Kern, da die dazwischen liegenden Kerne bei der Schiebefunktion als Zwischenspeicher dienen.

In Abb. 6.1a wird angenommen, daß die Binärzahlen in den Kernen 1 und 3 gespeichert und daß die Kerne 2 und 4 auf Null zurückgestellt wurden. Um die Zahlen aus den Kernen 1 und 3 in die Kerne 2 und 4 zu übertragen, wird in Punkt P_1 ein Treibstrom in der angegebenen Richtung angelegt. Dieser Strom tritt durch die nicht mit einem Punkt versehene Anschlußklemme in die Wicklungen des ersten und dritten Kernes ein. Eine in dem Bild nicht gezeigte Treiberschaltung sorgt dafür, daß die Amplitude ausreicht, um diese Kerne in den Null-Zustand zu setzen. Angenommen z. B., daß der Kern 3 ursprünglich eine 1 enthielt. Wird er durch den Treibstrom P_1 auf 0 zurückgestellt, sind die in den beiden anderen Wicklungen dieses Kerns induzierten Spannungen, bezogen auf die nicht mit Punkten versehenen Klemmen, positiv. Diese Spannungen verursachen mit den Kernen 2 und 4 verbundenen Schleifen einen Strom. Die Dioden in diesen Schleifen sind vorgesehen, um in dieser

Stromrichtung einen geringen Widerstand zu bieten. Trotzdem ist die Windungszahl der rechtsläufigen Wicklungen eines jeden Kerns größer als die Windungszahl der linksläufigen Wicklungen. Daher ist die Spannung in der rechtsläufigen Wicklung des Kerns 3 relativ groß und die der linksläufigen Wicklung des Kerns 4 relativ klein. Somit fließt in der Verbindungsschleife der Kerne 3 und 4 ein relativ starker Strom. Entgegengesetzte Verhältnisse herrschen in der Verbindungsschleife der Kerne 2 und 3, so daß der Strom dort relativ klein ist. Grob gesagt ist das Stromübersetzungsverhältnis der beiden Schleifen gleich dem Produkt des Windungsverhältnisses der rechtsläufigen und linksläufigen Wicklungen, während der zur Umkehr des Flusses in einem Kern erforderliche Strom proportional der Windungszahl der Wicklung ist. Auf Grund dieser Verhältnisse ist die Gesamtwirkung eines annehmbar großen Windungsverhältnisses so, daß der Fluß im Kern 4 umgekehrt und in diesem Kern eine Eins gespeichert wird, während der Strom in der rechtsläufigen Wicklung des Kerns 2 für die Umkehr des Flusses in diesem Kern nicht ausreicht, so daß nach wie vor eine Null gespeichert bleibt. Die Binärzahl im Kern 3 wird auf diese Weise nach rechts verschoben.

Der Zweck der Dioden in Abb. 6.1a besteht nicht darin, den Rückwärtsfluß der Information zu verhindern (dies tut das Windungsverhältnis), sondern dafür zu sorgen, daß sich der Einfluß der in dem einen Kern induzierten Spannung nicht über die nächsten benachbarten Kerne in jeder Richtung ausbreitet. Wenn zum Beispiel der Kern 2 durch den Strom aus dem Kern 1 im Verlauf des Treibstromimpulses P_1 in den Zustand 1 versetzt wird, wird in der rechtsläufigen Wicklung des Kerns 2 eine Spannung induziert. Beim Fehlen der Diode zwischen den Kernen 2 und 3 würde in der linksgängigen Wicklung des Kerns 3 ein Strom erzeugt werden. Obwohl die Richtung dieses Stroms bestrebt wäre, den Kern 3 in den Zustand 0 zu versetzen, was unschädlich wäre, weil der Treibstrom P_1 dies ohnehin tut, so würde die Belastung des Kerns die Überführung dieses Kerns in den Zustand 1 verhindern. Diese Wirkung wär nun für den Betrieb des Schieberegisters sehr schädlich.

Nach Verschiebung der Zahlen aus den Kernen 1 und 3 in die Kerne 2 und 4 geht der Treibstrom P_1 zu Ende und es wird der Treibstrom P_2 angelegt, der für die Verschiebung der in allen geradzahligen Kernen vorhandenen Zahlen in die rechts angrenzenden ungeradzahligen Kerne sorgt. Für eine fortgesetzte Verschiebung werden die P_1- und P_2-Treibströme ständig abgewechselt.

Eine besonders wichtige Eigenschaft der Schaltung 6.1a und anderer dazugehöriger Schieberegister besteht darin, daß die Amplitude eines 1-Signals bei Verschiebung der Zahlen von einem Kern zum nächsten nicht kleiner wird. Die zur Darstellung einer Eins dienende Energie enthält der Stromimpuls im Netzwerk zwischen zwei aneinandergrenzenden Kernen und unterscheidet sich von der im Kern gespeicherten magnetischen Energie. Auch liegt hier nicht die gleiche Situation wie bei einer Kette konventioneller Wechselstromtransformatoren vor, wo bei Eingabe eines Signals in den ersten Transformator in jedem folgenden Transformator ein Verlust eintritt. Hier hingegen arbeitet jeder Kern eines Verschieberegisters als eine Art von Impulsverstärker, dem durch die P_1- und P_2-Impulse Energie zugeführt wird. Die verstärkende Wirkung ist durchaus verständlich, da das Spannungs-Zeit-Produkt (oder -Integral) des in der rechtsläufigen Wicklung eines Kerns erzeugten Signals proportional der im Kern umgesteuerten Flußmenge ist. Indessen ist für eine gegebene an diese Wicklung angeschlossene Belastungsimpedanz die Energie des Signals dem Produkt (oder Integral) aus der Spannung im Quadrat mal Zeit proportional. Da ferner die Flußumkehrgeschwindigkeit im Kern mehr oder weniger der Amplitude des Treibstroms proportional ist, kann man die Energie des Ausgangssignals nur besonders groß machen, wenn man entsprechend große Amplituden für die P_1- und P_2-Treibströme verwendet. Diese Energie ist von der Amplitude jenes Stroms unabhängig, der den betreffenden Kern in den Zustand 1 brachte, sofern nur dieser Strom stark genug war, um den Kern auf 1 zu setzen.

Beim Entwurf der Schaltung ist darauf zu achten, daß die verfügbaren Kerne keine ideale Hystereseschleife haben und daß die Signale, die binäre Nullen darstellen, keine Nullamplitude besitzen. Diese Signale dürfen nicht auf die im vorigen Abschnitt beschriebene Art verstärkt werden, sonst wird die Null allmählich bei ihrer Verschiebung von einer Stufe zur anderen in eine Eins verwandelt. Die nichtlineare Beziehung des angelegten Magnetfeldes und des resultierenden Flusses im Kern hat glücklicherweise eine Verstärkung des Signals zur Folge, die nicht für alle Werte der Eingangssignalamplitude konstant ist. Insbesondere ist die Verstärkung für kleine Amplituden der in linksläufige Wicklungen eingegebenen Signale relativ klein. Mit anderen Worten kann man durch geeignete Wahl der Treibstromgröße die Signalverstärkung größer machen, wenn die Signalamplituden über einen bestimmten Schwellwert liegen, und bei kleinen Amplituden verkleinern. Jedoch wächst infolge der Sättigung der Kerne die Amplitude der 1-Signale bei der Verschiebung der Zahlen durch das Register nicht bis ins Unendliche, und die Amplitude der 0-Signale sinkt nicht auf Null; denn auch ein Kern, der kein Eingangssignal erhält, erzeugt ein schwaches Ausgangssignal, was auf die schon erwähnte nicht ideale Hystereseschleife zurückzuführen ist. Bei der Bemessung der Kerne, des Windungsverhältnisses, der Treibstrom-Wellenform und anderer Parameter einer bestimmten Ausführungsart muß man viele Kompromisse schließen, doch sind die Entwurfsprinzipien der Schaltung einfach.

(Beim Abschätzen der Magnetfeldstärke, die den Fluß in einem Kern umkehrt, ist zu beachten, daß das von den Strömen in den rechtsläufigen und linksläufigen Wicklungen erzeugte Magnetfeld von dem vom Treibstrom erzeugten Feld abgezogen werden muß. Bei Schaltungen nach Abb. 6.1 muß auch beachtet werden, daß das Flußumkehrfeld eines Kerns, in den eine Ziffer geschoben wurde, größer sein muß, als das Flußumkehrfeld des Kerns, in dem die Zahl vorher war. Wird diese Bedingung nicht beachtet, so beendet der Kern, aus dem die Zahl verschoben wurde, seine Flußumkehr, bevor der Verschiebevorgang vollendet ist, so daß die vorgenannte Verstärkung nicht eintreten kann.)

Das Schieberegister 6.1 b arbeitet auf ähnliche Weise, abgesehen davon, daß die Kopplungsschleifen wechselweise „leerlaufen", damit jede Möglichkeit einer Rückwärtsverschiebung der Zahlen ausgeschlossen wird. Wenn z. B. der P_1-Treibstrom angelegt wird, werden alle mit P_1' bezeichneten Anschlußklemmen gleichzeitig positiv, während die P_2'-Klemmen auf Erdpotential gehalten werden. Wenn man demnach eine Binärziffer vom Kern 3 zum Kern 4 verschiebt, arbeitet die Diode zwischen den Kernen 2 und 3 in Sperrichtung, so daß der Kern 2 vom Kern 3 isoliert ist, während die Verschiebung vom Kern 3 nach Kern 4 nach wie vor möglich bleibt. Wird der P_2'-Treibstrom angelegt, so werden die P_2-Anschlußklemmen positiv und erhalten die P_1'-Klemmen Endpotential. Bei diesem System sind das Windungsverhältnis und die anderen Entwurfsparameter weit weniger kritisch.

In der Schaltung 6.1 c wurden die Treibwicklungen weggelassen und die Treibströme direkt an die Koppelschleifen angelegt. Der Wirkungsmechanismus ist etwas anders. So wird z. B. der Treibstrom P_1 gleichzeitig und parallel den entsprechenden Kernen zugeführt. Wenn der Kern 1 eine Eins enthält, während die P_1-Klemmen positiv sind, so ist der Treibstrom bestrebt, diesen Kern auf 0 zurückzuversetzen. Hierbei hat aber der P_1-Strom eine relativ hohe Impedanz in der rechtsläufigen Wicklung des Kerns 1 zu überwinden, so daß der Strom relativ gering ist. Das Windungsverhältnis und die Amplitude des P_1-Treibstroms werden derart gewählt, daß der Kern 1 tatsächlich auf 0 zurückgestellt wird, während der Kern 2 nicht auf 1 gesetzt wird. Wenn andererseits der Kern 1 ursprünglich eine 0 gespeichert hatte, hat der Treibstrom P_1 in der rechtsläufigen Wicklung des Kerns 1 eine geringe Impedanz zu überwinden (weil in diesem Kern keine Flußumkehr erfolgt), und es ergibt sich ein relativ hoher Treibstrom. Dieser relativ hohe Treibstrom ist dann in der Lage, den Kern 2 in den Zustand zu versetzen, der eine binäre 1 darstellt. Zu dieser Zeit bleiben die Klemmen P_2 negativ, so daß die Diode zwischen den Kernen 2 und 3 ihren hohen Widerstand besitzt und so Kern 3 den Kern 2 nicht beeinflussen kann. Auch wird eine Möglichkeit der Verschiebung in rückwärtiger Richtung ausgeschlossen. Zur Verschiebung von den geradzahligen zu den ungeradzahligen Kernen werden die Klemmen P_2 positiv gemacht, während die Klemmen P_1 auf entsprechende Weise negativ werden. Es ist zu beachten, daß der Binärwert jeder Zahl zwischen zwei aufeinanderfolgenden Kernen umgekehrt wird, während für alle Kerne einer Einheit zwei Umkehrungen einander gegenseitig aufheben.

6.3. Magnetkernschieberegisterschaltungen mit verzögernder Kopplungsschaltung

Gewisse Schieberegisterschaltungen, die sog. „Ein-Kern-pro-Bit-Schaltungen", sind in Abb. 6.2 dargestellt. Sie benötigen für die Zwischenspeicherung der Ziffern während ihrer Verschiebung einen Kondensator. In Abb. 6.2a wird

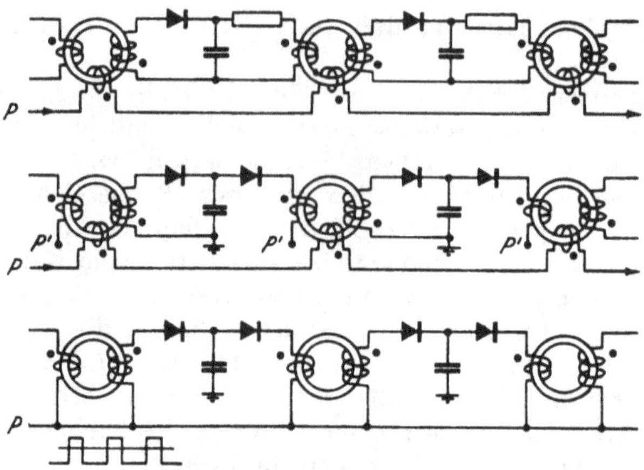

Abb. 6.2. Magnetkernschieberegister

ein Treibstrom P gleichzeitig an die Treibwicklungen aller Kerne gelegt. Der Treibstrom bringt alle Kerne in den 0-Zustand, unabhängig davon, welche Zahlen vorher gespeichert waren. Bei jedem Kern, der ursprünglich eine 1 enthielt, entsteht in der rechtsläufigen Wicklung ein Spannungsstoß, durch den der entsprechende Kondensator aufgeladen wird. Ein relativ geringer Teil des Stromes fließt in der linksgängigen Wicklung, mit der ein Widerstand in Reihe liegt. Nach Beendigung des Treibstromes kann die Kondensatorladung nicht in die rechtsläufige Wicklung zurückfließen, da die Diode den Stromfluß in dieser Richtung blockiert. Die Entladung des Kondensators erfolgt über den Widerstand und die Wicklung des rechts angrenzenden Kerns. Obwohl die Größe dieses Entladungsstromes dem Ladestrom gegenüber relativ klein ist, kann man bei geeigneter Anordnung den Entladestrom groß genug machen, um eine Flußumkehr im rechts angrenzenden Kern zu verursachen und ihn in den 1-Zustand zu setzen. In jedem Kern, der ursprünglich eine 0 gespeichert hatte, verursacht der Treibstrom keine Flußumkehr, der rechts angrenzende Kern verbleibt daher in der 0-Stellung, in die er durch den Strom in der Treibwicklung dieses Kerns gesetzt wurde.

Diese Schaltung mit verzögernder Koppelschaltung benötigt daher nur halb soviel Kerne wie eine Schaltung mit Zwischenspeicher und verzichtet auf eine Stromsteuereinheit. Andererseits werden aber ein Kondensator und ein Widerstand zusätzlich benötigt, wodurch die Kosteneinsparung für die Kerne wieder verloren geht. Gleichzeitig wird das Entwurfsproblem komplizierter. Insbesondere kommt es jetzt auf die Dauer und die Amplitude des Treibstroms an, da ein übermäßig lange andauernder Treibstrom die Wiedereinspeicherung der verschobenen 1-Werte verhindert.

In Abb. 6.2b wurde jeder Widerstand durch eine Diode ersetzt. Die Ausgangsschleife zu jedem Kern ist offen, solange der Treibstrom angelegt ist. Während dieser Zeit sind die Klemmen P' positiv, so daß die jeder Eingangswicklung nachgeschaltete Diode einen hohen Widerstand hat und der durch die induzierte Spannung in der rechtsläufigen Wicklung eines bestimmten Kerns erzeugte Strom in den entsprechenden Kondensator fließt. Da die Dioden einen unendlich großen Sperrwiderstand besitzen, kann der Treibstrom unendlich lange angelegt bleiben. Nach Beendigung oder gleichzeitig mit der Beendigung des Treibstroms wird das Potential der Anschlußklemmen P' geerdet, und gleichzeitig wird nun jeder aufgeladene Kondensator durch die Eingangswicklung des rechtsangrenzenden Kerns entladen und hierdurch die Eins verschoben. War keine Eins eingespeichert, entsteht auch keine Kondensatoraufladung.

Die Schaltung 6.2c entspricht der Schaltung 6.1c, in der die Treibwicklungen entfernt wurden. Ein bestimmter Kondensator wird zu einem relativ hohen Potential aufgeladen oder nicht aufgeladen, je nachdem ob die Kernwicklung nach Speicherung einer 0 oder 1 eine geringe oder hohe Impedanz besitzt. Wenn die Anschlußklemme P geerdet wird, wird der Kondensator wie in Abb. 6.2b entladen. In der Schaltung 6.2c wird der Binärwert beim Übergang von einem Kern zum anderen umgekehrt (eine Eins wird zur Null, eine Null wird zur Eins).

6.4. Von Schieberegistern ausgeführte Schaltfunktionen

Für die Ausführung von Schaltfunktionen unter Verwendung von Schieberegistern der in Abb. 6.1 und 6.2 dargestellten Varianten bzw. ihren Weiterentwicklungen wurden zahlreiche neue Methoden gefunden. Gewöhnlich erledigt man die ODER-Funktion ganz einfach durch Kopplung der Signale aus zwei oder mehr Kernen an einen bestimmten Kern. Der betreffende Kern wird auf Eins gesetzt, wenn er von irgend einem oder mehreren Kernen das 1-Signal empfängt. Der betreffende Kern kann mit einer entsprechenden Zahl von Eingangswicklungen bestückt sein oder man kombiniert die Kopplungsschleifen und betätigt eine einzige Eingangswicklung. Im letztgenannten Falle wird die ODER-Funktion tatsächlich durch die Dioden in der Kopplungsschleife erledigt, in der gleichen Art, wie für die Diodenschaltsysteme in Kapitel 2 gezeigt wurde.

Die Inversion oder die NICHT-Funktion erfordern im allgemeinen irgend eine Verhinderungswirkung (inhibiting action). Hierfür wird von einem „1-Generator" in bestimmten Zeitabständen ein 1-Signal in einen bestimmten Kern eingegeben. Das umzukehrende Signal wird dann in die Eingangswicklung mit umgekehrter Polarität der Anschlüsse eingegeben. Ist das Eingangssignal eine 0, so übermittelt der 1-Generator dem Kern eine 1; ist das Eingangssignal eine 1, so wird die Wirkung des 1-Generators aufgehoben. Auf diese Weise erreicht man die gewünschte Inversion.

Die UND-Funktion erhält man durch Inversion zweier oder mehrerer Signale in einem Verschiebeschritt und ihre Kombination in einer ODER-Schaltung in einem zweiten Schritt. Die Funktionstüchtigkeit dieses Systems kann als Verknüpfung $\overline{\overline{A} + \overline{B}} = A \cdot B$ der BOOLEschen Algebra verstanden werden. Man kann die Vorspannungen, wie etwa Verhinderungsschaltungen für die Inversion, auch zur Ausführung der UND-Funktion verwenden. Wenn man z. B. zwei Signale A und B an zwei Eingangswicklungen gewöhnlicher Polarität anlegt und ein 1-Signal vom 1-Generator zur Eingangswicklung mit umgekehrter Polarität bringt, wird der betreffende Kern nur dann auf Eins gesetzt, wenn sowohl A als auch B gleich 1 sind. Bei einer UND-Schaltung mit drei Eingängen benötigt man gleichzeitig zwei Verhinderungs-1-Signale.

Die Verwendung der ODER-Funktion und Inversion in zwei Schritten kompliziert den Entwurf des Digitalsystems, das Blockierungsverfahren stellt hohe Toleranzanforderungen an den Aufbau der Schaltung. Anders gesagt, es wird die Verwendungsmöglichkeit der meisten Ausführungsarten von Schaltsystemen, die auf den einfachsten Magnetkernschieberegistern aufbauen, hauptsächlich durch die Schwierigkeiten bei der Realisation der UND-Funktion eingeschränkt.

6.5. Magnetkern-Transistor-Schaltkreise

Viele Probleme des Entwurfs von Schaltungen und Logiksystemen können vereinfacht werden, wennn man der Schaltung für jeden Kern einen Transistor beigibt. Gewisse Ausführungsarten sind im vorgenannten Buch von RICHARDS aus dem Jahre 1957 beschrieben, einige andere Ausführungsarten sind seitdem erschienen. In den meisten Fällen sieht die Grundkonzeption die Aufnahme des Kerns und des Transistors in eine Art von Sperrschwingerschaltung vor. Jeder Kern besitzt zwei Wicklungen, die mit ihrem zugehörigen Transistor verbunden sind. Die eine Wicklung liegt im Eingangskreis des Transistors, die andere im Ausgangskreis, der Kern vervollständigt den Rückkopplungsweg. Der Transistor ist gewöhnlich in gesperrtem Zustand. Wenn aber ein Signal mit relativ geringer Amplitude angelegt wird, führt die gesamte Schaltanordnung einen Arbeitsgang aus, bei welchem ein starkes Ausgangssignal erzeugt wird. Schaltfunktionen können durch zusätzliche Diodenschaltkreise, Mehrfachwicklungen auf den Kernen und auf andere Weise ausgeführt werden.

Es wurden viele verschiedene Magnetkern-Transistor-Schaltkreise in einzelnen Fällen verwendet, doch in allen vom Verfasser näher untersuchten Anwendungen konnte der Kern durch einen zweiten Transistor ersetzt werden, wodurch die Wirtschaftlichkeit vergrößert, der Schaltungsaufbau vereinfacht, der logische Entwurf flexibler gestaltet wurde. Man erhält eine Zweitransistorschaltung der gleichen Art, wie sie speziell im Kapitel 3 beschriebene Flip-Flop-Schaltungen aufweisen. Wenn man auf den Kern verzichtet, sollte der Projektant eher von den in Kapitel 3 beschriebenen Schaltungskonzeptionen ausgehen als von den hier beschriebenen Ausführungsarten der Schieberegister.

Ein oft genannter Vorzug der Kern-Transistor-Schaltungen besteht darin, daß sie in der Zeit, wo sie außer Betrieb sind, tatsächlich keinerlei Energie verbrauchen. Doch besitzen gewisse komplementäre Transistor-Flip-Flops (*npn-pnp*) den gleichen Vorteil. Kurz gesagt besitzen Kern-Transistor-Schaltungen bei einem Vergleich mit zweckentsprechenden volltransistorisierten Schaltungen oder Transistordioden-Anordnungen keinerlei Vorteile und sollen daher hier nicht weiter besprochen werden.

6.6. Gegentakt-Magnetkern-Schieberegister

Das Gegentaktprinzip kann man verwenden, um die Anforderungen an die Rechteckigkeit der Kernhystereseschleife zu senken, um die Toleranzanforderungen an die Kerne und Treibströme zu vermindern und eine flexiblere Methode der Schaltfunktionen zu schaffen. Obwohl zwei Kerne pro Schieberegisterstufe benötigt werden, kann die größere Schaltflexibilität tatsächlich zu einer Verminderung der Gesamtzahl der in manchen Fällen erforderlichen Kerne führen.

Jede der in Abb. 6.1 und 6.2 gezeigten Schieberegisterschaltungen hat Gegentaktvarianten, doch sollen hier nur zwei Ausführungsarten besprochen werden, die als Weiterentwicklungen der Schaltung 6.1c angesehen werden können. In Abb. 6.3a erscheint jetzt an Stelle jedes Kernes ein Kernpaar. Der obere Kern jedes Paares speichert auf konventionelle Weise eine Binärziffer, der untere Kern speichert den umgekehrten Wert. Um diese Sachlage zu veranschaulichen, erhält der obere Kern des ersten gezeigten Paares die

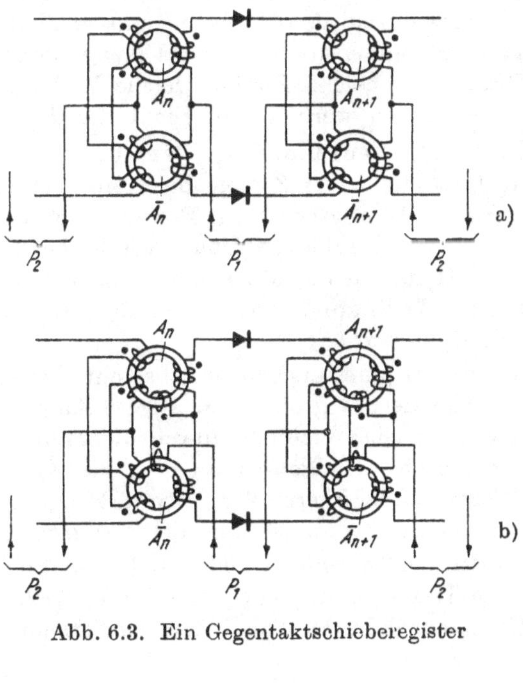

Abb. 6.3. Ein Gegentaktschieberegister

Bezeichnung A_n und der untere Kern die Bezeichnung $\bar{A}_n$. Diese Darstellung soll angeben, daß das erste gezeigte Paar tatsächlich das n-te Paar des Schieberegisters ist und daß der obere Kern bei Speicherung einer Eins eine Eins enthält, während der untere Kern eine Null speichert. Ist die gespeicherte Zahl eine Null, so enthält der obere Kern tatsächlich eine Null, der untere Kern aber eine Eins. Die Bezeichnungsweise ist gleich für jeden Kern, in dem der (durch einen Fluß positiver Ladung dargestellte) Strom am gepunkteten Ende der Wicklung bestrebt ist, den Kern auf Eins zu setzen, während der Strom am punktlosen Ende den Kern auf Null setzen möchte.

Beim Verschieben einer Zahl von der n-ten Stufe nach rechts wird angenommen, daß beide Kerne des rechten Paares durch einen vorangegangenen Treibimpuls P_2 auf 0 gesetzt wurden. Die Verschiebung erfolgt durch Einsatz eines Impulses P_1. Wenn der A_n-Kern eine Eins enthält, bietet die rechtsläufige Wicklung dieses Kerns infolge der Flußumkehrung in diesem Kern eine relativ hohe Impedanz. Zunächst fließt daher die Hauptmasse des Stroms durch die rechtsläufige Wicklung auf dem Kern $\bar{A}_n$ und dann durch die untere Diode zu den Eingangswicklungen auf jedem Kern des nächsten Paares. Die Polarität der Anschlüsse zu diesen Wicklungen ist derart, daß der Kern $\bar{A}_{n+1}$ auf Null bleibt, doch wird der Fluß in A_{n+1} umgekehrt, wodurch in diesem Kern eine Eins gespeichert wird. Indessen kann der Strom durch die rechtsläufige Wicklung des Kerns A_n letztlich bis zu einem Wert anwachsen, der ausreicht, um eine vollständige Umkehr des Flusses in diesem Kern zu verursachen und den Kern hierdurch auf 0 zurückzustellen. Zu dieser Zeit fließen etwa gleichstarke Ströme durch die oberen und unteren Schaltungszweige, die die beiden Kernpaare verbinden (denn es wird angenommen, daß die beiden Dioden und die Drähte der beiden Zweige gleiche Widerstandswerte haben). Wenn die Zahl 0 verschoben werden soll, fließt der P_1-Strom zunächst im oberen Zweig und setzt A_{n+1} auf 0 und $\bar{A}_{n+1}$ auf 1.

Wenn die Ströme durch die beiden Zweige gleich sind, ist das Gesamtmagnetfeld in jedem Kern des rechtsangrenzenden Paares gleich Null. Daher hat der Treibstrom P_1 keine maximal zulässige Dauer wie es bei Schaltung 6.1c der Fall war und kann statt dessen unendlich lange angelegt bleiben. Auch gibt es in Abb. 6.3a keine unbedingte Inversion der Signale, wie es im Falle der Schaltung 6.1c festgestellt wurde.

Der Hauptvorteil der Gegentaktschaltung besteht darin, daß die 1- und 0-Werte nicht durch Signale mit großer und kleiner Amplitude unterschieden werden. Sie unterscheiden sich vielmehr durch die Polarität der angelegten Magnetfelder in den Kernen des Paares, zu dem die Zahl verschoben wird. Daher können 0-Werte durch übermäßige Verstärkung nicht zu 1 werden. Der Treibstrom kann somit theoretisch eine beliebig große Amplitude haben.

Die Gegentaktvariante 6.3b unterscheidet sich von Schaltung a lediglich durch eine zusätzliche Treibwicklung auf jedem Kern, doch ergibt sich daraus ein wesentlicher Unterschied in der Schaltfunktion. Beim Verschieben einer

Zahl wird die Rückstellung des Kerns im links gelegenen Paar durch den Strom in der Treibwicklung vorgenommen. In der rechtsläufigen Wicklung des entsprechenden Kerns wird durch die Transformatorwirkung (und nicht durch Selbstinduktivität) eine Spannung erzeugt. Die Polung der Zuleitungen ist derart, daß die induzierte Spannung dem Stromfluß im entsprechenden Zweig der Koppelleitung entgegenwirkt und der Treibstrom dann durch den entgegengesetzten Zweig fließt. Diese Form der Magnetschaltoperation bezeichnet man gewöhnlich als „Stromlenkung", weil der Strom in den einen oder anderen Zweig „gelenkt" wird. Diese Schaltung wird in diesem Buch als einziges Beispiel für Stromlenkung genannt, obwohl Stromlenkungen in verschiedenen anderen Magnetschaltkreisen und in Magnetmatrizen für den Adressenaufruf in Speicherwerken vorkommen. In jeder sonstigen Hinsicht unterscheidet sich die Schaltung Bild 6.3b nicht von Schaltung a. Sie hat die gleichen Vorzüge wie die gegentaktlosen Schaltungen, zeichnet sich aber zusätzlich durch die direkte Rückstellung aus, wodurch eine höhere Operationsgeschwindigkeit erreichbar ist.

In beiden Schaltungen der Abb. 6.3 sind die Dioden dazu bestimmt, eine Rückwärtsverschiebung der Information zu verhindern (im Gegensatz zu den gezeigten Kreisen ohne Gegentaktschaltung). Man kann das leicht beobachten, indem man die Schaltung links von einem bestimmten Kernpaar nachzeichnet. Die Dioden verhindern auch die Aufladung, die sonst durch das zweite Paar rechts von einem bestimmten Paar, aus dem eine Binärziffer geschoben werden soll, verursacht werden müßte.

6.7. Die für Schaltfunktionen angepaßte Gegentaktschaltung

Eine weitere attraktive Eigenschaft der Gegentaktschaltung besteht darin, daß sie die Ausführung komplexer Schaltfunktionen in einem einzelnen Schaltschritt möglich macht. Diese Fähigkeit soll am Beispiel einer Schaltung für die Funktion $(A\overline{B} + C) \cdot D$ erläutert werden.

Die Schaltung ist in Abb. 6.4a zu sehen, wobei angenommen wird, daß die vier Kernpaare links die vier Binärsignale A, B, C und D gespeichert haben. Diese Signale mögen in die Kernpaare durch ähnliche Gegentaktverschiebeschaltungen eingegeben worden sein, die auf dem Bilde weggelassen wurden. Die Schaltung b ist ganz genauso aufgebaut wie a, doch wurde sie anders gezeichnet, um die Wicklungsverbindungen deutlicher zu zeigen. Wenn z. B. A und B Nullen und C und D Einsen sind, ergibt die Funktion $(A\overline{B} + C)\,D$ insgesamt 1. Wird in diesem Falle der Treibstrom P_1 angelegt, so blockiert die in den Wicklungen C und D induzierte Spannung den Stromfluß im oberen Zweig der Verbindungsleitung. Der Nebenzweig, der durch die Wicklungen $\overline{B}$ und $\overline{A}$ im unteren Zweig dargestellt ist, wirkt durch die in $\overline{A}$ induzierte Spannung gleichfalls dem Stromfluß entgegen. Trotzdem kann der Treibstrom auf

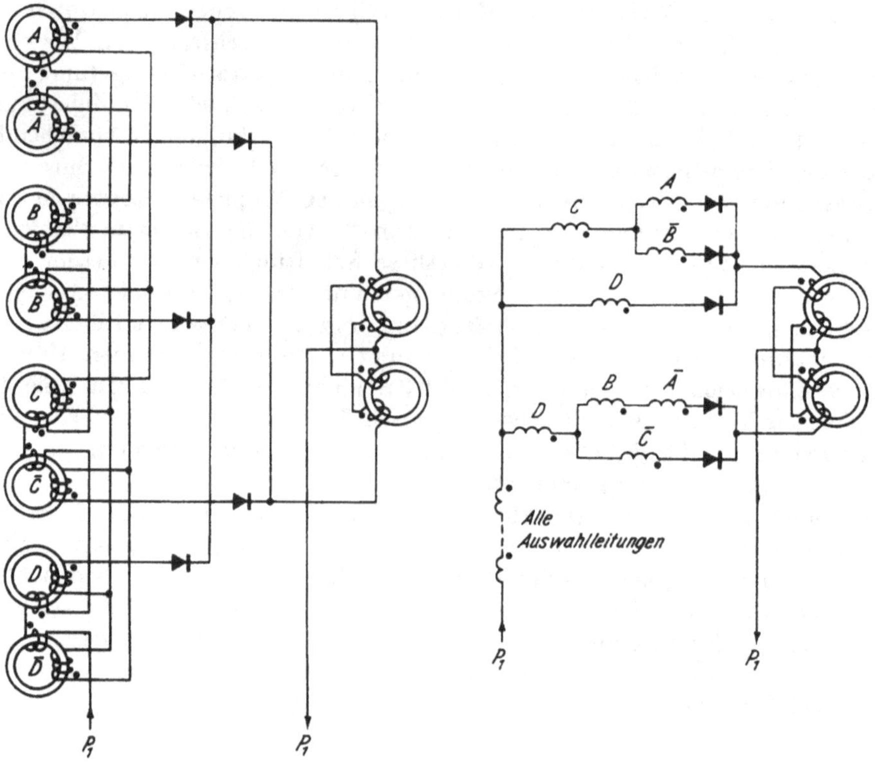

a) b)

Abb. 6.4. Gegentaktschaltung zur Ausführung der (AB + C) D-Funktion

einem Wege fließen, der die Wicklungen $\bar{D}$ und $\bar{C}$ in diese Folge einschließt, um das Kernpaar rechts in den Zustand zu setzen, der zur Speicherung einer Eins erforderlich ist.

Die Schaltungen für andere Schaltfunktionen können auf einfache Weise entwickelt werden, indem man für UND- und ODER-Funktionen Parallel- und Serienschaltungen und im unteren Zweig jeweils die entgegengesetzte Schaltungsart verwendet. Die Inversion eines Signals erfolgt allein durch Vertauschung der Rollen der beiden rechtsläufigen Wicklungen in einem Kernpaar. Zu beachten ist, daß jede beliebige Zahl von Schaltpegeln (Schwellwertlogik) in einer einzigen Stufe ausgeführt werden kann. Ein Dreipegelbeispiel wird in Form eines UND-ODER-UND-Gliedes gezeigt.

In jedem Nebenzweig ist eine Diode erforderlich, damit durch die Spannungen, die in den einzelnen Wicklungen induziert werden, keine zirkulierenden Ströme erzeugt werden können. In unserem Beispiel werden fünf Dioden gebraucht, wie man in Abb. 6.4 erkennen kann.

Die Logikbetrachtungen zu einer Gegentaktschaltanordnung sind im wesentlichen die gleichen wie bei Kryotrons, die im nächsten Kapitel besprochen werden sollen. Obwohl die in Abb. 6.4 gezeigte Schaltung für die besondere Schaltfunktion die geringste Zahl von Wicklungen verwendet, können gewisse andere Schaltfunktionen mit einer geringeren Wicklungszahl (oder Anzahl von Kryotrons) ausgeführt werden, als bei den einfachen Serien- und Parallelschaltungen angegeben ist. Wir verweisen auf das nächste Kapitel, wo dieses Thema weiter diskutiert werden soll.

6.8. Mehrlochkerne

Viele Magnetkernschaltanordnungen beruhen auf Magnetkernen, die zwei oder mehr Wicklungslöcher besitzen; man bezeichnet sie daher als Mehrlochkerne, um sie von den einfachen Ringkernen zu unterscheiden. Obwohl eine Anzahl von Mehrlochkernsystemen seit längeren Jahren bekannt ist, hat keines von ihnen größere Verbreitung gefunden. Tatsächlich trägt jedes erfundene System meistenteils die besondere Bezeichnung jener Gesellschaft oder anderen Organisation, die es eingeführt oder an seiner Entwicklung gearbeitet hat.

6.9. Schaltungen mit symmetrischen Mehrlochkernen

Eine bei der RCA entwickelte Magnetkern-Schaltung ist interessant, weil von einer Impulsfolgefrequenz von 5 Megahertz berichtet wurde. Es werden Zweilochkerne verwendet, obwohl heute jeder derartige Kern angesichts der in Abb. 6.5a gezeigten Äquivalenzbeziehungen durch zwei Ringkerne ersetzt werden könnte. Wenn ein Kern zwei in Serie geschaltete Wicklungen besitzt, können diese beiden Wicklungen durch eine einzige ersetzt werden, die beide Kerne verbindet. Die Kerne können dann näher aneinandergerückt werden, bis sie sich berühren, sie können auch durch einen einzelnen Zweilochkern mit einer Wicklung ersetzt werden, wie man auf dem rechten Teil des Bildes erkennen kann. Die Querschnittfläche des zentralen Schenkels muß doppelt so groß sein wie die Querschnittfläche jedes äußeren Schenkels. Aus jeder Wicklung, die ein ursprüngliches Paar nur auf einem der beiden Kerne war, wird eine einzelne Wicklung, die durch das entsprechende Loch des Zweilochkerns gezogen wird. Wenn das Originalpaar zusätzliche in Serie geschaltete Wick-

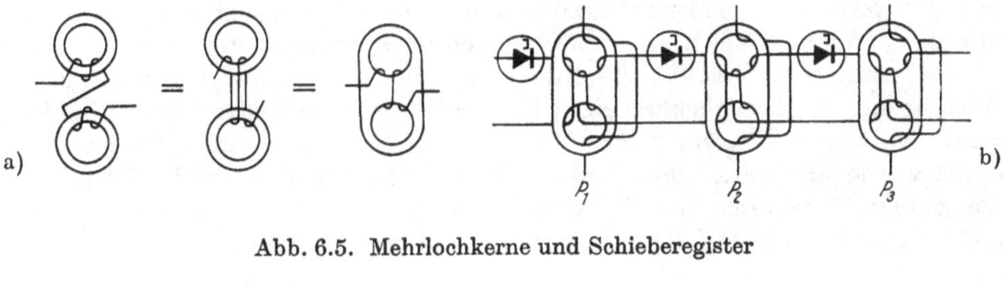

Abb. 6.5. Mehrlochkerne und Schieberegister

lungen verwendet, können diese Wicklungen gleichfalls durch eine Wicklung ersetzt werden, wie es auf der rechten Seite des Bildes gezeigt wird, sofern die Polung der zusätzlichen Wicklungen gleich der Polung der ursprünglichen in Serie geschalteten Wicklungen ist. Sind die Polungen nicht gleich, so müssen die zusätzlichen Wicklungen als einzelne Wicklungen ausgeführt werden, die die entsprechenden Löcher im Zweilochkern verbinden.

Die prinzipielle Schieberegisterschaltung, wie sie von der RCA untersucht wurde, ist in Abb. 6.5b zu sehen. Das obere Loch jedes Zweilochkerns gehört zu einer Schaltung im wesentlichen gleicher Art, wie sie Abb. 6.1a zeigt. Das untere Loch wird derart geschaltet, daß ein an einen bestimmten Zweilochkern angelegter Treibimpuls ein Ausgangssignal Null erzeugt, unabhängig davon welches Ausgangssignal von den Wicklungen des oberen Lochs erzeugt wird. Das vom Kern erzeugte reine 0-Signal erhält hierdurch tatsächlich eine Nullamplitude, abgesehen von kleinen Ungleichmäßigkeiten in der Kernstruktur. Tatsächlich ist der Gedanke der Verwendung eines zweiten Kerns, um das Nullsignal wirklich auf Null zu setzen, ziemlich alt. Neben der vorgenannten Kombination von Kernen dient hierzu in neueren Ausführungen der Schieberegister auch die Verwendung sehr kleiner Ferritstrukturen mit einer minimalen Anzahl von Wicklungsgängen (nur eine Windung für den Eingang und zwei Windungen für den Ausgang), wie auch die Verwendung von Tunneldioden anstelle von einfachen Dioden. Möglicherweise mußte man die Windungszahl der Ausgangswicklung mindestens auf drei vergrößern, da von Signalschwächungen berichtet wurde. Man verwendet Tunneldioden, weil sie einen sehr geringen Durchlaßwiderstand aufweisen, so daß der Spannungsabfall relativ klein ist und ihr Sperrwiderstand zwar nicht besonders hoch ist, aber für diesen Zweck vollständig ausreicht. Auch sind die Kennwerte der Tunneldioden einer intensiven Strahlung gegenüber relativ unempfindlich und gestatten es somit, die entsprechenden Eigenschaften der Kerne voll zu nutzen. Es wurde im dreiphasigen Betrieb gearbeitet, wie man aus den drei Treibleitungen P_1, P_2 und P_3 in Abb. 6.5b erkennen kann, obwohl die Schaltung ihrer Art nach nur die beiden Phasen (Zwischenspeichern und Übertragen) braucht, die bisher verwendet wurden.

Wenn man auf Dioden verzichtet, muß der Signalstrom zwischen aufeinanderfolgenden Zweilochkernen zur Darstellung einer Null oder einer Eins die eine bzw. andere Polarität aufweisen. Es stellt jedoch dann die durch weiter entfernte Kerne verursachte Aufladung ein Problem dar. Um die Schaltfunktionen mit der gezeigten Schaltung auszuführen, wurde das früher erwähnte Verfahren empfohlen (zwei Eingangswicklungen für die ODER-Funktion und eine Verhinderungsschaltung für die Inversion). Bei einer etwas komplizierteren Ausführungsart der Wicklungen, kann das im vorstehenden Abschnitt beschriebene Gegentaktprinzip für diese Zweilochkerne Verwendung finden. Dadurch wurde eine wesentliche Verbesserung der logischen Flexibilität erreicht. Die kleinen Ferritkerne und Tunneldioden gestatten stets eine hohe Geschwindigkeit und einen guten Strahlungswiderstand zu erreichen.

6.10. MAD-Technik

Die zweite, zu erörternde Art von Mehrlochkernen, wie sie von Mitgliedern des Stanford Research Institute ausgiebig untersucht und beschrieben wurde, werden auf Grund ihrer besonderen Kernform auch als MAD-Anordnungen (multi-apertured-device) bezeichnet. Die Bezeichnung MAD-R gilt für Kerne dieses Typs, die zusammen mit Widerständen in Verbindungsleitungen zur Herstellung bestimmter Schieberegister und Schaltsysteme Verwendung finden, doch sollen MAD-R-Anordnungen in diesem Zusammenhang nicht näher erörtert werden. Die MAD-Kerne wurden von der AMP, Inc. hergestellt und in Schieberegistern und anderen speziellen Funktionsgruppen verkauft. Obwohl diese Gesellschaft 1961 und vielleicht früher Prospekte mit Beschreibungen der Bauelemente verschickte, so ergibt sich doch aus einem 1965 veröffentlichten Geschäftsbericht der Gesellschaft, daß diese Produktionsart keinen wesentlichen Anteil zum Umsatz und den Einnahmen beiträgt. Irgendwelche anderen geschäftlichen Interessen an diesen Kernen sind dem Verfasser nicht bekannt geworden.

Beim SRI wurde eine große Zahl verschiedener Kernformen untersucht. Am häufigsten ist die Form, die hier beschrieben werden soll; man kann sie als ringförmige Struktur bezeichnen, die mindestens zwei relativ kleine Löcher im Ring besitzt. Die Achsen der kleinen Löcher verlaufen parallel zur Achse des großen, zentralen Loches. Gewöhnlich ist der Ring kein einfaches Toroid. Der Ring besitzt vielmehr im Bereich eines jeden Loches eine Wulst, so daß die gesamte Querschnittsfläche des Kraftlinienweges in der Nähe des kleinen Loches ebenso groß ist, wie an einer vom kleinen Loch entfernten Stelle. Im Bereich des kleinen Loches sind die Querschnittflächen der „inneren" und „äußeren" Kraftlinienwege gleich groß. Die in Abb. 6.6 abgebildeten Kerne besitzen diese geometrischen Eigenschaften, obwohl das Verhältnis des großen Lochdurchmessers zu den kleinen Lochdurchmessern in der Praxis gewöhnlich weit größer ist.

Für die Verwendung von Kernen dieser Art wurde eine große Anzahl verschiedener Anordnungen gefunden. Die eine von ihnen, die für die Besprechung ausgewählt wurde, ist wohl besonders einfach und praktisch verwendbar. Wir betrachten zunächst den Kern in Abb. 6.6a mit einem Treibstrom, dessen Amplitude ausreichend groß ist. Er wird in die Treibwicklung in der angezeigten Richtung eingegeben. Der Fluß umläuft den Kern in Uhrzeigerrichtung, wobei die eine Hälfte des Flusses den „inneren" Weg und die andere Hälfte den „äußeren" Weg benutzt, wie es durch die beiden Strichlinien angezeigt wird. Man kann sagen, daß der Kern auf Null zurückgestellt wurde oder nunmehr eine Null enthält, ganz wie bei gewöhnlichen Ringkernen mit rechteckiger Hystereseschleife.

Wird dann ein Eingangsstrom ausreichender Stärke in die Eingangswicklung gemäß der in Abb. 6.6b gezeigten Richtung geschickt, so wird die Flußrichtung

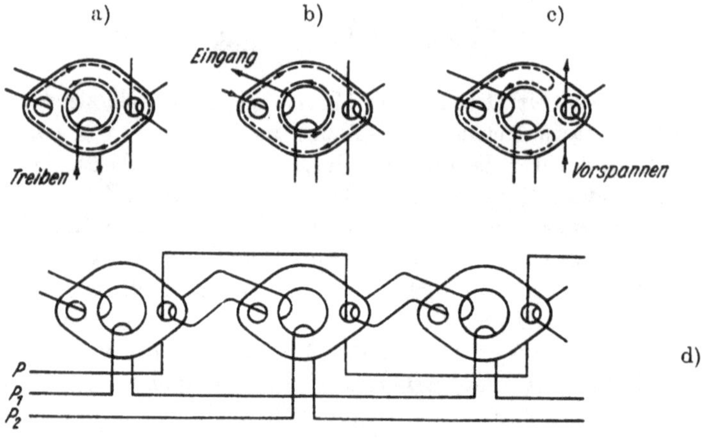

Abb. 6.6. Mehrlochkern und Schieberegister

auf dem inneren Weg in die Richtung entgegengesetzt dem Uhrzeiger umgekehrt, wie es die Pfeilspitzen anzeigen. Man beachte, daß ein Fluß in Form eines kleinen Kreises um das linke Loch nicht erzeugt werden kann, weil der äußere Weg im Bereich dieses Lochs schon gesättigt ist. Man sagt nunmehr, daß der Kern auf Eins gesetzt wurde bzw. daß er eine Eins gespeichert hat. Während der Einspeicherung der Eins wird kein Signal in der Ausgangswicklung induziert, d. h. in der Wicklung, die das rechte kleine Loch verbindet und die rechts gezeichneten Anschlußklemmen besitzt. Ein Signal entsteht nicht, weil die Ausgangswicklung nur den äußeren und nicht den inneren Kraftlinienweg umfaßt.

Bevor die Ausgangssignale erzeugt werden können, muß der Kern „eingestellt" werden. Dies geschieht durch einen in der Einstellwicklung gemäß der in Abb. 6.6c angegebenen Richtung umlaufenden Strom. Dieser Strom erzeugt ein gegen den Uhrzeiger gerichtetes Magnetfeld um das rechte kleine Loch. Die Kraftlinien verlaufen um das Loch entsprechend der Strichlinie. Der Fluß ist an den entfernten Stellen des Kerns unverändert, obwohl die inneren und äußeren Kraftlinien zu einem geschlossenen gemeinschaftlichen Weg verbunden sind. Die Stärke dieses Stroms muß natürlich ausreichen, um den Fluß um das kleine Loch umzukehren, sie darf aber nicht zu hoch sein, um den Fluß in den äußeren Kraftlinien um den ganzen Kern herum umzukehren, sofern der Kern eine Null gespeichert hat. Während dieser Zeit wird in der Ausgangswicklung ein Stromstoß erzeugt (falls eine 1 gespeichert wurde), doch kann die Impulsamplitude klein gemacht werden, indem man relativ schwache Einstellströme verwendet. Auch die Polarität dieses Impulses ist so, daß kein Schaden in aufeinanderfolgenden Kernen des Schieberegisters entsteht.

Ein nachfolgender Treibstromimpuls setzt dann den Kern wieder auf Null, wie durch die Kraftlinien entsprechend Abb. 6.6a gezeigt wird, und es wird ein Ausgangsimpuls erzeugt oder nicht erzeugt, je nachdem, ob eine Eins oder Null gespeichert wurde. Die Amplitude des Treibstroms muß groß genug sein, um einen Ausgangsstrom zu erzeugen, dessen Amplitude ausreicht, um den Fluß auf dem inneren Kraftlinienweg des Kerns umzukehren, wenn die Ausgangswicklung des angesteuerten Kerns mit der Eingangswicklung des Kerns verbunden wird, zu der die Binärziffer verschoben wurde.

Drei derartige zu einem Schieberegister verbundene Schaltungen sind in Abb. 6.6d zu sehen. In einer Schaltung mit zwei Zwischenspeicherungen, wie sie bereits beschrieben wurde, mit dem Unterschied, daß jeder Treibstrom von einem Einstellimpuls P gefolgt wird, läuft tatsächlich der die Eins darstellende Fluß entgegengesetzt dem Uhrzeiger um das rechte kleine Loch. Die Impulsfolge ist dann $P_1 - P - P_2 - P - P_1 - P$ und so weiter.

Eine wichtige Eigenschaft dieser Kerne besteht darin, daß nach dem Eingangssignalimpuls keine Aufladung eines bestimmten Kernes erfolgt, da nur noch die Treibleitung die inneren Kraftlinien umschließt. Die Arbeitsweise bei Zwischenspeicherung ist so, daß die Treibschaltung zur Zeit des Eingangssignals für einen gewissen Kern eine hohe Impedanz besitzt.

Das gestattet eine rasche Flußumkehr in dem Kern, zu dem eine Binärziffer geschoben wurde, und es treten keine Verluste der Signalamplitude von einem Kern zum nächsten ein. Diese Eigenschaft bedeutet, daß nicht die gleichen Anforderungen an das Windungsverhältnis wie bei elementaren Ringkernschieberegistern gestellt werden. Insbesondere können Wicklungen aus einer Windung sowohl für den Eingang als auch für den Ausgang verwendet werden.

Eine weitere wichtige Eigenschaft der Kerne in Schaltung 6.6a besteht darin, daß die Verbindungsleitung von einem Kern zum anderen den äußeren Weg eines Kerns mit dem inneren Weg des nächsten Kerns verbindet. Daher kommt keine Kopplung entfernter Kerne vor und man benötigt auch keine Diode.

Die ODER- und NICHT-Schaltfunktionen können wie mit konventionellen Magnetkern-Schieberegistern ausgeführt werden, demnach mit zwei oder mehr einzelnen Eingangswicklungen für die ODER-Funktion und mit umgekehrter Polarität und Verhinderungswirkung für die NICHT-Funktion. Die UND-Funktion kann man mit Hilfe der Einstellwicklung erzeugen, wobei ein Ausgangssignal nur entsteht, sofern ein Eingangssignal zugeführt wurde „und“ der Kern voreingestellt wurde. Zu beachten ist, daß der Einstellstrom keine Wirkung hat, wenn der Kern eine Null enthält. Entnimmt man den Einstellstrom vom Ausgang eines anderen Kerns und nicht von einem Einstellstrom-Generator, so ergeben sich geringere Komplikationen aus der Tatsache, daß dieser Strom gewöhnlich eine kleinere Amplitude als der Eingangsstrom besitzen muß. Damit der Einstellstrom nach dem Eingangssignal in jeden Kern gelangt, benötigt man für verschiedene Kerne eines Systems eine kompliziertere Folge von Treibimpulsen. Der Einstellstrom kann jedoch offensichtlich zu gleicher Zeit mit einem Eingangssignal angelegt werden.

Für Kerne, die drei Löcher und mehr an der Peripherie rund um das große Loch besitzen, bieten sich noch weitere Möglichkeiten. Insbesondere kann der Kern zwei Ausgangslöcher haben, die einzeln und wahlweise vormagnetisiert werden. Ein Eingangssignal wird nur in den Koppelleitungen jener Ausgangslöcher erzeugt, die auch voreingestellt wurden.

6.11. Mehrlochkerne und Schaltkreise

Die Bell Telephone Laboratories (BTL) ist eine weitere Organisation, die sich mehrere Jahre lang aktiv an der Entwicklung des Magnetschaltverfahrens beteiligte, besonders von Anordnungen, die nur Kerne und Drähte verwenden, von den Treiberschaltungen abgesehen. Ende der Fünfziger Jahre wurde ein Kernmodell mit der Bezeichnung ,,Laddic" entwickelt. Obwohl mit einem einzelnen Laddic komplexe Schaltfunktionen ausgeführt werden konnten, hatte ein von diesem Element erzeugtes Ausgangssignal offenbar keine ausreichend große Dauer und Amplitude, um andere Kreise zu betätigen, so daß das Interesse erlosch. Der Name ,,Laddic" wurde übrigens von der Leiterform des Gerätes abgeleitet.

Erneutes Interesse besteht an einer Anordnung, die die BTL als ,,symmetrische Magnetschaltungen" bezeichnet, obwohl die tatsächliche Verwendung dieser Schaltungen nie bekanntgegeben wurde. Ebenso wie bei anderen Arten magnetischer Schaltungen ist auch hier eine Unzahl von Varianten und Entwicklungen möglich. Angesichts der heutigen geringen Verwendungsmöglichkeiten sollen hier nur einige wichtige Grundkonzeptionen besprochen werden.

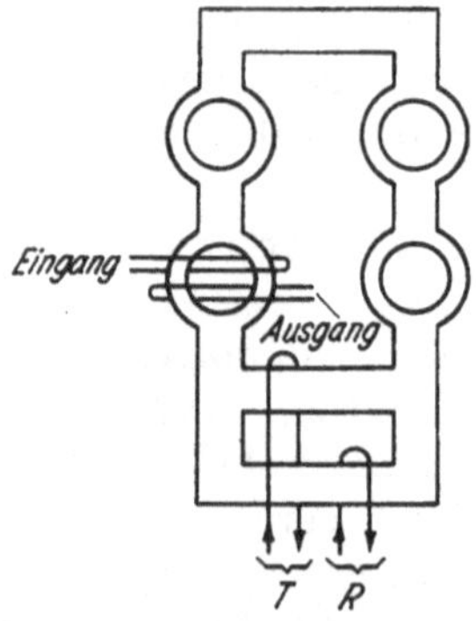

Abb. 6.7
Spezielle Ausführungsart für einen Mehrlochkern

Abb. 6.7 zeigt eine Form der symmetrischen Magnetschaltung, wo das Wort ,,Schaltung" sich mehr auf die Wege der Kraftlinien als auf die Stromleitungsbahnen bezieht. Tatsächlich stellt die Bauart einen Mehrlochkern dar. Die kleinen ringförmigen Teile des Kerns kann man sich als Ringlöcher in einer Art Magnetkreis vorstellen, doch besteht die wesentlichste Eigenschaft eines jeden Ringes darin, daß die Querschnittsfläche beider Schenkel jedes Ringes gleich sein muß. Die Querschnittsfläche jedes anderen Schenkels der Anordnung muß mindestens doppelt so groß sein — oder etwas mehr — wie die Querschnittfläche eines Ringkörperschenkels.

Bei dieser Anordnungsart erzeugt ein starker in der angegebenen Richtung durch die Wicklung T des Kerns in Abb. 6.7 fließender Strom in den beiden durch die Wicklung verbundenen großflächigen Schenkeln einen Kraftlinienfluß nach links. Der Rückweg des Flusses nach rechts erfolgt durch den oberen Schenkel und die beiden Schenkel des Ringes. Dabei ist der Fluß in beiden Schenkeln der Ringe jeweils gleich, also entweder nach oben oder nach unten, nicht aber auf einer Kreisbahn um das Loch gerichtet. Auf Grund der Querschnittsverhältnisse für die verschiedenen Teile des Magnetkreises hat ein entsprechend starker *T*-Strom eine Sättigung des magnetischen Materials im Ringkörper zur Folge. Hat das Material eine rechteckige Hystereseschleife, so bleibt die Sättigung erhalten, auch nachdem der *T*-Strom aufhört zu fließen.

Wird ein Strom mit ausreichend großer Amplitude in der angegebenen Richtung durch die Wicklung *R* geschickt, so wird die Flußrichtung im unteren Schenkel umgekehrt. Die Flußrichtung im oberen Schenkel bleibt unverändert, doch erfolgt der Rückfluß zum unteren Schenkel durch den Zentralschenkel, weil dieser Weg kürzer ist und weil ein Fluß in entsprechender Richtung im Zentralschenkel bereits existiert. Hat der *R*-Strom eine ausreichend große Amplitude, um den oberen und den zentralen Schenkel zu sättigen, so hat der ursprünglich im oberen Schenkel vorhandene Fluß keinen geeigneten Rückweg. Deswegen sinkt die Flußdichte in diesem Wegeabschnitt auf Null. Das gleiche gilt für den Fluß in den Schenkeln der Ringe, da keinerlei Strom in den Eingangs- und Ausgangswicklungen fließt.

Eine wichtige Eigenschaft des Kernsystems gemäß 6.7 wird sichtbar, sobald ein schwacher Strom durch die Eingangswicklung geschickt wird, zu einer Zeit, wo der *R*-Strom fließt. Dieser Strom erzeugt ein schwaches Magnetfeld, das in dem einen Toroidschenkel nach oben und in dem anderen Schenkel nach unten gerichtet ist, so daß der Ring nicht mehr „symmetrisch“ ist. Das nach oben gerichtete Feld ist bestrebt, den Fluß zu verstärken, der ursprünglich vom Strom in der *T*-Wicklung erzeugt wurde, so daß der Strom, der in der Folgezeit der *R*-Wicklung zugeführt wird, den Fluß im Toroid in eine kreisförmige Flußröhre lenkt. Im Endergebnis ist die Flußdichte im Toroid wesentlich größer als die durch den Eingangsstrom für sich allein erzeugbare Dichte. Im oberen Schenkel ist die Flußdichte trotzdem immer noch Null. Der betreffende Ringkörper speichert nun eine Zahl entsprechend der Polarität des Eingangsstroms. Dann, wenn der Fluß in eine kreisförmige Bahn eintritt, wird in der Ausgangswicklung ein Spannungsimpuls erzeugt, doch wirkt sich dies auf den Ringkörper nach Beendigung des *R*-Stroms überhaupt nicht aus. Zu beachten ist, daß bei Sättigung des oberen Schenkels, die wahrend oder nach der Stromführung in die *T*-Wicklung eintritt, ein Eingangsstrom den Fluß im Ringkörper nicht beeinflussen kann, selbst wenn der Eingangsstrom ziemlich stark ist.

Um die gespeicherte Zahl zu lesen, verwendet man einen zweiten starken Stromimpuls, der durch die *T*-Wicklung geschickt wird. Der kreisförmige Kraftlinienverlauf im Toroid wird zerstört, sobald der Fluß wieder in den beiden Schenkeln des Toroids in die Aufwärtsrichtung gezwungen wird. Spannungsimpulse kommen zu dieser Zeit sowohl in den Eingangs- als auch in den Ausgangswicklungen vor, und die Polarität hängt von der Polarität des Originaleingangsstromes ab.

Die Ein- und Ausgangswicklungen werden in der Prinzipskizze 6.7 für die übrigen drei Ringkörper nicht gezeigt, doch können derartige Wicklungen eingebaut werden, damit diese Körper gleichartig arbeiten können. Die einzelnen Ringe funktionieren unabhängig voneinander. Die ganze Anordnung kann vier Binärzahlen speichern und auf mehr als vier Toroide im Hauptflußweg erweitert werden, wodurch die Speicherkapazität entsprechend vergrößert wird.

Abb. 6.8 erläutert ein Schieberegister, das aus Magnetelementen gemäß Abb. 6.7 aufgebaut ist. Abb. 6.8 zeigt nur einen Ringkörper und einen Teil des Hauptmagnetkreises von jedem Element. Weitere Ringe in jedem Element

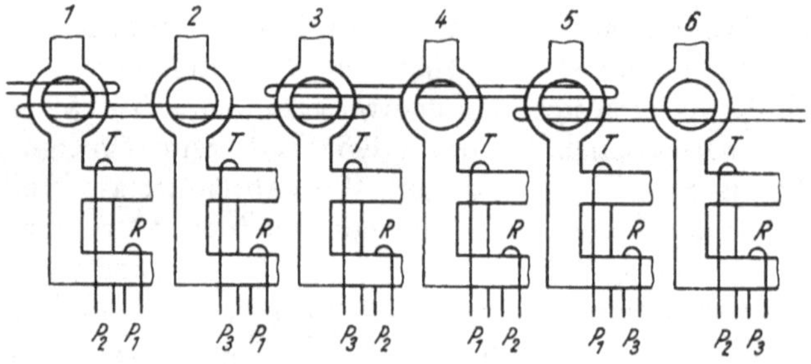

Abb. 6.8. Schieberegister

können gleichzeitig betätigt werden, um andere Zahlen zu verschieben. Tatsächlich kann der Ausgang eines Elements rechts an den Eingang eines anderen Elements links rückgekoppelt werden. Auf diese Weise kann die „Länge" des Schieberegisters bei unveränderter Elementezahl vergrößert werden. Man verwendet dabei Betriebsarten mit 3 Takten, und die in dem Bild dargestellten sechs Elemente stellen die Ausstattung dar, die für eine Bitposition im Register erforderlich ist. Jede T- und R-Wicklung ist mit P_1, P_2 oder P_3 bezeichnet, womit die Zeiten bezeichnet sind, während derer sie betätigt wird. Alle zu einer bestimmten Phase gehörenden Wicklungen können in Serie geschaltet werden.

Da der Schieberegisterbetrieb schwer überschaubar ist, kann man die erste Erläuterung mit der Annahme beginnen, daß die Elemente 2, 4 und 6 weggelassen wurden und daß die Ausgangswicklung des Elements 1 direkt an die Eingangswicklung des Elements 5 angeschlossen wurde usw. (um die Anschaulichkeit zu verbessern, kann der Leser die Elemente 2, 4 und 6 mit Papierstreifen verdecken). Das Schieberegister funktioniert auch ohne die Elemente 2, 4 und 6, doch erfüllen diese Elemente wichtige Funktionen, von denen noch die Rede sein soll. Wir betrachten das Element 1 im Zeitabschnitt des Impulses P_1. Es wird angenommen, daß zu dieser Zeit ein Eingangssignal vorliegt und im Toroid des Elements 1 eine Binärzahl auf die vorstehend beschriebene Art gespeichert wurde. Das Eingangssignal induziert jetzt einen Strom in der Ausgangswicklung des Elements 1, der Ausgangsstrom fließt durch die Eingangswicklung des Elements 3. Da aber P_3 der vorhergehende Treibimpuls war, ist Element 3 gesättigt, und es kommt im Toroid zu keiner Flußumkehrung.

Danach wird der Impuls P_2 angelegt. Das Element 1 überträgt, und das Element 3 empfängt. Hierbei gelangt der in 1 erzeugte Ausgangsimpuls zum Ring 3 und läßt den Fluß auf eine kreisförmige Bahn in der einen oder anderen Richtung um das Loch „zurückfallen". Zu dieser Zeit wird in der Ausgangswicklung von 3 ein Impuls induziert, er gelangt zur Eingangswicklung von 5, doch wurde 5 durch den vorherigen P_1-Impuls in der T-Wicklung dieses Elements gesättigt. Ein P_3-Impuls in der T-Wicklung von 3 und der R-Wicklung von 5 verschiebt die Zahl auf entsprechende Art von 3 nach 5. Das nächste hier nicht abgebildete Element hatte die Nummer 7. Es würde auf dieselbe Art wie das Element 1 geschaltet und gesteuert und wäre durch den vorherigen P_2-Impuls gesättigt. Während des P_3-Impulses wird in der Eingangswicklung des Elements 3 ein Impuls induziert. Dieser Impuls erzeugt in der Ausgangswicklung des Elements 1 einen Strom, doch wurde dieses Element durch den letzten vorangegangenen P_2-Impuls gleichfalls gesättigt. Daher werden die Zahlen nicht in rückwärtige Richtung verschoben.

Wir nehmen nunmehr an, daß die Elemente 2, 4 und 6 gemäß der in Abb. 6.8 gezeigten Weise geschaltet sind, und betrachten das Element 1 zur Zeit des P_1-Impulses. Das Element 1 empfängt zuvor aus einer auswärtigen Quelle eine Eingangszahl, in der Ausgangswicklung des Elements 1 wird gleichfalls ein Ausgangsimpuls induziert. Da aber das Element 2 zur Zeit von P_1 empfangsbereit ist, wird der Ringkörper auch in den einen oder den anderen Zustand versetzt. Doch kommt es hier nicht auf die Speicherung sondern lediglich darauf an, eine von Null verschiedene Impedanz in Reihe mit dem zu dieser Zeit in der Eingangswicklung von 3 vorhandenen Belastungswiderstand von nahezu Null zu schalten. Die von Null verschiedene Impedanz benötigt man, um den Ringkörper von 1 schnell schalten zu können, weil die Impedanz von Null einen starken Strom in der Ausgangswicklung erzeugt, dieser Strom wiederum ein Magnetfeld ergibt, das dem durch den Eingangsstrom erzeugten Feld entgegenwirkt. Die Elemente 4 und 6 verhalten sich bei anderen Phasen der Treibströme in entsprechender Weise.

Die geradzahligen Elemente erledigen noch eine weitere Funktion, wie man bei Betrachtung der Elemente 2 und 3 während des P_3-Treibimpulses feststellen kann. Sowohl Element 2 als auch 3 werden zu dieser Zeit in den Zustand „Übertragen" versetzt. Eine genauere Untersuchung der Strompolaritäten und Flußrichtungen ergibt, daß der in der Eingangswicklung von 3 induzierte Impuls entgegengesetzte Polaritäten hat, wenn man ihn mit dem in der Kopplungsschleife der Elemente 1, 2 und 3 durch das Element 2 induzierten Impulse vergleicht. Damit wird die etwaige Gefahr einer Verschiebung der Ziffern nach rückwärts weiter vermindert. Obwohl die Ausgangswicklung von Element 1 immer noch im wesentlichen als Impedanz der Größe Null an der Eingangswicklung von 3 zur Zeit P_3 erscheint, wird sie doch durch die in 2 induzierte Spannung kompensiert, wodurch jede schädliche Wirkung beseitigt wird.

Obwohl in Abb. 6.8 Wicklungen mit nur 1 Windung dargestellt sind, können zur Leistungsverbesserung auch Wicklungen mit zwei und mehr Windungen nötig werden. Insbesondere können die Ausgangswicklungen der ungeradzahligen Kerne zwei Windungen besitzen. Das erfolgt aus dem einfachen Grund, weil die früher in diesem Kapitel beschriebenen Schieberegister an den Ausgangswicklungen mehr Windungen haben als an den Eingangswicklungen. Man erhält leichter eine „Flußverstärkung", wenn dieses Windungsverhältnis größer als 1 ist. Man beachte, daß bei dem in Abb. 6.8 gezeigten Schieberegister eine Binärzahl durch die Polarität und nicht durch die Amplitude des von einem Element zum nächsten fließenden Stroms dargestellt wird. Daher existiert hier auch nicht das Problem, wonach die Null durch übermäßige Verstärkung zur Eins wird. Für diese Elemente wurden keinerlei neue Anordnungen entwickelt, um die Schaltfunktionen ODER, UND und NICHT erledigen zu können. Im Gegensatz zu konventionellen Magnetkern-Schieberegistern hängt die Überführung des ringförmigen Teils eines Elements in den einen oder den anderen Zustand nicht davon ab, ob der Eingangsstrom einen bestimmten Schwellenwert überschreitet, trotz der Tatsache, daß das Material eine rechteckige Hystereseschleife besitzt. Daher sind die Erwägungen hinsichtlich der Summierung der Ströme am Eingang etwas anderers, besonders im Falle von Verhinderungsströmen, wie sie für die NICHT-Funktion verwendet werden. Doch sind hierfür keine grundsätzlich neuen Konzeptionen nötig.

6.12. Parametrons

Ein Parametron ist im wesentlichen nichts anderes als ein Oszillator für Subharmonische von der Art, wie sie den Elektroingenieuren seit vielen Jahren bekannt ist. Ein Parametron kann eine Zahl speichern, wobei die Zahlendarstellung von der Phase des Ausgangssignals übernommen wird, die zur Phase eines Bezugssignals gleicher Frequenz in Beziehung gesetzt wird. In allen praktisch interessierenden Fällen stellen die betreffenden Zahlen Binärzahlen dar. Die Unterfrequenz ist halb so groß wie die Frequenz des Treib- oder Pumpsignals. In diesem Falle kann eine 1 oder 0 an der Tatsache erkannt werden, ob das Ausgangssignal gleichphasig oder gegenphasig zum Bezugssignal ist.

Diese Konzeption der Informationsspeicherung wurde bei der Entwicklung der elektronischen Rechner frühzeitig bekannt. Doch boten die synchronisierten Kippgeneratoren und andere bekannte Formen der subharmonischen Oszillatoren keine besonderen Vorteile gegenüber den konventionellen Flip-Flops. Gegen Mitte der fünfziger Jahre wurden einige sehr einfache Oszillatoren und Einsatzmöglichkeiten dieser Elemente in Schaltanordnungen in Japan erfunden. Diese einfachen Schaltungen erhielten die Bezeichnung Parametron. Die Parametrons wurden bei den japanischen Rechnerproduzenten sehr rasch bekannt und beliebt, und eine gewisse Anzahl von japanischen Rechnern wurden unter Verwendung von Parametrons entwickelt. Doch ist uns kein Fall der Herstellung oder des Entwurfs derartiger Rechner aus den Vereinigten Staaten bekannt.

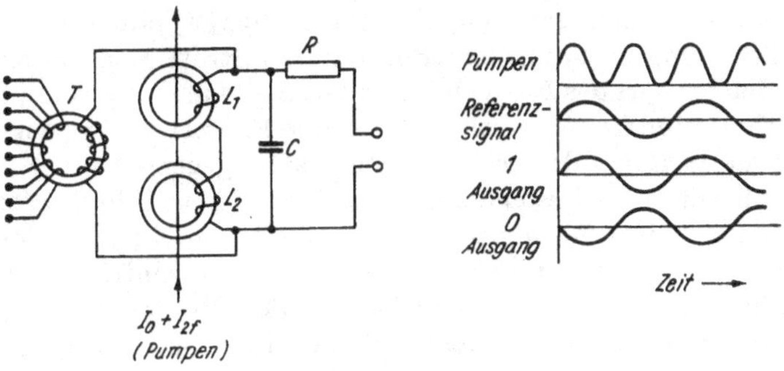

a) b)

Abb. 6.9. Parametron

Ebenso wie für sonstige Magnetschaltsysteme wurden auch für die Parametrons zahlreiche verschiedene Varianten entwickelt. Eine der besonders einfachen Schaltungen ist in Abb. 6.9a zu sehen. Ihre Hauptbestandteile sind zwei Kerne, auf denen Wicklungen mit den Induktivitäten L_1 und L_2 und der Kondensator C angebracht sind. Diese beiden seriengeschalteten Wicklungen bilden mit dem Kondensator einen Resonanzkreis mit der Resonanzfrequenz f. Dieser Resonanzkreis wird durch ein Signal „gepumpt", das eine Gleichstromkomponente und eine Wechselstromkomponente mit der Frequenz $2f$ besitzt und das an eine andere Wicklung angelegt wird, die die beiden Kerne verbindet, wie sie in Abb. 6.9a zu sehen ist. Zu beachten ist, daß die Polung der beiden Wicklungen auf dem oberen Kern der Polung der beiden Wicklungen am unteren Kern entgegengesetzt wird.

Als Kerne der Schaltungen können kleine Ferritringe dienen, doch ist die Ferritzusammensetzung so, daß sie nur eine kleine oder gar keine Hystereseschleife besitzt (im Gegensatz zu den rechteckigen Schleifen, die eine fundamentale Voraussetzung für alle in diesem Kapitel bereits beschriebenen Schaltsysteme darstellten). Die Kerne sättigen sich trotzdem. Anders gesagt, besitzen sie eine nichtlineare Magnetisierungskurve für alle an die Schaltung angelegten Ströme.

Um die Funktion der Schaltung 6.9a zu verstehen, unterstellen wir, daß der Resonanzkreis mit kleiner Amplitude schwingt und daß die Richtung des Stromflusses durch L_1 und L_2 nach oben zeigt. Wenn der Pumpstrom relativ schwach ist, da die Wechselstromkomponente der Gleichstromkomponente entgegengerichtet ist, wird keiner der beiden Kerne in nennenswerter Weise gesättigt, die in L_1 und L_2 induzierten Spannungen heben sich gegenseitig auf, bedingt durch die unterschiedliche Polung der Wicklungen auf beiden Kernen. Wenn der Pumpstrom aber eine große Amplitude hat, so ist der obere Kern gesättigt, so daß die gegenseitige Kopplung der beiden Wicklungen dieses Kerns relativ gering ist. Die entgegengesetzten Verhältnisse herrschen im unteren Kern, und in dem Maße, wie der Pumpstrom zunimmt, wird daher auch der in L_2 aufwärts fließende Strom verstärkt. Wenn der Pumpstrom abzunehmen beginnt, wird eine starkes Signal entgegengesetzter Polarität induziert, das bestrebt ist, die Flußrichtung in L_2 umzukehren und den Strom nach unten fließen zu lassen. Der Spitzenwert des Pumpstroms entspricht daher ungefähr dem Spitzenwert des Stromes im Resonanzkreis. Wird der Pumpstrom wieder schwächer, so hebt sich die Wirkung der beiden Kerne wieder gegenseitig auf. Auf Grund der Resonanzfrequenz im Resonanzkreis fließt der Strom beim nächsten Anstieg des Pumpstroms immer noch nach unten. Doch nun wird der untere Kern gesättigt, so daß eine Verstärkung im oberen Kern eintritt. Das Ergebnis besteht darin, daß die Anfangsschwingung des Resonanzkreises verstärkt wurde und die Schwingungsfrequenz auf die Hälfte der Pumpsignalfrequenz synchronisiert wird. (Allerdings braucht man zur gründlicheren Abschätzung des Effekts der Frequenzsynchronisation eine gründlichere Analyse der Schaltung.)

Abb. 6.9b zeigt das Phasenverhältnis der verschiedenen Signale. Als Bezugssignal kann das Ausgangssignal irgend eines anderen kontinuierlich arbeitenden Parametrons dienen, an das das gleiche Pumpsignal angelegt wird. Ob ein bestimmtes Parametron eine Eins oder eine Null speichert, hängt von der Phase ab, die die Schwingung mit kleiner Anfangsamplitude zu der Zeit hatte, in welcher das Pumpsignal an das betreffende Parametron angelegt wurde.

Der Eingangstransformator T in Abb. 6.9a dient zur Einführung der Zahl zu Beginn des Pumpsignals. Man sieht fünf Eingänge. Jedes Eingangssignal besitzt der Annahme nach die Frequenz f und ist entweder phasengleich oder gegenphasig gegenüber dem Bezugssignal, wie es zur Darstellung einer Eins bzw. einer Null erforderlich ist. Das Gesamtsignal, das über T an das Parametron gekoppelt wird, wird tatsächlich durch ,,Stimmenmehrheit" der fünf Eingangssignale gefunden derart, daß wenn drei Signale eine bestimmte Phase haben, sie die beiden übrigen Eingangssignal überstimmen. Die Induktivität der Ausgangswicklung T liegt natürlich parallel zum Resonanzkreis, so daß die Konstruktionsart dementsprechend angepaßt werden muß, damit man eine Resonanzfrequenz von f erhält.

Das Ausgangssignal wird von den Klemmen im rechten Teil der Abb. 6.9a abgenommen. Da vorausgesetzt wird, daß der Ausgang an die Eingangswicklung anderer Parametrons angeschlossen ist, benötigt man einen Widerstand R, um eine übermäßige ,,Aufladung" zu vermeiden. Wenn das Pumpsignal endet, muß die Schwingung möglichst rasch abklingen, und man muß den Widerstand R auswählen, um die Schwingungen ausreichend zu dämpfen.

6.13. Mit Parametrons ausführbare Schaltfunktionen

Um Zahlen von einem Parametron zum anderen wie in Schieberegistern verschieben zu können, verwendet man als Pumpsignale ein dreiphasiges Taktsystem, wie in Abb. 6.10a und b gezeigt wird. Das Pumpsignal P_1 wird an das erste Parametron angelegt, während die Zahl in die Eingangswicklung des

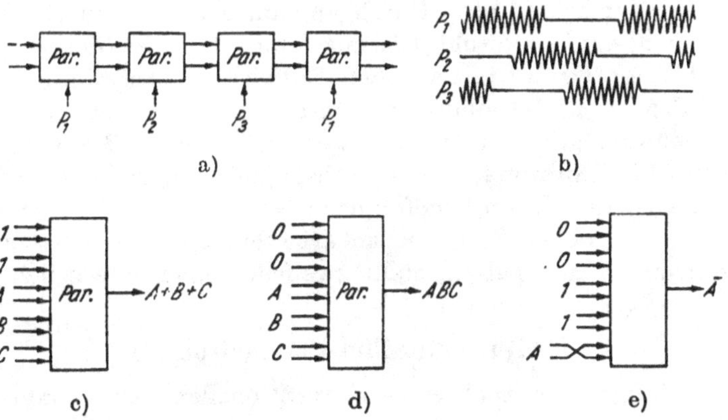

Abb. 6.10. Mit Parametrons ausführbare Schaltfunktionen

Parametrons eingegeben wird und während der gesamten Zeitdauer, in welcher die Zahl dort gespeichert ist. Bevor P_1 endet, wird P_2 an das zweite Parametron angelegt, um die Zahl zu verschieben, und durch P_3 wird die Zahl schließlich. an das dritte Parametron verschoben. Nach Verschiebung der Zahl zum zweiten Parametron endet P_1, wodurch die Schwingungen im ersten Parametron zum Stillstand kommen („Rückstellung auf 0" kann man hier nicht gut sagen) und das Parametron fähig wird, eine neue, andere Zahl aufzunehmen. Die anderen Parametrons werden auf ganz entsprechende Art betätigt.

Die Realisierung von Schaltfunktionen mit Parametrons wird in Abb. 6.10c, d und e erläutert. Die ODER-Funktion mit drei Eingängen wird realisiert, indem man fortgesetzt eine 1 (aus einer Signalquelle mit der Frequenz f und richtiger Phase) in zwei der fünf Eingänge eingibt. Jedes der drei Eingangssignale A, B und C soll entweder eine Null oder eine Eins sein. Ist eines von ihnen eine Eins, so überwiegt ihr Einfluß, so daß eine Eins angegeben wird. Für die UND-Funktion wird ständig eine Null in zwei der fünf Eingangsleitungen eingegeben. In diesem Falle müssen alle drei Eingangssignale A, B und C 1 sein, damit eine Eins ausgegeben wird. Eine Inversion erhält man, indem man fortgesetzt eine Eins in zwei Eingangsleitungen und fortgesetzt eine Null in zwei andere Eingangsleitungen eingibt und die Polarität der Anschlüsse an der Eingangsleitung für das zu invertierende Signal umkehrt.

Ein einzelnes Parametron kann zusammen mit anderen Eingangsschaltbildern eine gewisse begrenzte Anzahl komplizierterer Schaltvorgänge erledigen. Die von Parametrons ausgeführten Mehrheitslogik-Schaltungen waren Gegenstand einer gründlichen theoretischen Untersuchung, doch sollen hier logische Verknüpfungen nicht näher besprochen werden.

Ein Vorzug der Parametrons besteht darin, daß Schaltfunktionen gleich gut von jeder der drei Phasen erledigt werden können, die der Verschiebung von einem Parametron zum nächsten dienen. Deswegen kann die effektive Geschwindigkeit des Parametron-Systems größer sein, als nach der Wiederholungsfrequenz für Zahlen beim Durchgang durch ein bestimmtes Parametron erwartet werden darf. Obwohl leistungsfähige logische Schaltanordnungen möglich sind, erfordern sie einen hohen Entwicklungsaufwand. Die Lage ist hier wie bei den alten mehrphasigen Röhren- oder Transistor-Synchronschaltungen, die heute möglichst vermieden werden. Auch muß die Pumpfrequenz das Fünfzehn- bis Zwanzigfache (wahrscheinlich noch günstiger das Fünfzig- bis Hundertfache) der Ziffernfolgefrequenz betragen. Die Notwendigkeit, mit Pumpsignalen sehr hoher Frequenz zu arbeiten, um eine wettbewerbsfähige Ziffernfolgefrequenz zu erhalten, stellt zweifellos einen wesentlichen Nachteil dar.

6.14. Dünnfilm-Parametron

Man kann die zwei „Kerne" eines konventionellen Parametrons durch ein einzelnes Magnetfilmelement ersetzen, welches eine „leichte" (easy) Magnetisierungsachse und eine „schwere" (hard) Achse senkrecht zur leichten Achse besitzt, wie es bei den im Kapitel 4 beschriebenen Magnetfilmspeicherelementen der Fall war. Das Pumpsignal wird derart angelegt, daß sein Magnetfeld parallel zur leichten Achse verläuft. Die Wicklung, die die Induktivität des Resonanzkreises erzeugt, ist derart gewickelt, daß das begleitende Magnetfeld parallel zur schweren Achse ist.

Das magnetische Element selbst hat entweder Platten- oder Zylinderform. Im Falle eines zylindrischen Dünnfilm-Parametrons wird das Pumpsignal in einem geraden Draht zugeführt, der sich in der geometrischen Zylinderachse befindet. Die Spule, die die Induktivität des Resonanzkreises darstellt, hat die Form einer auf den zylindrischen Körper gewundenen Schraubenlinie.

In einem Dünnfilm-Parametron schwingt das resultierende Magnetfeld mit der Frequenz des Resonanzkreises vor und zurück um die magnetische Vorzugsrichtung (leichte Achse), wobei das Pumpsignal die Schwingung auf jeder Seite verstärkt. Als nichtlineares Element ist nicht mehr die magnetische Sättigung anzusehen, wie es bisher der Fall war, sondern die Sinus-Cosinus-Beziehungen zwischen dem durch die Wicklung angelegten Feld und dem resultierenden Feld, wie es zu verschiedenen Zeitpunkten existiert. Obwohl sich also die Funktionen des Dünnfilm-Parametrons und des Kernparametrons in den Einzelheiten stark unterscheiden, liegt beiden eine gleiche Konzeption zu Grunde.

Obwohl die Dünnfilm-Parametrons seit Ende der fünfziger Jahre bekannt sind, ist kein ernstlicher Versuch ihrer Verwendung für ein Digitalsystem in den Vereinigten Staaten bekannt geworden. 1963 hat eine Japanische Gesellschaft in US-Zeitschriften einige Anzeigen veröffentlicht, in denen Dünnfilm-Parametrons mit einer Impulsfolgefrequenz von 400 kHz angeboten wurden.

6.15. Andere Dünnfilm-Magnetschaltsysteme

Wie bereits im Kapitel 4 besprochen wurde, bieten Magnetfilme gewisse attraktive Vorteile, wenn sie als Ersatz für Ferritringkerne in Magnetspeichern verwendet werden. Der mögliche Ersatz massiver Ferritelemente in Schaltkreisen durch Magnetfilme wurde gleichfalls oft erwogen. Abgesehen von den im vorigen Abschnitt besprochenen Dünnfilm-Parametrons konnten sich Magnetfilme in Schaltsystemen nirgends durchsetzen.

Das Problem besteht darin, daß das Ausgangssignal eines Filmelements keine ausreichend große Amplitude hat, um ein anderes Filmelement zu steuern, was in jedem Schaltsystem für allgemeine Zwecke ein Haupterfordernis ist. Obwohl Filme kleiner, leichter und vielleicht billiger als Ferritelemente sind, erfordern sie ungefähr ebenso viel Steuerstrom. Da das Element dünner und damit die Gesamtzahl magnetischer Kraftlinien kleiner wird, benötigt man eine geringere Spannung, um den Steuerstrom zu erzeugen. Jedoch wird auch die vom vorhergehenden Element der Kette bei einer bestimmten Operationsgeschwindigkeit gelieferte Spannung ebenfalls kleiner. Obwohl diese Vor- und Nachteile sich zu kompensieren scheinen, werden verschiedene mit Streuinduktivitäten und dem Widerstand der Verbindungsleitungen zusammenhängende Probleme bei dünneren Elementen weit schwieriger.

6.16. Magnetische Resonanzschaltungen mit Eisenkernspule

Eine weitere Form binärer Schaltungen, die „Magnetkerne" mit nichtlinearen magnetischen Eigenschaften verwenden (jedoch keine rechteckige Hystereseschleife haben), bezeichnet man als Resonanzschaltungen mit Eisenkernspule. Eine einfache Schaltung dieser Art besteht lediglich aus einer Induktionsspule und einem Kondensator, die in Reihe geschaltet sind. Diese beiden Elemente sind an ein Wechselstromnetz angeschlossen. Berücksichtigt man bei der Wahl von Spannung und Frequenz der Stromquelle die elektrischen Eigenschaften der Anordnung, so befindet sich die Schaltung entweder im Schwachstromzustand oder im Hochstromzustand. Im Schwachstromzustand ist die Induktionsspule ungesättigt und stellt eine relativ hohe Induktivität dar. Die resultierende Resonanzfrequenz ist dann gegenüber der angelegten Wechselstromfrequenz relativ gering. Der Stromfluß ist dementsprechend schwach. Wenn aber einmal ein hoher Strom durch äußere Mittel ausgelöst wurde, wird die Induktionsspule gesättigt, die Induktivität wird niedrig, die Resonanzfrequenz wird hoch und der angelegten Wechselstromfrequenz ungefähr gleich. Der durch die seriengeschaltete Kombination von Induktionsspule und Kondensator fließende Strom ist dann hoch (was sich aus der elementaren Theorie der Wechselstromtechnik ohne weiteres ergibt) und schafft so die Voraussetzung für eine niedrige Induktivität. Eine andere Form der Resonanzschaltung mit Eisenkernspule schaltet die Induktionsspule mit dem Kondensator parallel. Bei dieser Variante benötigt man eine zusätzliche Impedanz, die mit dem Wechselstromnetz in Reihe geschaltet wird, damit zwei verschiedene Spannungen in der Kombination existieren können. Man kann sich viele verschiedene Anordnungen ausdenken, mit denen binäre Resonanzschaltungen mit Eisenkernspule für Schaltfunktionen nutzbar gemacht werden können, doch keine hat größeres

Interesse erregt. Sie werden nur erwähnt, um die akademische Aufzählung aller magnetischen Schaltmöglichkeiten zu vervollständigen. Nähere Angaben findet der Leser in RICHARDS, „Digital Computer Components and Circuits", Seite 254 bis 259.

Literatur zu Kapitel 6

Allgemeine Literatur

Logic circuits using square-loop magnetic devices: a survey, J. L. HAYNES (SRI), IRE Trans. on Elec. Comp., V EC-10, pp. 191—203 (June 61).

A bibliographical sketch of all-magnetic logic schemes, D. R. BENNION, H. D. CRANE, and D. C. ENGELBART (SRI), IRE Trans. on Elec. Comp., V EC-10, pp. 203—206 (June 61).

All-magnetic circuit techniques, D. R. BENNION and H. D. CRANE (SRI), in Advances in Computers, edited by F. L. ALT and M. RUBINOFF, V 4, pp. 53—133 (1963).

Schaltanordnungen aus einfachen Ringkernen

Diodeless magnetic core circuits, L. A. RUSSELL (IBM), IRE National Convention Record, V 5, Part 4, pp. 106—114 (Mar. 57).

A new all-magnetic logic system using simple cores, D. C. ENGELBART (SRI), Solid-State Circuits Conference Digest of Technical Papers, V 2, pp. 66—67 (Feb. 59).

Orthogonal magnetic systems and a new example of all-magnetic logic, D. C. ENGELBART (SRI), Proc. Intermag Conference (IEEE Publication T-149), pp. 10—1—1 to 10—1—6 (Apr. 63).

Circuits employing toroidal magnetic cores as analogs of multipath cores, J. A. BALDWIN (BTL), IRE Trans. on Elec. Comp., V EC-11, pp. 218—223 (Apr. 62).

Performance of the core-equivalent of the transfluxor shift register, G. W. DICK (BTL), Proc. Intermag Conference (IEEE Publication T-149), pp. 14-1-1 to 14-1-8 (Apr. 63); same title and author: IEEE Trans. on Communication and Electronics, No. 74, pp. 566—570 (Sept. 64).

Symmetrical all-magnetic shift registers, G. W. DICK (BTL), Proc. Intermag Conference (IEEE Publication 33-C-4), pp. 4.8—1 to 4.8—9 (Apr. 65).

An orthocore magnetic shift register, J. S. SALLO, E. H. SCHMIDT, T. J. CEBULLA, and T. A. SCOTT (Honeywell), IEEE Trans. on Magnetics, V MAG-2, pp. 197—201 (Sept. 66).

The stopper circuit: a controllable threshold circuit for all-magnetic logic, C. H. HECKLER and J. A. BAER (SRi), IEEE Trans. on Magnetics, V MAG-2, pp. 359—364 (Sept. 66).

Schieberegistertypen

A high-speed logic system using magnetic elements and connecting wire only, H. D. CRANE (SRI), Nonlinear Magnetics and Magnetic Amplifiers Conference Proceedings, pp. 465 482 (Aug. 58); same title and author, Proc. IRE, V 47, pp. 63—73 (Jan. 59).

Diodeless magnetic shift registers utilizing transfluxors, N. S. PRYWES (Remington Rand), IRE Trans. on Elec. Comp., V EC-7, pp. 316—324 (Dec. 58).

Design and analysis of MAD transfer circuitry, D. R. BENNION and H. D. CRANE (SRI), Proc. Western JCC, V 15, pp. 21—36 (Mar. 59).

Sequence detection using all-magnetic circuits, H. D. CRANE, IRE Trans. on Elec. Comp., V EC-9, pp. 155—160 (June 60).

MAD-resistance type magnetic shift registers, D. R. BENNION (SRI), Proceedings of the Special Technical Conference on Nonlinear Magnetics and Magnetic Amplifiers (AIEE Publication T-121), pp. 96—112 (Oct. 60).

Analysis of MAD-R shift register and driver, D. NITZAN (SRI), Proceedings of the Special Technical Conference on Nonlinear Magnetic and Magnetic Amplifiers (AIEE Publication T-121), pp. 113—133 (Oct. 60).

Circuit approach for an all-magnetic computing system, H. D. CRANE and E. VAN DE RIEF, International Solid-State Circuits Conference Digest of Technical Papers, V 4, pp. 72 to 73 (Feb. 61).

Design of an all-magnetic computing system, H. D. CRANE and E. K. VMN DE RIET (SRI IRE Trans. on Elec. Comp., V EC-10, pp. 207—232 (Jun e61).

Magnetic logic elements using a single MAD device and wire interconnections only, P. T. HARPER (Lockheed), Special Technical Conference on Nonlinear Magnetics Proceedings, pp. 169—200 (Nov. 61).

Signal switching with magnetic elements, H. D. CRANE and W. K. ENGLISH (SRI), Proc. Intermag Conference (IEEE Publication T-149), pp. 10-2-1 to 10-2-8 (Apr. 63); same title and authors: IEEE Trans. on Communication and Electronics, No. 74, pp. 486—494 (Sept. 64).

Performance of an all-magnetic shift register, D. J. MORRIS, Proceedings of the Institution of Electrical Engineers, V 111, pp. 291—302 (Feb. 64).

All-magnetic digital circuits and application problems, T. BAKER and C. DILLON (Sylvania), International Solid-State Circuits Conference Digest of Technical Papers, V 7, pp. 18—1 (Feb. 64).

Some anomalies in multiaperture device behavior, G. E. LYNN and R. J. MCGEE (Westinghouse), Proc. Intermag Conference (IEEE Publication T-159), pp. 16-4-1 to 16-4-9 (Apr. 64).

Wide prime-current range for all-magnetic shift registers, D. NITZAN (SRI), IEEE Trans. on Magnetics, V MAG-1, pp. 285--292 (Dec. 65).

Leiternetzwerke

Magnetic networks for performing logic, U. F. GIANOLA and T. H. CROWLEY, Nonlinear Magnetics and Magnetic Amplifiers Conference Proceedings, pp. 425—433 (Aug. 58).

The laddic—a magnetic device for performing logic, U. F. GIANOLA and T. H. CROWLEY, BSTJ, V 38, pp. 45—72 (Jan. 59).

Flux reversal in three-rung laddics, J. A. BALDWIN (BTL), IRE Trans. on Elec. Comp., V EC-11, pp. 664—676 (Oct. 62).

The laddic in all-magnetic logic circuits, D. J. MORRIS, Electronic Engineering, V 37, pp. 290—296 (May 65).

Schaltkreise

Magnetic analog of relay contact networks for logic, D. B. ARMSTRONG, T. H. CROWLEY, U. F. GIANOLA, and E. E. NEWHALL (BTL), IRE Trans. on Elec. Comp., V EC-9, pp. 30—35 (Mar. 60).

A straightforward way of generating all Boolean functions of N variables using a single magnetic circuit. K. V. MINA and E. E. NEWHALL (BTL), IRE Trans. on Elec. Comp., V EC-10, pp. 151—156 (June 61).

Energy gain and directively achieved using balanced magnetic circuits, E. E. NEWHALL and J. R. PERUCCA (BTL), International Solid-State Circuits Conference Digest of Technical Papers, V 6, pp. 74—75 (Feb. 63).

The use of balanced magnetic circuits to construct digital controllers, E. E. NEWHALL (BTL), Proc. Intermag Conference (IEEE Publication T-149), pp. 10-3-1 to 10-3-6

(Apr. 63); same title and author: IEEE Trans. on Communication and Electronics, No. 75, pp. 837–842 (Nov. 64).
Exploitation of initial conditions to achieve flux gain and nondestructive readout in balanced magnetic circuits, E. E. NEWHALL and J. R. PERUCCA (BTL), WESCON Technical Papers, V 7, Part 2, paper 5.1, 9 pages (Aug. 63).
The storage and gating of information using balanced magnetic circuits, J. N. BROWN and E. E. NEWHALL (BTL), Proc. Intermag Conference (IEEE Publication T-159), pp. 11-1-1 to 11-1-5 (Apr. 64).
Sensing a magnetic memory using magnetic circuitry, W. D. FARMER (BTL), Proc. Intermag Conference (IEEE Publication T-159), pp. 16–3–1 to 16–3–5 (Apr. 64).
Exploitation of initial conditions to achieve flux gain and nondestructive readout in balanced magnetic circuits, E. E. NEWHALL and J. R. PERUCCA (BTL), IEEE Trans. on Elec. Comp., V EC-13, pp. 278–284 (June 64).
Balanced bipolar circuits improve magnetic shift-register performance, E. E. NEWHALL (BTL), Electronics, V 37, N 26, pp. 54–59 (Oct. 5, 1964).
Some observations concerned with microstructure, soft threshold, and gain of magnetic digital circuits, F. R. MONFORT, E. E. NEWHALL, and J. R. PERUCCA (BTL), Proc. Intermag Conference (IEEE Publication 33-C-4), pp. 4.6-1 to 4.6-7 (Apr. 65).
Two orthogonal balanced magnetic shift registers driven by 4-phase SCR clocks, L. M. PETERSON (U. of Illinois), D. C. FISK (Purdue), and C. W. KEMP (BTL), Proc. Intermag Conference (IEEE Publication 33-C-4), pp. 4.7-1 to 4.7-7 (Apr. 65).
Microcore-backward diode shift register, G. R. BRIGGS (RCA), Proc. Intermag Conference (IEEE Publication T-159), pp. 11-2-1 to 11-2-7 (Apr. 64).
5-mc magnetic tunnel-semiconductor logic for nuclear radioactive environments, G. R. BRIGGS and R. C. RICCI (RCA), Proc. Intermag Conference (IEEE Publication 33-C-4), pp. 4.9–1 to 4.9–8 (Apr. 65).
Multiaperture core logic: new reliability for industrial telemetry, H. H. GEORGESN and L. I. DUTHIE (Motorola), Control Engineeering, V 9, N 3, pp. 75–78 (Mar. 62).
Magnetic-logic telemetric control system, H. H. GEORGENS and L. I. DUTHIE (Motorola), Instruments and Control Systems, V 35, N 6, pp. 95–98 (June 62).
Digital telemetering and control for an irrigation system using multiaperture magnetic logic, S. M. CHALMERS (Salt River Project) and L. NORDE (Motorola), IRE Trans. on Communication and Electronics, No. 66, pp. 134–139 (May 63).

Parametron

Elementary principle of parametron, S. MUROGA (Japan), Datamation, V 4, N 5, pp. 31–34 (Sept.–Oct. 58).
The parametron–an amplifying logic element, H. TERADA (Japan), Control Engineering, V 6, N 4, pp. 110–115 (Apr. 59).
The possibility of speeding up computers using parametrons, H. E. BILLING and A. O. RUDIGER (Germany), Proceedings of the International Conference on Information Processing, UNESCO, Paris, pp. 461–466 (June 59).
The parametron, a digital computing element which utilizes parametric oscillations, E. GOTO, Proc. IRE, V 47, pp. 1304–1316 (Aug. 59); correction, V 48, p. 316 (Mar. 60).
The parametron digital computer MUSASINO-1, S. MUROGA and K. TAKASHIMA (Japan), IRE Trans. on Elec. Comp., V EC-8, pp. 308–316 (Sept. 59).
Parametron computer circuits, K. NAGAMORI (Japan), Electronics, V 33, N 23, pp. 73–78 (June 3, 1960).

Dünnfilm-Parametron

High frequency magnetic film parametrons for computer logic, A. V. Pohm, A. A. Read, R. M. Stewart, and R. F. Schauer (Iowa State U.), Proc. National Electronics Conference, V 15, pp. 202–214 (Oct. 59).

Some applications of magnetic film parametrons as logical devices, R. F. Schauer, R. M. Stewart, A. V. Pohm, and A. A. Read (Iowa State U.), IRE Trans. on Elec. Comp., V EC-9, pp. 315–320 (Sept. 60).

Engineering characteristics of cylindrical thin-film parametrons for use in digital systems, B. A. Kaufman, W. G. Pfieffer, V. K. Randery, and A. J. Kolk (NCR), Proc. Fall JCC, V 24, pp. 551–563 (Nov. 63).

The transient build-up and phase synchronization of thin magnetic film parametrons, C. P. Wang (IBM), Proc. Intermag Conference (IEEE Publication T-149), pp. 2-6-1 to 2-6-8 (Apr. 63); same title and author: IEEE Trans. on Communication and Electronics, No. 75, pp. 813–816 (Nov. 64).

Magnetic film phase-locked oscillator, A. R. Johnson (IBM), Proc. Intermag Conference (IEEE Publication T-159), pp. 11-4-1 to 11-4-6 (Apr. 64); same title and author: IEEE Trans. on Magnetics, V MAG-1, pp. 26–30 (Mar. 65).

Stress effects on thin-film parametrons, E. T. Ulzurrun (U. of Cal.), IEEE Trans. on Elec. Comp., V EC-15, pp. 647–657 (Aug. 66).

Verschiedenes

A digital computer based on magnetic circuits, B. Bambrough, Proc. Institution of Electrical Engineers, V 104B, Supplement No. 7, pp. 485–490 (1957).

Magnetic core logic in a high-speed card-to-tape converter, E. Block and R. C. Paulsen (IBM), IRE Trans. on Elec. Comp., V EC-8, pp. 169–181 (June 59).

A feedback shift register scaler (based on a form of push-pull magnetic shift register), J. F. Gruber and M. Perlman (Cal. Tech.), Proc. Intermag Conference (IEEE Publication T-149), pp. 14-2-1 to 14-2-8 (Apr. 63); same title and authors: Communication and Electronics, No. 75, pp. 745–752 (Nov. 64).

A ferrite parity-determining device capable of performing parallel coding operations, E. N. Belland (Lockheed), IEEE International Convention Record, V 12, Part 1, pp. 12–21 (Mar. 64).

Sequential multiplexing scheme (uses multi-aperture magnetic elements), R. H. Braasch (Sandia Corp.), Proc. Intermag Conference (IEEE Publication T-159), pp. 14-2-1 to 14-2-8 (Apr. 64).

Magnetically controlled variable logic, E. G. Newman and L. F. Winter, IBM J of R & D, V 8, pp. 308–317 (July 64).

Magnetic-film logic (proposed; concludes: "... the overall cost would be several times higher than conventional transistor logic operating at the same speed."), J. G. Edwards, Proc. Institution of Electrical Engineers, V 112, pp. 40–48 (Jan. 65).

A modular magnetic logic using toroidal ferrite cores and diodes, W. G. Trabold (GM), IEEE Trans. on Industrial Electronics and Control Instrumentation, V IECI-12, pp. 1–7 (Mar. 65).

Magnetic logic for machine control: its present capabilities and limitations, J. E. Stevens (GM), IEEE Trans. on Industrial Electronics and Control Instrumentation, V IECI-12 1–7 (Mar. 65).

Two-phase, all-magnetic shift registers that can be operated with a single pulse driver in the 0–5 kc range, K. V. Mina and E. M. Walters (BTL), IEEE Trans. on Magnetics, V MAG-1, pp. 31–35 (Mar. 65).

The gated-capacitor-transfer magnetic logic element, H. G. MATTHEWS (Burroughs), Proc. Intermag Conference (IEEE Publication 33-C-4), pp. 6.6-1 to 6.6-5 (Apr. 65).
MYRA: a new memory element and system (a multi-aperture ferrite structure for developing sequential pulses), B. E. BRILEY (Automatic Electric), Proc. Intermag Conference (IEEE Publication 33-C-4), pp. 14.8-1 to 14.8-6 (Apr. 65); an application of this device described in „Picoprogramming: a new approach to internal computer control, B. E. BRILEY, Proc. Fall JCC, V 27, Part 1, pp. 93–98 (Nov. 65).
A magnetic shift register employing controlled domain wall motion, D. H. SMITH (BTL), IEEE Trans. on Magnetics, V MAG-1, pp. 281–284 (Dec. 65).
Plated wire magnetic logic using resistive coupling, G. W. DICK and W. D. FARMER (BTL), IEEE Trans. on Magnetics, V MAG-2, pp. 343–347 (Sept. 66).
Domain tip propagation logic, R. J. SPAIN (LFE), IEEE Trans. on Magnetics, V MAG-2, pp. 347–351 (Sept. 66).
Nonlinear flux gain in magnetic shift registers, J. A. BALDWIN (NAA), IEEE Trans. on Magnetics, V MAG-2, pp. 687–691 (Dec. 66).

7. SUPRALEITENDE BAUELEMENTE UND SCHALTUNGEN

Beim Abkühlen eines Leiters sinkt sein elektrischer Widerstand allgemein mit einer Geschwindigkeit ab, die durch den bekannten Temperaturkoeffizienten des Widerstandes wiedergegeben wird. Wenn jedoch der Widerstand gewisser Metalle und Legierungen unter einen bestimmten kritischen Wert sinkt — und zwar in den schmalen Bereich zwischen Bruchteilen eines Grades Kelvin und etwa 15° K, wobei der genaue Temperaturwert von der jeweiligen Metall- oder Legierungsart abhängt —, so verschwindet jeder Widerstand und man sagt dann, das Metall oder die Legierung sei supraleitend. Ein einmal in einer geschlossenen supraleitenden Bahn induzierter Strom fließt unbegrenzt lange in unverminderter Stärke fort, solange sich die Zahl der den Strompfad umgebenden Kraftlinien nicht verändert. Die Tatsache, daß es unmöglich ist, eine Verminderung eines im Supraleiter umlaufenden Stroms selbst im Verlauf mehrerer Jahre zu erkennen, wird oft als Beweis dafür angeführt, daß der Widerstand tatsächlich Null ist, obwohl man lediglich weiß, daß der Widerstand kleiner als jeder noch so kleine Wert sein muß. Man kann diesen Wert aus der Meßgenauigkeit der Geräte und anderen Versuchsparametern berechnen. Bei solchen Untersuchungen des Widerstandes eines Supraleiters fand man einen Wert, der geringer ist als 10^{-23} Ohm/Zentimeter (der entsprechende Wert für Kupfer beträgt bei Raumtemperatur etwa $2 \cdot 10^{-6}$ Ohm/Zentimeter. Der richtige Wert ist wahrscheinlich um mehrere Größenordnungen kleiner und könnte genau Null sein.

Das Phänomen der Supraleitfähigkeit kennt man seit 1911. Es war Gegenstand zahlreicher experimenteller und theoretischer Untersuchungen, doch gab es zumindest vom Standpunkt der kommerziellen Verwertung bisher kein praktisches Anwendungsgebiet der Supraleitfähigkeit.

Der Gedanke eines Einsatzes von Supraleitern für die digitale Rechentechnik scheint von D. A. Buck zu stammen (Veröffentlichung Apr. 1956 in „Proceedings of the IRE“ (heute IEEE)). Buck beschreibt ein von ihm als Kryotron bezeichnetes Bauelement, das nur aus einem kurzen geraden Drahtstück besteht, auf welches ein zweiter Draht in Form einer Spirale aufgewickelt ist. Die beiden Drähte sind gegeneinander isoliert. Die Einsatzmöglichkeit des Gerätes beruht auf der Tatsache, daß die Supraleitfähigkeit eines Leiters verschwindet, wenn man an den Leiter ein ausreichend starkes Magnetfeld anlegt. Die notwendige Feldstärke in Abhängigkeit von der Temperatur hat nahezu Parabelform, wie es Abb. 7.1 zeigt. Die Größen H und T reichen bis zu den Schnittpunkten der Kurve mit den Koordinatenachsen und hängen von der betreffenden Materialart ab. Bei jeder Kombination von Temperatur und Feldstärke unterhalb der Kurve ist das Material supraleitend, während das Material in jedem Punkt oberhalb der Kurve normale Widerstandswerte ungleich Null besitzt.

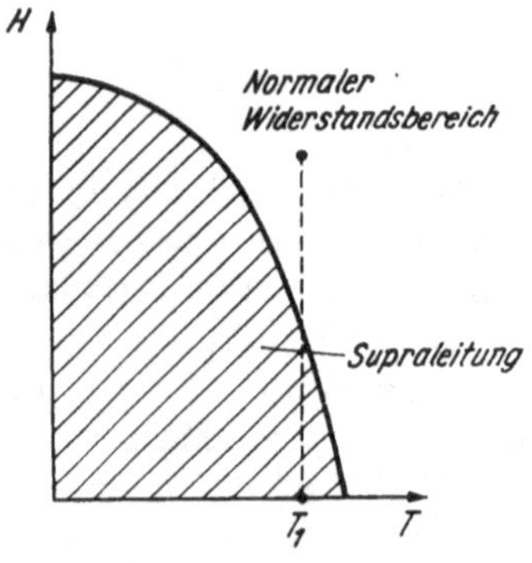

Abb. 7.1. Zusammenhang zwischen Sprungtemperatur und kritischer Feldstärke H

Fließt in dem Spiraldraht des Kryotrons kein Strom, so entsprechen die Verhältnisse im geraden Drahtstück einem Punkt der horizontalen Achse. Da das Kryotron unterhalb der jeweils für die betroffene Materialart kritischen Temperatur gehalten wird, befindet sich der Punkt links vom Schnittpunkt der Kurve und der horizontalen Achse. Wenn in der Drahtspirale ein Strom fließt, liegen die den Drahtzustand darstellenden Punkte auf der vertikalen Strichlinie des Diagramms 7.1. Bei Verwendung einer angemessenen Stromamplitude hat das gerade Drahtstück normale Widerstandseigenschaften. Die beiden Punkte zeigen den Zustand des geraden Drahtstückes mit und ohne Strom in der Spirale während des Kryotronbetriebes an.

Buck entwickelte auch Schaltkreise, in denen Kryotrons eingesetzt waren, wobei jedem Strom in einem digitalen Schaltkreis mindestens ein supraleitender Weg zur Verfügung gestellt wurde, unabhängig davon, welche binären Werte die angelegten Eingangssignale hatten. Deswegen war die Leistungsaufnahme im stationären Zustand einer Kryotron-Schaltung gleich Null. Eine wesentliche Eigenschaft des Kryotrons, welche zu diesem Resultat beitrug, war die Supraleitfähigkeit der Drahtspirale, unabhängig vom Magnetfeld, das vom Strom im geraden Drahtstück oder vom Strom in der Drahtspirale selbst erzeugt wurde. Man realisierte diese Eigenschaft ganz einfach dadurch, daß man verschiedenes Material für die beiden Kryotronteile wählte, wobei das Material der Spirale eine wesentlich höhere kritische Temperatur (Sprungtemperatur) besaß als das Material des geraden Drahtstückes. (Dies gilt allgemein für alle vorkommenden Werte der Magnetfeldstärke.)

Man wählte ursprünglich für das gerade Drahtstück Tantal und für die Spirale Niobium. Diese Stoffe besitzen eine Sprungtemperatur ($H = 0$) von etwa 4,4 °K bzw. 8,0 °K. Ein wesentlicher Grund für die Wahl dieser Materialarten bestand darin, daß flüssiges Helium bei atmosphärischem Druck eine Temperatur von etwa 4,2 °K hat, so daß man eine angemessene Betriebstemperatur des Kryotrons ganz einfach dadurch aufrecht erhalten kann, daß man das Kryotron in flüssiges Helium taucht. In späterer Zeit verwendet man besonders für Filmkryotrons Zinn und manchmal Indium für das gesteuerte Element und Blei für das steuernde Element. Die Sprungtemperatur für Zinn und Blei liegen bei 3,8 °K bzw. 7,2 °K. Die Temperatur des Kryotrons muß unter 3,8 °K bleiben. Daher muß der Druck über dem flüssigen Helium geringer sein als der atmosphärische Druck.

Tatsächlich wurde die Konzeption des Kryotrons sowie die Konzeption dafür, daß dem umgeschalteten Strom stets ein supraleitender Weg zur Verfügung gestellt wird, wesentlich früher als 1956 entwickelt. Obwohl der Verfasser die Quellen dieser Konzeption nicht gefunden hat, kommen sie beide z. B. in USA-Patent No. 266884 vor, das im Dezember 1948 beantragt und im Januar 1954 dem Schweden Eric A. Ericsson erteilt wurde. Bei der von Ericsson beschriebenen Erfindung war das gesteuerte Element ein Kreiszylinder, während das steuernde Element ein gerades durch den Zylinder führendes Drahtstück war. Ericsson Kryotron war als Gleichrichter für eine Wechselstromquelle gedacht und sollte Gleichstrom liefern, wobei eine Zweiwegschaltung und ein Drehstromkreis aufgebaut waren. Wie zu erwarten war, hat sich diese Gleichrichterart in der Praxis nicht bewährt.

Obwohl mehr als zehn Jahre seit der Publikation der grundsätzlichen Gedankengänge über den Gebrauch der Supraleitfähigkeit in Digitalschaltungen verstrichen sind und obwohl viele Millionen Dollar für die Entwicklung supraleitender digitaler Elemente und Schaltungen aufgewendet wurden, hat man die Supraleitfähigkeit bisher in digitalen Systemen nirgends eingesetzt. Das Problem besteht nicht darin, daß die supraleitenden Bauelemente und Schaltungen für den Einsatz in einem System ungeeignet wären, entscheidend ist vielmehr, daß die Kosten und die Geschwindigkeit von Systemen mit Transistorschaltungen und Kernspeichern bisher stets vorteilhafter wären. Trotzdem wird wenigstens an einigen Projekten weitergearbeitet, deren günstigste (oder am wenigstens ungünstige) Einsatzmöglichkeiten in Speichern mit vergleichbarer Geschwindigkeit, aber wesentlich größerer Speicherfähigkeit, als sie mit Magnetkernen erreichbar ist, gegeben zu sein scheinen.

Die Techniker sind über die Zukunftsaussichten der Supraleiter in digitalen Systemen sehr verschiedener Ansicht. Dieses Kapitel wurde angesichts der Weiterführung einiger Projekte aufgenommen. Da es aber ganz offensichtlich ist, daß die gegenwärtigen supraleitenden Bauelemente sehr wesentlicher Verbesserungen bedürfen, um wettbewerbsfähig zu werden, sollen im folgenden nur die wesentlichen Grundsätze besprochen werden.

7.1. Kreuzfilm-Kryotron

Aus später zu besprechenden Gründen muß die Induktivität des Kryotron-Steuerelements im Interesse einer hohen Arbeitsgeschwindigkeit möglichst gering sein. Eine Drahtspirale, wie sie ursprünglich verwendet wurde, besitzt eine relativ hohe Induktivität, weil jede Kraftlinie mehrere Windungen der Wicklung verkettet. Obwohl nun eine Spirale erwünscht ist, da sie am besten im gesteuerten Draht ein relativ starkes Feld erzeugt, ist die Windungsform vom Standpunkt der Geschwindigkeit aus nachteilig. Mit den sonst üblichen

Geräteabmessungen können Impulsfolgefrequenzen von nur wenigen Kilohertz erreicht werden. Auch ist trotz der scheinbaren strukturellen Einfachheit die Aufwicklung des einen Drahts auf einen anderen ein schwieriger und teurer Prozeß, wenn der Drahtdurchmesser nur wenige Tausendstel Zentimeter beträgt. Es ist auch faktisch unmöglich, Geräteabmessungen zu erreichen, die mit heutigen Transistoren konkurrieren könnten. Aus diesen und anderen Gründen wurde die Herstellung drahtgewundener Kyrotrons sehr bald zugunsten von Anordnungen aus entsprechend geformten Folien aufgegeben.

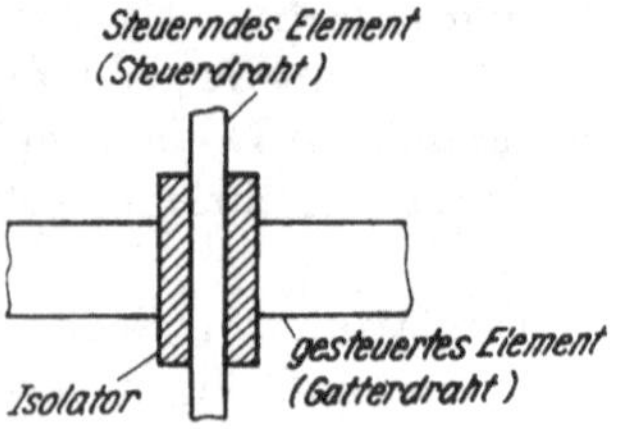

Abb. 7.2
Kreuzfilm-Kryotron

Eine gewöhnlich als Kreuzfilm-Kryotron bezeichnete Anordnung ist in Abb. 7.2 dargestellt. Das gesteuerte Element (Steuerfilm) bzw. Ausgangselement (Gatterfilm, in welchem die Supraleitfähigkeit und das normale Widerstandsverhalten ständig miteinander abwechseln) ist lediglich ein dünner Foliestreifen, der auf einer geeigneten Unterlage aufgetragen ist. Das steuernde Element bzw. Eingangselement ist ebenfalls ein dünner Foliestreifen, der aber senkrecht zum gesteuerten Element angeordnet ist. Zwischen den beiden Streifen befindet sich eine dünne Isolationsschicht.

In jedem beliebigen supraleitenden Element erzeugt der durch das Element selbst fließende Strom an der Oberfläche ein Magnetfeld. Dieses Feld wird insofern wirksam, als es einen Wechsel von dem supraleitenden Zustand zu normalen Widerstandsverhältnissen auf gleiche Art hervorruft, wie ein durch beliebige andere Ströme erzeugtes Feld. Bei einem Kryotron bezeichnet man den maximalen Wert des gesteuerten Stroms, der fließen kann, ohne den normalleitenden Zustand im Gatterfilm (d. h., um die kritische Feldstärke zu erreichen — Anm. d. dtsch. Red.) hervorzurufen, mit I_G. Für digitale Schaltkreise muß beim Entwurf darauf geachtet werden, daß der jeweils im Kryotron fließende Ausgangsstrom (Gatterstrom) kleiner als I_G ist. Definiert man mit I_S den Steuerstrom (Eingangsstrom), der erforderlich ist, um den gewünschten Widerstand des Gatters einzustellen (d. h., um die kritische Feldstärke zu erreichen — Anm. d. dtsch. Red.), so kann das I_G/I_S-Verhältnis als Kryotrongewinn (Stromverstärkung) bezeichnet werden. Für einen vielseitigen Einsatz in digitalen Schaltkreisen muß die Kryotronstruktur so ausgebildet sein, daß der Gewinn größer als eins ist, da der Ausgangsstrom des Kryotrons in vielen Schaltungen dazu dient, den Eingangsstrom weiterer Kryotrons zu steuern. (Wenn die Ausgangsleistung eines Kryotrons dazu dient, zwei oder mehrere Kryotrons zu steuern, können diese Eingangselemente in Reihe geschaltet werden. Daher soll der Gewinn größer als eins und nicht größer als die Zahl der übrigen gesteuerten Kryotrons sein.)

Um beim Kreuzfilm-Kryotron eine Stromverstärkung größer als eins zu erhalten, muß die Breite des Gatterelements größer als die Breite des Steuerelements sein. Daß ein Breitenverhältnis größer als eins einen Stromgewinn größer als eins ergeben kann, ergibt sich aus der Überlegung, daß für einen in Längsrichtung des Folienstreifens fließenden Strom die Magnetfeldstärke an der Oberfläche ungefähr umgekehrt proportional der Streifenbreite ist. Daher erzeugt der im schmalen Steuerelement des Kreuzfilm-Kryotrons fließende Strom an der Oberfläche des relativ breiteren Gatterfilms ein stärkeres Magnetfeld, als der gleiche Strom im Gatterfilm selbst erzeugen würde.

Gewöhnlich wird behauptet, daß der Magnetfluß nicht in einen Supraleiter eindringen kann. Man führt zur Begründung an, daß die daraus resultierende Veränderung der Flußverkettung eine Spannung induzieren und diese wiederum infolge des Nullwiderstandes einen unendlich großen Strom erzeugen würde. Doch ist eine unendliche Stromgröße unmöglich aus dem ganz einfachen Grunde, weil sie ausgehend von einem Magnetfeld endlicher Stärke ein Magnetfeld unendlicher Stärke erzeugen würde. Deswegen könne der Magnetfluß nicht eindringen. Tatsächlich geschieht folgendes: Der Fluß, der in einen Supraleiter einzudringen „versucht", erzeugt umlaufende Ströme endlicher Größe, die ihren Bahnen folgen und hierdurch die Kraftlinien des Supraleiters so ablenken, daß sie außerhalb bleiben. Innerhalb des Supraleiters kompensiert der von den zirkulierenden Strömen erzeugte Kraftlinienfluß genau den Fluß, der sonst eindringen würde.

Obwohl der elementare Standpunkt, wonach der Magnetfluß nicht in einen Supraleiter eindringen kann, für gewisse Fälle nützlich ist, verändern andere Faktoren die Situation gründlich, sobald der Versuch einer quantitativen Behandlung des Kreuzfilm-Kryotrons gemacht wird. So hat man zum Beispiel ein Eindringen bis zu einer sehr geringen Tiefe festgestellt, die als „Eindringtiefe" bezeichnet wird. Wenn daher die Foliendicke gleich oder kleiner als die Eindringtiefe ist, ergibt sich eine andere Magnetflußverteilung als bei relativ dicken Filmen. Außerdem können die induzierten zirkulierenden Ströme, die zur Kompensation des Flusses erforderlich sind, nicht existieren, wenn die Form des Supraleiters nicht die erforderlichen Wege zur Verfügung stellt. Im Normalfall ist die Kreuzfilmstruktur so, daß es diese Wege selbst dann nicht gibt, wenn die Steuer- und Gatterfilme mit anderen Supraleitungselementen in Reihe geschaltet werden. Weitere Komplikationen entstehen, wenn das Kryotron in der Nähe einer supraleitenden Fläche liegt, die als Abschirmung benachbarter Kryotronschichten voneinander dienen soll. Daher ist eine quantitative Bestimmung des Stromgewinns angesichts der problematischen Natur der Kryotrons selbst in diesem Zusammenhang gar nicht beabsichtigt.

Experimentelle Ergebnisse zeigen, daß die tatsächlich erzielte Stromverstärkung bei Kreuzfilm-Kryotrons mit sehr dünnen Folien von der Betriebstemperatur abhängig ist. Bei Temperaturen, die weit unter der Sprungtemperatur des Gatterdrahtes liegen, kann die Verstärkung etwa 60% des Breitenverhältnisses von Gatter- und Steuerdraht erreichen. Beim Temperaturanstieg zum kritischen Wert nimmt der Gewinn bis auf Null ab. Da die Betriebstemperatur möglichst in der Nähe der Sprungtemperatur liegen soll, damit man für die Wiederherstellung des normalen Widerstandes im Gatterelement einen möglichst geringen Strom im Steuerfilm benötigt (vgl. Abb. 7.1), muß man bei der Wahl der Betriebstemperatur und anderer Entwurfsparameter eine Kompromißlösung zwischen diesem Faktor und der erzielbaren Stromverstärkung finden.

Abgesehen von einer geringen Induktivität des Steuerfilms erfordert eine hohe Arbeitsgeschwindigkeit, daß das Gatterelement unter normalen Widerstandsverhältnissen einen hohen Widerstand besitzt. (Die Gründe besprechen wir später.) Im Falle eines Kreuzfilm-Kyrotrons erreicht man einen höheren Widerstand durch: a) Verwendung einer dünneren Folie für das Ausgangselement, b) Verwendung einer geringeren Streifenbreite für das Ausgangselement, c) Herstellung der Widerstandsfähigkeit in einem längeren Stück des Ausgangselements, was durch Verwendung einer größeren Folienbreite für das Steuerelement erreicht werden kann. Eine Begrenzung für a) ergibt sich aus der Tatsache, daß die Stromverstärkung gering ist, wenn die Filmdicke durch die bereits erwähnte Eindringtiefe vermindert ist. Die Lösungswege b) und c) stehen zur Notwendigkeit einer hohen Stromverstärkung in direktem Gegensatz. Aus diesem Grunde müssen weitere Kompromisse gesucht werden, um die oberen Grenzen des im Gatterelement maximal erreichbaren Widerstandes genauer abzustecken.

Wenn der Gatterfilm eines Kreuzfilm-Kryotrons einen Strom von weniger als I_G führt, ist das Ausgangselement supraleitend, doch kann ein Strom im Steuerfilm unterhalb von I_S das Ausgangselement bereits normalleitend machen. In den meisten Kryotron-Schaltkreisen besteht der Zweck und das Ergebnis, den Gitterfilm normalleitend zu machen, darin, den Ausgangsstromfluß vollständig zu unterbinden. Daher braucht der tatsächlich fließende Ausgangsstrom bei der Bestimmung der Stromverstärkung im allgemeinen nicht berücksichtigt werden.

7.2. Parallelfilm-Kryotron

In einem Kryotron liegen das Eingangs- und Ausgangselement, wie Abb. 7.3 zeigt, zueinander parallel. Den aktiven Teil des Ausgangselements stellt die schraffierte Fläche (Gatterfilm) dar, die allein den normalen Widerstand ergeben kann. Die Enden des Gatterelements sollen aus dem gleichen Material gefertigt sein, wie der Steuerfilm, so daß sie unter allen Betriebsverhältnissen supraleitend bleiben. Die Annahme einer begrenzten aktiven Fläche ist für das Verständnis der Funktionsweise nicht unbedingt erforderlich, doch vereinfachen sich so die Verhältnisse besonders an den Filmenden.

Gewöhnlich muß die Breite des Eingangs- und Ausgangselements nahezu gleich sein. Ist die Breite des Eingangselements wesentlich größer oder kleiner als der Gatterfilm, wird die Stromverstärkung stark beeinträchtigt. Sie ist bestenfalls geringer als in dem (noch zu besprechenden) Falle, wo keine Vorspan-

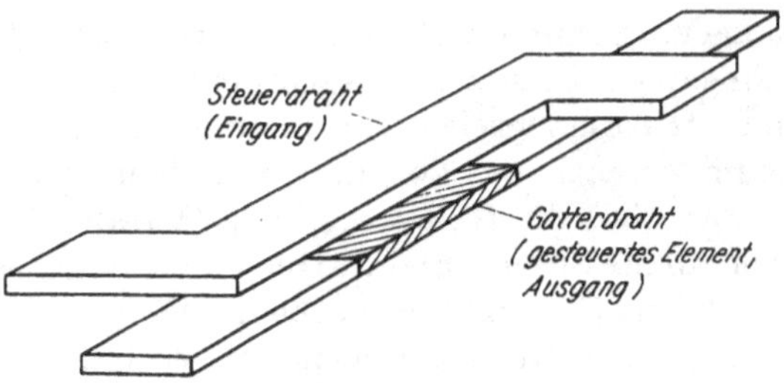

Abb. 7.3. Paralleldraht-Kryotron

nung verwendet wird. Ein breiteres Eingangselement erfordert einen stärkeren Strom, um eine bestimmte Feldstärke im Gatterfilm zu erzeugen. Diese Wirkung ähnelt der Wirkung des Breitenverhältnisses beim Kreuzfilm-Kryotron. Wenn die Breite des Steuerfilms kleiner ist, benötigt man sehr starke Eingangsströme, damit in dem vom Eingangselement nicht bedeckten Teil des Ausgangselements keine supraleitenden Kriechpfade erhalten bleiben.

Ein wesentlicher Zweck der Parallelstruktur im Gegensatz zur gekreuzten Anordnung ist eine höhere Arbeitsgeschwindigkeit. Die höhere Geschwindigkeit ergibt sich sowohl aus der geringeren Induktivität des Eingangselements als auch aus dem höheren Widerstand des Ausgangselements. Obwohl der Steuerfilm bei jeder Ausführungsart lediglich aus einem geraden Foliestreifen besteht, verwendet man beim Paralellfilm-Kryotron einen breiteren Streifen. Bekanntlich besitzt ja ein breiterer Streifen eine geringere Induktivität, was anschaulich durch die Betrachtung des Magnetfeldes eines stromdurchflossenen Rohres klar wird. Hier hängt die Flußdichte außerhalb des Rohres für einen vorgegebenen Strom vom Abstand von der Rohrachse ab und ist vom Rohrdurchmesser praktisch unabhängig. Der Fluß ist innerhalb des Rohres gleich Null. Daher muß der Gesamtfluß mit wachsendem Rohrdurchmesser kleiner werden. Die als Verhältnis der Flußänderung zur Stromänderung definierte Induktivität nimmt demnach mit wachsendem Rohrdurchmesser ab. Für einen ebenen supraleitenden Folienstreifen ist die Darstellung des Kraftlinien-Verlaufs (mathematisch) komplizierter, doch ist der Zusammenhang zwischen Induktivität und Abmessungen grundsätzlich gleich.

Im nichtsupraleitenden Zustand hat das Ausgangselement eines Parallelfilm-Kryotrons einen größeren Widerstand als ein Kreuzfilm-Kryotron, einfach deshalb, weil sich der aktive Teil bei dieser Bauart über eine größere Strecke des Gatterdrahtes erstreckt. Tatsächlich kann man den Gatterdrahtwiderstand eines Parallelfilm-Kryotrons unendlich groß machen, indem man das Kryotron unendlich verlängert. Obwohl ein hoher Widerstand als solcher für manche Verwendungszwecke erwünscht ist, trägt eine Verlängerung des Kryotrons nur dann zu einer verbesserten Arbeitsweise bei, wenn die Induktivität des Eingangselements gegenüber der Induktivität der Zuleitungen zwischen dem Kryotron und anderen Schaltungselementen klein ist. Dies wird dadurch bedingt, daß die Induktivität wie auch der Widerstand eines geraden Drahtstückes von dessen Länge abhängen. Somit erhöht eine Verlängerung des Kryotrons die Induktivität des Eingangselements im wesentlichen um den gleichen Faktor wie den Widerstand des Ausgangselements. Demnach ist für lange Kryotrons das L/R-Verhältnis im wesentlichen konstant, unabhängig von der Länge.

Wie zu erwarten war, sind die Kennwerte eines Parallelfilm-Kryotrons verschieden, je nachdem, ob die Steuer- und Gatterströme in gleicher oder einander entgegengesetzter Richtung fließen. Doch scheint eine befriedigende Erklärung der qualitativen und quantitativen Unterschiede bis jetzt unmöglich zu sein. Die Versuchsergebnisse deuten darauf hin, daß bei einander entgegengesetzten Strömen das Feld des Steuerdrahtes das Feld des Gatterfilms aufhebt (obwohl die Flußrichtungen der beiden Felder an den einander gegenüber stehenden Innenflächen gleich sind.) Wenn also ein Strom in das Eingangselement geschickt wird, ist der notwendige Steuerstrom zur Erreichung des normalleitenden Zustands im Gatterdraht größer, als wenn Steuer- und Gatterstrom in gleicher Richtung fließen.

Um eine Stromverstärkung größer als Eins beim Parallelfilm-Kryotron zu erhalten, muß man nach der meist empfohlenen Methode einen Vorspannungsdraht verwenden. Er besteht aus einem dritten parallelen Folienstreifen gleicher Breite, wie bei den anderen Streifen, und wird auf der selben Seite wie das Eingangselement deckungsgleich auf das Ausgangselement gelegt. Ein Gleichstrom fließt durch das Vorspannungselement, doch reicht dieser Strom nicht aus, um den normalleitenden Zustand im Ausgangselement zu erzeugen. Doch hat dieser „Aktivierungsstrom“ die gleiche Richtung wie der Eingangsstrom. Beide Ströme tragen daher gemeinsam zum Magnetfeld im Ausgangselement bei, so daß zur Erzeugung des normalleitenden Zustands ein geringerer Eingangsstrom als sonst erforderlich wird. In einer Sonderausführung werden Vorspannungs- und das Eingangselement in Reihe geschaltet, so daß eine Art Transformator mit einer Eingangswicklung aus zwei Windungen entsteht. Doch wird bei dieser Variante die Induktivität des Eingangskreises vergrößert.

Für Parallelfilm-Kryotrons sind folgende charakteristische Dimensionen bekannt: Streifenbreite von 0,075 bis 0,25 mm, Foliendicke mit Isolation von 2000 bis 10000 (1 Ångström gleich 10^{-8} Zentimeter), Länge von 2,5 mm, wobei diese Abmessungen nicht als die praktisch unterste Grenzen anzusehen sind.

7.3. Arbeitsgeschwindigkeit von Kryotrons

Zwei verschiedene Faktoren begrenzen die Geschwindigkeit, die von Kryotron-Schaltkreisen erreicht werden kann grundsätzlich. Der eine Faktor ist die Zeit, die der Gatterdraht für die Umschaltung vom normalleitenden zum supraleitenden Zustand und zurück auf Grund der Wirkung des Steuerstroms im Eingangselement benötigt. Diese Schaltzeit hängt von der Temperatur und der Größe des angelegten Feldes ab. Erwartungsgemäß wird die Schaltzeit kleiner, wenn die Differenz zwischen dem angelegten Feld und dem kritischen

Feld größer wird (wobei als kritisches Feld für eine bestimmte Temperatur die Feldstärke anzusehen ist, bei welcher der Übergang vom supraleitenden zum normalleitenden Zustand stattfindet). Natürlich muß das angelegte Feld geringer oder größer als das kritische Feld sein, wie es für die Umschaltung zum supraleitenden oder normalleitenden Zustand jeweils erforderlich ist. Auch wird bei einer bestimmten Feldstärke die Schaltzeit kürzer, wenn die Temperatur nahe der Sprungtemperatur liegt.

Relevante Angaben über die Schaltzeiten scheinen bisher nur für das Indium publiziert worden zu sein. Mit diesem Metall, das eine Sprungtemperatur von etwa 3,4 °K besitzt, läßt sich eine Schaltzeit in der Größenordnung von 10 Nanosekunden erreichen, wenn die Betriebstemperatur nur um etwa 3% von der Sprungtemperatur abweicht und das angelegte Feld etwa um 40% stärker oder schwächer als das kritische Feld für die jeweilige Betriebstemperatur ist. Leider läßt sich die Betriebstemperatur schwer in dieser Nähe bei der Sprungtemperatur halten. Auch ist ein angelegtes Feld, das zwischen Werten von 40% über und 40% unter dem kritischen Feld schwankt, bei manchen Schaltungen, vor allem bei denen, die vorgespannte Parallelfilm-Kryotrons verwenden, unbedingt erforderlich. Die Schaltzeit nimmt rasch zu, wenn die Betriebstemperatur abnimmt oder die Spanne des angelegten hin- und herpendelnden Feldes kleiner wird. Sie kann dann praktisch 1 Mikrosekunde und mehr erreichen, doch können selbst 10 Nanosekunden mit den heutigen Transistorenschaltungen nicht mehr konkurrieren.

Ein weiterer Faktor, der die Geschwindigkeit von Kryotron-Schaltungen nach oben begrenzen kann, ist das Verhältnis von Widerstand zu Induktivität, das für den Wechsel des Stromweges maßgebend ist. Diese Ursache erläutert Abb. 7.4, wo die Kryotrons durch rechteckige Blöcke dargestellt sind. Die Anschlüsse zu den Eingangselementen der Kryotrons liegen an den Längsseiten der entsprechenden Kästchen, während die Anschlüsse des Gatterdrahtes an den Schmalseiten liegen, wie es bei den Kreuzfilmanordnungen der Fall war. Wenn das Eingangssignal A Null ist, so ist $\bar{A}$ gleich 1. Der im Eingangselement des Kryotrons im oberen rechten Teil der Abbildung fließende Strom versetzt dieses Kryotron in den normalleitenden Zustand. Dann fließt der Strom I durch das linke Kryotron zur Erde, da der Widerstand dieses Weges Null ist.

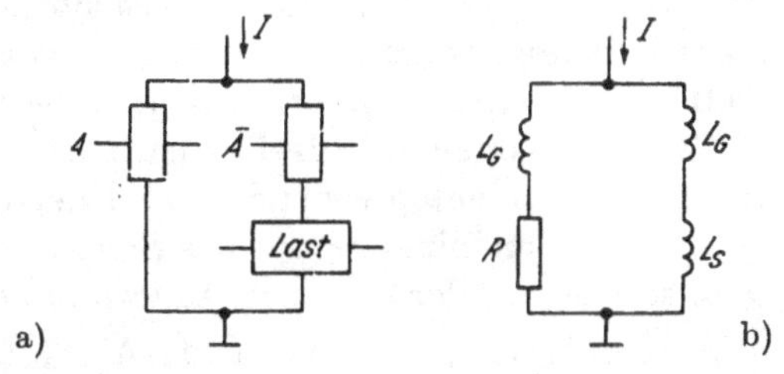

Abb. 7.4. Schaltungsbeispiel zur Erläuterung der Schaltzeitprobleme beim Kryotron

Um den Strom vom linken Zweig zum rechten zu schalten, wird das Signal A von 0 auf 1 umgestellt, dementsprechend wird $\bar{A}$ von 1 auf 0 verändert. Zur besseren Anschaulichkeit sei vorausgesetzt, daß das linke Kryotron sofort normalleitend und das durch $\bar{A}$ gesteuerte Kryotron sofort supraleitend wird. Trotzdem wird der Strom I nicht sofort vom linken Zweig zum rechten umgeschaltet, wo er einen Belastungswiderstand passieren müßte, der als Eingangselement eines dritten Kryotrons dargestellt ist. Obwohl die Kryotronelemente einfache Streifen aus leitendem Material darstellen, ist dies der Fall, da die Induktivität der Elemente den in diesen Elementen auftretenden Spannungen gegenüber entscheidende Bedeutung hat.

Abb. 7.4b stellt die gleiche Schaltung wie a dar, doch erfolgt die Darstellung unter Angabe der in der Schaltung vorkommenden Widerstände und Induktivitäten. Der Widerstand R ist der Widerstand des Ausgangselements des linken Kryotrons, wobei das Eingangssignal A gleich 1 ist. Die Induktivitäten L_G stellen die Induktivitäten der Gatterleiter der durch die Signale A und $\bar{A}$ gesteuerten Kryotrons dar, während L_S die Induktivität des Steuerleiters des Belastungskryotrons ist. Bei einem Drahtkryotron wäre L_G klein gegenüber L_S. Vernachlässigt man L_G, so entsteht über R ein zeitlich sich ändernder Spannungsabfall. Die gleiche Spannung U erscheint auch über L_S. Wir unterstellen, daß der Strom I konstant ist, wie es bei Stromabnahme von einem Konstantstromgenerator der Fall wäre. Der Strom teilt sich in I_R, der durch R, und I_L, der durch L_S fließt, auf. Zunächst ist I_R gleich I und I_L gleich Null. Stets muß $I = I_R + I_L$ erfüllt sein. Ferner gilt $U = R\,I_R = L_S \cdot (dI_L/dt)$. Die Größe I_L läßt sich als Funktion der Zeit aus dieser Differentialgleichung leicht berechnen. Man findet, daß I_L exponentiell mit der Zeitkonstante L_S/R gegen I als oberste Grenze in unendlich langer Zeit strebt.

Beim Kreuzfilm-Kryotron oder Parallelfilm-Kryotron kann L_G gegenüber L_S nicht vernachlässigt werden. Die Berechungsart der Stromschaltgeschwindigkeit muß dementsprechend abgeändert werden. Bei der in Abb. 7.4 gezeigten Schaltung ist das Problem relativ einfach. Doch treten die Hauptschwierigkeiten bei der Betrachtung komplizierterer Schaltkreise auf. Selbst die Einführung eines zweiten Belastungswiderstandes in Reihe mit dem von A gesteuerten Ausgangselement des Kryotrons beeinflußt die Zeit, in der der Strom vom linken Zweig in den rechten Zweig umgeschaltet werden kann. In diesem Falle tritt im linken Zweig die Induktivität L_S in Erscheinung und ist bestrebt, die Verminderung des Stroms in diesem Zweig beim Übergang des A-Signals von 0 zu 1 zu verhindern. Wenn die betreffende Schaltung mehrere Kryotrons verwendet, wie es für die UND- und ODER-Funktionen erforderlich ist, wird die Anordnung der Widerstände und Induktivitäten entsprechend komplizierter. Die Schaltgeschwindigkeit hängt dann von den Binärwerten des Signals, die zu bestimmter Zeit eingegeben werden, so wie von der Schaltungsanordnung ab.

Außerdem können in komplexen Schaltungen die Anschlüsse zwischen den verschiedenen Kryotrons nicht überall kurz sein. Daher sind die Induktivität der Anschlüsse mitunter nicht nur nicht vernachlässigbar, sondern sogar noch viel größer als die Induktivitäten der Kryotronelemente selbst. Aussagekräftige Informationen über die erreichbaren Widerstands-Maxima und minimalen Induktivitäten gibt es bis heute nicht. Doch kann man den Versuchsergebnissen entnehmen, daß man eine L/R-Zeitkonstante von 10 Nanosekunden nur erreichen kann, wenn die Isolation zwischen den Elementen in einem Kryotron und zwischen den Anschlußdrähten und der Grundfläche gleichfalls aus sehr dünnen Schichten mit einer Dicke bis zu wenigen tausend Ångström besteht, und daß diese Zeitkonstante bis heute nur in sehr einfachen Schaltungen erreicht wurde. Eine geringe Induktivität verlangt eine geringe Isolationsdicke deshalb, weil kurz gesagt die Grundfläche das Eindringen des Magnetflusses verhindert, so daß sich die Kraftlinien nur in dem von der Isolation ausgefüllten Raum halten können. Da die Induktivität außerdem der Flußänderung, bezogen auf eine Stromänderung, proportional ist, ergibt ein geringer Abstand zwischen dem Leiter und der supraleitenden Fläche eine geringe Induktivität.

Der Einfluß der Induktivität der Verbindungsdrähte ist so stark, daß der Aufbau einer brauchbaren Schaltanordnung für die Verbindung der verschiedenen Kryotronflächen bei der Entwicklung selbst von relativ langsamen Kryotron-Rechnern ein ernsthaftes Problem darstellt. Tatsächlich scheint dieses Problem heute so kritisch zu sein, daß es zusammen mit der völlig unzureichenden Übergangsgeschwindigkeit der Kryotrons selbst dazu führte, daß man von allen weiteren Einsatzversuchen von Kryotrons im Rechenwerk oder Steuerblock von Rechnern oder anderen digitalen Systemen abgesehen hat.

7.4. Kryotron-Grundschaltkreise

Trotz der entmutigenden Aussichten für Kryotroncomputer beanspruchen Schaltkreise, in denen Kryotrons verwendet werden könnten, zumindest ein gewisses akademisches Interesse. Die Anordnungen werden für Ergänzungen oder Gegentaktschaltungen verwendet, in denen andere Komponenten, wie Magnetkerne oder Relais, eingesetzt sind. Daher sollen im folgenden einige Grundschaltkreise kurz besprochen werden.

Der wichtigste Grundsatz beim Entwurf von Kryotron-Schaltkreisen besteht darin, für jeden Strom des Systems, unabhängig von dem Wert des Binärsignals, das zu irgend einer bestimmten Zeit im System existieren könnte, mindestens einen supraleitenden Weg vorzusehen. Die Grundschaltung, die für UND-, ODER- und NICHT-Funktionen benutzt werden kann, ist in Abb. 7.5a zu sehen. Jedes rechteckige Kästchen stellt wie bisher ein Kryotron dar, obwohl die Anschlüsse zu den Eingangselementen einiger Kryotrons weggelassen wurden. So hat z. B. das Kryotron A keinen Eingang, doch wird stillschweigend vorausgesetzt, daß der Strom durch das Eingangselement des Kryotrons A fließt, wenn das Eingangssignal A gleich 1 ist. Wenn $A = 1$ gilt, muß $\bar{A}$ gleich 0 sein. Damit gelangt zu dieser Zeit kein Strom in den Steuerdraht des Kryotrons Å. (Obwohl es zufällig keine der in Abb. 7.5 dargestellten Schaltungen erfordert, können zwei oder mehrere Kryotrons dieselbe Bezeichnung erhalten, wie A. In diesem Falle werden alle Kryotrons mit der gleichen Bezeichnung zu gleicher Zeit durch dasselbe Eingangssignal betätigt. Man erreicht dies durch einfache Serienschaltung aller entsprechenden Steuerdrähte.)

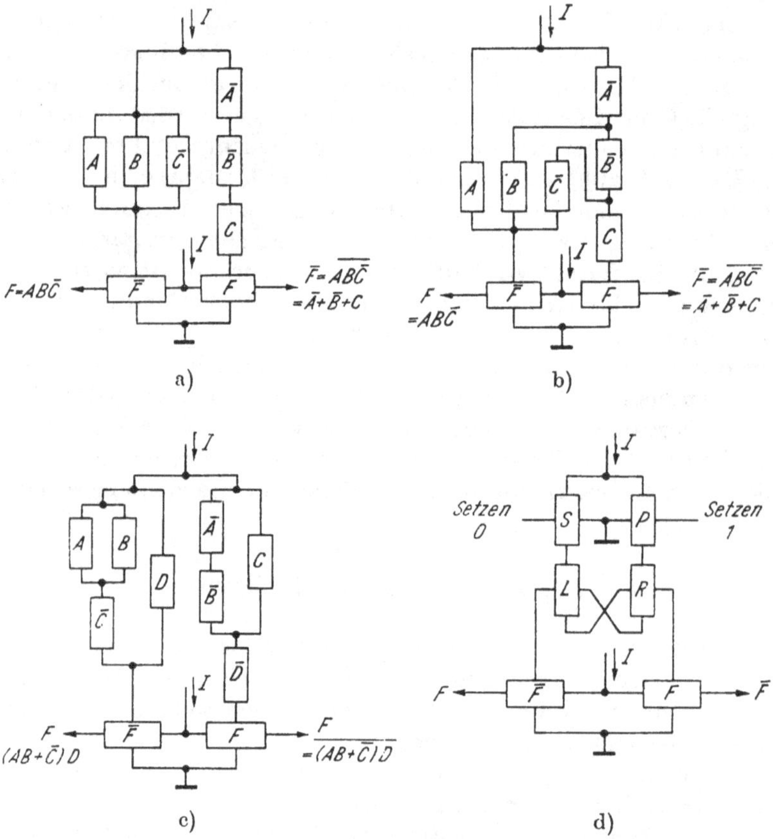

Abb. 7.5. Grundschaltkreise mit Kryotrons

In Abb. 7.5a wird der Strom durch den linken Zweig gesperrt, wenn A „und" B „und" $\overline{C}$ gleich 1 sind, so daß das Eingangssignal zum Kryotron im unteren linken Teil des Bildes $\overline{F}$ ist, und es gilt $F = AB\overline{C}$. Es kann dann durch das Ausgangselement des Kryotrons $\overline{F}$ ein Strom fließen mit dem Ergebnis, daß das Vorhandensein oder Nichtvorhandensein dieses Ausgangsstromes zur Darstellung des Signals F verwendet werden kann. Die Kryotrons A, $\overline{B}$ und C sind auf dem rechten Zweig in Reihe geschaltet mit dem Erfolg, daß dort Strom nur dann fließt, wenn F gleich 1 ist. Das Ausgangssignal des Kryotrons F ist dann $\overline{F} = \overline{AB\overline{C}} = \overline{A} + \overline{B} + C$.

Ob die Schaltung 7.5a eine UND-Schaltung oder eine ODER-Schaltung ist, hängt von der Semantik ab. Sie führt UND-Funktionen für die Eingangssignale A, B und C und ODER-Funktionen für die Signale $\overline{A}$, $\overline{B}$ und C aus, doch führt sie tatsächlich auf eine bestimmte Folge von Eingangssignalen nicht beide Funktionen gleichzeitig aus.. Die Inversion, d. h. die NICHT-Funktion, hängt natürlich nur von der Vertauschung der Eingangsanschlüsse eines Kryotron-Paares ab, etwa A und $\overline{A}$. Eine Inversion ergibt sich auch an jedem Kryotron F und $\overline{F}$, wo das Ausgangssignal eine Inversion des Eingangssignals ist. Mit Hilfe der Booleschen Algebra bzw. durch Betrachtung aller möglichen Kombinationen der Eingangssignale läßt sich leicht nachweisen, daß eine Parallelschaltung der Kryotrons in dem einen Zweig und eine Serienschaltung aller mit umgekehrten Eingangssignalen betätigten Kryotrons des anderen Zweigs stets einen supraleitenden Weg durch einen der beiden Zweige (aber nicht durch beide gleichzeitig) ergibt.

Die Schaltung 7.5b ist eine Variante der Schaltung a. Man kann ihre Funktion besser verstehen, wenn man sich die supraleitenden Strompfade für verschiedene Kombinationen der Eingangssignale einzeichnet.

Zur Ausführung von Schaltfunktionen, wie z. B. $(A \cdot \overline{B} + C) \cdot D$, benötigt man drei Diodenschaltungen, wie im Kapitel 2 erläutert wurde. Mit Kryotrons kann man aber einige kombinatorische Schaltfunktionen direkt in einer Stufe ausführen, indem man eine Serien-Parallelanordnung in dem einen Zweig und eine entsprechende Parallel-Serienanordnung im anderen Zweig verwendet. Für jede Parallelschaltung im ersten Zweig wird eine entsprechende Serienschaltung von Kryotrons, die jeweils durch invertierte Eingangssignale gesteuert werden, im zweiten Zweig angeordnet. Jede Serienschaltung im ersten Zweig wird in entsprechender Weise durch eine Parallelschaltung im zweiten Zweig ergänzt. Hierbei ergibt sich eine Schaltung, mit der die Funktion $F = (A \cdot B + \overline{C}) \cdot D$ und ihre Inversion ausgeführt werden kann, wie es Abb. 7.5c zeigt.

Ein Kryotron-Flip-Flop ist in Abb. 7.5d dargestellt. Man kann den Flip-Flop in den Zustand 1 setzen, in dem man ein Signal (einen Stromstoß) dem Anschluß „Setzen auf 1" anlegt. Der Ausgang des gekoppelten Kryotrons gelangt so in den normalleitenden Zustand und sperrt den Stromfluß. Da der Steuerdraht des Kryotrons L in Serie mit dem Gatterdraht des Kryotrons R geschaltet ist, existiert im Ausgangselement von L ein supraleitender Pfad. Dann kann Strom durch die Serienschaltung fließen, zu der das Ausgangselement vom Kryotron S und L , der Steuereingang R und F gehören. Das Ausgangselement von R wird dann normalleitend, so daß der Strom im entsprechenden Pfad blockiert bleibt, auch wenn das Signal „Setzen auf 1" nicht mehr anliegt. Der Multivibrator verbleibt dann unbegrenzt lange in diesem Zustand, wobei ein

Stromfluß an dem mit F bezeichneten Ausgang verfügbar ist. Der Flip-Flop kann durch einen kurzzeitigen Stromfluß am Eingang „Setzen auf Null" auf Null eingestellt werden. Die Arbeitsweise der Schaltung beim Übergang in den Nullzustand entspricht vollkommen dem soeben beschriebenen Prozeß.

7.5. Die Minimisierung der Kryotronzahl in einem Schaltkreis

Obwohl das Reihen-Parallel-System gemäß Abb. 7.5c innerhalb eines Kryotron-Schaltkreises durchaus einfach ist, ergibt es keineswegs immer eine Schaltung, die die wenigsten Kryotrons benötigt. Es wurden zahlreiche andere Entwurfsarten entwickelt, um die Zahl der Kryotrons zu verringern. Eine von ihnen, wahrscheinlich die einfachste, benutzt als Ausgangspunkt eine wesentlich andere Schaltungsanordnung. Den Ausgangspunkt stellt ein baumförmiges Netzwerk dar, das für jede mögliche Kombination von Eingangssignalen ein Ausgangssignal in einem besonderen Zweig erzeugt. Für jede Kombination von Eingangssignalen gibt es einen einzigen supraleitenden Weg zu einer und nur einer Ausgangsleitung. Bei der Entwicklung einer Schaltung, welche alle gewünschten Schaltfunktionen ausübt, werden alle Ausgangsleitungen für $F = 1$ miteinander verbunden, um ein F-Signal zu erzeugen. Alle anderen Ausgangsleitungen werden ebenso verbunden, um $\overline{F}$-Signale zu erzeugen.

Als Beispiel zeigt Abb. 7.6a eine Schaltung, mit der die Schaltfunktion $F = \overline{A}BC + A\overline{B}C + AB\overline{C}$ realisiert werden kann. Zu beachten ist, daß ein Kryotron einen Widerstand der Größe Null im Gatterdraht besitzt, wenn das Signal in dem (auf dem Bilde nicht gezeigten) Steuerdraht 0 ist. Wenn z. B. also $\overline{A}BC = 1$ ist, führt der supraleitende Weg durch die Kryotrons 1, 4 und 10. Eine Betrachtung der Schaltung zeigt, daß die Kryotrons 7 und 8 überflüssig sind, weil sie parallel geschaltet sind und durch die Signale C und $\overline{C}$ betätigt werden, so daß stets zwischen den Endklemmen dieses Kryotronpaares ein Weg mit dem Widerstand Null existiert. Man erkennt, daß die Kryotrons 9 und 10 die gleiche Funktion ausüben, wie die Kryotrons 11 und 12 insofern, als der supraleitende Pfad zum F- oder $\overline{F}$-Gatterdraht führt, je nach dem ob das Eingangssignal C den Wert 1 oder 0 hat. Man kann daher auf das eine Kryotronpaar verzichten, indem man die unteren Klemmen von 4 und 5 miteinander verbindet. Man erhält dann eine Schaltung gemäß Abb. 7.6b, die 10 Kryotrons enthält.

Im allgemeinen kann man eine Minimisierung nicht durch zufällige Zuordnung der Eingangsvariablen zu verschiedene Ebenen des Baumes erreichen. Ein Beispiel stellt die Minimisierung der Kryotrons in einer Schaltung zur Realisierung der Funktion $F = AB + AC + \overline{A}\overline{B}\overline{C}$ dar. In diesem Beispiel müssen die Eingangssignale den drei Ebenen gemäß der in Abb. 7.6c gezeigten Weise zugeordnet werden. Die Ausgangssignale für $F = 1$ werden miteinander ver-

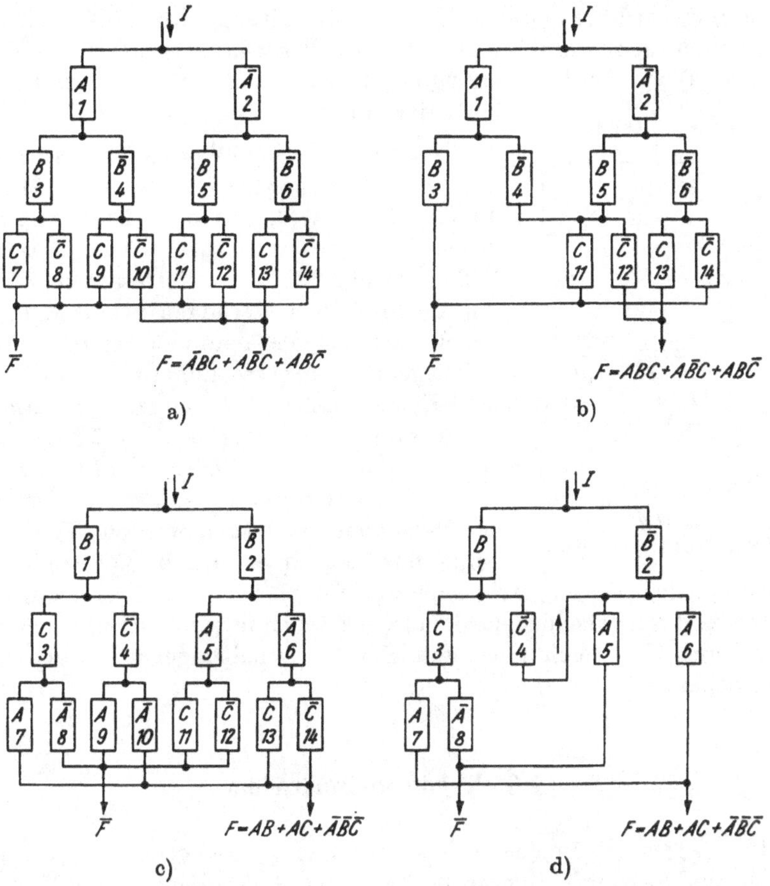

Abb. 7.6. Beispiele für Schaltungsminimisierung bei Kryotrons

bunden und ergeben zusammen wie vorher das $\bar{F}$-Signal, während alle übrigen Signale mit F verbunden bleiben (zu beachten ist z. B., daß gilt: $AB = A\bar{B}C + ABC$). Augenscheinlich sind die Kryotrons 11, 12, 13 und 14 überflüssig, da sie parallel verbundene Paare ergeben, zwischen deren Klemmen stets ein Widerstand der Größe Null herrscht. Auch über die Kryotrons 9 und 10 die gleiche Funktion wie die Kryotrons 5 und 6 aus, so daß 9 und 10 weggelassen werden können, indem man die unteren Klemmen von 4 und 2 miteinander verbindet. Es ergibt sich die in Abb. 7.6d abgebildete Schaltung mit 8 Kryotrons.

Das durch die Beispiele in Abb. 7.6 dargestellte Minimisierungssystem scheint das absolute Minimum der Kryotronzahl für alle Schaltfunktionen abzugeben, mit Ausnahme der Fälle, wo eine Brückenschaltung möglich ist. Für die Funktion $F = ABC + \bar{A}\bar{B}\bar{C}$ erhält man durch das vorstehend beschriebene

Minimisierungsverfahren eine 10-Kryotron-Schaltung. Doch läßt sich für diese Funktion auch die in Abb. 7.7 gezeigte Brückenschaltung mit nur 9 Kryotrons verwenden. Wenn die Eingangssignale so sind, daß $ABC = 1$ erfüllt ist, verläuft der supraleitende Pfad nacheinander durch die Kryotrons 2, 9 und 6. Ist $\bar{A}\bar{B}\bar{C} = 1$ (wobei auch $\bar{F} = 1$ vorliegt), so verläuft der Weg durch die Kryotrons 1, 3, 9 und 7. Die Stromrichtung durch das Brückenkryotron 9 ist in diesen beiden Fällen verschieden. Dem Verfasser sind keine besonders einfachen Methoden bekannt, mit denen Brückenschaltungen gefunden werden können.

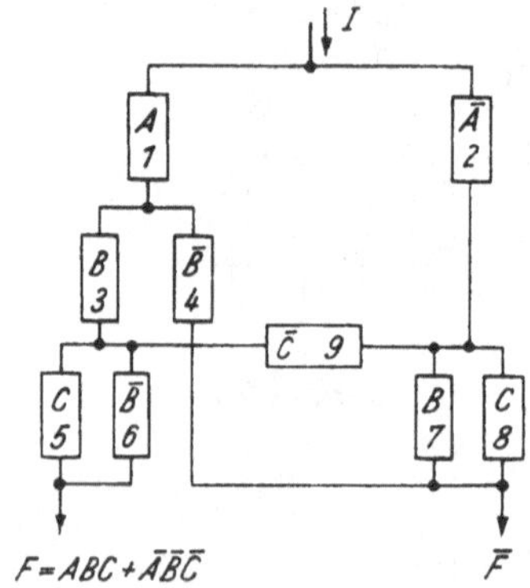

Abb. 7.7
Kryotron-Brückenschaltung

Gelegentlich gibt es nur 10 wesentlich unterschiedliche Schaltfunktionen mit 3 Variablen. Vier dieser Funktionen sind in Abb. 7.5a, 7.6a, 7.6b und 7.7 dargestellt. Andere Funktionen können in eine dieser 10 durch Inversion und Permutation der Variablen übertragen werden. Von diesen 10 kann nur bei einer durch Verwendung einer Brückenschaltung ein Kryotron eingespartwerden. Für vier Eingangsvariable sind 221 wesentlich verschiedene Schaltfunktionen möglich, doch wurden bisher keine größeren Untersuchungen von Kryotronschaltungen für vier oder mehr Variable bekannt.

7.6. Kryotron-Binäradder

Der Binäradder ist eine mehr oder weniger grundlegende digitale Rechenschaltung, und es wurde eine große Zahl von Binäraddern unter Verwendung von Kryotrons entwickelt. Die beiden in Abb. 7.8 dargestellten Arten sollen kurz besprochen werden. In der Schaltung 7.8a wird der Strom an die Eingangsleitung A oder $\bar{A}$ angelegt, dementsprechend ist die Eingangsziffer A eine 1 oder eine 0. Die gleiche Situation liegt für B und den Übertrag C_e vor. Nach dem Passieren der von B gesteuerten Kryotrons fließt der Übertrag durch eine der drei Leitungen. Dementsprechend ist die Summe von B und C_e 0, 1 oder 2. Nach Passieren der durch A gesteuerten Kryotrons fließt der Strom durch eine der vier Leitungen, dementsprechend ist die Summe der drei Eingangsziffern 0, 1, 2 oder 3. Dann steuert der Strom durch eine dieser vier Leitungen die Kryotrons, die einen anderen Strom (in der abgebildeten Variante diesmal den von A oder $\bar{A}$ gelieferten Strom) zu den Ausgangsleitungen S oder $\bar{S}$ leiten, wie es zur Darstellung der binären Summe erforderlich ist. Wenn zwei der drei Eingangszahlen 1 sind, ist der binäre Übertrag C_a 1, sonst 0. Das Übertragssignal wird lediglich dadurch erzeugt, daß die entsprechenden Drähte miteinander verbunden werden.

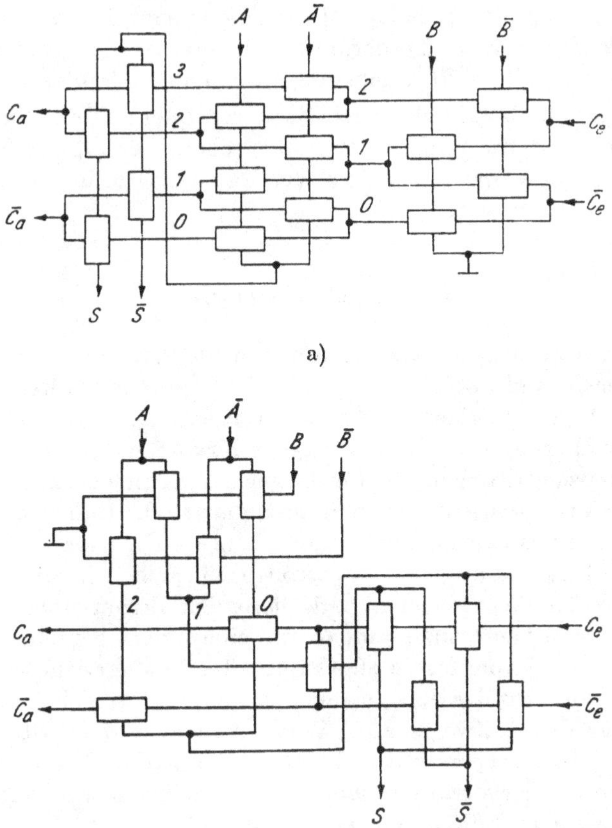

a)

b)

Abb. 7.8. Kryotron-Binäradder

In der in Abb. 7.8b dargestellten Schaltung sind nur 11 Kryotrons erforderlich. Man kann die Betriebsweise der Schaltung verstehen, wenn man die supraleitenden Wege für die verschiedenen Kombinationen der drei Eingangszahlen A, B und C_e einzeichnet.

Jede der dargestellten Schaltungen in Abb. 7.8 kann für den Entwurf eines Parallelakkumulators verwendet werden, der einen besonderen Binäradder für jede Ziffer besitzt. Der Wert eines Addierers wird zu C_e im Addierer der nächst höheren Ordnung geführt, und alle Addierer können im wesentlichen gleichzeitig gesteuert werden, indem Strom an die Klemme C_e des Addierers der niedrigsten Ordnung angelegt wird. Diese gleichzeitig ablaufende Funktion in den Addierern hat nicht zwangsläufig zur Folge, daß der Parallelakkumulator den gleichen Zeitaufwand benötigt, wie ein einzelner Binäradder. Die Verbindungen zwischen den verschiedenen Widerständen, die den Stromfluß leiten und die Induktivitäten, die irgend eine Stromveränderung verhindern, müssen bei der Abschätzung der Schaltgeschwindigkeit einzeln untersucht werden. Angesichts des gegenwärtig beschränkten Interesses an Kryotron-Rechnern liegt dieses Thema außerhalb unseres eigentlichen Stoffgebietes. Es soll lediglich bemerkt werden, daß das Brücken-Kryotron quer zu den C- und $\overline{C}$-Leitungen in Schaltung 7.8b die Wirkung zu haben scheint, daß die Arbeitszeit dieser speziellen Schaltung proportional dem Quadrat der Ordnungszahl im Parallelakkumulator zu sein scheint.

7.7. Kryotron-Speicher

Der in Abb. 7.5d dargestellte Kryotron-Flip-Flop ist in der Lage, eine Binärziffer zu speichern, und natürlich kann ein Feld derartiger Flip-Flops zur Herstellung eines Digitalspeichers verwendet werden. Doch benötigt man außer der für die Speicherung erforderlichen sechs Kryotrons zusätzliche Kryotrons für die Koinzidenzschaltungen, die für die selektive Ansteuerung der Flip-Flops in den verschieden Adressenpositionen bestimmt sind. Daher ist diese Lösung zur Realisierung eines supraleitenden Speichers wenig attraktiv. Eine grundsätzlich andere Entwicklung des Kryotronspeichers beruht auf der Fähigkeit eines supraleitenden Weges, einen zirkulierenden Strom unendlich lange zu leiten. Eine nach diesem Prinzip aufgebaute binäre Speicherzelle ist in Abb. 7.9 zu sehen. Wenn ein Strom durch eine supraleitende Mehrweg-Schaltung fließt, teilt sich der Strom auf die verschiedenen Zweige im umgekehrten Verhältnis zur Induktivität dieser Zweige auf. Wenn man also einen Strom durch die Treibleitungen der Speicherzelle schickt, fließt der größte Teil des Stroms durch den Gatterdraht des Kryotrons 1 (sofern dieses Element supraleitend ist), weil der entsprechende Zweig die geringere Induktivität besitzt. Wenn ein Schreibstromimpuls in diese Treibleitung zur gleichen Zeit wie der Bitstromauswahl eingegeben wird, erhält das Kryotron seinen normalleitenden Zustand, und der Bitauswahlstrom wird gezwungen, durch den Zweig zu fließen, der das Steuerelement des Kryotrons 2 mit enthält. Nach Beendigung des Schreibstromimpulses fließt der Bitstrom durch den Nebenschluß. Nach Beendigung des Bitstroms ist die Induktivität bestrebt, den Strom weiter fließen zu lassen. Er kann jedoch nicht in den Bittreibkreisen fließen, so daß nunmehr der Strom in dem durch fette Linien bezeichneten Weg zirkuliert. Die bisher beschriebene Arbeitsweise trifft für das Schreiben (Speichern) einer Eins zu. Die Eins kann in eine Null umgewandelt werden, wenn ein Schreibimpuls ohne

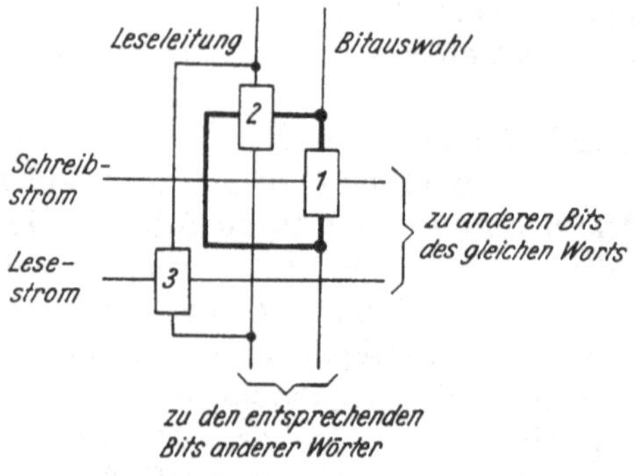

Abb. 7.9. Speicherzelle aus drei Kryotrons

gleichzeitigen Bitauswahlstrom eingegeben wird. Der Widerstand im Kryotron 1 unterbricht dann den Fluß des zirkulierenden Stroms. Das Gatterelement des Kryotrons 2 ist normalleitend oder supraleitend je nachdem, ob eine Eins oder Null gespeichert wurde.

Das Kryotron 3 ist dazu bestimmt, als Auswahleinrichtung für das Lesen zu dienen. Wenn kein Strom in der Lesetreibleitung fließt, existiert ein supraleitender Weg von der einen zur anderen Klemme der Leseleitung. Man kann einen Lesestrom kontinuierlich in der Abtastleitung kreisen lassen. Wenn nun ein Stromimpuls durch die Lesetreibleitung der angesteuerten Speicherzelle geschickt wird, wird in der Leseleitung je nach dem Wert des gespeicherten Bits der normalleitende Zustand hergestellt bzw. nicht hergestellt. Dieser von Null verschiedene Widerstand kann auf unterschiedliche Weise festgestellt werden, etwa dadurch, daß man den Strom zeitweise durch einen in Abb. 7.9 nicht gezeigten zusätzlichen Kreis schickt.

Der Aufbau eines Speicherfeldes mit derartigen Speicherzellen geschieht ebenso wie bei den Magnetkernspeichern mit äußerer Wortauswahl, wie sie im Kapitel 4 ausführlich beschrieben wird. Eine Schaltmatrix dient dazu, die Schreib- und Leseimpulse in die Zeilen zu leiten, in denen die gewählten Wörter liegen.

Obwohl kleine Versuchsfelder auf dem Prinzip der in Abb. 7.9 gezeigten Zelle gebaut wurden, ist das Interesse an Speichern dieser Art weitgehend erloschen, weil bei größeren Anordnungen dieser Art nur eine geringe Geschwindigkeit erreichbar ist und da verschiedene andere Systeme auch kostenmäßig günstiger sind.

7.8. Kryotron-Speicher, die nur ein Kryotron pro gespeichertes Bit erfordern

In jüngster Zeit wurden Möglichkeiten für den Aufbau von Speichern erkannt, die nur ein Kryotron pro gespeichertes Bit erfordern. Obwohl die Zellenstruktur nicht so einfach ist, wie die Filmstrukturen, die in den folgenden Abschnitten beschrieben werden sollen, scheint die Ein-Kryotron-Zelle vom Standpunkt der Toleranzanforderungen aus einsatzfähiger zu sein. An der Entwicklung verschiedener derartiger Zellenvarianten wird verstärkt gearbeitet.

Die Ein-Kryotron-Zelle ist in Abb. 7.10 dargestellt. Wie früher stellen die stark ausgezogenen Linien die supraleitende Schleife dar, in welcher zur Darstellung der gespeicherten Binärzahl ein Dauerstrom fließt. Um eine Zahl zu schreiben, läßt man den Strom in der Bitauswahl-Leseleitung fließen. Fließt in der Wortleitung kein Strom, so teilt sich der Bitstrom (Ziffernstrom) auf zwei Wege auf, die vom gesteuerten Element des Kryotrons und dem Nebenschluß links zur Verfügung gestellt werden. Der in diesen beiden Wegen fließende Stromanteil hängt von der Induktivität der Wege ab.

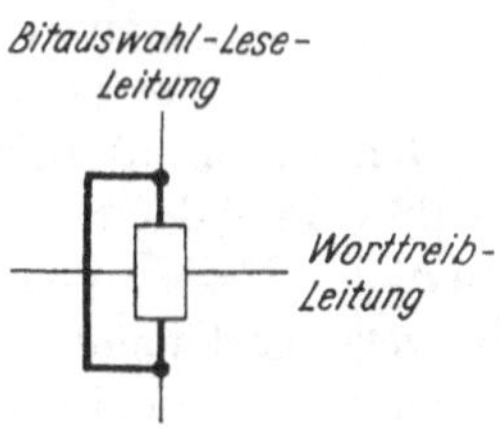

Abb. 7.10
Speicherzelle mit nur einem Kryotron

Dann wird ein Strom durch den Wortdraht geschickt. Die Stärke dieses Stroms reicht aus, um den Gatterdraht des Kryotrons in den normalleitenden Zustand zu versetzen, so daß dann der gesamte Bittreibstrom (Ziffernstrom) durch den supraleitenden Nebenschluß fließt. Geht der Wortstrom zu Ende, so fließt der Bitstrom immer noch im Umgehungsweg. Wenn der Bitstrom zu Ende ist, erzeugt der schwache Spannungsstoß, der durch die Induktivität des Umgehungsweges hervorgerufen wird, einen ständig in der Schleife Nebenschluß-Gatterleitung zirkulierenden Strom. Die Richtung dieses zirkulierenden Stroms hängt allein von der Richtung des Bitauswahlstroms und nicht von der Richtung des Worttreibstroms ab.

Der zirkulierende Strom kann durch einen nachfolgenden Wortimpuls beendet werden, der die Gatterleitung zeitweise in den Zustand der normalen Leitfähigkeit überführt. So kann die Speicherung einer Null entweder durch den zirkulierenden Strom dargestellt werden, der dem für die Speicherung einer Eins verwendeten Strom entgegengerichtet ist, oder durch das Fehlen einer Stromzirkulation.

Beim Lesen wird wieder Strom durch die Wortleitung geschickt. In dieser Zeit wird der Spannungsstoß, wenn er überhaupt im gesteuerten Element erzeugt wird, mit Hilfe eines geeigneten Leseverstärkers beobachtet, der mit der Bitauswahl-Leseleitung in Serie geschaltet ist. Bei der Leseoperation wird der Dateninhalt gelöscht, so daß der Inhalt für Dauerspeichung nochmals geschrieben werden muß, wie es auch bei den einfacheren Formen der Magnetkernspeicher üblich ist.

Ein nach dem Prinzip der Ein-Kryotron-Zelle gemäß Abb. 7.10 aufgebauter Speicher entspricht dem Zweidraht-Magnetkernspeicher mit äußerer Wortauswahl, wie er im Kapitel 4 beschrieben wurde (vgl. besonders Abb. 4.19a). Zu beachten ist, daß bei Verwendung von Kryotrons der Stromdurchgang durch die Bitauswahl-Lesewicklungen beim Lesen und beim Schreiben in jeweils anderer Richtung durch die entsprechenden Ausgangselemente fließt, doch in allen Zellen, die keinen Wortstrom erhalten, bleibt der zirkulierende Gesamtstrom unverändert.

Man kann jedem Kryotron ein zweites steuerndes Element so hinzufügen, daß das resultierende Magnetfeld am Gatterdraht aus der Summe der beiden Steuerströme abgeleitet wird. Es können dann zwei Gruppen von Treibleitungen verbunden und als Koinzidenzstromschaltung betrieben werden, die ihrer Konzeption nach dem Koizidenzstrombetrieb von Magnetkernen gleich ist. Da aber bei Verwendung von Kryotrons eine Minimisierung der Induktivitäten in den Anschlußdrähten angestrebt wird, können separate Matrizen zur Entschlüsselung der Kryotronadresse in allen Kryotronebenen erforderlich werden. In diesen Fällen sind den Inhibit-Drähten bei Kernen entsprechende Kryotron-Steuerungselement weder nötig noch erwünscht.

Zumindest in einem Falle besaß die Speicherzelle gemäß Abb. 7.10 die Struktur eines Kreuzfilm-Kryotrons, bei dem der Nebenschluß aus einem Foliestreifen am oberen Rande des Kryotrons (nicht an einer Seite, wie auf dem Bild gezeigt wurde) bestand.

7.9. Die CROWE-Zelle

Das wichtigste Element der CROWE-Zelle besteht aus einer supraleitenden dünnen Folie mit zwei D-förmigen Löchern, wie in Abb. 7.11 dargestellt ist. Obwohl es in dieser Abbildung nicht zu sehen ist, besitzt auch diese Speicherzelle eine Auswahl-Lesewicklung, die aus dünnen Filmstreifen derselben Breite wie der Quersteg besteht. Die Treibwicklungen (Auswahlleitung) liegen parallel übereinander direkt neben dem Steg auf der einen Seite der Folie. Die Lesewicklung läuft ebenfalls parallel zum Quersteg, aber auf der anderen Folienseite.

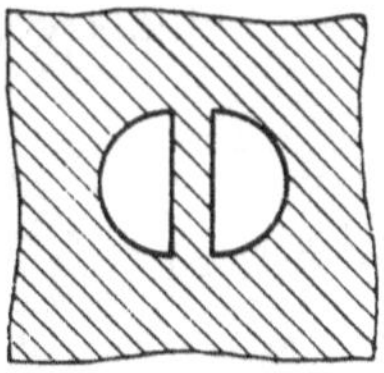

Abb. 7.11
CROWE-Zelle

Schickt man durch die Treibwicklungen einen Strom, so wird im Quersteg ein Gegenstrom induziert, der seinen Rückweg um den äußeren Rand des D-Loches nimmt. Macht man den Treibstrom ausreichend stark, so erhält der Quersteg seine normale Leitfähigkeit und verhindert jede Größenzunahme des induzierten Stroms (dieser Prozeß hat eine Erwärmung zur Folge, die in diesem Zusammenhang keine Bedeutung hat). Wird der Treibstrom auf Null vermindert, so wird der induzierte Strom (wenn er überhaupt übrig bleibt) nicht nur auf Null reduziert, sondern auch in entgegengesetzte Richtung gelenkt. Dieser Reststrom zirkuliert ständig, bis ein starker Treibstrom in entgegengesetzte Richtung angelegt wird. So kann der Richtung des angelegten Treibstroms entsprechend eine 1 oder 0 gespeichert werden.

Wenn der Quersteg durch einen starken Treibstrom normalleitend wird, umfaßt der Fluß nicht nur den Quersteg, sondern auch die Lesewicklung und induziert darin einen Stromstoß. Bei einem Treibstrom mit vorgegebener Polarität hängt die Amplitude der induzierten Spannung davon ab, ob eine 1 oder 0 gespeichert wurde, so wie es beim Betrieb eines Ferrit-Speicherkerns der Fall ist.

Für den Betrieb der erläuterten Anordnung in einer einzelnen supraleitenden Folie benötigt man drei Gruppen von Treibleitungen, die Horizontal-, die Vertikal- und die Verhinderungsleitungen. Diese können ebenso angeschlossen und angesteuert werden wie die entsprechenden Leitungen oder ,,Wicklungen" eines Koinzidenzstrom-Magnetkernspeichers, trotz der Tatsache, daß die Leitungen im Bereich des Querstegs einer bestimmten Zelle parallel zueinander laufen müssen.

Diese kurze Beschreibung der CROWE-Zelle wurde hier gegeben, weil sie eine Art ,,Grundkonzeption" auf dem Gebiet der supraleitenden Speicher darstellt. Die Bemühungen, dieses Element in ein praktisch nutzbares Speichergerät einzubauen, scheinen seit einigen Jahren aufgegeben worden zu sein. Ihr entscheidender Nachteil scheint darin zu liegen, daß die elektrischen Kennwerte der Zelle stark von der Ausrichtung der verschiedenen Elemente abhängen und daß die erforderliche mechanische Gleichförmigkeit aller Zellen in einer großen Anordnung nur mit verhältnismäßig hohen Kosten erreicht werden kann.

7.10. Speicher aus supraleitendem homogenem Film

Die Speicher aus homogenem, supraleitendem Film lassen sich aus der CROWE-Zelle einfach dadurch ableiten, indem man die Löcher im Film wegläßt. Die ursprüngliche Zellenform, die besonderes Interesse erweckte, besteht nun aus senkrecht aufeinander stehenden Treibleitungen und einer Leseleitung unter einem Winkel von 45° dazu, wie es in Abb. 7.12 gezeigt wird. In Abb. 7.12a

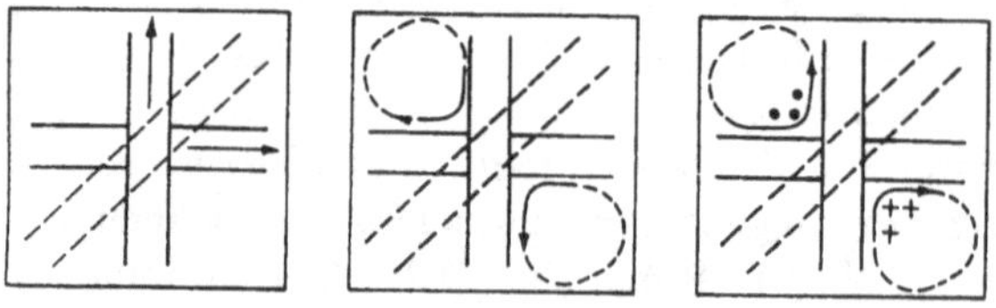

a) b) c)

Abb. 7.12. Speicher aus homogenem supraleitendem Film

stellt das große Quadrat einen Teil der Folie des supraleitenden Materials dar, während die beiden schraffierten Streifen die „vertikale" bzw. die „horizontale" Auswahlleitung (Treibleitung) andeuten. Die Leseleitung wird durch den Diagonalstreifen dargestellt, der durch Strichlinien angedeutet ist, da sich diese Leitung auf der anderen Seite der supraleitenden Folie befindet. Um Energie zu sparen, und die entstehende Wärme gering zu halten, werden die Treib- und Leseleitungen aus einem Material hergestellt, das während des Betriebs stets supraleitend bleibt. Diese Leitungen könnten aber durchaus aus normalleitendem Material bestehen. Alle Elemente der Speicherzelle sind durch dünne Isolierstreifen, die im o. g. Bild weggelassen wurden, gegeneinander isoliert.

Obwohl die Speicherzelle selbst und ihre Betriebsdaten grundsätzlich einfach sind, ist für eine ausführliche Analyse, besonders eine quantitative Analyse eines aus diesen Zellen aufgebauten Speichers die Berücksichtigung verschiedener Feinheiten des Supraleitungsphänomens erforderlich. Tatsächlich sind selbst für einige qualitative Aspekte bis heute noch keine allgemein anerkannten Erklärungen gefunden worden. Doch kann man mehr oder weniger von den nachfolgend geschilderten Grundsätzen ausgehen. Um eine binäre Eins zu schreiben, werden Ströme durch die vertikalen und horizontalen Treibleitungen geschickt, die durch die angesteuerte Bitposition führen. Beim Schreiben ist die Stromrichtung unwesentlich. Für das nachfolgende Lesen und das Erkennen der gespeicherten Ziffer müssen die Ströme so verlaufen, daß ihr Vektor parallel zur Leseleitung liegt, wie durch die Pfeile in Abb. 7.12a gezeigt wird.

Wenn der Strom durch einen ebenen Streifen läuft, der parallel und dicht neben einer supraleitenden Folie liegt, wird in der Folie ein Strom induziert. In dem Nachbarbereich der Leitung ist der induzierte Strom seiner Größe nach dem Strom im Streifen ungefähr gleich, hat aber entgegengesetzte Richtung.

Der Rückweg des induzierten Stroms hängt von der Größe der ebenen Folie ab, doch kann der Rückstrom eine geringe Dichte erreichen und sich auf entferntere Gebiete des ebenen Films verteilen. Das induzierte Strömungsbild sieht so aus, daß das durch den Originalstrom erzeugte Feldbild und der induzierte Strom überall parallel zur Filmfläche verlaufen. Eine nicht parallele Flußkomponente würde bedeuten, daß sich in der Flußverkettung ein gewisser geschlossener Weg im Film verändert, und eine derartige Veränderung scheint unmöglich, weil die resultierende induzierte Spannung einen unendlich großen Strom erzeugen würde. Die Situation wird anders, wenn die Dichte des induzierten Stroms an irgend einer Stelle größer wird, als nötig, damit der supraleitende Film wieder normalleitend wird. (Dabei ist festzustellen, daß eine hohe Dichte des induzierten Stroms einer hohen Tangentialfeldstärke auf der Oberfläche der supraleitenden Folie des entsprechenden Gebietes entspricht.)

Für zwei senkrecht zueinanderliegende supraleitende Filmstreifen (vgl. Abb. 7.12a) werden die Wege für die resultierenden induzierten Ströme in Abb. 7.12b grob angegeben. Die als Strichlinie ausgeführten Teile dieser Wege werden mehr oder weniger vermutet. Sie hängen von der Flächengröße und der Form ihrer äußeren Begrenzung ab. Bei der Ansteuerung der Speicherzellen werden die Stromwerte in den Streifen so gewählt, daß der durch einen einzelnen Strom induzierte Strom nicht ausreicht, um die normale Leitfähigkeit der Fläche herzustellen. Fließen aber beide Ströme, so reicht die Gesamtstromdichte unter dem Schnittpunkt der Streifen aus, damit der normalleitende Zustand wiederhergestellt wird. Die Gesamtwirkung des Widerstandes nun besteht darin, daß die Amplitude der induzierten Ströme vermindert wird. Auch hat dann der Magnetfluß eine Komponente senkrecht zur Schichtfläche und verkoppelt die Leseleitung an der entfernten Seite der Oberfläche. Die normale Leitfähigkeit bleibt jedoch nicht erhalten, die Folie wird wieder supraleitend, nachdem die Höhe des induzierten Stroms unter den kritischen Wert abgesunken ist.

Wenn der am Streifen angelegte Strom abgeklungen ist, besteht die Tendenz, eine gleich große, aber entgegengesetzte Stromänderung in der Folie zu induzieren. Da aber die Größe des ursprünglich induzierten Stroms begrenzt war, ergibt sich folglich ein Induktionsstrom entgegengesetzter Polarität, wie in Abb. 7.12c gezeigt wird. Da die Folie supraleitend ist, fließt der induzierte Strom unendlich lange. Der Strom bleibt bestehen, auch nachdem alle Steuerströme nicht mehr fließen. Die Punkte und Kreuze stellen die gewöhnlichen Pfeilspitzen und Pfeilenden dar, die die Flußrichtung der Ebene zu dieser Zeit anzeigen. Die Flußdichte ist am Schnittpunkt der gekreuzten Foliestreifen am größten. Deshalb werden die Punkte und Kreuze an dieser Stelle gesetzt. Eine geringere Kraftlinienzahl existiert auch an den vom Schnittpunkt weiter entfernten Stellen der Folienfläche.

Das Schreiben und Lesen der Binärzahlen in einer Speicherzelle entspricht weitgehend dem Vorgang im Ferritringkern einer Koinzidenzstromanordnung. Kurz gesagt, man schreibt eine Eins, indem man Treibströme in die entsprechend in Abb. 7.12a angegebenen Richtungen schickt. Die in der Leseleitung induzierte Spannung wird zu dieser Zeit nicht genutzt. Man schreibt eine Null in der gleichen Weise, wobei aber die Polarität eines jeden Treibstroms umgekehrt wird. Das Lesen einer gespeicherten Zahl erfolgt durch Treibströme, wie sie zum Schreiben einer Null erforderlich sind. Wenn eine Eins gespeichert wurde, wird in der Leseleitung ein relativ starker Impuls induziert, weil die supraleitende Folie während dieses Prozesses normalleitend wird und eine Veränderung des Flusses hervorruft, der die Leseleitung umfaßt. Wenn andererseits eine Null gespeichert wurde, bleibt der Film supraleitend und schirmt die Leseleitung von den Treibleitungen ab, da die in der Folge induzierte Stromänderung die Wirkung der Treibstromänderungen aufhebt.

Eine Speicheranordnung aus homogenen, supraleitenden Filmspeicherzellen wäre einer Ferrit-Kernspeicheranordnung mit der Ausnahme gleich, daß mit Rücksicht auf die maschinelle Fertigung die Verwendung gesonderter Schaltmatrizen für jede Ebene der Speicherzellen erforderlich ist. Bei Magnetkernen wird jede horizontale und vertikale Auswahlwicklung durch die entsprechenden Zeilen oder Spalten aller Ebenen gezogen, doch ist es praktisch unmöglich, die für supraleitende Zellen erforderliche geringe Induktivität beim Zusammenschalten von mehreren Ebenen zu garantieren. Obwohl die Verwendung besonderer Schaltmatrizen für jede Ebene einen Mehraufwand an Bauelementen darstellt, sind die Kosten nicht hoch, weil die für die Schaltung erforderlichen Kryotrons mit den eigentlichen Speicherelementen zur gleichen Zeit und in dem gleichen Prozeß hergestellt werden können.

Beim Koinzidenzstrombetrieb gestattet die Verwendung besonderer Schaltmatrizen in allen Ebenen auf die Verhinderungswicklungen zu verzichten, die sonst in Magnetkernspeichern erforderlich sind. Beim Schreiben erhält man eine Null, indem man den Treibstrom jeder vertikalen oder horizontalen Auswahlleitung in den entsprechenden Ebenen abschaltet. Hierdurch kann keine 1 geschrieben werden, während die Nullen bei der vorherigen Leseoperation „geschrieben" wurden.

Betrachtet man Anordnungen aus vielen oder auch nur aus zwei Speicherzellen, so ergeben sich für die Induktionsströme viel kompliziertere Wege als die in Abb. 7.12 dargestellten Schleifen. Wenn insbesondere die Zellen sehr nahe beieinander stehen, kann man eine starke Wechselwirkung der Zellen untereinander erwarten. Die Art dieser Wechselwirkung hängt von der Flächenverteilung der gespeicherten Einsen und Nullen ab. Es ist nicht bekannt, ob diese Gesichtspunkte des Gerätebetriebs bisher ausführlicher untersucht wurden. Auch ist die praktisch erreichbare Betriebsgeschwindigkeit bis heute weithin unbekannt, obwohl man grundsätzlich nicht annehmen kann, daß die supraleitenden Speicher eine höhere Geschwindigkeit als die Magnetkernspeicher vergleichbarer Kapazität erreichen. Das Interesse an der Supraleitung bleibt durch die Möglichkeit erhalten, superschnelle elektronische Speicher zu schaffen, deren Kapazitäten viel größer sind, als es bei Magnetkerngeräten zu annehmbaren Kosten möglich ist.

Leider lassen sich die prinzipiell erzielbaren Vorteile der supraleitenden Speicher bezüglich ihrer Kapazität nicht voll ausschöpfen, da selbst wenn die Ausrichtungsprobleme der Crowe-Zelle nicht mehr existieren, die Toleranzanforderungen an das einzelne Speicherelement einer Anordnung unerwartet hoch sind. Einerseits hängt die Feldstärke oder Flußdichte, die von einem Strom bestimmter Amplitude in einer Treibleitung erzeugt wird, von der Breite des Folienstreifens ab. Bei den sehr geringen Breiten (von nur wenigen Hundertstel Millimetern oder weniger), die für hohe Speicherdichten erforderlich sind, ist der Herstellungsprozeß unter Einhaltung der Breite mit wenigen Prozent Genauigkeit sehr schwierig. Die Kontrolle der Breite einer Anzahl von vielen Millionen von Speicherelementen wäre äußerst mühevoll. Entsprechend müßten auch andere Parameter kontrolliert werden, wie die kritischen Feldcharakteristiken des supraleitenden Films und die Isolationsdichte zwischen zwei Elementen.

Die RCA hat Versuchsspeicherebenen dieser Kategorie mit einer Kapazität von 128×128 Bits (16384 Bits) herstellt, deren Gesamtgröße ca. $5 \times 5\ \mathrm{cm}^2$ betrug, worin auch die Kryotronschaltmatrizen für die horizontalen und die vertikalen Treibleitungen enthalten waren.

7.11. Supraleitende assoziative Speicher

In einem konventionellen Speicher werden die verschiedenen Adressenpositionen fortlaufend numeriert. Bevor ein Wort gespeichert wird, muß ihm eine Adresse zugeteilt werden. Um dieses Wort wiederzufinden, muß man die Adresse kennen, unter dem dieses Wort gespeichert wurde. So einfach dieses Verfahren an sich ist, so unbequem ist es für viele Datenverarbeitungsprobleme. In der Geschäftsbuchhaltung z. B. werden die Eintragungen gewöhnlich identifiziert durch Namen, Katalognummern oder Kontonummern, die ihren Ziffern- oder Buchstabenkombinationen nach nicht folgerichtig sind. Statt solche Eintragungen mit Speicheradressen zu versehen, ist es vom Standpunkt des Programmierers aus vorteilhafter, die Eintragungen unter zufälligen Adressen zu speichern (wobei die Auswahl durch die Maschine selbst erfolgt) und dann die Wörter durch Vergleich oder „Assoziation" der identifizierenden Zahlen- oder Buchstabenkombinationen mit der Erkennungsinformation aller gespeicherten Wörter aufzusuchen. Der Speicherinhalt einer Stelle, die dann die übereinstimmenden Merkmale aufweist, wird dann ausgegeben, unabhängig von der Adresse, unter welcher die Information gespeichert wurde.

Im allgemeinen bedeutet die Bezeichnung „assoziative Speichereinheit" soviel, daß jede Aufzeichnung ein Kontrollfeld besitzt, in welchem der Name oder sonstige Erkennungsdaten enthalten sind. Um eine Aufzeichnung wiederzufinden, wird die zu findende Information mit dem Kontrollfeld aller gespeicherten Aufzeichnungen verglichen. Für eine vollständige Anpassungsfähigkeit stellt das Kontrollfeld nicht einen starr fixierten Teil jeder Aufzeichnung dar.

Dieser Teil kann vielmehr vom Programmierer für jede aufzufindende Information frei gewählt werden. In gewissen Fällen ist eine vollständige Anpassungsfähigkeit allerdings nicht erforderlich, doch können andere Merkmale große Bedeutung gewinnen.

In gewissen Fällen hat der assoziative Speicher keine andere Aufgabe, als eine Serie von Nummern zu speichern. Die Lesefunktion beschränkt sich darauf festzustellen, ob eine bestimmte Nummer gespeichert wurde, oder nicht. Jede Aufzeichnung besteht dann lediglich aus einem Kontrollwort; wenn das Gegenstück beim Leseprozeß gefunden wurde, hatte der assoziative Speicher lediglich das binäre „ja-nein" Signal zu geben. Wenn z. B. zwei oder mehr Aufzeichnungen im gespeicherten Wort die gleiche Information haben, kann es erforderlich werden, daß der Speicher alle entsprechenden Aufzeichnungen während des Lesens ausgibt. Andererseits kann die Speicherung von zwei oder mehreren Aufzeichnungen mit der gleichen Identifizierungsangabe einen Irrtum ergeben, den der Speicher anzeigen muß. Andererseits kann der Speicher dazu veranlaßt sein, jede Speicherung von Aufzeichnungen abzulehnen, wenn das Kennwort bereits für eine andere gespeicherte Aufzeichnung verwendet wurde. In einem anderen Fall kann der assoziative Speicher dazu dienen, eine Aufzeichnung mit der nächstniedrigen und nächsthöheren Kontrollwortnummer zu finden, wenn kein Kontrollwort entsprechend dem spezifizierten Kontrollwort beim Lesen gefunden werden konnte. In einem letzten Fall endlich muß der assoziative Speicher zur Listenführung geeignet sein. In diesem Falle muß jede Aufzeichnung ein Feld enthalten, mit dem z. B. die laufend gespeicherte Aufzeichnung mit der nächsthöheren Kontrollwortnummer identifiziert wird.

Der vorige Abschnitt beginnt nicht mit der Aufzählung aller für die assoziativen Speicher maßgebenden Eigenschaften, die für den Systementwurf erwünscht wären. Obwohl eine ausführliche Betrachtung aller dieser Eigenschaften interessant wäre, um die zu entwerfenden Speicher den Anforderungen anpassen zu können, ist der Entwicklungszustand der Bauelemente, die diesen Anforderungen dienen könnten, noch in einem derart primitiven Zustand, daß eine Besprechung dieses Themas hier kaum gerechtfertigt wäre. Da die erforderlichen Kennwerte der assoziativen Speicher unabhängig vom Typ der darin verwendeten Bauelemente prinzipiell gleich sind, wird dieses Thema hier erwähnt, weil die supraleitenden Bauelemente und Schaltungen nahezu die einzigen Möglichkeiten zu bieten scheinen, diesen Zielen näher zu kommen.

Die Anforderungen an die einzelnen assoziativen Speicherzellen hängen von den allgemeinen Funktionsaufgaben des Speichers ab, doch muß die Speicherzelle in einigen Fällen fähig sein, zusätzlich zur Speicherung von Binärzahlen gewisse (logische) Schaltfunktionen auszuführen. Wie bereits in diesem Kapitel besprochen wurde, eignen sich Kryotrons für beide Zwecke, für Schaltkreise und Speicher. Dementsprechend wurden sehr intensive Anstrengungen unternommen, um assoziative Speicher- und Schaltzellen zu entwickeln, die nur Kryotrons verwenden. Obwohl gewisse Funktionseigenschaften bei Verwendung nur von Kryotrons erreichbar zu sein scheinen, ist die erforderliche Zahl der

Kryotrons noch zu hoch. Abgesehen von den Zellen selbst scheinen die Steuerkreise, die für den Speicherbetrieb erforderlich sind, weit komplizierter zu werden, als dies bei den elementaren Steuerkreisen für konventionelle Speicher der Fall ist. Allerdings muß eine sehr komplizierte Gestaltung nicht unbedingt ein Nachteil sein, hat sie doch die Wirkung, daß man die Betriebsgeschwindigkeit dieser komplizierten Anordnungen nur so bestimmen kann, daß man einen Speicher aufbaut und ihn dann testet, was offensichtlich bis heute nicht geschehen ist.

Da die praktische Realisierbarkeit supraleitender assoziativer Speicher noch recht unsicher ist, sollen die gegenwärtig schon vorhandenen Schaltungen hier nicht besprochen werden. Beschreibungen von Schaltungen für gewisse assoziative Schaltfunktionen findet man in den im Literaturverzeichnis angegebenen Werken.

Literatur zu Kapitel 7

Allgemeine Literatur

A review of superconductive switching circuits, A. E. Slade and H. O. McMahon (ADL) Proc. National Electronics Conference, V 13, pp. 574–582 (Oct. 57). JCC, V 13, pp. 103–107 (May 58).

Superconductive devices, A. E. Slade and H. McMahon (ADL), Proc. Western Superconductive circuit response time: a survey, D. A. Buck (MIT), Solid-State Circuits Conference Digest of Technical Papers, V 2, pp. 28–30 (Feb. 59).

Proceedings of a Symposium an Superconductive Techniques for Computing Systems (a collection of 33 papers of various aspects of the subject), PB 161763, OTS, U. S. Dept. of Commerce, Washington, C. D. (May 60).

Superconducting devices and circuits, D. R. Young (IBM), Electronics, V 33, N 42, pp. 84–87 (Oct. 14, 1960).

Superconductive computers commonplace in ten years? (report of a seminar held at MIT), Electronics, V 34, N 47, pp. 45–51 (Nov. 21, 1961).

The case for cryotronics? W. B. Ittner (IBM), Proc. Fall JCC, V 22, pp. 229–231 (Dec. 62).

Cryotronics — problems and promise, M. L. Cohen (ADL), Proc. Fall JCC, V 22, pp. 232 to 233 (Dec. 62).

Cryotrons and cryotron circuits—a review, P. A. Walker, The Radio and Electronics Engineer (J. British IRE), V 26, pp. 387–397 (May 63).

Thin-film superconducting devices, H. L. Caswell (IBM), IEEE Spectrum, V 1, N 5, pp. 84–94 (May 64).

Cryogenics—achievement and potential, V. L. Newhouse (GE), Information Processing 1965, pp. 105–110 (May 65).

Superconducting thin-film technology and applications, J. P. Pritchard (TI), IEEE Spectrum, V 3, N 5, pp. 46–54 (May 66).

Vortexes are creating a stir in the superconductor field, J. Pearl (RCA), Electronics, V 39, N 12, pp. 100–105 (June 12, 1966).

A magnetically controlled gating element, D. A. Buck (MIT), Proc. Eastern JCC, V 10, pp. 47—50 (Dec. 56).
A cryotron catalog memory system, A. E. Slade and H. O. McMahon (ADL), Proc. Eastern JCC, V 10, pp. 115—120 (Dec. 56).

Kreuzfilm-Kryotron

High-speed superconductive switching element suitable for two-dimensional fabrication, V. L. Newhouse and J. W. Bremer (GE), Journal of Applied Physics, V 30, pp. 1458 to 1459 (Sept. 59).
The crossed-film cryotron and its application to digital computer circuits, V. L. Newhouse, J. W. Bremer, and H. H. Edwards (GE), Proc. Eastern JCC, V 16, pp. 255—260 (Dec. 59).
The variation of cryotron current amplification factor with temperature, A. E. Brennemann, IBM J of R & D, V 4, p. 197 (Apr. 60).
An improved film cryotron and its application to digital computers, V. L. Newhouse, J. W. Bremer, and H. H. Edwards (GE), Proc. IRE, V 48, pp. 1395—1404 (Aug. 60).
Thin-film cryotrons, C. R. Smallman and A. E. Slade (ADL), Proc. IRE, V 48, pp. 1562 to 1576 (Sept. 60).
A new crossed-film cryotron structure with superimposed controls, R. E. Fruin and V. L. Newhouse (GE), Proc. IEEE, V 51, pp. 1732—1736 (Dec. 63).
Switching characteristics of crossed-film cryotron circuits, V. E. Holt, R. R. Laane, and B. Wentworth (BTL), IEEE Trans. on Magnetics, V MAG-1, pp. 417—423 (Dec. 65).

Paralleldraht-Kryotron

Recent developments in high speed superconducting devices, D. R. Young (IBM), British Journal of Applied Physics, V 12, pp. 359—362 (Aug. 61).
Inductance in thin-film superconducting structures, N. H. Meyers (IBM), Proc. IRE, V 49, pp. 1640—1649 (Nov. 61).
Switching speed and dissipation in fast, thin-film cryotron circuits, N. H. Meyers (IBM), Proc. IRE, V 50, pp. 2452—2464 (Dec. 62).
The in-line cryotron, A. E. Brennemann (IBM), Proc. IEEE, V 51, pp. 442—451 (Mar. 63).
Delay times for switching in-line cryotrons, A. E. Brennemann, J. J. McNichol. and D. P. Seraphim (IBM), Proc. IEEE, V 51, pp. 1009—1014 (July 63).
Dynamic operation of the in line-cryotron in bistable circuits, A. E. Brennemann, H. Seki, and D. P. Seraphim (IBM), Proc. IEEE, V 52, pp. 228—238 (Mar. 64).

Kryotron-Schaltkreise

Poposed new cryotron geometry and circuits, R. K. Richards (Consul ing Engineer), Solid-State Circuits Conference Digest of Technical Papers, V 2, pp. 30—31 (Feb. 59).
Superconducting circuits, D. R. Young (IBM), in "Progress in Cryogenics", edited by K. Mendelssohn, V 1, pp. 1—31 (1959).
Transient analysis of cryotron networks by computer simulation, M. K. Haynes (IBM), Proc. IRE, V 49, pp. 245—257 (Jan. 61).
A algorithm for automatic design of logical cryogenic circuits, E. H. Sussenguth (IBM), IRE Trans. on Elec. Comp., V EC-10, pp. 623—630 (Dec. 61).

The design of digital circuits to eliminate catastrophic failures (redundancy techniques for cryotron circuits), J. H. GRIESMER, R. E. MILLER, and J. P. ROTH (IBM), in "Redundancy Techniques for Computing Systems", edited by R. H. WILCOX and W. C. MANN, pp. 328–348 (1962).
An 11-cryotron full adder, J. S. SAUIRE (U. of Mich.), IRE Trans. on Elec. Comp., V EC-11, pp. 710–711 (Oct. 62); letter by D. W. DAVIES, V EC-12, pp. 319 (June 63).
The design of complementary output networks, R. A. SHORT (SRI), IRE Trans. on Elec. Comp., V EC-11, pp. 743–753 (Dec. 62).
Parallel binary adders using the crossed-film cryotron, D. W. DAVIES, Proc. Institution of Electrical Engineers, V 110, pp. 999–1007 (June 63).
Systematic design of cryogenic logic circuits, C. C. YANG and J. T. LOU (Northwestern U.), Proc. Fall JCC, V 26, pp. 651–662 (Oct. 64).

Kryotron-Speicher

Cryotron storage, arithmetic and logical circuits, M. K. HAYNES (IBM), Solid-State Electronics, V 1, pp. 399–408 (Sept. 60).
An evaporated film 135-cryotron plane, J. P. BEESLEY (IBM), International Solid-State Circuits Conference Digest of Technical Papers, V 4, pp. 108–109 (Feb. 61).
A cryotron memory cell, A. E. SLADE (ADL), Proc. IRE, V 50, pp. 81–82 (Jan. 62).
A new superconductive memory cell for random-access word-organized memories, R. W. AHRONS (RCA), Proc. Intermag Conference (IEEE Publication 33-C-4), pp. 9.1–1 to 9.1–5 (Apr. 65).
The design of large cryotron memories, N. D. RICHARDS (England), IEEE Trans. on Magnetics, V MAG-2, pp. 394–398 (Sept. 66).
Three-wire cryoelectric memory systems, A. R. SASS, E. M. NAGLE, and L. L. BURNS (RCA), IEEE Trans. on Magnetics, V MAG-1, pp. 398–402 (Sept. 66).

CROWE-Zelle

Trapped-flux superconducting memory, J. W. CROWE, IBM J of R & D, V 1, pp. 295–303 (Oct. 57).
An analysis of the operation of a persistent-supercurrent memory cell, R. L. GARWIN, IBM J of R & D, V 1, pp. 304–308 (Oct. 57).
Operation of a low-temperature memory element, C. J. KRAUS (IBM), Transsitor and Solid-State Circuits Conference Digest of Technical Papers, V 1, pp. 52–53 (Feb. 58).
Pro's and con's on a superconducting memory, C. J. KRAUS (IBM), Solid-State Circuit Conference Digest of Technical Papers, V 2, pp. 20–21 (Feb. 59).
Relaxation times in lead film, superconductive, storage elements, R. F. BROOM and O. SIMPSON, British Journal of Applied Physics, V 11, pp. 78–80 (Feb. 60).

Speicher aus supraleitendem Film

A coincident current superconductive memory, L. L. BURNS, G. A. ALPHONSE, and G. W. LECK (RCA), International Solid-State Circuits Conference Digest of Technical Papers, V 4, pp. 110–111 (Feb. 61); same title and authors: IRE Trans. on Elec. Comp., V EC-10, pp. 438–446 (Sept. 61); reviewed by J. I. RAFFEL, V EC-11, p. 100 (Feb. 62).
A 64-bit cryogenic addressable memory plane, J. P. BEESLEY, R. H. BLUMBERG, and E. C. BUTON (IBM), International Solid-State Circuits Conference Digest of Technical Papers, V 6, pp. 16–17 (Feb. 63).
A large capacity cryoelectric memory with cavity sensing, L. L. BURNS, D. A. CHRISTIANSEN, and R. A. GANGE (RCA), Proc. Fall JCC, V 24, pp. 91–99 (Nov. 63).

Operation of the cryogenic continuous film memory cell, J. D. BARNARD, R. H. BLUMBERG, and H. L. CASWELL (IBM), Proc. IEEE, V 52, pp. 1177–1181 (Oct. 64).
Cryoelectric memories, L. L. BURNS (RCA), Proc. IEEE, V 52, pp. 1164–1176 (Oct. 64).
Integrated magnetic and superconductive memories; a survey of techniques, results and prospects, J. A. RAJCHMAN (RCA), Information Processing 1965, pp. 123–129 (May 65).
Continuous sheet sensing for random access memories, V. L. NEWHOUSE (GE) and R. E. DRAPEAU (Xerox), IEEE Trans. on Magnetics, V MAG-1, pp. 324–329 (Dec. 65).
Experimental and theoretical aspects of the superconducting continuous film store, P. GAMBY and V. A. J. MALLER (England), IEEE Trans. on Magnetics, V MAG-1, pp. 363–368 (Dec. 65).
Analysis of the cryogenic continuous film memory, H. H. EDWARDS and V. L. NEWHOUSE (GE,) IEEE Trans. on Magnetics, V MAG-1, pp. 369–378 (Dec. 65).
Investigations on trapped flux in cyrogenic continuous film cells, H. G. KADEREIT (Germany), IEEE Trans. on Magnetics, V MAG-2, pp. 402–406 (Sept. 66).

Assoziative Speicher

Associative self-sorting memory, R. R. SEEBER (IBM), Proc. Eastern JCC, V 18, pp. 179 to 187 (Dec. 60).
Data addressed memory using thin-film cryotrons, V. L. NEWHOUSE and R. E. FRUIN (GE), Electronics, V 35, N 18, pp. 31–36 (May 4, 1962).
A superconductive associative memory, P. M. DAVIES (STL), Proc. Spring JCC, V 21, pp. 79–88 (May 62).
A cryogenic data address memory, V. L. NEWHOUSE and R. E. FRUIN (GE), Proc. Spring JCC, V 21, pp. 89–99 (May 62).
An organization of an associative cryogenic computer, R. F. ROSIN (U. of Mich.), Proc. Spring JCC, V 21, pp. 203–212 (May 62).
Superconductive associative memories, R. W. AHRONS, RCA Review, V 24, pp. 325–354 (Sept. 63).
Structure of a cryogenic associative processor, J. D. BARNARD, F. A. BEHNKE, A. B. LINDQUIST, and R. R. SEEBER (IBM), Proc. IEEE, V 52, pp. 1182–1190 (Oct. 64).
Design of a fully associative cryogenic data processor, J. P. PRITCHARD and L. D. WALD (TI), IEEE Trans. on Magnetics, V MAG-1, pp. 68–71 (Mar. 65).
Calculations of speed of ladder network for superconductive associative memories, R. W. AHRONS (RCA), IEEE Trans. on Elec. Comp., V EC-14, pp. 267–270 (Apr. 65).

Verschiedenes

The persistor—a superconducting memory element, E. C. CRITTENDEN, J. N. COOPER, and F. W. SCHMIDLIN (STL), Proc. IRE, V 48, pp. 1233–1246 (July 60); reviewed by J. P. BEESLEY, IRE Trans. on Elec. Comp., V EC-10, p. 549 (Sept. 61).
Operation and analysis of planar cryotrons and simple cryotron circuits, G. B. ROSENBERGER (IBM), Solid-State Electronics, V 1, pp. 388–398 (Sept. 60).
An analysis of cryotron ring oscillators, M. L. COHEN (ADL), Proc. IRE, V 48, pp. 1576 to 1582 (Sept. 60); comments by T. H. CHENG, CV 49, p. 827 (Apr. 61).
Analysis of a crossed-film cryotron shift register, H. H. EDWARDS, V. L. NEWHOUSE, and J. W. BREMER (GE), IRE Trans. on Elec. Comp., V EC-10, pp. 285–287 (June 61).
Thin-film cryotrons (a note about the lack of need for shielding), V. L. NEWHOUSE and H. H. EDWARDS (GE), Proc. IRE, V 49, pp. 1318–1319 (Aug. 61).
Persistent-current memory circuit, W. C. STEWART, H. A. OWEN, M. S. P. LUACS, and C. R. VAIL (Duke U.), Proc. IRE, V 49, pp. 1681–1682 (Nov. 61).

Time average thermal properties of a computer utilizing thin-film superconducting elements, H. Sobol (IBM), IRE Trans. on Elec. Comp., V EC-11, pp. 200—212 (Apr. 62).

Tunnel-diode-cryotron circuit for interrogation of cryotronic systems, E. S. Schlig (IBM), Proc. IEEE, V 51, pp. 1359—1360 (Oct. 63).

Superconductive transformer for a cryogenic thin-film memory plane, T. C. Kwei (IBM), International Solid-State Circuits Conference Digest of Technical Papers, V 7, pp. 14 to 15 (Feb. 64).

A cryotron multi-level logic and memory circuit, M. L. Cohen, A. E. Slade, and R. E. Varteresian (ADIL), International Solid-State Circuits Conference Digest of Technical Papers, V 7, pp. 102—103 (Feb. 64).

Some characteristics of the steerable persistatron switch, H. A. Owen (Duke U.), Proc. Intermag Conference (IEEE Publication T-159), pp. 2-2-1 to 2-2-6 (Apr. 64).

Pulse and direct current sources for cryogenic systems, L. D. Wald and J. P. Pritchard (TI), Proc. Intermag Conference (IEEE Publication T-159), pp. 2—4—1 to 2—4—4 (Apr. 64).

Photomask-photoresist techniques for cryotron fabrication, J. P. Pritchard, J. T. Pierce, and B. G. Slay (TI), Lroc. IEEE, V 52, pp. 1207—1215 (Oct. 64).

Superconductive adaptive logic, L. J. Jones (Duke U.), Proc. IEEE, V 52, pp. 102—103 (Jan. 65).

Cryogenic fabrication techniques, W. H. Hartwig (U. of Texas), Proceedings of the National Symposium on the Impact of Batch Fabrication on Future Computers (IEEE Publication 16-C-1), pp. 116—127 (Apr. 65).

A hybrid cryotron technology, R. E. Fruin, A. K. Oka, J. W. Bremer, C. N. Adams, and M. L. Ummel (GE), IEEE Trans. on Magnetics, V MAG-2, pp. 381—389 (Sept. 66).

The tunneling cryotron—a superconductive logic element based on electron tunneling, J. Matisco (IBM), Proc. IEEE, V 55, pp. 172—180 (Feb. 67).

8. LOGISCHE GLIEDER UND SPEICHER MIT TUNNELDIODEN

L. Esaki veröffentlichte in der Zeitschrift „Physical Review" (15. Jan. 1958) seine Beobachtung über ein negatives Widerstandsverhalten bei Germaniumdioden, die mit einer Störstellenkonzentration versehen waren, die viel höher lag als bei den gewöhnlichen Gleichrichtern. Diese Beschreibung, die die Reaktionsgeschwindigkeit auf eine angelegte Spannungsänderung nicht erwähnte, erregte zu dieser Zeit scheinbar keine Aufmerksamkeit. Einige Monate später führte jemand aus, daß man die Diode, die seitdem „Tunnel"-Diode genannt wurde, als Grundlage für eine äußerst einfache Kippschwingschaltung (analog zu dem schon lange bekannten Kippschwinger mit gasgefüllten geheizten oder Kaltkatodenröhren) verwenden und damit einfach eine Frequenz in der Größenordnung von mehreren hundert Megahertz erzeugen kann.

Obwohl schon 1958 Fertigungsmuster von Transistorrechnern aufkamen, waren die Transistoren zu dieser Zeit noch relativ langsam und teuer. Deshalb erregte ein extrem einfaches Bauelement, das in gewissen Schaltungen mit so hoher Geschwindigkeit funktioniert, tatsächlich einiges Aufsehen, und diese Dioden wurden besonders in den Tageszeitungen als das Bauelement begrüßt, das den Transistor genau so verdrängen wird, wie der Transistor die Vakuum-Röhre ersetzt hat.

Leider ist eine Diode nur ein Zweipol, und deshalb für Verwendungen, die Stromverstärkung erfordern, schlecht geeignet. Ein Element mit drei Anschlüssen, wie der Transistor und die Vakuumröhre, ist besser geeignet, da die separaten Anschlüsse für die Eingangs- und Ausgangssignale verwendet werden können. Ein Element mit vier Anschlüssen, wie ein elektromagnetisches Relais, ist für digitale Anwendungen noch günstiger, weil der Eingangskreis (die Spule) und die Ausgangskreise (die Kontakte) elektrisch voneinander isoliert sind. Obwohl einige wenige digitale Schaltungen zur Zeit bekannt sind, die gasgefüllte Dioden mit zwei Anschlüssen verwenden, sind diese Schaltungen meist speziell für Tunneldioden nicht geeignet.

Entsprechend bemühte man sich in vielen Gesellschaften und Forschungseinrichtungen, Tunneldioden für Schalt- und Speicherzwecke zu entwickeln. Das Ergebnis war eine Flut technischer Publikationen, vor allem in den Jahren 1960 bis 1963. Jedoch bereits 1964 ging das Interesse stark zurück, um 1965 anscheinend ganz zu erlahmen, wenigstens gemessen an den veröffentlichten Arbeiten.

Der Grund für das zurückgehende Interesse an Tunneldioden liegt darin, daß die Entwicklung von Transistoren und Magnetkernen viel rascher vor sich ging und ihr Vorrang um 1965 durch die Fortschritte hinsichtlich Geschwindigkeit, Preis, Zuverlässigkeit, Gewicht und Eignung für den logischen Entwurf feststand. Obwohl verschiedene, einigermaßen einfache Schaltungen mit Tunneldioden für sehr hohe Geschwindigkeiten gebaut werden können, so sind die Anforderungen an die Toleranzen der verschiedenen Parameter der Dioden so streng, daß eine zuverlässige Funktion und eine billige Fertigung der Dioden schwierig miteinander zu vereinbaren sind. Außerdem erfordert die einfachere Schaltung einen vollsynchronisierten Funktionsablauf mit Taktimpulsen an jedem Schaltbaustein. Wie im Kapitel über logische Glieder mit Transistoren erklärt wurde, steht diese Betriebsart vom Standpunkt sowohl des schaltungstechnischen als auch des logischen Entwurfs in Mißkredit.

Zahlreiche Versuchsschaltungen und Modelle wurden für das Studium der verschiedenen logischen Schaltungen und Speicherschaltungen mit Tunneldioden hergestellt. In produzierten Systemen werden Tunneldioden jedoch kaum verwendet. Dem Verfasser ist keine tatsächlich hergestellte Version von digitalen Rechnern oder anderen Systemen bekannt, wo Tunneldioden eingesetzt sind (außer einigen Beispielen, wo Tunneldioden in allerhand Trickschaltungen verwendet werden, wie zum Beispiel im Leseverstärker eines magnetischen Kernspeichers).

Im Hinblick auf die oben beschriebene Situation muß noch gerechtfertigt werden, daß hier ein Kapitel über Schaltungen mit Tunneldioden eingefügt wird. Der Grund ist einfach der, daß das Interesse an diesen Schaltungen sehr verbreitet ist, daß ihre Unterlegenheit nicht sicher vorausgesagt werden kann und daß Tunneldioden, die von einigen Firmen hergestellt werden, allgemein auch für konventionelle elektronische Systeme geeignet sind und verwendet werden. Denn, wie schon erwähnt wurde, haben die Dioden in eine Vielzahl von verschiedenen, nicht unbedingt digitalen Schaltungen Eingang gefunden. Solange die Dioden Verwendung finden, werden die Ingenieure über ihre günstigen Eigenschaften in allgemeinen digitalen Schalt- und Speicheranwendungen erstaunt sein. Deshalb wird dieses Kapitel eingeschoben, um die allgemeine Konzeption festzuhalten. Mehr als sonst sei hier auf das Schrifttum am Ende des Kapitels verwiesen, falls sich der Leser eingehender über diese Problematik informieren will.

8.1. Diodenkennlinien und bistabile Grundschaltungen

Das umfassende Verständnis der Tunneldiode setzt die Kenntnis der Theorie der Quantenmechanik voraus, was jedoch über den Rahmen dieses Buches hinausführt. Es soll nur festgestellt werden, daß für einen gewissen Bereich der Potentialdifferenz an den beiden Anschlüssen der Tunneldiode dem Ladungsfluß am *pn*-Übergang der Diode ein Potentialwall entgegengesetzt wird. Die Höhe (Potentialdifferenz) dieses Walles ist so, daß, gemäß der klassischen Theorie vom Ladungsfluß die Ladung am Durchgang gehindert wird und die Diode einen hohen Widerstand darstellt. Jedoch nach der Quantentheorie hat jedes Ladungspartikel eine Wellenstruktur. Deshalb ist die Wahrscheinlichkeit dafür, daß der an sich unüberwindliche Potentialwall überwunden wird, nicht null. Man sagt in diesem Fall, ein Ladungsteilchen „tunnelt durch" den Wall, woraus sich der Name Tunneldiode erklärt.

Bei Dioden mit einer hinreichend hohen Störstellenkonzentration entsteht der Tunneleffekt dadurch, daß die Leitfähigkeit bei Sperrspannung sogar größer als die normale Leitfähigkeit bei Durchlaß-Spannung gewöhnlicher Dioden ist. Dieser Effekt einer hohen Leitfähigkeit tritt auch dann auf, wenn an der Diode eine kleine Durchlaßspannung anliegt. Wenn aber die Spannung größer wird, verringert sich der Effekt, so daß der Strom wirklich über einen Teil des Spannungsbereiches mit steigender Spannung abnimmt. Deshalb hat die Diode in diesem Bereich einen negativen Widerstand. Steigt die Durchlaßspannung weiter an, so steigt der Strom wieder in der normalen Art im Durchlaß vorgespannter Dioden an. Die resultierende Strom-Spannungsbeziehung einer Tunneldiode ist qualitativ durch die ausgezogene Kurve in Abb. 8.1a angegeben. Die gestrichelte Kurve zeigt, welcher Verlauf ohne den Tunneleffekt entstehen würde.

Die Spannung, bei der der Spitzenstrom auftritt, hängt vom Material der Diode ab, sie liegt meist bei 0,1 V oder darunter. Die Spannung, bei der wieder

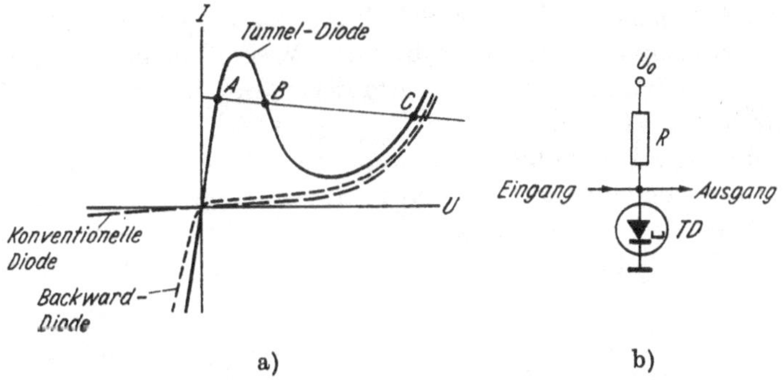

Abb. 8.1. Strom-Spannungs-Kennlinie von Tunneldioden und bistabile Grundschaltung

ein großer Strom auftritt, hängt ebenfalls vom Material ab und liegt zwischen 0,25 und 0,5 V. Ein strombestimmender Parameter ist natürlich die Fläche des Überganges. Der Spitzenstrom reicht von einem kleinen Bruchteil eines Milliampere bis zu 20 Milliampere für einzelne Dioden. Der Strom im „Tal" der Kurve ist in manchen Fällen kleiner als ein Zehntel des Spitzenstromes, jedoch in anderen Fällen ist das Verhältnis von Spitzen- zu Minimalstrom viel kleiner als 10 und kann kleiner als 1 sein, so daß die Diode keinen negativen Widerstand zeigt. (Siehe die punktierte Kurve für die Sperrdiode, die in einem späteren Abschnitt besprochen wird.) Obwohl die Spannungen, bei denen große Stromänderungen auftreten, von einer Diode zur anderen einigermaßen konstant und reproduzierbar sind, kann man das hinsichtlich der genauen Reproduzierbarkeit oder Konstanz der Stromamplitude nicht sagen. Weil man Stromunterschiede zulassen muß, ist die Verwendung von Tunneldioden in der digitalen Technik stark eingeschränkt.

Die bistabile Schaltung mit Tunneldioden, auf der die meisten digitalen Schaltungen beruhen, ist in Abb. 8.1 b gezeigt. Die Spannung U und der Widerstand R werden so ausgewählt, daß ein etwa konstanter Strom durch die Diode fließt. Die Amplitude dieses Stromes muß kleiner sein als der Spitzenstrom, der durch den Tunneleffekt hervorgerufen werden kann, wenn die Spannung in Durchlaßrichtung anliegt. Die gut leitende „Sperr"-Eigenschaft der Diode wird nicht verwendet. Die Funktion der Schaltung versteht man, indem man in die Strom-Spannungs-Kennlinien die übliche Belastungsgerade einzeichnet, wie es in Abb. 8.1a erfolgt ist. Ohne äußere Einflüsse wird der Strom durch die Widerstands-Dioden-Kombination durch den Punkt A dargestellt, der ein Gleichgewichtspunkt ist. Bei einer zeitweisen äußeren Anregung (z. B. zwischen Widerstand und Diode eingespeist) wird die Spannung über der Diode größer als die Spannung entsprechend Punkt B. Die Spannung steigt weiter an, bis sie einen Wert entsprechend dem Punkt C erreicht, der ein anderer stabiler Gleichgewichtspunkt ist. Die Spannung steigt deshalb weiter an, weil der Strom an den Spannungspunkten zwischen B und C nicht den ausreichenden Spannungsabfall am Widerstand R hervorruft. Die Schaltung kann in ihren ersten Gleichgewichtszustand zurückversetzt werden, indem entweder vorübergehend die Speisespannung U weggenommen oder ein negativer Impuls zwischen Widerstand und Diode aufgebracht wird.

Das Ausgangssignal der oben beschriebenen bistabilen Schaltung wird von demselben Punkt abgenommen, an dem auch das Eingangssignal angelegt wird, nämlich zwischen den beiden Bauelementen, und die Signalspannung ist entweder fast null oder auf einem Wert in der Größenordnung von 1 V, z. B. 0,5 V, positiv gegen Erde.

8.2. Grundausführung eines Tunneldiodenschieberegisters

Wenn nicht zusätzlich zu den Tunneldioden noch Transistoren, Dioden oder andere nichtlineare Elemente verwendet werden, braucht man eine Schaltung mit 3 Arbeitsschritten, um ein binäres Signal von einer Tunneldiode zur nächsten zu verschieben. Abb. 8.2a zeigt die Grundschaltung. Die Speisespannungen U_1, U_2 und U_3 werden periodisch an aufeinanderfolgende Stufen gelegt. Die Kurvenform ist in Abb. 8.2b gezeigt. Zur Zeit T_0, wenn U_1 positiv wird, nimmt die Diode TD_1 den Zustand niedrigen Stromes an, falls das Eingangssignal 0 ist, d. h. auf Erdpotential liegt oder leicht positiv gegen Erde ist. Wenn aber das Eingangssignal 1 ist, d. h. am Eingang ein stark positives Signal liegt, so fließt ein zusätzlicher Strom zur Tunneldiode TD_1 und schaltet diese in den Zustand hoher Spannung. Als Eingangssignal kann das Ausgangssignal einer anderen Tunneldiode verwendet werden. Diese ist hier nicht gezeigt. Der Ausgang von TD_1 wird über einen anderen Widerstand nach TD_2 geführt, aber diese Diode ist unwirksam, weil ihre Speisespannung zu dieser Zeit Null ist. Später, zur Zeit T_1, wird U_2 positiv, und die Binärziffer wird in TD_2 und weiterhin in TD_1 gespeichert. Genauso wird die Binärziffer zu den Zeitpunkten T_2 und T_3 nach TD_3 und TD_4 verschoben. Nach dem Zeitpunkt T_1, aber vor T_2, wird das Speisepotential U_1 null und die Ziffer in der Diode TD_1 gelöscht. Es besteht keine Tendenz, die Ziffer aus TD_2 zur Zeit T_3 wieder nach TD_1 zurückzuschieben, wenn U_1 positiv wird, da dann die Speisespannung U_3 auf null abgefallen ist, um die Ziffer in TD_2 zu löschen. Deshalb kann zum Zeitpunkt T_3 eine neue Ziffer in den Eingang der Schaltung eingegeben werden. Die Schaltung 8.2a funktioniert als Schieberegister, bei dem für jede Stufe 3 Tunneldioden und die dazugehörigen Widerstände erforderlich sind.

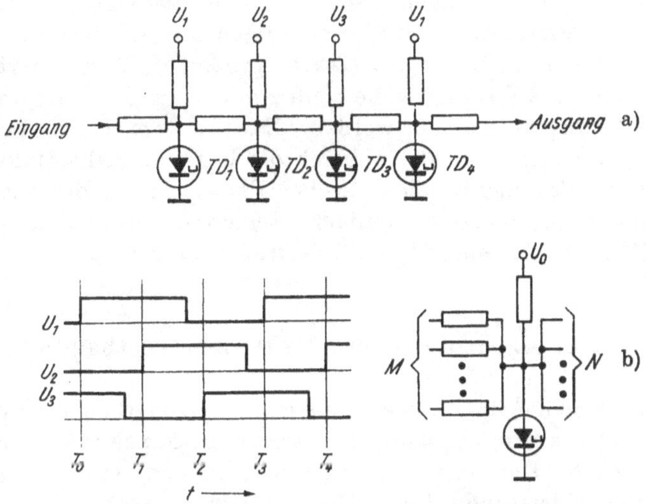

Abb. 8.2. Elementare Dreiphasen-Schiebeschaltung mit einer Tunneldiode

Abb. 8.2b illustriert im Prinzip, wie jedes dritte Glied einer Stufe erweitert werden kann, um verschiedene logische Funktionen auszuführen. Wenn alle Eingangswiderstände ungefähr so groß wie der einzelne Eingangswiderstand sind, so bewirkt eine binäre Eins an irgend einem Eingang, daß die Diode den Zustand hohen Stromes annimmt. Die Schaltung führt dann eine ODER-Funktion aus. Wenn größere Widerstände verwendet werden, so kann die Diode nur dann den Zustand hoher Spannung annehmen, wenn mehr als eine spezielle Anzahl der M Eingangsleitungen positiv sind. Im extremen Falle müssen an alle M Eingänge Einsen angelegt werden, um in der Diode eine Eins zu erzeugen. So ergibt sich die UND-Funktion. M ist der Eingangslastfaktor. Jedes dritte Glied einer Stufe kann prinzipiell gleichfalls einen Ausgangslastfaktor größer als 1 haben, was durch die N Ausgänge angedeutet sei, die zu N dritten Gliedern anderer Stufen führen.

Leider hat die einfache Schaltung 8.2 einige ernsthafte Nachteile. Einmal sind die Toleranzen der verfügbaren Tunneldioden problematisch, sogar wenn die Eingangs- und Ausgangslastfaktoren nur 1 sind, wie es beim Schieberegister 8.2a gezeichnet ist. Sind die beiden Lastfaktoren größer als 2, so ist überhaupt keine zuverlässige Funktion zu erreichen. Wenn beide Lastfaktoren größer als 1 sind, kann auch nicht sicher verhindert werden, daß die Schaltung mit 3 Gliedern pro Stufe Ziffern rückwärts verschiebt. Wenn zum Beispiel eine binäre Eins von einer Diode, gesteuert durch U_1, zu einer Diode, gesteuert durch U_2, verschoben wird, so kann diese Eins fälschlicherweise zu einer anderen U_1-gesteuerten Diode, die mit derselben U_2-gesteuerten Diode verbunden ist, rückverschoben werden. Diese fehlerhafte binäre Eins kann dann auf eine andere U_2-gesteuerte Diode übertragen werden. Diese Möglichkeit zwingt dazu, die Schaltungen zu vermeiden, wo Stufen mit einem Eingangslastfaktor größer als 1 aus Stufen mit einem Ausgangslastfaktor größer als 1 gesteuert werden. Es müssen notwendigerweise zahlreiche Stufen mit einem Eingang und einem Ausgang zur Isolierung vorgesehen werden. Dadurch werden die Schaltungen an Bauelementen aufwendiger, als es durch die begrenzten Lastfaktoren scheint, und der logische Entwurf problematischer als bei einer anderweitigen Realisierung. Letzten Endes bietet die einfache Schiebeschaltung 8.2a keine einfache praktische Möglichkeit, eine NICHT-Funktion zu erzeugen.

8.3. Kapazitiv gekoppelte Dreiphasenschaltung

Einige der Probleme, die bei der grundlegenden Drei-Dioden-Schiebeschaltung mit Tunneldioden auftreten, kann man durch die kapazitive Kopplung gemäß Abb. 8.3 umgehen. Die Schaltung entspricht an sich der vorhergehenden, nur daß die Koppelwiderstände durch Kondensatoren ersetzt sind. Die Kurvenform der angelegten Speisespannungen hat eine maßgebliche Veränderung erfahren und die Schaltung funktioniert etwas anders. Einen Teil der Schaltung zeigt Abb. 8.3a.

Zur Zeit T_0 liegt die Speisespannung U_1 auf ihrem Normalwert, entsprechend einer Lastgeraden mit den Punkten A, B und C (vgl. Abb. 8.3b). Zu dieser Zeit liegt an den M Eingängen entweder ein positiver Spannungsimpuls an oder nicht. Es wird angenommen, daß die Schaltung vorher auf den durch Punkt A dargestellten Zustand gebracht wurde. Wenn ein Impuls ankommt, so schaltet der Kreis in den durch Punkt C dargestellten Zustand um, und an den N Ausgängen wird ein positiv springendes Signal erzeugt. Da aber alle U_2-gesteuerten Glieder zu dieser Zeit eine Speisespannung null haben, sind sie nicht wirksam. Wie die Kurvenform 8.3c zeigt, springt die Speisespannung U_1 zur Zeit T_1 auf einen wesentlich größeren Wert und die Lastgerade geht jetzt durch den Punkt E (vgl. Abb. 8.3b). Wie durch die Spannungsdifferenz zwischen den Punkten C und E vorgegeben wird, ist die Spannungsänderung am Ausgang der U_1-gesteuerten Schaltungen relativ klein, wenn sich die Schaltung vorher im Zustand hoher Spannung befunden hat. Wenn die Schaltung

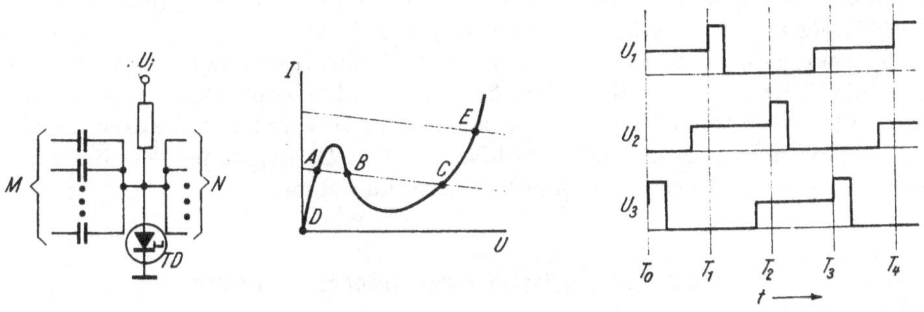

a) b) c)

Abb. 8.3. Kapazitiv gekoppelte Dreiphasenschaltung

den Zustand niedriger Spannung verlassen hat, weil ein Eingangsimpuls fehlt, so geht die Schaltung zur Zeit T_1 in den Zustand hoher Spannung über, und an den Ausgängen erscheint eine relativ große Spannungsänderung, dargestellt durch die Differenz zwischen den Punkten A und E. Weil U_2 zur Zeit T_1 auf dem Normalwert liegt, gehen alle U_2-gesteuerten Kreise, die mit den Ausgängen verbunden sind, in den Zustand hoher Spannung über. Die nachfolgenden Schaltungen funktionieren analog.

Jedes dritte Glied einer Stufe führt deshalb zusätzlich zu der ODER-Funktion, die durch den gemeinsamen Anschluß der Kondensatoren erfolgt, noch eine Inversion aus, und die logische Funktion entspricht der der NOR-Transistorschaltung (bzw. dem ODER-NICHT-Kreis). Die Analogie kann noch weiter geführt werden, wenn man jeder Schaltung zwei Stufen mit je einem Eingang und einem Ausgang (d. h. zwei Invertoren) hintereinander folgen läßt, wodurch die gesamte Stufe zu einem voll synchronisierten NOR-Glied wird. Wenn man sich jedoch eine aufwendigere Entwurfsprozedur leistet, können die Schaltfunktionen am dritten Glied jeder Stufe ausgeführt werden, wobei die Beschränkungen bezüglich der Größe der Lastfaktoren wegfallen. Anderenfalls arbeitet die Schaltung nur als Doppel-Invertor.

Neben der Möglichkeit, eine NICHT-Funktion zu erhalten, ist der Hauptgrund für die Verwendung von Kondensatoren anstelle von Widerständen der, daß man in jedem Glied eine etwas höhere Stromverstärkung und entsprechend höhere Lastfaktoren erreichen kann. Das ist jedoch nur auf Kosten der Pulsfolgefrequenz möglich. Die einzelnen Probleme beim Entwurf sind schwieriger, als es scheinen mag, und gehen wegen der begrenzten Verwendung der Schaltung über den Rahmen des hier Gebotenen hinaus. Wenn ein Glied durch den Abfall seiner Speisespannung auf null in den Zustand niedriger Spannung übergeht, so wird ein negativer Impuls am Ausgang erzeugt. Dieser Impuls kann eine unerwünschte Schaltwirkung an den nächstfolgenden Gliedern hervorrufen, sie kann aber durch die Wahl der Parameter beim Entwurf verhindert werden, wenn die Potentialdifferenz zwischen den Punkten A und B gemäß Abb. 8.3b viel kleiner als die zwischen B und C ist. Bei diesem Verfahren muß man eine Lastgerade nahe an den Berg der Tunneldiodenkennlinie legen. Daher müssen u. a. die Toleranzen der Kennlinie klein sein. Man kann aber auch den unerwünschten negativen Impuls in der Amplitude verringern, indem man die Speisespannung langsam auf null abfallen läßt. Damit ist jedoch eine weitere Verringerung der Pulsfolgefrequenz in Kauf zu nehmen.

8.4. Symmetrische Tunneldiodenschaltung

Die Dreigliederschaltung mit einem symmetrischen Paar (oft „GOTO-Paar" genannt) von Tunneldioden bietet eine höhere Stromverstärkung und deshalb größere Eingangs- und Ausgangslastfaktoren. Wenn eine Gegentaktmehrheitslogikschaltung hinzugefügt wird, können die einzelnen Schaltfunktionen in einer flexibleren Weise als sonst mit Tunneldioden realisiert werden. Das dritte Glied einer Stufe ist in Abb. 8.4a gezeigt. Die Schaltung ist dieselbe wie die ursprüngliche, nur daß der Lastwiderstand durch eine zweite Tunneldiode TD_2 ersetzt ist und die erste Diode anstelle an Erde an einem zweiten Speisepotential U_i' liegt. Die zwei Speisepotentiale U_i und U_i' haben dieselbe Amplitude und Kurvenform, jedoch entgegengesetzte Polarität, wie Abb. 8.4b zeigt.

Die Funktion der Schaltung versteht man am besten anhand von Abb. 8.4c. Die Strom-Spannungskennlinie ist dieselbe wie zuvor, jedoch die Lastkennlinie ist keine Gerade wie vorher beim Widerstand. Statt dessen verläuft die Lastkennlinie wie die Strom-Spannungskennlinie von TD_2, nur in umgekehrter Richtung. Wenn die Summe von U_i und U_i' weder zu groß noch zu klein ist, so schneidet die Lastlinie die Kennlinie von TD_1 an den drei Punkten A, B und C. Wie zuvor stellen die Punkte A und C stabile Gleichgewichtspunkte und Punkt B einen instabilen Arbeitspunkt dar. Wenn die Kennlinien der Tunneldioden genau übereinstimmen, so ist der Strom für beide stabile Zustände gleich, und wenn die zwei Speisespannungen am Anfang angelegt werden, so nimmt die Schaltung den einen oder anderen Zustand ein, entsprechend einer jeweils auftretenden Störung.

Bei M Eingängen, von denen einige auf einem positiven, andere auf einem negativen Potential gleicher Amplitude gehalten werden, nimmt die Schaltung den einen oder anderen Zustand an, je nachdem, ob die meisten Eingänge positiv oder negativ sind. Gewöhnlich wird M eine ungerade Zahl sein. Ist M gerade, so sollte der Fall vermieden werden, wo die Zahl der positiven und negativen Eingänge gleich ist. Wenn ein bestimmtes drittes Glied einer Stufe im Verlauf des bereits beschriebenen Vorgangs in den einen oder den anderen Zustand gesetzt ist, so wird die nachfolgende Stufe nicht wirksam, da die Speisespannung für diese zu dieser Zeit null ist.

Ein auffallendes Merkmal der Schaltung, aufgebaut mit einem GOTO-Paar, im Vergleich zur Schaltung 8.2 ist es, daß das symmetrische Paar so funktio-

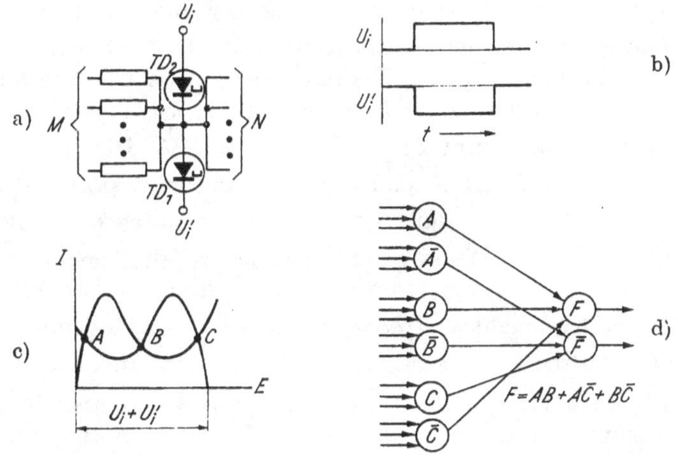

Abb. 8.4. Dreiphasen-Schaltung mit einem Goto-Paar

niert, daß eine Rückwärtsverschiebung von Ziffern vermieden werden kann, ganz gleich, in welcher Weise die Glieder mit mehreren Eingängen und Ausgängen miteinander verbunden sind. Denn zu der Zeit, wo die Speisespannung angelegt wird, ist jede einzelne Schaltung in den einen oder anderen Zustand gebracht, und die Amplituden der Signale, die die Glieder miteinander verbinden, brauchen nicht groß genug zu sein, um das Umschalten von einem Zustand in den anderen nach dem Anlegen der Speisespannungen vorzunehmen. Wenn nämlich zum Beispiel ein Glied in einen bestimmten Zustand gebracht wurde, da zwei von drei Eingangssignalen positiv sind, so wird das resultierende positive Signal nicht unbedingt den Zustand der Schaltung, an die das dritte (negative) Eingangssignal gelegt ist, ändern.

Um eine UND-Funktion mit zwei Eingängen aus einer Schaltung vom Majoritäts-Typ mit drei Eingängen zu erhalten, wird einer der drei Eingänge konstant auf einem negativen Potential gehalten (unter der Annahme, daß eine Eins bzw. eine Null durch ein positives bzw. negatives Potential dargestellt werden). Auf diese Weise wird die Schaltung nur dann in den positiven Zustand versetzt, wenn beide übrigen Eingänge positiv sind. Die ODER-Funktion erhält man, indem man einen Eingang an eine Quelle mit konstantem positiven Potential legt, so daß ein positives Potential an jedem der anderen Eingänge (oder beiden) die Schaltung in den anderen Zustand überführt.

Jedoch die NICHT-Funktion erfordert eine Vervollkommnung des Majoritäts-Schaltelementes und Abb. 8.4d erläutert das angewandte Prinzip. In diesem Bild stellt jede Schaltung ein Glied mit drei Eingängen und einem Ausgang dar, wie es in a gezeigt ist. Zu jedem Glied mit einem symmetrischen Paar gehört ein entsprechendes, das mit der entgegengesetzten Polarität der Signale arbeitet. Das heißt, wenn A ein binäres Signal an einem Glied ist, so ist $\bar{A}$ das entsprechende Signal am anderen Kreis. In der Schaltung 8.4d werden drei Signale zu einem Signal F kombiniert. Da die Anschlüsse von den Schaltungen C umgekehrt sind, ist F immer dann 1, wenn zwei der drei Signale A, B und $\bar{C}$ 1 sind. Das heißt $F + AB + A\bar{C} + B\bar{C}$. Die Inversion $\bar{F}$ ist 1, wenn zwei der drei Signale $\bar{A}$, $\bar{B}$ und C 1 sind, und man kann mit der Booleschen Algebra leicht zeigen, daß $\bar{A}\bar{B} + \bar{A}C + \bar{B}C$ tatsächlich die Inversion von $AB + A\bar{C} + B\bar{C}$ ist. Wenn A und B zu jeder Zeit 1 gemacht werden, so führt die Schaltung eine einfache Inversion aus, d. h., in diesem Falle ist $F = \bar{C}$. Wenn nur B gleich 1 gemacht wird, so ist die resultierende Funktion $F = A + \bar{C}$. Wenn B auf 0 gehalten wird, so wird daraus die Funktion $F = A\bar{C}$.

Obwohl recht viele (vier) Dioden für jedes dritte Glied einer Stufe benötigt werden, kann man doch diesen Schaltkreis zur Fehlererkennung und zur Inversion von Signalen verwenden. Wenn die zwei Signale, die eine Ziffer und ihre Inversion darstellen, beide positiv oder negativ sind, so wird sich diese anormale Bedingung durch die nachfolgenden Schaltungen fortpflanzen. Deshalb genügen wenige strategisch verteilte Fehler-Erkennungs-Kreise, um die Existenz einer falschen Funktion irgendwo in einer größeren Schaltung aus logischen Gliedern zu finden. Im Beispiel von Abb. 8.4d zeigt der Fall, daß beide Signale an den Ausgängen F und F negativ oder positiv sind, eine Folge-Fehlfunktion (aber nicht unbedingt sich nicht fortpflanzende Fehlfunktionen) in den Kreisen A, B und C sowie in F selbst an.

Ein Hauptnachteil der Schaltung mit einem symmetrischen Paar ist, daß ihre günstigen Eigenschaften von einer genauen Symmetrie des Diodenpaares abhängen. Wie aus Abb. 8.4c zu ersehen ist, verschieben gewisse Differenzen in den Strom-Spannungskennlinien der beiden Dioden den Punkt B entlang der Spannungsachse $A - C$ aus dem Mittelpunkt heraus. Die Schaltung ist damit nicht mehr symmetrisch, wie es für das Schalten in den einen oder anderen Zustand entsprechend einer schwachen Verschiebung der Eingangssignale nötig ist. Weiterhin ist der Entwurf, wie bei den anderen Tunneldiodenschaltungen auch, schwierig im Verhältnis zu der scheinbar simplen Schaltung selber, weil sich die Glieder gegenseitig belasten. Weitere Komplikationen können dabei auftreten, die hier nicht weiter diskutiert werden.

8.5. Zweitakt-Tunneldiodenschaltungen

Wenn zwischen den einzelnen Gliedern, aufgebaut mit Tunneldioden, nichtlineare Elemente irgendwelcher Art angeordnet werden, so kann man die Verschiebung der Signale in der gewünschten Richtung mit zwei Schritten erreichen. Im Prinzip erfüllen auch gewöhnliche Dioden diesen Zweck, jedoch gewinnt das Problem der begrenzten Lastfaktoren im Verhältnis zu den Dreitaktschaltungen mehr an Bedeutung. Ein Gedanke, um mit Tunneldioden eine höhere Stromverstärkung zu erreichen, bezieht eine Ladungsspeicherdiode in die Schaltung mit ein. Eine Ladungsspeicherdiode (Diode mit großer Sperrträgheit) stellt eine Diode dar, bei der nach dem Stromfluß in Durchlaßrichtung in Sperrichtung solange ein niedriger Widerstand vorliegt, bis die gesamte vom Durchlaßstrom gespeicherte Ladung abtransportiert ist. Einige Grundschaltungen, die außer den Tunneldioden sowohl gewöhnliche als auch Ladungsspeicher-Dioden verwenden, sind in Abb. 8.5 dargestellt.

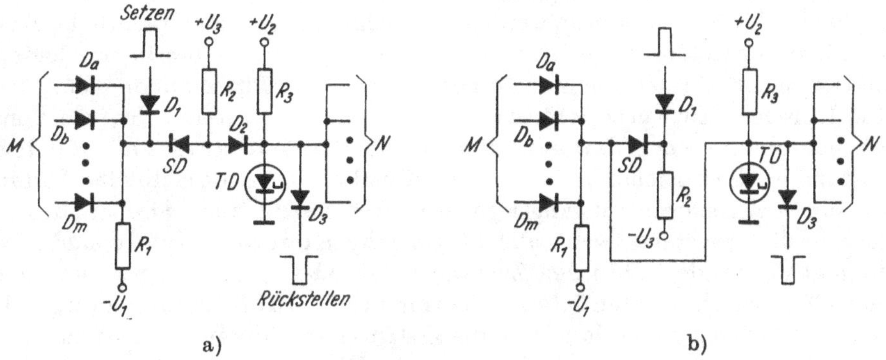

Abb. 8.5. Zweischritt-NOR- und ODER-Schaltung

Die Schaltung 8.5a ist eine NOR-Schaltung, das heißt, sie führt eine ODER-Funktion, gefolgt von einer Inversion, aus. Die ODER-Funktion wird durch das ODER-Glied mit Dioden links am Eingang realisiert. Wenn keins der *M* Eingangssignale 1 ist (wobei eine Eins durch ein positives Signal dargestellt wird), so ist die Speicherdiode *SD* in Durchlaßrichtung gepolt und durch R_2, *SD* und R_1 fließt Strom. Die Tunneldiode sei im Zustand niedriger Spannung, weil vorher über D_3 ein Rückstellimpuls zugeführt wurde. Wenn ein positiver Setz-Impuls über D_1 an die Katode der Speicherdiode *SD* gebracht wird, so wird die in ihr gespeicherte Ladung über D_2 abgeführt, und *TD* wird in den Zustand hoher Spannung versetzt. Mit anderen Worten, *SD* und D_2 stellen vorübergehend einen Pfad mit geringem Widerstand zwischen der Stellimpulsquelle und der Tunneldiode dar. Die hohe Stromverstärkung rührt daher, daß die gespeicherte Ladung der Diode *SD* durch einen relativ kleinen Durchlaßstrom aufgebaut wird. Daher braucht der Strom durch R_1 und der Strom, der in die Eingangsklemmen gespeist wird, nicht groß zu sein. D_2 verhindert einen unerwünschten Strom von R_3 nach *SD*. Die Eingangsdioden D_a bis D_m isolieren außer ihrer Verwendung für die ODER-Funktion die Stellimpulse von der vorhergehenden Stufe. Die Inversion erfolgt, da die Tunneldiode *TD* auf 1 gesetzt ist (Zustand hoher Spannung), wenn keine logische Eins am Eingang liegt.

Wenn eine oder mehrere Einsen am Eingang anliegen, so befindet sich die Diode *SD* im Sperrzustand, so daß die Tunneldiode nicht wirksam wird, wenn die Stellimpulse angelegt werden, und somit im Zustand niedriger Spannung verbleibt, in den sie durch den vorhergehenden Rückstellimpuls überführt wurde.

Wie bei Transistor-NOR-Schaltungen kann eine logische Funktion nur aus Bausteinen dieses Typs in einer geeigneten Schaltung ausgeführt werden. Jedoch braucht die spezielle Schaltung nicht mit der von Transistorschaltungen übereinzustimmen, weil bei Tunneldioden der synchrone Zweitaktbetrieb erforderlich ist. In einer Kette von Schaltungen mit Tunneldioden wird jedes einzelne Glied von gleichen eingeschlossen, die durch Impulse mit zeitlich unterschiedlichen Takten gesteuert werden. Manchmal können beträchtliche Komplikationen auftreten, wenn man eine Schaltung für eine bestimmte logische Funktion sucht, bei der alle Signale mit der richtigen Phase ankommen.

Die logischen Entwurfsprobleme werden wesentlich vereinfacht, wenn man auch nichtinvertierende Bausteine gemäß Abb. 8.5b mit heranzieht. Bei dieser Schaltung ist die Speicherdiode *SD* leitend und speichert deshalb eine Ladung, sowie ein oder mehrere Eingangssignale relativ positiv sind. Sie befindet sich jedoch im Sperrzustand, wenn alle Eingangssignale relativ negativ sind. Deshalb geht die Diode *TD* in den Zustand hoher oder niedriger Spannung über, je nachdem, welches Potential am Ausgang der ODER-Schaltung anliegt. Die gesamte Schaltung führt dann nur die ODER-Funktion aus, jedoch mit einer Stromverstärkung und einer Änderung in der Phase des Ausgangssignals.

Der Betrag der möglichen Stromverstärkung ist eine komplexe Funktion der Kennlinien der Tunnel- und der Ladungsspeicherdiode. In einigen Fällen hängt sie jedoch von der Zeit ab, die für den Aufbau der gespeicherten Ladung nötig ist. Deshalb erfordert der Schaltungsentwurf hier eine Übereinkunft oder einen Kompromiß zwischen Verstärkung und Geschwindigkeit. Bei der ODER-Funktion, die mit konventionellen Dioden ausgeführt wird, ist der Eingangslastfaktor weitgehend eine Sache der Qualität der Dioden, die in diesem Teil der Schaltung eingesetzt sind, jedoch der Ausgangslastfaktor hängt noch von der Stromverstärkung der Schaltung ab.

Obwohl der Kombination von Tunneldioden mit anderen Arten von Dioden verschiedene experimentelle Untersuchungen gewidmet wurden und obwohl der Betrieb mit Pulsfolgefrequenzen über 100 MHz mit guten Eigenschaften erfolgte, haben auch die vorteilhafteren der Tunneldiodenschaltungen bisher noch nicht mit den Schaltungen auf der Basis von Transistoren als hauptsächlichsten aktiven Elementen konkurrieren können.

8.6. Rückwärtsdiode

Die Rückwärtsdiode (Backward-Diode) arbeitet nach demselben Prinzip wie die Tunneldiode, jedoch die Störstellenkonzentration ist geringer und das resultierende Tunnel-Phänomen weniger ausgeprägt. Die Strom-Spannungs-Kennlinie einer Rückwärtsdiode in halb idealisierter Form ist durch die punktierte Linie in Abb. 8.1a dargestellt. Weil der Widerstand sehr niedrig ist, wenn eine Spannung umgekehrter Polarität angelegt wird, entspricht diese Polarität der Durchlaßrichtung einer herkömmlichen Diode. Die Leitfähigkeit in der neuen Durchlaßrichtung ist etwas größer als bei konventionellen Dioden, jedoch weil sich diese hohe Leitfähigkeit in Durchlaßrichtung nicht ergibt, wenn die angelegte Spannung kleiner als der Bruchteil eines Volts ist (0,25 V für Germaniumdioden und 0,7 V für Siliziumdioden), kann man diese hohe Leitfähigkeit mit der Durchbruchspannung herkömmlicher Dioden vergleichen. Die Rückwärtsdiode gehört also zu der gleichen Sorte von Schaltelementen wie die konventionelle Diode, nur daß die Spannungen, bei denen eine hohe Leitfähigkeit auftritt, sehr viel kleiner sind. Die Umkehr der Polarität für hohen und niedrigen Widerstand hinsichtlich des *pn*-Überganges ist für den Entwurf ohne Bedeutung, nur daß man natürlich die Polung der Anschlüsse für die Diode kennen muß.

Wenn die Signalspannungssprünge in den Gliedern mit Tunneldioden klein sind, so sind die Rückwärtsdioden manchmal den konventionellen Dioden vorzuziehen, weil der Übergang von der hohen in die niedrige Leitfähigkeit relativ scharf ist (über einen kleinen Spannungsbereich erfolgt) und weil keine große Durchbruchspannung in umgekehrter Richtung nötig ist. Zum Beispiel können in Abb. 8.5a die Dioden D_a bis D_m und die Diode D_2 gut durch Rückwärtsdioden ersetzt werden. Dabei kann in der speziellen Schaltung ein gewisser Betrag einer Vorspannungsverschiebung erforderlich sein, ungeachtet des verwendeten Diodentyps; und diese Verschiebung realisiert man durch das Zwischenschalten von blinden Dioden an geeigneten Punkten des Signalpfades.

Mindestens ein Hersteller von Dioden und Transistoren bietet in seinem Herstellungsprogramm eine Auswahl von Rückwärtsdioden an, und diese sind im Handel erhältlich.

In einigen wenigen Beispielen sind Rückwärtsdioden mit Transistoren in im übrigen konventionell gestalteten Schaltungen angewandt. Jedoch wie bei Tunneldioden sind die Forderungen an die Herstellung von Rückwärtsdioden ganz anders als die an die Herstellung von Transistoren. Die Verwendung von Rückwärtsdioden war deshalb für die integrierten Schaltungen, für die man sich hauptsächlich interessiert, schwer möglich.

8.7. Schaltungen mit Tunneldioden und Transistoren

Es wurden bereits viele verschiedene Schaltungen entwickelt, bei denen Transistoren in digitalen Schaltungen mit Tunneldioden ein oder mehrere

Schaltprobleme übernehmen. In den ersten Jahren der Entwicklung von Tunneldioden war die zusätzliche Verwendung von Transistoren wirklich vorteilhaft, weil dadurch manche Probleme erleichtert wurden und die zulässige Geschwindigkeit höher als bei reinen Transistorschaltungen lag. Die höhere Geschwindigkeit ergab sich, weil die Transistoren nur in „A-Betrieb“ arbeiteten, d. h., bei der Operation wurden die Transistoren nie gesättigt oder gesperrt.

Jedoch die Transistor-Technologie ist jetzt in ein Stadium fortgeschritten, wo die Transistoren in den im Kapitel 3 beschriebenen Schaltungen so schnell wie die Tunneldioden sind. Wenn daher überhaupt Transistoren verwendet werden, so sollten sie ausschließlich (oder höchstens in Kombination mit gewöhnlichen Dioden), aber nicht zusammen mit Tunneldioden eingesetzt werden. Die vorhin erwähnte Unvereinbarkeit von Transistoren und Tunneldioden in integrierten Schaltungen verbietet diese Kombination ebenfalls. Aus diesen Gründen erschöpft sich die Betrachtung hierüber in dem Hinweis auf das Schrifttum am Ende des Kapitels.

8.8. Koinzidenzstrom-Speicher mit Tunneldioden

Zahlreiche Schaltungen wurden entwickelt, um die bistabile Grundschaltung 8.1 zur digitalen Speicherung zu verwenden. Drei der entwickelten Möglichkeiten sollen hier erläutert werden. Die anderen können durch Vertauschen oder geringe Abwandlungen der jeweiligen Grundidee dieser drei Schaltungen aus diesen abgeleitet werden.

Wie in jedem Speicher müssen einige Maßnahmen getroffen werden, die die einzelnen Bit-Positionen für das Lesen und Schreiben zugängig machen. Eine Schaltung, die sich eng an das Koinzidenzstrom-Speicherprinzip mit Magnetkernen anlehnt, ist in Abb. 8.6 zu sehen. Der Strom in jede Tunneldiode wird aus zwei gleichen Widerständen gespeist. Um die Gesamt-Verlustleistung des Speichers zu minimieren, wird eine kleinere Speisespannung als in Abb. 8.1 verwendet. Natürlich müssen die Widerstände in Reihe mit der Diode entsprechend kleiner sein. Es ergibt sich eine Lastlinie, die die Kennlinie der Tunneldiode in drei Punkten schneidet, jedoch hat sie einen viel steileren Abfall. Deshalb ist der Strom durch die Diode auch nicht annähernd konstant, aber wesentlich größer, wenn sich die Diode im Zustand niedriger Spannung befindet. Dieser Stromunterschied für die zwei Zustände ist für die Speicherschaltung 8.6 maßgebend.

Ein Widerstand jedes Paares liegt an einer vertikalen Auswahlleitung und der andere Widerstand an einer horizonateln Auswahlleitung. Im Ruhefall sind die Potentiale aller Auswahlleitungen gleich. Die Schaltung wird so dimensioniert, daß, wenn das Potential irgend einer Auswahlleitung um einen speziellen Zuwachs positiver wird, gewisse Dioden, die über Widerstände mit dieser Leitung verbunden sind und die anfangs im Zustand niedriger Spannung sind, auch im Zustand niedriger Spannung bleiben. Natürlich erfolgt meist kein

Wechsel irgendwelcher Dioden in den Zustand hoher Spannung. Wenn aber eine horizontale und eine vertikale Auswahlleitung vorübergehend positiv gemacht werden, so geht die Diode am Schnittpunkt dieser zwei Linien in den Zustand hoher Spannung über, ungeachtet ihres vorhergehenden Zustandes. Durch diesen Vorgang wird eine binäre Eins geschrieben.

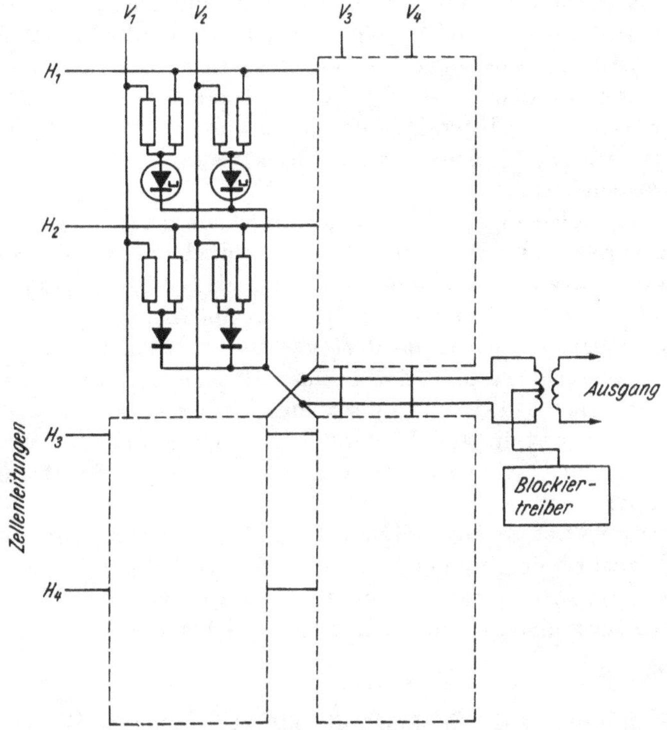

Abb. 8.6. Tunneldioden-Speicherfeld mit „Koinzidenzstrom"-Bitauswahl

Analog erfolgt das Schreiben einer Null, indem man das positive Potential an einer horizontalen und einer vertikalen Auswahlleitung vorübergehend um einen gewissen Betrag verringert.

Wie bei den Koinzidenzschaltungen mit Magnetkernen erfolgt das Lesen dadurch, daß an dem ausgewählten Ort eine Null geschrieben und dann festgehalten wird, ob das Speicherelement an diesem Ort seinen Zustand ändert oder nicht. In diesem Falle wird eine Zustandsänderung dadurch angezeigt, daß die Katoden aller Dioden an die Primärwicklung eines Impulstransformators gelegt werden, der am anderen Anschluß geerdet ist. Wenn eine Diode ihren Zustand ändert, so ruft die Stromänderung durch diese Diode einen Ausgangsimpuls an der Sekundärwicklung des Impulstransformators hervor.

Beim Lesen oder Schreiben sind alle Dioden in der gewählten Zeile oder Spalte, jedoch nicht am Schnittpunkt, „halbgewählt“. Es erfolgt eine kleine Stromänderung durch jede halbgewählte Diode, und diese Stromänderung überlagert sich beim Lesen mit der Anzeige des gewünschten Signals. Die halbgewählten Signale kann man teilweise kompensieren, indem man eine Schaltung in vier Teile zerlegt, wie es Abb. 8.6 zeigt, wobei der obere linke und der untere rechte Teil an das eine Ende des Impulstransformators und die beiden anderen Teile an das gegenüberliegende Ende gelegt werden. Der Abgriff im Mittelpunkt wird geerdet. Diese Kompensation ist jedoch nicht vollständig, weil die Anzahl der halbgewählten Dioden nicht in jedem Teil gleich ist und weil die Stromänderung in den halbgewählten Dioden davon abhängt, ob dort eine Eins oder eine Null gespeichert ist. Dieser letzte Effekt entspricht der Deltaspannung in Magnetkernspeichern.

Für die Wortspeicherung wird ein separates Diodennetz für jede Bit-Position eines Wortes verwendet. Die Analogie zu Koinzidenzstromkernspeichern erstreckt sich auch darauf, daß das Schreiben durch Betätigung der horizontalen und vertikalen Auswahlleitungen erfolgt, um eine Eins in allen Netzwerken zu schreiben, wobei das Schreiben dort verhindert wird, wo eine Null stehen soll. Diese Verhinderung erfolgt durch einen Impuls in Reihe mit dem Erdanschluß. Die Amplitude dieses Impulses muß genügen, um in den gewählten Dioden einen Übergang in den Zustand hoher Spannung zu vermeiden, darf aber nicht so groß sein, daß sich an anderen Stellen der Schaltung eine Eins in eine Null verwandelt.

Die Schaltung 8.6 ist gegenwärtig nur von akademischem Interesse, weil die Tunneldioden nicht mit genügend einheitlicher Kennlinie hergestellt werden können, jedoch wenn es möglich sein wird, solche Dioden zu beziehen, dann bietet die Schaltung einen extrem schnellen Speicher hoher Kapazität.

8.9. Tunneldioden-Speicherschaltungen mit äußerer Wortwahl

Ein Feld mit äußerer Wortwahl (wortorganisiert) ist in Abb. 8.7a gezeigt. Die zusätzliche Diode in jeder Speicherzelle wird als ideale Diode angenommen, d. h. als eine Diode mit einem Durchlaßwiderstand null, einem Sperrwiderstand unendlich und ohne Ladungsspeichereffekt. Hier kann eine gewöhnliche Gleichrichterdiode genügen, jedoch ist eine Backward-Diode, wie sie in einem früheren Abschnitt beschrieben wurde, vorzuziehen.

Die Funktionsweise der Schaltung kann man verstehen, indem man sich an dem Impuls-Zeit-Diagramm in Abb. 8.7b orientiert. Eine leichte Vereinfachung ergibt sich, wenn man annimmt, daß der Lesebetrieb zuerst in dem gezeigten Arbeitszyklus vor sich geht. Jede Zeile von Tunneldioden entspricht der Speicherung eines Wortes, und jede Spalte entspricht einer gegebenen Bit-Position innerhalb des Wortes. Im Ruhefall werden alle Schreib-Auswahlleitungen auf einem positiven Potential U_1 und alle Lese-Auswahlleitungen auf Erdpotential

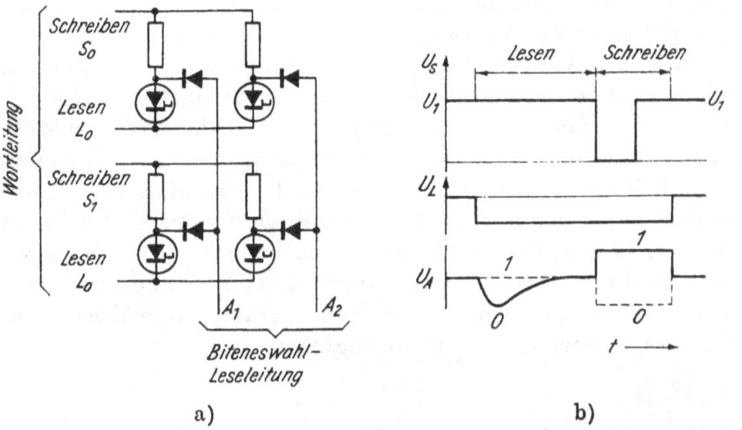

Abb. 8.7. Tunneldioden-Speicherfeld mit äußerer Wortwahl

gehalten, genau so wie ein einzelnes Speicherelement in einem der beiden stabilen Zustände gehalten wird. In dieser Zeit liegen die Bit-Auswahl-Leseleitungen auf dem schwach positiven Potential U_2, aber die Amplitude dieses Potentials reicht nicht aus, um eine gewöhnliche Diode in den Durchlaßzustand zu versetzen. Um ein Wort zu lesen, wird das Potential der Leseleitung für das gewählte Wort um den Bruchteil eines Volt negativ verschoben. In jeder Position dieses Wortes, wo eine Null gespeichert ist, wird in der entsprechenden Ziffernauswahl-Leseleitung ein negatives Signal erzeugt. Für jede Bit-Position, die eine Eins speichert, wird das Potential an der Anode der Tunneldiode positiv, und die entsprechende konventionelle Diode bleibt gesperrt.

Der Lesevorgang kann zerstörend und zerstörungsfrei erfolgen. Das bedeutet, die gespeicherten Nullen gehen in eine Eins über oder nicht, wie das durch den speziellen Schaltungsentwurf festgelegt wurde. Erfolgt das Lesen zerstörend, so ist das Ausgangssignal ein vorübergehender Impuls, wie es durch den Verlauf von U in Abb. 8.7 b angegeben wurde. Wenn jedoch das Lesen zerstörungsfrei erfolgt, so bleibt das negative Ausgangssignal negativ (wenn eine Null abgetastet wird), solange wie die Lese-Auswahlleitung negativ gehalten wird. In anderer Hinsicht ist die Funktion der Schaltung davon unabhängig, ob die Leseoperation zerstörend ist oder nicht.

Für den Schreibvorgang wird das Potential an der Schreib-Auswahlleitung des gewählten Wortes null gesetzt und die Potentiale an der Ziffernauswahl-Leseleitung werden alle mehr oder weniger positiv als das Ruhepotential gemacht, so wie es notwendig ist, um die entsprechenden Tunneldioden in den Zustand hoher oder niedriger Spannungen bei Speicherung einer Eins bzw. einer Null zu überführen. Um die Zahlen zu halten, kehrt das Potential der Schreib-Auswahlleitung auf U_1 zurück, ehe die Signale an den Ziffernauswahl-Leseleitungen abgeschaltet wird. In manchen Fällen schreibt das Ruhepotential U_2 an der Ziffernauswahl-Leseleitung Nullen, in anderen Schaltungen Einsen. Dann ist nur eine Polarität der Ziffern-Treibsignale beim Schreiben erforderlich.

Nachdem das Lese-Auswahlsignal auf Erdpotential zurückgekehrt ist, ist die Schaltung bereit, andere Wortpositionen (Adressen) zu verarbeiten.

Verschiedene experimentelle Schaltungen entsprechend der in Abb. 8.7 dargestellten Form wurden gebaut. Obwohl eine Zykluszeit von 50 Nanosekunden, und sogar noch kürzer, brauchbar erscheint, beschränken die Anforderungen an die Dioden-Kennlinien und die Toleranzen die praktische Speicherkapazität auf vielleicht 64 Worte oder noch wesentlich weniger. Eine annehmbare Geschwindigkeit ist hauptsächlich eine Funktion der Streuinduktivitäten, Schaltkapazitäten und anderer äußerer Schaltungsparameter, während die Tunneldiode selbst die Geschwindigkeit nicht begrenzt.

8.10. Matrixspeicherschaltungen mit in Serie geschalteten Tunneldioden

In den beiden eben beschriebenen Speicherschaltungen sind alle Speicherelemente parallelgeschaltet. Deshalb braucht man ein stromstarkes Netzteil. Diesen Nachteil umgeht man mit der Schaltung 8.8, wo alle Dioden in einer bestimmten Bit-Position in Reihe geschaltet sind. Ein im wesentlichen konstanter Vorstrom wird durch jede Reihenschaltung von Dioden geschickt. Dieser Strom versetzt jede Diode in einen der beiden stabilen Zustände; und zwar nach dem selben Mechanismus, der bei Dioden mit einzelnen Lastwiderständen abläuft. Der Zustand jeder einzelnen Diode hängt nicht vom Zustand aller anderen Dioden ab.

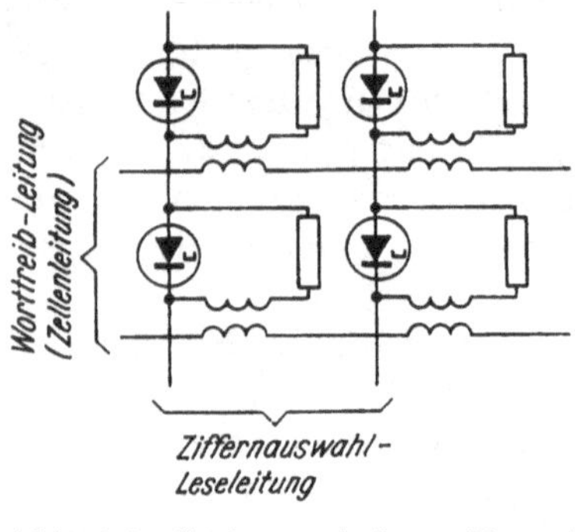

Abb. 8.8. Seriengeschaltete Tunneldioden in einem Speicherfeld mit äußerer Wortwahl

Zum Lesen eines Wortes wird ein Impuls auf die Wortauswahlleitung (Zellenleitung) mit der gewählten Adresse geschickt. Die Amplitude und Polarität des Spannungsimpulses, der in der Sekundärwicklung jedes dazugehörigen Impulstransformators induziert wird, ist so festgelegt, daß die jeweilige Tunneldiode in den Zustand niedriger Spannung (das heißt, in den Nullzustand) versetzt wird, wenn sie sich nicht schon in diesem Zustand befunden hat. Obwohl der Strom durch die Diode nicht wesentlich geändert wird, kann die Spannungsänderung doch mit einem am Ende der Reihenschaltung liegenden Kreis festgestellt werden. Für Bit-Positionen, die anfangs eine Null speicherten, werden relativ kleine Spannungsimpulse am Ausgang erzeugt.

Geschrieben wird nur, wenn alle Ziffern in der gewählten Adresse null sind, so wie es nach einer Leseoperation der Fall ist. Um ein Wort zu schreiben, wird der Vorstrom in den Ziffernleitungen entsprechend den Positionen, wo Einsen zu speichern sind, etwas erhöht. Dann folgt entsprechend der gewählten Adresse ein Impuls über die Wort-Auswahlleitung. Die Polarität dieses Impulses ist der für das Lesen notwendigen entgegengesetzt, so daß nun ein Übergang in den Zustand hoher Spannung herbeigeführt wird. Jedoch weder die Erhöhung der Vorspannung allein noch der Wort-Auswahlimpuls allein reicht in der Amplitude aus, um den Schaltvorgang einzuleiten, aber die beide zusammen bewirken, daß eine Eins in der jeweiligen Speicherstelle des gewünschten Wortes geschrieben wird.

Die Speicherkapazität wird bei dem reibungsgeschalteten Speicher dadurch begrenzt, daß das Ausgangssignal an dem einen oder anderen Ende jeder Reihenschaltung durch alle Tunneldioden in dieser Bit-Position laufen muß, um zur Leseschaltung zu gelangen. Die erreichbare Kapazität ist ein Kompromiß zwischen der Geschwindigkeit, der Toleranz der Bauelemente und anderen Faktoren. Ein Speicher von diesem Typ mit 17 Worten und 13 Bit wurde für ein Index-Register in einem IBM-Rechner aus dem Jahre 1963 eingebaut. Eine experimentelle Version eines solchen Speichers wurde 1965 beschrieben (vgl. Literaturnachweis).

Das besondere Interesse an Speicherschaltungen mit Tunneldioden beschränkt sich vorwiegend auf Anordnungen mit höchsten Geschwindigkeiten, aber geringen Speicherkapazitäten. Außer in dem einen Beispiel, erwähnt im vorigen Abschnitt, dominieren auf diesem Sektor zur Zeit magnetische Elemente (Kerne und Schichten) und Transistor-Flip-Flops in integrierter Schaltungstechnik.

Literatur zu Kapitel 8

Allgemeine Literatur

Tunnel diode digital circuitry, W. F. Chow (GE), IRE Trans. on Elec. Comp., V EC-9, pp. 295–301 (Sept. 60).

Esaki diode logic circuits, G. W. Neff, S. A. Butler, and D. L. Critchlow (IBM), IRE Trans. on Elec. Comp., V EC-9, pp. 423–429 (Dec. 60).

A survey of tunnel-diode digital techniques, R. C. Siams, E. R. Beck, and V. C. Kamm (Bendix), Proc. IRE, V 49, pp. 136–146 (Jan. 61).

Tunnel devices as switching elements, I. Aleksander and R. W. Scarr, Journal of the British IRE, V 23, pp. 177–192 (Mar. 62).

Tunnel diodes, Part IV—logic and switching circuits, E. Gottlieb and J. Giorgis (GE), Electronics, V 36, N 27, pp. 26–31 (July 5, 1963).

Tunneldioden

New phenomenon in narrow germanium p-n junctions, L. Esaki (Japan), Physical Review, V 109, pp. 603–604 (Jan. 15, 1958).

Germanium and silicon tunnel diodes—design, operation, and applications, I. A. Lesk, N. Holonyak, U. S. Davidson, and M. W. Aarons (GE), IRE WESCON Convention Record, V 3, Part 3, pp. 9–31 (Aug. 59).

Tunnel diodes, R. N. Hall (GE), IRE Trans. on Electron Devices, V EC-7, pp. 1–9 (Jan. 60).

Physical principles of the Esaki diode and some of its properties as a circuit element, R. A. PUCEL (Raytheon), Solid State Electronics, V 1, pp. 22—23 (Mar. 60).

Esaki or tunnel diodes, W. W. GARTNER (U. S. Army), Semiconductor Products, V 3, N 5, pp. 31—38 (May 60) and V 3, N 6, pp. 36—38 (June 60).

Measurement of the spot noise of germanium, gallium antimonide, gallium arsenide, and silicon Esaki diodes, B. G. KING and G. E. SHARPE (BTL), IEEE Trans. on Electron Devices, V ED-11, pp. 273—285 (June 64).

Dreiphasenschaltkreise

Margin consideration for an Esaki diode-resistor OR gate, H. K. GUMMEL and F. M. SMITS, BSTJ, V 40, pp. 213—232 (Jan. 61).

Esaki diode not-or logic circuits, H. S. YOURKE, S. A. BUTLER, and W. G. STROHM (IBM), IRE Trans. on Elec. Comp., V EC-10, pp. 183—190 (June 61).

Piecewise-linear switching analysis of a bistable tunnel diode logic circuit, W. T. RHOADES (Hughes Aircraft), Gigacycle Computing Systems (AIEE Publication S-136), pp. 33—52 (Jan. 62).

Tunnel diode circuits pave the way, J. A. WALKER (Fairchild Hiller Corp.), Electronic Design, V 15, N 2, pp. 74—78 (January 18, 1967).

Tunneldiodenschaltkreise (Diodenpaar)

Esaki diode high-speed logical circuits, E. GOTO and nine others (Japan), IRE Trans. on Elec. Comp., V EC-9, pp. 25—29 (Mar. 60).

Analysis and design of the twin-tunnel-diode logic circuit, C. H. ALFORD (Lockheed), IRE WESCON Convention Record, V 4, Part 2, pp. 94—101 (Aug. 60).

Calculated waveforms for the tunnel diode locked-pair circuit, D. R. CROSBY and H. R. KOUPP (RCA), Proc. Eastern JCC, V 18, pp. 233—240 (Dec. 60); same title and authors: Proc. IRE, V 49, pp. 146—154 (Jan. 61).

Tunnel-diode balanced-pair switching analysis, G. B. HERZOG, RCA Review, V 23, pp. 187 to 214 (June 62).

Some new high-speed tunnel-diode logic circuits, M. S. AXELROD, A. S. FARBER, and D. E. ROSENHEIM, IBM J of R & D, V 6, pp. 158—169 (Apr. 62); reviewed by R. H. BERGMAN, IRE Trans. on Elec. Comp., V EC-11, pp. 724 – 725 (Oct. 62).

An analysis of the effects of reactances on the performance of the tunnel-diode balanced-pair logic circuit, J. J. GIBSON, RCA Review, V 23, pp. 457—488 (Dec. 62).

An evaluation of tunnel-diode balanced-pair logic systems, H. S. MILLER and R. A. POWLUS, RCA Review, V 23, pp. 489—538 (Dec. 62).

An analysis of the effect of component tolerances on the amplification of the balanced-pair tunnel-diode circuit, R. BRAYTON and R. WILLOUGHBY (IBM), IEEE Trans. on Elec. Comp., V EC-12, pp. 269—274 (June 63).

Zweiphasenschaltkreise

Enhancement tunnel diode nanosecond logic circuits, J. S. CUBERT and W. F. CHOW (Sperry Rand), Proceedings of the 1963 Pacific Computer Conference (IEEE Publication T-147), pp. 187—192 (Mar. 63).

Constant-current design of tunnel-diode logic circuits, B. E. SEAR (Martin Co.), IEEE Trans. on Circuit Theory, V CT-10, pp. 48—53 (Mar. 63).

Novel nanosecond circuits using storage diodes as charge transformers and tunnel diodes as charge amplifiers, B. E. SEAR (Martin Co.), WESCON Technical Papers, V 7, Part 2, paper 5.2, 10 pages (Aug. 63).

A key to nanosecond switching, P. CHOW and J. CUBERT (Sperry Rand), Electronics, V 36, Nr. 42, pp. 42–45 (Oct. 18, 1963).

Charge controlled nanosecond logic circuitry, B. E. SEAR (Martin Co.), Proc. IEEE, V 51, pp. 1215–1227 (Sept. 63).

The design of modular 250-mc computing circuitry, B. E. SEAR (Martin Co.), Proc. National Electronics Conference, V 19, pp. 158–163 (Oct. 63).

Monostabile Schaltungen

High-speed logic circuits using tunnel diodes, R. H. BERGMAN, M. COOPERMAN, and H. UR, RCA Review, V 23, pp. 152–186 (June 62).

300-mc tunnel-diode logic circuits, M. COPPERMAN (RCA), Proceedings of the 1963 Pacific Computer Conference (IEEE Publication T-147), pp. 166–186 (Mar. 63); same title and author: IEEE Trans. on Elec. Comp., V EC-13, pp. 18–26 (Feb. 64).

Tunneldiodenschaltungen mit Dioden und Transistoren

100-mc nonsynchronous Esaki-diode computer circuitry, J. R. TURNBULL (IBM), International Solid-State Circuits Conference Digest of Technical Papers, V 4, pp. 74–75 (Feb. 61).

A low-power, high-speed transistor, tunnel-diode hybrid logic circuit, J. A. EKISS and P. SPIEGEL (Philco), NEREM Record, V 3, pp. 46–47 (Nov. 61).

High-speed switching circuitry using tunnel diodes, R. S. FOOTE and W. V. HARRISON (TI), IRE Trans. on Circuit Theory, V CT-8, pp. 468–473 (Dec. 61).

High-speed logic circuits using common-base transistors and tunnel diodes, J. AMODEI and W. F. KOSONOCKY, RCA Review, CV 22, pp. 669–684 (Dec. 61).

Logic design and implementation in a pumped tunnel diode-transistor logic system, S. B. AKERS and E. P. STABLER (GE), Gigacycle Computing Systems (AIEE Publication S-136), pp. 18–28 (Jan. 62); same title and author: IRE Trans. on Communication and Electronics, No. 66, pp. 282–288 (May 63).

Analysis of a pumped tunnel diode logic circuit, Y. C. HWANG, R. A. MAROLF, W. PEIL, H. RAILLARD, and E. P. STABLER (GE), IRE Trans. on Circuit Theory, V CT-9, pp. 233–239 (Sept. 62).

High-speed transistor-tunnel-diode sequential circuits, J. J. AMODEI and J. R. BURNS, RCA Review, V 24, pp. 355–380 (Sept. 63).

Composite synchronous-asynchronous logic circuits for nanosecond computing, J. F. KRUY and C. V. RAMAMOORTHY (Honeywell), Proc. National Electronics Conference, V 19, pp. 173–182 (Oct. 63).

High-speed adders and comparators using transistors and tunnel diodes, J. J. AMODEI (RCA), IEEE Trans. on Elec. Comp., V EC-13, pp. 563–575 (Oct. 64).

UNIVER—a fast, versatile multilogic digital amplifier for micrologic circuits, Y. CHO and N. ZIMBEL (Mitre Corp.), Proc. IEEE, V 52, pp. 1591–1598 (Dec. 64).

Monolithic transistor-tunnel diode logic circuits employing capacitive isolation, J. F. KRUY and F. T. DUBEN (Honeywell), International Solid-State Circuits Conference Digest of Technical Papers, V 9, pp. 10–11 (Feb. 66).

Tunneldiodenspeicher

The tunnel diode as a storage element, J. C. MILLER, K. LI, and A. W. LO (RCA), International Solid-State Circuits Conference Digest of Technical Papers, V 3, pp. 52–53 (Feb. 60).

A tunnel diode tenth microsecond memory, M. M. KAUFMAN (RCA), IRE International Convention Record, V 8, Part 2, pp. 114–123 (Mar. 60).

A fast word organized tunnel diode memory using voltage mode selection, G. B. B. Chaplin and P. M. Thompson (England), International Solid-State Circuits Conference Digest of Technical Papers, V 4, pp. 40—41 (Feb. 61).
High-speed tunnel-diode memory, D. L. Berry and E. A. Fisch (GE), International Solid-State Circuits Conference Digest of Technical Papers, V 4, pp. 112—113 (Feb. 61).
Tunnel diode storage using current sensing, E. R. Beck, D.A . Savitt, and A. E. Whiteside (Bendix), Proc. Western JCC, V 19, pp. 427—442 (May 61).
High-speed memory uses tunnel diode circuit, S. Takahashi and O. Ishii (Japan), Electronics, V 34, N 42, pp. 66—68 (Oct. 20, 1961).
A practical non-destructive random access tunnel diode memory, J. Y. Payton (Litton Systems, Inc.), WESCON Technical Papers, V 6, Part 4, paper 2.1, 13 pages (Aug. 62).
An improved tunnel diode memory system, D. J. Crawford, W. D. Pricer, and J. J. Zasio, IBM J of R & D, V 7, pp. 199—206 (July 63).
Tunnel diode storage system with non-destructive read-out, D. B. G. Edwards and M. J. Lanigan, The Radio and Electronics Engineer (J. British IRE), V 26, pp. 359—372 (Nov. 63).
Tunnel diode memory, M. M. Kaufman, L. Dillon, and G. J. Ammon (RCA), IEEE International Convention Record, V 12, Part 1, pp. 1—11 (Mar. 64).
Design for a tunnel diode-transistor store with nondestructive read-out of information, J. B. Earnshaw (England), IEEE Trans. on Elec. Comp., V EC-13, pp. 710—722 (Dec. 64).
Design considerations for a 25-nanosecond tunnel diode memory, D. J. Crawford, R. L. Moore, J. A. Parisi, J. K. Picciano, and W. D. Pricer (IBM), Proc. Fall JCC, V 27, Part 1, pp. 627—636 (Nov. 65).

Verschiedenes

Novel adder-subtracter circuit utilizing tunnel diodes, R. A. Kaenel (BTL), IRE WESCON Convention Record, V 4, Part 3, pp. 53—64 (Aug. 60).
Tunnel-diode full binary adder, C. A. Renton and B. Rabinovici (RCA), IRE Trans. on Elec. Comp., V EC-11, pp. 213—217 (Apr. 62).
Tunnel diode shift register, B. Rabinovici (RCA), Proc. IRE, V 50, pp. 473 (Apr. 62).
A new approach to resistor-transistor-tunnel-diode nanosecond logic, W. R. Smith and A. V. Pohm (Iowa State U.), IRE Trans. on Elec. Comp., V EC-11, pp. 658—664 (Oct. 62).
Resistor-transistor-backward diode nanosecond logic, W. R. Smith (Iowa State U.), Semiconductor Products, V 6, N 3, pp. 17—23 (Mar. 63).
High-speed arithmetic employing tunnel diodes, H. S. Miller, RCA Review, V 24, pp. 47—56 (Mar. 63).
A high-speed arithmetic unit using tunnel diodes, W. G. Daly and J. F. Kruy (Honeywell), IEEE Trans. on Elec. Comp., V EC-12, pp. 503—511 (Oct. 63).
Application of tunnel diodes to micropower logic circuits, P. Gardner, R. Glicksman, and R. H. Bergman (RCA), Solid-State Electronics, V 7, pp. 547—551 (July 64).
Design of ACP tunnel-diode-coupled circuits, D. W. Murphy and J. R. Turnbull, IBM J of R & D, V 8, pp. 506—514 (Nov. 64).

9. BAUELEMENTE UND SCHALTUNGEN ZUM DEZIMALEN ZÄHLEN

Bei vielen digitalen Anwendungen wird hauptsächlich bezweckt, eine Folge von Ereignissen zu zählen, von denen jedes durch einen elektrischen Impuls dargestellt wird, und das Ergebnis in dezimaler Form auszugeben. Die zu zählenden Ereignisse überdecken den Bereich, beginnend bei nuklearen Teilchen, die von einen Detektor aufgenommen werden, bis zu Blechbüchsen, die eine Fertigungsstraße passieren. Dementsprechend bemühte man sich vielfältig, spezielle Schaltungen und Bauelemente für eine Dezimalzählung zu entwickeln, so daß eine Vielzahl elektronischer Zähler entstand. Hunderte von Patenten erschienen, von denen jeder vorgeschlagene Zähler gewisse Vorteile für diese oder jene Anwendung bietet.

Jedoch unter den vielen elektronischen Zählelementen, die es gibt, haben in technischer und ökonomischer Hinsicht nur wenige mit digitalen Transistorzählschaltungen oder anderen konventionellen Bauelementen konkurrieren können. Tatsächlich scheinen zu der Zeit, da dieses Buch geschrieben wird, nur zwei Bauelemente standgehalten zu haben: eine Dreiphasen-Kaltkatoden-Zählröhre und eine Vakuumzählröhre mit geheizter Katode und gekreuzten elektrischen und magnetischen Feldern. Auch diese bestreiten nur noch einen kleinen und abnehmenden Teil des digitalen Marktes. Obwohl die Zähler käuflich sind, sind doch in den letzten Jahren keine Neuentwicklungen erschienen.

Andererseits ist die Entwicklung von Zählerschaltungen weitgehend nur ein elementares logisches Entwurfsproblem. Welche Lösung für eine gegebene Anwendung die beste ist, hängt davon ab, welche logische Funktionen gewählt wurden, aber auch von den geforderten peripheren Bedingungen des Zählers, vor allem von der Rückstellung und der Form des Ausgangssignals. Wenn alle logischen Glieder zu allen möglichen praktischen Zählschaltungen zusammengefügt werden sollen, so grenzt die Anzahl der denkbaren Zählschaltungen ans Astronomische. Deshalb beschränkt sich der Teil des Kapitels, der den Zählschaltungen gewidmet ist, meist auf eine Darstellung der verschiedenen Zählschaltungen als Blockschaltbild, wobei die tatsächliche Schaltung der Phantasie dem Leser überlassen sein möge. Jedoch nach dem Studium der vorhergehenden Kapitel über logische Glieder, speziell des Kapitels 3 über Transistorschaltungen, müßte eigentlich die Phantasie nicht allzusehr angestrengt werden.

Auch einige Zähler ohne Schaltvorgänge wurden entwickelt. Zum Beispiel kann man eine Schaltung aufbauen, wo entsprechend der angelegten Impulse ein Kondensator mit Spannungssprüngen aufgeladen wird. Wenn eine vorher festgelegte Ladung erreicht ist, so stellt die Schaltung den Kondensator zurück und erzeugt ein Ausgangssignal, welches anzeigt, daß eine bestimmte Zahl von Impulsen gezählt wurde. Ähnlich kann durch eine entsprechende Schaltung ein Magnetkern beim Eintreffen der Impulse stufenweise magnetisiert werden. In der Zeit, wo keine Impulse angelegt werden, wird der Kern über eine entsprechende Schaltung auf seinen Anfangswert rückgestellt und ein Ausgangsimpuls erzeugt. Obwohl Zähler auf dieser Grundlage relativ wenig Bauelemente benötigten, sind die Anforderungen an die Toleranzen entmutigend hoch, und die Fälle, wo so etwas verwendet wird, sind vernachlässigbar selten. Deshalb wird keiner dieser Zähler hier beschrieben.

9.1. Doppelimpuls-Zählröhre

Die grundlegenden Elemente einer Doppelimpuls-Zählröhre sind in Abb. 9.1 dargestellt[1]). Dreißig stabförmige Katoden liegen, in Seitenansicht gezeigt, rund um eine kreisförmige Anode. Die zehn als ausgefüllter Punkt dargestellten Katoden entsprechen den zehn Dezimalziffern. Die anderen Hilfs-Katoden bilden 2 Sätze zu je zehn Stück. Die Anordnung ist in einem Glaskolben (nicht gezeigt) eingeschlossen und mit einem geeigneten Gas unter geeignetem Druck gefüllt.

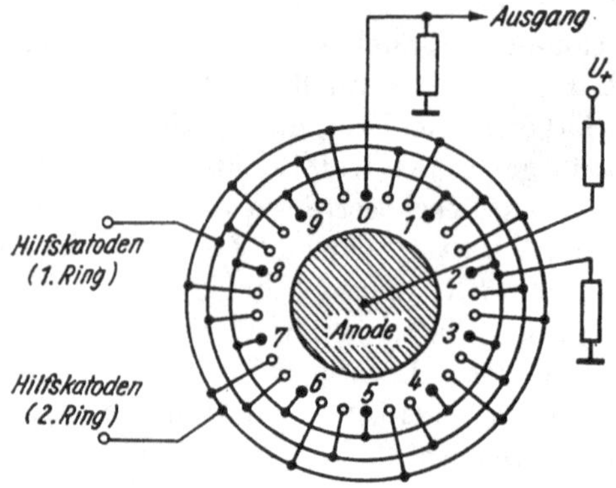

Abb. 9.1. Gasgefüllte Kaltkatoden-Zählröhre

Der Zähler funktioniert deshalb, weil die Spannung, die für die Einleitung der Glimmentladung (Zündspannung) größer ist als die Spannung, die zum Aufrechterhalten der Entladung nach dem Zünden (Brennspannung) notwendig ist. Es soll zunächst angenommen werden, daß die Hilfskatoden nirgends angeschlossen sind und daß eine Spannung U^+, die größer ist als die Zündspannung, über einen Widerstand an die Anode gelegt wird. Das Glimmen wird an einer der zehn Ziffernkatoden eingeleitet, und da der Widerstand in Reihe mit dem Kreis den Strom begrenzt, ist der Spannungsabfall an allen Katoden gleich der Brennspannung. Wenn eine Rückstelleinrichtung fehlt, so hängt es vom Zufall ab, welche spezielle Ziffernkatode zu glimmen beginnt, bzw. sind hier die geringen Unterschiede in den Abmessungen und der Oberflächenstruktur von Einfluß. Wenn jedoch

[1]) Diese Zählröhren werden praktisch nicht mehr eingesetzt. Sie zeichnen sich jedoch durch ein interessantes Wirkungsprinzip aus, so daß sie aus diesem Grunde erläutert werden (Anm. d. dtsch. Red.).

eine Glimmentladung an einer Katode einmal eingeleitet ist, kann keine andere Katode mehr zünden.

Um eine Glimmentladung von einer Katode zur nächsten zu verpflanzen, muß an alle ersten Zwischenkatoden ein negatives Potential angelegt werden. Eine Glimmentladung erfolgt an der Hilfselektrode, die der Katode mit der ursprünglichen Glimmentladung am nächsten liegt, weil die Ionen des Glimmvorganges deren Zündspannung verringern. Wegen des negativeren Potentials an den Hilfskatoden wird das Anodenpotential für die Ziffernkatode unter die Brennspannung verringert, und das Glimmen erlöscht. Als nächstes wird ein negatives Signal an alle zweiten Zwischenkatoden gelegt und das Signal vom ersten Zwischenkatodensatz weggenommen. Das Glimmen wird dann durch einen analogen Vorgang auf die nächstliegende Katode des zweiten Satzes übertragen. Wenn die Spannung am zweiten Zwischenkatodenring entfernt wird, gelangt die Glimmentladung zur folgenden Ziffernkatode. Um das Glimmen zu den nächstfolgenden Katoden fortschreiten zu lassen, werden die Signale immer wieder in gleicher Weise und Reihenfolge an die Zwischenkatodenringe angelegt.

Jede Ziffernkatode kann über einen separaten Widerstand geerdet sein. In diesem Falle kann ein positives Potential an einer Ziffernkatode verwendet werden, um anzuzeigen, daß die entsprechende Ziffer in der Zählröhre gespeichert ist. In anderen Fällen können neun der Zählkatoden über einen gemeinsamen Widerstand geerdet sein, wie in Abb. 9.1 zu sehen ist, und nur die Ziffernkatode 0 hat einen separaten Widerstand. Das Signal, das an der Kathode 0 erzeugt wird, kann dazu verwendet werden, um eine andere Zählröhre zu steuern, diese zählt die Ziffern der nächsthöheren Dezimalzahl, die das gesamte Zählergebnis ausdrückt.

Gelegentlich werden Zähler gebraucht, die vor- und rückwärts zählen. Beim Zurückzählen wird im Dreiphasenzähler lediglich die zeitliche Zuordnung der Signale an den beiden Zwischenkatodenringen vertauscht.

Ein offensichtlicher Vorteil der meisten gasgefüllten Zählröhren mit den hier beschriebenen drei Phasen ist der, daß die gespeicherte Ziffer zu jeder gegebenen Zeit durch die Glimmstelle in der Röhre sichtbar ist. Dieses Merkmal, zusammen mit den niedrigen Kosten der Röhre selbst, gestattet es, Zähleinheiten damit aufzubauen, die billiger sind als andere Formen elektronischer Zähler. Jedoch wird diese Einsparung meist damit wieder zunichte gemacht, daß die Schaltung, mit der die Steuersignale für die Zwischenkatoden erzeugt werden, nicht allzu einfach ist. Ein Nachteil ist der Bedarf des relativ hohen Speisesignals (in der Größenordnung von 400 V). Ein anderer Nachteil ist die begrenzte Geschwindigkeit im Vergleich mit Zählern, die aus logischen Gliedern mit Transistoren aufgebaut sind.

Gasgefüllte Zählröhren dieser Kategorie wurden in der Vergangenheit von den verschiedensten Firmen hergestellt. Ihre maximale Zählfrequenz liegt im Bereich zwischen 4 und einigen 100 kHz, je nach Ausführungsform.

9.2. Arbeitsweise von gasgefüllten Zweiphasen-Zählröhren

Viele Schaltungen wurden entwickelt, um beim Weiterleiten der Glimmentladung mit nur einer Gruppe von Hilfskatoden auszukommen, und eine der einfachsten Schaltungen ist in Abb. 9.2 gezeigt[1]). In diesem Bild sind nur sechs Katoden zu sehen, obwohl für einen Dezimalzähler natürlich 20 Katoden erforderlich sind. Sie sind kreisförmig anstatt gestreckt angeordnet. Die Anode ist nur als Draht, jede Katode als rechteckiges Element, das im Bild in der Seitenansicht zu sehen ist, ausgebildet. Die untere Fläche jeder Katode kann mit einem isolierenden Material bedeckt sein, damit die Glimmentladung nur an der oberen Fläche erfolgt. Wenn der Zähler eine 4 speichert, so ist die Entladungszone ungefähr durch die schraffierte Fläche angegeben. Wenn alle Katoden so schräg liegen wie im Bild, liegt die rechte Katode etwas dichter an der ionisierten Zone als die linke. Wenn dann alle Hilfskatoden (Lockkatoden) negativ sind, ist die Brennspannung für die rechte Katode geringer, und die Glimmentladung überträgt sich auf diese Katode. Wenn aber die Katode über der ganzen Flächen glimmt, so ist die nächste Katode rechts (die Ziffer 5 und nicht 3) etwas näher an der ionisierten Zone, und das Glimmen verschiebt sich nach rechts, wenn das negative Potential an der Hilfskatode entfernt wird.

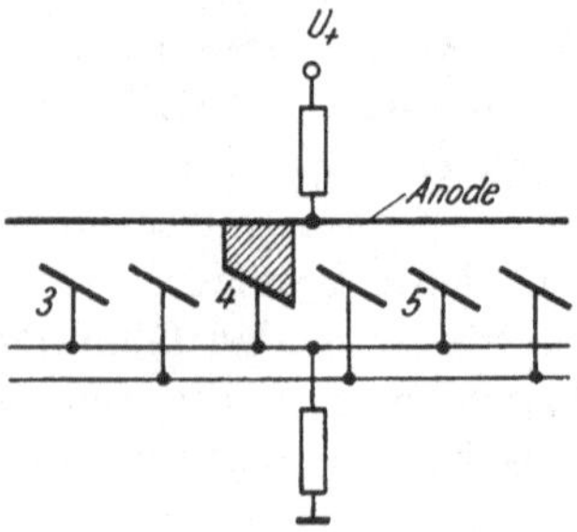

Abb. 9.2. Kaltkatodenzähler

Für diese Röhren wurden maximale Zählfrequenzen von 1 MHz angegeben. Als Füllgas kam Wasserstoff, der eine kurze Entionisierungszeit aufweist, zur Anwendung. Allerdings ist die Glimmentladung bei Wasserstoff nicht ohne weiteres sichtbar wie z. B. bei Neon, so daß die Lage der Glimmentladung nicht zur Anzeige auswertbar ist.

9.3. Das Trochotron

Abb. 9.3 zeigt die Draufsicht der wichtigsten Elemente einer Dezimalzählröhre, die miteinander kreuzenden elektrostatischen und magnetischen Feldern arbeitet und als Trochotron bezeichnet wird. Alle Elemente befinden sich im Vakuum. Die Glühkatode im Mittelpunkt sei geerdet. Jede der 10 Bündelungselektroden (Signalelektroden) liegt über einen separaten Widerstand an einer positiven Spannungsquelle, wodurch ein radiales elektrostatisches Feld im Bereich zwischen den Katoden und Signalelektroden entsteht. Die zehn Ausgangselektroden (Anoden) sind als Kreise angedeutet und stellen in Wirklichkeit

[1]) vgl. Anmerkung zum vorhergehenden Abschnitt (Anm. d. dtsch. Red.).

Stabmagnete mit rundem Querschnitt dar. Die Magnete sind hinsichtlich ihres Nord- und Südpoles alle in der gleichen Weise orientiert, so daß die Pfade der rückfließenden Kraftlinien längs der Zählröhre (senkrecht zur Zeichenfläche) und in allen Punkten der Röhre senkrecht zur Richtung des elektrostatischen Feldes verlaufen.

Mit der beschriebenen Anordnung wird ein Elektron, das die Katode verläßt, durch das elektrostatische Feld von der Katode weggezogen. Sowie es aber seine Geschwindigkeit erhöht wird es abgelenkt (und zwar nach links entsprechend der Magnetfeldrichtung), so daß es zur Katode zurückkehrt. Wenn die magnetische Feldstärke gegenüber dem elektrischen Feld ausreicht, so fließt im wesentlichen kein Strom durch die Signalelektrode, trotz deren positiven Potentials. Die Mittelzone der Röhre enthält eine große Anzahl von Elektronen, und die virtuelle Katode hat einen viel größeren Durchmesser als die tatsächlich vorliegende Katode.

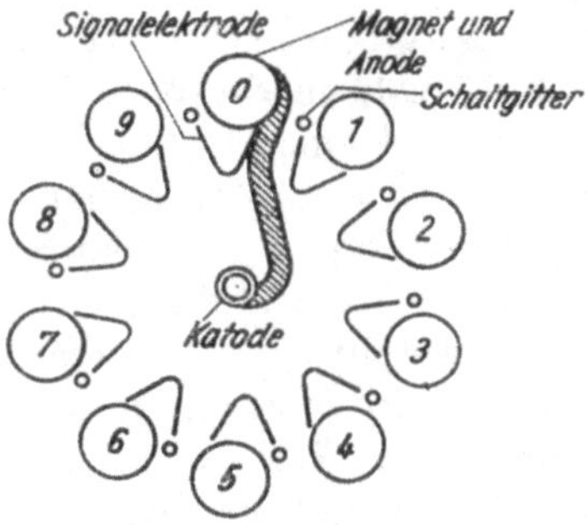

Abb. 9.3. Elemente einer Zählröhre mit elektromagnetischen Feldern

Wenn eine der Signalelektroden nahezu auf Erdpotential liegt, dann ändert sich der Verlauf des elektrostatischen Feldes so, daß sich einige Elektronen aus der virtuellen Katode mit einer Rotationsbewegung (trochodial) auf diese Elektrode zu bewegen. Wenn die Elektronen auf die Signalelektrode auftreffen, so erzeugt der fließende Strom am Widerstand in Reihe mit dieser Elektrode einen Spannungsabfall, der die Elektrode nahezu auf Erdpotential hält. Wegen des positiven Potentials, das noch an der im Uhrzeigersinn nächsten Bündelelektrode anliegt, fließen die meisten Elektroden, die von der virtuellen Katode abgezogen werden, zwischen den beiden betreffenden Bündelelektroden hindurch und treffen auf die Ausgangselektrode hinter der Signalelektrode mit niedrigem Potential auf. Zwischen jedem aufeinanderfolgenden Paar von Ausgangselektroden liegt eine Schirmelektrode (in Abb. 9.3 nicht dargestellt), damit die Elektronen an der richtigen Ausgangselektrode gesammelt werden. Die Röhre kann unendlich lange in diesem stabilen Zustand verharren. Von der Ausgangselektrode, die über einen Widerstand an einer positiven Speisequelle liegt, kann ein Signal abgenommen werden.

Zu einer bestimmten Zeit können sich die verschiedenen Elektronen innerhalb der Röhre ganz auf verschiedenen Bahnen bewegen. Die schraffierte Fläche in Abb. 9.3 gibt nur grob die Zone an, in der die Pfade für die bei der Speicherung aktiven Elektronen verlaufen, wenn die Ziffer Null gespeichert wird.

Der Zählvorgang erfolgt durch einen negativen Impuls gleichzeitig an allen zehn Schaltelektroden. Verläuft der Elektronenstrahl so, wie im Bild eingezeichnet, so weist das negative Schaltgitterpotential zwischen den Elektroden 0 und 1 die Elektronen von der entsprechenden Anode zurück, so daß einige von ihnen auf die dazugehörige Bündelelektrode auftreffen; was in diesem Falle der Dezimalzahl 1 entspricht. In dem Reihenwiderstand zu dieser Elektrode ergibt sich ein Strom, der das Potential an der Elektrode weiter abfallen läßt und das elektrostatische Feld weiter deformiert, so daß in derselben Weise wie zuvor zusätzliche Elektronen auftreffen. Der Vorgang geht weiter, bis der ganze Strahl in die neue Lage gelenkt worden ist und die Signalelektrode 0 wieder auf einem positiven Potential liegt, da nun die Signalelektrode 1 die Elektronen abfängt, bevor sie die Elektrode 0 erreicht haben. Ein zweiter negativer Impuls an allen Schaltelektroden schaltet den Strahl genau so auf die Anode 2 um und so weiter.

Die Amplitude und Dauer der Schaltimpulse ist etwas kritisch und darf insbesondere nicht so groß sein, daß auf einen einzigen Impuls hin über zwei oder mehrere Positionen hinweg geschaltet wird. Deshalb sind bei einigen Röhren die Schaltelemente in Gruppen zu je 5 Stück zusammengefaßt, wobei aufeinanderfolgende Gitter jeweils zu entgegengesetzten Gruppen gehören. Dann werden die Eingangsimpulse abwechselnd an die zwei Gruppen gelegt. Ein mehrfaches Schalten bei nur einem einfachen Impuls ist damit verhindert, aber für allgemeine Anwendungen braucht man einen Flip-Flop, um festzuhalten, welche Gruppe für einen bestimmten Impuls an der Reihe ist, und um den Impuls zu dieser Gruppe zu lenken. Weil nur vier Flip-Flops für eine Dezimalzählschaltung erforderlich sind, macht der zusätzliche Flip-Flop die Schaltung wenig attraktiv.

Zählröhren gemäß diesem Abschnitt werden von verschiedenen Herstellern produziert. Z. B. mit dem Typ 6714 (Burroughs Corp.) kann ein Impulszähler für 10 MHz aufgebaut werden. Andere Typen verfügen über maximale Zählgeschwindigkeiten von 1 oder 2 MHz.

9.4. Zählanordnungen mit mehreren Dekaden

Abb. 9.4 zeigt vier verschiedene Möglichkeiten, zwei oder mehr Dezimalzähler zusammenzuschalten, wenn die Zahl der zu registrierenden Impulse nicht mehr durch eine Dezimalstelle ausgedrückt werden kann. Die mit Dezimalzähler bezeichneten Blocks können durch die bereits in diesem Kapitel beschriebenen Zählröhren oder später zu besprechenden Zählschaltungen dargestellt werden. An jedem Zähler tritt am Ausgang 0 oder 9 ein Signal auf, wenn die gespeicherte Ziffer eine 0 bzw. eine 9 ist.

In Abb. 9.4a sind die Zähler einfach nacheinander geschaltet, und wenn ein Zähler den Zustand 0 erreicht, so wird der am Ausgang 0 erzeugte Impuls in den nachfolgenden Zähler nächsthöherer Ordnung geschickt. Manchmal wird in der Praxis ein Impulsverstärker oder eine Impulsformerstufe zwischen aufeinanderfolgenden Zählerpaaren erforderlich, aber diese sind im Bild nicht gezeigt.

Eine Variante der Anordnung 9.4a erhält man, wenn man statt des Ausgangs 0 den Ausgang 9 zur Weiterschaltung verwendet. Wenn ein Zähler die 9 verläßt, dann muß er einen Impuls erhalten haben, der ihn auf 0 schaltet. Deshalb kann man die Spannungsänderung am Ausgang 9 zur Zeit, da der Zähler die 9

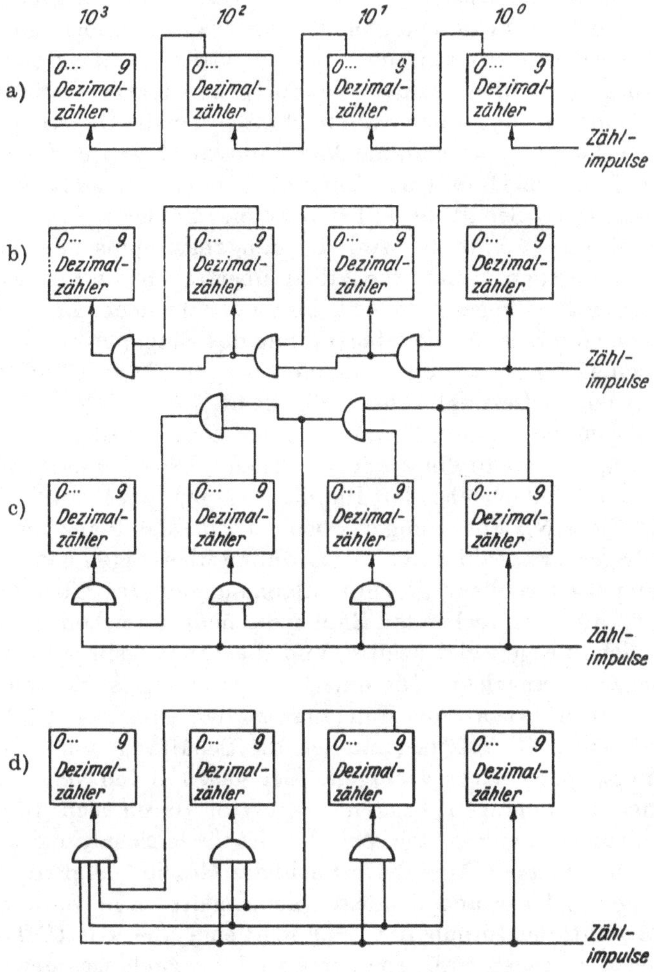

Abb. 9.4. Mehrstellige Dezimalzähler

verläßt, zur Betätigung des nächsten Zählers heranziehen. Dieses Signal „verlasse 9" kann evtl. vorzuziehen sein, weil es dem 0-Signal entgegengesetzte Polarität besitzt. Die Impulsverstärker oder Impulsformerstufen zwischen den Zählern müssen natürlich geeignet bemessen sein. Die Schaltung mit „verlasse 9" ist z. B. bei gasgefüllten Zählröhren, die zwischen den anzeigenden Zuständen Zwischenzustände einnehmen, vorteilhaft. Die Verwendung des Signals „verlasse 9" gewährleistet eine schnelle Fortpflanzung des Übertragsignals, wogegen die Verwendung des Signals „erreiche 10" bei solchen Zählern eine relativ langsame stufenweise Betätigung der aufeinanderfolgenden Stellen zur Folge hat.

Bei der Betrachtung der Anordnung mit mehreren Dekaden scheint es, daß die oben erwähnten Geschwindigkeitsmerkmale wahrscheinlich gar nicht so wichtig sind. Innerhalb eines umfangreichen digitalen Systems oder bei sehr schnellen Zählvorgängen kann jedoch die Fortpflanzungsgeschwindigkeit des Übertrages ein wichtiger Faktor beim Entwurf sein. Um die Übertragsgeschwindigkeit weiter zu erhöhen, kann man die Anordnung 9.4b verwenden. Wenn die Zähleinheit eine 9 speichert und ein Eingangsimpuls ankommt, so wird der Impuls durch eine UND-Schaltung auf den Zehner-Zähler übertragen. Wenn dieser Zähler auch eine 9 enthält, wird der Eingangsimpuls über ein zweites UND-Glied weiter auf den Hunderter-Zähler übertragen, und so weiter. Bei dieser Anordnung ist für die gesamte Zeit, bis zu der ihr neuer Zustand erreicht ist, prinzipiell mehr die Zeit für die Übertragung des Eingangsimpulses über die reihengeschalteten UND-Schaltungen als die Zeit für die aufeinanderfolgende Steuerung der einzelnen Dezimalzähler maßgebend.

In Abb. 9.4c liegen die Eingangsimpulse an den UND-Gliedern aller Ordnungen gleichzeitig an, und wenn der Impuls erscheint, tritt keine Fortpflanzung des Übertrages auf. Jedoch ehe der Impuls angelegt wird, muß einige Zeit vergehen, damit die UND-Schaltungen oben im Bild das 9-anzeigende Signal vom Zähler niedriger zum Zähler höherer Ordnung übertragen hat.

Die Anordnung 9.4d schließt die Fortpflanzungszeit des Übertrages überhaupt aus. Sowie die entsprechenden Zähler die neun erreichen, operieren die einzelnen UND-Schaltungen gleichzeitig, und die Eingangsimpulse werden an alle Zähler gleichzeitig angelegt. Die einzige Begrenzung ist die, daß für sehr viele Dezimalstellen die Anzahl der Eingänge zu den einzelnen UND-Gliedern entsprechend ansteigt. Gleichzeitig müssen die Schaltungen über einen entsprechenden Eingangslastfaktor verfügen. Bei vielen Arten von Schaltungen erreicht man den notwendigen Eingangslastfaktor durch sich verzweigende Mehrebenenschaltungen, genau wie bei der Kaskadenschaltung von UND-Gliedern, wodurch sich allerdings die erreichbare Geschwindigkeit verringert.

Die Anordnungen 9.4b, c und d müssen so ausgelegt sein, daß, wenn z. B. der Zähler auf 8 steht, der Impuls für die 9 nicht eher über das UND-Glied auf den Zehnerzähler übertragen wird, ehe der Impuls zu Ende ist. Jedoch das ist ein allgemeines Problem bei digitalen Schaltungen und auf Lösungen wurde in den Kapiteln 2 und 3 eingegangen.

9.5. Binärzähler

Die anhand der Abbildungen 9.4 dargelegte Grundidee ist für binäres Zählen direkt verwendbar. In diesem Falle werden die Dezimalzähler durch Flip-Flops ersetzt, und der Ausgang 1 wird für den Ausgang 9 eingesetzt.

Bei Binärzählern sind mehr Stellen erforderlich, um eine gegebene maximale Zahl von Impulsen zu zählen, und damit wird das Problem der Fortpflanzung des Übertrages noch wichtiger. Oft ist die voll simultane Arbeitsweise entsprechend Abb. 9.4d nicht erforderlich, aber die Geschwindigkeit der übrigen Anordnung reicht nicht zu. In solchen Fällen bieten einige der vielen verschiedenen Kombinationen aus den gezeigten vier Anordnungen eine ausreichende Geschwindigkeit bei einer vertretbaren Zahl von UND-Eingängen. Zum Beispiel können Flip-Flops in Gruppen zu je vier Stück so zusammengeschaltet werden, wie es in Abb. 9.4d gezeigt ist. Die Fortpflanzung des Übertrages zwischen den Gruppen erfolgt weiter entsprechend der Anordnung 9.4b.

9.6. Ringzählerschaltungen

Praktisch können einige Arten von zehnstufigen Schieberegistern zu einer Dezimalzählerschaltung umgestaltet werden, indem der Ausgang der letzten Stufe auf den Eingang der ersten Stufe gelegt und Sorge getragen wird, daß nur in einer Stufe eine Eins und in allen anderen Stufen Nullen gespeichert werden. Die zu zählenden Impulse liegen am normalen Schiebeeingang. Ein solcher Zähler ist ein Ringzähler. Die Ausgangssignale können von den Stufen oder 9 abgenommen werden oder auch von irgendeiner anderen Stufe.

Weil nur eine Stufe zur Speicherung einer Eins zu einer bestimmten Zeit notwendig ist (im Gegensatz zu vielen Schieberegisterschaltungen, wo Nullen und Einsen in irgend einer Kombination auftreten können), ergeben sich bei Ringzählern gewisse Vereinfachungen. Zum Beispiel können nämlich die Eingangsimpulse verwendet werden, um alle Stufen auf 0 zu setzen. Die Änderung des Ausgangssignals der Stufe, die ursprünglich eine Eins gespeichert hatte, kann als Signal dienen, um die nächste Stufe in den Zustand Eins zu versetzen. Die Schaltung muß so ausgelegt sein, daß in der Stufe, die auf Eins gesetzt werden soll, das Zwischensignal das Eingangssignal übertrifft.

Eine andere Möglichkeit besteht darin, jede Stufe mit einer UND-Schaltung auszurüsten, um das Signal von der vorhergehenden Stufe mit dem Eingangssignal zu kombinieren. Jedes Eingangssignal ist dabei nur auf eine Stufe gerichtet und setzt diese Stufe auf 1. Die Änderung des Ausgangspotentials an einer Stufe kann als Signal zum Rückstellen der vorhergehenden Stufe auf null verwendet werden. In einer anderen Variante wird das Eingangs-Steuersignal verwendet, um die neue Stufe auf 1 und die vorhergehende auf 0 zu setzen.

Ringzähler sind nicht so verbreitet, weil zehn bistabile Stufen, d. h. wesentlich mehr als die vier zur Speicherung einer Dezimalzahl erforderlichen, gebraucht werden und viele verschiedene Dezimalzähler aus vier Flip-Flops aufgebaut werden können, wie es später beschrieben werden soll. Jedoch verwendet man Ringzähler manchmal für spezielle Zwecke. Einmal stellen sie, wenn eine visuelle Anzeigeeinrichtung verwendet wird, zehn separate Ausgangssignale zur Verfügung, wogegen vier Flip-Flops dann erst eine Dekodierungsmatrix benötigen. Gelegentlich ist der Typ der Schiebeschaltung, der aus bestimmten Gründen ausgewählt wurde, nur für Schiebevorgänge geeignet. In diesem Falle muß man notgedrungen etwas anderes als einen Ringzähler verwenden. Einige Schiebeschaltungen mit Magnetkernen erfordern diese Einschränkung.

Verwendet man komplementäre *npn*- und *pnp*-Transistoren, so kann man durch die Verwendung eines Ringzählers die Leistung minimieren. Zur Illustration sind in Abb. 9.5 drei Stufen eines Ringzählers mit komplementären Tran-

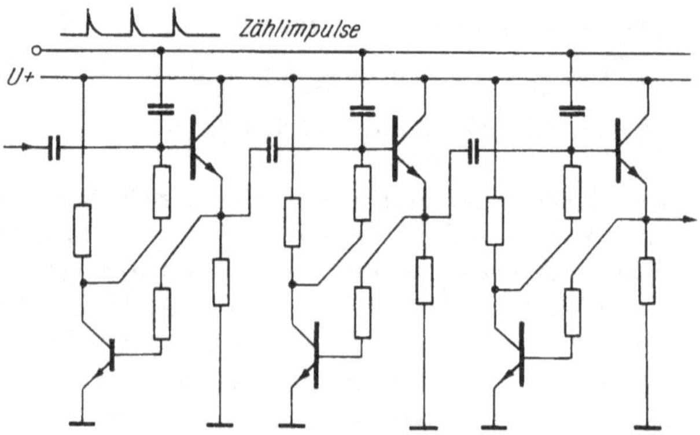

Abb. 9.5. Ringzähler

sistoren gezeigt. Jedes Transistorpaar bildet eine bistabile Schaltung, wie sie im Kapitel 3 beschrieben wurden. Beide Transistoren in jedem Paar sind entweder gesperrt oder vollständig leitend. Wenn sie leitend sind, so bedeutet das, daß eine Eins gespeichert ist und von den neun Stufen, die eine 0 speichern, wird kaum Leistung verbraucht. Wenn im o. g. Bild das mittlere Paar leitet und ein positiver Impuls am gezeichneten Eingang alle *pnp*-Transistoren zu sperren versucht, so ändert doch nur die mittlere bistabile Schaltung ihren Zustand. Wenn die Transistoren in dieser Schaltung in den gesperrten Zustand überwechseln, so ist der am Kollektor des *pnp*-Transistors auftretende Impuls über einen Kondensator auf die Basis der rechten bistabilen Schaltung gekoppelt. Wie bei gewöhnlichen Flip-Flops mit Transistoren muß der Entwurf so erfolgen, daß die negativen Impulse stärker sind als die positiven. Dann wird die rechte bistabile Schaltung leitend, wie es zur Speicherung einer Eins erforderlich ist. Die zu einer bestimmten Zeit gespeicherte einzelne Dezimalzahl wird natürlich dadurch bestimmt, welche der zehn binären Stufen eine 1 enthält.

Wenn man mit den Dioden- und Transistorschaltungen aus den Kapiteln 2 und 3 vertraut ist, kann man zahllose Varianten und Weiterentwicklungen des Ringzählers gemäß Abb. 9.5 ableiten, um ihn den speziellen Bedürfnissen anzupassen.

9.7. Dezimalzähler aus fünfstufigen Schieberegistern

Wenn man das Signal, das von der letzten auf die erste Stufe rückgeführt wird, invertiert, so verringert sich die für einen Schieberegister-Zähler erforderliche Zahl der Stufen von zehn auf fünf. Wenn die Binärstufen Flip-Flops sind, die ein direktes und ein invertiertes Signal abgeben, so braucht man keinen zusätzlichen Invertor, weil die Inversion bloß durch Vertauschung der Anschlüsse, gemäß der Darstellung in Abb. 9.6a erfolgt.

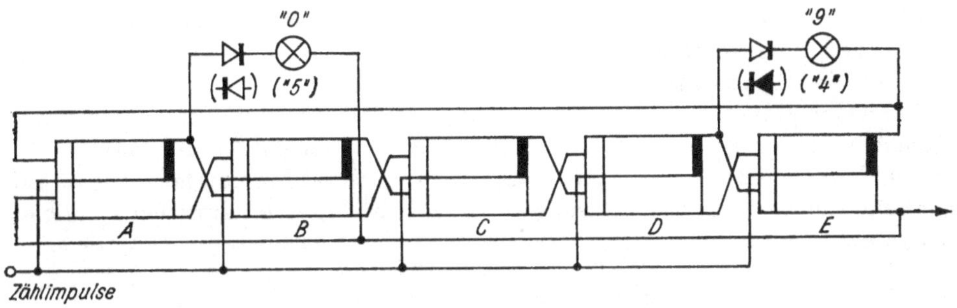

a)

00000 $\bar{A}E$	0	10100	01100	01010
10000 AB	1	11010	10110	10101
11000 BC	2	11101	11011	
11100 CD	3	01110	01101	
11110 DE	4	10111	00110	
11111 $\bar{A}\bar{E}$	5	01011	10011	
01111 $\bar{A}\bar{B}$	6	00101	01001	
00111 $\bar{B}\bar{C}$	7	00010	00100	
00011 $\bar{C}\bar{D}$	8	10001	10010	
00001 $\bar{D}\bar{E}$	9	01000	11001	
b)		c)	d)	e)

Abb. 9.6 Dezimalzähler aus einem fünfstufigen Schieberegister

Ausgangspunkt ist die Stellung 00000. Zur Anzeige der gespeicherten Dezimalziffer werden die in Abb. 9.6b gegebenen Signalausgangskombinationen herangezogen. Zur Anzeige z. B. der Dezimalzahl „0" verwendet man die Ausgänge $\bar{A}$ und E bei der vorliegenden Polung der Diode. Wird die Diode umgepolt, so brennt die Lampe bei der Dezimalzahl 5.

Eine andere Möglichkeit, um die dezimale Null anzuzeigen, besteht darin, daß man die Signale der 1-Ausgänge der Stufen A und E auf ein NOR-Glied führt, denn $\overline{A + E} = \bar{A} \cdot \bar{E}$. Signale, die die anderen neun Stellen anzeigen, kann man entsprechend erzeugen. Verwendet man Inversionen, so kann man die NOR-Glieder durch NAND-Glieder ersetzen.

Wenn die gespeicherte Dezimalziffer von 9 auf 0 übergeht, so wechselt die Stufe E von der binären Eins auf die binäre Null. Deshalb kann man das Signal am Nullausgang der Stufe E verwenden, um anzuzeigen, daß der Zähler die Null erreicht hat.

Wenn zum Beispiel durch den Entwurf oder einen Fehler der Zähler die Binärziffernkombination 10100 speichert, so ergibt sich eine Folge von Ziffern, wie sie in Abb. 9.6c zusammengestellt sind. Das Schieberegister funktioniert weiter als Dezimalzähler, aber die Dezimal-Ausgangssignale werden falsch beschrieben. Die Stufe E wechselt nämlich dreimal innerhalb eines zehnstufigen Zyklus von 1 auf 0, so daß der Nullausgang der Stufe E verfälschte dezimale Ausgangssignale erzeugt.

Wenn der Zähler anfangs 01100 speichert, so ergibt sich eine Folge gemäß Tabelle 9.6d. Liegt anfangs eine 01010 vor, so verschiebt der Zähler bloß zwischen dieser Ziffernkombination und 10101 (siehe e) hin und her. Die 32 Bit-Kombinationen unter b, c, d und e stellen alle mit fünf Binärstellen möglichen Kombinationen dar.

9.8. Dezimalzähler aus vierstufigen Schieberegistern

Ein Dezimalzähler kann aus einem Schieberegister mit nur vier Stufen aufgebaut werden, wenn die Binärziffern in die erste Stufe als eine der zwanzig verschiedenen repetierenden binären Folgen aus 10 Ziffern eingegeben werden. Fünf dieser Folgen sind:

1.	1 1 1 1 0 0 0 1 0 0
2.	1 1 1 1 0 0 0 0 1 0
3.	1 1 1 1 0 0 0 1 1 0
4.	1 1 1 1 0 1 0 0 1 0
5.	1 1 1 0 1 0 1 1 0 0

Die anderen fünfzehn Folgen können aus diesen fünf durch Invertierung, Vertauschung sowie Invertierung und Vertauschung abgeleitet werden.

Eine Zähleranordnung, die die erste von den fünf oben angegebenen Folgen verwendet (wobei die Ziffer ganz rechts zuerst eingegeben wird), ist in Abb. 9.7 gezeigt. Die jeweilige Ziffer, die in die Stufe A der bestimmten Dezimalstelle eingegeben werden soll, wird durch die Ziffern bestimmt, die schon in dieser Stelle gespeichert sind. Die in A eingegebene Ziffer ist eine 1, wenn $A\bar{D} + \bar{A}\bar{B}D = 1$. Die UND- und ODER-Kreise erzeugen diese Funktion. Wenn die Binärziffernkombination 0100 als dezimale Null definiert ist, so ist $A\bar{D}$ an den Stellen 3, 4 und 5 gleich 1 und $\bar{A}\bar{B}D$ an den Stellen 2 und 8 gleich 1, wie es für eine 1 an A in den Stellen 3, 4, 5, 6 und 9 gemäß der Tabelle im Bild erforderlich ist.

Das dem 0-Eingang der Stufe A zugeführte Signal kann durch Inversion des Signals am 1-Eingang abgeleitet oder unabhängig davon durch die Funktion $AD + \bar{A}B + \bar{A}\bar{D}$ dargestellt werden.

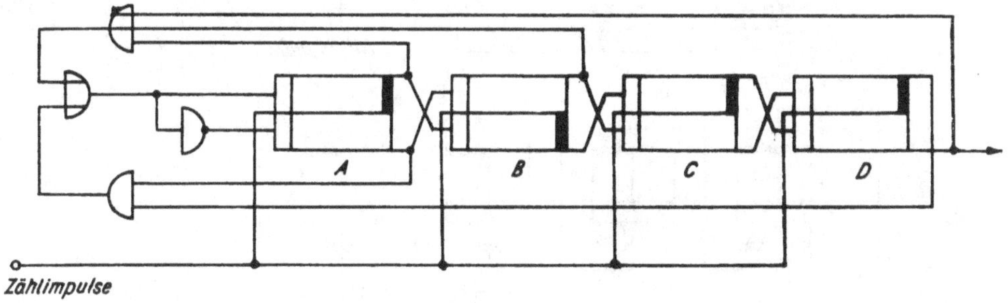

	$ABCD$			$ABCD$	
	0 1 0 0	0	$A\bar{D}$	1 1 1 0	5
	0 0 1 0	1	$A\bar{D}$	1 1 1 1	6
	0 0 0 1	2		0 1 1 1	7
$\bar{A}\bar{B}D$	1 0 0 0	3		0 0 1 1	8
$A\bar{D}$	1 1 0 0	4	$\bar{A}\bar{B}D$	1 0 0 1	9

Abb. 9.7. Dezimalzähler aus einem vierstufigen Schieberegister

Im Vergleich zu den Zählern aus fünfstufigen Schieberegistern bietet die Vierstufenversion den Vorteil, daß eine Stufe eingespart werden kann, aber die zusätzlichen logischen Glieder gleichen sicher in den meisten Fällen diesen Vorteil aus. Weiter sind die Schaltungen zum Erkennen der gespeicherten Ziffern nicht so einfach wie bei der Version mit 5 Stufen.

9.9. Dezimalzähler, die aus einem modifizierten Binärzähler bestehen

Zahlreiche Schaltungen wurden entworfen, um einen vierstelligen Binärzähler zu modifizieren, so daß er nach 10 anstatt nach 16 Eingangsimpulsen von vorn beginnt. Abb. 9.8 illustriert vier der einfachsten Schaltungen. In diesem Bild sind Flip-Flops und Tore enthalten. Gelangt ein Impuls an den mittleren, mit C bezeichneten Eingang, so erfolgt ein Kippen. Der Zähler geht damit in seinen entgegengesetzten Gleichgewichtszustand über. Ein Impuls an den mit R und S bezeichneten Eingängen setzt den Zähler auf 0 bzw. auf 1. (So ein Flip-Flop wird allgemein RST-Flip-Flop genannt, wobei das T „Trigger" bedeutet.) Ein Kondensator in Reihe zu jedem Eingang deutet an, daß der

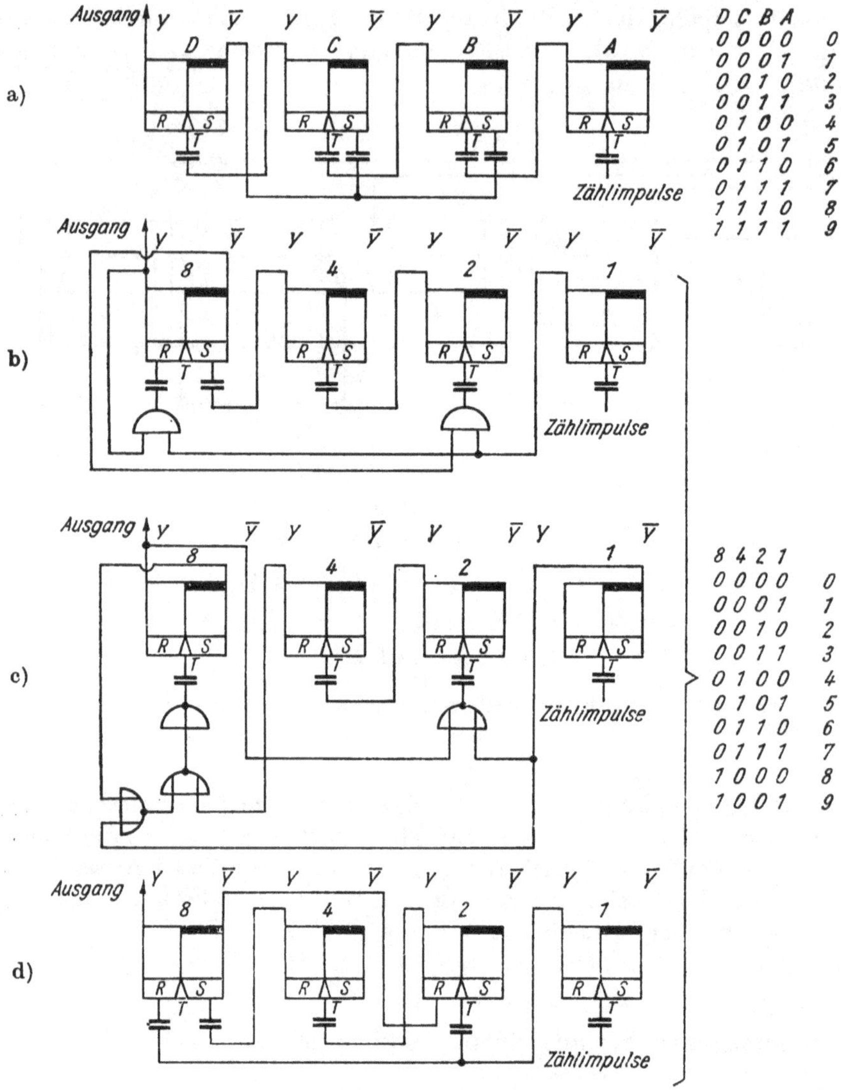

Abb. 9.8. Dezimalzähler

Flip-Flop sofort reagiert, wenn das Signal angelegt wird. Wenn das Signal eine bestimmte Zeit lang aufrechterhalten wurde, so tritt ein Impuls entgegengesetzter Polarität am Eingang auf, wenn das Signal abbricht, aber es wird angenommen, daß dieser Impuls entgegengesetzter Polarität keinen Einfluß auf den Flip-Flop hat.

Die Anordnung 9.8a ist weit verbreitet. Die Modifikation besteht einfach in einer Verbindung des Y-Ausganges des Flip-Flops D (der normalerweise der

„8“-Zähler in einem Binärsystem ist) nach den S-Eingängen der Flip-Flops C und B. Wenn der Flip-Flop D auf 1 gesetzt ist, wie es der Fall ist, wenn der Zähler von der Zahl 7 auf die Ziffer 8 übergeht, so werden die Flip-Flops B und C mit diesen Verbindungen in den Zustand 1 versetzt. Die Binärziffern, die dann gespeichert werden, sind 1110, was die binäre Darstellung der Zahl 14 bedeutet. Damit hat der Zähler sechs Stufen übersprungen. Die Schaltung muß so ausgelegt werden, daß die Setz-Signale an den Flip-Flops C und B das Kippen bewirken und so die Wirkung der an derselben Dezimalstelle von dem Flip-Flop A bzw. B ankommenden Signale überdecken. Die Wirkungsweise beim Übergang von 1110 auf 1111 und dann nach 0000 (von 8 zu 9 und 0) ist wie gewöhnlich.

In Abb. 9.8b stellen die Binärziffern die Dezimalziffern 0 bis 9 richtig dar. Die Flip-Flops können auch mit 8, 4, 2 und 1 bezeichnet werden. In dieser Anordnung durchläuft das Signal vom Flip-Flop 1 zum Flip-Flop 2 ein UND-Glied, welches durch das $\overline{Y}$-Ausgangssignal aus dem Flip-Flop 8 so lange offen gehalten wird, bis der Zähler 1000 (Ziffer 8) erreicht. Beim Übergang von 7 nach 8 wird das Signal am Y-Ausgang des Flip-Flops 4 verwendet, um den Flip-Flop 8 auf 1 zu setzen. Der Übergang von 1000 auf 1001 erfolgt wie gewöhnlich, jedoch kann dann kein Signal zum Flip-Flop 2 durch. Statt dessen ist das UND-Glied am Rückstelleingang des Flip-Flops 8 geöffnet und der nächste zu zählende Impuls erzeugt ein Signal am Y-Ausgang des Flip-Flops 1, das im Flip-Flop 8 eine 0 speichert. Der Zähler steht dann auf 0000, d. h., er ist nach 10 Eingangsimpulsen auf die dezimale Null zurückgekehrt. Diese Anordnung ist ebenfalls weit verbreitet.

Die Anordnung 9.8c ist im wesentlichen dieselbe wie in Abb. 9.8b. Man benötigt vier identische Flip-Flops, jeder muß nur einen Eingang haben und NOR-Glieder, die, wie im Kapitel 3 ausgeführt wurde, mit Transistoren vorteilhaft realisiert werden können.

In Abb. 9.8d ist der Y-Ausgang des Flip-Flops 1 an den Rückstelleingang des Flip-Flops 8 geführt. Dieser Anschluß hat keine Wirkung bis zu der Stelle 0111 (Ziffer 7), weil der Flip-Flop 8 bis zu diesem Punkt immer auf 0 liegt. Mit dem nächsten Eingangsimpuls, wenn der Zähler auf 1000 übergeht, setzt das Signal aus dem Y-Ausgang des Flip-Flops 4 den Flip-Flop 8 auf 1, trotz der annähernd gleichzeitigen Einwirkung eines Signals am Rückstelleingang des Flip-Flops 8. Wie es bei Transistorschaltungen in Kapitel 3 diskutiert wurde, kann dieser Effekt bei einigen Schaltungen schon in der Flip-Flop-Wirkung begründet sein. Tatsächlich gelangen bei manchen Typen von Flip-Flop-Schaltungen mit der Steuerung am Takt-Eingang gleichzeitig Signale an beide Seiten eines Flip-Flops. Eine andere Möglichkeit ist die, daß durch geeigneten Schaltungsentwurf das Signal am Stelleingang S des Flip-Flops 8 das Signal am Rückstelleingang überdeckt. Ein Anschluß erfolgt direkt (nicht über einen Kondensator) vom Y-Ausgang des Flip-Flops 8 zum Eingang R des Flip-Flops 2. Wenn der Flip-Flop 8 eine binäre Eins speichert, wie es in den Stellungen 1000 und 1001 (8 und 9) der Fall ist, so muß der Flip-Flop 2 im 0-Zustand bleiben.

Nach der Stellung 1001 gelangt beim nächsten zu zählenden Impuls ein Impuls zum Eingang R des Flip-Flops 8, um diesen auf 0 zu setzen. Dieser selbe Impuls gelangt auch zum Takt-Eingang C des Filp-Flops 2, so daß die nächste Kombination, wie erwünscht, 0000 ist.

Bei allen Anordnungen gemäß Abb. 9.8 wechselt der linke Flip-Flop von 1 auf 0, wenn der Zähler von 9 auf 0 übergeht. Um anzuzeigen, daß der Zähler die Ziffer 0 erreicht hat, kann man aus Signal am 0-Eingang des linken Flip-Flops als Ausgangssignal verwenden.

Die in Abb. 9.4 dargestellten Ideen kann man auf die einzelnen Flip-Flops in Abb. 9.8 übertragen und so die Geschwindigkeit der betreffenden Dezimalzähler erhöhen. Wenn die einzelnen Zählschaltungen zu einem Mehrdekadenzähler zusammengefügt werden, so kann man mit denselben Ideen weitere Erhöhungen der Geschwindigkeit erzielen.

Die Zähler in den Abb. 9.8b, c und d werden allgemein binär codierte Dezimalzähler (BCD-Zähler) genannt, aber dieser Ausdruck scheint nicht präzise zu sein, weil einige andere Autoren den Zähler a zu den BCD-Zählern rechnen, trotzdem die Dezimalzahlen 8 und 9 nicht durch ihre binären Äquivalente dargestellt sind. Andere Autoren dehnen diesen Begriff auch auf die Zähler aus, die in der Art anderer bekannter vier-Bit-Kodes operieren, wie z. B. dem 2*-4-2-1-Code des Zählers 9.11c, der später beschrieben wird. Wieder andere Verfasser scheinen in den Begriff eine Art von 4-Bit-Zählern einzuschließen, zu denen die im vorigen Abschnitt beschriebenen Schieberegisterzähler und die in den nächsten Abschnitten behandelten Zähler gehören. (Im allgemeinen hat sich jedoch die Bezeichnung BCD-Zähler für die mit dem 8-4-2-1-Kode arbeitende Schaltung durchgesetzt. Anm. d. dtsch. Red.)

9.10. Dezimalzähler aus speziellen logischen Netzwerken

Mit einem speziellen logischen Netzwerk ist hier ein Satz bistabiler Elemente und eine kombinatorische logische Schaltung gemeint, die miteinander so verbunden sind, daß die Eingänge zu den bistabilen Elementen aus der logischen Schaltung abgeleitet sind und die Ausgänge der bistabilen Elemente wiederum als Eingänge der logischen Schaltung verwendet werden. Eine Folge von Taktimpulsen (in diesem Falle die zu zählenden Impulse) wird an einen zusätzlichen Eingang der logischen Schaltung gelegt. Dadurch ergeben sich Anordnungen, die zu den „Folgeschaltungen" oder „Automaten" gehören und in der Theorie der Automaten abgehandelt werden (siehe Kap. 2 der Theorie digitaler Systeme in Richards „Electronic Digital Systems").

Die Schieberegisterzähler 9.6 und 9.7 können bei geeigneter Umstellung der Schaltung als verallgemeinertes logisches Netzwerk angesehen werden, wie auch einige andere schon beschriebene Zähler. Allerdings ist der Gesichtspunkt für den Entwurf hier etwas anders. Der Zweck ist nämlich, eine logische Schaltung zu finden, wo die vier Flip-Flops in einer vorher festgelegten Folge von zehn statischen Kombinationen betätigt werden. Wenn es für angezeigt erscheint, kann die vorher festgelegte Folge geändert werden, um die Zahl der Bauelemente in der kombinatorischen Schaltung zu minimieren oder andere Vorteile auszunutzen. Zum Beispiel können in speziellen Anwendungen folgende Eigenschaften von Vorteil sein: 1. Verringerung der Zahl der Schaltelemente, um die zehn Ausgangssignale zu erzeugen, mit denen man die zehn verschiedenen gespeicherten Ziffern anzeigen kann, 2. nicht mehr als ein Flip-Flop ändert pro Zählschritt seinen Zustand und 3. daß jeder Flip-Flop für mindestens zwei Schritte in dem bestimmten Zustand verharrt.

Es erübrigt sich festzustellen, daß man aus diesen allgemeinen Richtlinien eine Unzahl verschiedener Dezimal-Zählanordnungen erhalten kann. Jedoch die meisten würden nicht besonders zweckmäßig oder interessant sein. Nur zwei wurden ausgewählt, um die Konzeption zu erläutern (Abb. 9.9).

Einen Dezimalzähler nach dem Kode 8-4-2-1 für alle Dezimalziffern von 0 bis 9 zeigt Abb. 9.9a. Das logische Netzwerk wurde so gestaltet, daß kein Flip-Flop gleichzeitig Signale an beide Eingänge S und R erhält. Die Bestimmung der notwendigen Schaltfunktionen ist wieder ein einfaches Problem der BOOLEschen Algebra, und die Funktionen ergeben sich wie folgt:

	8	4	2	1
Setzen	421	$\bar{4}21$	$\bar{8}\bar{2}1$	$\bar{1}$
Rückstellen	81	421	21	1

Hier stellen die Ziffern 8, 4, 2 und 1 sowohl die Flip-Flops selbst als auch die von ihren 1-Ausgängen bezogenen Signale dar. Die technische Schaltung muß so gestaltet sein, daß jedes UND-Glied dann ein Signal entsprechend seinen Eingangssignalen abgibt, wenn ein Zählimpuls erscheint, und der Zählimpuls muß verschwunden sein, ehe sich die von den Flip-Flops auf die UND-Glieder rückgeführten Signale wesentlich geändert haben. Wie schon erwähnt, ist das ein allgemeines Problem, es wurde schon in den Kapiteln 2 und 3 behandelt.

Der Dezimalzähler 9.9b folgt dem Kode in der Tabelle rechts im Bild. Die Schaltfunktionen, die gebraucht werden, um die vier Flip-Flops gemäß diesem Kode zu betätigen, sind folgende:

	D	C	B	A
Setzen	CB	$B\bar{A}$	A	$\bar{D}\bar{B}$
Rückstellen	$\bar{C}$	$D\bar{B}$	$\bar{A}$	B

Der Zähler 9.9b braucht nicht nur sechs Signale weniger als der in a, sondern hat die Eigenschaft, daß kein Flip-Flop in zwei aufeinanderfolgenden Zählschritten seinen Gleichgewichtszustand zu ändern braucht. Bei einigen Typen von Flip-Flop-Schaltungen kann der Zähler mit einer etwas höheren Zählfrequenz arbeiten als z. B. beim 8-4-2-1-Kode, weil dort der Flip-Flop 1 bei jedem Schritt seinen Zustand ändern muß. Auch ändern beim Zähler b bei einem bestimmten Schritt nicht mehr als zwei Flip-Flops ihren Zustand, während beim

Schritt von der Zahl 7 zur 8 im 8-4-2-1-Kode alle vier Flip-Flops umschalten. Deshalb ist bei einigen Schaltungstypen des Zählers nach Abb. 9.9b die Belastung durch den Eingang geringer.

Bei beiden Zählern in Abb. 9.9 schaltet der linke Flip-Flop nur dann in den 0-Zustand, wenn der Zähler von der dezimalen Zahl 9 auf die 0 übergeht. Deshalb kann man wie früher vom Y-Ausgang des linken Flip-Flops ein Übertragsignal abnehmen.

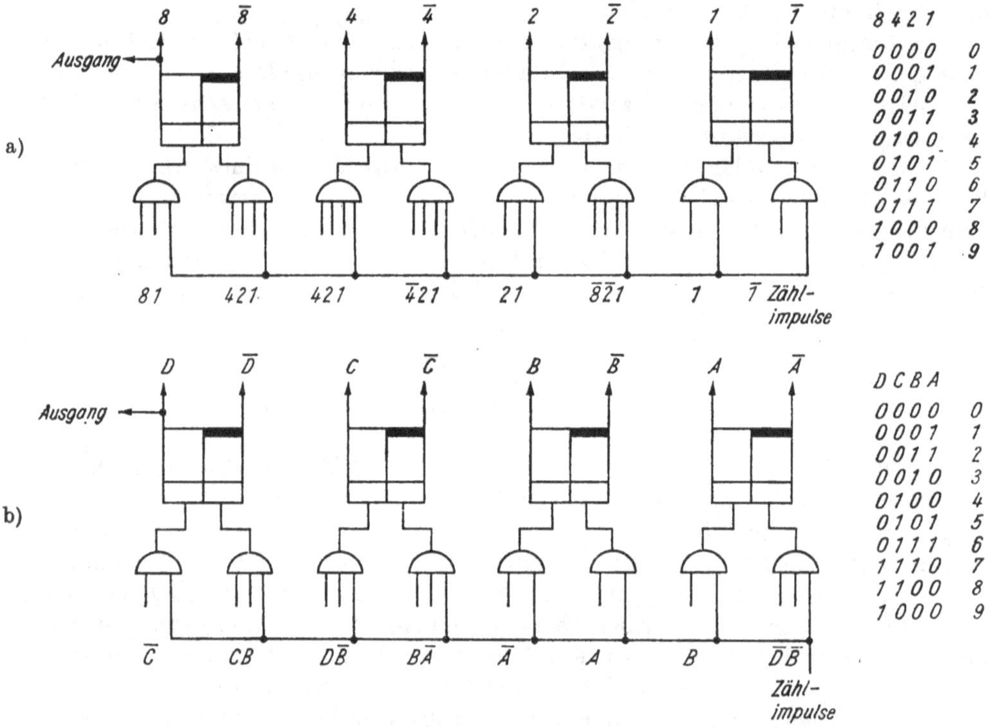

Abb. 9.9. Dezimalzähler aus speziellen logischen Netzwerken

Für eine schnelle Operation in Mehrdekadenzählern können die in Abb. 9.4 dargestellten Gedanken bei den in diesem Abschnitt beschriebenen Zählern genau wie bei den anderen Zählern verwendet werden.

9.11. Biquinäre Zähler

Man kann einen Dezimalzähler dadurch bilden, daß man einen Binärzähler (Flip-Flop) mit einem quinären Zähler (einer Schaltung, die fünf stabile Zustände durchläuft) kombiniert, und zwar auf eine der drei Arten, wie sie in

Abb. 9.10a, b und c dargestellt sind. In der Variante a werden die Zählimpulse an den Binärzähler gelegt, und der Ausgangsimpuls dieses Zählers wird durch den Quinärzähler gezählt, wobei nach 10 Impulsen ein Ausgangssignal entsteht. In der Variante b wird die Reihenfolge der Zähler vertauscht, aber der Gesamteffekt ist der gleiche. In der Schaltung 9.10c werden die Eingangsimpulse gleichzeitig an beide Zähler gelegt, und die Y-Ausgänge werden mit einem UND-Glied zusammengefaßt. Weil die Zähler nur einmal während der zehn

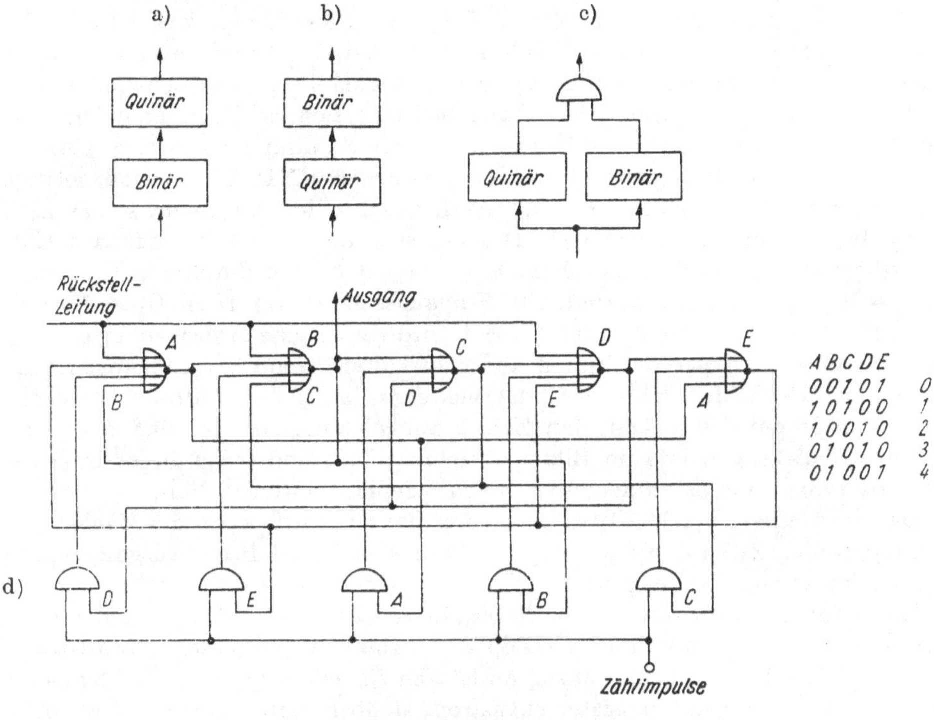

Abb. 9.10. Biquinärer Dezimalzähler

Schritte im Zustand 0 sind, kann der Ausgang der UND-Schaltung ein dezimales Ausgangssignal liefern.

Im Laufe der Jahre erschien eine große Anzahl verschiedener biquinärer Zähler, aber meistens wurden sie in ganz speziellen Schaltungen verwendet, die nicht von allgemeinem Interesse sind, besonders in älteren Versionen mit Röhren. Im Schrifttum ist auf drei transistorisierte biquinäre Schaltungen hingewiesen.

Abb. 9.10d zeigt eine logische Schaltung, die fünf stabile Zustände erzeugt, wobei immer von einem Zustand zum nächsten geschritten wird. In diesem Bild erzeugen die mit A bis E bezeichneten NOR-Glieder fünf Signale, die ebenfalls mit A bis E bezeichnet sind. Die fünf Glieder sind in einer Art Ring geschaltet, wobei der Ausgang jedes Gliedes als Eingang für das im Ring vorangehende und das nachfolgende Glied verwendet wird. In dieser Verbindung können die fünf Glieder als Gruppe einen von fünf Zuständen einnehmen, nämlich den Zustand, wo zwei nicht aneinandergrenzende Signale 1 und die anderen drei Signale 0 sind. Die Schaltung kann in den Zustand 00101 versetzt werden, indem vorübergehend ein Signal an die Rückstelleitung gelegt wird, die zu den Eingängen der NOR-Glieder *A*, *B* und *D* führt. Die Ausgänge dieser Glieder liegen dabei auf 0 und alle Eingangssignale zu den NOR-Schaltungen *C* und *E* sind dann 0, so daß die Signale *C* und *E* 1 sind. Diese Einsen werden über die Zwischenverbindungen zu den Gliedern *A*, *B* und *D* geführt, um die entsprechenden Signale auf 0 zu halten, wenn das Rückstellsignal verschwindet.

Angenommen, die quinäre Schaltung befindet sich im Zustand 00101 und an alle UND-Glieder in Abb. 9.10 unten wird ein Zählimpuls gelegt, so passiert dieser die durch die Signale *C* und *E* gesteuerten UND-Glieder und gelangt an die NOR-Glieder *B* und *E*. Das NOR-Glied *B* hat an einem seiner Eingänge bereits ein 1-Signal von *C*. Deshalb wird das Signal *B* durch den Eingangsimpuls nicht beeinflußt. Jedoch das Signal *E* wird durch den Eingangsimpuls auf 0 gebracht, worauf alle Eingangssignale am NOR-Glied 0 sind, so daß das Signal *A* zu 1 wird. Diese 1 wird durch eine Zwischenverbindung zum NOR-Glied *E* geführt, um *E* auf 0 zu halten, wenn der Eingangsimpuls vorbei ist. Der Quinärzähler befindet sich dann im Zustand 10100. Die nachfolgenden Impulse versetzen den Zähler nacheinander in die fünf Zustände, die in der Tabelle rechts im Bild verzeichnet sind, und jeder dieser internen Schritte erfolgt analog zu dem eben beschriebenen Weiterschalten.

Da der Ausgang des NOR-Gliedes *B* nur dann 0 wird, wenn der Zähler von einer quinären Ziffer **4** zur 0 übergeht, kann das Signal *B* als Ausgangssignal verwendet werden, wie es gezeigt ist.

Man kann den quinären Teil eines biquinären Zählers als Ersatz dreier Flip-Flops in einem der Zähler aus vier Flip-Flops ansehen. Weil sechs Transistoren für drei Flip-Flops und nur fünf Transistoren für einen quinären Zähler nötig sind, kann man einen Transistor einsparen. Jedoch dieser Vorteil wiegt nicht schwer und wird wahrscheinlich angesichts der Kompliziertheit der quinären Schaltung ausgeglichen. Ein möglicherweise entscheidenderer Vorteil der biquinären Zähler tritt dann in Erscheinung, wenn sowohl vorwärts als auch rückwärts gezählt werden soll. Mit der Anordnung 9.10a oder b kann der Wechsel zwischen dem Vorwärts- und Rückwärts-Zählen einfach dadurch erfolgen, daß nur im quinären Teil des Zählers die Reihenfolge umgekehrt wird. Bei einer logischen Anordnung, wie sie in Abb. 9.10d für den quinären Teil gezeigt ist, braucht man lediglich einen zweiten Satz von fünf geeignet geschalteten UND-Gliedern, um in der entgegengesetzten Richtung zählen zu können. In den meisten Dezimalzählern aus vier Flip-Flops sind mehrere logische Einrichtungen notwendig, um die Reihenfolge umzukehren.

Analog dazu kann man Quinärzähler entwickeln, bei denen NAND-Glieder anstatt der NOR-Glieder verwendet werden. Mit jedem Schaltungstyp sind verschiedene Varianten möglich. Zum Beispiel kann man eine Anordnung mit fünf stabilen Zuständen erhalten, indem man den Ausgang jedes der vier NOR-Glieder an einen Eingang zu jedem anderen NOR-Glied legt. Bei dieser Anordnung ist für einen gegebenen stabilen Zustand nur eines der fünf verbundenen Signale 1.

Viele Zähler aus vier Flip-Flops arbeiten tatsächlich im binären Kode, wobei drei Flip-Flops fünf Zustände durchlaufen. Auch jede der Schaltungen in Abb. 9.8 gehört zu diesem Typ, wobei der rechte Flip-Flop als Binärzähler und die drei linken Flip-Flops als Quinärzähler fungieren.

Verschiedene Verfasser haben den Begriff „JOHNSON-Zähler" verwendet, jedoch ohne genau dazuzusagen, was gemeint ist. Der Begriff geht auf das US-Patent Nr. 2,853,238 vom September 1958 von R. R. JOHNSON zurück. Dieses Patent offenbart eine Zählschaltung, die für Zähler mit verschiedenen Basen angewandt werden. Die Dezimalversion arbeitet in biquinärer Weise, wie Abb. 9.10c, jedoch der biquinäre Teil ist aus 3 Flip-Flops zusammengesetzt, die in der Art eines Schieberegisters ähnlich dem oben in diesem Kapitel beschrieben Schiebezähler arbeiten. Nur wurde eine Reduktion der erforderlichen Zahl von Schaltelementen dadurch erreicht, daß bei einigen Schritten die Eingänge R und S der Flip-Flops gleichzeitig Impulse erhalten und die Flip-Flops dadurch in den entgegengesetzten Zustand übergehen.

9.12. Dezimalzähler aus J-K-Flip-Flops

Wie in Kapitel 3 im einzelnen erklärt wurde, hat ein J-K-Flip-Flop mit J und K bezeichnete Eingänge, und die Signale an diesen Klemmen legen die folgende Flip-Flop-Wirkung fest. Wenn zu der Zeit, wo ein Signal am Eingang C anliegt, die Signale an den Klemmen J und K beide 1 sind, so geht der Flip-Flop in den entgegengesetzten Gleichgewichtszustand über, wobei der Buchstabe C oft für Taktimpulse („Clock pulse") verwendet wird. Wenn zu der Zeit, wo ein Impuls an C anliegt, das Signal an J gleich 1 und das Signal an K gleich 0 ist, so geht der Flip-Flop in den Zustand 1 über, ungeachtet des vorhergehenden Gleichgewichtszustandes. Für J gleich 0 und K gleich 1 wird der Flip-Flop durch das Signal C auf 0 gesetzt. Wenn J und K auf 0 sind, so hat das Signal am Eingang C keinen Einfluß auf den Flip-Flop.

Viele verschiedene Dezimal-Zählschaltungen kann man ableiten, wenn man J-K-Flip-Flops als bestimmende Bauelemente verwendet. Eine davon wurde in Kapitel 3 gezeigt, um die Funktionsweise dieser Flip-Flops zu demonstrieren. Vier andere Dezimalzähler aus J-K-Flip-Flops sind in Abb. 9.11 gezeigt, um verschiedene auftretende Probleme und realisierbare Eigenschaften zu erläutern.

Der Zähler 9.11a ist ähnlich dem Zähler 3.40, nur daß die J-K-Flip-Flops alle nur einen J-Eingang und einen K-Eingang aufweisen und die notwendigen logischen Hilfsfunktionen durch NOR-Glieder ausgeführt werden. Die Zählimpulse am Eingang werden auf alle vier Flip-Flops gleichzeitig gelegt. Des-

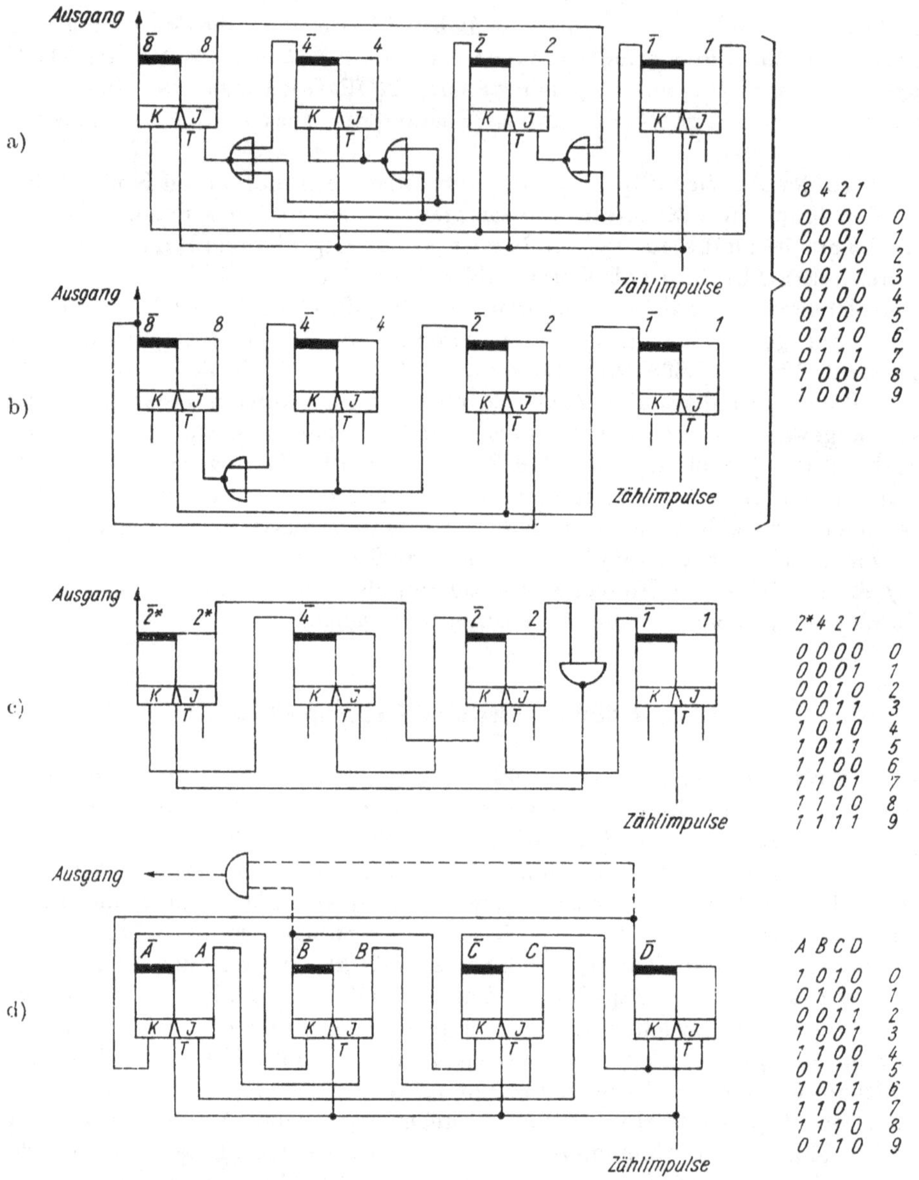

Abb. 9.11. Dezimalzähler aus *I-K*-Flip-Flops (offene Eingänge mit 1-Signal)

halb kann man eine hohe Operationsgeschwindigkeit realisieren, weil der Übertrag nicht von einem Flip-Flop zum nächsten fortgepflanzt werden muß. An die Eingänge *J* und *K* des Flip-Flops 1 wird ein stationäres 1-Signal angelegt, so daß dieser Flip-Flop bei jedem Zählimpuls in den entgegengesetzten Gleichgewichtszustand übergeht. Der Flip-Flop 2 hat nur dann ein Signal am Eingang K, wenn der Flip-Flop 1 eine Eins enthält. Der Eingang J des Flip-Flop 2 erhält nur dann ein Signal, wenn der Flip-Flop 1 eine 1 und der Flip-Flop 8 eine 0 enthält, weshalb dieser Flip-Flop 2 dann seinen Zustand ändert, wenn der Zähler von der Zahl 1 zur 2, von der 3 zur 4, von der 5 zur 6 oder von der 7 zur 8 schreitet. Geht der Zähler von der Zahl 9 zur 0, so ist am Flip-Flop 2 das K-Signal, aber nicht das J-Signal 1. Deshalb bleibt Flip-Flop 2 bei diesem Schritt im Zustand 0.

Die J- und K-Signale des Flip-Flops 4 sind beide 1, wenn die Flip-Flops 2 und 1 eine Eins enthalten. Deshalb ändert Flip-Flop 4 seinen Gleichgewichtszustand, wenn der Zähler von der Zahl 3 zur 4 oder von der 7 zur 8 schreitet, wie es auch verlangt ist. Speichert der Zähler den Wert 7, so liegt ein Signal am Eingang J des Flip-Flop 8, so daß der nächste Zählimpuls diesen Flip-Flop in den Zustand 1 versetzt. Das Signal K an Flip-Flop 8 verschwindet, wenn der Zähler die Zahl 8 speichert. Flip-Flop 8 bleibt im Zustand 1, wenn der Zähler von der Ziffer 8 zur 9 schreitet. Jedoch liegt am Eingang K des Flip-Flops 8 wieder ein Signal, wenn der Zähler die Ziffer 0 speichert, so daß dieser Flip-Flop zurück in den Zustand 0 geht, wenn der nächste Zählimpuls ankommt. So zeigt der Zähler die zehn Dezimalziffern im 8-4-2-1-Kode an.

Der Zähler 9.11b verwendet auch den 8-4-2-1-Code und erfordert nur ein NOR-Glied mit zwei Eingängen zusätzlich zu den vier Flip-Flops. Dabei werden jedoch die C-Signale einiger Flip-Flops von den Ausgängen der anderen Flip-Flops abgeleitet, und deshalb erreicht der Zähler bei einigen Schritten seinen neuen Gleichgewichtszustand nicht so schnell wie der Zähler 9.11a. Die Funktion der einzelnen Flip-Flops soll nicht im Detail dargelegt werden. Wenn man die Schaltung so analysiert, wie es beim ersten Zähler erfolgte, kann man die Arbeitsweise verstehen.

Der Zähler 9.11c bedarf nur eines NAND-Gliedes zusätzlich zu den vier Flip-Flops und verwendet den 2*-4-2-1-Kode, der im rechten Teil des Bildes erklärt ist. Das Zeichen * ist nur zur Unterscheidung zwischen den 2 Flip-Flops mit dem Gewicht 2 verwendet worden. Zum Beispiel kann die binäre Zahlenkombination 1110 als $2 + 4 + 2 + 0$ interpretiert werden und sie ergibt damit die Ziffer 8. Wiederum wird hinsichtlich der Einzelheiten der Zählfunktion auf die Analyse des Zusammenwirkens der einzelnen Flip-Flops verwiesen.

Die Anordnung 9.11d gestattet ein dezimales Zählen ohne zusätzliche Glieder zu den Flip-Flops, von denen jeder je einen einzigen J- und K-Eingang hat. Die Code-Folge ist rechts im Bilde angegeben. Bei jedem Zählschritt wird die Binärziffer in den Flip-Flops A und B wie bei einem Schieberegister nur zu den Flip-Flops B bzw. C verschoben. Der Flip-Flop D ändert den Zustand bei jedem Schritt, der folgt, wenn sich C im Zustand 0 befindet. Die Binärziffer, die in A gelangt, ist nach jedem Schritt, bei dem sich C und D im Zustand 0 befinden, gleich 0. Nach den Schritten, in denen C und D im Zustand 1 sind, ist A gleich 1. Wenn jedoch bei einem bestimmten Schritt C gleich 0 und D gleich 1 ist (wie es für die Ziffer 3 und 4 der Fall ist), so wird der Zustand von A

für die nächste Dezimalziffer nicht geändert. Aber wenn C gleich 1 und D gleich 0 sind (für die Dezimalziffern 0, 8 und 9), ändert sich der Zustand von A für die Binärkombination, die die nächste Ziffer darstellt. Der Zähler gemäß Abb. 9.11d arbeitet mit höherer Geschwindigkeit als der Zähler in Abb. 9.11a, dessen Flip-Flops ihren Zustand gleichzeitig ändern. Nur kann man nicht ohne weiteres ein Ausgangssignal ableiten, welches anzeigt, daß die dezimale Ziffer 0 erreicht ist. Bei der Zählervariante d schaltet jeder Flip-Flop mindestens zweimal zwischen 0 und 1 hin und her, wenn die zehn Binärziffernkombinationen durchlaufen werden. Deshalb kann man das $\overline{Y}$-Signal irgend eines Flip-Flops nicht als Ausgangssignal verwerten. Ein Ausgangssignal, das die dezimale Ziffer 0 anzeigt, erhält man, indem man die $\overline{Y}$-Ausgangssignale der Flip-Flops B und D in einem UND-Glied zusammenfaßt, weil diese beiden Flip-Flops nur für die Ziffer 0 und keine andere Ziffer gleichzeitig null sind.

Mit J-K-Flip-Flops, die zusätzlich Rückstell- und Stell-Eingänge (R und S) haben, wie es bei manchen verfügbaren Bausteinen der Fall ist, kann man weitere Dezimalzählervarianten entwickeln, aber der Verfasser kennt keine, die den schon beschriebenen überlegen ist.

Literatur zu Kapitel 9

Gasgefüllte Zählröhren

A transistorized cold cathode decade counter, H. Sadowski and M. E. Cassidy (U. S. Atomic Energy Commission), IRE National Convention Record, V 7, Part 9, pp. 241 to 221 (Mar. 59).

Miniature gas-filled tubes for high-speed counting (the type EZ-10), K. Apel and P. Berweger (Switzerland), Electronics, V 33, N 8, pp. 46—47 (Feb. 19, 1960).

Transistors drive half-megacycle cold-cathode scaler (the type EZ-10), M. Birk, H. Brafman, and J. Sokolowski (Israel), Electronics, V 34, N 41, pp. 60—61 (Oct. 13, 1961).

Dekatron scaler employing transistor drive circuit, G. Bradford and R. B. Galloway, Journal of Scienti ic Instruments, V 39, pp. 11—12 (Jan. 62).

A new Dekatron for direct operation of digitrons, R. Reaney, Electronic Engineering, V 34, pp. 372—376 (June 62).

1 mc/s scaler using gas-filled cold cathode counting tube EZ-10, F. Pozar, Nuclear Instruments and Methods, V 16, pp. 310—312 (Aug. 62).

A transistorized requency divider for use with cold-cathode counting tubes, F. Pozar, Electronic Engineering, V 35, pp. 682—683 (Oct. 63).

A new poly-anode counting tube, the Polyatron, Y. Hatta, H. Mase, and M. Sugawara (Japan), The Radio and Electronics Engineer (J. British IRE), V 26, pp. 383—387 (Nov. 63).

Some simple Dekatron coupling circuits, A. J. Oxley, Electronic Engineering, V 36, pp. 227—232 (Apr. 64).

Using cold-cathode tubes to count and store, G. Jeynes (England), Electronics, V 38, N 8, pp. 80—89 (Apr. 19, 1965).

Operation of a Dekatron valve controlled by a magnetic field, A. W. Gooder and M. H. N. Potok, Electronic Engineering, V 37, pp. 318—320 (May 65).

Spezielle Zählröhren

Special-purpose tubes for computer applications, S. Kuchinsky (Burroughs), Proc. Western JCC, V 13, pp.j96–102 (May 58).
Beam-X switch, Brochure BX535C, Burroughs Corp. (1965).

Ringzähler

Why a ring counter? J. Durio (Collins Radio), Electronics, V 36, N 4, pp. 44–46 (Jan. 25, 1963).

Schieberegisterzähler

Shift registers with logical feedback and their use as counting and coding devices, A. N. Radchenko and V. I. Filippov (Russia), Automation and Remote Control, V 20, pp. 1467–1473 (Nov. 59); reviewed by T. C. Bartee, IRE Trans. on Elec. Comp., V EC-10, pp. 106 (Mar. 61).
Counting with feedback shift registers by means of a jump technique, P. R. Bryant, F. G. Heath, and R. D. Killick (England), IRE Trans. on Elec. Comp., V EC-11, pp. 285–286 (Apr. 62).
The synthesis of cyclic code generators, P. E. K. Chow and A. C. Davies, Electronic Engineering, V 36, pp. 253–259 (Apr. 64).
Designing shift counters, A. I. Perlin (Aircraft Armaments, Inc.), Computer Design, V 3, N 12, pp. 12–16 (Dec. 64); letters on subject: V 4, N 4, pp. 12, 15 (Apr. 65).

Biquinär-Zähler

A 100 kc add-subtract transistorized decade counter, R. A. Hempel (Robotomics), Semiconductor Products, V 5, N 6, pp. 19–24 (June 62).
The high speed collector steered quinary counter, A. Hemel (Hallicrafters), Proc. National Electronics Conference, V 18, pp. 159–165 (Oct. 62).
Bi-quinary scaling: accuracy and simplicity at 500 mc, R. Engelmann (Consultant), Electronics, V 36, N 46, pp. 34–36 (Nov. 15, 1963).

Zähler mit vier Flip-Flops

Design of a high-speed transistor decimal counter with neon-bulb read-out, R. D. Lohman (RCA), IRE WESCON Convention Record, V 1, Part 5, pp. 40 58 (Mar. 57).
A 1 mc/s transistor decade counter, C. G. Bradshaw, Electronic Engineering, V 31, pp. 96 to 97 (Feb. 59).
Steering circuits control reversible counters, R. D. Carlson (Victor Adding Machine Co), Electronics, V 33, N 1, pp. 86–88 (Jan. 1, 1960).
An economical reversible transistor decade counter, I. Scollar, Electronic Engineering, V 33, pp. 597–599 (Sept. 61).
Novel coincidence technique for transistor decade counter, P. K. Malhotra and R. Parshad (India), Electronics, V 36, N 7, pp. 71–72 (Feb. 15, 1963).
A bidirectional decade counter with anti-coincidence network and digital display, A. F. Tassinari, Electronic Engineering, V 36, pp. 173–177 (Mar. 64).
An integrated decade counter and binary to decimal decoder, J. E. Price (Fairchild), International Solid-State Circuits Conference Digest of Technical Papers, V 8, pp. 10 to 11 (Feb. 65).
Modified decade counter eliminated components, P. Ward (TI), Electronics, V 38, N 25, pp. 74–75 (Dec. 13, 1965).

Verschiedenes

Poly-aperture cores used in nondestructive read-out counter (decimal version employs nine transfluxors and four transistors), W. R. JOHNSTON (Telemeter Magnetics), Proceedings of the Special Technical Conference on Nonlinear Magnetics and Magnetic Amplifiers (AIEE Publication T 121), pp. 68—73 (Oct. 60).

ISABEL (Iso Status Accumulating Binaries using Extraordinary Logic), J. A. GOSS, Electronic Engineering, V 32, pp. 630—634 (Oct. 60).

A self-indicating magnetic scaling system using electro-deposited nickel-iron film cores, E. FRANKLIN, Journal of the British IRE, V 23, pp. 69—79 (Jan. 62).

Diode matrix shrinks decimal counter (employs 90 diodes and 12 transistors; ten of the transistors store a decimal digit, and the diodes cause all but one of these to be cut off), R. W. WOLFE (Burroughs), Electronics, V 35, N 13, pp. 50—52, 89 (Mar. 30 1962).

Synthesis of nonconstant weight binary codes for minimum diode counters, J. E. OLIVARES (Hughes Aircraft), IEEE Trans. on Elec. Comp., V EC-14, pp. 69—72 (Feb. 65).

Counters and shift registers using static switching units, J. F. YOUNG, Electronic Engineering, V 37, pp. 161—163 (Mar. 65).

Ideally fast decimal counters with bistables, I. BRCIC (Yugoslavia), IEEE Trans. on Elec. Comp., V EC-14, pp. 733—737 (Oct. 65).

IC bidirectional counters, K. D. SMITH (General Instrument Corp.) Electronic Design, V 15, N 2, pp. 58—63 (January 18, 1967).

10. SPEZIELLE DIGITALE BAUELEMENTE UND SCHALTUNGEN

Außer den in den vorigen Kapiteln beschriebenen Bauelementen und Schaltungen existiert noch eine Reihe von Elementen, die im Laufe der Zeit zur Realisierung von logischen Operationen und Speicherfunktionen herangezogen wurden. Alle Arten von physikalischen Phänomenen wurden als Grundlage für neue Elemente vorgeschlagen. In manchen Fällen, insbesondere bei Verzögerungsleitungen, konnten die so entstandenen Bauelemente mit einem gewissen Erfolg wenigstens in einem kleinen Bereich der digitalen Technik verwendet werden. Der Rangfolge nach stehen die meisten der hier in dieser gemischten Klasse von Bauelementen beschriebenen Typen höchstens an zweiter Stelle nach den Dioden und Transistoren bezüglich ihres Einsatzes für logische Elemente und nach den Magnetkernen und Magnetschichten für Speicher, die in den Kapiteln 2 bis 5 behandelt wurden.

Deshalb ist der Zweck dieses Kapitels weniger, Hinweise für den Entwurf eines Systems als vielmehr eine vom akademischen Standpunkt aus vollständige Darstellung zu geben, die eine Grundlage für das Studium der entsprechenden Quellen als Ausgangspunkt für die Entwicklung neuer digitaler Bauelemente sein soll.

10.1. Verzögerungsleitungen

Verzögerungsleitungen verdienen, in einem solchen Buch in einem separaten Abschnitt behandelt zu werden, weil sie die früheste Erfindung zur Speicherung großer Mengen digitaler Informationen darstellen und weil sie in der einen oder der anderen Form fortwährend verwendet wurden. Andererseits stellen Verzögerungsleitungen einen sehr geringen Teil aller digitalen Speichereinheiten dar. Denn eigentlich haben die Speicher mit Verzögerungsleitungen zwei ernsthafte Mängel:

1. erfordert das System mit einer Verzögerungsleitung als Speicher eine zeitlich sehr genau synchrone Steuerung und

2. kann ein Bit, welches einmal gespeichert ist, solange nicht abgenommen werden, bis es das andere Ende der Leitung erreicht hat, während sonst (wie in Richrds, „Electronic Digital Systems“ bereits angeführt wurde) doch meistens ein ständiger, unmittelbarer Zugriff zu einem gespeicherten Bit (oder zu einer Bit-Gruppe, einem sog. Wort) gefordert wird.

Außer für relativ seltene Anwendungen, wo in digitalen Systemen nach einer bestimmten Zeit nach der Speicherung eine ,,Erholung" des Speichers gefordert wird, können als einziger Vorteil der Verzögerungsleitungen ihre niedrigen Kosten angeführten werden. In manchen Fällen ergaben die Verzögerungsleitungen im Vergleich zu anderen Speichermedien zweifellos niedrigere Kosten des Systems, aber angesichts der billigeren Kernspeicher schwindet dieser Vorteil wieder vollständig. Weil die Kosten so vom Stand der Technik abhängen und immer das Verhältnis Leistungsfähigkeit/Kosten maßgebend ist, lohnt es sich nicht, diesen Gegenstand weiter zu verfolgen.

Der Name ,,Verzögerungs"leitung rührt von der früheren nichtdigitalen Verwendung von Übertragungsleitungen her, die dazu dienten, die Fortpflanzungsgeschwindigkeit eines elektrischen Impulses zu verringern, so daß die Laufzeit des Impulses durch die Leitung anstieg. Mit anderen Worten, die ankommenden Impulse erscheinen ,,verzögert" im Vergleich mit den Impulsen, die durch eine gewöhnliche Zweidrahtleitung oder eine Koaxialleitung gelaufen sind. Eigentlich wird für die Speicherfunktion keine Verzögerung in diesem Sinne gebraucht. Die Verzögerung, die naturgemäß in einer konventionellen Übertragungsleitung auftritt (im Vergleich zu einem elektromagnetischen Impuls, der mit Lichtgeschwindigkeit durch den Raum läuft) wird tatsächlich für die Speicherung nicht benötigt. Die endliche Zeit für einen Impuls, um von einem Punkt im Raum zu einem anderen zu laufen, könnte als Speichermedium verwendet werden. Um ein Bit (dargestellt durch einen Impuls) an ungefähr dem selben Punkt im System wiederzufinden, an dem es gespeichert wurde, müßte die Übertragungsleitung zu einem Reflektor und dann zurück zur Quelle führen.

Solchermaßen den Raum als ,,Verzögerungsleitung" zu benutzen, wurde immer als höchst unpraktisch angesehen, weil der Abstand zu lang sein müßte, um eine annehmbare Zahl von Bits auf der Leitung zu speichern. Weil z. B. die Geschwindigkeit des Lichtes (oder der elektromagnetischen Energie irgend einer Frequenz) im Raum 300000 km/s beträgt, würde ein Bit für 0,3 km eine Mikrosekunde brauchen, so daß für die Speicherung von nur 10 Bits mit einer Impulsfolgefrequenz von 1 Megahertz eine Leitungslänge von insgesamt 3 km notwendig wäre (die Hälfte davon bei Reflexion am entfernten Ende). Für höhere Impulsfolgefrequenzen wäre die erforderliche Leitung natürlich kürzer, jedoch sogar eine Bit-Folgefrequenz von 1 Gigahertz (1000 MHz), die schon über die technisch praktikablen Möglichkeiten hinausgeht, machte für nur 10 Bits noch eine gesamte Leitungslänge von ungefähr 3 m notwendig. Es wäre eine Mehrfachreflexionseinrichtung denkbar, wobei eine Speicherung auf einer Übertragungsleitung mit Lichtgeschwindigkeit bei annehmbaren Abmessungen mit einer höheren Geschwindigkeit erreicht werden kann, jedoch wurden keine Bemühungen um eine Entwicklung eines solchen Gerätes bekannt. Anstatt dessen interessiert man sich nur für Leitungen mit einer Fortpflanzungsgeschwindigkeit, kleiner als die Lichtgeschwindigkeit.

Die wichtigsten Elemente eines Speichers mit Verzögerungsleitung sind als Blockschaltbild in Abb. 10.1 aufgeführt. Ein Bit wird im allgemeinen dadurch gespeichert, daß das Auftreten oder Fehlen eines zirkulierenden Impulses eine binäre Eins bzw. Null darstellt. Um eine Eins zu speichern, muß ein Impuls an der gezeigten Stelle eintreten. Nachdem der Impuls das ODER-Glied passiert hat, betätigt er den Treiber der Verzögerungsleitung, um einen für die jeweilige Verzögerungsleitung benötigten Impuls zu erzeugen. Am anderen Ende der Leitung wird der Impuls wieder in ein elektrisches Signal umgesetzt (falls die Verzögerungsleitung keine elektrischen Impulse verwendet), und nach

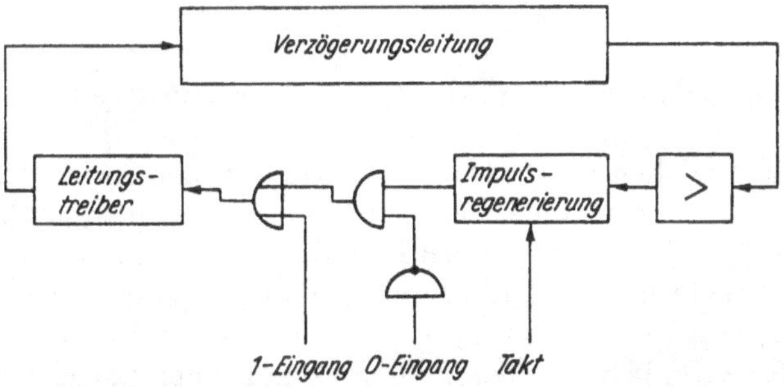

Abb. 10.1. Speichereinheit mit Verzögerungsleitung

einer Verstärkung des Impulse werden sie einer Regenerierungsschaltung zugeführt. Hier erhalten sie die richtige Kurvenform, ehe sie wieder in die Leitung zurückkehren. Da die einzelnen Bits nur durch ihre zeitliche Beziehung zu Impulsen außerhalb des gezeigten Speichers unterschieden werden können, müssen sowohl die Zeitpunkte als auch die Kurvenform regeneriert werden. Das erfolgt durch eine kontinuierliche Folge von Taktimpulsen in der Impuls-Regenerierungsschaltung.

Die Impuls-Regenerierungsschaltung kann verschiedenartig aufgebaut sein. Die am meisten verwendete Schaltung regeneriert die Impulse eigentlich gar nicht. Anstelle dessen werden die ruckkehrenden Impulse nur verwendet, um den Eintritt eines neuen Impulses, der meistens ein Taktimpuls selbst ist, zu steuern. Eine andere Möglichkeit besteht darin, den Taktimpuls sehr kurz zu gestalten und die rückkehrende Impulswelle zu geeigneten Zeiten abzutasten. Wenn ein Abtastwert eine vorherbestimmte Amplitude übersteigt, so entsteht auf diese Weise ein Triggersignal, mit dem zum richtigen Zeitpunkt ein ganz neuer Impuls mit geeigneter Amplitude und Kurvenform erzeugt wird.

Eine Null tritt auf, indem ein Signal an den in Abb. 10.1 bezeichneten Punkt gelegt wird. Da es über einen Inverter zum UND-Glied geführt wird, entsteht die Null effektiv durch das Absperren einer 1, die zu dieser Zeit am Ausgang des Impulsgenerators liegt.

Zusätzlich zu den im Bild angeführten Blocks müssen noch Maßnahmen getroffen werden, damit man die Bedeutung der einzelnen Bits feststellen kann.

Zum Beispiel in einer 6-Bit-Einheit mögen die zirkulierenden (gespeicherten) Bits drei Einsen gefolgt von drei Nullen sein, und man wird nun feststellen müssen, ob die gespeicherten Bits 111000, 011100, 001110, 000111, 100011 oder 110001 bedeuten. Man könnte dazu einen Zähler verwenden, der durch dieselben Taktimpulse betätigt wird, die auch zur Bitregenerierung verwendet werden, und der nach jedem sechsten Eingangsimpuls einen Ausgangsimpuls erzeugt. Die Bits im Speicher können dann durch ihre Zeitverschiebung gegenüber dem Zählerausgang identifiziert werden. Wenn zwei oder mehr 6-Bit-Speicher im selben System verwendet werden, so kann natürlich ein Zähler für alle dienen.

10.2. Elektrische Verzögerungsleitungen

Bei einer gewöhnlichen elektrischen Übertragungsleitung in Form eines verdrillten Leiterpaares oder eines Koaxilakabels beträgt die Fortpflanzungsgeschwindigkeit $\beta = 1/(L'C')^{1/2}$, wobei L' und C' die Induktivität und Kapazität pro Einheit der Leiterlänge sind. Diese Geschwindigkeit ist immer kleiner als die Lichtgeschwindigkeit im Raum, jedoch nicht wesentlich kleiner. Zum Beispiel beträgt die Zeit, bis eine Welle 30 cm längs einer Leitung gewandert ist, bei einem Standardkoaxialkabel ungefähr 1,3 Nanosekunden; das entspricht 80% der Ausbreitungsgeschwindigkeit im Raum. Deshalb lohnt sich die Verwendung gewöhnlicher Übertragungsleitungen genau wie die der elektromagnetischen Wellen im freien Raum ebenfalls nicht. Nur wenige vereinzelte Experimente mit solchen Verzögerungsleitungen wurden dem Verfasser bekannt. Arbeiten dazu sind im Schrifttum am Ende des Kapitels enthalten. Bei einer der neueren Untersuchungen war die Verzögerungsleitung in gedruckter Schaltungstechnik hergestellt und bestand aus einem in Schleifen liegenden Draht auf einer Unterlage, die in den Abmessungen einem digitalen Schaltungsbaustein vergleichbar war. Jedoch mit nur 8 Bits in einer Leitung war der Speicher besetzt, und mit der Anwendung der integrierten Schaltungstechnik scheint ein Schieberegister mit der entsprechenden Zahl von Stufen im Vorteil zu sein. Bei einem anderen Experiment war die Speicherfähigkeit in einer einzelnen Strecke eines Koaxialkabels mit 150 Bits ausgelastet.

Um für digitale Speicher aus Verzögerungsleitungen wirklich ausreichende Verzögerungen zu erzeugen, müssen entweder L' oder C' oder beide durch wirkungsvollere Maßnahmen erhöht werden. C' kann durch geringere Abstände zwischen den beiden Leitern erhöht werden, was sich beim Koaxialkabel so auswirkt, daß der äußere Zylinder vom mittleren Draht nur durch eine dünne Isolierschicht getrennt ist. Um L' zu erhöhen, können einer der beiden oder auch beide Leiter in Form einer Wendel anstelle eines kreisrunden Zylinders angeordnet werden. Zwar ist so eine Verzögerungsleitung für manche Radarzwecke und andere nichtdigitale Einrichtungen akzeptabel, jedoch die Kurvenform der Impulse, die über eine lange Leitung laufen, wird verändert. Das rührt daher, daß die verschiedenen Frequenzanteile eines Impulses mit unterschiedlicher Geschwindigkeit laufen. Der Geschwindigkeitsunterschied resultiert daraus, daß L' in einem Wendelleiter nicht konstant, sondern von der Frequenz abhängig ist, da der Strom in benachbarten Windungen bei verschiedenen Frequenzen unterschiedliche Phasenlage aufweist. Wegen der Impulsverzerrung ist die zulässige Länge und damit die Speicherkapazität einer solchen Leitung (bekannt als Leitung mit verteilten Parametern) sehr begrenzt. Wieviele Bits gespeichert werden können, hängt nicht nur von der Leitungscharakteristik, sondern auch von der Güte der Schaltung ab, mit der am anderen Ende der Leitung die binäre Information aus der resultierenden Impulswelle gezogen wird. Jedoch als praktisch obere Grenze galten bisher 10 oder 15 Bits. Beispiele der Verwendung einer Leitung mit verteilten Parametern wurden nicht unmittelbar bekannt.

In den Anfängen der Technologie elektronischer Rechner verwendeten manche Rechner binäre Speicher (für denselben Zweck wie Flip-Flops), wo die Speicherung eines einzelnen Bits durch das Umlaufen eines Impulses in einer Verzögerungsleitung mit verteilten Konstanten der oben beschriebenen Kategorie erfolgte. Diese „dynamischen" Speicher, wie sie meist genannt wurden, erforderten eine vollsynchrone Betriebsweise für das ganze System. Wie früher in diesem Buch erklärt wurde, ist die vollsynchronisierte Arbeitsweise seit einigen Jahren in Mißkredit, und deshalb werden dynamische Speicher mit ihren dazugehörigen Verzögerungsleitungen jetzt häufig als veraltet angesehen.

Verzögerungsleitungen mit verteilten Parametern kann man durch solche mit konzentrierten Parametern ersetzen. Anstelle. daß zur Erhöhung von L' oder C' die Struktur einer Zweidrahtleitung verändert wird, besteht eine Leitung mit konzentrierten Parametern aus diskreten induktiven Elementen in Reihe mit Kondensatoren, die zwischen jedem Verbindungspunkt und einem gemeinsamen Punkte liegen, der dem zweiten Leiter in einer gewöhnlichen Leitung entspricht. Die einzelnen Induktivitäten benachbarter Leitungsteile können auch gegenseitig induktiv gekoppelt sein. In beiden Fällen kann die physikalische Anordnung eine der vielen verschiedenen Formen haben, von denen keine an die parallelen Pfade einer Zweidrahtleitung zu erinnern braucht.

Die Zahl von Bits, die auf einer Leitung mit konzentrierten Parametern zu speichern möglich ist, kann nicht größer sein als die Zahl der Paare von Induktivitäten und Kapazitäten, weil das die Zahl der einzelnen Signalpunkte auf der Leitung ist. In praktischer Hinsicht ist die Speicherfähigkeit jedoch viel kleiner als diese Zahl. Mit verlustfreien Induktivitäten und Kapazitäten könnte die Qualität einer Verzögerungsleitung mit konzentrierten Parametern unendlich erhöht werden, wenn immer kleinere Induktivitäten und Kapazitäten in immer mehr konzentrierten Gliedern hintereinanderliegen. Weil aber die Komponenten nicht verlustfrei sind, ist die maximale Speicherfähigkeit sehr begrenzt. Die Güte einer Leitung kann man durch die Anstiegszeit des Ausgangssignals als Antwort auf ein sprungförmiges Eingangssignal beurteilen. Für eine vorliegende Leitung ist die Anstiegszeit ungefähr proportional der

Leitungslänge. Wenn deshalb die Leitungslänge vergrößert wird, um die Speicherkapazität zu erhöhen, so überlappen sich die aufeinanderfolgenden Impulse immer mehr. Die Notwendigkeit die Bit-Folgefrequenz reduzieren zu müssen, bedeutet eine Begrenzung der Speicherfähigkeit, die nicht durch Verlängerung der Leitung erhöht werden kann.

Eine brauchbare mathematische Analyse der Leitungen mit konzentrierten Parametern, um die Kapazität digitaler Speicher angeben zu können, ist nicht bekannt geworden. Versuche dazu zeigten eine praktische obere Grenze von 20 Bits. Der Verfasser hörte von einigen europäischen Rechnern, die Verzögerungsleitungen mit konzentrierten Parametern für digitale Speicher mit kleiner Kapazität verwenden, jedoch ist das schon einige Jahre her. Möglicherweise kann die Speicherfähigkeit von Leitungen mit konzentrierten Parametern durch den Einsatz supraleitender Bauelemente erhöht werden.

10.3. Magnetostriktive Verzögerungsleitungen

In magnetostriktiven Verzögerungsleitungen (bekannt etwa seit 1950) ist der Ausbreitungsmechanismus mechanischer, nicht elektrischer Natur, und man spricht häufig von einer Ultraschalleitung. Die Leitung ist in diesem Falle ein einzelner runder Draht von wenigen hundertstel Millimeter Durchmesser und ist gewöhnlich in Windungen von einigen Zentimeter Durchmesser gelegt, um die notwendige Länge zu haben und um gleichzeitig in einem Gehäuse mit annehmbaren Abmessungen Platz zu finden, obwohl für Leitungen mit relativ kurzer Verzögerungszeit auch Geraddrahtausführungen bekannt sind.

Die Umsetzung der elektrischen Signale des digitalen Systems in mechanische Wellen und umgekehrt erfolgt durch die Magnetostriktion, ein Phänomen, bei dem durch Anlegen eines Magnetfeldes in einem Material (welches dieses Phänomen zeigt) eine mechanische Spannung erzeugt wird. Umgekehrt können sich die magnetischen Eigenschaften eines Materials ändern, wenn eine mechanische Beanspruchung erfolgt. Das Vorzeichen des Effektes kann positiv oder negativ sein. Bei Nickel, das meist verwendete magnetostriktive Material, bewirkt ein angelegtes Feld eine Kontraktion des Materials.

Die hauptsächlichen Bauelemente einer magnetostriktiven Verzögerungsleitung sind im Querschnitt in Abb. 10.2 schematisch gezeigt. Der Geber- und Empfängerwandler kann jeweils zu ganz verschiedenen physikalischen Geräten gehören. Im Bild liegt die Spule konzentrisch zur Achse des Drahtes und ist in ein toroidales Gehäuse aus Magnetwerkstoff mit einem Querschnitt, den die schraffierte Fläche zeigt, eingeschlossen. Fließt ein Strom durch die Spule, so verlaufen die Kraftlinien so durch den Magnetwerkstoff, daß jede Kraftlinie entweder den Spalt nahe dem magnetostriktiven Draht überspringt oder dem Draht für einen kurzen Abschnitt folgt. Das physikalische Entwurfsproblem ähnelt sehr dem bei magnetischen Flächenspeichern, wie es im einzelnen im Kapitel 5 behandelt wurde, speziell Abb. 5 geht hierauf ein. Um die Montage

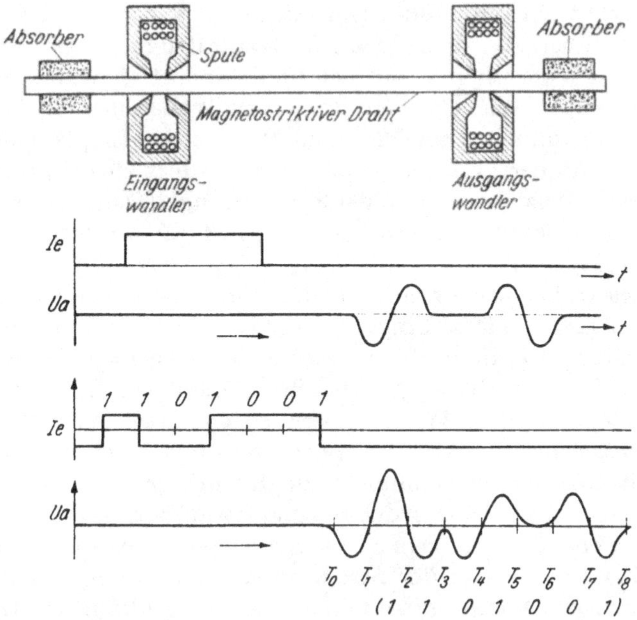

Abb. 10.2. Magnetostriktive Verzögerungsleitung (NRZ-Betrieb)

des Kopfes zu ermöglichen, besteht das Magnetgehäuse aus 2 Hälften, wie es meistens bei vielen Formen von Impulstransformatoren gehandhabt wird.

Die Längsspannung und die daraus folgende Dehnung, die durch einen im Geberwandler aufgebrachten Strom erzeugt werden, leiten eine mechanische Welle ein, die sich nach beiden Richtungen entlang des Drahtes fortpflanzt. Die sich nach links in Abb. 10.2a ausbreitende Welle wird durch ein Dämpfungsglied absorbiert, das meist aus 2 Gummiblöcken besteht, die von beiden Seiten gegen den Draht gepreßt werden. Wenn eine Welle das linke Ende des Drahtes erreicht, wird sie in gewöhnlicher Weise zurück nach rechts reflektiert und andererseits wiederum gedämpft, wenn sie das Dämpfungsglied erreicht. Die nach rechts laufende Welle wird für die Speicherung verwendet.

Am Empfängerwandler liegt der Draht im Bereich des Luftspaltes ständig in einem magnetischen Längsfeld. Dieses Vorspannungsfeld kann erzeugt werden:

1. durch ein zusätzliches Bauelement (im Bild nicht gezeigt), welches ein Dauer- oder Elektromagnet sein kann,

2. indem an die Spule des Empfängerwandlers ein Vorstrom gelegt wird oder

3. indem man den Empfängerwandler aus einem Magnetwerkstoff mit hoher remanenter Magnetisierung herstellt (nahezu rechteckiger Hystereseschleife) und vormagnetisiert.

Wenn der Draht zeitweilig unter dem Einfluß des magnetischen Feldes steht, so ändert die vorübergehende Dehnung im Draht den magnetischen Widerstand des Magnetkreises, der Magnetfluß der Spule ändert sich, und ein Ausgangsimpuls wird erzeugt. Wenn die mechanischen Wellen den Draht durchlaufen haben und die Spannungen im Draht im Bereich des Empfangswandlers vorüber sind, so kehrt der Fluß auf seinen Anfangswert zurück, und ein Impuls entgegengesetzter Polarität wird in der Spule erzeugt. Die mechanischen Wellen pflanzen sich nach rechts fort, wo sie endlich durch ein zweites Dämpfungsglied absorbiert werden.

Der Eingangsstrom und die resultierenden Ausgangsimpulse sind in Abb. 10.2b gezeigt. Das Anlegen eines Eingangsstromes erzeugt einen Ausgangsimpuls beider Polaritäten. Die Zeitdifferenz zwischen diesen zwei Ereignissen ist von der Länge der Leitung abhängig. Die Beendigung des Eingangsstromes ruft ebenfalls eine mechanische Welle hervor, so daß nach einer entsprechenden zeitlichen Verzögerung ein zweiter Doppelimpuls mit entgegengesetzter Reihenfolge der Polarität der Einzelimpulse zu der des ersten Impulses erscheint.

Ein hervorragendes Merkmal der magnetostriktiven Verzögerungsleitungen erkennt man, wenn man die Dauer des Eingangsstromes wesentlich kürzer als in Abb. 10.2b wählt. Wenn der Strom annähernd so lange eingeschaltet ist, wie die mechanische Welle braucht, um einen Weg gleich der Luftspaltlänge im Wandler zu durchlaufen, so überlappen sich die zwei Impulse doppelter Polarität so, daß sie als ein Impuls mit doppelter Amplitude erscheinen, dem ein Impuls entgegengesetzter Polarität vorausgeht und folgt. Ob diese Impulswelle auftritt oder nicht, kann zur Darstellung einer Eins bzw. einer Null verwendet werden, wobei bei der Abtastung nur der mittlere Impuls mit doppelter Amplitude berücksichtigt zu werden braucht. Wenn dann der Eingangs-Stromimpuls, der die nachfolgende Binärziffer darstellt, um den gleichen Zeitbetrag getrennt ist, so fällt der nachfolgende Teil der einen Ausgangsimpulswelle hinsichtlich des Zeitpunktes und der Polarität mit dem vorausgehenden Teil der nächsten Impulskurvenform zusammen und erzeugt einen Impuls doppelter Amplitude und negativer Polarität, aber dieser Impuls beeinträchtigt den eine Ziffer darstellenden Impuls nicht. Jedoch wenn versucht wird, kürzere Eingangsimpulse oder engere Zwischenräume einzuhalten, so wird die Überlappung der Impulsteile zu fehlerhaft, um die digitale Information am Empfängerwandler wieder erhalten zu können. Deshalb sollte im Interesse einer hohen Pulsfolgefrequenz und entsprechend großer Speicherfähigkeit für eine gegebene Leitungslänge die Luftspaltlänge im Wandler so klein wie praktisch möglich sein. Gewöhnlich wird für beide Wandler die gleiche Luftspaltlänge vorgesehen.

Man kann die Ziffernfolgefrequenz und die Speicherkapazität für eine gegebene Leitungslänge verdoppeln, indem man eine Technik verwendet, bei der nicht auf null zurückgekehrt wird (NRZ-Technik), wie es in Abb. 10.2c demonstriert ist. Das Konzept ist im Prinzip der NRZ-Technik bei magnetischen Flächenspeichern ähnlich. Aber da eine einzelne Änderung des Eingangsstromes Impulse doppelter Polarität erzeugt, treten einige wichtige Komplikationen auf.

Eine Eins sei durch eine Umkehr der Polarität im Eingangsstrom dargestellt, und eine 0 durch keine Änderung. Im Bild ist eine Abtastfolge von Ziffern gezeigt. Ist die Zeit zwischen den aufeinanderfolgenden Ziffern ungefähr gleich der Zeit, die die mechanische Welle zum Durchlaufen des Luftspaltes braucht, so ist die Ausgangskurvenform qualitativ im unteren Diagramm gezeichnet. Sowohl in der Eingangs- als auch in der Ausgangstechnik sind Änderungen möglich, aber mit der im Bild angenommenen Variante tritt die Überlappung der Impulse immer auf, wenn zwei aufeinanderfolgende Einsen in der Ziffernfolge vorkommen. Jedoch die dabei entstehende doppelte Amplitude des Ausgangssignals beeinflußt das Erkennen der Binärziffern nicht, weil die Impulswelle zu den durch senkrechte Striche markierten Zeitpunkten abgetastet wird.

Die erste Abtastung wird zwischen den Zeitpunkten T_0 und T_1 vorgenommen, aber von dieser Abtastung wird nur vermerkt, wie ihre Polarität ist und ob ihre Amplitude größer als eine gewisse Schwelle ist. Die Abtastung zwischen T_1 und T_2 ist größer als die Schwellenamplitude und von entgegengesetzter Polarität gegenüber der ersten Abtastung. Dieses Ergebnis zeigt eine Eins an. Für alle Ziffern in der Folge gilt für ihre Erkennung folgende Regel: Die Ziffer 1 liegt vor, wenn der Impuls zur entsprechenden Zeit größer als eine vorher festgelegte Schwelle ist und ihm ein Impuls entgegengesetzter Polarität vorausging, der ebenfalls größer als diese Schwelle war. Als ein anderes Beispiel ist die Abtastung zwischen T_3 und T_4 größer als die Schwelle, aber die Ziffer ist 0, weil der vorhergehende Impuls dieselbe Polarität aufwies. Die Abtastung zwischen T_6 und T_7 liefert ebenfalls eine 0, weil in diesem Falle der vorhergehende Impuls (in diesem Falle überhaupt kein Impuls) kleiner als die Schwelle war.

So wie die mechanische Welle entlang des Drahtes läuft, verzerrt sich die Kurvenform allmählich, da sich die verschiedenen Frequenzanteile mit etwas unterschiedlicher Geschwindigkeit fortpflanzen. Für eine gegebene Pulsfolgefrequenz begrenzt dieser Dispersionseffekt die Länge der praktisch verwendbaren Leitung, und für eine gegebene Leitungslänge ist die Pulsfolgefrequenz begrenzt. Die Dispersion ist für die longitudinale Arbeitsweise, die in Abb. 10.2a verwendet wurde, relativ groß. Sie nicht ist so groß bei Torsionswellen. Deshalb konzentrierte man bei Leitungen mit großen Verzögerungen in den letzten Jahren das Interesse auf die Entwicklung geeigneter Mittel, um Torsionswellen zu erzeugen. Erzeugen und erkennen kann man Torsionswellen mehr oder weniger direkt mit Hilfe geeigneter piezoelektrischer Wandler an den Enden des Drahtes. Die allgemeinere Darstellung verwendet jedoch Longitudinal-Torsionswellenwandler, wie sie auf Abb. 10.3 illustriert sind.

In Abb. 10.3 ist ein Paar der Enden zweier magnetostriktiver Stränge zusammengefaßt. Die beiden anderen Enden müssen nicht unbedingt aus magnetostriktivem Material sein. Weiterhin ist je eine Spule auf diesen Schenkeln angebracht; beide Spulen sind in Reihe geschaltet und werden mit dem Vorstrom so gespeist, daß ein Eingangsstrom am Wandler einen Strang zusammenzieht, den anderen verlängert. Dadurch wird eine Drehkraft auf den Draht

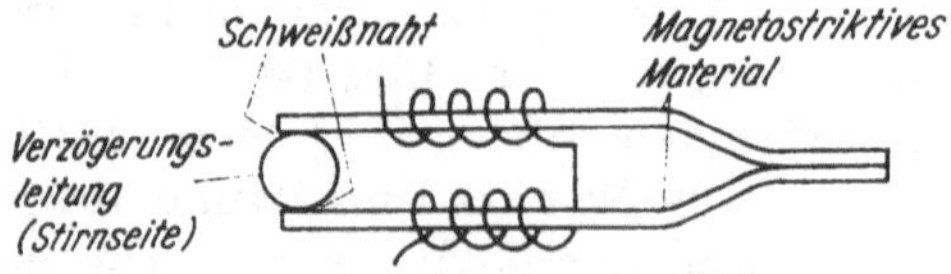

Abb. 10.3. Longitudinal-Torsionswellenwandler

ausgeübt, und in beiden Richtungen wandert eine Torsionswelle längs des Drahtes. Die Welle in der einen Richtung wird, wie zuvor, durch ein Dämpfungsglied absorbiert. Die Welle in der anderen Richtung läuft zu einem ähnlichen Torsions-Longitudinalwellenwandler als Empfänger und dann ebenfalls zu einem Absorber. Am Empfängerwandler ruft eine Drehbewegung des Drahtes in den beiden Strängen entgegengesetzte mechanische Spannungen hervor. Die dadurch induzierten Spannungen in den beiden mit richtiger Polarität in Reihe geschalteten Spulen addieren sich. Am Empfängerwandler müssen wieder Vorkehrungen getroffen werden (in Abb. 10.3 nicht gezeigt), um ein magnetisches Feld in den magnetostriktiven Strängen aufrechtzuerhalten. Dieses Feld muß longitudinal zu den Strängen verlaufen.

Im Longitudinal-Torsionswellenwandler braucht die Übertragung der Bewegung längs der Stränge zwischen den Spulen und dem Draht kein Wellenvorgang zu sein, wenigstens nicht in demselben Sinne, wie die mechanische Welle entlang des Drahtes wandert. Daher muß die aktive Zone in den Strängen (die von der Spule umschlossene Zone) keinen Magnetwerkstoff enthalten, wie das bei der Konstruktion gemäß Abb. 10.2a der Fall war. Mit anderen Worten, die Konstruktion des Signalgebers und Signalempfängers ist für den Betrieb mit hohen Frequenzen besser geeignet.

Die Fortpflanzungsgeschwindigkeit in cm/s beträgt für Longitudinalwellen $(E/\varrho)^{1/2}$ und für Torsionswellen $[E/(2\,\varrho\,(1+\sigma))]^{1/2}$, wobei E den Youngschen Modul in dyn/cm², ϱ die Dichte in g/cm³ und σ den Poissonfaktor (ungefähr 0,3) bedeuten. Für Nickel ergibt sich eine Zeitverzögerung von ungefähr 2 ms pro Zentimeter für Longitudinalwellen und ungefähr 3,2 ms pro Zentimeter für Torsionswellen. Die niedrige Geschwindigkeit und die entsprechend längere Verzögerung für die Torsionswellen wird manchmal als einer ihrer Vorzüge angesehen.

Beim Entwurf unangenehmer als die Frage der Größe der Geschwindigkeit selbst ist die Temperaturänderung der Geschwindigkeit. Temperaturänderungen können sowohl in E als auch in ϱ eingehen. Besonders problematisch wird das bei langen Leitungen, die mit einer hohen Pulsfrequenz betrieben werden, wo für Nickel und andere gewöhnliche Werkstoffe Temperaturänderungen von wenigen Graden die Verzögerung um mehrere Impulsperioden ändern können. Eine genaue Temperaturregelung könnte eingeführt werden, jedoch ist diese Lösung selten ansprechend. Statt dessen fertigt man die meisten magnetostriktiven Verzögerungsleitungen aus Legierungen oder Gemischen, die einen Temperaturkoeffizienten der Übertragungsgeschwindigkeit nahe null aufweisen.

Drähte aus Eisen und Nickel liefern in zwei verschiedenen Verhältnissen den gewünschten Effekt, jedoch ist der Koeffizient kritisch abhängig vom genauen Mischungsverhältnis. Ein Zusatz von Chrom liefert ein Gemisch mit einem Koeffizienten null, der weniger empfindlich hinsichtlich der genauen Zusammensetzung ist. Setzt man noch Titan als viertes Element dazu, so kann man den Koeffizienten durch geeignete Wärmebehandlung auf null justieren. Ein Werkstoff, der Ni-Span C genannt wird, besteht aus Nickel, Eisen, Chrom und Titan und ist für Verzögerungsmedien in magnetostriktiven Verzögerungsleitungen weit verbreitet, obwohl der magnetostriktive Effekt bei Leitungen mit Torsionswellen nur im Umsetzer und nicht in der Leitung selbst auftritt, wie ja schon erläutert wurde.

Praktisch wird die Fortpflanzungsgeschwindigkeit selten aus dem YOUNGschen Modul und der Dichte berechnet, weil diese Parameter für die einzelnen Legierungen und Gemische zur Herstellung von Verzögerungsleitungen nur selten angegeben werden. Gewöhnlich mißt man die mit einem untersuchten Material in einer Testleitung auftretende Verzögerung.

Magnetostriktive Verzögerungsleitungen mit Verzögerungen bis zu 10 ms und einer Bit-Folgefrequenz von 2 MHz (NRZ) sind bis zu einer Gesamt-Speicherfähigkeit von 20000 Bits bekanntgeworden. Kürzere Leitungen können mit höheren Frequenzen arbeiten, jedoch Frequenzen über 5 MHz wurden dem Verfasser nicht bekannt. In den letzten zehn Jahren erhöhten sich die Bit-Folgefrequenzen und die Verzögerungszeiten relativ wenig, ein Zeichen, daß die Grenze für die Ausführung magnetostriktiver Verzögerungsleitungen erreicht scheint.

Meistens beschränkte sich die Herstellung magnetostriktiver Verzögerungsleitungen auf relativ kleine Firmen wie Sealectro Corporation, Computer Devices Corporation, Digital Devices, Inc., Computer Control Company, Inc., Navigation Computer Corporation, Laboratory for Electronics, Inc., und vielleicht noch andere, die ihre Erzeugnisse in den letzten zehn Jahren angeboten haben.

10.4. Verzögerungsleitungen aus Quarz und Glas

Die Quecksilber-Verzögerungsleitung, die im ersten Kapitel kurz beschrieben wurde, wird heutzutage als völlig veraltet angesehen, jedoch verfolgte man weiterhin Verzögerungsleitungen, die auf dem gleichen Prinzip beruhen, jedoch Quarz oder Glas als Verzögerungsmedium verwenden. In Quecksilber wurde die Binärziffer durch das Auftreten oder Fehlen eines Stoßes longitudinaler Hochfrequenzwellen (ca. 30 MHz) dargestellt, die sich mit einer Bit-Folgefrequenz von ungefähr 2 MHz fortpflanzten. Quarzleitungen erschienen gegen 1948 oder noch eher, und zwei später hier erwähnte Glastypen wurden 1961 und 1962 entwickelt.

Wenn Quarz oder Glas zur Ausbreitung der mechanischen Schwingungen dient, so kann eine Technik analog der bei magnetostriktiven Verzögerungsleitungen angewendet werden. Das bedeutet, daß eine Binärziffer in die Verzögerungsleitung eintritt, indem über einen piezoelektrischen Geberwandler ein einzelner Spannungsimpuls oder mittels der NRZ-Technik eine einzelne Spannungsänderung eingeführt wird. Wenn bei der NRZ-Technik die sich wellenförmig ausbreitende mechanische Spannung den piezoelektrischen Wandler erreicht, so wird am Ausgang eine Spannung erzeugt. Liegt eine Last am Ausgang, so verringert sich die Ausgangssignalspannung rasch, und da die mechanische Spannung am Empfängerwandler trotz der aufrechterhaltenen Eingangsspannung nachläßt, entsteht noch ein negativer Spannungsimpuls am Ausgang. Obwohl diese Erklärung etwas sehr vereinfacht ist, erscheint doch das Gesamtverhalten einer piezoelektrisch betätigten Verzögerungsleitung mit dem einer magnetostriktiv betätigten Leitung vergleichbar zu sein, nur daß der Eingang über eine hohe statt eine niedrige Impedanz verfügt und daß das Eingangssignal als eine Spannung anstatt als ein Strom angesehen werden kann.

Mit der Geschwindigkeit der Wellenausbreitung bei Quarz oder Glas wäre die für eine Verzögerung von ca. 100 Mikrosekunden oder mehr erforderliche Leitungslänge beträchtlich. Deshalb fertigt man die Leitungen im allgemeinen anstatt in Form von Stäben als Polygonplatten, bei denen die Wellen von einem Rand zum anderen reflektiert werden, wenn sie sich vom Geber zum Empfänger fortpflanzen. Eine auf diesem Prinzip basierende Ausführungsform zeigt Abb. 10.4. Das Polygon ist in diesem Falle rechtwinklig, wobei zwei der Ecken unter 45° angeschnitten sind. Der piezoelektrische Geberwandler liegt an einer dieser Ecken. Die Welle folgt dem durch die Pfeile gezeigten Weg bis zum Empfängerwandler an der anderen angeschnittenen Ecke. Noch manche völlig andere geometrische Formen von Polygonen und Pfadverläufen wurden entwickelt und verwendet. Einige davon sind zimlich kompliziert und genial. Ein fünfzehnseitiges Polygon, bei welchem die Wellen auf dem Wege 30 Reflexionen erfahren, und ein siebenseitiges ,,Doppelweg"-Polygon mit 16 Reflexionen ist in RICHARDS, ,,Digital Computer Components and Circuits" (1957) enthalten. Viele andere Formen können im Schrifttum am Ende des Kapitels aufgefunden werden. Jedoch für digitale Anwendungen (es sei daran erinnert, daß Verzögerungsleitungen aller Arten vielen nichtdigitalen Zwecken dienen) scheint das relativ einfache Modell in Abb. 10.4 am meisten verwendet zu werden, obwohl die Zahl der Reflexionen größer oder kleiner als die im Bild gezeigte sein kann. Die Zahl der Reflexionen wird nur durch die Auslegung

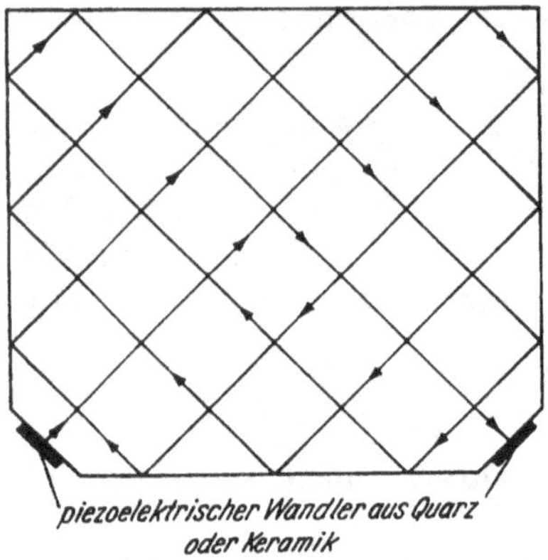

Abb. 10.4. Beispiel einer Verzögerungsleitung aus Quarz oder Glas

des Längen-Breiten-Verhältnisses der rechteckigen Seiten des Polygons bestimmt.

Ein Hauptproblem beim Entwurf von Mehrpfad-Verzögerungsleitungen ist, sicherzustellen, daß sich die Wellen in einem engen Strahl fortpflanzen. Das bedeutet, daß die (in der Richtung) gestreuten Teile des Strahles eine niedrige Energie führen müssen, da diese Anteile den Empfängerwandler erreichen, ohne den vorgeschriebenen Pfad in seiner ganzen Länge durchlaufen zu haben und schon vor der erwarteten Verzögerungszeit ein Ausgangssignal liefern. Daher sind Longitudinalwellen in Mehrpfadverzögerungsleitungen unzweckmäßig, da sie sehr streuen. Außerdem setzt sich, wenn Longitudinalwellen auf eine reflektierende Oberfläche anders als unter einem Winkel von 90° auftreffen, ein Teil der Energie in Schubwellen um, die sich mit anderer Geschwindigkeit fortpflanzen. Schubwellen, wie sie zum Beispiel durch einen Quarz-Kristall-Wandler mit Y-Schnitt erzeugt werden, verwendet man nur allein. Eine einfache und vollständige Erklärung, warum Schubwellen als enger Strahl durch die Struktur laufen, ist offenbar noch nicht erfolgt, es scheint dazu eine abstrakte mathematische Ableitung nötig zu sein, doch diese geht über den hier verfolgten Zweck hinaus. Daß sich die Schubwellen in einem engen Strahl durch die Platte fortpflanzen, wird natürlich dadurch demonstriert, daß viele verschiedene geometrische Formen gut funktionierende Verzögerungsleitungen mit mehreren Pfaden ergeben.

Für geschmolzenes Silizium (Quarz) beträgt die Verzögerungszeit ungefähr 2,8 Mikrosekunden pro Zentimeter. Bei Quarz ist die Dämpfung über die Fortpflanzungsstrecke niedrig genug, und Verzögerungszeiten in der Größenordnung derer bei magnetostriktiven Leitungen sind realisierbar. Ein großer Vorteil des Quarzes im Vergleich zu den magnetostriktiven Leitungen ist der, daß auf NRZ-Basis eine hohe Bit-Folgefrequenz — bis zu 50 MHz oder mehr — verwendet werden kann. Jedoch diese Frequenz ist nur bei Verzögerungen bis zu 100 Mikrosekunden praktisch möglich, und für die Leitungen mit 10 ms beträgt die maximale Frequenz nur wenig über 2 MHz. Der Hauptnachteil des Quarzes besteht darin, daß die Verzögerungszeiten mit der Temperatur schwanken, wobei der Koeffizient ungefähr im Bereich von -65 bis $-85^0/_{00}/°C$ für die verschiedenen Quarzarten liegt. Deshalb ist eine sehr genaue Temperaturregelung notwendig, wenn eine bestimmte Zahl von Bits auf der Leitung gespeichert werden soll. Der für ein gegebenes Beispiel zulässige Temperaturbereich kann aus dem Temperaturkoeffizienten und dem Speichervolumen bestimmt werden, wobei noch eingeht, daß sich die Verzögerung gewöhnlich nicht mehr als um $^1/_8$ der Zeit zwischen zwei aufeinanderfolgenden Binärziffern ändern darf.

Als eine Lösung des Temperaturproblems entwickelten die Corning Glass Works zwei Glassorten (Code 8865 und Code 8877), deren Zusammensetzung offenbar als Fabrikationsgeheimnis gehütet wird. Diese Glassorten haben einen Temperaturkoeffizienten der Verzögerungszeit kleiner als $1^0/_{00}/°C$ bei 25 °C. Es wird weiter angegeben, daß sie eine Temperaturkoeffizientenänderung von

$+0{,}06$ bzw. $+0{,}09^0/_{00}/\mathrm{grd}^2$ haben. Die Firma gibt Dämpfungskonstanten von $6 \cdot 10^{-3}$ bzw. $4 \cdot 10^{-3}$ dB pro Mikrosekunde und Megahertz für die beiden Code-Nummern an. Aber mit diesen Werten sind die Glassorten gegenüber Quarz mit nur $1{,}5 \cdot 10^{-3}$ dB/µs · MHz entschieden im Nachteil. Praktisch ist dadurch die obere Grenze der Verzögerungszeit bei Glas auf wenige Hundert Mikrosekunden beschränkt. Es wird von einer oberen Bit-Folgefrequenz von ca. 50 MHz berichtet, derselben wie für Quarz, aber diese Frequenz kann nur für Leitungen realisiert werden, die nicht mehr als ca. 10 Mikrosekunden Verzögerung haben. Für 500-Mikrosekunden-Verzögerungsleitungen ist die maximale Bit-Folgefrequenz für das Glas 8875 mit 5 MHz und für das Material 8877 mit 10 MHz angegeben. Die Speicherfähigkeit einer Leitung von 10 Mikrosekunden wäre dann 250 Bit und für eine Leitung mit 500 Mikrosekunden Verzögerungszeit 2500 bzw. 5000 Bit, je nach der Glassorte.

Keine Rechnerfirma stellt Verzögerungsleitungen aus Quarz oder Glas her. Jedoch außer den Corning Glass Works haben noch einige andere Firmen, die sich sonst nicht weiter mit digitaler Rechentechnik befassen, Verzögerungseinrichtungen hergestellt, die offensichtlich größtenteils mit Corning-Bauteilen bestückt sind. Dazu gehören die Andersen Laboratories, Inc., Bliley-Electric Co., Angamo Electric Co. und Laboratory for Electronics, Inc.

10.5. Verzögerungsleitungen aus metallischen Strängen

In einem metallischen Strang als Verzögerungsleitung ist das Übertragungsmedium einfach ein flaches Metallband, das als Spirale gewickelt ist und sich in einem kleineren Gehäuse befindet. Für die verwendeten Frequenzen betragen die Dicke des Stranges im allgemeinen weniger als eine halbe Wellenlänge und die Breite vielleicht 10—20 Wellenlängen. Die mechanischen Schwingungen werden durch piezoelektrische Wandler an beiden Stirnflächen des Stranges erzeugt und aufgenommen. Da die Schwingung parallel zur längeren Querschnittseite erfolgt, treten Schubwellen auf. Entlang jedes Randes des Stranges kann ein Adsorber liegen. An den Enden können Reflexionen erfolgen, jedoch nachdem die reflektierte Welle zum Geber zurück- und ein zweites Mal zum Empfänger gelaufen ist, muß dieses unerwünschte Signal im Vergleich mit dem gewünschten Signal, das die Leitung zum ersten Mal durchlaufen hat, stark gedämpft sein.

Für praktische Anwendungen erfordern die Metallstränge einen Werkstoff, der wie bei anderen Verzögerungsleitungen einen Temperaturkoeffizienten der Verzögerung von null hat. Aber auch wenn so ein Werkstoff verwendet wird, haben die Stränge keine besonderen Vorteile gegenüber den magnetostriktiv arbeitenden Ultraschalleitungen. Die Bit-Folgefrequenz und die erreichbaren Verzögerungszeiten sind vergleichbar. Eventuell sind die Stränge weniger erwünscht als Drähte, weil sie ein hohes Gewicht haben und die Montage mehr Schwierigkeiten bereitet. Verzögerungsleitungen mit metallischen Strängen wurden von den Bell Telephon Laboratories untersucht, aber sonst wurde keine Firma bekannt, die Interesse daran gezeigt hätte.

10.6. Metalloxid-Feldeffekttransistoren (MOS-FET)

Im Laufe der Entwicklung digitaler Schaltungen wurden Transistoren lange als Ersatz für Vakuumröhren angesehen. Transistoren boten offensichtliche, unmittelbare Vorteile hinsichtlich des Leistungsverbrauches, der kleinen Abmessung und des geringen Gewichtes und einige wesentliche Vorteile, wie die hohe Zuverlässigkeit und die niedrigen Kosten, die sich erst über längere Zeit bemerkbar machen. Jedoch ein Merkmal wurde lange als entschiedener Nachteil im Vergleich mit Röhren angesehen. Das war die niedrige Eingangsimpedanz. Jede Stufe in einer digitalen Schaltung stellte eine beachtliche Belastung ihrer Treiberstufe dar. Deshalb gingen die Bemühungen dahin, ein Halbleiterelement zu schaffen, in dem die Steuerung durch ein elektrostatisches Feld (analog dem Gitterfeld einer Vakuumröhre) anstelle durch einen elektrischen Strom erfolgt, und nicht lange nach dem Erscheinen der ersten gewöhnlichen Transistoren wurde über die Möglichkeit sogenannter „Feldeffekt"-Transistoren berichtet. Jedoch viele Jahre lang hatten die sogenannten FET so schlechte Eigenschaften, daß sie für digitale Schaltungen nicht in Frage kamen. Außer den Stabilitätsproblemen erforderten die FET unerwünscht große Eingangssprünge, das Verhältnis der Ausgangsimpedanz bei „aus" zu der bei „ein" war ungünstig, und die am Ausgang zulässigen Spannungssprünge waren sehr begrenzt.

Anfang der sechziger Jahre, als das Germanium in den gewöhnlichen Transistoren plötzlich durch das Silizium verdrängt wurde, kamen verschiedene Techniken auf, die den Weg zur Herstellung von Silizium-Feldeffekttransistoren von verblüffender Qualität freimachten. Besonders eine Struktur aus Metallelektroden, einer Oxidisolation (gewöhnlich Siliziumdioxid SiO_2) und einer aktiven Halbleiterzone (Silizium) ergaben eine extrem hohe Eingangsimpedanz, wobei sich die Ausgangsimpedanz um mehrere Großenordnungen in der Amplitude änderte, wenn ein Eingangssignalsprung von 10 Volt oder weniger erfolgte. Darüber hinaus waren die Struktur und die dazugehörigen Schaltungen für die integrierte Schaltungstechnik gut geeignet. Die Strukturen waren die sogenannten MOS-FET's oder vielleicht allgemeiner MOS-Transistoren, wobei MOS für „metal-oxide-semiconductor" steht. Die Herstellung und der Vertrieb diskreter MOS-Transistoren ist unbedeutend, jedoch um 1960 erschienen auf dem Markt integrierte Bauelemente für spezielle Schaltungen, wie z. B. mehrstufige Schieberegister, die eine große Zahl von MOS-Transistoren enthielten. In letzter Zeit wurde viel darüber diskutiert, inwieweit MOS-Transistoren die gewöhnlichen Transistoren ersetzen werden oder sollten.

Was von der Verwendung von MOS-Transistoren abhält, ist der imponierende Fortschritt, mit dem die gewöhnlichen Transistoren verbessert wurden und noch laufend weiterentwickelt werden. Besonders die Eingangsimpedanz gewöhnlicher Siliziumtransistoren ist extrem hoch, wenn das Eingangssignal in Sperrrichtung anliegt, und es wurden vorteilhafte Schaltungen entwickelt, um den notwendigen Basis-Eingangsstrom zu liefern, wenn der Transistor leitend sein soll, wie bereits im Kapitel 3 ausreichend erklärt wurde. Noch wichtiger ist der kleine Spannungssignalsprung bei gewöhnlichen Transistoren, und da der Kollektor dabei einen hohen Strom transportieren kann, erreicht man eine wesentlich höhere Arbeitsgeschwindigkeit als mit MOS-Transistoren. Der Kostenvergleich zwischen gewöhnlichen und MOS-Transistoren ist noch nicht entschieden, aber abgesehen von den Anwendungsmöglichkeiten, wo es vor allem auf die Kosten ankommt, werden MOS-Transistoren ja gegenwärtig hauptsächlich dort eingesetzt, wo eine niedrige Gesamtleistung verlangt ist. Aber sogar der Leistungsvergleich erfordert besondere Maßnahmen, wie später noch besprochen wird.

Die wesentlichen Elemente eines MOS-Feldeffekttransistors sind auf Abb. 10.5 dargestellt. Das Grundelement ist ein Block aus Halbleitermaterial (hier vom p-Typ, obwohl auch eine komplementäre Version, wie bei gewöhnlichen Transistoren, gebaut werden kann). Der Block ist mit einer dünnen Isolierschicht bedeckt, die durch Oxydation der obersten Schicht des Blockes gewachsen ist. Die Art, in der die Oxydschicht aufgebracht wurde, ist wichtig für die elektrischen Eigenschaften des entstehenden Transistors. Das bloße Auflegen einer Schicht aus isolierender Substanz auf die Oberfläche des Siliziumblockes scheint nicht günstig zu sein, weil die resultierende Belastung der Oberfläche die Transistorwirkung beeinträchtigt. Dann werden zwei Streifen aus der Oxydschicht herausgeätzt und Verunreinigungen in den Block hineindiffundiert, um zwei Längszonen vom n-Typ zu erzeugen, wie auf dem Bild zu sehen ist. Als nächstes wird auf dem Oxyd über dem Gebiet zwischen den beiden n-Zonen ein Metallstreifen aufgebracht. Die entstehende Struktur ist bezüglich der beiden an den Halbleiter grenzenden Elektroden symmetrisch, jedoch werden sie als Quelle (source) und Senke (drain) entsprechend ihrer Polarität der Anschlüsse in einer Schaltung bezeichnet.

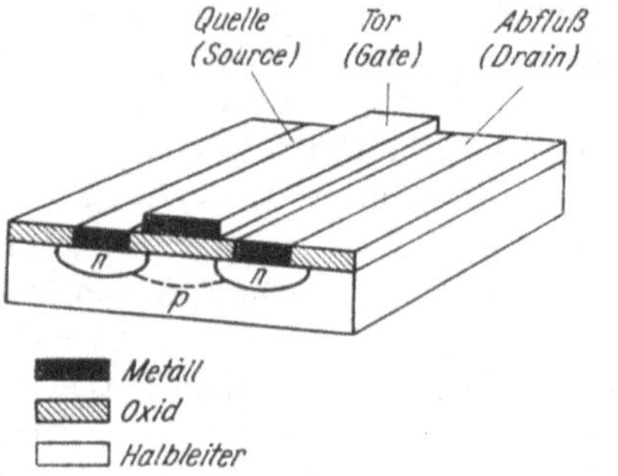

Abb. 10.5. Elemente eines MOS-Transistors vom n-Typ

Liegt kein Signal an der mittleren Elektrode, dem Gitter (gate), so herrscht zwischen Quelle und Senke eine hohe Impedanz, ohne Rücksicht auf die Polarität der Anschlüsse, da der eine oder der andere der beiden p-n-Übergänge im Halbleiter gesperrt ist. Liegt jedoch ein positives Potential am Gitter, so werden negative Ladungen in das Gebiet zwischen beiden n-Zonen unter der Quelle und Senke gezogen und lassen effektiv den p-Halbleiter in einer Kanalzone (über der gestrichelten Linie im Bild) als n-Halbleiter erscheinen, der die wirklichen n-Zonen Quelle und Senke überbrückt. Dadurch wird die Gleichrichterwirkung der Übergänge gestört, und zwischen Quelle und Senke tritt eine relativ niedrige Impedanz auf. Die Kanalzone ist in Wirklichkeit sehr dünn und liegt nahe an der Halbleiteroberfläche. In der Art, wie der MOS-Transistor in den meisten digitalen Schaltungen eingesetzt wird, kann vorausgesetzt werden, daß ein negatives Potential am Gitter keine Wirkung hervorruft, obwohl die Gleichrichterwirkung erhöht wird, da mehr positive Ladungsträger in die Kanalzone unter dem Gitter gezogen werden.

Man sagt, der in Abb. 10.5 dargestellte MOS-Transistor ist vom n-Typ. Vertauscht man die n- und p-Zonen, so erhält man einen Transistor vom p-Typ. Ein MOS-p-Transistor funktioniert genau so, nur daß die Ausgangsimpedanz auf ein negatives Eingangssignal hin niedrig wird, weil dann positive Ladungsträger in die Kanalzone zwischen den beiden p-Zonen unter der Quelle und der Senke gezogen werden.

Wenn man den MOS-Feldeffekttransistor gemäß Abb. 10.5 in einer digitalen Schaltung verwendet, so sind Eingangs- und Ausgangsimpedanz und die Beziehung zwischen dem Gitterpotential und der Ausgangsimpedanz seine wichtigsten Kenngrößen. Diese Parameter hängen offensichtlich von den Abmessungen der Struktur sowie von den Eigenschaften des Halbleitermaterials ab. Um eine ungefähre Vorstellung von den Größen dieser Parameter zu geben, sei gesagt, daß für einen typischen MOS-Transistor die Ohmsche Komponente der Eingangsimpedanz (gemessen zwischen dem Gitter und einer anderen Elektrode) so hoch ist, daß sie eher durch das Gehäuse als durch das Element selbst bestimmt wird, und ungefähr 10^{15} Ohm beträgt, während die kapazitive Komponente 10 pF sein kann. Die Ohmsche Komponente der Ausgangsimpedanz, gemessen zwischen Quelle und Senke, schwankt zwischen 10^{10} und 10^{14} Ohm, wenn sich das Eingangssignalpotential von 0 auf 10 V ändert. Die kapazitive Komponente der Ausgangsimpedanz ist im allgemeinen so viel kleiner als die Eingangskapazität, daß sogar ihr näherungsweiser Wert ohne Bedeutung ist, weil die Ausgangskapazität eines vorliegenden Transistors in digitalen Schaltungen fast immer parallel zur Eingangskapazität eines anderen Transistors liegt.

Um die Geschwindigkeit digitaler Schaltungen mit MOS-Transistoren zu erhöhen, sollten Eingangskapazität und Ausgangswiderstand bei „ein" oder eines von beiden kleiner gemacht werden. Die Verringerung der Eingangskapazität erfordert grundsätzlich ein Gitter mit kleinerer Fläche. Das Gitter enger zu machen (d. h. eine Verringerung der Distanz zwischen Quelle und Senke in Abb. 10.5), hat physikalische Grenzen, und ein kürzeres Gitter ergibt einen kleineren Querschnitt der Kanalzone, durch die die Leitung zwischen Quelle und Senke erfolgt. Das bedeutet eine unerwünschte Erhöhung des Ausgangswiderstandes. Deshalb scheint keine nennenswerte Verbesserung der Kennwerte durch geometrische Änderungen möglich zu sein; und die Entdeckung eines wesentlich besseren Halbleitermaterials für diesen Zweck ist fraglich.

10.7. Digitale Schaltungen mit MOS-Transistoren

Wie bei gewöhnlichen Transistoren, kann man auf der Basis von MOS-Transistoren viele verschiedene Schaltungen entwickeln. Besonders kann ein MOS-Transistor mit einem Widerstand einen Negator bilden, und zwar nach dem gleichen Prinzip, wie es in Kapitel 3 behandelt wurde. Weiter können die Transistoren in Reihe oder parallel geschaltet werden, um Schaltfunktionen auszuführen, oder es wird, wie bei DTL-Schaltungen, am Eingang jedes Negators eine Diodenlogik vorgesehen. Ein spezielles Merkmal des MOS-Transistors ist es, daß der Widerstand in einem Negator in Wirklichkeit ein anderer geeignet dimensionierter und am Gitter mit Gleichspannung vorgespannter Transistor sein kann. Damit wird die integrierte Schaltungstechnik mit MOS-Transistoren relativ einfach, weil außer MOS-Transistoren keine anderen Bauelemente gebraucht werden. Außer dem Wegfall von Fabrikationsstufen, die andernfalls für die Herstellung von Widerstanden erforderlich wären, können die Widerstände mit MOS-Transistoren sogar bei hohen Ohmwerten mit kleinen Abmessungen hergestellt werden.

Weil der niedrige Gesamtleistungsverbrauch der hauptsächliche Vorteil von MOS-Transistoren zu sein scheint, besteht natürlich reges Interesse für eine Schaltungstechnik, die diesen Vorteil vollständig ausnutzt. Diese Schaltungen sind komplementärer Natur, d. h., es kommen analog zu den komplementären Transistoren in Kapitel 3 sowohl n-Typ- als auch p-Typ-MOS-Transistoren vor. Der elementare komplementäre Negator mit MOS-Transistoren ist in Abb. 10.6a gezeigt. Das Eingangssignal wird an die Gitter beider Transistoren gelegt. Der p-Transistor kann als der entsprechende npn-Transistor in einer gewöhnlichen Negator-Schaltung angesehen werden, wenn der n-Transistor als variabler Lastwiderstand wirkt. Liegt A auf Erdpotential,

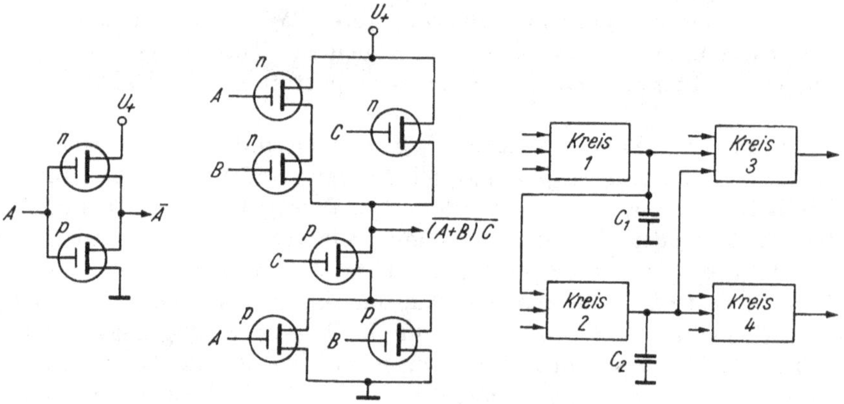

a) b) c)

Abb. 10.6. Logische Glieder aus MOS-Transistoren

so hat der p-Transistor einen hohen, jedoch der n-Transistor einen niedrigen Widerstand. Deshalb liegt das Ausgangspotential zu dieser Zeit fest auf dem Speisepotential U_+. Wenn das Eingangspotential dem Speisepotential U_+ nahekommt, so herrschen in den beiden Transistoren umgekehrte Widerstandsbedingungen, und das Ausgangspotential liegt nahezu auf Erde. Auf diese Weise ist das Ausgangssignal die Inversion des Eingangssignales. Ein wichtiges neues Merkmal der Schaltung ist es, daß, ungeachtet der Binärziffer des Eingangssignals, der eine oder andere Transistor für den Strom vom Netzgerät nach Erde gesperrt und die Ruheleistung deshalb sehr gering ist.

Um Schaltungen für die UND- und ODER-Funktionen zu entwerfen, schließt man p-Transistoren oder n-Transistoren umgekehrt in Reihe bzw. parallel zusammen. Als Beispiel zeigt die Schaltung 10.6b die Transistoren und ihre Schaltung, um die Schaltfunktion $\overline{(A + B)\, C}$ zu realisieren. Nur wenn A oder B (oder beide) positiv sind, während C positiv ist, liegt zwischen dem Ausgang und Erde ein niedriger Widerstand. Unter dieser Bedingung erscheint zwischen U_+ und dem Ausgang ein hoher Widerstand. In gewisser Hinsicht zeigt die Schaltung eine Art Gegentaktwirkung, ähnlich der Wirkungsweise einer Gegentaktschaltung mit Magnetkernen im Kap. 6 und auch ähnlich einer Gegentaktschaltung mit Kryotrons gemäß Kap. 7.

Flip-Flops und andere digitale Speicherlemente kann man bilden, indem man in derselben Weise, wie das bei anderen Typen von logischen Gliedern behandelt wurde, Logikglieder in Rückkoppelschleifen legt.

Obwohl das Abb. 10.6 nicht zeigt, muß der Grundkörper des Halbleitermaterials in jedem Transistor entweder an der Quelle oder an der Senke liegen, je nachdem, welche dieser Elektroden auf relativ konstantem Potential liegt. Diese Anschlüsse sind notwendig, um ein Feld im Material zu erzeugen, wenn das zu verarbeitende Signal anliegt. In jedem n-Transistor ist der Anschluß, der der Elektrode elektrisch am nächsten liegt, das Speisepotential U_+, und in jedem p-Transistor ist der Erdanschluß der Elektrode am nächsten. Ein Übergang in jedem Transistor ist deshalb kurzgeschlossen, aber der andere erzeugt in jedem Falle den erforderlichen hohen Widerstand, wenn sich der Transistor im Zustand „aus" befindet.

Das Blockschaltbild 10.6c beschreibt einen der zu betrachtenden Punkte, wenn die Geschwindigkeit oder der Leistungsverbrauch von MOS-Transistor-Schaltungen beurteilt werden sollen. Jeder Block steht für eine Schaltung gemäß Abb. 10.6b. An jedem Verbindungsknoten zweier oder mehrerer Blöcke tritt eine Ersatzkapazität nach Erde auf. Gezeigt sind zwei solcher Knoten mit den Ersatzkapazitäten C_1 bzw. C_2. In jedem Falle ist die Ersatzkapazität die Summe aus der Ausgangskapazität der Treiberschaltung, den Streukapazitäten aller Leitungen und den Eingangskapazitäten aller Glieder, die am Knoten angeschlossen sind. Um das Potential an einem Knoten von Erde auf U_+ (d. h. das Binärsignal von 0 auf 1) zu ändern, muß die gesamte Kapazität C vom Strom durch den n-Transistor der Treiberschaltung aufgeladen werden. Wenn R den Widerstand eines Transistors im Zustand „ein" zwischen Quelle und

Senke bedeutet, so erfolgt die Aufladung mit einer Geschwindigkeit, die die Zeitkonstante RC hat. Jedoch bei manchen Schaltfunktionen fließt der Strom durch zwei oder mehr n-Transistoren in Reihe und die Zeitkonstante ist mit dem entsprechenden Faktor zu multiplizieren.

Liegen die Transistorkennwerte ungefähr in dem Bereich, wie sie in einem früheren Abschnitt angegeben wurden, so ist eine Ziffern-Folgefrequenz von 1 MHz nur mit Schwierigkeiten zu erreichen. In den meisten Fällen werden nur 100 kHz oder weniger erreicht. Obwohl man sich in letzter Zeit bemüht hat, bei digitalen Schaltungen mit MOS-Transistoren Folgefrequenzen weit über 1 MHz zu erzielen, ist die erreichbare Geschwindigkeit doch wesentlich geringer als bei den derzeitigen Schaltungen mit gewöhnlichen Transistoren.

Um den Leistungsbedarf eines Systems mit MOS-Transistoren einschätzen zu können, sei betrachtet, daß an jedem Knoten eine Ladungsmenge $Q = C \cdot U$ vom Speisepotential nach Erde transportiert wird, wenn das Binärsignal an diesem Knoten von 0 auf 1 und zurück auf 0 wechselt. Der mittlere Strom vom Speisepotential nach Erde ist gleich dem Produkt aus dieser Ladung und dem Mittelwert der Zykluszeiten für den Übergang von 0 auf 1 und zurück auf 0. Der maximale Leistungsverbrauch an dem Knoten beträgt deshalb $U \cdot I = (0{,}5)\, CU^2 f$, wobei I den mittleren Strom und f die Frequenz in Binärziffern pro Sekunde bedeutet. Mit dem Faktor 0,5 wird berücksichtigt, daß ein Zyklus von 0 nach 1 und wieder nach 0 zwei aufeinanderfolgende Binärziffern umfaßt. In einem System kann das Signal an einem Knoten nahezu in jedem Zyklus zwischen 0 und 1 hin und her wechseln, so daß die Leistung nahezu ihren Maximalwert erreicht. An einem anderen Knoten jedoch braucht es nur relativ selten zwischen einem und dem anderen Binärwert zu wechseln, so daß die verbrauchte Leistung entsprechend gering ist. Der Leistungsverbrauch kann deshalb nur abgeschätzt werden, nachdem die Frequenz des Potentialwechsels an den einzelnen Knoten festliegt.

Zusätzlich zum Leistungsverlust beim Laden und Entladen der Kapazitäten an den einzelnen Knoten wird eine Ruheleistung verbraucht, da der Widerstand zwischen Quelle und Senke der Transistoren nicht unendlich ist. In einem einfachen Negator, wie in Abb. 10.6a, ist jederzeit einer oder der andere der beiden Transistoren gesperrt, so daß die Ruheleistung einer Schaltung nur 10 Nanowatt beträgt. Mit einer logischen Schaltung, wie in Abb. 10.6b dargestellt, kann der Gesamtwiderstand größer oder kleiner als R_0 sein, je nachdem, welche speziellen Werte die Eingangsziffern zu einer gegebenen Zeit annehmen. Er liegt im Bereich zwischen 0,67 R_0, wenn A, B und C alle 1 sind, und bei 1,5 R_0, wenn alle Eingangssignale 0 sind. Im allgemeinen kann man deshalb die Ruheleistung nur ermitteln, wenn man die Signale untersucht, die an jedem Punkte des Systems, der sich in Ruhe befindet, tatsächlich anliegen.

Mathematisch kann man die Gesamtleistung P_T ausdrücken durch

$$P_T = \sum_{i=1}^{n} 0{,}5\, C_i\, U^2 f_i + \sum_{j=1}^{m} U/R_j\,,$$

wobei n die Zahl der Knoten, m die Zahl der Schaltungen, f_i die Frequenz des Potentialwechsels am i-ten Knoten und R_j den Ruhewiderstand der j-ten Schaltung bezeichnet. Obwohl die Ruheleistung eines Systems mit MOS-Transistoren beeindruckend niedrig ist, liegt der beim arbeitenden System auftretende Leistungsverbrauch gar nicht so günstig. Wenn z. B. $C = 20$ pF, $U = 10$ V und $f = 100$ kHz betragen, ergibt sich eine Knotenleistung von 100 Mikrowatt, d. h. das 10^4-fache der Ruheleistung einer Schaltung, wobei die Leistung vernachlässigt wurde, die durch den Strom bei der Reihenschaltung von p- und n-Transistoren entsteht, wenn die Eingangssignale der Schaltungen von einer Kombination binärer Werte zur anderen übergehen. Obwohl man dieses Ergebnis noch etwas verbessern kann, wird bei der gleichen Ziffernfolgefrequenz oder sogar bei viel höheren Frequenzen mit komplementären Schaltungen aus gewöhnlichen Transistoren mitunter ein niedrigerer Leistungsverbrauch erreicht.

Viele Firmen leisteten Entwicklungsarbeit auf dem Gebiete der Feldeffekttransistoren, und einige Firmen boten verschiedene Formen an. Die Förderung integrierter digitaler Schaltungen mit MOS-Transistoren erfolgte besonders durch General Microelectronics, Inc., und General Instrument Corporation.

10.8. Ferroelektrische Bauelemente

Die Ferroelektrizität verhält sich insofern analog zum Elektromagnetismus, als bei Werkstoffen, die dieses Phänomen aufweisen, das Verhältnis der Polarisation zum angelegten elektrischen Feld viele Male größer ist als für die Werkstoffe, die dieses Phänomen nicht zeigen. Weiter zeigt die Aufzeichnung des Verlaufes der Polarisation als Funktion der angelegten Felder die Form einer annähernd rechteckigen Hystereseschleife, analog zu der Hystereseschleife bei Ferriten und anderen für digitale Zwecke verwendeten Magnetwerkstoffen. Angesichts der extrem weiten Verbreitung digitaler ferromagnetischer Komponenten haben sich manche Leute gewundert, daß man auch entsprechende ferroelektrische Elemente entwickeln kann, die in gewisser Hinsicht vorzuziehen sind, und im Laufe der Jahre wurden zu diesem Zwecke verschiedene ernsthafte Projekte in Angriff genommen.

Leider wurde kein ferromagnetisches Material (Bariumtitanat-Einkristall ist das am meisten zitierte und beliebteste Material) gefunden, das in digitalen Bauelementen die Stabilität von Ferriten und anderen ferromagnetischen Werkstoffen zeigt. Besonders die ferromagnetische Kennlinie hängt stark sowohl von der Temperatur als auch von der Frequenz ab. Der Nachteil der Temperaturempfindlichkeit fällt besonders auf, wenn man durch eine grobe Überschlagsrechnung zeigt, daß eine wesentliche Wärmemenge im ferroelektrischen Material selbst erzeugt wird, wenn es mit einer Frequenz, wie sie für digitale Anwendungen in Frage kommt, von einem Polarisationszustand in den anderen übergeht. Die Frequenzabhängigkeit bewirkt unter anderem, daß ein relativ niedriges angelegtes elektrisches Feld mit der Zeit eine Umkehrung der Polarisation bewirkt, so daß keine Schaltungen nach dem Prinzip des Koinzidenzstromprinzips bei Magnetkernen möglich sind.

Abgesehen von der Ungleichheit aller ferroelektrischen Materialien sind einige ferroelektrische Elemente nur ein Zweipol — ein Kondensator mit einem speziellen Dielektrikum — im Gegensatz zu beispielsweise einer Magnetstruktur mit zwei Wicklungen, die vier Klemmen hat. Wie im Kapitel 8 über Tunneldiodenschaltungen erklärt wurde, ist die Verwendung von aktiven Zweipolelementen zumindest unbequem. Im Falle ferroelektrischer Kondensatoren scheint sogar für eine einfache Schieberegisterfunktion ein zusätzlicher Impulstransformator nötig zu sein, um die Spannungs- und die Stromamplitude eines binären Signals aufrechtzuerhalten, wenn dieses von einer Stufe zur nächsten verschoben wird.

Wegen dieser Probleme wurde die Ferroelektrizität bisher für digitale Bauelemente nicht praktisch eingesetzt, und alle berechtigten Hoffnungen auf eine Verwendung dieses Phänomens scheinen aufgegeben worden zu sein. Jedoch die Ähnlichkeit zwischen Ferromagnetismus und Ferroelektrizität bleibt doch fesselnd und der interessierte Leser sei auf das Buch „Digital Components and Circuits“ von RICHARDS (1957), wo die Grundschaltungen mit ferroelektrischen Elementen dargestellt sind, und auf das Schrifttum, das seit dem Erscheinen dieses Buches veröffentlicht wurde und am Ende dieses Kapitels verzeichnet ist, verwiesen.

10.9. Digitale Mikrowellen-Bauelemente

Im Verlaufe der ständigen Bemühungen, immer schnellere Rechner zu bauen, gab es Ende der fünfziger Jahre eine Periode, wo die obere Geschwindigkeitsgrenze der Dioden und Transistoren scheinbar erreicht war, und mit der Anpassung der Mikrowellentechnik an die digitale Technologie eine weitere Verbesserung angestrebt wurde. Entsprechend wurden geeignete Entwicklungsprojekte angeregt und eine Anzahl technischer Berichte über die Erfindungen und den Fortgang der Entwicklung publiziert. Jedoch noch ehe ein brauchbarer Rechner mittels der Mikrowellentechnik aufgebaut war, hatten die Erhöhung der Geschwindigkeit und die Miniaturisierung der Transistoren so große Fortschritte gemacht, daß gewisse Vorteile bei den mit der Mikrowellentechnik hergestellten Bauelementen übertroffen werden. Deshalb soll an dieser Stelle nur eine Zusammenstellung des Schrifttums gegeben werden, ganz gleich, welchen historischen Wert so eine Übersicht haben mag.

10.10. Optische digitale Bauelemente

Der Ersatz von Drähten durch Lichtpfade für die Übertragung von Signalen innerhalb eines Systems ist eine Idee, die seit 1950 oder länger untersucht wird.

Eine ODER-Funktion zu erzeugen, ist besonders einfach, indem Licht von einer einzigen oder von mehreren Quellen auf eine Fotozelle geleitet wird und diese betätigt. Wenn die Fotozellenschaltung so beschaffen ist, daß die Zelle beim Betätigen einen Lichtstrahl ausschaltet, (der wiederum zur Betätigung anderer Zellen herangezogen werden kann), so wird eine NOR-Anordnung realisiert. Auf dieser Grundlage könnte man eine gewünschte Schaltfunktion in derselben Weise erzeugen, wie es in Kapitel 3 für NOR-Schaltungen mit Transistoren beschrieben wurde. Ein oft erwähnter Vorteil optischer Systeme ist die tatsächlich vollständige Eliminierung der gegenseitigen Beeinflussung der Schaltungselemente, die die in der ODER-Funktion vereinigten Signale liefern.

Im Laufe der Jahre wurden zahlreiche Studien hinsichtlich der verschiedenen Möglichkeiten mit der optischen Konzeption betrieben, wobei die jüngsten Arbeiten im Schrifttum am Ende des Kapitels zitiert sind. Jedoch wieder scheint der große Fortschritt in der Halbleitertechnik der entscheidende Grund dafür zu sein, daß optische digitale Bauelemente von einer tatsächlichen Verwendung so weit entfernt sind wie eh und je (außer für Eingang-Ausgangs-Geräte wie fotoelektrische Lochkartenabtaster und optische Anzeigegeräte am Ausgang).

10.11. Fotografische Auslesespeicher

Ein fotografischer Film kann digitale Informationen mit einer sehr hohen Bit-Dichte speichern, und häufig wurde vorgeschlagen, diese Speicherfähigkeit für digitale Systeme nutzbar zu machen. Natürlich kann ein auf einer fotografischen Schicht einmal gespeichertes Bit nicht mehr geändert werden, aber es gibt einige Anwendungen, wo die elektronische Änderung einmal gespeicherter Informationen nicht mehr notwendig ist. Solche Speicher werden „Auslese" oder halbpermanente Speicher genannt, wobei der letzte Ausdruck mehr dann gilt, wenn eine geeignete Möglichkeit zum manuellen Austausch der Filme gegeben ist.

Man kann sich verschiedene Prinzipien zum Abtasten fotografisch gespeicherter Bits vorstellen. Die meisten sehen einen dünnen Lichtstrahl vor, der entweder von dem Film reflektiert wird oder durch den Film hindurchgeht. In jedem Falle dient eine Fotozelle zur Aufnahme der reflektierten oder durchgelassenen Lichtmenge. Das eigentliche Problem tritt auf, wenn man versucht, eine einfache und den Anforderungen gewachsene Einrichtung zu entwerfen, um den Lichtstrahl auf die gewünschte kleine Fläche zu richten, wo das betreffende Bit gespeichert ist. Der Film kann auf Trommeln, Scheiben oder Bändern befestigt sein und in derselben Weise wie entsprechende Magnetflächenspeicher arbeiten. Jedoch abgesehen von den technischen Schwierigkeiten beim Formieren eines scharf gebündelten Lichtstrahls, werden alle Vorteile, welcher Art sie auch sein mögen (etwas höhere Bit-Dichte und die Sicherheit, daß keine Information etwa durch magnetische Störfelder verlorengeht) von der Beschränkung auf bloßes Lesen überwogen, und zwar in den Fällen, wo die relativ niedrige Zugriffszeit von Trommeln, Scheiben und Bändern ausreicht.

Für einen schnelleren Zugriff zu einem Ort auf dem fotografischen Film kann der Film festgehalten und die Lichtquelle so wie ein abgelenkter Elektronenstrahl zu den entsprechenden Punkten des Leuchtschirmes einer Katodenstrahlröhre gesteuert werden. Obwohl solch eine Technik praktisch möglich ist, wachsen die technischen Schwierigkeiten (Kosten) beträchtlich, wenn hohe Auflösung und Stabilität für eine Speicherung mit hoher Dichte verlangt werden. Trotzdem wurden einige Laborgeräte oder sehr spezialisierte Speichermuster gebaut, die nach diesem fotografischen Prinzip arbeiten, und einzelne mögen auch Eingang in die Produktion gefunden haben, aber detaillierte Beschreibungen wurden bis jetzt nicht allgemein bekannt.

10.12. Kapazitäts-Auslesespeicher

Eine Binärziffer kann in einem Kondensator gespeichert werden, wobei eine Eins oder eine Null durch einen Lade- oder Entladevorgang dargestellt wird. In anderen Fällen kann die Ziffer auch durch die Polarität der gespeicherten Ladung ausgedrückt werden. Jedoch wegen des Leckstromes ist die Speicherung nur vorübergehend, und in den meisten Anwendungsfällen braucht ein Speicherkondensator eine stetig arbeitende Regenerierungsschaltung, die alle gespeicherten Bits periodisch abtastet und die Ladungen von neuem speichert. Kondensatorspeicher dieser Kategorie wurden zu manchen Zeiten stark beachtet, und einige solcher Speicher wurden gebaut, allerdings nicht in den letzten Jahren. Die Regenerierungsschaltung ist zu teuer und zeitraubend, um die Schaltung attraktiv zu machen. Interessant ist, daß der erste, 1941 gebaute Digitalrechner Kondensatorspeicher dieser Form verwendete (siehe im einzelnen das Buch „Electronic Digital Systems" von Richards (1966)).

Jedoch das Interesse an Kondensator-Auslesespeichern blieb aufrechterhalten. Im Kondensator-Auslesespeicher wird der Binärwert einer Ziffer nicht durch die Ladung auf dem Kondensator, sondern durch das Vorhandensein oder Fehlen eines Kondensators an einem Punkt eines Schaltungsfeldes dargestellt. Die Felder arbeiten zweckmäßigerweise wortorientiert. In der einfachsten Version des Feldes kreuzt ein Satz paralleler Wort-Auswahlleitungen senkrecht einen Satz paralleler Ziffernleseleitungen. Jeder Kreuzungspunkt entspricht einer Bit-Speicherstelle. Wenn ein Signal an eine ausgewählte Wortauswahlleitung gelegt wird, so wird dieser Impuls kapazitiv auf jede Zifferleseleitung, die über einen Kondensator mit der gewählten Wortauswahlleitung verbunden ist, gekoppelt. Diese elementare Anordnung ist nur bei extrem kleinen Speichern brauchbar, weil bei großen Feldern infolge Streukapazitäten und „Schleichpfaden" auch ohne die Koppelkondensatoren an den Kreuzungspunkten Ausgangsimpulse von beträchtlicher Amplitude entstehen. Eine Berücksichtigung der Berechnung der Amplitude des Nullsignals wird zu schwierig, weil die Amplitude von der Verteilung der gespeicherten Einsen und Nullen abhängt und meistens für jedes Wort und jede Ziffernstelle verschieden ist.

Mehr Erfolg brachte eine Gegentaktschaltung, wie sie Abb. 10.7a zeigt. Für jede Wort-Auswahlleitung wurden zwei Leiter verwendet, und um ein Wort auszuwählen, wurde an den einen Leiter ein positiver und an den anderen ein negativer Impuls gelegt. Ähnlich werden für jede Zifferleseleitung zwei Leiter verwendet, wovon einer als 0-Leitung und der andere als 1-Leitung angesehen werden kann. Vereinbart man, daß eine Binärziffer durch die Ausgangsleitung abgetastet wird, auf der ein positiver Impuls erscheint, so wird eine binäre Eins gespeichert, indem ein Kondensator zwischen den mit positiven Impulsen gespeisten Auswahlleiter und die 1-Ausgangsleitung und durch einen zweiten

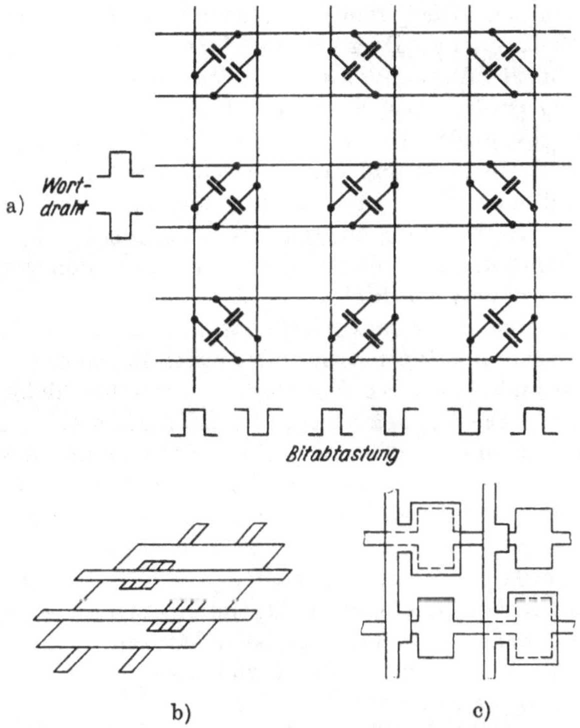

Abb. 10.7. Auslesespeicher mit Kondensatoren

Kondensator zwischen den mit negativen Impulsen versehenen Auswahlleiter und der 0-Ausgangsleitung geschaltet wird. Für die Speicherung einer Null werden die Kondensatoren umgekehrt angeschlossen. Schleichpfade, die von der Verteilung der gespeicherten Bits abhängen, gibt es hier ebenso wie beim elementaren Prinzip. Deshalb ist eine exakte Analyse der Ausgangsreaktionen genauso schwierig. Jedoch kann man recht große Felder aufbauen, wo die relative Polarität der auf einem Zifferlesepaar induzierten Impulse eine definierte Anzeige der abgetasteten gespeicherten Bits liefert. Der Betrieb der Schaltung wird natürlich verbessert, wenn die Treiberschaltungen so ausgelegt sind, daß die Potentiale aller nicht gewählten Auswahl-Leitungspaare konstant gehalten werden, während ein Auswahlleitungspaar betätigt ist. Aber dann wirken für jedes Zifferleseleitungspaar alle Kondensatoren der nichtgewählten Auswahlleitungen als unerwünschte Last, und die zur Verfügung stehende Ausgangsamplitude ist entsprechend begrenzt.

Gewöhnlich sind die Kondensatoren keine diskreten Bauelemente, die durch Drähte verbunden sind, sondern die Einheit ist als Ganzes in integrierter Schaltungstechnik ausgeführt. Abb. 10.7c zeigt eine einzelne Speicherzelle mit einer solchen Struktur. Die Wort-Auswahlleitungen und die Zifferleseleitungen sind von einem leitenden Belag getrennt, in dem an den Stellen der Kondensatoren Löcher gestanzt wurden. Die leitende Schicht liegt an Erde oder an einer anderen konstanten Speisequelle. Dort, wo an einem Kreuzungspunkt kein Loch gestanzt ist, bleibt die Auswahlleitung von der Leseleitung isoliert. Jedoch an einem Kreuzungspunkt, wo sich ein Loch befindet, sind Auswahl- und Leseleitung kapazitiv gekoppelt. Der Kapazitätswert ist gering, jedoch weil sehr dünne leitende und Isolationsschichten verwendet werden, ist die Kapazität groß genug, um bei hohen Geschwindigkeiten einen zufriedenstellenden Betrieb zu gewährleisten. Die beiden gezeigten Löcher sollen die Speicherung einer Eins darstellen, während eine Null durch zwei Löcher in den entgegengesetzten Ecken der Zelle dargestellt würde.

Abb. 10.7c zeigt eine andere integrierte Struktur eines kapazitiven Auslesespeichers. Die horizontalen Wort-Auswahlleitungen liegen unter den vertikalen Zifferleseleitungen und sind durch eine dünne Isolationsschicht, die hier nicht gezeigt ist, getrennt. Die Kondensatorplatten werden durch Stege, die mit den Leitungen verbunden sind, gebildet und beide Leitungen und ihre Stege können in gedruckter Technik hergestellt werden. Für einen Satz von Leitungen, nämlich die gezeigten horizontalen Leitungen, möge an jedem Kreuzungspunkt ein Steg vorhanden sein; an den Punkten, wo kein Kondensator sein soll, sind die Stege im vertikalen Satz von Leitungen weggelassen. Wenn der vertikale Satz von Leitungen auf einer Karte oder auf irgend einem Film aufgebracht ist, so kann das Weglassen der Stege einfach durch das Stanzen von Löchern geeigneter Größe, Form und Lage erfolgen, ehe die Karte oder der Film über dem horizontalen Satz von Leitungen montiert wird.

Der Hauptvorteil beider in Abb. 10.7b und c dargestellter Zellen ist der, daß man die gespeicherte Information auswechseln kann, indem man Karten oder Filme durch ähnliche, nur mit einem anderen Muster von Löchern versehene ersetzt. Solcher Speichereinheiten werden halbpermanent oder ,,kartenwechselbar“ genannt. Bis jetzt wenigstens werden kapazitive Auslesespeicher noch nicht allgemein gefertigt, so wie es z. B. verschiedene Versionen magnetischer Kernspeicher gibt. Anstelle dessen wurden von den Rechnerherstellern spezielle Einheiten für besondere Anwendung in ihren eigenen Systemen gebaut. Um die Speicherkapazität und die Geschwindigkeit eines Kapazitätsspeichers abschätzen zu können, sei am Beispiel des IBM-Rechners 360 erwähnt, daß bei einer Kapazität von 2816 Worten mit 90 Bits pro Wort eine Zykluszeit von 0,5 Mikrosekunden erreicht wurde.

10.13. Andere Formen von Auslesespeichern

Außer den halbpermanenten Speicherschaltungen, die in Kapitel 4 für magnetische Kernspeicher und in diesem Kapitel für fotografische und Kapazitätsspeicher beschrieben wurden, gibt es noch eine Anzahl anderer Möglichkeiten, deren Anwendungsbereich äußerst begrenzt ist. Die meisten dieser Prinzipien beruhen darauf, daß die magnetische (seltener elektrostatische) Kopplung an den Kreuzungspunkten zueinander senkrechter Leitungen groß oder klein ist. Jedoch das Interesse an diesen Schaltungen ist zu gering, als daß es sich lohnte, diese hier zu beschreiben, und so wird auch hier zur weiteren Information auf das Schrifttum verwiesen.

10.14. Digitale Strömungselemente

Einige Methoden wurden erfunden, die die verschiedenen digitalen logischen und Speicherfunktionen Bauelementen übertragen, die kein elektronisches oder elektrisches Wirkungsprinzip, sondern statt dessen eine Strömung verwenden. In einigen Fällen ist die Strömung ein Gas, und man spricht von pneumatischen Bauelementen. In anderen Fällen handelt es sich um eine strömende Flüssigkeit, und man erhält hydraulische Bauelemente. Einige Erfindungen arbeiten mit beiden Typen von Strömungen. In manchen Fällen verwenden die Bauelemente Zylinder oder Kolben, die sich zwischen zwei Stellungen hin- und herbewegen und so eine Binärziffer darstellen, in anderen Fällen werden Membranen mit zwei Lagen verwendet, und in noch anderen Beispielen sind keine bewegten Teile erforderlich. Hier wird das Binärsignal durch die Richtung eines Strahles ausgedrückt, die wiederum durch den Aufprall anderer Strahlen gesteuert wird. Die Bauelemente können klein ausgeführt werden (aber nicht annähernd so klein wie Transistoren in gedruckter Schaltung) und billig, aber natürlich kann man die erreichbaren Geschwindigkeiten nicht mit denen bei elektronischen Bauelementen vergleichen.

Der eine deutliche Vorteil der Strömungselemente ist ihre Fähigkeit, bei extrem hohen Temperaturen zu arbeiten, sie reichen hinauf bis zum Schmelzpunkt der meisten bekannten wärmefesten Werkstoffe. Der oft erwähnte Vorteil des sicheren Betriebes unter intensiver nuklearer Strahlung ist fragwürdig, da man Transistorschaltungen gegen Strahlung schützen kann. Wegen der sehr kleinen Abmessungen der Transistoren wird der Gesamtvorteil auf der Seite der Transistoren liegen. Strömungsbauelemente werden deshalb hier erwähnt, weil sie häufig Ziel des Interesses und des Studiums sind und weil sie in Büchern, die eigentlich elektrischen Bauelementen gewidmet sind, vorkommen. Weil sie noch in der Entwicklung sind und ihre Anwendungen bei hohen Temperaturen selten sind, sei ihre Behandlung auf die Literaturzusammenstellung im Schrifttum beschränkt.

10.15. Andere digitale Bauelemente und Schaltungen

Viele andere verschiedenartige digitale Bauelemente und Schaltungen wurden untersucht und einige von ihnen in gewissen Grenzen verwendet. Im allgemeinen gelten sie aber als veraltet oder anderweitig den Bauelementen und Schaltungen, die in diesem Buch irgendwo behandelt wurden, unterlegen. Außer den wenigen, die für das Schrifttum am Ende des Kapitels ausgewählt wurden, sind einige im Buch „Digital Computer Components and Circuits" von RICHARDS (1957) beschrieben. Dazu gehören Vakuumröhrenschaltungen, Kaltkatoden-Gasdioden- und Thyratronschaltungen, Spitzentransistorschaltungen, verschiedene frühere Formen von Flächentransistorschaltungen, einige der Magnetkernlogikschaltungen, elektrostatische Speicherröhren, Ferroresonanzschaltungen, phasenstabile Schaltungen (synchronisierte Multivibratoren), Quecksilberverzögerungsleitungen, Kondensator-Speicher, Spin-Echo-Speicher (das einzige bekannte Beispiel für ein kernphysikalisches Phänomen im Dienste der Digitaltechnik), verschiedene vollsynchronisierte Schaltungen, einige Kern-Transistorlogikschaltungen, Strahl-Schaltröhren sowie einige frühe Kernformen und Schaltungen für hohe Geschwindigkeiten oder zur zerstörungsfreien Speicherung.

Literatur zu Kapitel 10

Elektrische Verzögerungsleitungen

A fast circulating memory (an experiment employing 212 feet of coaxial cable to store 8 bits at 27 megacycles), G. H. LEICHNER (U. of Illinois), IRE Trans. on Elec. Comp., V EC-6, pp. 123—124 (June 57).

Low-dispersion wired delay lines, M. J. DITORO (Polytechnic Res. and Dev. Co., Inc.), IRE National Convention Record, V 6, Part 2, pp. 82—91 (Mar. 58).

Miniature delay lines for millimicrosecond pulses, R. GERHARZ, Electronic and Radio Engineer, V 35, pp. 371—373 (Oct. 58).

Electrical delay-line memory system using tunnel diodes (reports storing 150 bits at 810 megacycles in a coaxial line), H. H. HARRIS and W. D. PRICER (IBM), International Solid-State Circuits Conference Digest of Technical Papers, V 6, pp. 14—15 (Feb. 63).

A cryogenic memory system (superconductive coaxial delay line operated by a tunnel diode circuit), H. H. DOEMLAND and W. D. MCCAA (U. of Kansas), Proc. IEEE, V 51, pp. 1767—1768 (Dec. 63).

Tunnel diode delay-line memory (stores 8 bits in each printed-circuit electrical delay line), H. H. HARRIS and W. D. PRICER (IBM), IEEE Trans. on Elec. Comp., V EC-13, pp. 269—272 (June 64).

Ultraschall-Verzögerungsleitungen

Ultrasonic delay lines used to store digital data, A. H. MEITZLER, Bell Laboratories Record, V 42, pp. 315—319 (Oct. 64).

A survey of ultrasonic delay lines operating below 100 mc/s, J. H. EVELETH (Andersen Labs.), Proc. IEEE, V. 53, pp. 1406—1428 (Oct. 65).

Magnetostriktive Verzögerungsleitungen

Analysis and application of magnetostriction delay lines, T. B. THOMPSON (Oklahoma A. & M.) and J. A. M. LYON (Northwestern U.), IRE Trans. on Ultrasonics Engineering, V UE-4, pp. 8—22 (Aug. 56).

A high-performance magnetostriction-sonic delay line, H. EPSTEIN and O. B. STRAM (Burroughs), IRE Trans. on Ultrasonics Engineering, V UE-5, pp. 1—24 (Aug. 57).

A theory of pulse transmission along a magnetostrictive delay line, A. ROTHBART and L. ROSENBERG (ITT), IRE Trans. on Ultrasonics Engineering, V UE-6, pp. 32—58 (Dec. 57).

Coiled wire torsional wave delay line, R. N. THURSOTN and L. M. TORNILLO (BTL), IRE National Convention Record, V 6, Part 2, pp. 109—117 (Mar. 58).

Electrical design of the transducer networks of a magnetostrictive delay line, L. ROSENBERG and A. ROTHBART (ITT), IRE National Convention Record, V 6, Part 2, pp. 92—101 (Mar. 58).

Theory of magnetostrictive delay lines for pulse and continuous wave transmission, R. C. WILLIAMS (BTL), IRE Trans. on Ultrasonics Engineering, V UE-7, pp. 16—38 (Feb. 59).

Magnetostrictive delay-line stores operating at 1 mc/s using transistor circuits, H. A. SHOWELL, C. W. M. BARROW, and R. E. COLLIS, Proc. Institution of Electrical Engineers, V 106B, Supplement No. 18, pp. 1267—1276 (May 59).

A torsional magnetostrictive delay line (suggests toroidal coil transducers), A. ROTHBART (ITT), Proc. IRE, V 47, pp. 1153—1154 (June 59).

A non-return to zero (NRZ) mode of operation for a magnetostrictive delay line, A. ROTHBART (ITT), Proc. IRE, V 48, pp. 1486—1487 (Aug. 60).

Magnetostrictive ultrasonic delay lines for a PCM communication system, D. A. AARONSON and D. B. JAMES (BTL), IRE Trans. on Elec. Comp., V EC-9, pp. 329—332 (Sept. 60).

A magnetostrictive delay-line shift register, L. E. HARGRAVE (Sanders Associates), IRE Trans. on Elec. Comp., V EC-10, pp. 702—703 (Dec. 61); comment by W. P. HORTON and author's reply: V EC-11, p. 410 (June 62).

Digital function generation with torsional delay lines, W. PERZLEY and M. FISHBEIN (Consolidated Avionics), Electronics, V 35, N 2, pp. 62—65 (Jan. 12, 1962).

What designers should know about magnetostrictive delay lines, A. ROTHBART (Consulting Engineer) and A. J. BROWN (Airborne Instruments Lab.), Electronics, V 35, N 15, pp. 55—59 (Apr. 13, 1962).

How to specify magnetostrictive delay lines, A. ROTHBART (Consulting Engineer) and A. J. BROWN (Cutler Hammer, Inc.), Electronics, V 35, N 20, pp. 54—56 (May 18, 1962).

A magnetostrictive delay line store, R. C. N. MUNDY, Electronic Engineering, V 35, pp. 32—35 (Jan. 63).

A bibliography on magnetostrictive delay lines (contains 134 references), S. GOLDSTEIN (Computer Control Co.), IEEE Trans. on Ultrasonics Engineering, V UE-10, pp. 58—71 (July 63).

Magnetostrictive delay lines, F. YORRG (Andersen Laboratories, Inc.), Electronic Products, V 6, N 7, pp. 27, 60—63 (Dec. 63).

The behavior of thin-film coupled ultrasonic delay lines, J. E. LOVELL and A. YELON (IBM), IEEE Trans. on Communication and Electronics, No. 74, pp. 524—528 (Sept. 64).

Understanding unipolar and bipolar magnetostrictive delay systems, F. YOERG and G. KLEIN (Anderson Laboratories), Electronic Products, V 7, N 10, pp. 22—23, 101—105 (Mar. 65).

Precession patterns in a delay line memory (as employed in the SCM COGITO-240 desk calculator), S. P. FRANKEL and J. HERNANDEZ (SCM Corp.), Proc. Fall JCC, V 27, Part 1, pp. 99—104 (Nov. 65).

The magnetostrictive film transducer for ultrasonic delay lines, Z. KITAMURA, H. TERADA, and S. HIDAKA (Japan), IEEE Trans. on Magnetics, V MAG-2, pp. 206—207 (Sept. 66).

Quarz- und Glasverzögerungsleitungen

Transducer design for ultrasonic delay lines, H. J. MCSKIMMIN (BTL), Journal of the Acoustical Society of America, V 27, pp. 302—309 (Mar. 55).

Ultrasonic delay lines, J. E. MAY, Bell Laboratories Record, V 34, pp. 212—216 (June 56).

Low-loss 1000 microsecond ultrasonic delay lines, J. E. MAY (BTL), IRE Trans. on Ultrasonics Engineering, V UE-4, pp. 3—7 (Aug. 56).

Methods of measuring electrical characteristics of ultrasonic delay lines, A. H. MEITZLER (BTL), IRE Trans. on Ultrasonics Engineering, V UE-6, pp. 1—16 (Dec. 57).

Propagation of sound in plate-shaped solid delay lines, P. M. SUTTON (Corning Glass Works), Journal of the Acoustical Society of America, V 31, pp. 34—43 (Jan. 59).

Glass digital delay lines, Delay Line Engineering Group of Corning Glass Works, Electronics, V 35, N 45, pp. 60—64 (Nov. 9, 1962).

Glass memories, an 11-page brochure of Corning Electronics Division of Corning Glass Works (Aug. 63).

Ultrasonic delay lines with electromagnetic taps, R. M. ZILBERSTEIN (LFE), Proc. IEEE, V 53, pp. 214—215 (Feb. 65).

Verzögerungsleitungen (Metalldraht)

Ultrasonic delay lines using shear modes in strips, A. H. MEITZLER (BTL), IRE Trans. on Ultrasonics Engineering, V UE-7, pp. 35—43 (June 60).

Ultrasonic delay lines for digital storage (thin metal strips with piezoelectric transducers at end faces), A. H. MEITZLER (BTL), IRE Trans. on Ultrasonics Engineering, V UE-9, pp. 30—37 (Dec. 62).

MOS-Transistoren

Metal-oxide-semiconductor field-effect transistors and microcircuitry, F. M. WANLASS (Fairchild), WESCON Technical Papers, V 7, Part 2, paper 13.2, 6 pages (Aug. 63).

The silicon insulated-gate field-effect transistor, S. R. HOFSTEIN and F. P. HEIMAN (RCA), Proc. IEEE, V 51, pp. 1190—1202 (Sept. 63).

Design calculations for MOS Field effect transistors, C. D. ROOT (Raytheon) and L. VADASZ (Transitron), IEEE Trans. on Electron Devices, V ED-11, pp. 294—299 (Jan. 64).

Characteristics of the metal-oxide-semiconductor transistors, C. T. SAH (Fairchild), IEEE Trans. on Electron Devices, V ED-11, pp. 324—345 (July 64).

Source to drain resistance beyond pinch-off in metal-oxide-semiconductor transistor, V. G. K. REDDI (Fairchild) and C. T. SAH (U. of Illinois), IEEE Trans. on Electron Devices, V ED-12, pp. 139—141 (Mar. 65).

The MOS transistor as an individual device and in integrated arrays, G. E. MOORE (Fairchild), Proc. National Electronics Conference, V 21, pp. 25—30 (Oct. 65).

A new insulated-gate transistor, N. C. TOMBS, H. A. R. WEGENER, R. K. WHEELER, B. T. KENNEY, and A. J. COPPOLA (Sperry Rand), International Solid-State Circuits Conference Digest of Technical Papers, V 9, pp. 58—59 (Feb. 66).

Complementary MOS integrated binary counter, A. K. Rapp, L. P. Wennick, H. Borkan, and K. R. Keller (RCA), International Solid-State Circuits Conference Digest of Technical Papers, V 10, pp. 52—53 (Feb. 67).

Silicon on sapphire complementary MOS memory systems, J. F. Allison, J. R. Burns, and F. P. Heiman (RCA), International Solid-State Circuits Conference Digest of Technical Papers, V 10, pp. 76—77 (Feb. 67).

Schaltkreise mit MOS-Transistoren

Nanowatt logic using field-effect metal-oxide semiconductor triodes, F. M. Wanless and C. T. Sah (Fairchild), International Solid-State Circuits Conference Digest of Technical Papers, V 6, pp. 32—33 (Feb. 63).

Put more snap in logic circuits with field-effect transistors, G. Csanky and R. M. Warner (Motorola), Electronics, V 36, N 24, pp. 43—45 (June 14, 1963).

Using MOS transistors in integrated switching circuits, A. H. Medwin and B. Zuk (RCA), Electronic Design, V 12, N 24, pp. 74—78 (Nov. 23, 1964), and N 25, pp. 74—8 (Dec. 7, 1964).

Switching response of complementary-symmetry MOS transistor logic circuits, J. R. Burns, RCA Review, V 25, pp. 627—661 (Dec. 64).

FET complementary integrated circuits: aerospace natural, P. J. Coppen (Raytheon), Electronics, V 37, N 32, pp. 55—58 (Dec. 28, 1964).

The use of insulated-gate field-effect transistors in digital storage systems, J. Wood and R. G. Ball (England), International Solid-State Circuits Conference Digest of Technical Papers, V 8, pp. 82—83 (Feb. 65).

MOS micropower complementary transistor logic, R. W. Ahrons, M. M. Mitchell, and J. R. Burns (RCA), International Solid-State Circuits Conference Digest of Technical Papers, V 8, pp. 80—81 (Feb. 65); same title and authors: WESCON Technical Papers, V 9, Part 2, paper 1.3, 6 pages (Aug. 65); same title and authors: Computer Design, V 5, N 2, pp. 28—38 (Feb. 66).

MOS integrated circuits save space and money, D. E. Farina and D. Trotter (Gen. Micro-electronics, Inc.), Electronics, V 38, N 20, pp. 84—95 (Oct. 4, 1965).

Integrated memory using complementary field-effect transistors, J. R. Burns, J. J. Gibson, A. Harel, K. C. Hu, and R. A. Powlins (RCA), International Solid-State Circuits Con erence Digest of Technical Papers, V 9, pp. 118—119 (Feb. 66).

One-bit comparator uses FET's to achieve a low component count and simple circuitry, J. R. Dailey (IBM), Electronic Design, V 14, N 13, pp. 58—60 (May 24, 1966).

An investigation of the potential of MOS transistor memories, P. Pleshko and L. M. Terman (IBM), IEEE Trans. on Elec. Comp., V EC-15, pp. 423—427 (Aug. 66).

Memory on a chip: a step toward large-scale integration, L. Boysel (Fairchild), Electronics, V 40, N 3, pp. 92—97 (February 6, 1967).

Ferroelektrische Bauelemente

Barium titanate and its use as a memory store, D. S. Campbell, Journal of the British IRE, V 17, pp. 385—395 (July 57).

Counting circuits employing ferroelectric devices, R. M. Wolfe (BTL), IRE Trans. on Circuit Theory, V CT-4, pp. 226—228 (Sept. 57).

Ferroelectric storage devices, S. Morleigh, Electronic Engineering, V 30, pp. 678—684 (Dec. 58).

Ferroelectrics and computer storage, M. Prutton, Journal o the British IRE, V 19, pp. 93—102 (Feb. 59).

A microminiature ferroelectric digital storage system, R. A. Fotland (Horizons, Inc.) Proceedings of the 1959 Electronic Components Conference, pp. 5—10 (May 59).

Detailed study of switching current in barium titanate, M. E. DROUGARD, Journal of Applied Physics, V 31, pp. 352–355 (Feb. 60).

Obtaining nondestructive readout with ferroelectric memories, A. B. KAUFMAN (Litton), Electronics, V 34, N 34, pp. 47–51 (Aug. 25, 1961).

New device lowers memory element cost (a news report of work by A. KAUFMAN, Litton Systems, on barium titanate cells), Electronics, V 36, N 28, p. 25 (July 12, 1963).

Utilization of the t^* partial switching properties of ferroelectrics in memory devices, G. W. TAYLOR (RCA), IEEE Trans. on Elec. Comp., V EC-14, pp. 881–886 (Dec. 65).

Mikrowellenschaltelemente

Fast microwave logic circuits, D. J. BLATTNER and F. STERZER (RCA), IRE National Convention Record, V 7, Part 4, pp. 252–258 (Mar. 59).

A new concept in computer (an analysis of a patent issued to J. VON NEUMANN), R. L. WIGINGTON (Dept. of Defense), Proc. IRE, V 47, pp. 516–519 (Apr. 59); letter on subject: R. LINDMAN (Remington Rand), V 48, p. 257 (Feb. 60).

Microwave solid-state techniques for high speed computers, J. S. LEAS (RCA), Proceedings of the International Con erence on Information Processing, UNESCO, pp. 466–474 (June 59).

Microwave parametric subharmonic oscillators or digital computing, F. STERZER (RCA), Proc. IRE, V 47, pp. 1317–1324 (Aug. 59).

ONR symposium on microwave techniques for computing systems, a collection of six papers by thirteen authors plus introductions by M. C. YOVITS (ONR) and R. E. MEAGHER (U. o Illinois), IRE Trans. on Elec. Comp., V EC-8, pp. 262–307 (Sept. 59).

Theory of a fast-switching electron-beam requency divider, N. M. KROLL and I. PALOCZ, IBM J of R & D, V 3, pp 345–354 (Oct. 59).

Microwave logic, W. D. LEWIS (BTL), Annals o the Harvard Computation Laboratory, V 30 (Proceedings of an International Symposium on the Theory of Switching), pp. 334–342 (published 1959).

A high-speed binary counter based on frequency script techniques, V. MET (GE), Proc. IRE V 48, pp. 243–244 (Feb. 60).

A modulation-demodulation scheme for ultrahigh-speed computing and wideband amplification, W. ECKHARDT and F. STERZER (RCA), International Solid-State Circuits Conference Digest of Technical Papers, V 3, pp. 34–35 (Feb. 60).

A new class of switching devices and logic elements, P. R. MCISAAC and I. ITZKAN (Sperry Rand), Proc. IRE, V 48, pp. 1264–1271 (July 60).

The microwave PLO as a building block for ultra-fast computing systems, G. B. HERZOG, H. S. MÜLLER, and E. L. WILLETTE (RCA), NEREM Record, V 2, pp. 18–19 (Nov. 60).

Microwave-carrier modulation-demodulation amplifiers and logic circuits, W. ECKHARDT and F. STERZER (RCA), Proc. IRE, V 50, pp. 148–162 (Feb. 62); corrections: p. 1623 (July 62).

Directional couplers as microwave logic, T. A. KRIZ (GM) and K. ISHII (Marquette U.), IEEE Trans. on Elec. Comp., V EC-12, pp. 915–916 (Dec. 63).

Optoelektronische Schalt- und Speicherelemente

An electro-optical shift register, T. E. BRAY (GE), IRE Trans. on Elec. Comp., V EC-8, pp. 113–117 (June 59).

Solid-state optoelectronics, E. E. LOEBNER, RCA Review, V 20, pp. 715–743 (Dec. 59).

Photoelectronic circuit applications, S. K. GHANDHI (GE), Proc. IRE, V 47, pp. 4–11 (Jan. 59); reviewed by C. W. HOOVER, IRE Trans. on Elec. Comp., V EC-8, pp. 503 to 504 (Dec. 59).

All-purpose computer circuits (includes a photoconductor matrix), R. J. DOMENICO and R. A. HENLE (IBM), Electronics, V 33, N 34, pp. 56—58 (Aug. 19, 1960).
High-speed light output signals from electroluminescent storage systems, G. R. HOFFMAN, D. H. SMITH, and D. C. JEFFREYS, Proc. Institution of Electrical Engineers, V 107B, pp. 599—605 (Nov. 60).
Gain and geometrical considerations in planar optoelectronic circuits, T. E. BRAY (GE), International Solid-State Circuits Conference Digest of Technical Papers, V 4, pp. 32 to 33 (Feb. 61).
High speed optical computers and quantum transition memory devices, L. C. CLAPP (Sylvania), Proc. Western JCC, V 19, pp. 475—489 (May 61).
An electroluminescent fixed store for a digital computer, G. R. HOFFMAN and P. L. JONES, Proc. Institution of Electrical Engineers, V 109B, pp. 177—183 (Mar. 62).
Analysis of a magneto-optic readout system, G. FAN, E. DONATH, E. S. BARREKETTE, and A. WIRGIN (IBM), IEEE Trans. on Elec. Comp., V EC-12, pp. 3—9 (Feb. 63).
The status of optical logic elements for nanosecond computer systems, J. T. TIPPETT and H. E. PUTHOFF (Dept. of Defense), Proceedings of the Pacific Computer Conference (IEEE Publication T-147), pp. 47—53 (Mar. 63).
Possible uses of lasers in optical logic functions, C. J. KOESTER (American Optical Co.), Proceedings of the Pacific Computer Conference (IEEE Publication T-147), pp. 54—62 (Mar. 63).
Performance limits of photon coupled logic, I. WUNDERMAN (HP Assoc), Proceedings of the Pacific Computer Conference (IEEE Publication T-147), pp. 63—77 (Mar. 63).
Will neon photoconductors replace relays in low-speed logic, J. L. PATTERSON (IBM), Electronics, V 36, N 19, pp. 46—49 (May 10, 1963).
Operation of a memory element based on the maser principle, H. J. GERRITSEN (RCA), Proc. IEEE, V 51, pp. 934—935 (June 63).
Mutually quenched injection lasers as bistable devices, G. J. LASHER and A. B. FOWLER, IBM J of R & D, V 8, pp. 471—475 (Sept. 64).
Progress in optical computer research, O. A. REIMANN (Rome Air Dev. Cen.) and W. F. KOSONICKY (RCA), IEEE Spectrum, V 2, N 3, pp. 181—195 (Mar. 65).
Implications of batch fabrication for optoelectronic computer and process control systems, I. WUNDERMAN (HP Assoc.), Proceedings of the National Symposium on the Impact of Batch Fabrication on Future Computers (IEEE Publication 16-C-1), pp. 150—163 (Apr. 65).
Electro-optical information processing, W. J. POPPELBAUM (U. of Illinois), Information Processing 1965 (Proceedings of an IFIP congress), pp. 111—120 (May 65).
Switching with light, T. E. BRAY (GE), Electronics, V 38, N 22, pp. 58—65 (Nov. 1, 1965).
Storing data with light, R. D. STEWART (GE), Electronics, V 39, N 4, pp. 82—86 (Feb. 21, 1966).
Many colors are better than one; capacity of optical memories ... can be multiplied ..., M. A. HABEGGER and T. J. HARRIS (IBM), Electronics, V 39, N 14, pp. 84—91 (July 11, 1966).
Light amplifiers and inverters for digital application employing negative conductance devices, C. A. RENTON and B. M. RABINOVICI (Honeywell), IEEE Trans. on Elec. Comp., V EC-15, pp. 664—665 (Aug. 66).
An electron optical technique for large-capacity random-access memories, S. P. NEWBERRY (GE), Proc. Fall JCC, V 29, pp. 717—728 (Nov. 66).
Laser loops: new concept for optical memory, N. SCLATER (magazine editor, reporting a BTL project), Electronic Design, V 15, N 2, pp. 24, 26 (January 18, 1967).
A proposed beam-addressable memory, C. D. MEE and G. J. FAN (IBM), IEEE Trans. on Magnetics, V MAG-3, pp. 72—76 (Mar. 67).

Fotospeicher (Auslesespeicher)

A high-scanning-rate storage device for computer applications (photographic, with a rotating mirror for gaining access), D. M. BAUMANN (MIT), Proc. ACM, V 5, pp. 76—88 (Jan. 58).

Direct access photomemory, F. A. LITZ and A. J. CRITCHLOW (IBM), Proc. Western JCC, V 13, pp. 53—58 (May 58).

High-speed high-capacity photographic memory, C. A. LOVELL (BTL), Proc. Eastern JCC, V 14, pp. 34—38 (Dec. 58).

Electron beam recording of digital information, R. F. M. THORNLEY, A. V. BROWN, and A. J. SPETH (IBM), IEEE Trans. on Elec. Comp., V EC-13, pp. 36—40 (Feb. 64).

Permanent optical memories for compact systems, F. P. DENEGRI (Bendix), Electronics, V 37, N 14, pp. 64—71 (Apr. 20, 1964).

A system of recording digital data on photographic film using superimposed grating patterns, R. L. LAMBERTS and G. C. HIGGINS (Eastman Kodak), Proc. Fall JCC, V 29, pp. 729—734 (Nov. 66).

A photo-digital mass storage system, J. D. KUEHLER and H. R. KERBY (IBM), Proc. Fall JCC, V 29, pp. 735—742 (Nov. 66).

Kapazitive Speicher (Auslesespeicher)

The capacitive semi-permanent information store and uses in telephone exchanges, J. VAN GOETHEM, Proc. Institution of Electrical Engineers, V 107B, Supplement No. 20, pp. 346—352 (Nov. 60).

Semipermanent storage by capacitive coupling, D. H. MACPHERSON and R. K. YORK (BTL), IRE Trans. on Elec. Comp., V EC-10, pp. 446—451 (Sept. 61).

Card capacitor—a semipermanent read-only memory, H. R. FOGLIA, W. L. MCDERMID, and H. E. PETERSEN, IBM J of R & D, V 5, pp. 67—68 (Jan. 61).

Printed cards for the card capacitor memory, J. W. HASKELL, IBM J of R & D, V 6, pp. 462—463 (Oct. 62).

Analysis of sneak paths and sense-line distortion in an improved capacitor read-only memory, D. M. TAUB (IBM England), Proc. IEEE, V 51, pp. 1554—1569 (Nov. 63).

Card-changeable memories, J. M. DONNELLY (Automatic Electric) Computer Design, V 3, N 6, pp. 20—30 (June 64).

IBM System/360 engineering (see Figures 5 and 13), P. FAGG and five others, Proc. Fall JCC, V 26, pp. 205—231 (Oct. 64).

Design of a printed card capacitor read-only store, J. W. HASKELL, IBM J of R & D, V 10, pp. 142—157 (Mar. 66).

Kapazitive Speicher (Schreiben — Lesen)

A fast random-access diode-capacitor store using transistors, A. C. CONWAY, Proc. Institution of Electrical Engineers, V 106B, Supplement No. 16, pp. 657—662 (May 59).

Weitere Auslesespeicher

Unifluxor: a permanent memory element (bits stored by presence or absence of copper slugs at intersections of drive and sense lines), A. M. RENARD and W. J. NEUMAN (Remington Rand), Proc. Western JCC, V 17, pp. 91—96 (May 60).

Forming semi-permanent memories with metal card storage (hole or no hole punched in card determines inductance between coils placed on opposite sides), J. YAMATO and Y. SUZUKI (Japan), Electronics, V 34, N 46, pp. 136—141 (Nov. 17, 1961).

Eddycard memory—a semi-permanent storage, T. ISHIDATE, S. YOSHIZAWA, and K. NAGAMORI (Japan), Proc. Eastern JCC, V 20, pp. 194—208 (Dec. 61).

Inductive coupled read-only memory (1 or 0 stored in accordance with whether or not a conductive shield is placed between two parallel wires), J. G. WAMSLEY (IBM), WESCON Technical Papers, V 6, Part 4, paper 2.3, 5 pages (Aug. 62).

A survey of read-only memories, M. H. LEWIN (RCA), Proc. Fall JCC, V 27, Part 1, pp. 775–787 (Nov. 65).

Strömungsschaltelemente

Properties of hydraulic circuits using valves, H. H. GLAETTLI (IBM Switzerland), International Solid-State Circuits Conference Digest of Technical Papers, V 4, pp. 36–37 (Feb. 61).

Digital fluid logic elements, H. H. GLAETTI (IBM Switzerland), in Advances in Computers edited by F. L. ALT, V 4, pp. 169–243 (1963).

Flodac—a pure fluid digital computer, R. S. GLUSKIN, M. JACOBY, and T. D. READER (Sperry Rand), Proc. JCC, V 26, pp. 631–641 (Oct. 64).

Fluidic computer technology, E. F. RICHARDS and W. B. DEPPERMAN (Martin Co.), Proceedings of the National Symposium on the Impact of Batch Fabrication of Future Computers (IEEE Publication 16-C-1), pp. 30–39 (Apr. 65).

Digital pneumatic logic using coded tapes, W. F. VOIT, IBM J of R & D, V 9, pp. 418–421 (Sept.—Nov. 65).

Verschiedenes

The design of cold-cathode-valve circuits (includes digital circuits, especially for telephone switching), J. E. FLOOD, Electronic Engineering, V 28, pp. 416–421 (Oct. 56), pp. 489 to 493 (Nov. 56), and pp. 528–532 (Dec. 56).

Ferroresonant circuits for digital computers, C. B. NEWPORT and D. A. BELL, Journal of the British IRE, V 17, pp. 619–630 (Nov. 57).

Millimicrosecond diode capacitor memory, M. M. KAUFMAN (RCA), Proc. National Electronics Conference, V 15, pp. 215–225 (Oct. 59).

Ferroresonant systems of circuit logic, J. G. SANTESMASES, M. ALIQUE, and J. L. LLORET, Proc. Institution of Electrical Engineers, V 107B, pp. 190–198 (Mar. 60).

A computer subsystem using kilomegacycle subharmonic oscillators, L. ABEYTA, F. BORGIN, and D. R. CROSBY (RCA), Proc. RIE, V 49, pp. 128–135 (Jan. 61).

A dielectric drum storage system, S. MORLEIGH, Journal of the British IRE, V 21, pp. 211 to 219 (Mar. 61).

Experimental study of electron-beam driven semiconductor devices for use in a digital memory, J. W. HORTON, IBM J of R & D, V 6, pp. 437–448 (Oct. 62).

Synthesis of electronic bistable circuits (claims: all possible combinations of two three-terminal device configurations are inspected), L. O. HILL (Westinghouse), D. O. PEDERSON, and R. S. PEPPER (U. of Cal.), IRE Trans. on Circuit Theory, V CT-10, pp. 25–35 (Mar. 63).

Cold-cathode tubes as triggers, M. E. BOND (English), Electronics, V 38, N 7, pp. 76–85 (Apr. 5, 1965).

Sonic film memory, H. WEINSTEIN, L. ONYSCHKEVYCH, K. KARSTAD, and R. SHAHBENDER (RCA), Proc. Fall JCC, V 29, pp. 333–347 (Nov. 66).

Ferromagnetic wire memory, A. B. KAUFMAN (Litton Systems, Inc.), IEEE Trans. on Elec. Comp., V EC-16, pp. 86–88 (Feb. 67).

11. ANALOG-DIGITAL-UMSETZUNG

Die digitale Darstellung einer Menge ist eine Zahl, und in einem digitalen System wird die Zahl wiederum durch einen Satz von Signalen dargestellt, von denen jedes eine oder eine endliche Zahl (gewöhnlich nur zwei) von verschiedenen Amplituden hat. Die jeweiligen digitalen Signale können gleichzeitig „parallel" an einem Satz von Signalleitungen auftreten, oder sie können einzeln „in Serie" an einer einzelnen Leitung anliegen. Es ist aber auch eine Kombination der Parallel- und Seriendarstellung möglich, ohne daß es den Grundcharakter der digitalen Darstellung beeinflußt. Ein wesentliches Merkmal einer digitalen Werteangabe ist, daß sie eine Menge nicht exakt angeben kann, sondern nur eine Anzahl diskreter Werte anzeigen kann. Mit genügend Stellen für die einzelnen Werte kann die Mengenangabe mit jeder gewünschten Genauigkeit erfolgen.

Für eine analoge Darstellung braucht man andererseits nur ein einziges Signal, gewöhnlich eine Spannungsamplitude. Weil die Amplitude des analogen Signals nicht auf diskrete Werte beschränkt ist, kann ein analoges Signal die Amplitude exakt darstellen. Jedoch wird ein analoges Signal selten als exakte Darstellung einer Menge angesehen. Vielmehr hat das analoge Signal, das aus der ursprünglichen Informationsquelle gewonnen wurde, irgendwelche Fehler, so daß extreme Genauigkeit trotz des im Grunde unbeschränkten Wertevorrates kein Attribut analoger Signale ist.

Die digitale und die analoge Darstellung unterscheiden sich weiterhin voneinander, wenn die in Frage kommende Menge nicht konstant, sondern als Funktion der Zeit veränderlich ist. (Die Zeit braucht nicht die unabhängige Variable zu sein. Zum Beispiel kann y eine Funktion von x sein, wo sowohl x und y physikalische Größen oder auch mathematische Abstraktionen sein können. Jedoch in der elektronischen Rechentechnik ist die unabhängige Variable meist generell in die Zeit transponiert, obwohl die Transposition nicht linear zu sein braucht. Das bedeutet, daß die einzelnen Werte, die in einem digitalen System eine variable Menge darstellen, nicht nach gleichen Zeitintervallen zu erscheinen brauchen.) Das analoge Signal kann im Prinzip die Menge zu allen Zeitpunkten exakt darstellen, wogegen man bei den digitalen Schaltungen die in Frage kommende Menge von Zeit zu Zeit abtasten muß, und die sich ergebenden Werte brauchen der Menge nur zu den Abtastzeitpunkten zu entsprechen. Mit anderen Worten, eine analoge Darstellung ist sowohl in der Amplitude als auch in der Zeit stetig, während sich die digitale Darstellung auf nahe beieinanderliegende diskrete Werte zu ausgewählten diskreten Zeitpunkten beschränkt.

11.1. Anwendungen der Analog-Digital-Umsetzung

Ein Analog-Digital-Umsetzer (gemeinhin Verschlüßler genannt) wird natürlich überall dort gebraucht, wo ein digitales System mit analogen Informationen beschickt werden soll. In den meisten Fällen, wo eine analoge Eingangsinformation vorliegt, ist der Grund für diese analoge Darstellung der, daß die Information einige physikalische Parameter erfaßt, für die eine digital funktionierende Abtastung nicht ohne weiteres anwendbar ist. Die Temperatur ist ein gutes Beispiel. Ein einfaches Thermoelement erzeugt eine Spannung, die eine analoge Darstellung der Temperaturdifferenz zwischen zwei Punkten ist. Obwohl man sich gewisse Schaltungen vorstellen kann, mit denen eine Temperatur digital darzustellen möglich ist, gehen die meisten davon jedoch zu einem mechanischen oder elektromechanischen Analog-Digital-Umsetzer, der im Abtastelement enthalten ist. Außerdem wurde dem Verfasser kein Fall einer Verwendung solcher Elemente in letzter Zeit bekannt.

Für andere Parameter steht ein breiteres Angebot von praktischen Abtastvorrichtungen zur Verfügung. Betrachten wir die Geschwindigkeit einer rotierenden Welle. Eine analoge Darstellung der Geschwindigkeit erhält man, indem man die Welle einfach mit einem elektrischen Gleichspannungsgenerator, der in diesem Falle Tachometer genannt wird, koppelt. Die Amplitude der Ausgangsspannung ist proportional der Geschwindigkeit der Welle. Eine digitale Abtastung der Rotationsgeschwindigkeit erhält man einfach, indem man die Anzahl der Umdrehungen in einem bestimmten Zeitabschnitt zählt. Dabei braucht der Abtastmechanismus nur ein Kontakt zu sein, der sich bei jeder Umdrehung schließt, wobei alle Arten von magnetischen und optischen Bauelementen als Kontakt Verwendung finden können. In der grundlegenden Version ist die Rotationsrichtung der Welle zu jeder Zeit gleich, obwohl man die Anordnung für verschiedene Anwendungen so abwandeln kann, daß die Rotationsrichtung im Laufe des Betriebes umgekehrt werden kann. Eine andere digitale Schaltungsart zählt die Schwingungen eines Hochfrequenzoszillators während einer Umdrehung. Damit kann die Geschwindigkeit rascher und öfter bestimmt werden, aber diese eine Umdrehung muß dabei entsprechend genauer abgetastet werden. Ob die Drehzahlzähler- und Schwingungszählerschaltungen „digitale Drehzahlaufnehmer“ sind, oder ob es sich um Analog-Digital-Umsetzer bei Winkelstellungsgebern handelt, hängt nur von der Verwendung ab.

Als Stellungsgeber verwendet man in Aufnehmerschaltungen oft Potentiometer. Die Windungen stehen fest, und der Schleifkontakt wird durch den Teil verstellt, dessen Stellung gemessen werden soll. Legt man an die Enden der Potentiometerwicklung eine feste Potentialdifferenz, so liefert das Potential am Kontakt eine analoge Wiedergabe der Stellung. Eine digitale Angabe der Lage kann man mehr oder weniger direkt dadurch erzeugen, daß man Code-Scheiben mit separaten Spuren aus isolierten und leitenden Segmenten (oder transparenten und nichttransparenten Segmenten bei der optischen Version) für jedes Bit der digitalen Darstellung verwendet. Die Codescheibe ist bei der Aufnahme der Winkelstellungen einer Welle oft verwendet worden.

Ein Digital-Analog-Umsetzer wird natürlich bei jedem digitalen System gebraucht, wenn man eine Signalamplitude als Stellgröße verwenden will, z. B. um etwas zu regeln. Jedoch die Natur der Umsetzung kann entsprechend dem Charakter der geregelten Einrichtungen sehr verschieden sein. Sie ist sogar für einen vorliegenden Typ auf vielfältige Weise möglich. Nehmen wir zum Beispiel an, daß der zu regelnde Parameter die Temperatur eines Körpers aus irgendeinem Stoff ist. Die Temperatur kann man regeln, indem man elektrischen Strom durch den Widerstand eines im Körper eingebetteten Heizelementes schickt. Der „augenscheinliche" Weg, um die Temperatur zu regeln, wäre der, eine solche Spannung an das Heizelement zu legen, deren Amplitude gerade ausreicht, um den Wärmeverlust des Körpers zu decken. Voraussichtlich würde die Temperatur des Körpers von Zeit zu Zeit gemessen, und die anzulegende Spannung würde vergrößert oder verkleinert, um die Abweichungen der Temperatur so schnell wie möglich und ohne Überschwingen der Temperatur auszugleichen. Man benötigt in diesem Falle einen DA-Umsetzer, der ein analoges Ausgangssignal liefert und immer dann auf den neuen Wert eingestellt wird, wenn eine neue Digitalzahl dem DA-Umsetzer zugeführt wird.

Es gibt jedoch noch zwei weitere Möglichkeiten zur Temperaturregelung. Eine Möglichkeit besteht darin, eine Folge von Digitalwerten gleichbleibender Frequenz dem Umsetzer zuzuführen. Während eines durch die Digitalzahl festgelegten Zeitabschnittes der Zykluszeit liegt die volle Spannung am Heizelement. Die im Mittel während der Zykluszeit zugeführte Wärmemenge kann die gleiche sein wie vorher, wobei eine ausreichend große thermische Zeitkonstante (bezogen auf die Zykluszeit) dafür sorgt, daß die Temperaturänderung nicht sprungförmig verläuft. Der hier verwendete DA-Umsetzer ist vollkommen anders vom Prinzip her als der vorige und manchmal weniger aufwendig. Eine andere Möglichkeit zur Temperaturregelung besteht in der Anwendung von Impulsen konstanter Amplitude und Dauer, jedoch mit einer Folgefrequenz entsprechend der letzten angefallenen Digitalzahl. Allerdings ist die Folgefrequenz der Impulse meistens wesentlich höher als die der Digitalzahlen. Der DA-Umsetzer liefert also als analoge Ausgangsgröße die Frequenz, wenn auch hier die Temperatur die zu regelnde Größe darstellt.

Diese Diskussion diente im wesentlichen dazu, zu illustrieren, wie vielfältig die Ausführungsarten von AD-Umsetzern sind und daß es schwierig ist, eine systematische Behandlung vorzunehmen, wenn man besonders noch die recht umfangreiche Zahl von Eingangs- und Ausgangsparametern berücksichtigt. Daher ist dieses Kapitel vorwiegend der AD-Spannungsumsetzung gewidmet, unabhängig davon, woher die Spannung geliefert wird und wie die Digitalzahl weiter verarbeitet wird.

Außer bei den Eingangs- und Ausgangssignalen für einen Digitalrechner braucht man Analog-Digitalumsetzungen bei hybriden Systemen, d. h. bei Systemen, die aus einem analogen und einem digitalen Teil bestehen. Indem man den analogen Teil als Quelle des Eingangssignals und als Empfänger des Ausgangssignal den digitalen Teil ansieht, stellen hybride Systeme in Wirklichkeit keine besondere Anwendung von Analog-Digital-Umsetzern dar.

Eine andere Anwendung einer Analog-Digital-Umsetzung erfolgt bei der digitale Datenübertragung, wie sie beim Telefon (gewöhnlich Sprache oder Musik-Signale) oder bei der Fernsehübertragung zu finden ist. Dabei braucht der digitale Teil des Systems keine Berechnung oder Verarbeitung von Daten zu vollführen, sondern die Signale lediglich von einem Ort zum anderen weiterzuleiten. Andererseits ist der Umfang an Datenverarbeitung beim Verschlüsseln der Ein- und Ausgangssignale in einen Geheimcode beträchtlich. Ein wesentlicher Vorteil der digitalen Übertragung von eigentlich analogen Signalen ist der, daß durch die Technik der Fehlererkennung und Korrektur wirklich alle Störungen und Verzerrungen eliminiert werden können. Diesen Vorteil kann man oft aber nur realisieren, nachdem man für die Kanaleigenschaften einen recht hohen Preis gezahlt hat. Zum Beispiel würde ein Sprachsignal, das normalerweise nur 3 kHz Bandbreite erfordert, wenn es in konventioneller analoger Form übertragen wird, die Übertragung von 30000 Bit pro Sekunde (das Produkt der Abtastungen pro Sekunde und der Zahl der Bits für jede digitale Darstellung einer Abtastung) benötigen, damit es nach der Umsetzung in die analoge Form am Empfänger noch gut verständlich erscheint. Wollte man 30000 Bit pro Sekunde mit einer annehmbar niedrigen und damit korrigierbaren Fehlerrate über einen Telefonkanal mit 3000 Hz Bandbreite übertragen, so brauchte man einen viel größeren Störabstand des Signals auf dem Telefonkanal, und es machte sich eine Verwendung von Mehrfachamplituden-Impulsen (oder dem Äquivalent in gewissen anderen Modulationsverfahren) nötig. Die digitale Übertragung von Bildsignalen wurde bei verschiedenen Raumfahrtprojekten mit aufsehenerregenden Ergebnissen angewandt, aber in allen diesen Fällen wurde eine beträchtliche Zeit für die Übertragung eines jeden Bildes benötigt. Eine digitale Echtzeitübertragung von Telefon- und Fernsehsignalen haben die hohen Anforderungen an den Kanal bisher im wesentlichen verboten, obwohl das Problem gegenwärtig mit großem Interesse bearbeitet wird.

Eine prosaischere, aber dafür im Augenblick zweckmäßigere und verbreitetere Anwendung finden die Analog-Digital-Umsetzer in Digitalvoltmetern. Der zu messende Parameter kann in Wirklichkeit ein Strom, eine Temperatur oder anderes sein, er wird jedoch in eine Spannung umgewandelt und in eine digitale Darstellung umgesetzt, damit man die Größe durch Anzeigelampen erkennen kann. Der Hauptgrund für eine digitale Umsetzung liegt in der bequemen Ablesung, speziell bei Messungen mit hoher Genauigkeit, wo z. B. ein Zeigerinstrument zu träge und zu ungenau ist. Ein Digitalvoltmeter kann zusätzlich über eine Einrichtung verfügen, um die abgelesenen Werte bei Bedarf auf einen Drucker oder Rechner zu geben.

11.2. Spannungsgesteuerte Digital-Analog-Umsetzer aus Widerständen und Schaltern

Eine der einfachsten Schaltungen, um digitale Signale in eine analoge Spannung umzusetzen, funktioniert mit geschalteten Widerständen in einem Spannungsteiler. Einige verschiedene Prinzipien sind hierfür bekannt, aber das einzige, das für elektronische Eingangssignale geeignet zu sein scheint, ist die spannungsgesteuerte Form gemäß Abb. 11.1. Um die Funktion der Schaltung zu erklären, sind die Schalter als mechanische Kontakte dargestellt. Später werden dann elektronische Bauelemente eingeführt.

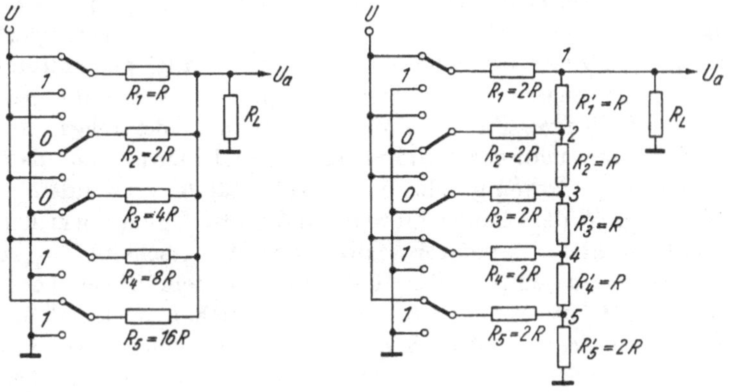

Abb. 11.1. Spannungsgesteuerter DA-Umsetzer

In Abb. 11.1a ist eine Schaltung zur Umsetzung einer fünfstelligen Binärzahl in ein analoges Signal dargestellt. Der obere Widerstand R_1 hat den Wert R und entspricht der Ziffer höchster Ordnung. Die Widerstände R_2, R_3 usw. sind jeweils doppelt so groß wie der vorhergehende, und jeder entspricht der Ziffer mit nächst niedrigerer Ordnung in der umzusetzenden Zahl. Sind die Kontakte in der gezeigten Stellung, so heißt die Binärzahl 10011. Jeder Widerstand liegt dabei an einem Referenzpotential oder an Erde, je nachdem, ob dadurch eine Eins oder eine Null dargestellt werden soll.

Daß die Schaltung ein Ausgangssignal U_a, d. h. eine analoge Darstellung der durch die Schalterstellungen repräsentierten Zahl, erzeugt, erkennt man am ehesten, wenn man den Lastwiderstand R_L als unendlich annimmt. Weil die Schaltung einen einfacheren Spannungsteiler darstellt, gilt $U_a = UR_L/(R_a + R_b)$, wobei R_a der Gesamtwiderstand zwischen U und U_a und R_b der Gesamtwiderstand zwischen U_a und Erde ist. Man kann jedoch die Eigenschaft als Umsetzer deutlicher hervorheben, wenn man die Beziehung zwischen U_a und U durch die Leitwerte G_a und G_b der beiden Gruppen ausdrückt, wobei $R_a = 1/G_a$

und $R_b = 1/G_b$ ist. Mit dieser Substitution findet man für die Beziehung $U_a = U\, G_a/(G_a + G_b)$. Weil G_a die Summe der Leitwerte in der einen Gruppe und G_t die Summe der Leitwerte in der anderen Gruppe bildet und da jeder Widerstand zu der einen oder der anderen Gruppe gehört, ist $G_a + G_b$ konstant, unabhängig vom Wert der umgesetzten Binärzahl. Da U ebenfalls konstant bleibt, ist U_a proportional zu G_a. Wegen der Verhältnisse der einzelnen Widerstände zueinander ist ihr Beitrag zu G_a dem binär gewogenen Wert jeder 1 in der umgesetzten Zahl direkt proportional. Wenn die umgesetzte Binärzahl von 00000 bis 11111 läuft, so überstreicht U_a den Bereich von 0 bis U.

Wenn nun R_L in Abb. 11.1 nicht unendlich ist, wie es im praktischen Betrieb der Fall ist, wenn der Umsetzer andere Einrichtungen steuern muß, so liegt effektiv der Leitwert $G_L = 1/R_L$ parallel zu G_b, und es gilt $U_a = U \cdot G_a/(G_a + G_b + G_L)$. U_a ist weiterhin der umgesetzten Zahl direkt proportional, jedoch die maximale Amplitude ist von U auf $U\, G_1/(G_1 + G_L)$ verringert, wobei $G_1 = G_a + G_b$, d. h. gleich der Summe der Leitwerte aller geschalteten Widerstände ist. Das maximale Ausgangssignal erhält man, wenn alle geschalteten Widerstände an U liegen. Für genaue Umsetzer mit einer relativ hohen Zahl von Binärziffern kann man gegen die Schaltung 11.1a einwenden, daß man für die Ziffern niedriger Ordnung sehr hohe Widerstände verwenden muß, und genaue hochohmige Widerstände sind teuer und groß. Deshalb wurde die leiterförmige Schaltung 11.1b populärer. (Diese Schaltung scheint vor etwa 1957 unbekannt gewesen zu sein.) Jeder Widerstand in dem Umsetznetzwerk hat den Wert R oder 2 R, wie es angegeben ist, ganz gleich, aus wieviel Binärstellen die umgesetzte Zahl besteht, obwohl R in b nicht das gleich R wie in a zu sein braucht. Die Schaltung b funktioniert im Prinzip genauso wie die Schaltung a, jedoch mit einem wichtigen Unterschied. Sicher versteht man die Schaltung b am ehesten, wenn man zuerst den Knoten 5 betrachtet. Der Gesamtwiderstand vom Punkt 5 abwärts gesehen besteht aus den 2 R von R_5'. Als nächsten betrachten wir Knoten 4. Der Gesamtwiderstand abwärts gesehen beträgt ebenfalls 2 R, obwohl dieser Gesamtwiderstand aus R_4' (mit dem Wert R) in Reihe mit der Parallelkombination von R_5 und R_5' (jeder mit dem Wert 2 R) besteht. Bekanntlich sind die Potentiale, an denen die Widerstände mit dem anderen Ende liegen, ohne Einfluß auf den Gesamtwiderstand. Das bedeutet in diesem Falle, daß es keine Rolle spielt, ob R_5 an U oder an Erde liegt. Betrachtet man den Gesamtwiderstand von den Knoten 3, 2 und 1 nach unten, so findet man ihn ebenfalls zu 2 R.

Wenn nun R_L in Abb. 11.1b unendlich ist und R_2, R_3 usw. alle an Erde liegen, ist U_a gleich 0 oder 0,5 U, je nachdem, ob R_1 an Erde oder an U liegt, denn der Widerstand von R_1 ist 2 R und der von Knoten 1 abwärts gesehene besitzt ebenfalls den Wert 2 R. Wenn dann R_2 von Erde auf U geschaltet wird, beträgt der Zuwachs von U_a 0,25 U, weil $^2/_3$ der Spannungsänderung am Knoten 2 am Knoten 1 auftritt. Der Wert $^2/_3$ entsteht durch die Spannungsteilerwirkung von R_1 und R_1'. Jedoch das Potential am Knoten 2 ändert sich nicht um 0,5 U, wenn R_2 geschaltet wird, obgleich der Widerstand von diesem Knoten abwärts

$2\,R$ beträgt. Das rührt von der Belastung durch R_1 und R_1' her. Diese 2 Widerstände legen effektiv $3\,R$ parallel zu den $2\,R$, so daß die Änderung am Knoten 2 beim Schalten von R_2 0,375 U beträgt, und $^2/_3$ davon sind 0,25 U. Für R_3, R_4 und R_5 kann man eine ähnliche Analyse durchführen und zeigen, daß jeder Schaltvorgang gegenüber dem vorhergehenden die halbe Wirkung auf U_1' ausübt.

Wenn R_L endlich ist, verringert sich die Amplitude von U_1 für die vorliegende umzusetzende Binärzahl, aber die einzelnen Binärziffern haben untereinander noch den gleichen proportionalen Einfluß auf U_a. Das zu zeigen, ist ein einfaches Problem der Netzwerkanalyse. Die oben verwendete Methode wäre auch hier gängig, obwohl die Ausführung der Details beträchtlich schwieriger wäre.

Für die in Abb. 11.1 gezeigten mechanischen Kontakte können elektronische Bauelemente eingesetzt werden. Die einfachste elektronische Schaltung wäre bloß ein emittergeerdeter *npn*-Transistor, dessen Kollektor auf einem Speisepotential U_+ liegt (positiver als U), und der mit einer Diode auf U als oberer Begrenzung in positiver Richtung festgeklemmt wird. Natürlich müssen noch der Spannungsabfall über dem Transistor im Durchlaßfall und der Spannungsabfall über der Diode bei gesperrtem Transistor geeignet korrigiert werden. Der Spannungsabfall des Transistors kann klein (wenige Millivolt) sein, dagegen ist der Spannungsabfall der Diode von ca. 0,7 Volt beträchtlich. In diesem Falle kann man den Lastwiderstand und die Diode durch einen *pnp*-Transistor ersetzen, wobei der Emitter an U liegt. Natürlich erreicht man eine hohe Genauigkeit einfach meistens nur mit einem hohen U, wobei die Spannungsabfälle über den Halbleiterelementen vergleichsweise klein sind.

Die Toleranzanforderungen an die verschiedenen Widerstände in Abb. 11.1b hängen sowohl von der Genauigkeitsvorschrift des ganzen Konverters als auch von der Genauigkeit der Treiberschaltungen ab. Im allgemeinen aber ist die Toleranzforderung für R_1 am strengsten und lockert sich etwas, wenn die Widerstände weniger unmittelbar am Ausgang liegen. Jedoch dürfen die Widerstandsfehler sich nicht soweit addieren, daß der Umsetzer für 01111 ein größeres Ausgangssignal erzeugt als für 10000.

11.3. Stromgesteuerte Digital-Analog-Umsetzer aus Widerständen und Schaltern

In stromgesteuerten Schaltungen ist das maximale Ausgangs-Signalpotential relativ klein und die Schaltungen funktionieren grundsätzlich durch das Ein- und Ausschalten (oder Umsteuern der Pfade) von Strömen. Eine elementare stromgesteuerte Digital-Analog-Umsetzerschaltung ist in Abb. 11.2a gezeigt. Die Schaltung ist im wesentlichen genauso wie die entsprechende spannungsgesteuerte Schaltung aufgebaut, nur daß der entsprechende Widerstand nicht an Erde gelegt, sondern überhaupt nicht angeschlossen wird, wenn die Eingangszahl 0 ist. Ein anderer Unterschied ist der, daß der Lastwiderstand R_L gleich r

ist, und r wird sehr klein angenommen im Vergleich zu R (das nicht unbedingt das gleiche R wie bei den spannungsgesteuerten Schaltungen zu sein braucht). R_L wird in diesem Falle manchmal Strom-Summierwiderstand genannt, weil durch ihn die Summe der Ströme durch R_1 bis R_5 (bei der Darstellung mit 5 Ziffern) fließt.

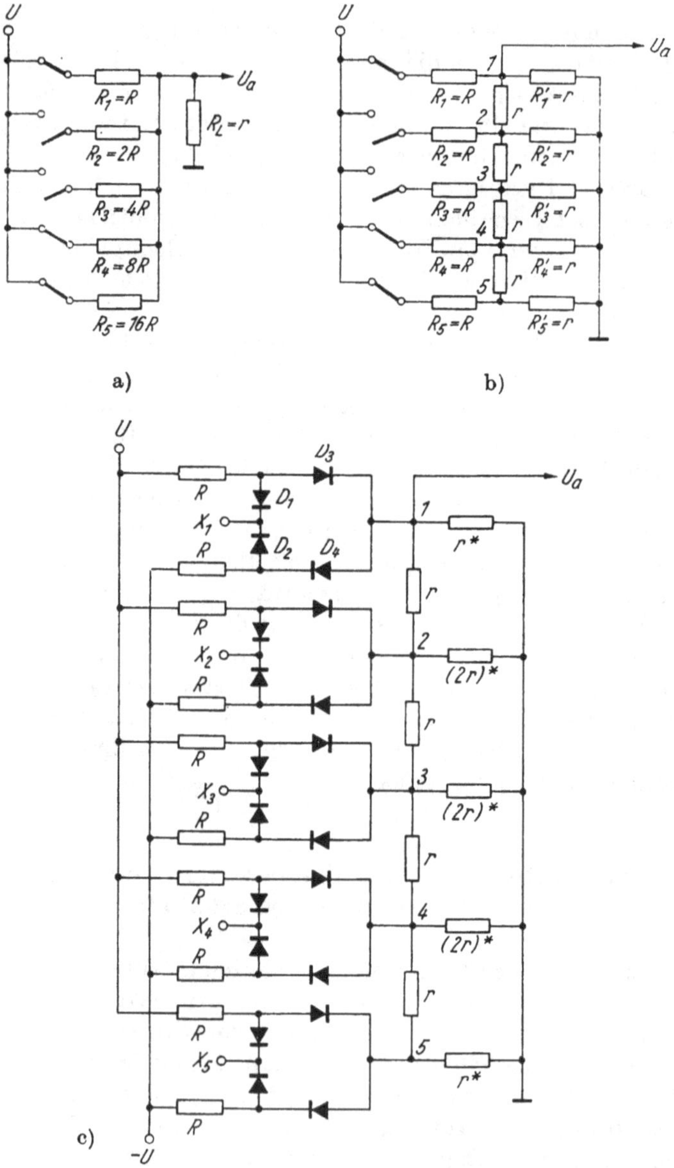

Abb. 11.2. Stromgesteuerter DA-Umsetzer

Wenn die Binärstelle der höchsten Ordnung 1 ist, fließt ein Strom von ungefähr U/R durch den Widerstand R_L. Für die Ziffer mit nächst niedrigerer Ordnung ist der Strom $U/2\,R$, und so weiter. Deshalb sind der Gesamtstrom durch R_L und die resultierende Ausgangsspannung U_a analoge Darstellungen der umzusetzenden Binärzahl. Ist r nicht klein im Vergleich zu R, so erfolgt die Umsetzung nicht genau, weil dann die Amplitude des Stromes durch einen der Widerstände R_1 bis R_5 strenggenommen vom Potential von U_a abhängt, was wiederum vom Strom durch die anderen Widerstände beeinflußt wird. In den meisten Anwendungsfällen muß U_a mit einem Gleichspannungsverstärker verstärkt werden. Dieser Aspekt wird in späteren Abschnitten noch ausführlich behandelt.

Für die stromsteuernde Schaltung gibt es eine leiterförmige Version, wie sie Abb. 11.2b zeigt. Wiederum muß R groß gegenüber r sein. Um die Wirkungsweise der Schaltung zu verstehen, betrachten wir zuerst den Knoten 4. Wenn R so groß ist, daß man den Strom durch R vernachlässigen kann, so beträgt der Widerstand von diesem Knoten abwärts gegen Erde $2\,r$. Der Widerstand abwärts vom Knoten 3 gegen Erde beträgt ebenfalls $2\,r$, obwohl er sich in diesem Falle aus der Reihenschaltung eines Widerstandes der Größe r mit zwei parallelen Widerständen von je $2\,r$ zusammensetzt. Die Widerstände von den Knoten 1 und 2 abwärts betragen in jedem Falle gleicherweise $2\,r$. Weiterhin betragen die Widerstände von jedem der Knoten 2, 3, 4 und 5 aufwärts aus denselben Gründen in jedem Falle $2\,r$. Der Gesamtwiderstand von einem der Punkte gegen Erde beträgt dann $2\,r/3$, weil er aus einem Widerstand von $2\,r$ parallel zu einem Widerstand von r resultiert. Wenn nun der Schalter zum Widerstand R_1 geschlossen wird, fließt ein Strom von ungefähr U/R zum Knoten 1 und U_a wird dann $2\,E\,r/3\,R$.

Wenn ein anderer Schalter geschlossen ist, beträgt die Spannung an den entsprechenden Knoten ebenfalls $2\,U\,r/3\,R$. Eine Spannungsänderung von dieser Amplitude am Knoten 2 ruft eine halb so große Spannungsänderung am Knoten 1 hervor (wo U_a erzeugt wird), da zwei gleiche Widerstände (jeder von r) einen Spannungsteiler zwischen Knoten 2 und Erde bilden, mit dem Knoten 1 als Mittelpunkt. Weiterhin ruft eine Spannungsänderung am Knoten 3 eine halb so große Änderung am Knoten 2 hervor, was wiederum eine Gesamtänderung von einem Viertel dieses Betrages am Knoten 1 hervorruft. Der Einfluß der Spannungsänderung an den anderen Knoten ist analog dazu, so daß die Schalterstellungen und U_a durch eine Binärzahl verknüpft sind.

In den Abbildungen 11.2a und 11.2b sind die mechanischen Kontakte durch *pnp*-Transistoren ersetzt, wobei die Emitter an einem Referenzpotential U und die Kollektoren an den zugehörigen Widerständen liegen. Obwohl die Schaltungen a und b weit verbreitet sind, erreicht man mit ihnen nicht die hohe Operationsgeschwindigkeit, wie normalerweise bei stromgesteuerten Schaltungen, weil für eine genaue Umsetzung U groß sein muß. Die Spannungssprünge an den linken Enden der Widerstände müssen dann entsprechend groß sein, und für die Ladung der Schaltkapazitäten ist eine beträchtliche Zeit erforderlich.

Eine stromgesteuerte Schaltung, die an den rechten Enden der Widerstände eine hohe Geschwindigkeit zuläßt, ist die in Abb. 11.2c dargestellte leiterähnliche Umsetzschaltung. In dieser Schaltung liegt jeder der Knoten 1 bis 5 über einen Widerstand R am Speisepotential U oder $-U$, je nachdem, welchen binären Wert die entsprechende Ziffer in der umzusetzenden Zahl hat. Der einzige Zweck, zu dem bei einer binären 0 der Schalter auf $-U$ gelegt wird anstatt offen bleibt, ist der, daß der Bereich U_a von $-U_m$ bis U_m anstatt nur von 0 bis U_m reicht, wenn die Eingangszahl im Bereich von 00000 bis 11111 liegt. Dabei ist U_m ein von den Widerständen R und r abhängiges Potential. (Der Bereich von U_a wird überhaupt nicht geändert, wenn der im Bild an $-U$ liegende Anschluß an Erde und der geerdete Punkt statt dessen an einer Spannung $U/2$ liegt.) Mit der gleichen Schaltung werden binäre Einsen und Nullen durch positive bzw. negative Signale an den Klemmen X_1 bis X_5 dargestellt. Wenn X_1 z. B. positiv ist, sind die Dioden D_1 und D_4 gesperrt, so daß der Knoten 1 effektiv über einen Widerstand R an U liegt. Ähnlich sind, wenn X_1 negativ ist, die Dioden D_2 und D_3 gesperrt, so daß der Knoten 1 über einen Widerstand R an $-U$ liegt. Wenn r klein gegenüber R ist, so sind auch die Potentialsprünge an allen Punkten der Schaltung klein, und deshalb wird eine hohe Operationsgeschwindigkeit möglich.

In der Schaltung 11.2c sind die Widerstände zwischen den numerierten Knoten und Erde mit r^* oder $(2\,r)^*$ statt mit r bzw. $2\,r$ bezeichnet. Der Widerstand r^* ist so gewählt, daß dieser Widerstand parallel mit R den Widerstand r erzeugt, d. h. $r^* = R\,r/(R - r)$. Durch diese Abänderung braucht r nicht unbedingt klein gegenüber R zu sein, und der Widerstand von den numerierten Knoten aus beträgt nur $2\,r/3$.

11.4. Operationsverstärker und ihre Verwendung in Digital-Analog-Umsetzern

Betrachtet man Abb. 11.3 mit dem dargestellten Gleichspannungsverstärker, an dem über einen Widerstand R_a ein Eingangssignal U_e angelegt ist. Ein

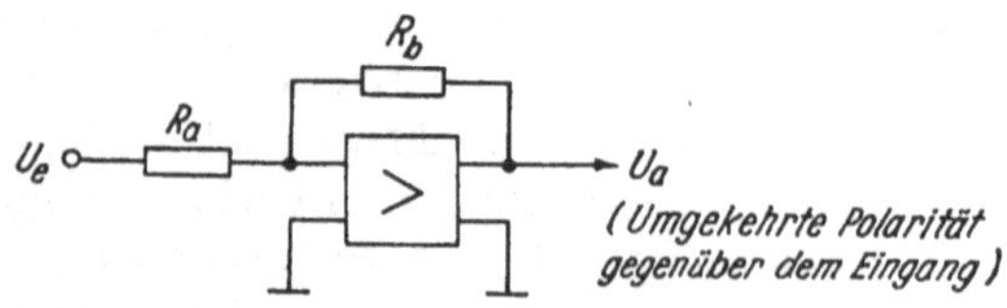

Abb. 11.3. Gegengekoppelter Operationsverstärker

zweiter Widerstand R_b liegt im Rückkoppelpfad vom Ausgang nach dem Eingang des Verstärkers. Die Konstruktion des Verstärkers sei so, daß U_a die umgekehrte Polarität von U_e aufweist. Die Eingangsimpedanz des Verstärkers selbst ist vernachlässigbar (sie wird als unendlich angenommen), für die Beziehung zwischen Eingang und Ausgang kann gezeigt werden, daß

$$U_a = \frac{r \cdot U_e}{(1 - v) \cdot R_a/R_b + 1}$$

ist, wobei v den Verstärkungsfaktor bedeutet. Wenn v sehr viel größer als 1 ist, wie es bei dieser Anwendung notwendig ist, so kann U_a durch die einfachere Beziehung

$$U_a = - U_e \cdot R_b/R_a = - U_e R_b G_a$$

beschrieben werden, wobei G_a der Leitwert von R_a ist. Durch die Rückkopplung wird das Potential des Verstärkereinganges nahezu auf Erdpotential gehalten, und zwar um so näher, je größer v ist. Das Erdpotential kann natürlich nicht genau angenommen werden, solange U_e nicht 0 ist, sonst ja auch $U_a = 0$ sein würde.

Ein Gleichspannungsverstärker mit negativem Ausgang und einem Rückkoppelnetzwerk wird allgemein Operationsverstärker genannt, wahrscheinlich daher, weil solche Verstärker oft für verschiedene mathematische Operationen in Analogrechnern verwendet werden (obwohl man unter „Operationsverstärker" oft einen Gleichspannungsverstärker mit oder ohne Rückkoppelnetzwerk versteht). Einen Gleichspannungs- oder Operationsverstärker zu entwerfen, ist ziemlich problematisch, aber weil das kein Gegenstand der digitalen Technik ist, sollen sich die Betrachtungen hier nur auf ein paar grundsätzliche Bemerkungen erstrecken, und im übrigen sei auf das Schrifttum am Ende des Kapitels verwiesen. In der Hauptsache geht es darum, daß das Ausgangspotential null ist, wenn das Eingangspotential null ist, ein Problem, das man bei Wechselspannungsverstärkern nicht kennt. Andererseits ist die strenge Linearität zwischen Ausgangs- und Eingangspotential nicht kritisch, weil sie nicht vom Gleichspannungsverstärker selbst abhängt. Wie im vorigen Abschnitt erklärt wurde, ist die äußere Verstärkung eines Operationsverstärkers eine Funktion der Parameter des Rückkoppelnetzwerkes, vorausgesetzt, daß die Gleichspannungsverstärkung hoch ist.

Eine weit verbreitete Methode, um den Ausgang auf null zu halten, wenn auch $U_i = 0$ ist (oder allgemeiner: um das Driftproblem zu lösen), ist die, daß man das Eingangs-Gleichspannungssignal mit einem Zerhacker (Chopper) in ein Wechselspannungssignal umwandelt. Der Zerhacker ist ein mechanischer Kontakt, der mit einer konstanten Frequenz geöffnet und geschlossen wird, gewöhnlich mit einigen Hertz. Mit einem gewöhnlichen Wechselspannungsverstärker wird die zerhackte Gleichspannung verstärkt und am Ende mit einer Dioden-Gleichrichterschaltung wieder in eine Gleichspannung verwandelt. Mit einem mechanisch arbeitenden Zerhacker kann ein solcher Verstärker einem schnell verlaufenden Eingangssignal nur begrenzt folgen. Diese Fähigkeit des Gleichspannungsverstärkers, schnell veränderlichen Eingangssignalen zu folgen, kann wesentlich erhöht werden, wenn man den mechanischen Zerhacker durch irgendeine elektronische Zerhackerschaltung ersetzt. In den letzten Jahren wurden mit den MOS-Feldeffekt-Transistoren auf diesem Gebiet Erfolge erzielt. Jedoch eine verbreitetere Methode, um Gleichspannungsverstärker bis zu hohen Frequenzen auszulegen, ist die, daß man einen relativ niederfrequenten „chopperstabilisierten" Verstärker parallel zu einem Wechselspannungsverstärker legt. Die Gleichspannungs- und niederfrequenten Komponenten des Eingangssignals werden durch den chopperstabilisierten Verstärker und die hochfrequenten Komponenten durch den Wechselspannungsverstärker übertragen. Die zwei resultierenden Signale werden dann zu einem Ausgangssignal kombiniert. Dieses Ausgangssignal braucht keine streng lineare Ausgangsfunktion des Eingangssignals zu sein (das ist nicht notwendig, wenn die Verstärkung hoch ist), aber der Ausgang liegt auf null, wenn der Eingang null ist.

Eine ganz andere Konzeption eines Gleichspannungsverstärkers beruht auf einer Differentialverstärker- oder Komperatorschaltung, die im wesentlichen wie die in Abb. 11.3b dargestellte Form besitzt, wo jedoch eines der beiden Eingangssignale geerdet ist. Diese Schaltung wird später im Detail erklärt. Hier soll nur festgestellt werden, daß es für eine gute Gleichspannungs-Verstärkerkennlinie wichtig ist, daß die Transistoren genau zueinander passen. Die jüngste Entwicklung zeigt jedoch, daß diese Forderung soweit realisiert werden kann, daß diese Verstärkertypen alle Formen von chopperstabilisierten Verstärkern in jeder Hinsicht erreichen oder übertreffen.

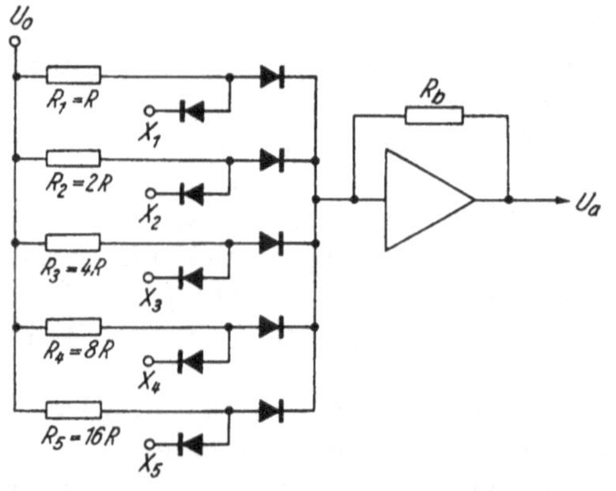

Abb. 11.4. Stromgesteuerter DA-Umsetzer mit Operationsverstärker

In Abb. 11.4 ist ein Operationsverstärker in einem stromgesteuerten Digital-Analog-Umsetzer verwendet, wobei für den Verstärker das übliche Dreieck als Symbol steht. Die Umsetzerschaltung entspricht im wesentlichen der Schaltung in Abb. 11.2a, nur daß der Summierwiderstand R_L weggelassen wurde und daß die mechanischen Kontakte durch Diodenschalter, ähnlich denen in Abb. 11.2c, ersetzt wurden. R_L ist nicht notwendig, denn die Eingangsströme können jetzt durch den Rückkoppelwiderstand R_6 fließen, der dazu dient, um das Eingangspotential nahezu auf Erde zu halten. In der Schaltung 11.4 ist U_i jetzt das konstante Referenzpotential U_0, und die binären Eingangssignale X_1 bis X_5 variieren gleichsam den Leitwert zwischen U_0 und dem Verstärkereingang. Wenn z. B. X_1 positiv ist, so ist die Diode am Eingang X_1 gesperrt, und der Strom durch R_1 fließt dann von U_0 zum Knoten am Verstärkereingang. Jedoch wenn X_1 negativ ist, so wird die Diode zwischen R_1 und dem Verstärkereingang gesperrt. Der Strom durch R_1 fließt dann nach X_1, und der Leitwert des R_1-Pfades zwischen U_0 und dem Verstärkereingang ist praktisch null.

Weil der Gesamtleitwert G_a zwischen U_0 und dem Verstärkereingang gleich der Summe derjenigen Leitwerte ist, die zu binären Einsen gehören, und da der Leitwert jedes Widerstandes halb so groß ist wie der des vorhergehenden Widerstandes von R_1 bis R_5, erzeugt die Schaltung ein Ausgangssignal U_a, das eine analoge Darstellung der binären Eingangszahl vornimmt. Die Spannungsänderungen im Eingangsteil des Umsetzers 11.4 sind sehr klein, und deshalb ist die Operationsgeschwindigkeit nur durch die Geschwindigkeit des Verstärkers begrenzt. Der Maximalwert von U_a kann durch die Formel bestimmt werden, die früher in diesem Abschnitt angegeben wurde, nur ist R_a gleich dem Widerstand aus der Parallelschaltung von R_1 bis R_5.

11.5. Die Methode der Kondensatorentladung zur Digital-Analog-Umsetzung

Eine selten verwendete, aber interessante Methode zur Digital-Analog-Umsetzung verwendet einen Kondensator, auf den gleiche Ladungsmengen geschickt werden, die entsprechend der umzusetzenden Binärzahl aufeinander folgen.[1]) Die Ziffern mit der niedrigen Ordnung werden zuerst übertragen, wobei jede Eins durch einen Ladungsimpuls und jede Null durch das Fehlen einer zugeführten Ladung repräsentiert wird. Zwischen den durch die Impuls- bzw. Ziffernabstände gegebenen Zeitpunkten kann die Ladung am Kondensator um einen solchen Betrag absinken, daß die halbe Ladung in der Zeit zwischen zwei aufeinanderfolgenden Binärziffern wieder abgeführt worden ist. Um einen solchen Ladungsabfall zu erreichen, wird zwischen t, der Kapazität C und dem Widerstand R, über den die Ladung abfließt, ein solches Verhältnis eingehalten, daß $0{,}5 = e^{-t/(RC)}$ gilt, was dem Wert $t/(RC) \approx 0{,}6932$ entspricht. Mit anderen Worten, die Zeit zwischen zwei aufeinanderfolgenden Ziffern wird gleich der Halbwertszeit der Kondensatorladung (analog zur Halbwertszeit radioaktiver Stoffe) gemacht, und da die Spannung proportional der zu einer bestimmten Zeit gespeicherten Ladung ist, verringert sich die Spannung zwischen zwei Ziffernzeitpunkten ebenfalls auf die Hälfte. Wenn die erste Ziffer mit der niedrigsten Ordnung eine 1 ist, so verringert sich die entsprechende Ladung bis zur Zeit der zweiten Ziffer auf die Hälfte, zur Zeit der dritten Ziffer auf ein Viertel, zur Zeit der vierten Ziffer auf ein Achtel ihres Wertes, und so weiter, ungeachtet der Binärwerte der nachfolgenden Ziffern. Wenn die letzte Ziffer mit der höchsten Ordnung auf dem Kondensator angekommen ist, so stellt die Gesamtspannung die ganze Zahl analog dar.

Der Vorteil dieser Umsetzmethode liegt in ihrer einfachen Schaltung, besonders wenn die Digitalzahlen mit einer genau bekannten Frequenz aufeinanderfolgen. Jedoch erreicht man auf einfachem Wege kaum eine hohe Genauigkeit, und oft liegen die digitalen Zahlen nicht mit einer genau bekannten Frequenz an.

---

[1]) Angewandt bei der Demodulation PCM-modulierter Signale (Anm. d. dtsch. Red.).

11.6. Dezimale Digital-Analog-Umsetzerschaltungen

Wenn die digitalen Signale dezimal verschlüsselt sind, so können sie durch Modifikationen der binären Schaltungen, wie sie schon beschrieben wurden, in ein analoges Signal umgesetzt werden. Mit einem sogenannten „gewogenen" Dezimalkode können die Schaltungen sowohl in Abb. 11.1a als auch in Abb. 11.2a nur dadurch abgewandelt werden, daß die Widerstandswerte entsprechend den „Gewichten" der einzelnen Binärstellen geändert werden. Zum Beispiel würde im gewöhnlichen 8-4-2-1-Kode die Dezimalstelle mit der höchsten Ordnung mit den Widerständen R, $2\,R$, $4\,R$ und $8\,R$ für die 8-4-2- und 1-Bits umgesetzt. Für die Dezimalziffer mit nächst niedriger Ordnung wären die Widerstände für die entsprechenden Bits $10\,R$, $20\,R$, $40\,R$ und $80\,R$, usw.

In der Leiteranordnung können die gewöhnlichen spannungs- oder stromgesteuerten Schaltungen gemäß Abb. 11.5 dargestellt werden. Abb, 11.5a wird der 8-4-2-1-Kode verwendet, und jede Dezimalstelle wird durch eine spannungsgesteuerte leiterförmige Schaltung des Typs 11.1b umgesetzt. Mit dem Ausgang des leiterförmigen Netzwerkes wird eine stromgesteuerte Schaltung vom Typ 11.2b betrieben. Für eine dreistellige Umsetzung betragen die Widerstände in dieser Schaltung R', $10\,R'$ und $100\,R'$. Damit die drei leiterförmigen Schaltungen die entsprechenden Ausgangsspannungen erzeugen, muß an jeder dieser drei Schaltungen die gleiche Last anliegen. Deshalb wurde ein Extra-Lastwiderstand R^* vom Eingang des $10\,R'$-Widerstandes nach Erde gelegt. R^* wurde so gewählt, daß er parallel zu $10\,R'$ einen Gesamtwiderstand von R' erzeugt. Genau so wurde der Widerstand R^{**} in der nächsten Dezimalstelle so gewählt, daß er parallel zu $100\,R'$ einen Gesamt-Lastwiderstand von R' an der dazugehörigen leiterförmigen Schaltung erzeugt. Der abschließende Lastwiderstand r sollte sehr klein gegenüber R' sein.

In der Dezimalschaltung 11.5b wird wieder der BCD-Kode (8-4-2-1) verwendet, wobei aber jede Dezimalstelle durch eine stromgesteuerte Schaltung gemäß dem in Abb. 11.2a dargestellten Typ umgesetzt wird, und die Dezimalziffern danach mit Hilfe einer Leiter, analog der in Abb. 11.2b, kombiniert werden. In dieser Leiter beträgt der Widerstand vom Knoten 3 gegen Erde r. Der Gesamtwiderstand vom Knoten 2 und 1 nach Erde beträgt aus dem gleichen Grunde jeweils r, wie auch der Gesamtwiderstand von jedem Knoten nach oben und rechts gesehen. Der Widerstand zwischen jedem Knoten und Erde beträgt deshalb $10\,r/11$, gleich einem Widerstand von r parallel zu den Widerständen von r und $9\,r$ in Reihe. Ändert man das Potential aus Knoten 2 um einen bestimmten Betrag, so pflanzt sich diese Änderung nur mit einem Zehntel auf den Knoten 1, d. h. den Ausgang, fort; denn am Knoten 1 liegt der Spannungsteiler aus den Widerständen $9\,r$ und r. Genauso erzeugt am Knoten 3 eine Potentialänderung um einen bestimmten Betrag nur ein Zehntel dieses Änderungsbetrages am Knoten 2 und wiederum nur ein Hunderstel des Betrages am Knoten 1. Die Potentialänderungen am Knoten 4 stehen in gleicher dezimaler Beziehung zu den Änderungen an den übrigen Knoten.

Die als Schalter arbeitenden Dioden in Abb. 11.2c und der rückgekoppelte Gleichspannungsverstärker 11.3 können bei jedem der Dezimal-Umsetzer 11.5a und 11.5b eingesetzt werden. Man braucht nur die Werte der einzelnen Widerstände r entsprechend auszulegen, wie das schon erläutert wurde.

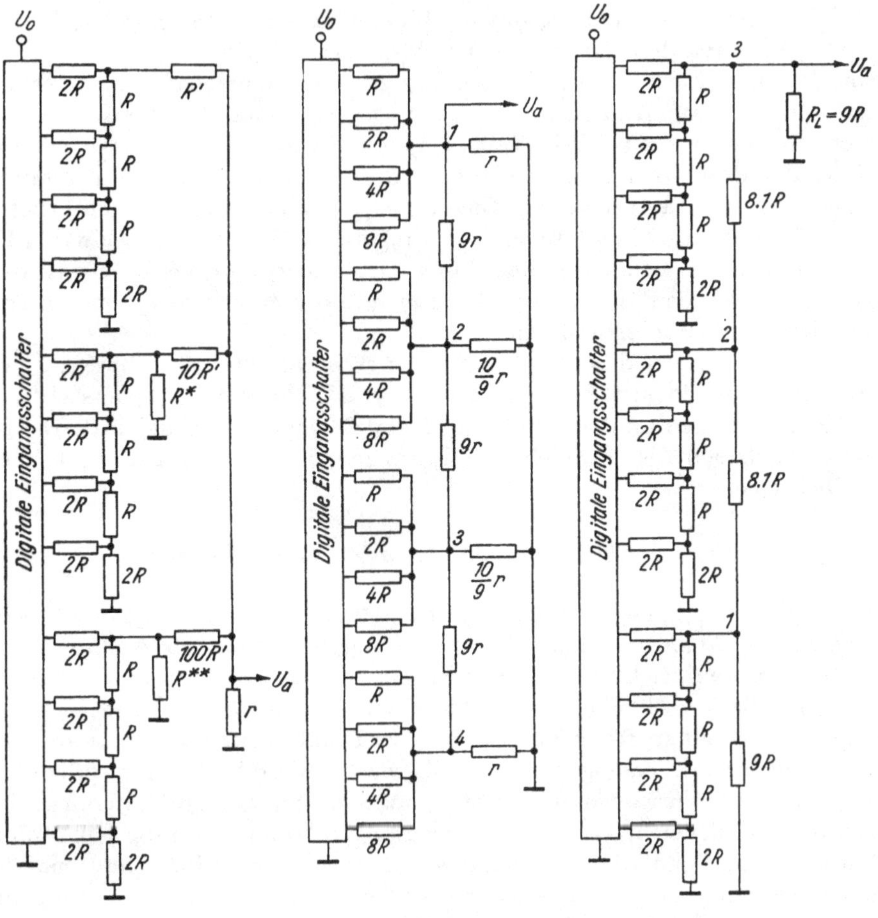

a) b) c)

Abb. 11.5. Dezimaler DA-Umsetzer

Abb. 11.5c zeigt eine Art von Doppel-Leiter-Netzwerk, das für die Digital-Analog-Umsetzung von Zahlen in den Dezimalkode aus dem 8-4-2-1-Kode geeignet ist. Die folgende Betrachtung soll die Wirkungsweise verständlich machen: Der Widerstand vom Knoten 1 nach links und unten beträgt R, wie in der binären Leiter. Liegt R parallel zu einem Widerstand von 9 R, so beträgt der Widerstand vom Knoten 1 in Abwärtsrichtung 0,9 R. Der Widerstand abwärts vom Knoten 2 beträgt auch 0,9 R, nur sind 9 R hierbei aus 8,1 R in

Reihe mit den 0,9 R Gesamtwiderstand von Knoten 1 zusammengesetzt. Der Widerstand vom Knoten 3 abwärts beträgt auch 0,9 R. Darüber hinaus liegt an jedem Knoten aufwärts ein Widerstand von 0,9 R, was man erkennt, wenn man die Knoten in der Reihenfolge 3, 2 und 1 betrachtet. Im Falle des Knotens 3 ist mit „aufwärts" die Richtung zum Lastwiderstand R_L, der einen Widerstand von 9 R hat, gemeint. Die Last an jeder binären Leiter ist der Parallelschaltung von zwei Widerständen 9 R äquivalent, d. h. beträgt 4,5 R.

Eine Potentialänderung am Knoten 2 in Abb. 11.5c erzeugt nur ein Zehntel dieser Änderung am Knoten 3, weil der obere Widerstand mit 8,1 R und der Gesamtwiderstand von 0,9 R in Reihe liegen und einen Spannungsteiler bilden. 0,9 R werden durch den Lastwiderstand 9 R parallel zum Gesamtwiderstand R der oberen binären Leiter erzeugt. Eine Potentialänderung am Knoten 1 erzeugt analog dazu nur ein Zehntel dieser Änderung am Knoten 2. Die 3 binären Leiter stehen deshalb in binärer Beziehung zueinander, und das Netzwerk kann einfach auf mehr als drei Dezimalziffern erweitert werden, wenn man entsprechend viele 8,1 R-Widerstände hinzufügt.

Wenn der Widerstand R_L noch 9 R beträgt, so arbeitet der Umsetzer noch richtig, aber mit einem anderen Maximalwert U_a. In diesem Falle stehen die Potentialänderungen an den Knoten 1, 2 und 3 nicht in dezimalem Verhältnis zueinander, jedoch die ungleichen Belastungen der binären Leitern beheben diese Diskrepanz.

11.7. Schaltungen zum Abtasten und Speichern

Wenn die Eingangszahl an einem Digital-Analog-Umsetzer geändert wird, so erfährt die Analogspannung kurzzeitig unerwünschte Abweichungen, besonders dann, wenn sich die einzelnen Ziffern nicht gleichzeitig ändern. Besonders stören diese vorübergehenden Abweichungen bei Anwendungen, wo die Digitalzahl mit hoher Frequenz geändert wird und eine genaue entsprechende analoge Kurvenform erzeugt werden soll (wie bei digitaler Telefon- oder Fernsehübertragung), anstatt daß nur eine statische Spannungsdarstellung einer Zahl über eine vielleicht kurze Zeitdauer erfolgt. Wenn es auf die Kurvenform ankommt, kann man die Abweichungen dadurch verhindern, daß man die analoge Spannung dann abtastet, wenn man weiß, daß sie genau der Eingangszahl entspricht, und diesen Abtastwert hält, bis der nächste Abtastwert abgenommen wurde. Zwischen den Abtastungen wird der Ausgang der Abtastschaltung (Sampling-Kreis) vom Digital-Analog-Umsetzer abgetrennt. Den Haltevorgang kann man so interpretieren, daß der Abtastausgang über ein Tiefpaßfilter geführt wird, welches nur die Einhüllende einer Folge von Impulsen veränderlicher Amplitude aus dem Abtastkreis durchläßt.

Abb. 11.6 zeigt die grundsätzlichen Elemente einer Schaltung zum Abtasten und Speichern. Das Eingangssignal wird vom Ausgang eines Digital-Analog-Umsetzers bezogen, obwohl dem Umsetzer in den meisten Fällen ein Verstärker folgen muß, der über eine niedrige Ausgangsimpedanz zur Steuerung des Abtasters verfügt. Im Ruhezustand werden die Potentiale an den Punkten A und B negativ bzw. positiv gehalten, und alle vier Dioden D_1, D_2, D_3 und D_4 bleiben gesperrt, so daß Eingang und Ausgang voneinander isoliert sind. Um das Eingangssignal abzutasten, wird der Punkt A für kurze Zeit negativ, und der Punkt B während dieser Zeit positiv gemacht. Dadurch werden die Dioden D_5 und D_6 gesperrt. Wenn das Eingangspotential gleich dem Ausgangspotential ist, das durch die Ladung auf dem Kondensator C_1 festgelegt wird, so fließt ein Strom vom Speisepotential U_+ nach U_-, und dieser Strom verteilt sich gleichmäßig auf die Diodenstrecken $D_1 - D_2$ und $D_3 - D_4$. Jedoch wenn das Eingangspotential positiver als das Ausgangspotential wird, so ist die Schaltung nicht mehr im Gleichgewicht, da D_1 und D_4 gesperrt sind. Dann fließt der Strom von U_+ solange zum Kondensator, bis das Ausgangspotential gleich dem Eingangspotential ist. Wenn das Eingangspotential zur Abtastzeit weniger positiv als das Ausgangspotential ist, so werden entsprechend die Dioden D_2 und D_3 gesperrt, und Strom fließt vom Kondensator nach U_-, bis das Ausgangspotential gleich dem Eingangspotential ist.

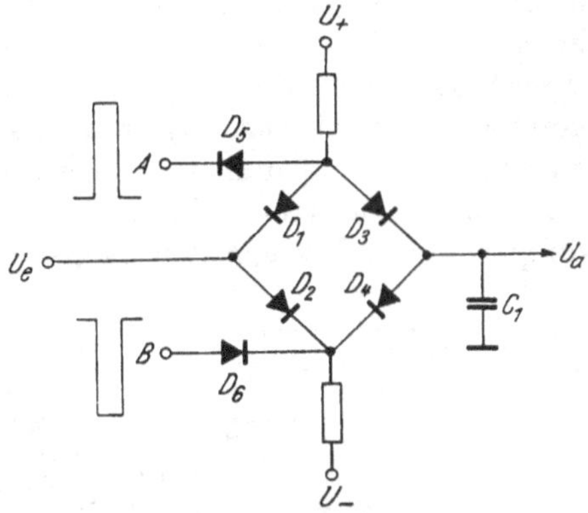

Abb. 11.6. Abtast- und Halteschaltung (Sample-and-hold-Schaltung)

Natürlich ist der Haltevorgang nicht ideal. Zwischen den Abtastzeiten fließt die Ladung von C_1 mit einer Zeitkonstante RC_1 ab, wobei R der Eingangswiderstand einer am Ausgang des Abtast- und Halte-Kreises angesteuerten Schaltung ist. C_1 bildet einen elementaren Tiefpaß, aber es können auch andere Filter verwendet werden.

Andere Anwendungen für den Abtast- und Haltekreis sind bei den in folgenden Abschnitten zu beschreibenden Analog-Digital-Umsetzern zu finden. Hierbei soll das analoge Eingangssignal so lange konstant gehalten werden, wie das für die Umsetzung erforderlich ist. In einigen Fällen ist das unentbehrlich, weil eine genaue Analog-Digital-Umsetzung nur dann vonstatten gehen kann, wenn sich das Eingangssignal während des Umsetzvorganges nicht ändert. In anderen Fällen dient die Abtast- und Halteschaltung nur dazu, die digitalen Ausgangszahlen auf spezielle Zeitabschnitte des analogen Eingangssignals zu beziehen.

11.8. Analog-Digital-Umsetzung mit Digital-Analog-Umsetzern

Die Umsetzung aus einer analogen in eine digitale Darstellung ist meist wesentlich schwieriger als die Digital-Analog-Umsetzung. Einige völlig verschiedene Prinzipien wurden angewandt, um eine Analog-Digital-Umsetzung auszuführen, jedoch am weitesten verbreitet scheint zu sein, einen Digital-Analog-Wandler im Rückführungszweig zu verwendet. Im Detail betrachtet, gibt es zahllose Versionen, jedoch die zwei Anordnungen in Abb. 11.7 zeigen das allen Versionen Gemeinsame.

Das grundlegende Merkmal dieses Verfahrens zur Analog-Digital-Umsetzung ist, daß eine Testzahl in die analoge Form umgesetzt und mit dem analogen Eingangssignal verglichen wird. Wird die Testzahl als zu klein oder zu groß festgestellt, so wird die Zahl entsprechend korrigiert und von neuem verglichen. Dieser Vorgang wird so lange wiederholt, bis die Differenz zwischen dem analogen Eingangssignal und der umgesetzten Testzahl ein Minimum erreicht hat.

In Abb. 11.7a erzeugt der mit „Komparator" bezeichnete Block (siehe über Komparatorschaltungen den nächsten Abschnitt) eine Null oder eine Eins, je

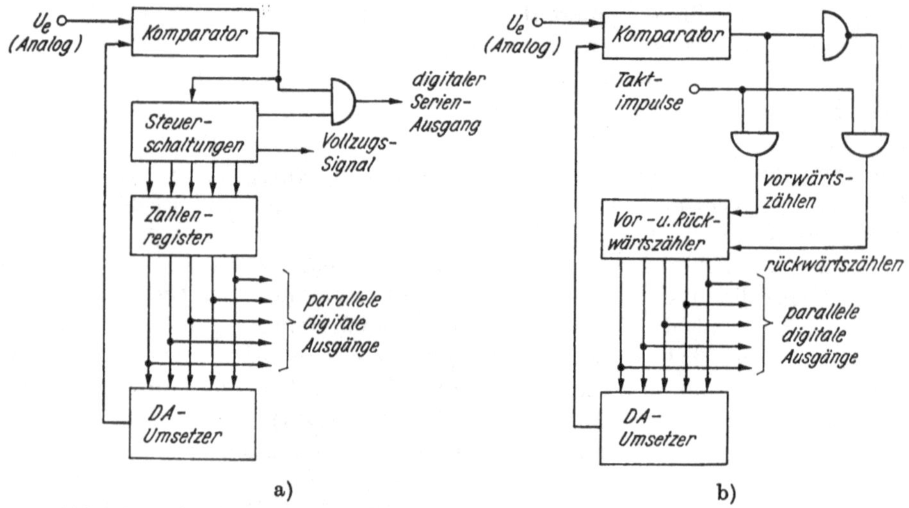

Abb. 11.7. AD-Umsetzer unter Einsatz eines DA-Umsetzers im Rückführzweig

nachdem, ob das analoge Eingangssignal kleiner bzw. größer als das Rückkoppelsignal des Digital-Analog-Umsetzers ist. Mit dieser Vereinbarung erhält man mit der Steuerschaltung folgende Funktionsweise: Die Zahl im Zahlenregister ist anfangs rückgestellt; d. h., alle Flip-Flops in diesem Register liegen auf 0. Der Flip-Flop mit der höchsten Ordnung liegt dann auf 1, und der Ausgang des Komparators wird abgelastet. Wenn er null ist, so weiß man, daß die Testzahl 1000 in einem fünfstelligen Beispiel zu groß ist, und der Flip-Flop kehrt auf 0 zurück. Liegt der Ausgang des Komparators auf 1, so bleibt der Flip-Flop auf 1. In jedem Fall ist dieses erste Ausgangssignal des Komparators die Stelle der höchsten Ordnung in der resultierenden Binärzahl. Die Steuerschaltung kann ein Signal an das UND-Glied geben, dessen Ausgang eine mit der höchsten Ordnung beginnende serienmäßige Darstellung des digitalen Ergebnisses liefert.

Ganz gleich, ob der Flip-Flop der höchsten Ordnung auf 1 oder auf 0 lag, folgt als nächste Stufe: Der Flip-Flop der nächst niedrigeren Ordnung im Zahlenregister wird auf 1 gesetzt. Das Ausgangssignal des Komparators zeigt wieder an, ob das analoge Eingangssignal kleiner oder größer als das Rückführsignal ist. In dieser Zeit kann die Testzahl sowohl 01000 oder 1100 sein, aber in beiden Fällen kehrt der zweite Flip-Flop auf 0 zurück oder bleibt auf 1 liegen, je nach dem Ausgangssignal des Komparators. Der Komparatorausgang zeigt nun die zweite Stelle der digitalen Darstellung des Eingangssignals an. Dieser Vorgang läuft in gleicher Weise für die übrigen Flip-Flops des Zahlenregisters ab. Die Flip-Flops im Zahlenregister erzeugen parallele Ausgangssignale des gesamten Umsetzers, und von der Steuerschaltung wird ein Vollzugssignal erzeugt, das anzeigt, wenn die Umsetzung beendet ist. Zu dieser Zeit stehen die Signale an den parallelen digitalen Ausgängen für andere Systeme zur Verfügung.

Wenn sich die Amplitude des analogen Signals U_e während des Umsetzvorganges im System 11.7a ändert, so kann die resultierende digitale Zahl der Größe von U_e zu Beginn des Umsetzvorganges, am Ende des Vorganges oder zu irgend einem anderen Zeitpunkt während der Umsetzung entsprechen. Um das einzusehen, braucht man nur die Wirkung des Umsetzers zu verfolgen, wenn die Abweichungen der Amplitude nach oben und unten z. B. durch 0111 und 1000 dargestellt werden. Die Ausgangszahl ergibt sich jedoch, ungeachtet der Natur und der Amplitude der Abweichungen, niemals „wild“, und es steht fest, daß das Eingangssignal für mindestens einen Punkt im Umsetzvorgang diese Amplitude aufweist.

Im System gemäß Abb. 11.7b ist das Zahlenregister imstande zu zählen und stellt einen Vorwärtszähler dar. Der Ausgang des Zählers wird in ein analoges Signal umgesetzt und, wie zuvor, mit dem Eingangssignal verglichen. Mit dieser Version des Systems kann man die Zahl im Zähler als digitales Äquivalent des Eingangssignals zu jeder Zeit speichern. An das System wird eine kontinuierliche Folge von Taktimpulsen gelegt, und diese Impulse werden über eine elementare logische Schaltung zu den Vorwärts und Rückwärts-Eingängen des Zählers geleitet, um die Zahl im Zähler auf den richtigen Wert einzustellen. Wenn der Komparatorausgang 0 ist, weil das analoge Eingangssignal kleiner als das Rückführsignal ist, so liegt der Ausgang des Invertors auf 1 und öffnet das UND-Glied des Rückwärtszähleinganges. Wenn der Komparatorausgang 1 zeigt, so gelangen die Taktimpulse an den Vorwärtseingang, um die gespeicherte Zahl zu erhöhen.

Die parallelen digitalen Ausgangssignale in Abb. 11.7b dürfen gewöhnlich nicht benutzt werden, wenn ein Flip-Flop im Verlaufe des Zählvorganges seinen Zustand ändert, können aber zwischen den aufeinanderfolgenden Taktimpulsen verwendet werden. Wenn der Vor-Rückwärtszähler in einem Gray-Kode arbeitet (s. S. 476), so können die parallelen Ausgangssignale zu jedem Zeitpunkt abgetastet werden. Wenn sich die Amplitude von U_e rasch ändert, so kann der Vor-Rückwärtszähler natürlich nicht mehr exakt folgen, und die Ausgangszahl kann fehlerhaft sein. Wegen dieser nachteiligen Eigenschaft ist die Anwendung des beschriebenen Systems stark begrenzt, obwohl man die Taktimpulse durch spezielle Maßnahmen in die Flip-Flops der höheren Ordnung des Vor-Rückwärtszählers richten kann, damit diese ihre richtigen Zustände schneller erreichen, wenn eine größere Differenz beim Vergleich des analogen Eingangssignals mit dem Vergleichssignal festgestellt wird. Eine andere zweckmäßige Weiterentwicklung dieses Systems sieht Maßnahmen vor, daß der Komparator ein Signal „gleich" ebenso wie die Signale „kleiner oder größer als" erzeugt. Wenn die Zahl im Vor-Rückwärtszähler das analoge Eingangssignal hinreichend genau darstellt, so werden auf keinen Eingang des Zählers Taktimpulse geschickt.

11.9. Komparatorschaltungen

Eine der einfachsten Methoden, um zwei Signale hinsichtlich ihrer Amplitude zu vergleichen, wie es bei der Analog-Digital-Umsetzung gemäß Abb. 11.7 erforderlich ist, besteht darin, daß man eines der Signale invertiert und beide dann über separate Widerstände auf den Eingang eines Gleichspannungsverstärkers (Operationsverstärkers) führt. Das verstärkte Differenzsignal liefert direkt eine Anzeige entsprechender Polarität. Bei dieser Form eines Komparators können die Umsetz- und Vergleichsfunktionen in einer Schaltung kombiniert werden, wie das in Abb. 11.8a illustriert ist. Gleichzeitig wird auch eine Methode zur Schachtelung von zwei oder mehreren analogen Signalen für einen Multiplexbetrieb der Komparator-Anordnung erläutert.

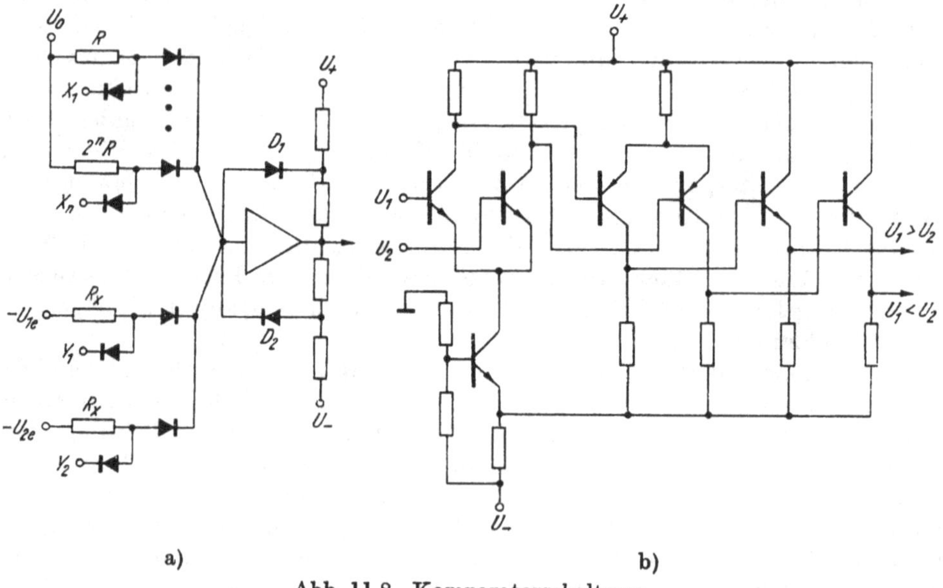

a) b)

Abb. 11.8. Komparatorschaltung

In Abb. 11.8a wird der Strom von einem Referenz-Speisepotential U_0 auf den Verstärker geschaltet, wobei er von den Signalen X_1 bis X_n gesteuert wird, wie das vorher für die Digital-Analog-Umsetzung beschrieben wurde. Die zwei mit $-U_{1e}$ und U_{2e} bezeichneten analogen Eingangssignale sind über zwei Widerstände R_x zum gleichen Eingang geführt. Wenn das Steuersignal Y_1 negativ ist, so ist die entsprechende Diode gesperrt, und U_{1e} liegt effektiv am Verstärkereingang. Y_2 und die Steuersignale für bestimmte zusätzliche analoge Signale, die in der vorliegenden Schaltung vorhanden sind, werden dabei positiv gehalten, so daß die entsprechenden Ströme den Verstärker nicht erreichen. Je nach der Amplitude von $-U_{1e}$ und der digitalen Zahl, die durch die Signale X_i dargestellt wird, liegt am Ausgang des Verstärkers ein positives oder negatives Signal.

Soll U_{2e} anstelle U_{1e} am Eingang liegen und mit einem Wert verglichen werden, so wird Y_1 positiv und Y_2 negativ gemacht.

Ein Widerstand entsprechend R_b in Abb. 11.3b ist hier nicht notwendig. Die Dioden D_1 und D_2 in Abb. 11.8a wurden hinzugefügt, um den Signalsprung am Verstärkereingang zu begrenzen, um den Verstärker zu schützen und eine schnelle Erholung des Verstärkers zu gewährleisten, wenn die zu vergleichenden Signale zu unterschiedlich in ihren Werten sind. Außerdem gestattet ein begrenzter Eingangssignalsprung, einen der früher beschriebenen stromgesteuerten schnellen Schalter zu verwenden. Weiterhin ist die Amplitude des Verstärker-Ausgangssignals begrenzt, wie es für die Steuerung binärer Schaltelemente notwendig ist. Wenn das Eingangssignal und demzufolge auch das Signal am Verstärkerausgang entsprechend klein ist, so sind die Dioden D_1 und D_2 gesperrt. Jedoch wenn z. B. ein beträchtlicher positiver Signalsprung am Verstärkereingang auftritt, so erzeugt der invertierende Gleichspannungsverstärker ein Ausgangspotential, das hinreichend negativ ist, um die Diode D_1 leitend zu machen, und ein negatives Signal wird auf den Verstärkereingang rückgeführt. Ebenso erzeugt ein negatives Eingangssignal, das eine bestimmte Schwelle überschreitet, ein entsprechend positives Rückführsignal über D_2. Das Rückführsignal kann das Eingangssignal nicht ganz bis auf null verringern, weil es dann selbst wieder verschwinden würde. Insgesamt wird dadurch also der Eingangs-Signalsprung des Verstärkers auf einem sehr kleinen Wert gehalten. Der Signalsprung am Ausgang ist, in Abhängigkeit von der Verstärkung und anderen Schaltungsparametern, ebenfalls begrenzt.

Die Komparatorschaltung 11.8b stellt einen Differenzverstärker dar. Die zwei miteinander zu vergleichenden Signale U_1 und U_2 liegen an der Basis der *npn*-Transistoren T_1 und T_2, die in einer Schaltung mit getrennten Kollektor-Lastwiderständen liegen, deren Emitterströme jedoch aus einer Konstantstromquelle, gebildet durch den Transistor T_7, gespeist werden. Zunächst sei die Wirkungsweise von T_7 nicht weiter betrachtet und nur festgestellt, daß bei tatsächlich konstantem Strom durch T_1 und T_2 und gleichen Potentialen U_1 und U_2 die Kollektorpotentiale dieser beiden Transistoren von diesem Strom und den Kollektor-Lastwiderständen bestimmt werden. Wenn sich die Potentiale von U_1 und U_2 gleichzeitig um den gleichen Wert ändern, so bleiben die Kollektorpotentiale an T_1 und T_2 konstant. Wenn die beiden Eingangssignale verschiedene Potentiale annehmen, so versucht das negativere von beiden, den entsprechenden Transistor zu sperren, und diese Sperrwirkung wird noch dadurch verstärkt, daß das positivere Signal das Emitterpotential positiv verschiebt. Im Ergebnis stellt die Potentialdifferenz an beiden Kollektoren die verstärkte und invertierte Differenz der Eingangssignale U_1 und U_2 dar.

Die Signale der Transistoren T_1 und T_2 in Abb. 11.8b werden zu den *pnp*-Transistoren T_3 und T_4 geführt. Diese sind gleichartig geschaltet, nur daß ein einfacher Widerstand im gemeinsamen Emitterpfad liegt. Hier wird keine Konstantstromquelle gebraucht, weil sich die Potentiale an den Basen von T_3 und T_4 nicht gleichzeitig in derselben Richtung ändern. Die Potentialdifferenz wird so weiter verstärkt und wiederum invertiert an den Kollektoren von T_3 und T_4 abgenommen. Eine sehr geringe Verschiebung zwischen den beiden Eingangssignalen bewirkt, daß einer dieser Transistoren gesperrt wird und einen Ausgangssignalsprung mit voller Amplitude liefert. Die Ausgangssignale von T_3 und T_4 werden durch die Transistoren T_5 bzw. T_6 in Emitterfolgerschaltung stromverstärkt.

Daß der Transistor T_7 einen konstanten Strom liefert, rührt im Prinzip daher, daß sein Kollektorstrom durch das Produkt aus Stromverstärkung und Basisstrom, der durch das Widerstandsnetzwerk in den Basis- und Emitterkreis gespeist wird, begrenzt ist. Man kann die Konstantstromcharakteristik noch verbessern, indem man die Lastwiderstände der Transistoren T_3 und T_4 sowie von T_5 und T_6 mit dem Emitter von T_7 verbindet, wie es in Abb. 11.8b gezeigt ist. Wenn z. B. die Eingangssignale U_1 und U_2 gleichzeitig positiv werden, so ergibt bei dieser Anordnung eine Vergrößerung des Gesamtstromes durch T_1 und T_2 eine Vergrößerung der Ströme in den Transistoren T_3 und T_4 sowie in T_5 und T_6. Der Strom durch diese Transistoren muß durch den Widerstand in Reihe mit dem Emitter von T_7 fließen, und die resultierende Vergrößerung des Emitterpotentials von T_7 bewirkt eine Verringerung des Stromes durch T_7, T_1 und T_2. Deshalb unterstützt diese Rückkopplung die Konstantstromcharakteristik des Kreises mit dem Transistor T_7. Der Ausdruck ,,Unterdrückung gleichphasiger Signale", allgemein als Gleichtaktunterdrückung bezeichnet, wird verwendet, um ein Maß für die Dämpfung (in Dezibel) gleicher und gleichzeitiger Abweichungen der beiden zu vergleichenden Signale durch die Schaltung zu erhalten.

Eine bedeutsame Verbesserung des Komparators (Differenzverstärkers) gemäß Abb. 11.8b erreicht man, wenn die Empfindlichkeit durch Anwendung je eines DARLINGTONpaares an Stelle der Transistoren T_1 und T_2 erhöht wird. Dann werden die Eingangssignale U_1 und U_2 an die jeweilige Basis der zusätzlichen Transistoren T_1' und T_2' gelegt. Die Kollektoren von T_1' und T_2' liegen an den entsprechenden Kollektoren von T_1 und T_2, und die Emitter von T_1' und T_2' sind an die entsprechenden Basen von T_1 und T_2 angeschlossen. Die DARLINGTON-Schaltung wurde im einzelnen im 3. Kapitel beschrieben (Abb. 3.26a).

11.10. AD-Kaskadenumsetzer

Ein in diesem Abschnitt zu besprechender Analog-Digital-Umsetzer funktioniert folgendermaßen. Das umzusetzende analoge Signal wird zuerst mit einem Referenzsignal, das halb so groß wie die maximale Amplitude des betrachteten analogen Bereiches ist, verglichen. Ist das analoge Signal größer, so ist die erste Ziffer mit der höchsten Ordnung in der binären Darstellung 1; andernfalls ist sie 0. Wenn für die erste Ziffer eine 1 festgestellt wurde, so wird das Referenzsignal vom Eingangssignal abgezogen. Wenn es null ist, wird ein Referenzsignal mit der Amplitude 0 (d. h. kein Signal) abgezogen. In jedem Falle wird das Ergebnis in der Amplitude verdoppelt, um ein geeignetes Signal zur Bestimmung der Binärziffer mit der nächst niedrigeren Ordnung zu erzeugen.

Die Binärziffer mit der nächst niedrigeren Ordnung ist 1 oder 0, je nachdem, ob das Signal, das so wie oben beschrieben erzeugt wird, größer oder kleiner als dasselbe Referenzsignal von halber maximaler Bereichs-Amplitude ist. Man erkennt das daraus, daß ohne Verdoppelung des Eingangssignals der zweiten Stufe durch den Vergleich mit einem Referenzsignal von einem Viertel der maximalen Bereichsamplitude derselbe Effekt erreicht würde, wie dann, wenn festgestellt wird, ob das ursprüngliche Eingangssignal im zweiten oder vierten Viertel des zulässigen Bereiches liegt. Dann wird die zweite Binärziffer eine Eins. Wenn das Signal im ersten oder dritten Viertel liegt, wird die zweite Ziffer eine Null. Mit der Verdoppelung braucht man zur Festlegung der zweiten Ziffer genau dieselbe Einrichtung wie für die erste Ziffer. Ebenso zeigt die dritte Ziffer an, ob sich das ursprüngliche Signal innerhalb eines geraden oder ungeraden Achtels der vollen Bereichsamplitude befindet, und deshalb erzeugt die Verdopplung nach der Bestimmung der zweiten Ziffer das richtige Signal für den Vergleich mit dem halben maximalen Referenzsignal. Deshalb wird für die dritte und die folgenden Ziffern ebenfalls dieselbe Schaltung benötigt wie für die erste Ziffer. Der Umsetzer ist so aus einer Anzahl gleicher Stufen in Kaskadenschaltung zusammengesetzt, wobei das Ausgangssignal der einen als Eingangssignal für die nächste Stufe dient (nur daß Subtraktion und Verdopplung in der letzten Stufe wegfallen).

In Abb. 11.9 ist die n-te Stufe eines Analog-Digitalumsetzer gezeigt. Der mit „Komparator" bezeichnete Block kann durch einen im vorigen Abschnitt beschriebenen Komparator dargestellt werden. Zu der Zeit, zu der ein Steuerimpuls an der Klemme A_n anliegt, befindet sich der Flip-Flop im Zustand 1 oder 0, je nachdem, ob U_e größer oder kleiner als U_0 ist. Der 1-Ausgang von diesem Flip-Flop zeigt die n-te Ziffer X_n an. Er wird auch zur Kontrolle dafür verwendet, ob das Referenzsignal U_0 oder 0 im Subtraktionsblock von U_e abgezogen wird. Der Ausgang des Subtraktionsgliedes wird verdoppelt, um als Eingangssignal für die nächste Stufe des Umsetzers zur Verfügung zu stehen. Ein Subtraktionsglied kann durch einen Gleichspannungsverstärker realisiert werden, dem die Eingangssignale (eines mit umgekehrter Polarität) über je gleiche Widerstände R eingespeist werden und der durch einen dritten Widerstand R rückgekoppelt ist. Erweitert man die Analyse, die in Verbindung mit Abb. 11.3a durchgeführt wurde, etwas, so kann man zeigen, daß diese Schaltung eine Subtraktion ausführt. Der Verdoppler kann ebenfalls ein Gleichspannungsverstärker sein. In diesem Falle wird das Signal vom Subtraktionsglied über einen Widerstand R zum Verstärker geführt, der einen Rückkopplungswiderstand von $2\,R$ besitzt.

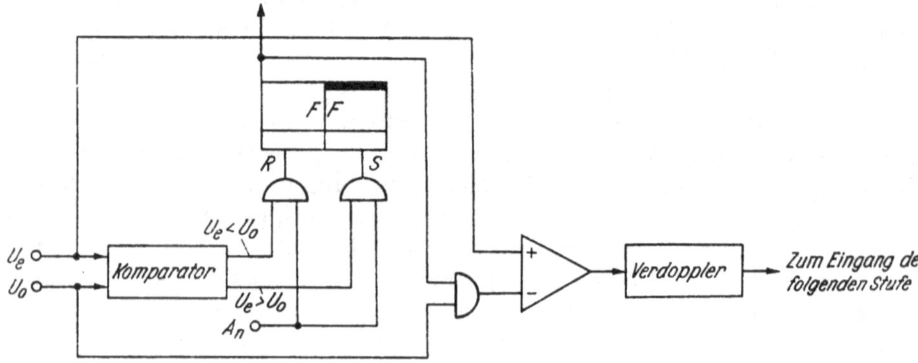

Abb. 11.9. Eine Stufe eines Kaskaden-AD-Umsetzers

Bei einem Rückkoppelwiderstand von $2\,R$ im Subtraktionsglied können die beiden Funktionen Subtraktion und Verdopplung kombiniert werden und der Verdoppler kann wegfallen, obwohl dann die Polarität des Ausgangssignals umgekehrt ist und die einander abwechselnden Stufen dementsprechend modifiziert sein müssen. Wenn als Komparator ein Gleichspannungsverstärker verwendet wird, so genügt sogar ein Verstärker zur Realisierung der drei Funktionen Vergleich, Subtraktion und Verdopplung, indem das Signal U_0 und das zu vergleichende Signal wechselweise dem Verstärkereingang geschaltet werden. Die früher beschriebene stromgesteuerte Schalttechnik kann verwendet werden.

Beim Betrieb des Konverters gemäß Abb. 11.9 muß das Signal A_n schrittweise mit dem auf A_n folgenden Signal A_{n+1} jeder Stufe n angelegt werden. Es wäre denkbar, daß die Steuersignale A_n wegfallen könnten, wenn man jeder Stufe einen Flip-Flop zufügt, der unmittelbar nach der Erzeugung des Ausgangssignals durch den entsprechenden Komparator betätigt wird. Allerdings tritt für bestimmte Werte des Eingangssignals eine recht problematische Mehrdeutigkeit auf. Angenommen, die umzusetzende Zahl ist 01111 und das Eingangssignal wächst langsam an, so daß die korrekte Zahl 10000 wird. Dann müssen Vorkehrungen getroffen werden, daß das Ausgangssignal nicht sofort verwendet wird, nachdem sich die Ziffer der höchsten Ordnung auf 1 geändert hat ehe die Ziffern niedrigerer Ordnung 0 geworden sind. Einfache und ökonomische Maßnahmen dafür gibt es offenbar nicht. Weil die aufeinanderfolgenden Steuersignale A_n gebraucht werden, hat der Kaskadenumsetzer in seinen einfachen Versionen keine offensichtlichen Vorteile gegenüber den rückgekoppelten Umsetzern und wird nicht viel verwendet.

11.11. Einstufiger AD-Umsetzer

Wenn bei bestimmten Anwendungen die Kosten eine große Rolle spielen, so scheint der Umsetzer in Abb. 11.10 einen Vorzug zu haben. Allerdings wurde auch diese Schaltung bisher wenig eingesetzt, was jedoch wohl daran liegen mag, daß die Idee nicht recht bekannt ist. Das Umsetzungsprinzip ist genau so, wie es im Kaskadenumsetzer beschrieben wurde. Lediglich ist die Anordnung nur für eine Ziffer aufgebaut und wird wiederholt zur Angabe aller Ziffern der Binärzahl verwendet. In Abb. 11.10 stellt die obere Einheit genau eine Stufe des Kaskadenumsetzers dar, wie sie in Abb. 11.9 abgebildet ist. Für die Angabe der Ziffer höchster Ordnung liegt der Schalter am Eingang auf U_e. Danach wird er an das Verzögerungsglied angeschlossen, das eine Verzögerung, gleich der Zeit zwischen der Angabe zweier Ziffern, erzeugt. Der Schalter braucht kein mechanischer Kontakt zu sein, es kann auch ein elektronischer Schalter sein, der aus zwei Brükkennetzwerken besteht, wie sie in der beschriebenen Abtast- und Halteschaltung vorkommen. Die Ausgänge der zwei Brückenkreise liegen am Eingang des Umsetzers, und der Anschluß an U_e oder das Laufzeitglied erfolgt durch die Betätigung der entsprechenden Brücke, wie bereits vorher beschrieben wurde. Natürlich werden noch geeignete Steuerkreise gebraucht, die in Abb. 11.10 nicht gezeichnet sind.

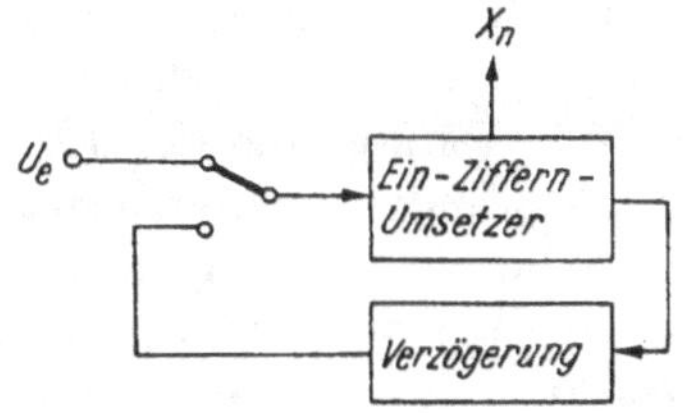

Abb. 11.10. AD-Umsetzer nach dem Kaskadenprinzip mit nur einer Stufe

Das Verzögerungsglied könnte eine geeignet ausgelegte Verzögerungsleitung sein. Auch eine Abtast- und Halteschaltung, die für die Bestimmung einer Ziffer das „Restsignal", herrührend von der Ermittlung der vorherigen Ziffer, festhält, kann hierfür dienen. Wenn die Abtast- und Halteschaltung angesteuert wird, so dürfen etwaige Änderungen im „alten" Wert des gespeicherten Analogsignals den Wert des neuen gehaltenen Analogsignals nicht beeinflussen. Wenn die Verzögerung im Umsetzer nicht groß genug ist, um das zu gewährleisten, so muß eine zweiet Abtast- und Halteschaltung (evtl. über einen Trennverstärker mit der Verstärkung eins) in den Rückführpfad eingefügt werden. Dieser zweite Abtast- und Haltekreis wird abwechselnd mit dem ersten betätigt und hält das Signal für diesen während der Ansteuerung konstant. Die zwei Abtast- und Haltekreise funktionieren als eine Art zweistufiges Schieberegister (für Analogwerte), um die notwendige Verzögerung zu schaffen.

11.12. Gestaffelter Kaskadenumsetzer mit serieller Signalabarbeitung

In dem elementaren Kaskadenumsetzer, der in einem vorigen Abschnitt beschrieben wurde, lieferte jede Stufe ein analoges Signal zur nächsten, außer zu den Zeiten, zu denen sie durch einen Impuls A_n angesteuert wurden. Wenn man einen besonderen Abtast- und Haltekreis zwischen den Stufen anbringt, so kann jede Stufe zu jedem Zeitpunkt die entsprechende Ziffer einer neuen Dualzahl erzeugen. Für die digitale Darstellung einer bestimmten Größe am Eingang werden die einzelnen Ziffern noch zeitlicher nacheinander erzeugt, aber sie erscheinen an separaten Ausgängen. Dabei liefert jeder Ausgang die Ziffern in einer bestimmten Ordnung für die nachfolgende digitale Darstellung des analogen Wertes. Legt man in die verschiedenen Ausgänge digitale Schieberegister geeigneter Länge, dann wird wirklich ein Parallelausgang realisiert, wobei alle Ziffern einer gegebenen Zahl gleichzeitig erscheinen, wenn zu jedem Zeitpunkt eine neue Zahl erscheint und das ursprüngliche analoge Eingangssignal mit einer entsprechenden Frequenz abgetastet wird.

Der Umsetzer führt sowohl eine Verzögerung als auch eine Umsetzung aus, wobei der Betrag der Verzögerung annähernd gleich dem Produkt aus der Zeit zwischen den Schritten und der Anzahl von Dualziffern ist, die für die digitale Darstellung des Ergebnisses notwendig sind. Die Verzögerung ist bei der Anwendung selten erwünscht, stört aber in manchen Fällen nicht. Der Vorteil der Schaltung ist der, daß die Frequenz, mit der das analoge Eingangssignal abgetastet wird, für Bauelemente und Schaltungen einer bestimmten Geschwindigkeit stark erhöht werden kann.

Das Blockschaltbild eines solchen AD-Umsetzers nach diesem Prinzip ist in Abb. 11.11a gezeigt. Zur Zeit des ersten Impulses A wird die erste Ziffer (der höchsten Ordnung) der digitalen Darstellung von U_e durch einen Umsetzer (z. B. derselbe wie in Abb. 11.9) erzeugt und tritt in ein dreistufiges Schieberegister ein. Nach einer Zeitdauer, die ausreicht, daß sich das Signal aus dem Differenzverstärker mit der Verstärkung zwei in der folgenden Umsetzerstufe stabilisiert, wird ein Impuls B angelegt, um das analoge Signal zwischen den Stufen abzutasten und zu halten. Auf einen zweiten Impuls A hin wird gleichzeitig die erste Ziffer einer zweiten Abtastung des analogen Einganges und die zweite Ziffer der ersten Abtastung erzeugt. Diese Ziffern gelangen in die Schieberegister aus drei bzw. zwei Stufen, und ein zweiter Impuls B wird angelegt. Dieser Vorgang wird entsprechend fortgesetzt, wobei die Ziffern in den Schieberegistern mit derselben Frequenz wie die der Signalumsetzung verschoben werden. Wenn deshalb z. B. bei vier Stellen, wie im Bild gezeigt wird, der vierte Impuls A angelegt ist, so erscheint die digitale Zahl für die erste Abtastung des ursprünglichen analogen Eingangssignals an den Ausgängen X_1 bis X_4. Die Abtastrate ist gleich der Frequenz der alternierenden Impulse A und B, und die digitalen Zahlen erscheinen mit derselben Frequenz, sind jedoch gegenüber den Abtastungen, die sie darstellen, verzögert.

Eine weitere Variante eines AD-Kaskadenumsetzers dieser Klasse ist im Blockschaltplan 11.11b gezeigt. Jedoch der Algorithmus der Umsetzung läuft wesentlich anders ab. Jeder einzelne Ziffern-Umsetzer enthält nur einen Komparator, bei dem sich jedoch die Referenzspannung, die zum Vergleich herangezogen wird, justieren läßt. Das ursprüngliche analoge Eingangssignal wird an jeden einzelnen Ziffernumsetzer gelegt, jedoch über Verzögerungsleitungen.

Die erste Ziffer wird erzeugt, indem U_e mit einer Referenzspannung U_0 verglichen wird, die die Hälfte des erwarteten Skalenendwertes beträgt. Die Ziffer ist 1 oder 0, je nachdem, ob U_e größer oder kleiner als U_0 ist, und diese Ziffer gelangt in eine Schieberegisterstufe, deren Ausgang die Addition oder Sub-

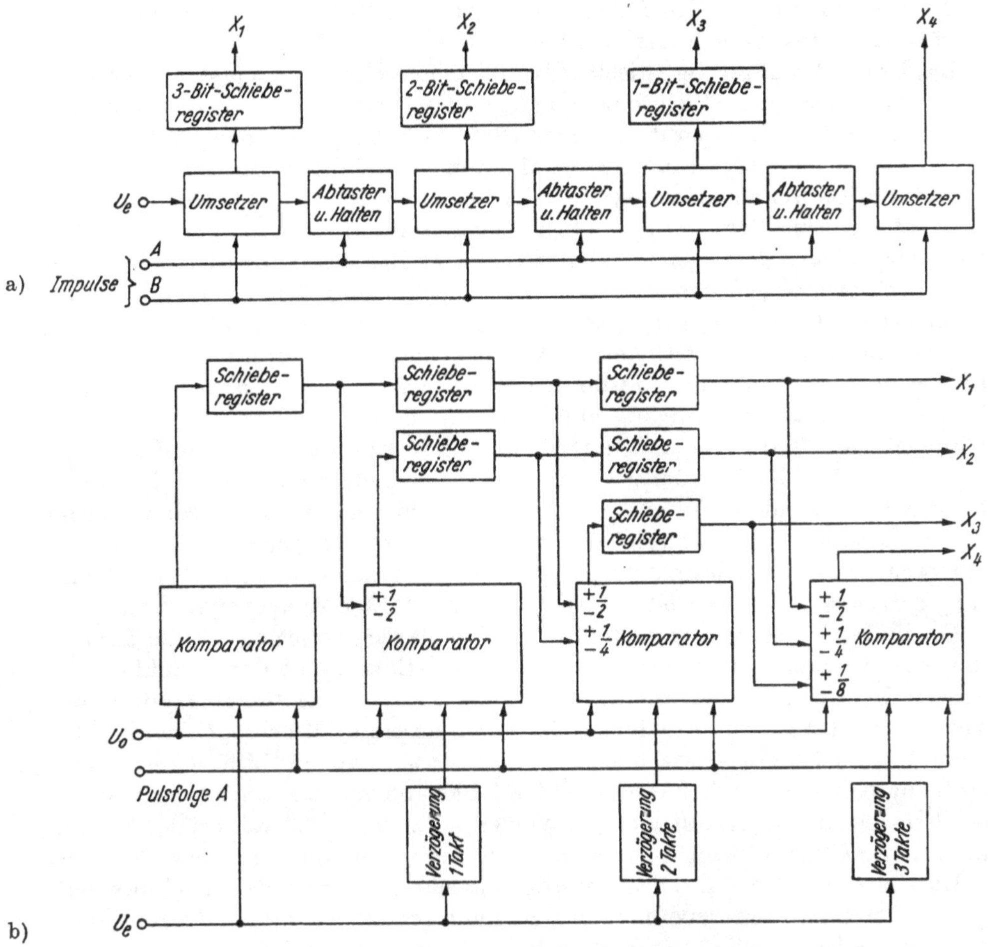

Abb. 11.11. AD-Umsetzer mit Parallelbetrieb

traktion von $^1/_2\ U_0$ mit der Referenzspannung U_0 im Komparator der zweiten Umsetzerstufe steuert. Deshalb beträgt die gesamte Referenzspannung im zweiten Komparator drei Viertel oder ein Viertel des Skalenendwertes $2\ U_0$, je nachdem, ob die erste Ziffer eine 1 oder eine 0 ist. Die zweite Ziffer ist 1 oder 0, wenn U_e größer bzw. kleiner als diese Gesamtreferenzspannung ist. Die zweite Ziffer gelangt ebenso in ein Schieberegister und die erste Ziffer in die zweite Stufe des Schieberegisters. Die erste Ziffer steuert dann die Addition oder Subtraktion von $^1/_2\, U_0$ in der dritten Umsetzerstufe, währenddessen die zweite Stufe die Addition oder Subtraktion von $^1/_4\, JU_0$ in dieser Stufe steuert. In der dritten Stufe ergibt sich deshalb eine Referenzspannung von $^7/_4\, U_0$, $^5/_4\, U_0$, $^3/_4\, U_0$ oder $^1/_4\, U_0$, wenn die ersten zwei Ziffern 11, 10, 01 oder 11 sind, und die dritte Ziffer ist 1 oder 0, je nachdem, ob U_e größer oder kleiner als diese Referenzspannung ist. Die Ziffern mit niedrigerer Ordnung werden durch eine Fortsetzung dieses Vorganges bestimmt.

Liegt keine Verzögerung zwischen den Klemmen U_e und dem ersten Komparator in der Schaltung 11.8b, eine Verzögerungseinheit entsprechend einem Bit vor dem zweiten Komparator, eine 2-Bit-Verzögerung vor dem dritten usw., so erreicht das analoge Eingangssignal jeden Komparator zum richtigen Zeitpunkt, um die aufeinanderfolgenden Ziffern einer Binärzahl nacheinander zu bestimmen. Eine Verzögerung entsprechend einem Bit ist hier gleich der Zeit zwischen aufeinanderfolgenden A-Impulsen zur Betätigung der Komparatoren und Schieberegisterstufen. Jedoch die Verschiebung der erzeugten Ziffern kompensiert die Verzögerung des Eingangssignals, so daß die Signale an den X_i-Ausgängen parallel erscheinen. Wie der Umsetzer a kann der Umsetzer b für jeden Impuls A eine vollständige Binärzahl erzeugen, jedoch mit einer Verzögerung zwischen Eingang und Ausgang, die der Zahl von Ziffern in der digitalen Darstellung proportional ist. Die Verzögerungsglieder in b sind nichtdigitale Kreise, die in Büchern über elektrische Schaltungen und Netzwerke ausführlich behandelt werden, und deshalb soll hier nur gesagt werden, daß im Prinzip jede Art von Verzögerungs- oder Übertragungsleitungen mit verteilten oder konzentrierten Parametern geeignet ist, bei denen eine wesentliche Dämpfung entweder verhindert oder durch einen Verstärker kompensiert wird.

Bei beiden Umsetzern gemäß Abb. 11.11 muß die Schaltung für die Ermittlung der Ausgangsziffern mit der höchsten Wertigkeit eine der Anzahl der im ganzen Umsetzer zu bestimmenden Ziffern angemessene Genauigkeit haben. Wenn z. B. das genaue Ergebnis 0111 wäre, die erste Ziffer ungenau als 1 bestimmt würde, dann arbeiten beide Umsetzer so, daß die Ziffern niedrigerer Ordnung Nullen sind; man erhält die Zahl 1000, die nur um einen Schritt höher ist als der genaue Wert. Mit anderen Worten, eine Ungenauigkeit bei der Bestimmung einer Ziffer höherer Ordnung erzeugt kein vollkommen falsches Ergebnis.

Die Umsetzer dieses Abschnitts werden manchmal „Serien-Parallel-Umsetzer" genannt, weil ihr Umsetzvorgang in Reihe vor sich geht, wogegen die Ausgangszahlen parallel anliegen. Aber diese Bezeichnung ist verwirrend, weil man sie auch auf eine andere, später beschriebene Konzeption anwenden könnte, wo der Umsetzvorgang selbst „Serien-Paarallel"-Charakter hat.

11.13. AD-Umsetzer mit Gray-Kode

Die Taktimpulse A_n in einem Kaskaden-Umsetzer kann man einsparen, wenn der Umsetzer die Ausgangszahlen in einem solchen Kode abgibt, bei dem sich bei jedem Schritt von einem Wert zum nächsten nur eine Ziffern ändert. Solche

Kodes könnten fast statistisch aufgestellt werden, jedoch für eine praktische Verwendung sollten die Änderungen der Ziffern doch in einem regulären Schema vor sich gehen. Der am meisten verwendete Kode dieser Kategorie ist der in Abb. 11.12 für 16 digitale Werte aufgeführte GRAY-Kode. (US-Patent No. 2632058, März 1953 von FRANK GRAY, Bell Telephone Laboratories). Es handelt sich hier um einen Binärkode, der nach einem speziellen Bildungsgesetz aufgebaut wird. Wenn z. B. die ersten zwei Zahlen 0 und 1 sind, wird der Kode durch Einfügen einer 1 in die zweite Position und durch Spiegelung der Folge der ersten zwei Ziffern erweitert, so daß man für die Folge der vier Zahlen 00, 01, 11 und 10 erhält. Fügt man eine 1 zu den nächsten vier Zahlen hinzu, und spiegelt diese in spezieller Reihenfolge, so erhält man eine Folge von 8 Zahlen: 000, 001, 011, 010, 110, 111, 101 und 100. In den Folgen aus zwei, vier oder acht Zahlen oder der Folge aus sechzehn Zahlen im Bild sind bei zwei aufeinanderfolgenden Zahlen alle Ziffern bis auf eine dieselben.

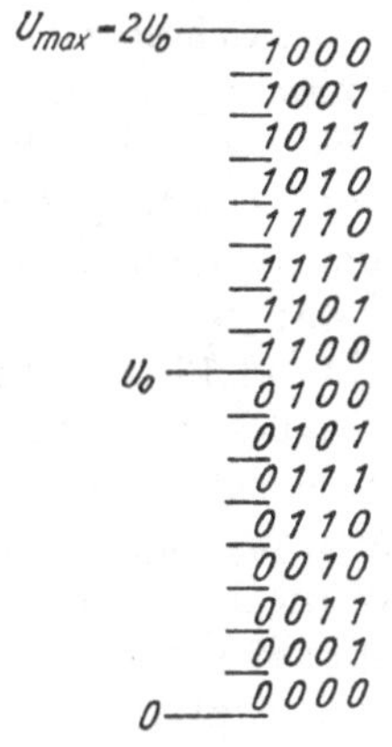

Abb. 11.12. GRAY- oder reflektierter Binärkode

Ein AD-Umsetzer mit GRAY-Kode ist in Abb. 11.13 gezeigt. Bei diesem Umsetzer kann U_e positiv oder negativ sein, und der Teil des Umsetzers links der gestrichelten Linie dient zur Feststellung des Vorzeichens und zur Steuerung der Signale zur Betätigung des übrigen Umsetzers. Die Verzögerung Δt ist gleich der Verzögerung durch den Verstärker und ist eingeschaltet, damit sich die Änderungen von U_e im oberen und unteren Teil aufeinanderfolgender Stufen gleichzeitig vollziehen. Wenn sich U_e nur langsam ändert, so ist das Verzöge-

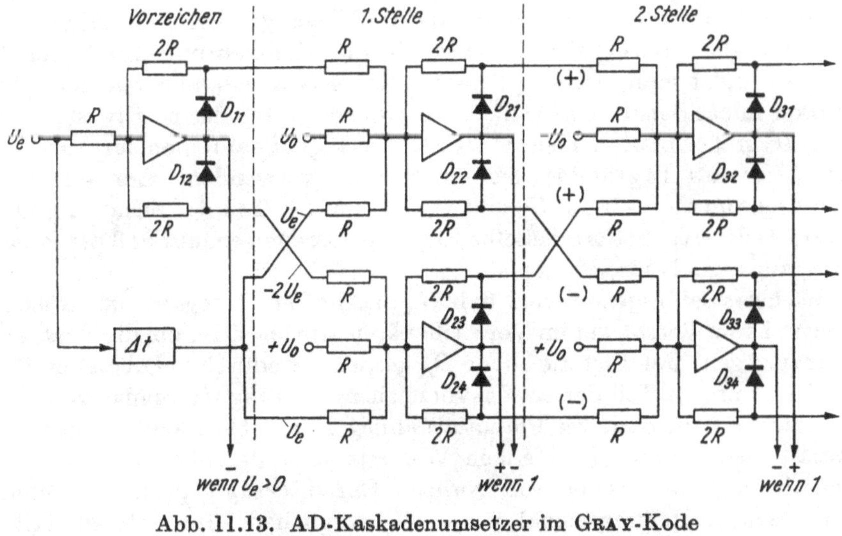

Abb. 11.13. AD-Kaskadenumsetzer im GRAY-Kode

rungsglied nicht nötig. Der GRAY-Kode gemäß Abb. 11.12 könnte auch auf negative Zahlen ausgedehnt werden, indem man eine Vorzeichenstelle und die Zahlen so spiegelt, wie gezeigt wurde. Mit der Vorzeichenstelle links stellen z. B. 00000 und 10000 positive bzw. negative Bereiche für U_e dar, wo sich die Amplitude zwischen 0 und $^1/_{16}$ der vollen Amplitude bewegt.

Die Schaltung zwischen den gestrichelten Linien in Abb. 11.13 dient zur Bestimmung der ersten Amplitudenziffer der Zahl im GRAY-Kode. Die Schaltung rechts von der zweiten gestrichelten Linie bestimmt die zweite Ziffer. Diese zwei Schaltungen sind gleich und die folgenden Ziffern werden ebenfalls durch identische, in Kaskade liegende Kreise berechnet.

Zur Bestimmung der Vorzeichenstelle multipliziert der Vorzeichenteil in Abb. 11.13 U_e lediglich mit 2, wofür ein früher beschriebener Gleichspannungsverstärker verwendet wird. Wegen der Inversion im Verstärker wird eine Vorzeichenstelle von 0 oder 1 durch ein negatives bzw. positives Potential des Ausgangssignals (mit der oben getroffenen Vorzeichenvereinbarung) angegeben. Wenn U_e positiv wird, ist die Diode D_{11} gesperrt, und die Rückkopplung erfolgt über den Widerstand 2 R zwischen D_{12} und dem Verstärkereingang. In diesem Falle liegt ein Signal von $-2\ U_e$ an einem der Widerstände R im unteren Teil und an einem der Widerstände R im oberen Teil.

Wenn nun U_e positiv ist, die Signale wie oben erläutert erzeugt werden und die Rückkopplungswiderstände 2 R betragen, so addiert der obere Teil der Schaltung für die erste Ziffer den Wert U_e zu einer Referenzspannung $-U_0$ (die an den Widerständen R liegt) und multipliziert das Ergebnis mit 2. Wie zuvor, ist U_0 gleich der Hälfte des Bereichsendwertes von U_e. Weil durch den oberen Widerstand R kein Strom fließt, kann er währenddessen vernachlässigt werden. Das sieht man ein, wenn man überlegt, daß D_{11} gesperrt ist und daß keine Potentialdifferenz über der Reihenschaltung des oberen Widerstandes R mit dem Widerstand 2 R auftritt, da die Eingänge aller Verstärker nahezu auf Erde liegen. Berücksichtigt man die Signalumkehrung durch den Verstärker, so findet man, daß die Polarität des Ausgangssignals aus dem oberen Verstärker in der Schaltung für die erste Ziffer negativ oder positiv ist, je nachdem, ob U_e größer bzw. kleiner als U_0 ist. Das Signal kann man zur Anzeige der ersten Ziffer des Ergebnisses im GRAY-Kode verwenden. Zur selben Zeit werden drei Signale $-2\ U_e$, U_e und U_0 im unteren Teil der Schaltung für die erste Ziffer addiert, um dort dasselbe Ergebnis zu erzeugen, nur daß die Polarität des Ausgangssignals umgekehrt ist.

Als nächstes sei angenommen, daß U_0 in Abb. 11.13 negativ ist. Das Ausgangssignal vom Verstärker im Vorzeichenkreis wird positiv, um die Vorzeichenstelle anzuzeigen. Jetzt ist die Diode D_{11} gesperrt, wodurch am obersten Widerstand R im unteren Teil der ersten Vorzeichenschaltung ein Signal von $-2\ U_e$ (in Wirklichkeit ein positives Potential) anliegt. U_e (aber nicht mit negativem Potential) liegt weiterhin an einem Widerstand R der oberen Gruppe. Die Gesamtwirkung ist dieselbe wie vorher. Ein insgesamt positives Potential wird mit einem Referenzsignal von $-U_0$ verglichen. Im unteren Teil der

Schaltung für die erste Ziffer wird das Signal aus dem Verstärker in der Vorzeichenschaltung nun null, und insgesamt wird U_e (ein negatives Signal) zum Referenzsignal U_0 addiert. Das resultierende Signal am unteren Verstärker der Schaltung für die erste Ziffer ist ebenfalls dasselbe wie zuvor. Mit anderen Worten, beide Verstärker in der Schaltung für die erste Ziffer erzeugen Ausgangssignale, deren Polarität anzeigt, ob die Amplitude von U_e größer oder kleiner ist als U_0, ungeachtet der Polarität von U_e.

Eine Überprüfung des in Abb. 11.12 verzeichneten GRAY-Kodes zeigt, daß die zweite Ziffer eine Null oder eine Eins ist, wenn der Betrag der Differenz zwischen U_e und U_0, d. h. $|U_e - U_0|$ größer bzw. kleiner als ein Referenzsignal der Amplitude $^1/_2\, U_0$ ist . Die Schaltung für die zweite Stelle in Abb. 11.13 erzeugt die gewünschte Ziffer folgendermaßen: Betrachten wir zuerst den oberen Teil dieser Schaltung. Von den drei Widerständen R in diesem Teil liegt an einem ein Referenzsignal von $-U_0$. An einem der anderen Widerstände R liegt ein positives Signal der Amplitude $2\,(U_e - U_0)$, wobei durch die Multiplikation in der Schaltung für die erste Stelle der Faktor 2 entsteht. Ob das Signal vom oberen oder vom unteren Teil der Schaltung für die erste Stelle herkommt, hängt vom Wert der ersten GRAY-Kode-Ziffer ab. Wegen der Funktion der Dioden in der Schaltung der ersten Stelle liegt am dritten Widerstand R des oberen Teiles der Schaltung für die zweite Stelle kein Signal. Das resultierende Eingangssignal am oberen Verstärker der Schaltung für die zweite Stelle ist deshalb positiv oder negativ, wenn die Amplitude von $2\,(U_e - U_0)$, die als positives Signal anliegt, größer bzw. kleiner als der Wert U_0 ist, der als ein negatives Signal anliegt. Dasselbe Ergebnis würde man aus dem Vergleich von $|U_e - U_0|$ mit $^1/_2\, U_0$ erhalten. Wegen der Verstärker-Inversion ist das Ausgangssignal negativ, wenn die zweite Stelle eine 0 ist. Im Bild sind an den Anschlüssen zweier Widerstände R Pluszeichen (+) angebracht, um die Polarität der Signale an diesem Punkt zu kennzeichnen. Jedoch sei daran erinnert, daß immer nur ein Signal zu einer bestimmten Zeit anliegen kann. Der untere Teil der Schaltung für die zweite Stelle arbeitet analog. Der Unterschied ist der, daß das Signal der Amplitude $2\,(U_e - U_0)$ negative Polarität hat und mit einem Referenzsignal U_0 positiver Polarität verglichen wird, und daß der Ausgang des Verstärkers entgegengesetzte Polarität gegenüber dem Verstärkerausgang des unteren Teiles aufweist.

Die Schaltung für die dritte und die folgenden Ziffern im GRAY-Kode-Umsetzer funktionieren genauso. Für jede Ziffer wird das Signal aus der vorhergehenden Stufe in der Amplitude verdoppelt, durch Dioden gleichgerichtet und mit U_0 verglichen.

Im Gegensatz zu den Umsetzern im konventionellen Binärkode kann man die digitalen Signale aus einem Umsetzer im GRAY-Kode zu einem zufälligen Zeitpunkt abtasten (bei einer noch zulässigen Änderungsgeschwindigkeit von U_e), und die erhaltene Zahl ist nicht um mehr als ein Digitalschritt falsch. Wenn man z. B. annimmt, daß U_e annähernd null ist und daß das Vorzeichen-Ausgangssignal deshalb eine niedrige Amplitude hat und sich in der Polarität hin und her ändern kann, so kann die Vorzeichenstelle falsch abgetastet werden. Aber dann durchlaufen die Signale mit voller Amplitude die Schaltungen für alle Stellen, so daß die Nullen durch Ausgangssignale mit großer Amplitude angezeigt werden. Für ein anderes Beispiel sei angenommen, daß U_e annähernd gleich U_0 ist. Dabei wird ein positives Vorzeichensignal großer Amplitude erzeugt, aber die zwei Ausgangssignale aus der Schaltung für die erste Stelle haben eine kleine Amplitude. Sie können sogar auch entgegengesetzte und wechselnde Polarität aufweisen. Die erste Ziffer kann dann falsch abgetastet werden. Wenn man jedoch die Signale zu der zweiten und den folgenden Stellen(schaltungen) analysiert, so findet man, daß jede von ihnen Signale mit großer Amplitude und von definierter Polarität erzeugt.

Eine in GRAY-Kode dargestellte Zahl kann man in eine konventionelle Binärzahl umsetzen, wenn man Schaltungen verwendet, die die einzelnen Binärziffern B_n entsprechend der Beziehung in BOOLEscher Schreibweise $B_n = G_n \overline{B}_{n-1} + \overline{G_n} B_{n-1}$ erzeugen, wobei G_n die GRAY-Kode-Ziffern sind und die Stelle $n - 1$ höherer Ordnung als die Stelle n ist.

11.14. Parallele und serienparallele Analog-Digital-Umsetzer

In allen AD-Umsetzern, die bisher beschrieben wurden, wurden die Ziffern zeitlich nacheinander erzeugt. Man kann auch einen Umsetzer entwerfen, der alle Ziffern nahezu gleichzeitig erzeugt, d. h. parallel arbeitet, obwohl solche Umsetzer für eine geforderte Auflösung von mehr als vier oder fünf Stellen unter Umständen unpraktisch sind. Ein dreistelliger Umsetzer z. B. könnte aus einem Spannungsteiler aus acht gleichen Widerständen R zwischen einer Referenzspannung und Erde aufgebaut werden (Abb. 11.14). U_0 ist gleich dem maximal auftretenden Wert der analogen Eingangsspannung U_e. Die Spannungen, die an den sieben Widerstands-Abgriffen anliegen, sind $^7/_8\, U_0$, $^3/_4\, U_0$, $^5/_8\, U_0$, wie es in Abb. 11.14 gezeigt ist. Weiter sind sieben Komparatoren erforderlich, und U_e wird mit jeder der sieben angeführten Spannungen verglichen. Die erste Ziffer in der Binärzahl ist eine 1 oder eine 0, wenn U_e größer bzw. kleiner als $^1/_2\, U_0$ ist. Die zweite Ziffer ist eine 1, wenn U_e größer als $^1/_4\, U_0$, aber kleiner als $^1/_2\, U_0$ ist, oder wenn es größer als $^3/_4\, U_0$ ist. Diese Ziffer kann man durch ein UND- oder ein ODER-Glied erzeugen, wie es im rechten Teil der Abb. 11.14 gezeigt ist, wo das mit $>{}^3/_4\, U_0$ bezeichnete Signal vom entsprechenden Komparator bezogen wird und eine Eins darstellt, wenn U_e größer als $^3/_4\, U_0$ ist. Die anderen Signalbezeichnungen haben analoge Bedeutungen. Für die dritte Ziffer sind drei UND-Glieder mit 2 Eingängen und ein ODER-Glied mit vier Eingängen erforderlich. Die notwendigen Anschlüsse und Eingangssignale sind ebenfalls im rechten Teil der Abb. 11.14 gezeigt.

Die Zahl der Komparatoren für eine n-stellige Umsetzung beträgt demnach $2^n - 1$. Abgesehen von den Kosten der vielen Komparatoren, die ein in den meisten Anwendungsfällen übliches n nötig macht, würde die Belastung des

Spannungsteilers durch die Komparatoren ernsthafte Schwierigkeiten bei der Herstellung genauer Referenzspannungen hervorrufen. Deshalb besteht an einer voll parallelen Umsetzung nur sehr geringes Interesse. Dagegen wurden viele Überlegungen und ein beträchtlicher Umfang an experimentellen Arbeiten auf die Entwicklung von Serien-Parallel-Umsetzern gerichtet, bei denen das Ergebnis in Zahlengruppen von zwei oder manchmal drei Ziffern entsteht. Die Gruppen werden nacheinander, die Ziffern in jeder Gruppe aber werden parallel erzeugt.

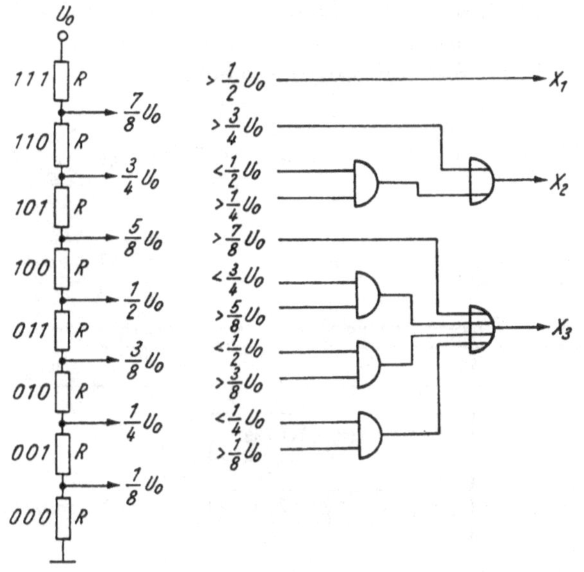

a) b)

Abb. 11.14. AD-Umsetzer nach dem Parallelverfahren

Diese Serien-Parallelkonzeption kann auf manche der AD-Umsetzer auf den Abbildungen 11.7, 11.9 und 11.11 angewendet werden. Dieses Prinzip kann mit dem Gray-Kode-Umsetzer gemäß Abb. 11.13 realisiert werden, um die Zahl der Stufen zu reduzieren. Für jeden Umsetzertyp können die Details der Schaltung, mit denen zwei oder drei Ziffern parallel erzeugt werden, sehr verschieden sein. Deshalb ist die Zahl der möglichen verschiedenen Umsetzersysteme verblüffend hoch.

Die wesentlichsten Bauteile einer Serien-Parallel-Umsetzung sind in Abb. 11.15 in Form eines Blockschaltbildes illustriert. Diese Methode ist eigentlich nur eine Weiterentwicklung des in Abb. 11.9 erläuterten Prinzips. Da jedoch einige ihrer Eigenschaften weniger offensichtlich sind, sollen sie kurz erklärt werden. In Abb. 11.15 stellt jede starke Linie eine Gruppe paralleler Leitungen dar. Mit der gezeigten Anzahl von Stufen erzeugt der Umsetzer eine zwölfstellige

Binärzahl, jedoch werden nur 3 Ziffern des Endergebnisses gleichzeitig bestimmt. Die Steuerschaltung führt U_e anfangs an einen Satz von Komporatoren, der drei Ziffern in der beschriebenen parallelen Arbeitsweise erzeugt. Dann werden die drei Ziffern einem AD-Umsetzer A zugeführt, und das resultierende Signal wird in einem Differenzverstärker von U_e abgezogen. Das resultierende Differenzsignal wird um einen Faktor 8 verstärkt, und die Steuerschaltung schaltet das verstärkte Signal nacheinander an die Komporatoren für die nächsten drei Binärstellen. Diese drei Ziffern werden gleichzeitig in ein analoges Signal umgesetzt und vom Verstärkerausgang im Teil B des Systems abgezogen. Der Teil C funktioniert für die dritte Gruppe von drei Ziffern ebenfalls in analoger Weise. Die vierte und letzte Gruppe von drei Ziffern wird wie zuvor erzeugt, jedoch ist keine Rückführung notwendig.

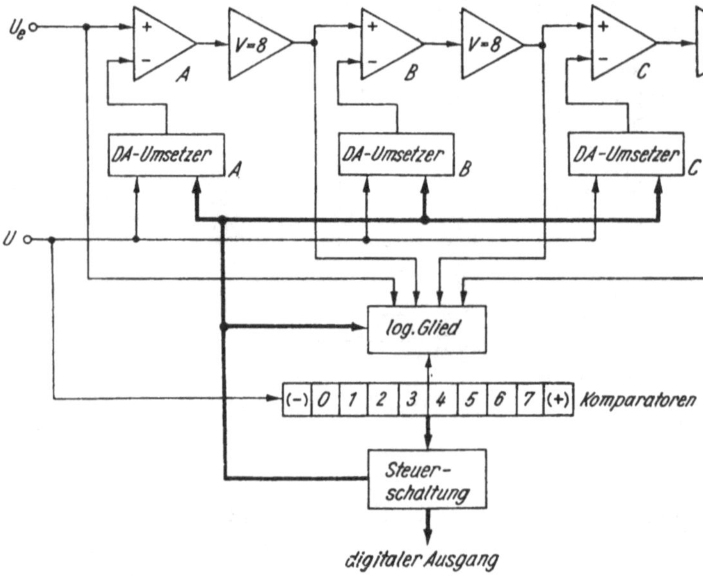

Abb. 11.15. AD-Umsetzung nach den Serienparallelverfahren

In Abb. 11.15 sind zwei mit (—) und (+) bezeichnete Komparatoren einbezogen. Diese Komparatoren erzeugen dann Signale, wenn der Vergleich ausweist, daß das ankommende Signal außerhalb des erwarteten Bereiches liegt. Bei dem ersten Vergleich von U_e kann das Signal von (—) oder (+) als Fehlersignal für eine Überschreitung des Bereiches verwendet werden. Für die nachfolgenden Vergleiche zeigt ein Signal von (—) oder (+) nur an, daß ein vorheriger Vergleich ungenau war, und mit Hilfe einer weiter entwickelten Steuerschaltung kann die vorher erzeugte Binärziffer entsprechend geändert werden. Dadurch wird die erforderliche Genauigkeit der Komparatoren erheblich verringert, und der gesamte Umsetzer funktioniert sogar dann genau, wenn U_e während des Umsetzvorganges langsam schwankt.

Obwohl die parallele und serien-parallele Technik der Umsetzung die Zeit für die Erzeugung einer gegebenen Digitalzahl verkürzen kann, führt sie nicht zu einer wesentlich erhöhten Umsetzgeschwindigkeit. Für eine gegebene Qualität der Bauelemente und Schaltungen kann die maximal mögliche Frequenz der Abtastung mit einem der in Abb. 11.11 gezeigten Umsetzer angenähert oder vielleicht erreicht werden.

11.15. AD-Umsetzer nach dem Sägezahnprinzip

Eine öfter verwendete Methode zur AD-Umsetzung verwendet einen „rampen“- oder „sägezahnförmigen“ Kurvenverlauf, wie ihn Abb. 11.16a zeigt. Ein Signal wird erzeugt, wenn die Rampenspannung einen Vergleichswert,

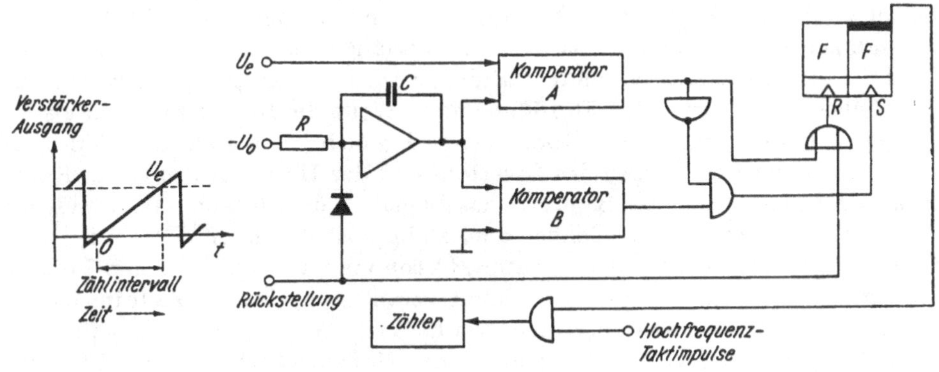

a) b)

Abb. 11.16. AD-Umsetzer nach den Sägezahnverfahren

gewöhnlich null, durchläuft. Ein zweites Signal wird erzeugt, wenn die Rampenspannung gleich der analogen Eingangsspannung wird. Während der Zeit zwischen diesen beiden Signalen werden Hochfrequenzimpulse gleicher Länge auf einen Zähler geschickt, und wenn der Zähler anfangs auf null steht, so zeigt er am Ende des Vorganges eine digitale Abbildung der anliegenden analogen Spannung. Der Hauptvorteil dieser Umsetzmethode ist ihre Einfachheit und Wirtschaftlichkeit. Für Umsetzungen mit hoher Genauigkeit hat sie sich jedoch nicht bewährt, und die erreichbare Abtastrate ist niedrig im Vergleich zu den anderen Umsetzverfahren.

Wenn man Sägezahnumsetzer im Detail betrachtet, so sind sie in vielen verschiedenen Formen aufgebaut. Die grundsätzliche Funktion der meisten von ihnen ist jedoch an Hand von Abb. 11.16 einfach zu erklären. Die Sägezahnspannung wird durch einen üblichen Gleichspannungs-(Operations-)verstärker erzeugt, diesmal mit einer Kapazität C im Rückkoppelzweig. Am Anfang jeder Umsetzung wird ein Rückstellimpuls auf das System gebracht. Dieser Impuls, der positiv angenommen sei, erreicht den Verstärkereingang über eine Diode. Auf Grund der Signalinversion durch den Verstärker wird das Ausgangspotential des Verstärkers negativ. Am Ende des Rückstellimpulses ist die Diode gesperrt, so daß der Verstärker effektiv von der Quelle des Rückstellsignals getrennt ist. Wenn der Flip-Flop noch nicht zurückgeschaltet ist, so schaltet ihn der Rückstellimpuls, der gleichzeitig den Zähler auf null setzt.

Wenn der Verstärkereingang unter einem Widerstand R am Referenzpotential $-U_0$ liegt, so fließt ein Strom $I = U_0/R$ in den Verstärkereingang. Die negative Rückkopplung hält das Eingangspotential des Verstärkers nahezu auf null, so daß der Strom durch R fast konstant ist. Ein gleicher konstanter Strom muß durch die Kapazität fließen und sie mit einer Geschwindigkeit von $I/C = U_0/(RC)$ aufladen. Weil das Eingangspotential konstant bleibt, steigt das Ausgangspotential linear rampenförmig an. Diese Rampe wird einmal mit Erde und zum anderen mit dem Eingangssignal U_e verglichen. Hierzu dienen zwei Komparatoren, z. B. aufgebaut entsprechend Abb. 11.8. Wenn das Rampensignal negativ ist, so seien die Ausgänge beider Komparatoren null. Wird die Rampe positiv gegenüber Erde, so wird der Ausgang des Komparators A gleich 1 und setzt den Flip-Flop auf 1. Wenn die Rampe positiver als U_e wird, so wird der Ausgang des Komparators B gleich 1 und stellt den Flip-Flop wieder auf 0 zurück. Wegen des Invertors und der UND-Schaltung am Komparator-Ausgang kann das Signal B das Signal A überdecken. Während der Flip-Flop auf 1 gesetzt ist, gelangen die Zählimpulse durch ein UND-Glied zum Zähler. Das 1-Signal vom Komparator B kann man als Signal für den Vollzug der Umsetzung benutzen und z. B. damit veranlassen, daß die Zahl im Zähler zu einem weiteren System übertragen wird.

Mit Taktimpulsen von 10 MHz und einer Meßunsicherheit von 0,1% vom Vollausschlag kann man zum Beispiel 10000 Umsetzungen pro Sekunde erreichen. Bei Digitalvoltmetern ist die Umsetzzeit auch bei viel niedrigeren Taktfrequenzen unproblematisch.

Bei Umsetzern vom Sägezahntyp wird das analoge Signal erst dann richtig dargestellt, wenn der Umsetzvorgang zu Ende ist. Diese Zeit kann im allgemeinen nicht von vornherein festgelegt werden. Das ist ein entscheidener Nachteil für manche Anwendungen.

11.16. AD-Umsetzung durch Frequenzmodulation

Eine von Zeit zu Zeit wieder auftauchende Idee zur AD-Umsetzung ist die, das analoge Signal zur Frequenzsteuerung eines frequenzvariablen Oszillators heranzuziehen und die Schwingungsperioden über eine festgelegte Zeitdauer zu zählen. Das Problem besteht dabei darin, einen Oszillator zu bauen, dessen Frequenz linear von der Signalamplitude abhängt, und das ökonomisch im Vergleich zu anderen Umsetzmethoden. Im Prinzip kann man eine lineare Spannungs-Frequenz-Kennlinie realisieren, indem man einen Gleichspannungsverstärker mit einer kapazitiven Rückkopplung in einer Sägezahnschaltung, ähnlich der in Abb. 11.16, anordnet. Das analoge Eingangssignal wird an den Widerstand gelegt, so daß die Steigung der Rampe direkt proportional der Eingangsspannung ist. Wenn das Eingangssignal eine bestimmte Amplitude erreicht, was z. B. durch einen Komparator entsprechend Abb. 11.8 angezeigt wird, so wird die Schaltung durch einen genau gesteuerten Stromimpuls am Verstärkereingang rückgestellt.

Außer den praktischen Schwierigkeiten bei der Erzeugung eines genauen Rückstellimpulses stört die Zeit für die Rückstelloperation bei hohen Frequenzen die lineare Spannungs-Frequenzabhängigkeit. Für eine genaue Umsetzung sind außerdem noch zusätzliche Erweiterungen erforderlich. Jede Rückstelloperation stellt einen Zyklus dar und die dabei gleichzeitig bereitstehenden Impulse kann man einem Zähler zuführen, um die digitalen Werte zu speichern. Die Zeitdauer des Umsetzvorganges kann man entweder durch einen zweiten Zähler steuern, mit dem eine vorher festgelegte Zahl von Perioden eines Oszillators mit konstanter Frequenz gezählt wird, oder durch eine zweite Sägezahnschaltung mit Komparatoren, um die Zeit festzuhalten, bis das Signal von einem Spannungspegel zum anderen übergewechselt ist.

Ein erwiesener Vorteil der Impulsfrequenzverschlüsselung ist, daß die resultierende Digitalzahl eine Art Durchschnittswert des analogen Eingangssignals über die Zeit des Umsetzvorganges bildet und daß die Umsetzung relativ unempfindlich gegenüber äußeren Störsignalen ist, die im analogen Signal vorhanden sein können.

Diese Umsetzungsmethode fand daher in gewissen Wandlern Verwendung, wobei auch andere Parameter als nur die elektrische Spannung als analoges Eingangssignal in Frage kamen. In einem Falle verwendete man einen Druck, um eine Kraft zu erzeugen, womit die Dehnung eines schwingenden Drahtes oder Rohres und damit deren Resonanzfrequenz geregelt wurde. Auch die Verwendung eines druckempfindlichen piezoelektrischen Kristalls als frequenzveränderliches Element in einem digitalen Wandler wurde manchmal vorgeschlagen.

11.17. AD-Umsetzer mit Katodenstrahlröhre

Man kann einen Analog-Digital-Umsetzer aufbauen, wenn man eine Katodenstrahlröhre verwendet, deren bandförmiger Elektronenstrahl durch ein analoges Eingangssignal über eine geeignet angeordnete Ablenkplatte ausgelenkt wird. Der Strahl überstreicht eine Kode-Platte, wie sie Abb. 11.17 zeigt. In ihr sind Öffnungen entsprechend dem für die digitale Darstellung verwendeten Kode angebracht. Um das anderweitig auch auftretende Problem, daß beim Übergang von einer Digitalzahl zur nächsten zwei Stellen ihren Wert ändern, zu umgehen, wird auch hier der Gray-Kode verwendet. Der bandförmige Strahl überstreicht die Platte horizontal, wie es die schräg schraffierte Fläche für eine typische Strahlstellung angibt. In den Spalten, wo sich eine Öffnung befindet, gelangen die Elektronen zur vertikalen Ziffernelektrode, die jeweils mit X_1, X_2, X_3 und X_4 bezeichnet ist. Die digitalen Ausgangssignale entstehen durch den Spannungsabfall über den Widerständen, die zwischen den Ausgangselektroden und der Speisespannung liegen.

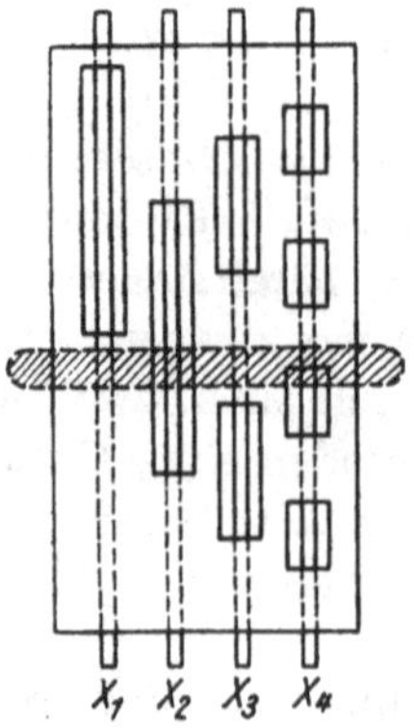

Abb. 11.17. Kodescheibe für einen AD-Umsetzer mit Katodenstrahlrohre (Koderöhre für GRAY-Kode)

Das einzige auffallende Merkmal des Katodenstrahl-Umsetzers ist die hohe Geschwindigkeit, sowohl im Sinne der Abtastrate als auch der kleinen Verzögerung zwischen Eingang und Ausgang. Jedoch außer wenigen Anwendungen, z. B. bei den Bell Telephone Laboratories, werden Koderöhren sehr wenig eingesetzt. Dem Verfasser wurde keine kommerzielle Herstellung bekannt, trotzdem die Idee schon fünfzehn Jahre alt ist. Natürlich sind für eine genaue Umsetzung gewisse Verbesserungen und Arbeiten im Detail nötig. Die wesentliche Ursache dafür, daß man sie kaum verwendet, ist darin zu suchen, daß man im allgemeinen keine so hohen Geschwindigkeiten braucht.

Für die digitale Nachrichtenübertragung, z. B. für das digitale Fernsehen, werden diese hohen Geschwindigkeiten benötigt. Allerdings wird die Zukunft des Katodenstrahlröhren-Umsetzers noch durch die hohe Geschwindigkeit moderner Transistoren (vgl. früher in diesem Kapitel beschriebene Umsetzerschaltungen), in Frage gestellt.

11.18. Andere Methoden zur AD-Umsetzung

Außer den verschiedenen hier beschriebenen Methoden zur AD-Umsetzung wurden noch viele andere erwogen. Sie scheinen dem Verfasser jedoch für den gegenwärtigen und zukünftigen Einsatz nicht erfolgversprechend genug. Einige andere Umsetzmethoden sind unter „Verschiedenes" im Schrifttum am Ende des Kapitels aufgeführt.

11.19. Dezimale AD-Umsetzung

Bei der Analog-Digital-Umsetzung unter Verwendung von DA-Umsetzern gemäß Abb. 11.7a kann man grundsätzlich das binäre Zahlensystem durch das dezimale ersetzen, indem man eine dezimale Digital-Analog-Schaltung, wie sie in Abb. 11.4 dargestellt ist, verwendet. In den Steuerschaltungen sind jedoch für einige Kodearten zusätzlich geringe Modifikationen notwendig. Bei dem Umsetzer nach Abb. 11.7b muß der Zähler natürlich ein Dezimalzähler sein, der in demselben Kode wie der AD-Umsetzer arbeitet.

Dezimale Umsetzer entsprechend den Analog-Digital-Umsetzern in den Abbildungen 11.9, 11.11 und 11.13 wurden dem Verfasser nicht bekannt, obwohl man verschiedene dezimale Versionen entwerfen könnte. Gewöhnlich werden diese Umsetzertypen jedoch nur bei Anwendungen für hohe Geschwindigkeit eingesetzt, wo die Ausgangssignale nicht direkt durch den Menschen ausgewertet werden und wo deshalb kein dezimales System erforderlich ist.

Ändert man die Umsetzung entsprechend dem in Abb. 11.14 dargestellten Prinzip in eine dezimale Umsetzung um, so müssen nur die Spannungspegel, mit denen die Vergleiche vorgenommen werden, entsprechend eingestellt werden. Die notwendigen Änderungen im logischen Netzwerk zu finden, ist für einen vorliegenden Dezimalkode ein einfaches Problem der BOOLEschen Algebra.

Wenn man den GRAY-Kode an die dezimale Arbeitsweise anpaßt, braucht sich bei den einzelnen dezimalen Ziffern, ebenso wie bei den einzelnen Binärzahlen, von denen jede eine dezimale Ziffer ergibt, stets nur eine zu ändern. Deshalb braucht der „9" nicht die „10" zu folgen, da sich hierbei ja mindestens zwei Signale gleichzeitig ändern müßten und dadurch zu den Übergangszeitpunkten zwischen aufeinanderfolgenden Zahlen Mehrdeutigkeiten auftreten würden. Anstelle dessen kann eine Folge wie 1, 2, . . . , 9, 19, 18, . . . , 11, 10, 20, 21, . . . verwendet werden.

11.20. Erreichbare Genauigkeit bei der elektronischen AD-Umsetzung

Bei sorgfältigem Entwurf, Aufbau und Betrieb der Anlage kann die Genauigkeit sowohl einer Digital-Analog- als auch einer Analog-Digital-Umsetzung mit der Genauigkeit der primären Spannungselemente und anderer elektrischer Grundgrößen verglichen werden. Jedoch beim gegenwärtigen Stand der Technik ist die erreichbare Abtastrate bei dieser Genauigkeit recht klein, und in Wirklichkeit ist die realisierte Genauigkeit bei allen praktischen Anwendungen viel geringer. Bei manchen Umsetzmethoden ist die Genauigkeit durch die Unsicherheit der Referenzspannung, die in den Umsetzer gegeben wird, begrenzt, denn die Referenzspannung wird im allgemeinen als Spannungsabfall über einer sorgfältig ausgewählten ZENERdiode erzeugt. Außerdem erfordern die meisten Umsetzverfahren verschiedene passive lineare Elemente (Widerstände und Kondensatoren), die stabile und genau bekannte Parameterwerte haben.

Eine Unsicherheit von 0,1% vom Vollausschlag kann man mit den meisten Umsetzmethoden ohne großen Aufwand erreichen, obwohl überall dort, wo die Umgebungstemperatur beträchtlich schwankt, eine Temperaturregelung notwendig sein wird. Diese Genauigkeit entspricht ungefähr einer zehnstelligen Binärzahl. Für käuflich angebotene Umsetzer ist eine Auflösung von 14 Stellen die höchste, die dem Verfasser bekannt wurde. Seit den letzten zehn Jahren oder länger wurden in der praktisch erreichbaren Genauigkeit sehr kleine Fortschritte gemacht. Andererseits erzielte man in den letzten Jahren große Fortschritte hinsichtlich der Abtastrate bei gegebener Genauigkeit und hinsichtlich der Gesamtabmessungen und des Leistungsbedarfes des Umsetzers. Fortschritte in diesen Kennwerten werden noch erreicht, so daß Angaben über Grenzen des Entwurfes nur kurzzeitig Gültigkeit hätten.

11.21. Kodescheiben

Außer den Umsetzern, die ein elektrisches Signal in eine digitale Form umwandeln, werden Analog-Digital-Umsetzer einer ganz anderen Kategorie verwendet, wenn das analoge Signal nichtelektrisch ist. Das gebräuchlichste Beispiel ist die Winkelstellung einer Welle. Die Stellung der Welle kann dabei wie in den alten mechanischen Analogrechnern (Differentialanalysatoren) dargestellt werden. Die Skala ist entsprechend unterteilt, so daß auf ihr die zu bestimmende Größe, z. B. die Winkelstellung eines Teleskops, einer Radarantenne oder einer Lafette, digital dargestellt wird. Ob das in Frage kommende Gerät wirklich einen Analog-Digital-Umsetzer oder ob es eine digitale Drehwinkelanzeige darstellt, die Wirkungsweise beruht mehr auf mechanischen als auf elektronischen Prinzipien und gehört deshalb eigentlich nicht in dieses Buch. Da jedoch die erzeugten Signale oft für irgend ein digitales System vorgesehen sind, sollen einige der Hauptmerkmale dieser Geräte beschrieben werden.

Die Wellenstellung kann digital bestimmt werden, indem man Impulse, die durch lichtreflektierende oder magnetische Punkte bzw. durch mechanische Zähne erzeugt werden, zählt. In den meisten Fällen ist dieses Verfahren jedoch nicht geeignet, weil es schwierig ist, die Bewegung in der umgekehrten Richtung zu erfassen und das Zählergebnis immer auf eine Bezugsstellung zu normieren. Anstelle dessen sind die meisten dieser Geräte so ausgerüstet, daß sie zu jeder Zeit und unabhängig davon, ob irgend eine Bewegung stattfindet oder nicht, eine digitale Angabe der Winkelstellung liefern.

Die einfachste Form einer digitalen Drehwinkelanzeige verwendet eine Kode-Scheibe, die auf der Welle befestigt ist. Die Scheibe enthält für jede Ziffer der digitalen Zahl eine separate Spur. Jede Spur besteht aus leitenden und isolierenden Segmenten, die durch eine elektromechanische Bürste abgetastet werden. Andererseits kann die Kodescheibe auch in transparente und lichtundurchlässige (oder reflektierende und nichtreflektierende) Segmente unterteilt sein, die durch Lichtstrahl und Fotozelle abgetastet werden. Ein grundsätzliches Problem beim Entwurf solcher Geräte tritt auf, wenn sich das Abtastelement an der Grenze zwischen dem 0-anzeigenden und dem 1-anzeigenden Segment befindet. Im gewöhnlichen Binärkode können sich beim Übergang von einer Zahl zur nächsten, z. B. von 0111 auf 1000, viele Ziffern gleichzeitig ändern. Man kann schwer ein Gerät so bauen, daß die Werte an den Abtastern aller Ziffern gleichzeitig wechseln. Für einen schmalen Sektor entsprechen einige Ziffern der einen Zahl, andere wieder der nächst höheren Zahl, so daß ein sehr fehlerbehaftetes Ausgangssignal ansteht. Zahlreiche Varianten des Systems wurden vorgeschlagen, um dieses Problem zu lösen. Einmal kann man für die Segmente auf der Scheibe den GRAY-Kode verwenden und jede Zahl auf dem im Zusammenhang mit dem Katodenstrahlröhren-Umsetzer bescnriebenen Wege in jeden gewünschten Kode umwandeln.

Eine andere Methode, um das Problem der Übergänge an den Grenzen der Segmente zu lösen, ist die Verwendung von zwei Abtastern für jede Spur, außer der für die letzte signifikante Ziffer. Ein Abtaster jedes Paares ist etwas vorverschoben und der andere um einen Winkel rückversetzt gegenüber dem Abtaster für die letzte signifikante Ziffer. Wenn die letzte signifikante Ziffer als 0 abgetastet wird, so wird der vorgeschobene Abtaster zur Abtastung aller anderen Ziffern verwendet, aber wenn eine 1 abgetastet wird, wird der rückversetzte Abtaster verwendet. Die Auswahl der Abtastbürsten erfolgt natürlich automatisch über eine logische Schaltung. Obwohl diese Anordnung das Problem prinzipiell löst, müssen alle Abtaster noch mit einer Toleranz nicht größer als ungefähr die Hälfte des entsprechenden Segmentwinkels der letzten signifikanten Ziffernspur justiert sein.

Eine dritte Möglichkeit, um Mehrdeutigkeiten an den Segmentgrenzen zu vermeiden, wird V-Abtastung genannt. Wieder werden für jede Ziffer außer der letzten signifikanten Ziffern zwei Abtaster verwendet. Jedoch ist der Winkelunterschied zwischen jedem Paar auf einer Spur gleich dem Winkel, der einem Segment in der Spur für die nächst niedere Ziffer entspricht. Um festzulegen, welcher Abtaster verwendet wird, erfolgt für jede Ziffer eine getrennte Entscheidung. Speziell wird der vorgeschobene oder der rückgesetzte Abtaster verwendet, je nachdem, ob die nächst höhere Zahl als 0 bzw. 1 bestimmt wurde. Im Vergleich zu den vorher beschriebenen Schaltungen ist der Vorteil der V-Abtastung der, daß die Winkeltoleranzen für alle Abtaster außer denen für die zwei letzten Ziffern groß sein können.

Die Genauigkeit, die man bei der Drehwinkelanzeige mittels Kode-Scheiben erreicht, hängt weitgehend von der Qualität der Segmentteilung in der Spur der letzten geltenden Ziffer ab. Um die Segmente so lang wie möglich zu machen, wird hierfür die äußerste Spur auf der Scheibe verwendet. Der Scheibendurchmesser soll so groß wie möglich sein. Geräte mit Genauigkeiten von 16 Binärstellen ($^1/_{65536}$ einer Umdrehung) wurden ungefähr 10 Jahre lang verwendet, und Genauigkeiten bis zu 19 Binärstellen werden für neuere Geräte angegeben.

Um bei der Messung der Winkelstellung eine hohe Genauigkeit zu erreichen, ohne daß extrem kleine Kodescheibensegmente notwendig sind, kann man über Zahnräder eine zweite Welle mit viel höherer Geschwindigkeit antreiben. Auf der Hauptwelle, deren Winkel gemessen werden soll, ist die Kodescheibe für die höchsten Ziffern angebracht, und eine zweite Kodescheibe für die Ziffern niedrigerer Ordnung befindet sich an der zweiten Welle. Diese Verfahrensweise ist möglich, weil die repetierende Natur der Ziffern niedriger Ordnung der Mehrfachumdrehung der zweiten Welle entspricht. Obwohl dieses Prinzip in gewissem Grade verwendet wurde, erfordert es noch ein präzises und spielfreies Getriebe. Eine entwickelte Variante dieses Verfahrens kuppelt einen mehrpoligen elektromechanischen Wandler mit der ersten Welle. Mit dem Ausgang dieses Wandlers wird ein einpoliger Wandler betrieben, der mit einer zweiten Welle gekoppelt ist. Das Hauptproblem ist hierbei, den Wandler so zu bauen, daß er eine für hohe Genauigkeit geeignete Kurvenform liefert.

Es wurden noch andere Methoden entwickelt, um eine hohe Genauigkeit (bis zu 19 stelligen Zahlen) zu erreichen, obwohl sie offenbar nicht viel verwendet wurden. Winkelstellungen von einem Grad können mit Hilfe einer Kodescheibe direkt angezeigt werden, wobei die Stellung von $^1/_{1000}$ Grad durch eine Nonius-Phasenabtastschaltung angezeigt wird, die folgendermaßen funktioniert. Durch Kapazitätsänderungen infolge einer kontinuierlich rotierenden Scheibe mit 360 Nasen, die nahe an 360 gleichen Nasen am Umfang der Welle vorbeilaufen, wird ein Sinussignal erzeugt. Genau so wird ein zweites Sinussignal erzeugt, nur daß hier die Kapazitätsänderungen an den Nasen einer entsprechenden festen Welle genutzt werden. Die Phasendifferenz wird auf ein Tausendstel genau gemessen, indem mit einem Zähler Hochfrequenz-Taktimpulse gezählt werden, und zwar zwischen den Nulldurchgängen der beiden Sinussignale. Die Messung auf ein Tausendstel Grad entspricht $^1/_{360000}$ einer Umdrehung und entspricht ungefähr einer Auflösung von 19 Stellen. Sie beträgt somit $^1/_{524280}$ einer Umdrehung.

Eine vollständigere Beschreibung von mechanischen und elektromechanischen Analog-Digital-Umsetzern findet man in Richards, ,,Digital Computer Components and Circuits" (1957). Besonders einige dort behandelte Themen, die hier weggelassen oder nur gestreift werden, wie Methoden zur Realisierung der V-Abtastungstechnik, die Thompson-Varley-Potentiometer, Kodescheiben für das Dezimalsystem und die Verwendung von Servomotoren zur Umsetzung von analogen und digitalen Größen, sind dort enthalten. Die Aufmerksamkeit des Lesers wird auf den Abschnitt Winkelstellung im nachfolgenden Schrifttum gelenkt, wo hierüber erschienene Literatur aufgeführt wird.

Literatur zu Kapitel 11

DA-Umsetzung (Widerstandsnetzwerke)

Transistorized special purpose computer (the digital-to-analog converter is shown in Figure 9), J. D. Schmidt, H. N. Putschi, and E. Keonjian (GE), Proc. National Electronics Conference, V 13, pp. 624—634 (Oct. 57).

Digital-analog converter provides storage, H. N. Putschi, J. A. Raper, and J. J. Suran (GE), Electronics, V 30, pp. 148—151 (Dec. 57).

Digital-analog function generators, R. W. Hofheimer and K. E. Perry (MIT), IRE Trans. on Instrumentation, V 1—7, pp. 111—117 (June 58).

A high-speed transistorized digital-to-analog decoder, B. A. Antista (NAA), Proc. National Electronics Conference, V 14, pp. 776—788 (Oct. 58).

How to design high-speed d-a converters, C. R. Pearman and A. E. Popodi (Westinghous), Electronics, V 37, N 8, pp. 28—32 (Feb. 21, 1964).

A high-accuracy 9-bit digital-to-analog converter operating at 12 mc., E. F. Kovanic (BTL), IEEE Trans. on Communication and Electronics, No. 72, pp. 185—191 (Mar. 64).

A high accuracy thin film PCM decoder network operating at 12 mc, W. H. JACKSON and R. T. MOORE (BTL), IEEE Trans. on Parts, Materials, and Packaging, V PMP-1, pp. 45—53 (June 65).

Binary coded decimal resistor ladder, J. FREEMAN, Computer Design, V 6, N 3, p. 22 (Mar. 67).

DA-Umsetzung (Kondensatorentladung)

New approaeh to serial decoding eliminates static storage, R. M. CENTNER and J. R. WILKINSON (Bendix), Electronics, V 35, N 34, pp. 32—35 (Aug. 24, 1962).

A simple digital to analogue converter, K. H. EDWARDS, Electronic Engineering, V 36, pp. 178 - 180 (Mar. 64)

DA-Umsetzung (Verschiedenes)

High-speed digital-to-analog conversion by integration of a variable-rate pulse train, A. D. GLICK (Honeywell), Proc. Western JCC, V 11, pp. 128—133 (Feb. 57).

A cyclic digital-to-analog decoder (converts digital to pulse-duration analog by a counting action), G. H. MYERS (Rome Air Development Center, IRE National Convention Record, V 5, Part 4, pp. 156—163 (Mar. 57).

A transistorized digital-to-analog converter (to be used with a cathode-ray tube deflection system), W. D. ROWE (Westinghouse, IRE Trans. on Instrumentation, V I-7, pp. 23 to 28 (Mar. 58).

Magnetic amplifier binary-to-analog conversion (for 400 cps input signals and up to 100-volt output signal), I. DANYLCHUK and D. KATZ (BTL), Proceedings of the Special Technical Conference on Nonlinear Magnetics and Magnetic Amplifiers (AIEE Publication T-116), pp. 306—312 (Sept. 59); same title and authors: Communication and Electronics, No. 46, pp. 909—912 (Jan. 60).

Operationsverstärker

New types of d-c amplifier: Part 1—the cascade balance system, D. J. R. MARTIN, Electronic and Radio Engineer, V 35, pp. 2—7 (Jan. 58); Part 2—the reflex-monitor system, pp. 56—62 (Feb. 58).

A drift compensated operational d-c amplifier employing a low level silicon transistor chopper, W HOCHWALD and F. H. GERHARD (NAA), Proc. National Electronics Conference, V 14, pp. 798—810 (Oct. 58).

Designing chopper-stabilized operational amplifiers, R. B. FRADELLA (United Electro Dynamics), Electronics, V 34, N 9, pp. 48—50 (Mar 3, 1961).

Designing operational amplifiers, P. LUCAS (Adage, Inc.), Electronic Design, V 11, N 7, pp. 56—61 (Mar. 29, 1963).

Very low drift complementary semiconductor network DC amplifiers, S. P. EMMONS and H. W. SPENCE (TI), International Solid-State Circuits Conference Digest of Technical Papers, V 9, pp. 106—107 (Feb. 66).

AD-Umsetzung (Kompensationsprinzip)

High-speed analogue-to-digital converters, G. J. HERRING and D. LAMB, J. British IRE, V 17, pp. 407—420 (Aug. 57).

A transistorized, multi-channel, airborne voltage-to-digital converter, R. M. MACINTYRE (Ramo-Wooldridge), IRE WESCON Convention Record, V 1, Part 4, pp. 284—292 (Aug. 57).

Development of a high-speed transistorized 10-bit coder, L. McMillian (Radiation, Inc.), IRE WESCON Convention Record, V 1, Part 5, pp. 73—75 (Aug. 57).
A binary a-c voltage ratio encoder, B. Falk (Convair), 1958 Southwestern IRE Conference Proceedings, pp. 64—65 (Apr. 58).
Relay-scanning-design technique generates high accuracy and speed in analog-to-digital transducer measurements, A. F. Kay (Non-Linear Systems, Inc.), Communication and Electronics, No. 36, pp. 248—250 (May 58).
Transistorized analog-digital converter, W. B. Towles (Martin Co.), Electronics, V 31, N 31, pp. 90—93 (Aug. 1, 1958).
A high-speed transistorized analog-to-digital converter, R. C. Baron and T. P. Bothwell (Epsco), Proc. Eastern JCC, V 14, pp. 133—138 (Dec. 58).
Design of a transistorized 1.5-megabit analog-to-digital encoder, C. P. Villars (BTL), Solid-State Conference Digest of Technical Papers, V 2, pp. 38—39 (Feb. 59).
Multiple-input analog-to-digital converter with 12-bit accuracy and fast, nonsequential switching, H. S. Horn (Link Aviation), IRE National Convention Record, V 7, Part 4, pp. 259—266 (Mar. 59).
A high-speed, electronic analog-digital encoder, R. C. Platzek, H. F. Lewis, and J. J. Mielke (NAA), Proc. National Electronics Conference, V 15, pp. 182—192 (Oct. 59).
A simple analogue to digital converter with non-linearity compensation (employs mechanical stepping switches), W. N. Jenkins, J. British IRE, V 20, pp. 513—517 (July 60).
The step-by-step potentiometer as a digitizer (employs relays), G. P. Tonkin, J. British IRE, V 20, pp. 523—528 (July 60).
An analogue-digital converter with long life, R. L. G. Gilbert, J. British IRE, V 20, pp. 529—535 (July 60).
A wide-range fully-automatic digital voltmeter (uses an electromechanically actuated Kelvin-Varley potentiometer), J. A. Irvine and D. A. Pucknell, J. British IRE, V 20, pp. 536—540 (July 60).
A special purpose analogue-digital converter, G. C. Henderson, Electronic Engineering, V 32, pp. 602—608 (Oct. 60).
A high speed analog to digital converter, C. D. Todd (Hughes), Semiconductor Products, V 4, N 3, pp. 29—37 (Mar. 61).
Integrated electronic analog-to-digital converter, J. G. Miner (GE), Proc. IEEE, V 52, pp. 1710—1712 (Dec. 64).
Logical design of analog-to-digital converters, P. Fellgett (England), IEEE Trans. on Elec. Comp., V EC-14, pp. 740—741 (Oct. 65).

AD-Umsetzung (Kaskadenprinzip)

A high-speed analog to digital converter, D. Savitt (Bendix), IRE Trans. on Elec. Comp., V EC-8, pp. 31—35 (Mar. 59).
A technique for converting analog voltages to digital codes at sampling rates above 5 million samples per second with accuracies of seven bits, C. Crocker and M. Prager (Raytheon), Globecom V Convention Record (Fifth National Symposium on Global Communications), pp. 206—209 (May 61); see also: Converter samples analogs at 5 mc, Electronics, V 34, N 14, pp. 94 (Apr. 7, 1961).
Approaches to critical problems of ultrahigh speed analog-to-digital conversion (200-mc conversion rate, five-bit resolution), Y. C. Hwang, F. N. King, and H. R. Schindler (GE), International Solid-State Circuits Conference Digest of Technical Papers, V 8, pp. 42—43 (Feb. 65).
Broadband codes for an experimental 224 mb/s PCM terminal, J. O. Edson and H. H. Henning, BSTJ, V 44, pp. 1887—1940 (Nov. 65).

AD-Umsetzung (Serien-Parallel-Verfahren)

New digital conversion method provides nanosecnod resolution (uses eight separate comparison, one for each of eight voltage levels; 3-bit accuracy), A. A. FLEISCHER and E. JOHNSON (E. G. & G.), Electronics, V 36, N 18, pp. 55—57 (May 3, 1963).
Improving speed of high resolution A-D converters, B. W. STEPHENSON (Digital Equipment Corp.), Computer Design, V 3, N 6, pp. 36—39 (June 64).
A method to increase the accuracy of fast serial-parallel analog-to-digital converters, T. C. VERSTER (South Africa), IEEE Trans. on Elec. Comp., V EC-13, pp. 471—473 (Aug. 64).
Semiconductor circuits in a UHF digital converter, H. R. SCHINDLER (GE), Electronics, V 36, N 35, pp. 37—40 (Aug. 30, 1963); later work: Approaches to critical problems of ultrahigh speed analog-to-digital conversion, Y. C. HWANG, F. N. KING, and H. R. SCHINDLER (GE), International Solid-State Circuits Conference Digest of Technical Papers, V 8, pp. 42—43 (Feb. 65).
Precision circuitry for 110 mb/s analog-to-digital conversion, J. S. FLEISCHMAN and V. R. SAARI (BTL), International Solid-State Circuits Conference Digest of Technical Papers, V 9, pp. 16—17 (Feb. 66).
High performance parallel-serial analog-to-digital converter with error correction, G. G. GORBATENKO (IBM), IEEE International Convention Record, V 14, Part 3, pp. 39—43 (Mar. 66).

AD-Umsetzung (Sägezahnprinzip)

An all-electronic four-digit digital voltmeter (employs vacuum tubes), H. FUCHS and D WHEABLE, Journal of the British IRE, V 20, pp. 541—547 (July 60).
Modified ramp generator develops high d-c input impedance, R. C. WEINBERG (Harmon-Kardon, Inc.), Electronics, V 37, N 8, pp. 33—35 (Feb. 21, 1964).

AD-Umsetzung (Frequenzverschlüsselung)

An analog R-C integrator with a digital output (frequency of integrator resetting is proportional to input signal; resetting pulses are counted to obtain digital representation), R. J. JARRETT (GE), Proc. National Electronics Conference, V 16, pp. 611—618 (Oct. 60).
A circuit and one-paragraph description of a voltage-to-frequency converter for analog-to-digital applications is shown in: A primer of digital circuits, Electronics, V 37, N 16, pp. 62 (May 18, 1964).
Selecting the right digital voltmeter, B. G. KAY (Hewlett-Packard), Electrnoics, V 39, N 7, pp. 84—90 (Apr. 4, 1966).
A new and unique analog-to-digital conversion technique, W. R. MCCULLOUGH (Hewlett-Packard), IEEE Trans. on Instrumentation and Measurement, V IM-5, pp. 276—283 (Dec. 66).

AD-Umsetzung (Koderöhre)

Logical detenting in cathode-ray coding tubes, B. LIPPEL (U. S. Army), IRE Trans. on Instrumentation, V 1—7, pp. 29—37 (Mar. 58).
A cathode-ray-tube analogue-to-serial digital converter, J. WILLIS and M. G. HARTLEY, Journal of Scientific Instruments, V 35, pp. 197—202 (June 58).
A cylindrical coding tube for 8-digit code, H. HEYNISCH (Germany), Proc. IEEE, V 51, pp. 1536—1541 (Nov. 63).
A high-speed PCM coding tube, H. G. COOPER, M. H. CROWELL, and C. MAGGS, Bell Laboratories Record, V 48, pp. 267—272 (Sept. 64).

AD-Umsetzung (Kodewegprinzip)

Unit-distance binary-decimal code translators, J. A. O'Brien (BTL), IRE Trans. on Elec. Comp., V EC-6, pp. 122–123 (June 57).
A simple shaft digitizer and store, A. Tiffany, Electronic Engineering, V 29, pp. 568–57 (Dec. 59).
A shaft position digitizer system of high precision, L. G. deBey (Aberdeen Proving Ground) and R. C. Webb (Colorado Research Corp.), IRE National Convention Record, V 6, Part 5, pp. 204–210 (Mar. 58).
A high precision digital position indicator, D. H. Raudenbush (Telecomputing), IRE National Convention Record, V 6, Part 5, pp. 211–216 (Mar. 58).
A direct-reading printed-circuit commutator for analog-to-digital data conversion, C. A. Walton, IBM J of R & D, V 2, pp. 179–192 (July 58).
High resolution angle transducer and encoder (degrees directly; phase within a degree to 1 part on 1000 by a phase sensing scheme), L. G. deBey (Aberdeen Proving Ground), D. Comstock (United Aircraft), S. B. Peterson, and R. C. Webb (Colorado Research Corp.), Electronics, V 32, N 42, pp. 78–81 (Oct. 16, 1959).
Disk encoder design avoids ambiguities, D. P. Griffin (United Aircraft), Electronics, V 33, N 17, pp. 62–66 (Apr. 22, 1960).
The design of optical digital instruments, I. R. Young, Electronic Engineering, V 32, pp. 359–365 (June 60).
Shaft angle digitizer needs no brushes (a motor-like device with a 32-tooth rotor), C. J. Wayman (GE), Control Engineering, V 7, N 8, p. 145 (Aug. 60).
Stabilized synchro to digital converter (clock pulses gated and counted during a time interval defined by phase difference of rotor signal and reference signal), M. Masel and D. H. Blauvelt (Bendix), IRE International Convention Record V 9, Part 2, pp. 175–181 (Mar. 61).
A shaft multiplication precision angle encoder (electrical gearing up by driving a single-pole resolver with a 27-pole resolver), D. A. Brouillette (Datex), Electrical Engineering, V 81, pp. 119–121 (Feb. 62).
High-accuracy analog-to-digital converter (uses multi-pole resolver for electrical gearing up" and counts pulses during a time interval), R. Gross, J. Jagy, and S. Scutt (Sperry Rand), AIEE Conference Paper CP62-128 (Jan. 62).
A digital shaft position indicator, S. G. Smith and C. J. U. Roberts, Electronic Engineering V 36, pp. 72–79 (Feb. 64).
Magnetic encoder replaces 13-bit brush units (requires 64 revolutions o the input shaft), Computer Design, V 3, N 10, pp. 40–42 (Oct. 64).
Optical encoders (a one-paragraph description of a 19-bit unit made by Sequential Electronic Systems, Inc.), Computer Design, V 5, N 3, pp. 63 (Mar. 66).

AD-Umsetzung (Verschiedenes)

An error-sampled sweep-position control system (clock pulses are counted during time that a capacitor charges from a reference potential to a potential controlled by analog signal—Figure 13), C. H. Knapp, E. Shapiro, and R. A. Thorpe, IBM J of R & D, V 2, pp. 14–35 (Jan. 58).
Pulse-height-to-digital signal converter (pulse height converted to pulse width and then to digital by gating and counting clock pulses), W. W. Grannemann and seven others (U. of New Mexico), Electronics, V 33, N 2, pp. 58–60 (Jan. 8, 1960).
Digital voltmeter employs voltage-to-time converter (converts analog samples to pulse-width and gates clock pulses to a counter), B. Barker and M. McMahan (U. of Arizona), Electronics, V 34, N 18, pp. 67–69 (May 5, 1961).

High-speed analog-to-digital converters utilizing tunnel diodes, R. A. KAENEL (BTL), IRE Trans. on Elec. Comp., V EC-10, pp. 273–284 (June 61); reviewed by B. M. GORDON, V EC-11, pp. 95–96 (Feb. 62).

Analog-to-digital converter uses transfluxor (one of 31 transfluxors is set in accordance with magnitude of analog current; 1-of-31 code is translated to 6-bit number), N. ARON and C. GRANGER (RCA), Electronics, V 35, N 20, pp. 62–66 (May 18, 1962).

Comparison of analog-to-digital conversion techniques, S. WALD (RCA), Electronic Design, V 10, N 6, pp. 82–85 (Aug. 2, 1962).

Designing high voltage digital/analog converters (for cathode-ray tube deflection plates), L. WEISS (Sylvania), Electronic Design, V 10, N 19, pp. 60–63 (Sept. 16, 1963).

An analog-to-digital encoder employing negative resistance devices, B. RABINOVICH (RCA) and C. A. RENTON (U. of Pa.), IRE Trans. on Communications Systems, V CS-10, pp. 435–441 (Dec. 62).

A magnetic film analog-to-binary encoder, W. A. BARRETT, T. R. LONG, and J. E. SCHWENKER (BTL), International Solid-State Circuits Conference Digest of Technical Papers, V 6, pp. 84–85 (Feb. 63).

A time coding analog-to-digital converter (no converter built; an analysis o a conversion method similar to that described in the Knapp et al. 1958 re erence), B. T. CRONHJORT (IBM Sweden), Proc. IEEE, V 51, pp. 1541–1549 (Nov. 63).

High speed threshold logic A/D converter with error correction, D. S. SCHOVER and M. STEIN (Hallicrafters), IEEE International Convention Record, V 12, Part 1, pp. 22–29 (Mar. 64).

A quantizing encoder, J. R. Cox and D. H. GLAESER (Central Institute for the Deaf), IEEE Trans. on Elec. Comp., V EC-13, pp. 250–254 (June 64).

Analog-to-digital conversion by means of delta modulation, J. C. BALDER and C. KRAMER (Netherlands), IEEE Trans. on Space Electronics and Telemetry, V SET-10, pp. 87–90, (Sept. 64).

A precision sample-and-hold circuit with subnanosecond switching, J. R. GRAY and S. C. KITSOPOULOS (BTL), IEEE Trans. on Circuit Theory, V CT-11, pp. 389–396 (Sept. 64).

Gigabit circuit design for an encoder with a 200-megacycle sample rate, B. E. SEAR (Bunker-Ramo), Proc. National Electronics Conference, V 20, pp. 263–277 (Oct. 64).

A graphic-analogue to digital converter, R. L. G. GILBERT and N. S. OAKEY, Electronic Engineering, V 37, pp. 98–101 (Feb. 65).

A transistorized digital analog converter with a-c amplification, W. DEL PICCHIA (Brazil) IEEE Trans. on Elec. Comp., V EC-15, pp. 233–235 (Apr. 66).

Current dividers convert digital signals into analog voltages, H. SCHMID (GE), Electronics, V 39, N 23, pp. 142–148 (Nov. 14, 1966).

Digital meters for under S100, H. SCHMID (GE), Electronics, V 39, N 24, pp. 88–94 (Nov. 28, 1966).

VHF sample and hold, R. E. FISHER (BTL), International Solid-State Circuits Conference Digest of Technical Papers, V 10, pp. 116–117 (Feb. 67).

ZUSÄTZLICHE LITERATUR

(vom deutschen Bearbeiter zusammengestellt)

BAER, D., Einführung in die Schaltalgebra, (Reihe Automatisierungstechnik), VEB Verlag Technik, Berlin 1969.

KHAMBATA, ADI J., Einführung in die Mikroelektronik, VEB Verlag Technik, Berlin 1967.

LEWICKI, Einführung in die Mikroelektronik, Oldenburg-Verlag, München 1966.

RUMPF, K.-H., PULVERS, M., Transistor-Elektronik, VEB Verlag Technik, Berlin 1970.

LUNZE, K., KÖHLER, E., MÖSCHWITZER, A., ELSCHNER, H., Festkörperbauelemente, NT.

— Integrierte Digitalschaltungen, Elektronik **16** (1967), 10. Arbeitsblatt 20.

THORKELSON, R., TH., Entwicklung und Anwendung integrierter Schaltkreise der TTL, Int. El. Rndsch. **21** (1967), 4, 81–86.

MATARÉ, H. F., Neuere Prinzipien in der Halbleiterelektronik, Int. El. Rndsch. **20** (1966) 7, 401–405, 8, 447–449.

KING, D., STERN, L., Entwurf von monolithischen integrierten Schaltungen, Int. El. Rndsch. **20** (1966) 11, 623–627, 12, 700 ff.

SEITER, G., Entwicklung von Metall-Oxid-Silizium-Transistoren, Int. El. Rndsch. **20** (1966), 3, 147–148.

PAUL, R., Transistoren, VEB Verlag Technik, Berlin 1969.

SEITER, G., Bauelemente mit Metall-Halbleiter-Kontakt, Int. El. Rndsch. **20** (1966), 2, 93–94.

HERMSDORF, L., Der klemmenbezogene Integrationskoeffizient — Betrachtungen über Beziehungen zwischen Datenverarbeitungs- u. Bauelementindustrie, NT **20** (1970) 7, 246–251.

PAUL, R., MJS-Transistoren — Stand und Fortschritt, NT **20** (1970) 1, 1–9.

PAUL, R., Erkenntnisstand, physikalische Grenzen und Reliaisierungsmöglichkeiten des bipolaren Transistors, NT **18** (1968) 6, 201.

BARANOWSKI, J., JANKOWSKI, T., Transistorschaltungen in der Impulstechnik, VEB Verlag Technik, Berlin 1966.

— Probleme der Festkörperelektronik, VEB Verlag Technik, Berlin 1968.

STEINBUCH, K., Taschenbuch der Nachrichtenverarbeitung, Springer-Verlag, Berlin, Göttingen, Heidelberg 1968.

HANISCH, H.-J., Widerstände und Kondensatoren für Halbleiterblockschaltungen, NT **16** (1966), 2, 55.

FRÜHAUF, U., KRANZ, E.-G., Integrierte Schaltkreise — Kennwerte und deren Testung unter besonderer Berücksichtigung des Funktionsverhaltens und der statischen Parameter, NT **18** (1968), 12, 441.

KRANZ, E.-G., FRÜHAUF, U., Zum dynamischen Verhalten integrierter Schaltkreise NT **19** (1969) 1, 17.

TEICHMANN, J., Eigenschaften logischer Schaltungen mit hystereseförmiger Übertragungskennlinie, NT **19** (1969) 1, 13.

STOLZE, S., WALTHER, A., Eine Übersicht der integrierten Schaltkreise in Dünnschicht-Hybrid-Technik für digitale Anwendungen, NT **19** (1969) 5, 161 ff.

SCHMITT, E., Elektronische Schalter und Kippstufen mit Transistoren, Oldenburg-Verlag, München–Wien, 1970.

FRÜHAUF, U., Aufbau von Zählern unter Berücksichtigung integrierter Schaltkreise, NT **18** (1968) 7, 249.

MÜLLER, G., Kippstufen mit extrem variabler Schaltzeit, Int. El. Rndsch. **21** (1967), 173–176.
KÜHL, G., Der Einfluß synchroner oder asynchroner Technik auf die Wahl des integrierten Flip-Flop, Int. El. Rndsch. **21** (1967) 4, 97–99.
FEY, P., Schieberegister und ihre Anwendungen, NT **20** (1907) 5, 189–195, 11 ff.
FRÜHAUF, U., KRANZ, E.-G., Integrierte Flip-Flop-Schaltungen, NT **20** (1970) 1, 20–22.
FRANKE, O., Die Meßtechnik bei integrierten Schaltkreisen, NT **20** (1970) 8, 305–309.
KLEIN, P. E., Zahlen-Systeme und Codierung, Elektronik **16** (1967), 3, 65–70.
OTTES, J., Code-Umsetzer, Elektronik **19** (1970) 3, 73–78.
LANGE, F. H., Erzeugung pseudo-stochastischer Impulsfolgen mittels Schieberegister, NT **16** (1966) 7, 279.
SCHÄFER, H., Erzeugung einer willkürlichen Binärfolge mit integrierten Schaltkreisen, Int. El. Rndsch. **21** (1967) 6, 139–142.
RADNAI, J., Energieumwandlungsgesetze der Signalspeicherung, Int. El. Rdsch. **20** (1966), 7, 409–412.
VÖLZ, H., Zum Zusammenhang von Energie- und Speicherdichte bei der Informationsspeicherung, Int. El. Rndsch. **21** (1967), 2, 41–44.
SALZMANN, G., Leistungsgrenzen magnetischer Dünnschichtspeicher, NT **20** (1970), 7, 264.
MICHALOWSKY, L., Rechteckferrite-Eigenschaften und Verwendungsmöglichkeiten zur Realisierung schneller EDV-Anlagen NT **20** (1970) 7, 263–264.
BECKER, C., H., Technik der kohärenten Lichtaufzeichnung, Int. El. Rndsch. **20** (1966), 2, 83–84.
ELSCHNER, H., Speicherung auf der Grundlage des Gunn-Effektes, NT **20** (1970) 7, 265–268.
WEISS, H., BUSSE, J., Physikalische Aspekte strahlgesteuerter Speicher, NT **20** (1970) 7, 268–273.
WEISS, H., Die Bedeutung magnetooptischer Methoden bei der Speicherung von Signalen, Zeitschr. f. Hochfr. u. Elektroak. **76** (1967) 175–181.
VÖLZ, R., Versuch einer systematischen und perspektivistischen Analyse der Speicherung von Informationen, Die Technik **20** (1965), 650–659.
WINCKEL, F., Technik der Magnetspeicher, Springer-Verlag, Berlin, Göttingen, Heidelberg 1960.
SCHOLZ, CHR., Magnetbandspeicher, VEB Verlag Technik, 1968.
KORISTKA, CHR., VAJDA, Z., VÖLZ, H., Grundlagen der magnetischen Signalspeicherung, Bd. **1**, Grundlagen und Magnetköpfe, Akademie-Verlag, Berlin 1968.
NEUMANN, Grundlagen der Signalspeicherung, Bd. **4**, Digitalspeicherung, Akademie-Verlag, Berlin 1968.
FRITZSCH, K., STRAUBEL, R., VAJDA, Z., Grundlagen der magnetischen Singalspeicherung, Bd. **6**, Theorie der Wiedergabe und Aufzeichnung, Akademie-Verlag, Berlin 1968.
SCHMID, H., Aus der Technik der Magnetkernspeicher, Elektronik **16** (1967) 3, 87–89.
CONRAD, R., Eine variable Verzögerungsleitung im Nanosekundenbereich, Int. El. Rndsch. **20** (1966) 5, 298, 301.
STRIETZEL, R., Ein allgemeines Klassifizierungsprinzip der AD-Umsetzung mit einem Beispiel eines schnell arbeitenden Umsetzers, NT **18** (1968) 1, 29.
WARZEL, H., Spannungs-Frequenz-Umsetzer, NT **18** (1968) 1, 34.
MÜLLER, W., Die Analog-Digital-Umsetzung, Elektronik **14** (1965), 10, 307–310.
KLESSMANN, H., PETRICK, D., Strom-Frequenz-Konverter als Integrator und Meßwertwandler, Int. El. Rndsch. **21** (1967) 2, 45–47.
HENNE, W., Ein neuer Analog-Digital-Umsetzer, Int. El. Rndsch. **21** (1967) 12, 311–314.

SACHVERZEICHNIS

Kolibri 360 GmbH
Ferdinand-Jühlke-Straße 7
99095 Erfurt, Deutschland
produktsicherheit@kolibri360.de